建筑振动工程手册

（第二版）

徐　建　主编

中国建筑工业出版社

图书在版编目（CIP）数据

建筑振动工程手册/徐建主编. —2版. —北京：中国建筑工业出版社，2016.10
ISBN 978-7-112-19845-0

Ⅰ.①建… Ⅱ.①徐… Ⅲ.①建筑结构-结构振动-手册 Ⅳ.①TU311.3-62

中国版本图书馆CIP数据核字（2016）第222884号

本书针对建筑工程设计、施工和勘测中的振动问题，以现行国家和行业标准为依据，吸收了国内外先进的科研成果和工程经验，在理论和应用方面作了较全面的阐述。

本书共分九篇四十五章，主要内容包括：振动荷载与容许振动标准、各类动力机器设计、多层工业建筑振动控制、各类动力机器基础和精密仪器的隔振设计、地基动力特性测试、建筑物动力特性测试、建筑施工振动控制、交通运输振动控制、古建筑振动控制等。

本书由中国工程建设标准化协会建筑振动专业委员会的专家委员共同编写，具有权威性、先进性、综合性、实用性的特点。本书内容丰富、资料齐全、结构清晰、指导性强。

本书可供从事建筑工程设计、施工、勘察和科研的人员使用，也可供大专院校有关师生参考。

责任编辑：刘瑞霞　王　跃　咸大庆
责任设计：李志立
责任校对：李欣慰　李美娜

建筑振动工程手册
（第二版）
徐　建　主编
*
中国建筑工业出版社出版、发行（北京海淀三里河路9号）
各地新华书店、建筑书店经销
霸州市顺浩图文科技发展有限公司制版
北京中科印刷有限公司印刷
*
开本：787×1092毫米　1/16　印张：46　字数：1147千字
2016年12月第二版　2016年12月第三次印刷
定价：**118.00**元
ISBN 978-7-112-19845-0
（29380）

第二版编委会

第二版编写分工

第一篇　徐　建　万叶青　杨　俭　张同亿　朱大勇　曹雪生　黄　伟

第二篇　徐　建　尹学军　周建军　余东航　杨毅萌　王伟强　邵晓岩　王贻荪　刘志久

第三篇　徐　建　张同亿　王全光　王永国　曹雪生　黄　伟

第四篇　徐　建　尹学军　陈　骝　高星亮　周建军　李　惠　胡明祎　万叶青　杨　俭　杨毅萌　谷朝红

第五篇　郑建国　徐　建　张　炜　钱春宇

第六篇　陈志鹏　王宗钢　宝志雯

第七篇　陈龙珠

第八篇　杨宜谦

第九篇　徐　建　张　炜　郑建国　钱春宇

第一版编委会

第一版编写分工

第一篇　刘纯康　杨先健　徐　建　杨文君　战嘉恺　茅玉泉
第二篇　刘纯康　杨文君　翟荣民　罗国澍　冯文龙　汤来苏　吴霞媛　王贻荪
第三篇　徐　建　王全光
第四篇　刘纯康　翟荣民　高象波　杨国泰　何成宏　吴霞媛　俞渭雄　李芳年
第五篇　李席珍　吴成元
第六篇　徐攸在　王贻荪
第七篇　陈志鹏　王宗钢　宝志雯
第八篇　陈龙珠　王贻荪

第二版序言

由中国工程建设标准化协会建筑振动专业委员会主任委员徐建教授主编的《建筑振动工程手册》（第一版）自2002年问世以来，在工程建设领域得到广泛应用，受到高度好评，已经成为建筑工程振动控制领域最重要的工具书，对于我国工程建设振动学科的发展和工程应用起到了积极的推动作用。

随着我国工业化进程的发展，对工程振动控制技术提出了更高的要求，近些年来国内外涌现出一大批创新成果，许多国家标准也进行了修订。《建筑振动工程手册》（第二版）是在总结国内外先进科技成果和工程实践的基础上，按照现行国家标准的要求修订的，手册还补充了目前工程中急需的轨道交通振动控制与古建筑振动控制的内容，使手册的应用更加全面完整。

本手册是由中国工程建设标准化协会建筑振动专业委员会的专家学者共同完成，他们长期从事工程振动控制的科学研究和工程实践工作，具有丰富的经验。《建筑振动工程手册》（第二版）的修订，适应了我国工程建设的需要，手册具有权威性、适用性和学术性，手册的出版必将产生良好的社会效益和经济效益。

中国工程院院士
广州大学教授 周福霖

2016年6月

第一版序言

建筑工程中的振动问题越来越引起人们的重视，工程中曾出现过不少由于振动的影响使仪器设备不能正常工作、加工测量精度不能满足要求、工作人员身体健康受到影响、动力测试结果不正确为工程应用提供不可靠数据、施工振动影响了环境和毗邻建筑等问题，甚至产生巨大的经济损失。

《建筑振动工程手册》从理论和实用上较全面地阐述了工程中的振动问题，具有较高的学术价值和应用价值。该书不同于工程振动的教科书，它主要针对工程技术人员在设计、施工、勘测等方面遇到的实际问题，提出解决问题的方法和理论依据，附有相当广泛的工程实例，对于技术人员解决工程问题具有很好的参考作用。

该书是数十位专家经验的结晶，他们具有丰富的实践经验和深厚的理论功底，许多人主编或起草过国家标准，该书反映了我国目前建筑工程振动领域的先进水平，填补了国内的空白。该书的问世一定会受到读者的欢迎，并产生良好的社会效益和经济效益。

中国科学院资深院士
大连理工大学教授
钱令希
2001 年 12 月

本书是根据建筑工程中普遍存在的振动问题编写的，其内容涉及振动理论和基础资料、动力机器基础设计、多层厂房承受动力荷载时的振动设计、隔振设计、地基动力特性测试、桩与地基的动力测试、建筑物的动力检测、建筑施工引起的振动问题等，反映了我国当前建筑工程振动的实践经验和先进水平。该书的特点是紧密结合工程实践、内容丰富、实用性强，能系统地指导建筑工程振动设计、施工和测试工作，是一本在建筑工程振动领域具有较大应用价值的综合性专著。

中国工程院院士
中国水利水电科学研究院研究员
陈厚群
2001 年 12 月

第二版前言

近些年来，我国在工业工程振动控制领域的科学研究和工程实践取得了突破性进展，以《工业工程振动控制关键技术研究与应用》为代表的一批科研成果达到了国际先进或国际领先水平，获得了国家科技进步奖。这些成果的涌现，实现了工业工程振动控制高端技术由从国外引进到出口的突破，提升了我国在工业工程领域的核心竞争力。

由中国工程建设标准化协会建筑振动专业委员会负责完成了建筑振动标准体系，使该领域标准的编制做到了系统性、全面性和有针对性，在此基础上，一大批国家标准颁布实施。

在总结我国建筑振动领域最新科研成果的基础上，我们对2002年出版的《建筑振动工程手册》进行了修订。修订工作是在2002版手册的基础上，补充了经过工程实践的新技术、新工艺、新材料，体现了最新国家标准的设计要求。根据目前工程发展的需要，还补充了轨道交通振动控制和古建筑振动控制的内容，使手册更具有先进性、完整性和实用性。手册共分九篇四十六章，主要内容包括：振动荷载与容许振动标准、动力机器基础设计、多层工业建筑振动控制、隔振设计、地基动力特性测试、建筑物动力特性测试、建筑施工振动控制、轨道交通振动控制和古建筑振动控制。

《建筑振动工程手册》的修订，得到中国工程建设标准化协会建筑振动专业委员会专家委员的大力支持，中国工程院院士、广州大学周福霖教授为本书写了序言。在手册修订中，参考了一些作者的科研成果和著作论文，在此一并致谢。

本书不妥之处，请予以批评指正。

第一版前言

随着工程建筑的发展，工程中的振动问题越来越引起人们的关注，如工业建筑中振动对设备加工和仪器测量精度的影响、高层建筑中动力设备对建筑物的影响、振动对人体健康的影响、隔振技术及其应用、地基和建筑物的动力测试、建筑施工产生的振动对周围环境和建筑物的影响等，都给工程技术人员提出许多新的课题。虽然这些问题在我国一些标准规范中已有规定，也有一些先进的研究成果可供采用，但系统地阐述建筑工程振动的综合性专著在我国还是空白。本书编写的目的是向广大工程技术人员较全面地阐述建筑工程振动的理论和应用，对于工程技术人员正确地应用国家有关标准，及时掌握国内外先进科技成果；对于科研人员正确地把握研究方向，提高研究成果的实用性，具有一定的意义。

本书共分八篇三十八章，主要内容包括：振动理论、振动的影响及允许振动值、动力设备的扰力、各类动力机器基础的设计、多层厂房承受动力荷载时的振动设计、建筑物和动力设备的隔振设计、地基动力特性测试、基桩与地基的动力检测、建筑物的动力测试、建筑施工中的振动问题等。

建筑工程振动是结构工程学和动力学的交叉学科，涉及的知识面很广，本书紧紧把握知识的深度和广度，紧密结合工程需要。本书具有以下特点：

1. 权威性：本书由中国工程建设标准化协会建筑振动专业委员会组织编写，编委均为委员会的委员和顾问，绝大多数编委是国家标准和行业标准的主编或主要起草人，长期从事建筑工程的设计、勘察、施工和科研工作，是建筑振动某方面研究的专家，在国内具有一定的影响。

2. 先进性：本书的内容来自国家和行业标准及其背景材料、经过省部级鉴定的科研资料、经过工程实践并经过专家论证的先进工程经验。许多成果达到国际和国内先进水平，一些成果获得国家和省部级科技进步奖。

3. 综合性：本书的内容涉及建筑工程振动的各个方面，这在国内外同类书籍中还是首次。

4. 实用性：本书的内容紧密结合工程需要，所附大量的实例均来自实际工程。

本书编写过程中得到了大连理工大学钱令希资深院士、中国水利水电科学研究院陈厚群院士、中国建筑科学研究院周锡元院士、中国科学院计算所崔俊芝院士的大力支持，钱令希院士和陈厚群院士还为本书写了序言，此外本书还参考了一些作者的著作和论文，在此一并致谢。

本书不当之处，请批评指正。

目　录

第一篇　振动荷载与容许振动标准

第二篇　动力机器基础设计

第三篇 多层工业建筑振动控制

第四篇 隔 振 设 计

第五篇　地基动力特性测试

第六篇 建筑物动力特性测试

第七篇 建筑施工振动控制

第八篇　交通运输振动控制

第九篇　古建筑振动控制

第一篇

振动荷载与容许振动标准

第一章　振动荷载

第一节　振动荷载分类

一、基本原则

工程振动研究和设计需要针对一个振动体系进行，主要研究对象包括：振动体系的输入振动荷载条件——激振力，振动体系的动力特性——结构系统，振动体系的响应输出——振动效应，如图 1.1.1 示意。

图 1.1.1　工程振动研究三对象

振动荷载标准值通常应由设备制造厂提供，当设备制造厂不能提供相关资料时，可按《工业建筑振动荷载规范》的规定采用。由于振动设备种类繁多，不同类型设备的振动荷载具有较大的离散性。即使是同类型设备，不同厂家生产的设备也会有一些差异。虽然荷载规范运用统计方法得到具有包络特性的振动荷载数值，然而一些设备的差异性，可能会引起荷载的偏差。因此，工程设计时振动荷载应优先由设备厂家提供。

在结构动力设计时，需要考虑结构的惯性作用和结构振动体系的频率因素。振动荷载作用具有荷载动力特性，振动荷载应包含：荷载的频率区间、振幅大小、持续时间、作用位置和振动方向等数据。具体内容为：

1. 振动荷载数值是最基本的参数。

2. 振动荷载的方向和作用位置对结构影响较大，特别是水平荷载，作用位置较高时，会产生较大力矩。

3. 荷载持续时间主要是指冲击荷载作用时，持续时间较短，这是荷载计算和冲击隔振设计所需的重要参数。

4. 振动荷载的频率是隔振设计的关键因素，隔振体系应有效避开振动荷载的频率区间，以免共振。

建筑结构的振动荷载包括多种类型。这些荷载数据可以通过大量试验研究、资料积累和统计分析等方法来得到。

不同的荷载作用，其荷载效应也不一样。通常结构设计中所涉及的荷载可以归纳为：静力荷载与动力荷载（即振动荷载）。

在结构分析中，不考虑时间和频率因素，没有惯性作用的荷载，通常称之为静力荷载。静力荷载取值和用法在《建筑结构荷载规范》已经做出规定。如果荷载效应与时间有关，需要考虑结构体系的动力特性（亦即频率响应），荷载作用还会伴随着结构的惯性效应，这样的荷载就称之为振动荷载。

对于正常使用极限状态，振动加速度、速度和位移验算宜采用振动荷载效应组合值；结构变形和裂缝验算宜采用振动荷载效应组合值与静力荷载效应的标准组合。

对于承载能力极限状态，结构强度验算宜采用振动荷载效应组合值与静力荷载效应的基本组合；结构疲劳强度验算宜采用振动荷载效应组合值与静力荷载效应的标准组合。

二、振动荷载特性

常见的建筑工程振动荷载可分为下列三类：

（1）周期振动荷载，包括电机、风机、水泵、发动机等。

（2）随机振动荷载，包括公路运输、轨道交通、人行荷载等。

（3）冲击振动荷载，包括锻锤、压力机、打桩、爆破等。

这三种类型的振动荷载在时域和频域内的特性都具有较大差别，由其产生的振动效应也有不同。

1. 周期振动荷载

振动荷载值随时间变量的变化，表现为经过一个固定时间区间后，其值能重复再现，是一个周期量的振动现象。在时间区间是沿时间轴方向，做有规律的波动（见图 1.1.2）。周期振动荷载的曲线图形，在频率区间则表现为单频率或有限个频率点的棒状图（见图 1.1.3）。例如，电机、水泵等旋转设备的扰力。

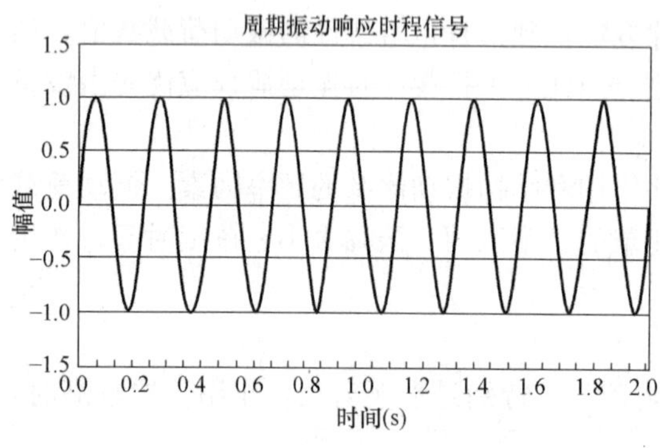

图 1.1.2　周期振动荷载时间历程

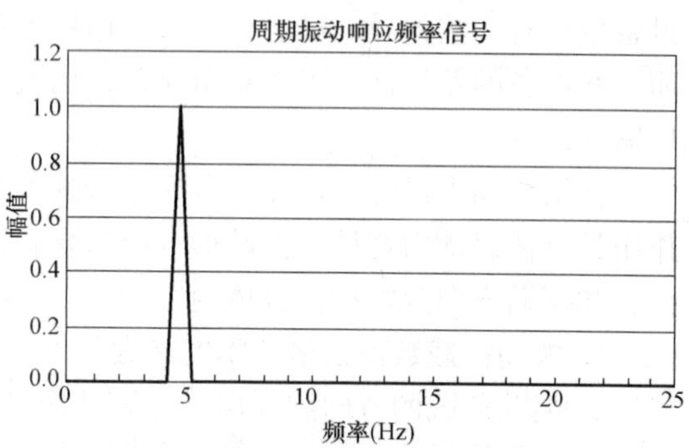

图 1.1.3　周期振动荷载频谱图

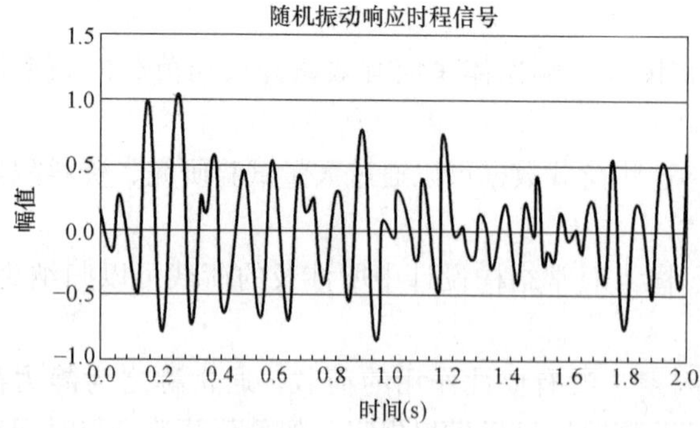

图 1.1.4　随机振动荷载时间历程

2. 随机振动荷载

振动荷载值随时间变量的变化，在未来任一给定时刻，其瞬时振动荷载值无法精确预知的无规则振动现象。随机振动荷载的曲线图形，在时间区间是一条沿时间轴方向的波动呈杂乱无章、没有规律变化的曲线（见图 1.1.4）。在频率区间则表现为沿频率轴或某个频率区间连续分布的图形（见图 1.1.5）。例如，交通振动、地脉动等的振动荷载。

3. 冲击振动荷载

振动荷载值随时间变量的变化，表现为瞬态激励，它的作用时间非常短暂，荷载形态为脉冲函数。冲击振动荷载的曲线图形的时域过程，在时间轴上是一个脉冲函数，持续时间非常短暂（见图 1.1.6）。在频率区间则表现为在频率轴上呈现宽带连续分布的图形（见图 1.1.7）。例如，锻锤打击力、压力机冲裁力，以及打桩施工等的振动荷载。

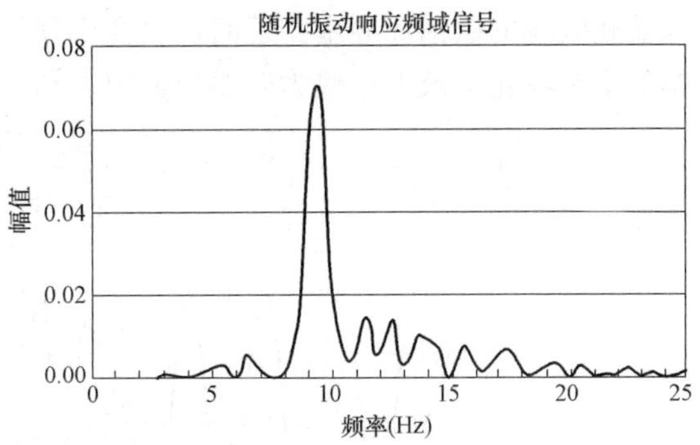

图 1.1.5　随机振动荷载频谱图

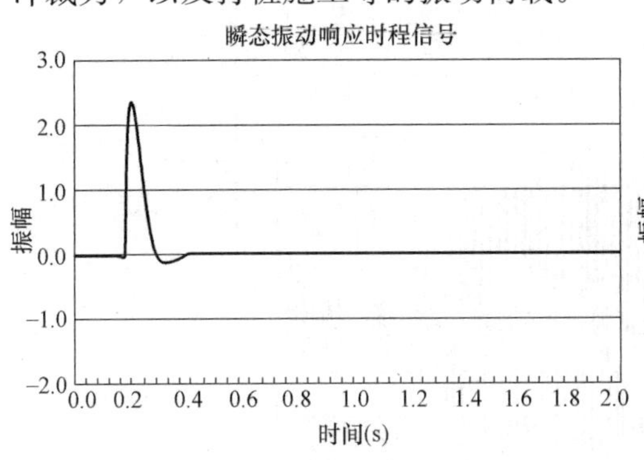

图 1.1.6　冲击振动荷载时间历程

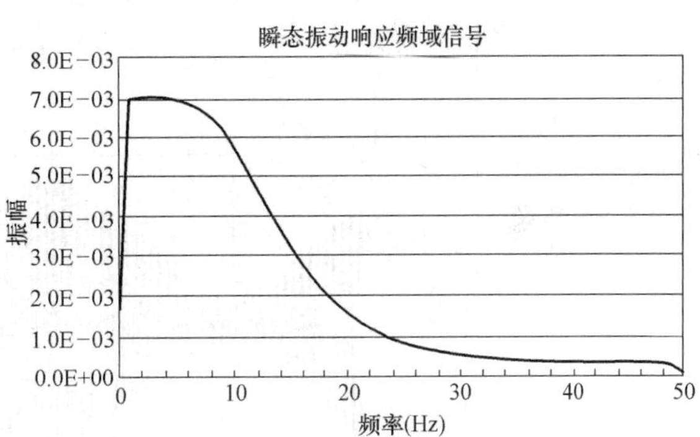

图 1.1.7　冲击振动荷载频谱图

三、荷载效应组合

1. 建筑工程振动荷载作用效应组合，可以包括以下三种基本形式：

（1）静力荷载与拟静力荷载的组合，按照基本组合，用于静力计算。在确定荷载的动力系数后，按《建筑结构荷载规范》计算。

（2）静力荷载与振动荷载的组合，按照标准组合，用于动力计算。在确定振动荷载标准值、组合值系数、频遇值系数和准永久值系数后，按《建筑结构荷载规范》计算。

（3）振动荷载与振动荷载的组合，按照标准组合，用于动力计算。根据《工业建筑振动荷载规范》规定的组合方法进行计算。

不难看出，振动荷载的特征要比静力荷载复杂。研究表明：许多振动荷载都具有一些基本特征，可以用一些振动参数和技术指标来描述，例如均值、峰值、均方根值等。以单振源周期信号为例，振动荷载参数的概念可以较为清晰地表示。如图 1.1.8 所示。

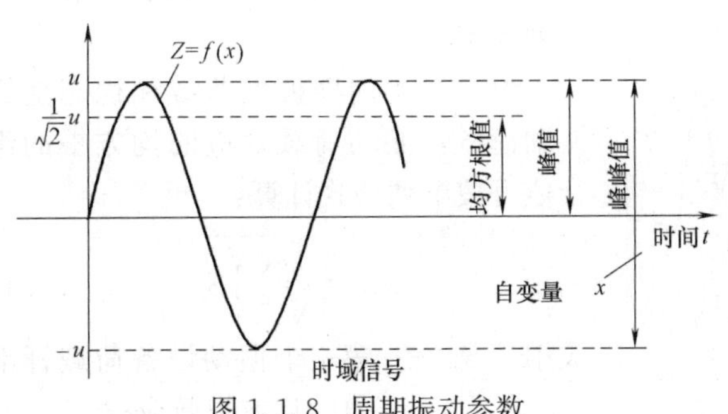

图 1.1.8　周期振动参数

如果是多振源周期信号的叠加，振动荷载参数的概念就会有所不同。对于两振源振动叠加的情形。当两个振源荷载效应的振幅和频率相近时，就会出现拍频振动现象。此时没有等高振幅的现象，振幅大小有变化，最大振幅为两振源振幅之和。如图 1.1.9 所示。

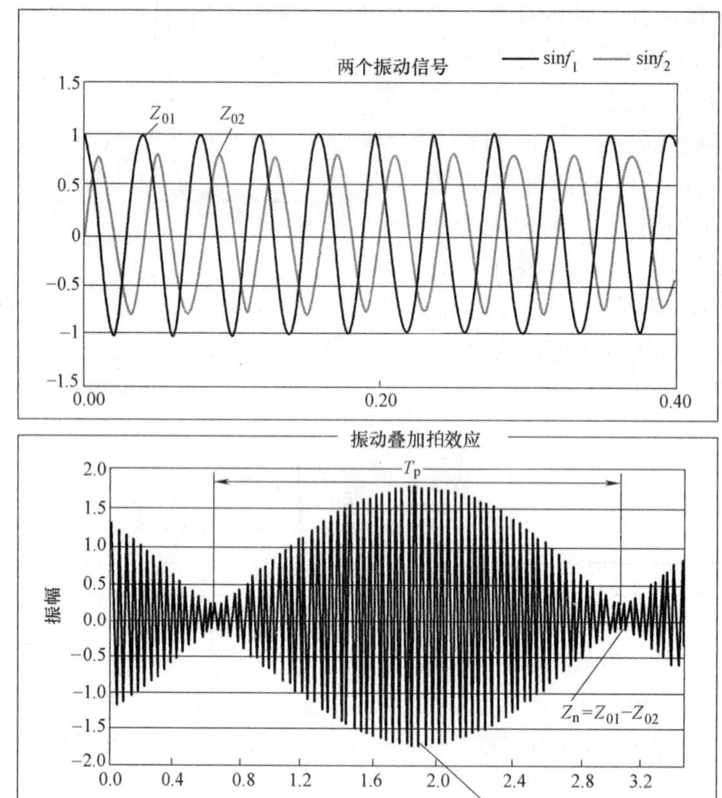

图 1.1.9　两振源振动组合

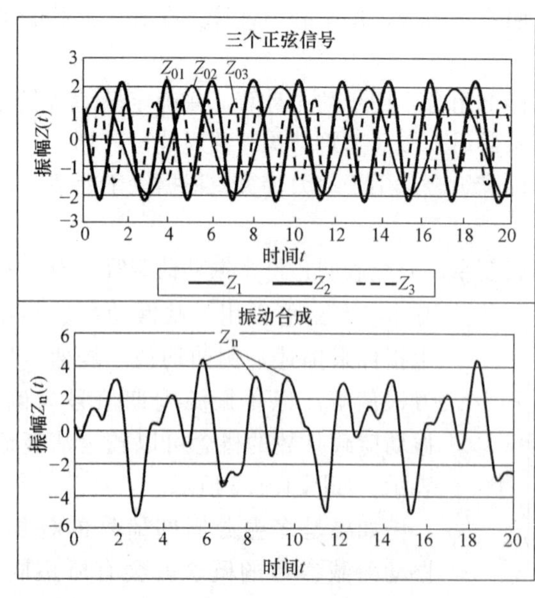

图 1.1.10　多振源振动组合

对于三振源情形，振动叠加结果更为复杂，具有一些随机特性。一般情况振幅变化较难有规律可循。具体如图 1.1.10 所示。

振动荷载与振动荷载的组合，应采用标准组合。

2. 振动荷载作用效应组合，应符合下列规定：

(1) 对于周期振动荷载和稳态随机振动荷载，振动荷载效应的均方根的组合值可按下列公式计算：

$$S_{\sigma n}=\sqrt{\sum_{i=1}^{n}S_{\sigma i}^{2}} \tag{1.1.1}$$

式中　$S_{\sigma i}$——第 i 个振动设备荷载标准值的均方根效应；

$S_{\sigma n}$——n 台振动设备的均方根效应组合值；

n——振动设备的总数量。

（2）对于冲击荷载，振动荷载效应组合值，可按下列公式计算：

$$S_{Ap}=S_{max}+\alpha_{k1}\sqrt{\sum_{i=1}^{n}S_{\sigma i}^{2}} \tag{1.1.2}$$

式中　S_{max}——冲击荷载效应在时域上的最大值；

S_{Ap}——冲击荷载控制时，在时域范围上效应的组合；

α_{k1}——冲击作用下的荷载组合系数，通常可取 1.0。

四、动力系数

振动荷载效应可采用动力荷载或等效静力荷载。在工程设计时，为了简化建筑结构的设计计算，在有充分依据时，可将重物或设备的自重乘以动力系数后，得到动荷载。然后再根据这样的动荷载就可以按静力方法来设计，这种用动荷载设计的方法也叫拟静力设计方法。将承受动力荷载的结构或构件，根据动力效应和静力效应的比值得到动力系数。

当振动荷载效应采用拟静力方法分析时，振动荷载的动力系数，可按下式计算：

$$\beta_{d}=1+\mu_{d} \tag{1.1.3}$$

$$\mu_{d}=\frac{S_{d}}{S_{j}} \tag{1.1.4}$$

式中　β_{d}——振动荷载的动力系数；

μ_{d}——振动荷载效应比；

S_{d}——振动荷载效应；

S_{j}——静力荷载效应。

动力系数的取值与振动设备特性有关，如，电机、风机、水泵等设备，工作较为平稳；球磨机、往复压缩机、发动机等设备，具有中等冲击；锻锤、压力机、破碎机等设备具有较大冲击。动力系数应当具有包络特性。如图 1.1.11 所示。

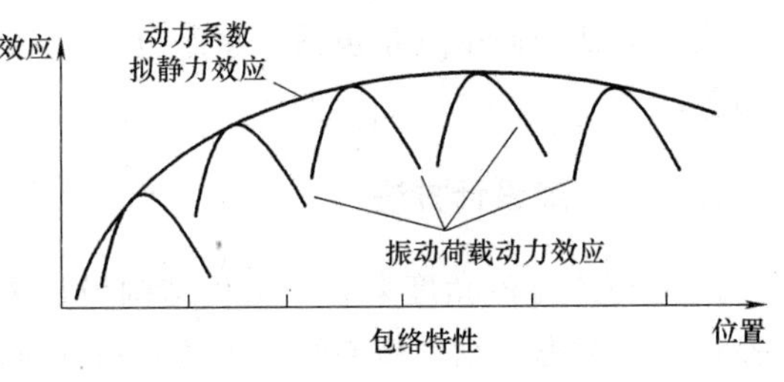

图 1.1.11　荷载效应包络特性

确定动力系数通常可以采用两种方法：1）经验推荐用值，可以查阅有关机械设计手册提供动力系数。2）对于简单的机械系统，动载系数也可用解析法求出。

动力效应可分为：1）直接作用，如振动设备基础；2）间接作用，如振动设备所在厂房楼盖或屋盖结构。

通常情况，对于设备振动荷载直接作用的结构，动力荷载（简称动载）应为动力系数乘以设备重量。对于振动荷载间接作用的结构，动力荷载应为动力系数乘以相应的结构重量。

第二节　振动荷载确定方法

一、确定原则

工程结构包括工业和民用建筑，以及公路和铁路桥涵等的承重结构。在长期使用过程中，也就是在设计使用年限内，工程结构在荷载和环境作用下的效应，应能满足安全和适用的要求。

由于工程建设在规划、设计、施工和使用工程中难免会有一些偏差，加上结构荷载和材料性能在一定范围内是随机变化的，具有某种程度的不确定性。严格意义上的结构安全性只有在概率统计层面上才具有意义。因此，人们运用了可靠性的原理来指导工程设计。通常用可靠度来度量结构的可靠性。

工程结构可靠性设计的目的是在特定概率保证率的条件下，在规定设计使用年限内，能够满足预定功能要求的能力。结构可靠性包括：结构的安全性、适用性和耐久性。

工程中的不确定性因素影响结构的可靠性。这里的不确定因素在有些教科书中分为：随机性、模糊性和灰色性。按照不确定性与时间的关系，还可以分为：静态不确定性和动态不确定性。如结构的自重、固定设备重量等与时间关系不大时，就属于静态不确定性问题；对于人为振动和自然振动荷载等这些随时间变化的过程就是动态不确定性问题。自然振动包括风荷载、地震海浪等，人为振动包括振动设备运行以及道路交通引起的振动。工程振动属于人为振动。

工程结构可靠性的定义是指结构在规定的条件下，在规定时间内完成规定功能的能力。可靠性设计概念涉及物理、数学和工程等方面的知识。

结构可靠性数学基础是由概率论、数理统计、随机过程和模糊数学等构成。其中在工程结构中常见的概率分布包括：正态分布、对数正态分布、指数分布和威布尔（Weibull）分布等。

二、可靠度设计方法

1. 从可靠度的角度来看，工程结构设计方法大致可分为经验安全系数设计方法和概率设计方法两类。结合概率统计方法和可靠性理论，人们对设计方法不断改进。大致过程如表 1.1.1 所示。

可靠性设计方法　　　　**表 1.1.1**

序号	设计水准	设计方法	备注
1	Ⅰ	半经验半概率法	经验安全系数法，K
2	Ⅱ	近似概率法	概率极限状态法，分项系数
3	Ⅲ	全概率法	概率极限状态法，分项系数

2. 结构构件的极限状态可分为下列两类：

（1）承载能力极限状态：这种极限状态对应于结构或结构构件达到最大承载能力或不适于继续承载的变形。

（2）正常使用极限状态：这种极限状态对应于结构或结构构件达到正常使用或耐久性能的某项规定限值。

3. 工程振动可靠度设计应以满足安全、适用和耐久性三个方面规定的功能要求为极限状态，其中包括承载能力极限状态和正常使用极限状态。建筑结构的三种设计状况应分别进行下列极限状态设计：

（1）对三种设计状况，均应进行承载能力极限状态设计；

（2）对持久状况，尚应进行正常使用极限状态设计；

（3）对短暂状况，可根据需要进行正常使用极限状态设计。

4. 工程振动可靠度设计的主要内容包括：

（1）振动荷载和结构抗力的统计特征

（2）构件材料和结构体系的可靠度分析；

（3）工程振动的可靠度目标确定。

5. 工程振动可靠性设计原理如图 1.1.12 所示。

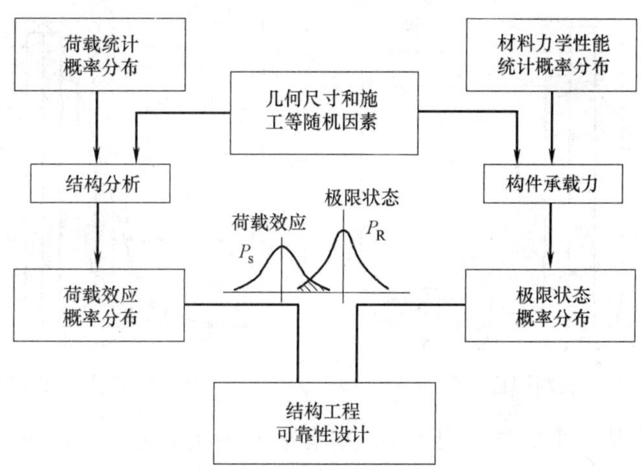

图 1.1.12　工程振动可靠性设计

三、指标确定

结构可靠度是结构可靠性的概率度量，定义为在规定时间内和规定条件下结构完成预定功能的概率。设可靠概率为 P_s，失效概率为 P_f。于是：

$$P_s + P_f = 1$$

结构基本随机向量为 $X=(X_1, X_2, \cdots, X_n)$，其结构的功能函数为：

$$\begin{aligned} Z &= g(X_1, X_2, \cdots, X_n) \\ &= R(Y_1, Y_2, \cdots, Y_m) - S(F_1, F_2, \cdots, F_l) = 0 \end{aligned}$$

结构构件的极限状态见图 1.1.13：

$$Z=g(X)\begin{cases} <0, \text{结构失效状态} \\ =0, \text{结构极限状态} \\ >0, \text{结构可靠状态} \end{cases}$$

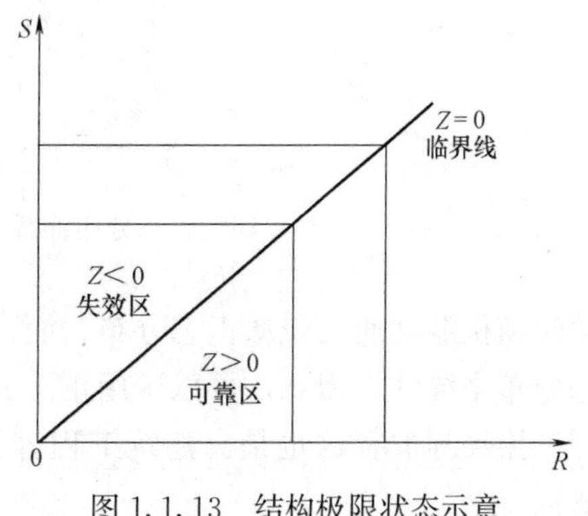

图 1.1.13　结构极限状态示意

抗力是指与荷载效应（弯矩，剪力，轴力）对应的截面抗力，从广义概念看，即为结构构件的极限状态。为了工程简化，假设极限状态是与时间无关的随机变量。

影响结构构件抗力不确定性的主要因素是结构的材料性能 f、几何参数 a 和抗力计算模式 P，它们都是随机变量。

在工程振动设计过程中，需要确定的两个基本技术条件是：1）振动效应的极限状态——容许振动标准；2）振动输入条件——振动荷载。振动的效应和荷载主要包括周期振动、随机振动和瞬态振动等类型。主要参数包括均方根值、幅值和峰值等。这些参数都具有随机性。根据《建筑结构可靠度设计统一标准》的规定，结合试验数据和资料分析可以得到这样的结论：对于建筑结构的荷载效应和结构构件的抗力，以及建筑结构可靠度指标和结构构件的失效概率等分析时，是按正态分布函数，或者当量正态分布函数的平均值和标准差计算。由此可见，正态分布函数是结构可靠度设计中最常用的方法，从图 1.1.14 和图 1.1.15 可以看出材料强度和振动荷载的分布特性。

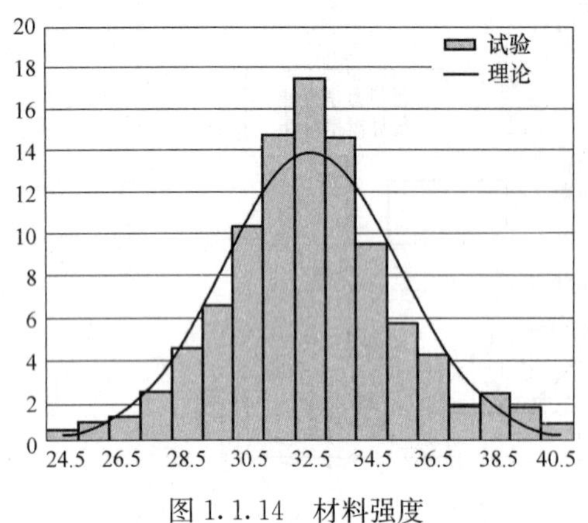

图 1.1.14　材料强度

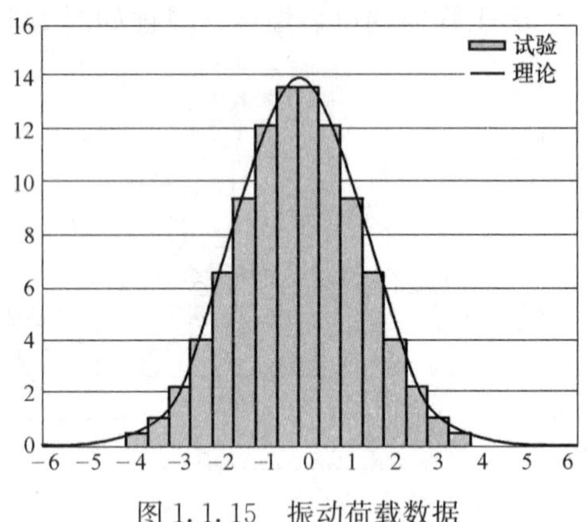

图 1.1.15　振动荷载数据

随机变量 X 服从一个数学期望为 μ、方差为 σ^2 的正态分布，记为 $N(\mu,\ \sigma^2)$。其概率密度函数为：

$$f(z)=\frac{1}{\sqrt{2\pi}\sigma}\exp\left[-\frac{(z-\mu)^2}{2\sigma^2}\right]$$

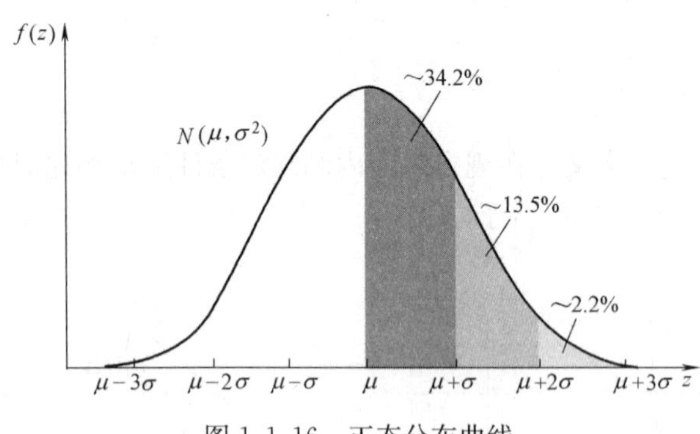

图 1.1.16　正态分布曲线

正态分布的一个重要特性 3σ 原则：用均方根值区间来表示数据的分布概率，如图 1.1.16 所示。

$$P(\mu-\sigma\leqslant Z\leqslant\mu+\sigma)=68.3\%$$

$$P(\mu-2\sigma\leqslant Z\leqslant\mu+2\sigma)=95.4\%$$

$$P(\mu-3\sigma\leqslant Z\leqslant\mu+3\sigma)=99.7\%$$

试验研究表明：在工程振动荷载三种类型的振动信号中，周期振动和随机振动通常服从正态分布；而冲击振动为偏态分布，可按照对数正态分布或当量正态分布来统计。因此，可以运用正态分布的 3σ 原则，确定对应保证概率下的荷载效应和容许振动标准。这也是《建筑工程容许振动标准》和《工业建筑振动荷载规范》的编制依据。

第三节　旋转式机器

一、一般要求

旋转式机器包括汽轮发电机组、重型燃气轮机、旋转式压缩机、离心机、电动机、通风机、鼓风机、离心泵等。旋转设备工作时，由于转子系统不平衡、油膜不稳定、齿轮拟合、联轴器对中、轴承接触面形态及磨损、转子零件松动、边界层流动分离、流体介质动力等因素会引起机械振动。为了简化计算，找出在复杂振动因素中起控制作用的部分，忽略一些次要的因素，再结合经验方法，并运用修正系数实现振动荷载的包络特性。旋转设备振动荷载产生的一个主要原因是不平衡质量的偏心距，为此，可以根据旋转式机器的动力学特性描述为图 1.1.17 所示情形。

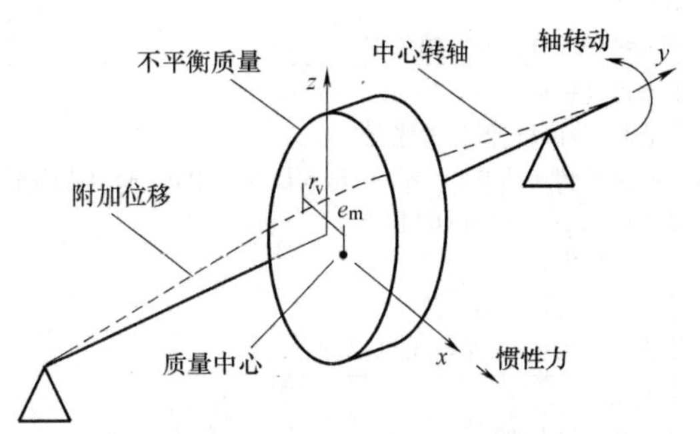

图 1.1.17　转子振动示意

如图 1.1.17 所示，转子偏心距可以表示为 $e=r_v+e_m$。考虑到影响转子偏心距的因素较多，精确计算这些因素较为困难。为了简化计算，通常采用对质量偏心距（e_m）乘以修正系数（S_f）方法；亦即，在工程上多以公式 $e=e_mS_f$ 来估计转子偏心距。因此，旋转设备振动荷载可以表示为：

$$F_v=m_re_m\omega_0^2=\beta_fm_rG\omega_0 \tag{1.1.5}$$

式中　m_r——旋转部件质量（kg）；

e_m——质量偏心距（m）；

G——动平衡精度等级（m/s），按照表 1.1.2 取值；

n_0——转子额定工作转速（r/min）；

ω_0——额定角速度（rad/s），取 $\omega_0=0.105n_0$；

W_r——转子重量（N），取 $W_r=m_rg$；

g——重力加速度，可取 $9.81m/s^2$；

β_f——振动荷载系数，一般取为 2.5。

转子平衡品质分级指南　　**表 1.1.2**

机械类型：一般示例	平衡品质级别 G	量值 $e\omega$ (mm/s)
固有不平衡的大型低速船用柴油机（活塞速度小于 9m/s）的曲轴驱动装置	G 4000	4000
固有平衡的大型低速船用柴油机（活塞速度小于 9m/s）的曲轴驱动装置	G 1600	1600
弹性安装的固有不平衡的曲轴驱动装置	G 630	630
刚性安装的固有不平衡的曲轴驱动装置	G 250	250

续表

机械类型：一般示例	平衡品质级别 G	量值 $e\omega$ (mm/s)
汽车、卡车和机车用的往复式发动机整机	G 100	100
汽车车轮、轮箍、车轮总成、传动轴、弹性安装的固有平衡的曲轴驱动装置	G 40	40
农业机械 刚性安装的固有平衡的曲轴驱动装置 粉碎机 驱动轴（万向传动轴、螺桨轴）	G 16	16
航空燃气轮机 离心机（分离机、倾注洗涤器） 最高额定转速达 950r/min 的电动机和发电机（轴中心高不低于 80mm） 轴中心高小于 80mm 的电动机 风机，泵，齿轮 通用机械，机床，造纸机 流程工程机械，透平增压机，水轮机	G 6.3	6.3
压缩机 计算机驱动装置 最高额定转速大于 950r/min 的电动机和发电机（轴中心高不低于 80mm） 燃气轮机和蒸汽轮机 机床驱动装置 纺织机械	G 2.5	2.5
声音、图像设备 磨床驱动装置	G 1	1
陀螺仪 高精密系统的主轴和驱动件	G 0.4	0.4

确定质量偏心距的方法较多，主要分为动平衡精度等级法和容许振动值法，如表 1.1.3 所示。

偏心距计算公式 **表 1.1.3**

序号	公式	依据	使用情况	说明
1	$e=\beta_f e_m=\frac{\beta_f G}{\omega_0}$	动平衡 G	ACI 推荐	较为合理
2	$e=\min(12.7\sqrt{\frac{12000}{n_0}},12.5)$	容许振动值	有些设计公司	$n_0>12000$ 偏大
3	$e=\frac{6.35}{n_0}$	残余不平衡	使用较少	计算值太小
4	$e=12.5\sqrt{\frac{12000}{n_0}}$	经验公式	规范征求意见稿	与式 3 类似

根据表 1.1.3 所列计算公式的比较，推荐采用公式 1，结果较为合理。

二、汽轮发电机组与重型燃气轮机

汽轮发电机组和重型燃气轮机作用在基础上的振动荷载，可按下列公式计算：

$$F_{vx}=\beta_f m_i G\omega_0 \tag{1.1.6}$$

$$F_{vy}=0.5F_{vx} \tag{1.1.7}$$

$$F_{vz}=F_{vx} \tag{1.1.8}$$

式中　F_{vx}——机器转轴的横向振动荷载（N）；

F_{vy}——机器转轴的纵向振动荷载（N）；

F_{vz}——机器的竖向振动荷载（N）；

m_i——作用在基础 i 点上的机器转子质量（kg）；

G——动平衡精度等级（m/s），取 $G=2.5\times10^{-3}$m/s；

β_f——振动荷载系数，取 2.5。

汽轮发电机组和重型燃气轮机基础进行动力计算时，振动荷载的作用位置宜与机组的轴承支座中心线一致，高度宜取转子的中心线。

三、旋转式压缩机

旋转式压缩机作用在基础上的振动荷载，可按下列公式计算：

$$F_{vx}=\beta_f m_r G\omega_0 \tag{1.1.9}$$

$$F_{vy}=0.5F_{vx} \tag{1.1.10}$$

$$F_{vz}=F_{vx} \tag{1.1.11}$$

式中　m_r——旋转部件质量（kg）；

G——动平衡精度等级（m/s），可取 $G=2.5\times10^{-3}$m/s。

注：当旋转式压缩机与驱动机之间有变速箱，计算机器转子的质量时，应计入变速箱内对应相同转速的齿轮、转轴的质量。

振动荷载作用点的位置，宜根据机器转子的质量分布状况确定。

四、离心机

1. 振动荷载计算公式

离心机是作为一种分离固-液相、液-液相、液-液-固相混合物的典型化工机械，广泛应用于多种生产过程。离心机不同于离心泵、离心压缩机、离心风机等高速回转机械，除了离心机转鼓质量不均匀、尺寸误差等因素引起的质量偏心外，它在生产中处理不均匀的介质（液体或气体），还会因生产过程中物料性能的差异及操作上的因素，比如布料不均引起回转件质量偏心，致使离心机产生偏心离心力，传递到基础上，使得基础承受振动荷载。

离心机（不管是立式还是卧式），一般做成悬臂结构，这种布置形式的离心机在工作时很容易产生由偏心离心力引起的振动荷载 F_v。而振动荷载的方向不断变化，但始终沿半径向外，其荷载大小按式（1.1.12）计算：

$$F_v=m_r e_r \omega^2 \tag{1.1.12}$$

$$\omega=0.105n \tag{1.1.13}$$

式中　F_v——离心机振动荷载（N）；

m_r——离心机旋转部件总质量（kg），离心机旋转部件总质量可取转鼓体的质量及转鼓内物料的质量之和；

e_r——离心机旋转部件总质量对离心机轴心的当量偏心距（m）；

ω——离心机的工作转速时的角速度（rad/s）；

n——离心机工作转速（r/min）。

卧式离心机的振动荷载，可按下列公式计算：

$$F_{vx}=F_v \tag{1.1.14}$$

$$F_{vy}=0.5F_v \tag{1.1.15}$$

$$F_{vz}=F_v \tag{1.1.16}$$

式中 F_{vx}——垂直于离心机转轴的横向振动荷载（N）；

F_{vy}——离心机转轴的纵向振动荷载（N）；

F_{vz}——垂直于离心机转轴的竖向振动荷载（N）。

立式离心机的振动荷载，可按下列公式计算：

$$F_{vx}=F_v \tag{1.1.17}$$

$$F_{vy}=F_v \tag{1.1.18}$$

$$F_{vz}=0.5F_v \tag{1.1.19}$$

式中 F_{vx}——垂直于离心机转轴的横向振动荷载（N）；

F_{vy}——离心机轴的纵向振动荷载（N）；

F_{vz}——垂直于离心机轴的竖向振动荷载（N）。

2. 旋转部分质量的取值

离心机旋转部件总质量可取转鼓体的质量及转鼓内物料的质量之和，轴承、联轴器等对于振动荷载的影响宜计入偏心距中。

3. 当量偏心距 e

离心机旋转部件总质量对于离心机轴心的当量偏心距 e，可按表 1.1.4 确定。

离心机旋转部件总质量对于离心机轴心的当量偏心距 e（mm）　　表 1.1.4

机器类别	工作转速 n(r/min)			
离心机	$n\leqslant750$	$750<n\leqslant1000$	$1000<n\leqslant1500$	$1500<n\leqslant3000$
	0.300	0.150	0.100	0.050
分离机	$n\leqslant5000$	$5000<n\leqslant7500$	$7500<n\leqslant10000$	$10000<n\leqslant20000$
	0.030	0.015	0.010	0.005

注：表中 e 的取值已计入轴承、联轴器等对于振动荷载的影响。

在腐蚀环境中工作的离心机，其旋转部件总质量对轴心的当量偏心距 e，应按表 1.1.4 的数值乘以介质系数，介质系数可取 1.1～1.2，工作转速较低时取小值，工作转速较高时取大值。

五、通风机、鼓风机、电动机、离心泵

1. 振动荷载计算公式

通风机、鼓风机、电动机、离心泵的转子振动荷载，可按下列公式计算：

$$F_{vx}=\beta_f m_r e\omega^2 \tag{1.1.20}$$

$$F_{vy}=0.5F_{vx} \tag{1.1.21}$$

$$F_{vz}=F_{vx} \tag{1.1.22}$$

式中 F_{vx}——垂直于转轴的横向振动荷载（N）；

F_{vy}——转轴纵向振动荷载（N）；

F_{vz}——垂直于转轴的竖向振动荷载（N）；

m_r——旋转部件的总质量（kg）；

e——转子质心与转轴几何中心的当量偏心距（m）；

ω——转子转动角速度（rad/s）。

由上列公式可知，旋转式机器的振动荷载确定取决于旋转部分质量和偏心距两个参数的合理取值。

2. 旋转部分质量的取值

旋转部分质量一般包括：转子或叶轮、轴承、联轴器或槽轮（也称飞轮、皮带轮），为了计算方便和取值统一，旋转部分的质量可直接取转子或叶轮的质量，至于轴承、联轴器等对扰力的影响较小，可将这些因素综合到当量偏心距 e 中去。

3. 当量偏心距 e

既要考虑机器出厂时的偏心距，又要考虑机器在正常使用条件下，由各种因素引起的偏心距增值，包括：机器安装偏差；使用过程中的磨损、腐蚀和锈蚀；转子弯曲变形；旋转部分质量取值的误差等。经过大量的实测资料和对使用过的设备调查研究以及参考国外有关资料，我国《工业建筑振动荷载规范》给出了当量偏心距 e 可按下式计算：

$$e=\frac{6.3}{1000\omega} \tag{1.1.23}$$

第四节 往复式机器

一、振动荷载的特点

1. 工作原理

往复式机器是指曲柄（或曲轴）与连杆，以及做往复运动的活塞组成曲柄连杆机构的一种机械装置。这类机器包括：往复式压缩机和往复泵，往复式发动机亦称内燃机，如柴油机和汽油机等。广泛应用于机械、汽车、船舶、石油、化工等行业。具有易于启动、稳定性好、运行成本低等优点。

往复压缩机和往复泵等属于从动设备，需要外部动力驱动工作。当设备运行时，其主轴需要由电机带动，做匀速旋转运动，主轴上的曲轴（即曲柄）带动连杆，并驱动活塞做直线往复运动，起到压缩活塞缸内气态或液态介质的目的。而发动机则属于动力设备，动力传递过程刚好相反，由活塞缸内的气体燃烧驱动活塞在缸内往复运动，带动曲轴，并经由连杆带动主轴旋转，达到输出动力的目的。

往复式机器的振动荷载（亦即扰力）可分为由曲柄、连杆等旋转运动部件产生的不平衡质量的旋转运动惯性力（即离心力）和由连杆、活塞杆、活塞、连接组件等往复运动部件产生的质量往复运动惯性力两部分振动荷载。此外对于多缸机来说，还有各列气缸的分力向主轴上气缸布置中心平移时形成振动力矩荷载。往复机器示意简图见图 1.1.18 所示。

2. 振动荷载的特点

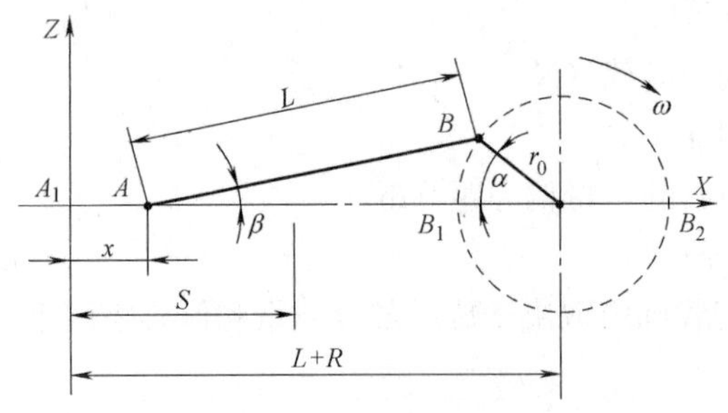

图 1.1.18　曲柄连杆机构运动示意

图中：A—活塞销中心；B—曲柄销中心；L—连杆长度；r_0—曲柄半径；S—活塞行程，$S=2r_0$；λ—曲柄半径连杆长度比（连杆比），$\lambda=r_0/L$；α—曲柄转角，曲柄顺时针方向旋转时，从气缸中心线的上方起顺时针方向为正；β—连杆摆角，自气缸中心线向右为正；x—活塞位移，从上止点位置向下为正。

往复机器曲柄连杆机构的作用力包括缸体里气体或液体的作用力、部件重力、惯性力和反力矩等。对于往复机器的振动荷载而言，主要考虑机构的惯性力和反力矩的作用。往复式机器的惯性力是由曲柄连杆机构的不平衡惯性力引起的。这里的惯性力包括旋转惯性力和往复惯性力两部分。

往复机器的惯性力和反力矩都与曲柄连杆机构的运动状态有关，起控制作用的是机构运动加速度和运动部件的质量。

旋转运动离心力的大小不变、只改变方向，往复运动惯性力的方向不变、只改变力的大小。往复式机器的振动荷载是将各列曲柄连杆机构的旋转运动离心力与往复运动惯性力合成后，以总的竖向扰力、水平 x 向扰力或扰力平衡后的回转力矩、扭转力矩表示。倾覆力矩则以未平衡的简谐分量表示。扰力和扰力矩具有以下特点：

（1）扰力和扰力矩具有多方向、多谐次特性。旋转运动离心力的扰频率与转速对应，称为一谐扰力；往复运动惯性力的扰频率有 2 个，与转速对应的为一谐扰力，与 2 倍转速对应的为二谐扰力，高于二谐的扰力很小，可忽略不计。扰力有 4 个参数：即沿竖向 z 轴作用的一谐扰力 F_{vz1}、二谐扰力 F_{vz2}，沿水平向 x 轴作用的一谐扰力 F_{vx1}、二谐扰力 F_{vx2}；扰力平衡后形成的力偶为扰力矩，也有 4 个参数：即竖向扰力形成绕 x 轴作用的回转力矩 M_{vx1} 和 M_{vx2}，它激发机器及其基础产生纵摇，水平 x 向扰力形成绕 z 轴作用的扭转力矩 M_{vz1} 和 M_{vz2}，它激发机器及其基础产生平摇，亦称偏航。

气缸内气体压力产生的倾覆力矩未平衡的简谐分量，以绕 y 轴作用的各谐次倾覆力矩 M_{vyi} 表示。往复运动惯性力和气缸内液体压力产生的倾覆力矩可以不计入振动荷载。

（2）往复式机器的振动荷载大小和方向由机器的平衡性能决定，共有 3 种平衡方式：

首先是结构式平衡，即结构形式和气缸数对平衡性能影响是最大的。结构形式是曲柄和气缸中心线的配置，分为立式、卧式、角度式、对置式和对称平衡型几种，角度式又分 L 形、V 形、W 形和 S 形，V 形还可根据气缸中心线的夹角细分。随曲柄和气缸数的增加，平衡性能大为改善。单缸机的平衡性能是最差的，2～4 缸的立式、卧式机平衡性能也不太好，对称平衡型和角度式平衡性能较好。多缸机的平衡性能大大优于单缸机，且缸数愈多平衡性能愈好，当一列（排）气缸达到 6 个或 6 个以上时，一谐、二谐扰力和扰力矩均可全部平衡，8 个扰力参数都为 0，振动荷载转由误差决定。气缸数对倾覆力矩未平衡的主谐次影响也很大，当倾覆力矩的主谐次超过 4、且转速较高时，该部分振动荷载也主要由误差控制。

其次是平衡铁平衡，它用于平衡一谐扰力和扰力矩，不仅旋转运动产生的可全部平衡，通过适当的曲柄气缸配置，往复运动产生的也可以全部平衡。

再次是平衡装置平衡，它用于平衡理论计算公式未能平衡的二谐扰力和扰力矩，有时也用于平衡往复运动一谐扰力，如单缸机。目前主要应用于往复式发动机，其他往复式机器也是可以配置的。

(3) 以上3种平衡方式，使往复式机器设计时的振动荷载差别悬殊、错综复杂，其中不少多缸机的扰力和扰力矩全部平衡了，理论计算值均为0，振动荷载实际由误差和其他一些因素控制。需要机器制造厂提扰力估算值，供基础设计采用，也值得今后做进一步研究使其定量化。

二、荷载计算

1. 一般原理

往复式机器的坐标系 $CXYZ$ 如图1.1.19所示。设坐标原点 C 在机器各气缸布置中心的主轴上。主轴水平 X 轴方向为正，主轴轴向 Y 轴方向为正。机器振动荷载的扰力主要是由各列气缸往复运动和旋转运动质量的惯性力产生。因此，不同类型的机器振动荷载的扰力（矩）是不同的。按照气缸排列方向和秩序，并考虑坐标轴方向，建立扰力计算公式。

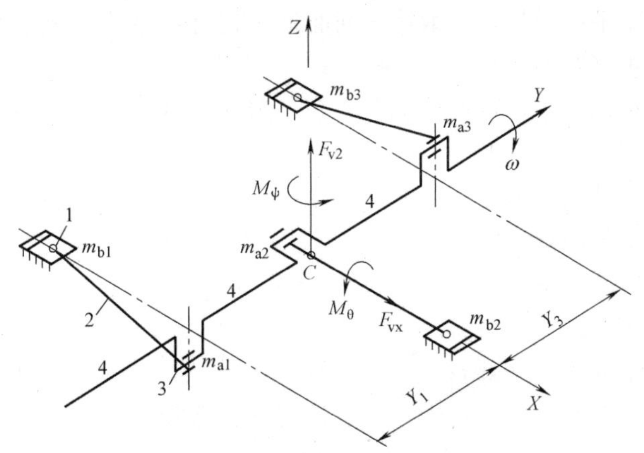

图1.1.19　振动荷载坐标系

1—活塞组件；2—连杆；3—曲柄；4—主轴

往复式压缩机、往复泵的振动荷载应计入旋转运动不平衡质量惯性力和往复运动质量惯性力；旋转运动不平衡质量惯性力可只计入一谐波，往复运动质量惯性力可只计入一谐波和二谐波，更高谐波可忽略不计。

往复式压缩机、往复泵的振动荷载，可按下列方法计算：

往复式机器曲柄—连杆—活塞机构各部分质量分布，可按图1.1.20、图1.1.21确定。

曲柄—连杆—活塞机构各部分运动质量，可按下列公式计算：

$$m_{ai}=m_1+\frac{r_c}{r_0}m_2+\left(1-\frac{l_c}{l_0}\right)m_3-\frac{r_2}{r_0}m_4 \tag{1.1.24}$$

$$m_{bi}=m_c+\frac{l_c}{l_0}m_3 \tag{1.1.25}$$

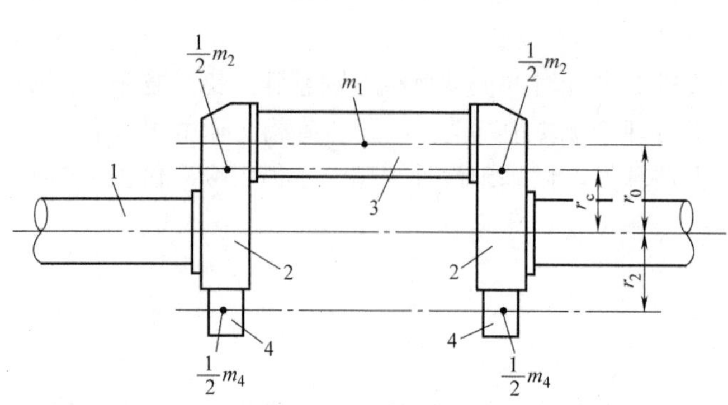

图 1.1.20　曲柄示意图

1—主轴；2—曲柄臂；3—曲柄销；4—平衡块

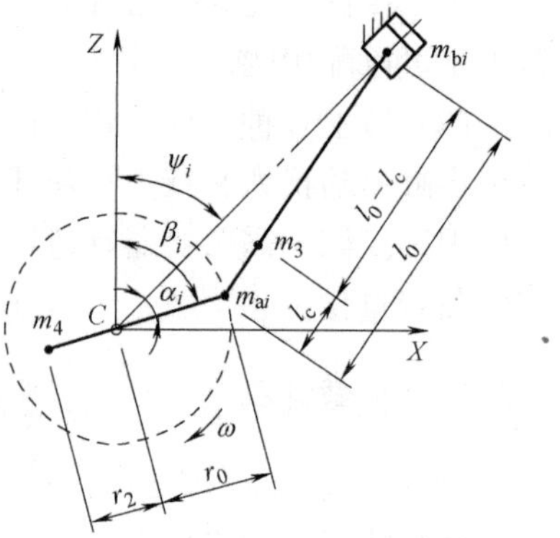

图 1.1.21　质量分布及转角示意图

$$\alpha_i=\omega t \tag{1.1.26}$$

$$\beta_i=\omega t+\psi_i \tag{1.1.27}$$

式中　m_{ai}——旋转不平衡质量，可取第 i 列曲柄—连杆—活塞机构各部分换算到曲柄销的质量（kg）；

m_{bi}——往复运动质量，可取第 i 列曲柄—连杆—活塞机构各部分换算到十字头的质量（kg）；

i——气缸列数；

m_1——曲柄销的质量（kg）；

m_2——曲柄臂的质量（kg）；

m_3——连杆的质量（kg）；

m_4——平衡重的质量（kg）；

m_c——往复运动部件（包括十字头、活塞杆、活塞）的质量（kg）；

r_0——曲柄半径（m）；

r_c——主轴至曲柄臂重心的距离（m）；

r_2——主轴至平衡重重心的距离（m）；

l_0——连杆长度（m）；

l_c——连杆重心至曲柄销的距离（m），一般情况下，l_c/l_0可取 0.3；

α_i——气缸中心线与曲柄的夹角；

β_i——Z 轴正向与曲柄的夹角；

ψ_i——Z 轴正向与气缸中心线的夹角；

ω——机器主轴的旋转角速度（rad/s）；

t——时间（s）。

往复式机器的振动荷载，可按下列规定计算：

（1）旋转不平衡质量m_{ai}引起的扰力F_{ai}，可按下列公式计算：

$$F_{ai}=\sum m_{ai}r_0\omega^2 \tag{1.1.28}$$

（2）往复运动质量m_{bi}引起的扰力F_{bi}，可按下列公式计算：

$$F_{bi}=\sum m_{bi}r_0\omega^2(\cos\alpha_i+\lambda\cos2\alpha_i) \tag{1.1.29}$$

$$\lambda = r_0 / l_0 \tag{1.1.30}$$

2. 往复式压缩机和往复泵计算公式

往复式机器的一阶谐波和二次谐波振动产生的扰力和扰力矩，可按下列公式计算：

一次谐波的水平扰力，可按下式计算：

$$F_{x1} = r_0 \omega^2 (\sum m_{ai} \sin \beta_i + \sum m_{bi} \cos \alpha_i \sin \psi_i) \tag{1.1.31}$$

二次谐波的水平扰力，可按下式计算：

$$F_{x2} = r_0 \omega^2 \lambda (\sum m_{bi} \cos 2\alpha_i \sin \psi_i) \tag{1.1.32}$$

一次谐波的竖向扰力，可按下式计算：

$$F_{z1} = r_0 \omega^2 (\sum m_{ai} \cos \beta_i + \sum m_{bi} \cos \alpha_i \cos \psi_i) \tag{1.1.33}$$

二次谐波的竖向扰力，可按下式计算：

$$F_{z2} = r_0 \omega^2 \lambda (\sum m_{bi} \cos 2\alpha_i \cos \psi_i) \tag{1.1.34}$$

一次谐波与二次谐波的回转力矩，可按下式计算：

$$M_\theta = \sum F_{zi} Y_i \tag{1.1.35}$$

一次谐波与二次谐波的扭转力矩，可按下式计算：

$$M_\psi = \sum F_{xi} Y_i \tag{1.1.36}$$

式中　Y_i——气缸中心线距坐标原点的距离（m）。

常用往复式压缩机和往复泵的振动荷载，见表 1.1.5。

3. 往复式发动机计算公式

（1）往复式发动机的振动荷载应取对应工作转速的一次谐波扰力或扰力矩、二次谐波扰力或扰力矩和倾覆力矩。扰力或扰力矩可按下列规定确定：

1）一般情况下，宜取工作转速最大值时的扰力和扰力矩；当某一转速的扰力可能激发基础共振时，尚应取该项扰力值。

2）一次谐波扰力或扰力矩、二次谐波扰力或扰力矩应按表 1.1.6 的规定确定。

3）当平衡铁平衡后的理论计算值为 0 或小到可忽略不计时，可按同类机型的单曲柄机，取平衡铁容许质量误差或连杆与活塞容许质量误差平方和开方计算一次谐波扰力值。

4）当二次谐波扰力或扰力矩采用平衡装置时，按表 1.1.6 计算的理论值，应减去被平衡装置已平衡的部分荷载。

5）制造厂提供的倾覆力矩简谐分量，不少于 3 缸的发动机不宜少于 3 次谐波，不少于 8 缸的发动机宜在主谐波次与基频之间取值。

扰力和扰力矩的一次谐波频率宜取对应发动机工作转速，其余各谐波频率宜取对应一次谐波频率的倍数。四冲程发动机的倾覆力矩简谐分量基频宜取对应 1/2 谐波，主谐次宜取对应缸数的 1/2；二冲程发动机的倾覆力矩简谐分量基频对应的一次谐波，主谐次宜取对应缸数。

扰力作用点位置，宜取曲轴中心。

（2）振动荷载值叠加时，扰力和扰力矩相位差，可按以下规定采用：

1）一次谐波扰力和扰力矩的竖向与水平向相位差应取 90°。

2）二次谐波扰力和扰力矩的相位：气缸中心线无夹角或夹角为 90°时应取同相位，与一次谐波叠加时宜取同相位，其他夹角时宜按实际情况确定。

3）倾覆力矩简谐分量激发的振动值叠加时，不考虑相位，可按平方和开方取值。

常用往复式机器的振动荷载计算公式 **表 1.1.5**

形式	简图	阶		水平扰力F_{vx}	竖向扰力F_{vz}	扭转力矩$M_{v\psi}$	回转力矩$M_{v\theta}$
单列卧式	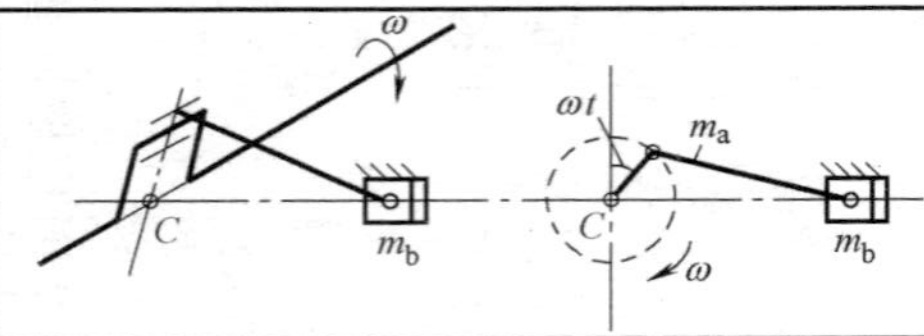	一阶	通式	$r_0\omega^2(m_a+m_b)\sin\omega t$	$r_0\omega^2 m_a\cos\omega t$	0	0
			最大值	$r_0\omega^2(m_a+m_b)$	$r_0\omega^2 m_a$	0	0
		二阶	通式	$-r_0\omega^2\lambda m_b\cos 2\omega t$	0	0	0
			最大值	$r_0\omega^2\lambda m_b$	0	0	0
二列对称平衡型	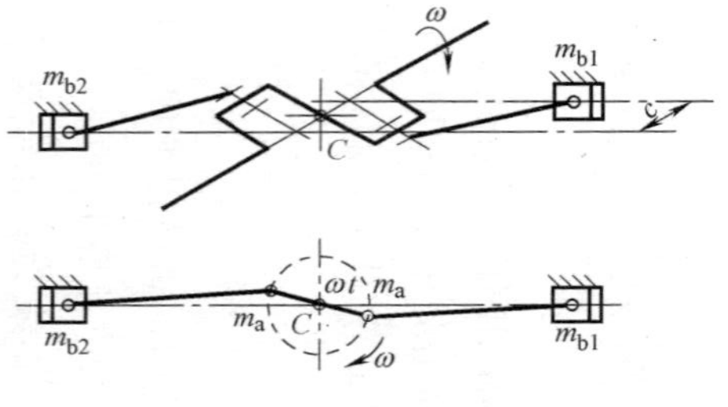	一阶	通式	$r_0\omega^2(m_{b1}-m_{b2})\cos\omega t$	0	$r_0\omega^2 c\left(m_a+\dfrac{m_{b1}+m_{b2}}{2}\right)\cos\omega t$	$-r_0\omega^2 c m_a\sin\omega t$
			最大值 $m_{b1}=m_{b2}$时	0	0	$r_0\omega^2 c(m_a+m_b)$	$r_0\omega^2 c m_a$
		二阶	通式	$r_0\omega^2\lambda(m_{b1}-m_{b2})\cos 2\omega t$	0	$\dfrac{1}{2}r_0\omega^2 c\lambda(m_{b1}+m_{b2})\cos 2\omega t$	0
			最大值 $m_{b1}=m_{b2}$时	0	0	$r_0\omega^2 c\lambda m_b$	0
三列对置式	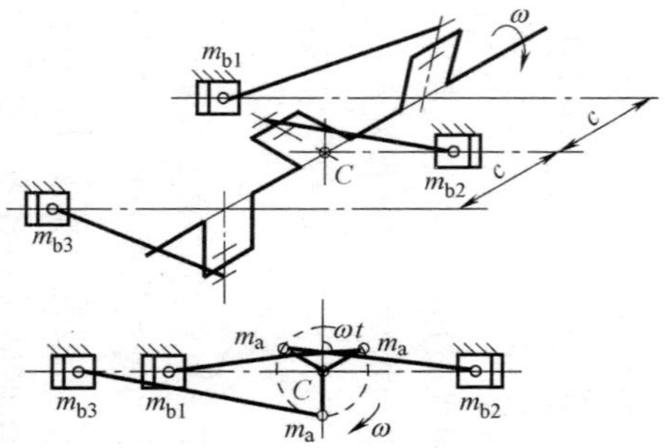	一阶	通式	$r_0\omega^2\left[\left(m_{b1}-\dfrac{m_{b2}+m_{b3}}{2}\right)\sin\omega t+\dfrac{\sqrt{3}}{2}(m_{b3}-m_{b2})\cos\omega t\right]$	0	$r_0\omega^2 c\left[\left(\dfrac{3}{2}m_a+m_{b1}+\dfrac{m_{b3}}{2}\right)\sin\omega t-\dfrac{\sqrt{3}}{2}(m_a+m_{b3})\cos\omega t\right]$	$\dfrac{\sqrt{3}}{2}r_0\omega^2 c m_a(\sqrt{3}\cos\omega t+\sin\omega t)$
			最大值 $m_{b1}=m_{b2}=m_{b3}$时	0	0	$\sqrt{3}r_0\omega^2 c(m_a+m_b)$	$\sqrt{3}r_0\omega^2 c m_a$
		二阶	通式	$r_0\omega^2\lambda\left[\left(m_{b1}+\dfrac{m_{b2}-m_{b3}}{2}\right)\cos 2\omega t+\dfrac{\sqrt{3}}{2}(m_{b2}+m_{b3})\sin 2\omega t\right]$	0	$r_0\omega^2 c\lambda\left[\left(m_{b1}+\dfrac{m_{b3}}{2}\right)\cos 2\omega t-\dfrac{\sqrt{3}}{2}m_{b3}\sin 2\omega t\right]$	0
			最大值 $m_{b1}=m_{b2}=m_{b3}$时	$2r_0\omega^2\lambda m_b$	0	$\sqrt{3}r_0\omega^2 c\lambda m_b$	0

续表

形式	简图	阶		水平扰力F_{vx}	竖向扰力F_{vz}	扭转力矩$M_{v\psi}$	回转力矩$M_{v\theta}$
四列对称平衡型Ⅰ	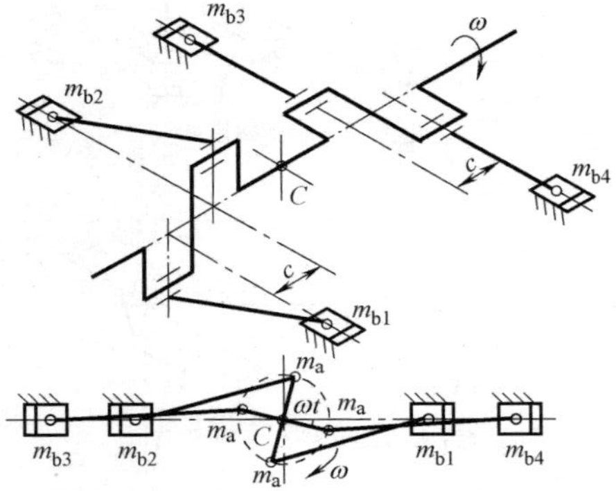	一阶	通式	$r_0\omega^2[(m_{b2}-m_{b1})\sin\omega t+(m_{b4}-m_{b3})\cos\omega t]$	0	$-r_0\omega^2c[(m_a+m_{b1})\sin\omega t+(m_a+m_{b4})\cos\omega t]$	$r_0\omega^2cm_a(\sin\omega t-\cos\omega t)$
			最大值 m_{bi}皆同	0	0	$\sqrt{2}r_0\omega^2c(m_a+m_b)$	$\sqrt{2}r_0\omega^2cm_a$
		二阶	通式	$r_0\omega^2\lambda(m_{b2}-m_{b1}+m_{b4}-m_{b3})\times\cos2\omega t$	0	$-r_0\omega^2c(m_{b1}+m_{b4})\lambda\cos2\omega t$	0
			最大值 m_{bi}皆同	0	0	$2r_0\omega^2c\lambda m_b$	0
四列对称平衡型Ⅱ	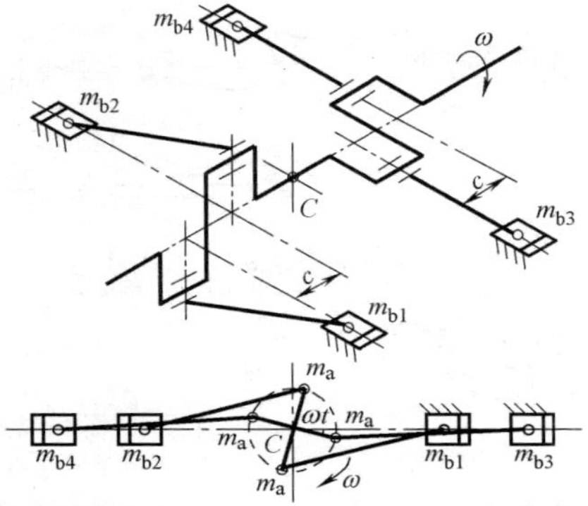	一阶	通式	$r_0\omega^2[(m_{b2}-m_{b1})\sin\omega t+(m_{b3}+m_{b4})\cos\omega t]$	0	$-r_0\omega^2c[(m_a+m_{b1})\sin\omega t+(m_a+m_{b4})\cos\omega t]$	$r_0\omega^2cm_a(\sin\omega t-\cos\omega t)$
			最大值 m_{bi}皆同	0	0	$\sqrt{2}r_0\omega^2c(m_a+m_b)$	$\sqrt{2}r_0\omega^2cm_a$
		二阶	通式	$r_0\omega^2\lambda(m_{b2}-m_{b1}+m_{b3}-m_{b4})\times\cos2\omega t$	0	$r_0\omega^2c(m_{b1}-m_{b4})\lambda\cos2\omega t$	0
			最大值 m_{bi}皆同	0	0	0	0

续表

形式	简图			水平扰力F_{vx}	竖向扰力F_{vz}	扭转力矩$M_{v\psi}$	回转力矩$M_{v\theta}$
六列对称平衡型		一阶	通式	$\frac{1}{2}r_0\omega^2[(m_{b1}-m_{b2}+2m_{b3}-2m_{b4}+m_{b5}-m_{b6})\sin\omega t+(m_{b1}-m_{b2}-m_{b5}+m_{b6})\sqrt{3}\cos\omega t]$	0	$r_0\omega^2 c\left[\left(2m_a+\frac{m_{b1}+m_{b6}}{2}+m_{b3}\right)\sin\omega t+\frac{m_{b1}-m_{b6}}{2}\sqrt{3}\cos\omega t\right]$	$2r_0\omega^2 cm_a\cos\omega t$
			最大值 m_{bi}皆同	0	0	$2r_0\omega^2 c(m_a+m_b)$	$2r_0\omega^2 cm_a$
		二阶	通式	$\frac{1}{2}r_0\omega^2\lambda[(m_{b2}-m_{b1}+2m_{b3}-2m_{b4}-m_{b5}+m_{b6})\cos2\omega t+(m_{b2}-m_{b1}+m_{b5}-m_{b6})\sqrt{3}\sin2\omega t]$	0	$-r_0\omega^2 c\lambda(m_{b1}-m_{b3})\cos2\omega t$	0
			最大值 m_{bi}皆同	0	0	0	0
单列立式		一阶	通式	$r_0\omega^2 m_a\sin\omega t$	$r_0\omega^2(m_a+m_b)\cos\omega t$	0	0
			最大值	$r_0\omega^2 m_a$	$r_0\omega^2(m_a+m_b)$	0	0
		二阶	通式	0	$r_0\omega^2\lambda m_b\cos2\omega t$	0	0
			最大值	0	$r_0\omega^2\lambda m_b$	0	0
双列立式		一阶	通式	0	$r_0\omega^2(m_{b1}-m_{b2})\cos\omega t$	$r_0\omega^2 cm_a\sin\omega t$	$r_0\omega^2 c\left(m_a+\frac{m_{b1}+m_{b2}}{2}\right)\cos\omega t$
			最大值 $m_{b1}=m_{b2}$时	0	0	$r_0\omega^2 cm_a$	$r_0\omega^2 c(m_a+m_b)$
		二阶	通式	0	$r_0\omega^2\lambda(m_{b1}+m_{b2})\cos2\omega t$	0	$r_0\omega^2 c\lambda\left(\frac{m_{b1}-m_{b2}}{2}\right)\cos2\omega t$
			最大值 $m_{b1}=m_{b2}$时	0	$2r_0\omega^2\lambda m_b$	0	0

续表

形式	简图	阶		水平扰力F_{vx}	竖向扰力F_{vz}	扭转力矩$M_{v\psi}$	回转力矩$M_{v\theta}$
三列立式	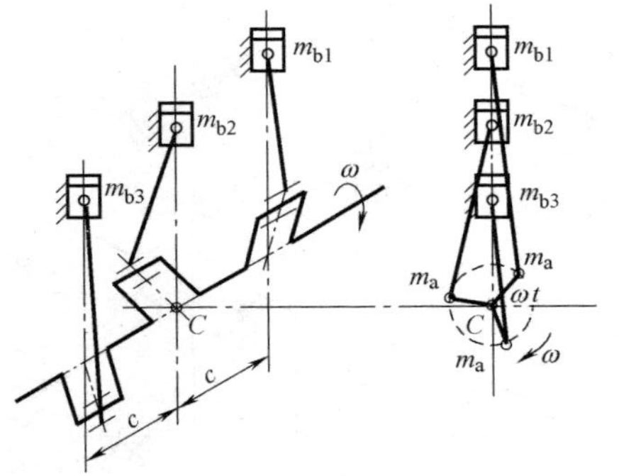	一阶	通式	0	$r_0\omega^2\left[\left(m_{b1}-\frac{m_{b2}+m_{b3}}{2}\right)\cos\omega t+\frac{\sqrt{3}}{2}(m_{b2}-m_{b3})\sin\omega t\right]$	$\frac{\sqrt{3}}{2}r_0\omega^2 cm_a(\sqrt{3}\sin\omega t-\cos\omega t)$	$r_0\omega^2 c\left[\left(\frac{3}{2}m_a+m_{b1}+\frac{m_{b3}}{2}\right)\cos\omega t+\frac{\sqrt{3}}{2}(m_a+m_{b3})\sin\omega t\right]$
			最大值 $m_{b1}=m_{b2}=m_{b3}$时	0	0	$\sqrt{3}r_0\omega^2 cm_a$	$\sqrt{3}r_0\omega^2 c(m_a+m_b)$
		二阶	通式	0	$r_0\omega^2\lambda\left[\left(m_{b1}-\frac{m_{b2}+m_{b3}}{2}\right)\cos 2\omega t-\frac{\sqrt{3}}{2}(m_{b2}-m_{b3})\sin 2\omega t\right]$	0	$r_0\omega^2 c\lambda\left[m_{b1}\cos 2\omega t+m_{b3}\left(\frac{1}{2}\cos 2\omega t-\frac{\sqrt{3}}{2}\sin 2\omega t\right)\right]$
			最大值 $m_{b1}=m_{b2}=m_{b3}$时	0	0	0	$\sqrt{3}r_0\omega^2\lambda cm_b$
单L型	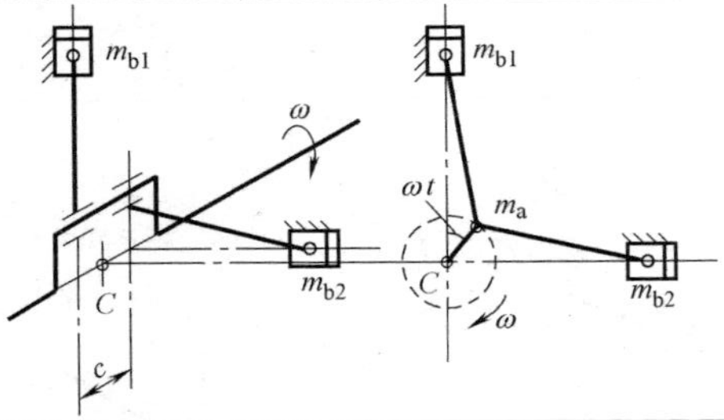	一阶	通式	$r_0\omega^2(m_a+m_{b2})\sin\omega t$	$r_0\omega^2(m_a+m_{b1})\cos\omega t$	0	0
			最大值	$r_0\omega^2(m_a+m_{b2})$	$r_0\omega^2(m_a+m_{b1})$	0	0
		二阶	通式	$-r_0\omega^2\lambda m_{b2}\cos 2\omega t$	$r_0\omega^2\lambda m_{b1}\cos 2\omega t$	0	0
			最大值	$r_0\omega^2\lambda m_{b2}$	$r_0\omega^2\lambda m_{b1}$	0	0
单V型	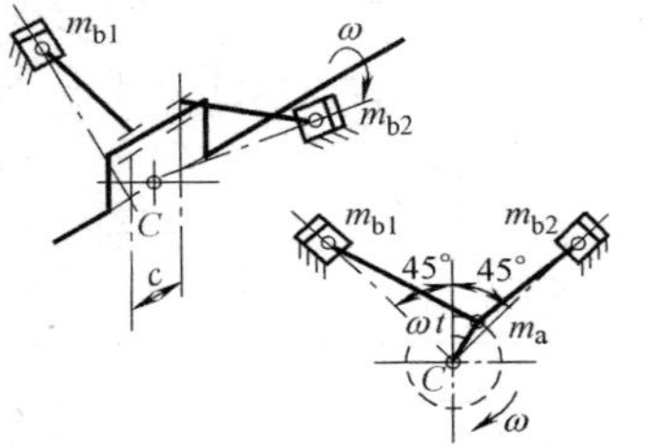	一阶	通式	$0.707r_0\omega^2[(m_a+m_{b2})\sin\omega t-(m_a+m_{b1})\cos\omega t]$	$0.707r_0\omega^2[(m_a+m_{b1})\cos\omega t+(m_a+m_{b2})\sin\omega t]$	0	0
			最大值 $m_{b1}=m_{b2}$时	$r_0\omega^2(m_a+m_b)$	$r_0\omega^2(m_a+m_b)$	0	0
		二阶	通式	$-0.707r_0\omega^2\lambda(m_{b1}+m_{b2})\cos 2\omega t$	$0.707r_0\omega^2\lambda(m_{b1}-m_{b2})\cos 2\omega t$	0	0
			最大值 $m_{b1}=m_{b2}$时	$\sqrt{2}r_0\omega^2\lambda m_b$	0	0	0

续表

形式	简图			水平扰力F_{vx}	竖向扰力F_{vz}	扭转力矩$M_{v\psi}$	回转力矩$M_{v\theta}$
单W型	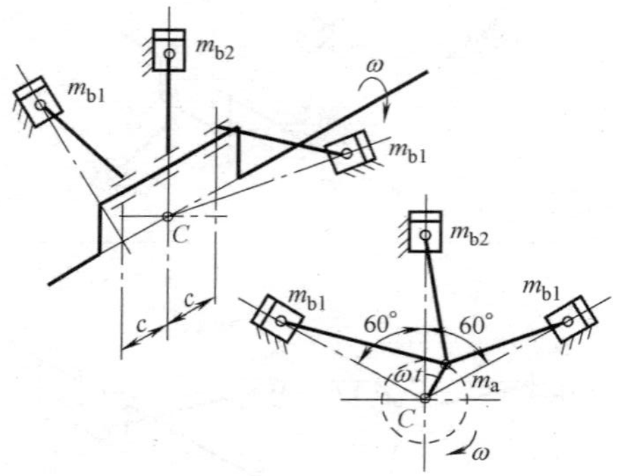	一阶	通式	$r_0\omega^2\left(m_a+\frac{3}{2}m_{b1}\right)\sin\omega t$	$r_0\omega^2\left(m_a+\frac{1}{2}m_{b1}+m_{b2}\right)\cos\omega t$	0	0
			最大值	$r_0\omega^2\left(m_a+\frac{3}{2}m_{b1}\right)$	$r_0\omega^2\left(m_a+\frac{1}{2}m_{b1}+m_{b2}\right)$	0	0
		二阶	通式	$\frac{3}{2}r_0\omega^2\lambda m_{b1}\sin2\omega t$	$r_0\omega^2\lambda\left(m_{b2}-\frac{1}{2}m_{b1}\right)\cos2\omega t$	0	0
			最大值	$\frac{3}{2}r_0\omega^2\lambda m_{b1}$	$r_0\omega^2\lambda\left(m_{b2}-\frac{1}{2}m_{b1}\right)$	0	0
双W型	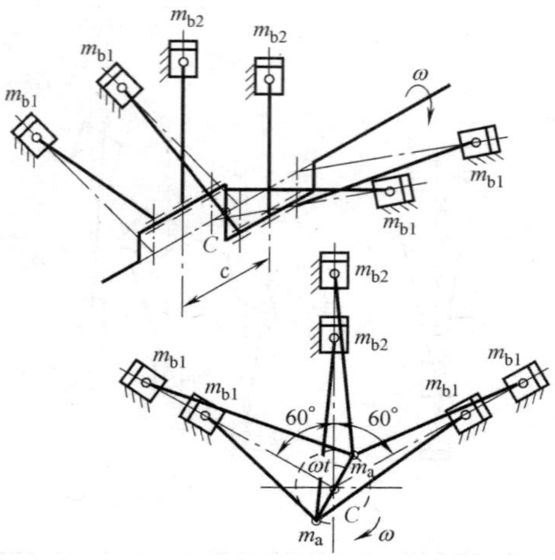	一阶	通式	0	0	$r_0\omega^2c(m_a+\frac{3}{2}m_{b1})\sin\omega t$	$r_0\omega^2c\left(m_a+\frac{1}{2}m_{b1}+m_{b2}\right)\cos\omega t$
			最大值	0	0	$r_0\omega^2c(m_a+\frac{3}{2}m_{b1})$	$r_0\omega^2c\left(m_a+\frac{1}{2}m_{b1}+m_{b2}\right)$
		二阶	通式	$3r_0\omega^2\lambda m_{b1}\sin2\omega t$	$r_0\omega^2\lambda(2m_{b2}-m_{b1})\cos2\omega t$	0	0
			最大值	$3r_0\omega^2\lambda m_{b1}$	$r_0\omega^2\lambda(2m_{b2}-m_{b1})$	0	0

常用往复式发动机振动荷载计算公式　　　　表 1.1.6

形式	缸数	曲柄端视图	谐次	水平扰力 F_{vx}	竖向扰力 F_{vz}	回转力矩 M_{vx}	扭转力矩 M_{vz}
立式	1	 1, ω	一谐	$r_0\omega^2 m_r$	$r_0\omega^2(m_r+m_s)$	0	0
			二谐	0	$r_0\omega^2\lambda m_s$	0	0
	2	 1, 2, ω	一谐	0	0	$r_0\omega^2 c(m_r+m_s)$	$r_0\omega^2 cm_r$
			二谐	0	$2r_0\omega^2\lambda m_s$	0	0
	3	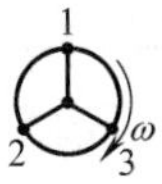 1, 2, 3, ω	一谐	0	0	$\sqrt{3}r_0\omega^2 c(m_r+m_s)$	$\sqrt{3}r_0\omega^2 cm_r$
			二谐	0	0	$\sqrt{3}r_0\omega^2\lambda cm_s$	0
	4	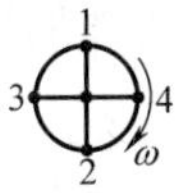 1, 2, 3, 4, ω	一谐	0	0	$\sqrt{2}r_0\omega^2 c(m_r+m_s)$	$\sqrt{2}r_0\omega^2 cm_r$
			二谐	0	0	$4\ r_0\omega^2\lambda cm_s$	0
	4	 1,4; 2,3; ω	一谐	0	0	0	0
			二谐	0	$4\ r_0\omega^2\lambda m_s$	0	0
V形	2	 60°; 1,2; Ⅰ; Ⅱ; ω	一谐	$r_0\omega^2(m_r+2m_s)$	$r_0\omega^2 m_r$	0	0
			二谐	0	0	0	0
	2	 90°; 1,2; Ⅰ; Ⅱ; ω	一谐	$r_0\omega^2(m_r+m_s)$	$r_0\omega^2(m_r+m_s)$	0	0
			二谐	$\sqrt{2}r_0\omega^2\lambda m_s$	0	0	0
	4	 60°; 1; 2; Ⅰ; Ⅱ; ω	一谐	0	0	$r_0\omega^2 cm_r$	$r_0\omega^2 c(m_r+2m_s)$
			二谐	0	0	0	0
	4	 90°; 1; 2; Ⅰ; Ⅱ; ω	一谐	0	0	$r_0\omega^2 c(m_r+m_s)$	$r_0\omega^2 c(m_r+m_s)$
			二谐	$2\sqrt{2}r_0\omega^2\lambda m_s$	0	0	0
	6	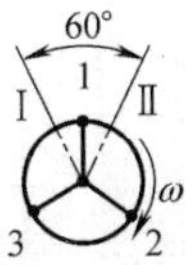 60°; 1; 2; 3; Ⅰ; Ⅱ; ω	一谐	0	0	$\sqrt{3}\omega^2 c(m_r+1.5m_s)$	$\sqrt{3}r_0\omega^2 c(m_r+0.5m_s)$
			二谐	0	0	$0.866r_0\omega^2 c\lambda m_s$	$0.866r_0\omega^2 c\lambda m_s$
	6	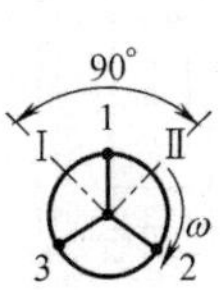 90°; 1; 2; 3; Ⅰ; Ⅱ; ω	一谐	0	0	$\sqrt{3}r_0\omega^2 c(m_r+m_s)$	$\sqrt{3}r_0\omega^2 c(m_r+m_s)$
			二谐	0	0	0	$\sqrt{6}r_0\omega^2 c\lambda m_s$

续表

形式	缸数	曲柄端视图	谐次	水平扰力 F_{vx}	竖向扰力 F_{vz}	回转力矩 M_{vx}	扭转力矩 M_{vz}
V形	8	90° 1 Ⅰ Ⅱ 4 3 2 ω	一谐	0	0	$\sqrt{2}r_0\omega^2c(m_r+m_s)$	$\sqrt{2}r_0\omega^2c(m_r+m_s)$
			二谐	0	0	0	$\sqrt{2}r_0\omega^2c\lambda m_s$
	8	90° 1 Ⅰ Ⅱ 3 2 4 ω	一谐	0	0	$3.162r_0\omega^2c(m_r+m_s)$	$3.162r_0\omega^2c(m_r+m_s)$
			二谐	0	0	0	$3.162r_0\omega^2c\lambda m_s$

注：1. m_r及m_s应分别按表1.1.6-1或表1.1.6-2、表1.1.6-3式计算；

2. 往复式发动机的振动荷载，按表1.1.6计算后，宜乘以增大系数，增大系数宜取1.10～1.35，扰力或扰力矩平衡较好时取小值，否则取大值；

3. 立式6缸和V形12缸及其以上机型的惯性力均已平衡，各项扰力和扰力矩均为0，未列入表中。

第五节　冲击式机器

一、一般要求

冲击式机器包括锻锤、压力机、冲床等。这些设备的振动荷载具有较明显的脉冲函数特征。通常情况，冲击作用可以用以下五种脉冲函数来描述：矩形脉冲，正弦半波，正矢形，三角形和后峰齿形。冲击式机器的脉冲特性与设备类型、工作阶段以及加工工艺密切相关，脉冲函数的计算公式和图例见表1.1.7。

脉冲作用特性　　表1.1.7

名称	函数	时域特性	冲击响应谱	适用范围
矩形	$P(t)=\begin{cases}P_{max} & (0\leqslant t\leqslant t_0)\\ 0 & (\text{其他情况})\end{cases}$	P_{max}；0，t_0，t	0 1 2 3 4 5；t_0/t	热模锻起始阶段水平力F_H，锻压阶段竖向力F_v
正弦半波	$P(t)\begin{cases}P_{max}\sin\left(\frac{\pi t}{t_0}\right) & (0\leqslant t\leqslant t_0)\\ 0 & (\text{其他情况})\end{cases}$	P_{max}；0，t_0，t	0 1 2 3 4 5；t_0/t	热模锻起始阶段力矩M摩擦螺旋竖向力F_v
正矢	$P(t)\begin{cases}\frac{P_{max}}{2}\left(1-\cos\frac{2\pi t}{t_0}\right) & (0\leqslant t\leqslant t_0)\\ 0 & (\text{其他情况})\end{cases}$	P_{max}；0，t_0，t	0 1 2 3 4 5；t_0/t	锻锤打击力F_v热模锻起始阶段力矩M

续表

名称	函数	时域特性	冲击响应谱	适用范围
三角形	$P(t)\begin{cases}P_{\max}\dfrac{2t}{t_0} & \left(0\leqslant t\leqslant\dfrac{t_0}{2}\right)\\2P_{\max}\left(1-\dfrac{t}{t_0}\right) & \left(\dfrac{t_0}{2}\leqslant t\leqslant t_0\right)\\0 & (其他情况)\end{cases}$	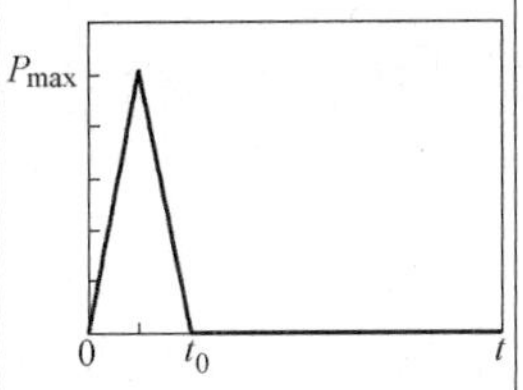	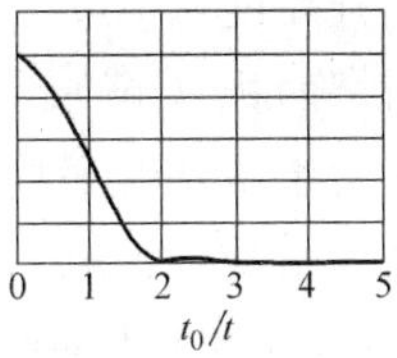	热模锻起始阶段水平力 F_H
后峰齿形	$P(t)\begin{cases}P_{\max}\dfrac{t}{t_0}(0\leqslant t\leqslant t_0)\\0 \quad (其他情况)\end{cases}$	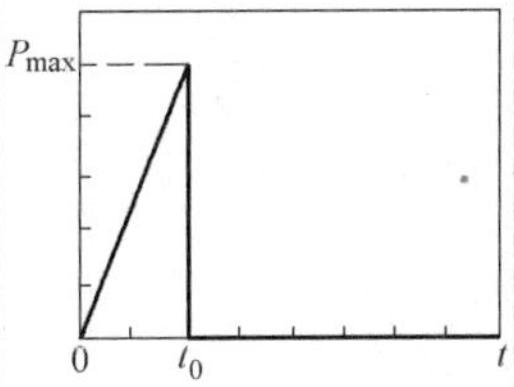	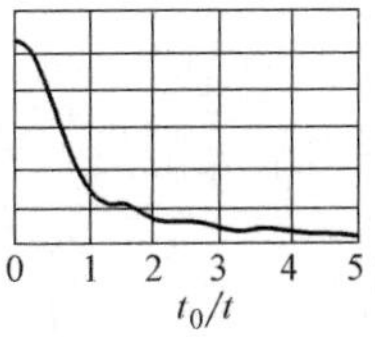	热模锻起始阶段竖向力 F_v

二、锻锤

锻锤的振动荷载，可按下式计算：

$$F_v=\frac{2m_1v_1}{\Delta t} \tag{1.1.37}$$

式中　F_v——锻锤的振动荷载（N）；

Δt——锤击力作用时间，一般情况下可取 0.001s；

m_1——打击后与砧座一起运动的总质量（kg）；

v_1——m_1的初速度（m/s）。

锻锤工作时，下部质量产生的初速度，可按下式计算：

$$v_1=\frac{m_0v_0(1+e_n)}{m_1+m_0} \tag{1.1.38}$$

式中　m_0——锤头质量（kg）；

v_0——锤头的锤击速度（m/s）；

e_n——撞击回弹系数，可按表 1.1.8 采用。

锻锤工作时回弹撞击系数　　**表 1.1.8**

锻锤与工况	模锻锤				自由锻
	精锻钢制件	粗锻钢制件	锻扁钢制件	锻有色金属件	
撞击回弹系数e_n	0.7	0.5	0.3	0	0.25

锻锤的锤击速度，可按下列规定计算：

1. 单作用锤的锤击速度，可按下式计算：

$$v_0=\eta_1\sqrt{2gh_0} \tag{1.1.39}$$

式中　h_0——锤头的下落高度（m）；

g——重力加速度（m/s^2）；

η_1——考虑阻尼影响的修正系数，一般情况下可取 0.9。

2. 双作用锤的锤击速度，可按下式计算：

$$v_0=\eta_2\sqrt{2h_0\frac{ps+m_0g}{m_0}} \tag{1.1.40}$$

式中　h_0——提升高度（m）；

s——活塞面积（m^2）；

p——作用于活塞的平均压力（N/m^2）；

η_2——修正系数，可取 0.65。

3. 当仅给出锤击最大能量E_0时，锤击速度v_0可按下式计算：

$$v_0=\sqrt{\frac{2E_0}{m_0}} \tag{1.1.41}$$

式中　E_0——锤击最大能量（kJ）。

三、压力机

工业工程中常见压力机包括：热模锻机械压力机，冷料成型机械压力机、液压压力机和螺旋压力机等。振动荷载的特征和大小随压力机运行的不同阶段而变化，较大的振动荷载主要分布在起始阶段、机构运行阶段和锻压阶段。不同压力机类型、不同生产工艺、不同设备厂商的产品，振动荷载差异很大，工程设计时应以设备厂商提供的资料为准。当工程设计中无法得到压力机振动荷载资料时，可按《工业建筑振动荷载规范》选取。

在较大振动荷载的三个阶段中，起始阶段和锻压阶段的振动荷载表现为冲击激励，可以采用脉冲作用函数来描述。运行阶段的振动荷载表现为低频周期振动，可以用周期函数来描述。

1. 热模锻压力机

热模锻压力机起始阶段和机构运行阶段的振动荷载可按下列规定确定（图 1.1.22）：

根据荷载效应的包络原则，起控制作用的冲击振动荷载应为起始阶段。机构运行阶段的低频周期振动也不容忽视。为了便于分析将热模锻工作过程的三个阶段在图 1.1.23 作了简要注明。

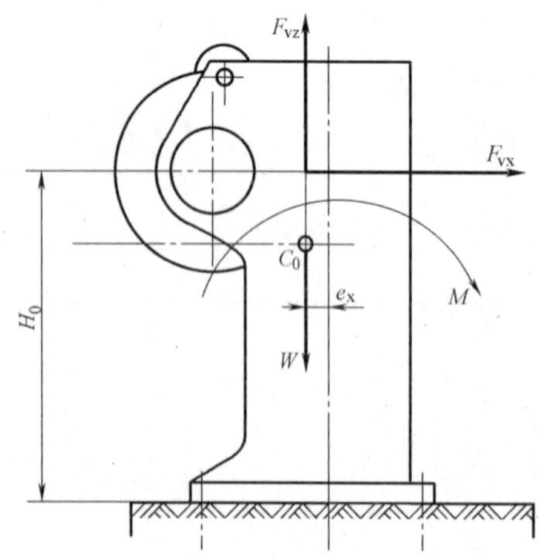

图 1.1.22　热模锻压力机荷载示意图

注：F_{vz}——竖向振动荷载；F_{vx}——水平振动荷载；M——振动力矩

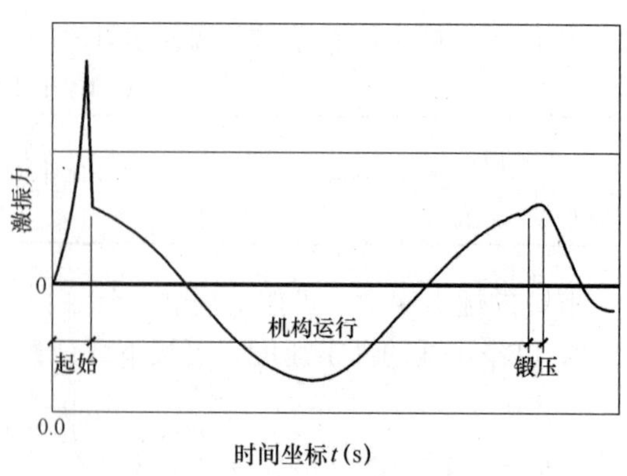

图 1.1.23　热模锻压力机荷载三个阶段

（1）起始阶段的振动荷载，可按下列规定确定：

起始阶段竖向振动荷载，可按表 1.1.9 确定。

竖向振动荷载　　表 1.1.9

序号	公称压力(kN)	F_{vz}(kN)	持续时间(ms)
1	10000	300	17
2	12500	365	21
3	16000	445	27
4	20000	555	33
5	25000	690	42
6	31500	850	52
7	40000	1055	65
8	50000	1310	80
9	63000	1690	100
10	80000	2095	120
11	100000	2540	140
12	125000	3105	155

起始阶段水平振动荷载，可按表 1.1.10 确定。

水平振动荷载　　表 1.1.10

序号	公称压力(kN)	F_{vx}(kN)	H_0(m)	持续时间(ms)
1	10000	35	5.90	17
2	12500	60	5.95	21
3	16000	95	6.05	27
4	20000	135	6.15	33
5	25000	205	6.30	42
6	31500	270	6.40	52
7	40000	365	6.60	65
8	50000	485	6.80	80
9	63000	660	7.00	100
10	80000	920	7.30	120
11	100000	1235	8.25	140
12	125000	1690	9.15	155

起始阶段振动力矩，可按表 1.1.11 确定。

振动力矩　　表 1.1.11

序号	公称压力(N)	M(kN·m)	持续时间(ms)
1	10000	20	17
2	12500	30	21
3	16000	50	27
4	20000	105	33
5	25000	180	42
6	31500	295	52
7	40000	460	65
8	50000	685	80
9	63000	1020	100
10	80000	1540	120
11	100000	2240	140
12	125000	3305	155

（2）运行阶段的竖向振动荷载，可按表 1.1.12 确定。

运行阶段竖向振动荷载 **表 1.1.12**

序号	公称压力(kN)	F_{vz}(kN)	频率(Hz)
1	10000	130	1.60
2	12500	150	1.50
3	16000	190	1.40
4	20000	240	1.30
5	25000	295	1.20
6	31500	365	1.10
7	40000	455	1.00
8	50000	565	0.80
9	63000	730	0.65
10	80000	905	0.60
11	100000	1095	0.55
12	125000	1340	0.50

2. 通用机械压力机

通用机械压力机冲裁阶段和机构运行阶段竖向振动荷载（图 1.1.24），可按下列规定确定：

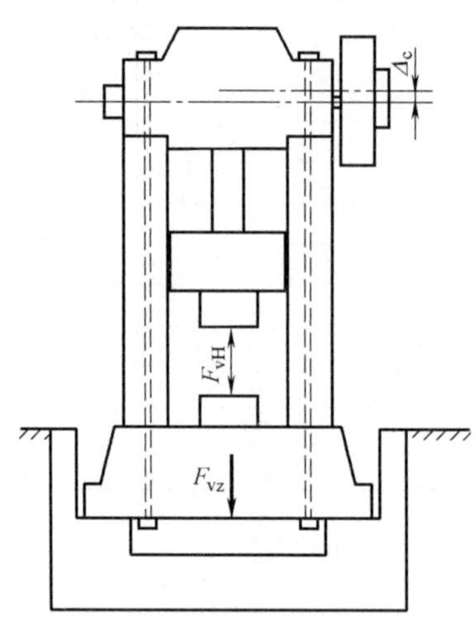

图 1.1.24 通用机械压力机荷载示意图

通用机械压力机冲裁阶段竖向振动荷载，可按表 1.1.13 取值。

冲裁阶段竖向振动荷载 **表 1.1.13**

序号	公称压力(kN)	F_{vz}(kN)	持续时间(ms)
1	5000	300	10
2	6300	380	10
3	8000	480	10
4	10000	600	10
5	12500	760	10
6	16000	980	10
7	20000	1250	10

续表

序号	公称压力(kN)	F_{vz}(kN)	持续时间(ms)
8	25000	1550	10
9	31500	2000	10
10	40000	2500	10
11	50000	3150	10

通用机械压力机运行阶段竖向振动荷载，可按表 1.1.14 确定。

运行阶段竖向振动荷载　　表 1.1.14

序号	公称压力(kN)	F_{vz}(kN)	频率(Hz)
1	5000	30	0.25
2	6300	33	0.24
3	8000	36	0.24
4	10000	40	0.23
5	12500	44	0.22
6	16000	50	0.21
7	20000	57	0.19
8	25000	66	0.18
9	31500	78	0.16
10	40000	93	0.14
11	50000	110	0.13

3. 液压压力机

液压压力机锻压阶段竖向振动荷载，可按表 1.1.15 取值。

液压压力机振动荷载　　表 1.1.15

序号	公称压力(kN)	F_{vz}(kN)	持续时间(ms)
1	5000	250	10
2	6300	300	10
3	8000	385	10
4	10000	485	10
5	12500	610	10
6	16000	785	10
7	20000	985	10
8	25000	1250	10
9	31500	1600	10
10	40000	2000	10
11	50000	2500	10

4. 螺旋压力机

螺旋压力机锻压阶段的竖向振动荷载F_{vz}、水平振动扭矩M_z（图 1.1.25），可按表 1.1.16 取值。

螺旋压力机振动荷载　　表 1.1.16

序号	飞轮能量(kJ)	F_{vz}(kN)	M_z(kN・m)	持续时间(ms)
1	40	200	800	22
2	60	250	1165	23
3	80	315	1505	24
4	90	400	1620	25
5	160	500	2750	26

续表

序号	飞轮能量(kJ)	F_{vz}(kN)	M_z(kN·m)	持续时间(ms)
6	200	625	3250	28
7	280	800	4230	30
8	350	1000	4890	32
9	500	1250	6385	35
10	650	1575	7470	39
11	850	2000	8635	44
12	1000	2500	8940	50
13	1100	3150	8505	58
14	1300	4000	8545	68
15	1500	5000	8380	80

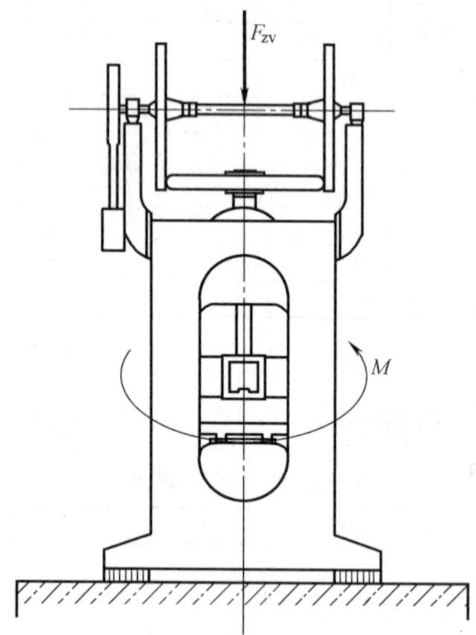

图 1.1.25　螺旋压力机荷载示意图

第六节　冶 金 机 械

一、一般要求

冶金设备类型较多，包括冶炼设备、轧制机械、浇筑设备、输送设备等。设备使用条件也较为复杂，机器运行时包含各种物料。在计算冶金机械振动荷载时，需要考虑设备中的物料情况。由于物料的重量、分布和偏心状况差异较大，精确计算有难度，需要采用适当的经验修正系数的调整。

二、冶炼机械

1. 卷筒驱动装置的振动荷载，可按下式计算：

$$F_v = me\omega^2 \tag{1.1.42}$$

式中　F_v——卷筒驱动装置振动荷载（N）；

m——卷筒等旋转部件的总质量（kg）；

e——卷筒等旋转部件的当量偏心距（m）；

ω——卷筒的工作角速度（rad/s）。

2. 水渣转鼓装置的振动荷载，可按下式计算：

$$F_{vx}=me\omega^2+0.15m_r g \tag{1.1.43}$$

式中　F_{vx}——作用在转鼓中心处的横向振动荷载（N）；

m——转鼓等旋转部件的总质量（kg）；

e——转鼓等旋转部件的当量偏心距（m）；

ω——转鼓的工作角速度（rad/s）；

m_r——转鼓内物料的总质量（kg）。

注：振动荷载的作用方向，可取物料所偏置方向。

3. 转炉炉体的振动荷载，可按下列规定确定：

钢水激振所形成的振动荷载，可按下式计算：

$$F_v=kmg \tag{1.1.44}$$

式中　F_v——转炉吹氧工作时钢水激振所形成的振动荷载（N），作用在沿耳轴标高处水平面任意方向；

k——激振力系数，一般情况下，可取0.15～0.40；

m——转炉及耐材、辅料、铁水等的总质量（kg）。

4. 转炉切渣时的振动荷载，可按下式计算：

$$F_{vx}=L\tau \tag{1.1.45}$$

式中　F_{vx}——转炉切渣时的振动荷载（N），从转炉操作侧指向炉体中心；

L——转炉最大切渣弦长（m）；

τ——转炉炉口切渣弦上的切渣振动荷载，可取10417N/m。

5. 转炉倾动装置的振动荷载，可按下列公式计算：

$$M_{v1}=k_1k_2M_{max} \tag{1.1.46}$$

$$M_{v2}=9.55k_3\eta P/n \tag{1.1.47}$$

式中　M_{v1}——转炉倾动装置在转炉正常冶炼状态的振动力矩（N·m）；

M_{max}——最大计算振动力矩（N·m）。

M_{v2}——转炉倾动装置事故时的振动力矩（N·m）；

k_1——实际倾动力矩与计算倾动力矩之间的误差系数，可取1.2；

k_2——转炉启动、制动等造成的动负荷系数，可取1.4～2.0，转炉的启制动时间短时取小值，启制动时间长时取大值；

k_3——电机的最大过载倍数，不宜超过3.0；

η——倾动装置传动机械的总效率；

P——转炉驱动电机的额定功率（W）；

n——电机额定转速所对应的转炉转速（r/min）。

6. 钢包回转台的振动荷载，可按下式计算：

$$M_{v1}=k_1mgR \tag{1.1.48}$$

$$M_{v2}=9.55k_2\eta P/n \tag{1.1.49}$$

式中 M_{v1}——钢包取放时，回转台一侧加载所致的振动力矩（N·m）；

k_1——突加荷载系数，基础锚固螺栓设计时可取 1.3；

m——钢包满载时的总质量（kg）；

R——钢包回转台的回转半径（m）；

M_{v2}——钢包回转台启动、制动时的振动力矩（N·m）；

k_2——电机的最大启动力矩倍数，不宜超过 3.0；

η——钢包回转台传动机械的总效率；

P——钢包回转台驱动电机的额定功率（W）；

n——电机额定转速所对应的钢包回转台转速（r/min）。

三、轧钢机械

1. 可逆轧机与连续轧机的振动荷载，可按下列规定计算：

轧机咬入时的冲击荷载，可按下列公式计算：

$$F_{v1}=S\sqrt{\frac{6TEI}{W^2L}} \tag{1.1.50}$$

$$T=\frac{1}{2}m(v_0^2-v^2\cos^2\alpha) \tag{1.1.51}$$

式中 F_{v1}——轧机咬入时冲击荷载值（N）；

S——轧件咬入过程中与轧辊的接触面积（m^2），可取稳态轧制接触面积的 2%；

E——轧辊的弹性模量（N/m^2）；

L——轧辊两支点之间的距离（m）；

I——轧辊的惯性矩（m^4）；

W——轧辊的截面模量（m^3）；

T——轧件与轧辊间无滑动且轧件无塑性变形时，轧件给轧辊的冲击能量（J）；

α——咬入角（°）；

m——带钢的质量（kg）；

v_0——轧线辊道的线速度（m/s）；

v——轧辊的线速度（m/s）。

2. 轧件稳态轧制时的冲击荷载，可按下列公式计算：

$$F_{v2}=k_vS_1\sigma_c \tag{1.1.52}$$

$$k_v=1+\frac{1.15f_y}{P_m} \tag{1.1.53}$$

$$S_1=\sqrt{D\frac{\Delta h}{2}} \tag{1.1.54}$$

式中 F_{v2}——轧件稳态轧制时的冲击荷载（N）；

k_v——冲击系数；

S_1——轧件稳态轧制时与轧辊的接触面积（m^2）；

f_y——轧件的屈服强度（N/m^2）；

P_m——金属充满变形区时的平均单位压力（N/m^2）；

σ_c——静弯矩作用下的轧辊应力（N/m^2）；

D——轧辊的直径（m）；

Δh——轧件在本道次的厚度改变量（m）。

轧机抛钢时的冲击荷载，可按式（1.1.56）计算。

3. 连轧过程中的倾翻力矩，可按下式计算：

$$M_{V\max}=\frac{2M_z}{D}h \tag{1.1.55}$$

式中　$M_{V\max}$——连轧过程中的最大倾翻力矩（N·m）；

M_z——总轧制力矩（N·m），事故状态时，可取电机额定力矩的 3 倍；

D——轧辊直径（m）；

h——轧制中心线至轨座间的距离（m）。

4. 锯机刀片锯切时对刀槽的振动荷载，可按下式计算：

$$F_v=\frac{d_m}{C} \tag{1.1.56}$$

式中　F_v——刀片锯切时对刀槽的冲击力（kN）；

C——锯片的振动与锯槽侧壁引起的正压力之间的关联系数（mm/kN），可由表 1.1.17 采用；

d_m——锯片的振动幅值（mm），可按表 1.1.18 采用。

锯片的振动与锯槽侧壁引起的正压力之间的关联系数　　**表 1.1.17**

锯片尺寸(mm)		C(mm/kN)	锯片尺寸(mm)		C(mm/kN)
锯片直径	锯片厚度		锯片直径	锯片厚度	
2000	9.0	1.80	800	5.6	1.10
1500	7.8	1.60	600	4.9	0.92
1200	7.0	1.29	500	4.5	0.81
1000	6.3	1.15	400	4.0	0.71

锯片的振动幅值（mm）　　**表 1.1.18**

锯片直径(mm)	送锯速度 v(mm/s)				
	0.50～2.00	2.00～5.00	5.00～10.00	10.00～20.00	20.00～100.00
2000	0.00～2.20	2.20～3.20	3.20～3.60	3.60～3.80	3.80～4.00
1500	0.00～1.00	1.00～1.60	1.60～2.00	2.00～2.20	2.20～2.30
1200	0.00～0.50	0.50～0.90	0.90～1.30	1.30～1.40	1.40～1.50
1000	0.00～0.35	0.35～0.65	0.65～0.95	0.95～1.10	1.10～1.15
800	0.00～0.15	0.15～0.45	0.45～0.55	0.55～0.65	0.65～0.75
600	0.00～0.05	0.05～0.25	0.25～0.40	0.40～0.45	0.45～0.50
500	0.00～0.02	0.02～0.18	0.18～0.30	0.30～0.35	0.35～0.40
400	0.00～0.01	0.01～0.09	0.09～0.15	0.15～0.22	0.22～0.25

5. 滚切式剪机对基础的振动荷载，可按下式计算：

$$F_v=\frac{0.2k_1k_2k_3h^2\delta_5 f_u}{\tan\phi}\left(1+\frac{\xi\tan\phi}{0.6k_1\delta_5}+\frac{1}{1+\dfrac{10^9\cdot k_3\delta_5 E}{5.4f_u S_y^2 S_x}}\right) \tag{1.1.57}$$

式中　F_v——滚切式剪机对基础的振动荷载（N）；

k_1——剪切过程的影响系数，一般情况下可取 1；

k_2——剪刃钝化后的影响系数，可取 1.20；

k_3——剪刃侧向间隙影响系数，可取 0.00265；

h——轧件厚度（m）；

δ_5——轧件延伸率；

f_u——轧件的抗拉强度（N/m^2）；

ξ——转换系数；

ϕ——上下剪刃当量剪切角（°）；

E——轧件的弹性模量（N/m^2）；

S_y——剪刃侧向相对间隙（m）；

S_x——压板侧向相对距离（m）。

6. 矫直机的振动荷载，可按下列规定确定：

（1）矫直机对基础产生的振动荷载峰值可取事故荷载，对基础产生的振动力矩可取额定力矩的 2.5 倍，荷载方向应取正反两个方向。

（2）电机工作时矫直振动力矩峰值可取电机输出的最大力矩，一般情况下，可取电机额定力矩的 1.75 倍；峰值时的事故荷载力矩，可取额定力矩的 2 倍，荷载方向应取正反两个方向。

（3）减速器和齿轮座工作力矩应根据实际输入轴和输出轴的布置综合确定，荷载方向应取正反两个方向。

7. 减速器尖峰时的振动荷载可取事故荷载，应根据实际输入轴和输出轴的布置进行分析，荷载方向应为正反两个方向。

8. 开卷机及卷取机电机的振动荷载，可按下列规定确定：

（1）电机的振动荷载，可取电机的输出力矩。

（2）电机工作时的力矩最大值，可取电机输出的最大力矩；一般情况下，可取电机额定力矩的 2.5 倍，作用方向可取单向。

（3）电机的峰值振动荷载，可取事故荷载；对基础产生的力矩可取额定力矩的 3 倍，作用方向可取单向。

（4）减速机工作时对基础产生的力矩，可取输入力矩减去输出力矩，荷载作用方向可取单向。

（5）机架对基础产生的峰值振动荷载，可取事故荷载；对基础产生的力矩可取额定力矩的 3 倍，作用方向可取单向。

第七节 矿 山 机 械

一、一般要求

矿山机械包括采矿、选矿、探矿等机械设备；在矿山作业中还有许多起重机、输送机、通风机和排水机械等。这些机械设备统称为矿山机械设备。

矿山机械中有许多设备也是带物料运行的设备。因此，振动荷载需要考虑物料重量和分布情况。

二、破碎机

本节适用于颚式、旋回式、圆锥式、锤式、反击式和辊式等破碎机以及传动方式与其类似的机器振动荷载的计算。

颚式破碎机的振动荷载（图 1.1.26），可按下列规定计算：

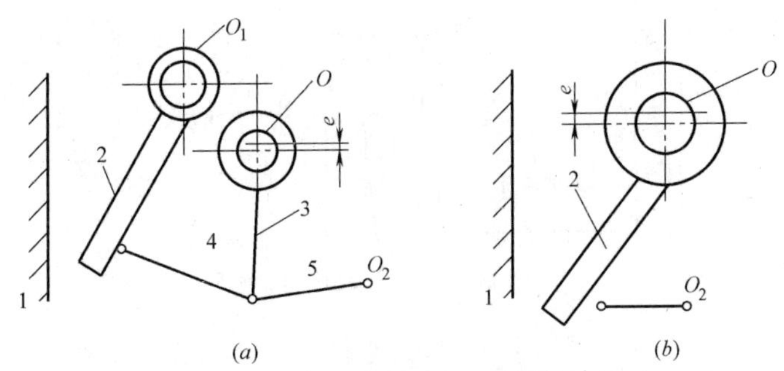

图 1.1.26　颚式破碎机振动荷载计算简图

O—偏心轴；1—固定颚板；2—动颚板；3—连杆；

4、5—推力板；O_1—活动颚板轴；O_2—接点

（a）简摆；（b）复摆

1. 简摆颚式破碎机的振动荷载，可按下列公式计算：

$$F_{vx}=e\omega^2[(m_a+0.8m_b)^2+0.25m_c{}^2]^{\frac{1}{2}} \tag{1.1.58}$$

$$F_{vz}=e\omega^2(m_a+m_b) \tag{1.1.59}$$

$$\omega=1.05n \tag{1.1.60}$$

2. 复摆颚式破碎机的振动荷载，可按下列公式计算：

$$F_{vx}=[e(m_a+0.5m_b)-e_1m_d]\omega^2 \tag{1.1.61}$$

$$F_{vz}=[e(m_a+m_c)-e_1m_d]\omega^2 \tag{1.1.62}$$

式中　F_{vx}——水平振动荷载（N）；

F_{vz}——垂直于水平面的振动荷载（N）；

m_a——偏心轴偏心部分质量（kg）；

m_b——连杆质量（kg）；

m_c——动颚（包括齿板）的质量（kg）；

m_d——平衡块的质量（kg）；

e——偏心轴的偏心距（m）；

e_1——平衡块质心至破碎机主轴中心线的距离（m）；

ω——偏心轴转动角速度（rad/s）；

n——偏心轴转速（r/min）。

振动荷载作用点可取位于偏心主轴中心线上。

3. 圆锥破碎机的振动荷载（图 1.1.27），可按下列规定计算：

4. 圆锥破碎机的振动荷载，可按下式计算：

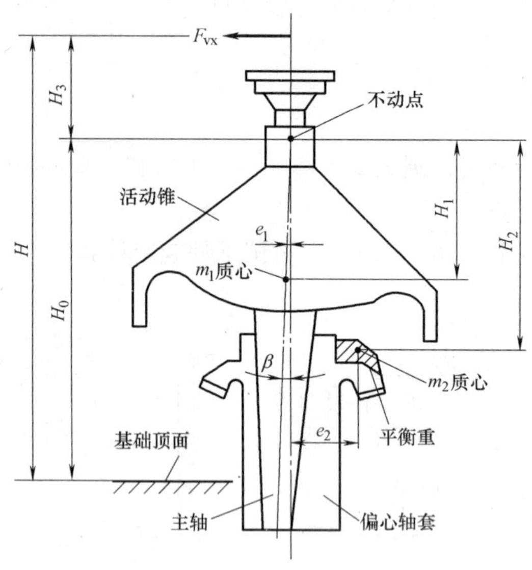

图 1.1.27　圆锥破碎机振动荷载计算简图

$$F_{vx}=(m_1e_1-m_2e_2)\omega^2 \tag{1.1.63}$$

式中　F_{vx}——水平振动荷载（N）；

m_1——锥体部分（主轴和活动锥）的总质量（kg）；

m_2——平衡块的质量（kg）；

e_1——破碎机中心线至锥体部分质心的距离（m）；

e_2——破碎机中心线至平衡块质心的距离（m）；

ω——主轴回转角速度（rad/s）。

振动荷载的作用点高度（图 1.1.28），可按下列公式计算：

$$H=H_0+H_3(\text{用于图1.1.28a}) \tag{1.1.64}$$

$$H=H_0-H_3(\text{用于图1.1.28b}) \tag{1.1.65}$$

$$H_3=\frac{F_{vx1}H_1-F_{vx2}H_2}{|F_{vx1}-F_{vx2}|} \tag{1.1.66}$$

$$F_{vx1}=m_1e_1\omega^2 \tag{1.1.67}$$

$$F_{vx2}=m_2e_2\omega^2 \tag{1.1.68}$$

式中　H——水平振动荷载F_{vx}作用点至基础面的距离（m）；

H_0——不动点至基础面的距离（m）；

H_3——水平振动荷载 F_{vx}作用点至不动点的距离（m）；

F_{vx1}——锥体部分产生的水平振动荷载（N）；

F_{vx2}——平衡块产生的水平振动荷载（N）；

H_1——振动荷载F_{vx1}作用点至不动点的距离（m）；

H_2——振动荷载F_{vx2}作用点至不动点的距离（m）。

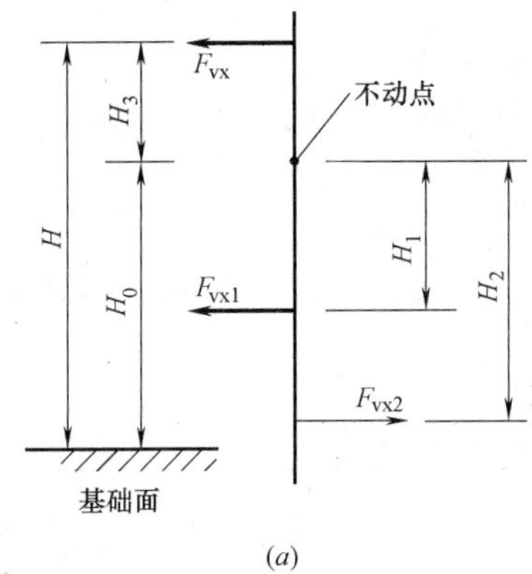

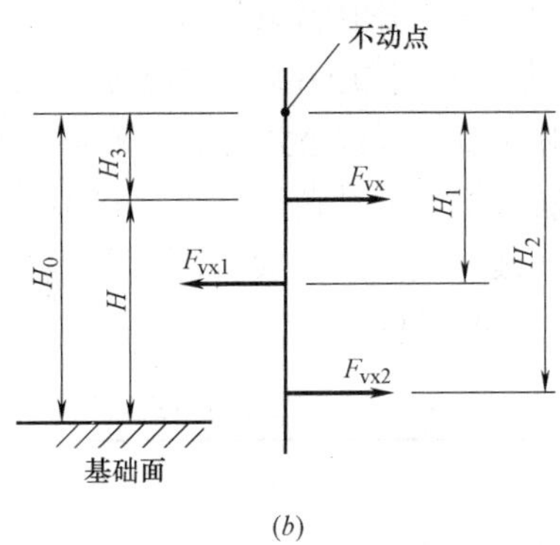

图 1.1.28　振动荷载作用点位置示意图

(a) F_{vx}作用在不动点上部　(b) F_{vx}作用在不动点下部

5. 旋回破碎机的振动荷载（图 1.1.29），可按下列公式计算：

$$F_{vx}=(m_1e_1-m_2e_2)\omega^2 \tag{1.1.69}$$

$$e_1=L\cdot\sin\beta \tag{1.1.70}$$

$$e_2=2L\cdot\sin\beta \tag{1.1.71}$$

式中　F_{vx}——水平振动荷载（N）；

m_1——锥体部分（主轴和活动锥）的总质量（kg）；

m_2——齿轮偏心轴套总质量（kg）；

e_1——破碎机中心线至锥体部分质心的距离（m）；

e_2——破碎机中心线至齿轮偏心轴套质心的距离（m）；

ω——主轴转动角速度（rad/s）；

L——主轴长度之半（m）；

β——主轴转动偏角（°）。

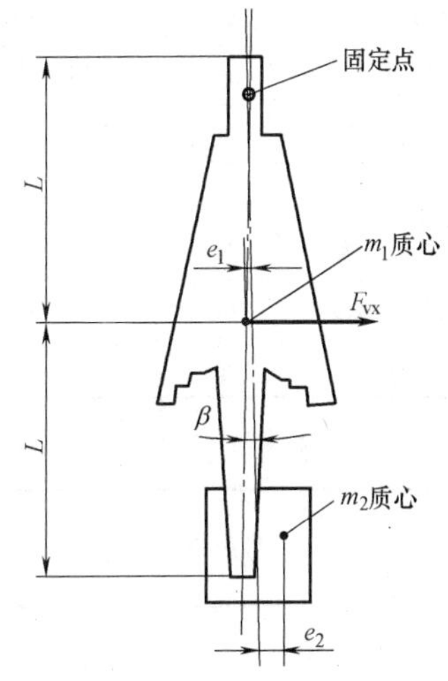

图 1.1.29　旋回破碎机振动荷载计算简图

6. 锤式和反击式破碎机的振动荷载，可按下列规定计算：

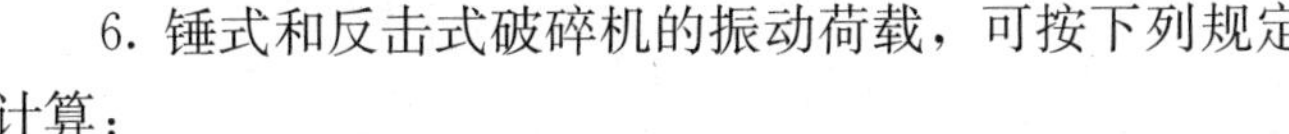

(1) 单转子型锤式和反击式破碎机的振动荷载，可按下式计算：

$$F_v=me\omega^2 \tag{1.1.72}$$

式中　F_v——作用在转子旋转中心处的振动荷载（N）；

m——转子回转部件的质量（kg）；

ω——转子的角速度（rad/s）；

e——当量偏心距（m），一般情况下可取 $2.0\times10^{-3}\sim3.0\times10^{-3}$m，当破碎煤等较软物料时取小值，破碎石灰石等较硬物料时取大值。

(2) 双转子型锤式和反击式破碎机的振动荷载，可按下式计算：

$$F_v=F_{v1}+F_{v2} \tag{1.1.73}$$

式中　F_v——破碎机的振动荷载（N）；

F_{v1}——作用在转子一旋转中心处的振动荷载（N）；

F_{v2}——作用在转子二旋转中心处的振动荷载（N）；

F_{v1}和F_{v2}值，可按公式（1.1.72）计算。

辊式破碎机的振动荷载，可忽略不计。

在计算破碎机振动荷载所需的数据不完整时，破碎机的振动荷载，可按表 1.1.19～表 1.1.23 的规定选用。.

颚式破碎机动力参数及振动荷载值　　　　表 1.1.19

参数	单位	型号规格							
		复摆（PEF）					简摆（PEJ）		
		400×250	600×400	600×400	900×600	1200×900	1200×900	1500×1200	2100×1500
主轴转数	r/min	310	250	260	250	225	180	135	100
偏心轴质量	kg	61	152	151	437	1180	1034	2255	3572
连杆质量	kg	—	—	—	—	—	3215	6876	14377
平衡块质量	kg	8	57	—	58	89	—	—	—
动颚质量	kg	726	1224	1000	3490	9066	7975	19190	39644
偏心距	m	0.010	0.010	0.012	0.019	0.020	0.030	0.035	0.040
水平振动荷载	N	2000	10000	6000	11000	8000	59000	88000	104000
竖向振动荷载	N	6000	6000	11000	13000	44000	47000	65000	81000
振动荷载高度	m	0.9	1.1	1.2	1.6	2.4	1.5	2.0	2.4
机器质量	kg	2700	6500	6500	16900	46700	61700	123900	220000

圆锥破碎机动力参数及振动荷载值　　　　表 1.1.20

型号规格			主轴转速 (r/min)	水平振动荷载 (N)	振动荷载高度 (m)	机器质量 (kg)
弹簧式	ϕ900	PYB、PYZ	333	4000	1.3	9300
		PYD		6000	1.0	9600
	ϕ1200	PYB、PYZ	300	10000	1.1	23300
		PYD		7000	1.1	23900
	ϕ1750	PYB、PYZ	245	12000	2.3	48700
		PYD		10000	2.4	48700
	ϕ2200	PYB、PYZ	220	73000	1.8	80100
		PYD		76000	1.6	81400
	ϕ1650	PYB、PYZ	230	15000	3.0	40700
		PYD		15000	3.0	65000
	ϕ2100	PYB、PYZ	200	50000	2.0	82700
		PYD		50000	2.0	83000
单缸液压	900/135,900/75		335	11000	1.1	8300
	900/60			8000	1.3	8300
	1650/285,1650/230		250	18000	1.6	35800
	1650/100			12000	2.1	35600
	2200/350,2200		200	41000	2.2	71400
	2200/130			22000	3.0	72500

旋回破碎机振动荷载值　　　**表 1.1.21**

型号规格		主轴转速 (r/min)	水平振动荷载 (N)	振动荷载高度 (m)	机器质量 (kg)
轻　型	700/100	160	19000	1.3	43200
	900/130	140	32000	1.9	84700
	1200/150	125	54000	2.2	142000
单缸液压	500/60	160	15000	1.2	42400
	700/100	140	27000	1.8	89200
	900/130	125	40000	2.1	139100
	1200/160	110	65000	2.6	224100
	1400/170	105	86000	2.7	309800
	1600/180	100	122000	3.1	472800
老型号	500/75	145	13000	1.1	39800
	700/130	140	17000	2.1	81900
	900/150	125	41000	2.4	141800
	1200/180	110	58000	2.6	224100
颚旋	1000/100	140	53000	2.6	97300
	1000/150	140	49000	2.9	96000

锤式破碎机振动荷载值　　　**表 1.1.22**

型号规格	转子转速 (r/min)	转子质量 (kg)	振动荷载值 (N)	型号规格	转子转速 (r/min)	转子质量 (kg)	振动荷载值 (N)
ϕ800×600	800	910	12700	ϕ1800×1800	345	21500	56100
ϕ1000×1000	750	2100	25900	ϕ2000×1800	311	30200	64000
ϕ1250×1250	560	4200	28900	ϕ2000×2200	311	35700	75700
ϕ1400×1200	492	7800	41400	2ϕ1800×1800	345	21500	56100
ϕ1400×1400	492	8300	44000		345	21500	56100
ϕ1600×1600	387	12500	41000				

注：表中振动荷载值所采用的偏心距e_0可取 2mm。

反击式破碎机振动荷载值　　　**表 1.1.23**

型号规格	转子转速 (r/min)	转子质量 (kg)	振动荷载值 (N)	型号规格	转子转速 (r/min)	转子质量 (kg)	振动荷载值 (N)
ϕ750×700	980	640	13550	ϕ1250×1000	505	3610	20170
ϕ1000×700	680	1120	11350	2ϕ1250×1250	730	8140	95040
ϕ1100×850	980	1380	29000		980	7780	163710
ϕ1100×1200	980	1970	41450				

注：表中振动荷载值所采用的偏心距e_0可取 2mm。

三、振动筛

1. 振动筛的振动荷载，可按下列规定计算：

计算振幅时，应采用标准振动荷载，由设备制造厂提供。

计算结构的动内力时，振动荷载可按下式计算：

$$F_v = K_d F_k - F_{vk} \tag{1.1.74}$$

式中　F_{vk}——设备的计算扰力（N）；

　　F_k——设备的标准扰力（N）；

K_d——设备动力超载系数。

设备动力超载系数，可按下列规定取值：

（1）激发周期荷载的振动筛构造不均匀时，可取$K_d=1.3$；

（2）激发周期荷载的振动筛构造均匀时，可取$K_d=4.0$；

（3）当有实际经验时，允许采用实测的动力超载系数。

2. 对于竖向设置单层或双层减振弹簧的振动筛（图 1.1.30），作用在支撑结构上的振动荷载标准值，可按下列公式计算：

对于单层弹簧，可按下式计算：

$$F_{vk}=uK \tag{1.1.75}$$

对于双层弹簧，可按下式计算：

$$F_{vk}=u_bK_b \tag{1.1.76}$$

式中 F_{vk}——支撑结构上的标准振动荷载（N）；

u——振动筛稳态工作时，筛箱的振幅（m）；

u_b——振动筛下部刚架在稳态工作时的振幅（m）；

K——筛箱下部弹簧的总刚度（N/m）；

K_b——刚架下部弹簧的竖向或水平总刚度（N/m）。

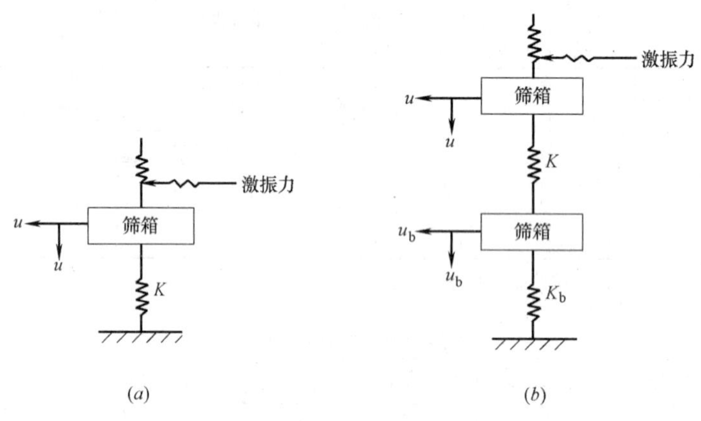

图 1.1.30 振动筛振动荷载计算简图

（a）单层弹簧振动筛 （b）双层弹簧振动筛

3. 当振动筛坐落于结构楼层上，且梁第一频率密集区内最低自振频率计算值大于设备的振动频率时，振动筛等效竖向振动荷载，可按下式计算：

$$F_v=\gamma G \tag{1.1.77}$$

式中 F_v——振动筛等效竖向振动荷载（N）；

G——设备自重及料重（N）；

γ——动力系数，按表 1.1.24 采用。

动力系数 γ **表 1.1.24**

设备类别	振动筛	回转筛	悬挂筛
γ	4.0	1.5	2.0

振动筛附有小型传动设备时的振动荷载，可按下式计算：

$$F_v = \gamma G \tag{1.1.78}$$

式中 F_v——小型传动设备的等效垂直振动荷载（N）；

G——设备自重（N）；

γ——动力系数，按表 1.1.25 采用。

动力系数 γ **表 1.1.25**

机器转速(r/min)	300～400	500	750	1000	1250	1500
γ	1.20	1.25	1.60	2.00	2.50	3.00

四、磨机

1. 作用在磨机两端中心线处的水平振动荷载，可按下列公式计算：

$$F_{vx} = 0.15mg \tag{1.1.79}$$

式中 F_{vx}——磨机两端中心线处的水平振动荷载（N）；

m——磨机内碾磨体及物料的总质量（kg）；

g——重力加速度（m/s^2）。

球磨机，棒磨机，管磨机的等效竖向振动荷载，可按下式计算：

$$F_v = \gamma W \tag{1.1.80}$$

$$W = mg + G \tag{1.1.81}$$

式中 γ——动力系数，可按表 1.1.26 采用；

W——磨机总重量（N）；

G——设备自重（N）。

动力系数 γ **表 1.1.26**

磨机类型	球磨机		管磨机		棒磨机
	$G \geqslant 400kN$	$G < 400kN$	$G \geqslant 400kN$	$G < 400kN$	
γ	5.0	4.0	2.5	2.0	2.5

2. 管磨机的振动荷载，可按下列公式计算：

$$F_{vx} = 0.17mg \tag{1.1.82}$$

$$F_{vz} = 0.33mg \tag{1.1.83}$$

式中 F_{vx}——管磨机的水平振动荷载（N）；

F_{vz}——管磨机的竖直振动荷载（N）；

m——磨机内研磨体质量（kg）；

g——重力加速度（m/s^2）。

3. 立式磨的振动荷载，可按下式计算：

$$F_v = m_1 e_{01} \omega_1^2 + m_2 e_{02} \omega_2^2 \tag{1.1.84}$$

式中 F_v——立式磨的振动荷载（N）；

m_1——选粉机转子回转部件的质量（kg）；

e_{01}——选粉机转子回转部件的当量偏心距（m），取 4×10^{-3}m；

ω_1——选粉机转子回转部件的角速度（rad/s）；

m_2——磨盘的质量（kg）；

e_{02}——磨盘的当量偏心距（m），取 2×10^{-3}m；

ω_2——磨盘的角速度（rad/s）。

4. 高压辊磨机的振动荷载，可按下列规定确定：

高压辊磨机的振动荷载计算时，除应取得《工业建筑振动荷载规范》第 3 章规定的有关资料外，尚应由设备制造厂提供下列资料：

（1）高压辊磨机机体对基础的静荷载；

（2）扭力支撑装置对基础的额定工作荷载；

（3）机器的振动频率范围。

高压辊磨机机体的振动荷载，可按下列公式计算：

$$F_{vy}=K_y W \tag{1.1.85}$$

$$F_{vz}=K_z W \tag{1.1.86}$$

式中 F_{vy}——水平向振动荷载（N）；

F_{vz}——竖向振动荷载（N）；

K_y——水平向振动荷载系数，可取 0.2～0.3；当高压辊磨机蓄能器容量较大时取较高值，当高压辊磨机蓄能器容量较小时取较低值；

K_z——竖向振动荷载系数，可取 0.8～1.5；当高压辊磨机蓄能器容量较大时取较低值，当高压辊磨机蓄能器容量较小时取较高值；

W——高压辊磨机机体对基础的静荷载（N）。

高压辊磨机扭力支撑装置的振动荷载按下列公式计算：

$$F_{vx}=0.2W_N \tag{1.1.87}$$

$$F_{vz}=1.0W_N \tag{1.1.88}$$

式中 F_{vx}——沿高压辊磨机轴向振动荷载（N）；

F_{vz}——竖向振动荷载（N）；

W_N——扭力支撑装置的额定工作荷载（N）。

五、脱水机

脱水机超载系数，可按《工业建筑振动荷载规范》相关条文执行。

离心脱水机的振动荷载，可按照《工业建筑振动荷载规范》离心机的振动荷载计算。

化工、石化用离心脱水机，等效竖向振动荷载可按下式计算：

$$F_v=\gamma G \tag{1.1.89}$$

式中 F_v——脱水机的等效竖向振动荷载（N）；

G——设备及物料总重量（N）；

γ——动力系数，按表 1.1.27 采用。

动力系数 γ **表 1.1.27**

设备类别	立式	卧式
γ	2.0	4.0

金属及非金属矿山脱水筒型真空过滤机、盘式真空过滤机、带式真空过滤机、板框压滤机、自动压滤机、磁力脱水槽的振动荷载可忽略不计。

第八节 轻纺机械

一、一般要求

本节中的轻纺机械是指轻工业加工中的纺织、造纸机器。

二、纸机和复卷机

本节规定适用于纸机的成型部、压榨部、烘干部、施胶机、压光机、涂布机、卷纸机等各组成分部和复卷机的振动荷载计算。

1. 纸机各组成分部和复卷机的振动荷载，可取各类辊、缸和纸卷在线旋转时其质量偏心引起的离心力，作用于旋转部件的轴承中心。单个旋转部件所产生的振动荷载，可按下式计算：

$$F_{\mathrm{v}}=0.5me\omega_{\mathrm{n}}^{2} \tag{1.1.90}$$

式中 F_{v}——旋转部件作用在纸机或复卷机一侧支架上的振动荷载（N）；

m——旋转部件质量（kg）；

e——旋转部件的质量偏心距（m），应由设备制造厂提供，部分旋转部件的质量偏心距亦可按表 1.1.28 采用；

ω_{n}——对应于纸机或复卷机计算车速时，该旋转部件的角速度（rad/s）。

2. 竖向和沿纸页运行水平向的振动响应计算时，单个旋转部件的振动荷载，可按下列公式计算：

$$F_{\mathrm{vz}}=F_{\mathrm{v}}\sin(\omega t+\theta) \tag{1.1.91}$$

$$F_{\mathrm{vx}}=F_{\mathrm{v}}\cos(\omega t+\theta) \tag{1.1.92}$$

式中 F_{vz}——所计算旋转部件作用在纸机或复卷机一侧支架上的竖向振动荷载（N）；

F_{vx}——所计算旋转部件作用在纸机或复卷机一侧支架上沿纸页运行方向的水平向振动荷载（N）；

ω——对应于纸机或复卷机计算车速时该旋转部件的角速度（rad/s）；

θ——所计算旋转部件的初始相位角（rad）。

3. 对于纸机每个组成分部和复卷机，应按其计算车速分别计算单个旋转部件的振动荷载，再对其振动响应进行叠加。

4. 在计算某级车速下由纸卷产生的振动荷载时，尚应计入因纸卷直径持续改变而导致的旋转质量和角速度的改变的影响。

5. 部分旋转部件的质量偏心距，可按表 1.1.28 采用。

旋转部件的质量偏心距 **表 1.1.28**

旋转部件	偏心距(m)	旋转部件	偏心距(m)
背辊、胸辊	0.025×10^{-3}	复卷前的纸卷	2.000×10^{-3}
卷纸辊、舒展辊、导辊	0.040×10^{-3}	复卷后的纸卷	1.000×10^{-3}
带软包的挠度补偿辊	0.080×10^{-3}		

三、磨浆机

1. 磨浆机振动荷载可取电机、主动齿轮、从动齿轮、磨浆部等在线旋转时因其质量偏心引起的离心力，作用于各旋转部件的质心位置。

2. 各旋转部件的振动荷载，可按下列公式计算：

$$F_v = me\omega_k^2\left(\frac{\omega_n}{\omega_k}\right)^2 \tag{1.1.93}$$

$$e = \frac{G}{\omega_k} \tag{1.1.94}$$

式中 F_v——所计算旋转部件的振动荷载（N）；

m——所计算旋转部件的质量（kg）；

e——所计算旋转部件的质量偏心距（m）；

G——所计算旋转部件的动平衡精度等级（m/s）；

ω_n——对应于计算转速时该旋转部件的角速度（rad/s），计算范围宜取 1.1 倍磨浆机最大设计转速；

ω_k——对应于磨浆机最大设计转速时该旋转部件的角速度（rad/s）。

3. 竖向和水平向振动响应计算时各旋转部件的振动荷载，可按下列公式计算：

$$F_{vz} = F_v \cdot \sin(\omega t + \theta) \tag{1.1.95}$$

$$F_{vx} = F_v \cdot \cos(\omega t + \theta) \tag{1.1.96}$$

式中 F_{vz}——旋转部件的竖向振动荷载（N）；

F_{vx}——旋转部件的水平向振动荷载（N）；

ω——对应于计算转速时该旋转部件的振动圆频率（rad/s），数值上等于该旋转部件相应时刻的角速度；

θ——所计算旋转部件的初始相位角（rad）。

4. 磨浆机因意外断电停机和磨片脱落所产生的振动荷载，应由设备制造厂提供。

四、纺织机械

织机的振动荷载，可按表 1.1.29 采用。

织机的振动荷载 **表 1.1.29**

织机类别	织机型号	幅宽	车速n_0(r/min)	扰力幅值F_0(kN)		
				水平扰力（纬纱方向）	水平扰力（经纱方向）	竖向扰力
有梭织机	1511-44″	44″	200	1.0	4.0	3.6
	1515-56″	56″	180	1.0	4.2	4.0
	1515-75″	75″	150	1.5	3.6	3.6
	H212 毛织机	63″	95	2.0	3.6	3.4
剑杆织机	GA743-180cm	180cm	200	1.5	5.2	4.6
	SOMET-190cm	190cm	360	1.0	6.5	7.0

当织机的设计车速与表 1.1.29 所列车速不一致时的振动荷载，可按下式计算：

$$F = F_0\left(\frac{n}{n_0}\right)^2 \tag{1.1.97}$$

式中 F_0——表 1.1.29 所列织机的振动荷载（N）；

n_0——表 1.1.29 所列织机的车速（r/min）；

F——织机设计车速下的振动荷载（N）；

n——织机的设计车速（r/min），当 $n<n_0$ 时，取 $n=n_0$。

织机振动荷载的作用点位置，可取织机车脚的几何中心。

第九节　金属切削机床

一、振动荷载的特点

金属切削机床包括车床、铣床、钻床、刨床、磨床、加工中心等。这类机器在运转过程中产生的振动荷载是十分复杂的，并且在整个加工过程中具有一定的随机性。不同类型的机床，由于传动机构和工作原理的不同，产生振动荷载的因素也各异，由各部件所处的不同方式的运动状态而定。在一般情况下，可归纳为两种产生振动荷载的因素：首先是由于机床本身各传动部件旋转不平衡质量所引起的振动荷载；其次是机床在加工工件时转速突变产生脉冲或换刀切削时的脉冲，还有断续切削时的撞击等。由于上述这些机床的特点，其振动要用理论计算是不切实际的，只能对各类机床进行实测，积累大量测定数据，经统计分析来确定各类机床的振动荷载值。

二、振动荷载取值

1. 金属切削机床种类较多包括车床、铣床、刨床、磨床等。确定金属切削机床的振动荷载时，机床制造厂应提供下列资料：

（1）机床型号、转速、规格和外形尺寸；

（2）机床质量、质心位置；

（3）机床运转部件的质量及其分布位置；

（4）机床的传动方式、运动方向和有关尺寸。

金属切削机床的振动荷载作用点，可取机床底面几何中心。

2. 车床的振动荷载，可按表 1.1.30 采用。

车床振动荷载（kN）　　**表 1.1.30**

车床型号	CG6125 CM6125	CW6140A C616 C620	C336K C630
振动荷载	0.130～0.260	0.260～0.325	0.325～0.390

注：当加工材料强度低、切削量小、切削速度缓慢时，表中取小值，否则取大值。

3. 铣床的振动荷载，可按表 1.1.31 采用。

铣床振动荷载（kN）　　**表 1.1.31**

铣床型号	X60 X8126	X61 X6100 X62W	X63W X64W X51K	X52K X53K
振动荷载	0.18～0.36	0.36～0.45	0.45～0.54	0.54～0.63

注：当加工材料强度低、切削量小、切削速度缓慢时，表中取小值，否则取大值。

4. 钻床的振动荷载

可根据钻床的完好程度、钻件的厚度、钻进速度的快慢等因素在 0.10～0.20kN 范围内采用。

5. 刨床的振动荷载，可按表 1.1.32 采用。

刨床振动荷载（kN） **表 1.1.32**

刨床型号	B5032 B635	B650 B6050	B690
振动荷载	0.60～1.00	1.00～1.40	1.40～2.00

注：当加工材料强度低、切削量小、切削速度缓慢时，表中取小值，否则取大值。

6. 磨床的振动荷载，可按表 1.1.33 采用。

磨床振动荷载（kN） **表 1.1.33**

磨床型号	M1010 MGB1420	M7120A M7130 M2110 M2120	M1040 M1080	M120W M130W M131W
振动荷载	0.16～0.32	0.32～0.40	0.40～0.48	0.48～0.56

注：当加工材料强度低、切削量小、切削速度缓慢时，表中取小值，否则取大值。

7. 加工中心的振动荷载，可按相同加工功能的同类机床取值；多种加工功能振动荷载不相同时，可取大值。

第十节 振动试验台

一、一般要求

在航天、航空、电子、船舶、汽车和建筑等领域，为了考核产品在振动环境的耐久性、可靠性和适用性，就需要使用振动试验台进行试验。常见的振动试验台包括：液压振动台、电动振动台和机械振动台。由于这三种振动台的特点不同（见表 1.1.34），应根据不同的试验对象和试验要求来选用相应的振动试验台。

振动试验台参数 **表 1.1.34**

序号	振动台类型	频率范围	位移(mm)	加速度(m/s^2)	激振力(kN)	经济性
1	液压振动台	0～1000Hz	±250	300	1000	价高
2	电动振动台	5～5000Hz	±55	1000	200	适中
3	机械振动台	1～100Hz	±20	—	100	便宜

二、液压振动台

液压振动台单个激振器的振动荷载特性主要是由激振器的行程（d），最大振动速度（v），最大振动加速度（a），额定激振力（P），以及被试对象的质量（m_t）等因素决定的。

按照牛顿第二定律，液压振动试验台的振动荷载可以由运动部分负载的质量与振动加速度的乘积得到，亦即振动荷载可按照下式计算：

$$F_s=(m_0+m_t)\cdot a_i \tag{1.1.98}$$

式中　m_0——振动台运动部分质量；

m_t——振动台试件质量；

a_i——频域振动加速度幅值。

液压振动台可分为三个荷载区间（图 1.1.31）：

低频部分的位移控制区段，$a_1=D_{max}\omega^2$

中频部分的速度控制区段，$a_2=v_{max}\omega$

高频部分的加速度控制区段，$a_3=A_{max}$

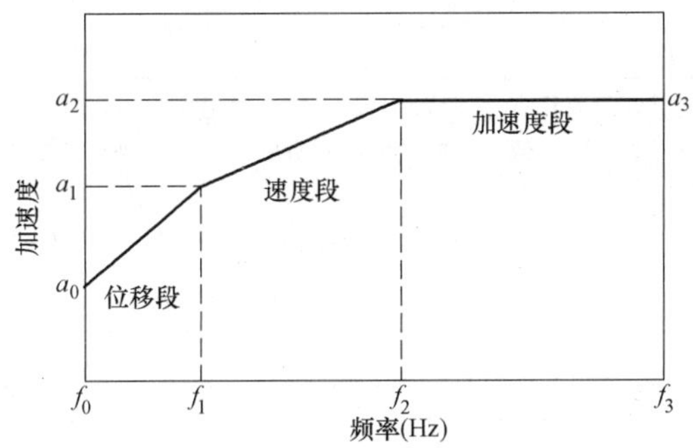

图 1.1.31　液压振动台加速度分段特性

液压振动试验台的振动荷载特性与振动加速度及负荷状况的关系如图 1.1.32 和图 1.1.33 所示。

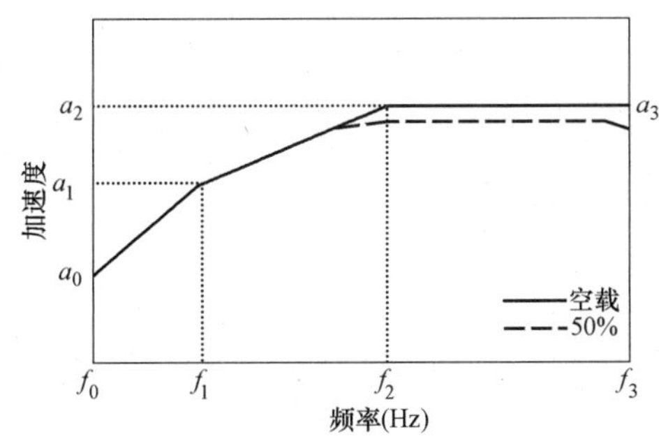

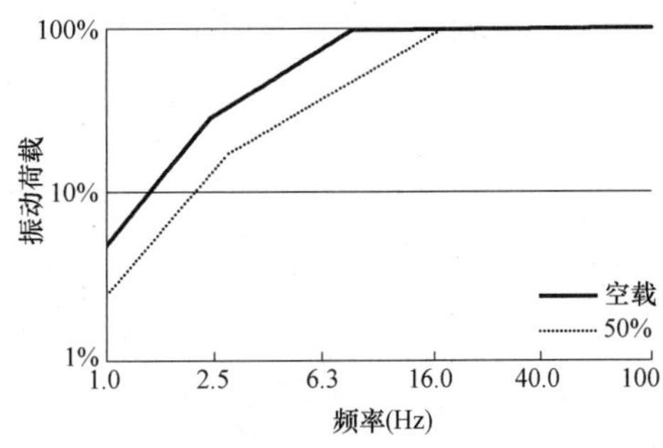

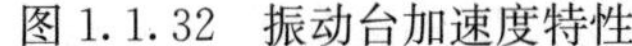

图 1.1.32　振动台加速度特性

图 1.1.33　液压振动台荷载特性

由此可见，不同的负载质量，振动台激振力特性也不同。振动台最不利条件为满负荷试验，因此激振力曲线应按满负荷计算。

液压振动试验台单个激振器额定激振力不大于 1000kN、频率范围为 0～1000Hz 的液压振动台，作用于基础上的振动荷载，可按表 1.1.35 确定。

液压振动台的振动荷载 **表 1.1.35**

1/3 倍频程频率 f (Hz)	液压振动台额定激振力(kN)					
	10	50	100	200	500	1000
0.00	0.00	0.00	0.00	0.00	0.00	0.00
1.00	1.00	5.00	10.00	20.00	50.00	100.00
1.25	1.25	6.25	12.50	25.00	62.50	125.00
1.60	1.60	8.00	16.00	32.00	80.00	160.00
2.00	2.00	10.00	20.00	40.00	100.00	200.00
2.50	2.50	12.50	25.00	50.00	125.00	250.00
3.15	3.15	15.75	31.50	63.00	157.50	315.00
4.00	4.00	20.00	40.00	80.00	200.00	400.00
5.00	5.00	25.00	50.00	100.00	250.00	500.00
6.30	6.30	31.50	63.00	126.00	315.00	630.00
8.00	8.00	40.00	80.00	160.00	400.00	800.00
10.00～1000	10.00	50.00	100.00	200.00	500.00	1000.00

注：当振动台上试件在试验频段内具有共振特性时，上表中数值应乘以荷载放大系数，荷载放大系数可取 1.10～1.30，试件共振频率低时宜取大值，共振频率高时宜取小值；车辆振动试验轮胎耦合时，可取 1.25。

液压振动试验台单个作动器的荷载动力系数可按表 1.1.36 选择。

液压振动台荷载动力系数 **表 1.1.36**

激振力(kN)	振动台基础	建筑物基础	上部结构
＜100	1.20(1.10)	1.10(1.00)	1.05(1.00)
≥100	1.25(1.10)	1.15(1.00)	1.05(1.00)

注：括号内数值为用于振动台隔振基础设计的动力系数。

三、电动振动台

电动振动试验台的振动荷载特性确定方式与液压振动试验台类似，只是频率稍高，激振力稍小。其振动荷载特性如图 1.1.34 所示。

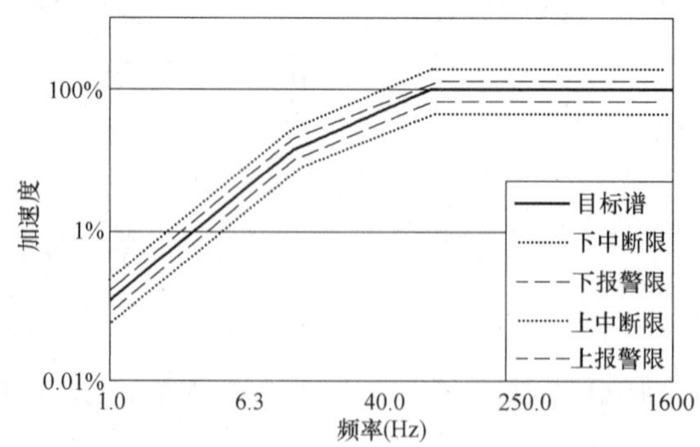

图 1.1.34　电动振动台振动荷载特性曲线

对于额定正弦激振力不大于 200kN，频率范围为 5～5000Hz 的电动振动台，作用于基础上的振动荷载，根据设备的隔振装置设置情况，可按表 1.1.37 和表 1.1.38 采用。

电动振动台未带隔振装置的振动荷载　表 1.1.37

1/3 倍频程频率 f (Hz)	电动振动台额定激振力(kN)					
	5	10	20	50	100	200
5.00	0.65	1.25	2.50	6.25	12.50	25.00
6.30	0.80	1.60	3.15	7.90	15.75	31.50
8.00	1.00	2.00	4.00	10.00	20.00	40.00
10.00	1.25	2.50	5.00	12.50	25.00	50.00
12.50	1.55	3.15	6.25	15.65	31.25	62.50
16.00	2.00	4.00	8.00	20.00	40.00	80.00
20.00	2.50	5.00	10.00	25.00	50.00	100.00
25.00	3.15	6.25	12.50	31.25	62.50	125.00
31.50	3.95	7.90	15.75	39.40	78.75	157.50
40.00	5.00	10.00	20.00	50.00	100.00	200.00
50.00	6.25	12.50	25.00	62.50	125.00	250.00
63.00	7.90	15.75	31.50	78.75	157.50	315.00
80.00	10.00	20.00	40.00	100.00	200.00	400.00
100～5000	10.00	20.00	40.00	100.00	200.00	400.00

电动振动台带隔振装置的振动荷载　表 1.1.38

1/3 倍频程频率 f (Hz)	电动振动台额定激振力(kN)					
	5	10	20	50	100	200
5.00	0.35	0.70	1.40	3.50	7.00	14.00
6.30	0.25	0.45	0.90	2.30	4.60	9.25
8.00	0.15	0.35	0.65	1.65	3.25	6.55
10.00	0.10	0.25	0.50	1.25	2.45	4.95
12.50	≤0.10	0.20	0.40	0.95	1.90	3.80
16.00	≤0.10	0.15	0.30	0.75	1.45	2.90
20.00	≤0.10	0.10	0.25	0.60	1.15	2.30
25.00	≤0.10	≤0.10	0.20	0.45	0.90	1.85
31.50	≤0.10	≤0.10	0.15	0.35	0.70	1.45
40.00		≤0.10	0.10	0.30	0.57	1.15
50.00		≤0.10	≤0.10	0.25	0.45	0.90
63.00			≤0.10	0.20	0.35	0.70
80.00			≤0.10	0.15	0.30	0.55
100～5000				≤0.10	0.20	0.35

为了与其他结构荷载规范协调，作为向结构设计提供拟静力设计的荷载条件，亦即振动荷载的动力系数，可按表 1.1.39 选择。

电动振动台动力系数表　表 1.1.39

激振力(kN)	振动台基础	建筑物基础	上部结构
＜10	1.10(1.05)	1.00(1.00)	1.00(1.00)
≥10	1.20(1.10)	1.10(1.00)	1.00(1.00)

注：括号内数值为用于振动台隔振基础设计的动力系数。

四、机械振动台

机械振动台的类型包括偏心式、离心式，凸轮式，以及偏心—弹簧式等。由于机械振动台类型较多，其特性参数也不一样。本手册以较为典型的偏心式和离心式机械振动台为准，提出相应的振动荷载。参照国家标准《机械振动台　技术条件》，机械振动台的振动频率一般在 1.0～100Hz 范围内，其激振力通常不大于 10kN。

1. 偏心式机械振动台

偏心式机械振动台是以轴偏心或者偏心杆转动来驱动振动台运动。工作原理如图 1.1.35 所示。

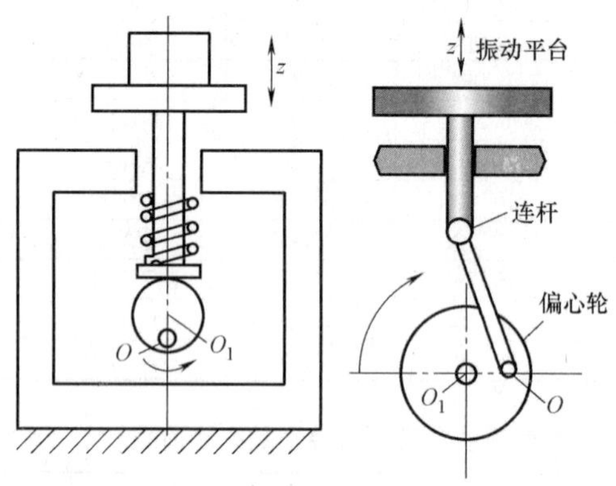

图 1.1.35　偏心式振动台

偏心式机械振动台激振力为：

$$F_r(t)=m_r r\omega^2\sin(\omega t) \tag{1.1.99}$$

最大激振力为：

$$F_{rmax}=m_r r\omega^2=m_r a_{rmax} \tag{1.1.100}$$

式中　r——驱动装置的偏心距（mm），取 O_1 和 O 之间距离；

m_r——运动部分质量（kg），一般运动部分质量不超过 500kg；

ω——圆频率（rad/s），$\omega=2\pi f$；

f——振动台激振频率（Hz）；

a_{rmax}——振动台对应频率的最大加速度（m/s²），$a_{rmax}=e\omega^2$。

2. 离心式振动台（图 1.1.36）

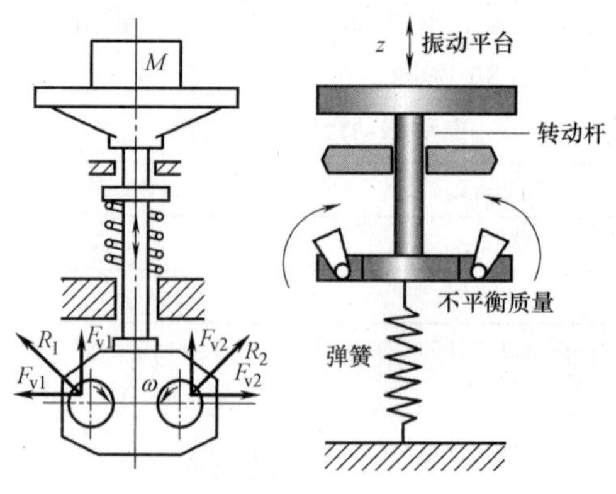

图 1.1.36　离心式振动台

(1) 偏心式机械振动台激振力为:

$$F_e(t)=m_e e\omega^2\sin(\omega t) \tag{1.1.101}$$

最大激振力为:

$$F_{emax}=m_e e\omega^2=m_e a_{emax} \tag{1.1.102}$$

式中　e——偏心质量的偏心距 (mm);

m_e——偏心质量 (kg), 偏心质量不超过 100kg;

f——振动台激振频率 (Hz);

ω——圆频率 (rad/s), $\omega=2\pi f$;

a_{emax}——振动台对应频率的最大加速度 (m/s^2), $a_{emax}=e\omega^2$。

(2) 对于额定激振力不大于 10kN 的偏心式和离心式机械振动台, 频率范围在 1.0~100Hz 之内, 其振动荷载, 可按下式计算:

$$F_v=\frac{m_t}{100}F_{v100}$$

式中　F_v——机械振动台振动荷载 (N);

F_{v100}——当运动部件和被试试件质量为 100kg 时, 机械振动台的振动荷载 (N), 可按表 1.1.40 采用;

m_t——偏心式振动台运动部件和被试试件质量或离心式振动台旋转部分质量 (kg)。

机械振动台的振动荷载 (N)　　**表 1.1.40**

1/3 倍频程频率 f(Hz)	机械振动台偏心距 e(mm)					
	1	2	5	10	20	50
100						200
125					125	300
160				100	200	500
200				160	315	800
250			125	250	500	1250
315			200	400	800	2000
400		125	315	630	1250	3150
500	100	200	500	1000	2000	5000
630	160	315	800	1600	3150	8000
800	250	500	1250	2500	5000	12500
1000	400	800	2000	4000	8000	
1250	630	1250	3150	6300	12500	
1600	1000	2000	5000	10000		
2000	1600	3150	8000			
2500	2500	5000	12500			
3150	4000	8000				
4000	6300	12500				
5000	10000					

第十一节　人行振动

一、公共场所人群密集楼盖

对于公共场所人群密集楼盖的人行和有节奏运动产生的振动荷载的确定，对于行走和有节奏运动激励为主的楼盖，可仅考虑竖向振动荷载。

1. 人群自由行走的竖向振动荷载，可按下式计算：

$$F_{(t)} = \sqrt{N}\sum_{n=1}^{k} \alpha_n Q\sin(2\pi nft - \phi_n) \tag{1.1.103}$$

式中　$F_{(t)}$——人群自由行走的竖向振动荷载（N）；

α_n——第 n 阶振动荷载频率的动力因子，可按表 1.1.41 取值；

Q——单人的重量（N），可取 600N；

f——振动荷载频率（Hz），可按表 1.1.41 取值；

ϕ_n——第 n 阶振动荷载频率的相位角，可按表 1.1.41 取值；

k——所考虑的振动荷载频率阶数；

t——时间（s）；

N——人群的总人数。

人群自由行走的竖向振动荷载频率、动力因子和相位角　　　表 1.1.41

荷载频率阶数 n	荷载频率 f(Hz)	动力因子 α_n	相位角 ϕ_n
1	1.25～2.30	0.37(f−1.0)	0
2	2.50～4.60	0.10	π/2
3	3.75～6.90	0.06	π/2
4	5.00～9.20	0.06	π/2
5	6.25～11.50	0.06	π/2

注：对于人体舒适度，一般情况下，可只计及前 3 阶；对于振动敏感建筑，宜计入 4、5 阶的影响。

2. 人群有节奏运动的竖向振动荷载，可按下式计算：

$$F(t) = \sum_{n=1}^{k} \alpha_n Q\sin(2\pi nft - \varphi_n)\cdot N\cdot C(n) \tag{1.1.104}$$

式中　$F(t)$——人群有节奏运动的竖向振动荷载（N）；

α_n——第 n 阶振动荷载频率的动力因子，可按表 1.1.42 取值；

Q——单人的重量（N），可取 600N；

f——振动荷载频率（Hz），可按表 1.1.42 取值；

ϕ_n——第 n 阶振动荷载频率的相位角，可按表 1.1.42 取值；

k——所考虑的振动荷载频率阶数；

n——人群的总人数；

t——时间（s）；

$C(n)$——人群有节奏运动的协调系数。

人群有节奏运动的竖向振动荷载频率、动力因子和相位角 **表 1.1.42**

运动类别		荷载频率 f（Hz）	人群密度		荷载频率阶数 n	动力因子 α_n	相位角 φ_n
			常用值	最大值			
演唱会、体育比赛		1.50～3.00	1 人/座位		1	0.5	
					2	0.25	
					3	0.15	
协调跳跃（包括跳舞、节律运动）	无固定座位	1.50～3.50	0.8 人/m²	6 人/m²	1	2.1−0.15(f)	0
					2	1.9−0.17(2f)	0
					3	1.25−0.11(3f)	0
	有固定座位	1.50～3.50	1 人/座位		1	2.1−0.15(f)	0
					2	1.9−0.17(2f)	0

3. 人群有节奏运动的协调系数，可按下列规定取值：

（1）对于演唱会、体育比赛和有固定座位的有节奏运动人群，协调系数 $C(n)$ 可取 1.0。

（2）对于协调跳跃无固定座位的有节奏运动人群，当总人数小于等于 5 人时，协调系数 $C(n)$ 取 1.0；当总人数大于等于 50 人时，协调系数 $C(n)$ 可根据协调性按表 1.1.43 采用；当总人数在 5～50 之间时，协调系数 $C(n)$ 按线性插入取值。

协调跳跃的运动人群协调系数 $C(n)$ **表 1.1.43**

运动类别	协调性	荷载频率阶数 n		
		1 阶	2 阶	3 阶
协调跳跃(包括跳舞、节律运动)无固定座位	高	0.80	0.67	0.50
	中	0.67	0.50	0.40
	低	0.50	0.40	0.30

二、人行天桥

1. 对于人行天桥舒适度检验时，人行振动荷载的确定，其人行振动荷载，可按下列规定确定：

（1）人行天桥的人行振动荷载应包括竖向人行激励荷载、纵桥向人行振动荷载和横桥向人行振动荷载。

（2）人行振动荷载应采用均布荷载，单位面积的人行振动荷载宜按下式计算：

$$F_{(t)}=F_b\cos(2\pi ft)\gamma'\psi \tag{1.1.105}$$

式中 $F_{(t)}$——单位面积的人行振动荷载（N/m^2）；

F_b——人行天桥上单个行人行走时产生的振动荷载（N），可按表 1.1.44 取值；

f——人行荷载频率（Hz），可取人行天桥的固有频率；

γ'——等效人群密度（$1/m^2$）；

ψ——荷载折减系数，可按表 1.1.45 采用。

单人行走时产生的振动荷载 **表 1.1.44**

人行方向	竖向	纵桥向	横桥向
振动荷载(N)	280	140	35

荷载折减系数 **表 1.1.45**

人行方向	频率范围 f(Hz)	荷载折减系数 ψ
竖向纵桥向	$f\leqslant 1.25$	0
	$1.25<f\leqslant 1.7$	$\frac{f-1.25}{0.45}$
	$1.7<f\leqslant 2.1$	1
	$2.1<f\leqslant 2.3$	$1-\frac{f-2.1}{0.2}$
	$2.3<f\leqslant 2.5$	0
	$2.5<f\leqslant 3.4$	$0.25\times\frac{f-2.5}{0.9}$
	$3.4<f\leqslant 4.2$	0.25
	$4.2<f\leqslant 4.6$	$0.25\left(1-\frac{f-4.2}{0.4}\right)$
	$4.6<f$	0
横桥向	$f\leqslant 0.5$	0
	$0.5<f\leqslant 0.7$	$\frac{f-0.5}{0.2}$
	$0.7<f\leqslant 1.0$	1
	$1.0<f\leqslant 1.2$	$1-\frac{f-1.0}{0.2}$
	$1.2<f$	0

2. 等效人群密度，可按下列公式计算：

当人群密度小于 1.0 人/m²时：

$$\gamma'=\frac{10.8\sqrt{\zeta N}}{A} \tag{1.1.106}$$

当人群密度不小于 1.0 人/m²时：

$$\gamma'=\frac{1.85\sqrt{N}}{A} \tag{1.1.107}$$

式中 A——加载面积（m²）；

N——行人总人数，取人群密度与加载面积的乘积；

ζ——结构类型的阻尼比影响系数，可按表 1.1.46 取值。

结构类型的阻尼比影响系数 **表 1.1.46**

结构类型	影响系数	结构类型	影响系数
钢筋混凝土结构	1.3	钢-混组合结构	0.6
预应力混凝土结构	1.0	钢结构	0.4

第十二节　轨道交通

一、轨道交通振动荷载的确定

轨道交通振动荷载的确定应采用建筑物基底输入现场实测振动波形的方法，无条件测试时，振动荷载可按本标准的规定进行计算。现场测试宜符合下列要求：

1. 现场测试宜采用建筑物基底输入现场实测振动波形。

2. 测点应布置于基底四角及中部的柱底位置，测点数不应少于 5 个，各测点同步测量，在列车通过时段进行，测量不少于 20 趟列车。

3. 现场测试所采用的传感器频响曲线、灵敏度、量程等应满足振动影响评价的要求，测试中周围受到局部人为振动激励时间不得超过总测量时间的 5%。

4. 现场测试应在交通较为繁忙时段进行，输入的振动波形应选取振动物理量有效值最大列车测试的数据。

二、列车竖向振动荷载

作用在单根钢轨上的列车竖向振动荷载，可按下列公式计算：

$$F_{(t)}=F_0+F_1\sin(\omega_1 t)+F_2\sin(\omega_2 t)+F_3\sin(\omega_3 t)+F_s\sin(\omega_s t) \tag{1.1.108}$$

$$\omega_i=2\pi v/l_i\ (i=1,2,3) \tag{1.1.109}$$

$$F_i=m_0 a_i\omega_i^2\ (i=1,2,3) \tag{1.1.110}$$

$$F_s=m_0 a_s\omega_s^2 \tag{1.1.111}$$

$$\omega_s=2\pi v/l_s \tag{1.1.112}$$

式中　F_0——单边静轮重（N）；

F_i——对应某一频率的振动荷载幅值（N）；

ω_i——振动圆频率（rad/s）；

v——列车通过时的实际最高速度（m/s）；

m_0——列车簧下质量的一半（kg）；

l_i——轨道几何高低不平顺的波长（m）；

a_i——轨道几何高低不平顺的矢高（m）；

F_s——扣件节点间距频率的振动荷载幅值（N）；

l_s——扣件节点间距（m），可取 0.6m；

a_s——扣件节点间距的高低不平顺矢高（m），可取 5×10^{-3}m。

上式中计算参数，可按表 1.1.47 的规定取值。

计算参数　　**表 1.1.47**

类型	F_0(N)	m_0(kg)	i	l_i(m)	a_i(10^{-3}m)
普速客车	60000～85000	625～850	1	10.0	4.00～5.00
			2	2.0	0.50～0.60
			3	0.5	0.09～0.10

续表

类型	F_0(N)	m_0(kg)	i	l_i(m)	a_i($10^{-3}m$)
普速货车	105000～115000	600	1	10.0	6.00
			2	2.0	0.80
			3	0.5	0.12
重载列车	125000～135000	650	1	10.0	6.00
			2	2.0	0.80
			3	0.5	0.12
高速动车组	60000～85000	700～800	1	10.0	2.00～3.00
			2	2.0	0.20～0.30
			3	0.5	0.04～0.05
地铁列车	70000～80000	850	1	10.0	6.00～8.00
			2	2.0	0.80～1.00
			3	0.5	0.12～0.14

第十三节　桩 工 机 械

一、筒式柴油打桩机的振动荷载

筒式柴油打桩机的振动荷载，可按表 1.1.48 的规定确定。

筒式柴油打桩机振动荷载　　表 1.1.48

型号	打击频率(1/min)	冲击能量(N·m)	最大振动荷载(N)
D8	38～52	23940～12790	505000
D12	36～52	43500～20500	606000
D16	36～52	53460～25585	858000
D19	37～52	57858～28800	866000
D25	37～52	78970～39975	1304000
D30	37～52	94765～47971	1304000
D36	37～52	113720～55450	1526000
D46	37～52	145305～70850	1695000
D50	39～53	145305～70850	1695000
D62	35～50	218960～107050	1800000
D72	35～50	244800～ 122400	1800000
D80	36～45	266830～171085	2600000
D100	36～45	333540～213860	2800000
D128	36	426500	3600000
D138	36	459800	3900000
D160	36	533000	4500000
D180	36	590000	5000000
D220	36	733000	6200000
D250	36	833000	7000000

振动沉拔桩锤的振动荷载，可按表 1.1.49 和表 1.1.50 的规定确定。

DZ 系列振动沉拔桩锤的振动荷载　　表 1.1.49

型号	激振器最大偏心力矩(N・m)	振动频率(r/min)	振动荷载(N)
DZ4	20	1100	26000
DZ15	70	980	75000
DZ30	170	980	180000
DZ45	245	1100	363000
DZ60	360	1100	486000
DZ90	460	1050	570000
DZ120	700	1000	786000
DZ150	1500	800	860000
DZ180	1260	800	910000
DZ300	2725	560	1300000
DZJ300	0～2725	680	1930000
DZ400	4900	600	1980000
DZJ400	0～4900	600	1980000
DZ500	5880	600	2370000
DZJ500	0～5880	600	2370000

EP 系列液压偏心力矩可调振动沉拔桩锤的振动荷载　　表 1.1.50

型号	可变偏心力矩范围(N・m)	振动频率(r/min)	振动荷载(N)
EP120	0～400	1100	560000
EP160	0～700	1000	780000
EP200	0～770	1100	1040000
EP240	0～1500	860	1240000
EP320	0～3000	690	1610000
EP400	0～4000	660	1950000
EP640	0～5800	680	3000000

二、导杆式柴油打桩机的振动荷载

导杆式柴油打桩机的振动荷载，可按表 1.1.51 的规定确定。

导杆式柴油打桩机的振动荷载　　表 1.1.51

型号	打击频率(1/min)	冲击能量(N・m)	最大振动荷载(N)
D8	38～52	23940～12790	505000
D12	36～52	43500～20500	606000
D16	36～52	53460～25585	858000
D19	37～52	57858～28800	866000
D25	37～52	78970～39975	1304000
D30	37～52	94765～47971	1304000
D36	37～52	113720～55450	1526000
D46	37～52	145305～70850	1695000
D50	39～53	145305～70850	1695000

续表

型号	打击频率(1/min)	冲击能量(N・m)	最大振动荷载(N)
D62	35～50	218960～107050	1800000
D72	35～50	244800～ 122400	1800000
D80	36～45	266830～171085	2600000
D100	36～45	333540～213860	2800000
D128	36	426500	3600000
D138	36	459800	3900000
D160	36	533000	4500000
D180	36	590000	5000000
D220	36	733000	6200000
D250	36	833000	7000000

三、蒸汽动力打桩锤的振动荷载

蒸汽动力打桩锤的振动荷载，可按表 1.1.52 的规定确定。

蒸汽动力打桩锤的振动荷载 **表 1.1.52**

性能指标	型号					
	CCCM-703	C-35	C-32	CCCM-742A	BP-28	C-231
冲击部分质量(kg)	680	614	655	1130	1450	1130
最大振动荷载(N)	117000	122000	152000	213000	284000	210000
冲击能(N・m)	9060	10830	15880	18170	25000	18000
冲击频率(1/min)	123	135	125	105	120	105

第二章 容许振动标准

一般情况下仪器及设备采用的容许振动标准，应由设备制造厂家提供，或由技术人员研究提出，或通过试验确定；当设备制造厂家和技术人员不能提供且无法进行试验时，按本章规定采用。本章对振动测试方法和振动控制点的位置，特别对测试仪器、测试系统、振动频率范围等作了明确规定，明确了数据分析的方法，避免了由于数据分析方法的差异而对最终结果产生影响。本章将测试方法、评价指标和容许振动标准形成了一个完整的评价体系。

第一节 振动的影响

一、振动对建筑的影响与损害

强烈的地震能对建筑构成严重的破坏，但这是偶然发生的，一般来说建筑物所受到的振动影响，大量来自工厂振动、建筑施工振动和交通振动等。

工厂中大型风机、空压机、锻锤、压力机等振动强度较大，对建筑物影响也较大，有时要考虑隔振措施。建筑施工，打桩机的振动强度很大，影响范围广，有时对周围的建筑物要采取保护性措施。对于交通振动，主要是重型汽车、拖拉机等，在高速行驶时会产生较大振动，周围建筑物会受到影响。建筑物受到振动的影响有大有小，其表现形式为墙皮剥落、墙壁龟裂、地板裂缝、基础变形或下沉等，重者以至于倒塌。建筑物受振动影响大小与多种因素有关，主要因素有：

1. 振源的幅频特性；
2. 振源至建筑物的距离和振动传播介质的特性；
3. 建筑物结构特性：

(1) 建筑物类型和陈旧程度；

(2) 建筑物整体及各个部分（如柱、梁等）响应特性。

二、振动对机器的影响

机器在运行过程中产生振动，不同类型的机器，在不同的工作状态下产生的振动是不同的。机器本身振动大小反映了机器本身质量的等级，如果振动过大，则机器无法正常工作。机器的振动可由机械表面、轴承及安装等处的振动得以反映和表征。考虑机器的振动要涉及机器的性能，机器能否安全工作，机器中关键零部件由振动产生的应力大小，以及机器本身所带有关仪器能否正常工作等。

根据在非旋转部件上测量评价机器的振动 GB/T 6075，规定振动烈度为描述机器振动状态的特征量，规定振动速度的均方根值作为测量振动烈度的单位。在只要求作简单测量时，应用振动烈度作为评价标准可以得到相当可靠的评价；在有特殊要求的场合，需要更精确的测量时，应测量所关心的每个参数。一般来说测点最好选在轴承处或机器安装点处。在有其他要求时也可选择其他测点。机器在运转时，其底座对基础有一作用力，同时基础对底座有一反作用力，此反作用力会沿底座向机器各个部分传递，故有些情况下，规定基础的容许振动值作为机器对振动控制的要求。

三、振动对仪器设备的影响

1. 振动的来源主要有三个方面：

(1) 由外部干扰引起的振动；

(2) 精密机电设备本身运转所引起的振动；

(3) 精密加工机床对工件进行加工产生的振动。

上述振动均能引起仪器和设备的各个部件振动，当某个部件的固有频率接近或等于干扰频率时，则会引起共振，从而产生更严重的影响。

2. 振动对精密仪器的影响

振动对精密仪器的影响表现为：

(1) 影响仪器的正常运行，过大的振动会直接损害仪器，使之无法应用；

(2) 影响对仪器仪表刻度阅读的准确性和阅读速度，有时根本无法读数，对于自动打印和描绘曲线，有时无法正常进行。

(3) 对于某些精密和灵敏的电器，如灵敏继电器，过大的振动甚至使其产生误动作，从而引起较大事故。

3. 振动对精密设备的影响或危害

(1) 振动会影响精密设备的正常运行，降低机器的使用寿命，重者可造成设备的某些零件受到损害。

(2) 对精密加工机床，振动会使工件的加工面、光洁度和精度下降，并还会降低其使用寿命。

四、振动对人体影响

1. 人体暴露在振动环境中有四种基本情况：

(1) 振动同时传递到整个人体外表面或其大部分外表面。这种情况发生在人体浸在振动介质中时。

(2) 振动通过支撑表面传递到整个人体上。例如通过站着的人的脚，坐着的人的臀部或斜躺着的人的支撑面。这种情况通常发生在运载工具上，振动着的建筑物内及工作中的机械附近，这种通过支撑表面传递到整个人体上的机械振动称为全身振动。

(3) 振动作用于人体的某些个别部位，如头或四肢。这种加在人体的某些个别部位并且只传递到人体某个局部的振动（一般有别于全身传递）称为局部振动。

(4) 虽然振动没有直接作用于人体，但仍然能对人造成影响。例如仪表振动不仅使操作者看不准仪表的指示，而且会使操作者感到头晕、心烦等。类似于这样的情况虽然不直接作用于人，但间接影响到人的振动称为间接振动。

2. 从建筑振动角度，本节只讨论全身振动。对全身振动而言，在一定条件下，振动可引起人的主观感觉，当振动强度大到一定程度时，振动可引起人的不良感觉，进而可对人体产生较大的心理影响和生理影响，直至危害人体健康。振动时间的长短等因素，不同的振动状况，在不同的环境里，振动对人体影响可分为以下四种情况。

(1) 从劳动保护角度考虑全身振动危害人体健康，全身振动通过物理效应和生物学效应会对人的骨骼、肌腱、循环系统、消化系统、神经系统、呼吸系统及新陈代谢等多方面造成影响和危害。

(2) 从环境保护角度考虑振动干扰居民正常生活，一般来说，环境振动传达至居民处，其强度小于、甚至远小于作业环境中操作工人所在处的振动强度，不至于危害居民身体健康，但居民的正常生活将会受到不同程度的干扰。如振动会影响居民的睡眠，干扰居民的学习，妨碍居民的正常休息或娱乐，引起居民的烦恼。值得指出的是，如果居民因振动影响而日久心烦，则也会引起神经衰弱等疾病，这就危害了人体身心健康。

(3) 从生产效率角度考虑振动会影响工作效率，在振动环境里进行视觉作业，如阅读仪表刻度，注视加工工作的移动，观察某种现象等，如果被阅读（或被观察）的对象在振动，或阅读者（或被观察者）的支撑面在振动，或二者均在振动，则视觉功能会下降，降低工作效率。当操作者处于振动环境或被操作对象处于振动状态或二者均有之，则会影响操作、降低工作效率。在振动作业环境里，尤其是振动和噪声共存的环境，人们很难集中精力，从而也会造成工作效率下降。

(4) 振动会破坏舒适性。人体对所暴露的振动环境主观感觉良好，在身体上和心理上无困扰和不安的因素，则称为舒适。显然，当振动强度过大时，则会破坏舒适性。

第二节　振动测试要求

一、振动信号

建筑工程振动的类型较多，可以根据不同的需要进行分类。

1. 振源的几何特征

(1) 点振源激励：压缩机、汽轮机、锻锤等振动设备；打桩、爆破等冲击振动等。

(2) 线振源激励：公路、铁路、桥梁、结构梁柱等的振动。

(3) 面振源输入：楼板、墙面、地面等的振动。

(4) 体振源输入：地下工程的环境振动、基础工程的地基土的振动等。

不同几何特征振动，其传播方式与过程会有些差别。而在实际测试过程中，振动信号中可能包含了多种几何特征的振激励源，这时需要研究人员根据现场情况判断振动信号的几何特征。

2. 激振的数据特征

(1) 周期振动：压缩机、电机、水泵、汽轮机以及发动机等的振动。

(2) 随机振动：火车、汽车以及地脉动等的振动。

(3) 瞬态冲击：锻锤、落锤、压力机、锤击打桩和爆破等的激励。

实际振动一般比较复杂，在一段实测信号中常会伴随不同的振动数据特性。例如随机信号中常会包含冲击成分。而周期信号常会夹杂一些随机成分。即使是周期信号，也可能包含多个周期信号的合成。

3. 激振的物理特征

（1）初始位移激励：压力机启动和锻压阶段、剪切机冲剪阶段等。

（2）初始速度激励：锻锤打击过程假定。

（3）激振力的作用：旋转往复运动机械设备的振动激励。

（4）基础位移输入：环境振动传播的地面运动、隔振基础下的楼板振动等。

综上所述，建筑工程振动中的周期振动、随机振动和瞬态冲击等的振动信号，可以包含下列几个方面的内容：

在周期振动信号中，既有周期性的，也有准周期性的。周期性振动包括正弦振动和复合振动。例如，旋转机械和往复机械等。

在随机振动信号中，既有平稳随机过程，也有非平稳随机过程。平稳随机过程包括各态历经的和非各态历经的。例如，公路、铁路运输振动，海浪运动，风振，地震等。

在瞬态冲击信号中，包括：矩形脉冲、后峰齿形、半波正弦、正矢脉冲和对称三角形等激振形态。例如，锻锤、压力机、锤击打桩和爆破等。

振动测试的对象主要包括：激励、体系和响应。

二、测试仪器

振动测试中，需要使用一些测试仪器。用于振动测试的仪器包括：传感器、放大器、抗混滤波器、数模转换和信号分析系统等。振动测试的原理示意如图 1.2.1 所示。

传感器 → 放大器 → 抗混滤波器 → A/D → 信号分析

图 1.2.1 振动测试系统示意框图

由上述这些测试单元组成了一个基本的振动测试系统。

振动测试中，测试系统应当尽可能地准确反映振动信号的三个要素。通常我们关注的振动信号三个要素为幅值、频率和相位。振幅可以反映振动强度，而频率和相位可为防振和隔振提供设计依据，也便于探寻振源位置和振动设备。

三、测试系统校准

振动测试系统应根据被测试对象的振动类型和振动特性来选取。振动类型包括：周期振动、随机振动和瞬态振动等；振动特性是指：频率范围、振幅大小、持续时间和振动方向等。对振动测试仪器设备的标定，在我国有较为系统的标准体系。测试时应按照相关的国家标准对测试仪器和测试系统的要求，定期进行标定或校准。为了确保测试结果的可靠，应确保振动测试系统在校准的有效期内。

四、传感器选型

根据振动信号不同的技术指标要求，有不同类型的传感器。常用来测试振动信号的传感器有三种类型：位移传感器、速度传感器和加速度传感器。

对于低频段信号，大位移振动测试宜采用位移传感器。特别是对于1Hz以下的振动信号，振动加速度幅值往往比较小，如果用加速度测试，噪声信号容易掩盖真实的振动信号，就会产生较大的测试误差，因此规定低频段微振幅振动测试应当采用位移或速度参量。

而对于高频振动，例如50Hz以上的振动信号，位移和速度振幅往往较小，信号较弱，这就需要用加速度传感器来测试。

五、传感器安装

振动传感器的安装，其测试方向必须与测试对象的振动方向一致。对于杆件振动，应是横杆件截面平面内两个相互垂直方向；对于平板结构，应为板平面的法线方向。测试时，尚应根据具体要求考虑测试方向。传感器安装应当满足现行有关国家标准的要求。

在振动测试过程中，振动传感器应当以正确的方式安装和固定。建筑工程中，许多现场的条件比较复杂。在传感器安装和固定方面，常常会有一些意想不到的问题。这就需要测试人员根据现场情况采取合适的固定振动传感器的方法。

振动传感器的固定，常有三种方法：螺栓固定、磁力底座固定、粘接方式固定。

六、测试工况

所谓工况，是指机械设备的工作条件和工作状况。例如，在道路运输中车辆的型号、载重量、行驶速度等条件；对于机械加工过程，零件的大小和尺寸、材料、加工工艺、温度等条件。

不同的工况，机械振动荷载的大小和频率是不同的，此时，结构的动力响应也会有较大差别。可见，测试结果是否准确与振动测试工况的选择密切相关。

通常在振动测试过程中，应选取多种具有代表性的工况进行振动测试，以便获取结构动力响应的包络结果，使得振动测试数据能对结构动力特性及其响应提供较为全面和准确的评估。

第三节　精密仪器及设备

一、精密加工与检测设备

1. 精密加工设备在时域范围内的容许振动值，宜按表1.2.1的规定确定。

精密加工设备在时域范围内的容许振动值　　表1.2.1

设备名称	容许振动速度峰值(μm/s)
3～5μm厚金属箔材轧制机	30
高精度刻线机、胶片和相纸挤压涂布机、光导纤维拉丝机等	50
高精度机床装配台、超微粒干板涂布机	100
硬质金属毛坯压制机	200
精密自动绕线机	300

2. 电子工厂、纳米实验室及物理实验室用精密仪器和设备在频域范围内1/3倍频程的容许振动值，宜按表1.2.2的规定确定。

精密仪器及设备在频域范围内1/3倍频程的容许振动值　　表1.2.2

仪器及设备名称	容许振动加速度均方根值(mm/s^2)	容许振动速度均方根值($\mu m/s$)	对应频率(Hz)
纳米研发设备	—	0.78	1～100
纳米实验设备	—	1.60	1～100
长路径激光设备、小于0.1μm的超精密加工及检测设备	—	3.00	1～100
电子束曝光设备、0.1～0.3μm的超精密加工及检测设备	—	6.00	1～100
1～3μm的精密加工及检测设备、TFT-LCD及OLED的阵列、彩膜加工设备	—	12.00	1～100
大于3μm的精密加工及检测设备，TFT-LCD背光源组装设备	1.25	—	4～8
	—	25.00	8～100
接触式和投影式光刻机、薄膜太阳能电池加工设备	2.50	—	4～8
	—	50.00	8～100

注：当频率重叠时，应同时满足两个频率区间上的容许振动要求。

3. 三坐标测量机在频域范围内的容许振动值，宜按表1.2.3的规定确定。

三坐标测量机在频域范围内的容许振动值　　表1.2.3

测量精度	容许振动位移峰值(μm)	容许振动加速度峰值(mm/s^2)	对应频率(Hz)
$1.0\times10^{-5}L<\varepsilon\leqslant 1.0\times10^{-4}L$	4.0	—	<8
	—	10.0	8～30
	—	20.0	50～100
$1.0\times10^{-6}L<\varepsilon\leqslant 1.0\times10^{-5}L$	2.0	—	<8
	—	5.0	8～30
	—	10.0	50～100
$\varepsilon\leqslant 1.0\times10^{-6}L$	1.0	—	<8
	—	2.5	8～30
	—	5.0	50～100

注：1. 本表适用于测量范围在500～2000mm的三坐标测量机；
2. ε为测量精度；
3. L为三坐标测量机的最大量程；
4. 表中30～50Hz之间数值可采用线性插值计算。

二、计量与检测仪器

1. 计量与检测仪器在时域范围内的容许振动值，宜按表1.2.4的规定确定。

计量与检测仪器在时域范围内的容许振动值　　表 1.2.4

仪器名称	容许振动位移峰值(μm)	容许振动速度峰值(μm/s)
精度为 0.03μm 光波干涉孔径测量仪，精度为 0.02μm 干涉仪、精度为 0.01μm 光管测角仪	—	30.0
表面粗糙度为 0.025μm 测量仪	—	50.0
检流计、0.2μm 分光镜(测角仪)	—	100.0
精度为 1×10^{-7}的一级天平	1.5	—
精度为 1μm 的立式(卧式)光学比较仪、投影光学计、测量计	—	200.0
精度为 $1\times10^{-5}\sim5\times10^{-7}$的单盘天平和三级天平	3.0	—
接触式干涉仪	—	300.0
六级天平、分析天平、陀螺仪摇摆试验台、陀螺仪偏角试验台，陀螺仪阻尼试验台	4.8	—
卧式光度计、阿贝比长仪、电位计、万能测长仪	—	500.0
台式光点反射检流计、硬度计、色谱仪、湿度控制仪	10.0	—
卧式光学仪、扭簧比较仪、直读光谱分析仪	—	700.0
示波检线器、动平衡机	—	1000

2. 计量与检测仪器在频域范围内的容许振动值，宜按表 1.2.5 的规定确定。

计量与检测仪器在频域范围内的容许振动值　　表 1.2.5

仪器名称	容许振动位移均方根值(μm)	容许振动速度均方根值(μm /s)	对应频率(Hz)
原器天平、绝对重力仪、微加速度仪	—	5.0	2～30
量块基准设备、激光波长基准设备、2m 比长仪、喷泉时频基准设备	—	10.0	2～30
水平准线基准、光辐射传感器测试仪	—	20.0	2～30
激光能量基准与标准设备、光学传递函数评价基准设备、光谱辐射基准设备	1.8	—	5～30

三、光学加工及检测设备

1. 光栅刻线和光学加工设备在时域范围内的容许振动值，宜按表 1.2.6 的规定确定。

光栅刻线和光学加工设备在时域范围内的容许振动值　　表 1.2.6

设备名称	容许振动速度峰值(μm /s)
每毫米刻 6000 条线的光栅刻线机	5
每毫米刻 3600 条线的光栅刻线机	10
每毫米刻 2400 条线的光栅刻线机	20
每毫米刻 1800 条线的光栅刻线机、全息曝光机	30
每毫米刻 1200 条线的光栅刻线机	50
每毫米刻 600 条线的光栅刻线机	100
镀膜机、环抛机	300

2. 光学检测设备在频域范围内的容许振动值，宜按表 1.2.7 的规定确定。

光学检测设备在频域范围内的容许振动值 **表 1.2.7**

设备名称	容许振动位移均方根值(μm)	容许振动加速度均方根值(mm/s²)	对应频率(Hz)
水平干涉检测设备	0.50	—	0.5～1
	—	0.02	1～100
垂直干涉检测设备	0.25	—	0.5～1
	—	0.01	1～100

注：当频率重叠时，应同时满足两个频率区间上的容许振动要求。

四、显微镜

1. 光学显微镜和电子显微镜在时域范围内的容许振动值，宜按表 1.2.8 的规定确定。

显微镜在时域范围内的容许振动值 **表 1.2.8**

显微镜类型	容许振动速度峰值(μm /s)
80 万倍电子显微镜、14 万倍扫描电镜	30
6 万倍以下电子显微镜、精度为 0.025μm 干涉显微镜	50
立体金相显微镜	100
精度为 1μm 的万能工具显微镜	300
大型工具显微镜、双管显微镜	500

2. 光学显微镜和电子显微镜在频域范围内 1/3 倍频程的容许振动值，宜按表 1.2.9 的规定确定。

显微镜在频域范围内 1/3 倍频程的容许振动值 **表 1.2.9**

显微镜类型	容许振动加速度均方根值(mm/s²)	容许振动速度均方根值(μm /s)	对应频率(Hz)
电子显微镜(TEM 及 SEM)	0.30	—	4～8
	—	6.00	8～100
1000 倍以下的光学显微镜	1.25	—	4～8
	—	25.00	8～100
400 倍以下的光学显微镜	2.50	—	4～8
	—	50.00	8～100

注：当频率重叠时，应同时满足两个频率区间上的容许振动要求。

第四节　动力机器基础

一、压缩机基础

1. 当活塞式压缩机采用块式或墙式基础时，活塞式压缩机基础在时域范围内的容许振动值，应按表 1.2.10 的规定确定；排气压力大于 100MPa 的超高压活塞式压缩机基础的容许振动值，应由设备制造厂提供。

活塞式压缩机基础在时域范围内的容许振动值　　表 1.2.10

基础类型	容许振动位移峰值(mm)	容许振动速度峰值(mm/s)
普通基础	0.2	6.3
隔振基础	—	20.0

2. 工作转速大于 3000r/min 的离心式压缩机基础在时域范围内的容许振动值，应按表 1.2.11 的规定确定。

离心式压缩机基础在时域范围内的容许振动值　　表 1.2.11

基础类型	容许振动速度峰值(mm/s)
普通基础	5.0
隔振基础	10.0

二、汽轮发电机组和重型燃气轮机基础

1. 汽轮发电机组普通基础在时域范围内的容许振动值，应按表 1.2.12 的规定确定。

汽轮发电机组普通基础在时域范围内的容许振动值　　表 1.2.12

机器额定转速(r/min)	容许振动位移峰值(mm)
3000	0.02
1500	0.04

注：当汽轮发电机组转速小于额定转速 75%时，其容许振动值应取表中规定数值的 1.5 倍。

2. 弹簧隔振汽轮发电机组基础在时域范围内的容许振动值，应按表 1.2.13 的规定确定。

弹簧隔振汽轮发电机组基础在时域范围内的容许振动值　　表 1.2.13

机器额定转速(r/min)	容许振动速度均方根值(mm/s)
3000	3.8
1500	2.8

3. 功率大于 3MW、转速在 3000～20000r/min 范围内的发电和机械驱动的重型燃气轮机基础在时域范围内的容许振动速度均方根值，应取 4.5mm/s。

三、锻锤基础

1. 锻锤基础在时域范围内的容许振动值，应根据地基土类别、地基土承载力特征值和锻锤落下部分的公称质量，按表 1.2.14 的规定确定。

锻锤基础在时域范围内的容许振动值　　表 1.2.14

地基土类别	锻锤落下部分公称质量(t)	容许振动位移峰值(mm)	容许振动加速度峰值(m/s^2)
碎石土 $f_{ak}>500$ 黏性土 $f_{ak}>250$	<2	0.92～1.38	9.78～14.95
	2～5	0.80～1.20	8.50～13.00
	>5	0.64～0.96	6.80～10.40

续表

地基土类别	锻锤落下部分公称质量(t)	容许振动位移峰值(mm)	容许振动加速度峰值(m/s^2)
碎石土 300<f_{ak}≤500 粉土、砂土 250<f_{ak}≤400 黏性土 180<f_{ak}≤250	<2	0.75～0.92	7.48～9.78
	2～5	0.65～0.80	6.50～8.50
	>5	0.52～0.64	5.20～6.80
碎石土 180<f_{ak}≤300 粉土、砂土 160<f_{ak}≤250 黏性土 130<f_{ak}≤180	<2	0.46～0.75	5.18～7.48
	2～5	0.40～0.65	4.50～6.50
	>5	0.32～0.52	3.60～5.20
粉土、砂土 120<f_{ak}≤160 黏性土 80<f_{ak}≤130	<2	0.46	5.18
	2～5	0.40	4.50
	>5	0.32	3.60

注：1. f_{ak}为地基土承载力特征值（kPa）；
2. 对孔隙比较大的黏性土、松散的碎石土、稍密或很湿到饱和的砂土，细、粉砂以及软塑到可塑的黏性土，容许振动位移和容许振动加速度应取表中相应地基土类别的较小值；对孔隙比较小的黏性土、密实的碎石土、砂土，以及硬塑黏性土，容许振动线位移和容许振动加速度应取表中相应地基土类别的较大值；
3. 当湿陷性黄土及膨胀土采取有关措施后，可按表内相应的地基土类别选用容许振动值；
4. 当锻锤基础与厂房柱基处在不同地基土上时，应按较差的土质选用容许振动值；
5. 当锻锤基础和厂房柱基均为桩基时，可按桩端处的地基土类别选用容许振动值。

2. 锻锤隔振基础在时域范围内的容许振动值，应按下列规定确定：

（1）当隔振装置间接支承在块体基础下部时，模锻锤块体基础的竖向容许振动位移峰值应取 8mm，自由锻锤块体基础的竖向容许振动位移峰值，应取 5mm。

（2）当隔振装置直接支承在锻锤底部时，锤身竖向容许振动位移峰值，应取 20mm。

四、压力机基础

1. 压力机基础底座处在时域范围内的容许振动位移峰值，应按表 1.2.15 的规定确定。

压力机基础底座处在时域范围内的容许振动值　　表 1.2.15

机组固有频率(Hz)	容许振动位移峰值(mm)	机组固有频率(Hz)	容许振动位移峰值(mm)
f_n≤3.6	0.5	6.0<f_n≤15.0	0.3
3.6<f_n≤6.0	$1.8/f_n$	f_n>15.0	$0.1+3/f_n$

注：f_n为机组固有频率。

2. 压力机隔振基础底座处在时域范围内的容许振动位移峰值，应取 3mm；当不带有动平衡机构的高速冲床和冲剪厚板料时，压力机底座处在时域范围内的容许振动位移峰值，应取 5mm。

五、破碎机和磨机基础

1. 破碎机基础在时域范围内的容许振动值，应按表 1.2.16 的规定确定。

破碎机基础在时域范围内的容许振动值　　表 1.2.16

机器额定转速(r/min)	水平向容许振动位移峰值(mm)	竖向容许振动位移峰值(mm)
n≤300	0.25	—
300<n≤750	0.20	0.15
n>750	0.15	0.10

注：1. 表中容许振动值仅适用于基础布置在建筑物楼层上的情况；
2. n为机器额定转速。

2. 风扇类磨机基础在时域范围内的容许振动值，应按表 1.2.17 的规定确定。

风扇类磨机基础在时域范围内的容许振动值　　表 1.2.17

机器额定转速(r/min)	水平向容许振动位移峰值(mm)
$n<500$	0.20
$500\leqslant n\leqslant750$	0.15

注：n 为机器额定转速。

六、发动机基础

1. 活塞式发动机基础在时域范围内的容许振动值，应按表 1.2.18 的规定确定。

活塞式发动机基础在时域范围内的容许振动值　　表 1.2.18

基础类型	容许振动速度峰值(mm/s)	基础类型	容许振动速度峰值(mm/s)
普通基础	10.0	隔振基础	20.0

注：1. 对于惯性力和惯性力矩均已平衡的发动机基础、功率小于 100kW 的发动机基础，表中的容许振动值应降低 30%；
2. 当地基为松散砂土、软土、饱和土和桩基时，应进行专门研究；
3. 当发动机或柴油发电机组所处场地的周边有振动控制要求时，发动机基础的容许振动值应由设备制造商或工艺专业提供，或通过振动衰减计算确定。

2. 活塞式发动机试验台基础在时域范围内的容许振动值，应按表 1.2.19 的规定确定。

活塞式发动机试验台基础在时域范围内的容许振动值　　表 1.2.19

基础类型	容许振动速度峰值(mm/s)	基础类型	容许振动速度峰值(mm/s)
普通基础	3.2	隔振基础	6.3

注：对于振动有特殊要求的试验台，容许振动值应由设备制造厂家或工艺专业提供。

七、振动试验台基础

1. 电液伺服液压振动试验台在时域范围内的容许振动值，应按表 1.2.20 的规定确定。

电液伺服液压振动试验台基础在时域范围内的容许振动值　　表 1.2.20

振动形式	容许振动位移峰值(mm)	容许振动位移均方根值(mm)	容许振动加速度峰值(m/s^2)	容许振动加速度均方根值(m/s^2)
稳态振动	0.1	—	1.00	—
随机振动	—	0.07	—	0.70

注：1. 表中数值适用于单个作动器激振力不大于 500kN，激振频率范围不超过 200Hz，最加速度不大于$300m/s^2$，最大行程不大于 300mm；
2. 振动测试频率不宜大于 100Hz。

2. 电动振动台基础在时域范围内的容许振动值，应按表 1.2.21 的规定确定。

振动试验台在时域范围内的容许振动值　　表 1.2.21

激振力(kN)	容许振动速度峰值(mm/s)	容许振动加速度峰值(m/s^2)
⩽6.0	6.3	0.5
>6.0	10.0	0.8

注：电动振动试验台最大激振力不大于 200kN，激振频率不超过 2000Hz，最大加速度不大于 $1000m/s^2$，最大行程不大于 55mm。

3. 振动台基础的振动控制点宜取基础中点和作动器底座附近，以及基础的四个角点处。

八、通用机械

1. 通用机械基础在时域范围内的容许振动值，应按表 1.2.22 的规定确定。

通用机械基础在时域范围内的容许振动值　　表 1.2.22

机械类别及分类		容许振动速度峰值(mm/s)	
		普通基础	隔振基础
泵	功率≤75kW	3.0	7.0
	功率>75kW	5.0	10.0
风机	功率≤15kW	3.0	7.0
	15kW<功率<75kW	5.0	10.0
	功率≥75kW	6.3	12.0
离心机、分离机、膨胀机		5.0	10.0
电机	轴心高度<315mm	3.0	—
	轴心高度≥315mm	5.0	—

注：表中数值适用于块体式基础和隔振基础或刚性台座，不适用于设置在楼面或平台上的通用机械。

2. 当通用机械转速低于 600r/min 时，基础在时域范围内的容许振动位移峰值应取 0.1mm。

3. 汽动给水泵与电动给水泵组基础在时域范围内的容许振动值，应按表 1.2.23 的规定确定。

汽动给水泵与电动给水泵组基础在时域范围内的容许振动值　　表 1.2.23

基础类型	容许振动速度均方根值(mm/s)	基础类型	容许振动速度均方根值(mm/s)
普通基础	2.3	隔振基础	3.5

九、纺织机基础

1. 振动频率不大于 60Hz 的有梭纺织机基础在时域范围内的水平向和竖向容许振动位移峰值，应取 0.08mm。

2. 振动频率不大于 60Hz 的剑杆纺织机基础在时域范围内的水平向和竖向容许振动位移峰值，应取 0.05mm。

十、金属切削机床基础

1. 金属切削机床基础在频域范围内 1/3 倍频程的竖向容许振动值，应按表 1.2.24 的规定确定；当金属切削机床对基础振动有特殊要求时，应按国家现行相关标准的规定确定。

金属切削机床基础在频域范围内的竖向容许振动值　　表 1.2.24

金属切削机床精度等级	竖向容许振动速度均方根值(mm/s)	对应频率(Hz)
Ⅰ	0.07	3～100
Ⅱ	0.10	
Ⅲ	0.20	
Ⅳ	0.30	
Ⅴ	0.50	
Ⅵ	1.00	

注：金属切削机床的精度等级，应按现行国家标准《金属切削机床 精度分级》GB/T 25372 的规定确定。

2. 金属切削机床基础在频域范围内 1/3 倍频程的水平向容许振动值，应取表 1.2.24 中相应数值的 75%。

十一、振动筛和轧机基础

1. 冶金工业用的直线型振动筛、圆振动筛和共振筛，在时域范围内的水平向及竖向容许振动速度峰值，应取 10.0mm/s。

2. 冶金工业用的各类轧机，在时域范围内的水平向及竖向容许振动加速度峰值，应取 1.0m/s^2。

第五节　建筑物内人体舒适性和疲劳-工效降低

1. 建筑物内人体舒适性的容许振动计权加速度级，宜按表 1.2.25 的规定确定。

建筑物内人体舒适性的容许振动计权加速度级（dB）　　表 1.2.25

地　点	时段	连续振动、间歇振动和重复性冲击振动			每天只发生数次的冲击振动		
		水平向	竖　向	混合向	水平向	竖　向	混合向
医院手术室和振动要求严格的工作区	昼间	71	74	71	71	74	71
	夜间						
住宅区	昼间	77	80	77	101	104	101
	夜间	74	77	74	74	77	74
办公室	昼间	83	86	83	107	110	107
	夜间						
车间办公区	昼间	89	92	89	110	113	110
	夜间						

注：1. 本表适用于建筑物内人体承受 1～80Hz 全身振动对工作、学习、睡眠等活动不受干扰的人体舒适性；
2. 当建筑物内使用者和居住者以站姿、坐姿、卧姿方式活动，活动姿势相对固定时，应采用水平向或竖向数值；当活动姿势不固定时，应采用混合向数值。

2. 生产操作区容许振动计权加速度级包括不同方向的人体全身振动舒适性降低界限容许振动计权加速度级、疲劳-工效降低界限的容许振动计权加速度级。生产操作区容许振动计权加速度级宜按表 1.2.26 的规定确定。

生产操作区容许振动计权加速度级（dB）　　表 1.2.26

界限		暴露时间								
		24h	16h	8h	4h	2.5h	1h	25min	16min	1min
舒适性降低界限	竖　向	95	98	102	105	109	113	117	118	121
	水平向	90	95	97	101	104	108	112	113	116
疲劳-工效降低界限	竖　向	105	108	112	115	119	123	127	128	130
	水平向	100	105	107	111	114	118	122	123	126

注：本表适用于人体承受 1～80Hz 全身振动并通过主要支承面将振动作用于立姿、坐姿和斜靠姿的操作人员。

第六节　交通振动

一、对建筑结构影响

1. 当交通振动对建筑结构影响评价的频率范围为 1～100Hz 时，评价位置和参数应符合下列规定：

（1）建筑物顶层楼面中心位置处水平向两个主轴方向的振动速度峰值及其对应的频率。

（2）建筑物基础处竖向和水平向两个主轴方向的振动速度峰值及其对应的频率。

注：本章所称交通，是指公路、铁路和城市轨道交通的通称。

2. 交通振动对建筑结构影响在时域范围内的容许振动值，宜按表 1.2.27 的规定采用。

交通振动对建筑结构影响在时域范围内的容许振动值　　表 1.2.27

建筑物类型	顶层楼面处容许振动速度峰值(mm/s)	基础处容许振动速度峰值(mm/s)		
	1～100Hz	1～10Hz	50Hz	100Hz
工业建筑、公共建筑	10.0	5.0	10.0	12.5
居住建筑	5.0	2.0	5.0	7.0
对振动敏感、具有保护价值、不能划归上述两类的建筑	2.5	1.0	2.5	3.0

注：1. 表中容许振动值应按频率线性插值确定；
2. 当无法在基础处评价时，评价位置可取最底层主要承重外墙的底部；
3. 对于未达到国家现行抗震设防标准的城市旧房和镇（乡）村未经正规设计自行建造的房屋的容许振动值，宜按表 1.2.27 中居住建筑的 70%确定。

二、对建筑物内人体舒适性影响

1. 当交通振动对建筑物内人体舒适性影响的评价频率为 1～80Hz 时，评价位置应取建筑物室内地面中央或室内地面振动敏感处。

2. 交通引起的振动对建筑物内人体舒适性影响的评价，应附加采用竖向四次方振动剂量值，竖向四次方振动剂量值应按下式计算：

$$VDV_z = \left\{ \int_0^T [a_{zw}(t)]^4 \mathrm{d}t \right\}^{\frac{1}{4}} \tag{1.2.1}$$

式中　VDV_z——竖向四次方振动剂量值（$m/s^{1.75}$）；

$a_{zw}(t)$——按现行国家标准《机械振动与冲击 人体暴露于全身振动的评价 第 1 部分：一般要求》GB/T 13441.1 规定的基本频率计权 W_k 进行计权的瞬时竖向加速度（m/s^2）；

T——昼间或夜间时间长度（s）；

t——时间。

3. 交通振动对建筑物内人体舒适性影响的容许振动值，宜按表 1.2.28 的规定确定。

交通振动对建筑物内人体舒适性影响的容许振动值　　表 1.2.28

建筑物类型	时间	容许竖向四次方振动剂量值($m/s^{1.75}$)
居住建筑	昼间	0.2
	夜间	0.1
办公建筑	昼间	0.4
车间办公区	昼间	0.8

注：本章的建筑施工，是指打桩、地基处理等。

第七节　建筑施工振动

1. 当建筑施工振动对建筑结构影响评价的频率范围应为 1～100Hz 时；建筑结构基础和顶层楼面的振动速度时域信号测试，应取竖向和水平向两个主轴方向，评价指标应取三者峰值的最大值及其对应的振动频率。

2. 当采用锤击和振动法打桩、振冲法处理地基时，打桩、振冲等基础施工对建筑结构影响在时域范围内的容许振动值，宜按表 1.2.29 的规定确定；当采用强夯处理地基时，强夯施工对建筑结构影响在时域范围内的容许振动值，宜按表 1.2.30 的规定确定。岩土爆破施工对建筑结构影响的容许振动值，应符合现行国家标准《爆破安全规程》GB 6722 的要求。

打桩、振冲等基础施工对建筑结构影响在时域范围内的容许振动值　　表 1.2.29

建筑物类型	顶层楼面处容许振动速度峰值(mm/s)	基础处容许振动速度峰值(mm/s)		
	1～100Hz	1～10Hz	50Hz	100Hz
工业建筑、公共建筑	12.0	6.0	12.0	15.0
居住建筑	6.0	3.0	6.0	8.0
对振动敏感、具有保护价值、不能划归上述两类的建筑	3.0	1.5	3.0	4.0

注：表中容许振动值按频率线性插值确定。

强夯施工对建筑结构影响在时域范围内的容许振动值　　表 1.2.30

建筑物类型	顶层楼面容许振动速度峰值(mm/s)	基础容许振动速度峰值(mm/s)	
	1～50Hz	1～10Hz	50Hz
工业建筑、公共建筑	24.0	12.0	24.0
居住建筑	12.0	5.0	12.0
对振动敏感、具有保护价值、不能划归上述两类的建筑	6.0	3.0	6.0

注：表中容许振动值按频率线性插值确定。

3. 对于未达到国家现行抗震设防标准的城市旧房和镇（乡）村未经正规设计自行建造的房屋的容许振动值，宜按表 1.2.29 或表 1.2.30 中居住建筑的 70％确定。

4. 当打桩根数少于 10 根时，建筑物容许振动值，可适当提高表 1.2.29 的规定值，但不应超过表 1.2.30 中相应的数值。

5. 对于处于施工期的建筑结构，当混凝土、砂浆的强度低于设计要求的 50％时，应避免遭受施工振动影响；当混凝土、砂浆的强度达到设计要求的 50％～70％时，其容许振动值不宜超过表 1.2.29 或表 1.2.30 中数值的 70％。

第八节　声学环境振动

一、民用建筑

1. 噪声敏感建筑物内房间的声学环境功能区类别，应根据房间类别、时段和建筑物内噪声排放限值，宜按表 1.2.31 的规定确定。

噪声敏感建筑物内房间的声学环境功能区类别　　表 1.2.31

房间类别	A类房间		B类房间		声学环境功能区类别
时段	昼间	夜间	昼间	夜间	
噪声排放限值[dB(A)]	40	30	40	30	0
	40	30	45	35	1
	45	35	50	40	2,3,4

注：1. A类房间是指以睡眠为主要目的，需要保证夜间安静的房间，包括住宅卧室、医院病房、宾馆客房等；
2. B类房间是指主要在昼间使用，需要保证思考与精神集中，正常讲话不被干扰的房间，包括学校教室、会议室、办公室、住宅中卧室以外的其他房间等。

2. 根据建筑物内房间的声学环境要求，民用建筑室内在频域范围内的容许振动值，A类房间容许振动加速度均方根值宜按表 1.2.32 的规定确定，B类房间容许振动加速度均方根值宜按表 1.2.33 的规定确定。

A 类房间容许振动加速度均方根值（mm/s^2）　　表 1.2.32

功能区类别	时段	倍频程中心频率(Hz)			
		31.5	63	125	250,500
0,1	昼间	20.0	6.0	3.5	2.5
	夜间	9.5	2.5	1.0	0.8
2,3,4	昼间	30.0	9.5	5.5	4.0
	夜间	13.5	4.0	2.0	1.5

B 类房间容许振动加速度均方根值（mm/s^2）　　表 1.2.33

功能区类别	时段	倍频程中心频率(Hz)			
		31.5	63	125	250,500
0	昼间	20.0	6.0	3.5	2.5
	夜间	9.5	2.5	1.0	0.8
1	昼间	30.0	9.5	5.5	4.0
	夜间	13.5	3.5	2.0	1.5
2,3,4	昼间	42.5	15.0	8.5	7.5
	夜间	20.0	6.0	3.5	2.5

3. 振动测试时，应采用多点测试统计平均方法，振动测试方向应与结构楼板或墙面的垂直方向一致，同一构件上的测试点应等距离均匀布置。对于板构件的振动测试，测点数量不应少于 5 个，振动评价应取各个测点的平均值。

二、声学试验室

当声学试验室本底噪声不低于 20dB（A），且不大于 50dB（A）时，在频域范围内的声学试验室容许振动加速度均方根值，宜按表 1.2.34 的规定确定。

声学试验室容许振动加速度均方根值（mm/s^2）　　表 1.2.34

本底噪声[dB(A)]	倍频程中心频率(Hz)			
	31.5	63	125	250,500
20	6.5	3.0	1.8	1.5
25	11.0	5.0	3.0	2.5
30	20.0	8.5	5.5	4.5
35	35.0	15.0	10.0	8.5
40	60.0	25.0	17.0	15.0
45	100.0	45.0	30.0	25.0
50	100.0	85.0	50.0	45.0

三、水声试验

1. 振动测试及评价的倍频程中心频率，宜取 400～1000Hz。

2. 消声水池的侧壁和底板，在频域范围内与测试面垂直方向的容许振动加速度均方根值，宜取 0.015mm/s^2。

第二篇

动力机器基础设计

第一章　概　　述

汽轮发电机、透平压缩机、活塞式压缩机、压力机、锻锤、破碎机、电液振动台和金属切削机床等机器的基础，承受着由机器不平衡扰力引起的振动和机器的自重，如其振动过大，将会影响机器的加工精度或使其无法正常运转，甚至损坏机器和影响邻近的设备、仪器和人员的正常工作和生活，严重的还会危及建筑物的安全。因此，设计动力机器基础的基本目标是限制其振动幅值，以满足机器本身和附近设备、仪器的运转和不影响临近工作人员和居民的工作和生活。

第一节　基础的形式

机器基础的结构形式主要有三种：第一种是大块式基础，见图 2.1.1（a），这是目前最普遍应用的形式，其特点是基础本身刚度大，动力计算时可不考虑本身的变形，即当作刚体考虑；第二种是墙式基础，见图 2.1.1（b），当机器要求安装在离地面一定高度时采用这种形式；第三种是框架式基础，见图 2.1.1（c），一般用于高、中频机器，如透平压缩机、汽轮发电机、离心机和破碎机等基础。

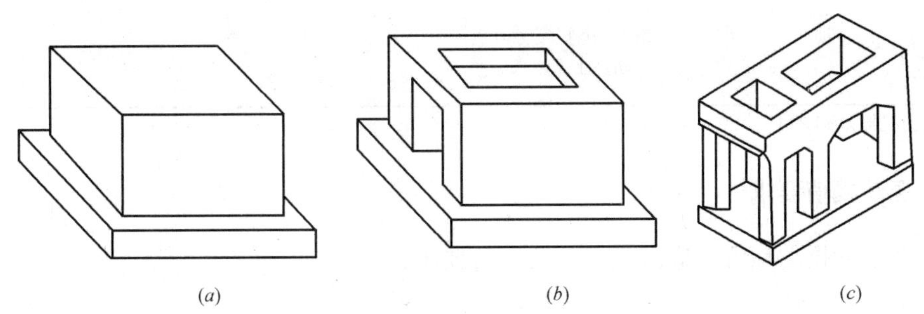

图 2.1.1　机器基础形式

（a）大块式；（b）墙式；（c）框架式

第二节　设 计 要 求

一、地基强度要求

我国现行的《动力机器基础设计规范》（以下简称《动规》），规定了设计的总要求。

首先要满足地基强度的要求。机器基础下地基土的平均压力设计值应符合公式（2.1.1）要求：

$$p \leqslant \alpha_f f_a \tag{2.1.1}$$

式中 p——标准组合时基础地面处的平均静压力值（kPa）；

f_a——修正后的地基承载力特征值（kPa）；

α_f——地基承载力的动力折减系数，对于旋转式机器取 0.8；对于锻锤基础可按下式计算：

$$\alpha_f = \frac{1}{1+\beta \frac{a}{g}}$$

式中 a——基础的振动加速度（m/s^2）；

g——重力加速度（m/s^2）；

β——地基土的动沉陷系数，按表 2.1.1 采用。

地基土的动沉陷系数 **表 2.1.1**

地基土类别	地基土承载力特征值 f_a(kPa)	地基土动沉陷系数 β
一类土	碎石土 $f_{ak}>500$ 黏性土 $f_{ak}>250$	1.0
二类土	碎石土 $f_{ak}=300 \sim 500$ 粉土、砂土 $f_{ak}=250 \sim 400$ 黏性土 $f_{ak}=180 \sim 250$	1.3
三类土	粉土、砂土 $f_{ak}=120 \sim 160$ 黏性土 $f_{ak}=80 \sim 130$	2.0
四类土	粉土、砂土 $f_{ak}=120 \sim 160$ 黏性土 $f_{ak}=80 \sim 130$	3.0

注：其他机器基础 β 可取 1.0。

二、振动幅值要求

机器基础的振动幅值，应满足下列公式的要求：

$$u_f \leqslant [u] \tag{2.1.2}$$

$$v_f \leqslant [v] \tag{2.1.3}$$

$$a_f \leqslant [a] \tag{2.1.4}$$

式中 u_f——计算的基础最大振动线位移（m）；

v_f——计算的基础最大振动速度（m/s）；

a_f——计算的基础最大振动加速度（m/s^2）；

$[u]$——基础的容许振动线位移（m）；

$[v]$——基础的容许振动速度（m/s）；

$[a]$——基础的容许振动加速度（m/s^2）。

基础的振动计算模型有两种，一种是质量-弹簧-阻尼器模型，也称之为温克尔-沃格特（Winkler-voigt）模型，“温克尔假定”已成功地应用于土-基础相互作用的静力问题，为了模拟实际振动体系的刚度特性，模型以弹簧代替地基土，然后再在振动体系内增加阻尼器。弹性刚度和阻尼器的阻尼比都要由现场基础块做振动试验而得，我国《动力机器基础设计规范》就是采用该模型作为动力计算和分析的模式；另一种是弹性半空间模型，该模型为刚性基础置于弹性半空间体的表面，即假定地基土为均质的、各向同性的弹性半空间体。本篇第九章将详细介绍。

三、自身动力特性

基础自身要具备足够的强度、稳定性和耐久性。

第三节　机器基础设计步骤

一、设计资料

1. 机器的型号、规格、重心位置；
2. 机器的轮廓尺寸、底座尺寸；
3. 机器的功率、传动方式和转速及其辅助设备和管道的位置；
4. 与设备有关的预留坑、沟、洞的尺寸和地脚螺栓、预埋件的尺寸及位置；
5. 基础的平面位置；
6. 建筑物所在地的工程地质勘查和水文资料；
7. 机器的扰力作用方向和扰力值及其作用点的位置；
8. 如基础有回转振动时，还需要机器的质量惯性矩（转动惯量）。

二、结构选型

1. 根据机器的特性、工艺要求，初步确定基础的结构选型。

2. 对于大块式基础，可根据机器底座尺寸、孔洞、地脚螺栓、动力荷载的特性，并结合现场的地质资料，初步确定基础的几何尺寸及其埋置深度。一般基础的最小平面尺寸，比机器底座尺寸各边大 100mm。基础厚度由下列诸因素确定：要保证其具有足够的刚度和强度；要使基础砌置在较好的土层上；保证预埋地脚螺栓或预留孔洞的底端离基础底面不小于 150mm 和由于生产上的需要在基础本身或四周设置地沟、地坑等对其厚度的影响等。

3. 确定机器的扰力值和基础的振动容许值。

4. 根据地基强度和基组（基础、基础上的机器、辅助设备和填土的总称）重力，复合基底的承载力。

5. 按初步选用的基础尺寸，计算基组的总质心位置，并力求与基础底面形心在同一垂直线上。

6. 在偏心竖向扰力、水平扰力（矩）或扭矩作用下，还需计算基组的抗弯和抗扭质量惯性矩（转动惯量）。

7. 动力计算，按机器的扰力性质，采用相应的动力计算公式，计算基础的最大振动线位移、振动速度或振动加速度值，使之不超过容许极限值。

8. 静力计算，按基础上的静荷载和动荷载换算成当量静荷载之和作为设计荷载，按现行钢筋混凝土设计规范计算框架式基础构件的强度和配筋。对于大块式基础，一般只要配置构造钢筋即可。

9. 绘制基础施工图。

第四节　机器基础设计要点

合理地设计机器基础，可使其振动减小到足以保证机器平稳运转和不干扰邻近设备、操作人员和居民的正常工作和生活。但如果要求机器基础的振动越小越好，或提出过分的要求，则势必会造成浪费。为此，在设计机器基础时，可参照如下要点：

1. 受周期性扰力作用的机器基础，应尽可能使机器-基础-地基土振动体系的固有频率与机器的扰力频率错开30%以上，以避免发生共振。因为共振时，基础的振幅将大大增加，可能导致机器不能正常运转，同时地基上的压力也会相应增加，有可能导致基础产生沉陷超出容许值。

2. 对低频机器（转速$n\leqslant 750\text{r/min}$），一般应使基础的固有频率高于机器的扰力频率，这可通过减小基础质量和加大基础底面积或采用人工地基来增加地基刚度的途径来提高基础的固有频率。对于$n>750\text{r/min}$的机器，如在设计中虽然采取上述措施，仍不能使基础的固有频率超过机器的扰力频率，则只能将基础的固有频率降低，此时可采取加大基础质量和减小基础底面积以降低其地基刚度的办法来达到降低基础的固有频率的目的，使之大大低于机器的扰力频率。必须指出，当基础的固有频率低于机器的扰力频率时，在机器启动和停止运转过程中，必然要通过共振区，这在短时间内基础的振动会瞬时加大，如欲避免这种瞬时性的过大振动，可以设法加大机器-基础-地基土振动体系的阻尼比，对于天然地基，可以加大基础和地基土的接触面积来达到加大阻尼比的目的。

3. 受冲击荷载的基础，如锻锤、冲压机基础，减小基础振动的有效方法是加大基础的质量或采用隔振基础。

4. 地基土的动力参数，在质量-弹簧-阻尼器计算模型中，主要是地基刚度、阻尼比和参振质量，这些参数对正确分析机器基础的动力反应起决定性作用，如果取值不当，就可能导致设计的基础振动过大。因此，地基土的动力参数，原则上应由原位测试来确定。对于所设计的机器基础的固有频率高于机器的扰力频率时，地基刚度取值低一点是安全的。

5. 机器的竖向扰力，应力求同时通过基组的质心和基础的底面形心。机器的水平扰力应力求通过基组质心的平面内，以避免基础产生扭转力矩。

6. 机器基础一般都有部分或全部埋置于土中，实验资料表明，基础四周有回填土较之四周无回填土（明置基础）的振动要小，也即埋置基础的阻尼比和地基刚度均比明置基础要高，特别是在水平扰力作用下，其效果更为明显，在设计中应予考虑（冲击机器基础不考虑基础埋深作用）。但回填土的作用，随着基础使用年限的推移，其四周回填土的效应是否会衰减，尚不明确，因此，为安全起见，建议在设计的基础固有频率高于机器扰力频率的机器基础时，可适当少考虑基础的埋深作用，反之，则必须充分考虑其埋深作用。

7. 具有水平扰力的机器，应尽可能降低基础的高度，以减少扰力矩。

8. 为了减小振动的传播，振动较大的机器基础，不宜与建筑物连接。

9. 机器基础下的地基土，应具有均匀的压缩性，以避免不均匀沉降。砂土的振动比较敏感，如果机器基础建造在砂土上，特别是松散～中密的砂土，即使基础的振动加速度不大，也有可能产生不均匀的动沉陷而造成机器不能正常运转，甚至会导致建筑物基础产生不均匀沉降。因此在砂土上建造机器基础，要从严控制其振动加速度和降低地基土的承载力。一般在松散～中密的砂土上建造振动较大的机器基础时，宜采用桩基或人工加固地基。在岩溶地区则需探明基础底下压力影响深度范围内是否有溶洞，如发现有溶洞，必须采取有效措施才能建造机器基础。

10. 重要的机器基础，在设计中应考虑以后有改变其固有频率的可能性，如增加基础质量、加大基础底面积的可能性，以便在机器试运转时，如果基础发生过大的振动，尚可采取补救措施。

11. 厂房内设有不大于 10Hz 的低频机器，其不平衡扰力又较大时，厂房设计应避开机器的扰力频率，使厂房的固有频率与机器的扰力频率相差 25%以上。因为，目前我国一般单层工业厂房的固有频率约为 1～4Hz，空压站为 3～6Hz，容易和低频机器发生共振。

12. 当厂房内设有锻锤设备时，厂房屋盖结构系统可按表 2.1.2 考虑附加竖向动荷载，该荷载按竖向静荷载的百分比来计算。

锻锤设备对厂房屋盖结构产生的附加竖向动荷载 **表 2.1.2**

振源条件		附加动荷载影响半径(m)	附加动荷载相当于静荷载的百分比(%)
锻锤锤头落下部分公称质量(t)	≤1.0	15～25	3～5
	2～5	30～40	5～10
	10～16	45～55	10～15

注：锻锤车间附加竖向动荷载按最大吨位的一台锻锤考虑。

13. 对冲击能量大的落锤基础，应与一般建筑物有相当的距离，其最小距离可参考表 2.1.3。

落锤碎铁设备振动对邻近建筑物的影响半径（m） **表 2.1.3**

地基土类别及状态	落锤冲击能量(kN·m)		
	≤600	1200	≥1800
一、二、三类土	30	40	60
四类土(饱和粉细砂及淤泥质土除外)	40	50	70
饱和粉细砂及淤泥质土	50	80	100

注：表中地基土类别见本章第二节表 2.1.1。

14. 设计锻锤、落锤车间，当地质较差时，屋架下弦净空应增加，预留吊车梁标高调整的余地。

第二章　地基主要动力特性参数

地基的主要动力特性参数有地基刚度、阻尼比和参振质量等。地基刚度系指地基单位弹性位移（转角）所需的力（力矩），它是基础底面以下影响范围内所有土层的综合性物理量。阻尼比为振动体系的实际阻力系数与临界阻力系数之比。参振质量系指振动体系除基础质量外附加的振动质量。

第一节　地基土的刚度及刚度系数

地基土的刚度系数系指单位面积上的地基刚度，是计算动力机器基础动力反应不可缺少的参数，其中以抗压刚度系数 C_z 值为主，而抗弯、抗剪、抗扭刚度系数 C_φ、C_x、C_ψ 值一般均按与 C_z 值的关系确定。实践证明，C_z 值不仅与地基土的弹性性能有关，而且与基础形状、基底面积、基底静压力、埋置深度、振动加速度等因素有关。

一、影响地基土刚度系数的因素

影响地基刚度系数的因素很多，主要有下列几个方面：

1. 基础底面的压应力

基底压应力不同，对地基刚度系数有影响，根据现有的对基础底面积相同而荷载不同的基础振动试验资料分析后发现，在一定的基底压应力范围内，约小于 $6kN/m^2$ 时，地基抗压刚度系数 C_z 值随基底压应力增加而提高，当基底压力大于或等于 $6kN/m^2$ 时，地基抗压刚度系数 C_z 值即趋于平稳。一般的动力基础底面压力均大于 $6kN/m^2$，因此，在我国的《动规》中没有考虑这个因素。

2. 基础的底面积

试验表明，基础底面积在 $20m^2$ 以下时，地基抗压刚度系数 C_z 值随基底面积减小而增加。基底面积大于 $20m^2$ 以后，C_z 值的变化不大，也即基底面积大于 $20m^2$ 后，地基抗压刚度系数可以认为与基底面积无关。

3. 地基土的性质

地基土的性质是决定地基土刚度的基本因素，在一般情况下，地基抗压刚度系数 C_z 值随着地基土的承载力的提高而提高，也即与地基土的弹性模量成正比。

4. 基础的埋置深度

基础四周的回填土能提高地基刚度，从而提高基础的固有频率。基础埋置深度对基底尺寸的比值越大，其影响越大，特别对抗剪刚度的提高尤为明显，在我国《动规》中已列入基础埋深对地基刚度提高作用的计算方法，这样，基础固有频率的计算可更符合实际。

二、地基土刚度系数及刚度的计算

根据现场模型基础块振动试验的大量实测资料统计分析，我国《动规》对地基土刚度系数作如下规定：

1. 抗压刚度系数 C_z 值可由现场试验确定，当无条件进行试验并有经验时，可按表2.2.1选用。

天然地基的抗压刚度系数 C_z 值（kN/m^3）　　表 2.2.1

地基承载力的特征值 f_{ak}(kPa)	土的名称		
	黏性土	粉土	砂土
300	66000	59000	52000
250	55000	49000	44000
200	45000	40000	36000
150	35000	31000	28000
100	25000	22000	18000
80	18000	16000	

注：表中所列 C_z值适用于基础底面积大于或等于 $20m^2$的基础，当底面积小于 $20m^2$时，则表中数值应乘以$\sqrt[3]{\frac{20}{A}}$，A 为基础底面积（m^2）。

2. 抗剪刚度系数 C_x可按下式计算：

$$C_x = 0.7C_z \tag{2.2.1}$$

3. 抗弯刚度系数 C_φ可按下式计算：

$$C_\varphi = 2.15C_z \tag{2.2.2}$$

4. 抗扭刚度系数 C_ψ可按下式计算：

$$C_\psi = 1.05C_z \tag{2.2.3}$$

5. 当基础底的影响深度（h_d）范围内，由不同土层组成时，如图 2.2.1 所示，其抗压刚度系数 $C_{\Sigma z}$值可按下式计算：

$$C_{\Sigma z} = \frac{2/3}{\sum_{i=1}^{n} \frac{1}{C_{zi}} \left(\frac{1}{1+\frac{2h_{i-1}}{h_d}} - \frac{1}{1+\frac{2h_i}{h_d}} \right)} \tag{2.2.4}$$

式中　C_{zi}——第 i 层土的抗压刚度系数（kN/m^3）；

h_d——基底影响深度，$h_d = 2\sqrt{A}$（m）；

h_i——从基础底至 i 层土底面的深度（m）；

h_{i-1}——从基础底至 $i-1$ 层土底面的深度（m）。

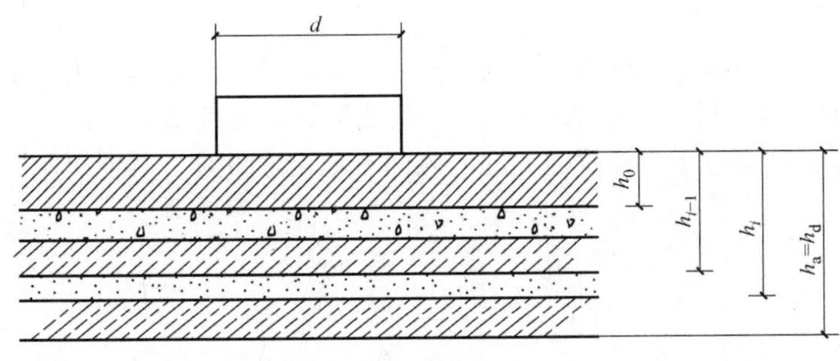

图 2.2.1　分层土地基

6. 天然地基刚度计算

（1）明置基础（设置在地面上，无埋深的基础的抗压、抗剪、抗弯及抗扭刚度，分别按下列各式计算）：

$$抗压刚度\quad K_z=C_zA(\text{kN/m}) \tag{2.2.5}$$

$$抗剪刚度\quad K_x=C_xA(\text{kN/m}) \tag{2.2.6}$$

$$抗弯刚度\quad K_\varphi=C_\varphi I(\text{kN}\cdot\text{m}) \tag{2.2.7}$$

$$抗扭刚度\quad K_\psi=C_\psi I_z(\text{kN}\cdot\text{m}) \tag{2.2.8}$$

式中 I、I_z——分别为基础底面通过其形心轴的惯性矩和极惯性矩（m^4）。

如图 2.2.2 所示的大块基础，I_x、I_y和 I_z可按下式计算：

$$I_x=\frac{1}{12}bd^3 \tag{2.2.9}$$

$$I_y=\frac{1}{12}db^3 \tag{2.2.10}$$

$$I_z=I_x+I_y \tag{2.2.11}$$

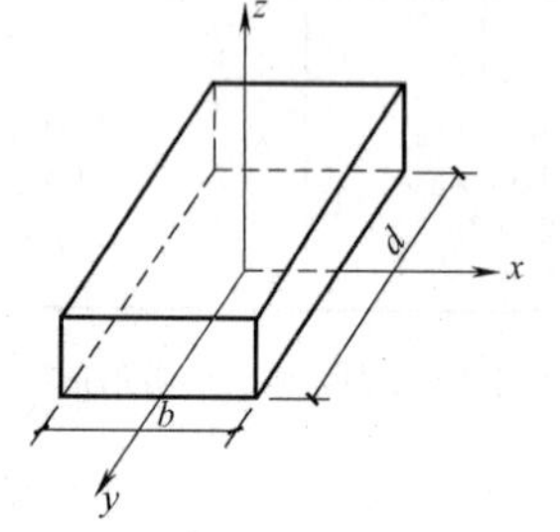

图 2.2.2 大块式基础的几何图形

（2）埋置基础的抗压、抗剪、抗弯及抗扭刚度（冲击机器基础除外），分别按下列公式计算：

$$抗压刚度\quad K'_z=a_zK_z \tag{2.2.12}$$

$$抗剪刚度\quad K'_x=a_{x\varphi}K_x \tag{2.2.13}$$

$$抗弯刚度\quad K'_\varphi=a_{x\varphi}K_\varphi \tag{2.2.14}$$

$$抗扭刚度\quad K'_\psi=a_{x\varphi}K_\varphi \tag{2.2.15}$$

式中 a_z、$a_{x\varphi}$——基础埋深作用对地基抗压刚度和地基抗剪、抗弯、抗扭刚度的提高系数，分别按下列公式计算：

$$a_z=(1+0.4\delta_b)^2 \tag{2.2.16}$$

$$a_{x\varphi}=(1+1.2\delta_b)^2 \tag{2.2.17}$$

$$\delta_b=\frac{h_t}{\sqrt{A}} \tag{2.2.18}$$

式中 δ_b——埋深比，当 $\delta_b>0.6$ 时，取 0.6；

h_t——基础底至地面间的距离（m）。

采用上述公式考虑基础埋深作用时，应具备必要的条件是：基础周边填土和地基土为同样的黏土类、粉土或砂土类；回填土密度与天然土密度之比不小于 0.85；地基土的极限承载力标准值小于 350kPa。

（3）当埋置基础与混凝土地面刚性连接时，地基的抗剪、抗弯及抗扭刚度分别乘以提高系数 α_1，对于软弱地基，α_1采用 1.4，对于其他地基应适当减小。

（4）当埋置基础垂直于机器扰力方向的侧面有地沟通过时，其埋深作用可按下列公式计算：

$$a_z=(1+0.4\xi_b\delta_b)^2 \tag{2.2.19}$$

$$a_{x\varphi}=(1+1.2\xi_b\delta_b)^2 \tag{2.2.20}$$

$$\xi_b=1-\frac{A_k}{A_0} \tag{2.2.21}$$

式中　A_k——地沟与基础侧面接触的面积（m^2）；

A_0——基础有地沟一侧的侧面面积（m^2）。

第二节　地基土的阻尼比

一、影响地基土阻尼比的因数

根据大量实测资料分析，地基土的阻尼比与下列主要因素有关：

1. 地基土性质的影响：在一般情况下，黏性土的阻尼比要大于粉土和砂土，岩石和砾石类土的阻尼比最小。

2. 基础几何尺寸的影响：阻尼比随基础的底面积增大而提高，而随基础高度的增加而减小。

3. 基础埋深的影响：基础埋深有提高阻尼比的作用，埋置深度对基础底面积平方根的比值愈大，阻尼比增加愈大。

二、阻尼比的计算方法

1. 竖向阻尼比可按下列公式计算：

（1）对于黏性土

$$\zeta_z=\frac{0.16}{\sqrt{\bar{m}}} \tag{2.2.22}$$

$$\bar{m}=\frac{m}{\rho A\sqrt{A}} \tag{2.2.23}$$

（2）对于砂土、粉土：

$$\zeta_z=\frac{0.11}{\sqrt{\bar{m}}} \tag{2.2.24}$$

式中　ζ_z——天然地基竖向阻尼比；

$\bar{m}$——基础质量比；

m——基础的质量（t）；

ρ——地基土的密度（t/m^3）。

2. 水平回转向、扭转向阻尼比可按下列公式计算：

$$\zeta_{x\varphi1}=\zeta_{x\varphi2}=\zeta_{\psi}=0.5\zeta_z \tag{2.2.25}$$

式中　$\zeta_{x\varphi1}$——天然地基水平回转耦合振动第一振型阻尼比；

$\zeta_{x\varphi2}$——天然地基水平回转耦合振动第二振型阻尼比；

ζ_{ψ}——天然地基扭转向阻尼比。

3. 埋置基础的天然地基阻尼比，应为明置基础的阻尼比分别乘以基础埋深作用对竖向阻尼比的提高系数 β_z 和地基水平回转向、扭转向阻尼比提高系数 $\beta_{x\varphi}$，可按下列公式计算：

$$\beta_z=1+\delta_b \tag{2.2.26}$$

$$\beta_{x\varphi}=1+2\delta_b \tag{2.2.27}$$

式中 β_z——基础埋深作用对竖向阻尼比的提高系数；

$\beta_{x\varphi}$——基础埋深作用对水平回转向或扭转向阻尼比的提高系数。

必须指出，上述公式（2.2.22）～公式（2.2.24）是从大量模型基础的现场实测数据，按不同土类进行分析统计并取其包络线的最低值而得，因为阻尼比取最低值是偏于安全的。但与现场多数的实测阻尼比值相比就显得公式（2.2.22）～公式（2.2.24）计算的阻尼比要偏低一些。

第三节　地基土的参振质量

为了拟合在现场模型基础振动试验中实测的幅频响应曲线上的共振峰点的频率值，在计算中必须将原有的基础质量上附加一定数量的质量，才能获得符合实际的结果，这部分附加质量，称谓地基土的参振质量。从数以百计的现场模型基础振动试验所获得的资料表明，参振质量与基础本身质量之比在 0.43～2.9 范围内，到目前为止还没有找到其定量的方法，为了获得较为接近实际的基础固有频率，对于天然地基，我国现行规范中的地基刚度和质量均不考虑参振质量的因素，因此，表 2.2.1 所提供的抗压刚度系数 C_z 值要比实际值偏低 43%～290%，这样，虽然对计算基础的固有频率没有影响，但使计算基础的振动线位移至少要偏大 43%，为此，我国现行规范规定可将计算所得的竖向振动线位移乘以 0.7 的折减系数，对水平向的振动线位移可乘以 0.85 的折减系数。这也是一种简化的方法，今后应对参振质量问题作进一步的研究，使之能作定量的估算。

第四节　桩基的刚度与阻尼

本节所述的桩基适用范围为打入式预制或灌注桩。

一、桩基竖向抗压刚度的计算

1. 我国现行规范的计算方法是将桩侧的抗剪刚度和桩尖的抗压刚度共同组成桩基抗压刚度，当桩的间距为 4～5 倍桩截面的直径或边长时，具体可按下列公式计算：

$$K_{pz}=n_p k_{pz} \tag{2.2.28}$$

$$k_{pz}=\sum C_{p\tau}A_{p\tau}+C_{pz}A_p \tag{2.2.29}$$

式中 K_{pz}——桩基抗压刚度（kN/m）；

k_{pz}——单桩抗压刚度（kN/m）；

n_p——桩数；

$C_{p\tau}$——桩周各层土的当量抗剪刚度系数（kN/m^3），可按表 2.2.2 选用。

$A_{p\tau}$——多层土中桩周表面积（m^2）；

C_{pz}——桩尖土的当量抗压刚度系数（kN/m^3），可按表 2.2.3 选用；

A_p——桩的截面积（m^2）。

2. 桩作为埋入土中的弹性杆件来考虑的计算方法，其竖向振动的基本假定是：桩是垂直的、弹性的；桩周表面与土紧密接触；桩周土是由无限薄层组成的线弹性体。根据这样的计算模型所得出的桩竖向刚度的计算公式为：

桩周土的当量抗剪刚度系数 $C_{p\tau}$ 值（kN/m^3）　　**表 2.2.2**

土的名称	土的状态	当量抗剪刚度系数 $C_{p\tau}$
淤　泥	饱和	6000～7000
淤泥质土	天然含水量 45%～50%	8000
黏性土、粉土	软塑	7000～10000
	可塑	10000～15000
	硬塑	15000～25000
粉砂、细砂	稍密～中密	10000～15000
中砂、粗砂、砾砂	稍密～中密	20000～25000
圆砾、卵石	稍密	15000～20000
	中密	20000～30000

桩尖土的当量抗压刚度系数 C_{pz} 值（kN/m^3）　　**表 2.2.3**

土的名称	土的状态	桩尖埋置深度(m)	当量抗剪刚度系数 C_{pz}
黏性土、粉土	软塑、可塑	10～20	50000～800000
	软塑、可塑	20～30	800000～1300000
	硬　塑	20～30	1300000～1600000
粉砂、细砂	中实、密实	20～30	1000000～1300000
中砂、粗砂、砾砂、圆砾、卵石	中密、密实	7～15	1000000～1300000 1300000～2000000
页　岩	中等风化		1500000～2000000

$$k_{pz}=\lambda k_p\frac{\lambda\tanh\lambda+\beta}{\beta\tanh\lambda+\lambda} \tag{2.2.30}$$

$$\lambda=\left(\frac{k_\tau}{k_p}\right)^{1/2} \tag{2.2.31}$$

$$\beta=\frac{k_s}{k_p} \tag{2.2.32}$$

式中　k_τ——桩与桩周土之间的抗剪刚度（kN/m）；

k_s——桩尖处地基土的抗压刚度（kN/m）；

k_p——桩本身的抗压刚度（kN/m）。

将公式（2.2.30）作如下换算：

$$k_{pz}=\lambda k_p\frac{\lambda\tanh\lambda+\beta}{\beta\tanh\lambda+\lambda}=\varepsilon(k_\tau+k_s) \tag{2.2.33}$$

$$\varepsilon=\frac{\tanh\left(\frac{k_\tau}{k_p}\right)^{1/2}+\frac{k_s}{\sqrt{k_\tau k_p}}}{\frac{k_s(k_\tau+k_s)}{k_p k_\tau}\tanh\left(\frac{k_\tau}{k_p}\right)^{1/2}+\frac{k_\tau+k_s}{\sqrt{k_p k_\tau}}} \tag{2.2.34}$$

$$k_{\tau}=\sum C_{\tau p}A_{p\tau} \tag{2.2.35}$$

$$k_{s}=C_{zp}A_{pz} \tag{2.2.36}$$

$$k_{p}=\frac{EA_{p}}{L} \tag{2.2.37}$$

式中　ε——考虑桩土作用下，桩的弹性影响系数；

$C_{\tau p}$——桩周多土层的当量抗剪刚度系数（kN/m³），当桩的间距为 4～5 倍桩截面的直径或边长时，可按表 2.2.4 采用；

C_{zp}——桩尖土层的当量抗压刚度系数（kN/m³），可按表 2.2.5 采用；

A_{pz}——桩尖土层的当量受压面积，可取桩承台底面积除以桩数的面积。

桩周土的当量抗剪刚度系数 $C_{\tau p}$　　**表 2.2.4**

桩周土的承载力特征值 f_{ak}(kN/m²)	$C_{\tau p}$(kN/m³)	桩周土的承载力特征值 f_{ak}(kN/m²)	$C_{\tau p}$(kN/m³)
$200\leqslant f_{ak}\leqslant 250$	60000～80000	$100\leqslant f_{ak}\leqslant 150$	35000～40000
$150\leqslant f_{ak}\leqslant 200$	40000～60000	$70\leqslant f_{ak}\leqslant 100$	30000～35000

桩尖土的当量抗压刚度系数 C_{zp}　　**表 2.2.5**

土的名称	桩尖土的状态	桩尖入土深度(m)	C_{zp}(kN/m³)
黏性土	软塑、可塑	10～20 20～30	60000～100000 100000～150000
	硬塑	10～20 20～30	110000～180000 180000～300000
粉、细砂	中密	10～20 20～30	60000～100000 100000～150000
	密实	10～20 20～30	120000～200000 200000～300000
中、粗砂、砾砂、圆砾、卵石	中密	10～20	100000～150000
	密实	10～20	150000～280000
岩　石	中等风化		～300000

必须指出，公式（2.2.33）为计算四根及以上的群桩桩基中的单根桩的抗压刚度，若要换算成单桩桩基的刚度，可将公式（2.2.33）计算的结果乘以 1.4，若为两根桩的桩基，则可乘以 1.2。上述计算方法所计算的桩基抗压刚度与现场实测值十分接近，特别是较长的桩和支承桩要比我国现行规范的计算结果更接近于实测值，其主要原因是现行规范的计算方法未考虑桩本身的弹性特性，因此其刚度随桩长增加而直线增加，而现场实测资料表明，桩的长度超过一定限值后，其抗压刚度不再增加，从公式（2.2.30）中可以看出，当 $\lambda\geqslant 2$ 即 $k_{\tau}\geqslant 4k_{p}$ 也即桩的长度 $L\geqslant 2\sqrt{\frac{EA}{\sum C_{\tau p}A_{p\tau}}}$ 时，$\tanh\lambda\approx 1$，此时公式（2.2.30）中的$\frac{\lambda\tanh\lambda+\beta}{\beta\tanh\lambda+\lambda}\approx 1$，则 $K_{pz}\approx\sqrt{K_{\tau}K_{p}}$，为一常数，刚度不再增加，这与现场实测数据较为吻合。

3. 桩基埋深对抗压刚度有提高作用，但由于桩基抗压刚度本身较大，桩基埋深对抗压刚度的提高值所占的比重很小，可以忽略不计，因此在我国现行规范中并未考虑此因素。

二、桩基水平回转向和扭转向刚度的计算

1. 预制桩或打入式灌注桩的抗弯刚度可按下式计算：

$$K_{p\varphi}=k_{pz}\sum_{i=1}^{n}r_i^2 \tag{2.2.38}$$

式中　$K_{p\varphi}$——桩基抗弯刚度（kN·m）；

r_i——第 i 根桩的轴线至基础底面形心回转轴的距离（m）。

2. 预制桩或打入式灌注桩的抗剪刚度和抗扭刚度可采用相应的天然地基抗剪刚度和抗扭刚度的 1.4 倍。

3. 当计入基础埋深和刚性地面作用时，桩基抗剪刚度可按下式计算：

$$K'_{px}=K_x(0.4+\alpha_{x\varphi}\alpha_1) \tag{2.2.39}$$

4. 当计入基础埋深和刚性地面作用时，桩基抗扭刚度可按下式计算：

$$K'_{p\psi}=K_\psi(0.4+\alpha_{x\varphi}\alpha_1) \tag{2.2.40}$$

5. 当采用端承桩或桩上部土层的地基承载力标准值 f_k 大于或等于 200kPa 时，桩基抗剪和抗扭刚度不应大于相应的天然地基的抗剪和抗扭刚度。因为，实践证明，对于地质条件较好，特别是半端承或端承桩，在打桩过程中贯入度较小，每锤击一次，桩本身产生水平摇摆运动，致使桩顶部四周与土脱空，这样就大大降低桩基的抗剪和抗扭刚度，此时，桩基的抗剪和抗扭刚度要低于天然地基的抗剪和抗扭刚度。

6. 斜桩的抗剪刚度应按下列规定确定：

（1）当斜桩的斜度大于 1∶6，其间距为 4～5 倍桩截面的直径或边长时，斜桩的当量抗剪刚度可采用相应的天然地基抗剪刚度的 1.6 倍；

（2）当计入基础埋深和刚性地面作用时，斜桩桩基的抗剪刚度可按下式计算：

$$K'_{px}=K_x(0.6+\alpha_{x\varphi}\alpha_1) \tag{2.2.41}$$

三、桩基的阻尼计算

1. 桩基竖向阻尼比可按下列公式计算：

（1）桩基承台底下为黏性土：

$$\zeta_{pz}=\frac{0.2}{\sqrt{\bar{m}}} \tag{2.2.42}$$

（2）桩基承台底下为砂土、粉土：

$$\zeta_{pz}=\frac{0.14}{\sqrt{\bar{m}}} \tag{2.2.43}$$

（3）端承桩：

$$\zeta_{pz}=\frac{0.1}{\sqrt{\bar{m}}} \tag{2.2.44}$$

（4）当桩基承台底与地基土脱空时，其竖向阻尼比可取端承桩的竖向阻尼比。

2. 桩基水平回转向、扭转向阻尼比可按下列公式计算：

$$\zeta_{px\varphi1}=\zeta_{px\varphi2}=0.5\zeta_{pz} \tag{2.2.45}$$

$$\zeta_{p\psi}=0.5\zeta_{pz} \tag{2.2.46}$$

式中 ζ_{pz}——桩基竖向阻尼比；

$\zeta_{px\varphi1}$——桩基水平回转耦合振动第一振型阻尼比；

$\zeta_{px\varphi2}$——桩基水平回转耦合振动第二振型阻尼比；

$\zeta_{p\psi}$——桩基扭转向阻尼比。

3. 计算桩基阻尼比时，可计入桩基承台埋深对阻尼比的提高作用，提高后的桩基竖向、水平回转向以及扭转向阻尼比可按下列规定计算：

（1）摩擦桩

$$\zeta'_{pz}=\zeta_{pz}(1+0.8\delta) \tag{2.2.47}$$

$$\zeta'_{px\varphi1}=\zeta'_{px\varphi2}(1+1.6\delta) \tag{2.2.48}$$

$$\zeta'_{p\psi}=\zeta'_{x\varphi1}(1+1.6\delta) \tag{2.2.49}$$

（2）端承桩：

$$\zeta'_{pz}=\zeta_{pz}(1+\delta) \tag{2.2.50}$$

$$\zeta'_{px\varphi1}=\zeta_{px\varphi2}=\zeta'_{x\varphi1}(1+1.4\delta) \tag{2.2.51}$$

$$\zeta'_{p\psi}=\zeta_{x\varphi1}(1+1.4\delta) \tag{2.2.52}$$

第五节　桩基的参振质量

打入式预制桩或灌注桩桩基动力计算时，必须计入桩基附加的参振质量，可按下列规定计算。

一、竖向振动时，桩基附加的参振质量 m_0 可按下式计算：

$$m_0=l_t\rho bd \tag{2.2.53}$$

式中 l_t——桩的折算长度，当桩长 $L<10$m 时取 1.8m，$L\geqslant10$m 时取 2.4m，中间值采用插入法计算。

此时，桩基竖向的总质量为：

$$m_{sz}=m+m_0 \tag{2.2.54}$$

式中 m_{sz}——桩基竖向总质量（t）；

m——桩基基础的质量（t）。

二、水平回转振动时，桩基附加的参振质量为 $0.4m_0$，此时水平向的总质量为：

$$m_{sx}=m+0.4m_0 \tag{2.2.55}$$

式中 m_{sx}——桩基水平向总质量。

相应的桩基总的抗弯转动惯量为：

$$J'=J\left(1+\frac{0.4m_0}{m}\right) \tag{2.2.56}$$

式中 J'——基础通过其重心轴的总转动惯量（$t\cdot m^2$）；

J——基础通过其重心轴的转动惯量（$t\cdot m^2$）。

三、扭转振动时，桩基的总质量和总的抗扭转动惯量（极转动惯量），可按下列公式计算：

$$m_{s\psi}=m+0.4m_0 \tag{2.2.57}$$

$$J_z'=J_z\left(1+\frac{0.4m_0}{m}\right) \tag{2.2.58}$$

式中　$m_{s\psi}$——桩基扭转向总质量（t）；

J_z'——基础通过其重心轴的总极转动惯量（t·m²）；

J_z——基础通过其重心轴的极转动惯量（t·m²）。

第三章　活塞式压缩机基础

第一节　基础的特点与设计要求

一、基础的特点和形式

活塞式压缩机基础采用块式基础或墙式基础。

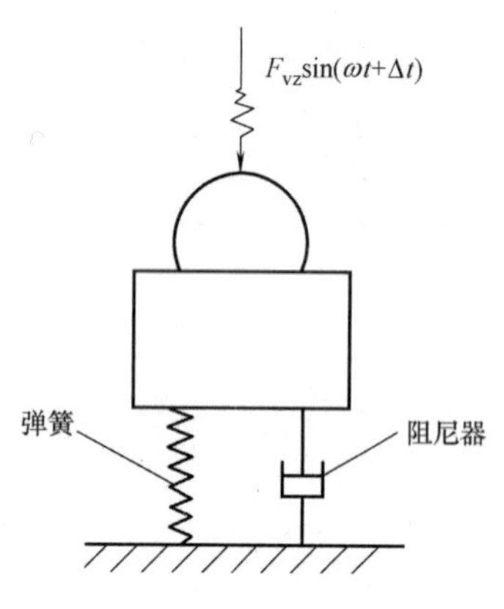

图 2.3.1　计算简图

根据质点一弹簧一阻尼器理论，见图 2.3.1，假定基础为一个具有质量的刚性体（即质点），不计基础本身的变形。该块体在地基（即弹簧和阻尼器）上受外界简谐扰力、扰力矩作用时，其振动有 x、y、z 三个方向的平移和绕这三个轴的旋转，共六个自由度。

当活塞式压缩机设置在厂房底层，即基础顶标高约 0.30m 左右时，基础宜设计为高出地坪的块体基础；当活塞式压缩机设置在厂房二层，即基础顶标高约 4～6m 时，基础宜设计为墙式基础，墙式基础在保持足够整体刚度的前提下较块式基础所用的混凝土量大为减少。

二、基础设计所需资料

1. 压缩机和电动机的型号、转速、功率、规格及轮廓尺寸图等；
2. 机器重量及重心位置，即压缩机、电动机及辅助设备的质量分布图；
3. 基础模板图即机器底座外轮廓图、辅助设备及管道位置和坑沟、孔洞尺寸、二次灌浆层厚度、地脚螺栓、预埋件位置等；
4. 机器产生的一谐、二谐扰力和扰力矩的数值、方向及作用点；
5. 机器基础在厂房中的位置及其邻近建筑物的基础图；
6. 建筑场地的工程地质勘察资料及地基动力特性试验资料；
7. 邻近机器基础、地沟、平台和仪表的布置。

三、基础设计的要求

1. 对基础材料的要求

由于压缩机一般为装置中比较重要的设备，且常年处于振动状态，故要求基础采用现浇钢筋混凝土结构，不推荐砌体基础或装配式钢筋混凝土基础。

对于块体基础或墙式基础，混凝土强度等级不宜低于C30。基础的构造钢筋宜采用HPB300热轧钢筋，受力钢筋宜采用HPB300或HRB335热轧钢筋，不得采用冷轧钢筋并应避免焊接接头。

2. 对地基的要求

压缩机对于地基的不均匀沉降较为敏感。基础的沉降和偏沉易造成气缸与活塞间摩阻力的增大，甚而造成活塞卡住气缸，连接管道拉裂，停产，检修频繁。因此，防止基础产生有害的沉降和不均匀沉降，保证基组（基础和基础上的机器、填土的总称，下同）稳定正常运转，延长维修周期和机器使用寿命是极为必要的。因为机器价格高于基础几十倍，而停产、检修造成装置停顿，则会带来更大的损失。

压缩机基础宜设置在均匀的低、中压缩性土层上，如遇软弱地基、湿陷性黄土、膨胀土或沟、坑、墓穴、溶洞等时，应采取相应措施，慎重对待。若在地基的受力层范围内存在易发生振动液化的饱和粉细砂、可能产生严重震陷的松散砂土或人工填土时，不宜采用天然地基，可采用桩基、强夯、回填级配砂石并分层夯实等加固方案。地基处理方案的选择依机器的重要程度确定。

3. 基组对中要求

设计基础时，应使基组的总重心与基础底面形心（若采用桩基时，则指群桩重心）力求位于同一铅垂线上。如偏心不可避免时，偏心值与平行于偏心方向基础底边长的比值应小于5%（当地基承载力特征值$f_{ak}\leqslant 150$kPa时取3%）。

基组对中要求，除可防止基组偏沉外，在动力计算中，还可将竖向振动与水平回转耦合振动分别计算，即“对中”可视为上述两类振动互不相关的必要条件。

4. 对地基不均匀沉降要求

压缩机基础应避免有害的不均匀沉降。地基的不均匀沉降用地基倾斜率表示，地基倾斜率应不超过下列规定：

（1）当压缩机功率≥1000kW时，倾斜率≤0.1%；

（2）当压缩机功率≤500kW时，倾斜率≤0.2%；

（3）当压缩机功率介于500kW与1000kW之间时，容许倾斜率由插入法确定。

5. 地基承载力设计要求

标准组合时，活塞式压缩机基础底面处平均静压力值p_k应小于修正后的地基承载力特征值f_{ak}。

基础底面静压力计算时，应考虑基础自重和基础底板上回填土重、机器自重和传至基础上的其他荷载。

6. 动力计算的要求

活塞式压缩机基础动力计算应使基组自频远离机器扰频，振动采用双控制，即控制基础顶面控制点（一般为基础顶面角点）各向的最大振动线位移不应大于0.20mm，最大振动速度不应大于6.30mm/s，相当于振动速度均方根值v_{rms}不大于4.46mm/s。（此处提出速度均方根值v_{rms}的概念，是为了便于与国际机器振动标准接轨。）

对于排气压力大于100MPa的超高压压缩机基础的容许振动线位移和容许振动速度，

应按专门规定确定。

压缩机基础动力计算的最终目的是要把基础的振动控制在容许范围内，以满足工人正常操作、机器正常运转、对周围建（构）筑物及仪表无不良影响，并结合我国国情来确定具体数值。

第二节 地基处理与基础布置

一、地基处理对策

活塞式压缩机基础的设计，新中国成立以来积累了丰富的经验，经历了由不成熟到成熟的过程。20 世纪 50、60 年代曾出现数起由于地基处理不当产生不均匀沉降及振动过大的问题，造成停产加固。如：

1. 湿陷性黄土地基：仅在局部墓穴范围内进行分层回填夯实处理。投产多年后因地下管道漏水，导致未处理的黄土地基发生湿陷，造成基础较大偏沉。

2. 人工砂垫层地基：厚约 2m，因施工处理质量不良，密实度低。在机器长期振动作用下基底脱空，造成基础偏沉，振动过大，轴瓦磨损，检修频繁。

3. 淤泥质软弱地基采用直桩加固，用于以水平扰力为主的活塞式压缩机基础。使用多年以后出现振动过大的问题。估计是由于振动导致淤泥下沉并与基底脱离，使地基刚度减小而振动加大。

因此，在确定地基方案时，要注意地基的均匀性，确定合理、经济、有效的地基方案后，要确保施工质量。

对于以水平振动为主的机器基础，当采用预制桩基时，宜在水平振动方向的外侧分别布置一排斜桩，以加大地基的水平刚度。当采用毛石混凝土垫层时，须待毛石混凝土终凝后，再浇筑混凝土基础，以保证垫层不参与基础振动（即垫层只提高地基刚度，不增加基组质量）。

当沉降无特殊要求时，功率小于 100kW 的小型压缩机基础，可设置在经分层夯实的回填土上，并注意确保夯实质量。

二、平面布置要点

活塞式压缩机基础的振动，若对邻近的人员、精密设备、仪器仪表、工厂生产及建筑物产生有害影响时，应采用合理的平面布置和隔振措施。

根据国内该类机器基础设计的经验，按照工艺专业进行平面布置后，土建专业设计都是立足于加固地基、基础调频或联合基础等措施，以减少基组自身的振动，均可满足相邻影响，较少采用隔振措施。

当压缩机基础自身对振动有较严格的要求，而相邻机器振动较大时，设计者可酌情考虑相邻机器基础的影响。根据以往测振分析结果可得：在基础四倍边长范围内、软弱地基上的相邻基础的相互影响较为明显，若无实测条件时，本基础计算振动速度可叠加相邻基础振动速度的 8%。

三、压缩机基础与相邻建筑物基础、混凝土地坪的关系

1. 活塞式压缩机基础与毗邻建筑物基础因基底压力不同，为防止相互影响，宜脱开设置，其净距不应小于 100mm。

2. 若活塞式压缩机基础与毗邻建筑物基础均设置于天然地基上时，基底宜设置于同一标高，以利于基底受力稳定，防止不均匀沉降。

若活塞式压缩机基础与毗邻建筑物基础底面不置于同一标高时，基础底面高差不得大于基础间净距的一半。较深基础建成后，基底标高差异部分的回填土必须分层夯实。

3. 活塞式压缩机基础与混凝土地坪间可不设缝。地坪对基础的嵌固作用可以提高地基刚度，增大地基阻尼比，在一般情况下（即扰力频率不大于 1000r/min 时）均可达到减小振动的目的。

在设计中，也曾采用在机器基础与地坪间设缝的做法，把缝的设置或填塞作为基础调频的措施之一。

四、压缩机基础与厂房的关系

由于活塞式压缩机基础属于中、低频振动，扰力频率约为 300～1000r/min，极个别高达 2000r/min。厂房自频一般为 2～4Hz（即 120～240r/min）。国内 20 世纪 60 年代曾发生转速为 150r/min 的红旗牌卧式压缩机与厂房上柱共振的事故。后采用加大上柱截面，改变厂房柱自频的方法，减小了厂房的振动。

现在随着活塞式压缩机转速的提高，其与厂房共振的可能性也随之下降。

设计中活塞式压缩机墙式基础的顶标高与厂房二层楼板标高相同且相互脱开，留有 1.0m 左右的间距，可采用漏空的钢箅子板（或钢格板）自由地搁置在压缩机基础和厂房楼板上；若设钢梁，应设计成沿梁纵向可滑动的支座。

因与机器连接而产生较大振动的管道，不得直接搁置在建筑物上，应采用减振措施，如设置弹性支座、吊架。

第三节　基础的构造

一、墙式基础

墙式基础由底板、纵、横墙（有时带有顶板）组成。基础上部尺寸由机器制造厂提供，以满足机器安装的要求。基础构件尺寸及构件之间的相互连接应保证基础的整体刚度，设计及施工时，尤其要注意加强各构件之间的连接。墙式基础的构件尺寸应符合下列规定：

1. 基础的顶板及其悬臂

基础顶板的厚度根据计算确定，但不宜小于 150mm；

基础顶板悬臂的长度不宜大于 2000mm，其厚度根据计算确定。

基础顶板及其悬臂的厚度计算时，除满足承载力要求外，还要进行自频计算，防止与机器发生共振。控制顶板悬臂长度限值是为了满足基础整体刚度的要求。

2. 机身部分和气缸部分的墙体厚度

机身部分的墙体大多为封闭型，其厚度不宜小于 500mm；气缸部分的墙体一般为悬臂，其厚度不宜小于 400mm。

3. 基础底板及其悬臂

压缩机基础底板的厚度不宜小于 600mm。

钢筋混凝土底板的悬臂长度，当竖向振动为主时不宜大于 2.5 倍板厚，当水平振动为主时不宜大于 3 倍板厚。

本项规定是经过模拟基础试验和理论上的定性分析得出的，保证基础顶面和底板悬臂端点的位移幅值和相位基本满足基础刚度的要求。

4. 基础上的沟、坑应满足壁厚及底板厚度不小于 200mm。

二、块式基础

块式基础上部的模板图由机器制造厂提供，以满足机器安装的要求。

块式基础（包括墙式基础）底板的尺寸由动力计算确定，以满足振动要求。底板还需满足基组对中要求，其悬臂长度要求与墙式基础相同。

上述墙式和块式基础的构造尺寸要求，除满足基础刚体、单质点振动假定外，也可防止构件局部振动产生裂缝。20 世纪 50 年代我国曾发生气缸下墙体过长，厚度偏小，在振动较大的情况下，墙体悬臂根部产生裂缝的事故。

三、基础的配筋

块式及墙式基础计算模式为刚体，基础各部件之间基本上没有相对变形，故一般不必进行基础承载力（包括抗震验算）计算，基础配筋均为构造需要。20 世纪 70 年代国内对红旗牌压缩机装配式基础的表面钢筋曾进行过应力测试，测得表面钢筋应力仅为 70～140N/cm^2，由此可以看出，基础表面的钢筋基本上是不受力的。

压缩机基础构造配筋的要求如下：

1. 体积大于 40m^3 的大块式基础，应沿四周和顶、底面配置直径为 10～14mm、间距为 200～300mm 的钢筋网。

大体积混凝土表面配筋的目的是防止施工时，混凝土水化热形成内外温差而导致温度裂缝的产生；细而密的表面配筋还可以防止裂缝的开展。

2. 体积为 20～40m^3 的大块式基础，应在基础顶面配置直径为 10mm、间距为 200mm 的钢筋网。

基础顶面配筋是为了防止设备安装时，混凝土表面遭受撞击而损坏。

3. 墙式基础沿墙面应配置钢筋网，竖向钢筋直径宜为 12～16mm，水平钢筋宜为 10～14mm，钢筋网格间距为 200～300mm。顶板配筋应按强度计算确定。墙与底板、顶板连接处，应适当增加构造配筋。

4. 基础底板悬臂部分有局部变形，其钢筋配置应按强度计算确定，并应上下配筋。钢筋直径一般为 12～18mm，间距应小于 200mm。当地基为桩基时，基础底板配筋按桩承台计算确定。

5. 当基础上的开孔或切口尺寸大于 600mm 时，应沿孔或切口周围配置直径不小于

12mm、间距不大于 200mm 的钢筋，且此钢筋的总面积不应小于洞口相应方向被切断钢筋面积之和。

6. 上述配筋的混凝土保护层厚度不小于 25mm，基础底板取 50mm。

四、基础上的预埋螺栓及预留螺栓孔

1. 基础的预埋地脚螺栓应按压缩机产品要求设置。

2. 地脚螺栓的埋置深度应满足下列要求：

对于带弯钩的地脚螺栓，应不小于 $20d$（d 为螺栓直径）；对于带锚板的地脚螺栓，应不小于 $15d$。其构造可参见图 2.3.2。

构造螺栓的设置不受此限制。

3. 预埋螺栓轴线至基础边缘的距离不应小于 $4d$；预留孔边至基础边缘的距离不应小于 100mm。如不能满足此项要求时，应采取加强措施，如配置钢筋网片等。

4. 预埋地脚螺栓底面下混凝土的净厚度不应小于 50mm；如为预留孔，则不应小于 100mm。其构造可参见图 2.3.3。

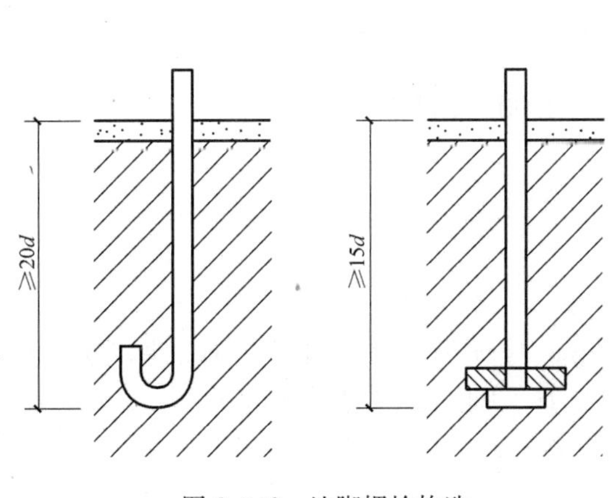

图 2.3.2　地脚螺栓构造

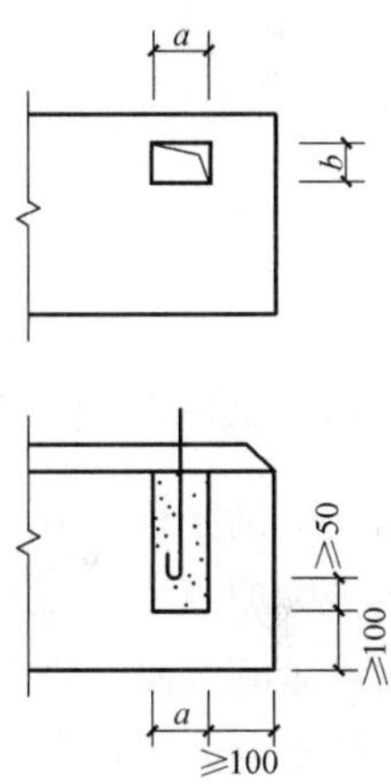

图 2.3.3　地脚螺栓预留孔构造

五、基础的二次灌浆

压缩机底座边缘至基础边缘的距离不宜小于 100mm。

压缩机底座下应预留二次灌浆层，其厚度按机器制造厂要求确定，一般为 30～70mm。

二次灌浆层的材料宜用无收缩水泥配置的 C30 细石混凝土。当灌浆层厚度小于 30mm 时，宜采用无收缩水泥配置的水泥砂浆。

采用无收缩水泥配置，是为了保证机器和基础之间的整体联结，对于预留螺栓孔的灌浆，还可以保证地脚螺栓的锚固。

六、基础的沉降观测点

1. 当活塞式压缩机功率大于 500kW 或末级排气压力高于 10MPa 时，应在基础上设置永久性的沉降观测点。观测点的位置应易于观测，一般沿基础四角、在纵横两个方向布置。观测点的构造见图 2.3.4。

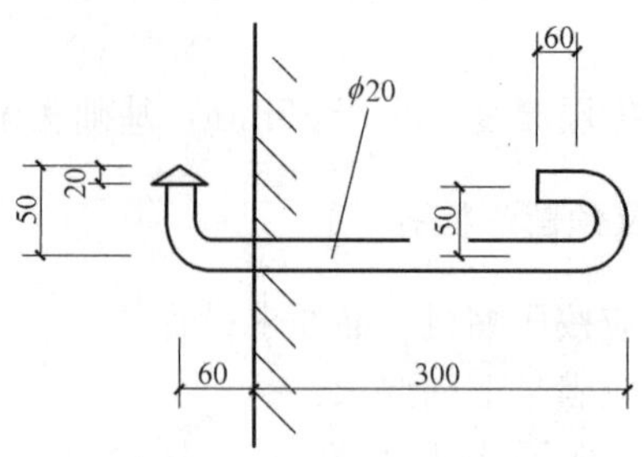

图 2.3.4　沉降观测点构造

2. 压缩机基础的沉降观测，可按以下几个阶段进行：

（1）基础全部施工完毕后；

（2）机器安装完毕后；

（3）试运行期间；

（4）投产后每年两次，发现问题随时观测。

第四节　基础的计算

一、基础坐标系 *oxyz* 的建立

先建立辅助坐标系 $o'x'y'z'$。

设定坐标原点 o' 位于基础底板底面角点，压缩机主轴方向为 y' 轴，垂直于 y' 轴的水平轴（若有卧式气缸，即为卧式气缸方向）为 x' 轴，竖向为 z' 轴。

按坐标系 $o'x'y'z'$ 进行基组总重心 O 的计算。

基组总重心 O 的坐标为：

$$x'_o=\frac{\sum m_i x'_i}{\sum m_i} \tag{2.3.1}$$

$$y'_o=\frac{\sum m_i y'_i}{\sum m_i} \tag{2.3.2}$$

$$z'_o=\frac{\sum m_i z'_i}{\sum m_i} \tag{2.3.3}$$

式中　m_i——基组（包括机器、基础和基础底板上的土体）各部件的分质量（t）；

x'_i——基组各部件重心的 x' 向坐标（m）；

y'_i——基组各部件重心的 y' 向坐标（m）；

z'_i——基组各部件重心的 z' 向坐标（m）。

以基组总重心 O 为坐标原点建立基组坐标系 $oxyz$，x、y、z 轴的方向分别平行于 x'、y'、z' 轴的方向。

基组坐标系 $oxyz$，辅助坐标系 $o'x'y'z'$ 和机器坐标系 $CXYZ$ 的关系见图 2.3.5。

二、静力计算

1. 基组对中验算

为了防止基组发生过大的偏沉，设计时应使基组的总重心与基础底面形心（若采用桩基时，则指群桩重心）力求位于同一铅垂线上。如偏心不可避免时，则两者间的偏心值与平行于偏心方向基础底边长的比值应小于5%（当地基承载力特征值 $f_{ak}\leqslant 150$kPa 时取3%）。

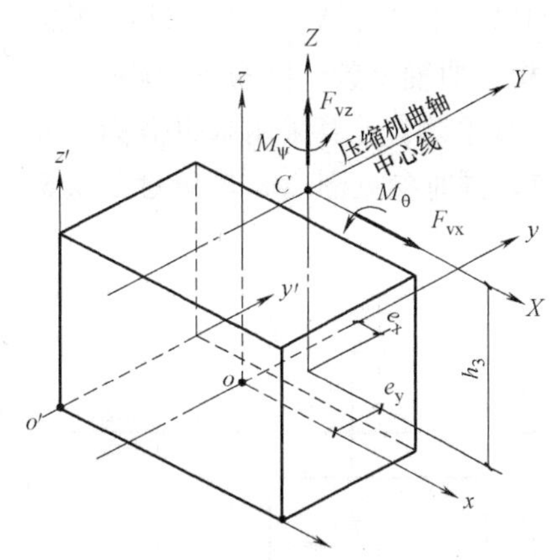

图 2.3.5　压缩机机器坐标系与基组坐标系关系图

图中：$o'x'y'z'$—辅助坐标系；$oxyz$—基组坐标系；$CXYZ$—机器坐标系；C 点—扰力、扰力矩作用点；O 点—基组总重心。

先计算基底形心 D 在 $o'x'y'z'$ 坐标系上的坐标：

$$x'_D=\frac{\sum A_i x'_i}{\sum A_i} \tag{2.3.4}$$

$$y'_D=\frac{\sum A_i y'_i}{\sum A_i} \tag{2.3.5}$$

式中　A_i——基底各部分的分面积（m^2）；

x'_i——基底各部分形心的 x' 向坐标（m）；

y'_i——基底各部分形心的 y' 向坐标（m）。

基组偏心验算：

$$E_x/d=|x'_D-x'_o|/d\leqslant 0.03\text{或}0.05 \tag{2.3.6}$$

$$E_y/b=|y'_D-y'_o|/b\leqslant 0.03\text{或}0.05 \tag{2.3.7}$$

式中　E_x、E_y——基组重心与基底形心在 x、y 向的偏心距（m）；

d、b——基底在 x、y 向总边长（m）。

如基组偏心验算不满足要求时，则应移动底板，直到满足要求为止。

2. 地基承载力验算

活塞式压缩机基础地基承载力应满足下式要求：

$$p_k\leqslant f_a \tag{2.3.8}$$

$$p_k=\frac{\gamma_G mg}{A} \tag{2.3.9}$$

式中　p_k——标准组合时，基础底面处的平均静压力值（kPa）；

f_a——修正后的地基承载力特征值（kPa）；

γ_G——荷载分项系数，取1.2或1.35；

m——基组总质量，包括基础和基础底板上的填土、机器和传至基础上的其他设备质量之和（t）；

A——基础底面面积（m^2）。

三、动力计算

1. 作用于基组上的扰力和扰力矩

每台压缩机运转时产生一谐、二谐竖向扰力 F'_{vz}、F''_{vz}，水平扰力 F'_{vx}、F''_{vx}，绕 x 轴

的回转力矩M'_{θ}、M''_{θ}，绕 z 轴的扭转力矩M'_{ψ}、M''_{ψ}，作用于机器坐标系 $CXYZ$ 的原点 C（即机器曲轴上各气缸布置中心）。

基组动力计算采用基组坐标系 $oxyz$，此时应将机器的扰力、扰力矩平移至基组重心 O 点，同时参见图 2.3.5 和图 2.3.6。

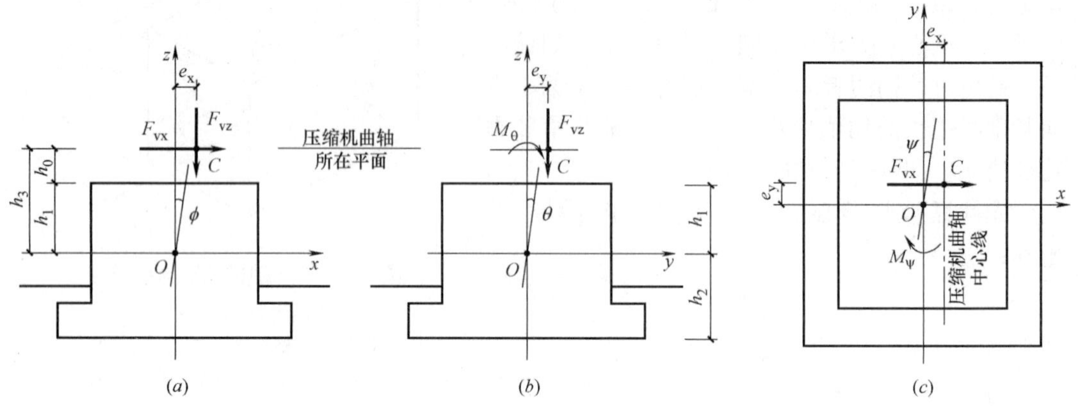

图 2.3.6　扰力、扰力矩示意图

(a) 正立面图；(b) 侧立面图；(c) 平面图

作用于 C 点（即机器曲轴上各气缸布置中心）的扰力F_{vz}、F_{vx}平移至 O 点（即基组总重心）时，生成新的力矩，包括：绕 x 轴的回转力矩$F_{vz}e_y$、绕 y 轴的回转力矩$F_{vx}(h_0+h_1)+F_{vz}e_x$、绕 z 轴的扭转力矩$F_{vx}e_y$。此处，e_x为机器扰力F_{vz}沿 x 轴的偏心距（m），e_y为机器扰力F_{vx}、F_{vz}沿 y 轴的偏心距（m）。

作用于基组重心 O 点的一、二谐扰力、扰力矩为：

扰力：z 向：F'_{vz}、F''_{vz}

x 向：F'_{vx}、F''_{vx}

扰力矩：绕 x 轴：$M'_{\theta}+F'_{vz}e_y$、$M''_{\theta}+F''_{vz}e_y$

绕 y 轴：$F'_{vx}(h_0+h_1)+F'_{vz}e_x$、$F''_{vx}(h_0+h_1)+F''_{vz}e_x$

绕 z 轴：$M'_{\psi}+F'_{vx}e_y$、$M''_{\psi}+F''_{vx}e_y$

2. 基组的参振质量计算

(1) 当天然地基动力特性参数按《动规》第 3.3.2～3.3.10 条确定时，

$$m=m_f+m_m+m_s=m_z=m_x=m_y=m_{\psi} \tag{2.3.10}$$

式中　m——基组的参振质量（t），计算时可用m_z、m_x、m_y、m_{ψ}代入；

m_f——基础的质量（t）；

m_m——基础上的机器质量（t），包括压缩机和附属设备；

m_s——基础底板上回填土的质量（t）。

(2) 当预制桩或打入式灌注桩基的动力特性参数按《动规》第 3.3.13～3.3.22 条确定时，

$$m_{sz}=m+m_0 \tag{2.3.11}$$

$$m_{sx}=m_{sy}=m+0.4m_0 \tag{2.3.12}$$

$$m_0=l_tbd\rho \tag{2.3.13}$$

式中　m_{sz}——桩基竖向振动总质量（t）；

m_{sx}、m_{sy}——桩基水平回转向振动总质量（t）；

m_0——竖向振动时，桩和桩间土参加振动的当量质量（t）；

l_t——桩的折算长度（m）；

b——基础底面的宽度（m）；

d——基础底面的长度（m）；

ρ——地基土的密度，即桩和土的混合密度（t/m^3）。

（3）当地基动力特性参数遵照《地基动力特性测试规范》GB/T 50269 由现场测试时，

$$m_z = m + m_{dz} \tag{2.3.14}$$

$$m_x = m + m_{dx\phi} \tag{2.3.15}$$

$$m_\psi = m + m_{d\psi} \tag{2.3.16}$$

式中　m_z——基组竖向振动的总质量（t）；

m_x——基组水平回转耦合振动总质量（t）；

m_ψ——基组扭转振动总质量（t）；

m_{dz}——基组竖向振动时，地基参加振动的当量质量（t）；

$m_{dx\phi}$——基组水平回转耦合振动时，地基参加振动的当量质量（t）；

$m_{d\psi}$——基组扭转振动时，地基参加振动的当量质量（t）。

3. 基组的转动惯量计算

（1）各块刚体对通过其总重心各轴的转动惯量通式：

$$J_x = \int_m r_{xi}^2 \mathrm{d}m \approx \sum m_i r_{xi}^2$$

$$J_y = \int_m r_{yi}^2 \mathrm{d}m \approx \sum m_i r_{yi}^2$$

$$J_z = \int_m r_{zi}^2 \mathrm{d}m \approx \sum m_i r_{zi}^2$$

（2）基组对通过基组总重心 O 各轴（即基组坐标系 x、y、z 轴）的转动惯量公式：

$$J_x = \sum J_{xi} + \sum m_i r_{xi}^2 = \sum J_{xi} + \sum m_i (y_i^2 + z_i^2) \tag{2.3.17}$$

$$J_y = \sum J_{yi} + \sum m_i r_{yi}^2 = \sum J_{yi} + \sum m_i (x_i^2 + z_i^2) \tag{2.3.18}$$

$$J_z = \sum J_{zi} + \sum m_i r_{zi}^2 = \sum J_{zi} + \sum m_i (x_i^2 + y_i^2) \tag{2.3.19}$$

式中　J_x——基组对基组坐标系 x 轴的转动惯量（$t \cdot m^2$）；

J_y——基组对基组坐标系 y 轴的转动惯量（$t \cdot m^2$）；

J_z——基组对基组坐标系 z 轴的极转动惯量（$t \cdot m^2$）；

J_{xi}——第 i 块刚体对通过其重心 O_i 且平行 x 轴的转动惯量（$t \cdot m^2$），可按表 2.3.1 公式计算；

J_{yi}——第 i 块刚体对通过其重心 O_i 且平行 y 轴的转动惯量（$t \cdot m^2$），可按表 2.3.1 公式计算；

J_{zi}——第 i 块刚体对通过其重心 O_i 且平行 z 轴的极转动惯量（$t \cdot m^2$），可按表 2.3.1 公式计算；

m_i——第 i 块刚体的质量（t）；

r_{xi}——第 i 块刚体的重心O_i到 x 轴的距离（m）；

r_{yi}——第 i 块刚体的重心O_i到 y 轴的距离（m）；

r_{zi}——第 i 块刚体的重心O_i到 z 轴的距离（m）；

$$r_{xi}^2=y_i^2+z_i^2 r_{yi}^2=x_i^2+z_i^2 r_{zi}^2=x_i^2+y_i^2$$

x_i、y_i、z_i——第 i 块刚体的重心O_i对基组坐标系各轴的坐标（m）。

（3）常见几何体转动惯量公式见表 2.3.1。

几何体转动惯量公式 **表 2.3.1**

	形状（O_i 为重心）	体积	转动惯量
矩形六面体	z′ O_i y′ x′ c/2 c/2 b/2 b/2 a/2 a/2	$V=abc$	$J_{xi}=\frac{m_i}{12}(b^2+c^2)$ $J_{yi}=\frac{m_i}{12}(a^2+c^2)$ $J_{zi}=\frac{m_i}{12}(a^2+b^2)$
圆柱体	z′ l/2 l/2 O_i r y′ x′	$V=\pi r^2 l$	$J_{xi}=J_{zi}=\frac{m_i}{12}(3r^2+l^2)$ $J_{yi}=\frac{1}{2}m_i r^2$
球体	z′ r O_i y′ x′	$V=\frac{4}{3}\pi r^3$	$J_{xi}=J_{yi}=J_{zi}=\frac{2}{5}m_i r^2$
圆板	z′ O_i r h/2 h/2 y′ x′	$V=\pi r^2 h$	$J_{xi}=J_{yi}=\frac{1}{4}m^i r^2$ $J_{zi}=\frac{1}{2}m_i r^2$
直角三角板	z′ b b/3 c c/3 y′ h O_i x′	$V=\frac{1}{2}bch$	$J_{xi}=\frac{1}{18}m_i b^2$ $J_{yi}=\frac{1}{18}m_i c^2$ $J_{zi}=\frac{1}{18}m_i(b^2+c^2)$

续表

	形状（O_i 为重心）	体积	转动惯量
直角三角形		$V=\frac{1}{2}abl$	$J_{xi}=\frac{m_i}{6}\left(\frac{l^2}{2}+\frac{b^2}{3}\right)$ $J_{yi}=\frac{m_i}{18}(a^2+b^2)$ $J_{zi}=\frac{m_i}{6}\left(\frac{l^2}{2}+\frac{a^2}{3}\right)$

（4）设计中J_x、J_y、J_z的取值：

1）当天然地基动力特性参数按《动规》第 3.3.2～3.3.10 条确定时，基组对 x、y、z 轴的转动惯量按式（2.3.17）、式（2.3.18）、式（2.3.19）计算，其中m_i包括基础、基础上的机器、基础底板上的回填土各部件。

2）当预制桩或打入式灌注桩桩基的动力特性参数按《动规》第 3.3.13～3.3.22 条确定时：

$$J'_x=J_x\left(1+\frac{0.4m_0}{m}\right) \tag{2.3.20}$$

$$J'_y=J_y\left(1+\frac{0.4m_0}{m}\right) \tag{2.3.21}$$

$$J'_z=J_z\left(1+\frac{0.4m_0}{m}\right) \tag{2.3.22}$$

式中　J'_x、J'_y——基组对通过其重心轴 x、y 轴的总转动惯量（$t\cdot m^2$）；

J'_z——基组对通过其重心轴 z 轴的总极转动惯量（$t\cdot m^2$）。

3）当地基动力特性参数遵照《地基动力特性测试规范》GB/T 50269 由现场测试时，

$$J'_x=J_x\left(1+\frac{m_{dx\phi}}{m}\right) \tag{2.3.23}$$

$$J'_y=J_y\left(1+\frac{m_{dx\phi}}{m}\right) \tag{2.3.24}$$

$$J'_z=J_z\left(1+\frac{m_{d\psi}}{m}\right) \tag{2.3.25}$$

4. 竖向振动

基组在通过其重心 O 的竖向扰力F_{vz}作用下，产生沿 z 轴的竖向振动。通过建立运动微分方程，可求得下列结果。

（1）基组的竖向振动固有圆频率计算：

$$\omega_{nz}=\sqrt{K_z/m_z} \tag{2.3.26}$$

式中　ω_{nz}——基组的竖向振动固有圆频率（rad/s）；

K_z——基础的地基抗压刚度（kN/m），若为桩基时需用K_{pz}代入，由《动规》第 3.3 节确定或由现场测试获得；

m_z——基组竖向振动时的振动总质量（t），若为桩基时需用m_{sz}代入，或由现场测试获得，详见本章节三2中式（2.3.10）～式（2.3.16）。

（2）在一谐竖向扰力F'_{vz}作用下，基组竖向振动线位移可按下式计算：

$$u'_{zz}=\frac{F'_{vz}}{K_z}\frac{1}{\sqrt{\left(1-\frac{\omega'^2}{\omega_{nz}^2}\right)^2+4\zeta_z^2\frac{\omega'^2}{\omega_{nz}^2}}} \tag{2.3.27}$$

$$\omega'=\frac{2\pi}{60}n\approx 0.105n \tag{2.3.28}$$

式中 u'_{zz}——一谐竖向扰力作用下，基组重心或基础顶面控制点的竖向振动线位移（m）；

F'_{vz}——机器的一谐竖向扰力（kN）；

ζ_z——地基的竖向阻尼比，若为桩基时需用ζ_{pz}代入，由《动规》第3.3节确定或由现场测试获得；

ω'——机器的一谐扰力圆频率（rad/s）；

n——机器的工作转速（r/min）。

注：在式（2.3.27）中，当$\omega'<0.75\omega_{nz}$或$\omega'>1.25\omega_{nz}$时，取$\zeta_z=0$。

（3）在二谐竖向扰力F''_{vz}作用下，基组竖向振动线位移可按下式计算：

$$u''_{zz}=\frac{F''_{vz}}{K_z}\cdot\frac{1}{\sqrt{\left(1-\frac{\omega''^2}{\omega_{nz}^2}\right)^2+4\zeta_z^2\frac{\omega''^2}{\omega_{nz}^2}}} \tag{2.3.29}$$

$$\omega''=2\cdot\frac{2\pi}{60}\cdot n\approx 0.21n \tag{2.3.30}$$

式中 u''_{zz}——二谐竖向扰力作用下，基组重心或基础顶面控制点的竖向振动线位移（m）；

F''_{vz}——机器的二谐竖向扰力（kN）；

ω''——机器的二谐扰力圆频率（rad/s）；

注：在式（2.3.29）中，当$\omega''<0.75\omega_{nz}$或$\omega''>1.25\omega_{nz}$时，取$\zeta_z=0$。

5. 扭转振动

基组在扭转扰力矩M_ψ和水平扰力F_{vx}沿y轴向偏心（偏心距e_y）作用下（图2.3.7），产生绕z轴的扭转振动。通过建立运动微分方程，可求得下列结果。

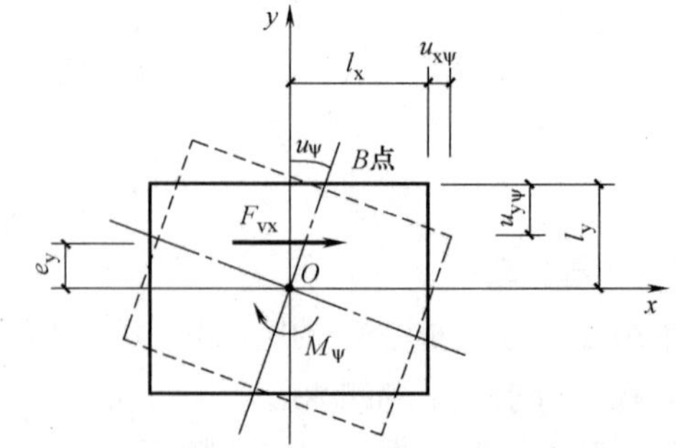

图2.3.7 基组扭转振动示意图

注：图中B点为基础顶面控制点。

（1）基组的扭转振动固有圆频率计算：

$$\omega_{n\psi}=\sqrt{K_\psi/J_z} \tag{2.3.31}$$

式中 $\omega_{n\psi}$——基组的扭转振动固有圆频率（rad/s）；

K_ψ——基础的地基抗扭刚度（KN·m），若为桩基时需用$K_{p\psi}$代入，由《动规》第3.3节确定或由现场测试获得；

J_z——基组对 z 轴的极转动惯量（$t \cdot m^2$），若为桩基时需用J'_z代入，详见本章节三（3）中式（2.3.17）～式（2.3.25）。

（2）基组在扭转扰力矩M_ψ和水平扰力F_{vx}沿 y 轴向偏心作用下，其扭转振动角位移可按下式计算：

$$u_\psi = \frac{M_\psi + F_{vx} e_y}{K_\psi} \cdot \frac{1}{\sqrt{\left(1-\frac{\omega^2}{\omega_{n\psi}^2}\right)^2 + 4\zeta_\psi^2 \frac{\omega^2}{\omega_{n\psi}^2}}} \tag{2.3.32}$$

式中　u_ψ——基组扭转振动角位移（rad），代入一、二谐扰力（矩）分别可得到一、二谐振动角位移u'_ψ、u''_ψ；

M_ψ——机器的扭转扰力矩（kN·m），代入一、二谐分别计算；

F_{vx}——机器的水平扰力（kN），代入一、二谐分别计算；

ζ_ψ——地基的扭转阻尼比，若为桩基时需用$\zeta_{p\psi}$代入，由《动规》第 3.3 节确定或由现场测试获得；

ω——机器的扰力圆频率（rad/s），代入一、二谐分别计算。

注：在式（2.3.32）中，当 $\omega < 0.75\,\omega_{n\psi}$或 $\omega > 1.25\,\omega_{n\psi}$时，取$\zeta_\psi = 0$。

（3）基础顶面控制点扭转振动线位移计算：

$$u_{x\psi} = u_\psi l_y \tag{2.3.33}$$

$$u_{y\psi} = u_\psi l_x \tag{2.3.34}$$

式中　$u_{x\psi}$——基础顶面控制点（一般选角点，位移最大）由于扭转振动产生沿 x 轴向的水平振动线位移（m）；

$u_{y\psi}$——基础顶面控制点由于扭转振动产生沿 y 轴向的水平振动线位移（m）；

l_y——基础顶面控制点至扭转轴（z 轴）在 y 轴向的水平距离（m）；

l_x——基础顶面控制点至扭转轴（z 轴）在 x 轴向的水平距离（m）。

6. 沿 x 轴向水平、绕 y 轴回转的耦合振动

基组在水平扰力F_{vx}和竖向扰力F_{vz}沿 x 轴偏心（偏心距e_x）作用下（图 2.3.8），产生沿 x 轴向水平、绕 y 轴回转的耦合振动，简称 x-Φ 向耦合振动。

x-Φ 向耦合振动为双自由度的振动，有两个振型，第一振型为绕转动中心$O_{\phi1}$的回转振动，第二振型为绕转动中心$O_{\phi2}$的回转振动。

通过建立二元联立运动微分方程并采用振型分解法，可求得下列结果。

（1）基组 x-Φ 向耦合振动第一、二振型的固有频率计算：

$$\omega_{n\phi1}^2 = \frac{1}{2}\left[(\omega_{nx}^2 + \omega_{n\phi}^2) - \sqrt{(\omega_{nx}^2 - \omega_{n\phi}^2)^2 + \frac{4 m_x h_2^2}{l_y}\omega_{nx}^4}\right] \tag{2.3.35}$$

$$\omega_{n\phi2}^2 = \frac{1}{2}\left[(\omega_{nx}^2 + \omega_{n\phi}^2) + \sqrt{(\omega_{nx}^2 - \omega_{n\phi}^2)^2 + \frac{4 m_x h_2^2}{l_y}\omega_{nx}^4}\right] \tag{2.3.36}$$

$$\omega_{nx}^2 = K_x / m_x \tag{2.3.37}$$

$$\omega_{n\phi}^2 = \frac{K_\phi + K_x h_2^2}{J_y} \tag{2.3.38}$$

式中　$\omega_{n\phi1}$——基组 x-Φ 向耦合振动第一振型的固有圆频率（rad/s）；

$\omega_{n\phi2}$——基组 x-Φ 向耦合振动第二振型的固有圆频率（rad/s）；

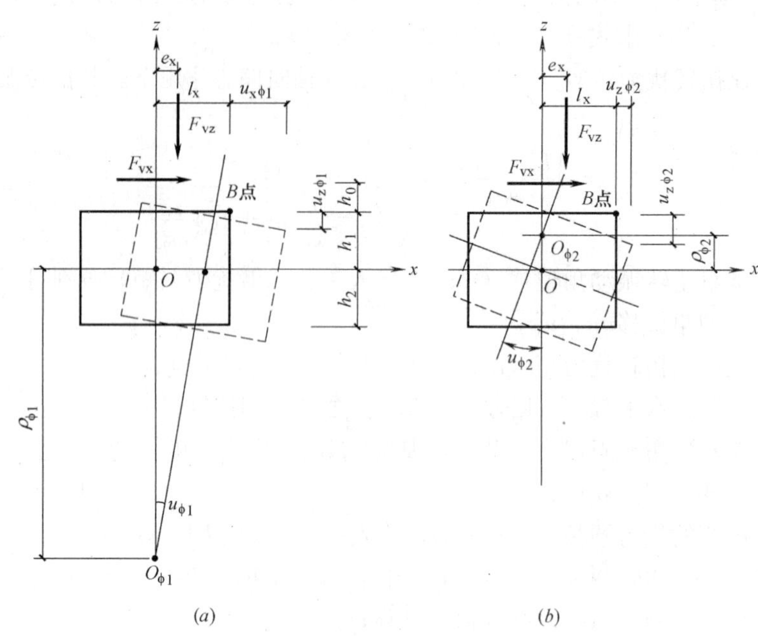

图 2.3.8　基组沿 x 轴水平、绕 y 轴回转的耦合振动的振型

（a）第一振型；（b）第二振型

ω_{nx}——基组沿 x 轴向水平振动的固有圆频率（rad/s）；

$\omega_{n\phi}$——基组绕 y 轴回转振动的固有圆频率（rad/s）；

K_x——基础的地基抗剪刚度（KN/m），若为桩基时需用K_{px}代入，由《动规》第 3.3 节确定或由现场测试获得；

m_x——基组 x-Φ 向耦合振动的总质量（t），若为桩基时需用m_{sx}代入，或由现场测试获得，详见本章节三 2 中式（2.3.10）～式（2.3.16）；

K_ϕ——基础绕 y 轴的地基抗弯刚度（kN・m），若为桩基时需用$K_{p\phi}$代入，由《动规》第 3.3 节确定或由现场测试获得；

h_2——基组重心至基础底面的距离（m）；

J_y——基组对基组坐标系 y 轴的转动惯量（t・m²），若为桩基时需用J'_y代入，详见本章节三 3 中式（2.3.17）～式（2.3.25）。

（2）基组 x-Φ 向耦合振动第一、第二振型的回转角位移计算：

$$u_{\phi1}=\frac{M_{\phi1}}{(J_y+m_x\rho_{\phi1}^2)\omega_{n\phi1}^2}\cdot\frac{1}{\sqrt{\left(1-\frac{\omega^2}{\omega_{n\phi1}^2}\right)^2+4\zeta_{x\phi1}^2\frac{\omega^2}{\omega_{n\phi1}^2}}}\qquad(2.3.39)$$

$$u_{\phi2}=\frac{M_{\phi2}}{(J_y+m_x\rho_{\phi2}^2)\omega_{n\phi2}^2}\cdot\frac{1}{\sqrt{\left(1-\frac{\omega^2}{\omega_{n\phi2}^2}\right)^2+4\zeta_{x\phi2}^2\frac{\omega^2}{\omega_{n\phi2}^2}}}\qquad(2.3.40)$$

$$M_{\phi1}=F_{vx}(h_1+h_0+\rho_{\phi1})+F_{vz}e_x\qquad(2.3.41)$$

$$M_{\phi2}=F_{vx}(h_1+h_0-\rho_{\phi2})+F_{vz}e_x\qquad(2.3.42)$$

$$\rho_{\phi1}=\frac{\omega_{nx}^2 h_2}{\omega_{nx}^2-\omega_{n\phi1}^2} \tag{2.3.43}$$

$$\rho_{\phi2}=\frac{\omega_{nx}^2 h_2}{\omega_{n\phi2}^2-\omega_{nx}^2} \tag{2.3.44}$$

式中 $u_{\phi1}$——基组 x-Φ 向耦合振动第一振型绕转动中心$O_{\phi1}$的回转角位移（rad）；

$u_{\phi2}$——基组 x-Φ 向耦合振动第二振型绕转动中心$O_{\phi2}$的回转角位移（rad）；

$M_{\phi1}$——绕通过 x-Φ 向耦合振动第一振型绕转动中心$O_{\phi1}$、并垂直于回转面 zox 轴的总扰力矩（kN·m）；

$M_{\phi2}$——绕通过 x-Φ 向耦合振动第二振型绕转动中心$O_{\phi2}$、并垂直于回转面 zox 轴的总扰力矩（kN·m）；

F_{vx}——机器的水平扰力（kN），按一谐、二谐分别计算；

F_{vz}——机器的竖向扰力（kN），按一谐、二谐分别计算；

h_1——基组重心至基础顶面的距离（m）；

h_0——水平扰力作用线至基础顶面的距离（m）；

$\rho_{\phi1}$——基组 x-Φ 向耦合振动第一振型转动中心$O_{\phi1}$至基组重心的距离，（m）；

$\rho_{\phi2}$——基组 x-Φ 向耦合振动第二振型转动中心$O_{\phi2}$至基组重心的距离，（m）；

$\zeta_{x\phi1}$——基组 x-Φ 向耦合振动第一振型地基阻尼比，若为桩基时需用$\zeta_{px\phi1}$代入，由《动规》第 3.3 节确定或由现场测试获得；

$\zeta_{x\phi2}$——基组 x-Φ 向耦合振动第二振型地基阻尼比，若为桩基时需用$\zeta_{px\phi2}$代入，由《动规》第 3.3 节确定或由现场测试获得。

注：在式（2.3.39）、式（2.3.40）中，当 $\omega<0.75\,\omega_{n\phi1}$ 或 $1.25\omega_{n\phi1}<\omega<0.9\,\omega_{n\phi2}$ 及 $\omega>1.1\,\omega_{n\phi2}$ 时，取$\zeta_{x\phi1}=\zeta_{x\phi2}=0$。

（3）基础顶面控制点的竖向和水平向振动线位移计算：

$$u_{z\phi}=(u_{\phi1}+u_{\phi2})l_x \tag{2.3.45}$$

$$u_{x\phi}=u_{\phi1}(\rho_{\phi1}+h_1)+u_{\phi2}(h_1-\rho_{\phi2}) \tag{2.3.46}$$

式中 $u_{z\phi}$——基础顶面控制点由于 x-Φ 向耦合振动产生的 z 轴竖向振动线位移（m）；

$u_{x\phi}$——基础顶面控制点由于 x-Φ 向耦合振动产生的 x 轴水平振动线位移（m）；

l_x——基础顶面控制点至回转轴（y 轴）在 x 轴向的水平距离（m）。

7. 沿 y 轴向水平、绕 x 轴回转的耦合振动

基组在回转力矩M_θ和竖向扰力F_{vz}沿 y 轴偏心（偏心距e_y）作用下（图 2.3.9），产生沿 y 轴向水平、绕 x 轴回转的耦合振动，简称 y-θ 向耦合振动。

y-θ 向耦合振动为双自由度的振动，有两个振型，第一振型为绕转动中心$O_{\theta1}$的回转振动，第二振型为绕转动中心$O_{\theta2}$的回转振动。

通过建立二元联立运动微分方程并采用振型分解法，可求得下列结果。

（1）基组 y-θ 向耦合振动第一、二振型的固有频率计算：

$$\omega_{n\theta1}^2=\frac{1}{2}\left[(\omega_{ny}^2+\omega_{n\theta}^2)-\sqrt{(\omega_{ny}^2-\omega_{n\theta}^2)^2+\frac{4m_y h_2^2}{l_x}\omega_n^4 y}\right] \tag{2.3.47}$$

$$\omega_{n\theta2}^2=\frac{1}{2}\left[(\omega_{ny}^2+\omega_{n\theta}^2)+\sqrt{(\omega_{ny}^2-\omega_{n\theta}^2)^2+\frac{4m_y h_2^2}{l_x}\omega_n^4 y}\right] \tag{2.3.48}$$

$$\omega_{ny}=\omega_{nx} \tag{2.3.49}$$

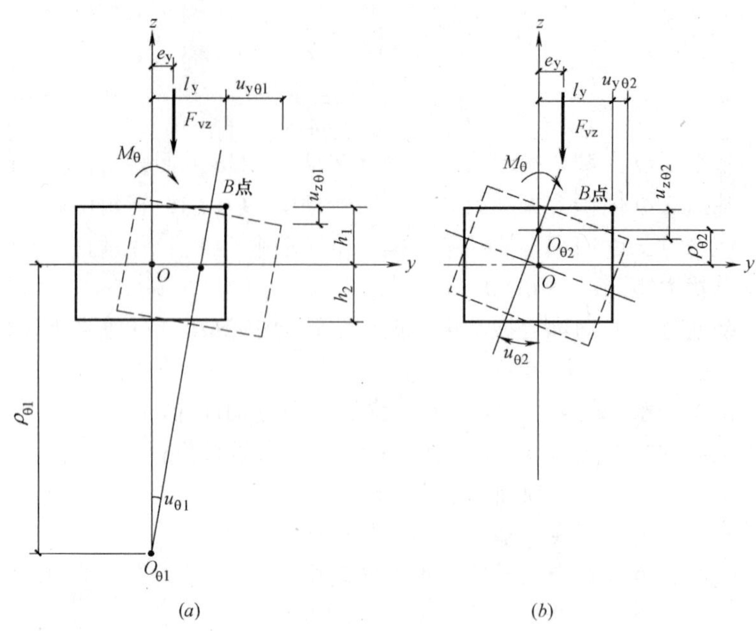

图 2.3.9　基组沿 y 轴水平、绕 x 轴回转的耦合振动的振型

（a）第一振型；（b）第二振型

$$\omega_{n\theta}^2=\frac{K_\theta+K_y h_2^2}{J_x} \tag{2.3.50}$$

式中　$\omega_{n\theta1}$——基组 y-θ 向耦合振动第一振型的固有圆频率（rad/s）；

$\omega_{n\theta2}$——基组 y-θ 向耦合振动第二振型的固有圆频率（rad/s）；

ω_{ny}——基组沿 y 轴向水平振动的固有圆频率（rad/s）；

ω_{nx}——基组沿 x 轴向水平振动的固有圆频率（rad/s）见式（2.3.37）；

$\omega_{n\theta}$——基组绕 x 轴回转振动的固有圆频率（rad/s）；

K_θ——基础绕 x 轴的地基抗弯刚度（kN·m），若为桩基时需用$K_{p\theta}$代入，由《动规》第 3.3 节确定或由现场测试获得；

K_y——基础的地基抗剪刚度（kN/m），若为桩基时需用K_{py}代入，由《动规》第 3.3 节确定或由现场测试获得；

J_x——基组对基组坐标系 x 轴的转动惯量（t·m²），若为桩基时需用J'_x代入，详见本章节三 3 中式（2.3.17）～式（2.3.25）；

m_y——基组 y-θ 向耦合振动的总质量（t），若为桩基时需用m_{sy}代入，或由现场测试获得，详见本章节三 2 中式（2.3.10）～式（2.3.16）。

（2）基组 y-θ 向耦合振动第一、第二振型的回转角位移计算：

$$u_{\theta1}=\frac{M_{\theta1}}{(J_x+m_y\rho_{\theta1}^2)\omega_{n\theta1}^2}\cdot\frac{1}{\sqrt{\left(1-\frac{\omega^2}{\omega_{n\theta1}^2}\right)^2+4\zeta_{y\theta1}^2\frac{\omega^2}{\omega_{n\theta1}^2}}} \tag{2.3.51}$$

$$u_{\theta2}=\frac{M_{\theta2}}{(J_x+m_y\rho_{\theta2}^2)\omega_{n\theta2}^2}\cdot\frac{1}{\sqrt{\left(1-\frac{\omega^2}{\omega_{n\theta2}^2}\right)^2+4\zeta_{y\theta2}^2\frac{\omega^2}{\omega_{n\theta2}^2}}} \tag{2.3.52}$$

$$M_{\theta1}=M_{\theta}+F_{vz}e_{y} \tag{2.3.53}$$

$$M_{\theta2}=M_{\theta}+F_{vz}e_{y} \tag{2.3.54}$$

$$\rho_{\theta1}=\frac{\omega_{ny}^{2}h_{2}}{\omega_{ny}^{2}-\omega_{n\theta1}^{2}} \tag{2.3.55}$$

$$\rho_{\theta2}=\frac{\omega_{ny}^{2}h_{2}}{\omega_{n\theta2}^{2}-\omega_{ny}^{2}} \tag{2.3.56}$$

$$\zeta_{y\theta1}=\zeta_{x\phi1} \tag{2.3.57}$$

$$\zeta_{y\theta2}=\zeta_{x\phi2} \tag{2.3.58}$$

式中　$u_{\theta1}$——基组 y-θ 向耦合振动第一振型绕转动中心$O_{\theta1}$的回转角位移（rad）；

$u_{\theta2}$——基组 y-θ 向耦合振动第二振型绕转动中心$O_{\theta2}$的回转角位移（rad）；

$M_{\theta1}$——绕通过 y-θ 向耦合振动第一振型绕转动中心$O_{\theta1}$、并垂直于回转面 zoy 轴的总扰力矩（kN·m）；

$M_{\theta2}$——绕通过 y-θ 向耦合振动第二振型绕转动中心$O_{\theta2}$、并垂直于回转面 zoy 轴的总扰力矩（kN·m）；

M_{θ}——机器的回转扰力矩（kN·m），按一谐、二谐分别计算；

F_{vz}——机器的竖向扰力（kN），按一谐、二谐分别计算；

$\rho_{\theta1}$——基组 y-θ 向耦合振动第一振型转动中心$O_{\theta1}$至基组重心的距离（m）；

$\rho_{\theta2}$——基组 y-θ 向耦合振动第二振型转动中心$O_{\theta2}$至基组重心的距离（m）；

$\zeta_{y\theta1}$——基组 y-θ 向耦合振动第一振型地基阻尼比，若为桩基时需用$\zeta_{py\theta1}$代入，由《动规》第 3.3 节确定或由现场测试获得；

$\zeta_{y\theta2}$——基组 y-θ 向耦合振动第二振型地基阻尼比，若为桩基时需用$\zeta_{py\theta2}$代入，由《动规》第 3.3 节确定或由现场测试获得。

注：在式（2.3.51）、式（2.3.52）中，当 $\omega<0.75\,\omega_{n\theta1}$ 或 $1.25\omega_{n\theta1}<\omega<0.9\,\omega_{n\theta2}$ 及 $\omega>1.1\,\omega_{n\theta2}$ 时，$\zeta_{y\theta1}=\zeta_{y\theta2}=0$。

（3）基础顶面控制点的竖向和水平向振动线位移计算：

$$u_{z\theta}=(u_{\theta1}+u_{\theta2})l_{y} \tag{2.3.59}$$

$$u_{y\theta}=u_{\theta1}(\rho_{\theta1}+h_{1})+u_{\theta2}(h_{1}-\rho_{\theta2}) \tag{2.3.60}$$

式中　$u_{z\theta}$——基础顶面控制点由于 y-θ 向耦合振动产生的 z 轴竖向振动线位移（m）；

$u_{y\theta}$——基础顶面控制点由于 y-θ 向耦合振动产生的 y 轴水平振动线位移（m）。

l_{y}——基础顶面控制点至回转轴（x 轴）在 y 轴向的水平距离（m）。

值得提出的是：基组存在两个方向的耦合振动。机器的水平扰力F_{vx}向转心$O_{\phi1}$、$O_{\phi2}$平移和机器竖向扰力F_{vz}沿 x 向的偏心组成的总扰力矩$M_{\phi1}$、$M_{\phi2}$，激发了基组沿 x 向水平、绕 y 轴回转耦合振动；机器的回转力矩M_{θ}和竖向扰力F_{vz}沿 y 向的偏心组成的总扰力矩$M_{\theta1}$、$M_{\theta2}$，激发了基组沿 y 向水平、绕 x 轴回转耦合振动。两个方向的耦合振动计算公式在形式上完全相同，但是所有参数，包括地基参数、基组转动惯量、基组固有圆频率、转动中心至基组重心的距离等均要根据基组两个方向尺寸分别计算。

在基组动力计算时，正确确定地基方案，选择地基参数，确定基础尺寸和埋深是十分重要的，有时可能要用计算机反复计算，使基组振动固有圆频率尽量远离扰频，使计算位移振幅尽量减小。

8. 振动线位移、振动速度及振动均方根值的叠加在经过以上步骤将各类扰力、扰力矩分一谐、二谐计算，所得基础顶面角点的振动线位移及速度，均应按下式进行叠加，获得该点三个方向的总振动线位移、总振动速度和总振动均方根值：

$$u_z=\gamma_1\sqrt{(u'_{zz}+u'_{z\phi}+u'_{z\theta})^2+(u''_{zz}+u''_{z\phi}+u''_{z\theta})^2} \tag{2.3.61}$$

$$u_x=\gamma_2\sqrt{(u'_{x\psi}+u'_{x\phi})^2+(u''_{x\psi}+u''_{x\phi})^2} \tag{2.3.62}$$

$$u_y=\gamma_2\sqrt{(u'_{y\psi}+u'_{y\theta})^2+(u''_{y\psi}+u''_{y\theta})^2} \tag{2.3.63}$$

$$v_z=\gamma_1\sqrt{\omega'^2(u'_{zz}+u'_{z\phi}+u'_{z\theta})^2+\omega''^2(u''_{zz}+u''_{z\phi}+u''_{z\theta})^2} \tag{2.3.64}$$

$$v_x=\gamma_2\sqrt{\omega'^2(u'_{x\psi}+u'_{x\phi})^2+\omega''^2(u''_{x\psi}+u''_{x\phi})^2} \tag{2.3.65}$$

$$v_y=\gamma_2\sqrt{\omega'^2(u'_{y\psi}+u'_{y\theta})^2+\omega''^2(u''_{y\psi}+u''_{y\theta})^2} \tag{2.3.66}$$

$$v_{z,\mathrm{rms}}=\gamma_3\sqrt{\omega'^2(u'_{zz}+u'_{z\phi}+u'_{z\theta})^2+\omega''^2(u''_{zz}+u''_{z\phi}+u''_{z\theta})^2} \tag{2.3.67}$$

$$v_{x,\mathrm{rms}}=\gamma_4\sqrt{\omega'^2(u'_{x\psi}+u'_{x\phi})^2+\omega''^2(u''_{x\psi}+u''_{x\phi})^2} \tag{2.3.68}$$

$$v_{y,\mathrm{rms}}=\gamma_4\sqrt{\omega'^2(u'_{y\psi}+u'_{y\theta})^2+\omega''^2(u''_{y\psi}+u''_{y\theta})^2} \tag{2.3.69}$$

式中　u_x、u_y、u_z——基础顶面控制点沿 x、y、z 轴方向的总振动线位移（m）；

v_x、v_y、v_z——基础顶面控制点沿 x、y、z 轴方向的总振动速度（m/s）；

$v_{x,\mathrm{rms}}$、$v_{y,\mathrm{rms}}$、$v_{z,\mathrm{rms}}$——基础顶面控制点沿 x、y、z 轴方向的总振动速度均方根值（m/s）；

u'、u''——一谐、二谐扰力和扰力矩作用下产生的振动线位移值（m）；

ω'、ω''——一谐、二谐扰力（矩）的振动圆频率（rad/s）；

γ_1、γ_2——计算系数，当基础置于天然地基上且按《动规》第 3.3.2～3.3.10 条确定地基动力参数时，取 0.7、0.85；当采用桩基或由现场测试获得地基动力参数时，取 1.0、1.0；

γ_3、γ_4——计算系数，当基础置于天然地基上且按《动规》第 3.3.2～3.3.10 条确定地基动力参数时，取 0.5、0.6；当采用桩基或由现场测试获得地基动力参数时，取 0.7、0.7。

此处，当基础置于天然地基上，采用《动规》第 3.3.2～3.3.10 条确定地基动力参数时，没有考虑实际存在的地基土的参振质量，因而所得地基刚度系数偏小，故振动线位移、振动速度和振动均方根值均要乘以小于 1.0 的修正系数γ_1～γ_4。

四、基础的合理设计途径

由于基组由机器－基础－地基三部分组成，因此基础合理设计途径应针对不同的地基、不同的机器和基础自身构造进行探讨。

1. 不同地基的对策

对于压缩机基础的设计，首先应保证为机器提供一个平稳的基础，防止过大的沉降与偏沉。因此，应优先争取将压缩机基础设置在均匀的低、中压缩性土层上，不然应按照本章第二节“地基处理对策”的方法进行地基处理，以获得均匀、低压缩性地基。

经过加固后的地基的刚度系数也随之提高，在基组动力计算中，由于静位移项中分母 K_z、K_ψ等的增加可使计算振动线位移减小，所以采用地基承载力较高的地基还有利于振动线位移、速度的减小。

2. 不同机器形式的对策

活塞式压缩机根据其功率的大小、工艺要求的不同制造成多种形式。当机器功率较小时（一般小于80kW），多为V型、W型、立式、又有单列、双列之分；当机器属于中等功率时（约为50～600kW），多采用单L型、双L型、多列立式和二列对称平衡型；机器功率较大时（一般为1000kW以上，个别高达4000kW），则要采用四列、六列对称平衡型。

（1）V型、W型压缩机：该类压缩机一般功率较小（小于80kW）、转速很高（近1000r/min及以上）、扰力（矩）很小，《动力机器基础设计规范》GB 50040已规定不做动力计算，采用质量控制和基底压力控制的方法。

（2）立式压缩机：该类压缩机由单列、双列和三列；其功率大多仅有几十千瓦，个别也有高达1000kW；转速偏高（约为400～700r/min）；一般仅有竖向扰力，多列立式还有数值很小的回转力矩。该类机器由于气缸竖向布置，故其底盘较小，基础尺寸也小，虽竖向扰力不大，但当不扩大基础底面积时，有时振动不能满足设计要求，尤其当转速较高时，二阶扰频易落入共振区。

因此，立式压缩机无论其功率大小，均需以动力计算确定其基础底板尺寸，一般粗略地手算竖向振动分量即可作出判断。

（3）L型压缩机：该类压缩机是应用最为广泛的中、小型压缩机，其功率范围很宽（50～500kW），转速范围也很宽（300～980r/min），以水平扰力和竖向扰力为主，扰力矩相对较小。当功率小于80kW时，因其扰力小，《动规》已作出不做动力计算的规定；当功率大于、等于80kW时，应以动力计算确定基础底板尺寸。由于该类机器扰力（矩）类型较多，还有扰力对基组偏心产生的扰力矩，因而动力计算较为复杂。

（4）对称平衡型机器：这是目前广泛采用的中型、大型活塞式压缩机，依主轴两侧水平对称布置的气缸列数分为二列、四列、六列对称平衡型。该类机器功率范围极宽（100～4000kW），转速一般仅为300～428r/min（二列对称平衡型的转速较高，可至730r/min）。

对称平衡型机器是一种振动特性很好的机器，因其气缸水平对称布置，因而各列气缸产生的水平扰力大多相互抵消，仅存水平扭矩；加之机器转速较低，不易与基础发生共振，因此《动规》规定功率小于500kW的对称平衡型压缩机可不做动力计算。实际上，功率更大的该类压缩机，虽其扭矩相应加大，但基础尺寸及地基抗扭刚度的增大足以使振动限制于容许范围。

3. 不同转速机器的对策

活塞式压缩机基础设计时，设计者最为关注机器一阶、二阶扰频是否会与基组、厂房发生共振。

20世纪50年代国内曾采用从苏联进口的1Г266及国产红旗牌卧式压缩机，该类压缩机转速仅为每分钟一百多转，曾发生与厂房上柱共振的事故，后采用加大上柱截面、改变厂房柱自频的办法，减小了厂房的振动。现在这类低速压缩机已不复存在，基础与厂房共振的危险也大为减小。

20世纪70年代出现的三列对置式压缩机二阶扰力与墙式基础共振的事实说明，对中等频率的扰力（约为600～1500r/min）应特别关注与基组共振的问题。为此，设计者首先应对基组的自振频率数值范围有个大概的了解。

对于设置在厂房底层操作的块式压缩机基础，当其埋深为1.2～1.8m，基顶标高为0.300m，底板面积取2.0m×2.0m～5.0m×5.0m，地基抗压刚度系数取20×10^3～53×

10^3kN/m^{3}时，基组竖向振动自频计算值约为 700～1500r/min，水平、回转耦合振动第一振型自频计算值约为 600～1300r/min。

对于设置在二层操作的墙式压缩机基础，当其埋深为 1.5～2.5m，基顶标高为 4.000～5.000m，底板面积取 5.0m×5.0m～7.0m×7.0m、地基抗压刚度系数取 20×10^3～53×10^3kN/m^{3}时，基组竖向振动自频计算值约为 400～1000r/min，水平、回转耦合振动第一振型自频计算值约为 300～800r/min。

另外，多年来国内研究设计单位曾开展对工程实体基础的试验实测，下面列举两个基组自频的实测结果：

（1）某化肥厂 3M16 基础进行减振处理工作，测得墙式基础水平、回转耦合振动第一振型共振频率约为 15～18Hz（即 900～1080r/min）。该基础底板尺寸为 7.6m×6.2m，埋深 1.8m，基顶标高 4.500～5.000，地基为均匀黏土，其承载力标准值为 400kPa。

（2）某石化公司开展的联合基础试验工作中，测得块体基础竖向自频为 32Hz（即 1920r/min）；水平、回转耦合振动第一振型自频为 22.6Hz（即 1356r/min）。该基础底板尺寸为 3.0m×3.5m，基础总高 1.5m，非回填土，地基为均匀粉质黏土，其承载力标准值为 150kPa。

可以看出，基础的实测自频高于计算自频，因此我们可粗略估计块式及墙式压缩机基础的自频范围约为 500～1500r/min。

设计基础时，正确调整基础自振频率，使其远离扰力频率（注意此处不能指“转速”）是十分重要的。

（1）当机器扰频很低，低于 500r/min 时，基础均在共振前工作，此时无需强调调频问题。当然加固地基，提高地基抗压刚度系数对减小振幅总是有利的。

（2）当机器扰频在 500～1000r/min 时，应尽量提高基础的自振频率，除了采用桩基等提高地基刚度系数的措施外，还可以采用加大基础底板、减小基础质量等诸多措施，如减小基础埋深、空箱基础、多阶台阶基础、楔形基础等，详见图 2.3.10。化工行业还曾多次采用联合基础以提高基础自频并减小振动。

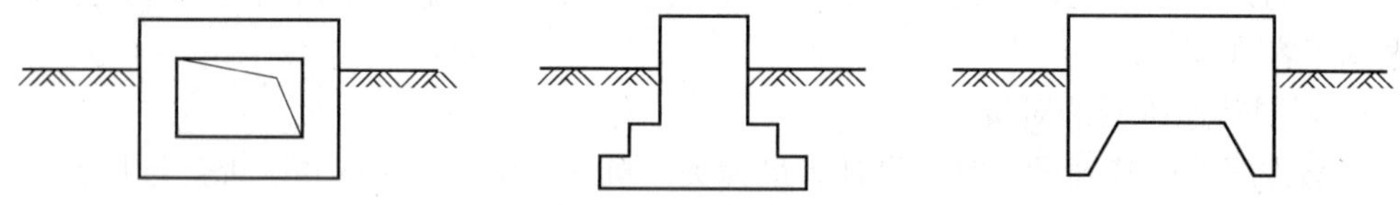

图 2.3.10 基础提高自频的形式

（3）当机器扰频高于 1000r/min 时，要根据动力计算结果分析基础自频的调整方向，当基组自频低于扰频时，应下调自频以远离共振。

值得提出的是，由于地基参数取值的粗糙性以及振动计算理论与实际的差异，调整基础自频的工作可将地基刚度系数取值在某一范围内反复试算。

五、联合基础

1. 联合基础的应用条件

（1）当机器的扰频较低，满足式（2.3.70）、式（2.3.71）的条件；

(2) 当机器扰力、扰力矩数值较大或容许振动位移要求较严，基底面积受到限制，不易满足振动要求；

(3) 为了使技术、经济更为合理。

当满足上述三个条件时，可将两台或三台同类型的活塞式压缩机基础设置于同一底板上构成联合基础。

一般联合基础只取 2～3 台联合，机器过多、底板过长都会带来不利影响。

2. 联合基础的类型（见图 2.3.11）

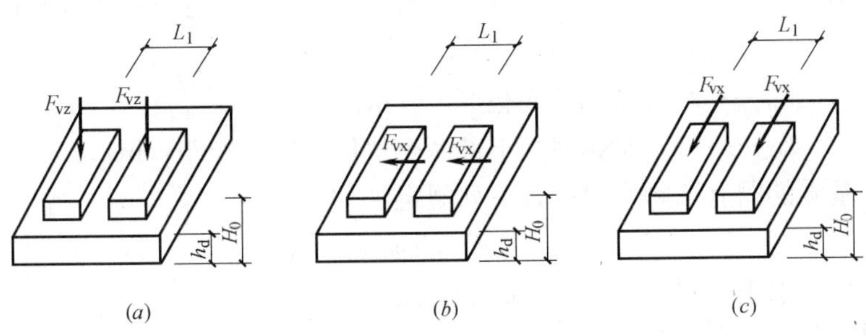

图 2.3.11　联合基础三种形式

(a) 竖向型；(b) 水平串联型；(c) 水平并联型

(1) 竖向型：以竖向扰力为主的压缩机基础（如立式压缩机基础）的联合；

(2) 水平串联型：以水平扰力为主的压缩机基础（如卧式压缩机基础）联合时，各列机器主轴平行排列，水平扰力串联作用在联合基础上；

(3) 水平并联型：以水平扰力为主的压缩机基础（如卧式压缩机基础）联合时，各列机器主轴排列在一条直线上，水平扰力并联作用在联合基础上。

当 L 型或角度式压缩机基础联合时，应根据竖向扰力和水平扰力的作用方向，按两种联合形式考虑。

工程上常用的联合形式为竖向型和水平并联型。对于卧式压缩机基础，在有条件时（与工艺配管专业配合），应优先采用水平串联型，即沿活塞运动方向的联合，可大大提高基础底面的抗弯惯性矩，从而较大提高地基抗弯刚度，以提高联合基础的固有圆频率并降低振动线位移。

3. 联合基础作为刚性基础进行动力计算的条件

(1) 联合基础的底板厚度应满足刚度界限，由图 2.3.12 曲线查得，也

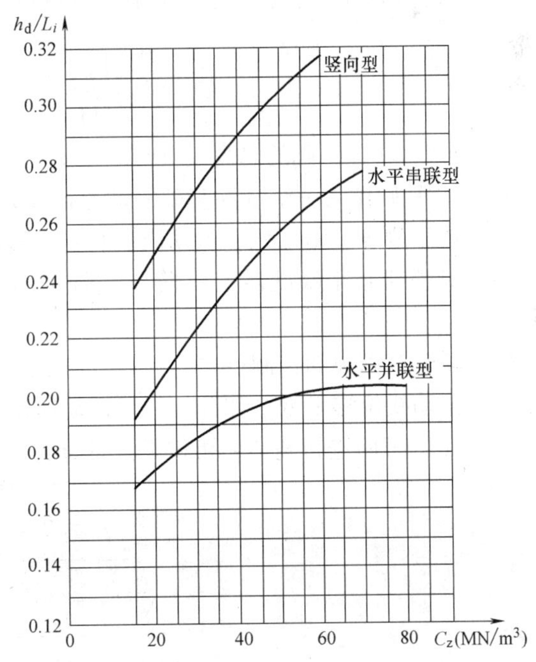

图 2.3.12　联合底板的刚度界限

可由表 2.3.2 确定。

联合基础的底板在不同地基刚度系数时各种联合形式的刚度界限 h_d/L_1 值　表 2.3.2

联合基础的联合形式	地基抗压刚度系数 C_z(kN/m³)							
	18000	20000	30000	40000	50000	60000	70000	80000
竖向型	0.236	0.242	0.268	0.288	0.303	0.311	0.323	0.330
水平串联型	0.198	0.201	0.222	0.238	0.251	0.262	0.270	0.278
水平并联型	0.175	0.177	0.186	0.192	0.196	0.198	0.199	0.200

图中、表中：C_z——天然地基抗压刚度系数（kN/m³），若为桩基时取桩基抗压刚度除以基底面积；

h_d——联合基础的底板厚度（m）；

L_1——联合基础底板上部两个块体之间的净距（m）。

（2）联合基础的固有圆频率应符合下列规定：

竖向型　$\omega \leqslant 1.3\omega_{nz}^0$　（2.3.70）

水平串联型、水平并联型：　$\omega \leqslant 1.3\omega_{n\phi1}^0$　（2.3.71）

式中　ω——机器扰力圆频率（rad/s）；

ω_{nz}^0——联合基础划分为单台基础的竖向固有圆频率（rad/s），按式（2.3.26）计算；

$\omega_{n\phi1}^0$——联合基础划分为单台基础的水平回转耦合振动第一振型的固有圆频率（rad/s），按式（2.3.35）计算。

当扰频 ω 小于 1.3 倍的 ω_{nz}^0（或 $\omega_{n\phi1}^0$）时，基础联合后的固有频率提高，便远离共振区，将达到减小振动幅值的目的；反之，若扰频大于 1.3 倍的 ω_{nz}^0（或 $\omega_{n\phi1}^0$），基础联合后固有频率提高，有可能靠近或落入共振区而达不到减小振动的目的。

（3）联合基础的底板厚度不应小于 600mm，且底板厚度与总高度之比应符合下式要求：

$$\frac{h_d}{H_0} \geqslant 0.15 \tag{2.3.72}$$

式中　H_0——联合基础的总高度（m）。

4. 联合基础作为一个刚性基础的动力计算方法

（1）地基刚度、阻尼比、振动质量和基础转动惯量均按联合后的基础计算。

（2）对基础上各台机器的一阶、二阶扰力、扰力矩作用下，分别计算各向振动线位移。

（3）联合基础顶面控制点的 x、y、z 向总振动线位移 u 应取各台机器扰力和扰力矩作用下的振动线位移平方之和开方。总振动速度 v 和总振动速度均方根值 v_{rms} 也按此法分别对 x、y、z 三向进行叠加，可按下式计算：

$$u = \gamma_1 \sqrt{\sum_{i=1}^{n} u_i'^2 + \sum_{j=1}^{m} u_j''^2} \tag{2.3.73}$$

$$v = \gamma_1 \sqrt{\omega'^2 \sum_{i=1}^{n} u_i'^2 + \omega''^2 \sum_{j=1}^{m} u_j''^2} \tag{2.3.74}$$

$$v_{rms} = \gamma_2 \sqrt{\omega'^2 \sum_{i=1}^{n} u_i'^2 + \omega''^2 \sum_{j=1}^{m} u_j''^2} \tag{2.3.75}$$

式中　u_i'——各台机器在一阶扰力或扰力矩作用下，在基础顶面控制点产生的某一方向的振动线位移（m）；

u''_j——各台机器在二阶扰力或扰力矩作用下，在基础顶面控制点产生的某一方向的振动线位移(m)；

γ_1——计算系数，当基础置于天然地基上且按《动规》第 3.3.2～3.3.10 条确定地基动力参数时，z 向取 0.7，x、y 向取 0.85；当采用桩基或由现场测试获得地基动力参数时，取 1.0；

γ_2——计算系数，当基础置于天然地基上且按《动规》第 3.3.2～3.3.10 条确定地基动力参数时，z 向取 0.5，x、y 向取 0.6；当采用桩基或由现场测试获得地基动力参数时，取 0.7。

γ_1、γ_2参数均为天然地基动力参数按《动规》第 3.3.2～3.3.10 条确定时，未考虑实际存在的地基土的参振质量，致使地基刚度系数偏小，计算位移值偏大所采取的修正系数。

（4）设置在联合基础上的压缩机宜同时施工安装，以免底板因荷载不均匀而产生偏沉。

六、基础的简化计算

1. 可不做动力计算的中、小型压缩机基础

（1）功率小于 80kW 的压缩机基础（立式压缩机基础除外）；

（2）功率小于 500kW 的对称平衡型压缩机基础。

根据工程实践和综合分析，《动规》提出不做动力计算的上述两个条件。一类是功率小于 80kW 的小型压缩机，一般为立式、L 型、V 型、W 型，转速较高，机器和基础较小，扰力一般小于 10kN。工程设计时，采用机器制造厂提供的基础尺寸（不必加大底板）均能满足振动要求。但是立式压缩机底座尺寸偏小，基础尺寸也小，但其转速较高，设计时常需加大基础底板以减小振动，因此《动规》中不做动力计算的范围不包括立式压缩机基础。

对称平衡型机器一般由两列、四列或六列卧式气缸组成，水平扰力相互抵消，一般以一阶扭矩为主且机器转速相对较低（一般 $n\leqslant 500$r/min）。而且对称平衡型机器基础多为墙式且底板尺寸较大，故不会发生共振且振动相对比较平稳。

对于不做动力计算的小型压缩机基础还需进行下列静力验算：

（1）基础质量应大于压缩机质量的 5 倍；

（2）基础底面的平均静压力值应小于修正后的地基承载力特征值的 50%；

（3）基组重心与基础底面形心应位于同一铅垂线上，其相对偏心应不超过 3%。

2. 机器设置在底层的块式基础在水平扰力作用下的简化计算

工程上经常遇到设置于厂房底层的中、小型卧式或 L 型压缩机基础，当进行水平扰力作用下的动力计算时，沿 x 向水平、绕 y 向回转的 x-Φ 耦合振动的第一振型固有圆频率和基础顶面控制点的水平振动线位移的计算都比较

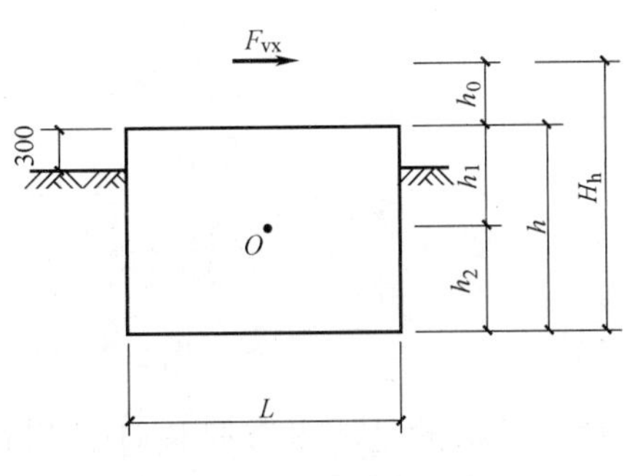

图 2.3.13　基础简图

复杂。为此，给出简化计算公式很有必要。

在简化计算时，作如下基本假定：

（1）把耦合振动分为水平、回转两个独立的单自由度的振动；

（2）振动线位移公式中的动力系数项不考虑阻尼因素；

（3）采用一定的假设，求得耦合振动第一振型固有圆频率的简化公式。

这样即获得块式基础顶面控制点在 x-Φ 耦合振动中的水平线位移$u_{x\phi0}$：

$$u_{x\phi0}=1.2\left(\frac{F_{vx}}{K_x}+\frac{F_{vx}H_h}{K_\phi}h\right)\frac{\omega_{n1s}^2}{\omega_{n1s}^2-\omega^2} \tag{2.3.76}$$

$$h=h_1+h_2 \tag{2.3.77}$$

$$H_h=h_0+h_1+h_2 \tag{2.3.78}$$

式中 $u_{x\phi0}$——在水平扰力作用下，基础顶面的水平向振动线位移（m）；

ω_{n1s}——简化计算的基组的水平回转振动第一振型固有圆频率（rad/s），按表2.3.3查得；

H_h——水平扰力作用线至基础底面的距离（m）。

为获得ω_{n1s}的简化公式，作如下假定（见图2.3.13）：

（1）基础为长方体，设置在厂房底层，露出地面300mm；

（2）机器质量为基础质量的10%～20%（根据十多台中小型机器基础统计而得）；

（3）基础底板两方向边长取1.0～6.0m；

（4）地基刚度系数C_z变化范围取2000～6800kN/m³；

（5）基础埋深分别取1.0m、1.5m、2.0m、2.5m。

在上述假定条件下，采用计算机搜索计算得出$\frac{\omega_{n1s}}{\omega_{nx}}$仅与$\frac{L}{h}$有关，详见图2.3.14，在此曲线基础上经过一定简化，得出表2.3.3。

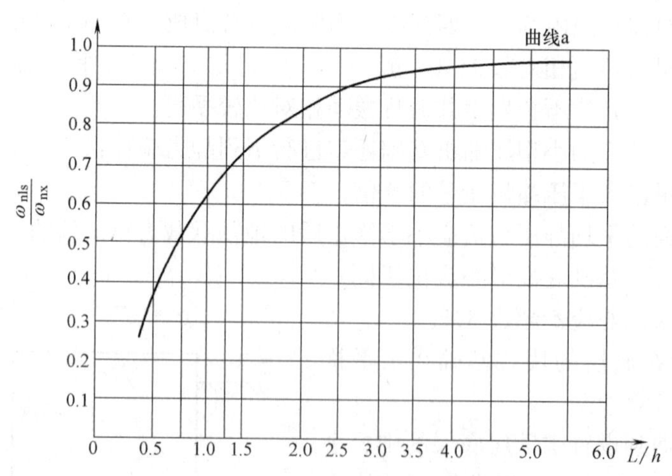

图2.3.14 ω_{n1s}/ω_{nx}与L/h关系曲线

值得提出的是，本节简化计算只适用于操作层设在厂房底层，$L/h\geqslant1.5$（见表2.3.3），即基础应设计成扁平型。另外，式（2.3.76）中未考虑阻尼项，故遇机器扰频较高落入共振区时，动力系数项$\frac{\omega_{n1s}^2}{\omega_{n1s}^2-\omega^2}$将较大，为此设计人员应调整基础尺寸或加固地基以避开共振。

ω_{n1s}值　　　　表 2.3.3

L/h	1.5	2.0	3.0
ω_{n1s}	$0.7\omega_{nx}$	$0.8\omega_{nx}$	$0.9\omega_{nx}$

注：L——基础在水平扰力作用方向的底板边长（m）；

h——基础全高（m）；

ω_{nx}——基组沿 x 向水平振动固有圆频率，按式（2.3.37）计算。

第五节　基础的施工要求

1. 压缩机基础的施工，必须遵循国家现行的施工验收规范。

2. 压缩机基础应在机器到货并与设计图纸核对无误后方可施工。在浇筑混凝土前，应进行下列检查：

（1）轴线、标高和方位是否符合要求；

（2）模板及钢筋的准确度；

（3）地脚螺栓、预留孔、预埋件、金属支架等位置的准确度和固定的可靠性。

在此特别强调地脚螺栓位置和固定的重要性，它决定压缩机安装的顺利进行。

3. 同一基础混凝土应选用同一个工厂生产的同号品种、同号水泥；压缩机基础应避免冬季施工，若必须于冬季施工时，应采取有效措施，混凝土的强度等级应提高一级，并不得掺加氯盐。

4. 模板内表面应刨光，模板缝隙要严密，避免漏浆。基础混凝土的浇筑应连续进行，浇筑层厚度宜为 300～500mm。

5. 若施工要求必须预留施工缝时，只可在基础底板的顶面设置，并应在基础底板上按构造配筋要求预留钢筋，还要按照施工缝要求预留插筋：直径为 8～12mm，长度为 600～700mm，埋入施工缝两面混凝土内各 300～350mm，双向间距 400～600mm。施工缝需认真处理：先将底板顶面混凝土表面凿毛，刷洗干净，在表面充分湿润条件下（不得有积水），先铺一层水泥浆，再浇筑上部混凝土。

6. 地脚螺栓、预埋件、预留孔、预埋管及节点附近的混凝土必须振捣密实，并应经常检查有无位移，以便及时纠正偏差。

7. 施工过程中必须认真填写施工记录，混凝土试块应按下列规定留置：

（1）每工作班不少于两组；

（2）每拌 $50m^3$ 混凝土不少于一组。

8. 压缩机基础应符合下列要求：

（1）基础混凝土不得有裂缝、蜂窝、空洞及露筋等缺陷；

（2）螺栓及预埋件应位置准确并无损坏、腐蚀；

（3）基础周围的土方应及时回填、夯实、整平，其密度不小于基底土密度的 0.85 倍；

（4）基础的容许偏差应符合表 2.3.4 的规定。

基础的容许偏差 **表 2.3.4**

序号	项　目	允许误差(mm)
1	基础坐标轴位置(纵横轴线)	±20
2	基础不同平面的标高(不计表面灌浆层高度)	−20
3	基础平面外形尺寸 基础凸台上平面外形尺寸 基础凹穴尺寸(包括平面内的内部孔、沟、坑等)	±20 −20 +20
4	基础平面的水平度(包括地坪上需要安装设备部分) (1)每米 (2)全长	 5 10
5	基础侧面的铅垂度 (1)每米 (2)全长	 5 10
6	预埋地脚螺栓 (1)标高 (2)中心距(在根部和顶部两处测量)	 ±10 −2
7	地脚螺栓预留孔 (1)中心位置 (2)深度 (3)孔壁铅垂度	 ±10 +20 10
8	预埋活动地脚螺栓锚板 (1)标高 (2)中心位置 (3)水平度(带槽的锚板)、(带螺纹孔的锚板)	 ±20 ±5 5、2

9. 基础混凝土浇捣后，应在保持湿润的良好条件下养护，在冬季施工时，应采取措施，防止混凝土表面骤冷；对于体积较大的混凝土基础要加强养护，以防止混凝土内外温度梯度过大造成混凝土表面裂缝。

国内调查资料表明，十多台体积为 40m^3 左右的块体基础，表面未配钢筋，但施工中加强养护，使用多年并未发现裂缝。

10. 拆模应在混凝土达到 70％的强度后进行，二次浇灌应在设备安装校正合格后进行。

11. 基础二次灌浆层应在压缩机安装就位并初调后，用微膨胀混凝土或砂浆填充密实，且与混凝土基础面结合。

12. 所有外露铁件表面，设备安装后均应进行防腐的表面防护。

13. 联合基础应同时施工、安装，以免基础底板因荷载不均匀而发生偏沉。

第四章　旋转式机器基础

第一节　汽轮发电机基础

一、基础的特点与形式

汽轮发电机是火力发电厂、核电站的关键设备，人们通常称之为电厂的心脏。作为支承汽轮发电机的基础，其动力特性的优劣将直接影响着机组的安全稳定运行，因此其重要性显而易见。由于汽轮发电机组本体系统复杂，同时有着众多的高温、高压管道与汽轮发电机组连接，一些辅助设备亦需紧邻汽轮发电机本体布置等，致使汽轮发电机基础成为一个十分复杂的空间框架结构。通常人们把汽轮发电机基础视作火电厂极其重要的特种结构来对待。

汽轮发电机组是精密度很大的大型旋转式机器，对机器和基础的振动都有很严格的要求，因此对汽轮发电机基础来说，其动力性能的设计是最重要的一个环节。

汽轮机组类型较多，按其蒸汽参数可分为亚临界、超临界和超超临界等多个类型。相对而言，汽轮发电机组的工作转速与基础的动力性能关系更为密切，汽轮发电机的工作转速通常为3000r/min（50Hz），核电厂的汽轮发电机的工作转速通常为1500r/min（25Hz）或3000r/min，都属于中等转速的范畴。

汽轮发电机基础区别于一般机器基础的特点是机器与基础有着十分密切的关系。无论是确定框架式基础的梁柱布置和截面大小，还是进行基础的动力特性分析，机器与基础两者相互影响、相互制约，设计时应当将机器和基础作为一个整体来考虑。

在我国，汽轮发电机基础主要采用现浇钢筋混凝土框架式结构，基础一般由底板、柱、中间平台和运转层顶板几部分组成。近年来，不少燃煤火电机组和核电厂汽轮发电机基础均采用了弹簧隔振基础。

二、设计要求与选型原则

1. 基础的设计要求

（1）基础的设计要求

汽轮发电机基础设计过程中应同时满足三方面的基本要求：基础具有良好的动力特性、具有足够的强度、具有足够的刚度。

1）基础首先必须具有良好的动力特性。不同于普通的大块式机器基础，判别汽轮发电机基础是否具有良好的动力特性是一个较为复杂的问题；国际上存在不同的鉴定标准，我国很多专家对此也进行了长期研究。基于对汽轮发电机基础动力特性的大量研究、设计实践经验的总结以及基础振动实测数据的积累分析，我国国家标准《动力机器基础设计规范》GB 50040 对汽轮发电机基础的振动限值进行了明确规定，将基础的振幅即振动线位移作为衡量基础动力性能的指标。从近 20 年的工程实践来看，该标准的规定可以有效保证汽轮发电机基础的动力性能满足机器设备运行的要求。

2）基础必须具有足够的强度。基础应能承受各种工况的荷载，特别是要考虑事故条件下的转子极限不平衡荷载所产生的动力荷载、发电机短路产生的短路力矩、汽轮机叶片损失引起的不平衡力荷载等极端荷载。在进行汽轮发电机基础的强度设计时，所要考虑的荷载包括恒载（基础自重、机器设备重量、设备膨胀力、管道力、凝汽器或空冷排汽管道的真空吸力）、动力荷载、基础超过一定长度时的温度作用、安装荷载，同时还要考虑特殊荷载（发电机短路产生的短路力矩、汽轮机叶片损失引起的不平衡力荷载、地震作用），并按要求进行荷载组合。

3）基础必须具有足够的刚度。汽轮发电机组的轴系由汽轮机高压转子、中压转子、低压转子、发电机转子等多段转子组成。安装时可以通过调平将轴系的各阶转子调整到满足设备制造厂家要求的扬度范围内；机组运行时将产生如转动力矩、汽缸膨胀力、真空吸力等运行荷载，这些荷载将会导致基础发生一定的变形；当基础变形过大时，将影响到机组整个轴系的平直度，不利于机组的稳定运行，因此基础应具有足够的刚度。定量规定基础的刚度是比较困难的，因为每个汽轮机制造厂家和不同机型都有不同的要求，《动规》对此仅作了原则规定；实际工程中一般都按汽轮机制造厂家的要求进行基础的静变位计算。

（2）基础设计所需资料

汽轮发电机基础设计时，除应具备相应的场地条件参数、材料性能等结构资料外，还应由工艺专业和设备制造厂家提供下列资料：

1）汽轮发电机组的轮廓尺寸以及其对基础外形的基本要求；

2）汽轮发电机组荷载分布图（机组重量及其分布，各阶转子的重量及其作用点应单独提出）；

3）机组轴系的各阶临界转速；

4）机组的运行荷载（运行扭矩、凝汽器荷载、管道推力、汽缸热膨胀力、汽轮机事故状态下的极限不平衡荷载、短路力矩等）；

5）辅助设备及管道的荷载及其作用点（凝汽器、阀门、油箱、管道等）；

6）机组的临时安装荷载；

7）与设备有关的预留坑、沟、洞的尺寸和地脚螺栓、预埋件的尺寸及位置。

（3）汽轮发电机组的荷载

1）机组的荷载

2）辅助设备（油箱、管道、阀门等）的荷载

上述荷载均为机器及设备的自重，均应由设备制造厂和工艺专业提供。在基础动力计算时，上述荷载均应取实际值，不能盲目加大，以避免对基础动力计算产生不利的影响。

3）机器的振动荷载

机器运转时，旋转部分不可避免地存在不平衡，因而在机器转子上产生离心力，进而对机器和基础产生强迫振动。机器的振动荷载大小和作用点位置一般应由机器制造厂家提

供，当缺乏资料时，可依据相关规范的规定采用。

4）其他荷载（凝汽器荷载及真空吸力、汽缸温度膨胀力、基础的温度作用、安装荷载等）

① 凝汽器荷载及真空吸力。纯凝机组或间接空冷机组设有凝汽器与机组低压缸相连，直接空冷机组则无凝汽器，仅有排汽管道与低压缸相连。凝汽器与低压缸的连接方式不同，将产生不同的荷载分布。

当凝汽器与低压缸连接处设置补偿器，采用柔性连接时，凝汽器的重量全部由下部的支墩承受，同时对低压缸产生真空吸力，该力通过低压缸传至基础运转层上部结构。真空吸力应由制造厂家提供，当无资料时，也可按下式计算：

$$P=F(P_a-P_i)$$

式中　P——真空吸力（kN）；

F——凝汽器与低压缸连接处的截面面积（m^2）；

P_a-P_i——内外压力差，无资料时可取 $100kN/m^2$。

当凝汽器与低压缸刚性连接时，凝汽器通过弹簧支承在下部支墩上，此时无真空吸力，凝汽器的自重由下部支墩承受，运行时的水重按一定比例分配给上部结构和下部支墩，该比例应由制造厂家提供。

直接空冷机组无凝汽器，仅有排汽管道与低压缸相连。此时也对上部结构产生真空吸力，真空吸力应由制造厂家提供，当无资料时，也可按上述公式进行估算。

② 汽缸温度膨胀力。由机组热膨胀引起的摩擦力，以汽轮发电机组的不动点为出发点，向各个方向辐射。一般机组有多个膨胀体系，各个体系的死点不同，如图 2.4.1 所示。膨胀力的水平合力相互平衡，对基础整体结构没有影响，但基础上部运转层的纵横梁设计时需要考虑这部分荷载。

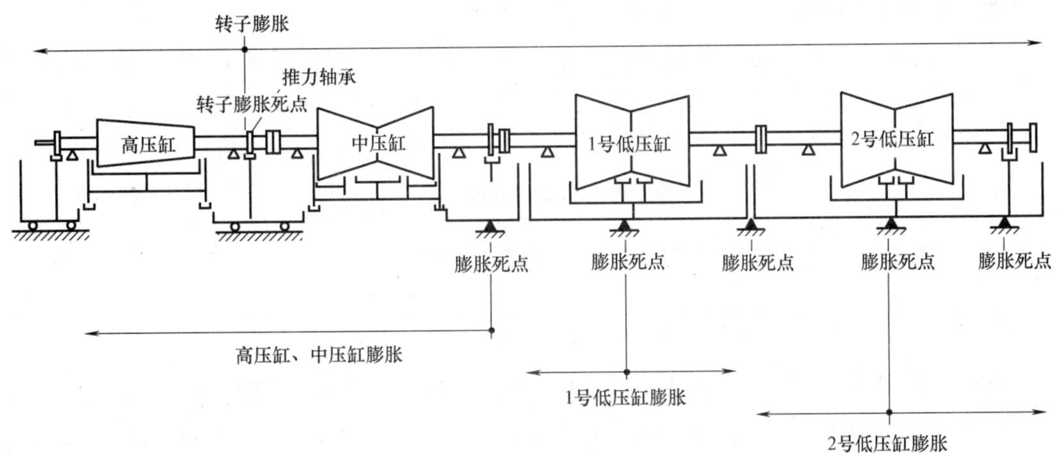

图 2.4.1　某机型的外缸、内缸和转子膨胀示意图

③ 温度变化产生的荷载。汽轮发电机基础运转层梁（不含发电机部分构件）的内外侧存在着温度差。一般机器保温层外侧不超过 50℃，基础混凝土按 20℃考虑，两者存在 30℃的温差。由于温差是长期作用，计算时应取基础混凝土的长期刚度，实际工程中一般对温差进行折减更为方便，所以温差可取 15～20℃。

当基础纵向长度大于 40m 时，宜进行纵向框架的温度作用计算。顶板与柱脚的计算温差可取 20℃。

④ 安装荷载。安装荷载是指制造厂家提供的、在设备安装阶段或者检修阶段作用在基础顶板上的临时荷载，该部分荷载仅供验算连接和单个构件使用，不参与到动力分析和静力组合中。根据机组容量的大小，一般采用 20～30kN/m^2。

⑤ 偶然荷载。该部分荷载包括事故工况下的汽轮机叶片损坏引起的不平衡力和发电机短路引起的短路力矩。这些荷载数值和作用点应由制造厂家提供。当无资料时，发电机的短路力矩 M 可按下式计算：

$$M=KSM_{\mathrm{p}}$$

$$M_{\mathrm{p}}=0.974\frac{Q}{n}$$

$$S=1.3\frac{1}{X''_{\mathrm{a}}\cos\phi}$$

式中 M_{p}——电机额定转矩（kN·m）；

K——荷载突然作用的动力系数，可取 2；

S——电机额定转矩倍数；

Q——电机功率（kW）；

n——电机工作转速（r/min）；

X''_{a}——电机超瞬变电抗（无量纲数）；

$\cos\phi$——电机功率因数，一般可取 0.85。

当缺乏资料时，发电机的短路力矩 M 可按下式估算：

$$M_{\mathrm{p}}=\frac{4KQ}{1000}$$

（4）振动控制标准

我国关于汽轮发电机基础振动控制要求的国家规范主要有《建筑工程容许振动标准》GB 50868 和《动力机器基础设计规范》GB 50040。两者的规定基本相同，在时域范围内，汽轮发电机组基础的容许振动值应按表 2.4.1 的规定确定。

汽轮发电机组基础的容许振动值 **表 2.4.1**

机器额定转速(r/min)	容许振动位移峰值(mm)
3000	0.02
1500	0.04

注：当汽轮发电机组转速小于额定转速 75%时，其容许振动值应取表中规定数值的 1.5 倍。

机械行业国标《机械振动在非旋转部件上测量和评价机器的机械振动 第 2 部分：功率 50MW 以上，额定转速 1500r/min、1800r/min、3000r/min、3600r/min 陆地安装的汽轮机和发电机》GB/T 6075.2—2012 由国际标准 ISO 10816 转化而来，尽管 ISO 标准以轴承底座处测量到的最大振动速度的均方根值作为评价机器振动的评价准则，考虑到其与轴承的许用动荷载和传至支承结构及基础的许用振动的协调一致性，可以采用该标准来评价基础的振动。按 ISO 标准采用四个评价区域对机器振动进行评价：

区域 A：新投产的机器，振动通常宜在此区域内。

区域 B：通常认为振动在此区域内的机器，可不受限制地长期运行。

区域 C：通常认为振动在此区域内的机器，不适宜长期连续运行。一般来说，在有适当机会采取补救措施前，机器在这种状态下可运行有限的一段时间。

区域 D：振动在此区域内一般认为其烈度足以引起机器损坏。

表 2.4.2 为汽轮发电机组轴承座振动速度评价区域边界的推荐值。

汽轮发电机组轴承座振动速度评价区域边界的推荐值　　**表 2.4.2**

区域边界	轴转速(r/min)	
	1500 或 1800	3000 或 3600
	振动速度均方根值(mm/s)	
A/B	2.8	3.8
B/C	5.3	7.5
C/D	8.5	11.8

注：这些数值相应于在额定转速、稳定工况下在推荐的测量位置上用于所有轴承的径向振动测量和推力轴承的轴向振动测量。

欧洲、美国及日本标准多采用振动速度均方根值作为汽轮发电机基础的容许振动限值，各标准规定不尽相同，但在实际工程中都认可 ISO 标准作为基础振动的衡量标准。

汽轮发电机基础的振动波形是基于单个正弦曲线组成，振动位移峰值与振动速度均方根值之间存在简单的变换关系。对于工作转速为 50Hz 的汽轮发电机基础，振动位移与振动速度可采用以下公式进行替换：

$$u=225v/f_{\mathrm{m}} \tag{2.4.1}$$

式中　u——基础的振动位移峰值（μm）；

V——基础的振动速度均方根值（mm/s）；

f_{m}——机器的运行频率（Hz）。

新建机组工作转速为 3000r/min，振动速度均方根限值为 3.8mm/s，转换为振动位移峰值约为 17.1 μm，比《动规》的 20 μm 限值较为严格。

（5）振动荷载取值

振动荷载是指在进行基础的强迫振动计算时所采取的激振力。各规范均要求优先采用设备厂家提供的不平衡力作为扰力，当缺乏资料时，按规范规定进行计算。动扰力的取值包括力的大小、位置、方向，以及分析频率范围等。

我国的振动标准主要有两个，分别是国家标准《动力机器基础设计规范》GB 50040 和机械行业国标《机械振动恒态（刚性）转子平衡品质要求第 1 部分：规范与平衡允差的检验》GB/T 9239.1/ISO 1940-1。

《动规》规定振动荷载（动扰力）的建议值见表 2.4.3。

轮发电机扰力　　**表 2.4.3**

机器工作转速(r/min)		3000 或 3600	1500 或 1800
计算振动线位移时，第 i 点的扰力 F_{gi}(kN)	竖向、横向	$0.20W_{gi}$	$0.16W_{gi}$
	纵向	$0.10W_{gi}$	$0.08W_{gi}$

注：1. 表中数值为机器正常运转时的扰力；

2. W_{gi}为作用在基础 i 点的机器转子重力（kN）；

3. 计算振动线位移时，频率范围宜取工作转速的±25%。

计算振幅时，任意转速时的扰力 F_{oi} 按下式计算：

$$F_{oi}=F_{gi}\left(\frac{n_0}{n}\right)^2 \tag{2.4.2}$$

式中 F_{oi}——任意转速时 i 点的扰力值（kN）；

F_{gi}——工作转速时 i 点的扰力值（kN）；

n_0——任意转速（r/min）；

n——工作转速（r/min）。

机械行业国标 GB/T 9239.1 由 ISO 标准转化而来，采用转子平衡质量等级 G 来评价机器的振动性能。按 ISO 标准对汽轮发电机基础进行强迫振动响应分析时，荷载频率的分析范围宜从机器额定转速的 85%到 115%。扰力分别以水平横向和垂直向作用于基础顶部的轴承座上，也可近似作用在基础顶面上。机器扰力的计算公式为：

$$F_{gi}=W_{gi}\frac{G\Omega^2}{g\omega} \tag{2.4.3}$$

式中 $G=e\omega$——衡量转子平衡质量等级的参数（mm/s），G 由设备厂家提供，并不低于 2.5mm/s 的平衡等级；

e——转动质量的偏心距，等于转动轴与转动质量质心间的距离（mm）；

ω——机器设计的额定运转速度时的角速度（rad/s）；

Ω——计算不平衡力的转速时的角速度（rad/s）；

g——重力加速度。

对于 3000 r/min 的汽轮发电机来说，当平衡品质等级取 G2.5 时，扰力值为 0.08 倍转子重量；当平衡品质等级取 G6.3 时，扰力值为 0.2 倍转子重量，此时与《动规》一致。多年工程实践证明，《动规》的设计方法能有效控制汽轮发电机基础的振动，保证汽轮发电机的安全运行。而目前采用转子平衡品质等级的方法确定扰力值，有以下两点好处：一是平衡品质等级方法以圆频率和偏心距来定义扰力，物理概念明确，有较严格的理论基础；二是目前机械行业国标和 ISO 标准均采用了平衡品质等级方法来控制转子扰力，主要汽轮发电机制造厂家的企业标准也基本采用该方法，汽轮发电机基础动力设计采用平衡品质等级方法能与国际接轨，同时也与制造厂家的技术要求相衔接。

机械行业国标 GB/T 6075.2 规定汽轮发电机转子的平衡等级为 G2.5，这是针对单根转子而言。汽轮发电机组的轴系由数段转子连接而成，再考虑装配误差，轴系的平衡品质等级比单段转子降低一级是必要的。因此，用于汽轮发电机基础动力分析的转子平衡等级需要与汽轮机制造厂家共同确定，一般而言，平衡等级取 G6.3 是安全的。

2. 基础的选型原则

汽轮发电机基础一般采用钢筋混凝土框架式结构，特定条件下如厂区为软土地基、高烈度区等，可以考虑采用弹簧隔振基础。

汽轮发电机基础设计宜与机器设计同步进行，以创造条件选择合理基础的结构方案。基础选型宜遵循以下原则：

（1）汽轮发电机框架式基础顶板应有足够的质量和刚度。顶板的外形和受力应尽量简洁明确，并宜避免偏心荷载。在运行荷载作用下顶板各横梁的静变形宜接近，汽轮发电机基础静变形的要求可根据汽轮机制造厂家标准确定。

（2）在满足强度和稳定性要求的前提下宜适当减小柱的刚度，但长细比不宜大于 14。

对汽轮发电机基础来说，减少柱截面，能在减少基础混凝土用量、增加基础内部使用空间的同时，降低基础的自振频率，这对改善基础的动力性能是有益的。柱截面可按表 2.4.4 选用。

柱截面尺寸参考表　　**表 2.4.4**

机组功率(MW)	柱截面高度(mm)	机组功率(MW)	柱截面高度(mm)
125 及以下	600～1000	300～600	1500～2000
200～300	1000～1500	1000 及以上	2000～2500

(3) 基础中间平台可与基础主体结构一起整体浇筑，或与主体结构脱开布置，也可采用钢梁-钢筋混凝土楼板隔振平台结构形式。中间平台与主体结构整体浇筑方案会导致基础的自振频率增加，为避免中间平台振动较大，往往楼板厚度需要 600～800mm 厚，混凝土用量较大；中间平台与主体结构脱开布置，需要在基础底板上设置混凝土柱支承中间平台，会占用更多的空间，这种布置方案在大型机组中应用较少；中间平台采用隔振平台结构形式，楼面采用钢梁-钢筋混凝土楼板，钢梁与基础柱上的牛腿之间设置橡胶或弹簧隔振，避免振动向中间平台传递。目前工程应用较多的是隔振平台结构方案。

(4) 基础底板应有一定的刚度，并应结合地基的刚度综合分析确定底板的厚度。底板的作用主要包括：

1) 通过限制基础底板厚度与长度比值或底板厚度与相邻柱间的净距离比值以及底板抗弯刚度对柱抗弯刚度的比值，以满足底板对柱的嵌固作用。

2) 底板应有足够的重量，使汽轮发电机基础保持稳定，并使地基受力均匀。一般底板的重量应不小于运转层平台板的重量与汽轮发电机重量的和。

3) 控制底板的整体沉降值及差异变形。厚筏的厚度取决于其抗剪承载力及筏板刚性两个主要因素，半刚性和刚性基础具有均匀扩散荷载的能力，一般按照柔性指数来划分。当厚跨比 $h/l=1/10$ 时，基础反力均为碟形，属柔性板范围；当厚跨比 $h/l=1/6.25$ 时，基础反力呈直线分布，至荷载超过地基承载力特征值后出现挠曲，从反力线形分布的特点分析属于有限刚度的范围；当厚跨比 $h/l=1/5$ 时，在荷载作用下边缘反力逐渐增大，中部反力逐渐减小，显示出筏板具有较大的抗弯能力，属于刚性板的范围。因而，国家地基规范中认为采用厚跨比等于或大于 1/6 时可认为基础反力为线性分布。《动规》要求底板厚度“根据地基条件取基础底板长度的 1/15～1/20”，《火力发电厂土建结构设计技术规程》DL 5022—2012 规定底板厚度取基础相邻柱净距的 1/3.5～1/5，地基条件较好时取小值，地基条件较差时取大值。

(5) 基础的动力特性优化设计。基础选型中还宜通过调整基础的结构布置，包括基础柱断面大小、位置和上部运转层各杆件刚度、质量的合理匹配，进行基础的动力特性优化设计。动力优化设计是基于提高机组运行安全性及降低基础造价的要求，以减少结构自重和降低结构振动响应幅值为目标。基础的动力优化设计应建立汽轮发电机基础优化设计的多目标设计数学模型，同时考虑基础构件尺寸和节点位置两类设计变量，在结构拓扑、形状和尺寸优化混合上实现基础结构形式的优选和构件尺寸的优化；优化算法方法可以采用求灵敏度法和序列线性规划解法，也可以采用基于确定性抽样的替代函数黑箱优化方法，基础的动力特性优化设计宜通过优化设计软件进行，也可采用人工多方案比选的方法。

三、基础的计算

1. 主要计算内容与计算方法

汽机基础的结构设计必须满足三个基本要求：①具有良好的动力特性；②具有足够的强度；③具有足够的刚度。只有满足了这三方面的要求才能保证汽轮发电机组的安全稳定运行。所以在设计汽机基础时需要进行动力特性分析以及强度和刚度的计算，其结果是按规范评价汽机基础的重要依据。

汽机基础动力分析的传统方法有共振法和振幅法。我国现行规范均采用振幅法。该方法规定，在机组正常运行状况下汽机基础振动荷载作用点的计算振幅或振动速度不得超过规范的容许值。

汽机基础强度设计的主要内容包括内力分析、荷载组合、内力组合和承载力验算等。其中内力分析包括振动荷载、地震作用、短路力矩、温度作用以及各种静力荷载的内力计算。通过这些分析和计算确保汽机基础的所有构件在各种可能的荷载工况下都不受到损坏，从而使机组能安全地运行。

汽轮发电机组轴系出现较大失直将对机组正常运行和机组寿命产生严重危害，所以必须采取有效措施保证基础有足够的刚度。首先在基础选型和构造规定方面应遵循有关规范的规定；其次是进行必要的变形验算，将轴承座处的基础变形控制在制造厂家容许的范围内。

汽机基础的设计方法与计算手段密切相关，现在一般采用电子计算机进行汽机基础的设计。汽机基础动力分析有空间杆系模型分析和有限元数值模型分析两种方法。空间杆系模型分析方法相对比较成熟，多年工程实践也证明了该方法的有效性。有限元数值模型采用 8 节点或 20 节点 6 面体块单元，分析精度要优于杆系模型。空间杆系模型和有限元数值模型均可描述汽机基础的动力特性，相对而言有限元数值模型分析结果与基础实测结果更接近。工程应用中汽机基础的动力分析一般可采用空间杆系模型，对于新型基础和外形较复杂的基础，动力分析宜采用有限元数值模型进行补充分析。

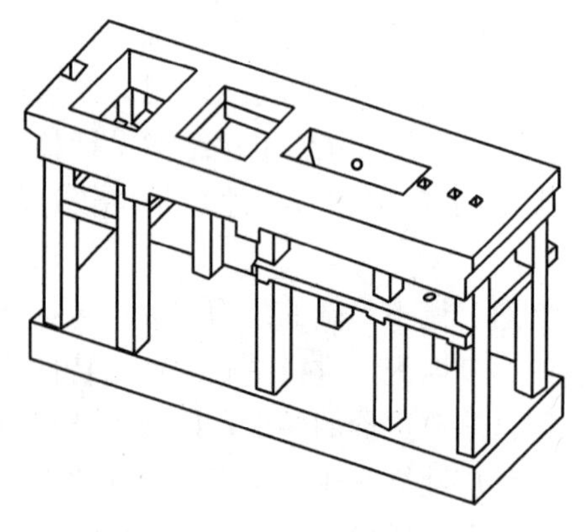

图 2.4.2　汽机基础外形简图

2. 空间杆系模型分析方法

（1）计算模型与动力平衡方程

汽机基础是一个空间框架，通常由底板、梁、柱组成（图 2.4.2）。在采用空间杆系模型分析方法对汽机基础进行分析之前，必须首先建立计算模型。建立计算模型随意性较大，容易受到主观意识的影响。为减少这种影响，保证计算结果的一致性和正确性，应该对模型建立原则作以下约定。

1）采用凝聚质量和忽略转动惯量假定，将所有杆件的质量平均地向两端的质点集中，体系的附加质量也向质点堆聚。

2）每个质点最多可以具有六个自由度，即三个沿坐标轴平移的线位移自由度和三个沿坐标轴转动的角变位自由度。

3）所有杆件均考虑与杆端自由度相应的伸缩、剪切、扭转及弯曲变形。

4）可在任一质点上作用任一方向的简谐振动荷载，多个振动荷载的响应（振幅、振动速度、动内力）按“平方和开平方”的原则叠加。

5）柱的总长可取底板顶到运转层平台横梁中心的距离；纵横梁的跨度可取支座中心线的距离；当各框架横梁的跨度之差小于30%时，可取平均值。

6）当梁、柱截面较大，或杆端有加腋（图2.4.3），或各框架横梁的跨度之差大于30%时，宜在杆端设置刚性域。梁刚性域长度可取$\frac{b+b_1}{4}$，且不应大于柱截面高度b的一半；柱刚性域长度可取$\frac{h+h_1}{4}$，且不应大于梁截面高度h的一半。

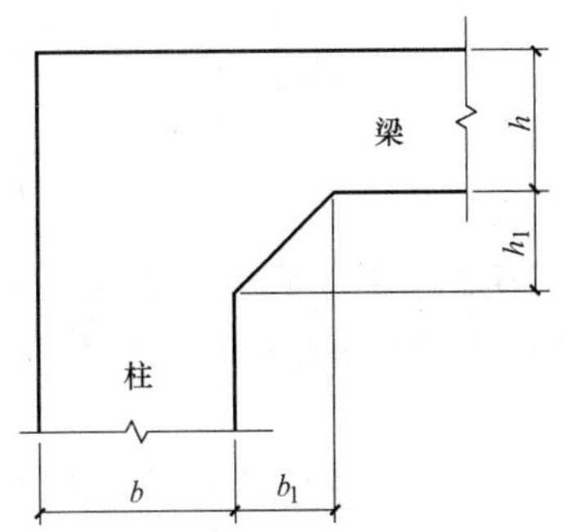

图2.4.3　框架梁加腋示意图

7）工作转速小于等于1500r/min的基础，宜用弹性支承模拟地基刚度。

8）应设置足够多的质点，使每一杆单元的基频都不低于工作转速的1.4倍，以保证该转速范围内基础的所有振型都能参与叠加；其中，纵横梁交点、梁柱交点以及振动荷载作用点必须设置质点。

图2.4.4是一个汽机基础的空间杆系计算模型。在此模型的基础上，我们可以用位移

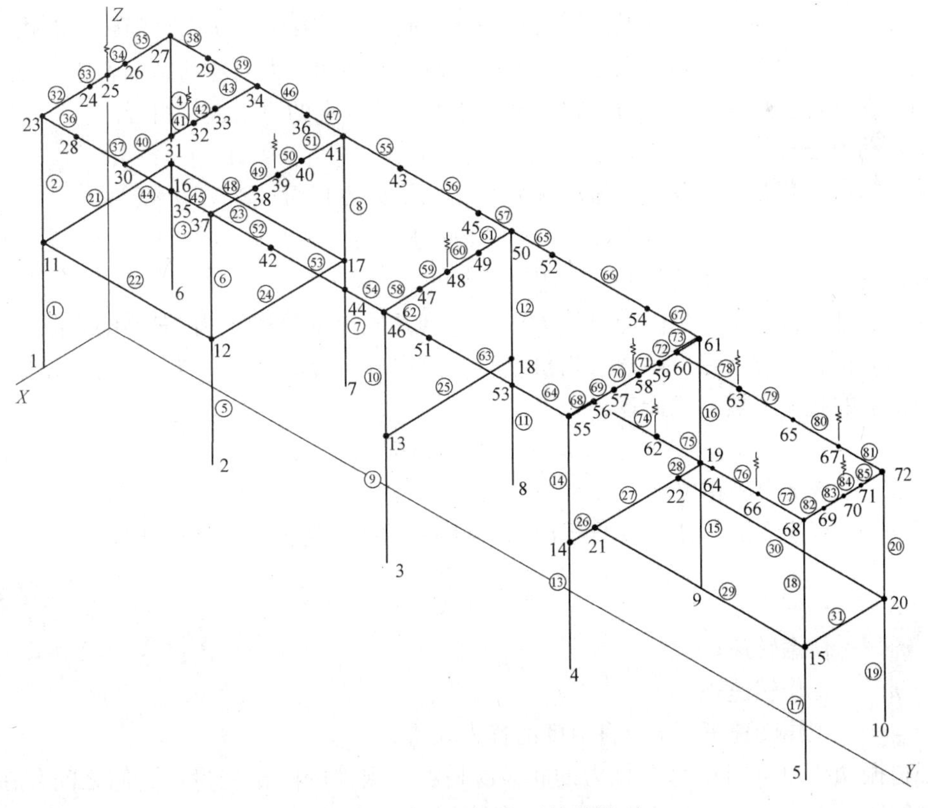

图2.4.4　基础空间杆系计算模型

向量作为基本未知量对它进行动力平衡分析。设$\{u\}$为按一定顺序排列并由所有自由度位移构成的向量。当结构承受静荷载时，位移向量$\{u\}$是不随时间变化的常向量；而当其承受振动荷载时，$\{u\}$是时间的函数。结构位移向量$\{u\}$与各种荷载作用之间存在一定的关系，根据这些关系可以建立汽机基础的动力平衡方程。

作用于汽机基础各节点上的力主要有七种类型，这些力可以表示成向量的形式：即惯性力$\{F_i\}$、节点弹性力$\{F_e\}$、阻尼力$\{F_d\}$、强迫振动扰力$\{F_f\}$、地震作用$\{F_{ea}\}$、静荷载$\{F_s\}$以及温度作用$\{F_t\}$。其中惯性力$\{F_i\}$可以表示为质量矩阵$\{M\}$与加速度向量$\{\ddot{u}\}$的乘积：

$$\{F_i\}=-\{M\}\{\ddot{u}\} \tag{2.4.4}$$

节点弹性力是杆件作用于节点并阻止其变位的结构内力，它可以表示成刚度矩阵$[K]$与位移向量$\{u\}$的乘积：

$$\{F_e\}=-[K]\{u\} \tag{2.4.5}$$

以上公式中的负号表示惯性力、节点弹性力分别与相应的加速度、位移的方向相反。

采用结构阻尼理论，阻尼力向量可以写成下面的复数形式：

$$\{F_d\}=-i\gamma[K]\{u\} \tag{2.4.6}$$

其中i为单位虚数，$-i$表示阻尼力较位移滞后$\pi/2$；γ为结构阻尼系数。

其余四种力也都直接或间接地（通过杆件的传递）作用于节点上，运用达朗贝尔原理，考虑节点力在各个自由度上的平衡，就得到了下面的结构动力平衡方程组：

$$\{M\}\{\ddot{u}\}+(1+i\gamma)[K]\{u\}=\{F_f\}+\{F_{ea}\}+\{F_s\}+\{F_t\} \tag{2.4.7}$$

上式右端的各种荷载并非始终同时出现，它们之间存在着荷载组合问题；上式实际上并不是一个统一的方程组，而只是振动问题、地震问题和静力问题的结合表述。因此必须对它们分别进行求解，然后再将所得到的结果按规范规定的原则进行组合。

（2）动力分析

振动问题的荷载只涉及强迫振动扰力$\{F_f\}$，因此方程组（2.4.5）变为：

$$\{M\}\{\ddot{u}\}+(1+i\gamma)[K]\{u\}=\{F_f\} \tag{2.4.8}$$

这是汽机基础强迫振动的基本方程组。

汽机基础的振动主要是由通过轴承座传递到基础上的简谐扰力$\{F_f\}$引起的。简谐扰力是时间的正弦（或余弦）函数。当机组转速为n_0（对应的圆频率为θ）时，作用于第i个自由度上的扰力可按下式计算：

$$\{F_{fi}\}=-F_{0i}\sin(\theta t+\varphi_i) \tag{2.4.9}$$

式中　φ_i——该扰力的相位；

F_{0i}——转速等于n_0时作用于第i个自由度上的扰力幅值，按下式计算：

$$F_{0i}=F_{gi}\left(\frac{n_0}{n}\right)^2 \tag{2.4.10}$$

式中　n_0——任意转速；

n——工作转速；

F_{gi}——工作转速下第i个自由度的扰力幅值。

强迫振动扰力$\{F_f\}$中每个扰力的相位φ_i是没有规律的随机变量，它们之间存在着相位组合问题。在进行强迫振动计算前，首先依次由方程（2.4.8）求出每个扰力的动力响应，然后再根据规范按“平方和开平方”的原则进行叠加，从而得到各点的振幅和所有杆件的动内力。

用振型分解法求解强迫振动方程（2.4.8）较为方便。为此首先需要求解自由振动问题，从中获得足够数量的自由振动频率和振型。发生自由振动时结构上没有振动荷载作用，这时方程（2.4.8）的右端为零。由于阻尼对频率和振型的影响很小，因此在作自由振动分析时常常将其忽略不计，于是可以从方程（2.4.8）得到无阻尼的自由振动方程组：

$$[K]\{u\}+\{M\}\{\ddot{u}\}=0 \tag{2.4.11}$$

这是一个齐次微分方程组。令：

$$\{u\}=\{X\}\sin(\omega t+\psi) \tag{2.4.12}$$

代入方程（2.4.11）并采用分离变量法得到一个广义特征值问题：

$$[K]\{X\}-\omega^2[M]\{X\}=0 \tag{2.4.13}$$

式中　ω与$\{X\}$——分别为所求解的自振频率和振型向量。

分析汽机基础的动力特性需要数十阶甚至上百阶的自振频率和振型，因此应对广义特征值问题的解法作慎重的选择。这里对具体解法不作深入的探讨，仅假定方程（2.4.13）的解已经求出，获得了足够数量的频率和振型。

频率和振型是结构的固有属性，它们只依赖于结构自身的刚度和质量而与其他因素无关。研究汽机基础的频率与振型对于掌握基础的动力特性，选择合理的结构形式具有重要意义，通过调整结构刚度和质量的分布来改变频谱和振型，是汽机基础设计工程师降低基础动力响应（振幅和动内力）的重要手段。

由于结构的刚度矩阵具有对称性，所以任意两个不同的振型对于刚度矩阵和质量矩阵是正交的，即：

$$\{X\}_j^{\mathrm{T}}[K]\{X\}_i=0(i\neq j) \tag{2.4.14}$$

$$\{X\}_j^{\mathrm{T}}[M]\{X\}_i=0(i\neq j) \tag{2.4.15}$$

这就是所谓“振型正交性”，它是振型分解法的基础。

强迫振动的求解是对每一扰力逐个进行的：

$$\{F_{\mathrm{f}}\}=\{F_0\}\sin\theta t \tag{2.4.16}$$

将上式代入方程（2.4.8）得：

$$\{M\}\{\ddot{u}\}+(1+i\gamma)[K]\{u\}=\{F_0\}\sin\theta t \tag{2.4.17}$$

振型分解法的基本思想就是把方程（2.4.17）的解近似地表示成q个最低阶振型的线性组合：

$$\{u\}=y_1\{X_1\}+y_2\{X_2\}+\cdots+y_{\mathrm{q}}\{X_q\}=[X]\{Y\} \tag{2.4.18}$$

其中，$[X]$是前q列振型所组成的矩阵。q的取值应包括1.4倍工作转速范围内的所有振型。$\{Y\}$是待定的组合系数向量，它的每一个分量都是时间的函数。由于振型矩阵$[X]$已经在自由振动中求出，因此只要确定了$\{Y\}$就可以由公式（2.4.18）计算出振幅$\{\mu\}$。

把式（2.4.18）代入方程（2.4.17），两端同时左乘$[X]^{\mathrm{T}}$便得到：

$$[M]^*\{\ddot{Y}\}+(1+i\gamma)[K]^*\{Y\}=\{F_0\}^*\sin\theta t \tag{2.4.19}$$

$$[K]^*=[X]^{\mathrm{T}}[K][X] \tag{2.4.20}$$

$$[M]^{*}=[X]^{\mathrm{T}}[M][X] \tag{2.4.21}$$

$$\{F_0\}^{*}=[X]^{\mathrm{T}}\{F_0\} \tag{2.4.22}$$

其中$[K]^*$、$[M]^*$、$\{F_0\}^*$分别称为广义刚度阵、广义质量阵和广义力向量。根据振型的正交性，$[K]^*$、$[M]^*$都是对角矩阵，由此可见方程组（2.4.19）是q个互不耦合的独立方程。分别用K_j^*、M_j^*表示$[K]^*$、$[M]^*$的第j个对角线元素，用y_j、F_{0j}^*表示$\{Y\}$、$\{F_0\}^*$的第j个分量，则方程（2.4.19）可以表示成：

$$(1+i\gamma)K_j^*y_j+M_j^*\ddot{y}_j=F_{0j}^*\sin\theta t(j=1,2,\cdots,q) \tag{2.4.23}$$

此外，根据振型正交性还可以将第j阶固有频率ω_j表示成以下形式：

$$\omega_j^2=\frac{K_j^*}{M_j^*} \tag{2.4.24}$$

以M_j^*遍除方程（2.4.23）的各项并将式（2.4.24）代入可以得到：

$$\ddot{y}_j+(1+i\gamma)\omega_j^2y_j=\frac{F_{0j}^*}{M_j^*}\sin\theta t(j=1,2,\cdots,q) \tag{2.4.25}$$

这是q个独立的二阶常微分方程。其稳定解具有如下形式：

$$y_j=\alpha_j\sin\theta t+b_j\cos\theta t \tag{2.4.26}$$

$$\alpha_j=\frac{F_{0j}^*}{K_j^*}\cdot\frac{1-\frac{\theta^2}{\omega_j^2}}{\left(1-\frac{\theta^2}{\omega_j^2}\right)^2+\gamma^2} \tag{2.4.27}$$

$$b_j=\frac{F_{0j}^*}{K_j^*}\cdot\frac{\gamma_j}{\left(1-\frac{\theta^2}{\omega_j^2}\right)^2+\gamma^2} \tag{2.4.28}$$

结构阻尼系数γ实际上是依赖于振型的，我国现行规范将其看作常数。《动规》规定采用索式阻尼，数值为0.125，阻尼比为0.0625。

由公式（2.4.26）～公式（2.4.28）可以求出组合系数向量$\{Y\}$，再代入方程（2.4.18）便可以得到各个扰力所引起的振幅，然后利用每根杆件的单元刚度矩阵又可以算出相应的动内力，最后将各个动力响应按“平方和开平方”的原则叠加，就得到了汽机基础在某一转速下的全部动力响应。

由方程（2.4.18）可知，组合系数y_j决定了第j阶振型在振幅中所占的比重。当某一频率发生共振时，其相应的振型组合系数将达到最大值而在振幅$\{u\}$中起控制作用。因此在汽机基础的动力设计中应特别注意分析各阶振型的组合系数，对于那些动力响应太大的振型应设法增加广义质量和广义刚度，降低其广义力；或者调整广义质量与广义刚度的比例关系，将共振峰移动到离工作转速较远的频率范围中去。通过这些方法来减少动力响应，改善基础的动力特性。

（3）地震作用分析

在地震问题中只考虑地震作用$\{F_{ea}\}$，于是结构的动力平衡方程组（4.1.7）就变为：

$$\{M\}\{\ddot{u}\}+(1+i\gamma)[K]\{u\}=\{F_{ea}\} \tag{2.4.29}$$

这里的地震作用$\{F_{ea}\}$是由于地震加速度所引起的作用于每个自由度上的惯性力，它是时间的随机函数。根据现行国家标准《建筑抗震设计规范》，一般并不是直接积分动力平衡方程（2.4.29），而是采用所谓“振型分解反应谱法”将其简化为静力学问题来求解。

该方法的基本思想是：把相对运动加速度所引起的惯性力$\{F_i\}$、地震动加速度所引起的惯性力$\{F_{ea}\}$和结构内部的阻尼力$\{F_d\}$合并在一起看成为作用于各个自由度上的地震作用，按振型将其分解成n组，借助于地震反应谱曲线求出各阶振型的最大地震作用，然后再用静力学方法确定结构对这些最大地震作用的效应，最后按“平方和开平方”的原则进行叠加。

根据规范规定作用于第i个自由度的第j振型的地震作用标准值可以表示为：

$$F_{ji}=\alpha_j\gamma_jX_{ji}G_i \tag{2.4.30}$$

式中　G_i——与第i个自由度相应的重力荷载代表值；

α_j——第j振型的地震影响系数，根据第j振型的周期用规范给出的曲线确定；

X_{ji}——第i个自由度的第j振型的分量，在振动分析中已经求出；

γ_j——第j振型的振型参与系数，按下式计算：

$$\gamma_j=\frac{\sum\limits_{i=1}^{n}X_{ji}G_i}{\sum\limits_{i=1}^{n}X_{ji}^2G_i} \tag{2.4.31}$$

n——计算地震作用时所取振型的个数，在汽机基础的地震计算中，由于采用了空间多自由度模型，所以n的取值应比采用平面模型时大，以免漏掉任一水平方向的振型。

在求出了前n阶振型的地震作用标准值向量$\{F_j\}$（$j=1$，2，…，n）之后，可以将微分方程（2.4.29）化为下面n个线性代数方程组：

$$[K]\{u\}=\{F_j\}(j=1,2,\cdots,n) \tag{2.4.32}$$

解这n组方程分别求出其相应的内力，最后按“平方和开平方”的原则进行叠加便可得到结构的地震内力。

由于采用空间多自由度力学模型可以求解出包括扭转在内的多阶振型，所以汽机基础抗震验算的振型分解反应谱法不但能对两个主轴方向进行水平地震效应验算，而且还适用于不规则结构考虑扭转的地震作用效应验算。

按《建筑抗震设计规范》的要求，汽机基础抗震验算应采用二阶段设计法，即第一阶段验算“多遇”地震（小震）作用下以概率为基础的构件截面抗震承载能力和弹性变形；第二阶段验算“罕遇”地震（大震）作用下的弹塑性变形。由于第二阶段验算需要知道构件的实际配筋量，所以这一阶段验算应在强度计算之后进行。

汽机基础不属于大跨度、长悬臂结构，也不是高耸结构，可以不考虑竖向地震作用。

（4）静力计算

在静力计算问题中，惯性力、阻尼力、扰力和地震作用均为零。而温度作用与静荷载的解法相同，可以用一个向量$\{F_v\}$来表示，这样的方程组（2.4.7）就可以改成：

$$[K]\{u\}=\{F_v\} \tag{2.4.33}$$

右端项$\{F_v\}$是由作用于各个自由度的节点力所组成的向量，这些节点力既包括直接作用在节点上的静荷载，也包括所有杆件施加给节点的固端力。当右端$\{F_v\}$确定以后可以从方程组（2.4.33）中解出位移向量$\{u\}$，然后利用单元刚度矩阵根据各个自由度的位移逐一计算出每根杆件的静内力。改进的平方根法求解上述代数方程组的效率很高，因为它能够“一次分解、多次回代”，所以特别适合于具有多组荷载工况的结构静力问题。

作用于汽机基础上的荷载类型可分为永久荷载、可变荷载、偶然荷载和地震作用。其中永久荷载包括基础自重、机器重、设备重、机组正常运行时的反力矩、填土重、管道推力、汽缸膨胀力、凝汽器真空吸力和基础构建温差所产生的作用力等。可变荷载包括动荷载和活荷载。偶然荷载主要是短路力矩。为了内力组合的方便还可以将荷载分为“单向”和“双向”两种，所谓“单向荷载”是指永久不改变方向的荷载；而所谓“双向荷载”则是指可能出现的两个恰好相反的方向上的荷载。重力引起的荷载、短路力矩等属于单向荷载；汽缸膨胀力、管道推力、温差产生的作用力等属于双向荷载。

除了对上部结构进行内力分析外，静力分析的内容包括基组（包括机器、基础、回填土等）偏心率的计算以及基础、基础底板承载能力的验算。规范规定基组重心对底面形心的水平偏心距不应超过底板相应边长的 3%，其计算方法与普通动力机器基础相同，动力折减系数α_f采用 0.8，通常只需验算永久荷载作用下的地基承载力而不考虑动力荷载、地震作用和短路力矩的影响。底板承载能力的验算与一般静力结构基础底板的算法相同（例如倒置楼盖法或倒置连续梁法等）。

（5）荷载组合

作用在汽机基础上的荷载按以下三种方式进行组合，并择其最大者作为控制值：

1）基本组合——由永久荷载与某一方向的动力荷载所组成，动力荷载的组合系数为 1.0。

2）偶然组合——由永久荷载与某一方向的动力荷载以及短路力矩荷载所组成，动力荷载的组合系数为 0.25，短路力矩荷载的组合系数为 1.0。

3）地震作用组合——由永久荷载与某一方向动力荷载以及某一方向地震作用组成，动力荷载组合系数为 0.25，地震作用的组合系数为 1.0。

由于安装荷载只用于设备安装时顶板构件承载力的局部验算，不参加基础的整体内力分析，因此以上三种组合方式中均不包含安装荷载。

永久荷载分项系数取 1.2（当其作用对结构有利时取 1.0），动力荷载的分项系数取 1.4，短路力矩荷载的分项系数取 1.0，地震作用的分项系数取 1.3。

短路力矩荷载的动力系数采用 2.0。

为了保证基础构件在轴系极端不平衡状态下能够安全运行，规范规定计算动力时的扰力值取计算振幅时所取扰力值的 4 倍，并且还应考虑材料疲劳的影响。对于钢筋混凝土构件，疲劳系数采用 2.0。

三种荷载组合的内力效应可按下列公式计算：

基本组合效应＝(1.2 或 1.0)×永久荷载效应＋11.2×动力荷载效应。

偶然组合效应＝(1.2 或 1.0)×永久荷载效应＋2.8×动力荷载效应＋2.0×短路力矩荷载效应。

地震作用效应＝(1.2 或 1.0)×永久荷载效应＋2.8×动力荷载效应＋1.3×地震作用效应。

参与组合的动力荷载效应须是 1.25 倍工作转速范围内的最大值，才能保证基础的安全。为此应计算每一构件在整个转速范围内所有共振峰下的动内力，并从中挑选出最不利值与其他荷载效应进行叠加。这一过程称为“求动内力包络”。由于垂直扰力与水平扰力之间，横向水平扰力与纵向水平扰力之间始终存在着一定的相位差，因此在进行荷载组合时不必将互相垂直的两组扰力所产生的动力荷载效应进行叠加，而只需单独考虑某一方向扰力的最不利作用。

当汽机基础遭受不同方向的地震时，每个构件的效应也不可能完全一样。有的构件受纵向地震控制，有的受横向地震控制，因此在进行地震作用组合之前同样需要“求地震内力包络”。

（6）内力组合与承载力计算

杆件截面在荷载作用下会产生一组轴力、剪力、扭矩和弯矩。其中每种内力必然会在某一荷载状况下达到最大值或最小值。我们称这一内力极值为“主内力”，而其他相应内力为“从内力”。在进行截面承载力计算时需要考虑主内力与从内力之间的“搭配”，这种“搭配”就是内力组合。汽机基础按空间多自由度模型进行计算，其构件内力具有明显的空间性，梁、柱构件的内力组合也比较复杂。因此在进行动内力包络、地震内力包络和荷载组合时，必须事先考虑到可能需要的各种内力组合。

1）在每种荷载组合下柱的任一截面都可能出现 12 种内力组合；上、下两个截面在三种荷载组合下一共会有 72 种内力组合：

① 最大轴力和相应的两个方向的剪力、两个方向的弯矩；

② 最小轴力和相应的两个方向的剪力、两个方向的弯矩；

③ 最大 y'向弯矩和相应轴力、两个方向的剪力以及 z'向弯矩；

④ 最小 y'向弯矩和相应轴力、两个方向的剪力以及 z'向弯矩；

⑤ 最大 z'向弯矩和相应轴力、两个方向的剪力以及 y'向弯矩；

⑥ 最小 z'向弯矩和相应轴力、两个方向的剪力以及 y'向弯矩；

⑦ 最大 y'向剪力和相应的轴力；

⑧ 最小 y'向剪力和相应的轴力；

⑨ 最大 z'向剪力和相应的轴力；

⑩ 最小 z'向剪力和相应的轴力；

⑪ 最大扭矩和相应的轴力；

⑫ 最小扭矩和相应的轴力。

其中 y'、z'为杆件局部坐标系中与杆件轴线垂直的两个坐标轴。

2）在每种荷载组合下梁的任一截面都可能出现 10 种内力组合；左、中、右三个截面在三种荷载组合下一共会有 90 种内力组合：

① 最大 y'向弯矩；

② 最小 y'向弯矩；

③ 最大 z'向弯矩；

④ 最小 z'向弯矩；

⑤ 最大 y'向剪力和相应的扭矩；

⑥ 最小 y'向剪力和相应的扭矩；

⑦ 最大 z'向剪力和相应的扭矩；

⑧ 最小 z'向剪力和相应的扭矩；

⑨ 最大扭矩和相应的两个方向的剪力；

⑩ 最小扭矩和相应两个方向的剪力。

汽机基础的构件内力具有明显的空间性，梁、柱截面应当对垂直和水平两个方向进行承载能力计算。其中柱的承载能力计算主要包括正截面受压、正截面受拉和斜截面受剪等配筋计算。对汽机基座来说，受扭承载能力计算、疲劳验算和正常使用极限状态验算（抗裂验算、挠度验算等）通常不作要求。梁的承载能力计算主要包括正截面受弯和斜截面受剪的配筋计算。受扭承载能力计算、疲劳验算和正常使用极限状态验算等一般不予考虑，仅在必要时对局部构件进行验算。

空间梁处于双向受弯状态，从理论上来说应按斜向弯曲进行双向受弯的承载能力计算，但是，由于分解成两个互相垂直的单向弯矩计算偏于安全，所以梁的斜向弯曲承载力可以简化为两个单向受弯来计算。然而，柱的双向偏心受压却不能如此简化，因为把双向偏心受压简化为两个单向偏心受压计算会得到不安全的结果。

钢筋混凝土结构的构造也应给予足够的重视。与民用建筑结构相比，汽机基础的梁柱有其特殊性，例如梁柱截面都很大、柱轴压比很小、梁柱计算配筋很小等。因此汽机基础的配筋构造应该考虑成熟的工程经验，不必完全遵循《建筑抗震设计规范》的抗震构造要求。

3. 有限元数值模型分析方法

一般通用有限元结构分析软件都适合汽机基础的有限元数值模型动力分析。本节仅以ANSYS软件作为有限元数值分析软件，其分析方法可供采用其他有限元分析软件参考。

（1）分析模型建模原则

有限元数值模型建模可参照以下方法进行。

1）材料参数。结构的材料刚度、材料密度等参数可参照《混凝土结构设计规范》和《建筑结构荷载规范》取值。阻尼比的取值可分两种情况：当按《动力机器基础设计规范》GB 50040进行分析时，结构阻尼采用索式阻尼，数值取0.125，阻尼比为0.0625；当按ISO国际标准及制造厂家标准进行分析时，结构阻尼比采用常用的黏滞阻尼，取0.02～0.03。

2）单元类型。在有限元单元选型上优先采用20节点六面体（例如solid95或solid186）。与8节点六面体单元（如solid65）相比，20节点六面体可以大幅提高单元计算精度，且有效减小单元数量，提高运算效率。因此在模态分析中宜选用20节点六面体（solid186或solid95）。设置材料参数时，用正交异性材料模拟钢筋混凝土材料，考虑钢筋

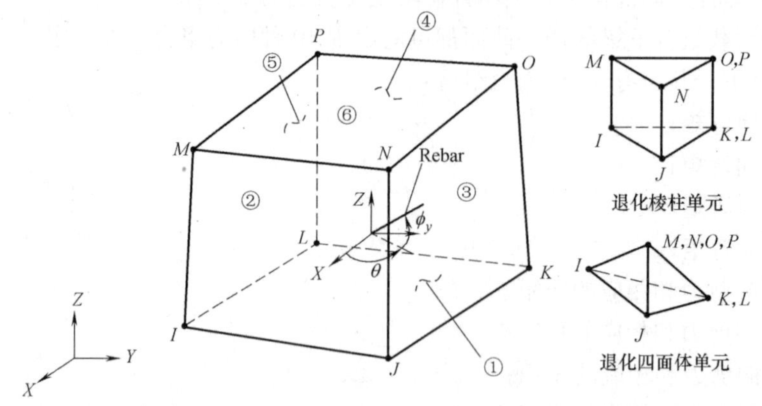

图2.4.5 8节点六面体单元几何模型图

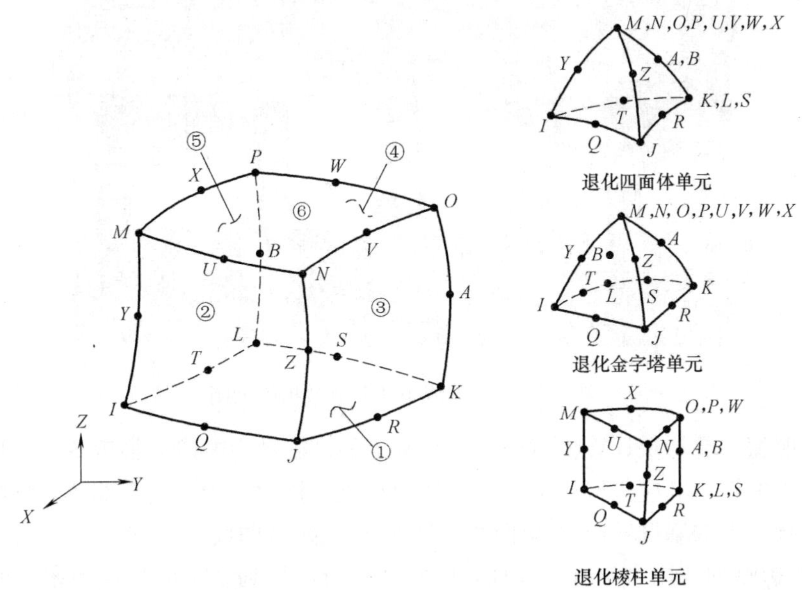

图 2.4.6　20 节点六面体几何模型图

对 z 向刚度的贡献。

3）网格精度。当采用 8 节点六面体单元时，单元划分长度在 1m 左右时自振频率和振动线位移计算结果开始收敛，故单元划分长度宜取在 0.5～1m 范围内；当采用 20 节点六面体单元时，单元划分长度在 2m 左右时自振频率和振动线位移计算结果开始收敛，单元划分长度宜取在 1～1.5m 范围内。

4）网格划分方法。手动划分单元不仅增加了工作量，而且对于动力分析计算精度的提高也非常有限。选择自动划分单元时对于精度影响不大。故为提高建模效率，除了对于形状复杂的结构部分可考虑局部手动划分加密，其余结构则均可采取自由划分网格方法。

5）模型边界条件。当汽轮发电机组工作转速为 3000r/min、3600r/min 时，框架式基础动力分析一般都不考虑地基的作用。这种情况下，模型边界条件的处理一般可考虑柱脚采用固定支座连接或者输入底板、底板与地基刚接。当汽轮发电机组工作转速为 1500r/min、1800r/min 时，宜考虑地基土的刚度影响，此时分析模型应建立底板，底板采用弹性支座。支座各个方向的动刚度根据地质实测数据或《动规》建议数据确定。

模型中包括框架柱、顶板、底板以及混凝土中间平台等构件，若中间平台为隔振平台，为提高分析效率，则可以忽略，仅将其质量分配到各柱上。

6）设备质量模拟。汽轮发电机设备质量可简化为均布的集中质量单元作用在基础顶面。其余荷载如凝汽器荷载、纵向横向推力、正常运行的扭矩等对动力分析影响不大，均可忽略。

按照上述建模方法建立的汽轮发电机基础模型如图 2.4.7 所示。

（2）数模动力分析方法

建立有限元模型后，需对有限元模型进行自由振动分析。通过自由振动分析计算出 0～1.4 倍工作转速范围内的自振频率和振型，然后将每个扰力作用在基础上进行强迫振

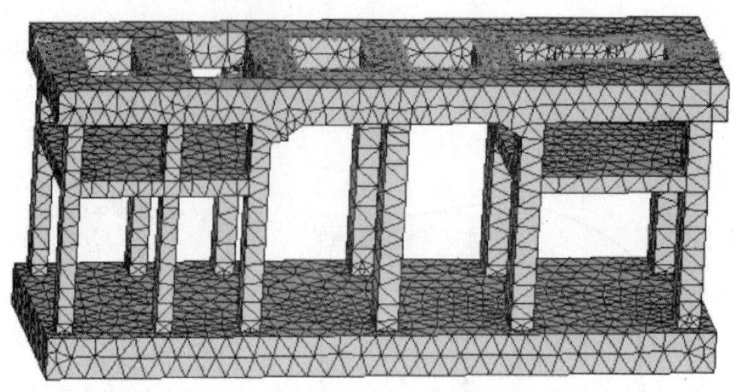

图 2.4.7　汽轮发电机基础数模模型图

动分析，按照振型叠加法计算出每个自振频率下的基础动力响应，最后按照矢量叠加的原则将各个扰力的动力响应进行叠加，得出基础在所有扰力作用下的全部动力响应。动力响应包括各个扰力点的基础转速-振幅曲线或转速-振动速度曲线。

1）分析类型的选用。分析类型宜采用模态分析，得到结构的自振频率、振型等固有振动特征。根据 ANSYS 分析软件的要求，设备质量需在模态分析之前施加，其并不影响模态分析的结果，而在谐响应分析时自动调用。

2）振型数量。为避免遗漏振型，自由振动分析时应取工作转速 1.4 倍范围内的自振频率；采用振型分解法计算振动线位移时，取该范围内的全部振型进行叠加。计算动内力时，取 1.25 倍工作转速范围内的最大动内力值作为控制值。

3）强迫振动分析方法。对有限元模型进行自由振动响应分析后，需施加外部动荷载，激振频率等参数，进行强迫振动响应分析，得到结构的振动线位移。强迫振动分析类型宜采用谐响应分析，得到结构在启动阶段和正常运行阶段的振动线位移或振动速度。

4）动扰力的施加方法。在汽机基础的有限元分析中，可以将动扰力简化视为集中力，作用在有足够刚度的节点之上。实际上动扰力是作用在某局部区域，若将动扰力作为集中力作用在一个节点，由于存在应力集中，若节点刚度不足则会造成严重的应力集中，会与实际可能产生较大差别。对比分析表明，对于按照本节要求建立的有限元模型，将动扰力作为一个集中力一次性作用在一个节点上，和将动扰力分散在小范围区域的几个节点上，再用振型分解法叠加得到的振动线位移结果进行比较，结果非常接近，误差几乎可以忽略不计。

5）动扰力的作用大小和位置分布。动扰力一般可按厂家资料或相关标准取得，动扰力作用点高度在基础顶面上或机器轴承中心标高处。当动扰力作用点设在机器轴承中心高度时，作用点的高度根据设备不同由制造厂家提供。

杆系模型时，动扰力作用点设于梁形心处；厂家标准和 ISO 规范等认为，动扰力实际上是作用在机器轴承处，通过机器轴承和基础顶面的连接，将扰力传递给基础。提高动扰力作用点高度的计算模型如图 2.4.8 和图 2.4.9 所示。用弹性模量远大于钢筋混凝土（可设为钢筋混凝土的 1000 倍）、质量为零的“刚性支撑”来模拟机器轴承，将动扰力作用在“刚性支撑”的顶点处。由于没有质量且刚度接触点有限，故并未影响所考虑的自振频率范围内的模态分析结果。

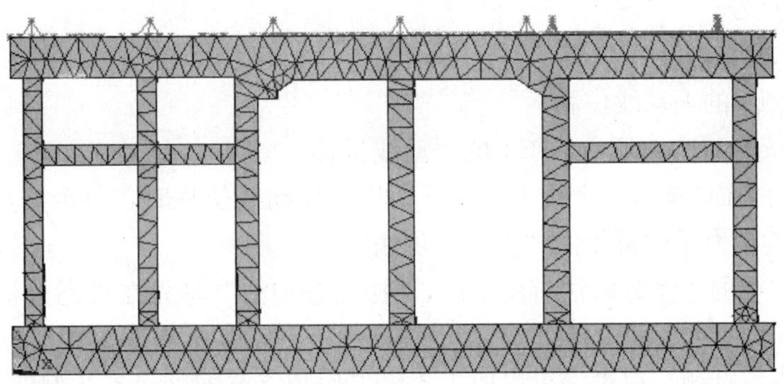

图 2.4.8　动扰力作用点抬高示意图

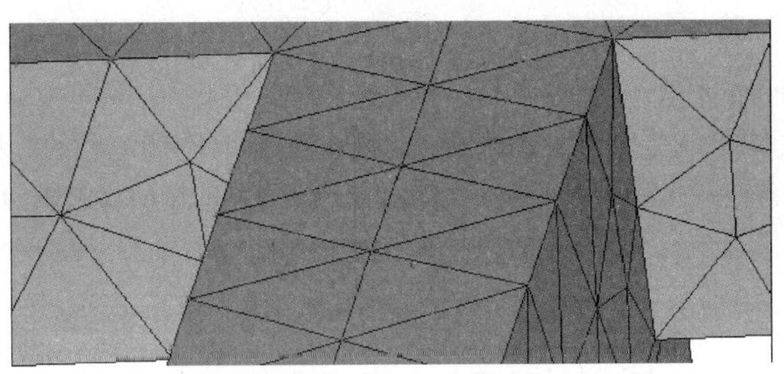

图 2.4.9　动扰力作用点抬高细部图

研究表明，不同动扰力作用点高度的不同，结构的动力响应有所差别，但是相差不大，均在10%范围以内。故在实际分析中，将动扰力作用点放置在梁表面或机器轴承中心标高处两种方法均可。

6）振动线位移各个方向空间耦合作用的影响。对于一个复杂的空间结构，通常需要考虑 X、Y、Z 三个方向的空间耦合作用，如 Y、Z 向荷载在 X 方向上引起的振动线位移。研究表明，对于汽机基础对称性较强的结构，在数模分析中，可分别计算三个方向的振动线位移，仅考虑与线位移同向的动扰力的影响，而其他方向的动扰力在该方向上引起的振动线位移可忽略不计。

7）构件剪切变形的影响。在分析中需要考虑各构件剪切变形的影响，以提高计算精度。通过有限元模型与杆系模型的对比分析，在梁端处有限元模型的计算结果偏大。这是因为在 ANSYS 中，考虑了结构的剪切变形，而梁端处的剪力较大，因此剪切变形影响较大，而杆系模型则忽略了结构剪切变形的影响。实际上，结构中存在有剪切变形，因此在分析中需要考虑剪切变形的影响，以减小与计算误差。

8）振动线位移的叠加。根据《动规》要求，当有多个扰力同时作用时，质点的振动线位移可采用振型分解法，即模态叠加法求得。也就是分别计算在每个动扰力作用下，各点的线位移，再将各点在所有动扰力作用下引起的线位移叠加，如下式：

$$u_i = \sqrt{\sum_{k=1}^{m} (u_{ik})^2} \tag{2.4.34}$$

式中　i——质点号；

m——扰力数量；

u_i——质点 i 的振动线位移；

u_{ik}——第 k 个扰力对质点 i 产生的振动线位移。

ANSYS 软件在计算每一个扰力作用下结构的振动线位移时，每个质点 i 的振动线位移u_{ik}是根据结构动力学中常用的“振型叠加法”求得。

与《动规》中的振型分解法有所不同，“振型叠加法”是先在模态分析时解出结构的各阶振型$\{\phi\}_n$。对多自由度体系的动力反应问题，实际并不需要采用所有的振型进行计算，因此，结合《动规》要求，可以取 1.4 倍工作频率范围（对于此例即 70Hz）以内的振型参与模态叠加计算。输入激振频率及荷载后，有阻尼体系振型坐标运动方程为

$$\ddot{q}_n(t)+2\zeta_n\omega_n\dot{q}_n(t)+\omega_n^2q_n(t)=\frac{F_n(t)}{M_n},n=1,2,\cdots,N \tag{2.4.35}$$

由于在启动和正常运行过程中，频率的变化较慢，因此，结构可视为稳态反应。即每一步给定激振频率的 ω，均有给定的激励函数F_n（t），即可求出q_n（t）。从而根据振型叠加法，分别给出每个激振频率下结构所有质点在任意时刻的振动线位移$\{u$（t）$\}$。

$$\{u(t)\}=\sum_{n=1}^{N}\{\phi\}_nq_n(t) \tag{2.4.36}$$

$\{u(t)\}$ 中第 i 个质点的振动线位移幅值即为u_{ik}。

在考虑多扰力共同作用时，先计算出结构在单个扰力作用下的振动线位移响应，再采用式（4.2.36）对结构在不同动扰力下的振动线位移进行叠加。

9）考虑动扰力大小随频率变化的处理方法。ANSYS 中计算分析的振动线位移，仅考虑了激振频率的变化，而动扰力的幅值是按工作转速下的动扰力幅值取值。而实际上，动扰力的幅值应是随激振频率的变化而变化的。

若在分析中直接考虑频率对动扰力的影响，会为分析增加很大的工作量。为提高计算效率，可以在分析中取动扰力为工作转速下的动扰力并将其视为常数。由于此时结构为线弹性响应，故在得到结构的振动线位移后，将位移值乘以系数$\left(\frac{n_0}{n}\right)^2$，以得到随频率变化的动扰力作用下结构的振动线位移。

四、构造与施工要求

1. 一般规定

（1）汽轮发电机框架式基础应独立布置，其顶部四周应留有与其他结构隔开的变形缝，变形缝宽度一般为 50～100mm，并应满足防震缝的要求。必要时，基础的底板上允许设置支承其他结构的支柱。

（2）汽轮发电机框架式基础的中间平台宜与基础主体结构脱开布置，即由底板上另设柱直接支承中间平台；亦可将中间平台结构简支搁置在基础柱子挑出的牛腿上，在牛腿表面可设隔离层。

（3）当底板设置在碎石土及风化基岩地基上时，在底板下宜设隔离层，以减少底板施工时，地基对混凝土收缩时的约束作用。

（4）基础顶板挑出应做成实腹式，其悬出长度不宜大于 1.5m，悬臂支座处的截面高度，不应小于悬出长度的 0.75 倍。

（5）框架式基础施工时，一般设 2～3 道施工缝，通常设在柱顶、柱脚及柱子零米标高附近。施工缝应预处理，可在混凝土面上预留直径为 8mm、间距为 200mm、长度为 600mm（插入混凝土内 300mm）的钢筋，应待混凝土强度达 5MPa 后，清除表面的浮浆层并冲洗干净、充分湿润，再浇一层掺有胶粘剂的水泥净浆，方可浇筑上层混凝土。

（6）汽轮发电机基础底板系属于大体积混凝土，应事先编制生产施工方案，施工时采取严密措施，避免产生温度收缩裂缝，保证混凝土质量。当基础底板的长度大于 30m、厚度大于 2m 时，混凝土施工应有可靠的温度控制措施，防止产生温度裂缝。

底板混凝土应采用一次连续浇筑，确因需要时，当底板厚度超过 3m 时，可采用分层浇筑方法，此时施工缝应于严格处理。

（7）应在运转层、柱零米标高处分别设置永久的沉降观测点；在运转层宜于四周布置不少于 4 个沉降观测点。

（8）基础为装设机器的支座垫板，设有二次灌浆层，具体做法按工艺要求确定。

当二次灌浆层厚度大于 50mm 时，可在基础面预留直径 $\phi 8$～10mm、间距 200～300mm 插筋，以保证混凝土与二次灌浆层结合牢固。

二次灌浆层应采用具有早强、微膨胀、流动性好的灌浆材料，选择灌浆材料时，还应注意灌浆材料本身的强度增长必须与其膨胀率的增长相协调，要避免滞后膨胀发生。

二次灌浆应在设备安装全部验收合格后，在设备安装人员配合下进行；灌浆前应将基础混凝土表面凿毛，凿去被油脂沾污及疏松的混凝土，清扫冲洗干净并湿润 24h，灌浆应一次连续完成。

（9）固定机器设备的锚固螺栓，应根据制造厂提供的资料确定。通常采用直埋、预留孔两种方式：采用直埋式时，应采用为固定底脚螺栓而设置的工具式样板钢构架，以保证底脚螺栓位置、标高及垂直度的准确；采用预留孔方式时，一般埋设钢套管。

布置基础梁的钢筋时，应考虑底脚螺栓的位置，避免发生碰撞。

（10）基础顶面四周边缘及沟道边，一般可设置 50～70mm 的角钢保护，以防止边缘破坏。

2. 材料与配筋

（1）钢架式基础混凝土的强度等级：底板不宜小于 C25，柱子及顶板采用 C30～C40，基础用的钢筋一般采用 HPB、HRB 级钢，不应使用经过冷加工的钢筋。

（2）钢筋的接头不得采用绑扎，宜优先采用焊接或机械连接的接头，接头质量需符合专门的规定。

（3）基础各构件的最小配筋百分率，可按现行钢筋混凝土结构设计规范的规定选用，但当柱断面边长超过 2m 时，其最小配筋百分率可适当减小。

（4）基础顶板的纵、横梁应考虑由于构件两侧温差产生的应力，可在梁两侧分别配置温度钢筋，每侧梁配筋百分率为 0.1%，但对机组功率在 100MW 及以上的汽轮发电机，其高、中压缸侧的纵梁侧面配筋百分率，应增大至 0.15%。

（5）基础上部纵、横梁及柱子的配筋，需沿外围设有封闭式钢箍。

（6）柱及墙的配筋一般宜对称布置，如按构造要求配筋时（非主要受力方向），钢筋直径宜选用ϕ12～20mm、间距200～400mm，每隔3～5根钢筋之间应以钢箍或拉筋固定。

（7）纵、横梁的主筋伸入柱或墙内时，一般按刚性节点形式处理，由梁伸入柱内的承受负弯矩的钢筋，在弯入柱内时应弯成圆弧形，圆弧直径一般不小于20～25倍钢筋直径，并应使伸过梁底的直段部分至少有30倍直径长度。所有其他梁底、柱内侧面的钢筋，均必须伸至端部。

（8）柱或墙的垂直钢筋，伸入底板内的长度，视底板的厚度而定：当底板厚度小于1.2m，垂直钢筋均应伸至板底面；当板厚等于或大于1.2m时可将50%垂直钢筋伸至板底面，而余下的垂直钢筋可在底板厚度一半处切断，但其伸入底板内的长度不小于30倍垂直钢筋直径。

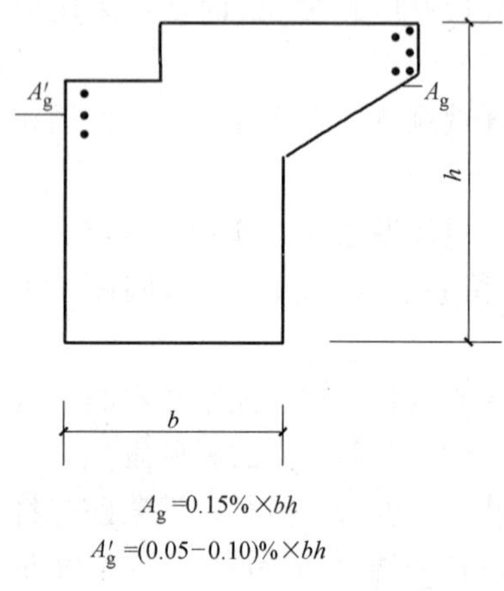

图2.4.10　挑台梁附加钢筋示意图

柱及墙垂直钢筋接头位置，宜设置在底板顶面处，同时在同一水平面上接头的钢筋数量，一般不多于所有钢筋的50%。

（9）基础顶板的挑台、沿挑台外侧及支承挑台的梁的内侧，应设置纵向附加钢筋，其配筋率见图2.4.10。

（10）平板式基础底板的钢筋，除按计算确定受力钢筋外，应沿底板周边放置构造钢筋，当底板厚度大于1.2m时，尚应在板厚中部加设构造钢筋网，见图2.4.11。梁板式、井字式底板的构造可按普通梁板式、井字式基础配筋。

根据底板厚度决定设置地板中部的构造钢筋网，当1.2m$<h\leqslant$2m，可设一层，当2m$<h\leqslant$3m，可设二层，当3m$<h\leqslant$4m，可设三层。

有条件时宜设计底板型钢骨架，用于底板施工时架设底板上部钢筋。

（11）当出线小室墙上有电气瓷瓶穿过时，为防止涡流作用使混凝土中的钢筋受热而

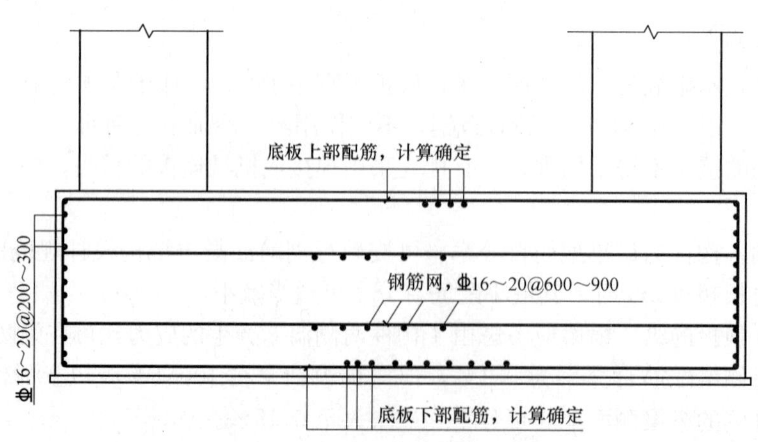

图2.4.11　平板式基础底板配筋示意图

变形，应在涡流作用范围内钢筋交接处，每根钢筋上应用绝缘材料包扎，以免钢筋相互直接接触。涡流作用范围根据电气要求确定，一般宜取不小于孔洞中心半径为500mm的区域为范围，见图2.4.12。

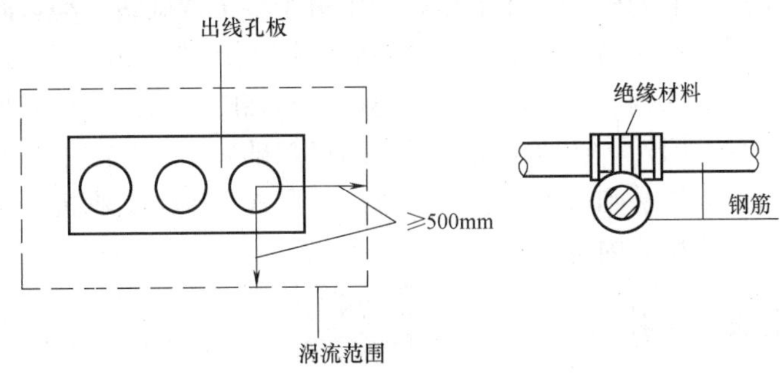

图2.4.12　出线小室钢筋防护构造

第二节　透平压缩机基础

一、基础的特点和形式

透平压缩机是一种叶片旋转机械，气体流经转子（叶轮）时，由于转子（叶轮）旋转，使气体受到离心力的作用而产生压力。透平压缩机广泛地应用于冶金、石油化工及动力等工业部门。

透平压缩机根据转子叶片的形式可分为离心式和轴流式两大类，离心式压缩机的气体是从轴向进入叶轮从径向流出压缩机，轴流式的气体是从轴向进入转子也从轴向流出压缩机。根据气体出口压力，透平压缩机分为：压力在1500mm水柱以下称为通风机，压力在1500mm水柱以上至3.5Barg称为鼓风机，压力在3.5Barg以上称为压缩机。按透平压缩机的结构形式可分为：单缸和多缸，其中单缸又分为单级和多级，多缸分为整体式多轴压缩机和串轴式多缸压缩机。同时根据压缩机的驱动机形式可分为：电机驱动的压缩机、蒸汽透平驱动的压缩机及燃气透平驱动的压缩机。除上述分类外，压缩机的名称也常用压缩气体的种类来命名，如氨气压缩机、氢气压缩机、CO_2压缩机等。

本手册讨论的透平压缩机系指机器工作转速大于3000r/min的旋转式机器。该类型机器由原动机、变速机、压缩机和其他辅助设备组成。当原动机与压缩机的转速不同，或者压缩机各缸的转子的转速不同时，需要在它们之间设置变速机。这些机器大部分用作压力机组，还有部分用作汽轮鼓风机组、透平发电机组等。

一般情况下，透平压缩机组的原动机、压缩机及变速箱都设置在厂房的二层平台上，这一层也是主要的操作层，控制及监视盘（屏）及主要的操作岗位均置于该层，其他辅助设备例如进出口管线、润滑油系统、冷却系统一般布置在底层或底层与操作层之间的空间中，因此，要求楼层之间的透平机器基础应有足够的空间来满足这些辅助设备的安放要求。鉴于此，透平压缩机基础的最主要的结构形式为钢筋混凝土空间框架结构，它占地面积少，构件尺寸经济，可以提供足够的空间来满足布置工艺管道和辅助设备的需要及操作、检修和维护的要求。

这种结构形式在计算时可简化为嵌固于底板上的由横梁、纵梁及柱子组成的正交结构体系。安装在该结构体系上的机器，在工作过程中由于转子做旋转运动，而转子在旋转过程中其质量中心又不可能和它的旋转中心完全重合，因此产生了运动不平衡力，即扰力，使机器及支承机器的框架基础产生振动。对此类机器基础的振动计算目前采用空间正交框架的动力计算程序进行。国外，还有少量透平压缩机基础采用独立的钢筋混凝土柱和支撑于柱上的钢框架顶板组成的基础来支承机器或采用混合式基础来支承机器，这些特殊的基础形式不包括在本手册的相关内容中。

二、选型原则与设计要求

1. 透平压缩机基础指由顶板、柱子和底板组成的空间钢筋混凝土结构。

2. 机器基础宜独立布置，不宜与建筑物及其他基础相连，两者之间留有沉降缝，缝宽 50mm，缝内嵌填以柔性材料。当机器基础与建筑物基础无法分开或为达到分开的目的而需要增加大量资金时，机器基础与建筑基础也可连接在一起，但需加强相应的构造措施。

3. 基础应根据机器的布置、管道的穿越等来确定梁柱位置，梁柱布置应尽可能对称于机器的主轴，并使外部荷载尽量作用于梁柱中心线上，以减少扭力。

4. 基础顶板应有足够的刚度和质量，为减少基础的振动，可适当加大扰力作用点下梁的质量。

当柱中心线与横梁中心线不一致时，应适当增加纵梁刚度。顶板悬臂部分应尽量减少，并做成实腹式。

顶板厚度不宜小于其净跨度的 1/4～1/5，并不得小于 800mm。

5. 柱子一般采用矩形截面，在满足强度和稳定要求的前提下，宜适当减少柱子的刚度。柱子的长细比（柱子计算长度与截面最小宽度之比）一般控制在 1/10～1/12，截面的最小宽度不得小于 450mm。

6. 基础底板宜采用矩形板，底板形式和厚度的选择应结合地基情况综合考虑，一般情况下，为满足底板的刚度要求及满足柱脚嵌固于底板的计算假定，底板的厚度宜取底板长度的 1/10～1/15，并且不宜小于 800mm，且不应小于柱截面的最大边长。当地基为比较完整的岩石时，可以采用锚杆基础；当地基土为高压缩性土时，应采用桩基等人工地基。

7. 压缩机基础下半部的重量（包括柱自重之半、底板自重、底板上附属设备自重及填土自重等），应大于基础上半部的重量（包括柱自重之半、顶板自重及安装在顶板上的机器和管道的重量之和）。

三、基础的计算

1. 计算原则

(1) 根据承载能力极限状态和正常使用极限状态的要求，透平压缩机基础应进行下列验算：

1）强度验算，包括刚架强度验算和地基强度验算。

2）变形验算，仅计算地基的沉降变形。

3）振动验算。

（2）压缩机基础强度验算时，结构的安全等级为一级，结构构件的重要性系数γ_0取1.1。压缩机基础的地基沉降变形在无特殊要求时，压缩机轴方向的倾斜容许值为1/1000。

（3）在满足基础构造要求或下述条件限制时，可不进行上述验算中某个相应项的验算。

1）顶板或刚架梁的跨度不大于4.0m，作用在每榀横向刚架上的机器自重不超过150kN，框架柱截面尺寸等于或大于600mm×600mm，柱纵向钢筋总配筋率不小于1%，框架梁上、主筋配筋率为0.5%～1%且不小于5根直径为25mm的HRB335钢筋，混凝土强度等级不低于C30。此时，可不进行刚架强度验算。

2）当地基土均匀且基础底面平均静压力值小于地基承载力特征值的一半时，可不进行沉降验算。

3）当同时符合下列三个条件时，基础可不做动力计算。

① 压缩机组的总扰力值不大于20kN，且基础尺寸符合本条第1）条的基础构造尺寸要求。

② 设备及生产对基础振动限值无特殊要求。

③ 基组参振部分的总重W_s与机器转子的自重W_g满足下式要求：

$$2.6W_s > W_g\sqrt{n} \tag{2.4.37}$$

式中　W_s——基组参振部分的总重，包括顶板上的机器、管道自重，顶板自重及柱自重之半（kN）；

W_g——机器转子的自重（kN）；

n——基组的工作转速（r/min）。

若基组各部分机器转速不同时，W_s与W_{gi}则应满足下式要求：

$$2.6W_s > \sum_{i=1}^{m}(W_{gi}\sqrt{n_i}) \tag{2.4.38}$$

式中　W_{gi}——基组中第i个机器的转子自重（kN）；

n_i——基组中第i个机器转子的工作转速（r/min）。

2. 承载力计算

（1）荷载及荷载组合

1）验算刚架承载力时，应根据下列荷载设计值计算：

① 永久荷载：压缩机基础自重、底板上填土自重、支承在顶板上的操作平台自重、安装在基础上的机组、辅助设备及管道自重。

② 可变荷载：操作活荷载或安装活荷载、管道推力、凝汽器真空吸力。

③ 当量静力荷载。

④ 偶然荷载：同步电机的短路力矩或地震作用（8度及8度以上时考虑）。

2）在上条所列荷载中，除压缩机基础自重、填土自重、操作平台自重及地震作用外，均应由机器制造厂家提供。如无上述资料时，荷载标准值及分项系数按下列规定计算和选用：

① 永久荷载按实际情况计算，荷载分项系数为 1.2。

② 安装活荷载宜取 10kN/m²，荷载分项系数为 1.3；操作活荷载宜取 2kN/m²，荷载分项系数为 1.4。

③ 凝汽器真空吸力P_a（kN），可按下式计算：

$$P_a = 100A_t \tag{2.4.39}$$

式中 A_t——凝汽器与汽轮机接口处的横截面面积（m²）。

荷载分项系数为 1.4。若凝汽器与汽轮机为刚性连接时，真空吸力为零。

④ 透平压缩机的当量静力荷载，按正负方向的集中荷载作用在基础上，荷载分项系数为 1.0。其数值可按下列规定采用：

a. 竖向当量静力荷载F_z（kN），可按下式计算：

$$F_z = 5W_g\frac{n}{3000} \tag{2.4.40}$$

b. 横向、纵向当量静力荷载F_x、F_y可分别取竖向当量静力荷载的 1/4、1/8，按集中荷载分别作用在横梁、纵梁轴线上；

c. 对不承受机器转子自重的基础构件，其当量静力荷载在竖向和横向均可取构件自重的 1/2，在纵向可取构件自重的 1/4。

⑤ 同步电动机的短路力矩M_0（kN·m）由下式计算：

$$M_0 = \frac{70P}{n} \tag{2.4.41}$$

式中 P——电动机的功率（kW）；

n——电动机的工作转速（r/min）。

作用在基础上的短路力P_0（kN）由下式计算：

$$P_0 = \pm\frac{M_0}{B}\mu \tag{2.4.42}$$

式中 B——电动机短路力作用点之间的距离（m），见图 2.4.13；

μ——动力系数，取 2.0。

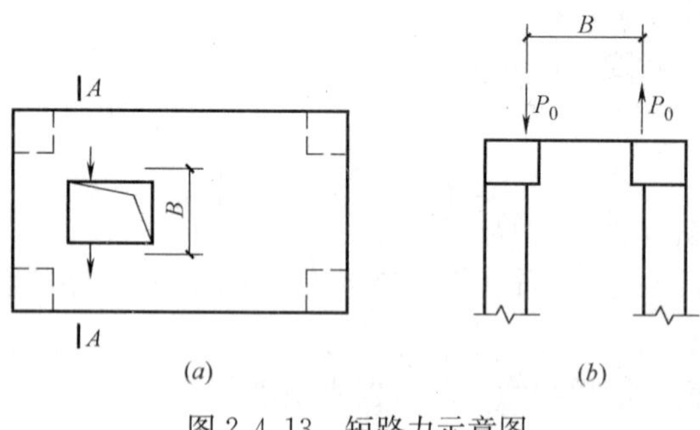

图 2.4.13 短路力示意图

（a）顶板平面图；（b）A—A 剖面图

短路力矩及短路力的荷载分项系数为 1.0。

3）荷载组合

① 基本组合：由永久荷载与当量静力荷载、可变荷载组合，各向的当量静力荷载只考虑单向作用。

② 偶然组合：由永久荷载、可变荷载、当量静力荷载的 1/4 与偶然荷载（电机短路力矩或地震作用）组合。

（2）刚架承载力计算

1）进行刚架承载力计算时，计算简图可按下列规定确定。

① 柱和顶板横梁按横向平面刚架进行计算，当量静力荷载考虑竖向和横向的作用；

② 柱和顶板纵梁按纵向平面刚架进行计算，当量静力荷载考虑竖向和纵向的作用。

2）计算纵、横梁在作用于梁顶的水平荷载产生的弯矩及在垂直向荷载偏心作用下产生的扭矩时，可近似地假定梁的两端为固定支座来计算梁的扭矩值。

（3）地基承载力计算

压缩机基础的地基承载力应符合下式要求：

$$p_k \leqslant \alpha_f \cdot f_a \tag{2.4.43}$$

式中　p_k——标准组合时，基础底面处的平均静压力值（kPa）；

α_f——地基承载力的动力折减系数，取$\alpha_f=0.8$；

f_a——修正后的地基承载力特征值（kPa）。

（4）基组偏心验算

为了防止基础偏沉，保证机器的正常运转，基组（机器、基础和基础上回填土，安装在基础上的其他设备及管道）的总重心应力求与基础底面形心位于同一铅垂线上，如偏心不可避免时，其偏心值与平行于偏心方向基础底边长的比值应小于3%。

3. 振动计算

（1）扰力取值

透平压缩机基础的扰力值和作用位置应由机器制造厂提供，当缺乏资料时，可按下列规定采用。

1）机器扰力可按下列公式计算：

$$F_{vz}=0.5W_g\left(\frac{n}{3000}\right)^{3/2} \tag{2.4.44}$$

$$F_{vx}=F_{vz} \tag{2.4.45}$$

$$F_{vy}=0.5F_{vx} \tag{2.4.46}$$

式中　F_{vz}——机器竖向扰力（kN）；

F_{vx}——沿基础横向的机器水平扰力（kN）；

F_{vy}——沿基础纵向的机器水平扰力（kN）；

W_g——机器转子的自重（kN）。

2）扰力作用位置按机器转子自重分布的实际情况确定。

3）当原动机为电机或被驱动的为发电机组时，由电机产生的竖向和水平扰力按本章第一节“汽轮发电机组基础”的相关规定采用。

4）当透平压缩机与驱动机之间或多级透平压缩机的各级叶片之间有变速器时，计算转子重W_g时应计入变速器内相同转速的齿轮自重。

（2）动力计算

1）透平压缩机框架式基础宜按多自由度空间力学模型进行动力计算，并应取工作转速正负20%范围进行扫频计算。

2）计算模型与假定

① 透平压缩机构架式基础可简化为一个多质点空间框架模型（图2.4.14）。在简化过程中，集中质量和扰力均视为作用于杆件的几何轴心且相邻的杆件均成正交，同时，质点布置应遵循下述假定：

a. 设置在扰力作用点处；

b. 设置在柱子与横梁、纵梁节点处；

c. 设置在横梁中点，亦可按荷载实际分布情况设置；

d. 纵梁上的质点可根据纵梁跨度、荷载分布等因素确定，但每跨不得少于一个质点（不包括柱顶质点）。

② 计算各质点重力时应考虑下列荷载：基础顶板重、机器（包括管道）重平台重以及柱子 1/2 高度的重量。

a. 顶板质点重力的确定：以柱内边为准将顶板按 45°角分为若干块，如图 2.4.15 所示。将每块面积的重力分别集中到邻近的纵、横梁上，则每点分配的板重即为图中相应的阴影面积。

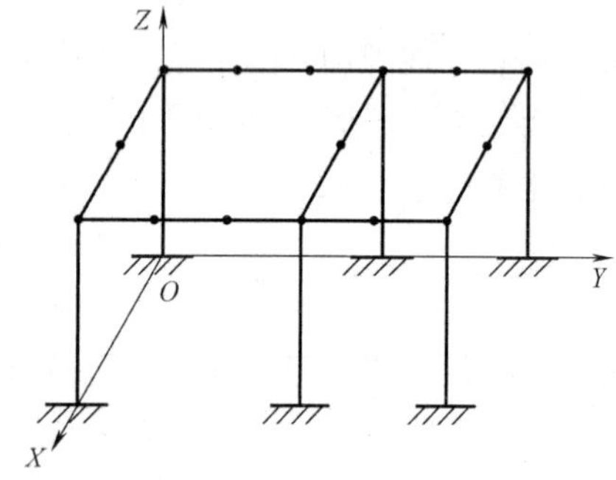

图 2.4.14 空间框架模型

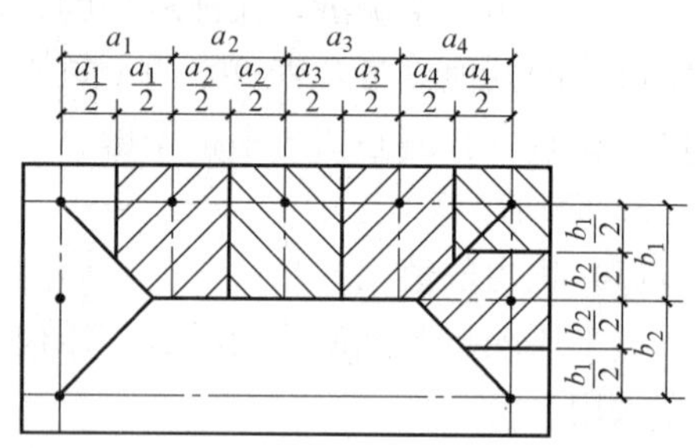

图 2.4.15 顶板重力的确定

b. 设备折算重力的确定：

如图 2.4.16 中设备重力 W 的分配，可根据重力与纵、横梁的距离成反比的原则，例如：A 点所分配的重力为：

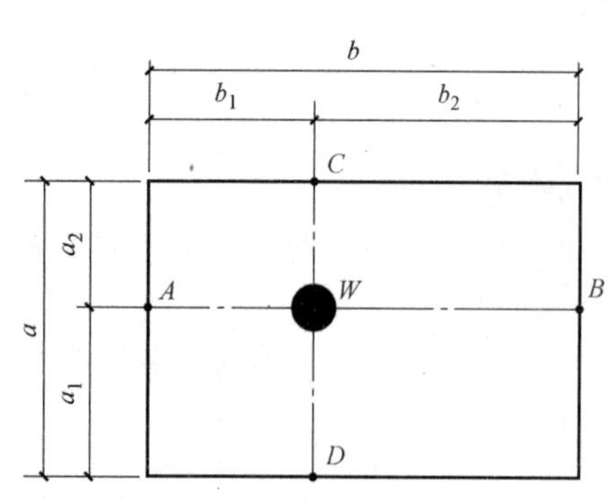

图 2.4.16 设备折算重力的确定

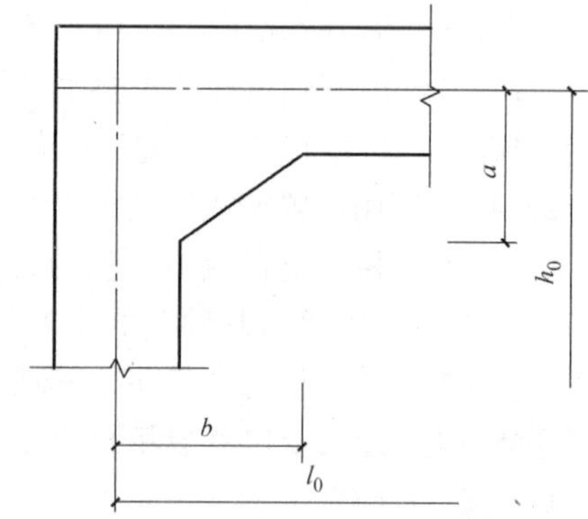

图 2.4.17 杆件计算长度的确定

$$W_A = \xi_A W \tag{2.4.47}$$

$$\xi_A = \frac{\frac{1}{b_1}}{\frac{1}{a_1} + \frac{1}{a_2} + \frac{1}{b_1} + \frac{1}{b_2}} \tag{2.4.48}$$

③ 杆件计算长度的确定：

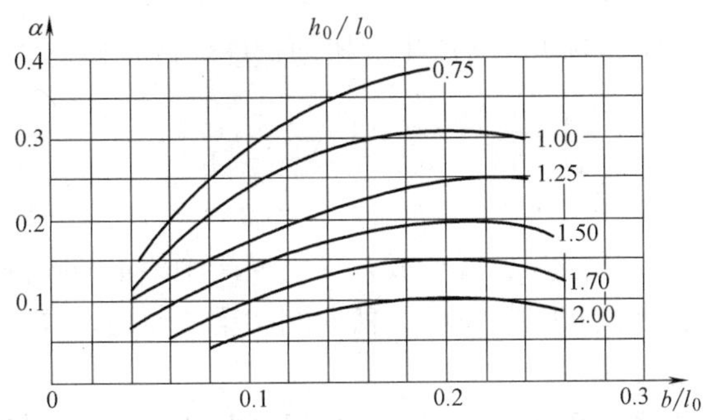

图 2.4.18　α 系数表

a. 横向刚架的计算跨度 l 和计算高度 h，一般取 $l=l_0$，$h=h_0$。

当刚架角部加腋时（见图 2.4.17），可按下列各式计算：

$$l=l_0-2\alpha\cdot b \tag{2.4.49}$$

$$h=h_0-\alpha\cdot a \tag{2.4.50}$$

式中　l_0——横向刚架两柱中心线间的距离（m）；

h_0——底板顶面到横梁中心线的高度（m），见图 2.4.17；

α——无量纲系数，见图 2.4.18。

b. 各榀横向刚架的计算跨度和计算高度不等时，可分别取其平均值作为计算值。

c. 纵向刚架的计算跨度为相邻两榀横向刚架中心线间的距离。

④ 当顶板无开孔时，在计算纵、横梁的截面惯性矩时，应考虑板的刚度影响。梁宽可计入相应板净跨的 1/4。当板有开孔时，应按实际截面计算；若其值大于无开孔板时，则应按无开孔考虑。

(3) 振动速度及其容许值

1) 透平压缩机基础顶面控制点的最大振动速度应小于 5.0mm/s。若采用振动线位移表示时，容许振动线位移的限值见图 2.4.19。

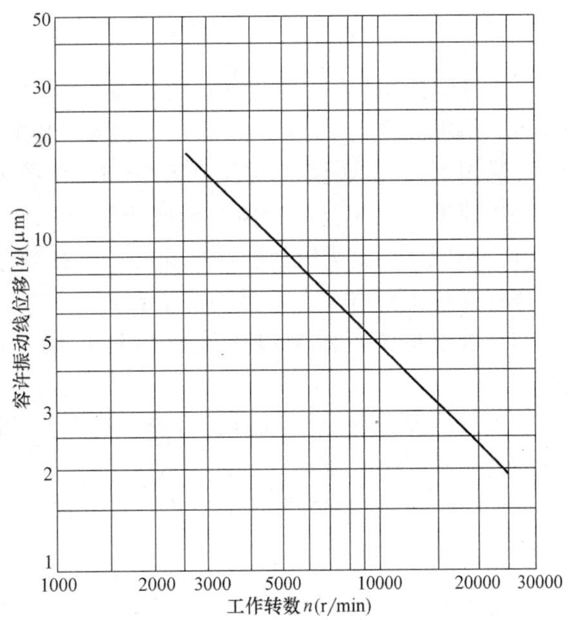

图 2.4.19　基础振动限值

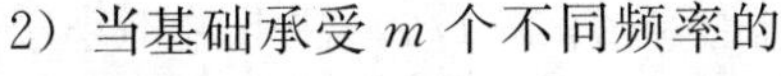

2) 当基础承受 m 个不同频率的扰力作用时，应分别计算各扰力对验算点 i 所产生的振动速度 v_{ik}，其最大振动速度 v_i 可按下式计算：

$$v_i=\sqrt{\sum_{k=1}^{m} v_{ik}^2} \tag{2.4.51}$$

式中 v_i——验算点 i 的振动速度（mm/s）；

v_{ik}——第 k 个扰力对验算点 i 所产生的振动速度（mm/s）。

四、构造与施工要求

1. 构造要求

（1）压缩机基础顶板由梁区和板区构成，纵、横向刚架梁与柱的连接按刚性设计，若顶板为平板时，宜在顶板内设暗梁替代纵、横向刚架梁的作用，柱应嵌固于底板中，其连接构造必须符合固定端的要求。

（2）预埋螺栓的中心线距压缩机基础构件边缘的距离不应小于螺栓直径的4倍，螺栓底距顶板下表面不应小于50mm。若采用预留螺栓孔时，孔边缘距压缩机构件边缘的距离及孔底混凝土净厚度均不应小于100mm。

（3）压缩机基础各构件的受力钢筋的混凝土保护层厚度应符合下述要求：

顶板：≥30mm；

刚架纵、横梁、柱：≥40mm；

底板：≥50mm（无垫层时底板底面≥70mm）。

（4）压缩机基础顶面的二次灌浆层应采用无收缩细石混凝土或无收缩砂浆。

2. 配筋要求

（1）沿底板板顶、板底应配置钢筋网，钢筋直径宜为16～22mm，间距为150～200mm。上下两层钢筋网之间以直径为14～16mm的竖向架立筋连接，间距为600～750mm。

（2）柱纵向钢筋按计算确定，并沿截面对称布置，直径宜为18～25mm，间距不大于200mm。箍筋直径为10～12mm，应采用复合钢箍。

柱纵向钢筋的总配筋率可按0.8%～1.2%范围内选用。

（3）顶板的板区应在板顶及板底配置钢筋网，直径宜为16～22mm，间距为150～200mm。刚架梁的受力纵筋经计算确定，应在梁截面上、下对称配置，梁底部（或顶部）配筋率宜取0.4%～0.8%，且不小于5ϕ25。

（4）沿顶板、底板侧边应配置构造钢筋，钢筋直径为14～18mm，竖向间距为200～250mm。

（5）在顶板或底板上开孔或开沟槽时，若孔或槽的直径或边长大于300mm，应沿孔或槽周边配置直径为18～22mm、间距为200～250mm的加强筋。

（6）为确保顶板上螺栓孔或螺栓套管位置的准确性，顶板及刚架梁纵筋位置应力求避开螺栓孔或螺栓套管。

（7）建造在地震区的压缩机基础，其配筋应符合下列构造要求：

1）柱纵筋与底板伸出钢筋的连接宜焊接。

2）柱箍筋加密区范围：柱上端不小于柱截面高度及柱净高1/6，柱下端不小于柱净高的1/3，当有刚性地面时，尚应取刚性地面上下各500mm。箍筋直径宜为10～12mm，加密区间距不大于100mm，肢距不大于200mm，加密区体积配箍率不小于0.8%。

3）刚架梁箍筋加密范围为1.5倍梁高，箍筋直径不宜小于10mm，加密区间距不大于100mm，肢距不大于200mm。

3. 施工要求

(1) 基础施工前，应核对到货机器的图纸，与设计图纸符合时，方可施工。

(2) 压缩机基础施工时不宜留施工缝。若必须设置时，应设置在底板与柱子交接处。

(3) 压缩机基础底板上的附属设备基础，如与底板两次浇灌应预留锚固钢筋。

(4) 在施工过程中应采取有效的固定措施以保证所有预埋件、地脚螺栓（或套管）的准确位置。

(5) 压缩机基础的施工缝及二次灌浆层的施工要点：

1) 灌浆前必须将混凝土表面凿毛，并将其松动的混凝土及附着物铲除，冲刷干净。

2) 灌浆前两天及灌浆前对灌浆部位洒水，灌浆前应排除灌浆部位的积水。

3) 灌浆前先浇一层水泥浆，灌浇混凝土宜自一端开始逐浇逐振捣密实，以免形成气泡。

4) 注意养护，保持湿润，温度以 20℃为宜。

第三节　电动机、风机、水泵基础

一、基础的特点与形式

除汽轮发电机、透平压缩机等大型旋转式机器外，其他旋转式机器种类很多，涉及不同功能、不同转速、不同的机器结构因而形成各种不同的类型，但就基础形式而言，通常可分为大块式、墙式、框架式三种形式。

对一般容量的电动机、风机、水泵基础通常采用大块式基础，对于电动机容量为 2000kW 以上时，宜设计成墙式或框架式基础；柴油发电机、小型燃汽轮机基础通常为大块式，调相机、鼓风机及汽动给水泵通常为框架式。各种类型的基础都有其各自的特点，已分别在第三章、第四章第一、二节中阐述。

对于上述机器，当机器运行时，产生的激振力会对机器所在的建筑物、周围环境和机器设备本身造成不利影响，严重时会影响结构安全及设备使用寿命。为了消除或减小此类机器振动带来的不利影响，基础可考虑采用隔振基础。采用隔振基础后，隔振基础与下部结构解耦，避免将振动传递给周围环境，有利于改善机器振动情况。隔振基础通常情况下采用支承式，即机器设备下部一般采用钢筋混凝土台座，台座及设备由隔振器支承。为了满足设计布置的要求，台座通常设计成梁式、板式或梁板混合式。当有特殊要求时，也可采用钢框架台座。

二、设计要求

1. 基础设计的基本要求

合理地设计各种旋转式机器基础，必须充分了解机器设备的各种特性与要求；对基础设计的基本要求应是保证基础的最大振动线位移小于基础的容许振动线位移，保证机器平稳运转和不干扰邻近仪器设备、操作人员和居民的工作和生活。当今工业生产自动化水平不断提高，环保意识更为加强的情况下，对机器基础的设计提出了更高、更严格的要求。

不同类型的旋转式机器基础的容许振动值应由制造厂提供，若无此资料，可按表 2.4.5 选用。

基础容许振动值 **表 2.4.5**

机械类别及分类		容许振动速度峰值(mm/s)	
		普通基础	隔振基础
泵	功率≤75kW	3.0	7.0
	功率>75kW	5.0	10.0
风机	功率≤15kW	3.0	7.0
	15kW<功率<75kW	5.0	10.0
	功率≥75kW	6.3	12.0
离心机、分离机、膨胀机		5.0	10.0
电机	轴心高度<315mm	3.0	—
	轴心高度≥315mm	5.0	—

2. 机器的扰力计算

不同类型的旋转式机器，在机器运转时将产生扰力，一般机器的扰力值、作用位置和方向均应由机器制造厂提供。当缺乏资料时，可按下述公式计算：

$$F_{vg}=\frac{W_g}{g}e\omega^2 \quad (2.4.52)$$

式中 W_g——作用在基础上的机器转子重量（kN）；

ω——机器的圆频率（rad/s）；

g——重力加速度（m/s^2）；

e——偏心距（mm）。

对风机、小型电机和泵类的偏心距 e 可参照表 2.4.6、表 2.4.7 选用。

偏心距 e 参考值之一 **表 2.4.6**

机器名称	工作转速(r/min)	偏心距 e(mm)
电机、泵类	$1000<n\leq3000$	0.1
	1000	0.2
	<1000	0.25～0.5
风机(无磨损介质)		0.5～0.7
风机(有磨损介质)		0.8～1.0
送风机		0.5～0.7
引风机及排粉风机		0.7～1.0
风扇磨煤机		软煤 1.0～1.5 硬煤 1.5～2.0

偏心距 e 参考值之二 **表 2.4.7**

机器名称	工作转速(r/min)	偏心距 e(mm)	机器名称	工作转速(r/min)	偏心距 e(mm)
电机	3000	0.05	水泵	3000	0.2
	1500	0.10		1500	0.4
	1000	0.15		1000	0.6
	750	0.3		750	0.8

低转速电机（调相机）的扰力可直接按表 2.4.8 采用。

低转速电机（调相机）扰力 **表 2.4.8**

工作转速(r/min)	<500	500～750	>750
扰力值	$0.10W_g$	$0.15W_g$	$0.20W_g$

三、基础的计算

1. 大块式基础

当旋转式机器采用大块式基础时，其动力计算可按第三章的有关规定采用，机器的扰力值和容许振动值则按本章有关规定选用。

具体计算可利用大块式动力机器基础设计程序进行。

当采用墙式基础时，由底板、纵横墙和顶板组成的墙式基础，构件之间的连接能保证其整体刚度，各构件的尺寸符合第三章的有关规定时，墙式基础可按大块式基础的计算原则进行动力计算。

根据工程实践经验，为了简化设计工作，有关规范、规定对可以不进行动力计算的条件作出了规定，现将其汇总列出，见表 2.4.9。

大块式基础可不进行动力计算的条件　　　**表 2.4.9**

机器类型	工作转速(r/min)	基础重量/机器重量
除立式压缩机以外的功率小于 80kW 各类压缩机、功率小于 500kW 的对称平衡型压缩机		>5
功率小于 2000kW 的电动给水泵、汽动给水泵、励磁机及各种离心泵	$1000<n<3000$	>5

动力机器基础设计手册中提出对风机、小型电动机、发电机和泵类、励磁机、引风机、送风机以及各种离心泵等的大块式、墙式基础，在机器的工作转速大于 1000r/min，基础重量大于 3～4 倍的机器重量以及转速小于 1000r/min 的基础，一般可不做动力计算。

设计者可参照前述经验在工程中具体运用；当设计重要设备的大块式基础时，宜通过动力计算分析合理确定基础形式。

2. 框架式基础

低转速（$n\leqslant 1000$r/min）电机、调相机通常采用框架式基础，进行动力计算时一般只计算顶板的横向最大水平振动线位移，其值$u_{x\psi}$可按下式计算：

$$u_{x\psi}=u_x+u_\psi\cdot I_\psi \tag{2.4.53}$$

$$u_x=\frac{F_{xv}}{K_{\Sigma x}}\cdot\frac{1}{\sqrt{\left(1-\frac{\omega^2}{\omega_x^2}\right)^2+\frac{\omega^2}{64\omega_x^2}}} \tag{2.4.54}$$

$$u_\psi=\frac{M_\psi}{K_{\Sigma\psi}}\cdot\frac{1}{\sqrt{\left(1-\frac{\omega^2}{\omega_\psi^2}\right)^2+\frac{\omega^2}{64\omega_\psi^2}}} \tag{2.4.55}$$

$$K_{\Sigma x}=\frac{1}{\frac{1}{K_x}+\frac{h_4h_5}{K_\psi}+\frac{1}{\Sigma K_{pxj}}} \tag{2.4.56}$$

$$K_{\Sigma\psi}=\sum_{j=1}^{r}K_{pxj}L_{0j}^2 \tag{2.4.57}$$

$$\omega_x=\sqrt{\frac{K_{\Sigma x}}{m_e}} \tag{2.4.58}$$

$$\omega_{\psi}=\sqrt{\frac{K_{\Sigma\psi}}{J_{\mathrm{w}}}} \tag{2.4.59}$$

$$\sum K_{\mathrm{px}j}=\sum_{j=1}^{r}\frac{12E_{\mathrm{h}}I_{\mathrm{h}j}}{h_j^3}\cdot\frac{1+6\delta_j}{2+3\delta_j} \tag{2.4.60}$$

$$\delta_j=\frac{h_jI_{lj}}{L_jI_{\mathrm{h}j}} \tag{2.4.61}$$

$$J_{\mathrm{w}}=0.1m_{\mathrm{e}}L_{\mathrm{d}}^2 \tag{2.4.62}$$

式中 u_{x}——顶板重心的横向水平振动线位移（m）；

u_{ψ}——顶板的扭转振动角位移（rad）；

F_{vx}——机器横向水平扰力；

M_{ψ}——扭转扰力矩（kN・m），对调相机基础，可近似地取 $M_{\psi}=1/2F_{\mathrm{vx}}L_{\psi}$；

L_{ψ}——顶板重心到控制振动线位移点的水平距离（m）；

$K_{\Sigma\mathrm{x}}$——基础及地基总的横向水平刚度（kN/m）；

$K_{\Sigma\psi}$——基础及地基总的抗扭刚度（kN・m）；

ω_{x}——基础的水平横向固有圆频率（rad/s）；

ω_{ψ}——基础的扭转向固有圆频率（rad/s）；

ω——机器的圆频率（rad/s）；

K_{x}——地基的抗剪刚度（kN /m）；

K_{ψ}——地基的抗扭刚度（kN・m）；

$K_{\mathrm{px}j}$——第 j 榀横向框架的水平刚度（kN/m）；

r——基础横向框架的个数；

L_{0j}——第 j 榀横向框架到顶板重心的距离（m）；

h_4——基础底板面至顶板的距离（m）；

h_5——基础底板面至机器水平扰力的距离（m），一般情况下与 h_4 相差不大，故可近似地取 $h_4=h_5$；

I_{lj}——第 j 榀横向框架横梁的截面惯性矩（m^4）；

I_{hj}——第 j 榀横向框架柱的截面惯性矩（m^4）；

l_j——第 j 榀框架横梁的计算跨度（m），可取 0.9 倍的两柱子中心间的距离；

h_j——第 j 榀框架柱的计算高度（m），可取底板顶面至横梁轴线的距离；

E_{h}——混凝土的弹性模量（kPa）；

J_{w}——折算质量 m_{e} 对通过顶板重心竖向轴的惯性矩（tm^2）；

m_{e}——基组折算质量包括全部机器、基础顶板及柱子质量的 30%（t）；

L_{d}——顶板的长度（m）。

低转速机器框架式基础可按静力当量荷载计算构件的动内力，静力当量荷载可按表 2 410 采用。

静力当量载荷 **表 2.4.10**

机器工作转速 n(r/min)	＜500	≥500
垂直向	$4W_{\mathrm{g}}$	$8W_{\mathrm{g}}$
横向	$2W_{\mathrm{g}}$	$2W_{\mathrm{g}}$

注：W_{g} 作为基础构件上的机器转子重量（kN）；

上述当量荷载中已考虑材料的疲劳影响系数。

3. 隔振基础

一般来讲，机器隔振基础的动力计算宜采用有限元方法进行计算。

(1) 隔振参数的选择

1) 根据机器工作转速及环境的要求，确定传递率。可取不大于0.1。

2) 确定隔振体系的固有圆频率。

3) 隔振基础台座质量的确定。

4) 隔振器的竖向总刚度。

5) 根据台座外形尺寸，布置弹簧隔振器。

6) 确定阻尼器数量。

(2) 强迫振动计算

隔振基础强迫振动计算动扰力取值参见本节（二）。阻尼比宜取0.02。

隔振基础台板在频域范围内的振动值应小于容许振动值。

第五章　冲击式机器基础

第一节　锻锤基础

锻锤按加工性质，可分为自由锻锤与模锻锤两大类。如果按机架形式又可分为单臂锤和拱式锤两种。一般1t以下的锤，大都为单臂锤，它在工艺操作上比拱式锤灵活，但它的机架重心与锤头之间有一个偏心距，设计锤基时应予以注意。

一、基础的特点与形式

1. 基础的特点

自由锻与模锻锤不但在使用上不一样，其设备构造也不一样，自由锻的机架与砧座是分离的，需要在混凝土基础上预埋地脚螺栓或预留螺栓孔，通过螺栓将机架与基础连成一闭式框架。模锻锤的机架与砧座直接用螺栓连成整体，并设置在基础上，没有地脚螺栓。因此，在基础构造上和振动计算时均有所区别。

2. 基础的形式

锻锤基础的传统形式是大块式固定基础，（见图2.5.1（a）、（b），以及20世纪60年代初我国首创的截头正圆锥体基础，见图2.5.1（c）。传统大块式固定基础由于混凝土用量大，振动控制效果不好，使得应用场合受到诸多制约，应用越来越少。截头正圆锥体基础虽然可以节省部分混凝土用量，但由于其基础底面积要比大块式大，会给车间工艺布置带来不便，甚至会影响厂房的柱距布置，因此这种基础的应用一直都比较少，而且只限于5t及以下的锻锤基础。

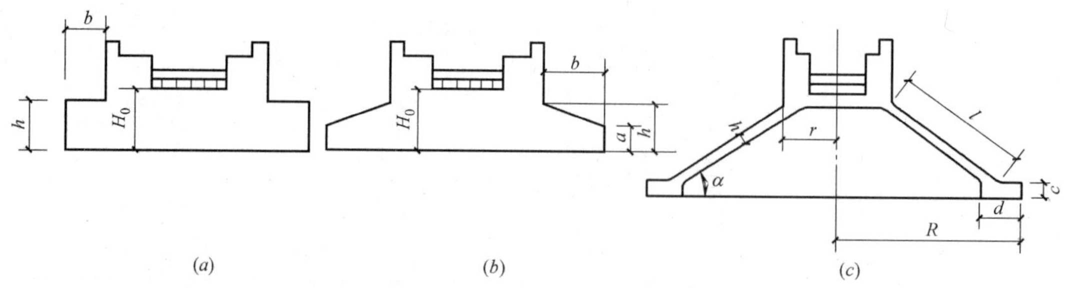

图2.5.1　锻锤基础的形式

（a）台阶形整体大块式；（b）梯形整体大块式；（c）截头正圆锥壳体式

2000年以后，锻锤弹簧隔振基础的应用越来越广泛，现在，几乎所有新出厂的模锻锤和大多数自由锻锤都采用了直接支承或者间接支承（带基础块）的弹簧隔振基础，见图

2.5.2 (*a*)、(*b*)、(*c*)。当锻锤采用弹簧隔振基础后，由于弹簧隔振系统已经隔离掉了大部分动载荷，因此下部基础箱的设计可以仅按静力进行简化计算。

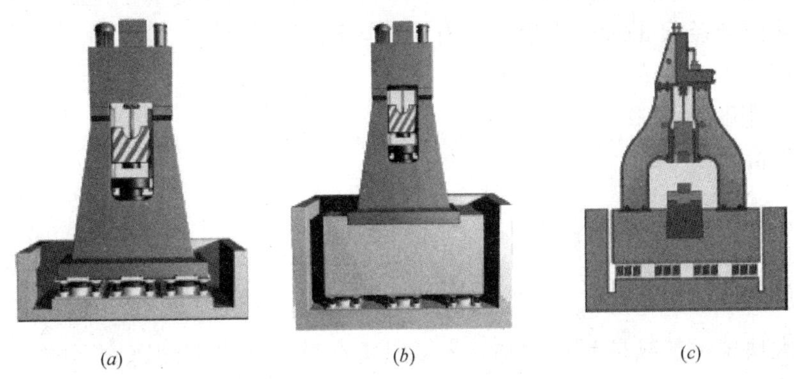

图 2.5.2　锻锤弹簧隔振基础的形式

(*a*) 模锻锤直接支承弹簧隔振基础；(*b*) 模锻锤间接支承弹簧隔振基础；(*c*) 自由锻锤间接支承弹簧隔振基础

二、选型原则与设计要求

1. 选型原则

设计锻锤基础时，应力求使锤击中心、基组质心及基础底面形心位于同一铅垂线上。设计截头正圆锥壳体锻锤基础时，尤其必须严格遵守上述原则。对于小于 1t 锤的机架质心，大部分与锤击中心偏离的，因此有必要在设计时利用基础进行调正，以减少锤基振动和壳体内的动应力。在设计大块式锤基时，如上述要求不能满足，则至少应使锤击中心对准基础底面形心；同时，总质心对底面形心的偏离最大不超过偏心方向基底边长的 5%。

2. 设计要求

(1) 设计原始资料

设计锤基时，除应取得本篇第一章第三节所要收集的设计资料外，尚应有下列资料由制造厂提供：

1) 落下部分公称质量及实际重；

2) 砧座及锤架重；

3) 砧座高度、底面尺寸及砧座顶面对本车间地面的相对标高；

4) 锤架底面尺寸及地脚螺栓的形式、直径、长度和位置；

5) 落下部分的最大速度或最大行程、汽缸内径、最大进汽压力或最大打击能量；

6) 单臂锤锤架的质心位置。

(2) 锻锤基础的混凝土强度等级：

大块式基础的混凝土强度等级不宜低于 C20；正圆锥壳体基础的混凝土强度等级不宜低于 C30。

(3) 基础的外形尺寸（图 2.5.1）

大块式锤基应使台阶式或锥形基础的高宽比 $\frac{h}{b}\geqslant 1$，梯形基础底面外边的最小厚度 a

应大于或等于 200mm，见图 2.5.1。

正圆锥壳体基础，根据现有壳体基础施工经验表明，当薄壳的壳面与水平面之间的夹角 α 不大于 40°时，则施工时可不支外模，亦可保证混凝土的质量。壳面斜长 l 由壳体倾角 α 与基础底面半径 R 的大小来确定，当 l 确定后，则：

壳体厚度 $h=0.125l$

下环梁的宽度 $d=0.25l$

下环梁的高度 $c=0.2l$

锤基顶面处的外径 $r=(1.83-1)l\cos\alpha+\dfrac{h}{2\sin\alpha}$

锤基底部处的外径 $R=1.83l\cos\alpha-\dfrac{h}{2\sin\alpha}+d$

无论是大块式锤基或是薄壳锤基，为了避免在锤头冲击下砧座底下的基础开裂、脱底，除合理地配置一定数量的钢筋外，尚应保证砧座下的基础有一最小厚度 H，其值见表 2.5.1。

砧座垫层下基础部分的最小厚度 H 表 **表 2.5.1**

锤落下部分公称质量(t)	≤0.25	>0.25 且≤0.75	1	2	3	5	10	16
H(mm)	600	800	1000	1200	1500(模锻) 1750(自由锻)	2000	2750	3500

（4）锤基及砧座的振动控制值详见第一篇第三章。

三、基础的计算

1. 计算的内容与步骤

锤基计算分动力计算与静力计算两部分。锤基振动的大小，主要由锤基重力与基础底面积控制，改变基础重力或底面积，即能改变基础的振动，使之满足振动控制标准。所以动力计算主要是确定锤基底面积大小和它的高度。锤基静力计算主要是验算地基承载力，对于薄壳基础，尚应验算壳体强度与抗裂性，以便配筋。只有在锤基底面积及其高度确定以后，才能作地基承载力的验算。

2. 动力计算

（1）大块式锤基的估算：在进行锻锤车间设计方案时，需要预先知道锤基的底面积 A 或重力，此时可按下列公式估算：

$$W=\frac{(80\sim100)W_0}{[u_z]} \tag{2.5.1}$$

$$u=\frac{2W}{f_k} \tag{2.5.2}$$

式中 W——锤架、砧座、基础及基础上填土等的总重力（kN）；

W_0——锤落下部分的重力（kN）；

$[u_z]$——锤基容许振动线位移（mm）。

公式（2.5.1）中的 80～100 倍，视锤头冲击速度大小而定，当冲击速度大时，采用大值。

具体进行大块式锤基设计时，可根据土质实际情况，按表 2.5.2（*a*）、表 2.5.2（*b*）所列参考尺寸，作进一步验算。在计算地基刚度时，不考虑基础的埋深作用。

小于 1t 锤的天然地基大块式基础外形参数尺寸（长×宽×高）（m）

表 2.5.2（*a*）

土的性质	f_k(kN/m²)	65kg	75kg	150kg	200kg	250kg	400kg	560kg	750kg
黏性土	250～400	2.44×1.7×1.27	2.5×1.6×1.62	2.61×1.77×1.5	2.6×1.96×1.91	3.3×1.8×2.0	4.4×2.2×1.8	3.3×2.5×2.52	4.6×3.0×2.3
	180～250	2.44×1.7×1.27	2.2×1.4×1.62	2.81×2.17×1.5	3.2×1.96×1.91	3.6×2.1×2.0	4.7×2.8×1.8	4.2×2.5×2.52	5.5×3.0×2.6
	130～180	2.74×1.7×1.27	2.2×1.6×1.62	3.21×2.37×1.5	3.2×2.26×1.91	4.2×2.1×2.0	4.7×2.8×2.1	5.1×2.5×2.52	5.5×3.0×2.6
	80～130	2.74×1.7×1.27	2.5×1.6×1.62	3.6×2.37×1.5	4.4×2.56×1.91	5.1×2.7×1.7	6.2×3.4×1.8	5.7×3.7×2.52	6.7×3.9×2.3
砂土	300～400	2.44×1.7×1.27	2.5×1.6×1.62	3.61×2.37×1.5	3.6×2.26×1.91	4.5×2.4×2.0	4.7×2.8×2.1	5.4×2.8×2.52	5.8×3.3×2.6
	160～300	2.74×1.7×1.27	2.5×1.6×1.62	3.61×2.37×1.5	3.2×2.26×2.16	4.5×2.4×2.0	5.3×3.4×1.8	5.4×2.8×2.52	5.8×3.3×2.6
	120～160	2.74×1.7×1.27	2.5×1.6×1.62	3.61×2.37×1.5	3.2×2.26×2.16	4.5×2.4×2.0	5.3×3.4×1.8	5.4×2.8×2.52	6.7×3.9×2.3

大于等于 1t 锤的天然地基大块式基础外形参考尺寸（长×宽×高）（m）

表 2.5.2（*b*）

土的性质	f_k (kN/m²)	1t 模	1t 自由锻	2t 单臂	3t 单臂	2t 模	2t 自由锻	3t 模	3t 自由锻	5t 模	5t 自由锻
黏性土	250～400	5.0×4.0×2.14	5.2×4.0×2.71	6.54×3.3×4.1	7.78×4.1×4.33	6.0×5.0×2.85	5.75×4.6×3.66	6.4×5.5×3.2	7.0×4.8×4.5	7.5×6.0×3.4	8.7×4.9×5.2
	180～250	5.5×4.0×2.54	5.2×4.0×2.71	7.54×4.3×4.5	8.28×5.7×4.73	7.0×5.0×3.05	7.8×5.0×3.66	7.8×6.4×3.2	9.0×6.0×4.7	9.4×8.0×3.4	11×6.6×5.6
	130～180	6.0×4.4×2.94	6.2×4.0×2.91	8.5×5.3×4.5	9.78×6.7×4.73	8.0×6.8×3.25	8.2×6.6×4.1	9.5×8.5×3.4	9.5×7.8×5.5	11×9.6×4.2	12×9.0×6.0
砂土	300～400	6.0×4.4×2.94	5.2×4.0×3.3	7.54×4.3×4.5	7.8×5.7×4.73	8.0×6.6×3.05	6.8×5.0×4.66	8.0×6.8×3.6	7.3×6.0×5.3	8.5×6.5×4.6	9.6×6.0×5.8
	160～300	7.0×5.8×2.34	7.4×5.5×2.71	8.54×5.3×4.5	9.78×6.7×4.73	8.0×6.6×3.05	8.2×6.6×4.1	9.5×8.5×3.4	9.5×7.8×5.5	11×9.6×4.2	12×9.0×6.0

（2）锤基竖向振动线位移、固有圆频率及振动加速度，可按下列公式计算。

$$u_z = k_A \frac{\psi_e v_0 W_0}{\sqrt{K_z W}} \tag{2.5.3}$$

$$\omega_{nz}^2 = k_\lambda^2 \frac{K_z g}{W} \tag{2.5.4}$$

$$a = u_z \omega_{nz}^2 \tag{2.5.5}$$

式中　v_0——落下部分的最大速度（m/s）；

ψ_e——冲击回弹影响系数：对模锻锤，当锻钢制品时，可取 0.5s/m$^{1/2}$，锻有色金属制品时，可取 0.35s/m$^{1/2}$；对自由锻锤可取 0.4s/m$^{1/2}$；

W——基础、砧座、锤架及基础上回填土等的总重（kN），对于正圆锥壳体基础还应包括壳体内的全部土重；

k_A——振动线位移调整系数：对除岩石地基外的天然地基可取 0.6；对于桩基可取 1.0；

k_λ——频率调整系数：对于除岩石地基外的天然地基可取 1.6；对于桩基可取 1.0；

a——振动加速度（m/s^2）；

g——重力加速度（9.81m/s^2）。

（3）锻锤落下部分冲击速度的确定。

锻锤的锤头最大下落速度 v_0，当设计资料不能直接给出时，则可根据有关资料，按下列公式计算。

1）对单作用的自由下落锤：

$$v_0=0.9\sqrt{2gh} \tag{2.5.6}$$

2）对双作用锤：

$$v_0=0.65\sqrt{2gh\frac{P_0A_0+W_0}{W_0}} \tag{2.5.7}$$

3）对采用锤击能量时：

$$v_0=\sqrt{\frac{2.2gE}{W_0}} \tag{2.5.8}$$

式中 H——落下部分最大行程（m）；

P_0——汽缸最大进汽压力（kPa）；

A_0——汽缸活塞面积（m^2）；

E——锤头最大打击能量（kJ）。

（4）当设备与基础之总质心与底面形心间有偏心时，不应采用正圆锥壳体基础，可采用大块式基础，但必须使锤击中心对准基础底面形心，且锤击中心对基组质心的偏心距不应大于基础偏心方向边长的 5%，此时，锻锤基础边缘的竖向振动线位移可按下式计算：

$$u_{ez}=u_z\left(1+3\frac{e_h}{b_h}\right) \tag{2.5.9}$$

式中 u_{ez}——锤击中心对基组质心的偏心距小于基础偏心方向边长的 5%时，锤基边缘的竖向振动线位移（m）；

e_h——锤击中心对基组重心的偏心距（m）；

b_h——锤基偏心方向的边长（m）。

（5）在计算薄壳锤基时，因为正圆锥壳体对锥体内及基础下的土具有侧向约束作用，故当正圆锥壳体锤基建造在天然地基抗压刚度系数小于 28000kN/m^3 时，应取 28000kN/m^3。

（6）砧座上的竖向振动线位移，可按下式计算：

$$u_{zl}=\psi_e W_0 v_0\sqrt{\frac{d_0}{E_1W_hA_l}} \tag{2.5.10}$$

式中 u_{zl}——砧座的竖向振动线位移（m）；

d_0——砧座下垫层总厚度（m），可按公式（2.5.11）计算，但不应小于表 2.5.3 中的数值；

E_1——垫层的弹性模量（kPa），可按表 2.5.4 采用；

W_h——对模锻锤为有砧座和锤架的总重，对自由锻锤为砧座重（kN）；

A_l——砧座底面积（m^2）。

$$d_0=\frac{\psi_e^2 W_0^2 v_0^2 E_1}{f_c^2 W_h A_l} \tag{2.5.11}$$

式中 f_c——垫层承压强度设计值（kPa），可按表 2.5.4 采用。

垫层最小总厚度 **表 2.5.3**

落下部分公称质量(t)	木垫(mm)	胶带(mm)	落下部分公称质量(t)	木垫(mm)	胶带(mm)
≤0.25	150	20	3.00	600	60
0.50	250	20	5.00	700	80
0.75	300	30	10.00	1000	—
1.00	400	30	16.00	1200	—
2.00	500	40			

垫层的承压强度设计值和弹性模量 **表 2.5.4**

垫层名称	木材强度等级	承压强度计算值 f_c(kPa)		弹性模量 E_1(kPa)
横放木垫	TB-20、TB-17 TC-17 TC-15、TB-15	3000 1800 1700		5×10^4 30×10^4
竖放木垫	TC-17、TC-15、TB-15	10000		10×10^6
运输胶带	—	小于 1t 的锻锤	3000	3.8×10^4
		1～5t 的锻锤	2500	

3. 静力计算

（1）锤基下地基强度的验算，按本篇第一章第二节的要求进行。

（2）正圆锥壳体锤基的内力计算

按一般壳体弹性理论分析得到截头正圆锥壳体锻锤基础的计算公式如下

1）壳顶作用的当量荷载可按下式计算：

$$F_v=(1+e)\frac{W_0 v_0}{g T_q}\cdot\mu \tag{2.5.12}$$

式中 F_v——壳体顶部的当量荷载（kN）；

T_q——冲击响应时间（s）：对 1t 及以下的锻锤，其砧座下为木垫时可取 1/200s，垫层为运输胶带时取 1/280s；对大于 1t 的锻锤，其砧座下为木垫时，可取 1/150s，垫层为运输胶带时，可取 1/200s；

μ——考虑材料疲劳等因素，可取 2.0；

e——回弹系数，可取 0.5。

在计算壳体截面强度时，在壳体顶上的当量荷载 P 及基础、锤架、砧座、填土等总重的分项系数可取 1.2。

2）壳体的径向应力

$$\sigma_s=1.2F_{vq}\left(\frac{2.15K_q N_{ss}}{h_q}\pm\frac{K_{\psi q}M_{ss}h_q}{2I_q}\right) \tag{2.5.13}$$

3）壳体环向应力

$$\sigma_{\theta}=1.2F_{\mathrm{qv}}\left(\frac{K_{\mathrm{q}}N_{\theta\theta}}{h_{\mathrm{q}}}\pm\frac{K_{\psi\mathrm{q}}M_{\theta\theta}h_{\mathrm{q}}}{2I_{\mathrm{q}}}\right) \tag{2.5.14}$$

4）环梁内力

$$T=1.2F_{\mathrm{vq}}(-K_{\mathrm{q}}N_{\mathrm{ss}}\cos\alpha_{\mathrm{q}}+K_{\psi\mathrm{q}}Q_{\mathrm{ss}}\sin\alpha_{\mathrm{q}})(1.83l_{\mathrm{q}}\cos\alpha_{\mathrm{q}}) \tag{2.5.15}$$

5）壳体抗拉、抗压强度

$$K_{\mathrm{q}}=\frac{E_{\mathrm{c}}h_{\mathrm{q}}}{1-\nu^{2}} \tag{2.5.16}$$

6）壳体抗弯刚度

$$K_{\varphi\mathrm{q}}=\frac{E_{\mathrm{c}}h_{\mathrm{q}}^{3}}{12(1-\nu^{2})} \tag{2.5.17}$$

7）壳体单位宽度的截面惯性矩

$$I_{\mathrm{q}}=\frac{h_{\mathrm{q}}^{3}}{12} \tag{2.5.18}$$

式中 σ_{s}——壳体径向应力（kPa）；

σ_{θ}——壳体环向应力（kPa）；

T——环梁内力（kN）；

F_{vq}——作用在壳体顶部的总荷载，包括基础自重、锤架和砧座重以及当量荷载（kN）；

K_{q}——壳体抗拉、抗压刚度（kN/m）；

$K_{\psi\mathrm{q}}$——壳体抗弯刚度（kN·m）；

I_{q}——壳体单位宽度的截面惯性矩（m^3）；

ν——钢筋混凝土的泊松比，可取 0.2；

N_{ss}——当壳体顶部荷载为 1kN 时，壳体单位宽度上的环向力参数值（1/kN），可按表 2.5.5 采用；

$N_{\theta\theta}$——当壳体顶部荷载为 1kN 时，壳体单位宽度上的环向力参数值（1/kN），可按表 2.5.5 采用；

M_{ss}——当壳体顶部荷载为 1kN 时，壳体单位宽度上的环向弯矩参数值［1/(kN·m)］，可按表 2.5.5 采用；

$M_{\theta\theta}$——当壳体顶部荷载为 1kN 时，壳体单位宽度上的环向弯矩参数值［1/(kN·m)］，可按表 2.5.5 采用。

正圆锥壳基础内力参数值 **表 2.5.5**

l(m)	N_{ss} (1/kN)	M_{ss} [1/(kN·m)]	Q_{ss} [1/(kN·m²)]	N_{QQ} (1/kN)	M_{Q} [1/(kN·m)]
0.80	-0.317×10^{-7}	-0.164×10^{-5}	0.109×10^{-4}	0.499×10^{-7}	-0.228×10^{-6}
1.00	-0.203×10^{-7}	-0.837×10^{-6}	0.444×10^{-5}	0.318×10^{-7}	-0.116×10^{-6}
1.20	-0.141×10^{-7}	-0.483×10^{-6}	0.214×10^{-5}	0.220×10^{-7}	-0.671×10^{-7}
1.40	-0.103×10^{-7}	-0.303×10^{-6}	0.115×10^{-5}	0.161×10^{-7}	-0.421×10^{-7}
1.60	-0.789×10^{-8}	-0.202×10^{-6}	0.672×10^{-6}	0.123×10^{-7}	-0.281×10^{-7}

续表

l(m)	N_{ss} (1/kN)	M_{ss} [1/(kN·m)]	Q_{ss} [1/(kN·m^2)]	N_{QQ} (1/kN)	M_Q [1/(kN·m)]
1.80	-0.623×10^{-8}	-0.142×10^{-6}	0.419×10^{-6}	0.968×10^{-8}	-0.197×10^{-7}
2.00	-0.504×10^{-8}	-0.103×10^{-6}	0.274×10^{-6}	0.781×10^{-8}	-0.413×10^{-7}
2.20	-0.416×10^{-8}	-0.771×10^{-7}	0.178×10^{-6}	0.643×10^{-8}	-0.107×10^{-7}
2.40	-0.349×10^{-8}	-0.592×10^{-7}	0.131×10^{-6}	0.539×10^{-8}	-0.822×10^{-8}
2.60	-0.297×10^{-8}	-0.464×10^{-7}	0.952×10^{-7}	0.457×10^{-8}	-0.644×10^{-8}
2.80	-0.256×10^{-8}	-0.370×10^{-7}	0.706×10^{-7}	0.393×10^{-8}	-0.514×10^{-8}
3.00	-0.223×10^{-8}	-0.300×10^{-7}	0.534×10^{-7}	0.341×10^{-8}	-0.416×10^{-8}
3.20	-0.195×10^{-8}	-0.246×10^{-7}	0.412×10^{-7}	0.289×10^{-8}	-0.342×10^{-8}
3.40	-0.173×10^{-8}	-0.205×10^{-7}	0.322×10^{-7}	0.264×10^{-8}	-0.284×10^{-8}
3.60	-0.154×10^{-8}	-0.172×10^{-7}	0.256×10^{-7}	0.234×10^{-8}	-0.239×10^{-8}
3.80	-0.138×10^{-8}	-0.146×10^{-7}	0.206×10^{-7}	0.210×10^{-8}	-0.202×10^{-8}
4.00	-0.125×10^{-8}	-0.125×10^{-7}	0.167×10^{-7}	0.189×10^{-8}	-0.173×10^{-8}
4.20	-0.113×10^{-8}	-0.107×10^{-7}	0.137×10^{-7}	0.170×10^{-8}	-0.149×10^{-8}
4.40	-0.103×10^{-8}	-0.930×10^{-8}	0.115×10^{-7}	0.155×10^{-8}	-0.129×10^{-8}
4.80	-0.860×10^{-9}	-0.712×10^{-8}	0.797×10^{-8}	0.129×10^{-8}	-0.986×10^{-9}
5.20	-0.731×10^{-9}	-0.557×10^{-8}	0.576×10^{-8}	0.109×10^{-8}	-0.771×10^{-9}
5.60	-0.629×10^{-9}	-0.443×10^{-8}	0.426×10^{-8}	0.936×10^{-9}	-0.613×10^{-9}
6.00	-0.546×10^{-9}	-0.358×10^{-8}	0.322×10^{-8}	0.810×10^{-9}	-0.495×10^{-9}
6.40	-0.479×10^{-9}	-0.293×10^{-8}	0.247×10^{-8}	0.707×10^{-9}	-0.405×10^{-9}

注：1. 表中参数值系指壳体的倾角 α_q 为 35°，地基抗压刚度系数 C_z 值为 28000kN/m^3 及以上时的数值。

2. 当壳体倾角 α_q 为 30°时，表中数值应乘以 1.2，当壳体倾角为 40°时，应乘以 0.8，中间值用插入法计算。

3. 当壳体基础建造在抗压刚度小于 2800kN/m^3 时，表中数值应乘以 1.2。

四、构造与施工要求

1. 砧座垫层

锤基砧座下的垫层，目前在国内通常采用木垫或橡胶垫。

（1）由方木或胶合方木组成的木垫，宜选用材质均匀、耐腐性较强的一等材，并经干燥防腐处理，其树种应按现行国家标准《木结构设计规范》GB 50005 的规定采用。

（2）木垫的材质应符合下列规定：

1）横放木垫（使木材横纹受压），见图 2.5.3（*a*），可采用 TB20、TBl7，对于不大于 1t 的锻锤，亦可用 TB15、TC17、TC15；

2）竖放木垫（使木材顺纹受压）见图 2.5.3（*b*），可采用 TB15、TC17，TC15；

3）竖放木垫下的横放木垫可采用 TB20、TB17；

4）对于木材表层绝对含水率：当采用方木时不宜大于25%；当采用胶合方木时不宜大于15%。

（3）垫层的铺设方式

1）木垫横放并由多层组成时，上下各层应交叠成十字形。最上层沿砧座底面的短边铺设，每层木垫厚度不宜小于150mm，并应每隔0.5～1.0m用螺栓将方木拧紧，螺栓直径可按表2.5.6选用。见图2.5.3（*a*）。

横放木垫连接螺栓直径 **表2.5.6**

每层木垫厚度(mm)	螺栓直径(mm)	每层木垫厚度(mm)	螺栓直径(mm)
150	20	250	30
200	24	300	36

2）木垫竖放时，宜在砧座凹坑底面先横放一层厚100～150mm的木垫，然后再沿凹坑用方木立砌，并将顶面刨平。对于小于0.5t锻锤可不放横向垫木，见图2.5.3（*b*）。

3）橡胶垫由一层或数层运输胶带或橡胶板组成，上下各层应顺条通缝叠放，并应在砧座凹坑内满铺，见图2.5.4。

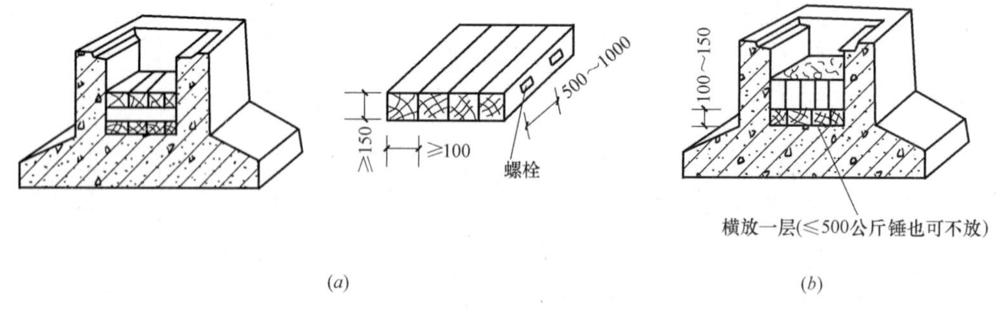

图2.5.3 横放及竖放木垫铺设图

（*a*）横放木垫；（*b*）竖放木垫

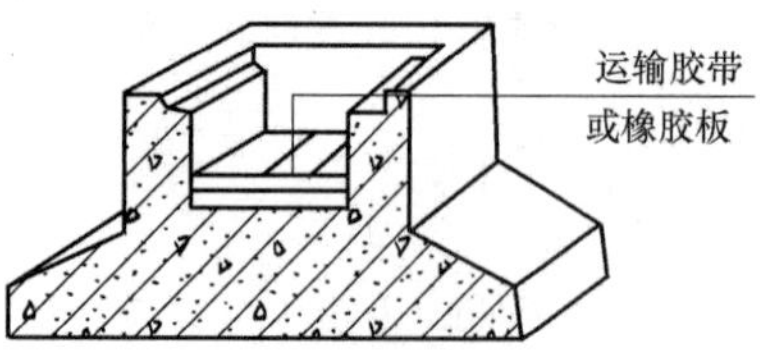

运输胶带
或橡胶板

图2.5.4 橡胶带铺设示意图

（4）砧座与凹坑间的密封

为了防止氧化铁皮、废机油、生产用水、尘泥等进入基础凹坑，宜将砧座与凹坑间的空隙用沥青麻丝分层嵌填密实，并在上表面50～100mm的范围内灌以沥青玛蹄脂封严。当锤基顶面低于车间地面且地下水位又较高时，应在锤基上沿砧座凹坑壁顶四周砌以砧墙，直到地面处为止，同样，在砖墙与砧座之间亦需用沥青麻丝填实。更好的办法是，除了上述要求外，在凹坑顶面处之砧座上，沿四周包以油毡或焊以薄钢板，以罩住砧座凹坑，防止上述有害物质的侵入。

2. 地脚螺栓

锻锤机架的地脚螺栓有两种类型：一种是固定式的地脚螺栓，一般下端带有弯钩或固定锚板的螺栓，对于小于1t的锻锤，采用这种形式的螺栓较多；另一种是活动式地脚螺栓，一般为上、下端带丝扣及垫板和螺帽的地脚螺栓或下端长方形锚头的丁字形地脚螺栓

（俗称榔头螺栓）。使用上下均带丝扣的地脚螺栓时，设计基础时，不但需要在基础中预留螺栓孔，而且还需要在基础上留有人孔，以便在安装及检修时拧紧螺栓之用，这种螺栓的优点是一旦螺栓断裂，可以随时更换，但缺点是使基础外形复杂，断面削弱，基础内配筋种类增多，见图 2.5.5。

当采用丁字形地脚螺栓时，在锤基上的螺栓预埋管一般为长方形（个别也有圆形的），并在预埋管端部焊有一个开口的钢板盒，见图 2.5.5。长方形预埋管的边长应比丁字形螺栓的榔头的边长大 20mm 左右，螺栓安装时，只需将它伸入预埋管后再转 90°即可拧紧，采用这种地脚螺栓时，应注意采取措施，避免锻锤使用过程中的生产水或地面水流入螺栓预埋管及铁盒内。

3. 基础配筋

（1）砧座垫层下基础上部，应配置水平钢筋网、钢筋直径宜为 10～16mm，钢筋间距宜为 100～150mm。钢筋应采用Ⅱ级钢，伸过凹坑内壁的长度不宜小于 50 倍钢筋直径，一般伸至基础外缘，其层数可按表 2.5.7，各层钢筋网的竖向间距宜为 100～200mm，并按上密下疏的原则布置，最上层钢筋网的混凝土保护层厚度宜为 30～35mm。

（2）砧座凹坑的四周，应配置竖向钢筋网，钢筋间距宜为 100～250mm，钢筋直径：当锻锤小于 5t 时，宜采用 12～16mm；当锻锤大于或等于 5t 时，宜采用 16～20mm，其竖向钢筋宜伸至基础底面。

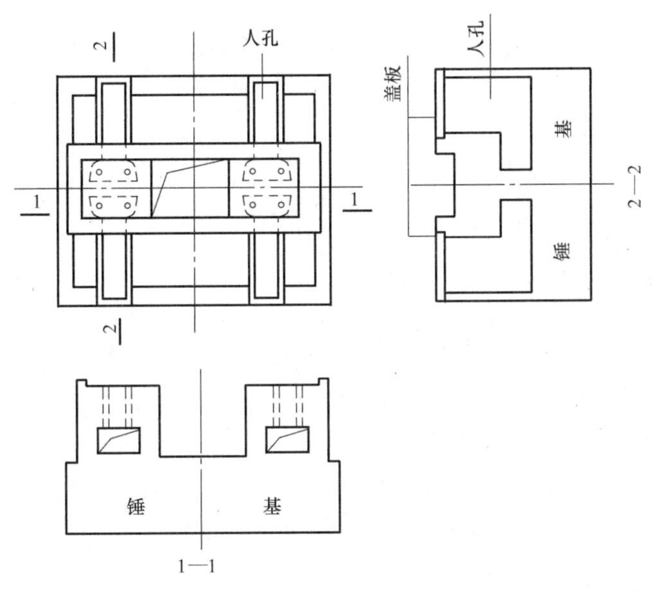

图 2.5.5　留有人孔的锻锤基础

砧座下钢筋网的层数　　**表 2.5.7**

锤落下部分公称质量(t)	≤1	2～3	5～10	16
钢筋网层数	2	3	4	5

（3）基础底面应配置水平钢筋网，钢筋间距宜为 100～250mm，钢筋直径：当锻锤小于 5t 时，宜采用 12～18mm；当锻锤大于或等于 5t 时，宜采用 18～22mm。

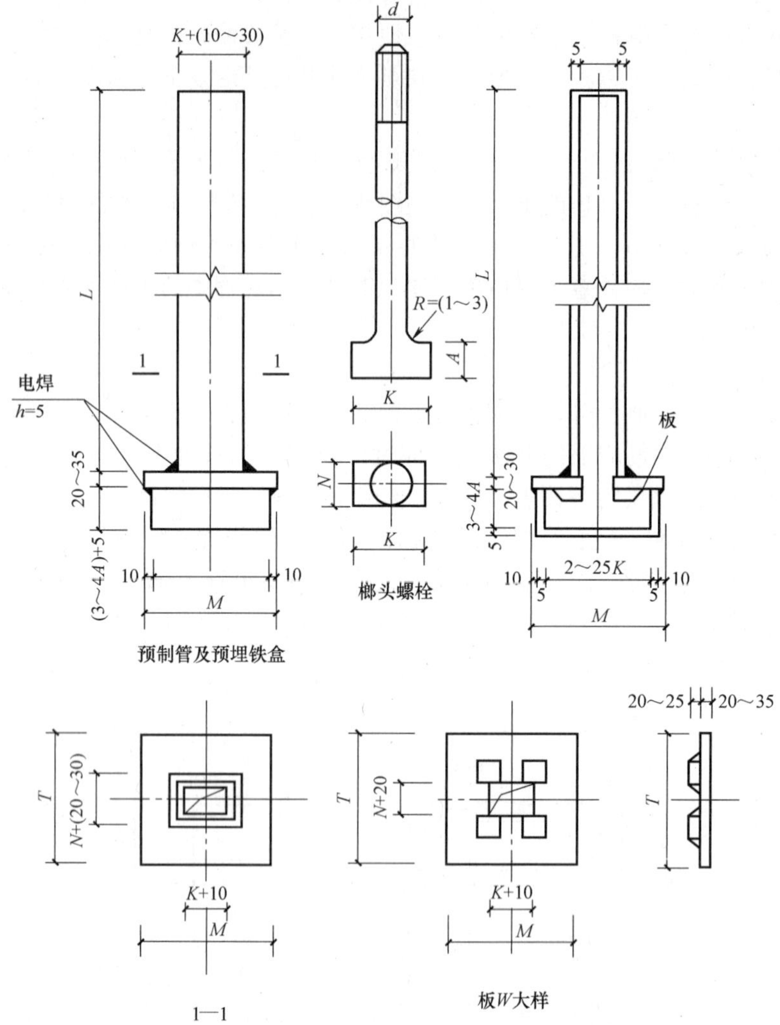

图 2.5.6　丁字形螺栓在基础内预埋管及预埋铁盒

（4）基础及基础台阶顶面，砧底凹坑外侧面及大于或等于 2t 的锻锤基础侧面应配置 12～16mm、间距 150～250mm 的钢筋网。

（5）大于或等于 5t 的锻锤砧座垫层下的基础部分，尚应沿竖向每隔 800mm 左右配置一层直径 12～16mm 间距 400mm 左右的水平钢筋网。

以上所述的钢筋配置示意图见图 2.5.7。

（6）薄壳锤基在壳体上部分的配筋与大块式基础相同，对壳体部分的配筋，应按计算配置，但一般壳体内的径向配筋，大都是构造配筋，锻锤吨位大于 3t 的，配筋率取 0.2%，吨位小于 1t 的配筋率取 0.4%。

4. 施工要求

（1）砧座凹坑底的混凝土顶面，应严格保证其水平度，并在基础初凝后、终凝前找平，不得在混凝土凝固后另用砂浆找平，整个水平面上的水平度容许偏差：当采用木垫时为 1‰，用橡胶垫时为 0.5‰，当超过时必须设法磨平。

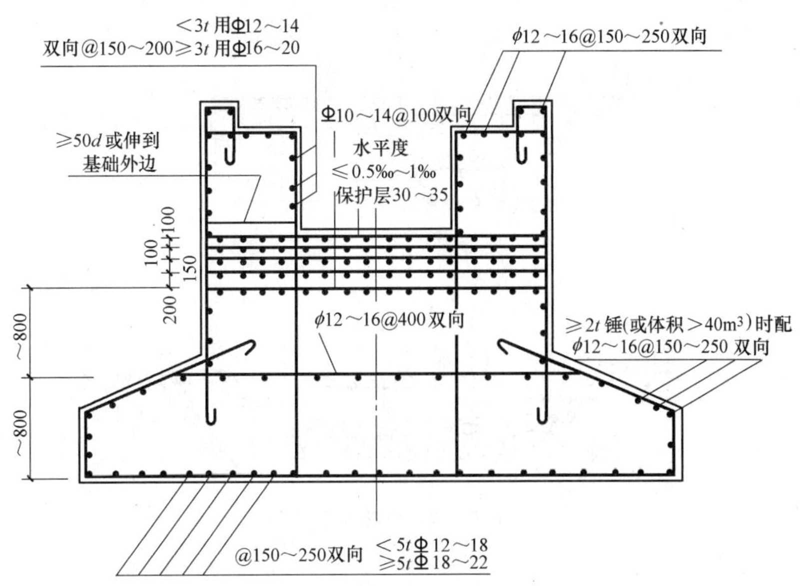

图 2.5.7　大块式基础配筋示意图

(2) 锻锤基础在砧座垫层下 1.5m 高度范围内，不得设施工缝。

(3) 在砧座凹坑顶部钢筋网范围内宜采用细石混凝土浇筑，同时在施工时务必确保砧座凹坑下的钢筋位置正确。

第二节　落锤基础

一、基础的特点与形式

1. 基础的特点

落锤与锻锤都是冲击设备，均会产生较大的振动，但二者之间也有不同，主要区别在于锻锤是作为锻造工具来使用，锤头运动有导轨导向，而落锤作为破碎工具来使用，锤头为自由落体，没有导轨导向，因此，锤头有可能不落在砧座上而撞击在基础混凝土壁上。同时，被破碎的金属碎块会向四面飞溅，因此，在设计中需考虑种种防护措施。其次，锻锤砧座下的垫层一般由木垫、橡胶垫构成，并需控制其振动，而落锤基础在砧座下的垫层为级配的碎钢块和碎钢粒，大小与形状不规则。砧座的垫层底下一般没有刚性底板，且砧座对振动没有严格要求，仅作为影响附近的工艺生产过程和厂房结构的振源。

2. 基础形式

(1) 简易破碎坑基础

简易破碎坑基础实际上只是一个土坑，在坑内填以夯实的粗、中砂、上铺设废钢锭，并以碎钢颗粒填其空隙及面层，然后铺上砧块（图 2.5.8）。

(2) 正规的钢筋混凝土破碎坑基础

正规的钢筋混凝土破碎坑基础有两种：一种是钢筋混凝土筒体，仅有筒壁，没有底

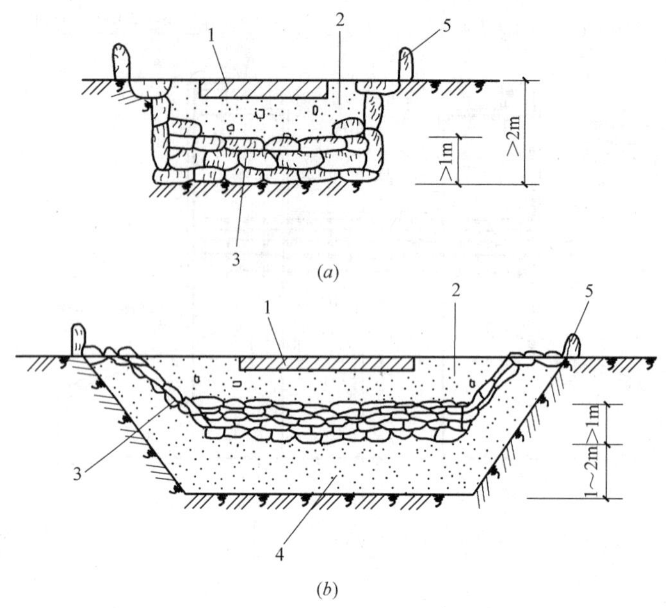

图 2.5.8 简易破碎坑基础

（a）用于一、二类地基土；（b）用于三、四类地基土

1—砧块；2—碎废铁及金属颗粒；3—废钢锭及废铁块的填充层；

4—夯实的粗、中砂及卵石；5—防护围墙

板，筒体内有填充层，上面再铺设砧块；另一种是带有刚性底板的钢筋混凝土基础，形式与锻锤基础相似，但基础凹坑内则为颗粒填充层及废钢锭和废钢块，上面再铺设砧块。后一种基础形式仅用于土质较差处。钢筋混凝土筒体基础的平面形状一般为圆形，但也可采用正方形或长方形等形式（图 2.5.9）。

二、基础选型原则与设计要求

1. 基础选型

基础的形式需根据工艺要求、地质条件和是否有落锤车间厂房等情况而定。当破碎小型废金属件而且破碎量又不太大时，可选用简易破碎坑基础，它不设厂房，这种基础的落锤依靠三角架（或四角形铁架）起吊，常用的锤头质量为 1.5～3.0t，锤头落程高度通常为 15～25m 左右。

正规的钢筋混凝土破碎坑基础是设置在有露天栈桥或带有屋盖的厂房内。锤头质量一般为 5～8t，落锤的落程分为两种：一种是带双层吊车或专门设有提升小车的落锤车间，其落锤的落程为 18～24m；另一种是只有单层吊车的落锤车间，落程为 10～14m。至于基础平面尺寸大小，主要根据一次装满破碎废金属件的数量和规格等来决定。对钢铁厂，由于需破碎的废金属数量较大，一般均采用长方形，对年破碎量为几万吨的中型钢厂，其破碎坑短边尺寸大致取 4～7m，长边取 8～11m 左右，而大型钢厂的年破碎量往往超过 10 万 t；破碎坑的短边尺寸约在 5～6.5m，长边为 20～27m 左右。对于机械加工厂的落锤车间，其破碎量虽然不大，但有些重机行业需破碎的废钢铁件规格往往较大，因此通常使落

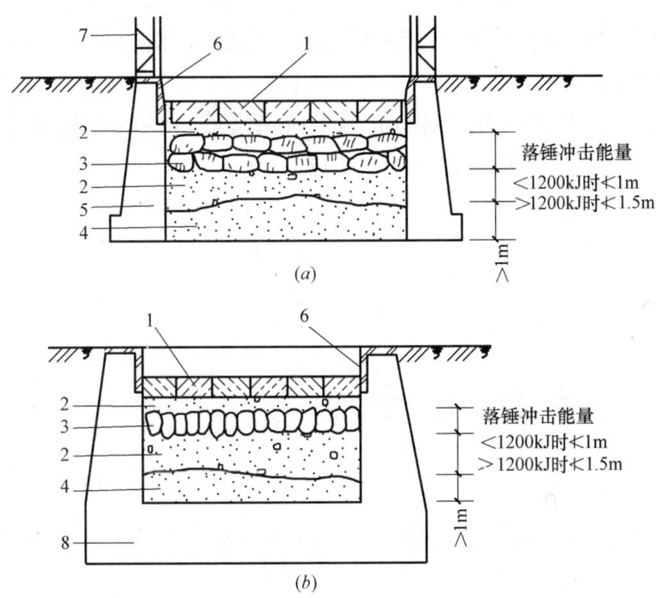

图 2.5.9　钢筋混凝土的破碎坑基础

（a）带钢筋混凝土坑壁的破碎坑基础；（b）带刚性底板的槽形破碎坑基础

1—砧块；2—碎废铁及金属颗粒；3—废钢锭及废铁块填充层；4—夯实的砂石垫层；5—钢筋混凝土坑壁；6—混凝土基础的防护钢板；7—防护围墙（笼）；8—钢筋混凝土槽形基础

锤基础平面形状做成圆形、正多边形或接近正方形，坑的内径约为 4～7.5m，或内边长在 5～7m 左右。

落锤基础的埋深，一般要求为 3～6m，对冲击能量特别大的，或者土质特别差的落锤基础，其埋深还应深些。

2. 设计要求

（1）设计原始资料

设计落锤基础时，除应取得本篇第一章第三节所要收集的设计资料外，尚应取得下列资料：

1）落锤锤头质量；

2）锤头最大落程；

3）破碎坑平面尺寸；

4）砧块平面尺寸。

（2）锤头冲击速度

因为锤头是自由落体，其最大下落速度可按下式计算：

$$v=\sqrt{2gH} \tag{2.5.19}$$

式中　H——锤头的最大落程（m）。

（3）基础振动控制值详见第一篇第三章第二节。

三、基础计算

落锤基础一般不作静力计算，简易的破碎坑基础静力与动力可不作计算，只有带钢筋混凝土坑壁的落锤基础才进行振动计算。实际上，落锤基础的平面尺寸是由工艺要求决定的，落锤基础的埋深及壁厚大都由构造需要确定，因此，在设计时，应首先确定基础的尺寸，再进行动力验算。

1. 设置在厂房或露天栈桥内的钢筋混凝土落锤破碎坑基础的竖向振动线位移 u_z，固有圆频率 ω_{nz} 和振动加速度 α 可按下列公式计算：

$$u_z=1.4W_0\sqrt{\frac{H}{WK_z}} \tag{2.5.20}$$

$$\omega_{nz}^2=\frac{K_z g}{W} \tag{2.5.21}$$

$$a=u_z\omega_{nz}^2 \tag{2.5.22}$$

式中 W——基础、砧块和填充料等总重（kN）；

W_0——落锤锤头重量（kN）。

2. 整体砧块重量的确定

落锤破碎坑的砧块宜采用整块钢板，其厚度不宜小于 500mm，砧块的近似重量 W_b 应符合下式要求：

$$W_b\geqslant 0.5W_0H \tag{2.5.23}$$

四、构造与施工要求

1. 材料要求

钢筋混凝土落锤破碎坑基础的混凝土强度等级不应低于 C20，带有刚性底板的槽形基础，在槽形凹坑四周及凹坑面层处的配筋，应尽量采用热轧变形钢筋，不宜用冷轧钢筋，并避免使用焊接接头。

2. 破碎坑内的填充层

破碎坑内的填充层系用废钢锭、废铁块等分层铺砌而成，在孔隙处应以碎铁块和碎钢颗粒填实。

对简易破碎坑基础，实际上就是在开挖的土坑内铺以上述填充料，再在上铺设砧块而成。当地基为一、二类土时，土坑的深度不得小于 2m，并且坑内填充层的厚度不得小于 1m，见图 2.5.8（*a*）。

对三、四类地基土，则尚应在填充层下再做一层经仔细夯实的砂石类垫层，此垫层的厚度一般为 1～2m，视落锤冲击能量及地基土的承载力而定，见图 2.5.8（*b*）。

钢筋混凝土的破碎坑基础的底层（对槽形基础，则为基础凹坑底面上的一层），先铺设一层厚度不小于 1m 的砂石垫层，在垫层上再分层铺设填充层，对落锤能量小于 1200kJ 时，填充层的厚度不得小于 1m，当落锤冲击能量大于 1200kJ 时，填充层厚度不得小于 1.5m，在填充层上再铺设砧块，见图 2.5.9。

3. 砧块

无论是简易的破碎坑，或是钢筋混凝土破碎坑，当用整体的钢块作砧块时，以采用经过退火的低碳钢为好。整体砧块的重量，可按经验公式（2.5.23）计算得出，但由于整体砧块的重量较重，体积较大，在浇注成型、运输及起吊安装等方面均会产生较大的困难，因此，有时往往采用由数块钢板或钢锭拼砌成砧块，此时就不能用公式（2.5.23）估算其重量，而是按构造来放置。必须使钢板或钢锭互相紧密接触，其间隙用碎钢粒填实，并宜用较大截面与质量的钢锭，其截面选用应符合下列规定：

（1）当落锤冲击能量小于 1200kJ 时，钢锭的最小截面为 600mm×600mm；

（2）当落锤冲击能量大于或等于 1200kJ 时，仅采用一层钢锭时，其厚度不应小于 1000mm，采用二层钢锭时，其最小截面为 600mm×600mm。

在砧块与废钢锭、废铁块之间，可填上一层厚 150～200mm 的碎钢颗粒或碎铁块，使其表面平整，接触紧密。

简易破碎坑基础内的砧块顶面标高，一般与地面相平，也可按工艺需要，做成略低于地面，但通常不低于地面 500mm 以下，对钢筋混凝土破碎坑内的砧块顶面宜低于钢筋混凝土坑壁顶面 1.0～2.5m。

4. 钢筋混凝土基础的壁厚及配筋

（1）圆筒形坑壁厚度，应根据落锤冲击能量大小的不同而分别采用 300～600mm，对矩形坑壁顶部的厚度不宜小于 500mm，底部不宜小于 1500mm，对带有刚性底板的槽形基础，坑壁与底板连接处的厚度一般不小于底板厚度的 0.75 倍。

（2）圆筒形坑壁的内外侧各配置一层钢筋网，其总配筋率：环向不小于 1.2%，竖向不小于 0.5%。

（3）矩形坑壁，应在四周及顶、底面配筋，钢筋直径一般为：水平向宜为 18～25mm，竖向宜为 16～22mm，钢筋间距宜为 150～200mm，见图 2.5.10（*a*）。沿坑壁内转角应设直径为 12～16mm，间距为 150～200mm 的水平钢筋，见图 2.5.10（*b*）。

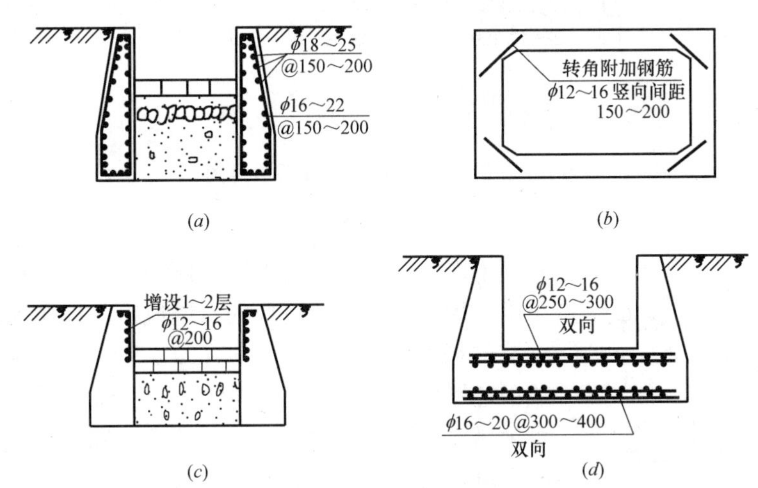

图 2.5.10　破碎坑基础钢筋配置图

（*a*）矩形坑壁内配筋（剖面）；（*b*）矩形坑壁转角处配筋（平面）；（*c*）坑壁外露部分配筋；（*d*）槽形基础底板配筋

（4）基础坑壁外露部分的顶部和内侧，由于可能被锤头下落或被破碎的金属块所撞击，因此还应增设 1～2 层直径为 12～16mm，间距 200mm 的钢筋网，见图 2.5.10（*c*）。

（5）为了保证必要的强度，槽形基础的底板厚度及底板内配筋的钢筋网层数，应不小于表 2.5.8 的规定。底板顶部钢筋网的钢筋直径为 12～16mm，间距为 250～300mm，钢筋伸入坑壁内的长度应不小于 50 倍钢筋的直径。底板底部钢筋网的钢筋直径为 16～

20mm，间距为 300～400mm，各层钢筋网之间的竖向距离为 100～150mm，见图 2.5.10（*d*）。槽形基础的坑壁内的配筋与不带刚性底板的钢筋混凝土破碎坑基础相同。

槽形破碎坑基础底饭的最小厚度及底板内需配置的钢筋网层数　　表 2.5.8

落锤冲击能量（kJ）	底板最小厚度（m）		钢筋网配置层数	
	圆筒形	短形	顶部	底部
≤600	1.00	1.50	3	2
1200	1.75	2.25	4～5	3
≥1800	2.50	3.00	6	3

（6）当无刚性底板的矩形破碎坑的长边大于 18m，且落锤冲击能量又大于 1200kJ 时，基坑的长边部分显得比较薄弱，此时，可在坑壁中沿长边方向配以劲性钢筋骨架（图 2.5.11），以有效地增强坑壁的抗力，并在坑底部按长边壁长每隔 5m 左右，设一道与基坑短边平行的劲性钢梁，以拉结基坑长边的二坑壁。

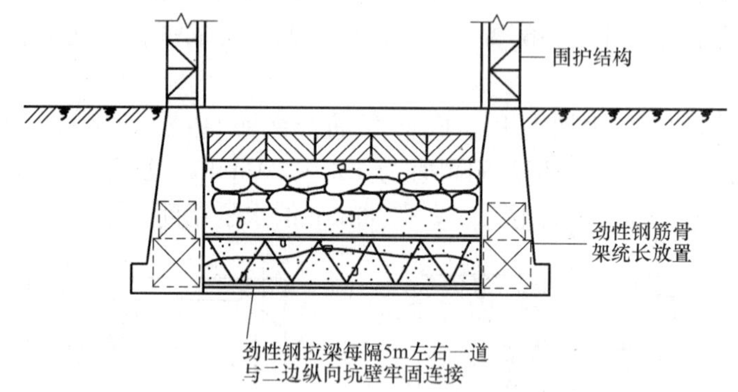

图 2.5.11　劲性钢筋骨架配置示意图

5. 坑壁的防护

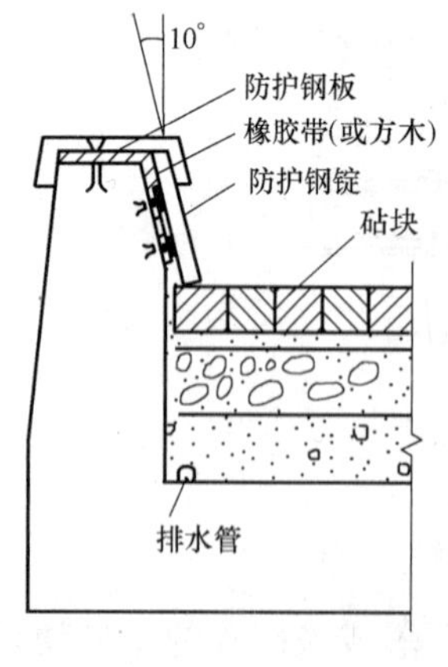

图 2.5.12　坑壁的防护措施

钢筋混凝土坑壁外露的内侧与顶面，需用钢锭或钢坯予以保护，以防碎金属块的溅撞或锤头偶尔撞击，内侧处钢锭的截面一般不小于 500mm×500mm，顶面处的钢锭或钢坯厚度一般不小于 200mm，当确有可靠保证时，也可采用厚度不小于 50mm 的钢板。钢锭（坯）或钢板与混凝土坑壁表面间需衬以截面不小于 150mm×150mm 的方木或厚度不小于 20mm 的橡胶带作为缓冲层，以改善对坑壁保护的效果。用以连接垫木、橡胶、防护钢板等的固定螺栓，不得外露，以免打歪、曲折或断裂。为了使坑壁内侧的防护钢锭便于放置，可将内侧外露部分坑壁做成向外倾斜约 10°，见图 2.5.12。

6. 排水

设在露天厂房内的破碎坑基础，要根据地质情况采取排水措施，以免坑内积水，影响正常生产和地基强度减弱而引起下沉。

7. 围护措施

为了防止破碎后的碎钢（铁）块飞溅，危及周围的厂房结构以及邻近活动的人畜安全，应在落锤破碎坑四周设置防护措施。一般机械工厂的圆筒形或正方形破碎坑基础，大多采用直接在坑壁周围设置防护围笼，围笼平面形状有四方形、六角形、八角形等，围笼的立柱，有采用钢筋混凝土的，也有采用钢的。围笼在某一方向上留有开口，以便工作和清理人员的出入和碎钢铁块的清理运输。在开口外面应另筑一道防护墙，以防止碎铁块溅出厂房。围笼的高度、开口位置、外面增设的防护围墙长度等均由工艺要求确定。一般围笼高度大体在 10～12m 左右，围笼上口宜略向内倾斜（图 2.5.13）。

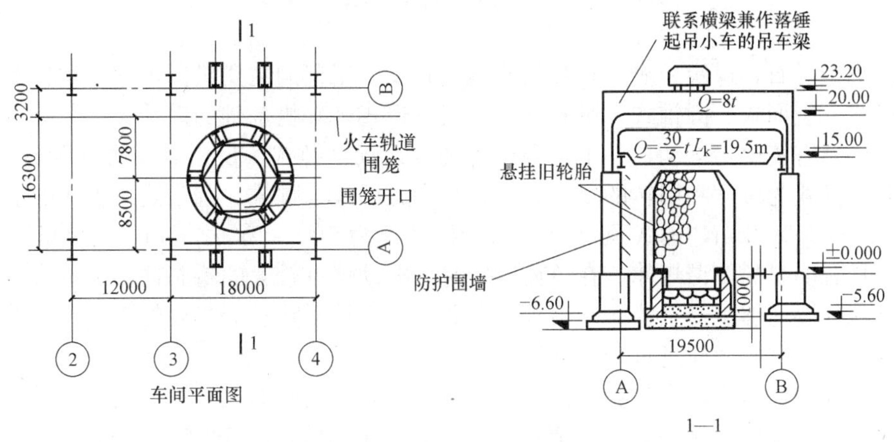

图 2.5.13 防护围笼

对钢铁厂及平面尺寸较大的矩形破碎坑，一般不直接在破碎坑基础周围设围笼，除了利用破碎坑基础的坑壁上口作为局部的防护墙外，主要是沿落锤破碎车间的厂房内墙面另作防护墙，当落锤车间为双层吊车的露天厂房时，一般是沿露天吊车柱内侧设防护围墙由地面直到下层吊车梁底面以上，并沿柱子外侧自下层吊车梁底部设防护围墙到上层吊车梁或柱子顶端。也有个别工厂同时设防护墙和防护围笼。

防护围笼和防护围墙应采用吸振的结构形式和材料。一般是用致密的粗铁丝网挂在柱子上形成墙状，再沿网面（但与网面有一定距离）挂以鱼鳞式钢板、或是废铁链、钢丝绳、废钢轨、旧轮胎或悬挂表面覆有橡胶带或毛竹片的木棍等等，其中以悬挂鱼鳞式钢板、废钢轨、废铁链、旧轮胎等效果较好且经济耐用。

第六章　破碎机基础

第一节　基础的特点与形式

破碎机是矿石、煤炭、耐火材料等原料破碎加工工艺的主要机器，它种类较多，本章仅介绍颚式、旋回式、圆锥式、锤式、反击式及辊式破碎机基础的设计。

破碎机属有规律的运动，其中，颚式为往复运动，锤式、反击式及辊式为旋转运动，旋回式及圆锥式为旋摆和回转的复合运动，其中旋回式、颚式、圆锥式及辊式的工作转速一般为100～300r/min，锤式及反击式的工作转速为500～1500r/min。破碎机在空运转时，振动具有明显的简谐规律。在负荷运转时，振动伴有较大的瞬态冲击分量，并为随机振动，其基础要能够承受上述振动荷载，因此基础设计时除进行必要的静力计算外，对于大中型的破碎机基础尚应进行动力计算。

破碎机基础的形式，应根据工艺要求来确定，一般基础形式采用大块式、墙式、框架式基础以及隔振基础。现在，由于破碎机室一般为框架结构，随着破碎机破碎能力的提高，设备产生的振动较大，破碎机隔振基础在实际工程中广泛应用。碎煤机是破碎机的一种典型机型，碎煤机隔振在电厂建设中已经十分普及。采用隔振基础，可以对设备进行有效的隔振、减振。如果不采用隔振基础，其振动会传至主体结构上，引起结构振动传递，甚至产生结构二次噪声，将影响结构安全和工作环境。碎煤机隔振基础一般采用支承式隔振基础，隔振器布置于下部结构支撑梁和碎煤机台座中间，支撑碎煤机和台座的重量。隔振基础的碎煤机台座一般采用混凝土台板及钢框架。选择隔振方案时，由于混凝土台板刚度大，台板自身振动控制条件优于钢框架，隔振效果好，造价相对低廉，宜优先采用。当安装或操作空间受限，并受到施工及工期等影响时也可采用钢框架台座。

第二节　选型原则与设计要求

一、基础选型原则

在一般情况下，当物料输送机穿过基础时，宜采用墙式基础，当物料输送机由基础侧面通过时，宜采用大块式基础。大型的颚式破碎机基础，基础狭长中空，可采用箱式基础。当破碎机要求设置在较高的标高上时，宜采用框架式基础。

二、设计要求

1. 设计原始资料

设计破碎机基础时，除应取得本篇第一章第三节所要收集的设计资料外，尚应有下列资料由制造厂提供：

（1）破碎机的重量；

（2）电机的重量、功率、转速及其转子重量；

（3）机器对基础振动有无特殊要求。

2. 基础的外形尺寸

大块式基础顶面的最小平面尺寸及其厚度，应满足本篇第一章第三节的规定。

墙式基础由顶板、纵墙（或横墙）、底板三部分组成，基础构件的构造尺寸见表 2.6.1。

墙式基础构造尺寸表　　**表 2.6.1**

构件名称		构造尺寸
纵横	最小厚度 高厚比	400mm ≤6
横墙	最小厚度 高厚比	400mm ≤4
底板	最小厚度 外悬长度 联合基础	600mm 且≥墙厚 不大于底板厚度的 2.5 倍 ≥800mm
顶板	最小厚度 外悬长度	600mm 且$\geqslant\frac{l}{6}$（l 顶板跨度） ≤1500mm

注：1. 纵墙——与扰力方向平行的墙；
　　横墙——与扰力方向垂直的墙。
　2. 按构架式基础计算的墙不受此限。

框架式基础由顶板（或由纵梁和横梁组成的水平框架）、柱子、底板三部分组成，基础构件的布置应遵循下列原则：

（1）基础整个几何图形的关系及构件形状应对称于机器回转轴线的垂直平面；

（2）横梁及纵梁轴线应尽可能通过柱中心线；

（3）当基础顶板上的孔洞较大时，应适当加大纵横梁的宽度，或在洞边缘设置次梁，以增大其水平面内的抗弯刚度，梁柱接头处、梁端应设梁托（加腋）；

（4）框架式基础构件的最小尺寸见表 2.6.2。

框架式基础构造尺寸表　　**表 2.6.2**

构件名称	构件最小尺寸
项板厚(或横梁高)	$\geqslant l_0/8$（l_0 为计算跨度，可近似取 0.9 柱轴线距离）并＞600mm
柱截面边长	≥500mm；细长比≥1/14
底板厚	不小于柱截面边长
梁的悬出长度	≤1.5m 且＜1.25 倍梁高

锚杆（桩）基础是通过锚杆（桩）将基础与基岩连接起来，对于大块式基础，可以适当减小基底尺寸，并且不必进行动力计算，对于墙式基础则可以省去底板，通过锚杆（桩）直接将墙与基岩连接为整体，使基础变为地基上的刚体振动问题，将墙式基础改变为墙底面完全被约束的构架振动问题。此时，墙的厚度和高厚比可以不受表 2.6.1 规定的限制。在动力计算时不考虑地基弹性的影响，如果地基是微风化或未风化的硬质基岩，

可以将墙式基础的墙也省去，使顶板用锚杆（桩）直接锚置在基岩上，此时，也可不作动力计算。采用锚杆（桩）基础应符合下列条件和要求：

（1）基础为岩石地基，其饱和单轴极限抗压强度大于 3×10^4kPa，且地质构造影响轻微，节理、裂隙不发育，无黏土质层理夹层，整体性较好的岩石；

（2）岩石的节理、裂隙虽较发育，但无溶洞、无裂隙水，在采用压力灌浆处理后尚能构成基本完整状态；

（3）锚桩的钢筋应扎成笼形，可采用 4～6 根主筋，其直径宜为 12～16mm，锚桩的孔径可取 100～200mm；

（4）锚杆的钢筋为单根主筋，锚杆的孔径可取 3 倍主筋直径，但不宜小于主筋直径加 50mm；

（5）锚杆（桩）孔宜采用不低于 C30 的细石混凝土或水泥砂浆浇灌；

（6）锚杆（桩）之间的中距，不应小于锚杆（桩）孔径的 5 倍，且不得小于 400mm，并不得大于 1200mm。距基础边缘的净距不宜小于 150mm，锚入岩层深度：当采用锚杆时，不应小于锚杆孔径的 20 倍；当采用锚桩时，不应小于锚桩孔径的 15 倍，锚入基础深度不应小于钢筋直径的 25 倍；

（7）大块式基础的锚杆（桩）主筋总截面面积，可按基础底面积的 0.05%～0.12% 选取，且应均匀配置，但不应小于机器地脚螺栓的总截面面积；

（8）墙式或框架式基础的锚杆（桩），其主筋总截面面积不应小于墙内或柱内主筋截面面积的总和。

3. 破碎机基础的振动控制值，详见第一篇第三章第二节。

三、隔振基础选用原则

当破碎机振动较大且直接与主体结构相连时宜采用隔振基础。

四、隔振基础设计要求

1. 设计原始资料

设计破碎机隔振基础时应取得以下设计资料：

（1）破碎机型号、规格及外轮廓尺寸。

（2）破碎机质量中心位置、质量及转动惯量。

（3）电机质量中心位置、质量及转子质量。

（4）破碎机与电机的频率、扰力、扰力矩及其作用点位置和作用方向。

2. 破碎机隔振基础台板的外形尺寸。

隔振基础台板的尺寸应遵循下列原则：

（1）基础台板的最小平面尺寸应满足设备正常运行、安装的需要。

（2）基础台板的厚度应不小于跨度的 1/6，且不小于 600mm。

（3）通过隔振器的合理布置，使基础台板与设备的总质心与隔振器的刚度中心在同一铅垂线上。当不能满足时，刚度中心与质量中心在旋转轴方向产生的偏心，不应大于基础台板该方向边长的 1.5%。

3. 隔振器布置在梁上时，为了避免耦合振动，要求下部支撑梁挠度小于弹簧压缩量的 1/10 倍，此时在进行隔振体系动力分析时可不考虑梁的变形。

4. 破碎机隔振基础台板在时域范围内的振动控制值应按表 2.6.3 的规定确定。

破碎机基础在时域范围内的容许振动值　　表 2.6.3

机器额定转速(r/min)	水平容许振动位移峰值(mm)	竖向容许振动位移峰值(mm)
$n \leqslant 300$	0.25	—
$300 < n \leqslant 750$	0.20	0.15
$n > 750$	0.15	0.10

第三节　基础的计算

一、基础的静力计算

1. 地基承载力验算按本篇第一章第二节公式（2.1.1）进行外，尚需验算由机器水平扰力引起基础产生的弯矩，此时水平扰力应乘以放大系数 μ，地基承载力可按下式验算：

$$p_{max}=\frac{1.2W}{A}+\frac{MC}{I}\leqslant 1.2\alpha_f f_k \tag{2.6.1}$$

式中 p_{max}——基础底面最大压应力（kPa）；

W——机器、基础和基础上填土总重量（kN）；

M——作用在基础底面的弯矩（kN·m）；

C——由通过底面形心轴至弯矩方向的基础边缘的距离（m）；

I——绕基础底面垂直于弯矩平面的形心轴的惯性矩（m^4）。

计算由机器水平扰力而产生在基础底面的弯矩时，放大系数 μ 值大小与被破碎物料的普氏硬度 f_{kp} 有关。当：

$$f_{kp}\leqslant 10\text{时},\mu=3$$

$$f_{kp}\leqslant 10\sim 15\text{时},\mu=4$$

$$f_{kp}>15\text{时},\mu=5$$

2. 基础构件强度的验算：按现行有关规范进行。

二、基础的动力计算

1. 大块式基础的动力计算，可按本篇第三章第三节中的公式进行。

2. 墙式基础的动力计算，当基础的刚度较大时可按大块式基础进行计算，当基础的刚度较小时其振动线位移及其固有圆频率可按框架式基础进行计算。

3. 框架式基础（包括墙式基础）水平振动的水平向振动线位移和水平向固有圆频率可按下列公式计算：

$$u_{x\varphi}=\frac{F_{vx}}{K_g}\eta_g \tag{2.6.2}$$

$$\frac{1}{K_{g}}=\frac{1}{K_{p}}+\frac{1}{K_{x}}+\frac{h_{4}h_{5}}{K_{\varphi}} \tag{2.6.3}$$

$$\eta_{g}=\frac{1}{\left[\left(\frac{\omega^{2}}{\omega_{nx}^{2}}\right)^{2}+\left(0.125\frac{\omega}{\omega_{nx}}\right)^{2}\right]^{\frac{1}{2}}} \tag{2.6.4}$$

$$\omega_{nx}^{2}=\frac{1}{m_{p}\left(\frac{1}{K_{p}}+\frac{1}{K_{x}}+\frac{h_{4}^{2}}{K_{\varphi}}\right)} \tag{2.6.5}$$

$$K_{p}=\sum_{i=1}^{n}\frac{12E_{c}I_{hi}}{h_{b}^{3}} \tag{2.6.6}$$

式中 F_{vx}——破碎机水平扰力幅值（kN）；

K_{g}——基础及地基的总水平刚度（kN/m）；

h_{4}——基础底板底面至顶板顶面的距离（m）；

h_{5}——基础底至机器水平扰力作用点的垂直距离（m）；

η_{g}——动力放大系数；

ω——破碎机扰力圆频率（rad/s）；

ω_{nx}——基础水平向固有圆频率（rad/s）；

K_{p}——横向框架的水平刚度（kN/m）；

n——支柱或墙的个数；

h_{b}——基础底板顶面至基础顶板中心之间的距离（m）；

I_{hi}——第 i 个支柱或墙垂直于扰力轴的截面惯性矩（m^{4}）；

E_{c}——混凝土的弹性模量（kN/m^{2}）。

框架式基础的竖向振动线位移和固有频率可按本篇第四章第三节中的规定进行计算。

4. 当有两台以上的破碎机采用单独基础布置有困难时，可采用具有共同底板的联合基础，联合基础的动力计算，在进行振动线位移和固有频率计算时，应按整体基础考虑，当几台机器扰频一致时，可将扰力绝对值相加，计算出振动线位移后乘以 0.75 的折减系数。在计算振动线位移过程中，尚应考虑一台机器停机时的扭转振动。

三、隔振基础台板的静力计算

基础台板的荷载包括永久荷载和可变荷载。永久荷载包括台板自重及设备自重。可变荷载包括台板上的操作荷载，物料荷载，破碎机的静力等效荷载，电机工作力矩，电机短路力矩等荷载工况。除此之外尚应按现行抗震规范的要求考虑地震作用。

破碎机隔振基础台板的构件强度的计算应按现行有关规范进行。

四、隔振基础台板的动力计算

1. 设计资料

参照本篇第二节“隔振基础设计要求”进行设计资料的准备。

2. 隔振参数的选择

（1）根据破碎机工作转速及环境的要求，确定传递率。可取不大于 0.1 。

（2）确定隔振体系的固有圆频率。

(3) 隔振基础台座质量的确定。

(4) 隔振器的竖向总刚度。

(5) 根据台座外形尺寸，布置弹簧隔振器。

(6) 确定阻尼器数量。

3. 计算原则

碎煤机隔振基础的自振频率宜避开碎煤机工作频率的±10%。当不能满足此要求时，基础的动力计算应采用有限元空间模型进行详细的动力响应分析。

4. 自振频率计算

5. 强迫振动计算

隔振基础台板在时域范围内的振动值应小于容许振动值。

第四节　构造与施工要求

一、基础的构造尺寸

详见表 2.6.1 和表 2.6.2。

二、构造配筋

1. 对于大块式基础和墙式基础，可按本篇第三章第四节中的规定配置。$[A_x] \leqslant 0.25$mm。

2. 对于框架式基础的配筋应按计算确定。顶板及底板应在上下表面配筋，每面的最小配筋率（以混凝土的计算截面计）为 0.1%，并且不小于 ϕ12@200。

三、施工要求

按国家现行规范执行。

四、破碎机隔振基础的构造与施工的要求

除应满足有关规范的规定之外，尚应满足以下几点要求：

1. 采用隔振基础应预留操作空间，操纵空间要根据隔振器的安装和操作要求确定尺寸，为保证千斤顶平稳升降基础台板，支撑千斤顶的上下平面应平整稳固，防止发生倾覆、滑移。

2. 隔振基础与周边结构之间应设置隔振缝，缝宽不应小于 50mm，缝中不应填塞东西，当缝宽超过 60mm 时，缝上应盖可活动盖板，活动盖板应活动自如，不可硬性卡在缝中，否则会影响台板结构的自由振动，降低隔振效果。

3. 若破碎机需要经常冲洗，应在基础台板顶面设计有组织排水，因为隔振器应尽可能避免与油水直接接触。

4. 隔振基础的尺寸、垂直度、水平度、地脚螺栓的定位尺寸等误差要求应不低于常规基础的要求。

第七章　压力机基础

第一节　基础的特点与选型原则

一、压力机的种类、工作原理及基础的振动特点

根据压力机的机械原理主要分为三类：机械压力机（或称曲柄连杆压力机），液压压力机（包括油压机和水压机）和螺旋压力机（包括摩擦压力机和电动螺旋压力机）。

机械压力机的振动较大，尤其是热模锻压力机，在工作时其基础受力及振动情况十分复杂，根据振动测试和工程经验，机械压力机由于飞轮、曲柄机构的惯性作用，在启动阶段会产生较大振动荷载，同时具有竖向冲击力、水平冲击力和扭转冲击力矩等；对于落料、冲裁工艺，压力机在锻压阶段，压力机立柱等部件受拉力伸长后，由于加工件被冲裁部分突然断开，立柱拉力突然释放，会产生较大竖向冲击力。

液压机是由液压驱动，启动时的运动特征相对平稳、缓慢，不会出现较大振动。对于落料、冲裁工艺，液压机在锻压阶段依然会有冲击振动，只是由于设备质量较小，锻压阶段冲击作用比机械压力机要小一些。

螺旋压力机的机械构造和工作原理与机械压力机和液压压力机有较大区别，其中摩擦压力机的工作原理是通过电机做单向旋转，利用飞轮和摩擦盘的双向摩擦传动，借助螺旋副结构使滑块上下运动。电动螺旋压力机则主要是通过电机双向旋转直线驱动飞轮正反转，通过螺旋副结构，带动滑块上下运动，产生打击力。螺旋压力机在工作时会产生较大的水平扭转力矩，基础设计时要充分考虑这一特点。

以下以热模锻压力机为例介绍其详细工作过程，大体上有以下几个阶段（压力机结构示意图见图 2.7.1）：

第一阶段电源接通后，电动机带动飞轮旋转，此时电动机及飞轮均有不平衡扰力产生，但此扰力很小，对基础的影响可不予考虑。

第二阶段当离合器接合后，飞轮带动曲轴转动，此过程分空滑、工作滑动及主动与从动部分完全接合，共同升速至稳定转速三个小阶段（时间很短，一般小于 0.1s）。在曲轴转动的同时，通过连杆的作用，滑块开始下行。基础在此阶段扰力情况甚为复杂，既有竖向及水平向扰力，还有扰力矩。故基组（压力机及基础）将随之产生竖向振动及水平回转向振动。

第三阶段当滑块接近下死点、上模接触工件时，将产生一定的撞击，但此时滑块的速度已接近于零，故由此引起的基组振动较小，可不予考虑。

第四阶段压力机完成锻压之序后，滑块开始回程的瞬间，工件对上模及下模的作用力

F_{VH}突然消失，曲轴、立柱等受F_{VH}作用而产生的弹性变形亦随之消失，这将使基组在竖向产生双自由度的自由振动（空转时无此振动）。

第五阶段滑块继续上升，制动器使曲袖转速减小以至停转，滑块不再运动。此时曲轴转速已较低，引起的振动亦很小，可不予考虑。

当曲轴停转后，电动机及飞轮仍继续转动，情况与第一阶段相同，一次锻压工作的全过程结束。

在以上各阶段中，对基础振动影响较大的是第二阶段（起动阶段）及第四阶段（锻压阶段）。此两阶段的振动由于阻尼的存在，衰减较快，故基本上互不影响。这些都可以从实测的波形中得到证实。

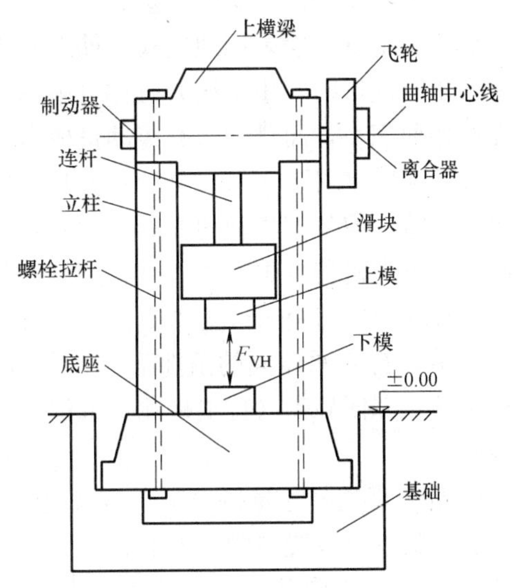

图 2.7.1　装配型压力机示意图

从实测的波形中还可以看出：有些压力机基础起动阶段的振动大于锻压阶段而有些则反之。另外，起动阶段的振动不仅有竖向振动，而且还有水平向振动，有时水平向振动甚至远大于竖向振动。

以往设计压力机基础时，只要求在锻压阶段的竖向位移不大于容许值（0.3mm）。但随着生产的发展，无论是引进的还是国产的大中型压力机日益增多，部分压力机在启动阶段时的竖向扰力和水平向扰力以及扰力矩都很大，使得启动阶段的振动有可能超过锻压阶段的振动，水平向的振动也有可能超过竖向振动，这时仅计算和控制锻压阶段的竖向位移已经不能满足部分压力机的使用要求，需要对其水平向振动线位移也进行控制。1996 年发布的《动力机器基础设计规范》GB 50040 中规定：在设计压力机基础时必须使启动阶段的振动线位移（包括竖向和水平向）和锻压阶段的振动线位移（竖向）均不大于容许值。2013 年发布的《建筑工程容许振动标准》GB 50868 中规定：压力机基础底座处在时域范围内的容许振动位移峰值不得大于容许值。包括了竖向和水平向。

从 20 世纪 90 年代末开始，部分国外压力机引进到国内时设计采用了弹簧隔振基础，到 2000 年以后，无论是引进的还是国产的大中型压力机，特别是成线的压力机，越来越多地采用了隔振基础，因此，2013 年发布的《建筑工程容许振动标准》GB 50868 中对压力机采用隔振基础情况进行了单独规定：压力机隔振基础底座处在时域范围内的容许振动位移峰值应取 3mm，当不带有动平衡机构的高速冲床和冲剪厚板料时，压力机底座处在时域范围内的容许振动位移峰值应取 5mm。

二、压力机基础的形成与选型

目前，压力机基础有传统固定基础和弹簧隔振基础两种形式。机械压力机和螺旋压力机由于工作时振动较大，采用弹簧隔振基础的较多；液压压力机工作时振动较小，采用传统固定基础的较多，但对于落料、冲裁工艺的液压机，由于在锻压阶段依然会有冲击振动，因此也建议采用弹簧隔振基础。

压力机基础一般采用地坑式钢筋混凝土基础，以便于生产和检修。当在生产和工艺上并不要求有地坑时，小型压力机亦可采用大块式混凝土基础。由于压力机本身的重心位置高而底座面积小，而且动力及传动机械多位于机身上部，故基础选型时应注意下列几点：

1. 基础自重不小于1.1～1.5倍压力机之自重。过去曾规定为不小于1.0～1.2倍压力机之自重，但从搜集到的实际情况看：某厂有一台公称压力为20000kN的压力机，其基础自重虽为机器自重的1.43倍，但在调试时仍因振动线位移过大，不能满足生产要求而被迫加固，故将上限改为1.5倍，并将下限略予提高。

2. 在基础自重相同的条件下，力求增大基础底面积，减小埋置深度。这对提高机组的稳定性，方便施工（特别是地下水位较高时）均有利，并能使邻近的厂房基础埋置深度也浅些。

3. 要合理选择地基持力层。当采用天然地基时，公称压力等于及大于10000kN的压力机的基础不宜设置在四类土上。

4. 基础一般采用C20混凝土。当压力机的公称压力等于和大于80000kN时宜采用C30混凝土。当有地下水时应采用防水混凝土。

当压力机采用弹簧隔振基础时，基础的尺寸和自重可适当减小，对于采用大块式混凝土基础的小型压力机，可取消大块式混凝土基础。

第二节　设计要求

一、设计资料

设计压力机基础时，除应取得本篇第一章所列各项资料外，尚应由机器制造厂提供下列资料：

1. 压力机立柱以上各部件和立柱以下各部件的重力、立柱的重力及最重一套模具的上模和下模的重力；

2. 压力机的重心位置、压力机绕通过其重心，且平行于主轴的轴线的转动惯量、主轴的高度；

3. 压力机起动时作用于主轴上的竖向扰力、水平向扰力和扰力矩的峰值、脉冲时间及其形式；

4. 压力机立柱的截面和长度及其钢号。当立柱为变截面时，应分别给出各部分的截面和长度。当为装配型压力机时，尚应包括螺栓拉杆的截面、长度及其钢号。

二、基础动力计算范围

以往的设计规定：当压力机公称压力大于16000kN时，其基础应进行动力计算。但当时是仅计算锻压阶段的竖向振动线位移。现在的动力计算方法有较大改变，除需计算和控制锻压阶段的竖向振动线位移外，还要计算和控制起动阶段的竖向振动线位移和水平向振动线位移。另外，对公称压力为12500～16000kN的压力机的基础又缺乏足够的设计与使用经验。因此对需进行动力计算的压力机基础的范围作了更为严格的控制，规定仅当公称压力小于12500kN的压力机的基础方可不作动力计算。此外，当有特殊要求，如周围有精密机床、精密仪器等设备时，仍应进行动力计算，使之符合周围环境的要求。

三、基础振动的控制值

确定压力机基础的振动线位移的容许值主要取决于两个因素，即生产及设备的要求和操作人员的要求。根据我国多年来的生产实践，对生产及设备的要求而言，规定振动线位移容许值为0.3mm是合适的。大量实测资料都证明：当基础的竖向或水平向振动线位移为0.3mm左右时，能满足设备的正常生产。至于对操作人员的要求，根据国内外的一些规范，大体上要求振动速度（稳态简谐振动）不超过4.0～6.4mm/s。如以我国采用的6.28mm/s为限值，并考虑到压力机的振动是由瞬间脉冲所产生的近似有阻尼自由衰减振动，通过换算，在一般压力机基础固有频率为8～15Hz的条件下相当于20.01～27.40mm/s的振动速度，由此算出容许振动线位移为0.398～0.291mm。因此取0.3mm为振动线位移的容许值也大体上能满足操作人员的要求，但对固有频率低于6Hz或高于15Hz的压力机基础则应作适当调整，以免失之过严（低于6Hz）或失之过宽（高于15Hz）。故《动力机器基础设计规范》GB 50040规定压力机基础的容许振动线位移最大不得超过0.5mm是防止设备与管道等附属设施的连接产生不利影响。

四、部分压力机基础的参考尺寸

表2.7.1系国内常用的一些大中型压力机基础的尺寸，可供工艺人员作车间平面布置及设计基础时参考。表中基础底面尺寸指最远边尺寸，因其外形取决于压力机底座外廓尺寸，并不一定是矩形。此尺寸也不包括自动送料装置的基础。如设有该装置时，其基础应尽可能与主机基础连在一起。如因埋置深度的差别太大，必须与主机基础分开，则在设计自动送料装置基础时应采取必要的措施控制基础沉陷，以满足自动送料的要求。

部分压力机基础参考尺寸　　**表2.7.1**

类别	公称压力(kN)	压力机自重(kN)	基础底面尺寸(m×m)	埋置深度(m)	要求的地基承载力标准值(kN/m²)
整体型	10000	500	3.5×3.3	2.5	120
	16000	686	4.3×3.7	2.5	120
	18000	920	5.1×3.8	2.6	120
装配型	20000	1171	7.4×5.8	3.5	120
	25000	1630	7.2×6.3	3.5	150
	31500	1949	9.7×6.8	4.2	150
	40000	2982	10.5×8.0	4.8	200
	80000	8582	14.5×10.6	6.0	250
	120000	12500	16.8×12.8	8.0	350

第三节　基础的计算

一、静力计算

地基强度可按本篇第一章第二节中有关公式进行验算。另外，基础顶面与压力机底座接触部位二次浇灌层混凝土的受压应力不应超过 3N/mm²。

二、动力计算

1. 起动阶段

压力机基础在起动阶段受到压力机的竖向扰力、水平向扰力及扰力矩（在曲轴运动平面内）的瞬间脉冲，因为产生近似的有阻尼自由衰减振动。扰力脉冲的形式一般介于后峰锯齿三角形与对称三角形之间而更接近于后峰锯齿三角形。计算时可将压力机基组作为单自由度考虑。

如扰力脉冲为后峰锯齿三角形（图 2.7.2）。根据杜哈米积分，在任意时刻 t，体系的振动相应为

$$Z(t)=\int_0^t \frac{F_{\mathrm{v}}(\tau)}{m\omega_{\mathrm{d}}}\times e^{-n(t-\tau)}\sin\omega_{\mathrm{d}}(t-\tau)\mathrm{d}\tau \tag{2.7.1}$$

式中　$F_{\mathrm{v}}(\tau)$——扰力脉冲，其值为

$$F_{\mathrm{v}}(\tau)=\begin{cases}\dfrac{F_{\mathrm{v0}}}{t_0}\times\tau & 0\leqslant\tau\leqslant t_0\\ 0 & \tau>t_0\end{cases}$$

m——体系的质量；

ω_{d}——体系的有阻尼固有圆频率；

n——阻尼系数。

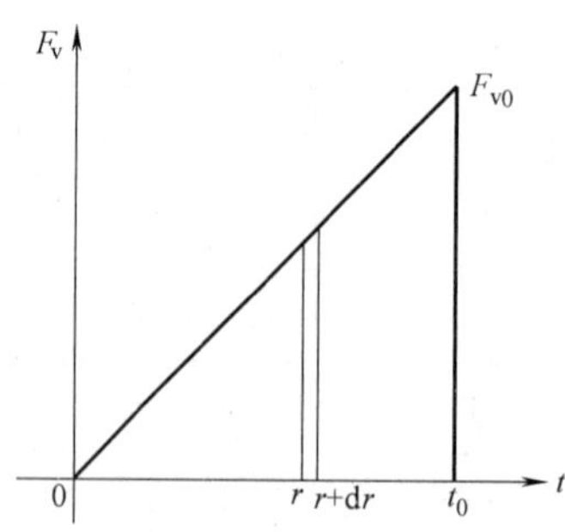

图 2.7.2　后峰锯齿三角形脉冲

由于体系的最大振动线位移应出现在扰力脉冲之后，即 $t>t_0$，而扰力脉冲后的振动响应 $Z_1(t)$ 可由下式表达：

$$u_1(t)=\frac{F_{\mathrm{v0}}}{m\omega_{\mathrm{d}}t_0}\int_0^{t_0}\tau\times e^{-n(t-\tau)}\sin\omega_{\mathrm{d}}(t-\tau)\mathrm{d}\tau \tag{2.7.2}$$

对式（2.7.2）积分，即可得

$$u_1(t)=\frac{F_{v0}}{m\omega_n^2}\times\frac{1}{\omega_d t_0}\left\{\left[\left(t_0 n+\frac{\omega_d^2-n^2}{\omega_n^2}\right)\sin\omega_d(t-t_0)+\left(t_0\omega_d-\frac{2n\omega_d}{\omega_n^2}\right)\cos\omega_d(t-t_0)\right]\times\right.$$

$$\left.e^{-n(1-t_0)}-\left[\left(\frac{\omega_d^2-n^2}{\omega_n^2}\right)\sin\omega_d t-\frac{2n\omega_d}{\omega_n^2}\times\cos\omega_d t\right]\times e^{-nt}\right\}=\frac{F_{v0}}{K}\times\eta(t) \tag{2.7.3}$$

$$\eta(t)=\frac{1}{\omega_d t_0}\left\{\left[\left(t_0 n+\frac{\omega_d^2-n^2}{\omega_n^2}\right)\sin\omega_d(t-t_0)+\left(t_0\omega_d-\frac{2n\omega_d}{\omega_n^2}\right)\right]\times\right.$$

$$\left.e^{-n(1-t_0)}-\left[\left(\frac{\omega_d^2-n^2}{\omega_n^2}\right)\sin\sin\omega_d t-\frac{2n\omega_d}{\omega_n^2}\times\cos\cos\omega_d t\right]\times e^{-nt}\right\} \tag{2.7.4}$$

$$\omega_n=\sqrt{\omega_d^2+n^2}k=m\omega_n^2$$

式中　K——体系的刚度；

ω——体系的无阻尼固有频率；

$\eta\ (t)$——相应函数。

通过变量的代换，即以体系的无阻尼固有周期 T_n 代换无阻尼固有圆频率 ω_n 及有阻尼固有圆频率 ω_d，并以阻尼比 ζ 代换阻尼系数 n，即可得以$\frac{t_0}{t_n}$及 ζ 为变量的 $\eta(t)$表达式。因 $n=\zeta\omega_n$，$\omega_d=\omega_n\sqrt{1-\zeta^2}$，$\omega_a=\frac{2\pi}{T_n}$，故有

$$t_0 n=t_0\zeta\omega_n=2\pi\zeta\frac{\pi}{T_n} \tag{2.7.5}$$

$$\omega_d t_0=t_0\omega_n\sqrt{1-\zeta^2}=2\pi\sqrt{1-\zeta^2}\times\frac{t_0}{T_n} \tag{2.7.6}$$

$$\frac{\omega_d^2-n^2}{\omega_n^2}=\frac{\omega_n^2-2n^2}{\omega_n^2}=1-2\times\frac{n^2}{\omega_n^2}=1-2\zeta^2 \tag{2.7.7}$$

$$\frac{2n\omega_d}{\omega_n^2}=\frac{2n\omega_n\sqrt{1-\zeta^2}}{\omega_n^2}=2\zeta\sqrt{1-\zeta^2} \tag{2.7.8}$$

将式（2.7.5）～式（2.7.8）代入式（2.7.4），即可得出下式：

$$\eta(t)=\frac{1}{2\pi\sqrt{1-\zeta^2}\times\frac{t_0}{T_n}}\left\{\left[\left(2\pi\zeta\times\frac{t_0}{T_n}+1-2\zeta^2\right)\sin\left(2\pi\sqrt{1-\zeta^2}\left(\frac{t}{T_n}-\frac{t_0}{T_n}\right)\right)+\left(2\pi\sqrt{1-\zeta^2}\times\frac{t_0}{T_n}-2\zeta\sqrt{1-\zeta^2}\right)\cos\left(2\pi\sqrt{1-\zeta^2}\left(\frac{t}{T_n}-\frac{t_0}{T_n}\right)\right)\right]\times\right.$$

$$\left.e^{-2\pi\zeta}\left(\frac{t}{T_n}-\frac{t_0}{T_n}\right)-\left[(1-2\zeta^2)\sin\left(2\pi\sqrt{1-\zeta^2}\times\frac{t}{T_n}\right)-2\zeta\sqrt{1-\zeta^2}\times\cos\left(2\pi\sqrt{1-\zeta^2}\times\frac{t}{T_n}\right)\right]\times e^{-2\pi\zeta\times\frac{t}{T_n}}\right\} \tag{2.7.9}$$

故当体系的 ζ 及$\frac{t_0}{t_n}$为已知时，在扰力脉冲以后任意时刻 t 的振动线位移响应函数 $\eta(t)$ 即可用式（2.7.9）求得。但在计算和控制压力机基础振动线位移时，一般并不需要求算每一时刻的振动线位移而只需求算其最大值，故可令：

$$\frac{d\eta\ (t)}{dt}=0 \tag{2.7.10}$$

然后解式（2.7.10），可求出 t_{max}值，再以 t_{max}值代回式（2.7.9），即可求得 ζ 及$\frac{t_0}{t_n}$为任意值时的最大响应函数 η_{max}。由于式（2.7.10）为超越方程，难以直接求解，但可用牛顿迭代法或二分法求出所需精度的 η_{max}值。计算虽极繁冗，但如编出程序上机计算就十分方便。

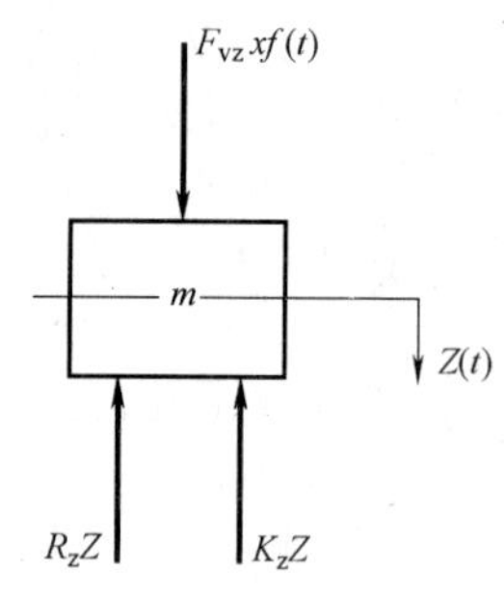

图 2.7.3 竖向振动受力图

同样，当扰力脉冲的形式为对称三角形时，亦可用此法求算 η_{max}。

《动力机器基础设计规范》GB 50040 附录 F 中列出扰力脉冲为后峰锯齿三角形及对称三角形时当 ζ 值为 0～0.30，$\frac{t_0}{t_n}$ 值为 0～3.0 范围内（计算压力机基础的振动线位移一般不会超出此范围。如 ζ 值大于 0.30 时可用 0.30 之值）的 η_{max} 值，设计人员无需自行计算。

体系的最大响应函数 η_{max}（亦即有阻尼动力系数）既已求得，则起动阶段的最大振动线位移就不难求算。

（1）竖向振动线位移

在图 2.7.3 中，体系的运动微分方程式为：

$$m\ddot{u}_z+R_z\dot{u}_z+K_z u_z=F_{vz}f(t) \tag{2.7.11}$$

式中 R_z——竖向阻力系数；

K_z——地基抗压刚度。

其解为：

$$u(t)=\frac{F_{vz}}{K_z}\times\eta(t) \tag{2.7.12}$$

在上述计算中许多因素未予考虑，一些参数的取值也不可能准确。例如计算基组质量时未考虑基础周围参加振动的一部分士；地质资料提供的地基承载力一般偏于安全，据此查得的地基刚度系数偏小；埋深提高系数也难于符合实际等，故理论计算值一般将大于实测值。通过对一些压力机基础振动线位移的计算值与实测值的对比，取调整系数为 0.6，故压力机基础竖向最大振动线位移应为：

$$u_z(t)=0.6\times\frac{F_{vz}}{K_z}\times\eta_{max} \tag{2.7.13}$$

压力机基础的无阻尼固有圆频率及固有周期为：

$$\omega_{nt}^{z}=\frac{K_z}{m},T_n=\frac{2\pi}{\omega_{nz}} \tag{2.7.14}$$

（2）水平回转耦合振动的水平振动线位移及角位移

在压力机起动阶段，基组在水平向扰力、扰力矩及竖向扰力的偏心作用下产生水平回转耦合振动。由于一般竖向扰力脉冲、水平向扰力脉冲及扰力矩脉冲的时间和形式可认为相同，故可取同一时间函数 g（t）。另外略去 $P_z h_2\varphi$，于是在图 2.7.4 中体系的运动微分方程式为：

$$\left.\begin{aligned}&m\ddot{u}_x+R_x(\dot{u}_x-h_2\dot{\varphi})+K_x(u_x-h_2\varphi)=F_{vx}\times g(t)\\&J_y\ddot{\varphi}+R_\varphi\dot{\varphi}+K_\varphi\varphi-R_x(\dot{u}_x-h_2\dot{\varphi})h_2-K_x(u_x-h_2\varphi)h_2\\&=[M+F_{vx}(h_1+h_0)+F_{vz}e_x]\times g(t)\end{aligned}\right\} \tag{2.7.15}$$

式中 R_x、R_φ——分别为水平向及回转向的阻力系数；

K_x、K_φ——分别为地基的抗剪及抗弯刚度；

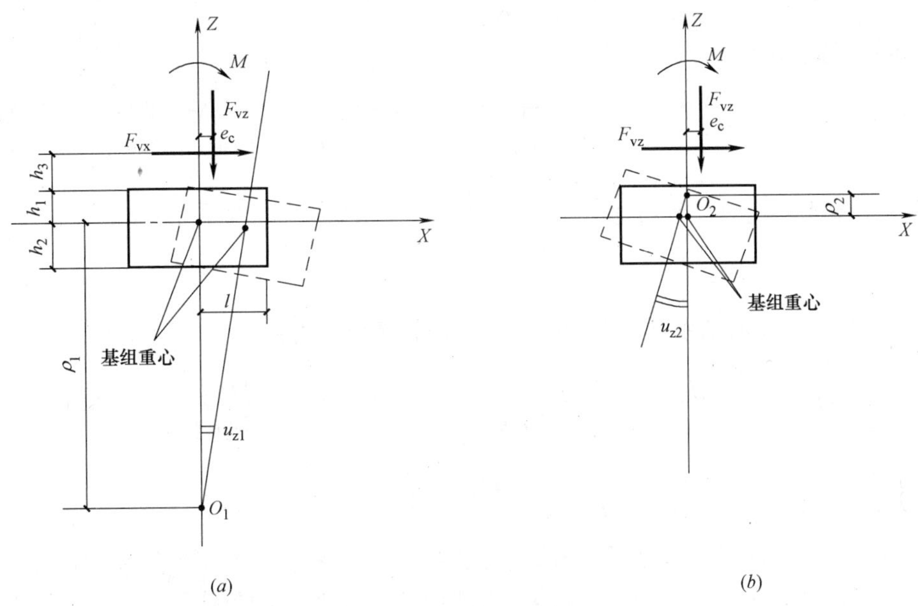

图 2.7.4　基组振型
(a) 第一振型；(b) 第二振型

J_y——基组对通过其重心并平行于 y 轴的轴线的转动惯量。

先求出耦合振动第一振型及第二振型的有关参数：

$$\omega_{nx}^2=\frac{K_x}{m},\omega_{n\varphi}^2=\frac{K_\varphi+K_x h_2^2}{J_y} \tag{2.7.16}$$

$$\omega_{n1}^2=\frac{1}{2}\left[(\omega_{nx}^2+\omega_{n\varphi}^2)-\sqrt{(\omega_{nx}^2-\omega_{n\varphi}^2)^2+\frac{4mh_2^2}{J_y}\omega_{nx}^4}\right]$$

$$\omega_{n2}^2=\frac{1}{2}\left[(\omega_{nx}^2+\omega_{n\varphi}^2)-\sqrt{(\omega_{nx}^2-\omega_{n\varphi}^2)^2+\frac{4mh_2^2}{J_y}\omega_{nx}^4}\right] \tag{2.7.17}$$

$$\rho_1=\frac{\omega_{nx}^2 h_2}{\omega_{nx}^2-\omega_{n1}^2},\rho_1=\frac{\omega_{nx}^2 h_2}{\omega_{n2}^2-\omega_{nx}^2} \tag{2.7.18}$$

$$\left.\begin{array}{l}M_1=M+F_{vx}(h_1+h_0+\rho_1)+F_{vz}e_x\\M_2=M+F_{vx}(h_1+h_0-\rho_2)+F_{vz}e_x\end{array}\right\} \tag{2.7.19}$$

式中　ω_{nx}、$\omega_{n\varphi}$——分别为基组水平向及回转向固有圆频率；

ω_{n1}、ω_{n2}——分别为基组耦合振动第一振型及第二振型的固有圆频率；

ρ_1、ρ_2——分别为基组耦合振动第一振型及第二振型转动中心至基组重心的距离；

M_1、M_2——分别为绕通过第一振型转动中心 O_1 及第二振型转动中心 O_2 并垂直于回转面的轴的总扰力矩。

上述参数求得后，即可采用振型分解法将式（2.7.15）分为两个独立的微分方程式求解，并假定：

$$\frac{R_x}{K_x}=\frac{R_\varphi}{K_\varphi} \tag{2.7.20}$$

即可求得近似解为：

$$\left.\begin{aligned}x(t)=x_1(t)+x_2(t)=\rho_1\times\frac{M_1}{(J_y+m\rho_1^2)\omega_{n1}^2}\times\eta_1(t)+\rho_2\times\frac{M_2}{(J_y+m\rho_2^2)\omega_{n2}^2}\times\eta_2(t)\\\varphi(t)=\varphi_1(t)+\varphi_2(t)=\frac{M_1}{(J_y+m\rho_1^2)\omega_{n1}^2}\times\eta_1(t)+\frac{M_2}{(J_y+m\rho_2^2)\omega_{n2}^2}\times\eta_2(t)\end{aligned}\right\} \tag{2.7.21}$$

故压力机基组质心的水平向振动线位移及回转角位移为：

$$\left.\begin{aligned}u_x=u_{x1}+u_{x2}=\rho_1\times\frac{M_1}{(J_y+m\rho_1^2)\omega_{n1}^2}\times\eta_{1max}+\rho_2\times\frac{M_2}{(J_y+m\rho_2^2)\omega_{n2}^2}\times\eta_{2max}\\u_\varphi=u_{\varphi1}+u_{\varphi2}=\frac{M_1}{(J_y+m\rho_1^2)\omega_{n1}^2}\times\eta_{1max}+\frac{M_2}{(J_y+m\rho_2^2)\omega_{n2}^2}\times\eta_{2max}\end{aligned}\right\} \tag{2.7.22}$$

式中　u_{x1}、u_{x2}——分别为基组质心在第一振型及第二振型时的水平向振动线位移；

$u_{\varphi1}$、$u_{\varphi2}$——分别为基组质心在第一振型及第二振型时的角位移；

η_{1max}、η_{2max}——分别为第一振型及第二振型的有阻尼动力系数。

由于与竖向振动线位移同样的原因，上述理论计算的结果也应乘以一个调整系数。根据一些压力机基础的计算值与实测值的对比，取调整系数为 0.9，故式（2.7.22）应改为：

$$\left.\begin{aligned}u_x=u_{x1}+u_{x2}=\rho_1\times\frac{0.9M_1}{(J_y+m\rho_1^2)\omega_n^2 1}\times\eta_{1max}+\rho_2\times\frac{0.9M_2}{(J_y+m\rho_2^2)\omega_{n2}^2}\times\eta_{2max}\\u_\varphi=u_{\varphi1}+u_{\varphi2}=\frac{0.9M_1}{(J_y+m\rho_1^2)\omega_{n1}^2}\times\eta_{1max}+\frac{0.9M_2}{(J_y+m\rho_2^2)\omega_{n2}^2}\times\eta_{2max}\end{aligned}\right\} \tag{2.7.23}$$

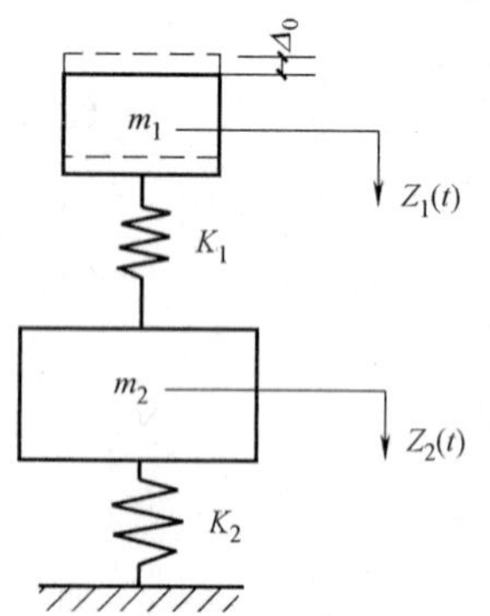

图 2.7.5　双自由度体系

（3）压力机基础顶面控制点的竖向及水平向的振动线位移

压力机基础质心的竖向振动线位移及耦合振动的角位移求得后，基础顶面控制点（顶面两端最远点）的竖向及水平向振动线位移即可由下两式求算：

$$u_{z\varphi}=u_z+(u_{\varphi1}+u_{\varphi2})l \tag{2.7.24}$$

$$u_{x\varphi}=u_{\varphi1}(h_1+\rho_1)+u_{\varphi2}(h_1-\rho_2) \tag{2.7.25}$$

2. 锻压阶段

以往计算压力机基础在锻压阶段的竖向振动线位移时，计算模式为双自由度的“质量弹簧”体系（图 2.7.5）。由于钢的阻尼系数很小，可以不考虑阻尼的影响。

图中：m_1——压力机立柱以上各部件质量、各立柱质量之半及最重一套模具的上模质量之和；

m_2——压力机立柱以下各部件质量、各立柱质量之半、最重一套模具的下模质量及基础质量之和；

K_1——立柱刚度；

K_2——地基刚度；

$\Delta_0=\dfrac{F_{VH}}{K_1}$——压力机在锻压工件时立柱之初始变形，$F_{VH}$为公称压力。

基础的竖向振动线位移为：

$$\left.\begin{aligned}&u_z=0.6\times\frac{2\Delta_0}{x_2-x_1}\\&x_1=\frac{K_1}{K_1-m_1\omega_{n1}^2},x_2=\frac{K_1}{K_1-m_1\omega_{n2}^2}\\&\omega_{n1\cdot n2}^2=\frac{1}{2}\left[\left(\frac{K_1+K_2}{m_2}+\frac{K_1}{m_1}\right)\mp\sqrt{\left(\frac{K_1+K_2}{m_2}+\frac{K_1}{m_1}\right)^2-4\times\frac{K_1K_2}{m_1m_2}}\right]\end{aligned}\right\}\tag{2.7.26}$$

式中　$\omega_{n1\cdot n2}$——分别为图 2.7.5 中体系的第一振型及第二振型的竖向固有圆频率。

由于压力机立柱的刚度 K_1 远大于地基刚度 K_2，即 $K_1\gg K_2$，故 $\omega_{n1}\gg\omega_{n2}$，耦合的影响很小。为简化计，并使计算模式与起动阶段一致，可不考虑立柱之弹性而把整个基组当作一个刚体，而扰力则来自内部质量 m_1 的来回振动，其值为 $\Delta_0K_1\mathrm{COS}\omega\mathrm{nm}^t$，即 $F_{VH}\mathrm{COS}\omega\mathrm{nm}^t$。同样取调整系数为 0.6，则可得

$$u_z=1.2\times\frac{F_{VH}}{K_z}\times\frac{\omega_{nz}^2}{\omega_{nn}^2-\omega_{nz}^2}\tag{2.7.27}$$

式中　ω_{nn}——来回振动的扰力的频率，其值为$\sqrt{\dfrac{K_1}{m_1}}$；

ω_{nz}——作为一个刚体的基组的竖向固有圆频率，其值为$\sqrt{\dfrac{K_2}{m_1+m_2}}$。

用式（2.7.27）计算出的竖向振动线位移与式（2.7.26）计算出的极为接近，相差一般在 1%以下。

第四节　基础的构造与施工要求

一、侧壁、底板的厚度及配筋要求

地坑式压力机基础侧壁和底板的厚度应按计算确定，但侧壁厚度不应小于 200mm，底板厚度可按地脚螺栓埋深加 150～200mm，但不应小于 300mm。对公称压力 20000kN 及以上的压力机基础，侧壁和底板的厚度需相应增加。

压力机基础的配筋数量应按照现行钢筋混凝土结构设计规范计算确定。计算侧壁配筋时应按其周边支承条件考虑土压力及地面荷载。处于地下水位以下时，尚应考虑水压力的影响。侧壁内外侧、底板上下部及台阶顶面和侧面应配置间距 200mm 的钢筋网，其钢筋直径：对公称压力 20000kN 及以下的压力机基础常采用 12mm；公称压力大于 20000kN 的压力机基础则宜采用 14～16mm。除上述配筋外，尚应在孔、坑及一些开口等被削弱部

位设置必要的钢筋以加强之。在地脚螺栓下端也应加配一层钢筋网，如图 2.7.6 中所示。

地坑深度≤1m、地面荷载≤10kPa 时也可以不配筋或只配构造钢筋。

二、基础防护要求

地坑式基础的侧壁外侧应涂冷底油一度及热沥青二度防潮。基坑四周回填土必须选用不含有机杂质的黏土或粉质黏土，并分层夯实。压力机在生产时常有机油滴漏于混凝土表面，并积存于坑内。为此，在基础经常接触机油的部位必须采取防油措施。为便于日常检修及清扫，坑内应设置照明及铁梯。

三、施工注意事项

压力机基础施工时应沿水平方向连续浇灌混凝土，并振捣密实，不允许有竖向接缝，不留施工缝。如施工确有困难，只能在常年地下水位标高以上侧壁部位留企口水平施工缝。在继续施工时，必须确保接缝处的质量。

在基础施工中，施工容许误差按现行钢筋混凝土施工及验收规范有关规定。对预埋地脚螺栓套筒的容许误差必须从严掌握，确保其位置准确。在套筒上端应采取临时封闭措施，防止混凝土或其他杂物进入套筒，影响螺栓安装。基础侧壁上部与混凝土地坪连接处，在施工地坪时应用二层油毡加以隔离，防止因基础振动及可能出现的沉陷引起基础周边地坪出现不规则的裂缝。

压力机底座混凝土二次浇灌层（图 2.7.6）的厚度由生产厂提供，一般为 50～200mm，必须在机器安装就位初调后浇灌。该层系承重层，对大型和重型压力机，因底座与二次浇灌层接触面积小，受力大，尤应引起注意。该层不仅支承压力机的全部重力，而且直接承受压力机的动力作用，故施工时必须确保质量：要求与原混凝土基础面结合良好；浇灌的混凝土密实均匀；层面与底座紧贴无缝隙。施工时宜采用干硬性混凝土，用人工由里向外（见图 2.7.6 中箭头所示）振捣密实，不宜采用机械振捣，以免混凝土内气泡经机械振捣后密集于面层，形成凹坑，影响面层与压力机底座紧贴，削弱接触面，且受力不均。浇灌时各支座应采用同一配合比的混凝土施工，一次浇灌完毕，确保强度相同，受力后沉降一致。

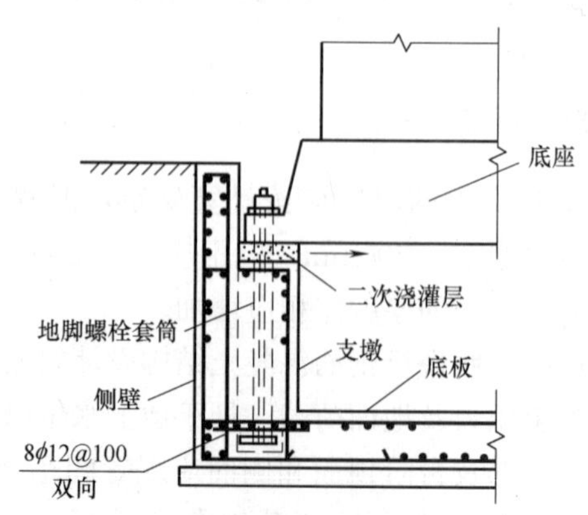

图 2.7.6　压力机基础配筋示意图

由于大型压力机基础埋置深度一般均深于厂房柱基，故在施工顺序上以先施工压力机基础后施工厂房柱基为好，尤其应避免厂房全部吊装完毕后再开挖施工压力机基础，以免发生厂房质量事故。当在施工顺序上确有困难，必须先进行厂房施工时，则应根据具体情况采取相应措施（如采用沉井或井套等），确保厂房柱基的安全。

第八章　金属切削机床基础

第一节　基础的特点与布置要求

本章所介绍的内容，适用于普通的和精密的重型及重型以下的金属切削机床和加工中心系列机床基础的设计。

一、机床类型

1. 按用途来分，根据机床加工性质和所使用的刀具不同，分为车床、钻床、镗床、磨床、齿轮加工机床、螺纹加工机床、铣床、刨床及拉床等，而每类机床又分为多种类型，如车床分立式车床、卧式车床等。

2. 按机床重量来分，分级见表 2.8.1。

机床按重量分级表　　**表 2.8.1**

机床重量(kN)	≤100	>100～300	>300～1000	>1000
机床分级	中小型机床	大型机床	重型机床	超重型机床

注：在生产上由于各类机床的复杂程度及生产条件的不同，还需结合机床的规格和尺寸作适当调整。

3. 按机床所加工的精度来分。《金属切削机床精度分级》GB/T 25372 对各类金属切削机床的精度级别进行了规定，根据被加工工件的加工精度要求，将机床按绝对分级法分为六个绝对精度等级，分别用罗马数字Ⅵ、Ⅴ、Ⅳ、Ⅲ、Ⅱ、Ⅰ表示，Ⅵ级精度最低，Ⅰ级精度最高。

二、基本要求

机床在运转加工时，机床各部件的静力和动力，将通过机床底座传递至基础，基础设计时要求保证机床正常运转，满足加工产品的质量要求，避免机件、刀具过早地磨损而影响机床的加工精度和使用寿命。因此，机床基础要防止有害的振动和过大的倾斜及变形。

三、基础的质量和刚度

1. 基础的质量

机床在加工工件时，工件、刀具、动力驱动装置、传动系统、砂轮、花盘及工作台换向时的冲击等，都会使机床发生振动。但机床本身具有一定的动平衡系统和动态刚度，一般符合机床加工产品的要求。从而，传递给基础的不平衡惯性力远较机床本身的重量为小，因此，基础设计时，一般的机床基础不做动力计算，对于精度要求较高的机床和需要控制振动的机床，其基础设计需采用防振及隔振措施，并对附加的防振措施提出现场实测的要求，同时，基础应进行动力计算。

机床基础往往采用基础重量来减弱其振动，结合实践经验，部分机床基础重量和机床重量（包括加工件重量在内）的比例关系为：

$$G=K_{w}(G_1+G_2) \quad (2.8.1)$$

式中　G——基础重量；

G_1——机床重量；

G_2——最大加工件重量；

K_w——比例系数。

比例系数 K_w，一般机床取 1.1～1.3；重心较高的机床（如立式车床、插床等）取 1.5～1.7。

2. 机床的刚度

机床基础需具有足够的强度和刚度，对狭长形机床（因机床本身的刚性较差），则需要由机床与基础共同作用来保证机床的刚度。

机床的刚度，可按机床的床身或底座的长度 L 和其断面高度 H 之比来粗略地划分：

(1) $L/H<5$ 时，属于刚性较高的机床。

(2) $5<L/H<8$，属于中等刚度机床。对于加工精度要求较低的机床，L/H 比值可放宽至 10。

(3) $L/H>8～10$ 时，属于低刚度机床。

四、地基要求及地基预压

机床基础作用于地基土上的垂直静压力，一般为 30～70kN/m^2，大多数天然地基的承载力均能满足此要求，但基础宜做在比较均匀的同类型的土上，避免一台机床做在两种压缩性差异较大的土层上，否则基础建成后将会出现不均匀下沉与倾斜，虽然机床本身尚能进行调整，但当局部下沉量超过地脚螺栓调整范围时，有时会造成基础报废，而且机床经常调整会降低精度，影响使用寿命。

对于狭长形的机床，其基础要有足够的刚度，而基础刚度与地基土的类别有密切关系，一般地基土变形模量高的，地基基床系数 K 值也大，如基础厚度不变，当地基基床系数增大时，基础弯矩及变形将随机床系数增大而减小。以计算长度 17.8m、厚度为 1.5m 的龙门刨床基础为例，当基床系数变化时，其基础中部的弯矩及变形见图 2.8.1。

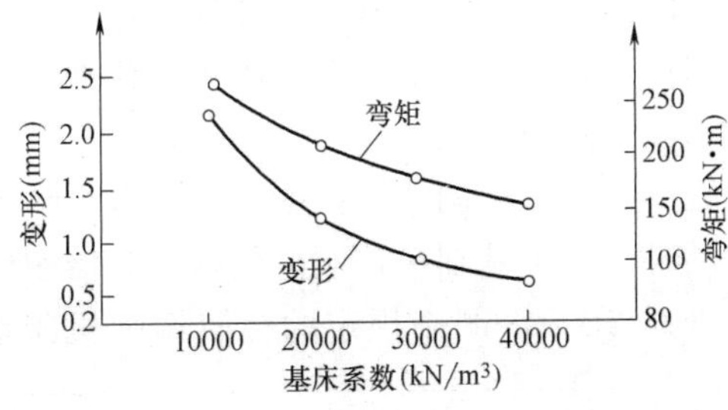

图 2.8.1　基床系数与基础中部弯矩和变形图

对于加工精度要求较高的机床基础，当静荷载作用下，基础已趋于稳定，但在重量较大的移动荷载或移动加工件作用时，基础发生过大的弹性变形，而影响加工精度。从图2.8.1对比可知，其原因是基础刚度不足或地基土基床系数过低。此时，如果认为设计所选择的基础厚度与宽度是合适的而不拟改变时，则可增大地基土的基床系数，即采取对压缩层范围内的地基土进行加固，以减少基础在移动荷载下的变形。

机床基础的地基处理，一般有以下几种：

（1）机械压（夯）实：如重锤夯实、振动压实。

（2）换置垫层：可用于软弱地基的浅层处理，垫层材料可采用中砂、粗砂、碎石、灰土、黏性土以及其他性能稳定、无侵蚀性的材料。

（3）用碎石夯入土中进行加固，或用振冲碎石桩进行加固。

（4）重型、精密机床基础置于软弱地基上且主要为变形控制时，可采用桩基。

（5）500kN以上的重型机床，或安装要求水平精度较高的机床，其基础建造在高压缩性地基上时，宜采用地基或基础预压的办法处理。

预压处理是机床基础常用措施，尤其以预压基础最为普遍。

采用基础预压是当基础混凝土强度达到设计要求后，按机床实际荷载分布情况进行加荷对基础进行预压，加荷的数值应为机床自重和最大加工部件重量之和的1.4～2.0倍。当工期紧迫宜采用较大值。预压加荷时，需分期分批，预压时间视地基土的固结情况而定。根据实践，周期有十天或长达两个月的，但对大型高精度设备基础，基础预压时间至少两个月以上，预压的最终目的是使基础下沉基本稳定，对预压测试成果进行分析和判断，作为最后验收和移交安装工序的必要条件。

五、平面布置

1. 厂区平面布置，外界干扰振动如锻锤、空压机、厂内外车辆行驶等振源，均会产生一定量的振动，这与机床本身振动一样，都会影响加工件的精度。在厂区总平面布置时，对设有加工精度要求较高的机床，以及精密机床车间，与振源需具有一定的防振距离。这种防振间距与振源性质、振动大小（反应振幅、速度或加速度的地面振动谱）、地质情况、机床的容许振动值等因素有关。一般应通过实测或计算公式进行计算，按照机床的容许振动值，确定防振间距，也可参照防振间距参考数值选用，当不能满足防振间距要求时，必须采用隔振措施（积极隔振或消极隔振）。

关于机床的容许振动值，是指整体振动或各组成部件的绝对振动，并应包括刀具与工件之间发生的相对振动的容许值，当地面传来某一外界干扰时，通过机床底座整个机床系统都振动起来，而各部件的自振频率不一样，反应的振幅也不同，而刀具与工件之间发生的相对振动的大小直接影响加工的质量。

机床基础的容许振动值一般由机床制造厂根据不同机床的结构特性和加工工艺要求提出，当机床制造厂未能提供时，机床基础在频域范围内1/3倍频程的竖向容许振动值，应按《建筑工程容许振动标准》GB 50868中规定的金属切削机床基础的容许振动值采用，见表2.8.2。

本节规定的金属切削机床基础的容许振动值均属标准扰力作用下的振动值。机床在开停机过程中的容许振动值，或在特殊扰力、特殊要求和意外扰力作用下的容许振动值，应由使用部门提出或按机床制造厂提供的数据取用。

金属切削机床基础的容许振动值　　表 2.8.2

金属切削机床精度等级	竖向容许振动速度均方根值(mm/s)	对应频率(Hz)
Ⅰ	0.07	3～100
Ⅱ	0.10	
Ⅲ	0.20	
Ⅳ	0.30	
Ⅴ	0.50	
Ⅵ	1.00	

机床基础的容许振动值未考虑机床自身振动对外界环境的影响，因此对一些振动较大的机床，如刨床、插床等，设计时应充分考虑机床自身振动对周边环境的影响。

2. 在车间平面中，精密机床与振动较大的机床（如粗加工机床、插床、牛头刨等）需保持一定的距离，该距离的大小视振动性质、地质情况、地坪构造及精密机床的精度要求而定，对一般精密机床约为 5～8m。

3. 加工精度要求较高的机床以及重型机床，基础应与有吊车的厂房柱基础脱开，以免吊车开动时影响机床的加工精度，以及解决基础间沉降差异。

4. 现代工厂的机加工车间设计，对小型机床可不设置专门的基础，而对于能承受较大荷载的楼面，可以考虑把机床布置在楼层上，此时，机床基础的设计可考虑采取合适的隔振措施。

第二节　选型原则与设计要求

一、设计资料

机床基础设计资料包括的内容，应针对各类机床的具体情况，有些资料是所有机床基础设计所必须具备的，有些资料则是少量机床基础设计的特殊需要。

具体来说，机床基础设计资料除第一章所列项目外，尚应取得：

1. 机床外形尺寸。

2. 机床及加工件的重量分布情况，当机床加工精度要求较高，基础的倾斜与变形需限制在一定范围内，或计算基础配筋时尚需具备机床移动部件（或移动加工件）的重量及其移动范围，以便结合地质情况来进行这类机床基础的设计。

3. 机床基础设计尚应考虑综合因素，如机床的加工精度、容许振动、机床的刚度、稳定性等，而工艺布置、地质情况、厂房基础尺寸及埋置深度、地面构造等也是设计基础的依据，设计时需针对具体情况分析。

二、基础形式

根据机床类型、规格、重量、刚度、稳定性、加工精度、容许振动值等情况，来决定将机床直接安装在一般混凝土地面、加厚混凝土地面或单独基础上。

1. 直接安装在地面上的机床

考虑各类机床必须具备的正常工作条件及符合生产要求的加工精度，在技术上可能与经济上合理的前提下，满足下列要求的中小型金属切削机床，可以直接安装在混凝土地坪上：①重量在 7t 以下、机床所占面积大于 $2m^2$ 的轻型或中型的通用机床；②机床工作时具有较平稳的运转行程、机床本身有足够强度；③机床精度不高或加工工件的精度与表面光洁度要求不高；④机床本身在运转中产生的振动对周边环境不产生影响。下面列出了中小型普通金属切削机床安装在混凝土地面上的有关垫层要求，见表 2.8.3。

中小型普通机床安装在混凝土地面上的垫层要求　　表 2.8.3

机床类型	混凝土地面厚度(mm)		
	机床重量(kN)	混凝土强度等级	混凝土垫层的厚度(mm)
卧式车床(中心距≤3000mm 或中心高＜400mm)、摇壁钻床(可钻直径＜40mm)、外圆磨床(可磨直径≤250mm 或中心距≤1000mm)、内圆磨床、滚齿机(重量＜3～4t)、立式铣床、卧式铣床、牛头刨床(最大行程＜800mm)、插床(最大行程≤300mm)	＜70	C15	180～150
		C20	170～140
		C25	160～140

注：1. 当混凝土垫层上有现浇细石混凝土面层时，表列厚度应减去面层的厚度；垫层下有 150～300mm 厚的灰土加强地基时，表列厚度可减去 10～20mm，但其厚度不得小于 100mm；
2. 填土的压实系数不应小于 0.94。

近年来，混凝土垫层兼面层的做法较多，混凝土强度等级一般为 C15～C25，厚度一般在 120～180mm，也有厂房地面面层加做 40～60mm 厚的细石混凝土。

直接安装金属切削机床的地面，其面层应耐磨、密实和整体。除以上所述的垫层兼面层以及细石混凝土面层做法外，还有钢纤维混凝土面层、非金属骨料耐磨混凝土面层、混凝土密封固化剂等面层以及聚氨酯耐磨地面涂料。

2. 安装在厂房内加厚的混凝土地面上的机床

根据调查，表 2.8.3 所列机床在中小型车间中占机床总数的大部分，而对界限以上的少量机床则可做单独基础，这样在经济上也是合理的。对于某些工艺变动大、机床调整频繁的行业（如国防工业、农业机械、汽车制造等系统）可适当增加地面厚度，扩大使用的灵活性，满足工艺上调整生产线路的需要。增加地面厚度的平面范围，在车间内可以是全部也可以局部或成带状，视工艺可能变动的情况而定。对于机械制造行业装配机床的装配线，需视装配机床本身的要求，确定是否加厚，如对机床装配过程中的整体倾斜要求较高时，应采用较厚的地面。

局部加厚地面垫层的厚度计算，可按下列公式进行：

（1）缩缝为平头缝构造的混凝土垫层，单个圆形或当量圆形荷载作用下按承载能力极限状态设计时，其厚度应按下式计算：

$$h=\sqrt{\frac{\gamma_0 k_c S}{14.24\times(\beta\cdot r_j+0.36)f_t}} \tag{2.8.2}$$

式中　h——垫层厚度（mm），分别为 h_0、h_i、h_{i+1}……；

γ_0——重要性系数，按表 2.8.4 的规定确定；

k_c——荷载区域系数；$k_c=2.0$；

f_t——混凝土抗拉强度设计值（N/mm^2），按表 2.8.5 的规定确定；

β——综合刚度系数，按表 2.8.6 确定；

S——荷载基本组合的设计值（kN/m²），应按下式计算：

$$S=\gamma_G C_G G_K+\sum_{i=1}^{n}\gamma_{Qi}C_{Qi}\varphi_{ci}Q_{Ki} \tag{2.8.3}$$

式中　G_K——永久荷载的标准值（kN/m²）；

Q_{Ki}——可变荷载的标准值（kN/m²）；

γ_G——永久荷载的分项系数，取 1.2；

γ_{Qi}——可变荷载的分项系数，均取 1.4；

C_G、C_{Qi}——分别为荷载效应系数，均取 1.0；

φ_{ci}——搬运或装卸以及车轮起、刹车的动力系数，宜取 1.1～1.2。

混凝土垫层的重要性系数　　**表 2.8.4**

地面类别	安全等级	重要性系数
特殊建筑的地面	根据具体情况另行确定	
重要建筑的地面	一级	1.1
一般建筑的地面	二级	1.0
次要建筑的地面	三级	0.9

混凝土设计指标　　**表 2.8.5**

混凝土强度等级	C15	C20	C25	C30
抗拉强度设计值	0.91	1.10	1.27	1.43
弹性模量	2.20×10^4	2.55×10^4	2.80×10^4	3.00×10^4

综合刚度系数（$\times10^{-3}$/mm）　　**表 2.8.6**

变形模量(N/mm²)	混凝土强度等级			
	C15	C20	C25	C30
8	1.19	1.03	0.94	0.89
20	2.09	1.80	1.64	1.56
40	3.34	2.89	2.63	2.49

注：当填土的变形模量介于表列数值之间时，综合刚度系数可用插入法取值。

（2）缩缝为平头缝构造的混凝土垫层，荷载作用于板中时，其厚度计算应符合下列规定：

1）满足抗裂度要求时，应按下式计算：

$$h_f=\sqrt{\frac{\gamma_0 k_c s_s}{4.04\times\left(\frac{r_j}{L}+0.82\right)f_t}} \tag{2.8.4}$$

式中　h_f——混凝土垫层满足抗裂要求的厚度（mm）；

k_c——荷载区域系数；$k_c=1.0$；

S_s——荷载短期组合的设计值，$S_s=C_G G_K+\sum_{i=1}^{n}C_{Qi}\varphi_{ci}Q_{Ki}$，相关参数取值同式（2.8.3）；

L——相对刚度半径（mm），应按下式计算：

$$L=0.33h\sqrt[3]{\frac{E_c}{E_0}} \tag{2.8.5}$$

式中 h——混凝土垫层厚度（mm）；

E_c——混凝土弹性模量（N/mm^2），按表 2.8.5 的规定确定；

E_0——压实填土地基的变形模量（N/mm^2），按表 2.8.7 的规定确定。

压实填土地基的变形模量　　表 2.8.7

填土类型	质量控制指标	变形模量（N/mm^2）	
		土壤湿度正常	土壤过湿
砂土	$N>30$	40	36
	$15<N\leqslant30$	32	28
	$10<N\leqslant15$	24	18
粉土	$5<N\leqslant10$ 且 $I_p\leqslant10$	22	14
黏性土	$15<N_{10}\leqslant25$ 且 $10<I_p\leqslant17$	20	10
	$N_{10}>25$ 且 $I_p>17$	18	8
素填土	$N_{10}\geqslant20$	20	10

注：1. 土壤过湿系指压实后的土壤持力层位于地下毛细水上升的高度范围内，或天然含水量或液限比值达到 0.55 时的状态；
2. 各类土壤地下毛细水的上升高度一般为：砂土 0.3～0.5m，粉土 0.6m，黏性土 1.3～2.0m；
3. 素填土系指黏性土与粉土组成的压实填土；
4. 表中 N 为标准贯入试验锤击数；N_{10}为轻便触探试验锤击数；I_p为土的塑性指标。

2）满足极限承载能力要求时，应按式（2.8.2）计算。

（3）混凝土垫层，当圆形或当量圆形荷载计算半径与相对刚度半径比值小于或等于 0.2 时，应按现行国家标准《混凝土结构设计规范》GB 50010 进行附加冲切验算。

3. 安装在单独基础上的机床

大型及大型以上的机床一般宜安装在单独基础上，可以根据下述原则采用单独基础：①机床重量大于 7t，其荷重大于或等于 $10t/m^2$；②机床加工所产生的振动影响到相邻的机床；③精密机床；④狭长而小于 7t 的机床，机身没有足够的坚固性或由几部分组成。

车床（中心距≥3000mm 或中心高≥400mm），立式车床（工作台直径≥850mm），多刀半自动车床，丝杠车床，靠模铣床（重量>4t），立式铣床、卧式铣床、万能铣床（重量>6t 或工作台长度>1500mm），龙门刨床、双轴龙门铣床，牛头刨床（最大行程 850mm），旋臂钻床（可钻直径≥40mm），深孔钻床（可钻直径≥800mm），镗床（主轴直径≥80mm），坐标镗床，金刚石镗床，立式及卧式拉床（拉力>10t），外圆磨床、高精度外圆磨床（可磨直径>250mm 或中心距>1500mm），平面磨床、高精度平面磨床（工作台长度>1500mm），螺丝磨床，导轨磨床、齿轮磨床，插床（最大行程>300mm），插齿机、滚齿机、刨齿机、剃齿机（重量大于 3～4t）等，可以采用单独混凝土基础。

安装在单独基础上的机床，其基础平面尺寸和基础的混凝土厚度的确定见本章第三节。

三、精密机床的隔振设计

当精密机床的加工精度要求较高，为防止由地面传来的冲击和高频等环境振动的影响，可采取设置隔振沟，有必要时，精密机床可采用隔振基础。

1. 隔振沟

一般在基础四周设置与基础深度相同或更深、宽度为100mm（宽度对隔振效果影响不大，可根据施工需要决定）的隔振沟，隔振沟内宜空，必要时可垫海绵、乳胶等材料或在基础四周粘贴泡沫塑料、聚苯乙烯等隔振材料。当地下水位较高时，需采取防水措施。如存在水平向扰力时，也可在基础四周设缝与地面分开，缝中填沥青、麻丝等弹性材料。一般深度的隔振沟，对地面脉动、外界传来的低频振动是起不了隔振作用的（对付低频振动，需设置很深的沟，但不太容易做到），对地面传来的冲击振动或较高频率的干扰振动，由于其波长短，尚有一定的减振效果，尤其当振源与隔振沟距离较近时，隔振效果较为显著。

设置隔振沟时应注意以下几方面：①隔振沟应设置在精密机床基础四周或振源附近，尤其在防止水平振动外传时；②当机床基础四周设隔振沟后，个别机床的基础有振动放大现象，一种情况为机床加工时，产生较大的水平向扰力，另一种情况为基础与四周的土分开后，基础的自振频率有所改变，如改变后的自振频率与加工时的扰力频率相同或接近，则基础的振幅会加大，故应重视设置沟后基础自振频率的计算与测定工作，将自振频率与扰力频率错开30％以上；③从隔绝外来振动影响的角度来看，隔振沟以中空为宜，当沟内填有松散材料时，会因时间久了沟内填料下沉而变得密实，起不了隔振作用，但是若机床本身加工时也产生水平振动，则为避免设置沟后基础水平振动反而增大而影响加工精度，此时宜在沟内放些海绵、乳胶等隔振材料，基础尺寸较大时，可在基础施工完毕后，四周粘贴泡沫塑料、聚苯乙烯等材料后，再回填土。

2. 隔振基础

精密机床加工精度要求较高，容许振动较小时，宜具有场地振动实测资料，根据环境与扰力性质、容许振动等条件，经计算判断是否需采用隔振基础。隔振基础由隔振台座和隔振元件组成。

（1）隔振台座

隔振台座一般为钢筋混凝土结构、型钢和混凝土组成的混合结构，隔振台座应具有足够的刚度。隔振台座的常用形式有下部支承式（图2.8.2a）和高位支承式（图2.8.2b），高位支承式可降低系统的重心，增加系统的稳定性。隔振台座具有以下作用：

1）使隔振装置受力均匀，机床振幅得到控制；

2）减少因机床设备重心位置的计算误差所产生的不利影响；

3）使系统重心位置降低，增加系统的稳定性；

4）提高系统的回转刚度，减少其他外力引起的设备倾斜；

5）防止机床通过共振转速时的振幅过大。

隔振台座配置时主要的考虑因素包括：质量、体积、整体强度、局部强度及系统的安装问题，在安装空间允许的条件下，隔振台座的长、宽尺寸设计得大一些是很有利的。在保证隔振体系稳定的情况下，隔振台座的重量可取机床重量的2～5倍。

（2）隔振元件的选择

选择隔振元件时所参考的主要技术参数包括固有频率、阻尼等。根据机床对振动的具体要求及环境振动的恶劣程度来确定隔振系数和系统的固有频率、阻尼。

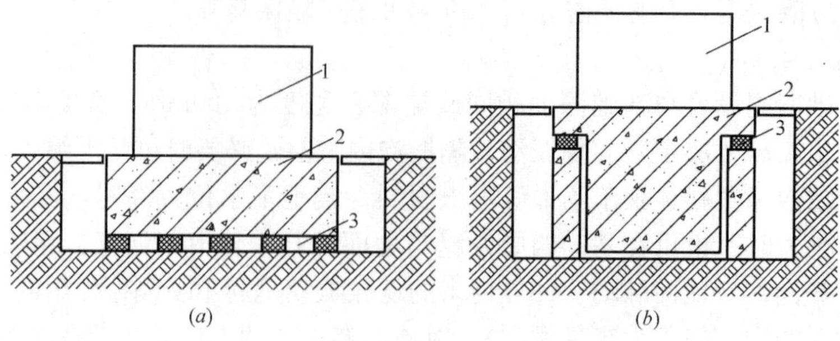

图 2.8.2　隔振基础典型形式

1—机床；2—隔振台座；3—隔振元件

常用的隔振元件有橡胶隔振垫、橡胶隔振器、金属螺旋弹簧隔振器、橡胶空气弹簧，其中橡胶隔振垫的固有频率一般在 10～15Hz，橡胶隔振器的固有频率一般在 5～15Hz，金属螺旋弹簧隔振器的固有频率一般在 1.5～5Hz，橡胶空气弹簧的固有频率一般小于 2Hz。金属螺旋弹簧隔振器的固有频率较低，能适应较广泛的使用范围，不过金属螺旋弹簧隔振器的阻尼小，为了减小隔振系统通过共振区时的振幅，或使冲击引起的振动加快衰减，金属螺旋弹簧隔振器一般应与阻尼器或橡胶等其他阻尼值较大的材料联合使用。橡胶空气弹簧的固有频率低、阻尼性能好，是一种优良的低频隔振器，不过其结构比较复杂，成本也比较高。

（3）隔振元件的布置

在隔振元件布置时，应注意以下几点：

① 隔振元件受力均匀，静压缩量基本一致；

② 尽可能提高支承面的位置，以改善机组的稳定性能；

③ 同一台机组隔振系统应尽可能采用相同型号的隔振元件。

建议把隔振元件的安装位置设计成可调节的，这样安装时可以对隔振元件的布置位置进行适当调节，使隔振元件的压缩量基本一致，减少机床的摇晃和不稳，确保隔振效果和机床的稳定性。

精密机床隔振基础的设计计算可参考手册第四篇第五章。

第三节　基础构造与安装要求

一、基础尺寸

机床安装在单独基础上时，其平面尺寸基本上可按机床底座的外轮廓尺寸四侧适当放宽来确定，这样，安装调整维修时比较方便，同时增加了基础横向的稳定性，如车床基础每边可比底座宽 100～300mm，刨床基础每边可比底座宽 100～500mm，磨床基础每边宽 100～700mm。

机床安装在单独基础上时，其基础厚度的可参考表 2.8.8 确定。

金属切削机床混凝土基础的厚度　**表 2.8.8**

序号	机床名称	基础厚度(m)	序号	机床名称	基础厚度(m)
1	卧式车床	$0.3+0.07L$	10	摇臂钻床	$0.2+0.13H$
2	立式车床	$0.5+0.15H$	11	深孔钻床	$0.3+0.05L$
3	铣床	$0.2+0.15L$	12	坐标镗床	$0.5+0.15L$
4	龙门铣床	$0.3+0.075L$	13	卧式镗床、落地镗床	$0.3+0.12L$
5	插床	$0.3+0.15H$	14	卧式拉床	$0.3+0.05L$
6	龙门刨床	$0.3+0.07L$	15	齿轮加工机床	$0.3+0.15L$
7	内圆磨床、外圆磨床 无心磨床、平面磨床	$0.3+0.08L$	16	立式钻床	0.3～0.6
8	导轨磨床	$0.4+0.08L$	17	牛头刨床	0.6～1.0
9	螺纹磨床、精密外 圆磨床、齿轮磨床	$0.4+0.10L$			

注：1. 表中 L 为机床外形长度（m），H 为机床外形高度（m），均系机床样本和说明书上提供的基础外形尺寸。
2. 表中基础厚度指机床底座下（如垫铁时，指垫铁下）承重部分的混凝土厚度。

有提高加工精度要求的普通机床，可按表中混凝土基础的厚度增加 5%～10%。加工中心系列机床，其混凝土基础的厚度可按组合机床的类型，取其精度较高或外形较长者，按表 2.8.7 中同类机床采用。

二、基础配筋

在机床基础的下列部位宜配置直径 8～14mm，间距 150～250mm 的钢筋网：

1. 置于软弱地基土上或地质不均匀处的基础顶、底面；
2. 基础受力不均匀或局部受冲击力的部位；
3. 长度大于 6m 且小于 11m 的基础顶、底面；
4. 基础内坑、槽、洞口的边缘或基础断面变化悬殊部位；
5. 支承点较少、集中力较大的部位。

三、安装要求

一般机床安装可按产品样本的要求及国家安装规范有关条文进行，当普通机床安装在地面上，且工艺变动大、调整频繁时，常用膨胀螺栓或弹性垫进行安装。

随着我国经济的飞速发展，我国机械加工行业的加工能力和加工质量有了很大的提高，重型高精度金属切削机床在一些装备制造基地得到普遍运用。重型机床的地脚螺栓采用预留螺栓孔的方式，螺栓孔后浇定位，以此来保证螺栓位置的准确性。需注意以下几方面：①预留螺栓孔孔口形状要与螺栓孔的灌注方式相一致。螺栓孔的形状有三种：直口、喇叭口、企口式导槽。一般国外的基础条件图都按直口要求，而国内习惯先固定调整垫块并预先套上螺栓，然后就位机床底座，调平后灌注预留螺栓孔。如果机床底座没有留出灌注用的耳孔，就需要将预留螺栓孔的形状根据浇灌材料进行调整，以确保灌注密实。②对于重型机床，基础面一般均配置钢筋，当遇到机床的安装孔位影响基础面钢筋拉通时，需根据孔位布置来调整钢筋的排布。

四、对于重型精密机床的其他注意事项

对于一些重型精密机床，其基础往往会做成大块式基础。

首先，对于基础混凝土的浇捣需采取一些有针对性的措施，来解决因混凝土水化热导致的温度裂缝对机床加工精度的影响。一般可采取以下措施来解决：①设计方面，尽可能选用中低强度混凝土，采用 60d 或 90d 强度；②材料方面，合理选择混凝土配合比，宜选用水化热低的水泥，并宜掺加粉煤灰、矿粉和高效减水剂，控制水泥用量；③施工方面，大体积混凝土可采用斜面分层方法浇筑，也可采用全面分层、分块分层浇筑方法。混凝土的养护应采用蓄热保湿的技术措施。混凝土内部与表面温度的差值不应超过 30℃。另外，条件允许时，采用预埋冷却水管来降低水化热，通过调整各管路的水流量来调控大体积混凝土内的温度梯度，是确保大体积混凝土浇捣质量的理想方式。其中对于管路的布置方法、管材及管径水流量、平均水温设定等一系列参数由设计提出较为合理。

其次，大块式机床基础应避免从螺栓底部穿越较大的工艺孔洞，也应避免绕螺栓设置较深的沟、坑，以免在机床基础中出现局部区域受力不合理，不利于控制变形条件。如果以上情况不可避免，则应对机床基础的受力进行精细化计算分析，以校核机床基础局部变形是否满足机床对基础变形条件的限值。如果不能满足，则对于机床基础进行有针对性的补强措施，如增加洞口周边配筋或加设型钢等方法，以确保机床基础满足机床正常工作的要求。

第四节　基础的设计

金属切削机床基础除需要控制振动的机床以及防振隔震的基础外，一般不进行动力计算，本节所列的计算，为地基土的强度验算以及基础配置钢筋的计算。

一、普通金属切削机床的基础设计

1. 地基土的强度验算

地基土的强度验算系静力验算，复核基础下地基单位面积上的静压力是否小于地基土承载力设计值：

$$P_k \leqslant f_a \tag{2.8.6}$$

式中　f_a——修正后的地基承载力特征值，见《建筑地基基础设计规范》；

　　　p_k——当中心受压时，标准组合的地基上单位面积的平均静压力。

$$P_k = Q/A \tag{2.8.7}$$

式中　A——基础底面面积（m^2）；

　　　Q——至基础底面的最大静荷载（kN）；

$$Q = Q_1 + Q_2 + Q_3$$

式中　Q_1——机床自重（kN）；

　　　Q_2——加工件的最大重量（kN）；

　　　Q_3——机床基础的重量（kN）。

2. 基础配筋计算

当基础长度大于 11m 或机床的移动部件的重力较大时，宜按弹性地基梁、板计算配筋，如按文克尔假定计算，地基基床系数 K 值可按表 2.8.9 采用。大于 11m 的机床为数不多，如龙门刨、龙门铣、深孔钻床、重型车床、导轨磨床、卧式镗床等狭长形机床。它们的床身刚度较差，因而需要与基础共同作用，来增强床身刚度以保证加工精度。

基床系数 K 值　　**表 2.8.9**

序号	土的性质	$K(10N/cm^3)$	序号	土的性质	$K(10N/cm^3)$
1	淤泥质土或有机质土	0.5～1.0	3	砂 1. 稍密 2. 中密 3. 密实	1.0～1.5 2.5～2.5 2.5～4.0
2	黏土及粉质黏土 1. 软弱、流塑的 2. 可塑的 3. 坚硬的	1.0～2.0 2.0～4.0 4.0～10.0	4	砾石土 中密的	2.5～4.0
			5	黄土及黄土质粉质黏土	4.0～5.0

注：本表试用于面积大于 $10m^2$ 的基础。

二、重型高精度金属切削机床的基础设计

随着国家经济的发展，金属切削机床向重型化方向迈进，这些高精度的加工设备，不仅体积大、重量大，还承受很大的移动荷载，对基础的精度提出很高的基础变形要求。设计所采用的方法往往不仅是让基础的长度加长，基础的体积增大，而且为了适应机床精密度的提高，还大大限制了基础的变形要求。在这种情况下，桩基础作为传统的基础形式，由于其良好的工作性能，在各种建筑工程项目中得到了普通的应用。在桩基础沉降的计算方法上，到目前为止所采用的方法一般有两大类：一类是以单桩沉降为基础进而考虑其上设备基础的沉降及变形；另一类是将桩基承台、桩群与桩间土作为实体深基础进行计算。国内有规范可循的为后一种方法，但是实体深基础法只能计算出基础的整体沉降，而不能计算基础的弯曲变形，而高精度设备对基础的弯曲变形却是最敏感的。后面的章节会通过一道例题来说明此类设备基础的设计。

在重型高精度的设备基础设计中，由于设备基础上的移动荷载较大，且为局部荷载，整个基础的沉降要在设备运行较长时间才能完成。因此作为一个保险措施，我们设计时要求业主在基础完工后进行预压，预压重力为以后实际加工工件重力的 1.5～2.0 倍，预压时间至少 2 个月以上，直到沉降基本稳定，此时可以认为设备基础的整体沉降已经基本完成。

为了计算基础在加工时移动荷载产生的瞬间变形，本文设备基础采用桩基基础形式的计算，采用考虑桩与设备基础相互作用的三维空间分析，将设备基础划分为若干个壳单元，根据 Winkler 假定和实际地质参数，不考虑桩群影响，计算出桩的等效弹簧刚度，将桩等效为一个个弹簧。在设备实际荷载作用下，利用有限元程序 SAP2000 进行有限元分析，计算出基础上各点的变形，确定基础的尺寸。

第五节 设计实例

某重型装备制造基地，对重型高精度基础的要求非常高，最高精度的基础提出了变形量控制在 0.005mm/m 的要求。由于设备对沉降非常敏感，因此必须考虑设备加载后的瞬间变形。甲方和设备制造方在技术谈判时对此非常重视，一再强调基础的沉降变形，要确保达到设计要求。

1. 工程地质情况

工程地处上海市境内，根据已有勘察资料分析，拟建场地在深度 60m 范围内的地基土均属地四系河口—滨海、浅海及湖沼相沉积层，主要由黏性土、粉性土、砂性土组成。典型的工程地质剖面图见图 2.8.3，场地土的侧极限摩阻力标准值 f_s 与桩端极限端阻力标准值 f_p 见表 2.8.10。

桩侧极限摩阻力标准值 f_s 及桩端极限端阻力标准值 f_p　　表 2.8.10

层号	土层名称	静探 p_s平均值（MPa）	层底一般埋深（m）	灌注桩	
				F_s/(kPa)	F_p/(kPa)
②	粉质黏土	0.65	2.7～4.2	15	
③	淤泥质粉质黏土	0.80	7.3～10.0	6m 以下 15	
				6m 以上 30	
④	淤泥质黏土	0.59	15.1～18.0	20	
⑤1a	黏土	0.96	19.0～21.5	35	
⑤1b	粉质黏土	1.32	23.5～28.5	4	
⑥	粉质黏土	2.60	28.0～30.9	60	
⑦1	砂质粉土夹粉砂	12.36	34.8～40.5	60	
⑦2	粉砂	26.93	63.0～6.5	70	2500
⑦3	粉砂	17.14	67.2～71.6	70	2500
⑨1	砂质粉土	16.41	76.0～80.3	70	2500
⑨2—1	粉砂	17.19	87.0～92.1	70	2500
⑨2—2	粉砂	22.11	95.5～101.5	70	2500

2. 桩型选择及桩基础参数设计

由于很多设备基础靠近厂房的柱基础，而厂房基础早已施工完成，为了减小打桩对厂房基础的影响，设备基础的桩型采用直径 ϕ800mm 的钻孔灌注桩。根据 Winkler 假定计算设备基础的变形，弹簧系数 k 的取值显然是计算结果可靠与否的关键。由于国内缺乏这方面的实验数据，也没有规范明确规定计算方法，经过分析，按《动力机器基础设计规范》GB 50040 中计算预制桩或打入式灌注桩的抗压刚度的方法折算灌注桩的等效弹簧系数 k，《动力机器基础设计规范》中桩周土的当量抗剪刚度和桩尖土的当量抗压刚度系数的经验值可以作为计算本工程的参考。

3. 基础的设计要求

龙门镗铣床是德国一家公司生产的超高精度超重型的加工设备。床身长 27.8m，龙门宽度 10.35m，两根立柱各重 187t，加工时立柱沿着固定轨道移动。在加工的时候，由于移动荷载引起的变形，沿轨道方向不能超过 0.005mm/m，垂直轨道方向为 0.01mm/m。

4. 计算分析

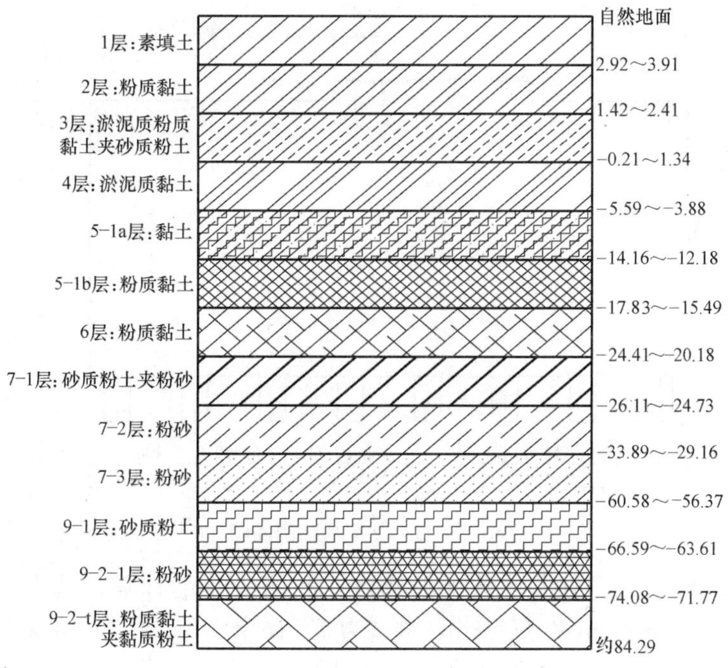

图 2.8.3　工程地质剖面图

根据设备基础厂家的资料，基础的尺寸约为 37500mm×18500mm，简图见图 2.8.4，基础的横向剖面简图见图 2.8.5，图中尺寸 H 为本次设计所需确定的参数之一——基础的厚度。设备基础的移动荷载分布如图 2.8.6 所示：龙门镗铣床轨道间距 10350mm，行程 27800mm，镗铣床移动部分每根轨道处均重 187t，与基础的接触面积约为 2.5m×5m，因此折算均布荷载为 15t/m^2。

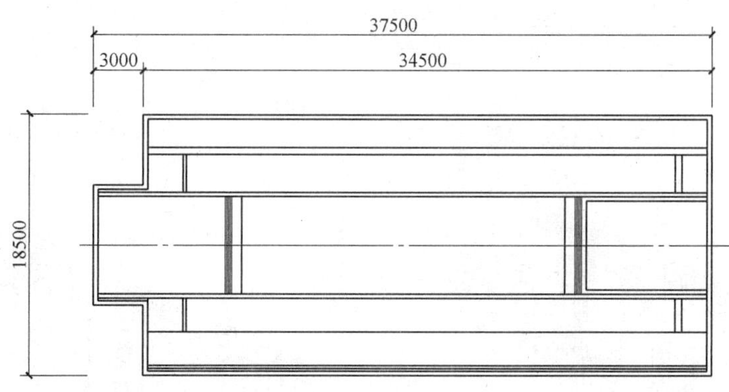

图 2.8.4　设备基础平面图

图 2.8.7 为 SAP2000 中设备基础的有限元模型，图 2.8.8 为其中一个移动荷载工况。在计算中，采用不同的基础底板厚度（即 H 值）和桩的等效弹簧刚度，分别计算了基础在移动荷载作用下的沉降。在基础特别敏感的区域，也是变形最大的区域，即设备的轨道下方和垂直轨道的剖面取两条线上的节点组成两条节点路径，分别为节点路径 1 和节点路径 2。这些节点上的变形必须满足厂家提出的精度要求。节点路径如图 2.8.9 所示。

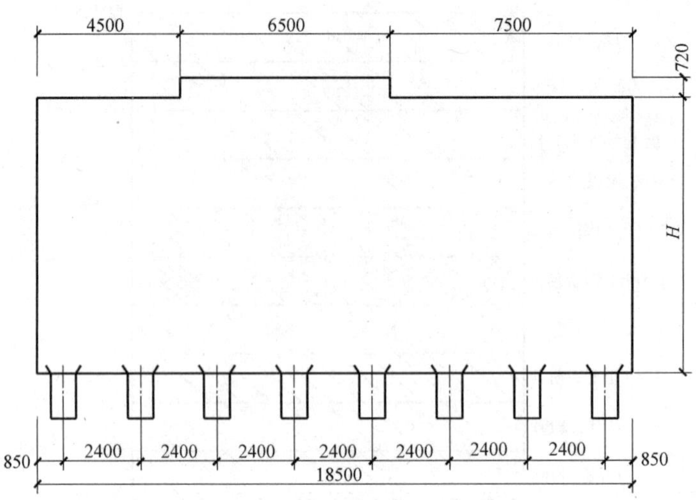

图 2.8.5　设备基础剖面图

采用不同板厚，不同桩基等效弹簧刚度进行了大量的计算。其中表 2.8.11 和表 2.8.12 分别是板厚 $H=6\text{m}$ 和 $H=8\text{m}$，桩基为 $1\times10^6\text{kN/m}$、$1.2\times10^6\text{kN/m}$、$1.4\times10^6\text{kN/m}$ 和 $2.0\times10^6\text{kN/m}$ 四种等效弹簧刚度的计算结果。

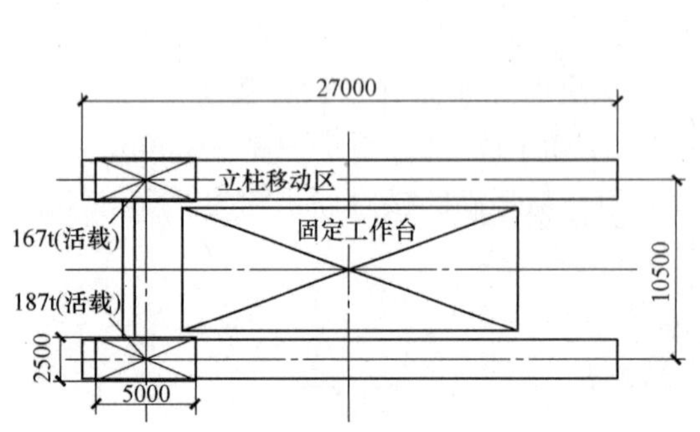

图 2.8.6　基础移动荷载分布图

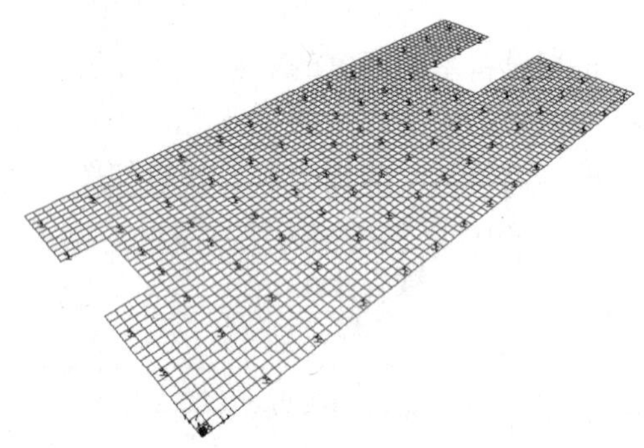

图 2.8.7　SAP2000 计算模型图

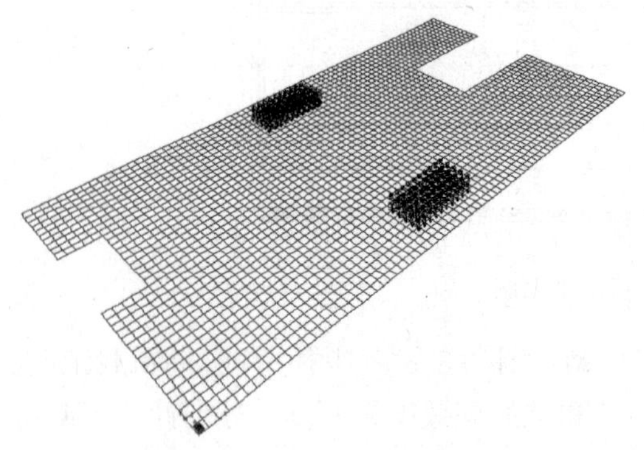

图 2.8.8　移动荷载工况图

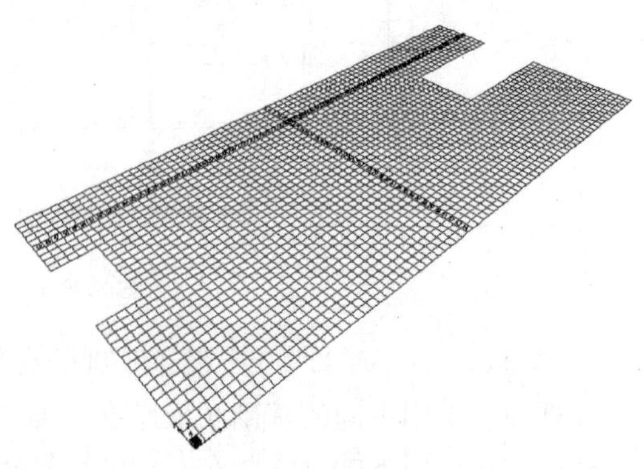

图 2.8.9　节点路径示意图

（长向为路径 1，短向为路径 2）

6m 板厚计算结果 **表 2.8.11**

桩基等效弹簧刚度(kN/m)	节点路径 1 最大沉降(mm)	节点路径 1 最大沉降差(mm/m)	节点路径 2 最大沉降(mm)	节点路径 2 最大沉降差(mm/m)	桩基最大反力(kN)
1.0×10^{6}	−0.0972	0.0077	−0.0351	0.0028	1440
1.2×10^{6}	−0.0861	0.0065	−0.0334	0.0023	1456
1.4×10^{6}	−0.0768	0.0052	−0.0212	0.0019	1463
2.0×10^{6}	−0.0597	0.0048	−0.0208	0.0018	1487

8m 板厚计算结果 **表 2.8.12**

桩基等效弹簧刚度(kN/m)	节点路径 1 最大沉降(mm)	节点路径 1 最大沉降差(mm/m)	节点路径 2 最大沉降(mm)	节点路径 2 最大沉降差(mm/m)	桩基最大反力(kN)
1.0×10^{6}	−0.0763	0.0057	−0.0324	0.0023	1563
1.2×10^{6}	−0.0672	0.0054	−0.0277	0.0019	1578
1.4×10^{6}	−0.0588	0.0047	−0.0178	0.0017	1589
2.0×10^{6}	−0.0446	0.0044	−0.0172	0.0016	1597

由表 2.8.11 和表 2.8.12 可以看出，基础底板厚度对于基础的变形影响很大，这跟规范要求将金属切削设备基础做大、做刚的原则是相符的。

对于基础的配筋，可以根据软件给出的截面弯矩值进行相应的计算确定。

第九章　动力机器基础弹性半空间理论及其应用

第一节　动力弹性半空间理论解答的一般表达式

一、复指数力的解答一般表达式

设半空间表面作用面积为 A 的分布简谐扰力 $F_v(t)=F_{v0}\sin\omega t$（或 $F_v(t)=F_{v0}\cos\omega t$），这里 ω 为振动圆频率，F_{v0} 为扰力幅值。在半空间理论分析过程中，一般均将这种简谐力以复指数力 $F_v(t)=F_{v0}e^{i\omega t}$，即：

$$F_{v0}e^{i\omega t}=F_{v0}(\cos\omega t+\sin\omega t) \tag{2.9.1}$$

这种扰力得到的解答可直接用于 $F_{v0}\cos\omega t$ 及 $F_{v0}\sin\omega t$ 的扰力解。

由弹性半空间理论得到 $F_{v0}e^{i\omega t}$ 作用下扰力作用面上某点 M 的竖向位移 $w(t)$ 为：

$$w(t)=\frac{F_{v0}}{Gr_0}e^{i\omega t}[f_1(M,\nu,a_0)+if_2(M,\nu,a_0)] \tag{2.9.2}$$

由此可得：

$$F_v(t)=\frac{Gr_0}{f_1(M,\nu,a_0)+if_2(M,\nu,a_0)}w(t) \tag{2.9.3}$$

式中　G，ν——分别为半空间的剪切模量和泊松比；

r_0——为扰力作用范围的半径或等效半径；

$f_1(M,\nu,a_0)$，$f_2(M,\nu,a_0)$——为作用点位置 M、泊松比 ν、频率因数 a_0 及扰力作用面形状的函数，一般称为位移函数。这里的频率因数或无量纲频率 a_0 为：

$$a_0=\frac{\omega r_0}{v_s}=\frac{2\pi r_0}{L_s} \tag{2.9.4}$$

式中　v_s——为半空间的剪切波速，$v_s=\sqrt{\frac{G}{\rho}}$；

L_s——为半空间的剪切波波长；

ρ——为半空间的质量密度；

a_0——为基底周长与剪切波波长的比值。

式（2.9.2）解答可用于简谐扰力。对于扰力 $F_v(t)=F_{v0}\cos\omega t$ 及 $F_v(t)=F_{v0}\sin\omega t$，$w(t)$ 为：

$$w(t)=\frac{F_{v0}}{Gr_0}\cos\omega t[f_1(M,\nu,a_0)+if_2(M,\nu,a_0)] \tag{2.9.5}$$

$$w(t)=\frac{F_{v0}}{Gr_0}\sin\omega t[f_1(M,\nu,a_0)-if_2(M,\nu,a_0)] \tag{2.9.6}$$

二、位移函数示例

以下示例均为 $\nu=0.25$，圆形中心点的竖向位移函数。

1. 圆形均布扰力

$$\left.\begin{aligned}f_1&=0.238733-0.059683a_0^2+0.004163a_0^4-\cdots\\f_2&=-0.148594a_0+0.017757a_0^3-0.000808a_0^5+\cdots\end{aligned}\right\} \tag{2.9.7}$$

2. 圆形静刚性分布扰力

$$\left.\begin{aligned}f_1&=0.187500-0.070313a_0^2+0.006131a_0^4-\cdots\\f_2&=-0.148594a_0+0.023677a_0^3-0.001294a_0^5+\cdots\end{aligned}\right\} \tag{2.9.8}$$

3. 圆形抛物线分布扰力

$$\left.\begin{aligned}f_1&=0.318310-0.047747a_0^2+0.002379a_0^4-\cdots\\f_2&=-0.148594a_0+0.011837a_0^3-0.000405a_0^5+\cdots\end{aligned}\right\} \tag{2.9.9}$$

4. 圆形面加权平均位移

如果对荷载面各点位移以静刚性分布为权因子加权平均，可近似得到荷载面的平均位移 w_a 为：

$$w_a=\frac{F_{v0}}{Gr_0}e^{i\omega t}[f_{1a}(\nu,a_0)+if_{2a}(\nu,a_0)] \tag{2.9.10}$$

式中　f_{1a}，f_{2a}——为加权位移函数。

第二节　机器基础振动分析的等效集总参数法

得到扰力与位移的一般关系式（2.9.2）及式（2.9.3）后，就可以按机器基础振动分析的一般方法，建立基础振动运动方程：

$$m\frac{\mathrm{d}^2w(t)}{\mathrm{d}t^2}+R(t)=Q(t) \tag{2.9.11}$$

式中　m——基础质量；

$R(t)$——作用在基础的外扰力；

$Q(t)$——地基（半空间）对基础的反力。

$R(t)$ 即式（2.9.3）的 $p(t)$，若位移函数为 f_1、f_2，则：

$$R(t)=\frac{Gr_0}{f_1+if_2}w(t)=\left(\frac{f_1}{f_1^2+f_2^2}-i\frac{f_2}{f_1^2+f_2^2}\right)Gr_0w(t) \tag{2.9.12}$$

将式（2.9.11）与式（2.9.12）结合进行振动分析，就是应用动力半空间理论应用于机器振动分析的一般途径。动力半空间理论对各种情况（如各种振型、考虑埋深、分层地基及基岩上的地基等）的有关成果都可以通过此途径加以运用。

实际应用时，可采用随频率变化的集总参数（简称频变集总参数）和不随频率变化的集总参数（简称常集总参数）。

一、频变集总参数法

动力机器基础振动分析常采用质量—弹簧—阻尼器模型，这种模型常称为集总参数模型，当集总参数随随扰力频率变化时，则称为频变集总参数模型。

1. 竖向谐和振动

竖向振动运动方程为：

$$m\frac{\mathrm{d}^2 w(t)}{\mathrm{d}t^2}+C_z\frac{\mathrm{d}w(t)}{\mathrm{d}t}+K_z w(t)=Q(t)=Q_0 \mathrm{e}^{i\omega t} \tag{2.9.13}$$

式中 C_z 和 K_z——分别阻尼系数和竖向刚度。

将式（2.9.11）及式（2.9.12）与式（2.9.13）对比，可得：

$$\left.\begin{array}{l} R(t)=R_z(t)=C_z\dfrac{\mathrm{d}w(t)}{\mathrm{d}t}+K_z w(t) \\ K_z=Gr_0F_1, C_z=\sqrt{G\rho}r_0^2F_2 \end{array}\right\} \tag{2.9.14}$$

$$F_1=\frac{f_1}{f_1^2+f_2^2}, F_2=\frac{-f_2}{f_1^2+f_2^2} \tag{2.9.15}$$

由于 f_1、f_2 是频率因数 a_0 的函数，即 F_1、F_2 随扰力频率变化，因此，式（2.9.14）C_z 和 K_z 是竖向振动频变集总参数。以式（2.9.14）及式（2.9.15）形式应用动力半空间理论解答（即 f_1、f_2 的解答式）的方法即频变集总参数法。

2. 水平谐和振动

设水平位移 $u(t)$，按上述类似方法，可得相应于式（2.9.11）的动反力 $R_h(t)$ 为

$$\left.\begin{array}{l} R_h(t)=C_h\dfrac{\mathrm{d}u(t)}{\mathrm{d}t}+K_h u(t) \\ K_h=Gr_0F_1, C_h=\sqrt{G\rho}r_0^2F_2 \end{array}\right\} \tag{2.9.16}$$

式中 C_h、K_h——水平振动频变集总参数。

F_1、F_2 与 f_1、f_2 及 a_0 的关系同式（2.9.15），但 f_1、f_2 为水平振动的位移函数。

3. 回转谐和振动

设绕水平轴回转角为 $\psi(t)$，则

$$\left.\begin{array}{l} R_\psi(t)=C_\psi\dfrac{\mathrm{d}\psi(t)}{\mathrm{d}t}+K_\psi\psi(t) \\ K_\psi=Gr_0^3F_1, C_\psi=\sqrt{G\rho}r_0^4F_2 \end{array}\right\} \tag{2.9.17}$$

式中 C_ψ、K_ψ——回转振动频变集总参数。

F_1、F_2 与 f_1、f_2 及 a_0 的关系同式（2.9.15），但 f_1、f_2 为回转振动的位移函数。

4. 扭转谐和振动

设绕竖向轴扭转角为 $\theta(t)$，则

$$\left.\begin{array}{l} R_\theta(t)=C_\theta\dfrac{\mathrm{d}\theta(t)}{\mathrm{d}t}+K_\theta\theta(t) \\ K_\theta=Gr_0^3F_1, C_\psi=\sqrt{G\rho}r_0^4F_2 \end{array}\right\} \tag{2.9.18}$$

式中 C_θ、K_θ——扭转振动频变集总参数。

F_1、F_2 与 f_1、f_2 及 a_0 的关系同式（2.9.15），但 f_1、f_2 为扭转振动的位移函数。

5. 频变集总参数示例

(1) 竖向振动 ($0<a_0<1.5$)

$$\left.\begin{aligned}F_1&=\frac{4}{1-\nu}-(0.5+\nu+4\nu^2)a_0^2\\F_2&=3.3+1.6\nu+11.2\nu^2+(0.8+9.6\nu)(0.5-\nu)a_0\end{aligned}\right\}\tag{2.9.19}$$

(2) 水平振动 ($0<a_0<2$)

$$\left.\begin{aligned}&\nu=0.25, F_1=4.8-0.2a_0^2\\&F_2=2.5+0.3a_0\\&\nu=0.5, F_1=5.3-0.1a_0^2\\&F_2=2.8+0.4a_0\end{aligned}\right\}\tag{2.9.20}$$

(3) 回转振动 ($0<a_0<2$, $\nu=0$)

$$\left.\begin{aligned}F_1&=2.5-0.4a_0^2\\F_2&=0.4a_0\end{aligned}\right\}\tag{2.9.21}$$

(4) 扭转振动 ($0<a_0<1.5$)

$$\left.\begin{aligned}F_1&=5.1-0.3a_0^2\\F_2&=0.5a_0\end{aligned}\right\}\tag{2.9.22}$$

二、常集总参数法

1. 不计地基土参振质量的常集总参数法

由于频变集总参数法的刚度及阻尼系数均随扰频变化，不便于在机器基础振动分析中应用。若保持振动体系的质量不变（不计参振地基土质量），以动力反应为拟合目标，反求出相应的不随频率变化的刚度和阻尼比，这种方法即为不计地基土参振质量的常集总参数法。表 2.9.1，表 2.9.2，表 2.9.3 及表 2.9.4 为对圆形、矩形基底及无埋深、有埋深等情况的各参数表。图 2.9.1 为矩形基底的形状修正系数曲线。

埋置基础的刚度　　**表 2.9.1**

振动类别	圆形基础	矩形基础	振动类别	圆形基础	矩形基础
竖向	$k_z=\frac{4Gr_0}{1-\nu}n_z$	$k_z=\frac{G}{1-\nu}\beta_z\sqrt{B_0L_0}$	回转	$k_\psi=\frac{8Gr_0^3}{3(1-\nu)}n_\psi$	$k_\psi=\frac{G}{1-\nu}\beta_\psi B_0L_0^2n_\psi$
水平	$k_x=\frac{32(1-\nu)}{7-8\nu}Gr_0n_x$	$k_x=2(1+\nu)G\beta_x\sqrt{B_0L_0}n_x$	扭转	$k_\theta=\frac{16}{3}Gr_0^3$	用等效的圆形基础之值

注：表中 β_z、β_x 及 β_ψ 为形状修正系数，可查图 2.9.1；B_0 及 L_0 的意义见图 2.9.1；n_z、n_x 及 n_ψ 为埋深修正系数，见表 2.9.3。

埋置基础的阻尼比　　**表 2.9.2**

振动类别	等效半径 r_0	修订质量比 B	阻尼比 D
竖向	$r_0=\sqrt{\frac{B_0L_0}{\pi}}$	$B_z=\frac{(1-\nu)}{4}\frac{m}{\rho r_0^3}$	$D_z=\frac{0.425}{\sqrt{B_z}}\alpha_z$
水平	$r_0=\sqrt{\frac{B_0L_0}{\pi}}$	$B_x=\frac{7-8\nu}{32(1-\nu)}\frac{m}{\rho r_0^3}$	$D_x=\frac{0.288}{\sqrt{B_z}}\alpha_x$

续表

振动类别	等效半径 r_0	修订质量比 B	阻尼比 D
回转	$r_0=\sqrt[4]{\dfrac{B_0L_0^3}{3\pi}}$	$B_\psi=\dfrac{3(1-\nu)}{8}\dfrac{I_\psi}{\rho r_0^5}$	$D_\psi=\dfrac{0.15}{HB_\psi\sqrt{B_\psi}}\alpha_\psi$
扭转	$r_0=\sqrt[4]{\dfrac{B_0L_0(B_0^2+L_0^2)}{6\pi}}$	$B_\theta=\dfrac{I_\theta}{\rho r_0^5}$	$D_\theta=\dfrac{0.5}{1+2B_\theta}$

注：B_0、L_0 为矩形基础边长，其中 L_0 平行于回转平面。I_ψ 及 I_θ 分别为对基底形心之水平轴的质量惯性矩及通过基底形心竖向轴扭转质量惯性矩。α_z、α_x 及 α_ψ 为埋深修正系数，见表 2.9.3。

埋深修正系数 **表 2.9.3**

振 动 类 别	刚度修正系数	阻尼修正系数
竖向	$n_z=1+0.6(1-\nu)\delta$	$\alpha_z=\dfrac{1+1.9(1-\nu)}{\sqrt{n_z}}\delta$
水平	$n_x=1+0.55(2-\nu)\delta$	$\alpha_x=\dfrac{1+1.9(2-\nu)}{\sqrt{n_x}}\delta$
回转	$n_\psi=1+1.2(1-\nu)\delta+2.2(2-\nu)\delta^3$	$\alpha_\psi=\dfrac{1+0.7(1-\nu)\delta+0.6(2-\nu)\delta^3}{\sqrt{n_\psi}}$

注：δ 为埋深比 $\delta=\dfrac{l}{r_0}$（l 为埋深），r_0 为基础半径或折算半径，ν 为泊松比。

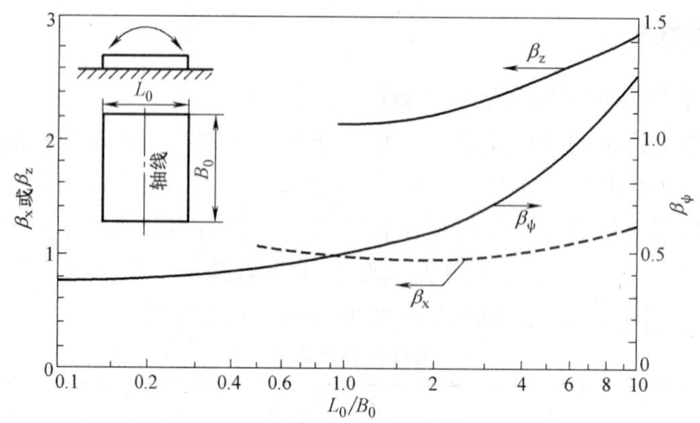

图 2.9.1　基底形状修正系数

回转振动中修订惯性矩比的修正系数 **表 2.9.4**

B_ψ	5	3	2	1	0.8	0.5	0.2
N_ψ	1.079	1.110	1.143	1.219	1.251	1.378	1.600

2. 方程对等法（计及地基土参振质量的常集总参数法）

对于谐和振动，若以原始运动方程对等为出发点，求出地基土参振质量、刚度及阻尼比。而且使此三种集总参数不随扰频变化，这种方法即为方程对等法（计及地基土参振质量的常集总参数法），此法具有灵活性大、通用性强、精度高，导出集总参数的过程简单明了等特点。

对竖向、水平、回转及扭转振动；相应于高频因数（$a_0<2$）的振动；考虑埋深及岩石弹性层的振动问题，方程对等法均已提出了公式及使用计算表格（表 2.9.5）。

圆形刚性基础方程集总参数　　表 2.9.5

振动类别	质量(惯性矩)附加系数	刚度	阻尼比	质量(惯性矩)比
竖向	$\xi_z=1+\dfrac{4\alpha}{(1-\nu)b}$	$K_z=\dfrac{4Gr_0}{1-\nu}$	$D_z=\sqrt{\dfrac{1}{\beta\left[\alpha+\dfrac{b(1-\nu)}{4}\right]}}$	$b=\dfrac{m}{\rho r_0^3}$
水平	$\xi_x=1+\dfrac{1}{6b}$	$K_x=\dfrac{32(1-\nu)Gr_0}{7-8\nu}$	$D_x=1.627\sqrt{\dfrac{1-\nu}{(7-8\nu)(0.167+b)}}$	$b=\dfrac{m}{\rho r_0^3}$
回转	$\xi_\psi=1+\dfrac{0.523}{b_\psi}$	$K_\psi=\dfrac{8Gr_0^3}{3(1-\nu)}$	$D_\psi=F_\psi\sqrt{\dfrac{3(1-\nu)}{8(0.523+b_\psi)}}$	$b_\psi=\dfrac{I_\psi}{\rho r_0^5}$
扭转	$\xi_\theta=1+\dfrac{0.3972}{b_\theta}$	$K_\psi=\dfrac{16Gr_0^3}{3}$	$D_\theta=\dfrac{0.5}{1+2b_\theta}$	$b_\theta=\dfrac{I_\theta}{\rho r_0^5}$

注：表中
$$\left.\begin{aligned}&F_\psi=\frac{1}{2}\left[-0.0053+0.1288\times\frac{16}{8+3\ (1+\nu)\ b_\psi}+0.557\left(\frac{16}{8+3\ (1-\nu)\ b_\psi}\right)^2-0.244\left(\frac{16}{8+3\ (1-\nu)b_\psi}\right)^3\right]\\&\alpha=0.038+3\nu\\&\frac{1}{\sqrt{\beta}}=0.3922+0.058\nu\end{aligned}\right\}\tag{2.9.23}$$

第三节　块体机器基础振动分析的复合集总参数模型

弹性半空间理论具有理论完善、可以不做试验或少做试验的优点，可以作为我国动力基础设计理论的发展方向，但将它直接用于工程计算则显得过于复杂，为此必须寻找实用化的途径。

根据 Veletsos（1971、1974）等人所导出的块体基础竖向振动刚度、阻尼系数的近似计算公式及仅适用于圆形基础的集总参数模型，结合 Gazetas（1991）所提出的块体基础竖向振动刚度、阻尼系数公式和图表，采用方程对等法推演出一套适用各种基底形状、各种埋置状况块体基础竖向振动的复合集总参数模型。

一、计算模型

计算块体基础动力响应时，采用如下计算模型：

1. 计算简图

图 2.9.2 中 m_ψ、$m_{\psi1}$、$c_{\psi1}$、K_ψ 及 $m_{\psi2}$、$c_{\psi2}$ 为体系的广义集总参数。K_ψ 及 $c_{\psi1}$ 是质体 m_ψ 与地面相连接的广义弹性元件和广义阻尼元件；$m_{\psi1}$、$m_{\psi2}$ 分别为考虑地基惯性效应的广义附加质体；$c_{\psi2}$ 考虑地基惯性效应的广义附加阻尼元件。广义集总参数集 $m_\psi+m_{\psi1}$ 质体振动的响应代表质体 m_ψ 的动力响应。

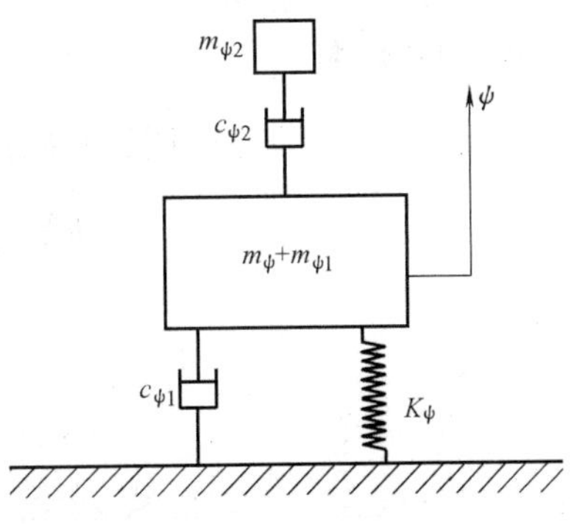

图 2.9.2　计算天然地基基础动力响应计算见图

2. 参数计算

计算简图中相关广义集总参数集由下式确定

$$\left.\begin{aligned}m_{\psi1}&=K_{\psi}b_3\frac{B^2}{v_s^2}\\m_{\psi2}&=K_{\psi}b_1b_2^2\frac{B^2}{v_s^2}\\c_{\psi1}&=K_{\psi}b_4\frac{B}{v_s}\\c_{\psi2}&=K_{\psi}b_1b_2\frac{B}{v_s}\end{aligned}\right\}\tag{2.9.24}$$

其中 ψ 为振形广义坐标分别为 z、θ、y、x、rx、ry，即分别代表明置和埋置基础的竖向、扭转、滑移和摇摆振动；$2B$ 为基础外接矩形短边长；v_s 为地基土的剪切波速；b_1、b_2、b_3 和 b_4 为与半空间介质、基础底面及埋置状况有关的系数。

二、基础静刚度计算

1. 竖向振动

明置基础：$$K_z=\frac{2GL}{(1-\nu)}(0.73+1.54\chi^{0.75})\tag{2.9.25}$$

埋置基础：$$K_{z,\mathrm{emb}}=K_z\left[1+\frac{D}{21B}(1+1.3\chi)\right]\left[1+0.2\left(\frac{A_w}{A_b}\right)^{2/3}\right]=\alpha_zK_z\tag{2.9.26}$$

式中 G——剪切模量；

$2L$，$2B$——基础外接四边形边长，且 $L\geqslant B$，$\chi=\frac{A_b}{4L^2}$；

ν——泊松比；

A_b——基底面积；

A_w——基础侧面与土接触面积，$A_w=d\times s$；

D——基坑深度；

d——基础埋置深度；

s——基础侧面周长。

2. 扭转振动

明置基础：$$K_\theta=3.5GI_{bz}^{0.75}\left(\frac{B}{L}\right)^{0.4}\left(\frac{I_{bz}}{B^4}\right)^{0.2}\tag{2.9.27}$$

埋置基础：$$K_{\theta,\mathrm{emb}}=K_\theta\cdot\Gamma_1\cdot\Gamma_2\tag{2.9.28}$$

$$\Gamma_1=1+0.4\left(\frac{D}{d}\right)^{0.5}\frac{j_1}{j_2}\left(\frac{B}{D}\right)^{0.6}$$

$$\Gamma_2=1+0.5\left(\frac{D}{B}\right)^{0.1}\left(\frac{B^4}{I_{bz}}\right)^{0.13}$$

$$j_1=\frac{4}{3}d(B^3+L^3)+4BLd(L+B)$$

$$j_2=\frac{4}{3}BL(B^2+L^2)$$

式中 I_{bz}——过形心 z 轴的极惯性矩。

3. 滑移振动

(1) 沿 y 轴（B 向）滑移

$$明置基础：K_y=\frac{2GL}{(2-\nu)}(2+2.5x^{0.85}) \tag{2.9.29}$$

$$埋置基础：K_{y,emb}=K_y\left[1+0.15\left(\frac{D}{B}\right)^{0.5}\right]\left[1+0.52\left(\frac{d}{B}\frac{A_w}{L^2}\right)^{0.4}\right] \tag{2.9.30}$$

(2) 沿 x 轴（L 向）滑移

$$明置基础：K_x=K_y-\frac{0.2GL}{(0.75-\nu)}\left(1-\frac{B}{L}\right) \tag{2.9.31}$$

$$埋置基础：K_{x,emb}=K_x\left(\frac{K_{y,emb}}{K_y}\right) \tag{2.9.32}$$

4. 摇摆振动

(1) 惯性主轴 rx 平行于 x 轴（L 向）

$$明置基础：K_{rx}=\frac{GI_{bx}^{0.75}}{(1-\nu)}\left(\frac{L}{B}\right)^{0.25}\left[2.4+0.5\left(\frac{B}{L}\right)\right] \tag{2.9.33}$$

$$埋置基础：K_{rx,emb}=K_{rx}\left\{1+1.26\frac{d}{B}\left[1+\frac{d}{B}\left(\frac{D}{d}\right)^{0.2}\left(\frac{B}{L}\right)^{0.5}\right]\right\} \tag{2.9.34}$$

式中　I_{bx}——基础对通过底面形心 x 轴的惯性矩；

(2) 惯性主轴 ry 平行于 y 轴（B 向）

$$明置基础：K_{ry}=\frac{3GI_{by}^{0.75}}{(1-\nu)}\left(\frac{L}{B}\right)^{0.15} \tag{2.9.35}$$

$$埋置基础：K_{ry,emb}=K_{ry}\left(1+0.92\left(\frac{d}{L}\right)^{0.6}\right)\left[1.5+\left(\frac{d}{L}\right)^{1.9}\left(\frac{d}{L}\right)^{0.6}\right] \tag{2.9.36}$$

三、附加质量和附加阻尼的系数 b_1、b_2、b_3 和 b_4 计算表

附加质量和附加阻尼的系数 b_1、b_2、b_3 和 b_4 为与半空间介质、基础底面及埋置状况有关的系数，对于各种振型及埋置状况见表 2.9.6～表 2.9.20。

明置基础竖向振动 b_1、b_2、b_3 和 b_4（$\nu\leqslant 0.48$）　　表 2.9.6

长宽比 $\left(\frac{L}{B}\right)$	b_1	b_2	b_3	b_4
1	$0.02\eta_z^{-2}+0.04$	$1.46\eta_z$	$0.13-\frac{b_1b_2^2}{1+b_2^2}$	$0.90\eta_z$
2	$0.02\eta_z^{-2}+0.05$	$1.64\eta_z$	$0.13-\frac{b_1b_2^2}{1+b_2^2}$	$0.94\eta_z$
4	$-0.19\eta_z^{-2}-0.07$	$0.59\eta_z$	$0.02-\frac{b_1b_2^2}{1+b_2^2}$	$1.10\eta_z$
∞	$-0.08\eta_z^{-2}-0.36$	$2.08\eta_z$	$-0.22-\frac{b_1b_2^2}{1+b_2^2}$	$1.92\eta_z$

表中 $\eta_z=\frac{1.7A_b}{\pi LB\ (0.73+1.54x^{0.75})}$。

埋置基础竖向振动 b_1、b_2、b_3 和 b_4（$\nu \leqslant 0.40$） **表 2.9.7**

埋置状况	$\frac{L}{B}$	b_1	b_2	b_3	b_4
埋置式	1	$0.06\eta_{z,emb}(b^{-\frac{3}{2}}+b^{-\frac{1}{2}})$	$(0.69+0.63\delta^{3/4})^{-1}\eta_{z,emb}$	$0.13-b_1b_2^2/(1+b_2^2)$	$0.90\eta_{z,emb}+\gamma_z$
	2	$0.08\eta_{z,emb}(b^{-\frac{3}{2}}+b^{-\frac{1}{2}})$	$(0.61+0.56\delta^{3/4})^{-1}\eta_{z,emb}$	$0.13-b_1b_2^2/(1+b_2^2)$	$0.94\eta_{z,emb}+\gamma_z$
	4	$-0.04\eta_{z,emb}(b_2^{-3}+b_2^{-1})$	$(1.69-0.74\delta^{3/4})^{-1}\eta_{z,emb}$	$0.02-b_1b_2^2/(1+b_2^2)$	$1.10\eta_{z,emb}+\gamma_z$
	∞	$-0.74\eta_{z,emb}(b_2^{-3}+b_2^{-1})$	$(0.48-0.06\delta^{3/4})^{-1}\eta_{z,emb}$	$-0.22-b_1b_2^2/(1+b_2^2)$	$1.92\eta_{z,emb}+\gamma_z$
地沟式	1	$0.06\eta_{z,emb}(b_2^{-3}+b_2^{-1})$	$(0.69-0.63\delta^{3/4})^{-1}\eta_{z,emb}$	$0.13-b_1b_2^2/(1+b_2^2)$	$0.90\eta_{z,emb}+\gamma_z$
	2	$0.08\eta_{z,emb}(b_2^{-3}+b_2^{-1})$	$(0.61-0.56\delta^{3/4})^{-1}\eta_{z,emb}$	$0.13-b_1b_2^2/(1+b_2^2)$	$0.94\eta_{z,emb}+\gamma_z$
	4	$-0.04\eta_{z,emb}(b_2^{-3}+b_2^{-1})$	$(1.69+0.74\delta^{3/4})^{-1}\eta_{z,emb}$	$0.02-b_1b_2^2/(1+b_2^2)$	$1.10\eta_{z,emb}+\gamma_z$
	∞	$-0.74\eta_{z,emb}(b_2^{-3}+b_2^{-1})$	$(0.48+0.06\delta^{3/4})^{-1}\eta_{z,emb}$	$-0.22-b_1b_2^2/(1+b_2^2)$	$1.92\eta_{z,emb}+\gamma_z$

埋置基础竖向振动 b_1、b_2、b_3 和 b_4（$\nu \approx 0.48$） **表 2.9.8**

埋置状况	$\frac{L}{B}$	b_1	b_2	b_3	b_4
埋置式	1	$0.06\eta_{z,emb}(b_2^{-3}+b_2^{-1})$	$(0.69+0.63\delta^{3/4})^{-1}\eta_{z,emb}$	$0.13-b_1b_2^2/(1+b_2^2)$	$0.90\eta_{z,emb}+\gamma_z$
	2	$0.08\eta_{z,emb}(b_2^{-3}+b_2^{-1})$	$(0.61+0.56\delta^{3/4})^{-1}\eta_{z,emb}$	$0.13-b_1b_2^2/(1+b_2^2)$	$0.94\eta_{z,emb}+\gamma_z$
	4	$-0.04\eta_{z,emb}(b_2^{-3}+b_2^{-1})$	$(1.69+7.50\delta^{1/2})^{-1}\eta_{z,emb}$	$0.02-b_1b_2^2/(1+b_2^2)$	$1.10\eta_{z,emb}+\gamma_z$
	∞	$-0.74\eta_{z,emb}(b_2^{-3}+b_2^{-1})$	$(0.48+0.72\delta^{1/2})^{-1}\eta_{z,emb}$	$-0.22-b_1b_2^2/(1+b_2^2)$	$1.92\eta_{z,emb}+\gamma_z$
地沟式	1	$0.02\eta_{z,emb}^{-2}+0.04$	$1.46\eta_{z,emb}$	$0.13-b_1b_2^2/(1+b_2^2)$	$0.90\eta_{z,emb}^{-2}+\gamma_z$
	2	$0.02\eta_{z,emb}^{-2}+0.05$	$1.64\eta_{z,emb}$	$0.13-b_1b_2^2/(1+b_2^2)$	$0.94\eta_{z,emb}^{-2}+\gamma_z$
	4	$-0.19\eta_{z,emb}^{-2}-0.07$	$0.59\eta_{z,emb}$	$0.02-b_1b_2^2/(1+b_2^2)$	$1.10\eta_{z,emb}^{-2}+\gamma_z$
	∞	$-0.08\eta_{z,emb}^{-2}-0.36$	$2.08\eta_{z,emb}$	$-0.22-b_1b_2^2/(1+b_2^2)$	$1.92\eta_{z,emb}^{-2}+\gamma_z$

表中 $\eta_{z,emb}=\frac{\eta_z}{\alpha_z}$，$\alpha_z=\left[1+\frac{D}{21B}(1+1.3x)\right]\left[1+0.2\left(\frac{A_w}{A_b}\right)^{2/3}\right]$。

明置基础扭转振动 b_1、b_2、b_3 和 b_4 **表 2.9.9**

长宽比$\left(\frac{L}{B}\right)$	b_1	b_2	b_3	b_4
1	0.430	0.69	0	0
2	$0.110+0.004\eta_\theta^{-2}$	$5.54\eta_\theta$	0.03	0
3	$0.100+0.001\eta_\theta^{-2}$	$8.36\eta_\theta$	0.04	0
4	$0.100+0.001\eta_\theta^{-2}$	$9.93\eta_\theta$	0.05	0
∞	$0.100+0.001\eta_\theta^{-2}$	$10.71\eta_\theta$	0.05	0

表中 $\eta_\theta=\frac{I_{bz}^{0.05}L^{0.4}}{3.5B^{0.6}}$。

埋置基础扭转振动 b_1、b_2、b_3 和 b_4 表 2.9.10

长宽比$\left(\frac{L}{B}\right)$	b_1	b_2	b_3	b_4
1	$(0.33\alpha_{\theta1}+0.67\alpha_{\theta2}\delta^{-0.5})\frac{1+b_2^2}{b_2^3}$	$2.07\alpha_{\theta1}+6.39\alpha_{\theta2}\delta^{-0.5}$	$0.14-\frac{b_1b_2^2}{1+b_2^2}$	0
2	$(0.61\alpha_{\theta1}+0.85\alpha_{\theta2}\delta^{-0.5})\frac{1+b_2^2}{b_2^3}$	$5.54\alpha_{\theta1}+8.71\alpha_{\theta2}\delta^{-0.5}$	$0.14-\frac{b_1b_2^2}{1+b_2^2}$	0
3	$(0.82\alpha_{\theta1}+0.91\alpha_{\theta2}\delta^{-0.5})\frac{1+b_2^2}{b_2^3}$	$8.36\alpha_{\theta1}+9.50\alpha_{\theta2}\delta^{-0.5}$	$0.14-\frac{b_1b_2^2}{1+b_2^2}$	0
4	$(0.94\alpha_{\theta1}+0.94\alpha_{\theta2}\delta^{-0.5})\frac{1+b_2^2}{b_2^3}$	$9.93\alpha_{\theta1}+9.89\alpha_{\theta2}\delta^{-0.5}$	$0.14-\frac{b_1b_2^2}{1+b_2^2}$	0
∞	$(\alpha_{\theta1}+\alpha_{\theta2}\delta^{-0.5})\frac{1+b_2^2}{b_2^3}$	$10.71\alpha_{\theta1}+10.71\alpha_{\theta2}\delta^{-0.5}$	$0.14-\frac{b_1b_2^2}{1+b_2^2}$	0

表中 $\alpha_{\theta1}=\frac{\eta_\theta}{\Gamma_1\Gamma_2}$，$\alpha_{\theta2}=\frac{1.14dB^{-0.6}L^{0.4}I_{bz}^{-0.95}}{\Gamma_1\Gamma_2}\left[\frac{1.13}{\pi(1-\nu)}(L^3+B^3)+BL(L+B)\right]$。

明置基础沿 y 轴滑移振动 b_1、b_2、b_3 和 b_4（$\nu<0.5$） 表 2.9.11

长宽比$\left(\frac{L}{B}\right)$	b_1	b_2	b_3	b_4
1	$0.02\eta_y^{-2}+0.05$	$-1.65\eta_y$	$0.08-\frac{b_1b_2^2}{1+b_2^2}$	$0.85\eta_y$
2	$-0.04\eta_y^{-2}-0.06$	$1.30\eta_y$	$-0.04-\frac{b_1b_2^2}{1+b_2^2}$	$1.00\eta_y$
4	$0.33\eta_y^{-2}-0.26$	$0.89\eta_y$	$-0.21-\frac{b_1b_2^2}{1+b_2^2}$	$1.21\eta_y$
∞	$0.20\eta_y^{-2}-0.69$	$1.84\eta_y$	$-0.67-\frac{b_1b_2^2}{1+b_2^2}$	$2.31\eta_y$

表中 $\eta_y=\frac{A_b(2-\nu)}{2BL(2+2.5\chi^{0.85})}$。

$L/B=1$ 埋置基础沿 y 方向滑移振动 b_1、b_2、b_3 和 b_4（$\nu<0.5$） 表 2.9.12

$\frac{D}{B}$	1	2	3
b_1	$0.01\eta_{y,emb}^{-2}+0.04$	$0.08\eta_{y,emb}^{-2}+0.08$	$0.88\eta_{y,emb}^{-2}+0.18$
b_2	$-2.00\eta_{y,emb}$	$-\eta_{y,emb}$	$-0.45\eta_{y,emb}$
b_3	$0.09-\frac{b_1b_2^2}{1+b_2^2}$	$0.20-\frac{b_1b_2^2}{1+b_2^2}$	$0.35-\frac{b_1b_2^2}{1+b_2^2}$
b_4	$0.85\eta_{y,emb}+\gamma_y$	$0.85\eta_{y,emb}+\gamma_y$	$0.85\eta_{y,emb}+\gamma_y$

$L/B=2$ 埋置基础沿 y 方向滑移振动 b_1、b_2、b_3 和 b_4（$\nu<0.5$） 表 2.9.13

$\frac{D}{B}$	1	2	3
b_1	$0.12\eta_{y,emb}^{-2}+0.09$	$6.58\eta_{y,emb}^{-2}+0.35$	$46.30\eta_{y,emb}^{-2}+0.67$
b_2	$-0.87\eta_{y,emb}$	$-0.23\eta_{y,emb}$	$-0.12\eta_{y,emb}$
b_3	$0.10-\frac{b_1b_2^2}{1+b_2^2}$	$0.32-\frac{b_1b_2^2}{1+b_2^2}$	$0.53-\frac{b_1b_2^2}{1+b_2^2}$
b_4	$\eta_{y,emb}+\gamma_y$	$\eta_{y,emb}+\gamma_y$	$\eta_{y,emb}+\gamma_y$

$L/B=6$ 埋置基础沿 y 方向滑移振动 b_1、b_2、b_3 和 b_4（$\nu<0.5$）　　表 2.9.14

$\frac{D}{B}$	1	2	3
b_1	$-0.17\eta_{y,emb}^{-2}-0.21$	0.03	$0.80\eta_{y,emb}^{-2}+0.35$
b_2	$1.10\eta_{y,emb}$	$-8.71\eta_{y,emb}$	$-0.66\eta_{y,emb}$
b_3	$-0.13-\frac{b_1b_2^2}{1+b_2^2}$	$0.19-\frac{b_1b_2^2}{1+b_2^2}$	$0.56-\frac{b_1b_2^2}{1+b_2^2}$
b_4	$1.23\eta_{y,emb}+\gamma_y$	$1.23\eta_{y,emb}+\gamma_y$	$1.23\eta_{y,emb}+\gamma_y$

$L/B=\infty$ 埋置基础沿 y 方向滑移振动 b_1、b_2、b_3 和 b_4（$\nu<0.5$）　　表 2.9.15

$\frac{D}{B}$	1	2	3
b_1	$-0.060\eta_{y,emb}^{-2}-0.460$	$-0.007\eta_{y,emb}^{-2}-0.220$	$0.020\eta_{y,emb}^{-2}+0.330$
b_2	$2.750\eta_{y,emb}$	$5.590\eta_{y,emb}$	$-3.800\eta_{y,emb}$
b_3	$-0.760-\frac{b_1b_2^2}{1+b_2^2}$	$0.190-\frac{b_1b_2^2}{1+b_2^2}$	$0.880-\frac{b_1b_2^2}{1+b_2^2}$
b_4	$2.310\eta_{y,emb}+\gamma_y$	$2.310\eta_{y,emb}+\gamma_y$	$2.310\eta_{y,emb}+\gamma_y$

表中 $\eta_{y,emb}=\frac{\eta_y}{\alpha_y}$，$\alpha_y=\left[1+0.15\left(\frac{D}{B}\right)^{0.5}\right]\left[1+0.52\left(\frac{d}{B}\frac{A_w}{L^2}\right)^{0.4}\right]$，$\gamma_y=\frac{2\ (2-\nu)}{\alpha_y BL\ (2+2.5x^{0.85})}\left(Bd+\frac{1.08Ld}{1-\nu}\right)$。

埋置基沿 x 方向础滑移振动 b_1、b_2、b_3 和 b_4（$\nu<0.5$）　　表 2.9.16

系数	长宽比(L/B)	埋深比 D/B		
		1	2	3
b_1	≤2	0	0	0
	≥6	0	0	0
b_2	≤2	$15.79(1-\eta_{x,emb})\eta_{x,emb}$	$5.26(1-\eta_{x,emb})\eta_{x,emb}$	$3.03(1-\eta_{x,emb})\eta_{x,emb}$
	≥6	$-37.50(1-\eta_{x,emb})\eta_{x,emb}$	$6.98(1-\eta_{x,emb})\eta_{x,emb}$	$3.00(1-\eta_{x,emb})\eta_{x,emb}$
b_3	≤2	0.12	0.26	0.41
	≥6	0.06	0.24	0.44
b_4	≤2	$\eta_{x,emb}$	$\eta_{x,emb}$	$\eta_{x,emb}$
	≥6	$\eta_{x,emb}$	$\eta_{x,emb}$	$\eta_{x,emb}$

表中 $\eta_{x,emb}\approx\frac{(2-\nu)\ (0.75-\nu)\ \left[A_b+\frac{4.33Bd}{(1-\nu)}+4Ld\right]}{\alpha_y[2BL\ (0.75-\nu)\ (2+2.5\chi^{0.85})\ -0.2B\ (2-\nu)\ (L-B)]}$。

备注：明置基沿 x 方向础滑移振动 $b_1=b_2=b_3=0$，$b_4=\eta_x$，

$\eta_x=\frac{(2-\nu)\ (0.75-\nu)\ A_b}{2BL\ (0.75-\nu)\ (2+2.5\chi^{0.85})\ -0.2\ (2-\nu)\ B\ (L-B)}$。

主惯性轴 rx 平行于 x 轴明置基础摇摆振动 b_1、b_2、b_3 和 b_4（$\nu<0.5$）　表 2.9.17

长宽比(L/B)	b_1	b_2	b_3	b_4
1	$0.18+0.06\eta_{rx}^{-2}$	$1.70\eta_{rx}$	0.02	0
2	$0.16+0.03\eta_{rx}^{-2}$	$2.20\eta_{rx}$	0.04	0
4	$0.16+0.03\eta_{rx}^{-2}$	$2.45\eta_{rx}$	0.04	0
6	$0.16+0.02\eta_{rx}^{-2}$	$2.68\eta_{rx}$	0.04	0
∞	$0.16+0.02\eta_{rx}^{-2}$	$2.80\eta_{rx}$	0.04	0

表中 $\eta_{rx}=\frac{3.4I_{bx}^{0.25}}{\pi L^{0.25}B^{0.75}\left(2.4+0.5\frac{B}{L}\right)}$。

主惯性轴 rx 平行于 x 轴埋置基础摇摆振动 b_1、b_2、b_3 和 b_4（$\nu<0.5$）　表 2.9.18

长宽比(L/B)	b_1	b_2	b_3	b_4
1	$(0.3\alpha_{rx1}+\alpha_{rx2}\mu_{rx1})\frac{1+b_2^2}{b_2^3}$	$1.7\alpha_{rx1}+\mu_{rx3}\alpha_{rx2}$	$0.2-\frac{b_1b_2^2}{1+b_2^2}$	0
2	$(0.36\alpha_{rx1}+\alpha_{rx2}\mu_{rx1})\frac{1+b_2^2}{b_2^3}$	$2.2\alpha_{rx1}+\mu_{rx3}\alpha_{rx2}$	$0.2-\frac{b_1b_2^2}{1+b_2^2}$	0
4	$(0.39\alpha_{rx1}+\alpha_{rx2}\mu_{rx1})\frac{1+b_2^2}{b_2^3}$	$2.45\alpha_{rx1}+\mu_{rx3}\alpha_{rx2}$	$0.2-\frac{b_1b_2^2}{1+b_2^2}$	0
6	$(0.42\alpha_{rx1}+\alpha_{rx2}\mu_{rx1})\frac{1+b_2^2}{b_2^3}$	$2.68\alpha_{rx1}+\mu_{rx3}\alpha_{rx2}$	$0.2-\frac{b_1b_2^2}{1+b_2^2}$	0
∞	$(0.44\alpha_{rx1}+\alpha_{rx2}\mu_{rx1})\frac{1+b_2^2}{b_2^3}$	$2.8\alpha_{rx1}+\mu_{rx3}\alpha_{rx2}$	$0.2-\frac{b_1b_2^2}{1+b_2^2}$	0

表中 $\mu_{rx1}=0.25+0.65\left(\frac{D}{d}\right)^{0.5}\left(\frac{B}{D}\right)^{0.25}$，$\mu_{rx2}=0.25+0.92\frac{D}{d}\left(\frac{B}{D}\right)^{0.25}$，$\mu_{rx3}=10\mu_{rx1}-2.5\mu_{rx2}$。

主惯性轴 ry 平行于 y 轴明置基础摇摆振动 b_1、b_2、b_3 和 b_4　表 2.9.19

泊松比 ν	长宽比(L/B)	b_1	b_2	b_3	b_4
≤0.4	1	$0.21+0.08\eta_{ry}^{-2}$	$1.60\eta_{ry}$	0.05	0
	2	$0.20+0.02\eta_{ry}^{-2}$	$2.98\eta_{ry}$	0.06	0
	4	$0.18+0.01\eta_{ry}^{-2}$	$4.52\eta_{ry}$	0.08	0
	6	$0.18+0.01\eta_{ry}^{-2}$	$5.54\eta_{ry}$	0.09	0
	∞	$0.18+0.01\eta_{ry}^{-2}$	$5.77\eta_{ry}$	0.09	0
0.5	1	$0.21+0.08\eta_{ry}^{-2}$	$1.60\eta_{ry}$	0.05	0
	2	$0.24+0.04\eta_{ry}^{-2}$	$2.42\eta_{ry}$	0.08	0
	4	$0.27+0.03\eta_{ry}^{-2}$	$3.05\eta_{ry}$	0.12	0
	6	$0.29+0.03\eta_{ry}^{-2}$	$3.31\eta_{ry}$	0.15	0

表中 $\eta_{ry}=\frac{1.13I_{by}^{0.25}}{\pi L^{0.15}B^{0.85}}$。

主惯性轴平行于 y 轴埋置基础摇摆振动 b_1、b_2、b_3 和 b_4　表 2.9.20

泊松比 ν	长宽比(L/B)	b_1	b_2	b_3	b_4
≤0.4	1	$(0.34\alpha_{ry1}+\alpha_{ry2}\mu_{ry1})\frac{1+b_2^2}{b_2^3}$	$1.60\alpha_{ry1}+\mu_{ry3}\alpha_{ry2}$	$0.26-\frac{b_1b_2^2}{1+b_2^2}$	0
	2	$(0.59\alpha_{ry1}+\alpha_{ry2}\mu_{ry1})\frac{1+b_2^2}{b_2^3}$	$2.98\alpha_{ry1}+\mu_{ry3}\alpha_{ry2}$	$0.26-\frac{b_1b_2^2}{1+b_2^2}$	0
	4	$(0.83\alpha_{ry1}+\alpha_{ry2}\mu_{ry1})\frac{1+b_2^2}{b_2^3}$	$4.52\alpha_{ry1}+\mu_{ry3}\alpha_{ry2}$	$0.26-\frac{b_1b_2^2}{1+b_2^2}$	0
	6	$(0.97\alpha_{ry1}+\alpha_{ry2}\mu_{ry1})\frac{1+b_2^2}{b_2^3}$	$5.54\alpha_{ry1}+\mu_{ry3}\alpha_{ry2}$	$0.26-\frac{b_1b_2^2}{1+b_2^2}$	0
	∞	$(\alpha_{ry1}+\alpha_{ry2}\mu_{ry1})\frac{1+b_2^2}{b_2^3}$	$5.77\alpha_{ry1}+\mu_{ry3}\alpha_{ry2}$	$0.26-\frac{b_1b_2^2}{1+b_2^2}$	0
0.5	1	$(0.34\alpha_{ry1}+\alpha_{ry2}\mu_{ry1})\frac{1+b_2^2}{b_2^3}$	$1.60\alpha_{ry1}+\mu_{ry3}\alpha_{ry2}$	$0.26-\frac{b_1b_2^2}{1+b_2^2}$	0
	2	$(0.59\alpha_{ry1}+\alpha_{ry2}\mu_{ry1})\frac{1+b_2^2}{b_2^3}$	$2.42\alpha_{ry1}+(6.25\mu_{ry1}-1.56\mu_{ry2})\alpha_{ry2}$	$0.32-\frac{b_1b_2^2}{1+b_2^2}$	0
	4	$(0.83\alpha_{ry1}+\alpha_{ry2}\mu_{ry1})\frac{1+b_2^2}{b_2^3}$	$3.06\alpha_{ry1}+(5.20\mu_{ry1}-1.30\mu_{ry2})\alpha_{ry2}$	$0.39-\frac{b_1b_2^2}{1+b_2^2}$	0
	6	$(0.97\alpha_{ry1}+\alpha_{ry2}\mu_{ry1})\frac{1+b_2^2}{b_2^3}$	$3.31\alpha_{ry1}+(4.60\mu_{ry1}-1.15\mu_{ry2})\alpha_{ry2}$	$0.44-\frac{b_1b_2^2}{1+b_2^2}$	0

表中 $\mu_{ry1}=0.25+0.65\left(\frac{D}{d}\right)^{0.5}\left(\frac{L}{D}\right)^{0.25}$，$\mu_{ry2}=0.25+0.92\frac{D}{d}\left(\frac{L}{D}\right)^{0.25}$，$\mu_{ry3}=7.69\mu_{ry1}-1.92\mu_{ry2}$，其他长宽比及泊松比情况，采用插值法计算。

第三篇

多层工业建筑振动控制

第一章　多层厂房抗微振设计

第一节　概　　述

工业建筑中采用多层厂房可以节省土地，节约能源，减少管线长度和运输费用，具有明显的经济效益和社会效益。由于我国可耕地正在逐渐减少，城市用地又十分昂贵，中小型机械工业越来越多采用多层厂房，据不完全统计，机械工业中有70%的中小型机床可以上楼。动力设备上楼后，楼盖产生的振动不仅影响机床的加工精度和仪器仪表的正常工作，也影响操作人员的身体健康；此外，周边环境振动，如周边大型设备（显著的振源有锻锤、压力机、空气压缩机，其次有制冷压缩机、风机、水泵等）、火车、汽车、工程施工等，也会对上楼机床的加工精度和仪器仪表的正常工作及操作人员的身体健康产生影响。因此多层厂房设计中振动控制设计是一个重要的环节。

一、微振及其控制

"微振"区别于环境及振源设备振动对结构强度带来影响的振动，一般不属强度问题，是指受振精密设备要求振动控制在容许振动范围内。"微振"的量值是以外界环境振动和厂区、厂房内部的振动对精密设备加工，计量检验、分析、实验等仪器、仪器厂表，不发生有害振动的影响为标准。微振的量值幅度大致为振动位移不超过2μm，振动速度不超过1.0mm/s，振动加速度不超过$10^{-3}g$，振动产生的动应力为结构材料强度设计值的3%～5%，对人体的心理和生理不产生任何不适和伤害。

多层厂房的微振控制设计，主要包括三部分内容：一是环境减振，即防止外界环境的振动通过土体或支承结构传递对精密设备产生有害影响，可以通过调整环境振源布置、对振源设备采取必要的减振措施，或对建筑结构采取隔振沟等有效的减振措施，使得结构振动控制在可接受范围；二是结构抗微振，即通过合理选择结构体系、科学布置结构构件及确定构件截面，保证结构合理刚度使其振动频率尽量避开振源主频率，使得结构振动控制在容许范围内；三是对厂房内振源设备和受振精密设备采取必要的减振设计，确保正常使用。经过以上三方面多道振动控制措施后，限制外界环境振动和内部振源干扰引起的振动响应，使振动量小于精密设备容许振动指标，从而起到振动控制目的。

二、振动控制设计研究

20世纪50年代初期，我国在进行大规模经济建设中，对多层厂房中存在的振动危害认识不足，一些投产使用的多层厂房由于动力设备产生的振动过大，影响了机器的加工精度、仪器仪表的正常工作和操作人员的身体健康，使厂房无法正常使用。20世纪50年代末期，设计采用原苏联《动荷载机器作用下建筑物承重结构设计与计算规范》（H 200），该规范在计算方法上采用连续梁计算模型，假定主梁为次梁的不动支点，柱为主梁的不动支点，不考虑主次梁、板及整个多层厂房空间的共同工作，不考虑多台设备共同作用时的相互影响，其计算结果与厂房的实际工作状态相差很大。

20 世纪 60～90 年代，我国的科技人员队多层厂房振动设计进行一系列研究，主要包括以下内容：

关于楼盖振动分析，提出了多种分析方法：包括四机部十院制订的《机床上楼的楼层结构设计准则》采用带中间支承刚带简图的能量法求解；中国建筑科学研究院采用弹性连续支承带简图的能量法求解；上海建筑科学研究所采用以弹性支承正交各向异性肋形楼盖能量法为基础的简化计算；同济大学提出正交各向异性肋形楼盖解析解；机械工业部第六设计研究提出四边简支中间带刚性柱点支承的能量原理力法解；上海机电设计院提出四角支承板解析解；北方设计研究院采用厂房试验数理统计方法研究楼层和层间振动位移的传递；哈尔滨建工学院采用子空间迭代法和里茨向量直接叠加法等有限元法计算楼板振动；天津大学采用 Lancws 法计算楼盖的振动；机械工业部设计研究院等采用试验与理论计算相结合的方法计算楼盖竖向振动位移传递系数等。

关于多层厂房整体振动分析，纺织工业部采用等效平面框架振型分解法计算厂房的水平振动；冶金工业部采用板梁有限元及近似法计算楼盖的竖向振动，采用当量静力法计算厂房的水平振动等。

此外，还对与振动分析有关的动力设备扰力计算，各类动力设备的地面振动传递衰减及其综合叠加响应，设备和仪器仪表的振动容许值进行专门研究。

在上述一系列研究的基础上，1982 年城乡建设环境保护部编制了《多层厂房机床上楼楼盖设计暂行规定》，冶金工业部和中国有色金属工业总公司共同编制了《机器动荷载作用建筑物承重结构振动计算和隔振设计规程》YBJ 55，YSJ 009，纺织工业部编制了《多层织造厂房结构动力设计规范》HFZJ 116，国家标准《多层厂房楼盖抗微振设计规范》GB 50190 于 1994 年 6 月在我国施行，使我国在多层厂房楼盖振动计算方面有了依据。

近十几年来，工业建筑振动控制相关研究备受重视，在中国工程建设标准化协会建筑振动专业委员会的倡导和组织下，针对隔振技术、测试技术、容许标准、振动荷载、振动计算分析等，开展了系列研究。尤其是徐建等提出了建筑振动标准化体系，为我国本领域的科技进步指明了方向。近年来，陆续颁布了《隔振设计规范》GB 50463、《建筑工程振动容许标准》GB 50868，正在进行编制《工业建筑振动荷载规范》、《工业建筑振动控制设计规范》、《工程振动术语及符号》等系列国家标准，对于规范工程振动控制设计意义重大。

三、多层厂房振动控制总体设计

多层厂房振动控制问题，既要对多层厂房计算方法进行探讨，还要考虑从选址、厂区布局、车间布置、合理振源与精密设备的布置，以及必要的振源设备隔振和受振设备隔振，特别要对超高精密设备选择一个在厂区范围内的最小振动区域，避开有害振动，采取多道振动控制措施的综合方法解决多层厂房振动控制问题。首先采取限制振源干扰的措施，根据外界振源和内部振源的特性，首先要从厂区选择上避开周围的有害振源，合理布局厂区振源和精密设备，使有害振源远离精密厂房内的精密设备；其次根据厂房内外的振源、振动能量和干扰频率，设计合理的结构体系及楼层刚度，尽量使支承结构的第一频率密集区避免与干扰频率一致，另外采用有效的振动控制构造措施；必要时采取设备或者精密仪器隔振措施，达到振动控制目的。多层厂房振动控制设计可按图 3.1.1 的流程进行。

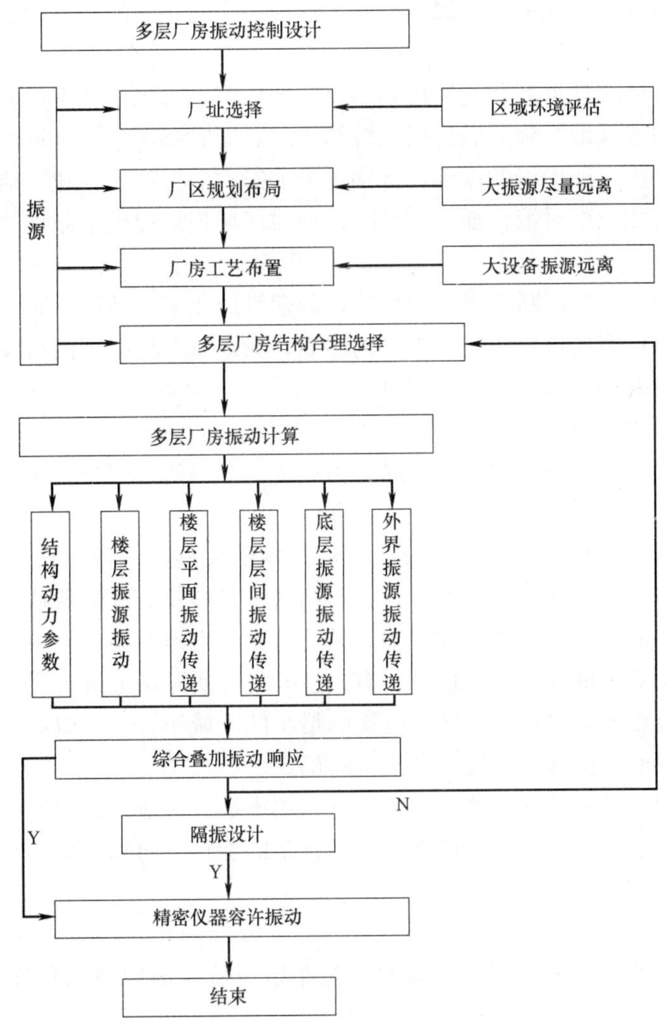

图 3.1.1　多层厂房振动控制设计流程

1. 厂址选择

多层厂房楼盖抗微振设计，厂址选择首先要考虑周围环境的影响，从宏观上进行环境振动的综合评价。宏观评价时，要特别注意不同类型工厂对环境要求的差别。对环境要求最严格的是具有精密加工设备和精密仪器仪表类的多层厂房，这类厂房一般要求做到五防，即振动控制、防噪声、防灰尘、防电磁和防腐蚀，其中振动控制是较为重要的方面。有条件时，应在区域规划阶段，形成一个精密类生产工业区，以减小区域环境振动的影响。具体需要考虑如下内容：

(1) 厂址选择要避开沿海海浪区，沙尘暴区，以免由于地理环境使振源产生过大振动；避免选在淤泥层、地下水高的地区，以免振动衰减缓慢而影响范围较大；避开选在河流和湖泊地区，以免水位变化，对厂区引起地面变形的影响；避开常年冰冻区，以免溶化后土层发生松软，对振动控制不利；并设在主导风向上方，避免有害气体和尘埃的影响。

（2）应该避开周围设有较大振源、噪声和光源等：适当远离铁路和公路干线，避免较大的地脉动干扰，从而使精密类多层厂房处在相对安静的环境中；避开周围重工业、化学工业、重型机械工业、矿区和大型锻压设备，形成一个以较安静、洁净、振动影响较小的精密区。

（3）充分考虑区域性近期和远期规划多层精密厂房，首先要考虑区域近期规划内的振动影响，能不采取或采取措施后满足振动控制要求，同时要考虑该区域的远期规划，在规划中要充分预测周围可能增设的振源，特别是最大影响的振源，在建厂前就要对其可能产生的危害，事先有相应的对策。如有困难时，要对区域规划提出限制性要求，并征得规划部门的同意。

（4）精密厂建成后要不断完善周围环境，如建设绿化带、防风、防沙尘暴的高矮层次相交的树林，精密厂房周边要建设少起尘的路面，无重型车辆在周围行驶，逐步创建一个较洁净、安静的良好环境。

2. 厂区规划布局

厂区内的振源和精密设备的总体布局至关重要，车间的合理布置对于减小车间内振源对精密设备的干扰，也是一种有效而经济的办法。

（1）首先要考虑振源和精密设备分区，厂区内的大型振动源（锻锤、空压机、火车等）应尽量布置在厂区一端或边缘地带，并与精密设备和仪器区域保持必要距离。此距离可以根据精密设备的容许振动指标和振动设备的特性，由地面振动衰减公式计算，也可参照同类的地面振动衰减的实测资料估算，有条件时可对实际场地进行实测确定。

（2）对高精度设备，要选择厂区受振影响最小的区域布置，不应混杂在一般要求的精密设备之间，必要时该区域要通过振动测试后确定。

（3）具有较大振动的设备布置时，要尽量利用土堆、台地、管沟等有利地形，加大振动在传播过程中的衰减作用，并尽可能使振动设备的旋转方向和水平往复运动的方向避开精密设备和仪器区域。

3. 厂房工艺布置

满足生产要求的前提下，厂房内部的工艺布置应从振动控制的角度达到科学、合理布置。

（1）振动影响较大或大型振源设备应尽量布置在厂房的底层的一端；中小型设备布置在楼层上时，对振动敏感的设备和仪器可单独设置平台式构架基础与楼层脱开，当不能脱开时，尽量布置在楼层局部刚度较大的柱边、墙边、梁上，以便减小振动向外传递或降低振动影响。

（2）厂房内同时布置有较大振动的设备和对振动敏感的设备和仪器时，不论底层还是楼层，振源设备和精密设备宜分类集中，分区布置并互相远离，尽量分别放置在厂房两端。

（3）楼层上振源设备布置时，与精度较高的精密设备不宜交叉混杂在同一个单元内；楼层上一般振动不大的振源设备，也应尽量与精密设备不在同一个结构单元内布置。

（4）对个别振源设备较大，振动较大，因生产工艺流程需要布置在楼层的精密设备附近，此时可将振源设备单独从底层设置构架式基础伸入到楼层，并与楼层脱开，用弹性材料隔离；或将振源设备和精密设备分别布置在结构缝的两侧；或单独在楼层上对振源设备隔振。

（5）对同类振源设备布置时，要尽量使加工运转方向成对反向布置，避免其振动处于叠加状态，以便使振动处在不同相位上有所抵消或削弱。对水平振动较大的振源，其扰力作用的方向应与厂房楼层水平刚度较大的纵向一致，可有利于减小结构振动，或将较大水平振源设备设在厂房底层。

（6）设有对振动敏感的设备和仪器的厂房，不允许设置柱牛腿支承的吊车和梁下悬挂吊车。如生产需要时，可在底层设置与厂房完全脱开的龙门吊车，或另立梁柱设置梁式吊车或悬挂吊车。并使地面上引起的振动或传递后的影响满足精密设备的容许振动要求；当达不到要求时，可在起重机轨道上与支承处采取减振措施，如设置弹性扣件、橡胶垫等。

（7）楼层内的大型空调，一般不宜邻近精密设备布置，负荷很大时宜单独建造空调楼，可减小制冷压缩机、风机和水泵振动的干扰；当需要设在同一多层厂房内，要相隔一定距离，必要时采用相应的隔振措施。

4. 结构抗微振设计

多层厂房结构抗微振设计主要是选择合理的结构体系、结构布置方式、构件尺寸，得到合理结构刚度，使得结构自振密集区域尽量避开振源振动主频。具体设计方法是本章重点内容，详见后面章节。

另外，合理的机电结构构造措施也很重要。比如振源设备的各种管线与设备应采取软管接头连接，穿过楼板、墙体应采用弹性支承垫，管线悬挂在结构上有振动影响时，应采用隔振措施，避免管道引起的脉动通过结构将振动传递到精密设备处。

5. 隔振设计

多层厂房内的振动振源干扰是很复杂的，它受到厂内外、车间内部多种不同的振源传递过来的综合振动影响，当振源振动影响不能满足精密设备容许振动要求时，可采用隔振措施来解决。

（1）对于不同干扰频率采用不同的隔振方式。当外界振源干扰频率高于 15Hz 时，可采用橡胶隔振器；当外界振源干扰频率低于 8Hz 时，可采用钢弹簧隔振器，其阻尼不足时，要另加阻尼器同时使用。当外界振源主要干扰频率既有高频又有低频时，除采钢弹簧隔振或钢弹簧隔振器和阻尼器并用外，也可采用适应性更好的空气弹簧隔振器。

（2）振源和受振设备隔振设计时，当振源设备较少且振动干扰较大、影响范围较广，而精密设备较多或比较集中时，通常采取对振源设备隔振；反之当振源设备较多、振动干扰的范围较大，而精密设备较少时，通常采取对受振精密设备隔振。必要时，可对振动大的振源设备和容许振动要求高的受振设备同时进行隔振，使其满足振动控制要求。

四、微振动验算

微振动响应值应符合下式要求：

$$R \leqslant [R] \tag{3.1.1}$$

式中　R——结构中心点或特征点的振动响应值；

[R]——精密设备及仪器的容许振动值，可按国家规范《建筑工程振动容许标准》GB 50868 取值。

微振动响应值控制指标根据不同设备选择，或者控制位移，或者控制速度，或者控制加速度，亦或是上述三项中的二～三项；控制指标可能为频域值，也可能为时域值；不同的振动设备及受振设备，控制指标有的为响应峰值，有的为响应均方根值。

第二节　多层厂房结构选型及振动特性

一、建筑结构选型

合理的结构体系、结构布置和构造，合理选择地基和基础，均可以有效地减小振动的传递及其影响。

1. 地基基础

(1) 多层精密厂房的地基宜选择在较坚硬的土层上，地基刚度大，可减小振源的振动，也可减少振动传递。尽量避免基础坐落在淤泥质黏土，地下水位高的地区，因为软弱地基刚度较小，引起振源振动较大，在淤泥层地下水内由于水的不可压缩性，振动衰减慢，传递很远振动影响范围广。必要时，可对软弱地基采用复合地基处理或桩基，采用复合地基时，应按国家现行标准《建筑地基基础设计规范》GB 50007 和《建筑地基处理技术规范》JGJ 79 的有关规定进行载荷试验和地基变形验算。

(2) 采用合理的基础形式，一般宜选择大块式基础，增加质量、扩大支承面积；当以水平振动为主的振源设备，宜将扩大支承面积设在基础上部，可起到止振板的作用；对多台靠近的设备振源组成联合式基础，可提高基础的质量和地基刚度，对减小振动十分有利；对较差的地基，要采用筏板基础、桩基础，同样可起到减小振源振动及振动输出的作用。

(3) 抗震设防烈度为 7 度、8 度的地区，建筑物基础持力层范围内存在承载力特征值分别小于 80kPa、100kPa 时的软弱黏土层时，应采用桩基或人工处理复合地基。

(4) 防微振厂房同一结构单元的基础不宜埋置在不同类别的地基土上；不宜一部分采用天然地基，另一部分采用桩基础。

(5) 精密设备及仪器的独立基础设计应符合下列要求：地面上设置的精密设备及仪器，基础底面应置于坚硬土层或基岩上。其他地质情况下，应采用桩基础或人工处理复合地基；精密设备及仪器受中低频振动影响敏感时，基础周围可不设隔振沟；精密设备及仪器的基台宜采用防微振基台，基台采用框架式支承时，宜采用钢筋混凝土框架，台板宜采用型钢混凝土结构且厚度不宜小于 200mm，其周边应设隔振缝。

2. 主体结构体系及布置

多层厂房一般有双跨、三跨，少量在三跨以上；层数两层至四层为多，少量高达六层；跨度一般 6～12m；柱距一般 4～9m，以 6m 为多；层高根据工艺要求确定。

(1) 主体结构多采用框架结构，也可采用框架＋少量抗震墙结构。

(2) 混凝土框架、抗震墙应在两个主轴方向均匀、对称设置，抗震墙中心宜与框架柱中心重合；混凝土抗震墙宜沿厂房全高贯通设置。

（3）合理设置结构缝和楼梯。对振源设备和精密设备相距较近时，可利用结构沉降缝、温度缝或抗震缝隔开；也可将源设备和精密设备布置在楼梯间两侧，利用楼梯间的局部刚度，减少振源振动的传递影响。

3. 地板及楼盖结构

（1）集成电路制造厂房前工序、液晶显示器制造厂房、纳米科技建筑及实验室应按防微振要求设置厚板式钢筋混凝土地面。当采用天然地基时，地面结构厚度不宜小于500mm，地基土应夯压密实，压实系数不得小于0.95。当采用桩基支承的结构地面时，地面结构厚度不宜小于400mm，对于软弱土地区，不宜小于500mm；对于欠固结土，宜采取防止桩间土与地面结构底部脱开的措施；当地面为超长混凝土结构时，不宜设置伸缩缝，可采用超长混凝土结构无缝设计措施。

（2）对于有抗微振要求的楼盖，目前常用现浇钢筋混凝土肋形楼盖或装配整体式钢筋混凝土结构。现浇钢筋混凝土肋形楼盖整体性能好，有利于抑制楼盖的振动；当柱距为6m时，楼盖竖向固有频率可达18～22Hz，楼层振动衰减相对较慢。装配整体式钢筋混凝土结构整体性能也较好，其刚度一般比现浇楼盖要小；当柱距为6m时，楼盖竖向固有频率在15～20Hz之间，比现浇混凝土楼盖要低，装配式楼盖在支承处尚存在摩擦阻尼作用，楼层振动衰减比现浇楼盖快，对抗微振较为有利。

当楼盖采用次梁间距不大于2m，板厚不小于80mm的肋形楼盖或采用预制槽板宽互不大于1.2m的装配整体式楼盖时，其梁板的截面最小尺寸应符合表3.1.1的规定。

梁和板的截面最小尺寸　　**表3.1.1**

肋形楼盖		装配整体式楼盖			主梁高跨比
板高跨比	次梁高跨比	现浇面层厚度(mm)	肋板高跨比	板厚(mm)	
1/18	1/15	60	1/20	30	1/10

（3）适当提高楼层结构刚度，可有效地提高楼层的第一固有频率密集区，另外，可在振源区或精密区的区域范围内，局部增设振动控制墙或支承结构，通过局部加强结构刚度，减小振源振动输出，或使受振设备处减少振动输入。

4. 电子厂房结构特殊要求

（1）集成电路制造厂房前工序、液晶显示器件制造厂房、光伏太阳能制造厂房、纳米科技建筑及各类实验室等建筑宜采用小跨度柱网，工艺设备层平台宜采用钢筋混凝土结构。

（2）防微振工艺设备层平台的设计应符合下列要求：

1）平台下的柱网尺寸应以0.6m为模数，跨度不宜大于6m；

2）平台宜采用现浇钢筋混凝土梁板式或井式楼盖结构，亦可采用钢框架组合楼板结构；

3）混凝土平台的现浇梁、板、柱截面的最小尺寸宜符合表3.1.2的规定：

梁、板、柱截面的最小尺寸　　**表3.1.2**

柱截面(mm)	主梁高跨比	梁板式楼盖		井式楼盖	
		板高跨比	次梁高跨比	板厚(mm)	次梁高跨比
600×600	1/8	1/20	1/12	150	1/15

4）防微振工艺设备平台现浇华夫板次梁的间距为 1.2m 时，截面最小尺寸宜符合表 3.1.3 的规定。

华夫板截面的最小尺寸 **表 3.1.3**

次梁高跨比	主梁高跨比	板厚(mm)	板开洞直径 d(mm)
1/10	1/8	180	≤300

5）采用钢框架—组合楼板结构的防微振工艺设备层平台，次梁间距不宜大于 3.2m，钢梁、组合楼板截面的最小尺寸宜符合表 3.1.4 的规定。

钢梁、组合楼板截面的最小尺寸 **表 3.1.4**

次梁高跨比	主梁高跨比	板厚(mm)
1/18	1/12	250

6）防微振工艺设备层平台华夫板的开孔率应满足洁净设计要求，不宜大于 30%。

（3）当采用混凝土结构的建筑物超长时，不宜设置伸缩缝，而应采用超长混凝土结构无缝设计技术，并应采取降低温度伸缩应力的措施；

（4）根据防微振需要，可在平台下的部分柱间设置钢筋混凝土防微振墙，墙体宜纵横向对称布置，厚度不宜小于 250mm，墙体不宜开设孔洞；

（5）当屋盖多跨结构的中柱与工艺设备层平台之间设缝时，在非地震区，缝宽不应小于 50mm；在地震区，缝宽不应小于 100mm，且应符合现行国家标准《建筑抗震设计规范》GB 50011 中防震缝的有关规定。

二、结构振动特性

多层厂房动力特性参数是结构振动的基本问题，在动力特性参数中主要包括基频、频谱、阻尼、材料的动力弹性模量，以及振动波在厂房内传递速度。其中频率谱中的基频密集区是结构振动影响的最关键因素；其次是结构阻尼，阻尼限制共振时振动的无限增大，对抑制振动起到重要作用。对于材料的动力弹性模量，由于它是随着动应力的增大而增加，而在多层厂房中一般振动较小，动应力与材料应力值的比例不大，动力弹性模量接近于静力弹性模量。至于振动波在厂房内传递速度，与结构材料的密集度和结构形式有关，是检验施工质量的一项指标，对振动传递稍有影响。在这四个结构动力参数中，频率可以通过计算或实测试验确定，而其他三个参数主要由实测试验确定比较可靠，比较符合实际。

1. 动弹性模量

结构材料的动弹性模量，它随动应力增大而增加，而多层厂房振动约在 50μm 以下，产生的动应力只有材料应力的 10%以内，对动弹性模量变化也约在 5%～10 %以内，因此一般取用静弹性模量。振动较大时，可取用 1.05 或 1.1 倍的静弹性模量。

2. 楼层竖向第一频率密集区

多层厂房的频率谱非常密集，但最重要的是第一固有频率密集区。多层框架结构楼盖的竖向第一固有频率可出现多个共振峰点，形成了一个固有频率的密集区，极易与干扰频率发生共振，在计算振动影响时，要考虑不同峰值共振影响。根据测试，其第一频率密集区的频率峰值变化幅度大约在±15%范围以内。

多层厂房水平固有频率较低，大约在1～5Hz之间；楼盖的竖向刚度相对较小，次梁间距不大时，梁板呈现整体振动为主。柱距6m时，楼层竖向第一固有频率在16～22Hz之间；而对柱距4m时，由于楼盖次梁和板的断面变化不大，整体楼盖竖向的刚度相对较大，竖向第一固有频率可达25～30Hz，这对低于1500r/min的干扰频率，不易引起共振，对振动控制是很有作用的。

楼盖竖向第一固有频率引起的振动响应最大，而第二固有频率较高时，引起的振动幅值上只有第一固有频率时的1/3 ～1/5，因此一般可以不考虑，只有当干扰频率与第二固有频率接近时，才适当考虑它的影响，第三固有频率更高，振动幅值更小，甚至在测试中测不到，可以不考虑。

楼层竖向固有频率，局部刚度增大区域的柱边、墙边，梁上固有频率略有增大5%～10%，局部采取振动控制墙或支撑加强时，该处局部固有频率可增加15%～20%。局部固有频率变化，可使振动在传递过程中，局部出现超前或滞后共振。

3. 阻尼的影响因素

结构阻尼是多层厂房本身的另一个主要固有特性，它对多层厂房结构不可避免的处于共振时，可起着关键衰减振动能量的作用，使振动不致过大。钢筋混凝土结构具有良好的阻尼，一般阻尼比约为0.05，它随着不同的动荷载、不同的动位移大小，有显著的影响，不同结构形式亦有明显影响。其阻尼比大致在0.04～0.1之间变化。

(1) 动荷载不同

动荷载主要有稳态和瞬态的两种不同类型，瞬态荷载时振动的时间很短，其振动能量尚未充分积累而就很快就消失了，相应振动衰减很快，此时测得的阻尼比较大；而稳态荷载时，振动将反复持久作用，其振动能量可得到充分积累，相应振动衰减较慢，此时测得阻尼比较小。

(2) 动位移不同

撞击或稳定的动荷载，以大小不同的扰力或撞击能量作用，产生大小不同的动位移，当动位移较大时，相应对振动能量消耗较多，此时阻尼比相应会增大；反之，则阻尼比减小。

另外，振动在传递过程中，随传递衰减振动量的减少，以及结构支承处于动弹性状态，及其远处衰减越来越慢，因此振动传至远处或受振层，其阻尼比值逐渐变小，最大要下降20%～30%。

(3) 结构形式不同

钢结构厂房水平振动阻尼比0.01～0.03，钢筋混凝土结构为厂房水平振动阻尼比约为0.05。多层厂房结构一般有装配整体式和现浇整体式两种结构，装配整体式结构连续性较差，存在一定的摩擦作用，其阻尼比大些可达0.05～0.06；而现浇整体结构楼层连续性好，则阻尼比要小一些，约为0.04～0.05。

4. 振动和振动传递

(1) 楼层振动

根据以往实测，中小机床设备其自重大多在30～50kN，扰力大多在1.0kN以下，其所引起楼盖的竖向振动量值，大多数在20μm以下；楼盖振动引起水平振动较小，当楼层上竖向振动在12～30μm时，水平振动约3μm，为竖向振动的1/4～1/10，因此只要满足竖向振动，水平振动一般可以满足要求。

（2）振动传递

多层厂房振动控制设计中，需要考虑楼层振源平面内的振动传递和楼层间内的振动传递。

1）楼层振源竖向振动在楼层平面内传递，通过梁、板支承构件的振动，在第一固有频率区域与其静荷载变形一样，形成一个动态的弯曲振动传递，其支承结构均处于弹性振动工作状态，并使梁、板所有构件在振动过程中不会处于振动零状态，由于楼层竖向振动在楼层平面内传递主要在第一共振频率密集区，振动传递可按振动的绝对值描画成一个连续的波动衰减曲线，此时梁的刚度大而板的刚度小，振动传递中除了振源作用的梁上振动比板中的大以外，其他梁上的振动将在传递方向均小于前一跨板中的振动量，而板中的振动均大于两端支承梁中的振动。

2）楼层间的振动传递，梁中小而板中大；随着距离增加振动量值越来越小；另外，振源振动向上传递衰减曲线要比振源向下传递振动衰减曲线要缓慢。当地面振源振动通过基础向上传递时，由于土体阻尼衰减和对振动的吸收，受振层最大振动响应只有地面振源振动 5%～10%，而楼层振动通过柱子、基础向下传递时，地面最大振动只在楼层振源振动的 5%以内，这主要是通过基础时，由于地基刚度较大，上部又有相应的压重，以及楼层的弹性衰减和土体阻尼比较大，对振动传递起到很好的衰减和吸收振动能量的作用。

3）多层厂房的振动传递速度与结构类型和施工质量有关，一般现浇结构，振动传递速度可达 1200～1500m/s，装配整体结构 800～1200m/s，施工质量较差，混凝土密度低，或楼层结构出现有裂缝，振动传递速度则为低值，反之施工质量好，混凝土密度较高，其振动传递速度为大值。

三、楼盖可不做竖向振动计算的条件

动力设备上楼后，楼盖振动计算非常复杂，通过大量调查统计表明：只要采用的梁板刚度不低于界限刚度，楼盖振动可以控制在容许范围内而不需对楼盖进行振动计算。

根据统计，每台机床在生产区占有面积大致可分为三类，即密集（小于 $10m^2$/台）、一般（11～$18m^2$/台），稀疏（大于 $18m^2$/台），各自所占比例均为 18%、62%和 20%。根据机床的扰力和排列情况，按照最不利的排列进行振动分析，在满足加工粗糙度较粗时（即楼盖控制点合成振动速度不大于 1.5mm/s），当楼盖单位宽度的相对抗弯刚度（$E_p l_p/cl^3$）不大于表 3.1.5 的规定值时，可不做竖向振动计算。

根据理论分析，如果上楼机床较少，机床应靠近主梁布置，板梁刚度比取 0.2 最经济；当上楼机床较多时，则需均布在楼板上，此时板梁刚度比以 1.6 最合理。据此，表 3.1.5 中梁板相对抗弯刚度比给出经济范围，中间值可线性插值得到。表中机床分布密度为机床布置区的总面积除以机床台数。楼盖的板梁相对抗弯刚度比，应按下式计算：

$$\alpha=\frac{E_p I_p}{cl^3}/\frac{EI}{l_y^4} \tag{3.1.2}$$

式中 α——板梁相对抗弯刚度比；

E——主梁的弹性模量（N·m^2）；

E_p——次梁的弹性模量（N·m^2）；

l——次梁的跨度（m）；
l_y——主梁的跨度（m）；
l——次梁的跨度（m）；
c——次梁间距（m）。

楼盖单位宽度的相对抗弯刚度 E_pI_p/cl^3（N/m²） **表 3.1.5**

楼盖横向跨度	板梁相对抗弯刚度比 α	机床分布密度(m²/台)		
		≤10	11~18	>18
1	≤0.4	240	200	170
	0.8	280	220	180
	1.6	330	270	220
2	≤0.4	230	180	160
	0.8	270	200	180
	1.6	300	240	200
3	≤0.4	220	170	150
	0.8	260	200	170
	1.6	280	220	190

计算楼盖刚度时，其截面惯性矩可按下列规定确定：

（1）现浇钢筋混凝土肋形楼盖中梁的截面惯性矩，宜按 T 形截面计算，其翼缘宽度应取梁的间距，但不应大于梁跨度的一半；

（2）装配整体式楼盖中预制槽形板的截面惯性矩，宜取包括现浇面层在内的预制槽形板的截面计算；

（3）装配整体式楼盖中主梁的截面惯性矩；宜按 T 形截面计算，其翼缘厚度宜取现浇面层厚度，翼缘的宽度应取主梁的间距，但不应大于主梁跨度的一半。

第三节　多层厂房楼盖微振简化计算

目前，多层厂房楼盖振动计算常用方法包括三种：一是各类理论分析基础上的简化计算方法，此类方法随着有限元技术发展使用越来越少，本节给出的双向楼盖振动响应计算即属此类方法；二是试验与理论相结合的简化计算方法，以《多层厂房楼盖抗微振设计规范》GB 50190 给出的方法使用最多，适用于单向楼盖微振动分析；三是有限单元法，此法多基于现有商业软件使用，适用于各类复杂结构振动分析，本方法结合实测验证更有科学保证。本节介绍前两种简化分析方法。

一、单向次梁楼盖竖向振动计算

等跨或跨度相近的单向次梁楼盖竖向微振动计算，可按本节简化方法计算。跨度相近指跨度或者刚度相差不大于 20%。本节适用于荷载不大于 600N 的扰力作用下的微振简化分析。

《多层厂房楼盖抗微振设计规范》采用试验与理论相结合的近似计算方法，该法对楼层振动通过楼层刚度确定其第一固有频率密集区的频谱，楼层振源处的振动传递，假定楼层周边支承为简支，近似按五个柱距的连续梁模型计算，或通过测试直接得到楼层处的振动量；然后由振动试验确定楼层平面内的振动传递和层间的振动传递，分别按振源振动量的比值作为传递系数，从而得到平面或层间的振动响应。而楼层振动传递的数理统计法则利用因子分离和回归分析，求得振动在楼层中的响应。

1. 计算步骤及计算简图

（1）楼盖竖向振动值计算应按下列步骤进行：确定动力荷载；计算楼盖的固有频率；计算楼盖的竖向振动值。具体可按框图 3.1.2 进行。

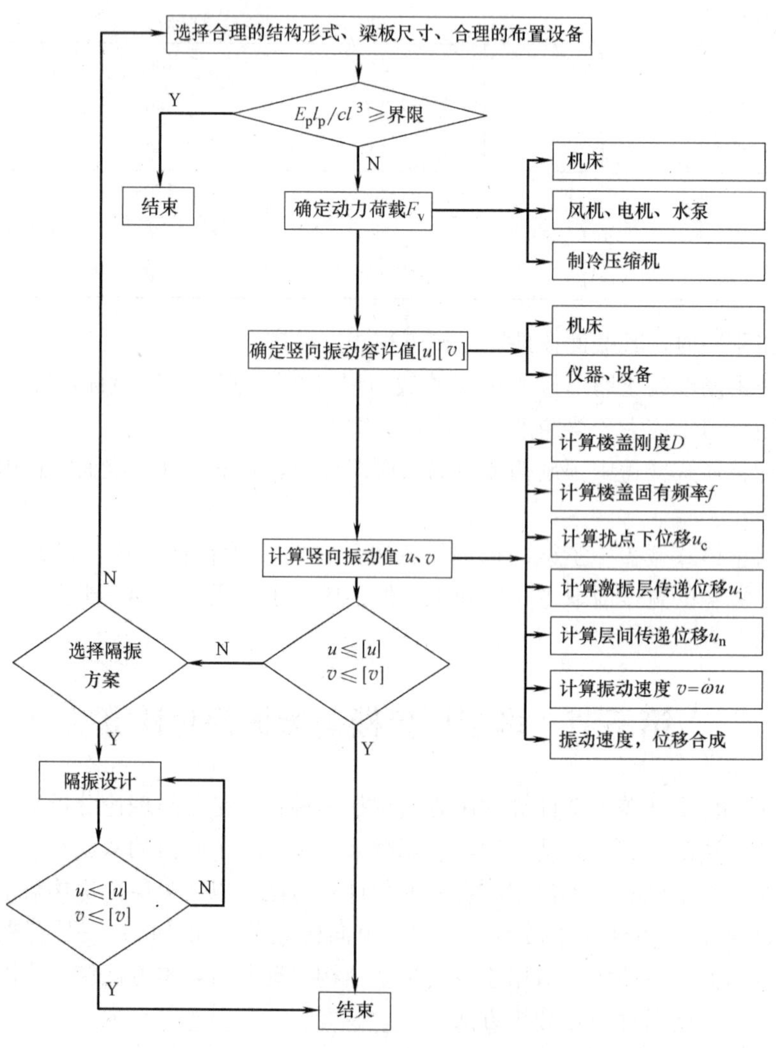

图 3.1.2　楼盖竖向微振动设计框图

上面框图中，u_z、v_z 分别为楼盖的竖向振动位移、盖的竖向振动速度（m/s）；[u]、[v] 分别为竖向振动位移容许值、竖向振动速度容许值。

（2）楼盖的竖向振动值计算时，其计算简图可按下列规定选取：

多层厂房楼盖是无限多自由度体系，在动力荷载作用下，振动将传递到整个厂房。为了计算简便，计算动力荷载作用点的竖向振动值时，可将楼盖沿主梁或次梁方向视为彼此分开的T形截面连续梁，对于现浇钢筋混凝土肋形楼盖，T形梁的翼缘宽度取梁的间距，但不大于梁跨度的一半，对于带现浇面层的装配整体式楼盖，T形梁的翼缘宽度取主梁间距，但不大于主梁跨度的一半，翼缘的厚度取现浇面层的厚度，其他梁翼缘宽度的取值可按《混凝土结构设计规范》GB 50010的规定采用；柱可作为主梁支座，主梁可作为次梁弹性支座；根据多层厂房的构造特点，假定楼盖周边支承条件为简支。当厂房的跨度多于五跨时，可按五跨计算自振频率与竖向振动位移。

2. 楼盖频率计算

楼盖结构是一个复杂的多自由度体系，具有无限多个自振频率。要得到自振频率的精确解，只能从结构振动的基本方程出发，考虑其边界条件，得到楼盖振动的特征方程，求解不同的特征方程，可得相应的自振频率。对于楼盖结构要得到自振频率的精确解是很困难的，实用中一般采用近似的方法。通过对楼盖结构振动分析发现：楼盖结构振动存在频率密集区。为了计算简便，可只计算前两个频率密集区内的各自最低和最高自振频率，并考虑自振频率的计算误差±20%，将频率密集区的多条 u-f 响应曲线汇成一包络线（图3.1.3）。

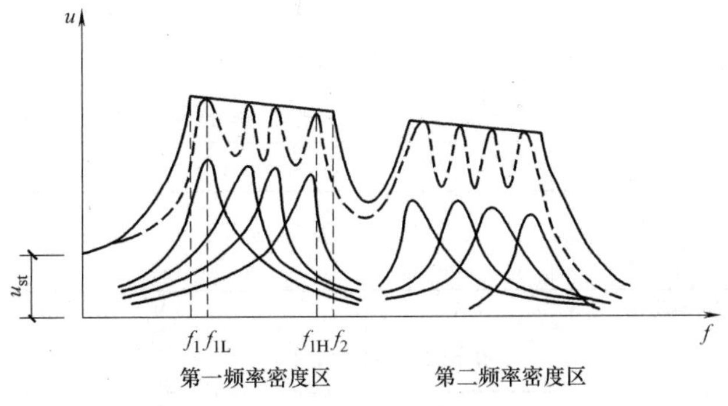

图3.1.3　u-f 响应曲线

按单跨梁或多跨梁连续梁计算模型，由梁的自由振动方程：

$$\frac{(1+ir)EI}{\overline{m}}\frac{\partial^4 Z(x,t)}{\partial x^4}+\frac{\partial^2 Z(x,t)}{\partial t^2}=0 \tag{3.1.3}$$

解得 k 振型固有频率：

$$f_{\mathrm{k}}=\varphi_{\mathrm{k}}\sqrt{\frac{EI}{\overline{m}l_0^4}} \tag{3.1.4}$$

楼盖第一频率密集区内的最低和最高固有频率，应按下列公式计算：

$$f_{1l}=\varphi_l\sqrt{\frac{D}{\overline{m}l_0^4}} \tag{3.1.5}$$

$$f_{1\mathrm{h}}=\varphi_{\mathrm{h}}\sqrt{\frac{D}{\overline{m}l_0^4}} \tag{3.1.6}$$

式中　D——楼盖刚度（$\mathrm{N/m^2}$）；

计算主梁时：

$$D=EI \tag{3.1.7}$$

计算次梁或预制槽形板时：

$$D=E_{p}I_{p} \tag{3.1.8}$$

f_{1l}——楼盖第一频率密集区内最低固有频率（Hz）；

f_{1h}——楼盖第一频率密集区内最高固有频率（Hz）；

l_0——楼盖构件的跨度（m）；

φ_l、φ_h——固有频率系数，可按表 3.1.6 确定；

$\bar{m}$——楼盖构件上单位长度的均匀质量（kg/m），应包括楼盖构件质量、设备质量、长期堆放的原材料和备件及成品等的质量。当楼盖构件上有均布质量和集中质量时，应按下式将集中质量换算成均布质量：

$$\bar{m}=m_{u}+\frac{1}{nl_{0}}\sum_{j=1}^{n}k_{j}m_{j} \tag{3.1.9}$$

式中 m_u——楼盖构件上单位长度的均布质量（kg/m）；

m_j——楼盖构件上的集中质量；

n——梁的跨数；

k_j——集中质量换算系数，可按表 3.1.7 采用。

固有频率系数 **表 3.1.6**

固有频率系数	梁的跨数				
	1	2	3	4	5
φ_l	1.57	1.57	1.57	1.57	1.57
φ_h	1.57	2.45	2.94	3.17	3.30

注：本表适用于单跨和等跨连续梁。

集中质量换算系数 k_j **表 3.1.7**

跨度数	跨度序号	固有频率	α_j									
			0	0.10	0.20	0.30	0.40	0.50	0.60	0.70	0.80	0.90
1	1	f_{1h}	0	0.191	0.691	1.310	1.810	2.000	1.810	1.310	0.691	0.191
2	1	f_{1h}	0	0.311	0.107	1.863	2.267	2.088	1.456	0.720	0.208	0.081
	2	f_{1h}	0	0.018	0.208	0.720	1.456	2.088	2.267	1.863	1.070	0.311
3	1	f_{1h}	0	0.226	0.756	1.234	1.381	1.100	0.601	0.183	0.011	0.006
	2	f_{1h}	0	0.160	0.951	2.380	3.803	4.400	3.803	2.380	0.951	0.160
	3	f_{1h}	0	0.006	0.011	0.183	0.601	1.100	1.381	1.243	0.756	0.226
4	1	f_{1h}	0	0.164	0.540	0.863	0.913	0.670	0.312	0.062	0.000	0.018
	2	f_{1h}	0	0.192	0.104	2.440	3.646	3.903	3.046	1.639	0.504	0.046
	3	f_{1h}	0	0.457	0.504	4.639	3.046	0.903	3.646	2.440	1.044	0.192
	4	f_{1h}	0	0.018	0.000	0.062	0.312	0.670	0.913	0.863	0.540	0.164
5	1	f_{1h}	0	0.122	0.397	0.623	0.641	0.448	0.188	0.026	0.004	0.022
	2	f_{1h}	0	0.170	0.914	2.070	2.992	3.072	2.260	1.104	0.278	0.012

续表

跨度数	跨度序号	固有频率	α_j									
			0	0.10	0.20	0.30	0.40	0.50	0.60	0.70	0.80	0.90
5	3	f_{1h}	0	0.106	0.841	2.367	3.992	4.693	3.992	2.367	0.841	0.106
	4	f_{1h}	0	0.142	0.278	1.104	2.260	3.072	2.992	2.070	0.914	0.170
	5	f_{1h}	0	0.022	0.004	0.026	0.188	0.448	0.641	0.623	0.397	0.120

注：1. α_j 为集中荷载离左边支座距离 x 与梁或板的跨度 l_0 之比，对于中间跨内集中荷载的 x 值，仍为集中荷载离本跨左边支座的距离。

2. 计算多跨连续梁的第一频率密集区内最低固有频率 f_{1l} 时，集中质量换算系数 k_j 可按单跨梁选用；计算第一频率密集区内最高固有频率 f_{1h} 时，集中质量换算系数 k_j 根据跨数及其序号选用。

当楼盖上机器的转速均低于 600r/min 时，可仅计算楼盖的第一频率密集区内最低固有频率 f_{1l}。

计算楼盖的竖向振动值时，楼盖的固有频率计算值应按下列公式计算：

$$f_1 = 0.8 f_{1l} \tag{3.1.10}$$

$$f_2 = 1.2 f_{1h} \tag{3.1.11}$$

式中　f_1——楼盖第一频率密集区内最低固有频率计算值（Hz）；

f_2——楼盖第一频率密集区内最高固有频率计算值（Hz）。

3. 竖向振动位移和速度的计算

（1）扰力作用点下竖向振动位移的计算

楼盖扰力作用点下竖向振动位移的计算采用多跨连续梁模型，根据梁的振动微分方程：

$$EI\frac{(1+ir)EI}{\overline{m}}\frac{\partial^4 Z(x,t)}{\partial x^4}+\frac{\partial^2 Z(x,t)}{\partial t^2}=\frac{F_{\mathrm{v}}(x)}{\overline{m}}e^{j\omega t} \tag{3.1.12}$$

解得：

$$Z(x,t)=\sum_{k=1}^{\infty}\frac{\beta_{\mathrm{k}}}{\sqrt{\left(1-\frac{\omega^2}{\omega_{\mathrm{nk}}^2}\right)^2+(2\xi)^2}}Z_{\mathrm{k}}(x)e^{j(\omega t-\gamma_{\mathrm{k}})} \tag{3.1.13}$$

$$\beta_{\mathrm{k}}=\frac{\sum_{i=1}^{n}\int_0^l\frac{F_{\mathrm{v}i}(x)}{\overline{m}}Z_{ik}(x)\mathrm{d}x}{\omega_{\mathrm{nk}}^2\sum_{i=1}^{n}\int_0^l Z_{ik}^2(x)\mathrm{d}x} \tag{3.1.14}$$

$$\gamma_{\mathrm{k}}=\tan^{-1}\frac{2\xi}{1-\frac{\omega^2}{\omega_{\mathrm{nk}}^2}} \tag{3.1.15}$$

$$\omega_{\mathrm{nk}}=\frac{\alpha_{\mathrm{k}}^2}{l^2}\sqrt{\frac{El}{\overline{m}}} \tag{3.1.16}$$

略去相位角，可得梁上任一点的最大位移方程：

$$u(x)=\sum_{k=1}^{\infty}\frac{\sum_{i=1}^{\infty}\int_0^l F_{\mathrm{v}i}(x)Z_{ik}(x)\mathrm{d}x}{\overline{m}\,\omega_{\mathrm{nk}}^2\sum_{i=1}^{n}\int_0^l Z_{ik}^2(x)\mathrm{d}x}Z_k(\mathrm{x})\frac{1}{\sqrt{\left(1-\frac{\omega^2}{\omega_{\mathrm{nk}}^2}\right)^2+(2\xi)^2}} \tag{3.1.17}$$

按图 3.1.3 中 u-f 响应曲线取不同频率分段计算扰力作用点下的最大振动位移。

1）扰力作用在主梁或各跨跨中板条时，扰力作用点的竖向振动位移按下列公式计算：

① 当 $f_0 \leqslant f_1$ 时：

$$u_0=\varphi\left[\frac{1-2\zeta\eta_1}{1-2\zeta}u_{\mathrm{st}}+\frac{\eta_1-1}{1-2\zeta}u_1\right] \tag{3.1.18}$$

$$\eta_1=\frac{1}{\sqrt{\left(1-\frac{f_0^2}{f_1^2}\right)^2+\left(2\zeta\frac{f_0}{f_1}\right)^2}} \tag{3.1.19}$$

$$u_{\mathrm{st}}=k_{\mathrm{st}}\frac{F_{\mathrm{v}}l_0^3}{100D\varepsilon} \tag{3.1.20}$$

$$u_1=k_1\frac{F_{\mathrm{v}}l_0^3}{100D\varepsilon} \tag{3.1.21}$$

$$\varepsilon=\frac{l_0}{3c} \tag{3.1.22}$$

② 当 $f_1 \leqslant f_0 \leqslant f_{1l}$ 时：

$$u_0=\varphi\frac{u_1}{2\zeta} \tag{3.1.23}$$

③ 当 $f_{1l} \leqslant f_0 \leqslant f_2$ 时：

$$u_0=\varphi\left[u_1\eta_2+u_2\left(\frac{1}{2\zeta}-\eta_2\right)\right] \tag{3.1.24}$$

$$\eta_2=\frac{1}{2\zeta}\cdot\frac{f_2-f_0}{f_2-f_1} \tag{3.1.25}$$

$$u_2=k_2\frac{F_{\mathrm{v}}l_0^3}{100D\varepsilon} \tag{3.1.26}$$

式中 u_0——机器扰力作用点处楼盖的竖向振动位移（m）；

u_{st}——机器扰力作用点处楼盖的静位移（m）；

f_0——机器的扰力频率（Hz）；

F_{v}——机器扰力（N）；

u_1——机器扰力频率 f_0 与楼盖第一频率密集区最低固有频率计算值 f_1 相同，且不考虑动力系数 η 时的竖向振动位移（m）；

u_2——机器扰力频率 f_0 与楼盖第一频率密集区最高固有频率计算值 f_2 相同，且不考虑动力系数 η 时的竖向振动位移（m）；

k_{st}、k_1、k_2——位移系数，可按表 3.1.8 确定；

ζ——楼盖的阻尼比；

ε——空间影响系数，当计算主梁的振动位移时，ε 取为 1；

η_1、η_2——动力系数；

φ——扰力作用点位置修正系数，应按表 3.1.9 规定采用。

位移系数 k_{st}、k_1、k_2 **表 3.1.8**

计算简图	k_{st}			k_1			k_2		
	$\frac{x}{l}$			$\frac{x}{l}$			$\frac{x}{l}$		
	0.25	0.5	0.75	0.25	0.5	0.75	0.25	0.5	0.75
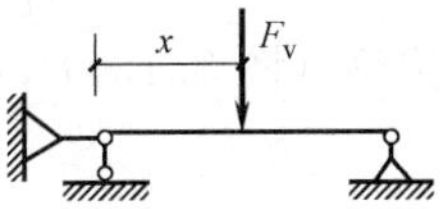 x, F_v	1.172	2.083	1.172	1.042	2.054	1.042	—	—	—
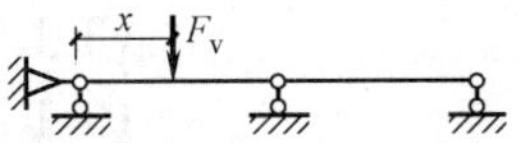 x, F_v	0.942	1.497	0.723	0.578	0.101	0.541	0.362	0.513	0.138
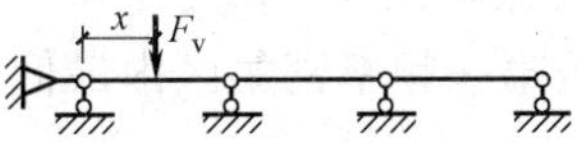 x, F_v	0.928	1.458	0.693	0.379	0.861	0.412	0.160	0.193	0.054
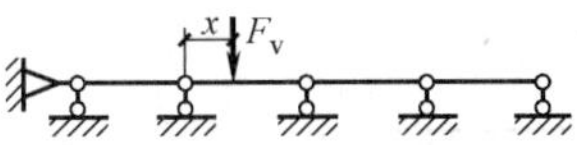 x, F_v	0.062	1.146	0.620	0.379	0.747	0.379	0.185	0.460	0.185
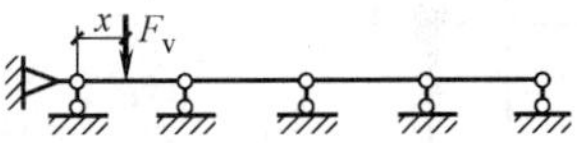 x, F_v	0.927	1.456	0.691	0.428	0.792	0.373	0.108	0.126	0.343
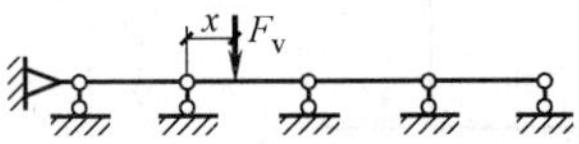 x, F_v	0.613	1.121	0.597	0.326	0.625	0.309	0.139	0.303	0.107
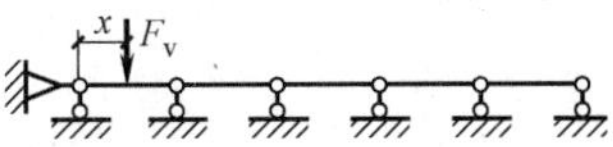 x, F_v	0.927	1.455	0.691	0.424	0.781	0.366	0.089	0.103	0.040
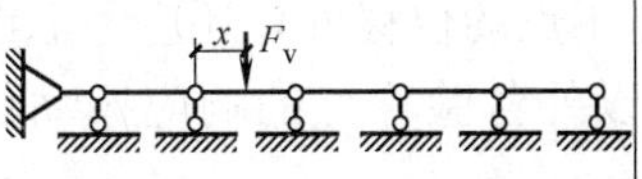 x, F_v	0.612	1.119	0.595	0.312	0.590	0.286	0.110	0.228	0.082
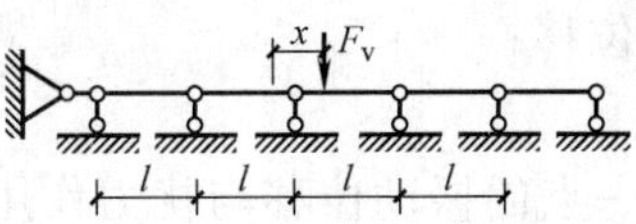 x, F_v, l, l, l, l, l	0.590	1.096	0.590	0.269	0.523	0.269	0.107	0.268	0.107

扰力作用点位置修正系数 φ **表 3.1.9**

扰力作用点位置	φ
扰力作用点位于主梁上及三跨或两跨边跨的跨中板条上	1.0
扰力作用点位于三跨中跨的跨中板条	0.8
扰力作用点位于单跨的跨中板条上	1.2

2）当机器扰力不作用在跨中板条上时，其作用点的竖向振动位移（图 3.1.4），可按下列公式计算：

$$u'_{01}=0.6u_{01} \tag{3.1.27}$$

$$u'_{02}=0.65u_{02} \tag{3.1.28}$$

$$u'_{03}=0.65u_{03} \tag{3.1.29}$$

$$u'_{04}=0.70u_{04} \tag{3.1.30}$$

式中 u_{01}、u_{02}、u_{03}、u_{04}——跨中板条上各扰力作用点的竖向振动位移（m）；

u'_{01}、u'_{02}、u'_{03}、u'_{04}——跨中板条以外的各扰力作用点竖向振动位移（m）。

3）计算楼盖竖向振动位移时，机床的扰力频率 f_0 可取楼盖第一频率密集区内最低固有频率 f_{1l}。

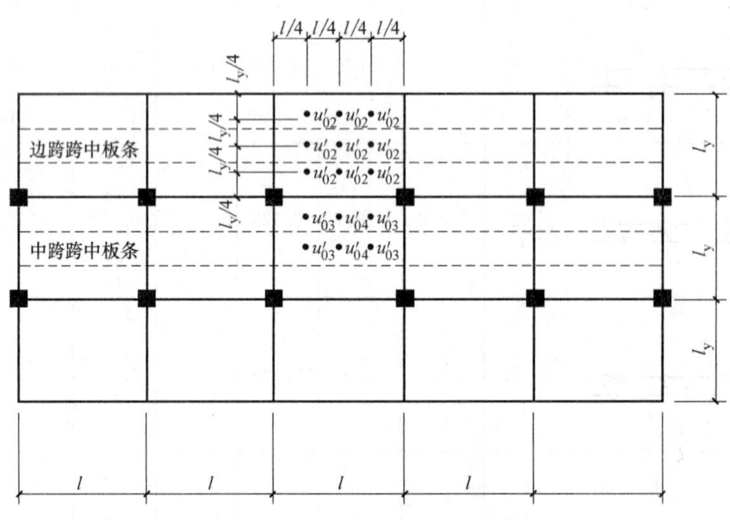

图 3.1.4 扰力作用点平面位置图

（2）激振层竖向振动位移的计算

楼盖在动力荷载作用下竖向位移的确定，除了考虑扰力作用点的位移外，还应考虑设备之间振动位移相互传递的影响。同一楼盖上，扰力作用点以外各验算点的响应振动位移，可按下式计算：

$$u_{\mathrm{r}}=\gamma u_0 \tag{3.1.31}$$

式中 u_{r}——同一楼层上扰力作用点以外各验算点的响应振动位移；

u_0——扰力作用点下竖向振动位移；

γ——位移传递系数，定义为在动力荷载作用下楼盖任一点的振动位移与扰力作用点位移之比。

1）位移传递系数确定的原则和程序

振动位移的传递是一个复杂的过程，其影响因素较多：如扰力作用点和验算点位置的影响，板梁相对抗弯刚度比的影响、设备扰频与楼盖固有频率比的影响、阻尼比的影响、扰力性质（稳态振源或瞬态振源）的影响、楼盖种类（现浇楼盖或装配整体式楼盖）的影响等。因为振动位移传递系数很难从理论上得到精确解，如果采用试验回归的方法，需要进行相当数量的厂房测试，每个厂房的试验要有足够多的测点，目前所做的试验还不足以寻求厂房振动位移传递的统计规律。采用理论计算与试验分析相结合的方法是解决该问题的较好途径。现行国家标准《多层厂房楼盖抗微振设计规范》GB 50190 中激振层振动位移传递系数的确定是按框图 3.1.5 的程序进行的。

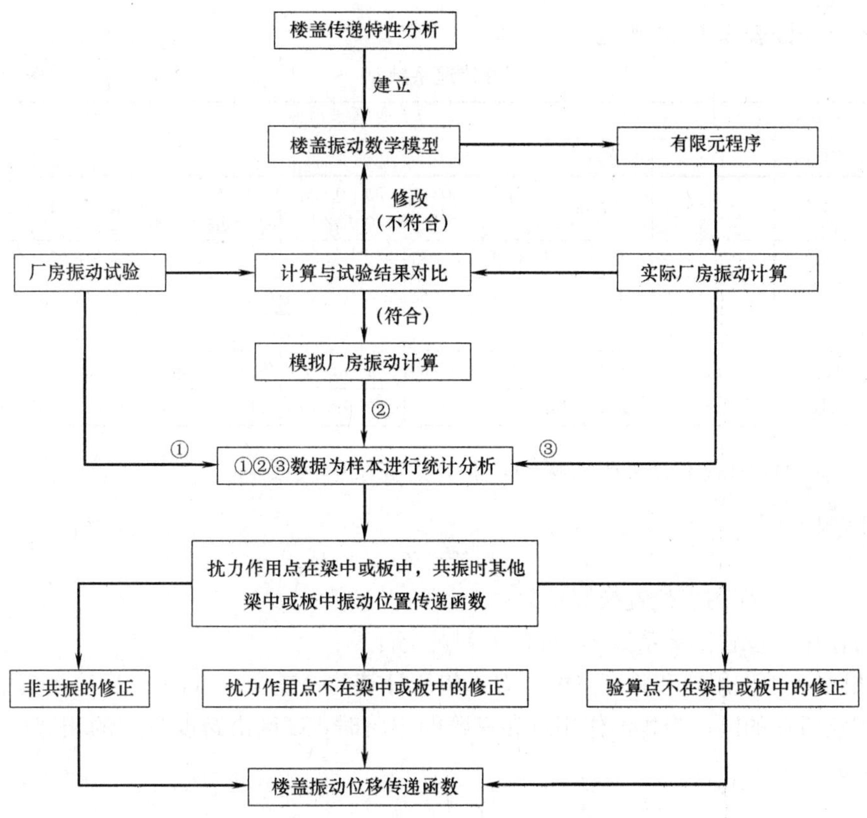

图 3.1.5　楼盖激振层振动位移传递系数确定程序

2）适用范围

适用于板梁相对抗弯刚度比 α 在 0.4 ～3 范围内，厂房跨度少于或等于三跨的现浇钢筋混凝土肋形楼盖或带现浇钢筋混凝土面层的预制槽形板楼盖。

3）计算简图（图 3.1.6）

4）当扰力作用点在梁中或板中 $f_1 \leqslant f_0 \leqslant f_{1l}$时，楼盖的其他各梁中或板中验算点位移传递系数，按下式计算：

$$\gamma = \gamma_1 \tag{3.1.32}$$

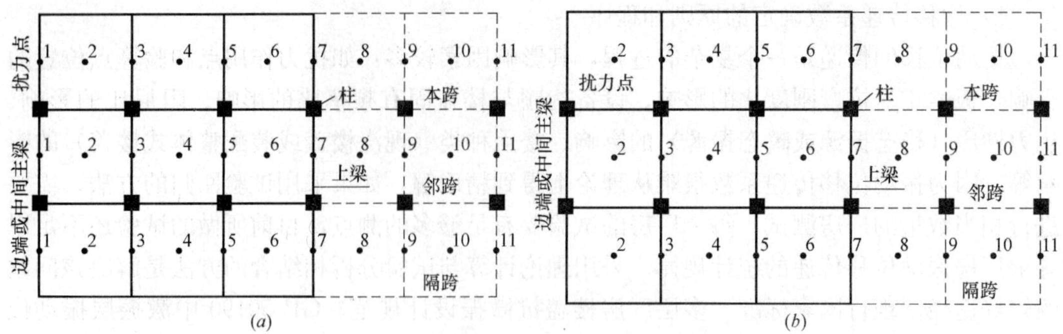

图 3.1.6　竖向振动位移传递系数位置简图

(a) 梁中激振；(b) 板中激振

式中　γ_1——按表 3.1.10 确定。

移传递系数 γ_1　　　**表 3.1.10**

扰力作用点位置	验算点所在跨	验算点位置						
		1	2	3	4	5	6	7
板中	本跨		1.00	$0.55+0.03\alpha-0.1\alpha^{-1}$	$0.50+0.02\alpha-0.12\alpha^{-1}$	$0.30+0.03\alpha-0.1\alpha^{-1}$	$0.18+0.04\alpha$	$0.05+0.03\alpha$
	邻跨		$0.30+0.08\alpha$	$0.20+0.08\alpha$	$0.15+0.08\alpha$	$0.08+0.05\alpha$	$0.06+0.05\alpha$	$0.04+0.02\alpha$
	隔跨		$0.12+0.06\alpha$	$0.10+0.05\alpha$	$0.08+0.05\alpha$	$0.06+0.04\alpha$	$0.04+0.04\alpha$	$0.03+0.01\alpha$
梁中	本跨	1.00	$0.90+0.02\alpha^{-1}$	$0.36+0.08\alpha$	$0.32+0.06\alpha$	$0.10+0.08\alpha$	$0.13+0.04\alpha$	$0.05+0.02\alpha$
	邻跨	0.75	$0.60+0.15\alpha^{-1}$	$0.29+0.06\alpha$	$0.27+0.05\alpha$	$0.10+0.06\alpha$	$0.10+0.04\alpha$	$0.03+0.02\alpha$
	隔跨	0.50	$0.40+0.1\alpha^{-1}$	$0.18+0.04\alpha$	$0.17+0.03\alpha$	$0.08+0.04\alpha$	$0.08+0.03\alpha$	$0.03+0.01\alpha$

5）当扰力作用点不在梁中或板中，验算点在梁中或板中，$f_1 \leqslant f_0 \leqslant f_{1l}$时，位移传递系数按下式确定：

$$\gamma=\rho\gamma_1 \tag{3.1.33}$$

式中　ρ——扰力作用点位置换算系数。

扰力作用点位置换算系数 ρ，可按下列规定计算：

① 根据扰力作用点和验算点的位置，将所计算的楼盖分区（图 3.1.7），其中 C 区为扰力作用点所在的区，当扰力作用点在三跨的中跨时，C 区沿跨度方向的相邻区为 D 区，单跨楼盖无 D 区；

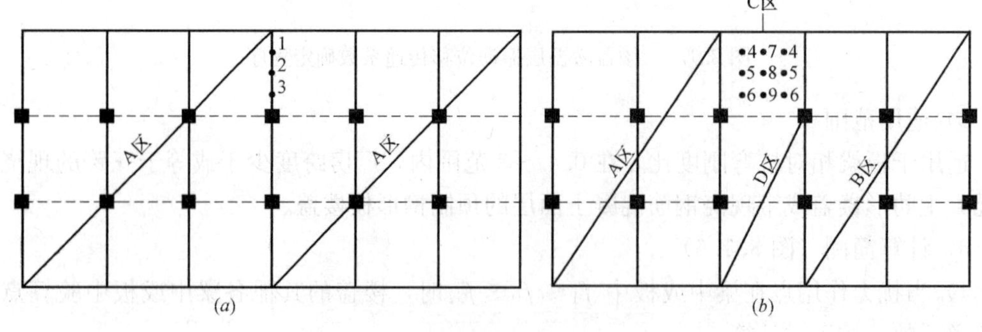

图 3.1.7　楼盖分区图

(a) 扰力点作用于梁上；(b) 扰力点作用于板上

② 当扰力作用点在梁上，验算点位于 A 区时，扰力作用点位置换算系数 ρ 可按表 3.1.11 确定；

扰力作用点在梁上 ρ　　　　**表 3.1.11**

验算点所在区	扰力点位置		
	1	2	3
A 区	1.40	1.00	1.40

③ 当扰力作用点在板上，验算点位于 A、B、C 区时，扰力作用点位置换算系数 ρ 可按表 3.1.12 确定；

扰力作用点在板上 ρ　　　　**表 3.1.12**

验算点所在区	扰力点位置					
	4	5	6	7	8	9
A 区	1.20	1.10	1.20	1.10	1.00	1.10
B 区	1.80	1.50	1.80	1.10	1.00	1.10
C 区	1.20	1.10	1.20	1.05	1.00	1.05

④ 当扰力作用点在板上，验算点在 D 区时，扰力作用点位置换算系数 ρ 可按 A 区、B 区的数值，由线性插入法计算。

6）验算点不在梁中或板中时，其位移传递系数应按下列规定确定：

①当验算点与扰力作用点不在同一区格时，可先求出验算点所在区格梁中和板中的位移传递系数 γ_a、γ_b、γ_c，再按图 3.1.8 的规定计算验算点的位移传递系数；

② 当验算点与扰力作用点在同一区格时，验算点的位移传递系数可按表 3.1.13 计算。

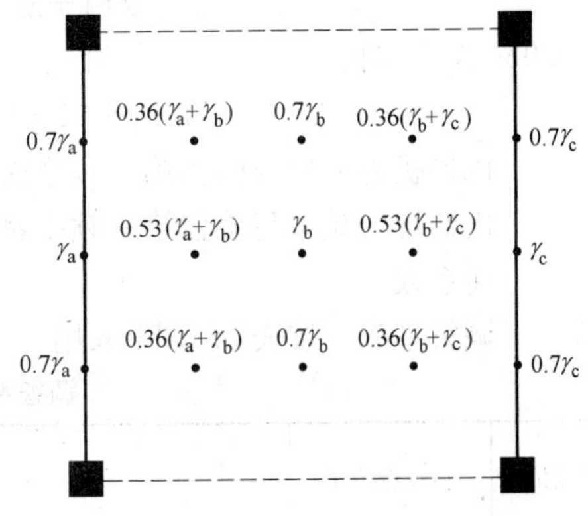

图 3.1.8　验算点与扰力作用点不在同一区格时的位移传递系数

验算点与扰力作用点在同一区格时的位移传递系数　　　　**表 3.1.13**

扰力点位置	验算点位置							
	4	5	6	7	9	4′	5′	6′
4	1.00	0.69η	0.49η	1.15	0.91	0.56η	0.64η	0.44η
5	0.42η	1.00	0.42η	0.80	0.80	0.38η	0.58η	0.38η
6	0.5η	0.69η	1.00	0.90	1.15	0.44η	0.6η	0.56η
7	0.52η	0.53η	0.38η	1.00	0.80	0.52η	0.53η	0.38η
9	0.38η	0.53η	0.52η	0.80	1.00	0.38η	0.53η	0.52η

注：$\eta=1.55+0.03\alpha-0.1\alpha^{-1}$。

7）机器扰力频率 f_0 小于楼盖第一频率密集区内最低固有频率计算值 f_1 时，位移传递系数可按下列公式进行计算（图 3.1.9）。

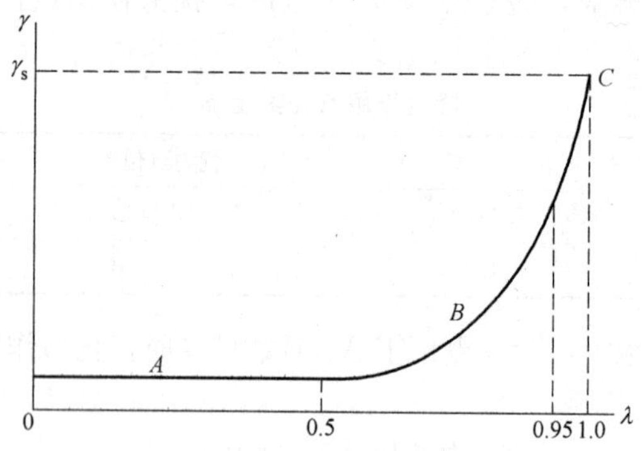

图 3.1.9　γ-λ 关系曲线

当 $0<\lambda\leqslant0.5$ 时：

$$\gamma=0.133F_{\lambda}\gamma_{s} \tag{3.1.34}$$

当 $0.5<\lambda\leqslant0.95$ 时：

$$\gamma=\frac{0.1F_{\lambda}}{\sqrt{(1-\lambda^{2})^{2}+(0.1\lambda)^{2}}}\gamma_{s} \tag{3.1.35}$$

当 $0.95<\lambda\leqslant1$ 时：

$$\gamma=[0.735F_{\lambda}+(1-0.735F_{\lambda})(20\lambda-19)]\gamma_{s} \tag{3.1.36}$$

式中　λ——机器扰力频率与楼盖第一频率密集区内最低固有频率计算值的比值；

γ_{s}——机器扰力频率与楼盖第一频率密集区内最低固有频率计算值相同时的位移传递系数；

F_{λ}——调整系数，按表 3.1.14 采用。

调整系数 F_{λ}　　**表 3.1.14**

扰力作用点位于	验算点位于	验算点位置				
		5	4	3	2	1
板中	本跨	3.20－2.25λ	3.80－2.85λ	10.80－10.00λ	1.00	
	邻跨	0.09－0.15λ	1.35－0.40λ	2.90－2.05λ	2.70－1.80λ	
	隔跨	1.60－0.75λ	0.55＋0.2λ	1.60－0.75λ	0.82	
梁中	本跨		3.30－2.55λ	4.65－3.60λ	12.30－11.50λ	1.00
	邻跨		1.10－0.35λ	1.20－0.25λ	3.20－2.25λ	4.90－4.00λ
	隔跨		1.10＋0.6λ	0.50＋0.30λ	0.82	1.25－0.40λ

注：当 λ 小于 0.5 时，λ 取 0.5。

（3）层间竖向振动位移的计算

1）层间振动传递的影响及规律

多层厂房的振动波及整个厂房，层间的振动传递影响是不可忽略的，该问题比激振层的振动位移传递更为复杂。目前解决层间传递问题是通过试验从定性上认识其动力特性及传递规律，配合有限元分析使之定量化。试验结果表明：振动的层间传递与振源性质、扰力作用点位置、验算点所在的层和位置等因素有关。

层间振动的传递规律为：

① 瞬态振源比稳态振源传递小，衰减快；

② 第一频率密集区比第二频率密集区传递大；

③ 振源位于厂房底层的振动传递比位于楼层时小；

④ 层间受振层的振动传递比激振层小且传递衰减慢；

⑤ 板中激振时的层间传递比梁中激振时小，但板中激振时的振动值比梁中激振大。层间传递比的计算是以激振的各点振动为基准，取受振层与激振层相对应点之比。通过六个有代表性厂房的实测和计算，取保证率为 90%，得到现行国家标准中的层间振动传递比。

2）层间响应竖向振动位移的计算

当楼盖上设有对振动敏感的设备和仪器时，应计算各层楼盖的层间响应振动位移。第 i 受振层上各验算点的响应振动位移，可按下式计算：

$$u_{\mathrm{r}i}=\alpha_{\mathrm{r}i}u_{\mathrm{r}i} \tag{3.1.37}$$

式中　$u_{\mathrm{r}i}$——第 i 受振层上各验算点的影响振动位移；

$\alpha_{\mathrm{r}i}$——层间振动传递比，按表 3.1.15 确定。

层间振动传递比 α_{ri}　　　　**表 3.1.15**

扰力点作用于	验算点位于	受振层	验算点位置								
			1	2	3	4	5	6	7	8	9
二层梁中	本跨	三层	0.3	0.42	0.52	0.60	0.68	0.75	0.82	0.86	0.90
		四层	0.35	0.49	0.60	0.68	0.75	0.81	0.83	0.88	0.90
	邻跨或隔跨	三层	0.50	0.58	0.66	0.72	0.77	0.82	0.85	0.88	0.90
		四层	0.60	0.68	0.74	0.79	0.83	0.86	0.88	0.89	0.90
二层板中	本跨	三层		0.35	0.51	0.63	0.72	0.79	0.80	0.88	0.90
		四层		0.40	0.58	0.70	0.77	0.83	0.87	0.89	0.90
	邻跨或隔跨	三层		0.50	0.63	0.73	0.80	0.83	0.88	0.89	0.90
		四层		0.51	0.64	0.73	0.79	0.84	0.85	0.88	0.90
三层梁中	本跨	二层	0.30	0.45	0.57	0.66	0.74	0.79	0.84	0.87	0.90
		四层	0.40	0.52	0.62	0.70	0.76	0.82	0.85	0.89	0.90
	邻跨或隔跨	二层	0.60	0.68	0.75	0.80	0.82	0.86	0.88	0.89	0.90
		四层	0.65	0.72	0.76	0.81	0.84	0.87	0.88	0.89	0.90
三层板中	本跨	二层		0.35	0.51	0.62	0.70	0.77	0.82	0.87	0.90
		四层		0.45	0.58	0.68	0.75	0.82	0.85	0.87	0.90
	邻跨或隔跨	二层		0.50	0.60	0.68	0.75	0.84	0.84	0.87	0.90
		四层		0.55	0.64	0.71	0.76	0.81	0.85	0.88	0.90
四层梁中	本跨	二层	0.60	0.68	0.74	0.79	0.84	0.86	0.88	0.89	0.90
		三层	0.65	0.71	0.76	0.80	0.84	0.86	0.88	0.89	0.90
	邻跨或隔跨	二层	0.65	0.70	0.75	0.80	0.83	0.85	0.87	0.89	0.90
		三层	0.70	0.75	0.80	0.84	0.86	0.88	0.89	0.89	0.90
四层板中	本跨	二层		0.40	0.51	0.60	0.68	0.75	0.81	0.89	0.90
		三层		0.45	0.56	0.66	0.74	0.79	0.84	0.89	0.90
	邻跨或隔跨	二层		0.70	0.76	0.81	0.84	0.86	0.88	0.89	0.90
		三层		0.80	0.84	0.86	0.88	0.89	0.89	0.89	0.90

（4）楼盖竖向振动速度计算

楼盖的竖向振动速度，应按下式计算：

$$v_j=\omega_j u_j \tag{3.1.38}$$

式中 v_j——台机器运转时，楼盖上某验算点产生的响应振动速度；

u_j——台机器运转时楼盖上某验算点产生的响应振动位移；

ω_j——机器的扰力圆频率（rad/s）。

（5）荷载相应组合

楼盖上多台动力设备共同作用时，由于动力设备的力幅、频率、相位差及加工情况等因素的影响，楼盖振动的合成响应是随机的。在随机扰力作用下，各台设备在楼盖上产生的最大振动响应往往不会发生在同一时刻。因此在多台动力设备共同作用下的动力响应合成应考虑随机反应耦合和振型耦合。目前考虑响应合成的方法有：

1）总和法：楼盖在多振源作用下的合成响应为单台最大响应的绝对值总和。这种方法没有考虑振源的随机特征、运行方式等因素，计算结果是保守的，也是不合理的。

2）最大单台相关法：楼盖在多振源作用下的合成响应取单台最大响应值乘以综合影响系数，这种方法中影响系数难以确定，其影响因素较多，如动力设备的数量、扰力大小、设备的布置和运行方式等，综合影响系数的统计值波动幅度很大，而且多台设备引起楼盖的振动响应与单台最大响应从理论上没有相关关系。

3）平方和开方法：楼盖在多振源作用下的合成响应为各单台响应的平方和开方，该方法采用随机函数理论在平稳正态假定下，考虑了随机反应耦合与振型耦合，并考虑了单台设备振动与多台设备振动合成在时域上不同步。根据对 95 个合成响应实测资料统计分析表明：采用平方和开方计算合成振幅值与实测结果符合较好，且离散性较少，其可靠度随着合成的动力设备台数的增加而提高。但对于扰力周期性较强的同类型机器（如风机、冷冻机等），当台数不多于四台时，按平方和开方法的可靠度较低，可直接取其中最大两个单台响应之和。当楼盖上有多台机器同时运转时，在某验算点产生的合成振动位移和速度，应按下列公式计算：

$$u_{\mathrm{m}}=\sqrt{\sum_{j=1}^{m}u_j^2} \tag{3.1.39}$$

$$v_{\mathrm{m}}=\sqrt{\sum_{j=1}^{m}v_j^2} \tag{3.1.40}$$

式中 u_{m}——多台机器同时运转时，在楼盖某验算点产生的合成振动位移（m）；

v_{m}——多台机器同时运转时，在楼盖某验算点产生的合成振动速度（m/s）。

二、双向梁板楼盖竖向振动计算

依据板壳振动理论，双向次梁结构楼盖在简谐扰力作用下，楼盖的基本频率可按下式计算：

$$\omega=\frac{19.7}{\alpha^2}\sqrt{\frac{D}{\rho h}} \tag{3.1.41}$$

$$D=\frac{Eh^3}{12(1-\mu^2)} \tag{3.1.42}$$

$$h=\sqrt[3]{12I_r/b} \tag{3.1.43}$$

式中　ω——楼盖结构基本频率；

a——板边长度（m）；

E——弹性模量（N·m^2）；

h——等效板的厚度（m）；

I_r——梁板结构截面惯性矩（m^4）；

b——梁板结构截面宽度（m）；

ρ——材料密度（kg/m^3）；

μ——泊松比。

楼盖的竖向振动位移峰值，可按下列公式计算：

$$u=\frac{4F_v}{a^2\rho h\omega^2\sqrt{\left(1-\frac{f_0^2}{\omega^2}\right)^2+\left(\frac{2\xi f_0}{\omega}\right)^2}} \tag{3.1.44}$$

第四节　多层厂房微振有限元分析

一、一般规定

结构整体水平振动和楼盖竖向振动宜分别计算。有防微振要求的厂房及实验室的下列部位宜进行防微振验算：地面结构、工艺层楼盖、独立基础。微振动验算应针对环境振动、动力及工艺设备振动分别进行。

不等跨楼盖、特殊布置楼盖、动力荷载激励复杂的楼盖，其竖向振动计算宜采用有限单元方法；空间作用强、扭转耦联效应大的结构水平振动应采用有限单元方法。楼盖竖向振动计算可采用整体计算模型或者激振层分层模型；整体结构水平振动应按独立结构单元进行计算。

结构振动计算时可根据荷载激励不同，选择等效静力方法或者动力时程分析方法。对于相同频率、等幅周期性振动或者冲击振动，可采用等效静力分析，其他非规律性荷载应采用时程分析。

二、振动计算规定

1. 材料参数

混凝土、钢筋和钢材的材料强度、弹性模量、泊松比等可按国家标准《混凝土结构设计规范》GB 50010 和《钢结构设计规范》GB 50017 以及本章前述章节相关规定选用。

2. 阻尼

天然地基、桩基及人工复合地基的地基动力特性参数应现场试验确定；当无条件时，可按现行国家标准《动力机器基础设计规范》GB 50040 有关规定采用；当无条件测试时，地基土的阻尼比宜取 0.15～0.35。钢筋混凝土结构的阻尼比宜取 0.05，钢结构的阻尼比宜取 0.02，钢与凝土组合结构的阻尼比宜取 0.035。

3. 振动参与质量及振型数确定

楼盖固有频率、竖向振动值的计算时，其质量应包括楼盖构件质量、建筑面层质量、设备质量、长期堆放的原材料和备件及成品等的质量。活荷载参与质量应根据情况分别考虑较小值和较大值。

模态分析有效振型数量宜按结构总体振型质量参与系数不小于 95%进行取值。采用振型叠加法计算时，楼盖竖向振动振型组合数量不宜少于 300，结构整体水平振动振型组合数量不宜少于 30。

4. 计算模型

微振动验算的结构应采用整体实体建模。若建筑物与附属建筑或构筑物相连，则应在计算中考虑附属结构的影响；当工艺设备层与建筑物主体结构有连接时，结构计算模型应包含工艺设备层和主体结构。

有限元计算模型应真实反映结构的受力状态，包括构件布置、杆件类型、几何参数、物理特性、边界条件、外加荷载等，并满足以下要求：

（1）梁单元应考虑弯曲、剪切、扭转变形，必要时考虑轴向变形；

（2）板单元考虑平面外弯曲，剪切变形，必要时考虑平面内变形；

（3）柱单元考虑弯曲、剪切、轴向和扭转变形；

（4）楼板面层刚度可以按叠合板等效刚度考虑；

（5）框架梁柱节点可按刚域处理；

（6）振动控制点应设置节点。

实体模型中，基础影响深度范围内的土层应作为计算深度；根据工程地质勘察报告确定黏弹性边界约束条件；地面结构周边回填土对地基刚度的影响，可按现行国家标准《动力机器基础设计规范》GB 50040 有关规定采用。

5. 振动荷载要求

环境振动影响的验算以实测最不利的振动记录作为计算的输入荷载，样本时间长度不宜少于 60s。在频域内分析时，频域间隔不宜大于 0.5Hz。

三、振动计算结果修正

对于动力设备及工艺设备产生影响的微振动计算，当有条件时，应对有限元计算结果进行验证，两者不吻合时宜按实测结果修正计算结果。修正后计算特征点的振动响应按下列公式取值：

$$u_{\mathrm{v}}=\eta\alpha_{\mathrm{v}}u_{\mathrm{dv}}R \tag{3.1.45}$$

$$u_{\mathrm{H}}=\eta\alpha_{\mathrm{H}}u_{\mathrm{dH}}R \tag{3.1.46}$$

$$\alpha_{\mathrm{v}}=\frac{u_{\mathrm{vS}}}{u_{\mathrm{vd}}} \tag{3.1.47}$$

$$\alpha_{\mathrm{H}}=\frac{u_{\mathrm{HS}}}{u_{\mathrm{Hd}}} \tag{3.1.48}$$

式中 u_{v}——结构特征点的竖直向振动响应；

u_{H}——结构特征点的水平向振动响应；

α_{v}——竖直向已建同类工程的特征点动力响应系数；

u_{vS}——已建同类工程特征点振动记录进行频域分析得到特征点的竖直向振动响应

曲线；

u_{vd}——建立已建同类工程有限元实体模型，在特征点上竖直向施加单位荷载 $F_v=1kN$，计算动力响应谱曲线；

α_H——水平向已建同类工程的特征点动力响应系数；

u_{HS}——已建同类工程特征点振动记录进行频域分析得到特征点的水平向振动响应曲；

u_{Hd}——建立已建同类工程有限元实体模型，在特征点上水平向施加单位荷载 $F_v=1kN$，计算动力响应谱曲线；

η——已建同类工程和新建工程相似比系数，可按 0.9～1.2 取值；

u_{dv}——结构特征点竖直向在单位荷载为 1kN 作用下的振动响应；

u_{dH}——结构特征点水平向在单位荷载为 1kN 作用下的振动响应。

四、微振动验算

1. 各阶段振动验算的实测及评估

（1）场地环境振动实测时，应通过测试获取拟建场地受周围环境振动影响的数据，作为输入荷载对微振动初步设计方案进行验算；

（2）建筑物主体结构竣工实测及评估时，应通过对建筑物主体结构进行振动测试，对主体结构防微振体系进行评估，并应和计算结果进行对比分析，确认其有效性，为动力设备及工艺设备整体隔振方案提供设计依据；

（3）动力设备及工艺设备运行实测及评估时，应通过对动力设备及工艺设备运行时的结构进行振动测试，对最终建成的结构防微振体系进行评估，并应和计算结果进行对比分析，确认其有效性，为动力设备及工艺设备局部隔振方案提供设计依据。

2. 共振验算

在结构动力计算过程中，计算模型与原始数据（刚度、质量等）很难和实际结构完全相符，考虑到厂房的自振频率计算的可能偏差以及当房屋使用时结构自振频率变化的可能性，当自振频率与动力设备的扰频相差 20%以内时，存在引起结构共振的可能性，因此，必须验算结构在共振情况下的振动是否满足振动控制标准。

3. 特殊要求

对于电子厂房，受环境振动影响的微振动还应符合下列公式要求：

$$u_{hv}\leqslant K_v[u_v] \tag{3.1.49}$$

$$u_{hH}\leqslant K_H[u_H] \tag{3.1.50}$$

式中 u_{hv}——结构中心点的竖直向振动响应；

u_{hH}——结构中心点的水平向振动响应；

K_v——竖直向的动态影响系数，$K_v=0.4\sim0.6$；该系数与动力设备数量和布置有关，当设备数量较多或距特征点位置较近时取小值，反之取大值；

K_H——为水平向的动态影响系数，$K_H=0.3\sim0.5$；该系数与动力设备数量和布置有关，当设备数量较多或距特征点位置较近时取小值，反之取大值；

$[u_v]$——精密设备及仪器竖直向的容许振动值；

$[u_H]$——精密设备及仪器水平向的容许振动值。

第五节　多层厂房抗微振构造措施

一、结构构造

1. 结构构件截面尺寸

框架柱截面一般不宜小于 400mm×400mm；框架主梁截面高度一般为梁跨度的 1/10～1/6；楼盖次梁截面高度一般为梁跨度的 1/12～1/8；楼板厚度一般为板跨度的 1/24～1/18；抗震墙厚度一般应不小于 160mm，且不小于墙净高的 1/22。

2. 结构材料

工业设备上楼的多层厂房，混凝土强度等级不应低于 C30；砖的强度等级不应低于 MU10，砂浆的强度等级不应低于 M5.0；普通纵向受力钢筋宜选用 HRB400、HRB500、HRBF400、HRBF500 钢筋，箍筋宜选用 HRB400、HRBF400、HPB300 钢筋。

3. 装配整体式楼盖要求

装配整体式楼盖主梁应按叠合式梁设计，框架柱与主梁应采用刚性接头；预制板的板缝中应配置统长钢筋，其直径不应小于 10mm，板缝应采用同一强度等级或更高强度等级混凝土填实；预制板上必须加设细石混凝土后浇层，其强度等级不应小于预制构件设计强度等级，厚度不应小于 60mm；后浇层中应配置钢筋网，钢筋网中钢筋的间距不应大于 200mm，直径宜为 6～8mm；板的支座处，后浇层顶部应加设负钢筋，其间距不应大于 200mm，直径不应小于 10mm。

4. 混凝土抗震墙

工业设备上楼的框架-抗震墙建筑结构，侧向刚度起主导作用的是混凝土抗震墙，抗震墙的平面布置、设置数量以及与框架的连接情况决定了厂房的自振频率和水平振动量，一旦抗震墙构造处理不当而产生了裂缝，厂房侧向刚度（或自振频率）将急剧下降，水平振动也将急剧增大，因此，对抗震墙的要求如下：混凝土抗震墙的水平和竖向分布筋的配筋率均不小于 0.25%，钢筋直径大于 8mm，间距不大于 300mm，且宜双排配筋；抗震墙的竖向、水平向分布筋必须加直钩分别锚入梁柱或边框内；抗震墙边框（梁、柱）纵向配筋率不小于 0.8%，其箍筋沿全跨及全高加密，箍筋间距不大于 150mm；抗振墙不宜开洞。必须开洞时，洞口面积不宜大于墙面面积的 1/8，洞口至框架柱的距离不小于 600mm，并应在洞口周围采取加强措施。

5. 连接构造

对于砌体结构，楼板应与圈梁、连系梁连成整体。

为防止女儿墙因厂房的振动而被破坏，女儿墙应与主体结构可靠连接。

6. 加固及连接

直接承受动力荷载或振动较大的结构构件，不宜采用植筋、粘钢板等加强或连接措施；必须采用时，其结合部在动应作用下的耐疲劳性能，尚缺乏充分验证，应计入材料老化性能条件下进行疲劳强度验算，并注明允许使用年限。采用焊接、铆接或螺栓连接时，焊缝、锚栓或螺栓的材料强度宜降低 30%，螺栓应加弹簧垫圈配双螺母锁紧；混凝土结构的钢筋锚固长度和预埋件的钢筋锚固长度均宜增加 25%，钢筋不宜采用搭接接头。

7. 防油措施

通过对已建成投产厂房的调查发现，金属切削机床加工过程中，机油溅落或漏油对钢筋混凝土楼盖危害很大，并具有一定的侵蚀作用，严重时机油沿裂缝渗漏到板下。因此楼盖必要时应采用防油措施，如在可能漏油的机床底座下加设集油铁皮托盘，在钢筋混凝土楼盖表面增设环氧涂料耐油面层等。

二、设备及基础布置

动力机器宜合理布置在楼盖梁上，应避免布置在无梁楼板上。当动力机器在单根梁上时，应避免梁受扭。当设备由两根梁共同承担时，梁的轴线宜与动力机器和基础的总质心对称。

支撑在楼盖上的动力机器，不应与其他竖向结构构件连接。

多台振动或振动控制要求类似的动力机器毗邻时，或多台振动控制要求相近的精密仪器设备毗邻时，可采用联合基础。

三、管道连接

隔振垫和弹簧吊架系统的固有频率不宜高于 8Hz，不应高于 10Hz，且应远离楼盖共振频率区；弹簧吊架采用拉簧时，应避免弹簧颤振发生共振，且应设保护装置。管道隔振安装时，应采取措施保证隔振垫或弹簧吊架受力均匀。有振动的管道穿墙、楼板等结构构件时，应在管道周边预留不小于 50mm 间隙且不应直接固定在结构构件上。管道安装完毕后应采用柔性材料嵌填缝隙。

四、隔振装置连接

对于某些上楼设备，仅靠增大结构刚度减小振动是不经济的。对于上楼的振动设备施行积极隔振，可减小设备传给楼盖的扰力；对精密的仪器设备施行消极隔振可减小楼盖振动对仪器设备的影响。如对设置在楼盖上的风机、水泵可采用弹簧隔振器或橡胶隔振器隔振；对空调设备、砂轮机等采用橡胶隔振垫隔振；对小型冲床、刨床、镜床、钻床、磨床等采用橡胶类机床隔振器或橡胶隔振垫隔振，动力设备与管道之间采用软管或弹性连接等。

隔振基础的周边及底部均应留隔振缝，缝宽宜为 30～50mm；缝宽超过 50mm 时，应设置不影响隔振基础振动自由的保护构造。隔振基础上与设备连接的刚性管道均应在隔振基础与楼、地面之间设柔性接头。低压风管的柔性接头可用帆布类材料制作，水管和高压风管宜采用连线加强的柔性橡胶接头，承受高温高压的压缩机排气管、发动机和燃气轮机排烟管应采用金属波纹管或高强金属丝编织加强的柔性管。当柔性管道接头的柔度偏小时，应根据接头位置计入其对隔振基础振动增值的不利影响。另外，隔振基础设计应留有安装和维修隔振器、阻尼器的空间。

五、其他要求

对于电子厂房，建筑物内应采用低速送风，空气密度变化率宜控制在 10%以内。当布置有自循环高效过滤器（FFU）装置时，应采取隔振措施。另外，防微振区域内的门应采用柔性缓冲装置。

第二章 多层厂房楼盖承受机器水平动荷载的设计

第一节 概 述

多层厂房（一般为 2～5 层）水平振动自振频率的基频大都在 1.5～4.5Hz 左右，当振动设备的转速较高时（10Hz 以上），厂房水平振动出现的共振属于高频共振，振幅较小；当振动设备的转速较低时（2.5～3.5Hz 左右），厂房水平振动出现的共振属于低频共振，振幅较大。低频共振是危害性最大的共振状态，因此，当振动设备的转速较高时（10Hz 以上），一般可只考虑厂房的垂直振动；当振动设备的转速较低时（2.5～3.5Hz 左右），必须考虑厂房的水平振动。本章提出了动力计算的方法和设计的要求，其目的是将厂房水平振动的位移限制在容许范围之内，使厂房结构具有合理的功能要求，满足工艺生产的技术条件和操作人员的生理健康。本章主要是针对多层织造厂房编写的，其他如轻工、化工、煤炭、冶金等部门的厂房可以作为参考。

第二节 多层厂房水平振动计算

国内外大量实测结果表明：一般高宽比不大的多层厂房振动时，沿竖向主要表现为各个楼层之间的相互错动，这是因为一般的多层厂房高度较小，而平面面积较大的缘故。从总体上来看，可以认为多层厂房振动时沿竖向的变形以剪切为主，因此，对层数不多的厂房大多可以将质量集中在各层楼板处并且不考虑楼层梁、板平面内的变形来进行计算。在本节主要介绍的多层厂房结构水平振动的计算方法中就没有考虑楼层梁、板平面内的变形，但考虑了柱的弯曲刚度和砖填充墙、混凝土抗震墙的剪切刚度。

一、计算模型

对于多层厂房，设楼层 1、2、…、j、…、n 层的质量分别为 m_1、m_2、…、m_j、…、m_n，楼层水平刚度分别为 k_1、k_2、…、k_j、…、k_n（图 3.2.1）。楼层水平刚度的含义是该层柱上下两端发生单位相对位移时，该层各柱、砖填充墙、混凝土抗震墙中产生的剪力之和。

二、水平刚度计算

多层厂房框架（含砖填充墙、混凝土抗震墙）的层间水平刚度按下式计算：

$$k_j = k_{zj} + k_{wj} + k_{cj} \tag{3.2.1}$$

$$k_{zj}=\sum\frac{12E_{zj}I_{zj}}{h_{zj}^{3}}\tag{3.2.2}$$

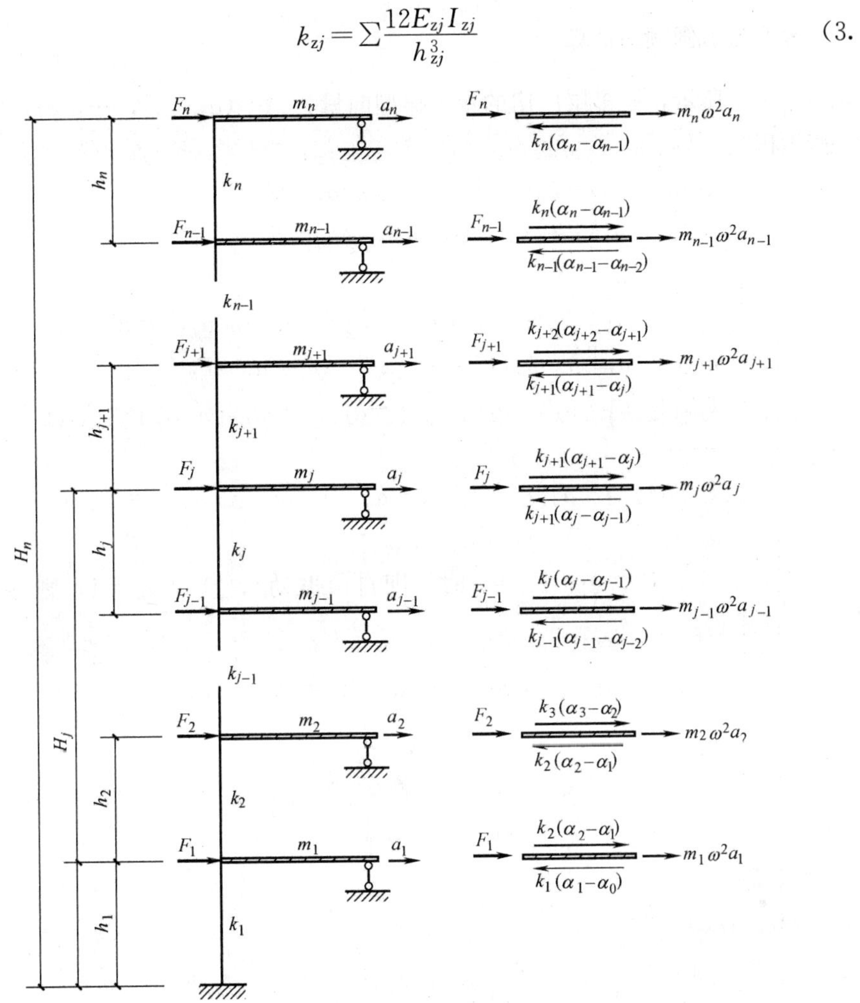

图 3.2.1　楼层的质量和水平刚度

$$k_{wj}=\sum\frac{A_{wj}G_{wj}}{\rho h_{wj}}\left(1-1.2\frac{A_{wj}^{0}}{A_{wj}}\right)\eta\tag{3.2.3}$$

$$k_{cj}=\sum\frac{A_{cj}G_{cj}}{\rho h_{cj}}\left(1-1.2\frac{A_{cj}^{0}}{A_{cj}}\right)\tag{3.2.4}$$

式中　k_{zj}、k_{wj}、k_{cj}——分别为第 j 层框架柱、砖填充墙、混凝土抗震墙的层间水平刚度；

E_z——第 j 层框架柱弹性模量；

G_{wj}、G_{cj}——分别为第 j 层砖填充墙、混凝土抗震墙的剪变模量；

I_{zj}——第 j 层框架柱截面惯性矩；

A_{wj}、A_{cj}——分别为第 j 层砖填充墙、混凝土抗震墙的面积；

A_{wj}^{0}、A_{cj}^{0}——分别为第 j 层砖填充墙、混凝土抗震墙的洞口面积；

h_{zj}、h_{wj}、h_{cj}——分别为第 j 层框架柱、砖填充墙、混凝土抗震墙的层间高度；

η——砖填充墙与框架的连接条件修正系数，一般取 1.0；

ρ——剪力不均匀系数，取为 1.2。

三、水平自振圆频率计算

如图 3.2.1 所示，设多层厂房的水平振型向量为 $A=(a_1, a_2, \cdots, a_j, \cdots, a_n)$，则动力平衡方程为：

$$\begin{cases} k_1(a_1-a_0)-k_2(a_2-a_1)-m_1\omega^2 a_1=F_{v1} \\ k_2(a_2-a_1)-k_3(a_3-a_2)-m_2\omega^2 a_2=F_{v2} \\ \cdots\cdots \\ k_{j-1}(a_{j-1}-a_{j-2})-k_j(a_j-a_{j-1})-m_{j-1}\omega^2 a_{j-1}=F_{v\,j-1} \\ k_j(a_j-a_{j-1})-k_{j+1}(a_{j+1}-a_j)-m_j\omega^2 a_j=F_{vj} \\ k_{j+1}(a_{j+1}-a_j)-k_{j+2}(a_{j+2}-a_{j+1})-m_{j+1}\omega^2 a_{j+1}=F_{vj+1} \\ \cdots\cdots \\ k_{n-1}(a_{n-1}-a_{n-2})-k_n(a_n-a_{n-1})-m_{n-1}\omega^2 a_{n-1}=F_{vn-1} \\ k_n(a_n-a_{n-1})-m_n\omega^2 a_n=F_{vn} \end{cases} \tag{3.2.5}$$

当 $F_1, F_2, \cdots, F_j, \cdots, F_n=0$ 时（即自由振动），且令 $a_n=1$，则各向量按公式（3.2.5）依次求得：

$$a_{j-1}=c_j a_j-\frac{k_{j+1}}{k_j}a_{j+1}(j=1,2,\cdots,n) \tag{3.2.6}$$

$$c_j=1+\frac{k_{j+1}}{k_j}-\frac{m_j}{k_j}\omega^2 \tag{3.2.7}$$

$$\begin{cases} a_n=1 \\ a_{n-1}=c_n \\ a_{n-2}=c_{n-1}c_n-\dfrac{k_n}{k_{n-1}} \\ a_{n-3}=c_{n-2}c_{n-1}c_n-\left(\dfrac{k_n}{k_{n-1}}c_{n-2}+\dfrac{k_{n-1}}{k_{n-2}}c_n\right) \\ a_{n-4}=c_{n-3}c_{n-2}c_{n-1}c_n-\left(\dfrac{k_n}{k_{n-1}}c_{n-2}c_{n-3}+\dfrac{k_{n-1}}{k_{n-2}}c_n c_{n-3}+\dfrac{k_{n-2}}{k_{n-3}}c_n c_{n-1}\right)+\dfrac{k_n}{k_{n-1}}\cdot\dfrac{k_{n-2}}{k_{n-3}} \\ \cdots\cdots \end{cases} \tag{3.2.8}$$

式中 k_j——第 j 层的框架层间水平刚度，按公式（3.2.1）计算；

ω——厂房水平自振圆频率。

令基础处的振幅为零（即 $a_0=0$），按公式（3.2.8）写出频率方程，解之可得各振型的圆频率 ω_i（$i=1, 2, \cdots, n$）。

将与圆频率 ω 对应的 c 值代入公式（3.2.8）中，求得第 i 振型的振型形式：

$$A_i=(a_{1i}, a_{2i}, \cdots, a_{ji}, \cdots, a_{ni}) \tag{3.2.9}$$

四、水平动位移计算

多层厂房水平向的动位移可以通过振型分解法来求解。利用振型的正交性这一特点，可以将强迫振动的位移按振型分解，因此可将 n 个自由度体系的强迫振动计算转化为 n 个单自由度体系的计算，从而使计算得到简化。

具体做法是，将位移形式表达为振型的线性组合，组合系数由满足振动方程和振动初始条件的要求来确定。这样得到的组合系数的算式与单自由度体系强迫振动位移表达式相同，因此，n 个自由度体系的位移计算转化为求 n 个组合系数的 n 个单自由度体系的计算。

振型分解法适用于无阻尼体系和有阻尼体系。既适用于滞变阻尼体系，也适用于黏滞阻尼体系。既适用于简谐荷载，也适用于任意其他类型的荷载。

设我们要分析的体系共有 n 个质点，每个质点有一个自由度。质点 j 的质量以 m_j 表示，质点 j 的位移以 $y_i(t)$ 表示。体系有 n 个质点就有 n 个振型，振型 i 上质点 j 的位移以 a_{ji} 表示。将各质点的位移按振型分解。其中质点 j 的位移：

$$y_j(t)=\sum_{i=1}^{n} a_{ji}c_i(t) \tag{3.2.10}$$

$a_{ji}c_i(t)$ 称为质点 j 的位移 $y_j(t)$ 的分量 i，以 $y_{ji}(t)$ 表示。组合系数 $c_i(t)$ 由下式微分方程确定：

$$\ddot{c}_i(t)+(1+ir)\theta_i^2 c_i(t)=\overline{F}_{vi}(t)/\overline{m}_i \tag{3.2.11}$$

$$\overline{F}_{vi}(t)=\sum_{j=1}^{n} F_{vj}(t)a_{ji} \tag{3.2.12}$$

$F_j(t)$ 为作用于质点 j 上的外荷载的复数形式：

$$F_{vj}(t)=P_j\sin\omega t \tag{3.2.13}$$

代以 $F_{vj}(t)=P_je^{i\omega t}$

$$\overline{M}_i=\sum_{j=1}^{n} m_ja_{ji}^2 \tag{3.2.14}$$

$$\overline{F}_{vi}(t)=\sum_{j=1}^{n} P_je^{i\omega t}a_{ji}=(\sum_{j=1}^{n} P_ja_{ji})e^{i\omega t}=\overline{P}_ie^{i\omega t} \tag{3.2.15}$$

$$\overline{P}_i=\sum_{j=1}^{n} P_ja_{ji} \tag{3.2.16}$$

方程式（3.2.12）可改写为：

$$\ddot{c}_i(t)+(1+ir)\theta_i^2 c_i(t)=\overline{P}_ie^{i\omega t}/\overline{m}_i \tag{3.2.17}$$

单质点体系的强迫振动微分方程为：

$$\ddot{y}(t)+(1+ir)\theta^2 y(t)=Pe^{i\omega t}/m \tag{3.2.18}$$

将确定组合系数 $c_i(t)$ 的微分方程（3.2.17）与单质点体系的强迫振动微分方程（3.2.18）相对照，可见组合系数 $c_i(t)$ 相当于一个单质点体系（图 3.2.2）的位移。

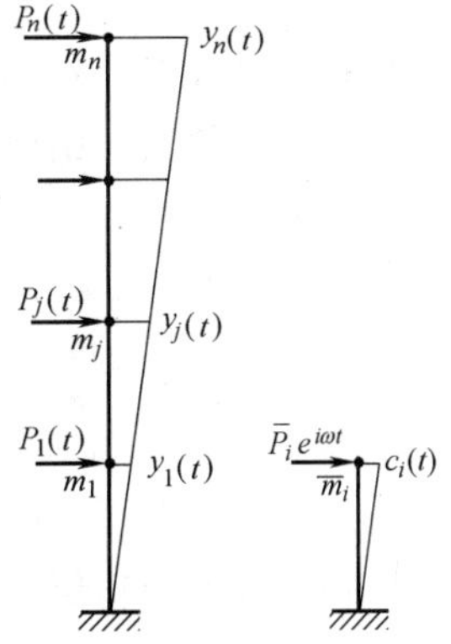

图 3.2.2　质点体质

这个单质点体系的阻尼系数与我们所分析的体系的阻尼系数 γ 相同，质点的质量为 $\overline{M}_i$；这个单质点体系的自振频率等于我们所分析的体系的振型 i 的自振频率 θ_i，质点上作用的力等于 $\overline{P}_ie^{i\omega t}$。

称这样的单质点体系为振型 i 的折算体系；称 $\overline{M}_i$ 为振型 i 的折算质量；称 $\overline{P}_ie^{i\omega t}$ 或

$\overline{F}_{vi}(t)$ 为振型 i 的折算荷载。

这样，组合系数 $c_i(t)$ 的表达式可利用已经推出的单质点体系强迫振动位移表达式写出。

当外荷载 $P_j(t)=P_j\sin\omega t$（$j=1$，2，…，n），在稳态振动中，按下式考虑：

$$c_i(t)=Y_i^s\beta_i\sin(\omega t-\varepsilon_i) \tag{3.2.19}$$

其中 Y_i^s 为在振型 i 的折算荷载幅值 $\overline{P}_i$ 静力作用下折算体系产生的位移，其计算公式为：

$$Y_i^s=\overline{P}_i/(\overline{M}_i\theta_i^2) \tag{3.2.20}$$

动力系数：

$$\beta_i=1/\sqrt{(1-\omega^2/\theta_i^2)^2+\gamma^2} \tag{3.2.21}$$

滞后角：

$$\tan\varepsilon_i=\gamma/(1-\omega^2/\theta_i^2) \tag{3.2.22}$$

若不计阻尼，则：

$$\varepsilon_i=0,\beta_i=1/(1-\omega^2/\theta_i^2),c_i(t)=Y_i^s\beta_i\sin\omega t \tag{3.2.23}$$

求出组合系数后，按公式（3.2.10）计算位移。

以上叙述中尚有同频率不同相位的简谐振动的迭加问题。在按 $\sin\omega t$ 规律变化的荷载作用下，组合系数 $C_i(t)$（公式（3.2.19））按 $\sin(\omega t-\varepsilon_i)$ 变化，ε_i 值随 θ_i 而变（公式（3.2.22）），即各个组合系数中的滞后角是不同的。于是按公式（3.2.10）求位移时就需要解决 n 个频率相同、幅值和滞后角不同的振动分量的叠加问题，即需要计算 $\sum B_i\sin(\omega t-\varepsilon_i)$。同理，在按 $\cos\omega t$ 变化的荷载作用下，需要计算 $\sum B_i\cos(\omega t-\varepsilon_i)$。

设：

$$\begin{cases}\sum B_i\sin(\omega t-\varepsilon_i)=u\sin(\omega t-\varepsilon)\\ \sum B_i\cos(\omega t-\varepsilon_i)=u\cos(\omega t-\varepsilon)\end{cases} \tag{3.2.24}$$

将公式（3.2.24）的前一式或后一式的等号两端展开。令两端中 $\sin\omega t$、$\cos\omega t$ 的系数相等，得两个等式，由此得到用以确定 u 及 ε 的算式：

$$\begin{cases}u\cos\varepsilon=\sum B_i\cos\varepsilon_i\\ u\sin\varepsilon=\sum B_i\sin\varepsilon_i\\ u=\sqrt{(\sum B_i\cos\varepsilon_i)^2+(\sum B_i\sin\varepsilon_i)^2}\\ \tan\varepsilon=\sum B_i\sin\varepsilon_i/\sum B_i\cos\varepsilon_i\end{cases} \tag{3.2.25}$$

公式（3.2.24）表明：同频率的简谐振动的合成振动也是具有同样频率的简谐振动。

对频率相同但相位角相差 90°的两个简谐振动，此时 $\varepsilon_1=0°$，$\varepsilon_2=90°$，其叠加位移为 $B_1\sin\omega t+B_2\sin(\omega t-90°)$，其合成振幅为：

$$u=\sqrt{B_1^2+B_2^2} \tag{3.2.26}$$

合成振动的初相角（滞后角）：

$$\tan\varepsilon=B_2/B_1 \tag{3.2.27}$$

公式（3.2.26）表明，相位角相差 90°的两个分量的合成振幅等于分量振幅的平方之和的平方根。

综上所述，多层织造厂房的水平振幅按振型分解法求解，其计算步骤如下：

1. 先计算多层织造厂房的所有水平自振圆频率和振型。

2. 按公式（3.2.28）计算各振型的折算质量：

$$\overline{m}_i=\sum_{j=1}^{n} m_j a_{ji}^2 \tag{3.2.28}$$

式中　m_j——第 j 层的质量；

a_{ji}——第 i 振型第 j 层的振型向量。

3. 按公式（3.2.29）计算各振型的折算荷载（幅值）：

$$\overline{F}_{vi}=\sum_{j=1}^{n} F_{vj} a_{ji} \tag{3.2.29}$$

式中　F_{vj}——作用于第 j 层的动力荷载（幅值）。

4. 按公式（3.2.30）计算振型 i 的折算荷载幅值 $\overline{F}_{vi}$ 静力作用下折算体系产生的位移：

$$Y_i^s=\frac{\overline{F}_{vi}}{\overline{m}_i\omega_{si}^2} \tag{3.2.30}$$

式中　ω_{si}——第 i 振型的自振圆频率修正值。

5. 按公式（3.2.31）计算动力系数：

$$\beta_i=1/\sqrt{(1-\omega_e^2/\omega_{si}^2)^2+\gamma^2} \tag{3.2.31}$$

式中　ω_e——织机圆频率；

γ——框架体系的非弹性阻尼系数，可取为 0.1。

6. 按公式（3.2.32）计算滞后角：

$$\tan\varepsilon_i=\frac{\gamma}{(1-\omega_e^2/\omega_{si}^2)} \tag{3.2.32}$$

7. 按公式（3.2.33）计算动位移（振幅）：

$$Y_j(t)=u_j\sin(\omega_e t-\varepsilon) \tag{3.2.33}$$

$$u_j=\sqrt{(\sum B_i^s\cos\varepsilon_i)^2+(\sum B_i^s\sin\varepsilon_i)^2} \tag{3.2.34}$$

$$B_i^s=Y_i^s\beta_i a_{ji} \tag{3.2.35}$$

$$\varepsilon=\arctan\left(\frac{\sum B_i^s\sin\varepsilon_i}{\sum B_i^s\cos\varepsilon_i}\right) \tag{3.2.36}$$

式中　$Y_j(t)$——第 j 层的位移；

u_j——第 j 层的振幅；

ε——合成后的初相角；

ε_i——第 i 振型的滞后角，见式（3.2.32）；

Y_i^s——在振型 i 的折算荷载幅值 $\overline{F}_i$ 静力作用下折算体系产生的位移，见式（3.2.30）；

β_i——第 i 振型的动力系数，见式（3.2.31）。

8. 厂房水平自振圆频率的修正值按如下原则择取：

（1）当 $\omega_e<0.8\omega_i$ 时，$\omega_{si}=0.8\omega_i$；

（2）当 $\omega_e>1.2\omega_i$ 时，$\omega_{si}=1.2\omega_i$；

（3）当 ω_e 落在 ω_i（1±0.2）的范围以内时，$\omega_{si}=\omega_e$ 或调整 ω_e 使它等于 ω_i（具体调整方法详见本节下面的"水平振动反应分析"部分）。

其中：ω_e 为织机圆频率；ω_i 为厂房水平第 i 振型的自振圆频率；ω_{si} 为厂房水平第 i 振型的自振圆频率修正值（考虑到厂房水平自振圆频率计算的可能偏差以及在房屋使用时结构自振圆频率变化的可能性，故需对厂房水平自振圆频率进行修正）。

9. 作用于第 j 层的水平方向的动力荷载幅值 F_j 按公式（3.2.37）计算。

$$F_j=1.414\sqrt{\sum_{i=1}^{n}F_{iy}^2} \tag{3.2.37}$$

式中 F_{iy}——第 i 台织机在经纱方向的扰力幅值；

i——所考虑织机的序号。

五、水平振动反应分析

在进行结构动力计算过程中，原始数据（刚度、质量等）很难和实际结构完全相符，这样势必会带来计算结果和实际情况不完全相符。由于实际结构的水平自振频率和机器扰频相差不大，很容易引起水平方向的共振，所以如果水平自振频率稍有偏差，水平位移相差就可能很大，所以实际结构动力计算中，必须考虑这一问题。因此，如果计算自振频率和机器扰频相差在 20%以内，必须验算结构在共振情况下的位移是否满足规范要求，如果计算自振频率和机器扰频相差在 20%以外，可不再计算结构在共振情况下的位移。下面就此问题，分两步情况进行讨论说明：

第一步情况：计算自振频率比扰频大 20%以内。

实际情况可能有多种，但对我们来说感兴趣的只有三种，第一种自频、扰频和实际情况相符，这样已经计算出来的位移值就是实际位移值。第二种是实际自频比计算自频要小，而且和扰频相等，这样为了简化起见，对结构每层刚度按某一比例折减，使之计算自频和扰频相等，在这种情况下，计算出结构的动位移就是实际位移。第三种是自振频率和实际情况一样，而由于各种原因，扰频增大至与自振频率一样，这种情况计算比较简单，只要将扰频按自振频率数值输入计算机，即可得出在共振情况下的动位移。

第二步情况：计算自振频率比扰频小 20%以内。

实际情况可能有多种，但对我们来说感兴趣的也只有三种，第一种同第一步情况的第一种。第二种是实际自振频率和计算自振频率相等，而扰频减小到和计算自频相等，这样只要将扰频值按计算自频值输入计算机，即可得出共振情况下的动位移。第三种是实际自振频率值比计算自频要大，而且和扰频相等，这种情况下，只要对结构每层刚度按某一比例增大，使之计算自频和扰频相等，则可求出在共振情况下结构的动位移，这个动位移就是实际位移值。

下面举一实例将上面论述说明如下：

第一步：

某一结构，原始数据 $K_1=743628\text{t/m}$，$K_2=K_3=873360\text{t/m}$，$K_4=1081980\text{t/m}$，$m_1=261\text{ts}^2/\text{m}$，$m_2=m_3=242\text{ts}^2/\text{m}$，$m_4=151\text{ts}^2/\text{m}$，扰频 3.133Hz，扰力 $F_1=6.21\text{t}$，将上述数据输入计算机，计算结果见表 3.2.1，显然计算自频比扰频大 10%。据上所述，必须验算共振情况下的动位移，先按第一步第二种情况进行验算，对结构每层刚度折减至

原刚度的 81%，将折减后的刚度 $K_1=602338\text{t/m}$、$K_2=K_3=707422\text{t/m}$、$K_4=876404\text{t/m}$ 输入计算机，计算结果自振频率 $f_1=3.127\text{Hz}$ 和扰频 3.133Hz 基本相等，在这种情况下动位移值见表 3.2.1。再按第一步第三种情况进行验算，将扰频按自振频率数值输入计算机，计算结构见表 3.2.1。

实例一计算结果表　　　　**表 3.2.1**

数据、结果 / 方法	位移(μm)				自频 (Hz)	扰频 (Hz)
	一层	二层	三层	四层		
第一种情况	24.7	36.3	44.1	44.6	3.475	3.133
第二种情况	54.9	92.8	118.7	127.1	3.127	3.133
第三种情况	44.6	75.2	96.2	102.9	3.475	3.475

第二步：

某一结构，原始数据 $K_1=602338\text{t/m}$，$K_2=K_3=707422\text{t/m}$，$K_4=876404\text{t/m}$，$m_1=261\text{ts}^2/\text{m}$，$m_2=m_3=242\text{ts}^2/\text{m}$，$m_4=151\text{ts}^2/\text{m}$，扰频 3.440Hz，扰力 $F_{v1}=6.21\text{t}$，将上述数据输入计算机，计算结果见表 3.2.2，显然计算自频比扰频小 10%。据上所述，必须验算共振情况下的动位移，先按第二步第二种情况进行验算，将扰频值按计算自频值输入计算机，计算结果见表 3.2.2。再按第二步第三种情况进行验算，对结构每层刚度增大至原刚度的 121%，将增大后的刚度 $K_1=728829\text{t/m}$、$K_2=K_3=855981\text{t/m}$、$K_4=1060449\text{t/m}$ 输入计算机，计算结果自频 $f_1=3.443\text{Hz}$ 和扰频 3.440Hz 基本相等，在这种情况下动位移值见表 3.2.2。

实例二计算结果表　　　　**表 3.2.2**

数据、结果 / 方法	位移(μm)				自频 (Hz)	扰频 (Hz)
	一层	二层	三层	四层		
第一种情况	19.35	39.54	53.71	58.34	3.127	3.440
第二种情况	54.90	92.79	118.74	127.15	3.127	3.127
第三种情况	45.65	76.57	97.72	104.56	3.443	3.440

表 3.2.1 和表 3.2.2 说明三个问题：第一，在扰频和自频相差不大的情况下，必须验算共振情况下的动位移。第二，共振情况下位移量不是像我们想象中的很大，这是因为结构有阻尼存在。第三，第二种情况下位移最大，也就是说在同一荷载作用下，低频共振比高频共振位移大。所以在我们设计工作中验算结构在共振情况下的动位移时，只要验算第一步或第二步的第二种情况即可。

第三节　结构选型和构造措施

通过对全国三十多家承受水平动荷载的多层织造厂房进行普查，发现不少厂房由于结构选型和结构构造不合理，导致使用中出现了这样或那样的问题，甚至个别厂房由于结构严重损坏而不得不停产加固，在总结这些工厂的结构设计经验基础上，对承受水平动荷载的多层厂房在结构选型和构造措施上提出如下建议：

1. 承受水平动荷载的多层厂房应优先采用现浇或装配整体式钢筋混凝土框架—抗震

墙结构。

2. 建筑结构的布置，在满足建筑功能、生产工艺要求的同时，应力求平面和竖向形状简单、整齐、柱网对称，刚度适宜，结构传力简捷，构件受力明确，构造简单。

3. 框架—抗震墙结构的柱网尺寸一般宜在 10m×10m 以内。当有充分依据时，也可采用更大的柱网尺寸。

4. 振动设备应尽量布置在较低的楼层上，水平动荷载较大的方向宜与框架—抗震墙刚度较大的方向平行。

5. 结构的抗侧力刚度应力求均匀对称，相邻楼层的层间刚度相差不宜超过 30%。

6. 凸出屋面的局部房屋不宜采用混合结构。

7. 混凝土抗震墙的设置应符合下列要求：

（1）框架内（一般为边框架和允许设置隔墙的中间框架）纵横两个主轴方向均应设置现浇混凝土抗震墙。抗震墙中心宜与框架柱中心重合。

（2）混凝土抗震墙在结构单元内应力求均匀对称，尽量使结构的单元刚度中心与质量中心重合。

（3）混凝土抗震墙的设置量：水平荷载较大方向的面积比（抗震墙横断面积与结构单元平面面积之比）不应小于 0.15%，水平荷载较小方向的面积比不应小于 0.12%。

（4）混凝土抗震墙宜沿车间全高贯通设置，厚度应逐渐减薄，避免刚度突变。

（5）混凝土抗震墙的厚度不应小于 160mm，且不应小于墙净高的 1/22。

（6）混凝土抗震墙的水平和竖向分布筋的配筋率均不应小于 0.25%，钢筋直径不应小于 ϕ8，间距不应大于 300mm，且宜双排配置。

（7）现浇混凝土抗震墙与预制框架应有可靠的连接：

1）抗震墙的横向钢筋与柱的水平插筋，竖向钢筋与梁的插筋采用焊接连接。

2）预制梁柱与抗震墙的连接面应打毛或预留齿槽。

（8）框架梁柱现浇时，抗震墙的竖向、水平向分布筋必须加直钩分别埋入梁柱内。

（9）抗震墙应尽量不开洞。如若开洞，其洞口面积不宜大于墙面面积的 1/8，洞口至框架柱的距离不应小于 600mm，并应在洞口周围采取适当的加强措施。

（10）抗震墙边框（梁、柱）纵向配筋率不应小于 0.8%（梁取矩形截面计算）。其箍筋沿全跨及全高加密，箍筋间距不应大于 150mm。

8. 框架内砌砖填充墙应符合下列要求：

（1）考虑砖填充墙的抗侧力作用时，砖填充墙应砌在框架平面内，并与框架梁、柱紧密结合。墙厚不应小于 240mm，砂浆强度等级不应低于 M5。

（2）砌体应沿柱全高每隔 500mm 配置 2ϕ6 拉筋，拉筋伸入墙内长度不小于 700mm。

（3）填充墙顶部与梁底宜有拉结措施。

（4）填充墙较高时，应增设与框架柱拉结的混凝土圈梁（现浇），圈梁间距不应大于 4m。

（5）填充墙内开有门窗洞口时，在洞口的上下口处设置混凝土圈梁，圈梁与框架柱有可靠连接。

9. 厂房屋顶女儿墙须与框架做可靠连接。

第三章　多层厂房楼盖承受机器竖向动荷载的设计

第一节　概　　述

多层厂房楼盖竖向振动的动力计算，就是在弹性范围内，计算结构构件的自振频率和强迫振动的位移（或速度、加速度）。在实际工程中，选择一种符合设计条件和要求的计算方法是相当重要的。一方面要求解出的结果尽可能地接近于所采取的结构计算简图；另一方面要求其解法尽可能地简单方便。由于建筑结构的实际刚度、质量、构造连接以及施工质量的差异，所得到的解不是一个精确的数值，如果盲目追求其精确解是不现实的，因此可以采用某种近似的方法。

本章的目的在于针对多层厂房楼盖的振动特性，提出一种实用而又较为接近实际的方法，并与精确法的计算结果、实际测试数值进行比较，以帮助读者理解和利用这些方法。本章主要是针对多层织造厂房编写的，其他如轻工、化工、煤炭、冶金等部门的厂房可以作为参考。

第二节　多层厂房竖向振动分析的有限元法

结构设计中，结构计算的目的是计算出结构实际工作时的最大可能变形和内力，常常需把一个复杂的结构体系简化成一个相对简单的计算体系，并以这个相对简单的计算体系的变形和内力作为实际结构的变形和内力的控制值。这样的简化方法在结构的静力计算中是可行的，但是在结构的动力计算中，这样的简化往往是不合理的。因为简化以后的结构体系不能完全反映实际结构的动力特性，如自振频率、振型、振动响应等。如按简化后的结构体系进行动力计算所得的振动响应或内力，可能和实际结构有很大差别，使设计有时可能偏于安全，有时可能不安全。因此，在结构动力计算中的计算简图要求比静力计算更需符合结构的真实工作情况。

对于楼层结构的动力计算，考虑主梁变形，把连续梁的铰支座改为弹簧支座，把楼板沿次梁方向割取次梁间距宽度的窄条按多跨连续梁来计算，计算结果是令人满意的。

一、计算模型和计算原理

计算模型如图 3.3.1 所示，计算原理阐述如下：

1. 分割单元：梁单元分割是随意的，如图 3.3.1 所示，为了举例方便，每一跨分两个单元，单元节点，单元杆件编号从左到右。

2. 建立单元刚度方程：结构只考虑 OXZ 平面内的弯曲和 Z 向的位移，不考虑杆件轴向变形，可得杆件的刚度方程如下：

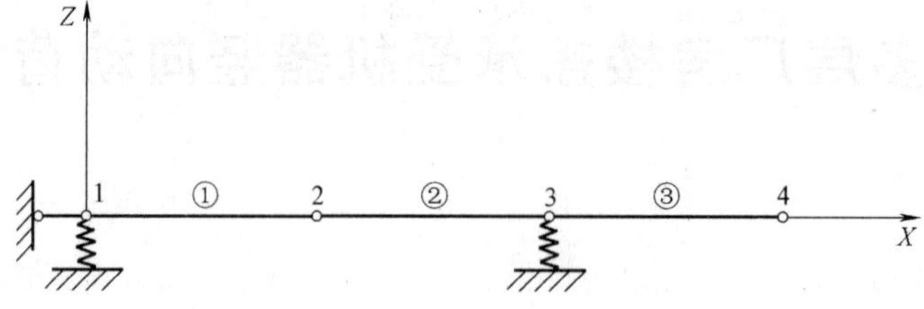

图 3.3.1　梁单元

$$[K]^e\{X\}^e-\omega^2[M]^e\{X\}^e=\{F\}^e \tag{3.3.1}$$

其中

$$\{F\}^e=\{Z_1\quad M_1\quad Z_2\quad M_2\}^T$$

$$\{X\}^e=\{V_1\quad \theta_1\quad V_2\quad \theta_2\}^T$$

$$[K]^e=\begin{bmatrix} \frac{12EI}{L^3} & \frac{-6EI}{L^2} & \frac{-12EI}{L^3} & \frac{-6EI}{L^2} \\ \frac{-6EI}{L^2} & \frac{4EI}{L} & \frac{6EI}{L^2} & \frac{2EI}{L} \\ \frac{-12EI}{L^3} & \frac{6EI}{L^2} & \frac{12EI}{L^3} & \frac{6EI}{L^2} \\ \frac{-6EI}{L^2} & \frac{2EI}{L} & \frac{6EI}{L^2} & \frac{4EI}{L} \end{bmatrix}$$

$$[M]^e=\frac{mL}{420}\begin{bmatrix} 156 & -22L & 54 & 13L \\ -22L & 4L^2 & -13L & -3L^2 \\ 54 & -13L & 156 & 22L \\ 13L & -3L^2 & 22L & 4L^2 \end{bmatrix}$$

式中　Z_1、Z_2——Z 方向单元节点力；

M_1、M_2——单元节点弯矩；

V_1、V_2——Z 方向单元节点位移；

θ_1、θ_2——单元节点转角；

E——杆件弹性模量；

I——杆件惯性矩；

L——杆件长度；

m——杆件单位长度质量。

3. 建立整体刚度方程：根据单元刚度方程，利用直接集成法，即可得出结构的整体刚度方程如下：

$$([K]-\omega^2[M])\{X\}=\{F\} \tag{3.3.2}$$

这里的 $\{X\}$ 和 $\{F\}$ 分别是结构整体的节点位移幅值向量和节点力幅值向量，$[K]$ 和 $[M]$ 分别是结构整体的刚度矩阵和质量矩阵。

4. 根据支承条件修改整体刚度方程，本节所述支座为弹簧支座，也就是支座在坐标轴 Z 向会产生一个和变位方向相反的对梁的弹力，如图 3.3.1 所示，节点 1 和节点 3 分别会产生和节点位移 V_1、V_3 方向相反的力，假定节点 1 和节点 3 的弹簧支座弹性系数分别

为 A_1 和 A_3，则节点 1 和节点 3 处弹簧支座的弹性反力为 $-A_1V_1$ 和 $-A_3V_3$。前述可知，弹簧支座节点在 Z 方向有两个力，一个是外加力，另一个是弹簧支座的弹力，所以这两个力的合力为：

$$\begin{cases} Z_1 = Z_1' - A_1V_1 \\ Z_3 = Z_3' - A_3V_3 \end{cases} \tag{3.3.3}$$

将式（3.3.3）代入式（3.3.2）：

$$([K]-\omega^2[M])\{X\}=\{F\}'-\{A_iV_i\} \tag{3.3.4}$$

整理上式：

$$([K+A_i]-\omega^2[M])\{X\}=\{F\}' \tag{3.3.5}$$

这就是根据支承条件修改后的整体刚度方程，其中 A_i 为弹簧支座的弹性系数。式（3.3.5）和式（3.3.2）相比较，不同的是刚度矩阵［K］。

5. 用子空间迭代法求自振频率及振型：子空间迭代法的实质，就是结合逆迭代反复地使用里兹法。

6. 求单台动设备作用下的动位移和动内力：在用振型叠加法计算强迫振动时，远离工作转速的振型，对振动的影响是很小的。因此，我们只需计算前 q 阶振型就可以了，q 的大小，根据实际情况而定。

多自由度体系（按黏性阻尼假定）受简谐干扰力的强迫振动方程为：

$$[M]\{\ddot{Z}\}+[C]\{\dot{Z}\}+[K]\{Z\}=\{F\}\sin\theta t \tag{3.3.6}$$

其中 n 阶方阵［C］代表阻尼矩阵，通长假定固有振型对于它是正交的。

将解向量｛Z｝在所求得的前 q 阶振型上分解，即假设：

$$\{Z\}=X_1\{X\}^{(1)}+X_2\{X\}^{(2)}+\cdots+X_q\{X\}^{(q)}=[X_0]\{X\} \tag{3.3.7}$$

这里的［X_0］即是子空间迭代结束后所得到的 q 列特征向量的排列。而列向量｛X｝的 q 个元素，则是需要求的，它们是时间 t 的函数，把式（3.3.7）代入式（3.3.6）中得：

$$[M][X_0]\{\ddot{X}\}+[C][X_0]\{\dot{X}\}+[K][X_0]\{X\}=\{F\}\sin\theta t \tag{3.3.8}$$

用［X_0］^{T}左乘以这一方程的每一项，并令：

$$[K]^0=[X_0]^{\mathrm{T}}[K][X_0]$$
$$[M]^0=[X_0]^{\mathrm{T}}[M][X_0]$$
$$[C]^0=[X_0]^{\mathrm{T}}[C][X_0]$$
$$\{F\}^0=[X_0]^{\mathrm{T}}\{F\}$$

便得下列方程：

$$[M]^0\{\ddot{X}\}+[C]^0\{\dot{X}\}+[K]^0\{X\}=\{F\}^0\sin\theta t \tag{3.3.9}$$

由于［X_0］对于［K］、［M］都是正交的，假定对于［C］也具有同样性质，则［K］、［M］、［C］都是 q 阶对角矩阵，从而式（3.3.9）可分解为 q 个独立的单自由度强迫振动方程：

$$M_j\ddot{X}_j+C_j\dot{X}_j+K_jX_j=F_j\sin\theta t\ (j=1,2,\cdots,q) \tag{3.3.10}$$

式中　M_j——$[M]^0$ 的第 j 个对角线上的元素；

K_j——$[K]^0$的第 j 个对角线上的元素；

C_j——$[C]^0$的第 j 个对角线上的元素；

F_j——$\{F\}^0$的第 j 个元素。

用 M_j 去除以式（3.3.10）的每一项得：

$$\ddot{X}_j+\frac{C_j}{M_j}\dot{X}_j+\frac{K_j}{M_j}X_j=\frac{F_j}{M_j}\sin\theta t \tag{3.3.11}$$

注意到 $\omega_j^2=K_j/M_j$，并记 $C_j=2\varepsilon_j$。

这里 ω_j^2 是已经求出的第 j 阶特征值，而 ε_j 代表黏滞阻尼特性系数。

通常只对强迫振动的稳态解，即对式（3.3.11）的特解表示关切。

这特解的解析表达式为：

$$X_j=a_j\sin\theta t+b_j\cos\theta t \tag{3.3.12}$$

其中：

$$\begin{cases}a_j=\dfrac{F_j}{M_j\omega_j^2}\cdot\dfrac{1-\theta^2/\omega_j^2}{(1-\theta^2/\omega_j^2)^2+4\varepsilon_j^2\theta^2/\omega_j^4}\\[2ex]b_j=\dfrac{-F_j}{M_j\omega_j^2}\cdot\dfrac{2\varepsilon_j\theta/\omega_j^2}{(1-\theta^2/\omega_j^2)^2+4\varepsilon_j^2\theta^2/\omega_j^4}\end{cases} \tag{3.3.13}$$

以上是对黏性阻尼推得的。对索罗金阻尼理论来说，只需将式（3.3.13）改写为下列形式即可：

$$\begin{cases}a_j=\dfrac{F_j}{M_j\omega_j^2}\cdot\dfrac{1-\theta^2/\omega_j^2}{(1-\theta^2/\omega_j^2)^2+\gamma^2}\\[2ex]b_j=\dfrac{-F_j}{M_j\omega_j^2}\cdot\dfrac{\gamma}{(1-\theta^2/\omega_j^2)^2+\gamma^2}\end{cases} \tag{3.3.14}$$

γ 对于钢筋混凝土来说取为 0.100（无量纲数），式（3.3.12）代表第 j 阶振型对干扰力的响应。将前 q 阶振型的响应组合起来得到：

$$\begin{aligned}\{X\}&=\{X_1X_2\cdots X_q\}^{\mathrm{T}}\\&=\{a_1a_2\cdots a_q\}^{\mathrm{T}}\sin\theta t+\{b_1b_2\cdots b_q\}^{\mathrm{T}}\cos\theta t\\&=\{A\}\sin\theta t+\{B\}\cos\theta t\end{aligned} \tag{3.3.15}$$

将式（3.3.15）代回式（3.3.7）中，便得到原 n 自由度体系的位移相应为：

$$\begin{aligned}\{Z\}&=[X_0]\{A\}\sin\theta t+[X_0]\{B\}\cos\theta t\\&=\{C\}\sin\theta t+\{D\}\cos\theta t\\&=\{C_1C_2\cdots C_n\}^{\mathrm{T}}\sin\theta t+\{D_1D_2\cdots D_n\}^{\mathrm{T}}\cos\theta t\end{aligned} \tag{3.3.16}$$

$\{Z\}$ 的第 i 项（即体系第 i 个自由度）的位移相应为：

$$Z_i=C_i\sin\theta t+D_i\cos\theta t \tag{3.3.17}$$

它的最大值为：

$$Z_{i\max}=\sqrt{C_i^2+D_i^2} \tag{3.3.18}$$

由结构力学的知识可知，只要知道杆两端的角位移和线位移，就能求出杆端力。

用 i 标记左端，用 j 标记右端（节点编号较小者为左端），把这 4 个位移分量从总位移向量 $\{Z\}$ 中取出来，组成一个 4 阶列向量：

$$\{\delta\}=\begin{Bmatrix}\delta_{左}\\\delta_{右}\end{Bmatrix}=\begin{Bmatrix}\delta_{ic}\\\delta_{jc}\end{Bmatrix}\sin\theta t+\begin{Bmatrix}\delta_{id}\\\delta_{jd}\end{Bmatrix}\cos\theta t \tag{3.3.19}$$

于是杆两端之 4 个内力的响应为：

$$\begin{aligned}\{F\}&=[K]\{\delta\}\\&=[K]\begin{Bmatrix}\delta_{ic}\\\delta_{jc}\end{Bmatrix}\sin\theta t+[K]\begin{Bmatrix}\delta_{id}\\\delta_{jd}\end{Bmatrix}\cos\theta t\\&=\{F_1\}\sin\theta t+\{F_2\}\cos\theta t\end{aligned} \tag{3.3.20}$$

这里的 $\{F_1\}$ 与 $\{F_2\}$ 都是 4 阶列向量，代表该杆件两端 4 个内力的正弦分量和余弦分量的幅值。第 i 端内力的最大值为：

$$F_{i\max}=\sqrt{F_{1i}^2+F_{2i}^2} \tag{3.3.21}$$

7. 求多台动设备作用下合成动位移和动内力。

二、梁竖向振动反应分析

1. 以某厂房楼层振动为例，当群机振动时，计算出来的位移如图 3.3.2，从图 3.3.2 可以看出：

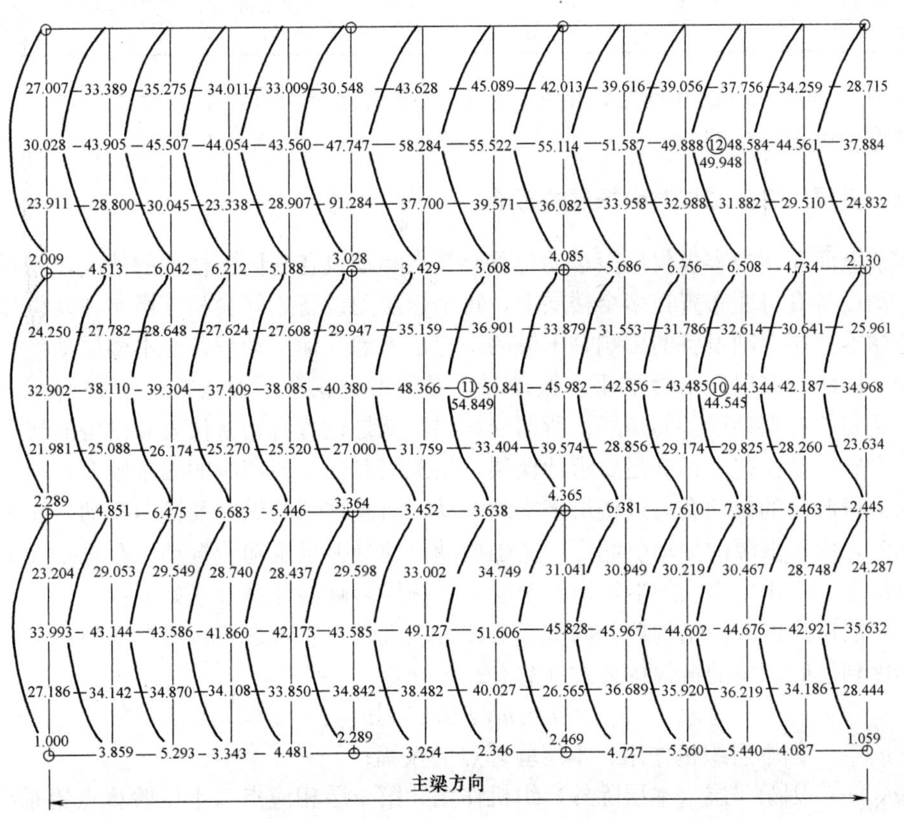

图 3.3.2　楼盖振动位移（单位：μm）

（1）分析楼层结构竖向振动时，楼板沿次梁方向割取次梁间距宽度窄条按连续梁计算是可行的，而且整个楼层的基频和本节所述方法计算出来的基频从理论上来说应该是非常接近的。

（2）当按连续梁计算时，应该考虑主梁的变位，也就是说连续梁支座按弹性支座来考虑。

（3）对图 3.3.2 中的 10 点、11 点、12 点的位移值进行分析，它们均是连续板板跨中的点，从图示位移曲线可以看出，它们和相邻次梁上的点位移数值相差极小，如图 3.3.2 所示，12 点位移是 49.848μm，而相邻次梁上的点位移值分别是 49.888μm 和 48.584μm，其他点也有类似的情况，因此，按本节所述方法计算出来的位移可以近似地表示板跨跨中的位移。

2. 从实测的自振频率和动位移数据与本节所述方法计算出来的自振频率和动位移数据进行比对，如表（3.3.1）所示。

理论值与实测值的对比表 **表 3.3.1**

厂　名	自振频率(Hz)			动位移(μm)		
	理 论	实 测	误 差	理 论	实 测	误 差
常州 A 厂	15.58	16.80	−7.2%	118.78	116.27	+2.1%
上海 A 厂	9.33	11.10	−15.9%	149.02	158.02	−5.6%
苏州 A 厂	26.50	23.50	+12.7%	22.58	35.49	−36.0%
上海 B 厂	8.76	6.59	+32.0%	68.10	55.89	+21.8%
襄樊 A 厂	13.86	15.70	−11.7%	90.67	104.40	−13.7%
无锡 A 厂	13.65	15.00	−9.0%	128.91	104.51	+23.3%

3. 从上面实测数据和理论数据对比，以及理论分析来看，本节所述数学模型是合理的，理论分析是可行的。

三、多层厂房振源层对受振层的影响

本节上面所述内容仅仅局限于动位移验算点和动设备在同一楼层的情况，而对于多层厂房，动设备有可能布置在多个楼层上，每个楼层动设备之间会相互影响，动位移验算点仅仅考虑本楼层上动设备的影响是不够的，应该考虑其他层动设备对本楼层动位移验算点的影响，即研究多层厂房楼层垂直振动时，必须考虑振源层对受振层的影响。所谓振源层，就是安装有振动设备的楼层；所谓受振层，就是设置有精密仪表和设备的楼层，也就是我们要验算动位移是否满足要求的楼层。振源层对受振层影响的因素较多，问题比较复杂。因为振源层的振动会通过楼层横梁的振动，引起柱子的纵向及横向振动，而传到受振层。同时，由于振源的振动引起厂房基础振动，使受振层也随着振动。在总结大量实测资料的基础上，提出了多层织造厂房振源层对受振层影响的计算公式如下：

当多层厂房的同一结构单元内多楼层设置织机时，需考虑各楼层振动的相互影响。验算点考虑到层间影响的振幅按公式（3.3.22）计算。

$$u=u_{\mathrm{N}}+0.25\sum u_{\mathrm{N}j} \tag{3.3.22}$$

式中 u_{N}——因本层织机作用，本层验算点的振幅；

$u_{\mathrm{N}j}$——因第 j 层（本层除外）织机作用，第 j 层相应点（本层验算点铅垂线与第 j 层的相交点）的振幅。

四、有限单元的划分对计算的影响

单元的划分可细可粗，细分能提高精度，但对计算带来复杂，粗分计算简单，但精度不够，应该怎么分法合适？下面就单跨梁说明如下：把单跨梁（设跨度为9m）分别为二、四、六、八、十个单元，跨中作用一个幅值为0.5t的竖向动荷载（竖向动荷载的转速为200r/min，即扰频为200/60=3.33Hz），梁弹性模量E=2.6×106t/m^2，梁弹簧弹性系数A=2.32×104t/m，梁截面惯性矩I=0.0167m4，梁单元单位质量m=0.12ts^2/m，集中质量5.6t，均布在每个节点上。用本节方法所编程序计算结果见表（3.3.2）。从表可知，对于单跨梁分为六个单元足够了，一般情况下分为四个单元也可以，从计算情况看，对于多跨梁，每跨的单元数可以少分一些，一般每跨分为四个单元，当然，对各种不同情况，单元分法也不一样，要根据具体情况而定，不管怎样，支座处、荷载作用处、集中质量处必须设节点。

计算结果表　　　　**表 3.3.2**

自振频率 \ 单元分法		二	四	六	八	十
阶数	1	9.01Hz	8.96Hz	8.94Hz	8.96Hz	8.93Hz
	2	37.67Hz	31.26Hz	30.81Hz	30.70Hz	30.55Hz
	3	38.87Hz	51.57Hz	53.47Hz	53.99Hz	54.01Hz
	4		62.04Hz	72.37Hz	76.53Hz	78.16Hz
	5		79.99Hz	99.91Hz	109.46Hz	113.99Hz
跨中位移(μm)		217.41	213.78	217.31	217.20	217.38

第三节　多层厂房竖向振动分析的简化计算法

一、自振频率的计算

当不考虑结构阻尼时，梁自由振动以下列方程式描述：

$$EI\frac{\partial^4 u}{\partial x^4}+m\frac{\partial^2 u}{\partial t^2}=0 \tag{3.3.23}$$

式中　E——弹性模量；

I——梁截面惯性矩；

m——梁单位长度质量；

x——沿梁轴从坐标原点到所考察截面的距离，通常取梁的最左端为原点；

$u(x\cdot t)$——梁截面重心离开其静平衡位置的横向位移；

t——时间。

为求解方程式（3.3.23），用分离变量法，即令$u(x\cdot t)=X(x)\cdot T(t)$，这样得出两个常微分方程式：

$$\frac{\mathrm{d}^4X}{\mathrm{d}x^4}-\frac{m\omega^2}{EI}X=0 \tag{3.3.24}$$

$$\frac{\mathrm{d}^2T}{\mathrm{d}t^2}+\omega^2T=0 \tag{3.3.25}$$

方程式（3.3.24）的解为下列函数：

$$X(x)=A\sin\lambda x+B\cos\lambda x+C\text{sh}\lambda x+D\text{ch}\lambda x \tag{3.3.26}$$

该函数确定沿梁长的弯曲振动形式，而方程（3.3.25）的解具有如下形式：

$$T(t)=C_1\sin\omega t+C_2\cos\omega t \tag{3.3.27}$$

$$\lambda=\sqrt[4]{m\omega^2/EI}$$

式中　　ω——梁横向自振圆频率；

C_1、C_2——由初始条件确定的任意常数；

A、B、C、D——由在梁支座上的边界条件确定的任意常数。

1. 单跨梁自振频率的确定：

描述振型的梁的横向自振微分方程式（3.3.24）的通解包括任意常数 A、B、C、D。该常数的选择应使函数 $X(x)$ 满足梁端的条件，即满足边界条件或边缘条件（由位移或转角所确定的"机动条件"或由力所决定的"力条件"）。对于单跨梁，边界条件的数目等于任意常量的数目，在梁的每一端各有两个。图 3.3.3 是几种等截面单跨梁的边界条件。

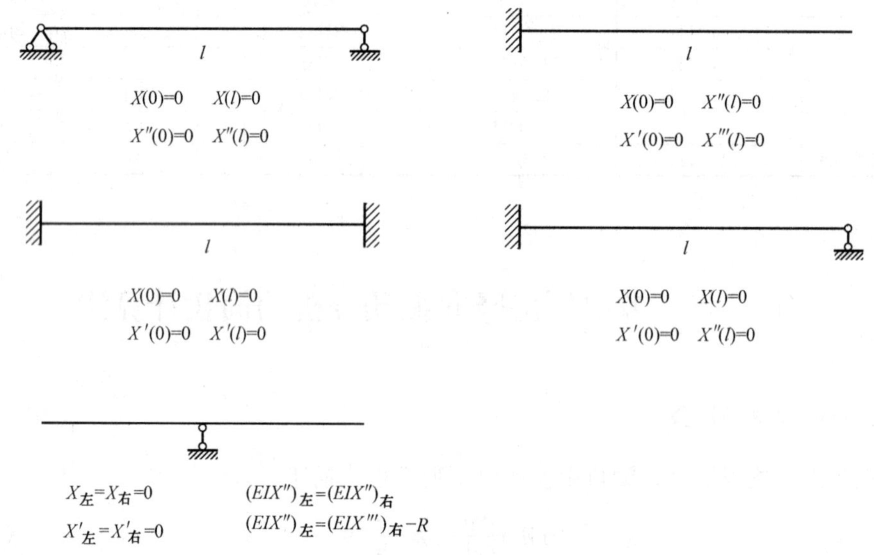

图 3.3.3　单跨梁边界条件

对于任意截面 x，转角 $\varphi(x)$、弯矩 $M(x)$、剪力 $Q(x)$ 与位移 $X(x)$ 间的关系为：

$$\begin{cases}\varphi(x)=X'(x)\\ M(x)=-EIX''(x)\\ Q(x)=-EIX'''(x)\end{cases} \tag{3.3.28}$$

位移 $X(x)$ 以向下为正，x 以向右为正，$\varphi(x)$ 以顺时针方向为正，$M(x)$ 以下面受拉，$Q(x)$ 以使单元顺时针转动为正。于是，在自由振动中梁的铰支端的边界条件为 $X=0$，$X'=0$（位移及弯矩等于 0）；固定端的边界条件为 $X=0$，$X'=0$（位移及转角等于 0）；自由端的边界条件为 $X''=0$，$X'''=0$（弯矩和剪力等于 0）。根据梁的边界条件即可确定梁的频率和振型。例如：

a. 两端铰支梁

其振型表达式：

$$X(x)=A\sin\lambda x+B\cos\lambda x+C\mathrm{sh}\lambda x+D\mathrm{ch}\lambda x \tag{3.3.29}$$

及边界条件：

$$1)X(0)=0;2)X''(0)=0;3)X(l)=0;4)X''(l)=0;$$

由边界条件 1)、2) 得：$B+D=0$；$\lambda^2 B-\lambda^2 D=0$

由于 $\lambda\neq0$，于是 $B-D=0$，得 $B=0$；$D=0$

因此：$X(x)=A\sin\lambda x+C\mathrm{sh}\lambda x$

由边界条件 3) 得：$A\sin\lambda l+C\mathrm{sh}\lambda l=0$

由边界条件 4) 得：$-A\sin\lambda l+C\mathrm{sh}\lambda l=0$

上两式相加得：$2C\mathrm{sh}\lambda l=0$

由于 $\mathrm{sh}\lambda l\neq0$，所以 $C=0$

上两式相减得：$2A\sin\lambda l=0$

因 $A\neq0$，得 $\sin\lambda l=0$（频率方程）

因 $\lambda\neq0$，所以 $\lambda l=\pi$，2π，3π，……

共无限多个根，概括起来

$$\lambda_i=i\pi/l(i=1,2,3,\cdots) \tag{3.3.30}$$

这样同时得到无限多个自振频率

$$\omega_i=\sqrt{\lambda_i^4 EI/m}=(i\pi)^2\sqrt{EI/(ml^4)}=\phi_i\sqrt{EI/(ml^4)}$$

$$(i=1,2,3,\cdots) \tag{3.3.31}$$

基本频率为

$$\omega_1=\frac{\pi^2}{l^2}\sqrt{EI/m} \tag{3.3.32}$$

由于 $C=0$，振型表达式变为：$X(x)=A\sin\lambda x$

振型 i 的表达式为：

$$X_i(x)=A_i\sin\lambda_i x=A_i\sin\frac{i\pi}{l}x \tag{3.3.33}$$

式中 A_i 是任意常数，不论 A_i 等于多少均能满足振动微分方程和边界条件，A_i 由初始条件确定。用振型分解法计算强迫振动以及初位移、初速度的影响时，只需要振型的形式，其数值的大小不影响计算结果，故自由参数 A_i 可以任取。取 $A_i=1$，于是振型 i 为：

$$X_i(x)=\sin\frac{i\pi}{l}x(i=1,2,3,\cdots) \tag{3.3.34}$$

共有无限多个振型，前三个振型示于图 3.3.4。

振型 1 由一个"半波"构成，振型 2 由两个"半波"构成，振型 3 由 3 个"半波"构成，等等。

用同样的方法，可以求得其他几种单跨梁的自振频率和振型。

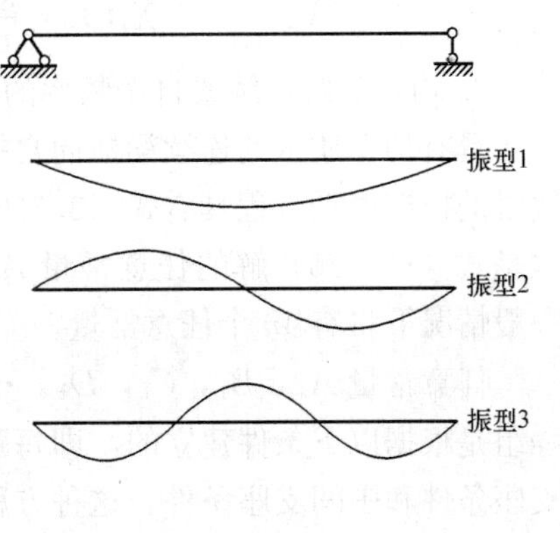

图 3.3.4　振型图

b. 一端固定，一端铰支梁

频率方程：

$$\tan\lambda l=\mathrm{th}\lambda l \tag{3.3.35}$$

特征值：

$$\lambda_i l=(i+1/4)\pi(i=1,2,3,\cdots) \tag{3.3.36}$$

自振频率：

$$\omega_i=\frac{(i+1/4)^2\pi^2}{l^2}\sqrt{\frac{EI}{m}}=\phi_i\sqrt{EI/(ml^4)} \tag{3.3.37}$$

自振振型：

$$X_i(x)=\mathrm{ch}\lambda_i x-\cos\lambda_i x-\mathrm{ch}\lambda_i l(\mathrm{sh}\lambda_i x-\sin\lambda_i x) \tag{3.3.38}$$

c. 两端均为固定端梁

频率方程：

$$\cos\lambda l=\frac{1}{\mathrm{ch}\lambda l} \tag{3.3.39}$$

特征值：

$$\lambda_i l=(i+1/2)\pi(i=1,2,3,\cdots) \tag{3.3.40}$$

自振频率：

$$\omega_i=\frac{(i+1/2)^2\pi^2}{l^2}\sqrt{\frac{EI}{m}}=\phi_i\sqrt{EI/(ml^4)} \tag{3.3.41}$$

自振振型：

$$X_i(x)=\frac{\sin\lambda_i x-\mathrm{sh}\lambda_i x}{\sin\lambda_i l-\mathrm{sh}\lambda_i l}-\frac{\cos\lambda_i x-\mathrm{ch}\lambda_i x}{\cos\lambda_i l-\mathrm{ch}\lambda_i l} \tag{3.3.42}$$

d. 悬臂梁

频率方程：

$$\cos\lambda l=-\frac{1}{\mathrm{ch}\lambda l} \tag{3.3.43}$$

特征值（近似解）：

$$\lambda_1 l=1.875 \tag{3.3.44}$$

$$\lambda_i l=(i-1/2)\pi(i=2,3,\cdots) \tag{3.3.45}$$

自振频率：

$$\omega_1=3.515\sqrt{EI/(ml^4)} \tag{3.3.46}$$

$$\omega_i=(i-1/2)^2\pi^2\sqrt{EI/(ml^4)}=\phi_i\sqrt{EI/(ml^4)}(i=2,3,\cdots) \tag{3.3.47}$$

自振振型：

$$X_i(x)=\frac{\sin\lambda_i x-\mathrm{sh}\lambda_i x}{\cos\lambda_i l-\mathrm{ch}\lambda_i l}-\frac{\cos\lambda_i x-\mathrm{ch}\lambda_i x}{\sin\lambda_i l-\mathrm{sh}\lambda_i l} \tag{3.3.48}$$

2. 均质等跨连续梁自振频率的确定

具有均布质量的连续梁横向自振方程和单跨梁自振方程相似。每跨横截面均不变的连续梁的横向振动方程具有式（3.3.23）的形式，而它每跨的解具有式（3.3.26）的形式。但是式（3.3.26）解的任意常量 A、B、C、D 对每跨均不同。因此，对于 n 跨连续梁，一般情况下将有 $4n$ 个任意常量。

任意常量 A_1，B_1，C_1，D_1，…，A_n，B_n，C_n，D_n 由线性代数方程组的解确定。方程组是根据以下条件建立的，即每跨振动方程的解［式（3.3.26）］均要满足连续梁的边支座条件和中间支座条件。这种方程组是齐次的，所以非零解的条件是各常量前系数所组成的行列式等于零。使行列式等于零即可得到连续梁的自振频率方程，频率方程的每一个根均对应于完全确定的自振振型。

简支等跨等截面连续梁自振圆频率按式（3.3.49）计算。

$$\omega_i=\phi_i\sqrt{EI/(ml^4)} \tag{3.3.49}$$

式（3.3.31）、式（3.3.37）、式（3.3.41）、式（3.3.47）、式（3.3.49）中的参数 φ_i见表（3.3.3）。

φ_i值表　　　　表 3.3.3

频率序号 \ 支座 \ 跨数	1				2	3	4	5
	两端简支	两端固定	一端固定一端简支	一端固定一端自由	两端简支			
1	9.87	22.21	15.42	3.52	9.87	9.87	9.87	9.87
2	39.48	61.69	49.96	22.21	15.42	12.60	11.51	10.88
3	—	—	—	—	39.48	18.52	15.42	13.74
4	—	—	—	—	49.96	39.48	19.90	17.20
5	—	—	—	—	—	44.99	39.48	20.75
6	—	—	—	—	—	55.20	42.84	39.48
7	—	—	—	—	—	—	49.96	41.73
8	—	—	—	—	—	—	57.63	46.90
9	—	—	—	—	—	—	—	53.12
10	—	—	—	—	—	—	—	58.94

二、强迫振动的动位移计算

对于无限自由度体系，用直接解来计算振动方程的方法，尤其是考虑有结构阻尼时是很不方便的。如果采用振型分解法并利用振型的正交性则可使计算大为简化。振型分解法适用于各种类型的荷载，适用于无阻尼体系和滞变阻尼体系。

当梁上作用随时间变化而变化的外载时，梁相对于静平衡位置的强迫振动用非齐次微分方程进行描述。方程式左边部分跟式（3.3.23）一致。

非齐次方程的通解由齐次方程的通解及非齐次方程的特解组成，齐次方程的通解表征自振，而非齐次方程的特解表征强迫振动，在简谐扰动力作用下产生具有扰动力频率的强迫振动。

以下讨论在简谐力作用下所产生的纯强迫振动。

1. 无阻尼情况

对于具有均匀质量等截面梁的受弯振动，当不考虑阻尼时其强迫振动的微分方程如下：

$$EI\frac{\partial^4 u}{\partial x^4}+m\frac{\partial^2 u}{\partial t^2}=F_{\mathrm{v}}(x,t) \tag{3.3.50}$$

式中　$F_{\mathrm{v}}(x,\ t)$——随时间变化的扰动力荷载。

如果 $F_{\mathrm{v}}(x,t)=F_{\mathrm{v}}(x)\sin(\omega_{\mathrm{e}}t+\varepsilon)$，则式（3.3.50）的解可写成 $u(x,t)=X(x)\sin(\omega_{\mathrm{e}}t+\varepsilon)$，表征梁横向强迫振动振型的函数 $X(x)$ 可以从下列微分方程求出：

$$EI\frac{\mathrm{d}^4 X}{\mathrm{d}x^4}-m\omega^2 X=F_{\mathrm{v}}(x) \tag{3.3.51}$$

利用梁的振型分解法，当在 $x=xF$ 的截面作用有集中简谐力 $F_{\mathrm{v}}(t)=F_{\mathrm{v}}\sin(\omega_{\mathrm{e}}t+\varepsilon)$ 时，可以得到下列的动挠度表达式（强迫振动振幅）：

$$u_{\max}(x)=\frac{F_{\mathrm{v}}}{ml}\sum_{i=1}^{\infty}\frac{X_i(x)X_i(x_{\mathrm{F}})}{\omega_i^2(1-\omega_{\mathrm{e}}^2/\omega_i^2)} \tag{3.3.52}$$

式中 F_{v}——简谐力幅值；

ω_{e}——强迫振动的圆频率；

ω_i——梁的第 i 振型横向自振圆频率；

$X_i(x)$——相应于所研究梁的第 i 个自振振型准标准振型函数，x 为左支座到所求挠度 $X(x)$ 截面的距离；

l——梁跨度；

$X_i(x_{\mathrm{F}})$——相应于第 i 自振振型的准标准振型函数，x_{F} 为左支座到简谐力的距离。

因 $\int_0^l X_i^2(x)\mathrm{d}x=\frac{l}{2}$

对于连续梁：
$$\sum_{r=1}^{n}\int_0^{l_{\mathrm{r}}} X_i^2(x)\mathrm{d}x=\frac{l}{2}$$

式中 r——梁跨的序号，$r=1$，2，…，n；

l——单跨梁跨长，如连续梁则为连续梁全长。

表达式（3.3.52）就可变换写成如下形式：

$$u_{\max}(x)=\frac{2F_{\mathrm{v}}}{EI\lambda_1^4 l}\left[\sum_{i=1}^{\infty}X_i(x)X_i(x_{\mathrm{F}})\frac{\omega_1^2/\omega_i^2}{1-\omega_{\mathrm{e}}^2/\omega_i^2}\right] \tag{3.3.53}$$

如果令
$$\beta_i=\frac{\omega_1^2/\omega_i^2}{1-\omega_{\mathrm{e}}^2/\omega_i^2} \tag{3.3.54}$$

则式（3.3.53）变为：

$$u_{\max}(x)=\frac{2F_{\mathrm{v}}}{EI\lambda_1^4 l}\left[\sum_{i=1}^{\infty}X_i(x)X_i(x_{\mathrm{F}})\beta_i\right] \tag{3.3.55}$$

对于如图 3.3.5 的均质等跨连续梁，用振型分解法计算与单跨梁完全一样，这时只需将式（3.3.55）中 l 作为连续梁的总长，各跨跨度用 l_1 代替。因 $\lambda_1=\pi/l_1$，$L=nl_1$，则式（3.3.55）变为：

$$u_{\max}(x)=\frac{2F_{\mathrm{v}}l_1^3}{nEI\pi^4}\left(\sum_{i=1}^{\infty}X_i(x)X_i(x_{\mathrm{F}})\beta_i\right) \tag{3.3.56}$$

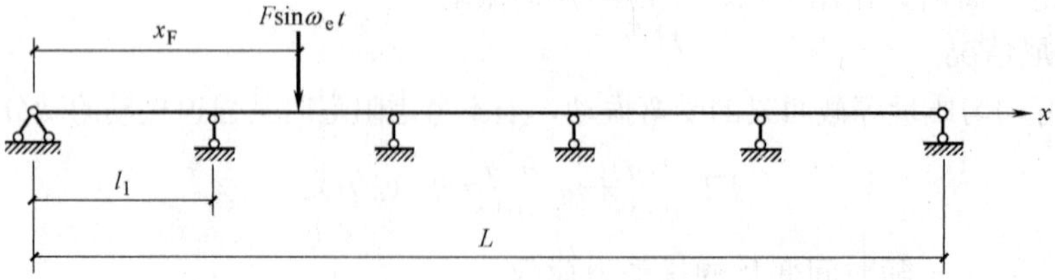

图 3.3.5 等跨连续梁

2. 有阻尼情况

等截面梁在简谐荷载作用下当考虑阻尼时根据复刚度理论，梁的横向强迫振动微分方程如下：

$$m\frac{\partial^2 u}{\partial t^2}+(1+i\gamma)EI\frac{\partial^4 u}{\partial x^4}=F_{\mathrm{v}}(x)e^{i\omega_{\mathrm{e}}t} \tag{3.3.57}$$

式中　γ——结构的非弹性阻尼系数；

其他符号同前。

如果把函数 $u(x)$ 表征梁在集中力 $F_v(t)=F_v\sin(\omega_e t-\varepsilon)$的作用下梁的强迫振动振型，那么方程（3.3.57）的解按照准标准化的自振振型分解的办法可以把 $u(x)$ 表达成：

$$u(x)=\frac{2F}{EI\lambda_1^4 L}\left(\sum_{i=1}^{\infty} X_i(x)X_i(x_F)\beta_i\sin(\omega_e t-\varepsilon_i)\right) \tag{3.3.58}$$

式中

$$\beta_i=(\omega_1^2/\omega_i^2)/\sqrt{(1-\omega_e^2/\omega_i^2)^2+\gamma^2}$$

$$\varepsilon_i=\arctan[\gamma/(1-\omega_e^2/\omega_i^2)]$$

而连续梁则这样表达：

$$u(x)=\frac{2Fl_1^3}{nEI\pi^4}\left(\sum_{i=1}^{\infty} X_i(x)X_i(x_F)\beta_i\sin(\omega_e t-\varepsilon_i)\right) \tag{3.3.59}$$

式中ε_i为第 i 振型的力及位移之间的相位角。

当截面 x_F 处有集中简谐力作用及在给定的频率比ω_e/ω_i情况下，最大动位移（最大振幅）用下式确定：

$$u(x)=\frac{2F}{EI\lambda_1^4 L}\sqrt{[U_{x_F}(x)]^2+[V_{x_F}(x)]^2} \tag{3.3.60}$$

$$U_{x_F}(x)=\sum_{i=1}^{\infty} X_i(x)X_i(x_F)\beta_i\sin\varepsilon_i \tag{3.3.61}$$

$$V_{x_F}(x)=\sum_{i=1}^{\infty} X_i(x)X_i(x_F)\beta_i\cos\varepsilon_i \tag{3.3.62}$$

应该指出，频率比ω_e/ω_i的范围在远离共振区时，阻尼对强迫振动振幅的影响不大，因此在这些范围内的计算可以不考虑阻尼，得到计算简化。

三、梁振动的动位移的简捷计算法

以上内容已将楼层的梁杆件的横向振动的频率及位移（振幅）的计算按比较精确的方法做了阐述，通过给出的各种图表进行计算已是比较简单。

对于弹性体系的线性振动，要根据不同的课题选择不同的计算方法，使求出的结果尽可能接近于所采取的结构计算简图，同时要求课题的解法尽可能地简单方便。

在结构设计中，结构计算的任务是估算出结构实际工作时最大可能的变位和内力。根据一般多层厂房振动源的扰频在 2～6Hz 的范围内，而楼层的自振频率在 10Hz 以上，一般不会发生共振现象，基于这个原因，我们提出一个计算更为简捷的方法。

例如，假设等跨等截面连续梁中有一简谐力作用，如图 3.3.6 所示，当$\omega_e/\omega_1\leqslant 0.6$时，那么梁的振幅（位移）可按下式计算：

$$Z=Z_s\cdot\frac{1}{1-\omega_e^2/\omega_1^2}=Z_s\cdot\beta=\beta Z_s \tag{3.3.63}$$

式中　Z_s——集中力 F 作用于梁上的静挠度；

ω_1——梁的基频；

ω_e——扰频。

公式（3.3.63）推导简要说明如下：

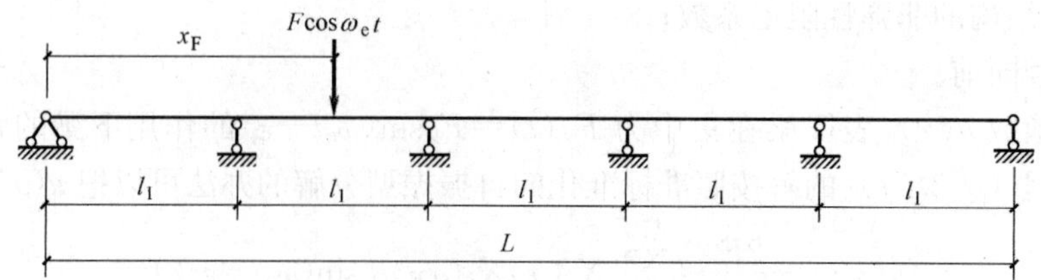

图 3.3.6 连续梁受简谐力作用

由公式（3.3.58）可知，最大动位移

$$\begin{aligned}u(x)&=\frac{2F}{EI\lambda_1^4 L}\sum_{i=1}^{\infty}X_i(x)X_i(x_F)\beta_i\\&=\frac{2F}{EI\lambda_1^4 L}\sum_{i=1}^{\infty}X_i(x)X_i(x_F)\cdot(\omega_1^2/\omega_i^2)/\sqrt{(1-\omega_e^2/\omega_i^2)^2+\gamma^2}\end{aligned}\tag{3.3.64}$$

令
$$K_i=\frac{1}{\sqrt{(1-\omega_e^2/\omega_i^2)^2+\gamma^2}}\tag{3.3.65}$$

由于楼层自频一般在 10Hz 以上，而扰频在 2～6Hz 之间，则：

$$(1-\omega_e^2/\omega_i^2)^2\geqslant(1-6^2/10^2)^2=0.4096$$

而 $\gamma^2=0.01$，因此对上式来说可以忽略，即：

$$K_i=\frac{1}{1-\omega_e^2/\omega_i^2}\tag{3.3.66}$$

公式（3.3.66）代入式（3.3.64），则：

$$u(x)=\frac{2F}{EI\lambda_1^4 L}\left[X_1(x)X_1(x_F)\frac{\omega_1^2}{\omega_1^2}K_1+X_2(x)X_2(x_F)\frac{\omega_1^2}{\omega_2^2}K_2+X_3(x)X_3(x_F)\frac{\omega_1^2}{\omega_3^2}K_3+\cdots\right]\tag{3.3.67}$$

当扰力为静荷载时，即 $\omega_e=0$ 时，公式（3.3.67）中 $K_1=K_2=K_3=\cdots=1$，由公式（3.3.67）静位移：

$$u_s=\frac{2F}{EI\lambda_1^4 L}\left(X_1(x)X_1(x_F)\frac{\omega_1^2}{\omega_1^2}+X_2(x)X_2(x_F)\frac{\omega_1^2}{\omega_2^2}+X_3(x)X_3(x_F)\frac{\omega_1^2}{\omega_3^2}+\cdots\right)\tag{3.3.68}$$

对于公式（3.3.67），若取 $K_2=K_3=\cdots=K_1$（位移值偏大即偏于安全），则公式（3.3.67）可写成为：

$$\begin{aligned}u(x)&=\frac{2F}{EI\lambda_1^4 L}\left(X_1(x)X_1(x_F)\frac{\omega_1^2}{\omega_1^2}K_1+X_2(x)X_2(x_F)\frac{\omega_1^2}{\omega_2^2}K_1+X_3(x)X_3(x_F)\frac{\omega_1^2}{\omega_3^2}K_1+\cdots\right)\\&=K_1\frac{2F}{EI\lambda_1^4 L}\left(X_1(x)X_1(x_F)\frac{\omega_1^2}{\omega_1^2}+X_2(x)X_2(x_F)\frac{\omega_1^2}{\omega_2^2}+X_3(x)X_3(x_F)\frac{\omega_1^2}{\omega_3^2}+\cdots\right)\\&=K_1\frac{Fl_1^3}{\pi^4 EI}\cdot\frac{2}{n}\left(X_1(x)X_1(x_F)\frac{\omega_1^2}{\omega_1^2}+X_2(x)X_2(x_F)\frac{\omega_1^2}{\omega_2^2}+X_3(x)X_3(x_F)\frac{\omega_1^2}{\omega_3^2}+\cdots\right)\\&=K_1 u_s=\frac{1}{1-\omega_e^2/\omega_1^2}\cdot u_s=\beta u_s\end{aligned}$$

表 3.3.4～表 3.3.7 中给出了二～五跨等跨连续梁静位移（u_s）的具体数值，只需根

据力的作用位置，即可查出需求某跨跨中截面处的静位移。

计算扰力幅值作为静力作用在二跨等跨连续梁某跨上时各跨跨中位移幅值 u_s 的 K 值表

表 3.3.4

力在某跨的作用位置 $a=x_F/l_1$	$u_s=K\dfrac{Fl_1^3}{\pi^4 EI}$ 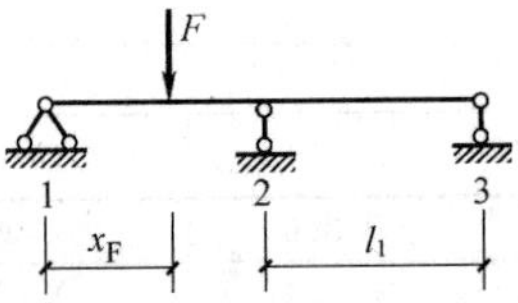		力在某跨的作用位置 $a=x_F/l_1$	$u_s=K\dfrac{Fl_1^3}{\pi^4 EI}$ 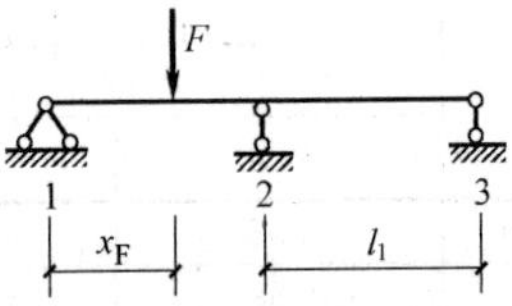	
	1~2	2~3		1~2	2~3
0.00	0.000	0.000	0.55	1.454	−0.599
0.05	0.234	−0.078	0.60	1.367	−0.600
0.10	0.462	−0.155	0.65	1.244	−0.586
0.15	0.680	−0.229	0.70	1.092	−0.558
0.20	0.883	−0.300	0.75	0.920	−0.513
0.25	1.066	−0.366	0.80	0.733	−0.450
0.30	1.223	−0.427	0.85	0.541	−0.368
0.35	1.350	−0.480	0.90	0.349	−0.267
0.40	1.442	−0.525	0.95	0.167	−0.145
0.45	1.492	−0.561	1.00	0.000	0.000
0.50	1.497	−0.586			

计算扰力幅值作为静力作用在三跨等跨连续梁某跨上时各跨跨中位移幅值 u_s 的 K 值表

表 3.3.5

力在某跨的作用位置 $a=x_F/l_1$	$u_s=K\dfrac{Fl_1^3}{\pi^4 EI}$ 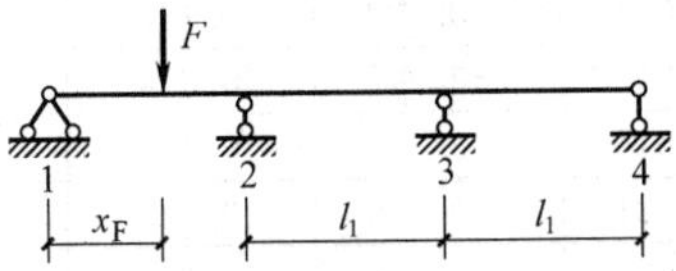			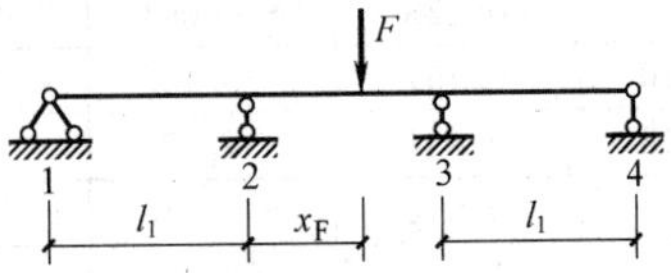		
	1~2	2~3	3~4	1~2	2~3	3~4
0.00	0.000	0.000	0.000	0.000	0.000	0.000
0.05	0.228	−0.062	0.021	−0.134	0.133	−0.045
0.10	0.452	−0.124	0.041	−0.244	0.279	−0.094
0.15	0.665	−0.183	0.061	−0.332	0.431	−0.146
0.20	0.863	−0.240	0.080	−0.400	0.583	−0.200
0.25	1.042	−0.293	0.098	−0.449	0.729	−0.254
0.30	1.195	−0.341	0.114	−0.481	0.863	−0.306
0.35	1.318	−0.384	0.128	−0.498	0.977	−0.355
0.40	1.407	−0.420	0.140	−0.500	1.067	−0.400
0.45	1.455	−0.449	0.150	−0.490	1.125	−0.438
0.50	1.458	−0.469	0.156	−0.469	1.146	−0.469
0.55	1.414	−0.479	0.160	−0.438	1.125	−0.490
0.60	1.327	−0.480	0.160	−0.400	1.067	−0.500
0.65	1.204	−0.469	0.156	−0.355	0.977	−0.498

续表

力在某跨的作用位置 $a=x_F/l_1$	$u_s=K\frac{Fl_1^3}{\pi^4EI}$					
	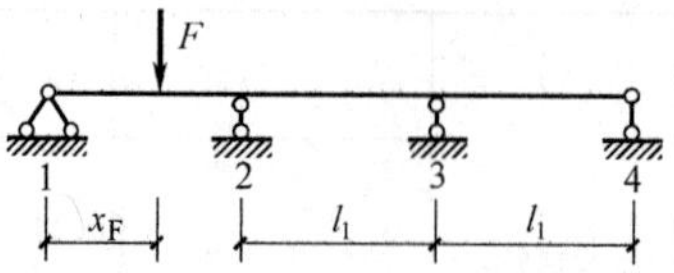			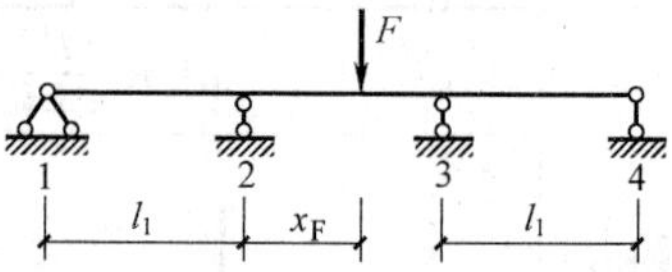		
	1～2	2～3	3～4	1～2	2～3	3～4
0.70	1.055	−0.446	0.149	−0.306	0.862	−0.481
0.75	0.885	−0.410	0.137	−0.254	0.729	−0.449
0.80	0.703	−0.360	0.120	−0.200	0.583	−0.400
0.85	0.516	−0.295	0.098	−0.146	0.431	−0.332
0.90	0.332	−0.214	0.071	−0.094	0.279	−0.244
0.95	0.157	−0.116	0.039	−0.045	0.133	−0.134
1.00	0.000	0.000	0.000	0.000	0.000	0.000

计算扰力幅值作为静力作用在四跨等跨连续梁某跨上时各跨跨中位移幅值 u_s 的 K 值表 **表 3.3.6**

力在某跨的作用位置 $a=x_F/l_1$	$u_s=K\frac{Fl_1^3}{\pi^4EI}$							
	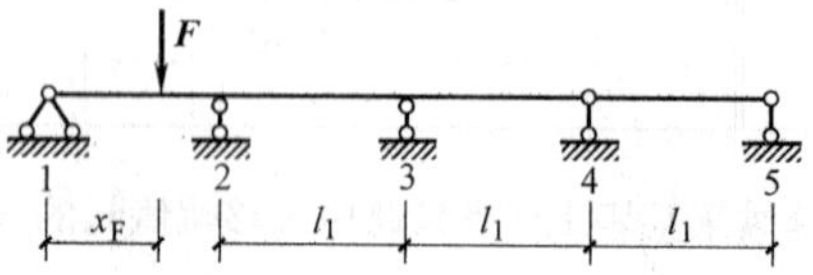				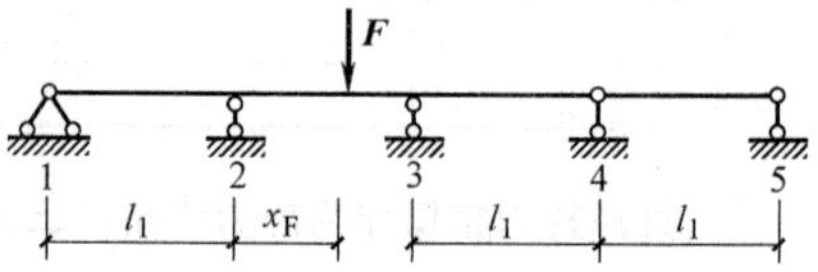			
	1～2	2～3	3～4	4～5	1～2	2～3	3～4	4～5
0.00	0.000	0.000	0.000	0.000	0.000	0.000	0.000	0.000
0.05	0.228	−0.061	0.017	−0.006	−0.133	0.131	−0.036	0.012
0.10	0.451	−0.122	0.033	−0.011	−0.242	0.274	−0.075	0.025
0.15	0.664	−0.180	0.049	−0.016	−0.329	0.423	−0.117	0.039
0.20	0.862	−0.236	0.064	−0.021	−0.396	0.573	−0.161	0.054
0.25	1.040	−0.288	0.078	−0.026	−0.445	0.716	−0.204	0.068
0.30	1.193	−0.335	0.091	−0.030	−0.476	0.846	−0.246	0.082
0.35	1.316	−0.377	0.103	−0.034	−0.491	0.958	−0.286	0.095
0.40	1.404	−0.413	0.112	−0.038	−0.493	1.045	−0.321	0.107
0.45	1.452	−0.441	0.120	−0.040	−0.482	1.101	−0.352	0.117
0.50	1.456	−0.460	0.126	−0.042	−0.460	1.121	−0.377	0.126
0.55	1.411	−0.471	0.128	−0.043	−0.430	1.099	−0.394	0.131
0.60	1.324	−0.471	0.129	−0.043	−0.391	1.040	−0.402	0.134
0.65	1.202	−0.461	0.126	−0.042	−0.347	0.950	−0.400	0.133
0.70	1.052	−0.438	0.120	−0.040	−0.298	0.837	−0.387	0.129
0.75	0.883	−0.403	0.110	−0.037	−0.246	0.705	−0.361	0.120
0.80	0.701	−0.354	0.096	−0.032	−0.193	0.562	−0.321	0.107
0.85	0.515	−0.290	0.079	−0.026	−0.140	0.413	−0.267	0.089
0.90	0.330	−0.210	0.057	−0.019	−0.089	0.266	−0.196	0.065
0.95	0.156	−0.114	0.031	−0.010	−0.042	0.126	−0.107	0.036
1.00	0.000	0.000	0.000	0.000	0.000	0.000	0.000	0.000

计算扰力幅值作为静力作用在五跨等跨连续梁某跨上时各跨跨中位移幅值 u_s 的 K 值表　　表 3.3.7

力在某跨的作用位置 $a=x_F/l_1$	$u_s=K\dfrac{Fl_1^3}{\pi^4 EI}$														
	1~2	2~3	3~4	4~5	5~6	1~2	2~3	3~4	4~5	5~6	1~2	2~3	3~4	4~5	5~6
0.00	0.000	0.000	0.000	0.000	0.000	0.000	0.000	0.000	0.000	0.000	0.000	0.000	0.000	0.000	0.000
0.05	0.228	−0.061	0.016	−0.004	0.001	−0.133	0.131	−0.035	0.010	−0.003	0.036	−0.107	0.124	−0.034	0.011
0.10	0.451	−0.121	0.033	−0.009	0.003	−0.242	0.274	−0.074	0.020	−0.007	0.065	−0.195	0.261	−0.072	0.024
0.15	0.664	−0.180	0.048	−0.013	0.004	−0.329	0.423	−0.115	0.031	−0.010	0.088	−0.265	0.406	−0.113	0.038
0.20	0.862	−0.235	0.063	−0.017	0.006	−0.396	0.572	−0.158	0.043	−0.014	0.106	−0.319	0.552	−0.155	0.052
0.25	1.040	−0.287	0.077	−0.021	0.007	−0.444	0.715	−0.200	0.055	−0.018	0.119	−0.357	0.692	−0.198	0.066
0.30	1.193	−0.335	0.090	−0.024	0.008	−0.475	0.845	−0.242	0.066	−0.022	0.127	−0.382	0.821	−0.239	0.080
0.35	1.316	−0.377	0.101	−0.028	0.009	−0.491	0.957	−0.281	0.077	−0.026	0.132	−0.395	0.932	−0.279	0.093
0.40	1.404	−0.412	0.111	−0.030	0.010	−0.492	1.044	−0.316	0.086	−0.029	0.132	−0.396	1.019	−0.314	0.105
0.45	1.452	−0.440	0.118	−0.032	0.011	−0.481	1.100	−0.346	0.094	−0.031	0.129	−0.387	1.076	−0.345	0.115
0.50	1.455	−0.460	0.123	−0.034	0.011	−0.460	1.119	−0.370	0.101	−0.034	0.123	−0.370	1.097	−0.370	0.123
0.55	1.411	−0.470	0.126	−0.034	0.011	−0.429	1.097	−0.387	0.105	−0.035	0.115	−0.345	1.076	−0.387	0.129
0.60	1.324	−0.471	0.126	−0.034	0.011	−0.390	1.038	−0.395	0.108	−0.036	0.105	−0.314	1.019	−0.396	0.132
0.65	1.202	−0.460	0.123	−0.034	0.011	−0.346	0.948	−0.393	0.107	−0.036	0.093	−0.279	0.932	−0.395	0.132
0.70	1.052	−0.438	0.117	−0.032	0.011	−0.297	0.835	−0.380	0.104	−0.035	0.080	−0.239	0.821	−0.382	0.127
0.75	0.883	−0.402	0.108	−0.029	0.010	−0.245	0.703	−0.355	0.097	−0.032	0.066	−0.198	0.692	−0.357	0.119
0.80	0.701	−0.353	0.095	−0.026	0.009	−0.192	0.560	−0.316	0.086	−0.029	0.052	−0.155	0.552	−0.319	0.106
0.85	0.514	−0.289	0.078	−0.021	0.007	−0.140	0.412	−0.262	0.071	−0.024	0.038	−0.113	0.406	−0.265	0.088
0.90	0.330	−0.210	0.056	−0.015	0.005	−0.089	0.265	−0.192	0.052	−0.017	0.024	−0.072	0.261	−0.195	0.065
0.95	0.156	−0.114	0.030	−0.008	0.003	−0.042	0.126	−0.105	0.029	−0.010	0.011	−0.034	0.124	−0.107	0.036
1.00	0.000	0.000	0.000	0.000	0.000	0.000	0.000	0.000	0.000	0.000	0.000	0.000	0.000	0.000	0.000

第四节 结构造型和构造措施

承受机器竖向动荷载的楼盖设计，除了符合本篇第二章第三节的要求外，还应符合下列要求：

1. 结构构件截面尺寸和强度等级应符合以下要求：

(1) 框架主梁截面高度 h 一般为梁跨度 L 的 1/9～1/6。

(2) 次梁截面高度 h 一般为梁跨度 L 的 1/12～1/8。

(3) 楼板厚度 b 一般为板跨度 L 的 1/18～1/12。

(4) 梁、板、柱（包括现浇层）混凝土强度等级不应低于 C20。

2. 预制装配整体式楼盖的构件连接应满足以下要求：

(1) 预制板

A. 预制板之间的预留缝宽度 a=40～60mm，板支承处应设高强度等级坐浆。

B. 板缝内应放置竖向钢筋网片。

C. 预制板上应打毛或做成凹凸 4～6mm 的人工粗糙面。其上浇捣混凝土整浇层，整浇层厚度不小于 80mm。

D. 整浇层内应配置双向钢筋网，预制板端处整浇层应按计算配置负筋（连续板），预制板端伸出钢筋互相搭接。

E. 板与板顶端的空档距离不宜小于梁腹板宽度，以保证与整浇层形成 T 形截面。

(2) 梁柱连接节点

A. 梁柱连接节点应做成刚性节点。

B. 主梁宜做成叠合梁，并与整浇层形成 T 形截面。

C. 梁端与柱间（预制长柱时）缝隙宽大于 100mm，并应用比梁、柱混凝土等级高一级的细石混凝土浇筑，缝内配置构造钢筋。

D. 梁端负筋与柱内预留短筋连接采用焊接，或连续通过柱内（当预制短柱和现浇柱时）。

(3) 梁、梁连接节点

A. 次梁宜搁置在主梁的挑耳（或钢挑耳）上，用钢板连接。次梁与主梁连接处留有 30mm 以上缝隙，灌以细石混凝土。

B. 次梁应浇注成连续梁，次梁端负筋应在主梁上部连续通过或进行焊接。

第四篇

隔振设计

第一章　概　　述

振动是普遍存在的现象，所谓振动公害，是指振动对人体、精密仪器设备和建筑物的影响，若超过其能承受的限度，则会造成人们不能正常工作或生活，精密仪器设备不能正常运转或建筑物发生损坏等危害。

振动对人体的影响大致可分为生理的与心理的两个方面。在生理上可以影响消化系统，降低人体肌肉的活动能力，影响视力与听觉，甚至导致呕吐、头昏、中枢神经活动紊乱等现象。在心理上可以产生疲倦、心情慌乱、对工作厌恶、效率降低等状况。例如，在全身振动中，1Hz 以下的低频振动（海浪引起的振动），可能会引起运动病（晕船、晕车）产生恶心、呕吐等症状，在 1～80Hz 时，上述现象消失，而变为烦恼、不愉快、不舒适等问题。局部振动中，5～1000Hz 范围内，可能出现振动损伤的病状，如循环器官出现障碍，手指苍白，皮肤温度异常下降，关节骨骼变形，脑电波异常等。对人体影响的振动如果控制在一定范围内，就可以避免产生上述症状。

振动对机械加工的精度和仪器仪表的测量均可能产生不良影响，如有的加工车间中的仪表因受振动而不能正常工作，有些中央试验室、计量室中的精密设备在振动中无法测量，也有些机械加工车间的产品，因受环境振动的影响而达不到所要求的加工精度。

较大的振动，如工厂的落锤、锻锤，建筑工地打桩操作时的振动，均可能对建筑物造成外墙开裂，基础产生不均匀沉降，承重结构损坏等，有的锻工车间由于长期振动而导致基础不断下沉而被迫停产。

对于上述振动公害，必须要采取措施，使振动的幅值控制在容许范围以内，以消除其危害性，隔振是其中有效手段之一，本篇主要介绍振动隔离技术的设计方法。

第一节　振　　源

振动的来源可分为两类：一是自然振源；二是人工振源，现分述如下：

一、自然振源

也称之为天然振源，例如地震、海浪、风振等，它们产生的振动一般为随机振动或瞬态振动。振级较高时，具有很大的破坏作用。还有一种自然振源产生的振动，称为地面脉动，是由大自然及地壳内部各种变化因素以及远处各种振动叠加传播造成的，它永远存在。这种振动的振动线位移一般都在十分之几微米范围内变化，振动频率大都在 2～3Hz 左右。

二、人工振源

由人工振源引起的振动，主要来源于工厂生产、工地施工、交通运输以及民用建筑中的空调、水泵的运转。工厂中活塞式压缩机、透平机、大型发电机、冲击机械（锻锤、落锤）、金属切削机床等设备，在运转过程中，由于其本身不平衡扰力、冲击机器的冲量、施工中打桩以及载重汽车、火车行驶中所引起的振动，通过地基向四周扩散，其影响程度是随距离增加而衰减。

由上述人工振源所产生的振动可分为：

- 振动
  - 周期振动
    - 简谐振动
    - 复合正弦振动
  - 非周期振动
    - 随机振动
    - 冲击振动
    - 瞬态振动

本篇重点介绍对人工振源的振动隔离技术及其设计方法。

第二节　隔振措施

一、隔振的类别

隔振分主动隔振与被动隔振两种，所谓主动隔振，就是通过隔振器或隔振材料的作用，将由机器的干扰力$F_v(t)$作用而产生的振动大部分隔离掉，不使它向外传给周围环境，也即减小振动的输出。如图 4.1.1 所示，其振动微分方程式为：

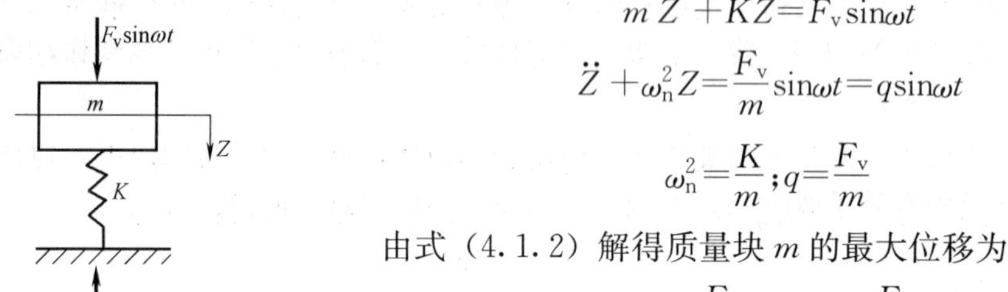

图 4.1.1　主动隔振示意图

$$m\ddot{Z}+KZ=F_v\sin\omega t \tag{4.1.1}$$

$$\ddot{Z}+\omega_n^2 Z=\frac{F_v}{m}\sin\omega t=q\sin\omega t \tag{4.1.2}$$

$$\omega_n^2=\frac{K}{m};q=\frac{F_v}{m} \tag{4.1.3}$$

由式（4.1.2）解得质量块 m 的最大位移为：

$$Z_{max}=\frac{F_v}{K-m\omega^2}=\frac{F_v}{K\left(1-\frac{\omega^2}{\omega_n^2}\right)} \tag{4.1.4}$$

此时，弹簧（亦即地基）的受力为 F：

$$F=Z_{max}K \tag{4.1.5}$$

将输出力 F 与输入的扰力F_v相比，称为传递率 η：

$$\eta=\frac{F}{F_v}=\frac{1}{\left|1-\frac{\omega^2}{\omega_n^2}\right|} \tag{4.1.6}$$

式中　F_v——干扰力幅；

ω——干扰频率；

K——隔振器的刚度；

m——隔振体系的质量；

ω_n——隔振体系的固有频率；

F——隔振器所受的力。

从公式（4.1.6）可以看出，要使传递率小于1，则必须使$\frac{\omega}{\omega_n}>\sqrt{2}$，也就是说，必须要使隔振体系的固有频率大大低于机器的干扰频率，才能取得良好的隔振效果，否则就有可能产生相反的效果，因此必须正确设计隔振基础以达到隔振的目的。

所谓被动隔振，是将外来的振动位移u_r，通过隔振器的作用，消除大部分的振动，使设置于隔振器上的精密仪器、设备免受周围环境振动的影响，也即减小振动的输入。见图4.1.2所示，设基脚处的干扰振动为$u\sin\omega t$，通过弹簧使块体m产生振动线位移Z，则块体的运动微分方程为：

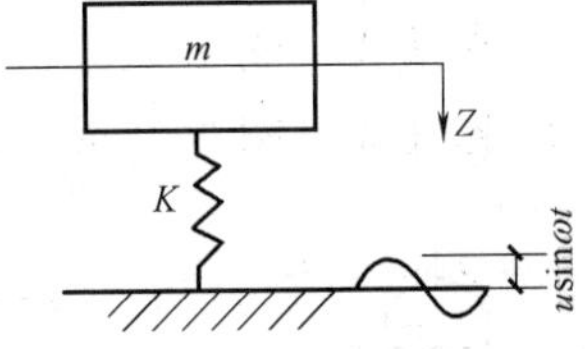

图4.1.2 被动隔振示意图

$$m\ddot{Z}+K(Z-u\sin\omega t)=0$$

$$\ddot{Z}+\omega_n^2(Z-u\sin\omega t)=0$$

$$\ddot{Z}+\omega_n^2 Z=\omega^2 u\sin\omega t \tag{4.1.7}$$

将式（4.1.7）与式（4.1.2）比较，可看出，两者形式完全一样，只不过q换成的$\omega^2 u$而已。因此，块体最大位移Z_{max}与外界干扰位移u之比值为：

$$\eta=\frac{Z_{max}}{u}=\frac{1}{1-\frac{\omega^2}{\omega_n^2}} \tag{4.1.8}$$

η为被动隔振的传递率，其值越小（远小于1时），其被动隔振效果越好。这与主动隔振一样，要求隔振体系的固有频率ω_n大大低于干扰频率ω，才能获得良好的隔振效果。

二、隔振设计条件

进行隔振设计时，应具备下列条件：

1. 设备型号、规格及轮廓尺寸图等；
2. 设备重心位置、质量和质量惯性矩；
3. 设备底座外廓图、附属设备、管道位置和坑、沟、孔洞的尺寸、灌浆层厚度、地脚螺栓和预埋件的位置等；
4. 与设备和基础连接有关的管线图；
5. 当隔振器支承在楼板或支架上时，需有支承结构的图纸，若隔振器设置在基础上时，则需有地质资料、地基动力参数和相邻基础的有关资料；
6. 动力设备为周期性扰力时，需有工作频率及设备启动和停止时频率增减情况的资料，若为冲击型扰力时，需有冲击扰力的作用时间和两次冲击的间隔时间；
7. 动力设备正常运转时所产生的扰力（矩）的大小及其作用点位置（用于主动隔振）或设备支承处（结构或地基）的振动线位移（用于被动隔振）；
8. 被隔振设备的容许振动幅值；
9. 所选用或设计的隔振器的特性（如承载力、压缩极限、刚度和阻尼等）及其使用时的环境条件。

第三节　隔振方式与设计原则

一、隔振方式

通常采用的隔振方式有下列几种类型：

1. 支承式（图 4.1.3*a*、*b*）隔振器设置在设备的底座或刚性台座下。

2. 悬挂式（图 4.1.3*c*、*d*）被隔振设备安置在用两端为铰的刚性吊杆悬挂的刚性台

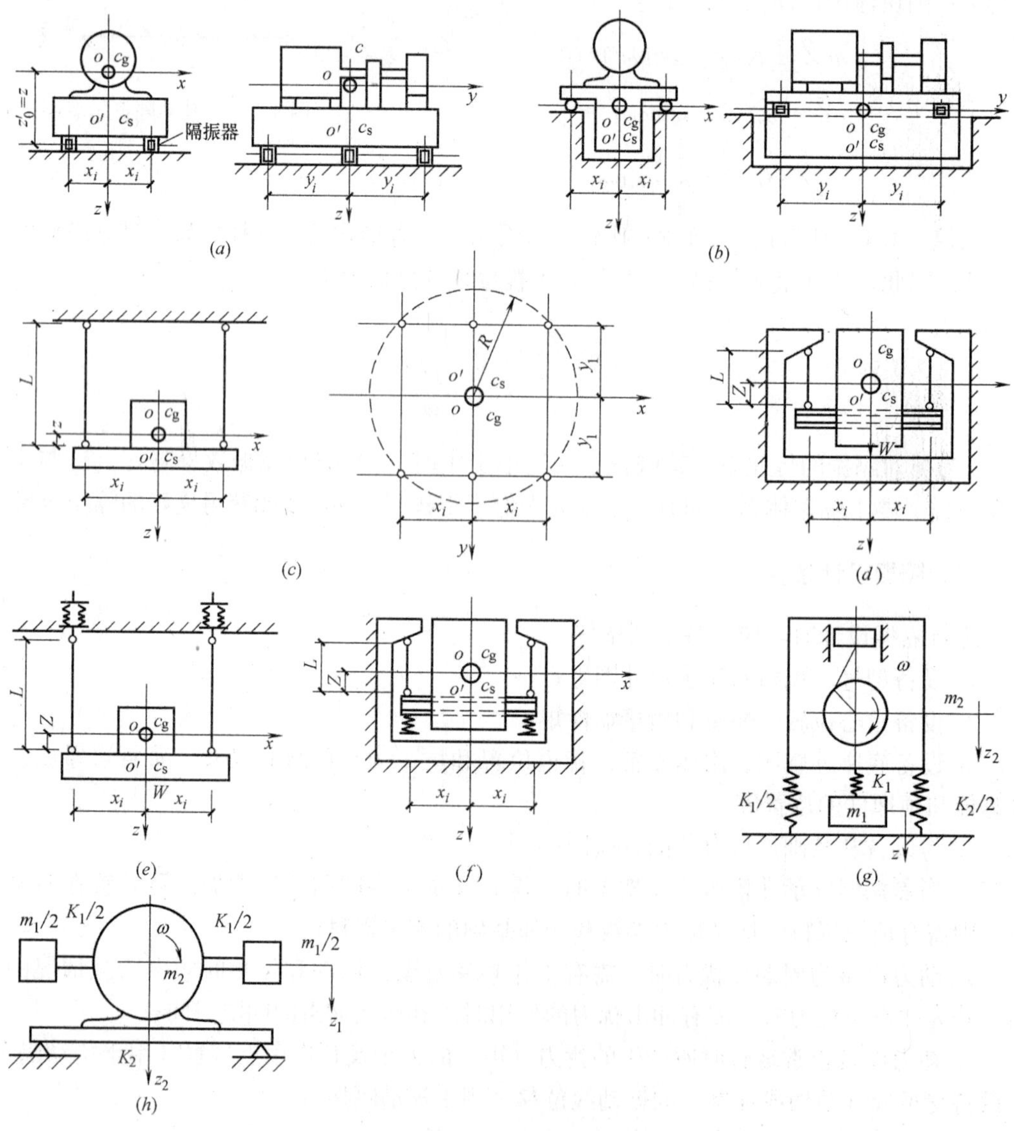

图 4.1.3　隔振方式

(*a*)、(*b*) 支撑式；(*c*)、(*d*) 悬挂式；(*e*)、(*f*) 悬挂及支撑式；(g)、(*h*) 动力减振式

注：图中 c_g为重心，c_s为隔振器的刚度中心。

座上或直接将隔振设备的底座悬挂在刚性吊杆上，悬挂式可用于隔离水平向振动。

3. 悬挂兼支承式（图 4.1.3e、f），在悬挂式的刚性吊杆上端或下端设置受压隔振器，不宜采用受拉弹簧为吊杆的悬挂方式。

4. 当扰力为简谐力或作简谐运动的设备，可采用动力减振方式（图 4.1.3g、h）。

5. 防振沟对冲击振动或频率高于 80Hz 的振动有一定效果，对于低频振动，则效果不明显。防振沟的效果主要取决于沟深 H 与振动表面波波长L_R之比，对主动隔振而言，当振源距防振沟为一个波长以内时，沟的深度比 H/L_R 至少应为 0.6 才能有效。对被动隔振，要达到隔振效果，其深度比应为 1.2 以上。

二、隔振设计原则

1. 隔振体系的固有圆频率ω_n应低于干扰圆频率 ω，在一般情况下，应满足频率比$\frac{\omega}{\omega_n}>2.5$。当振源为矩形或三角形脉冲时，脉冲作用时间$t_0$与隔振体系固有周期$T_n$之比，应符合$\frac{t_0}{T_n}\leqslant 0.1$或 0.2。

2. 凡有下列情况之一时，隔振体系应具有足够的阻尼：

(1) 在开机和停机过程中，扰频经过共振区时，需避免出现过大的振动线位移。

(2) 在冲击扰力作用后，要求体系振动迅速衰减。

(3) 被动隔振的台座，因操作原因产生振动时，能使其迅速平稳。

3. 被隔振设备台座的结构形式和隔振器的布置方式的选择，应满足下列要求：

(1) 应尽量缩短隔振体系的重心与扰力作用线之间的距离。

(2) 隔振器在平面上的布置，应力求使其刚度中心与隔振体系的重心在同一垂直线上。对于主动隔振，当难于满足上述要求时，则隔振器的刚度中心与隔振体系重心的水平偏离不应大于所在边长的 5%，此时竖向的振动线位移计算可不考虑回转的影响。对被动隔振，应使隔振体系重心与隔振器刚度中心重合。

(3) 应留有隔振器安装和维修所需的空间。

(4) 当采用主动隔振时，被隔振对象与管道连接宜采用柔性接头。

第四节　隔振体系计算步骤

一、隔振体系的基本参数的选择

可假定体系为单自由度体系，按下列步骤进行：

1. 根据实际工程要求，对于被动隔振，可按下式选定传递率 η：

$$\eta=\frac{[u]}{u} \tag{4.1.9}$$

式中　$[u]$——容许振动线位移；

u——实际干扰振动线位移。

注：当容许振动值为速度$[v]$时，可按干扰圆频率ω换算成位移$[u]$，即$[u]=\frac{[v]}{\omega}$。

2. 由传递率η按下式求出隔振体系的固有圆频率ω_n：

$$\omega_n=\omega\sqrt{\frac{\eta}{1+\eta}} \tag{4.1.10}$$

式中　ω——干扰振动圆频率（rad/s）。

对于主动隔振可采用$\omega/\omega_n\geqslant 2.5$。

3. 根据实际结构情况，假定体系的总参振质量m（包括机组及台座等）。

4. 按下列公式计算隔振体系的总刚度K：

$$K=m\omega_n^2(\text{kN/m}) \tag{4.1.11}$$

$$m=\frac{W}{g} \tag{4.1.12}$$

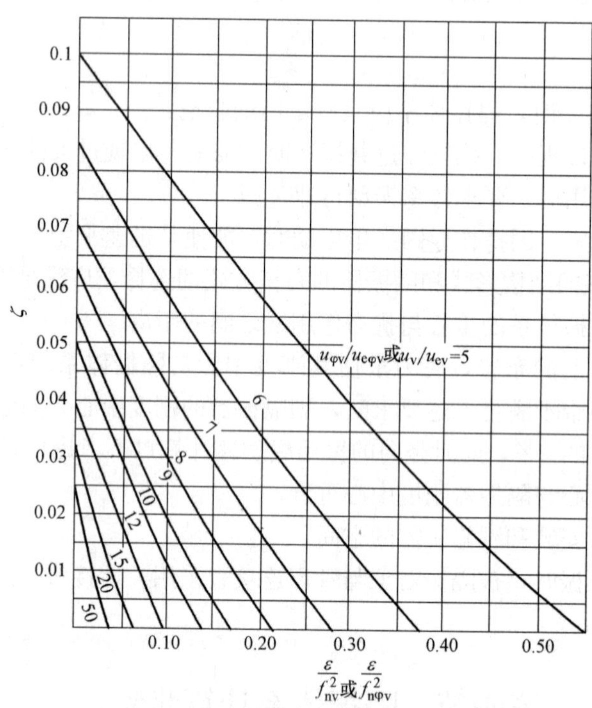

图 4.1.4　求隔振器所需阻尼比ζ图表

注：ε——机器在单位时间内增减的转速（Hz/s）；

f_{nv}、$f_{n\varphi v}$——隔振体系沿和绕v轴向（v分别为x、y、z）的固有频率（Hz）；

u_v、$u_{\varphi v}$——机器在开车和停车通过共振区时，隔振体系沿和绕轴向的最大振动线位移、角位移（m、rad）；

u_{ev}、$u_{e\varphi v}$——分别为隔振体系沿和绕v轴向的当量静线位移、角位移（m、rad）；

$$u_{ev}=\frac{F_{0v}}{K_v};\ u_{e\varphi v}=\frac{M_{0v}}{K_{\varphi v}}$$

K_v、$K_{\varphi v}$——隔振器沿和绕v轴向的总刚度（kN/m、kN·m）；

F_{0v}、M_{0v}——作用在隔振体系重心G_g处，沿和绕v轴向的干扰力、干扰力矩（kN、kN·m）。

式中　W——隔振体系的总重力（kN）；

g——重力加速度（9.81m/s²）。

5. 按下式计算隔振器的数量 N：

$$N=\frac{K}{K_i} \tag{4.1.13}$$

式中　K_i——所选用的单个隔振器的刚度（kN/m）。

6. 按下式核算隔振器的总承载能力：

$$NF_i \geqslant W+1.5F_{\mathrm{d}} \tag{4.1.14}$$

式中　F_i——单个隔振器的容许承载力（kN）；

F_{d}——作用在隔振器上的干扰力（kN）。

7. 调整参振总质量 m、总刚度 K 等，最终满足传递率 η。

8. 根据隔振器的布置情况按本篇第二章有关公式试算隔振体系上要求控制点最大振动线位移u_{max}，使之满足：

$$u_{\max} \leqslant [u] \tag{4.1.15}$$

二、阻尼比的确定

主动隔振体系所需的阻尼比 ζ，可根据机器转速的增减速度 ε 和通过共振区时隔振体系的最大振动位移u_{v}（或$u_{\varphi\mathrm{v}}$）与当量静位移u_{ev}（或$u_{\mathrm{e\varphi v}}$）的比值按图 4.1.4 中的曲线确定。

对受脉冲扰力作用产生的振动位移u_{v}或（$u_{\varphi\mathrm{v}}$）要求在时间 t 的衰减为u_{av}（或$u_{\mathrm{a\varphi v}}$）的隔振体系，其阻尼比 ζ 值，可按下列公式计算：

$$\zeta=\frac{1}{\omega_{\mathrm{nv}}t}\ln\frac{u_{\mathrm{v}}}{u_{\mathrm{av}}} \tag{4.1.16}$$

或

$$\zeta=\frac{1}{\omega_{\mathrm{n\varphi v}}t}\ln\frac{u_{\varphi\mathrm{v}}}{u_{\mathrm{a\varphi v}}} \tag{4.1.17}$$

第二章　隔 振 体 系

第一节　主动隔振的计算

一、单自由度计算

1. 对于单自由度，其固有圆频率可按下列公式计算：

$$\omega_{\mathrm{nv}}^2=\frac{K_{\mathrm{v}}}{m} \tag{4.2.1}$$

$$\omega_{\mathrm{n\varphi v}}^2=\frac{K_{\varphi \mathrm{v}}}{I_{\mathrm{mv}}} \tag{4.2.2}$$

式中　m——隔振体系的质量（t）；

I_{mv}——绕 v 轴向（v 分别代表 x、y 或 z）的转动惯量（kN·m）；

K_{v}——隔振器沿 v 轴向的总刚度（kN/m）；

$K_{\varphi \mathrm{v}}$——隔振器绕 v 轴向的总刚度（kN·m）。

对于支承式隔振方案（图 4.1.3a、b），总刚度可按下列公式计算：

$$K_{\mathrm{x}}=\sum_{i=1}^{N} K_{\mathrm{x}i} \tag{4.2.3}$$

$$K_{\mathrm{y}}=\sum_{i=1}^{N} K_{\mathrm{y}i} \tag{4.2.4}$$

$$K_{\mathrm{z}}=\sum_{i=1}^{N} K_{\mathrm{z}i} \tag{4.2.5}$$

$$K_{\varphi \mathrm{x}}=\sum_{i=1}^{N} K_{\mathrm{y}i} z_i^2+\sum_{i=1}^{N} K_{\mathrm{z}i} y_i^2 \tag{4.2.6}$$

$$K_{\varphi \mathrm{y}}=\sum_{i=1}^{N} K_{\mathrm{z}i} x_i^2+\sum_{i=1}^{N} K_{\mathrm{x}i} z_i^2 \tag{4.2.7}$$

$$K_{\varphi \mathrm{z}}=\sum_{i=1}^{N} K_{\mathrm{x}i} y_i^2+\sum_{i=1}^{N} K_{\mathrm{y}i} x_i^2 \tag{4.2.8}$$

对于刚性吊杆悬挂式方案（图 4.1.3c、d），当吊杆的平面位置按图形排列时，刚度可按下列公式计算：

$$K_{\mathrm{x}}=K_{\mathrm{y}}=\frac{W}{L} \tag{4.2.9}$$

$$K_{\varphi \mathrm{x}}=\frac{W R^2}{L} \tag{4.2.10}$$

对于刚性吊杆悬挂与隔振器支承组合方案（图 4.1.3e、f）的刚度除采用式（4.2.9）和式（4.2.10）外，其竖向刚度可按下式计算：

$$K_z=\sum_{i=1}^{N}K_{zi} \tag{4.2.11}$$

式中　K_{xi}、K_{yi}、K_{zi}——第 i 个隔振器沿 x、y、z 轴向的刚度（kN/m）；

x_i、y_i、z_i——第 i 个隔振器以隔振体系的重心C_g为坐标原点的坐标值（取绝对值）（m）；

W——隔振体系作用在吊杆上的总重力（kN）；

L——吊杆长度（m）；

R——吊杆位置按圆形排列时圆的半径（m）；

N——隔振器的个数。

2. 隔振体系重心C_g处的振动位移可按下列公式计算：

$$u_v=\frac{F_{ov}}{K_v}\eta_v \tag{4.2.12}$$

$$u_{\varphi v}=\frac{M_{ov}}{K_{\varphi v}}\eta_{\varphi v} \tag{4.2.13}$$

式中　u_v、$u_{\varphi v}$——隔振体系重心C_g处沿和绕 v 轴向的振动线位移（m）、角位移（rad）；

F_{ov}、M_{ov}——作用在隔振体系重心C_g处沿和绕 v 轴向干扰力（kN）、干扰力矩的幅值（kN·m）；

η_v、$\eta_{\varphi v}$——沿和绕 v 轴向独立振型主动隔振的传递率，可按下列情况分别计算：

当干扰力（矩）为简谐时间函数时：

$$\eta_v=\frac{1}{\sqrt{\left(1-\frac{\omega^2}{\omega_{nv}^2}\right)^2+\left(2\zeta_v\frac{\omega}{\omega_{nv}}\right)^2}} \tag{4.2.14}$$

$$\eta_{\varphi v}=\frac{1}{\sqrt{\left(1-\frac{\omega^2}{\omega_{n\varphi v}^2}\right)^2+\left(2\zeta_{\varphi v}\frac{\omega}{\omega_{n\varphi v}}\right)^2}} \tag{4.2.15}$$

式中　ω——简谐干扰力（矩）的圆频率（rad/s）；

ζ_v、$\zeta_{\varphi v}$——隔振体系沿和绕 v 轴向振动时的阻尼比，可由下列公式计算：

$$\zeta_x=\frac{\sum_{i=1}^{N}\zeta_{xi}K_{xi}}{K_x} \tag{4.2.16}$$

$$\zeta_y=\frac{\sum_{i=1}^{N}\zeta_{yi}K_{yi}}{K_y} \tag{4.2.17}$$

$$\zeta_z=\frac{\sum_{i=1}^{N}\zeta_{zi}K_{zi}}{K_z} \tag{4.2.18}$$

$$\zeta_{\varphi x}=\frac{\sum_{i=1}^{N}\zeta_{yi}K_{yi}z_i^2+\sum_{i=1}^{N}\zeta_{zi}K_{zi}y_i^2}{K_{\varphi x}} \tag{4.2.19}$$

$$\zeta_{\varphi y}=\frac{\sum_{i=1}^{N}\zeta_{zi}K_{zi}x_i^2+\sum_{i=1}^{N}\zeta_{xi}K_{xi}z_i^2}{K_{\varphi y}} \tag{4.2.20}$$

$$\zeta_{\varphi z}=\frac{\sum_{i=1}^{N}\zeta_{xi}K_{xi}y_i^2+\sum_{i=1}^{N}\zeta_{yi}K_{yi}x_i^2}{K_{\varphi z}} \tag{4.2.21}$$

式中　ζ_{vi}——第 i 个隔振器沿 v 轴向振动时的阻尼比；

ω_{nv}、$\omega_{n\varphi v}$——按式（4.2.1）、式（4.2.2）计算。

当干扰力（矩）为矩形或三角形脉冲（作用时间为 t_0）时，其传递率 η_k 值可由表 4.2.1 查得。

冲击作用时的传递率 η_k　　　　**表 4.2.1**

η_k t_0/t_{nk} 脉冲形状	0.00	0.05	0.10	0.15	0.20	0.25	0.30	0.35	0.40	0.45	0.50
矩形脉冲	0.000	0.313	0.612	0.908	1.176	1.414	1.618	1.782	1.902	1.975	2.000
三角形脉冲	0.000	0.157	0.311	0.461	0.604	0.740	0.864	0.977	1.076	1.160	1.228

注：1. 下脚标 k 代表各种不同情况，独立振型时，k 代表 v 或 φv，双自由度耦合振型时 k 代表振型 1 或 2；

2. η_k 的中间值，采用直线插值法求得；

3. 表中的 η_k 值是在阻尼比 $\zeta=0$ 的条件下求得的。

二、双自由度耦合振型计算

1. 各种双自由度耦合振型方式，其无阻尼第一和第二振型的固有圆频率 ω_{n1}、ω_{n2} 和固有周期 T_{n1}、T_{n2} 可按下列公式计算：

$$\omega_{n1}^2=\frac{1}{2}\left[(\lambda_1^2+\lambda_2^2)-\sqrt{(\lambda_1^2+\lambda_2^2)^2+4\gamma\cdot\lambda_1^4}\right] \tag{4.2.22}$$

$$\omega_{n2}^2=\frac{1}{2}\left[(\lambda_1^2+\lambda_2^2)+\sqrt{(\lambda_1^2-\lambda_2^2)^2+4\gamma\cdot\lambda_1^4}\right] \tag{4.2.23}$$

$$T_{n1}=\frac{2\pi}{\omega_{n1}} \tag{4.2.24}$$

$$T_{n2}=\frac{2\pi}{\omega_{n2}} \tag{4.2.25}$$

式中 λ_1、λ_2 可按下列情况分别计算：

对于支承式，当 x 与 φ_y 轴向相耦合时：

$$\lambda_1^2=\frac{K_x}{m} \tag{4.2.26}$$

$$\lambda_2^2=\frac{K_{\varphi y}+K_xZ^2}{I_{my}} \tag{4.2.27}$$

$$\gamma=\frac{mZ^2}{I_{my}} \tag{4.2.28}$$

当 y 与 φ_x 轴向相耦合时

$$\lambda_1^2=\frac{K_y}{m} \tag{4.2.29}$$

$$\lambda_2^2=\frac{K_{\varphi x}+K_y Z^2}{I_{mx}} \tag{4.2.30}$$

$$\gamma=\frac{mZ^2}{I_{mx}} \tag{4.2.31}$$

式中　Z——隔振器刚度中心C_s至隔振体系重心C_g的竖向距离（m）。

K_x、K_y、$K_{\varphi x}$、$K_{\varphi y}$按式（4.2.3）、式（4.2.4）、式（4.2.6）、式（4.2.7）计算。

对于刚性吊杆悬挂与隔振器支承组合方案，当 x 与φ_y轴相耦合时：

$$\lambda_1^2=\frac{g}{L} \tag{4.2.32}$$

$$\lambda_2^2=\frac{\sum_{i=1}^{N}K_{zi}x_i^2+\frac{WZ^2}{L}-WZ}{I_{my}} \tag{4.2.33}$$

$$\gamma=\frac{mZ^2}{I_{my}} \tag{4.2.34}$$

式中　Z——吊杆下端悬挂点至隔振体系重心C_g的竖向距离（m）；

g——重力加速度（9.81m/s^2）。

当 x 与φ_x轴向相耦合时：

$$\lambda_1^2=\frac{g}{L} \tag{4.2.35}$$

$$\lambda_2^2=\frac{\sum_{i=1}^{N}K_{zi}y_i^2+\frac{WZ}{L}-WL}{I_{mx}} \tag{4.2.36}$$

$$\gamma=\frac{mZ^2}{I_{mx}} \tag{4.2.37}$$

当Z_1与Z_2轴向相耦合时（图 4.1.3g、h）：

$$\lambda_1^2=\frac{K_1}{m_1} \tag{4.2.38}$$

$$\lambda_2^2=\frac{K_1+K_2}{m_2} \tag{4.2.39}$$

$$\gamma=\frac{m_1}{m_2} \tag{4.2.40}$$

式中　K_1、K_2——分别为隔振体系中隔振器（或支承构件）1 和 2 沿 z 轴向的刚度（kN/m）。

隔振体系有阻尼固有圆频率，可近似地按无阻尼固有圆频率计。对于z_1与z_2轴向相耦合时的第一和第二振型的固有频率，可按下式公式计算：

$$\omega_{n1}^2=\frac{\omega_1^2+\omega_2^2}{2}-\sqrt{\left(\frac{\omega_1^2-\omega_2^2}{2}\right)^2+\frac{m_1}{m_2}\omega_1^4} \tag{4.2.41}$$

$$\omega_{n2}^2=\frac{\omega_1^2+\omega_2^2}{2}+\sqrt{\left(\frac{\omega_1^2-\omega_2^2}{2}\right)^2+\frac{m_1}{m_2}\omega_1^4} \tag{4.2.42}$$

$$\omega_1^2=\frac{K_1}{m_1}$$

$$\omega_2^2=\frac{K_1+K_2}{m_2}$$

2. 对于双自由度耦合隔振体系中，其重心C_g处的振动线位移可按下列公式计算：

$$u_x=\rho_1 u_{\varphi1}\eta_1+\rho_2 u_{\varphi2}\eta_2 \tag{4.2.43}$$

$$u_{\varphi y}=u_{\varphi1}\eta_1+u_{\varphi2}\eta_2 \tag{4.2.44}$$

$$u_{\varphi1}=\frac{F_{ox}\rho_1+M_{oy}}{(m\rho_1^2+I_{my})\omega_{n1}^2} \tag{4.2.45}$$

$$u_{\varphi2}=\frac{F_{ox}\rho_2+M_{oy}}{(m\rho_2^2+I_{my})\omega_{n2}^2} \tag{4.2.46}$$

$$\rho_1=\frac{ZK_x}{K_x-m\omega_{n1}^2} \tag{4.2.47}$$

$$\rho_2=\frac{ZK_x}{K_x-m\omega_{n2}^2} \tag{4.2.48}$$

式中 u_x——隔振体系重心处，沿x轴向的振动线位移（m）；

$u_{\varphi y}$——隔振体系重心处，绕y轴向的振动角位移（rad）；

$u_{\varphi1}$、$u_{\varphi2}$——分别为隔振体系第一和第二振型的当量静角位移（rad）；

F_{ox}——作用在隔振体系重心处，沿x轴向的干扰力幅值（kN）；

M_{oy}——作用在隔振体系重心处，绕y轴向的干扰力矩幅值（kN·m）；

η_1、η_2——传递率（无量纲）可按下列情况计算：

当干扰力（矩）为简谐函数时：

$$\eta_1=\frac{1}{\sqrt{\left(1-\frac{\omega^2}{\omega_{n1}^2}\right)^2+\left(2\zeta_1\frac{\omega}{\omega_{n1}}\right)^2}} \tag{4.2.49}$$

$$\eta_2=\frac{1}{\sqrt{\left(1-\frac{\omega^2}{\omega_{n2}^2}\right)^2+\left(2\zeta_2\frac{\omega}{\omega_{n2}}\right)^2}} \tag{4.2.50}$$

当干扰力（矩）为矩形或三角形脉冲时，可根据t_0/T_{n1}和t_0/T_{n2}（t_0为脉冲作用时间）由表 4.2.1 查得。

ω_{n1}、ω_{n2}、T_{n1}、T_{n2}可按式（4.2.22）～式（4.2.25）计算；

ζ_1、ζ_2分别近似地取用下列情况的较小和较大的阻尼比（$\zeta_1\leqslant\zeta_2$）：

当x与φ_y轴向耦合时：ζ_x、$\zeta_{\varphi y}$；

当y与φ_x轴向耦合时：ζ_y、$\zeta_{\varphi x}$；

当z_1与z_2轴向耦合时：ζ_{z1}、ζ_{z2}；

ρ_1、ρ_2——隔振体系第一、第二振型中水平位移与转角的比值（m/rad）；

Z——隔振器刚度中心（或吊杆下端）至隔振体系重心的竖向距离（m）。

当y与φ_x轴向相耦合时，将式（4.2.43）～式（4.2.48）中的下脚标 x 与 y 对换即可。

当z_1与z_2轴向相耦合时（图 4.1.3g、h）：

$$u_{z1}=\rho_1 u_{s1}\eta_1+\rho_2 u_{s2}\eta_2 \tag{4.2.51}$$

$$u_{z2}=u_{s1}\eta_1+u_{s2}\eta_2 \tag{4.2.52}$$

$$u_{s1}=\frac{F_{z1}\rho_1+F_{z2}}{(m_1\rho_1^2+m_2)\omega_{n1}^2} \tag{4.2.53}$$

$$u_{s2}=\frac{F_{z1}\rho_2+F_{z2}}{(m_1\rho_2^2+m_2)\omega_{n2}^2} \tag{4.2.54}$$

$$\rho_1=\frac{K_1}{K_1-m_1\omega_{n1}^2} \tag{4.2.55}$$

$$\rho_2=\frac{K_1}{K_1-m_1\omega_{n2}^2} \tag{4.2.56}$$

式中 u_{z1}、u_{z2}——隔振体系中m_1和m_2沿 z 轴向的振动线位移（m）；

u_{s1}、u_{s2}——m_2的第一、第二振型时沿 z 轴向的当量静位移（m）；

ρ_1、ρ_2——第一、第二振型中m_1与m_2处的位移比值（无量纲）；

F_{z1}、F_{z2}——作用在m_1和m_2上沿 z 轴向的干扰力幅值（kN），当采用动力减振方案时其中P_{z1}为零。

第二节 被动隔振的计算

被动隔振体系固有频率的计算与主动隔振体系相同，可按公式（4.2.1）、式（4.2.2）、式（4.2.22）、式（4.2.23）计算，而其重心C_g处的振动位移，则可按下列有关条件确定：

一、单自由度计算

当为单自由度（独立振型）时，可按下列公式计算：

$$u_v=u_{ov}\eta_v \tag{4.2.57}$$

$$u_{\varphi v}=u_{o\varphi v}\eta_{\varphi v} \tag{4.2.58}$$

式中 u_v、$u_{\varphi v}$——隔振体系重心处沿和绕 v 轴向（v 分别为 x、y、z）线位移、角位移（m、rad）；

u_{ov}、$u_{o\varphi v}$——支承结构或地基处产生沿和绕 v 轴向的简谐干扰线位移、角位移（m、rad）；

η_v、$\eta_{\varphi v}$——被动隔振时的传递率（无量纲），可按下列公式计算：

$$\eta_v=\frac{\sqrt{1+\left(2\zeta_v\frac{\omega}{\omega_{nv}}\right)^2}}{\sqrt{\left(1-\frac{\omega^2}{\omega_{nv}^2}\right)^2+\left(2\zeta_v\frac{\omega}{\omega_{nv}}\right)^2}} \tag{4.2.59}$$

$$\eta_v=\frac{\sqrt{1+\left(2\zeta_{\varphi v}\frac{\omega}{\omega_{n\varphi v}}\right)^2}}{\sqrt{\left(1-\frac{\omega^2}{\omega_{n\varphi v}^2}\right)^2+\left(2\zeta_{\varphi v}\frac{\omega}{\omega_{n\varphi v}}\right)^2}} \tag{4.2.60}$$

二、双自由度计算

当为双自由度耦合振型时，可按下列有关情况分别计算被动隔振体系重心C_g处的振动位移：

当 x 与φ_y轴向相耦合时：

$$u_x=\rho_1 u_{\varphi 1}\eta_1+\rho_2 u_{\varphi 2}\eta_2 \tag{4.2.61}$$

$$u_{\varphi y}=u_{\varphi 1}\eta_1+u_{\varphi 2}\eta_2 \tag{4.2.62}$$

$$u_{\varphi 1}=\frac{K_x(\rho_1-Z)u_{ox}+(K_{\varphi y}+K_x Z^2-\rho_1 K_x Z)u_{o\varphi y}}{(m\rho_1^2+I_{my})\omega_{n1}^2} \tag{4.2.63}$$

$$u_{\varphi 2}=\frac{K_x(\rho_2-Z)u_{ox}+(K_{\varphi y}+K_x Z^2-\rho_2 K_x Z)u_{o\varphi y}}{(m\rho_2^2+I_{my})\omega_{n2}^2} \tag{4.2.64}$$

$$\rho_1=\frac{K_x Z}{K_x-m\omega_{n1}^2} \tag{4.2.65}$$

$$\rho_2=\frac{K_x Z}{K_x-m\omega_{n2}^2} \tag{4.2.66}$$

当 y 与φ_x轴向相耦合时，将公式（4.2.61）～式（4.2.66）中的下脚标 x 与 y 对换即可。

式中　η_1、η_2——分别为第一、第二振型被动隔振时的传递率（无量纲），可按下列公式计算：

$$\eta_1=\frac{\sqrt{1+\left(2\zeta_1\frac{\omega}{\omega_{n1}}\right)^2}}{\sqrt{\left(1-\frac{\omega^2}{\omega_{n1}^2}\right)^2+\left(2\zeta_v\frac{\omega}{\omega_{n1}}\right)^2}} \tag{4.2.67}$$

$$\eta_2=\frac{\sqrt{1+\left(2\zeta_2\frac{\omega}{\omega_{n2}}\right)^2}}{\sqrt{\left(1-\frac{\omega^2}{\omega_{n2}^2}\right)^2+\left(2\zeta_2\frac{\omega}{\omega_{n2}}\right)^2}} \tag{4.2.68}$$

u_{ox}、$u_{o\varphi y}$——支承结构或地基处产生沿 x 轴向干扰线位移（m）、绕 y 轴向的干扰角位移（rad）。

当z_1与z_2轴向相耦合时：

$$u_{z1}=\rho_1 u_{s1}\eta_1+\rho_2 u_{s2}\eta_2 \tag{4.2.69}$$

$$u_{z2}=u_{s1}\eta_1+u_{s2}\eta_2 \tag{4.2.70}$$

$$u_{s1}=\frac{K_2 u_{oz}}{(m_1\rho_1^2+m_2)\omega_{n1}^2} \tag{4.2.71}$$

$$u_{s2}=\frac{K_2 u_{oz}}{(m_1\rho_2^2+m_2)\omega_{n2}^2} \tag{4.2.72}$$

式中　ρ_1、ρ_2——按公式（4.2.65）、式（4.2.66）计算；

η_1、η_2——按公式（4.2.67）、式（4.2.68）计算；

u_{oz}——支承结构或地基处产生沿 z 轴向的干扰线位移（m）。

当干扰源为多个不同频率复合振动时，隔振后隔振体系重心处的总振动线位移，可按下式计算：

$$u_v=\sqrt{\sum_{i=1}^{N}u_{iv}^2} \tag{4.2.73}$$

式中　u_{iv}——干扰频率为ω_{iv}时，隔振后隔振体系重心处沿或绕 v 轴向的计算振动线位移

(m);

当被隔振设备有内振源时，应按本章第一节的规定，计算由其产生的振动，并应与由外部干扰源所产生的振动进行叠加。

被动隔振体系中支承结构或地基处的干扰振动值，可按其离振源不同距离由下式估算：

$$u_r=u_0\left[\frac{r_0}{r}\xi_0+\sqrt{\frac{r_0}{r}}(1-\xi_0)\right]e^{-f_0\alpha_0(r-r_0)} \tag{4.2.74}$$

式中 u_r——距振源中心 r 处地面上的振动线位移（m）；

u_0——振源中心的振动线位移（m）；

f_0——振源的扰力频率（Hz）对于冲击机器的振源，可采用其基础的固有频率（Hz）；

r_0——圆形基础的半径（m）或矩形基础的当量半径$r_0=\mu_1\sqrt{\frac{A}{\pi}}$，其中 A 为基础底面积，μ_1为动力影响系数，可按表 4.2.2 选用。

动力影响系数μ_1 **表 4.2.2**

基础底面积 A(m²)	μ_1	基础底面积 A(m²)	μ_1
$A<10$	1.00	16	0.88
12	0.96	$A\geqslant20$	0.80
14	0.92		

ξ_0——无量纲系数，可按表 4.2.3 采用；

α_0——地基土能量吸收系数（s/m），可按表 4.2.4 采用。

系数ξ_0 **表 4.2.3**

土的名称	振源基础的半径或当量半径r_0(m)							
	0.5 及以下	1.0	2.0	3.0	4.0	5.0	6.0	7 及以上
一般黏性土粉土、砂土	0.70～0.95	0.55	0.45	0.40	0.35	0.25～0.30	0.23～0.30	0.15～0.20
饱和软土	0.70～0.95	0.50～0.55	0.40	0.35～0.40	0.23～0.30	0.22～0.30	0.20～0.25	0.10～0.20
岩石	0.80～0.95	0.70～0.80	0.65～0.70	0.60～0.65	0.55～0.60	0.50～0.55	0.45～0.50	0.25～0.35

注：1. 对于饱和软土，当地下水深 1m 及以下时，ξ_0取较小值，1～2.5m 时取较大值，大于 2.5m 时，取一般黏性土的ξ_0值；

2. 对于岩石覆盖层在 2.5m 以内时，ξ_0取较大值，2.5～6m 时取较小值，超过 6m 时，取一般黏性土的ξ_0值。

地基土能量吸收系数α_0值 **表 4.2.4**

地基土名称及状态		α_0(s/m)
岩石(覆盖层 1.5～2.0m)	页岩、石灰岩	$(0.385\sim0.485)\times10^{-3}$
	砂岩	$(0.580\sim0.775)\times10^{-3}$
硬塑的黏土		$(0.385\sim0.525)\times10^{-3}$
中密的块石、卵石		$(0.850\sim1.100)\times10^{-3}$
可塑的黏土和中密的粗砂		$(0.965\sim1.200)\times10^{-3}$
软塑的黏土、粉土和稍密的中砂、粗砂		$(1.255\sim1.450)\times10^{-3}$
淤泥质黏土、粉土和饱和细砂		$(1.200\sim1.300)\times10^{-3}$
新近沉积的黏土和非饱和松散砂		$(1.800\sim2.050)\times10^{-3}$

注：1. 同一类地基土上，设备的振动大者，α_0取小值，设备振动小者取较大值；

2. 同等情况下，土的孔隙比大者，α_0取大值，孔隙比小者取小值。

第三节　任意点处的振动线位移与隔振器的变形

主动与被动隔振体系上任一点（也可是容许振动线位移的控制点）L 处的振动线位移，可按下列条件计算：

一、主动隔振体系上 L 点处的振动线位移计算

1. 当沿和绕 v 轴向的简谐扰力和扰力矩的工作频率均相同，而且在作用时间上没有相位差时，L 点处的振动线位移为：

$$u_{xL}=u_x+u_{\varphi y}Z_L-u_{\varphi z}Y_L \tag{4.2.75}$$

$$u_{yL}=u_y+u_{\varphi z}X_L-u_{\varphi x}Z_L \tag{4.2.76}$$

$$u_{zL}=u_z+u_{\varphi x}Y_L-u_{\varphi y}X_L \tag{4.2.77}$$

式中　u_{vL}——隔振体系 L 点处沿 v（v 代表 x、y、z）轴向的振动线位移（m）；

u_v、$u_{\varphi v}$——隔振体系重心处沿和绕 v 轴向的线位移（m）、角位移（rad）；

X_L、Y_L、Z_L——L 点距以隔振体系重心为坐标原点的坐标值（m）。

2. 当沿和绕 v 轴向的简谐扰力的工作频率均相同，但在时间上有相位差时，L 点处的振动线位移应按 v 轴向振动的相位差求得。

3. 当沿和绕 v 轴向的简谐扰力和扰力矩的工作频率均不相同时，双自由度耦合振型在隔振体系重心C_g处的振动线位移，应按不同频率分别计算。此时，无论作用时间上是否有相位差，L 点处可能出现的最大线位移为：

$$u_{xLmax}=|u_x|+|u_{\varphi y}Z_L|-|u_{\varphi z}Y_L| \tag{4.2.78}$$

$$u_{yLmax}=|u_y|+|u_{\varphi z}X_L|-|u_{\varphi x}Z_L| \tag{4.2.79}$$

$$u_{zLmax}=|u_z|+|u_{\varphi x}Y_L|-|u_{\varphi y}X_L| \tag{4.2.80}$$

对沿和绕 v 轴向的简谐扰力和扰力矩的工作频率中某些相同，某些不同等情况，可近似地按式（4.2.78）～式（4.2.80）计算。

4. 当扰力（矩）为脉冲时，无论脉冲作用时间函数是否相同，L 点处的振动线位移，可近似地按式（4.2.75）～式（4.2.77）计算。

二、任意点处隔振器的变位

主动隔振体系在 L 点处的隔振器产生的变形或可能产生的最大变形，可按式（4.2.75）～式（4.2.77）或式（4.2.78）～式（4.2.80）计算。

三、被动隔振体系中 L 点处的振动线位移与隔振器的变形计算

可将上述有关公式中的u_v、$u_{\varphi v}$分别改用（u_v-u_{ov}）、（$u_{\varphi v}-u_{o\varphi v}$）即可。

第三章　隔振材料和隔振器

第一节　概　　述

对动力机器或精密仪器、设备采取隔振措施时，应根据振源特性、隔振要求选择隔振器或隔振材料，一般应考虑以下原则：

1. 刚度要小，弹性要好。
2. 承载力大，强度高，阻尼适当。
3. 耐久性好，性能稳定。
4. 抗酸、碱、油的侵蚀性能好。
5. 取材方便，经济实用。
6. 维修和更换方便。

第二节　钢螺旋圆柱弹簧

钢弹簧具有性能稳定，承载力较高、耐久性好，计算可靠等优点。用钢螺旋圆柱弹簧组成的隔振体系，其自振频率可以做得较低，一般可达到 2～3Hz，其隔振效果较好，得到广泛应用。

一、常用弹簧钢材的力学性能

几种常用弹簧钢材的力学性能见表 4.3.1。

常用弹簧钢材的力学性能　　表 4.3.1

材料名称	材料代号	容许剪应力 $[\tau]$(N/mm²)	剪变模量 G(N/mm²)	弹性模量 E(N/mm²)
碳素弹簧钢丝	Ⅱ，$Ⅱ_a$	(ϕ4～ϕ6) 420 (ϕ6.3～ϕ8) 370	80000	200000
65 锰钢	65Mn	(ϕ4.8～ϕ5.3) 400 (ϕ5.5～ϕ8) 380	80000	200000

续表

材料名称	材料代号	容许剪应力 $[\tau]$(N/mm²)	剪变模量 G(N/mm²)	弹性模量 E(N/mm²)
60硅2锰 60硅2锰高 60硅2铬高	60Si2Mn 60Si2MnA 60Si2CrA	470	80000	200000
60硅2铬钒高	60Si2CrVA	560	80000	200000
50铬钒高	50CrVA	440		

注：表中所列容许剪应力，系受动荷载次数在 10^6 次以上的数值。

二、钢螺旋圆柱弹簧（压缩型）的计算和设计

1. 钢螺旋圆柱弹簧的计算和设计，可按以下步骤进行：

（1）每个弹簧承受的荷载 W_i 为：

$$W_i=\frac{W+1.5F_{vd}}{N}(\text{kN}) \tag{4.3.1}$$

式中 W——弹簧隔振器上全部净载荷（kN）；

F_{vd}——弹簧隔振器上所受的动载荷（竖向干扰力，kN）；

N——弹簧数量。

W_s——试验载荷（kN），试验载荷为测定弹簧特性时，弹簧容许承受的最大载荷。可按如下公式计算

$$W_s=\frac{\pi d^3\tau_s}{8D}$$

W_1、$W_2\cdots W_n$——弹簧的工作载荷（kN），弹簧变形量应在试验载荷下变形量的20%～80%之间，即要求

$$0.2W_s\leqslant W_{1,2\cdots n}\leqslant 0.8W_s$$

在特殊需要保证弹簧刚度时，工作载荷下的变形量应在试验载荷下变形量的30%～70%。

（2）每个弹簧的竖向刚度 K_{zi} 为：

$$K_{zi}=\frac{K_z}{N}(\text{kN/m}) \tag{4.3.2}$$

式中 K_z——隔振体系的竖向总刚度（kN/m），可按公式（4.1.9）～式（4.1.11）计算。

（3）假定弹簧指数 C（又称旋绕比）：

$$C=\frac{D_{s2}}{d} \tag{4.3.3}$$

式中 D_{s2}——弹簧中径（mm），见图 4.3.1；

d——弹簧钢丝直径（mm）；

C——一般取 4～12。

（4）弹簧钢丝直径 d，可按下式计算：

$$d=1.6\sqrt{\frac{kCW_i\times 1000}{[\tau]}}(\text{mm}) \tag{4.3.4}$$

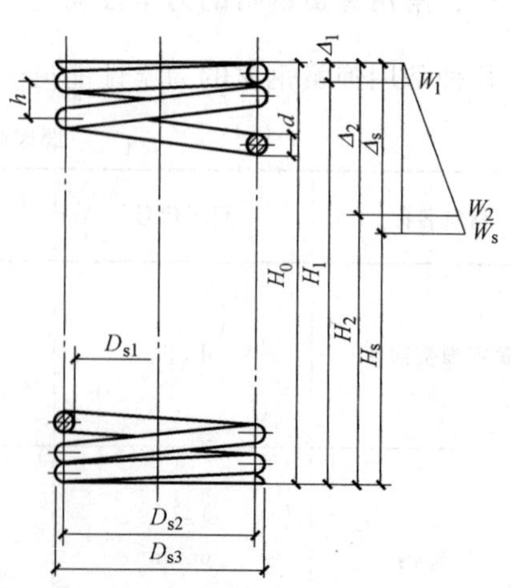

图 4.3.1 圆柱螺旋弹簧示意图

式中 k——与有关的曲线系数，又称弹簧不均匀受剪修正系数，可按下式计算或按图4.3.2曲线查得：

$$k=\frac{4C-1}{4C-4}+\frac{0.615}{C} \tag{4.3.5}$$

$[\tau]$——容许剪应力，其值可按表4.3.1选用。

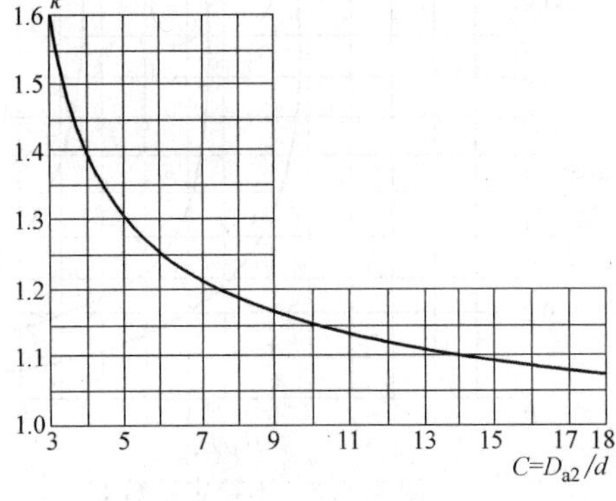

图4.3.2 弹簧曲线系数 k

（5）弹簧有效圈数 i_1（也称工作圈数）：

$$i_1=\frac{Gd}{8K_{zi}C^3} \tag{4.3.6}$$

式中 G——弹簧钢材的剪变模量（N/mm^2）可按表4.3.1查得。

（6）弹簧总圈数 i：

$$\left.\begin{array}{l}\text{冷卷弹簧 } i=i_1+(2\sim2.5)\\ \text{热卷弹簧 } i=i_1+(1.5\sim2.0)\end{array}\right\} \tag{4.3.7}$$

（7）弹簧自由高度 H_0：

当两端圈磨平，且 $i=i_1+(2\sim2.5)$ 时：

$$H_0=h_i+(1-2)d(\text{mm}) \tag{4.3.8}$$

式中 h——弹簧节距（mm），见图4.3.1。

（8）弹簧工作高度 H_N：

$$H_n=H_0-\Delta \tag{4.3.9}$$

$$\Delta=\frac{8W_iD_{S2}^3i_1\times1000}{Gd^4}=\frac{W_i\times1000}{K_{zi}} \tag{4.3.10}$$

式中 Δ——弹簧的静变位（mm）。

（9）弹簧并紧高度 H_b：

当两端并紧并磨平时：

$$H_b=(i-0.5)d\ (\text{mm}) \tag{4.3.11}$$

（10）弹簧节距 h 应满足以下条件：

$$h\geqslant\frac{\Delta}{i_1}+(1.2\sim1.3)d\ (\text{mm}) \tag{4.3.12}$$

（11）弹簧螺旋角 α：

$$\alpha=\arctan\frac{h}{\pi D_{S2}} \tag{4.3.13}$$

α 宜采用 $5°\sim9°$，一般不大于 $9°$。

（12）弹簧展开长度 L：

$$L=\frac{\pi D_{s2}i}{\cos\alpha}\ (\text{mm}) \tag{4.3.14}$$

设计弹簧时，当已知弹簧的工作条件、工作载荷 W_i 和对应的变形量 Δ，先根据工作条件确定弹簧的载荷类型，选择材料，查取许用切应力 $[\tau]$，然后在5～8的范围内初步选取旋绕比 C，计算弹簧线径 d，并进行圆整，再计算弹簧中径 D_{s2}，由式（4.3.6）计算有效圈数 i_1，最后验算弹簧特性，包括弹簧刚度、变形量、工作载荷、最大载荷，以及稳定性、自振频率和疲劳寿命。

2. 钢螺旋圆柱弹簧的高径比 H_0/D_{s2}，应符合下列规定：

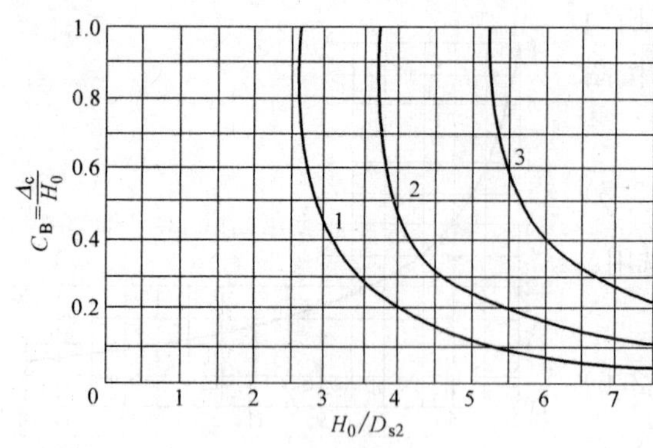

图 4.3.3　不稳定系数 C_B

1—弹簧下端固定，上端侧向可自由位移而无转动；2—弹簧下端固定，上端回转支承；3—弹簧两端均无侧向位移和转动

（1）当弹簧下端固定，上端侧向可自由位移而无转动时：

$$\frac{H_0}{D_{s2}}<2.6$$

（2）当弹簧下端固定，上端回转支承时：

$$\frac{H_0}{D_{s2}}<3.7$$

（3）当弹簧两端均无侧向位移和转动时：

$$\frac{H_0}{D_{s2}}<5.3$$

3. 当钢螺旋圆柱弹簧的高径比不能满足上述规定时，应按下式进行稳定性验算：

$$P_c=C_B K_{zi} H_0 \tag{4.3.15}$$

式中　P_c——稳定性临界载荷（kN）；

$C_B=\frac{\Delta_c}{H_0}$——不稳定系数，可由图 4.3.3 查得，Δ_c 为临界失稳变形量（mm）。

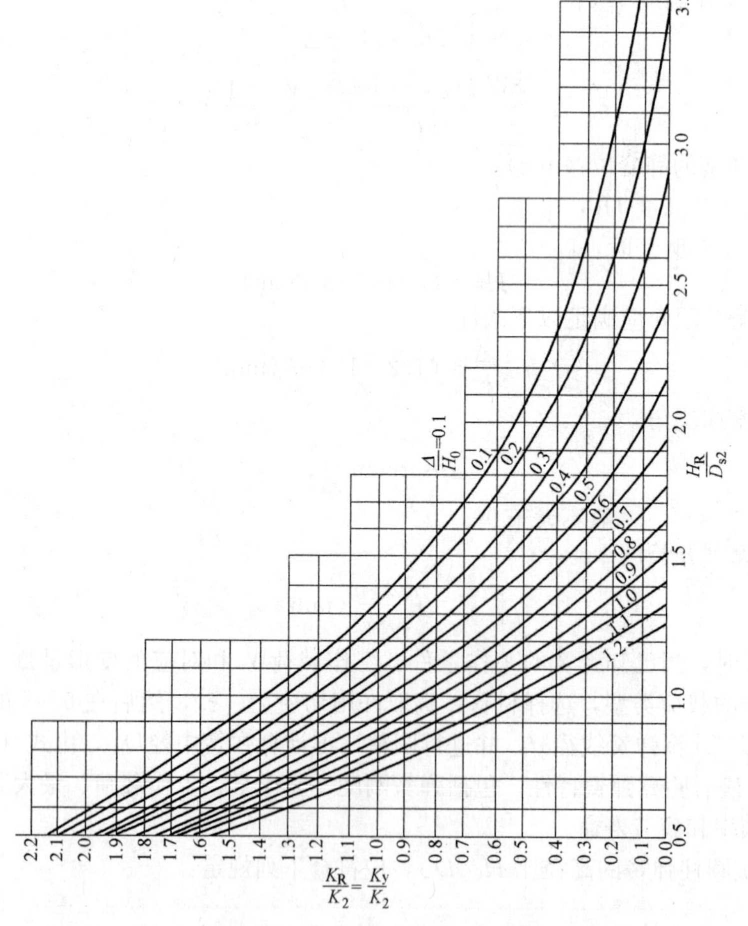

图 4.3.4　计算弹簧水平刚度曲线

4. 钢螺旋圆柱弹簧的侧向刚度 K_x 或 K_y 当其下端固定，上端侧向可自由位移而无转动时，可按弹簧的工作高度与中径之比 H_n/D_{s2} 及静变位与工作高度之比 Δ/H_n，由图 4.3.4 查得侧向刚度与竖向刚度的比值而求得。

5. 钢螺旋圆柱弹簧的阻尼比约为 0.005，用于隔振时，应另加阻尼器或阻尼材料。

6. 钢螺旋圆柱弹簧拉伸型的轴向刚度和变形等计算与上述压缩型弹簧相同，但弹簧两端应设钩环。拉伸弹簧的节距 h 应不小于钢丝直径 d，材料的容许剪应力 $[\tau]$，可取压缩弹簧容许剪应力的 80%。

7. 当振动源频率较高时，应进行钢螺旋圆柱弹簧自身的共振验算，弹簧的竖向一阶固有频率可按下列公式计算：

当弹簧两端固定时：

$$f=3.56\times10^5\frac{d}{i_1D_{s2}^2}\ (\text{Hz}) \tag{4.3.16}$$

当弹簧一端固定，一端自由时：

$$f=1.78\times10^5\frac{d}{i_1D_{s2}^2}\ (\text{Hz}) \tag{4.3.17}$$

应使振动源的频率与上述公式计算所得的弹簧一阶固有频率错开 1～1.25 倍。

8. 疲劳强度验算

变载荷的重要弹簧应进行疲劳强度校核，校核时由变载荷的循环特征 $r=W_{min}/W_{max}=\tau_{min}/\tau_{max}$ 和抗拉强度 σ_b，从图 4.3.5 中查取其疲劳寿命来进行验算，图中 $\tau_{max}/\sigma_b=0.45$ 的横线是不产生永久变形的极限值。剪切应力计算公式如下所示。

$$\tau=\frac{8KDW}{\pi d^3}=\frac{8KCW}{\pi d^2}\leqslant\tau_p \tag{4.3.18}$$

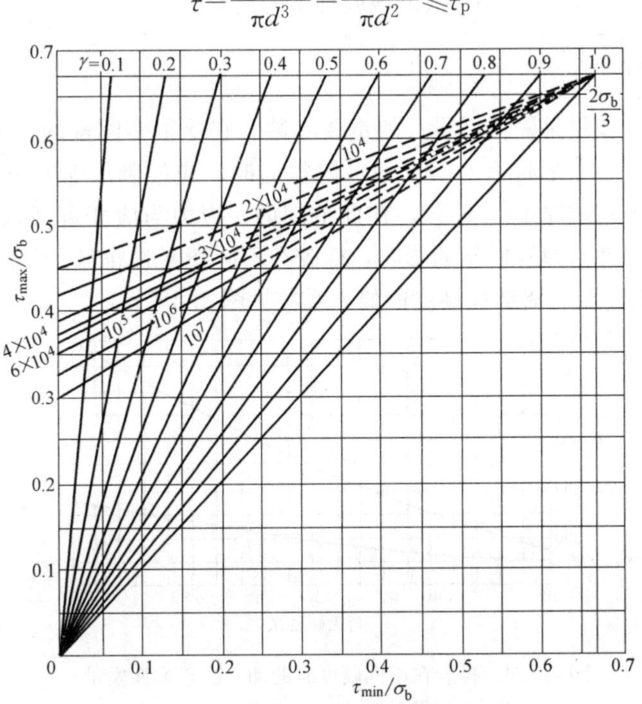

图 4.3.5　疲劳寿命图

第三节　橡胶弹簧

一、材料

橡胶是一种常用的隔振材料，其特点是弹性好、阻尼比较大、成型简单、制作形状不受限制、各向刚度可根据要求选择，而且成本低廉，它是一种较理想的隔振材料。但橡胶不耐低温和高温，易于老化，使用年限较短，这些缺点也限制了它的应用范围。做隔振用的橡胶有天然胶（NR）、氯丁胶（CR）、丁腈胶（NBR）及顺丁胶（BR）等。天然胶的强度、延伸性、耐磨性、耐低温性较好，但耐油性、耐热性差。氯丁胶耐老化性、耐臭氧性较好。丁腈胶耐油性、耐磨性好，阻尼值大。选用橡胶做隔振材料，应根据使用要求选择合适的胶种。

橡胶的容许应力可见表 4.3.2。

橡胶的容许应力表　　**表 4.3.2**

受力类型	容许应力（N/cm²）		
	静态	瞬时冲击	长期动态
拉伸	100～200	100～150	50～100
压缩	350～500	250～500	100～150
剪切	100～200	100～200	30～50
扭转	200	200	30～100

橡胶的阻尼比为 0.07～0.10，数值视胶种不同而异。

二、隔振器设计

橡胶的静态弹性模量是隔振器设计的重要参数。它受很多因素的影响，如橡胶品种、硬度、使用环境温度、变形量大小等。设计隔振器时，应控制压缩变形量不超过厚度的15%，剪切变形量不超过厚度的 25%，在此范围内，应力与应变近似认为是线性的，可以忽略应变量的非线性对弹性模量的影响，橡胶在不同硬度时静态、动态弹性模量的变化见图 4.3.6，环境温度变化对橡胶硬度的修正系数见图 4.3.7。

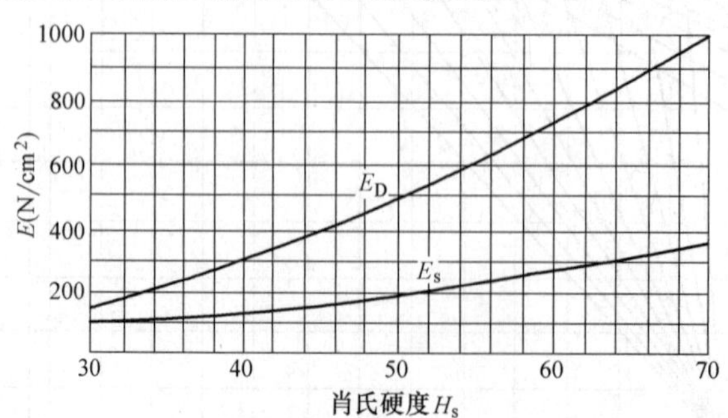

图 4.3.6　橡胶在不同硬度时的动、静态弹性模量

E_s—橡胶静态拉压弹性模量（N/cm²）；

E_D—橡胶动态拉压弹性模量（N/cm²）

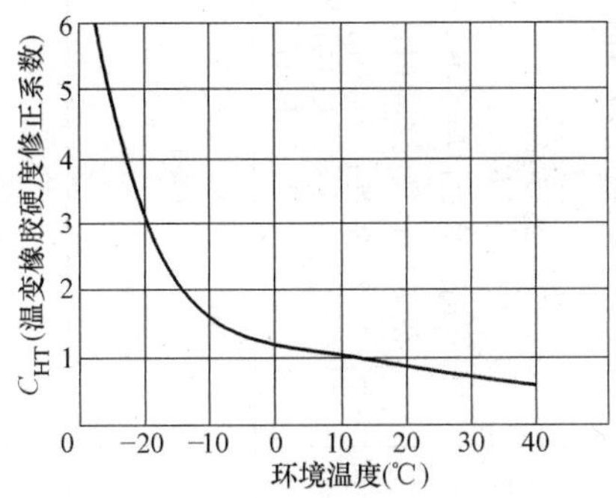

图 4.3.7　温度变化时橡胶硬度的修正系数
C_{HT}（当环境温度为＋15℃时，$C_{HT}=1$）

橡胶静态剪切弹性模量 G_s

$$G_s=11.9e^{0.034H_s}(\text{N/cm}^2) \tag{4.3.19}$$

当受压面积与自由侧面积之比甚小时，可按下式计算

$$G_s\approx\frac{1}{3}E_s(\text{N/cm}^2) \tag{4.3.20}$$

橡胶动态剪切模量的比值可按橡胶动态拉压弹性模量与静态拉压弹性模量的比值计算。

橡胶隔振器的刚度计算式见表 4.3.3。

当设备转速高于 1500r/min 及动荷载较大时，可采用压缩型橡胶隔振器。

当设备转速较低，但高于 600r/min 及要求隔振器刚度较低时，可采用剪切型橡胶隔振器。

【例 4.3.1】　已知隔振器承受荷载 $F_v=5\text{kN}$，根据要求，隔振器垂直向刚度 $K_{zi}=12.5\text{kN/cm}$，使用环境温度为 30℃，设计矩形承压式橡胶隔振器几何尺寸。

选用标准温度为±15℃时硬度 $H_s=40°$ 的丁腈橡胶，使用温度为＋30℃时，查图 4.3.7 得

$$H_s=40\times0.8=32°$$

查图 4.3.6，得动态弹性模量

$$E_D=160\text{N/cm}^2$$

并得到

$$G_D=\frac{160}{3}=53.3\text{N/cm}^2$$

假定隔振器几何尺寸 $L=B=16\text{cm}$，$H=6.5\text{cm}$ 则

$$A_L=LB=16\times16=256\text{cm}^2$$

$$A_F=2(L+B)H=2(16+16)\times6.5=416\text{cm}^2$$

$$n=\frac{A_L}{A_F}=\frac{256}{416}=0.62$$

形状系数 $\mu_z=1+2.2n^2=1+2.2\times0.62^2=1.85$

$$\mu_x=\mu_y=\frac{1}{1+0.29\left(\dfrac{H}{L}\right)^2}=\frac{1}{1+0.29\left(\dfrac{6.5}{16}\right)^2}=0.95$$

橡胶隔振器刚度计算 **表 4.3.3**

项目		圆柱形	环柱形	矩形	圆筒形	剪切型
简图		圆柱形	环柱形	矩形	圆筒形	剪切型
动刚度	K_{zi}	$K_{zi}=\frac{A_L\mu_z}{H}E_D$	$K_{zi}=\frac{A_L\mu_z}{H}E_D$	$K_{zi}=\frac{A_L\mu_z}{H}E_D$	$K_{zi}=\frac{\pi L}{\ln\frac{D}{d}}(\mu_z E_D+G_D)$ $K_{zi}=K_{xi}$	1. R_H＝常数，截面等强度时： $K_{Zi}=\frac{2\pi B_B H_B}{(R_H-R_B)}G_D$ 2. H＝常数，截面等高度时： $K_{Zi}=\frac{2\pi H}{\ln\frac{R_H}{R_B}}G_D$ 3. $R_H\neq$常数，$H\neq$常数，截面不等，高度不等时： $K_{Zi}=\frac{2\pi(R_B H_H-R_H H_B)}{(R_H-R_B)\ln\frac{R_B H_H}{R_H H_B}}G_D$
	K_{xi}	$K_{xi}=K_{yi}=\frac{A_L\mu_x}{H}G_D$	$K_{xi}=K_{yi}=\frac{A_L\mu_x}{H}G_D$	$K_{xi}=\frac{A_L\mu_x}{H}G_D$	$K_{yi}=\frac{2\pi L}{\ln\frac{D}{d}}GD$	
	K_{yi}			$K_{yi}=\frac{A_L\mu_x}{H}G_D$		
计算机说明		$\mu_z=1+1.65n^2$ $\mu_x=\mu_y=\frac{1}{1+0.38\left(\frac{H}{D}\right)^2}$ $n=\frac{A_L}{A_F}$ $A_L=\frac{\pi D^2}{4}$ $A_F=\pi DH$ 一般应满足$\frac{1}{4}\leqslant\frac{H}{D}\leqslant\frac{3}{4}$	$\mu_z=1.2(1+1.65n^2)$ $\mu_x=\mu_y=\frac{1}{1+\frac{4}{9}\left(\frac{H}{D}\right)^2}$ $n=\frac{A_L}{A_F}$ $A_L=\frac{n(D^2-d^2)}{4}$ $A_F=\pi(D+d)H$	$\mu_z=1+2.2n^2$ $\mu_x=\frac{1}{1+0.29\left(\frac{H}{B}\right)^2}$ $\mu_y=\frac{1}{1+0.29\left(\frac{H}{L}\right)^2}$ $n=\frac{A_L}{A_F}$ $A_L=LB$ $A_F=2(L+B)H$	$\mu_z=1+4.67\frac{d\cdot L}{(d+L)(D-d)}$ $\mu_z=2\sim5$	

注：1. 表中算出的刚度是以温度＋15℃为准的，当使用环境温度与此有差异时，应按图 4.3.7 对橡胶硬度也即对橡胶弹性模量进行修正；2. 表中 μ_z、μ_x、μ_y 为形状系数。

$$H=\frac{A_{\mathrm{L}}\mu_{\mathrm{z}}E_{\mathrm{D}}}{K_{zi}}=\frac{256\times1.85\times160}{12500}=6.06\mathrm{cm}$$

取 H 为 6.5cm，刚度复核

$$K_{zi}=\frac{A_{\mathrm{L}}\mu_{\mathrm{z}}E_{\mathrm{D}}}{H}=\frac{256\times1.85\times160}{6.5}=11658\mathrm{N/cm}$$

$$K_{xi}=K_{yi}=\frac{A_{\mathrm{L}}\mu_{\mathrm{x}}G_{\mathrm{D}}}{H}=\frac{256\times0.95\times53.3}{6.5}=1994\mathrm{N/cm}$$

强度复核 $$\sigma=\frac{F_{\mathrm{v}}}{A_{\mathrm{L}}}=\frac{5000}{256}=19.5\mathrm{N/cm^2}<100\mathrm{N/cm^2}$$

三、隔振器产品

国内橡胶隔振器产品颇多，以受力形态可分为承压型、剪切型，承压型中又有单层或多层橡胶层（可谓串联式）等。橡胶隔振器，由于其刚度较大，使隔振系统具有较高的固有振动频率，因此一般适合于中、高频率设备的隔振。国内生产橡胶隔振器的工厂（或公司）较多，多年来，由于技术进步，不仅研发了众多系列产品，而且在质量上、性能上也达到了国外同类产品水平，不仅大量应用国内工程，而且已出口国外。

JSD 型橡胶剪切隔振器 为典型的剪切型隔振器。隔振器由金属内外环与橡胶组成，上部螺孔用螺栓与设备或隔振台座连接，下部金属橡胶复合圆形环的安装孔可与支承结构（基础，楼层或屋面）用螺栓连接，也可用压板压住圆形环作为连接的另一种方式。该系列产品承载范围宽，单只承载为 0.2～15kN，阻尼比大于 0.06，适用温度为－20～＋60℃，固有振动频率为 8Hz 左右，可用于风机、水泵、压缩机、冷水机组、空压机等设备的隔振，隔振效果显著。当用于室外时，隔振器外应加置橡胶外罩，以防止紫外线照射影响。隔振器外形见图 4.3.8，安装尺寸见图 4.3.9，尺寸及技术性能见表 4.3.4。

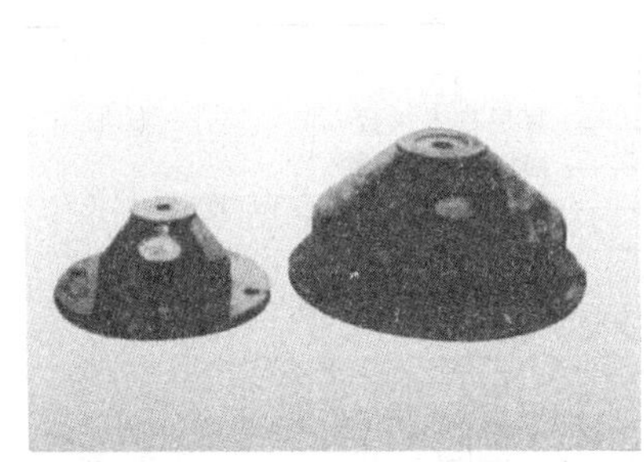

图 4.3.8 JSD 型隔振器外形

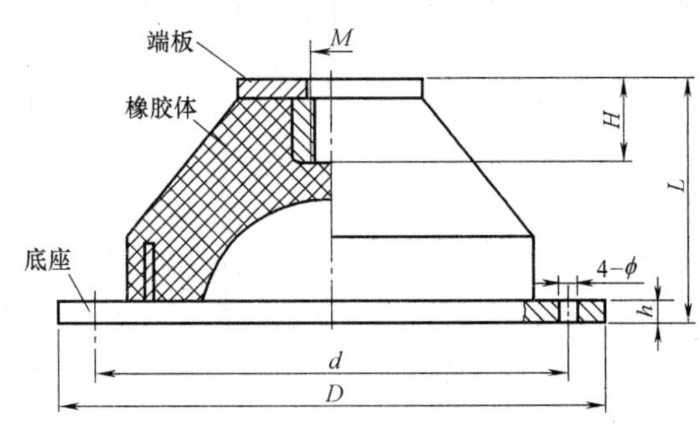

图 4.3.9 JSD 型隔振器尺寸

JSD 型隔振器尺寸及技术性能 **表 4.3.4**

型号	载荷范围 (N)	额定静变形 (mm)	固有频率 (Hz)	尺寸(mm)						
				L	D	d	M	h	Φ	H
JSD-50	200～500	8±2	8±2	72	150	120	12	7	13	10
JSD-85	500～850	8±2	8±2	72	150	120	12	7	13	10
JSD-160	850～1600	8±2	8±2	83	200	170	14	10	15	14

续表

型号	载荷范围（N）	额定静变形（mm）	固有频率（Hz）	尺寸(mm)						
				L	D	d	M	h	Φ	H
JSD-330	1600～3300	8±2	8±2	83	200	170	14	10	15	14
JSD-540	3300～5400	8±2	8±2	83	200	170	14	10	15	14
JSD-650	5400～6500	8±2	8±2	83	200	170	14	10	15	14
JSD-1300	6500～13000	8±2	8±2	110	297	260	16	12	17	20
JSD-1500	10000～15000	10±2	7±2	110	297	260	16	12	17	20

注：H 为螺纹深度。

四、隔振垫产品

橡胶隔振垫产品形式也较多，一般为承压型，为了获得较低的固有振动频率，常叠合成多层使用，在层与层之间垫以薄钢板，橡胶隔振垫由于价格低廉，安装方便，广泛应用于动力设备的隔振，国内生产该类产品的工厂（公司）也较多，不少产品其性能已优于国外同类产品。

SD 型橡胶隔振垫为典型隔振垫类产品。隔振垫采用耐油橡胶经硫化模压成型，其波状表面可降低其竖向刚度。防振垫基本块尺寸为 84mm×84mm×20mm，同一种尺寸规格有三种橡胶硬度，采用叠合层时，层间用金属薄板胶合，以降低刚度。n 层隔振垫的总刚度为单层的 $1/n$，这种串联式的隔振垫，其总高度不应超过隔振垫的宽度。当被隔振体较轻时，可将防振垫切割成 1/2 块使用，其承载力及竖向刚度为原来的 1/2，切割后的隔振垫也可串联使用。

图 4.3.10 为其外形，图 4.3.11 为其本块尺寸。表 4.3.5 为其组合形式及性能表。

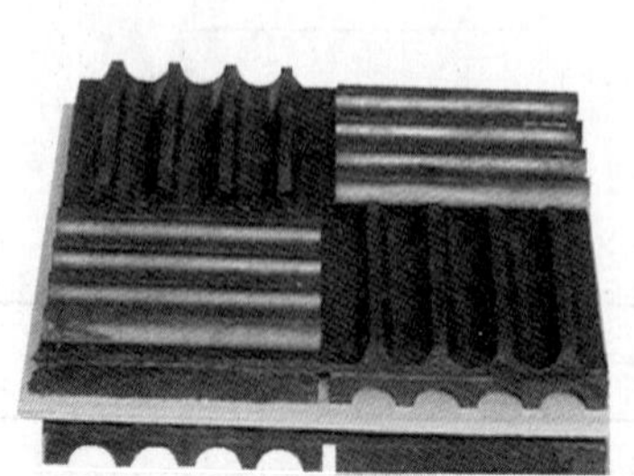

图 4.3.10　SD 型隔振垫外形

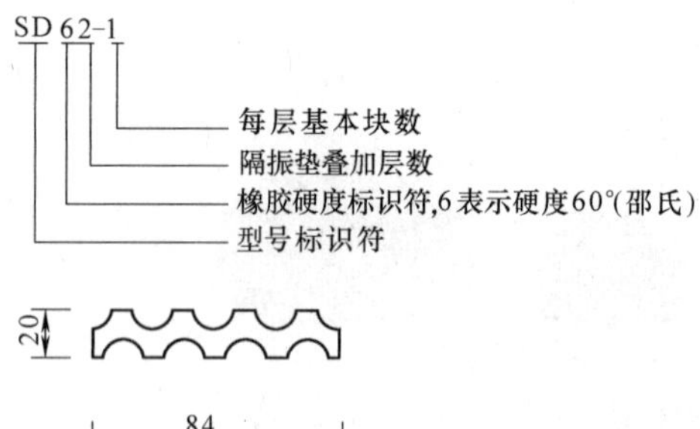

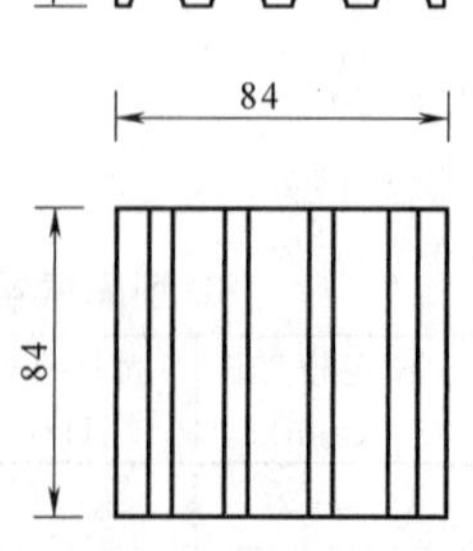

图 4.3.11　SD 型隔振垫基本块尺寸

SD 型隔振垫组合形式及技术性能　　　　**表 4.3.5**

隔振垫			组合简图	竖向容许荷载(kN)	竖向变形(mm)	竖向固有频率(Hz)	钢板	
型号	层	块					块	尺寸(mm)
SD-41-0.5	1	1/2	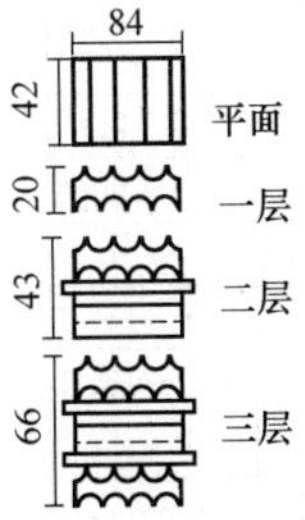 84；42 平面；20 一层；43 二层；66 三层；每层 0.5 个基本块	0.16～0.43	2.5～5.0	12.9～9.1		
SD-61-0.5				0.44～1.18	2.5～5.0	12.9～9.1		
SD-81-0.5				1.10～3.00	2.5～5.0	12.9～9.1		
SD-42-0.5	2	1		0.16～0.43	4.0～9.0	10.3～6.5	1	96×53×3
SD-62-0.5				0.44～1.18	4.0～9.0	10.3～6.5		
SD-82-0.5				1.10～3.00	4.0～9.0	10.3～6.5		
SD-43-0.5	3	1.5		0.16～0.43	5.5～13.0	8.4～5.4	2	
SD-63-0.5				0.44～1.18	5.5～13.0	8.4～5.4		
SD-83-0.5				1.10～3.00	5.5～13.0	8.4～5.4		
SD-41-1	1	1	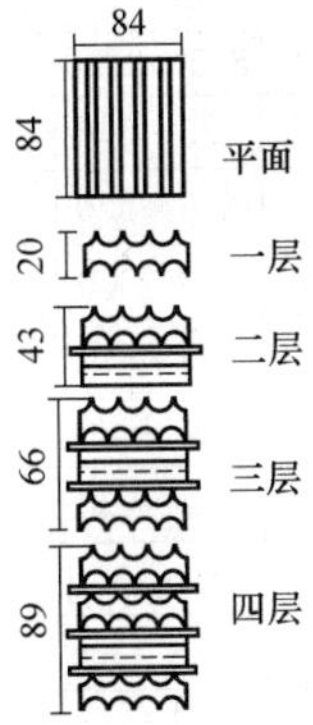 84；84 平面；20 一层；43 二层；66 三层；89 四层；每层 1 个基本块	0.32～0.86	2.5～5.0	12.9～9.1		
SD-61-1				0.88～2.37	2.5～5.0	12.9～9.1		
SD-81-1				2.22～5.92	2.5～5.0	12.9～9.1		
SD-42-1	2	2		0.32～0.86	4.0～9.0	10.3～6.5	1	96×96×3
SD-62-1				0.88～2.73	4.0～9.0	10.3～6.5		
SD-82-1				2.22～5.92	4.0～9.0	10.3～6.5		
SD-43-1	3	3		0.32～0.86	5.5～13.0	8.4～5.4	2	
SD-63-1				0.88～2.73	5.5～13.0	8.4～5.4		
SD-83-1				2.22～5.92	5.5～13.0	8.4～5.4		
SD-44-1	4	4		0.32～0.86	7.0～17.0	7.4～4.8	3	
SD-64-1				0.88～2.37	7.0～17.0	7.4～4.8		
SD-84-1				2.22～5.92	7.0～17.0	7.4～4.8		
SD-41-1.5	1	1.5	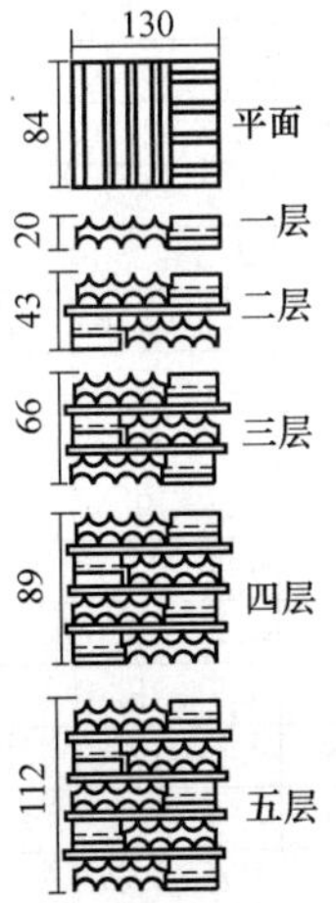 130；84 平面；20 一层；43 二层；66 三层；89 四层；112 五层；每层 1.5 个基本块	0.48～1.29	2.5～5.0	12.9～9.1		
SD-61-1.5				1.32～3.56	2.5～5.0	12.9～9.1		
SD-81-1.5				3.33～8.88	2.5～5.0	12.9～9.1		
SD-42-1.5	2	3		0.48～1.29	4.0～9.0	10.3～6.5	1	96×140×3
SD-62-1.5				13.2～3.56	4.0～9.0	10.3～6.5		
SD-82-1.5				3.33～8.88	4.0～9.0	10.3～6.5		
SD-43-1.5	3	4.5		0.48～1.29	5.5～13.0	8.4～5.4	2	
SD-63-1.5				1.32～3.56	5.5～13.0	8.4～5.4		
SD-83-1.5				3.33～8.88	5.5～13.0	8.4～5.4		
SD-44-1.5	4	6		0.48～1.29	7.0～17.0	7.4～4.8	3	
SD-64-1.5				1.32～3.56	7.0～17.0	7.4～4.8		
SD-84-1.5				3.33～8.88	7.0～17.0	7.4～4.8		
SD-45-1.5	5	7.5		0.48～1.29	8.5～21.0	7.0～4.1	4	
SD-65-1.5				1.32～3.56	8.5～21.0	7.0～4.1		
SD-85-1.5				3.33～8.88	8.5～21.0	7.0～4.1		

续表

隔振垫			组合简图	竖向容许荷载（kN）	竖向变形（mm）	竖向固有频率（Hz）	钢板	
型号	层	块					块	尺寸（mm）
SD-41-2	1	2	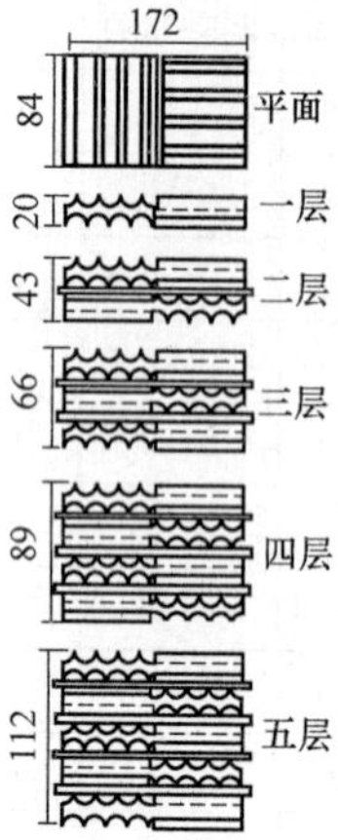 172；84；平面	0.64～1.72	2.5～5.0	12.9～9.1		
SD-61-2				1.76～4.74	2.5～5.0	12.9～9.1		
SD-81-2				4.44～11.84	2.5～5.0	12.9～9.1		
SD-42-2	2	4	20 一层；43 二层	0.64～1.72	4.0～9.0	10.3～6.5	1	96×182×3
SD-62-2				1.76～4.74	4.0～9.0	10.3～6.5		
SD-82-2				4.44～11.84	4.0～9.0	10.3～6.5		
SD-43-2	3	6	66 三层	0.64～1.72	5.5～13.0	8.4～5.4	2	
SD-63-2				1.76～4.74	5.5～13.0	8.4～5.4		
SD-83-2				4.44～11.84	5.5～13.0	8.4～5.4		
SD-44-2	4	8	89 四层	0.64～1.72	7.0～17.0	7.4～4.8	3	
SD-64-2				1.76～4.74	7.0～17.0	7.4～4.8		
SD-84-2				4.44～11.84	7.0～17.0	7.4～4.8		
SD-45-2	5	10	112 五层	0.64～1.72	8.5～21.0	7.4～4.1	4	
SD-65-2				1.76～4.74	8.5～21.0	7.4～4.1		
SD-85-2			每层2个基本块	4.44～11.84	8.5～21.0	7.4～4.1		
SD-41-2.5	1	2.5	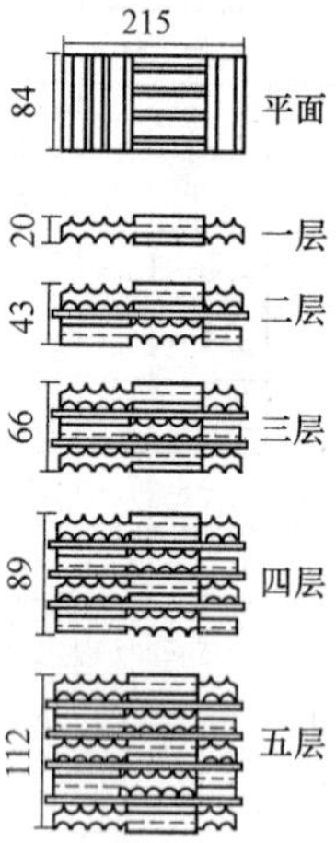 215；84；平面	0.80～2.15	2.5～5.0	12.9～9.1		
SD-61-2.5				2.20～5.93	2.5～5.0	12.9～9.1		
SD-81-2.5				5.55～14.8	2.5～5.0	12.9～9.1		
SD-42-2.5	2	5	20 一层；43 二层	0.80～2.15	4.0～9.0	10.3～6.5	1	96×225×3
SD-62-2.5				2.20～5.93	4.0～9.0	10.3～6.5		
SD-82-2.5				5.55～14.8	4.0～9.0	10.3～6.5		
SD-43-2.5	3	7.5	66 三层	0.80～2.15	5.5～13.0	8.4～5.4	2	
SD-63-2.5				2.20～5.93	5.5～13.0	8.4～5.4		
SD-83-2.5				5.55～14.8	5.5～13.0	8.4～5.4		
SD-44-2.5	4	10	89 四层	0.80～2.15	7.0～17.0	7.4～4.8	3	
SD-64-2.5				2.20～5.93	7.0～17.0	7.4～4.8		
SD-84-2.5			112 五层	5.55～14.8	7.0～17.0	7.4～4.8		
SD-45-2.5	5	12.5		0.80～2.15	8.5～21.0	7.0～4.1	4	
SD-65-2.5			每层2.5个基本块	2.20～5.93	8.5～21.0	7.0～4.1		
SD-85-2.5				5.55～14.8	8.5～21.0	7.0～4.1		
SD-41-3	1	3	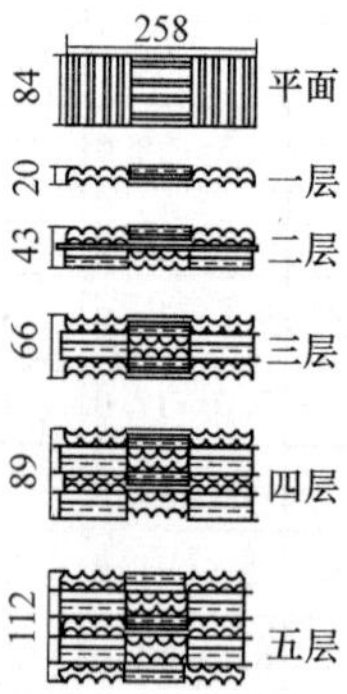	0.96～2.58	2.5～5.0	12.9～9.1		
SD-61-3				2.64～7.11	2.5～5.0	12.9～9.1		
SD-81-3			258；84；平面	6.66～17.7	2.5～5.0	12.9～9.1		
SD-42-3	2	6	20 一层	0.96～2.58	4.0～9.0	10.3～6.5	1	96×268×3
SD-62-3			43 二层	2.64～7.11	4.0～9.0	10.3～6.5		
SD-82-3				6.66～17.7	4.0～9.0	10.3～6.5		
SD-43-3	3	9	66 三层	0.96～2.58	5.5～13.0	8.4～5.4	2	
SD-63-3				2.64～7.11	5.5～13.0	8.4～5.4		
SD-83-3			89 四层	6.66～17.7	5.5～13.0	8.4～5.4		
SD-44-3	4	12		0.96～2.58	7.0～17.0	7.4～4.8	3	
SD-64-3			112 五层	2.64～7.11	7.0～17.0	7.4～4.8		
SD-84-3				6.66～17.7	7.0～17.0	7.4～4.8		
SD-45-3	5	15		0.96～2.58	8.5～21.0	7.4～4.1	4	
SD-65-3			每层3个基本块	2.64～7.11	8.5～21.0	7.4～4.1		
SD-85-3				6.66～17.7	8.5～21.0	7.4～4.1		

续表

隔振垫			组合简图	竖向容许荷载 (kN)	竖向变形 (mm)	竖向固有频率 (Hz)	钢板	
型号	层	块					块	尺寸(mm)
SD-41-4	1	4	172；172；平面；20 一层；43 二层；66 三层；89 四层；112 五层；每层4个	1.28～3.44	2.5～5.0	12.9～9.1		182×182×3
SD-61-4				3.52～9.48	2.5～5.0	12.9～9.1		
SD-81-4				8.88～23.7	2.5～5.0	12.9～9.1		
SD-42-4	2	8		1.28～3.44	4.0～9.0	10.3～6.5	1	
SD-62-4				3.52～9.48	4.0～9.0	10.3～6.5		
SD-82-4				8.88～23.7	4.0～9.0	10.3～6.5		
SD-43-4	3	12		1.28～3.44	5.5～13.0	8.4～5.4	2	
SD-63-4				3.52～9.48	5.5～13.0	8.4～5.4		
SD-83-4				8.88～23.7	5.5～13.0	8.4～5.4		
SD-44-4	4	16		1.28～3.44	7.0～17.0	7.4～4.8	3	
SD-64-4				3.52～9.48	7.0～17.0	7.4～4.8		
SD-84-4				8.88～23.7	7.0～17.0	7.4～4.8		
SD-45-4	5	20		1.28～3.44	8.5～21.0	7.0～4.1	4	
SD-65-4				3.52～9.48	8.5～21.0	7.0～4.1		
SD-85-4				8.88～23.7	8.5～21.0	7.0～4.1		
SD-41-6	1	6	258；172；平面；20 一层；43 二层；66 三层；89 四层；112 五层；每层6个基本块	1.92～5.16	2.5～5.0	12.9～9.1		
SD-61-6				5.28～14.2	2.5～5.0	12.9～9.1		
SD-81-6				13.3～35.5	2.5～5.0	12.9～9.1		
SD-42-6	2	12		1.92～5.16	4.0～9.0	10.3～6.5	1	82×268×3
SD-62-6				5.28～14.2	4.0～9.0	10.3～6.5		
SD-82-6				13.3～35.5	4.0～9.0	10.3～6.5		
SD-43-6	3	18		1.92～5.16	5.5～13.0	8.4～5.4	2	
SD-63-6				5.28～14.2	5.5～13.0	8.4～5.4		
SD-83-6				13.3～35.5	5.5～13.0	8.4～5.4		
SD-44-6	4	24		1.92～5.16	7.0～17.0	7.4～4.8	3	
SD-64-6				5.28～14.2	7.0～17.0	7.4～4.8		
SD-84-6				13.3～35.5	7.0～17.0	7.4～4.8		
SD-45-6	5	30		1.92～5.16	8.5～21.0	7.4～4.1	4	
SD-65-6				5.28～14.2	8.5～21.0	7.4～4.1		
SD-85-6				13.3～35.5	8.5～21.0	7.4～4.1		

【例 4.3.2】 已知水泵及隔振台座总质量为 480kg，水泵转速为 1500r/min，选用 SD 型橡胶隔振垫，并确定其组合形式。

隔振台座拟用 6 组 SD 隔振橡胶垫支承，每组应承载 800N，试选 SD-42-1，在此承载力时，其竖向变形约为 9mm，竖向固有振动频率约为 6.5Hz，此时$\frac{\omega_0}{\omega}=\frac{157}{40.8}=3.85>2.5$，隔振系数为$\eta=\left|\frac{1}{1-\frac{\omega_0^2}{\omega^2}}\right|=0.07$，隔振效果好。

第四节　空气弹簧

一、空气弹簧的特点

空气弹簧是内部充气的一种柔性密闭容器，它是利用密闭于其中的空气可压缩性实现弹性作用的一种非金属弹簧。

空气弹簧隔振装置具有以下特点：

1. 空气弹簧是一种变刚度的隔振元件，它随着承载不同而改变其刚度，当承载大时，内压也增大，随即也增大了刚度，因而在荷载变化时，隔振体系的固有频率变化很少。

2. 空气弹簧具有非线性特性，因此可以将其特性曲线设计成理想形状，如S形，及在曲线中间区段具有很低的刚度并且近似认为是线性的，可以使隔振体可获得很低的固有振动频率，使隔振体系具有优良的隔振性能。

3. 空气弹簧具有很宽的承载范围，当其内压改变时，可以得到不同的承载力，例如，一只有效直径250mm的空气弹簧，当内压为0.2～0.5MPa（常用内压）时，承载能力可达9.8～25.4kN。

4. 空气弹簧内装有阻尼器，具有可调节竖向阻尼值的功能，可根据需要调节阻尼值。

5. 空气弹簧具有优良的隔声性能。

6. 空气弹簧隔振器当与高度控制阀组成隔振装置时，能自动调节被隔振体的高度，使被隔振体保持良好的水平度。即当被隔振体的质量及质心位置发生变化时，被隔振体将产生倾斜，此时高度控制阀会自动调节空气弹簧隔振器的内压，从而改变各隔振器的刚度，将被隔振体水平度恢复到原来状态，也就是说，带有高度控制阀的空气弹簧隔振装置，可以实现隔振体系刚度中心对质量和质心位置变化的自动跟踪，使质心与刚度中心在其垂直投影面上自动重合，使隔振体保持原有水平度。由于这种独特的性能，使空气弹簧在微振动控制领域得到广泛应用。

二、微振动控制用空气弹簧类型

空气弹簧隔振器的类型有几种不同的分类方法。

1. 按胶囊构造分类

空气弹簧胶囊构造分厚膜及薄膜两类。厚膜胶囊由内外橡胶层、帘线层及成型钢丝圈组成。内层橡胶层主要用于密封，外层橡胶除密封外，还起对胶囊的保护作用，上下开口部的密封方式要用金属卡板及螺钉夹紧密封方式或用压力自密封方式，即利用囊内气体压力将胶囊开口部的端面与金属盖板压紧方式形成密封。厚膜胶囊结构如图4.3.12所示，胶囊厚度为数毫米。

厚膜胶囊多用于汽车、铁道列车及工业动力机械等的隔振，也可用于精密装备隔振。

薄膜胶囊除内外橡胶层外，中间夹有超薄织物，胶囊厚度为0.7～3mm，仅用于精密装备隔振。薄膜胶囊结构如图4.3.13所示。

2. 按胶囊几何形状分类：

空气弹簧胶囊按几何形式分类甚多，用于微振动控制的主要有三类，即囊式、自由膜式及结束膜式。

囊式——囊式胶囊结构如图 4.3.14 所示，可根据需要设计为单曲、双曲及多曲。其优点是制造工艺简单，缺点是刚度大隔振效果较差，为了提高隔振效果，可采用多曲胶囊，但因此造成横向稳定性较差，现已很少用于精密装备隔振，而多用于动力设备隔振，有良好的隔振效果。

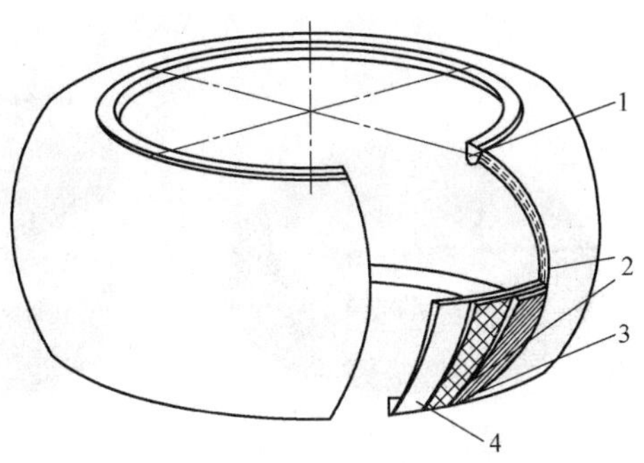

图 4.3.12 厚膜胶囊结构

1—钢丝圈；2—帘线；3—外层橡胶；4—内层橡胶

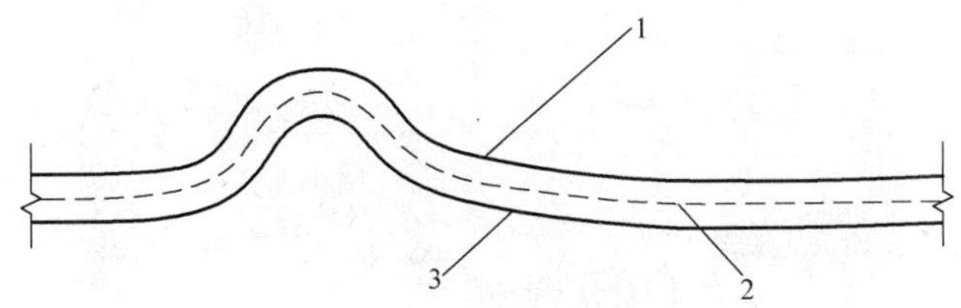

图 4.3.13 薄膜胶囊结构

1—外橡胶层；2—内橡胶层；3—织物

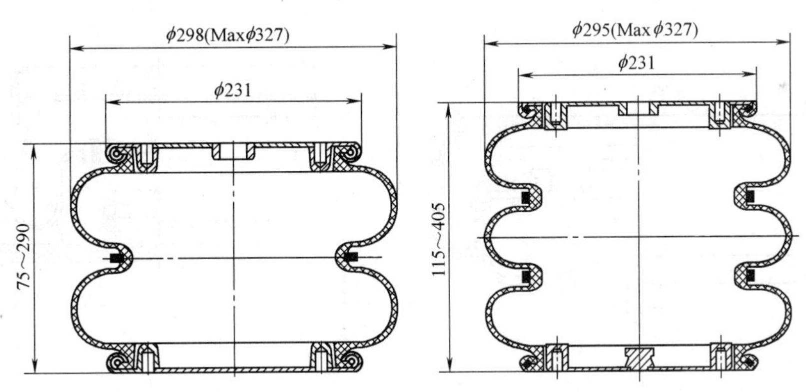

图 4.3.14 囊式胶囊

常用于动力设备隔振的空气弹簧隔振器为单曲囊式，可采用手动充气装置充气，由于其密封性好，一次充气后可以数月不用补气，而且安装维护都很方便，图 4.3.15 为该类隔振器外形，图 4.3.16 为应用实例。

约束膜式——约束膜式胶囊结构如图 4.3.17 所示，约束膜式胶囊内外侧有约束裙(内筒或外筒)，由此限制了胶囊的侧向扩张，而约束裙角度的变化，可引起其刚度变化，设计得当可降低其刚度，它除应用于铁道车辆隔振外，已成功应用于精密装备隔振，取得良好效果。

自由膜式——胶囊无内外约束裙，因此胶囊变形是无法约束的，其变化规律较约束膜

图 4.3.15　动力设备隔振用空气弹簧隔振器

图 4.3.16　动力设备采用空气弹簧隔振器隔振

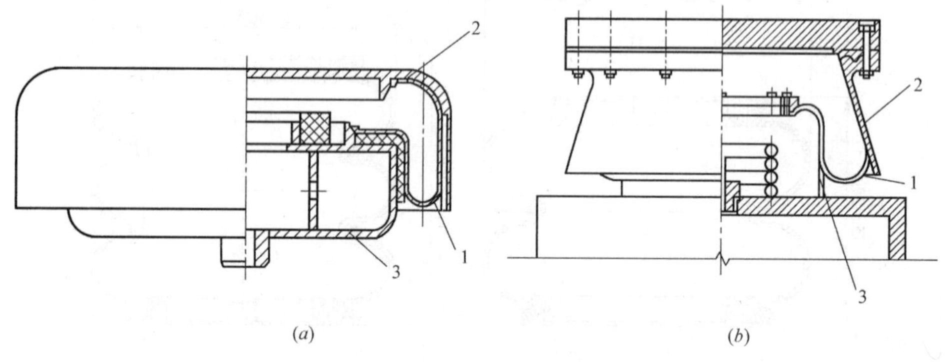

图 4.3.17　约束膜式胶囊

（a）直筒；（b）斜筒

1—胶囊；2—外筒；3—内筒

式要复杂得多，这种空气弹簧在竖向及横向都具有较低的刚度，因而具有良好的隔振性能，它不仅应用于铁道车辆隔振，也广泛应用于精密装备的隔振。图 4.3.18 为其结构图。

三、空气弹簧隔振装置

隔振装置有空气弹簧隔振器、阻尼器、高度控制阀、控制柜及气源等组成，典型配置见图 4.3.19，其基本组合见图 4.3.20。

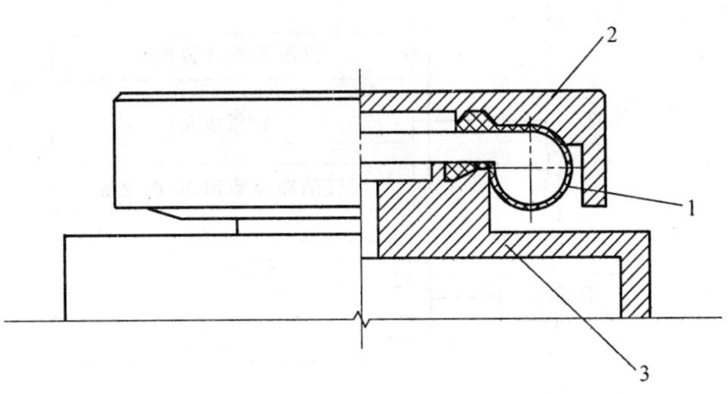

图 4.3.18　自由膜式胶囊

1—胶囊；2—上盖；3—内筒

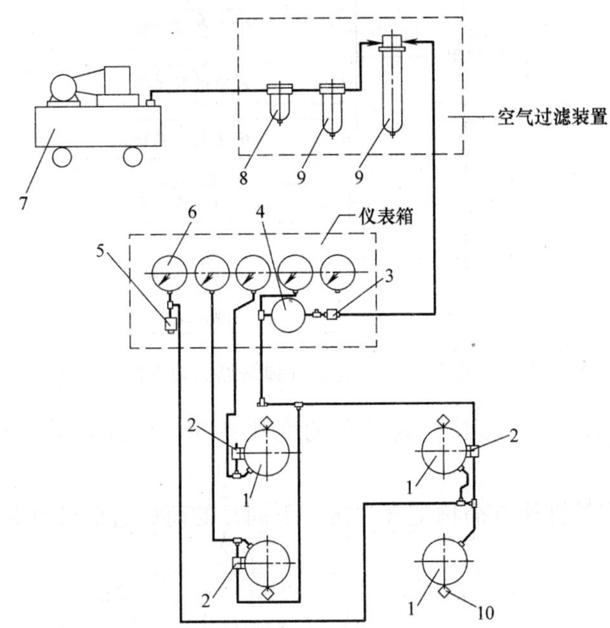

图 4.3.19　空气弹簧隔振装置典型配置及气路连接

1—空气弹簧隔振器；2—高度控制阀；3—进气阀；4—调压稳压阀；5—排气阀；6—压力表；7—空压机；8—油水过滤器；9—空气过滤器；10—横向阻尼器

四、空气弹簧隔振器的设计及计算

1. 橡胶帘线胶囊空气弹簧的刚度计算

橡胶帘线胶囊空气弹簧的胶囊为柔软的橡胶膜，根据薄膜理论的基本假设，胶囊不能传递弯矩和横向力，根据力平衡条件得：

$$F_{kt}=p_{kt}S_{kt}=p_{kt}\pi R_n^2 \tag{4.3.21}$$

式中　S_{kt}——空气弹簧有效面积；

R_n——空气弹簧有效半径。

有效半径不是一个常数，它随荷载的变化而变化，用计算准确确定有效面积是比较困

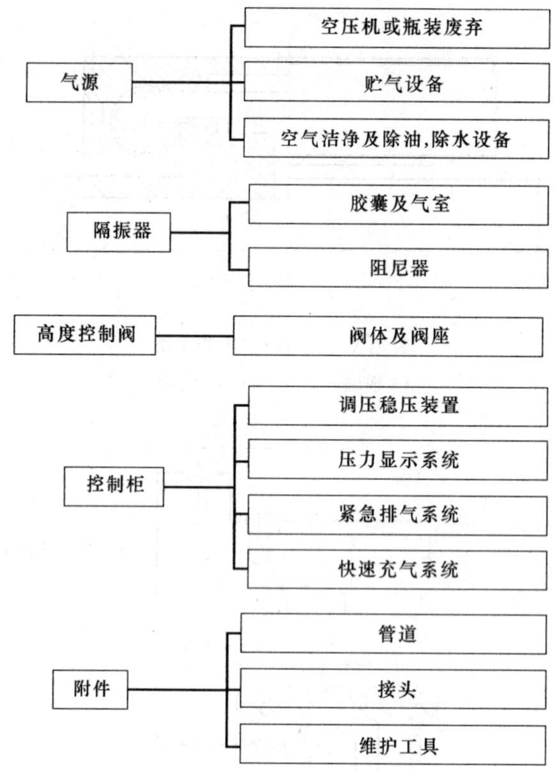

图 4.3.20 橡胶帘线胶囊空气弹簧隔振装置的基本组合

难的，因为必须知道胶囊的形状或其容积的变化规律。因此，采用近似的计算就更为实用。

橡胶帘线胶囊空气弹簧（简称空气弹簧，下同）的荷载近似计算式为：

$$F_{kt}=p_{kt}S_{kt}=\left[\frac{p_{kt}-p_a}{\left(1-\frac{S_{kt}x}{V_{kt}}\right)^{C_{kt}}}-p_a\right]S_{kt} \tag{4.3.22}$$

对位移 x 求导，经变换得标准状态时的竖向刚度方式：

$$p^t=K_v=\left(\frac{dp}{dx}\right)_{x=0}=C_{kt}(p_{kt}+p_a)\frac{S_{kt}^2}{V_{kt}}+p_{kt}\left(\frac{dS_{kt}}{dx}\right)_{x=0} \tag{4.3.23}$$

式中 C_{kt}——多变指数；在等温过程，$C_{kt}=1$；在绝热过程，$C_{kt}=1.4$；一般动态过程，$1\leqslant C_{kt}\leqslant 1.4$；

p_{kt}——空气弹簧的内压（N/m^2）；

p_a——大气压力，p_a 可取 $1\times 105N/m^2$；

V_{kt}——空气弹簧的容积（m^3）；

S_{kt}——空气弹簧的有效面积（m^2）。

由式（4.3.23）看出：

- 空气弹簧的竖向刚度与容积有关，容积愈大，竖向刚度愈低；
- 空气弹簧的竖向刚度变化和有效面积的变化规律有关，若有效面积变化率 $\frac{dS_{kt}}{dx}<$

0，则可以减少其刚度值；

- 空气弹簧的动刚度大于静刚度。

2. 囊式空气弹簧竖向刚度

假设空气弹簧在变形前后其胶囊在经线方向断面保持为圆弧，且弧长不变，如图 4.3.21 所示。胶囊变形前，几何参数为 R_n、r 和 θ，变形后分别为 (R_n+dR_n)，$(\theta+d\theta)$，$(r-dr)$ 设 n_q 为弹簧曲数，由几何关系得：

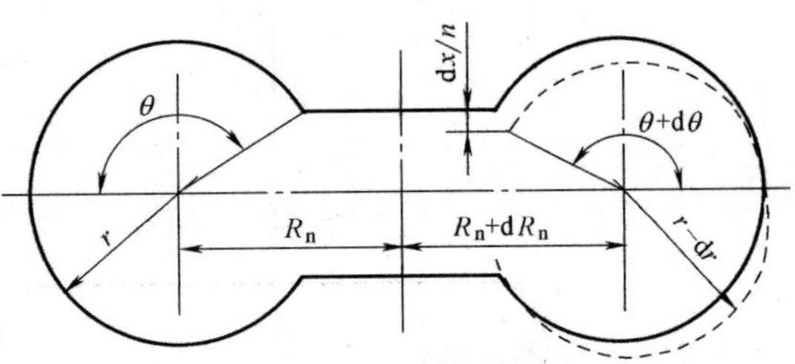

图 4.3.21　囊式空气弹簧胶囊的竖向变形

$$dr=\frac{dx}{2n_q}\frac{1}{\sin\theta-\frac{\pi\theta}{180}\cos\theta} \tag{4.3.24}$$

$$dr=\frac{dx}{2n_q}\cdot\frac{\frac{\pi\theta}{180}}{r}\frac{1}{\sin\theta-\frac{\pi\theta}{180}\cos\theta}dx \tag{4.3.25}$$

$$dr=\frac{1}{2n_q}\frac{\cos\theta+\frac{\pi\theta}{180}}{\sin\theta-\frac{\pi\theta}{180}\cos\theta}dx \tag{4.3.26}$$

胶囊变形 dr 后，有效面积增量为：

$$dS_{kt}=\frac{1}{n_qR_n}\frac{\cos\theta+\frac{\pi\theta}{180}\sin\theta}{\sin\theta-\frac{\pi\theta}{180}\cos\theta}S_{kt}dx \tag{4.3.27}$$

由此得：

$$\frac{dS_{kt}}{dx}=\frac{1}{n_qR_n}\frac{\cos\theta+\frac{\pi\theta}{180}\sin\theta}{\sin\theta-\frac{\pi\theta}{180}\cos\theta}S_{kt} \tag{4.3.28}$$

囊式空气弹簧竖向刚度为：

$$K_v=C_{kt}(p_{kt}+p_a)\frac{S_{kt}^2}{V_{kt}}+\alpha_{kt}p_{kt}S_{kt} \tag{4.3.29}$$

$$\alpha_{kt}=\frac{1}{n_qR_n}\frac{\cos\theta+\frac{\pi\theta}{180}\sin\theta}{\sin\theta-\frac{\pi\theta}{180}\cos\theta} \tag{4.3.30}$$

式中　α_{kt}——竖向形状系数。

3. 自由膜式空气弹簧竖向刚度

图 4.3.22 为其胶囊变形简图。

胶囊变形前，其几何参数为 R_n、r、θ 和 φ，变形 dx 后，分别为 (R_n+dR_n)、$(r-dr)$、$(\theta+d\theta)$ 和 $(\varphi+d\varphi)$。

胶囊变形后，dR_n 为：

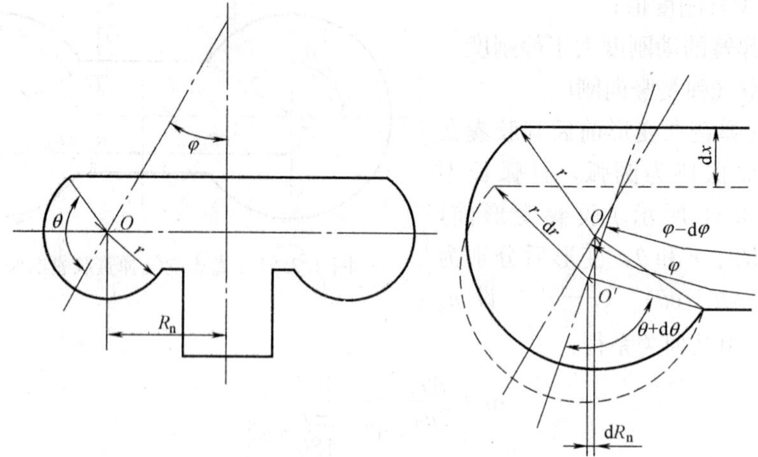

图 4.3.22 自由膜式空气弹簧胶囊的竖向变形

$$dR_n=\frac{1}{2}\frac{\sin\theta\cos\theta+\frac{\pi\theta}{180}(\sin^2\theta-\cos^2\varphi)}{\sin\theta\left(\sin\theta-\frac{\pi\theta}{180}\cos\theta\right)}dx \tag{4.3.31}$$

$$dS_{kt}=2\frac{dR_n}{R_n}S_{kt}=\frac{1}{R_n}\frac{\sin\theta\cos\theta+\frac{\pi\theta}{180}(\sin^2\theta-\cos^2\varphi)}{\sin\theta\left(\sin\theta-\frac{\pi\theta}{180}\cos\theta\right)}S_{kt}dx \tag{4.3.32}$$

$$\frac{dS_{kt}}{dx}=\frac{1}{R_n}\cdot\frac{\sin\theta\cos\theta+\frac{\pi\theta}{180}(\sin^2\theta-\cos^2\varphi)}{\sin\theta\left(\sin\theta-\frac{\pi\theta}{180}\cos\theta\right)}S_{kt} \tag{4.3.33}$$

竖向刚度为：

$$K_v=C_{kt}(p_{kt}+p_a)\frac{S_{kt}^2}{V_{kt}}+\alpha_{kt}p_{kt}S_{kt} \tag{4.3.34}$$

$$\alpha_{kt}=\frac{1}{R_n}\cdot\frac{\sin\theta\cos\theta-\frac{\pi\theta}{180}(\sin^2\theta-\cos^2\varphi)}{\sin\theta\left(\sin\theta-\frac{\pi\theta}{180}\cos\theta\right)} \tag{4.3.35}$$

按需要选择几何参数，使形状系数 α_{kt} 取得较小，以达到降低刚度的目的。

形状系数 α_{kt} 随角度 φ 的增加而增加，自由模式空气弹簧的竖向刚度要低于囊式。

4. 约束膜式空气弹簧竖向刚度

图 4.3.23 为胶囊变形简图。

胶囊变形前，其几何参数为 R_n、r、α_1 和 β_1，变形 dx 后，分别为（R_n+dR_n）和（$r-dr$），而内外筒（约束裙）的倾斜角度 α_1 及 β_1 不变，为常数。则 dR 为：

$$dR_n=-\frac{\sin(\alpha_1+\beta_1)+\left[\pi+\frac{\pi(\alpha_1+\beta_1)}{180}\right]\sin\alpha_1\sin\beta_1}{2\left\{1+\cos(\alpha_1+\beta_1)+\frac{1}{2}\left[\pi+\frac{\pi(\alpha_1+\beta_1)}{180}\right]\sin(\alpha_1+\beta_1)\right\}}dx \tag{4.3.36}$$

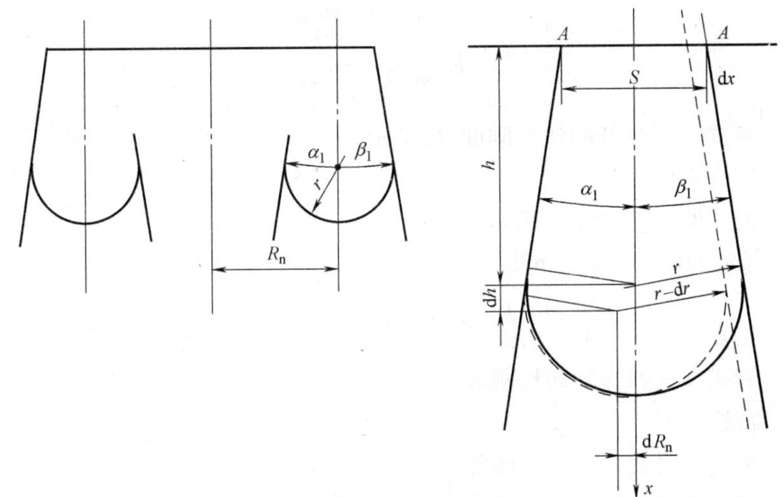

图 4.3.23　约束膜式空气弹簧胶囊的竖向的变形简图

$$dS_{kt}=2\frac{dR_n}{R_n}S_{kt}=-\frac{1}{R_n}\frac{\sin(\alpha_1+\beta_1)+\left[\pi+\frac{\pi(\alpha_1+\beta_1)}{180}\right]\sin\alpha_1\sin\beta_1}{1+\cos(\alpha_1+\beta_1)+\frac{1}{2}\left[\pi+\frac{\pi(\alpha_1+\beta_1)}{180}\right]\sin(\alpha_1+\beta_1)}S_{kt} \tag{4.3.37}$$

$$\frac{dS_{kt}}{dx}=-\frac{1}{R_n}\frac{\sin(\alpha_1+\beta_1)+\left[\pi+\frac{\pi(\alpha_1+\beta_1)}{180}\right]\sin\alpha_1\sin\beta_1}{1+\cos(\alpha_1+\beta_1)+\frac{1}{2}\left[\pi+\frac{\pi(\alpha_1+\beta_1)}{180}\right]\sin(\alpha_1+\beta_1)}S_{kt} \tag{4.3.38}$$

竖向刚度为：

$$K_v=C_{kt}(p_{kt}+p_a)\frac{S_{kt}^2}{V_{kt}}+\alpha_{kt}p_{kt}S_{kt} \tag{4.3.39}$$

$$\alpha_{kt}=-\frac{1}{R_n}\frac{\sin(\alpha_1+\beta_1)+\left[\pi+\frac{\pi(\alpha_1+\beta_1)}{180}\right]\sin\alpha_1\sin\beta_1}{1+\cos(\alpha_1+\beta_1)+\frac{1}{2}\left[\pi+\frac{\pi(\alpha_1+\beta_1)}{180}\right]\sin(\alpha_1+\beta_1)} \tag{4.3.40}$$

可以看出，倾斜角度 α_1 和 β_1 对形状系数 α_{kt} 的影响，当 α_1 和 β_1 值增加时，刚度将减小。

5. 囊式空气弹簧横向刚度

空气弹簧的横向刚度计算比竖向刚度计算繁琐得多，它不仅和胶囊几何形状有关，而且还和胶囊结构及材质有较大关系，其影响需通过实验确定。

公式的详细推导（包括自由膜式，约束膜式）等可参见有关专著，这里仅提供刚度计算的最终算式。

当胶囊变形微小时，囊式空气弹簧在横向荷载作用下的变形是弯曲和剪切作用下的合成变形。

囊式空气弹簧的弯曲刚度，可按下式计算：

$$K_b=\frac{1}{2}\alpha_{nk}\pi p_{kt}R_n^3(R_n+r_3\cos\theta) \tag{4.3.41}$$

$$\alpha_{\mathrm{nk}}=\frac{1}{R_{\mathrm{n}}}\frac{\cos\theta+\frac{\pi\theta}{180}\sin\theta}{\sin\theta-\frac{\pi\theta}{180}\cos\theta} \tag{4.3.42}$$

式中 K_{b}——囊式空气弹簧的弯曲刚度（N/m）；

α_{nk}——竖向形状系数（1/m）；

R_3——胶囊圆弧至圆心的距离（m）。

囊式空气弹簧的剪切刚度，可按下式计算：

$$K_{\mathrm{S}}=\frac{45}{4}\frac{1}{r_3\theta}\rho n_{\mathrm{tx}}E_{\mathrm{f}}(R_{\mathrm{n}}+r_3\cos\theta)\sin^2 2\psi \tag{4.3.43}$$

式中 K_{s}——囊式空气弹簧的剪切刚度（N/m）；

ρ——帘线密度（1/m）；

n_{tx}——帘线的层数，一般取偶数；

E_{f}——根帘线的断面面积和其纵向弹性系数的乘积（N）；

ψ——帘线与径线间的角度（°）。

囊式空气弹簧的横向刚度，可按下式计算：

$$K_{\mathrm{h}}=\left\{\frac{n_{\mathrm{tx}}}{K_{\mathrm{s}}}+\frac{\left[(n_{\mathrm{tx}}-1)\left(h_2+h_3+\frac{F_{\mathrm{kt}}}{K_3}\right)\right]^2}{\left(2K_{\mathrm{b}}+\frac{1}{2}\frac{F_{\mathrm{kt}}^2}{K_{\mathrm{s}}}\right)-F_{\mathrm{kt}}(n_{\mathrm{tx}}-1)\left(h_2+h_3+\frac{F_{\mathrm{kt}}}{K_3}\right)}\right\}^{-1} \tag{4.3.44}$$

式中 K_{h}——囊式空气弹簧的横向刚度（N/m）；

h_2——曲胶囊的高度（m）；

h_3——中间腰环的高度（m）；

F_{kt}——空气弹簧承受的竖向荷载（N）。

由式（4.3.48）看出，胶囊曲数愈多，其横向刚度愈小，而 4 曲以上的囊式空气弹簧，其横向已出现不稳定现象，不建议使用。

6. 自由膜式空气弹簧横向刚度

胶囊的横向变形如图 4.3.24 所示。

其横向刚度按式计算：

$$K_{\mathrm{zk}}=\alpha_{\mathrm{zk}}p_{\mathrm{kt}}S_{\mathrm{kt}}+K_{\mathrm{r}} \tag{4.3.45}$$

式中 α_{zk}——横向形状系数（1/m）；

K_{r}——胶囊的横向膜刚度（N/m）。

由式（4.3.49）可见，横向刚度的第 1 项的胶囊几何横向特性系数 α_{zk}，可按下式计算：

$$\alpha_{\mathrm{zk}}=\frac{1}{2R_{\mathrm{n}}}\cdot\frac{\sin\theta\cos\theta+\frac{\pi\theta}{180}(\sin^2\theta-\sin^2\varphi)}{\sin\theta\left(\sin\theta-\frac{\pi\theta}{180}\cos\theta\right)} \tag{4.3.46}$$

式中 φ——胶囊圆弧的回转轴与胶囊中心线的夹角（°）。

7. 约束膜式空气弹簧的横向刚度

胶囊的横向变形如图 4.3.25 所示。

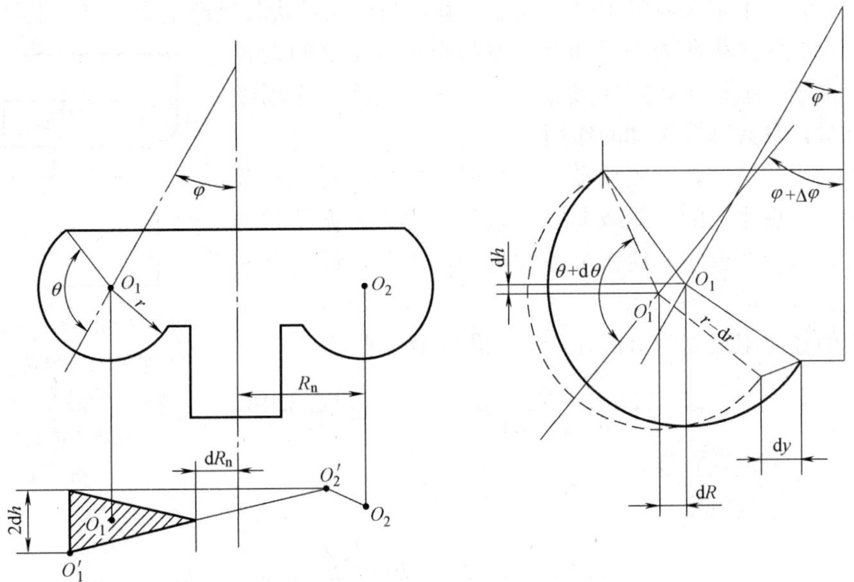

图 4.3.24 自由膜式胶囊的横向变形

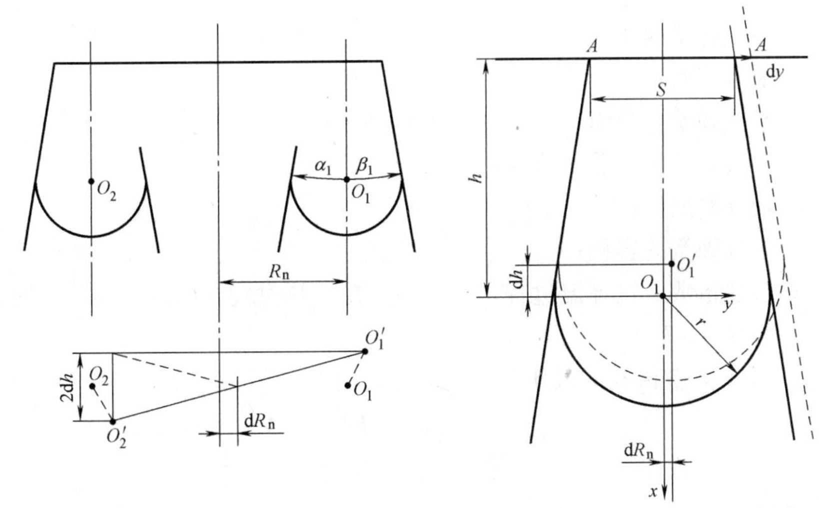

图 4.3.25 约束膜式空气弹簧的横向变形

其横向刚度按式（4.3.45）计算，式中 α_{zk} 为形状系数，

$$\alpha_{zk}=\frac{1}{2R_n}\cdot\frac{-\sin(\alpha_1+\beta_1)+\left[\pi+\frac{\pi(\alpha_1+\beta_1)}{180}\right]\cos\alpha_1\cos\beta_1}{1+\cos(\alpha_1+\beta_1)+\frac{1}{2}\left[\pi+\frac{\pi(\alpha_1+\beta_1)}{180}\right]\sin(\alpha_1+\beta_1)} \tag{4.3.47}$$

式中 α_1、β_1——内外筒的倾斜角度（°）。

自由膜式，约束膜式胶囊横向膜刚度 K_t 应通过实验得出。

五、空气弹簧阻尼系统

1. 竖向阻尼器

空气弹簧由上盖及胶囊组合而成上气室，当空气弹簧胶囊产生变形时，上气室与下部的附加气室之间产生压力差，如上气室与附加气室之间设置节流孔，由于压差作用，空气流过节流孔，产生阻力作用吸收振动能量，具有减弱振动的作用。

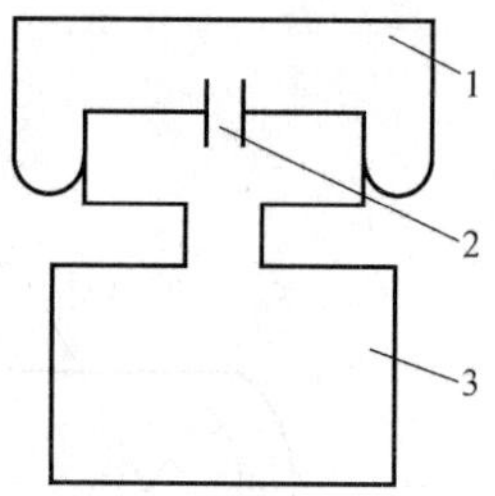

微振动用的空气弹簧隔振器，除减弱环境振动对精密装备的影响外，更主要的是能减弱隔振系统产生固有振动时的振动幅值，即减弱台座及精密装备的晃动，因此，设定竖向阻尼器是有意义的（图 4.3.26）。

图 4.3.26　有竖向阻尼器的空气弹簧隔振器
1—上气室；2—竖向阻尼器（节流孔）；3—附加气室

常用的竖向阻尼器为节流孔，节流孔的最佳直径：

$$d_0^3=6.3\frac{\gamma A^2}{\mu_{\mathrm{opt}}\sqrt{MP_1'}} \tag{4.3.48}$$

式中　d_0——节流孔直径；

γ——空气重度；

$$\gamma=(p_{\mathrm{kt}}+p_{\mathrm{a}})\frac{1.2}{100^3} \tag{4.3.49}$$

$$P_1'=C_{\mathrm{kt}}(p_{\mathrm{kt}}+p_{\mathrm{a}})\frac{A^2}{V_{\mathrm{kt}}} \tag{4.3.50}$$

p_{kt}——空气弹簧内压力；

p_{a}——大气压力；

A——空气弹簧有效面积；

M——空气弹簧上承受的质量；

μ_{opt}——最佳阻尼值；

V_{kt}——空气弹簧的容积；

C_{kt}——多变指数，在等温过程，$C_{\mathrm{kt}}=1$，在绝热过程，$C_{\mathrm{kt}}=1.4$，一般动态过程，$1<C_{\mathrm{kt}}<1.4$。

当 $C_{\mathrm{kt}}=1.4$ 时，节流孔的最佳直径近似可表达为

$$d_0=0.185\left(\frac{A}{\mu_{\mathrm{opt}}}\right)^{1/3}\left[\frac{(P_{\mathrm{kt}}+1)V_{\mathrm{kt}}}{M}\right]^{1/6} \tag{4.3.51}$$

最佳阻尼值：

对于固有振动

$$\mu_{\mathrm{opt}}=\frac{1}{2}\sqrt[4]{\kappa(1+\kappa)^3} \tag{4.3.52}$$

对于强迫振动位移

$$\mu_{\mathrm{opt}}=\frac{1+\kappa}{2}\sqrt{\frac{1+2\kappa}{2(1+\kappa)}} \tag{4.3.53}$$

对于强迫振动的振动加速度

$$\mu_{\mathrm{opt}}=\frac{1}{2}\sqrt{\frac{\kappa(1+2\kappa)}{2}} \tag{4.3.54}$$

式中　κ——容积比值 $\kappa=\frac{V_1}{V_2}$；

V_1——上气室容积；

V_2——附加气室容积。

对于微振动用的空气弹簧隔振器，由于微振动量很小，则应 $C_{kt}<1.4$，一般应取 $C_{kt}\leqslant 1.1$。

2. 横向阻尼器

由于空气弹簧内置节流孔只能产出竖向阻尼，因此，横向阻尼器应在隔振器外另行设置。横向阻尼器一般采用黏流体阻尼器。黏流体阻尼器为外筒容器内布置阻尼片，再在容器内充以黏流体材料，它可产生横向阻尼，同时也产生一定的竖向阻尼。

黏流体材料：根据黏流体材料的运动黏度（m^2/s）可分为三种类型：

① 高黏性黏流体。它受温度影响大，温度高，阻尼性能降低很多，国内已研制有提高温度稳定性的添加剂，由此可扩大其适用范围。

② 长链基高分子聚合物。其黏性较前者低，温度变化时的稳定性好，可用于50°的工作环境，但价格高。

③ 低黏性黏流体。如甲苯硅油、蓖麻油、机油等。甲苯硅油对温度变化的稳性好，而蓖麻油、机油则对温度变化的稳定性差。

根据使用经验，采用长链基高分子聚合物作为阻尼材料效果较好。横向阻尼器的效果与阻尼器结构形式有很大关系，常用者如片型结构及锥片型结构，但这两种结构形式，不仅具有横向阻尼，而且也具有一定的竖向阻尼，因此采用此类结构时，同时要调整竖向阻尼器的阻尼值，使竖向及横向阻尼器产生的竖向阻尼值调整至隔振系统适应的数值。

（1）片型结构

① 单片型

单片型阻尼器结构如图 4.3.27 所示。

其阻尼系数按下列公式计算：

$$C_x=2\frac{\mu_n\delta_s S_n^2}{L_s t^3} \tag{4.3.55}$$

$$C_y=2\frac{\mu_n S_n}{d_s} \tag{4.3.56}$$

$$C_z=2\frac{\mu_n S_n}{d_s} \tag{4.3.57}$$

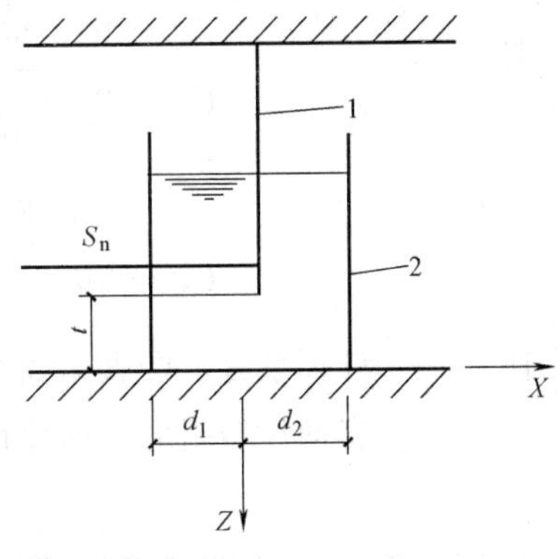

图 4.3.27　单片型阻尼器
1—动片；2—定片

式中　C_x——沿 X 轴振动的阻尼系数（NS/m）；

C_y——沿 Y 轴振动的阻尼系数（NS/m）；

C_z——沿 Z 轴振动的阻尼系数（NS/m）；

δ_s——单片型阻尼器的动片厚度（m）；

t——单片型阻尼器的动片在黏流体中的侧面与定片的间隙（m）；

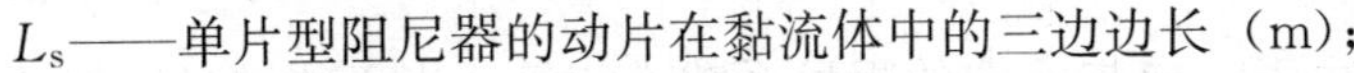

L_s——单片型阻尼器的动片在黏流体中的三边边长（m）；

μ_n——黏流体材料的动力黏度（NS/m^2）；

S_n——单片型阻尼器动片与黏流体接触面的单侧面积（m^2）；

d_s——单片型阻尼器动片与定片之间的距离（m）。

② 多片型

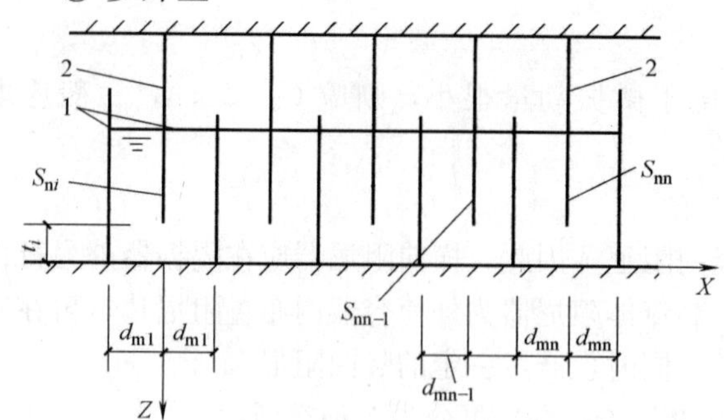

图 4.3.28　多片型阻尼器

1—定片；2—动片

多片型阻尼器结构如图 4.3.28 所示。

其阻尼系数按下列公式计算：

$$C_x = 2\mu_n \sum_{i=1}^{n} \frac{\delta_{mi} S_n^2}{L_{mi} t_i^3} \tag{4.3.58}$$

$$C_y = 2\mu_n \sum_{i=1}^{n} \frac{\delta_{ni}}{d_{mi}} \tag{4.3.59}$$

$$C_z = 2\mu_n \sum_{i=1}^{n} \frac{\delta_{ni}}{d_{mi}} \tag{4.3.60}$$

式中　t_i——多片型阻尼器动片在黏流体中的侧面与定片的间隙（m）；

δ_{mi}——多片型阻尼器的动片厚度（m）；

L_{mi}——多片型阻尼器的动片在黏流体中的三边边长（m）；

S_{ni}——多片型阻尼器的动片与黏流体接触面的单侧面积（m^2）；

d_{mi}——多片型阻尼器的动片与定片之间的距离（m）。

C. 多动片形

多动片型阻尼器机构如图 4.3.29 所示。

其阻尼系数按下列公式计算：

$$C_x = 2\mu_n \frac{\delta_s S_{ni}^2 \sum_{i=1}^{n} \beta d_{mi}}{L_{mi} t^3} \tag{4.3.61}$$

$$C_y = 2\mu_n \frac{\sum_{i=1}^{n} S_{ni}}{d_{mi}} \tag{4.3.62}$$

$$C_z = 2\mu_n \frac{\sum_{i=1}^{n} S_{ni}}{d_{mi}} \tag{4.3.63}$$

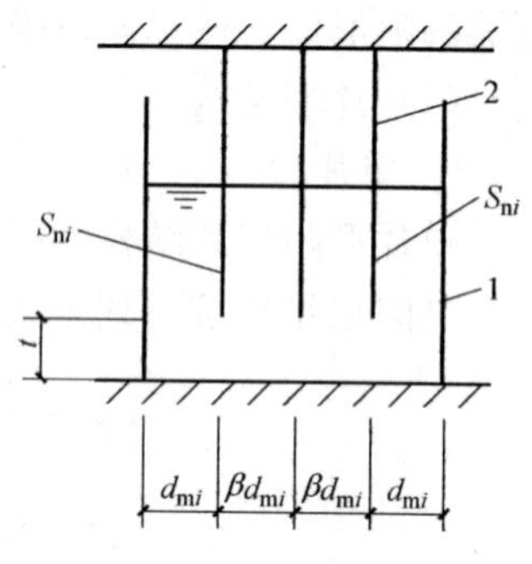

图 4.3.29　多动片阻尼器

1—定片；2—动片

式中　β——计算系数，按表 4.3.6 采用；

L_{mi}——多动片型阻尼器动片在黏流体的三边边长（m）。

β值　　**表 4.3.6**

运动黏度	β
≤10	1.5
20	2.0
>20	由试验确定

矩形片型结构阻尼器由于 x 向与 y 向的阻尼系数不相等，当不能满足微振动控制要求时，可改为圆形结构，或采用圆锥片型阻尼器。

（2）圆锥片型阻尼器

圆锥片型阻尼器结构如图 4.3.30 所示。

动片（内锥）不封底的圆锥片型阻尼器的阻尼系数按下列公式计算：

$$C_x=C_y=\frac{2\mu_n L_n^3 r_n}{d_{mi}^3}(\sin\alpha_2)^2 \tag{4.3.64}$$

$$C_z=\frac{2\pi\mu_n L_n^3 r_n}{d_{mi}^3}(\cos\alpha_2)^2 \tag{4.3.65}$$

式中　r_n——内锥壳平均半径（m）；

α_2——锥壁与水平线间的夹角；

L_n——内锥壳边长。

（3）方锥片型阻尼器

方锥片型阻尼器结构如图 4.3.31 所示。

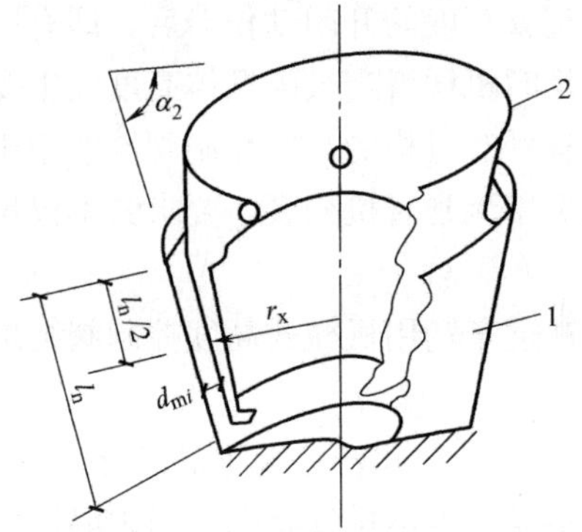

图 4.3.30　圆锥片型阻尼器

1—定片；2—动片

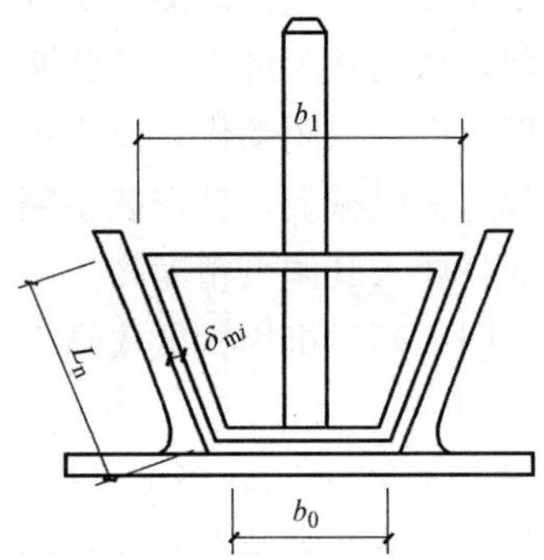

图 3.4.31　方锥片型阻尼器

为正方形油阻尼器，内锥封底，阻尼系数按下式计算：

$$C_z=\frac{3\mu_n \mathrm{L_n}}{4\delta_{mi}^2}(b_0^2+b_0^2b_1+b_0b_1^2+b_1^3)\sin\alpha \tag{4.3.66}$$

$$C_x=12\mu_n L_n^2 b^2\left(\sum\frac{b_i k_i}{L_i d_i^3}\right)\sin^2\alpha \tag{4.3.67}$$

式中　L_n——内锥体斜边高度（m）；

b_0——内锥体底边边长（m）；

b_1——内锥体顶边边长（m）；

b——底边边长与 顶边边长之和的一半；

$$b=\frac{b_0+b_1}{2} \tag{4.3.68}$$

式中　d_{mi}——内外椎体间的间隙（m）；

L_i、b_i、d_i——分别为各计算边的长、宽和间隙；

k_i——横向运动时各面的流量系数；

$$k_i=\frac{b_i d_i^3}{\sum L_i d_i^3} \tag{4.3.69}$$

横向阻尼器的阻尼值常需通过试验调整，主要由于黏流体材料性能差异，以及阻尼器结构的差异，在调整过程中，有时甚至要更换黏流体材料或更换相同类型的黏流体材料型号即选用不同运动黏度的型号，需进行多次试验，以求获得需要的阻尼性能。

六、高度控制阀

高度控制阀是调整被隔振体高度的敏感元件，其作用是当被隔振体在质量变化或质心变化时仍保持原有的高度，也即使隔振台座顶面保持原有水平度，空气弹簧的优越性，只有当配置高度控制阀后才能充分体现。

高度控制阀分电磁式及机械式两种，电磁式高度控制阀灵敏度高，但机构复杂，往往因电路系统或电器元件的故障而影响使用，因此应用不广。机械式控制阀机构较简单，如设计得当，可以达到很高的灵敏度。

高度控制阀也可以分为有延时机构与无延时机构者，所谓有延时机构者，即当隔振系统质量变化而被隔振体高度发生变化时，高度控制阀调整高度的开闭动作滞后，即有一个滞后时间，从而减少进出空气弹簧气体的耗量，而无延时机构者当被隔振体高度发生变化时，能即时产生启闭动作，反应迅速，无滞后时间。有延时机构的高度控制阀一般用于汽车车辆等运输机械上，精密装备隔振用高度控制阀应采用无延时机构者，要求其不仅反应迅速，而且要求其调平精度高。

为说明无延时机构机械式高度控制阀的原理，将铁道车辆用机械式高度控制阀结构作一介绍。

如图 4.3.32 所示，当被隔振体处于标准高度时，阀套 4、阀杆 2 及下阀 7 之间密合，阀的上气室、下气室及大气互不相通，空气弹簧处于不充气也不排气状态。当被隔振体低于标准高度时，与被隔振体或空气弹簧隔振器上盖相连的杠杆 1 下压，使阀杆 2 及下阀 7 向下移动，于是下阀 7 与阀套 4 分开，连通了上下气室，即气源与空气弹簧隔振器连通，

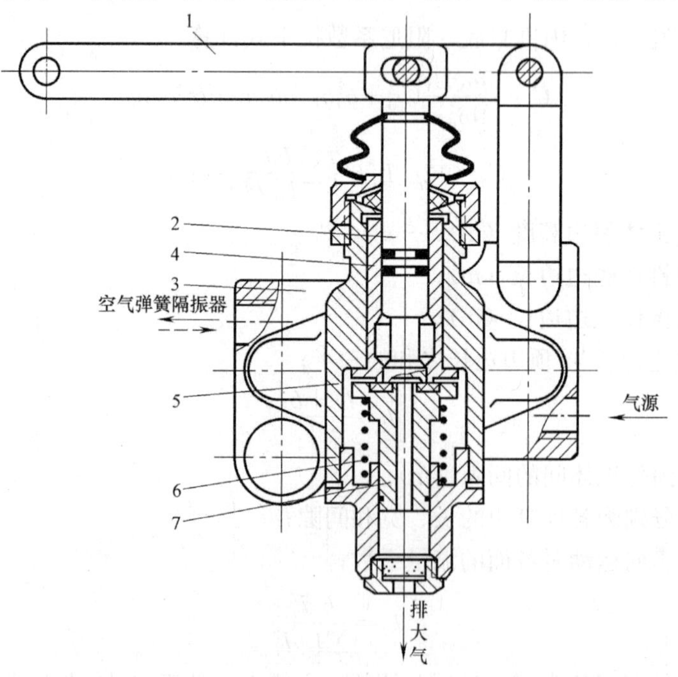

图 4.3.32　机械式高度控制阀

1—杠杆；2—阀杆；3—阀座；4—阀套；5—阀体；6—弹簧；7—下阀

由于气源压力大于空气弹簧隔振器内的压力，空气弹簧隔振器得到充气而使被隔振体上升，当达到标准高度时，阀套 4、阀杆 2 及下阀 7 恢复密合状态而停止充气。相反，当被隔振体高于标准高度时，杠杆 1 上升，阀杆 2 向上移动，使上气室与大气连通，于是空气弹簧隔振器内的压缩空气经下阀 7 的中间孔道排入大气，直至被隔振体高度恢复至标准高度为止。

用于精密装备隔振的空气弹簧隔振装置的高度控制阀，应具有较高的瞬态反应速度，以缩短被隔振体的高度复位时间，国际尚无此类标准，一般认为最佳恢复时间应不大于10s。同时，由于高度控制阀本身具有一定的竖向刚度，在设计时应设法减小其竖向刚度，以使隔振系统的竖向固有振动频率不因设置高度控制阀而增高较多。

七、控制柜

控制柜是空气弹簧隔振装置里的重要组成部位，它的功能是对空气弹簧隔振装置里的运行实施有序控制。

控制柜的基本组成及其功能如下：

A. 调压稳压装置——实施对气源压缩空气进入空气弹簧前的调压和稳定，为隔振装置提供稳定的压缩空气。

B. 快速充气系统——由于压缩空气经高度控制阀进入空气弹簧隔振器的充气速度慢，充气时间长，快速充气系统在隔振器初始充气时，实现自动转换，管线直接与隔振器连接充气，当接近隔振器工作气压时，改经高度控制阀充气，由此减少了隔振系统的充气时间。这对于大型台座；对于空气弹簧隔振器众多者，是十分必要的。

C. 紧急排气系统——实现事故排气或隔振系统停止工作时的排气，确保隔振系统的安全。

D. 压力显示系统——实时显示进气压力、调压稳压后压力、隔振器内压等。

图 4.3.33 为控制柜外貌。

随着隔振系统的不断创新，控制柜也有创新的产品，如采用显示器显示及计算机实施全性能控制等等，为隔振装置运行的自动化提供良好的条件。

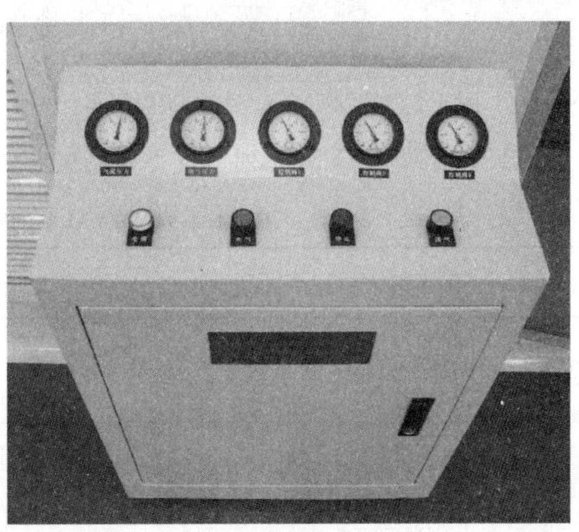

图 4.3.33　控制柜

八、气源

气源是给隔振系统供气的装置，气源一般为压缩空气供气系统，对于小型空气弹簧隔台座，也有用氮气瓶直接供气者。

采用压缩空气气源系统，一般应包括下列设备：

A. 空气压缩机——应根据隔振系统所需压缩空气量选择型号，机型常为曲柄连杆型或螺杆型空压机。

B. 储气罐——为储备压缩空气装置，当空气弹簧需补充压缩空气时，使用储气罐内的压缩空气补充，而不必立即启动空压机。

C. 空气洁净及除油、水设备——由于精密装备及空气弹簧隔振装置常安装于洁净室中，因此对空气弹簧使用的压缩空气需进行除尘处理，使其达到洁净室相应的空气洁净度要求，例如对于空气洁净度等级为百级的洁净室，压缩空气需进行低、中、高三级过滤器过滤。至于压缩空气需除油、除水，是必须采取的措施，也就是说，提供给空气弹簧隔振装置使用的压缩空气，必须是无油、无水及无尘的。

九、空气弹簧隔振装置产品介绍

1. JYKT 系列空气弹簧隔振器

为超薄膜约束膜式空气弹簧隔振器，膜为超薄型结构，内外层为专用配方橡胶层，中间层为高强度织物。内外约束环采用负倾角结构，负倾角可降低竖向及横向刚度，从而降低固有振动频率。

该超薄膜约束膜式胶囊获国家专利。JYKT 型空气弹簧隔振器为系列化产品，型号分别为 JYKT140、JYKT230 及 JYKT410。

2. ZYM 系列空气弹簧隔振器

为自由膜式空气弹簧隔振器，自由膜式胶囊结构的主要特点是不仅在竖向可以获得低的刚度，更重要的是在横向也可获得低刚度，已研发的该系列空气弹簧隔振器的竖向与横向刚度基本接近或一致，实现了三向等刚度目标，由此在竖向及横向都具备优良的隔振性能。再则，ZYM 系列承载力的覆盖面广，如有效直径最大者 ZYM800 型的单只最大承载力可达 250kN，为国内有效直径最大，承载力最高的空气弹簧隔振器（图 4.3.34）。

图 4.3.34　ZYM 型空气弹簧隔振器

JYKT 系列及 ZYM 系列空气弹簧隔振器性能见表 4.3.7。

JYKT 系列及 ZYM 系列空气弹簧隔振器性能　　表 4.3.7

系列	隔振器型号	承载力（kN）	固有振动频率		竖向阻尼比	备　注
			竖向	横向		
JYKT	JYKT140Ⅰ JYKT230Ⅰ JYKT410Ⅰ	4.6～66	0.8～1.0	2.0～2.5	0.1～0.4 可调	配置阻尼器、高度控制阀及控制柜等，成为系列化的隔振装置
ZYM	ZYM250Ⅰ ZYM250Ⅱ ZYM450Ⅰ ZYM450Ⅱ ZYM580Ⅰ ZYM580Ⅱ ZYM800Ⅰ ZYM800Ⅱ	14.7～250	0.8～1.4	0.9～1.4	0.1～0.4 可调	配置阻尼器、高度控制阀及控制柜等，成为系列化的隔振装置

3. 倒摆式空气弹簧隔振器

由于约束膜式空气弹簧隔振器存在横向刚度较大，固有振动频率较高的弱点，研发了具有倒摆机构的约束膜式隔振器，由于倒摆作用，降低了隔振器横向刚度，即降低了固有振动频率，改善了约束膜式隔振器性能（图 4.3.35）。

图 4.3.35 倒摆式空气弹簧隔振器

4. 空气弹簧隔振装置的配置

国产精密装备隔振用空气弹簧隔振装置在各分部装置研发成功的基础上，组成成套空气弹簧隔振装置，并交付各类用户使用多年（用户包括航天、电子、精密机械、精密光学、冶金、船舶等领域），装置定型生产。装置包括如图 4.3.36 所列系列。

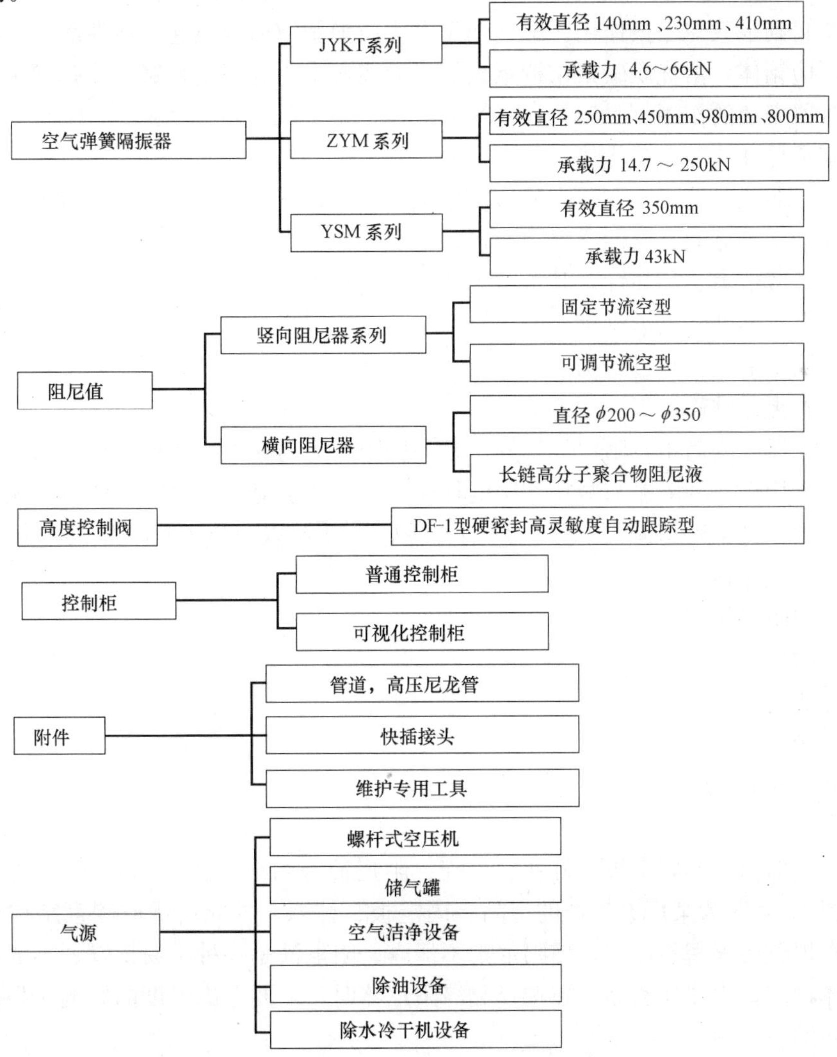

图 4.3.36 空气弹簧隔振装置的配置

第五节　组合隔振器

一、组合隔振器的形式

1. 钢弹簧隔振器与黏滞阻尼器的组合

钢螺旋圆柱弹簧具有工作可靠、疲劳寿命长、结构简单、承载力高等优点，同时线性好、力学性能稳定、静力动力特性一致，是隔振设计时不可或缺的选择。但由于钢螺旋圆柱弹簧本身很难满足阻尼要求，因此在采用钢螺旋弹簧隔振器的产品设计中，当需要隔振系统提供阻尼要求时，钢螺旋圆柱弹簧需要和黏滞阻尼器组合使用，在系统受到干扰时不共振，同时在受到干扰后能很快趋于稳定，达到减振耗能的目的。

钢弹簧隔振器结构相对较为简单，隔振器中间部分为钢制螺旋弹簧，是隔振器的核心部件，主要起到承载与隔振作用。螺旋弹簧由优质弹簧钢棒料热卷或冷卷而成。弹簧上部和下部为焊接箱体，由优质碳素结构钢板焊接而成，主要起固定弹簧、使弹簧组受载均匀和便于隔振器安装的作用。

钢螺旋圆柱弹簧隔振器优势：

（1）变形曲线线性好，在其产品的工作范围内，螺旋弹簧能很好地保持力和位移的线性关系，保证了产品的减振性能保持稳定；

（2）高承载能力、高弹性，其承载力可根据实际需要进行设计；

（3）具有三维弹性支承刚度；

（4）使用寿命长，超过结构设计寿命；

（5）基本无需维修。

黏滞阻尼器结构简单，阻尼效果好，是一种阻尼力与速度变化成比例的阻尼结构。黏滞阻尼器广泛用于各种隔振与减振结构的耗能，使其能够避免共振、降低响应振幅等。黏滞阻尼器还用于化工管道减振、发电厂的各种管道减振以及核电厂的核岛内部管道减振中，其主要特点包括：

（1）三向阻尼作用；

（2）瞬时反应；

（3）性能稳定；

（4）结构开放，无磨损；

（5）能自我修复；

（6）抗老化。

黏滞阻尼器由上下固定板、柱塞、外壳、阻尼液等组成，图 4.3.37 为黏滞阻尼器的原理图，图 4.3.38 为某厂家生产的产品。固定板、柱塞、外壳由优质碳素结构钢板焊接而成，外壳焊缝要求密封性好，使阻尼剂不泄露。阻尼液是一种不易挥发、不老化、性态稳定的液体物质，为非易燃品。在选择黏滞阻尼器时，需要考虑温度的影响，根据不同温度选用不同的阻尼剂。

2. 钢弹簧与橡胶隔振器的组合

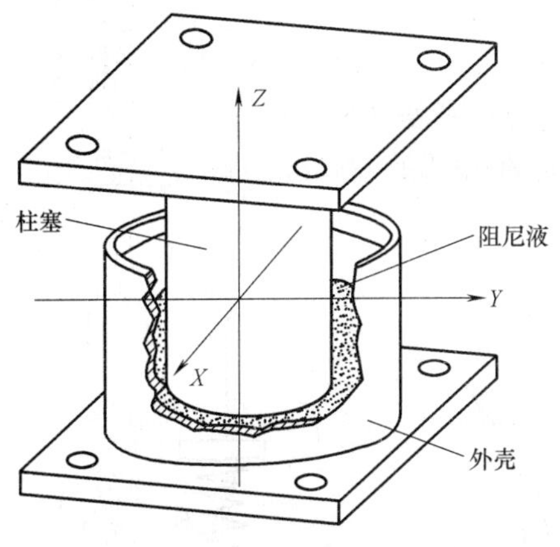

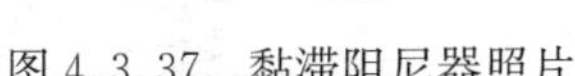
图 4.3.37　黏滞阻尼器照片

图 4.3.38　黏滞阻尼器结构

在实际工程应用中，也有将钢弹簧和橡胶的组合隔振器或其他不同材料的组合隔振器。隔振器的组合形式，有群体式和非群体式两种，见图 4.3.39。

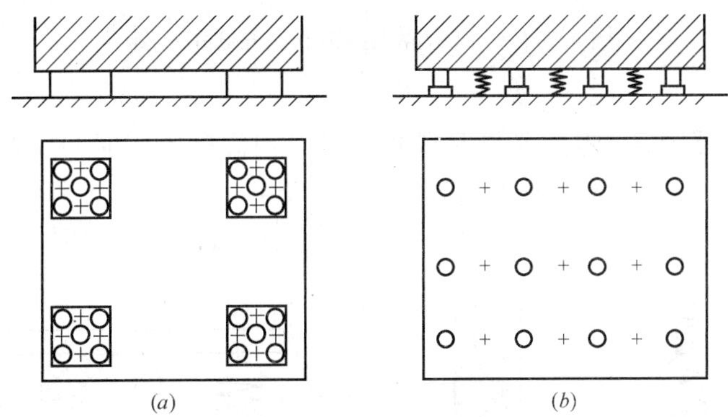

图 4.3.39　橡胶组合隔振器示意图

(*a*) 群体式；(*b*) 非群体式

+—钢弹簧；○—橡胶

组合隔振器本身，有钢弹簧和橡胶块并联和串联两种形式。

二、组合隔振器的计算

1. 组合隔振器的刚度和阻尼比，可按下列情况分别计算：

(1) 并联组合隔振器（图 4.3.40*a*、*b*）

$$K_z = K_{zs} + K_{zR} \tag{4.3.70}$$

$$\zeta_z = \frac{\zeta_s K_{zs} + \zeta_R K_{zR}}{K_{zs} + K_{zR}} \tag{4.3.71}$$

(2) 串联组合隔振器（图 4.3.40*c*）

$$K_z = \frac{K_{zs} \cdot K_{zR}}{K_{zs} + K_{zR}} \tag{4.3.72}$$

$$\zeta_z = \frac{\zeta_s K_{zR} + \zeta_R K_{zs}}{K_{zR} + K_{zs}} \tag{4.3.73}$$

式中 K_z——组合隔振器竖向总刚度（N/mm）；

ζ_z——组合隔振器竖向阻尼比（无量纲）；

K_{zs}——用弹性材料 S 制作的隔振器竖向的总刚度（N/mm）；

K_{zR}——用弹性材料 R 制作的隔振器竖向的总刚度（N/mm）；

ζ_s——弹性材料 S 的阻尼比；

ζ_R——弹性材料 R 的阻尼比。

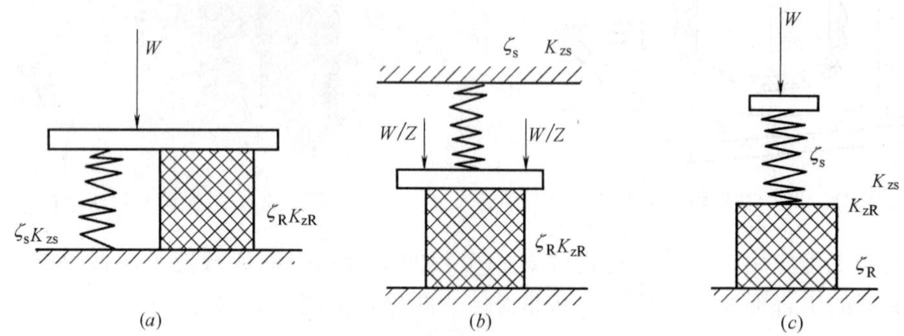

图 4.3.40 组合隔振器串联、并联示意图

(a)、(b) 为并联；(c) 为串联

2. 并联组合隔器中，S 隔振器与 R 隔振器的自由高度不同时，应在较低高度的隔振器下设置支垫（图 4.3.41），并按下列方法进行计算：

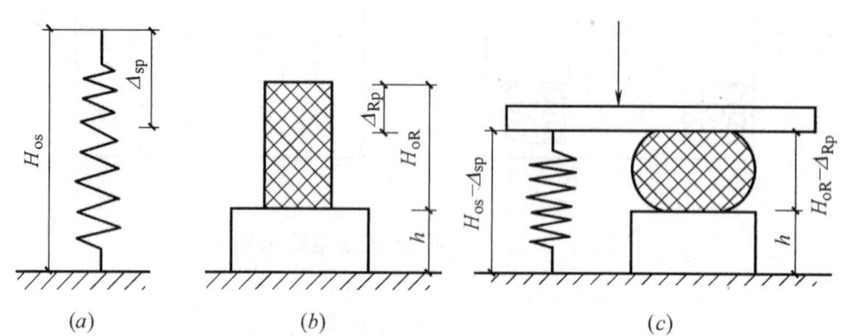

图 4.3.41 求并联组合隔振器原件的支垫高度 h 示意图

（1）根据组合隔振器中 R 和 S 的刚度 K_{zR} 和 K_{zs}，分别计算其承受的静力 F_{vR} 和 F_{vs}。

$$F_{vR}=1.5[A]K_{zr} \tag{4.3.74}$$

$$F_{vs}=W-F_{vR} \tag{4.3.75}$$

（2）支垫的高度 h 按下式计算

$$h=H_{os}-H_{oR}-\Delta_{sp}+\Delta_{Rp} \tag{4.3.76}$$

$$\Delta_{sp}=\frac{F_{vs}}{K_{zs}} \tag{4.3.77}$$

$$\Delta_{Rp}=\frac{F_{vR}}{K_{zR}} \tag{4.3.78}$$

式中 H_{os}、H_{oR}——S 隔振器、R 隔振器的自由高度（mm）；

Δ_{sp}、Δ_{Rp}——S 隔振器、R 隔振器在 F_{vs}、F_{vR} 静力作用下的变形（mm）。

第四章　动力机器隔振基础设计

第一节　旋转式机器隔振基础

一、概述

在火力发电厂中，旋转式机器的种类很多，汽轮发电机组被视为火力发电厂的主机，为典型的旋转式机器，其他旋转式机器均称为辅助机器，其中主要有汽动（电动）给水泵、磨煤机（钢球、风扇和中速磨煤机）、引（送）风机和碎煤机等。1968 年为避免汽轮发电机组基础与汽轮机转速频率发生共振，德国隔而固公司为西门子公司研发了世界上第一个核电汽轮发电机组弹簧隔振基础并成功应用。近十几年来，火力发电厂旋转式机器弹簧隔振基础逐步在工程中推广应用，取得了很大的发展。到现在，全世界已有近千台汽轮发电机组采用弹簧隔振基础。

我国于 20 世纪 70 年代后期开展了汽轮发电机组弹簧隔振基础的试验研究，并在河南登封发电厂 6MW 机组中采用，建成了我国第一台汽轮发电机组弹簧隔振基础。在从国外引进汽轮发电机组的同时也引进了一些弹簧隔振基础，河南鸭河口发电厂（2×350MW）、北京第一热电厂（2×200MW）和合肥第二发电厂（2×350MW）汽轮发电机组均采用了弹簧隔振基础，机组投产后的运行情况良好。田湾核电站一期 2×1000MW 核电汽轮发电机组为我国第一次在核电汽轮发电机组上采用弹簧隔振基础，两台机组于 2007 年并网发电。这些引进的汽轮发电机组弹簧隔振基础的成功实践，促使我国自行设计的国产大型汽轮发电机组弹簧隔振基础得到发展。截止到 2015 年底，国内的火力发电厂中已有 18 个电厂 36 台汽轮发电机组采用了弹簧隔振基础；核电厂中已有 8 个核电站 30 台汽轮发电机组采用了弹簧隔振基础。目前，我国采用弹簧隔振基础的火电汽轮发电机组的最大功率已达到 1240MW，核电汽轮发电机组的最大功率为 1755MW。

20 世纪 90 年代初，河北西柏坡发电厂的国产碎煤机采用的弹簧隔振基础，可以作为火力发电厂辅助机器弹簧隔振基础的代表。由于隔振效果十分显著，火力发电厂碎煤机弹簧隔振基础已经成为今后的发展趋势，全国已经有数百台碎煤机成功应用了弹簧隔振基础。火力发电厂磨煤机的种类很多，常用的有钢球磨煤机、风扇磨煤机和中速磨煤机，为了避免磨煤机的振动影响附近的电气设备，引起主厂房结构的振动，采用弹簧隔振基础是十分有效的措施。近年来，高位布置的汽动（电动）给水泵也普遍采用了弹簧隔振基础。

火力发电厂旋转式机器弹簧隔振基础属于主动隔振的范畴，具有一定的代表性。大量的工程实践证明，旋转式机器采用弹簧隔振基础后，隔振效果十分明显。旋转式机器采用弹簧隔振基础后具有许多优点，首先，弹簧隔振可以有效隔离旋转设备的振动向基础及通过基础向周围厂房结构传递，可以大大减小由于振动给周围环境、设备、结构和人员造成的各种影响，也可以避免由振动引起的电气设备的损坏以及由于停机维修而造成的损失。其次，采用弹簧隔振可以避免基础、厂房结构发生由旋转频率激发的共振。包括核电站在内的许多汽轮发电机组基础都存在与机器转频相同或接近的共振频率。如果不采取任何措施，机器基础会发生共振，长期振动将导致设备或基础的破坏，造成巨大的经济损失。采用弹簧隔振基础后，由于弹簧隔振器使上部机器动荷载与下部结构隔离，设计下部结构时可以不考虑动荷载，按静力结构进行设计，故可以减小基础立柱尺寸，这样大大节省了下部空间，有利于各种管道和电缆的布置。采用弹簧隔振基础后，当机器基础发生沉降时，弹簧隔振器将会对基础台板产生自适应调平，由于弹簧的作用，台板不会发生较大的变形而影响轴系调平。当发生较大的不均匀沉降时，其沉降量可以通过弹簧隔振器调平。这一过程在需要时可以在不停机状态下进行，从而避免停机重新安装机组造成的巨大损失。国外某发电厂 800MW 机组、国内 1000MW 核电以及 1000MW 火电汽轮发电机组基础均进行过类似不停机检修的成功实践，取得了很好的效益。另外，弹簧隔振基础可以起到抗地震破坏作用。许多制造厂都对汽轮发电机组运转层高度地震加速度响应提出了要求，多数厂家在设计中明确，在运转层高度汽轮发电机组所能承受的最大地震加速度小于 $0.3g$，有些厂家还要求水平地震加速度小于 $0.2g$。由于结构地震加速度响应随高度有放大效应，对于普通框架式基础，运转层高度地震响应加速度较地面放大约 2.3 倍。而弹簧隔振基础可以有效降低运转层地震响应加速度，从而保证汽轮发电机组设备的安全。

二、汽轮发电机组隔振基础设计

1. 汽轮发电机组弹簧隔振基础的特点与形式

汽轮发电机组通过高温高压水蒸气的膨胀驱动汽轮机转子旋转，将水蒸气的热能转化为转子的机械能，再通过汽轮机转子的旋转驱动发电机转子一对磁极（全速机组）或两对磁极（半速机组）切割定子磁力线，进一步实现汽轮机转子的机械能转化为发电机输出的电能。汽轮发电机组，通常指额定功率为 50MW 以上，额定转速为 1500r/min、1800r/min、3000r/min 与 3600r/min 陆地安装的机组。我国电网系统的频率为 50Hz，所以全速机组的转速为 3000r/min，半速机组的转速为 1500r/min。

汽轮发电机组弹簧隔振基础的下部结构与普通基础一样为框架结构，按建筑材料区分为钢筋混凝土框架结构与钢框架结构两种；又按照机组基础立柱与厂房立柱耦联与否区分，不耦合的称为独立岛式结构，如图 4.4.1 所示；耦合的称为联合结构，如示意图 4.4.2 所示。图 4.4.3 为弹簧隔振基础的现场照片。

弹簧隔振系统将基础台板与立柱之间的刚性连接断开。弹簧隔振器与立柱顶端以及基础台板之间设置防滑构件，在水平力作用下，剪力连续，而弯矩不连续。

2. 汽轮发电机组弹簧隔振基础的设计要求与设计依据

（1）弹簧隔振基础的设计要求

汽轮发电机组弹簧隔振基础设计必须满足四个要求：即使机器与基础台板的振动性能好、振动小；隔振效果好、传递给下部结构的动载荷小，传递给周围环境的振动小；在各种载荷联合作用下静变位满足制造厂家要求；地震作用下运转层水平加速度的放大倍率小，满足制造厂家提出的机器可承受的最大地震水平加速度的要求。

图 4.4.1 独立岛式弹簧基础示意图

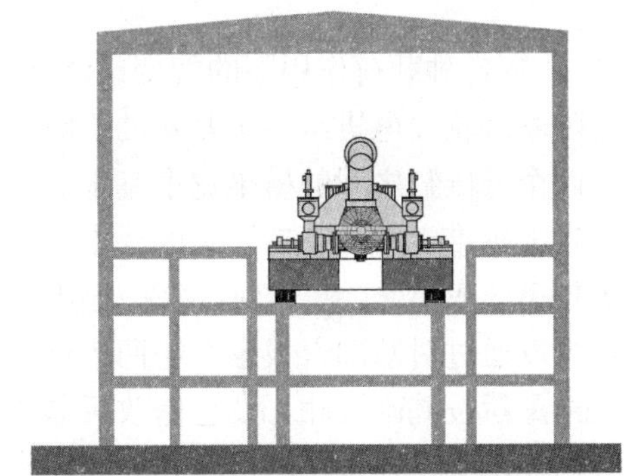
图 4.4.2 联合结构式弹簧基础示意图

1）弹簧隔振基础首先必须具有良好的动力特性。

图 4.4.3 弹簧基础的局部照片

因为弹簧隔振系统的固有频率远离机组的激振频率，所以基础的响应振动小，基础具有良好的动力特性。基础振动的评判标准，目前国内设计院使用两个标准，一个是《动力机器基础设计规范》GB 50040，另一个是从国际标准ISO 10816 系列转换的国家标准 GB/T 6075 系列。从评判标准的具体要求看，按照欧洲计算方法，扰力标准 ISO 1940/1或相当的国家标准 GB 9239 的动平衡等级取为 G2.5，德国基础设计标准 DIN 4024 要求，计算扰力时动平衡等级降低一级、即按照 G6.3 计算扰力，对额定运行转速 3000r/min运行的汽轮发电机组，扰力相当于转子重量的 0.2 倍，与 GB 50040 要求一致；DIN 4024 中阻尼比取 0.03，个别情况下取到 0.04，GB 50040 中阻尼比取值 0.0625；振动评判值，ISO 10816 系列对全速机组基础振动要求为 17.1m，小于 GB 50040 要求的 20m。对核电半速机组基础振动，国际标准 ISO 10816 或国家标准 GBT 6075 要求为 25m，GB 50040 要求为 40m。

2）隔振效果好、传递给下部结构与周围环境的动载荷小。

不隔振的常规基础，当基础与机器发生共振时，动力放大系数，也就是将机器激振力传递给下部结构与周围环境的动载荷放大倍数，等于阻尼比倒数的一半。阻尼比的取值，GB 50040 为 0.0625，欧洲为 0.03，美国与日本为 0.05；于是动力放大系数，按 GB 50040 要求为：1/(2×0.0625)＝8，即动载荷放大 8 倍；按欧洲为：1/(2×0.03)＝16.7 倍，即动载荷放大 16.7 倍；按美国与日本为：1/(2×0.05)＝10，即动载荷放大 10 倍。

弹簧隔振基础，可以将全速（3000r/min）机组的 99%以上的动载荷与半速（1500r/min）机组 98%以上的动载荷隔离掉，使基础台板以下的下部结构，只承受机器与基础台板的静重载荷，不承受动载荷。弹簧基础隔离动载荷的关键措施，是以系统频率远离机器的激振频率，从而使强迫振动微分方程解中的系统惯性力几乎正好与机器激振力的方向相反、数值相等，相互平衡。在隔离动载荷的同时，传递给下部结构与周围环境的振动，也被隔离掉了。

3）在各种载荷作用下的静变位满足制造厂家要求。

随着汽轮发电机组单机容量的不断增大，机器重量迅速增加，基础台板的厚度变化很小、两个低压缸之间的横梁宽度基本不变，于是在各种载荷加权组合作用下，基础台板静变位越来越难于满足制造厂家的要求。例如在 2010 年以后，数十台新推出的超临界、二次再热 1000MW 机组、1240MW 机组与 CAP1400 机组，都遇到类似情况。针对这一问题，可以通过对基础台板厚度与两个低压缸之间横梁宽度的增加得到解决，但是这要求制造厂家重新按基础尺寸，设计修改机器在基础中布置的内部管道系统、汽轮机与凝汽器连接的尺寸以及设备布置的标高等，这通常是非常困难的。因此，对于这些新型的大容量机组，需要设计院、业主、与制造厂家一起协调讨论解决方案，比如可以利用转子敏感度系数矩阵的不断调整，并与现有运行电厂相关数据进行对比，在机器与基础现有尺寸不做重大修改的情况下，找到一个各方都能接受的方案，满足设备的运行要求。

4）地震作用下运转层水平加速度的放大倍率小，满足制造厂家提出的机器可承受的最大地震水平加速度的要求。

在 2011 年 3 月发生日本福岛地震之前，2007 年 7 月 16 日日本新潟市（Niigata city）刈羽核电站（kashiwazaki kariwa）发生近距离浅表 6.8 级地震，震级没有唐山与汶川的大，但汽轮机遭到损坏。现场自动记录数据表明，7 号机组地面记录的水平加速度为 0.356g，运转层记录的运转层响应加速度大于 1.0g；汽轮机开缸检查发现 14 级叶片叉形叶根发生断裂，一系列动、静叶片之间发生摩擦、损伤。这个事件说明：第一，从地面记录的地震水平加速度升高到汽轮机运转层响应的水平加速度有一个放大效应，放大倍率约为 3。第二，汽轮机承受水平加速度的能力是有限制的，尤其是在垂直于机组轴线方向。

汽轮机基础从地面到运转层的放大倍率是可以通过有限元模型计算得到，计算结果表明常规固定基础的放大倍率一般为 2.3 左右。常规岛式弹簧隔振基础在Ⅰ类与Ⅱ类场地的放大倍率可以降低到 1.0 以下，Ⅲ类场地与Ⅳ类场地的放大倍率可以降低到 1.2～2.0 左右。

汽轮机通常用滑销系统连接汽缸猫爪与基础台板，钢与铸铁之间的静摩擦系数小于 0.3，这表示当地震响应水平加速度大于 0.3 时，滑销系统就可能滑动，进而造成动、静叶片之间的碰撞与摩擦。另外汽轮机的推力瓦以及地脚螺栓也对水平加速度有承受的限度。Siemens 公司、Alstom Mannheim 公司、Mitsubishi 公司、Hitachi 公司等有关图纸上，都列出正常设计与加强设计承受的水平加速度值，正常设计值一般为 0.08～0.2g，加强设计约为 0.3～0.4g。

由于汽轮发电机基础由设计院负责设计，汽轮发电机设备由设备制造厂家负责，对于如何保证设备在地震作用下的安全，目前存在交流不畅、责任不清的情况。这有待于在实际工程中，各方增加沟通，让业主方了解可能存在的风险和投入，在设备制造和基础设计方面采取措施，满足业主方的需求。

（2）弹簧隔振基础设计依据

弹簧隔振基础设计时需要的资料如下：

1）基础台板的尺寸。

2）制造厂基础台板的设计准则，包括转子动平衡等级或扰力计算依据、阻尼比取值、基础台板振动评定标准、各种载荷组合规定、工作状态静变位要求、运转层汽轮机正常与加强设计承受的水平地震加速度响应值等。

3）场地的地质资料，包括场地类别、组别、地震设防烈度、当地地震波时程曲线或反应谱曲线。

4）作用在基础台板上的永久载荷，包括：

机器各部分质量分布及作用点；

基础台板的自重载荷（由有限元建模可计算）；

当汽轮机与凝汽器双弹簧支承时，凝汽器运行载荷分配给汽轮机的载荷值（作用于汽轮机基础台板与汽轮机弹簧上）与分配给凝汽器的载荷值（作用于凝汽器基础与凝汽器弹簧上）；

支承或悬挂在基础台板上的管道、阀门等静重载荷。

5）作用在基础台板上的工作载荷，包括：

机器工作力矩；

机器热膨胀引起的摩擦力；

基础温度载荷；

当汽轮机与凝汽器用波纹管连接，凝汽器的真空吸力；

凝汽器设计温度下最大热膨胀量；

各个管道接口许可作用力与作用力矩。

6）作用在基础台板上的检修载荷，包括：

活载荷（均布载荷）；

放在基础台板上的机器零部件重量（集中载荷）。

7）作用在基础台板上的偶然载荷，包括：

发电机短路力矩；

汽轮机断叶片时由额外不平衡量引起的激振力；

地震载荷。

8）机组转动部分资料

各段转子质量的三维分布；

各段转子的一、二阶临界转速；

机组额定运行转速。

以上载荷中，第3）项用于地震分析；第4）项永久载荷与第8）项转动部分资料用于系统动力分析，只有与系统质量 m 有关的载荷才与动力分析有关，系统Z机器＋基础台板＋弹簧隔振器）动力分析要求的所有质量载荷，都不能附加裕量，否则系统固有频率计算结果会出现较大误差；第5）、6）项载荷用于基础台板的静力分析，根据制造厂家的设计准则，应对各种载荷加权组合，然后进行强度与静变位核算；第7）项用于偶然工况核算。

3. 弹簧隔振基础的设计计算

汽轮发电机组弹簧隔振基础的设计，首先根据设备制造厂提供的台板外形图和柱网图等参数进行隔振器的选型，然后进行台板及相应结构的动力、静力计算分析。

（1）隔振基础设计基本参数

为保证隔振系统选型的合理性以及隔振基础动、静力性能能够满足设备正常的运行，需要对隔振基础进行总体概念设计和详细动、静力性能分析，方能保证隔振基础设计的安全、合理、可靠、经济。动静力分析过程中的基本参数主要包括机器不平衡扰力、阻尼比、工作频率范围、结构评判方法及限值等。

1）机器不平衡扰力

机组正常运行时的不平衡扰力应采用机器制造厂提供的扰力值。当缺乏扰力资料时，可根据相关规范进行选取并得到机器制造厂许可，如按照我国《动力机器基础设计规范》GB 50040 或按照以下公式计算：

$$F_{v(f_m)}=W\times e\omega\times 2\pi\times f_m/9.81 \tag{4.4.1}$$

式中 f_m——机器工作频率，为 25Hz 或 50Hz；

$e\omega$——描述机器平衡质量等级的指标，各种机器平衡质量等级参考规范 ISO 1940/1 表 1；

W——机器转子重量（kN）；

工作频率范围内任意频率 f 下的扰力计算如下：

$$F_v(f)=F_{v(f_m)}(f/f_m)^2 \tag{4.4.2}$$

2）阻尼比

阻尼比的选取对隔振基础的动力分析有显著影响。振动分析时，结构阻尼比一般应根据机器制造厂提供的基础设计导则或相关标准、资料要求确定。如果无相关资料，宜采用 0.02 或 0.03。当有可靠设计经验时，可适当放宽。

3）工作频率范围

强迫振动频率评价范围应根据机器制造厂要求确定，如制造厂未提供相关频率范围时，建议取工作频率±5%范围；强迫振动分析的频率范围宜取工作频率±20%。

4）结果评判及限值

强迫振动分析使用稳态响应分析方法。以振动速度有效值（mm/s）或振动位移（μm）为评价指标。一般振动速度有效值使用 SRSS 方法组合值。在机器轴承点 i 处 SRSS 幅值计算如下：

$$v_i=\sqrt{\sum_{j=1}^{n}v_{i,j}^2} \tag{4.4.3}$$

机器连接点 i 处的速度有效值为：$v_{i,\mathrm{eff}}=\dfrac{v_i}{\sqrt{2}}$

式中 $v_{i,\mathrm{f}}$——指连接点 j 处激励下轴承点 i 处的振动速度峰值，$j=1$，2，3…，n；

n——机器轴承点个数。

对于简谐振动，振幅与振动速度有效值通过以下公式进行换算：

$$u=1000\cdot\frac{\sqrt{2}\cdot v_{\mathrm{eff}}}{2\pi f}=\frac{450\cdot v_{\mathrm{eff}}}{2\cdot f} \tag{4.4.4}$$

式中 f——振动频率（Hz）；

v_{eff}——振动速度有效值（mm/s）；

u——振幅（μm）。

强迫振动分析时，机器轴承点处振动响应结果应满足机器制造厂要求。当设备制造厂无相关数据时，应满足表 4.4.1 的要求。

汽轮发电机组振动速度评价限值　　表 4.4.1

区域界线	机器轴承运行转速(r/min)	
	1500 或 1800	3000 或 3600
	振动速度有效值(mm/s)	
A/B	2.8	3.8
B/C	5.3	7.5
C/D	8.5	11.8

（2）隔振器的选型原则及布置

1）弹簧隔振器的一般选型原则：

① 隔振器的选型首先应从总体上考虑汽轮发电机组是否有特殊要求，如抗震要求，真空吸力对基础静刚度的要求或设备布置空间的限制，都会对隔振器选型造成影响。有抗震要求时，应该选用水平刚度与竖向刚度比值较小的隔振器类型；基础对静变位有严格限制时可适当降低隔振器压缩量；隔振器布置受限时则考虑选用承载力较大的隔振器，以降低隔振器数量，满足柱头隔振器布置的要求。

② 隔振器选型荷载为机器正常运行下的永久荷载，包括台板自重、设备自重、管道荷载及真空吸力。

③ 隔振器选型时应考虑汽轮机低压缸与凝汽器的连接方式对汽机基础质量分布的影响。

凝汽器与低压缸及基础底板有三种连接方式：

a. 凝汽器与低压缸刚性焊接，与基础底板刚性连接。外缸与凝汽器在竖向可以自由膨胀，基础台板不承受凝汽器运行重量；

b. 凝汽器与低压缸刚性焊接，凝汽器弹簧支承。选型时应考虑一定比例的凝汽器运行重量作用于基础台板上，凝汽器运行重量的比例分配应与凝汽器厂家协商，且不宜小于凝汽器运行重量的 30%；

c. 凝汽器与低压缸采用波纹补偿器柔性连接，与基础底板刚性连接。汽机基础承受真空吸力。

④ 在隔振器选型荷载作用下的弹簧压缩量不宜大于额定压缩量的 80%，并且不同支座弹簧隔振器之间的压缩量宜尽量相同。

⑤ 地震作用下弹簧隔振器的最大水平变形不能超过限值。

⑥ 正常工作状态下弹簧隔振器的压缩量应由基础设计方提供；弹簧隔振器预紧量应由基础设计方，隔振器制造厂家和隔振器安装方三方协商制定。

另外，考虑到地震高烈度地区，机组启动、停机过程、地震或其他偶然荷载作用下，隔振基础配置阻尼器可有效提高系统阻尼比，有效降低结构动力响应。抗地震的隔振基础系统阻尼比宜为 0.05～0.15。

2）隔振器的布置原则：

汽轮发电机组隔振基础隔振器的布置一般采用支撑式，隔振基础台板的结构形式和隔振器的布置方式，应满足下列要求：

① 应尽量减小隔振基础的质心和扰力作用点的距离。

② 台板与设备重心与隔振器刚度中心尽可能在同一垂线上；机器和弹簧隔振系统的重心偏离应小于基础平面外形尺寸的5%。

③ 各柱头上隔振器刚度中心与下部框架柱截面形心尽量重合。

④ 隔振器的布置应结合隔振器外形尺寸、调平钢板的抽取方向、千斤顶的工作位置、柱头截面尺寸综合确定，确保隔振器安装和检修空间。两列隔振器间检修通道宽度不宜小于300mm。

⑤ 隔振器外轮廓线之间的距离不宜小于10mm，距离柱头边缘不宜小于20mm。

⑥ 阻尼器尽可能布置在远离机组轴系中心线两侧，宜对称布置。

（3）隔振基础的计算

目前，由于汽轮发电机组隔振基础的结构形式复杂，多点扰力激励，且汽轮发电机组基础的自振频率无法避开机器工作频率范围，因此必须进行详细的动、静力响应分析，最常用的计算方法就是使用有限元程序如ANSYS、Femap with NX Nastran、SAP2000等进行有限元分析。主要分析计算内容包括：

隔振基础振动响应分析，包括基础的自振频率分析、强迫振动分析和动刚度计算；

隔振基础抗震分析；

隔振基础静力分析，包括基础静变位验算、配筋计算等。

1）有限元模型

有限元分析单元类型可采用梁单元、板单元或实体单元。振动响应分析宜采用整体结构有限元模型。当弹簧隔振器下部支承点的竖向刚度大于弹簧隔振器竖向刚度的10倍时，分析模型可采用不包括下部结构的台板模型。

采用梁单元模型时，设备质量和管道质量可使用质量单元，通过刚性杆与台板节点连接。刚性杆截面属性宜取台板中最大截面属性的10倍以上。

分析模型应考虑台板纵横梁的剪切变形。

各支座弹簧隔振器单元取多个弹簧隔振器组合为一个弹簧单元，弹簧单元的平面位置取各支座弹簧布置的刚度中心。

振动分析模型中的质量来源与弹簧隔振器选型时的质量分布相同。

2）振动响应分析

振动响应分析是根据第二小节选取合适的分析参数，进行基础轴承点位置的振动响应分析，并与相关限值进行比较，从而使隔振基础的动力响应满足设备正常运行要求。此处不再详述。

3）动刚度计算

动刚度是基础动荷载下抵抗变形的能力，汽轮发电机组对基础动刚度有特殊要求，以避免基础动刚度与油膜刚度串联后与转子临界转速共振。

动刚度计算方法同基础强迫振动分析。计算工作频率范围内基础扰力作用点处的竖向位移δ_{zi}，采用公式$K_{\mathrm{dyn},i}=\dfrac{F}{\delta_{zi}}$得到各扰力作用点$i$处的动刚度曲线。

动刚度结果评价频率范围同强迫振动分析。动刚度结果应满足机器制造厂要求，如果无相关资料，不宜小于2.0×10^{6}kN/m。当有实际工程经验时，可适当调整。

4）隔振基础抗震分析

当计算机器轴承点位置的加速度和位移响应时，计算模型应考虑下部结构对隔振基础的影响。按厂址地震设计条件和结构设防目标确定地震分析动参数。

抗震分析内容主要包括：

① 设备连接点位置的加速度峰值响应。

确认汽轮发电机组与基础之间连接点抗震性能的要求，当设备制造商没有明确答复时，可由设备制造商和基础设计单位按基础的抗震性能，讨论确定选用多遇地震或基本烈度。

② 多遇地震和罕遇地震下基础层间位移角计算及校核。

多遇和罕遇地震作用下的弹性和弹塑性层间位移角限值分别为 1/550 和 1/50。其中凝汽器间单榀框架纵向无中间层，位移角可由柱底至柱头计算，结构类型为单层钢筋混凝土柱排架，罕遇地震作用下的弹塑性层间位移角限值可取 1/30。

③ 台板、柱、中间平台和基础结构承载力计算。

④ 罕遇地震下基础台板的水平位移计算。

5）隔振基础静力分析

弹簧隔振基础强度计算时应考虑以下荷载工况：

① 恒载——永久荷载，包括基础恒载、设备及管道恒载，应包括汽轮发电机组各部件以及其他设备、管道的自重荷载

② 活载，根据机器制造厂要求或相关规范取值；

③ 机器正常运行时的运行荷载——非永久荷载，应包括：

汽轮发电机组正常工作时产生的工作扭矩；

管道力及力矩（±）；

汽轮发电机组热膨胀产生的摩擦力（±）；

弹簧基础温度作用；

其他运行荷载，如凝汽器真空吸力和运行水重等。

④ 偶然荷载——非永久荷载，应包括：

a. 转子叶片损失或汽轮机不平衡力；

b. 发电机短路力矩；

c. 其他可能发生的偶然荷载，如维修荷载等。

⑤ 地震荷载（±）。

弹簧基础强度设计应采用极限承载力状态设计方法。各荷载工况的组合、荷载分项系数及荷载组合系数应根据机器制造厂要求或相关规范确定。当无明确数据时，荷载分项系数建议取以下数值：

恒载取 1.35；

活载取 1.4；

机器正常运行时的运行荷载取 1.35；

偶然荷载取 1.1；

地震荷载取 1.1；

荷载组合系数取 1.0。荷载组合应考虑荷载方向的不利组合。

汽轮发电机组轴承的静变形验算及基础沉降要求应满足机器厂家要求。轴承静变形验

算应根据机器制造厂规定的荷载组合和验算方法进行。

基础内力计算及配筋计算应满足相关规范要求。梁、柱、板最小配筋率应满足规范要求。

（4）隔振基础的构造要求

隔振器安装位置顶面标高误差±2mm，柱头顶面平整度要求小于 1mm/m，隔振器工作高度误差要求小于±2mm。

隔振基础的构造形式和隔振器布置应考虑隔振器的安装、维护和检修，预留足够的操作空间。

隔振器应定期进行检查和日常维护。检查隔振器表面防护漆是否损坏或脱离，如果损坏，应及时进行修补。

隔振基础和厂房运转层之间的周边应设置隔离缝，缝宽不宜小于台板在罕遇地震作用下的水平位移值的 1.2 倍且不小于 200mm。隔离缝上设置封闭措施时应采取软连接，不得传递振动。

4. 汽轮发电机组弹簧隔振基础的模型试验

（1）试验目的

物模试验是验证基础设计、分析合理性及可靠性的有效方法，是通过不同于数值分析的另一个科学手段得出汽轮发电机组基础的动力特性、并可进行振动响应评估的先进技术。特别是对于弹簧隔振基础，由于安装了隔振装置，结构的动力特性将发生变化，基础立柱的刚度沿竖向分布变得不均匀，甚至发生突变，因此有必要对基础的整体动力特性进行重新评价。汽轮发电机弹簧隔振基础构造复杂、振动荷载多样、控制标准严格，因而对许多重大工程项目来说仅仅依靠理论分析不能保障振动控制的可靠性和安全性，采用模型试验的技术证明设计的准确性和计算的精确性显得尤为重要。

《建筑抗震设计规范》GB 50011 第 12.1.3 条第 1 款规定，体型复杂结构采用隔振设计时“应进行专门研究”，因而对于厂区处于地震区烈度 7 度或 7 度以上的地区的弹簧隔振基础，必须针对其抗震性能做特殊研究。结构抗震试验作为评价复杂结构在地震作用下的工作状态和安全性能的主要手段已广泛应用于实际工程，利用试验手段模拟地震作用，实现原型试验无法进行的地震响应研究是保证汽轮发电机组隔振基础在地震作用下安全可靠的一个重要手段。

通过模型试验可以更真实、形象、直接地反映出振动控制基础的自振特性，检测基础是否满足规范要求，验证计算理论的正确性，检验基础的振动控制效率，在设计阶段实现了对振动控制系统性能的较准确预测和评估。

图 4.4.4 为汽轮发电机组弹簧隔振基础模型试验的现场照片。

（2）模型试验的主要内容

模型试验研究的主要内容包括：

1）通过模型的动力特性试验得到汽轮发电机组弹簧隔振基础的动力特性，分析自振频率、振型及阻尼比的特点；

2）运用模态综合分析法预测汽轮发电机弹簧隔振基础强迫振动响应，如图 4.4.5 所示，并结合有限元数模计算结果，对汽轮发电机弹簧隔振基础的振动状态进行最终评估；

3）通过动刚度试验，确定轴承座处的动刚度曲线，如图 4.4.6 所示；

图 4.4.4　汽轮发电机组弹簧隔振基础模型试验

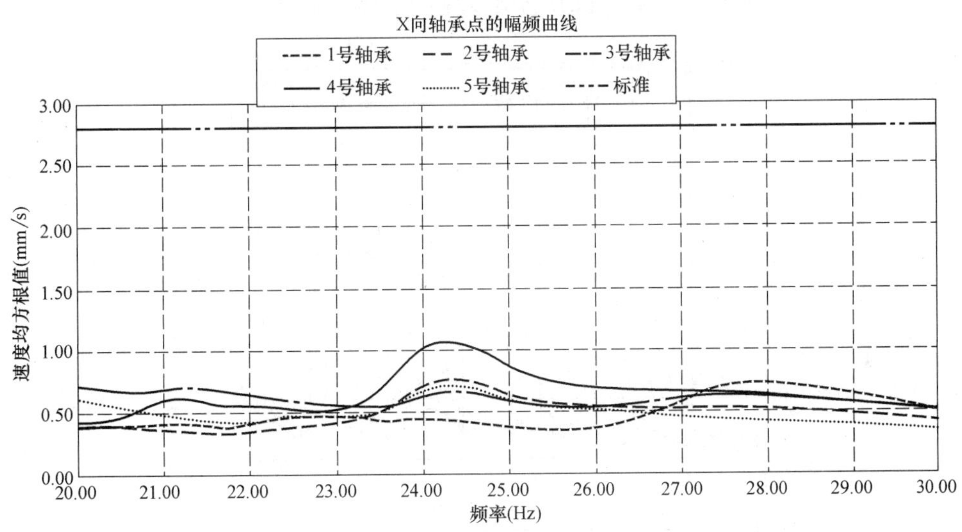

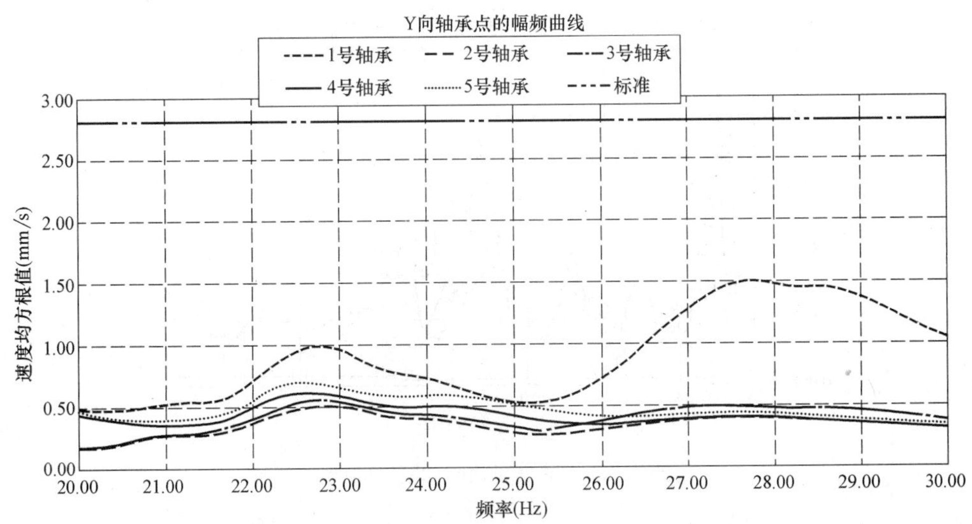

图 4.4.5　轴承座的振动速度均方根值幅频曲线

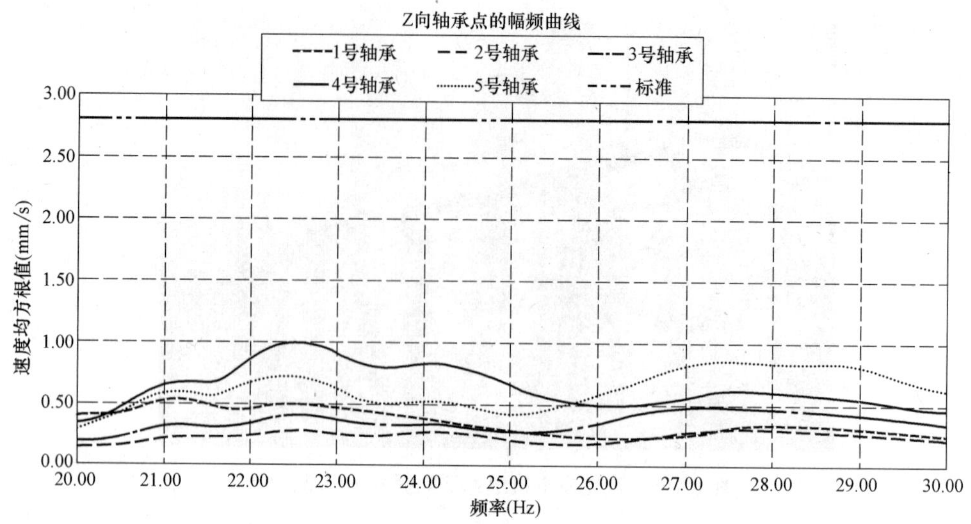

图 4.4.5 轴承座的振动速度均方根值幅频曲线（续）

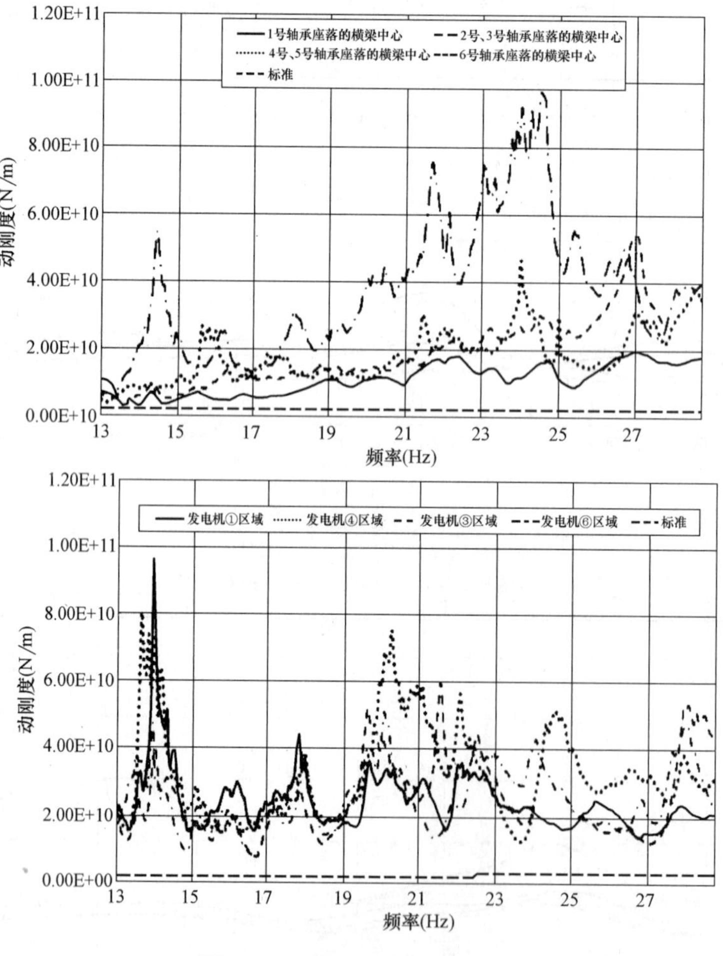

图 4.4.6 轴承座处的动刚度曲线

4）对基础进行振动控制效率的检验，如图 4.4.7 所示；

5）运用拟动力或地震振动台试验方法对汽轮发电机组基础进行多遇地震、典型场地记录波、罕遇地震的水平地震力作用下基础的动力响应试验（包括振动响应时程、钢筋应变响应时程；滞回曲线、柱层间位移角等），如图 4.4.8、图 4.4.9 所示。

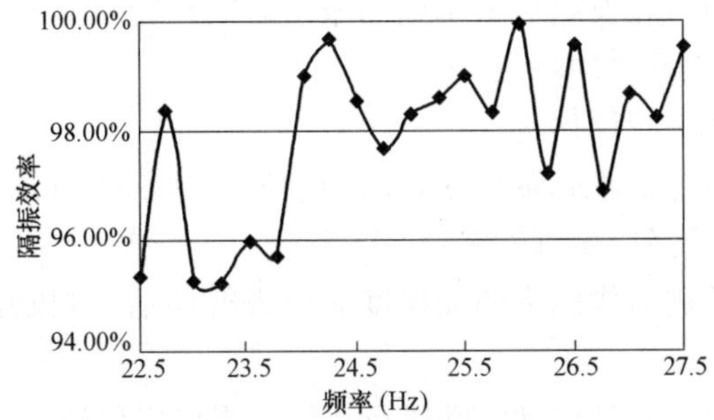

图 4.4.7 基础的隔振效率曲线

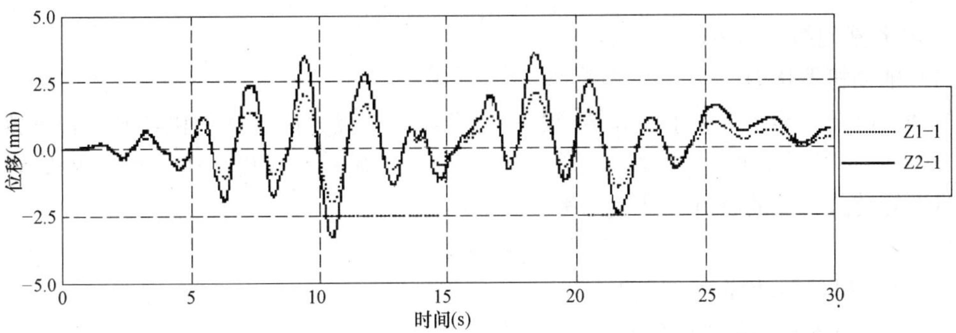

图 4.4.8 地震作用基础的位移时程曲线

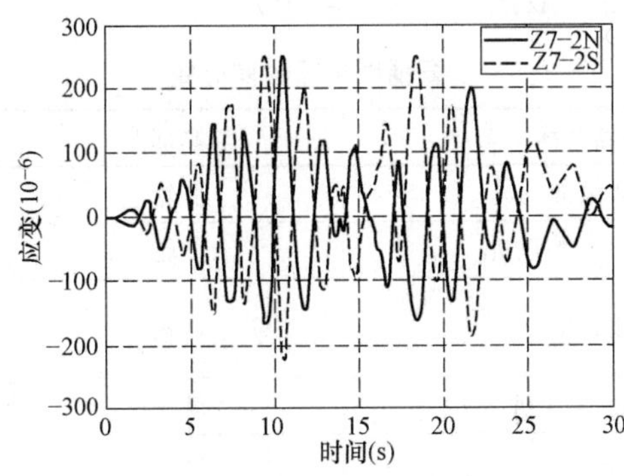

图 4.4.9 地震作用基础柱根钢筋应变时程曲线

（3）运用试验结果对基础进行评估

模型试验研究的最终目的是为了对汽轮发电机组基础的设计成果进行验证与评估。主要评估内容包括：

1）根据试验结果对原型基础的动力响应作出评估，首先按照设备厂家的标准要求，如果没有要求则需按照国家标准《动力机器基础设计规范》GB 50040 或国际标准 ISO

10816 对基础原型的振动线位移、速度均方根值进行评估，为基础设计是否合格做出评判；

2）准确分析出基础在三方向上各自的第一阶自振频率，以及影响基础垂直振动和水平振动的主要频率；

3）分析临界转速对汽轮发电机组基础的振动影响，特别是在汽轮发电机的启动和减速阶段，在临界点是否出现振动峰值；

4）对基础隔振效率进行评估；

5）全面分析汽轮发电机基础轴承座处的动刚度，判断扰力作用下是否能够满足振动和变形的要求，梁截面选择的合理性等；

6）对基础顶板在地震力作用下的加速度响应进行评估，判断设备与基础之间连接杆件的强度是否满足要求；

7）与其他同类机组的基础振动特性进行比较，提出优化建议。

三、辅助机器的隔振设计

1. 隔振基础的基本参数

（1）辅助机器扰力

汽动（电动）给水泵属于中高转速的动力机器，其扰力按《动力机器基础设计规范》GB 50040 中透平压缩机基础的规定计算。而风扇（中速）磨煤机、风机和碎煤机等辅助机器具有旋转式机器的特点，其扰力按下式确定：

$$F_{\mathrm{v}}=me_0\omega_{\mathrm{m}}^2 \tag{4.4.5}$$

式中　m——机器转动部件的质量；

e_0——机器转动部件的偏心距；

ω_{m}——机器转动角速度。

机器转动部件的偏心距一般按表 4.4.2 取值。

主要辅助机器的偏心距　　**表 4.4.2**

序号	机器名称	转动部件	偏心距(mm)
1	送风机	叶轮	0.5～0.7
2	引风机、排粉风机	叶轮	0.7～1.0
3	风扇磨煤机	叶轮	软煤 1.0～1.5 硬煤 1.5～2.0
4	环锤式碎煤机	转子	1.0
5	泵类	叶轮	0.1～0.5

钢球磨煤机的扰力被认为具有白噪声型的宽频扰力，磨煤机的白噪声功率谱强度按下式计算：

$$S_0=\frac{(am'd)^2\omega_0^3}{\pi}\left[1-\left(\frac{\omega_0^2 d}{2g}\right)^2\right] \tag{4.4.6}$$

式中　a——机器类型系数，钢球磨煤机＝0.001；

m'——磨筒装载质量（kg）；

ω_0——磨筒的旋转圆频率（rad/s）；

d——磨筒直径（m）；

g——重力加速度（9.81m/s^2）。

钢球磨煤机基础的振动响应需要用随机振动理论求解，读者可以从有关文献中找到解答。

（2）隔振体系质量的确定

在辅助机器的隔振基础设计中，辅助机器的下部一般应设置钢或钢筋混凝土台座，台座质量的取值可以通过计算求得，当不希望机器台座的振动线位移较大时，可以按下列原则确定台座的质量：

1）碎煤机和风机取台座质量与机器的质量比大于3.0；

2）中速磨煤机取台座质量与机器的质量比大于2.0；

3）钢球磨煤机取台座质量与机器的质量比大于1.0。

2. 隔振器的选择及其布置

（1）隔振器刚度的确定

隔振器刚度的确定应满足传递系数的要求。隔振基础的自振圆频率 ω_z 应满足频率比 $\omega/\omega_z \geqslant 2.5$。

由于钢球磨煤机的扰力被认为具有白噪声型的宽频扰力，当钢球磨煤机采用钢弹簧隔振基础时，钢弹簧的压缩变形不宜小于20mm；采用橡胶隔振器时，橡胶垫的变形不宜小于10mm。

（2）隔振基础的隔振方式宜采用支承式，一般在机器下部设置刚性台座，隔振器宜设置在与机器刚性连接的台座下面。对下列情况必须设置刚性台座：

1）机器的机座刚度不足；

2）直接在机座下设置隔振器有困难时；

3）为了减小隔振基础的振动线位移，必须增加隔振基础的质量和质量惯性矩时。

（3）隔振基础应根据机器的类型、工艺、土建结构及环境要求，确定相应的隔振形式。机器布置在底层时，宜在隔振基础下部设置通道或地下室。

（4）隔振器的布置

隔振器的布置宜采用支撑式。隔振基础台座的结构形式和隔振器的布置方式，应满足下列要求：

1）应尽量减小隔振基础的质心和扰力作用点的距离。

2）隔振器平面布置应力求使其刚度中心和隔振基础的质心在同一垂直线上，当难于满足时，则刚度中心与质心的水平偏离不应大于其所平行的基础底面最小边长的3%。

3）应留有隔振器的安装和维护所需的空间。

4）隔振器顶面宜布置在同一标高上。

3. 隔振基础的计算

（1）隔振基础的自振频率

1）当隔振基础台座假定为绝对刚性时，取通过惯性中心的坐标轴 x、y、z 作为基本体系，将隔振体系分解为九个简单块体，隔振体系的质量中心的坐标由下列公式确定：

$$x_{\mathrm{c}}=\frac{1}{m}\sum_{i=1}^{n}m_{i}x_{i} \tag{4.4.7}$$

$$y_{\mathrm{c}}=\frac{1}{m}\sum_{i=1}^{n}m_{i}y_{i} \tag{4.4.8}$$

$$z_{\mathrm{c}}=\frac{1}{m}\sum_{i=1}^{n}m_{i}z_{i} \tag{4.4.9}$$

式中　m_i——第 i 个元件的质量（kg）；

m——隔振体系的总质量（kg）；

x_i、y_i、z_i——第 i 个元件的质心坐标（m）。

2）隔振体系的转动惯量由下式确定：

$$J_{0\mathrm{y}}=\sum_{i=1}^{n}[J_{\mathrm{y}i}+m_{i}(z_{0i}^{2}+x_{0i}^{2})] \tag{4.4.10}$$

$$J_{0\mathrm{z}}=\sum_{i=1}^{n}[J_{\mathrm{z}i}+m_{i}(x_{0i}^{2}+y_{0i}^{2})] \tag{4.4.11}$$

$$J_{0\mathrm{x}}=\sum_{i=1}^{n}[J_{\mathrm{x}i}+m_{i}(y_{0i}^{2}+z_{0i}^{2})] \tag{4.4.12}$$

式中　$j_{\mathrm{x}i}$、$j_{\mathrm{y}i}$、$j_{\mathrm{z}i}$——第 i 个元件绕其质心轴的转动惯量（$\mathrm{kg\cdot m^2}$）；

x_{0i}、y_{0i}、z_{0i}——第 i 个元件质心的坐标（m）。

3）隔振体系的总刚度按下列公式计算：

$$K_{\mathrm{x}}=\sum_{i=1}^{n}K_{\mathrm{x}i},K_{\mathrm{z}}=\sum_{i=1}^{n}K_{\mathrm{z}i},K_{\mathrm{y}}=\sum_{i=1}^{n}K_{\mathrm{y}i} \tag{4.4.13}$$

$$K_{\varphi\mathrm{x}}=\sum_{i=1}^{n}(K_{\mathrm{z}i}y_{\mathrm{x}i}^{2}+K_{\mathrm{y}i}z_{\mathrm{x}i}^{2}) \tag{4.4.14}$$

$$K_{\varphi\mathrm{z}}=\sum_{i=1}^{n}(K_{\mathrm{y}i}x_{\mathrm{z}i}^{2}+K_{\mathrm{x}i}y_{\mathrm{z}i}^{2}) \tag{4.4.15}$$

$$K_{\varphi\mathrm{y}}=\sum_{i=1}^{n}(K_{\mathrm{x}i}z_{\mathrm{y}i}^{2}+K_{\mathrm{z}i}x_{\mathrm{y}i}^{2}) \tag{4.4.16}$$

4）隔振器的刚度中心按下式计算：

$$x_{\mathrm{z}}=\frac{1}{K_{\mathrm{z}}}\sum_{i=1}^{n}K_{\mathrm{z}i}x_{i} \tag{4.4.17}$$

$$y_{\mathrm{z}}=\frac{1}{K_{\mathrm{z}}}\sum_{i=1}^{n}K_{\mathrm{z}i}y_{i} \tag{4.4.18}$$

$$z_{\mathrm{z}}=\frac{1}{K_{\mathrm{z}}}\sum_{i=1}^{n}K_{\mathrm{z}i}z_{i} \tag{4.4.19}$$

5）隔振基础刚度的确定：

隔振器沿和绕 v 轴向的总刚度（K_{v}、$K_{\varphi\mathrm{v}}$），按下式计算：

$$K_{\mathrm{v}}=\sum_{i=1}^{n}K_{\mathrm{v}i},(v=x,y,z) \tag{4.4.20}$$

$$K_{\varphi\mathrm{x}}=\sum_{i=1}^{n}(K_{\mathrm{y}i}a_{\mathrm{z}i}^{2}+K_{\mathrm{z}i}a_{\mathrm{y}i}^{2}) \tag{4.4.21}$$

$$K_{\varphi y}=\sum_{i=1}^{n}(K_{xi}a_{zi}^{2}+K_{zi}a_{xi}^{2}) \tag{4.4.22}$$

$$K_{\varphi z}=\sum_{i=1}^{n}(K_{xi}a_{yi}^{2}+K_{yi}a_{xi}^{2}) \tag{4.4.23}$$

式中　K_v——隔振器的 v 向刚度（kN/m）；

$K_{\varphi x}$——隔振器绕 x 轴的摇摆刚度（kN·m）；

$K_{\varphi y}$——隔振器绕 y 轴的摇摆刚度（kN·m）；

$K_{\varphi z}$——隔振器绕 z 轴的扭转刚度（kN·m）；

K_{xi}——第 i 个隔振器的 x 轴向刚度（kN/m）；

K_{yi}——第 i 个隔振器的 y 轴向刚度（kN/m）；

K_{zi}——第 i 个隔振器的 z 轴向刚度（kN/m）；

a_{xi}——第 i 个隔振器距基础体系质心的 x 轴向距离（m）；

a_{yi}——第 i 个隔振器距基础体系质心的 y 轴向距离（m）；

a_{zi}——第 i 个隔振器距基础体系质心的 z 轴向距离（m）；

N——隔振器总个数。

6）基础水平摇摆耦合振动的自振频率按下式计算：

基础的水平摇摆耦合振动的无阻尼第一阶和第二阶振型的自振圆频率 $\omega_{\varphi v1}$ 和 $\omega_{\varphi v2}$ 可按下式计算：

① 当 x 与 φy 轴向耦合时：

$$\omega_{\varphi y1}^{2}=\frac{1}{2}\left[(\lambda_1^2+\lambda_2^2)-\sqrt{(\lambda_1^2-\lambda_2^2)^2+4\frac{mh_2^2}{I_{\varphi y}}\lambda_1^4}\right] \tag{4.4.24}$$

$$\omega_{\varphi y2}^{2}=\frac{1}{2}\left[(\lambda_1^2+\lambda_2^2)+\sqrt{(\lambda_1^2-\lambda_2^2)^2+4\frac{mh_2^2}{I_{\varphi y}}\lambda_1^4}\right] \tag{4.4.25}$$

$$\lambda_1^2=\frac{K_x}{m} \tag{4.4.26}$$

$$\lambda_2^2=\frac{K_{\varphi y}+K_x h_2^2}{I_{\varphi y}} \tag{4.4.27}$$

式中　$\omega_{\varphi y1}$——代表基础 φy 向第一阶摇摆振动自振圆频率（rad/s）；

$\omega_{\varphi y2}$——代表基础 φy 向第二阶摇摆振动自振圆频率（rad/s）；

m、$I_{\varphi y}$——隔振基础的质量（t），绕 y 轴向的转动惯量（t·m^2）；

K_v、$K_{\varphi y}$——隔振器沿和绕 y 轴向的总刚度（kN/m，kN·m）。

h_2——基础质心到隔振器刚度中心的距离。

② 当 y 与 φx 轴向相耦合时，将公式中的下标 x 与 y 对换，即将有关符号改为 K_y、$K_{\varphi x}$和 $I_{\varphi x}$；

（2）辅助机器的扰力由转子偏心引起，其扰力的大小和位置按下列公式确定：

$$F_{vy}=F_{v0} \tag{4.4.28}$$

$$F_{vz}=F_{v0} \tag{4.4.29}$$

$$M_{\varphi x}=F_{v0}e_y \tag{4.4.30}$$

$$M_{\varphi y}=F_{v0}e_x \tag{4.4.31}$$

$$M_{\varphi z}=F_{v0}e_y \tag{4.4.32}$$

式中 F_{vy}——机器的水平扰力（kN）；

F_{vz}——机器的竖向扰力（kN）；

$M_{\varphi x}$——绕 x 轴旋转的扰力矩（kN · m）；

$M_{\varphi y}$——绕 y 轴旋转的扰力矩（kN · m）；

$M_{\varphi z}$——绕 z 轴旋转的扰力矩（kN · m）；

e_x——扰力距质心 z 向的距离（m）；

e_y——扰力距质心 y 向的距离（m）。

（3）阻尼比的计算公式

$$C_v=\sum_{i=1}^{n}C_{vi},(v=x,y,z) \tag{4.4.33}$$

$$C_{\varphi x}=\sum_{i=1}^{n}(C_{yi}b_{zi}^2+C_{zi}b_{yi}^2) \tag{4.4.34}$$

$$C_{\varphi y}=\sum_{i=1}^{n}(C_{xi}b_{zi}^2+C_{zi}b_{xi}^2) \tag{4.4.35}$$

$$C_{\varphi z}=\sum_{i=1}^{n}(C_{xi}b_{yi}^2+C_{yi}b_{xi}^2) \tag{4.4.36}$$

$$\zeta_v=\frac{C_v}{2\sqrt{K_v m}},(v=x,y,z,\varphi z) \tag{4.4.37}$$

$$\zeta_{\varphi x1}=\frac{C_{\varphi x}+C_y(\rho_{\varphi x1}-h_2)^2}{2\omega_{\varphi x1}(I_{\varphi y}+m\rho_{\varphi x2}^2)} \tag{4.4.38}$$

$$\zeta_{\varphi x2}=\frac{C_{\varphi x}+C_y(\rho_{\varphi x2}+h_2)^2}{2\omega_{\varphi x2}(I_{\varphi y}+m\rho_{\varphi x2}^2)} \tag{4.4.39}$$

$$\zeta_{\varphi y1}=\frac{C_{\varphi y}+C_x(\rho_{\varphi y1}-h_2)^2}{2\omega_{\varphi y1}(I_{\varphi x}+m\rho_{\varphi y1}^2)} \tag{4.4.40}$$

$$\zeta_{\varphi y2}=\frac{C_{\varphi y}+C_x(\rho_{\varphi y2}+h_2)^2}{2\omega_{\varphi y2}(I_{\varphi x}+m\rho_{\varphi y2}^2)} \tag{4.4.41}$$

式中 ζ_z——阻尼器的竖向阻尼比；

$\zeta_{\varphi z}$——阻尼器绕 z 轴的扭转阻尼比；

$\zeta_{\varphi x1}$——基础绕 x 轴耦合振动第一振型阻尼比；

$\zeta_{\varphi x2}$——基础绕 x 轴耦合振动第二振型阻尼比；

$\zeta_{\varphi y1}$——基础绕 y 轴耦合振动第一振型阻尼比；

$\zeta_{\varphi y2}$——基础绕 y 轴耦合振动第二振型阻尼比；

ζ_{xi}——第 i 个阻尼器的 x 向水平阻尼比；

ζ_{yi}——第 i 个阻尼器的 y 向水平阻尼比；

ζ_{zi}——第 i 个阻尼器的 z 向垂直阻尼比；

b_{xi}——第 i 个阻尼器距基础体系质心的 x 轴向距离（m）；

b_{yi}——第 i 个阻尼器距基础体系质心的 y 轴向距离（m）；

b_{zi}——第 i 个阻尼器距基础体系质心的 z 轴向距离（m）；

h_2——基础质心至阻尼器刚度中心的距离（m）；

$\rho_{\varphi y1}$——基础 φ_y 向耦合振动第一振型转动中心至基础质心的距离（m）；

$\rho_{\varphi y2}$——基础 φ_y 向耦合振动第二振型转动中心至基础质心的距离（m）；

C_v——阻尼器的 v 向水平阻尼系数（kNs/m）；

$C_{\varphi v}$——阻尼器绕 φ_v 轴的摇摆阻尼系数（kNs/m）；

C_{xi}——第 i 各阻尼器的 x 向水平阻尼系数（kNs/m）；

C_{yi}——第 i 各阻尼器的 y 向水平阻尼系数（kNs/m）；

C_{zi}——第 i 各阻尼器的 z 向水平阻尼系数（kNs/m）；

$\omega_{\varphi x1}$——基础 φ_x 向耦合振动第一振型的自振圆频率（rad/s）；

$\omega_{\varphi x2}$——基础 φ_x 向耦合振动第二振型的自振圆频率（rad/s）；

$\omega_{\varphi y1}$——基础 φ_y 向耦合振动第一振型的自振圆频率（rad/s）；

$\omega_{\varphi y2}$——基础 φ_y 向耦合振动第二振型的自振圆频率（rad/s）；

$I_{\varphi x}$——基础对通过重心 x 轴的极转动惯量（tm^2）；

$I_{\varphi y}$——基础对通过重心 y 轴的极转动惯量（tm^2）；

$I_{\varphi z}$——基础对通过重心 z 轴的极转动惯量（tm^2）。

（4）在扰力 F_{vz} 作用下基础的 z 向振动线位移按下式计算：

$$u_z=\frac{F_{v0}}{K_z}\cdot\frac{1}{\left(1-\frac{\omega^2}{\omega_z^2}\right)^2+s\zeta_z^2\frac{\omega^2}{\omega_z^2}} \tag{4.4.42}$$

式中　u_z——基础顶面控制点 z 向的振动线位移（m）。

（5）在扰力矩 $M_{\varphi z}$ 作用下基础的扭转振动线位移按下列公式计算：

$$u_{x\varphi z}=\frac{F_{v0}e_y l_y}{K_{\varphi z}\left(1-\frac{\omega^2}{\omega_{\varphi z}^2}\right)^2+s\zeta_{\varphi z}^2\frac{\omega^2}{\omega_{\varphi z}^2}} \tag{4.4.43}$$

$$u_{y\varphi z}=\frac{F_{v0}e_y l_x}{K_{\varphi z}\left(1-\frac{\omega^2}{\omega_{\varphi z}^2}\right)^2+s\zeta_{\varphi z}^2\frac{\omega^2}{\omega_{\varphi z}^2}} \tag{4.4.44}$$

式中　$u_{x\varphi z}$——基础顶面控制点绕 z 轴旋转产生 x 向的水平振动线位移（m）；

$u_{y\varphi z}$——基础顶面控制点绕 z 轴旋转产生 y 向的水平振动线位移（m）；

l_x——基础顶面控制点至扭转轴在 x 轴向的水平距离（m）；

l_y——基础顶面控制点至扭转轴在 x 轴向的水平距离（m）。

（6）在扰力 P_y 和扰力矩 $M_{\varphi x}$ 作用下基础的水平摇摆振动线位移按下列公式计算：

$$u_{z\varphi x}=(u_{\varphi x1}+u_{\varphi x2})l_y \tag{4.4.45}$$

$$u_{y\varphi x}=u_{\varphi x1}(\rho_{\varphi x1}+h_1)+u_{\varphi x2}(h_1-\rho_{\varphi x2}) \tag{4.4.46}$$

$$u_{\varphi x1}=\frac{F_{v0}(e_z+e_y+\rho_{\varphi x1})}{(J_{\varphi x}+m\rho_{\varphi x1}^2)\omega_{\varphi x1}^2}\cdot\frac{1}{\left(1-\frac{\omega^2}{\omega_{\varphi x1}^2}\right)^2+4\zeta_{\varphi x1}^2\frac{\omega^2}{\omega_{\varphi x1}^2}} \tag{4.4.47}$$

$$u_{\varphi x2}=\frac{F_{v0}(e_z+e_y+\rho_{\varphi x1})}{(J_{\varphi x}+m\rho_{\varphi x2}^2)\omega_{\varphi x2}^2}\cdot\frac{1}{\left(1-\frac{\omega^2}{\omega_{\varphi x2}^2}\right)^2+4\zeta_{\varphi x2}^2\frac{\omega^2}{\omega_{\varphi x2}^2}} \tag{4.4.48}$$

$$\rho_{\varphi x1}=\frac{\lambda_1^2 h_2}{\lambda_1^2-\omega_{\varphi x1}^2} \tag{4.4.49}$$

$$\rho_{\varphi x2}=\frac{\lambda_1^2 h_2}{\omega_{\varphi x2}^2-\lambda_1^2} \tag{4.4.50}$$

式中 $u_{z\varphi x}$——基础顶面控制点，由 F_{vy} 和 $M_{\varphi x}$ 产生的竖向振动线位移（m）；

$u_{y\varphi x}$——基础顶面控制点，由 F_{vy} 和 $M_{\varphi x}$ 产生的 y 向振动线位移（m）；

$u_{\varphi x1}$——基础 φ_x 向耦合振动第一振型的摇摆角位移（rad）；

$u_{\varphi x2}$——基础 φ_x 向耦合振动第二振型的摇摆角位移（rad）；

e_z——扰力距质心 z 向的距离（m）；

h_1——基础质心至基础顶面的距离（m）。

（7）在扰力距 $M_{\varphi y}$ 作用下基础的水平摇摆振动线位移按下列公式计算：

$$u_{z\varphi y}=(u_{\varphi y1}+u_{\varphi y2})l_x \tag{4.4.51}$$

$$u_{x\varphi y}=u_{\varphi y1}(\rho_{\varphi y1}+h_1)+u_{\varphi y2}(h_1-\rho_{\varphi y2}) \tag{4.4.52}$$

$$u_{\varphi y1}=\frac{F_{v0}e_x}{(J_{\varphi y}+m\rho_{\varphi y1}^2)\omega_{\varphi y1}^2}\cdot\frac{1}{\sqrt{\left(1-\frac{\omega^2}{\omega_{\varphi y1}^2}\right)^2+4\zeta_{\varphi y1}^2\frac{\omega^2}{\omega_{\varphi y1}^2}}} \tag{4.4.53}$$

$$u_{\varphi y2}=\frac{F_{v0}e_x}{(J_{\varphi x}+m\rho_{\varphi y2}^2)\omega_{\varphi y2}^2}\cdot\frac{1}{\sqrt{\left(1-\frac{\omega^2}{\omega_{\varphi y2}^2}\right)^2+4\zeta_{\varphi y2}^2\frac{\omega^2}{\omega_{\varphi y2}^2}}} \tag{4.4.54}$$

$$\rho_{\varphi y1}=\frac{\lambda_1^2 h_2}{\lambda_1^2-\omega_{\varphi y1}^2} \tag{4.4.55}$$

$$\rho_{\varphi y2}=\frac{\lambda_1^2 h_2}{\omega_{\varphi y2}^2-\lambda_1^2} \tag{4.4.56}$$

式中 $u_{z\varphi y}$——基础顶面控制点，由 $M_{\varphi y}$ 作用产生的 z 向振动线位移（m）；

$U_{x\varphi y}$——基础顶面控制点，由 $M_{\varphi y}$ 产生的 x 向振动线位移（m）；

$u_{\varphi x1}$——基础 φ_x 向耦合振动第一振型的摇摆角位移（rad）；

$u_{\varphi x2}$——基础 φ_x 向耦合振动第二振型的摇摆角位移（rad）。

（8）基础顶面控制点的总振动线位移按下列公式计算：

$$u_{xmax}=u_{x\varphi y}+u_{x\varphi z} \tag{4.4.57}$$

$$u_{ymax}=u_{y\varphi x}+u_{y\varphi z} \tag{4.4.58}$$

$$u_{zmax}=u_z+u_{z\varphi x}+u_{z\varphi y} \tag{4.4.59}$$

式中 u_{xmax}——基础顶面控制点的 x 水平向总振动线位移（m）；

u_{ymax}——基础顶面控制点的 y 水平向总振动线位移（m）；

u_{zmax}——基础顶面控制点的 z 竖向总振动线位移（m）。

（9）传递系数和隔振效率的计算

1）基础的 z 向传递系数和隔振效率按下式计算：

$$\eta_z=\frac{1}{\sqrt{\left(1-\frac{\omega^2}{\omega_z^2}\right)^2+4\zeta_z^2\frac{\omega^2}{\omega_z^2}}} \tag{4.4.60}$$

$$T_z = (1-\eta_z) \times 100\% \tag{4.4.61}$$

2）传递给下部结构的动力荷载按下列公式计算：

在扰力 P_z 作用下传递给下部结构的动力荷载 F_{vz}：

$$F_{vz} = P_z \eta_z \tag{4.4.62}$$

4. 隔振基础的构造要求

（1）隔振基础的构造形式和隔振器的布置应留有隔振器的安装、维护和检修所需的空间。

（2）隔振器应定期检查，观察其是否损坏。

（3）弹簧隔振基础的四周应与建筑物隔离，缝宽宜为 50～100mm，并不小于板厚的 1/30。

（4）应采取可靠的封闭措施，防止异物掉入。并且封闭措施不得传递振动。

（5）采用钢螺旋弹簧时，上下应设置箱体，使弹簧能够调整；箱体上、下应采取防滑措施。

第二节　冲击式机器隔振基础

一、隔振基础的基本参数

1. 锻锤隔振基础的基本参数

（1）锻锤隔振分为砧座下隔振（直接支承隔振方式）和基础下隔振（间接支承隔振方式）两种方式。砧座下隔振是将隔振器置于砧座与基础之间（图 4.4.10*a*）；基础下隔振是将隔振器置于内基础与外基础之间（图 4.4.10*b*），由于基础隔振时内基础与砧座一起运动发挥惯性作用，通常都把内基础称为惯性块，而把外基础即基础箱称为基础。

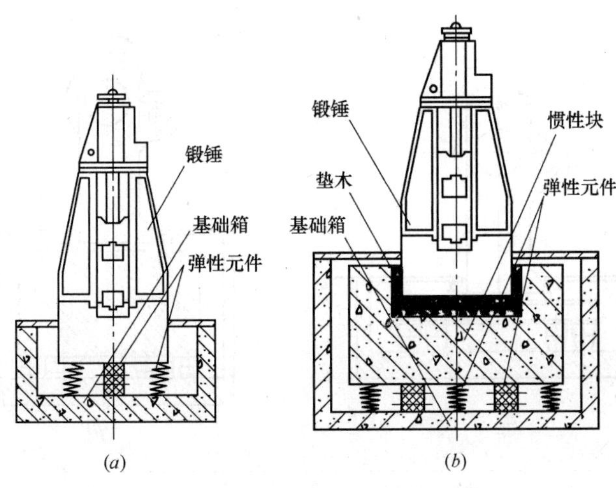

图 4.4.10　锻锤安装方法

（*a*）砧座下隔振；（*b*）基础下隔振

（2）锻锤隔振基础的容许振动线位移及容许振动加速度，不得大于不隔振锻锤基础的容许振动线位移及容许振动加速度。

（3）有特殊要求时，锻锤隔振基础的容许振动值由用户规定。

（4）隔振锻锤砧座下设有隔振装置时，砧座竖向容许振动线位移不宜大于 20mm。当惯性块下设有隔振装置时，惯性块竖向容许振动线位移不宜大于 8mm。

（5）砧座与惯性块的振动时间应小于锻锤两次打击之间的间隔时间。

（6）隔振锻锤采用惯性块时，对砧座与惯性块之间垫层的材质及其铺设方式的要求，与对不隔振锻锤砧座与基础之间垫层的材质及其铺设方式的要求相同。

（7）隔振锻锤采用惯性块时，对惯性块的结构及配筋要求，与对不隔振锻锤的基础要求相同。

2. 机械压力机隔振基础的基本参数

（1）机械压力机隔振有机身下隔振（直接支承隔振方式）和基础下隔振（间接支承隔振方式）两种方式。机身下隔振是将隔振器直接置于机身之下或置于与机身相连的金属构件之下（图 4.4.11*a*）；基础下隔振是将隔振器置于内基础与外基础之间（图 4.4.11*b*）。

（2）隔振压力机外基础的容许振动线位移应低于不隔振压力机基础的容许振动线位移，一般不应大于 0.3mm。

（3）有特殊要求时，隔振压力机外基础的容许振动线位移由用户规定。

（4）隔振压力机机身底座处的容许振动线位移值，一般取±3mm 范围内，当不带有动平衡机构的高速冲床和冲剪厚板料时，压力机底座处的容许振动线位移值应取±5mm 范围内。

（5）压力机的隔振器应有一定的阻尼特性，使机身的振动较快衰减。

（6）对隔振压力机内基础构造与配筋的要求与对不隔振压力机基础构造与配筋的要求相同。对隔振压力机外基础构造与配筋的要求应根据隔振器施加给外基础的动载荷计算确定。隔振压力机的隔振器也可以置于楼板或钢结构的构架之上，钢结构的构架由基础支承。

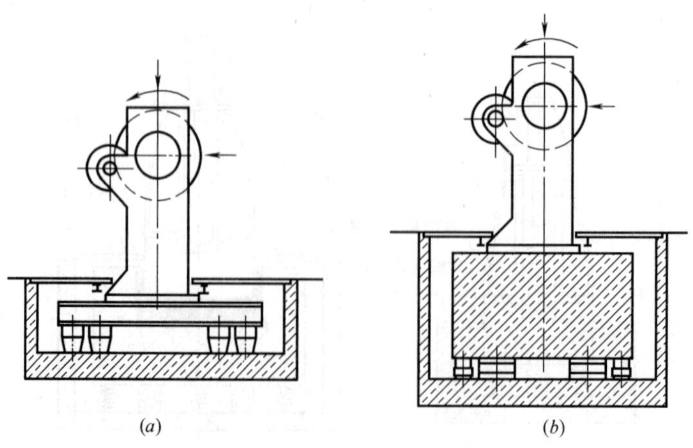

图 4.4.11　机械压力机安装方法

（*a*）机身下隔振；（*b*）基础下隔振

二、隔振器的选择及其布置

1. 锻锤和压力机等冲击式机器隔振之后，在工作载荷作用下砧座与机身都有较大的振动位移，为便于生产操作，机器在承受第二次工作载荷之前应停止振动。因而锻锤和压力机所采用的隔振器都应有足够的阻尼，使工作时激起的振动能迅速地衰减。

以前，锻锤和压力机常用的隔振器有以下几种类型：

螺旋弹簧与阻尼器组合；

兼有弹性与阻尼特性的叠板弹簧、碟形弹簧、橡胶弹簧、空气弹簧；

螺旋弹簧与橡胶弹簧组合；

其他方式的组合。

目前，经过十多年的应用实践证明，螺旋弹簧与阻尼器组合的技术优势最大，应用最为广泛；叠板弹簧、碟形弹簧和空气弹簧现在基本上不再使用；橡胶弹簧仅应用于一些小型压力机的隔振。

2. 隔振器可以布置在锻锤和压力机的下部构成承垫式（图 4.4.12*a*、*b*、*c*）；布置在锻锤和压力机的较高位置构成悬吊式（图 4.4.12*d*、*e*）；也可以构成承垫—悬吊结合式（图 4.4.12*f*）；承垫一反压结合式（图 4.4.12*g*）。

3. 为防止锻锤和压力机工作时产生偏转，隔振器的反力中心、机器与惯性块的重心、打击力的作用中心三者应尽可能在同一铅垂线上。

4. 为保持隔振体系的稳定，隔振器位置的高度应与隔振体系重心的高度尽可能接近。当隔振器布置在较低位置时，应尽量拉开隔振器之间的距离。

5. 锻锤和压力机的隔振器一般安装在基础箱之内，为便于隔振器的安装、调整、维修与更换，应留有足够的操作空间。

三、隔振基础的计算

1. 锻锤隔振基础的计算

(1) 锻锤隔振设计的基本资料：

1) 锻锤落下部分重量；

2) 锤头的最大打击速度或锤头最大行程、汽缸内径、汽缸最大进气压力或锤头最大打击能量；

3) 砧座及锤身重量，单臂锤的重心位置；

4) 砧座及锤身结构尺寸；

5) 锻锤每分钟打击次数；

6) 安装场地的地质资料及地基动力试验资料；

7) 砧座的容许振幅，基础的容许振幅、容许振动加速度。

(2) 锻锤隔振基础的力学模型与锻锤隔振设计的基本要求：

1) 锻锤隔振基础的力学模型

由于锻锤隔振所采用的隔振器刚度远小于砧座与惯性块之间的垫层的刚度，所以无论是砧座下直接隔振还是内基础（即惯性块）下隔振，都可以用图 4.4.13 所示力学模型进行分析计算。图中：

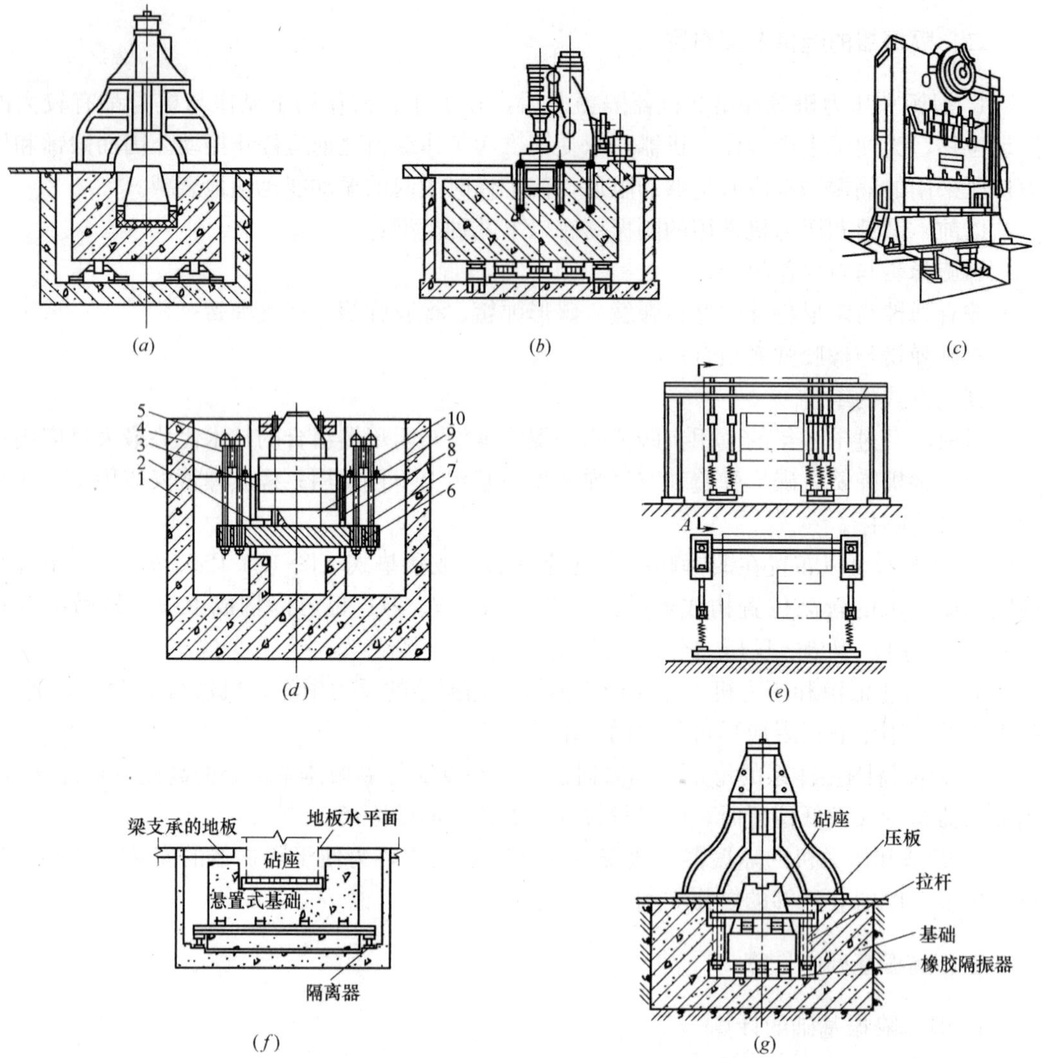

图 4.4.12　隔振器的布置方式

1—基础；2—限位块；3—导向块；4—横梁；5—小压梁；6—挑梁；7—拉杆；8—导向工字钢；9—砧座；10—板簧

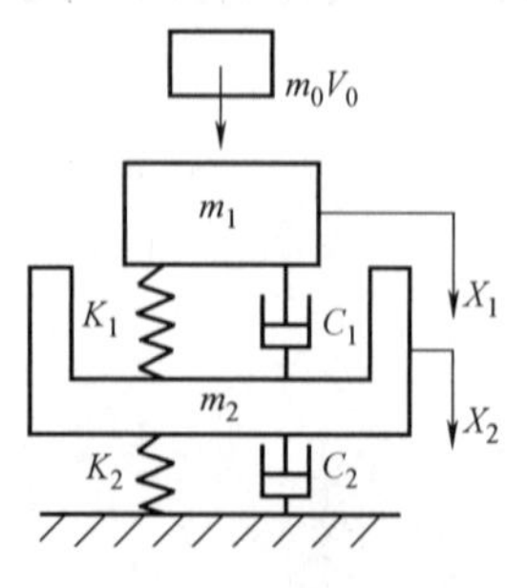

图 4.4.13　隔振力学模型
（有阻尼双自由度系统）

m_0——落下部分质量；

m_1——隔振器以上部分（砧座、惯性块、模锻锤的锤身等，但不包括落下部分）的总质量；

m_2——外基础的质量；

k_1、c_1——隔振器的垂向总刚度与总阻尼；

k_3、c_2——外基础下地基土的刚度与阻尼；

v_0——锤头的最大打击速度，无具体数据时可按以下公式计算：

对于单作用锤：

$$v_0 = 0.9\sqrt{2gH} \tag{4.4.63}$$

对于双作用锤：

$$v_0=0.65\sqrt{2gH\frac{p_0A_0+G_0}{G_0}} \tag{4.4.64}$$

已知锤头最大打击能量时：

$$v_0=\sqrt{\frac{2.2gE}{G_0}} \tag{4.4.65}$$

式中　G_0——落下部分重量；

H——落下部分最大行程；

p_0——汽缸最大进气压力；

A_0——汽缸活塞面积；

E——锤头最大打击能量；

g——重力加速度。

按照对心碰撞理论，锤头 m_0 以速度 V_0 打击砧座上的工件后，砧座（及惯性块）m_1 将获得初速度

$$v=\frac{m_0v_0}{m_1+m_2}(1+e) \tag{4.4.66}$$

式中　e——打击过程的回弹系数（无量纲）。e 分别按以下情况采用：

模锻锤锻钢制品时 $e=0.5$；

模锻锤锻有色金属制品时 $e=0$；

自由锻造时 $e=0.25$。

图 4.4.13 所示力学模型是有阻尼的双自由度系统在初始速度激励下的自由振动模型，解析计算相当繁杂，实际工程计算中可将其再作近似处理，或简化为无阻尼双自由度振动模型，或分解为两个有阻尼单自由度振动系统。

2）锻锤隔振设计的基本要求：

① 基础振幅小于容许值 $[u_{z2}]$；

② 基础振动加速度小于容许值 $[a_{z2}]$；

③ 砧座振幅小于容许值 $[u_{z1}]$；

④ 下一次打击之前砧座应停止运动；

⑤ 砧座（及惯性块）向上运动时不跳离隔振器。

（3）按无阻尼双自由度系统计算

忽略隔振器和地基的阻尼可以把锻锤隔振基础看成图 4.4.14 所示模型，图中符号与图 4.4.13 相同。按此模型计算，可近似得到基础振幅：

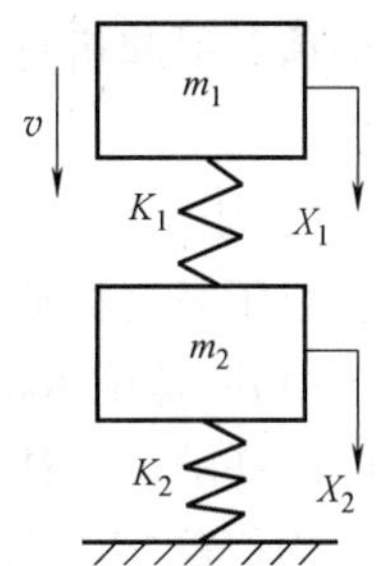

图 4.4.14　隔振力学模型（无阻尼双自由度系统）

$$u_{z2}=\frac{v}{\omega_{n1}(\rho_1-\rho_2)} \tag{4.4.67}$$

砧座振幅

$$u_{z1}=\rho_1u_{z2} \tag{4.4.68}$$

$$\rho_1=\frac{K_1}{K_1-m_1\omega_{n1}^2} \tag{4.4.69}$$

$$\rho_2=\frac{K_1}{K_1-m_1\omega_{n2}^2} \tag{4.4.70}$$

$$\begin{matrix}\omega_{n1}^2\\\omega_{n2}^2\end{matrix}=\frac{(K_1+K_2)m_1+K_1m_2}{2m_1m_2}\mp\frac{1}{2}\sqrt{\left[\frac{(K_1+K_2)m_1+K_1m_2}{m_1m_2}\right]^2-\frac{4K_1K_2}{m_1m_2}} \quad (4.4.71)$$

式中 v——砧座的初速度，按式（4.4.65）计算；

ρ_1、ρ_2——第一、第二振型中 m_1 与 m_2 的位移比；

ω_{n1}、ω_{n2}——第一、第二振型的固有频率。

采用此模型，只能计算出砧座和基础的位移最大值，无法计算振动的衰减时间。而锻锤隔振器必须具有一定的阻尼性能使第二次打击之前，砧座的振动已经衰减。为了分析隔振系统的阻尼，可把图 4.4.13 所示双自由度振动模型分解为两个单自由度模型进行近似计算。

2. 机械压力机隔振基础的计算

（1）机械压力机隔振设计的基本资料

1）压力机公称压力；

2）计算立柱与拉杆刚度的资料：立柱与拉杆的受力长度、平均断面、弹性模量；

3）计算压力机质量与转动惯量的资料：质量分布、重心位置、有关结构尺寸；

4）计算起动时惯性力矩的资料：主轴轴承位置、主轴转速、偏心质量、曲轴（柄）半径；

5）安装场地的地质资料及地基动力试验资料；

6）压力机工作台及机身指定部位的容许振动值；

7）基础的容许振动值或基础容许承受的动载荷。

（2）压力机隔振设计的力学模型

机械压力机振动主要产生在冲压工件时和离合器结合时。冲压工件时机身突然失荷造成机身伸缩振动和基础的上下振动；离合器结合时曲轴偏心质量加速产生的惯性力作用在主轴轴承上引起机身和基础产生水平和摇摆振动。这两种振动产生在不同时刻，应分别进行计算。

1）冲压工件时的振动力学模型

引起压力机振动最严重的工况是在额定压力下冲裁工件，其力学模型如图 4.4.15 所示。图中 m_1 是压力机头部（含立柱及拉杆上部）质量，m_2 是压力机底部（含与之相连的构架或内基础、立柱及拉杆下部）质量，K_1 是立栓及拴杆的刚度，K_2 是隔振器的刚度，F_v 是压力机额定工作压力，x_0 是在额定压力 F_v 作用下机身的静伸长。冲压结束时工作压力 F_c 突然消失，初始位移 x_0 的弹性恢复引起机器与基础的振动。由于隔振后外基础的位移远小于机器的位移，建立此计算模型时认为外基础不动。在分析外基础振动时，把通过隔振器作用于外基础的动载荷作为激振扰力另外进行计算。

2）压力机起动时摇摆振动的力学模型

计算压力机起动时摇摆振动的力学模型如图 4.4.16 所示。图中 M 是机身（及与之相连的构架、内基础等）质量，J 是机身（含内基础）绕质心 O 的转动惯量，K_2 是隔振器刚度，N 是离合器结合时主轴轴承处所承受的惯性力冲量，m 是主轴偏心质量，r 是偏心半径，ω 是主轴转速。考虑到隔振器通常应有较大的横向刚度或在压力机底部采用必要的限制横向位移的措施，此模型略去了机身的整体横向位移。在计算基础的摇摆振动和横向振动时，将通过隔振器作用于基础的动载荷作为激振扰力另行计算。

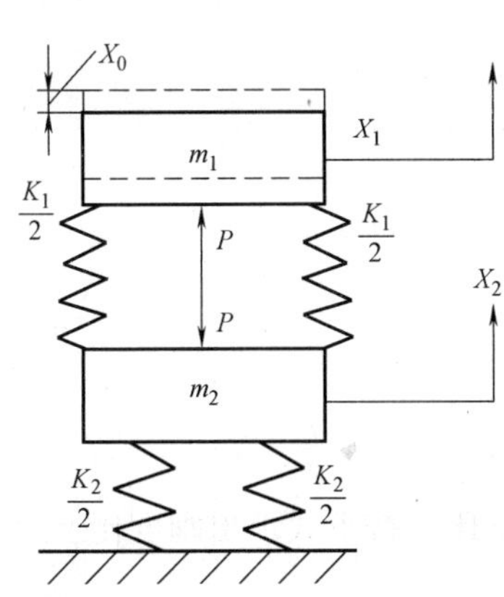

图 4.4.15 压机工作时力学模型

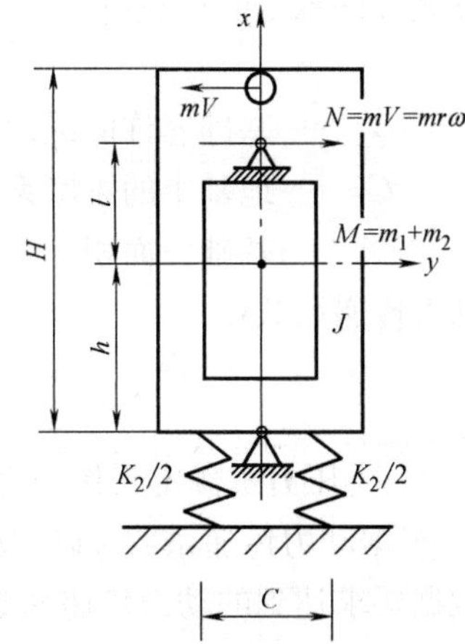

图 4.4.16 压机起动时摇摆振动力学模型

(3) 压力机隔振基础的设计计算方法

1) 按图 4.4.15 所示力学模型计算隔振系统参数

① 根据立柱和拉杆的结构尺寸计算立柱和拉杆的总刚度 K_1：

$$K_1=\frac{E_1F_1}{l_1}+\frac{E_2F_2}{l_2} \tag{4.4.72}$$

式中 E_1、F_1、l_1——立柱材料的弹性模量、立柱的平均断面与工作长度；

E_2、F_2、l_2——拉杆材料的弹性模量、拉杆的断面与工作长度。

② 计算突然失荷前立柱的静伸长 x_0：

$$x_0=\frac{F_v}{K_1} \tag{4.4.73}$$

式中 F_v——压力机的额定工作压力。

③ 根据工作台的容许最大位移量 [X_2] 计算相对位移系数：

$$\varepsilon=\frac{[u_2]}{x_0} \tag{4.4.74}$$

式中 [u_2] ——工作台的容许位移量。

④ 根据相对位移系数 ε，初步确定所需质量比 μ 及相应的压力机底部质量 m_2。

隔振系统所需质量比先按下式近似计算：

$$\mu\approx\frac{\varepsilon}{2-\varepsilon} \tag{4.4.75}$$

若 $\varepsilon>2$，则取压力机头部与底部的实际质量比为 μ 值。

根据算出的质量比 μ 计算所需压力机底部质量 m_2，使满足以下关系：

$$m_2\geqslant\frac{m_1}{u} \tag{4.4.76}$$

检查压力机工作台和底座的实际质量 m_2 是否满足式 (4.4.75) 的要求，若不满足要求，应增设钢结构的构架或钢筋混凝土内基础与机身底座结为一体，以增加质量 m_2。

⑤ 根据基础容许的纵向位移 [u_z] 计算基础容许承受的动载荷 [F_{vd}] 及动力传递系数 η。

基础容许承受的动载荷：

$$[F_{vd}]=[u_z]\cdot C_z\cdot A \tag{4.4.77}$$

式中　$[u_z]$——基础容许的纵向振幅；

C_z——地基土的刚度系数；

A——基础底面积。

动力传递系数：

$$\eta=\frac{[F_{vd}]}{P} \tag{4.4.78}$$

式中　P——压力机额定工作压力。

⑥ 根据动力传递系数 η 确定刚度比 γ 及隔振器刚度 K_2。

根据要求达到的动力传递系数 η 和已确定的实际质量比 μ 按下式求出刚度比 γ：

$$\eta=\frac{2\mu}{\sqrt{[\mu(1+\gamma)+\gamma]^2-4\mu\gamma}} \tag{4.4.79}$$

也可以从按式（4.4.77）所作的曲线图 4.4.17 上由 η、μ 查出刚度比 γ。

由求得的刚度比 γ 确定隔振器刚度 K_2：

$$K_2=\frac{K_1}{\gamma} \tag{4.4.80}$$

⑦ 按求出的刚度比 γ 和确定的质量比 μ 按下式核算实际的相对位移系数 ε：

$$\varepsilon=\frac{2\mu}{\sqrt{\left[\left(\mu\dfrac{1}{\gamma}+1\right)+1\right]^2-4\mu/\gamma}}=\gamma\eta \tag{4.4.81}$$

也可以从按式（4.4.79）作出的曲线图 4.4.18 中查出 ε 值。

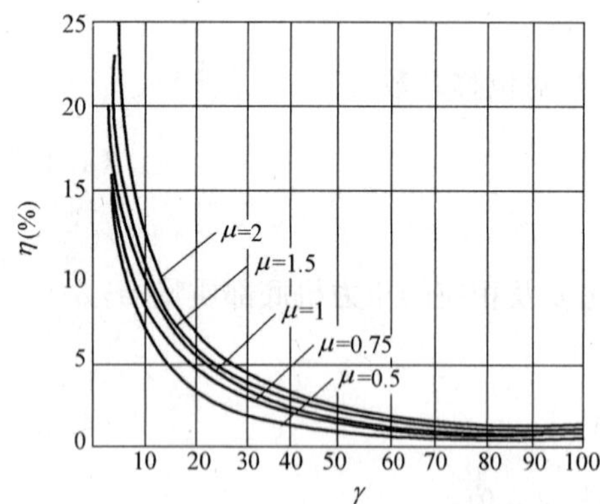

图 4.4.17　$\eta=f(\mu,\gamma)$ 图

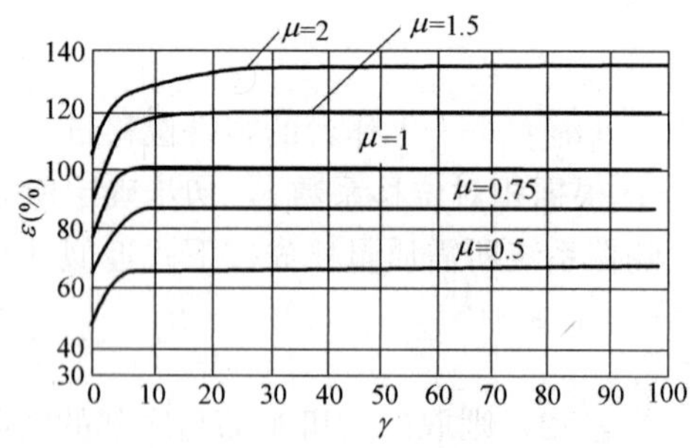

图 4.4.18　$\varepsilon=f(\mu,\gamma)$ 图

核验此 ε 值是否满足：

$$\varepsilon\leqslant\frac{[u_z]}{u_0}$$

若不满足，应加大质量 m_2 或减小隔振器刚度 K_2 再核算。

2）核算压力机隔振后摇摆振动参数

按以上步骤求出了隔振器刚度K_2和压力机下部（含内基础）质量m_2之后，按图4.4.16所示模型，核算压力机离合器结合时激起的摇摆振动是否小于容许值，计算步骤如下：

① 计算离合器结合时主轴轴承O_1处承受惯性力冲量N：

$$N=m\cdot r\cdot \omega \tag{4.4.82}$$

式中 m——主轴的偏心质量；

r——主轴偏心半径；

ω——主轴转速。

② 计算压力机绕质心的回转半径R：

$$R=\sqrt{\frac{J}{M}} \tag{4.4.83}$$

式中 J——压力机（含内基础）绕质心O的转动惯量；

M——压力机（含内基础）的总质量；

$$M=m_1+m_2$$

m_1——压力机上部质量；

m_2——压力机下部（含内基础）质量。

③ 计算压力机绕底部中心O_2摆动的自振频率ω_k：

$$\omega_k=\sqrt{\frac{C^2K_2^2}{4(R^2+h^2)M}} \tag{4.4.84}$$

式中 C——压力机底部隔振器之间的距离；

K_2——隔振器的刚度；

R——机身绕质心的回转半径，按式（4.4.81）计算；

h——隔振器顶部至机身质心的距离；

M——压力机（含内基础）的总质量。

④ 核算压力机特定部位的位移量

压力机质心处的最大横向位移u_{y0}：

$$u_{y0}=\frac{hN(l+h)}{M(R^2+h^2)\omega_k}\leqslant[u_{y0}] \tag{4.4.85}$$

压力机顶部的最大横向位移u_{yH}：

$$u_{yH}=\frac{HN(l+h)}{M(R^2+h^2)\omega_k}\leqslant[u_{yH}] \tag{4.4.86}$$

压力机底部两侧最大纵向位移u_{xc}：

$$u_{xc}=\frac{CN(l+h)}{2M(R^2+h^2)\omega_k}\leqslant[u_{xc}] \tag{4.4.87}$$

式中 N——惯性力冲量，按式（4.4.80）计算；

ω_k——压力机绕底部中点摆动的频率，按式（4.4.82）计算；

H——压力机顶部至隔振器顶部间的距离；

$[u_{y0}]$——压力机质心容许的横向位移；

$[u_{yH}]$——压力机顶部容许的横向位移；

$[u_{xc}]$——压力机底部两侧容许的纵向位移；

其余符号同式（4.4.80）。

若以上公式不能满足，通过架设座架等办法拉开隔振器之间的距离，增大 C 值，提高压力机绕底部中点的摆动频率 ω_k，增加压力机的稳定性。

四、隔振基础的构造要求

1. 锻锤隔振基础的构造要求

（1）由于锻锤砧座有较大振幅并不影响生产操作和打击效率，在可能情况下要尽量采用砧下直接隔振方式，而不采用惯性块即不采用基础下隔振方式，以简化结构，降低成本。

（2）采用砧座下隔振方式时，悬吊式结构可以拉开隔振器之间的距离，提升隔振器的设置高度，有利于砧座稳定和便于对隔振器检修与维护；采用内基础下隔振时，由于内基础底面积宽大，砧座较为稳定，承垫式结构可以降低成本。

（3）隔振锻锤的锤击中心、砧座—惯性块的重心和隔振器的刚度中心应布置在一条铅垂线上，以避免打击时造成回转振动。对于空气锤和单臂锤应采用外挑式惯性块使上述三心合一（图 4.4.19）。

（4）外基础与惯性块之间应有足够的空间，以便安装、调整、检修和更换隔振器。

（5）砧座及惯性块与外基础之间有较大的相对运动，应为砧座设置导向和限制横向运动的钢制导轨；或在惯性块与外基础之间焊接型钢件，利用型钢件的纵向刚度限制惯性块侧向移动，而型钢件很小的横向刚度不会影响惯性块的纵向运动（图 4.4.20）。当锻锤锤身与砧座一起运动时，进排气管道会跟随着锤身运动，管道应有足够的柔度或在一定部位设置可伸缩管道。

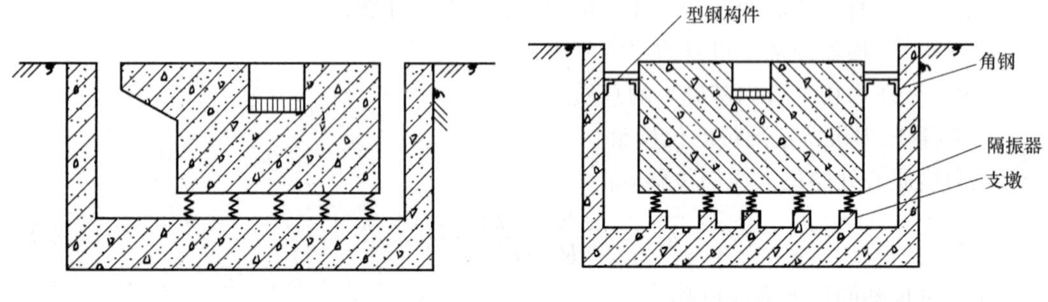

图 4.4.19　锤模型（惯性块）　　图 4.4.20　锤模型（惯性块）

（6）采用承垫式隔振结构时，隔振器应设置在支墩上，使其距外基础底部有一定距离，以防止水、油浸蚀或氧化皮进入，并便于维修操作（图 4.4.20）。

（7）在砧座（或惯性块）的底部与外基础之间的适当部位，应留有放置千斤顶的空间，并设置相应的承力结构，以便顶起砧座（或惯性块），更换隔振器。

（8）外基础内应设有汇水沟及集水坑，以便抽排积水与废油，大型隔振基础内应有照明设备、人梯和便于清理氧化皮的空间。

（9）惯性块的顶面应低于地平标高，以便在外基础上架设操作平台。支承在外基础上的操作平台与惯性块间的距离应大于惯性块的振幅，且具有足够的刚度，以便于工人操作和承载必要的工具与工件。当使用操作机时，支撑操作平台的支架应同时能支撑操作机的导轨。

（10）鉴于空气锤和自由锻锤的砧座与机身相分离，空气锤和自由锻锤的机身可以设置在惯性块上与砧座一起运动，以增加惯性，抑制砧座振幅；也可以设置在外基础上或与外基础相连的构架上，以保持稳定便于操作。

2. 压力机隔振基础的构造要求

（1）将隔振器置于压力机内基础之下，使内基础与压力机一起振动有利于抑制压力机工作台的振幅，但实际上将隔振器直接置于压力机机脚处即采用机身下直接隔振方式，也不会使工作台出现很大振幅，而且工作台的振幅大小并不影响滑块与工作台的相对运动，不影响生产工艺的实施，因而大多数情况应采用机身下直接隔振方式，而不必采用内基础，从而简化结构，降低成本。

（2）采用了隔振措施的压力机，通过隔振器作用于基础的动载荷通常都降至不隔振时的 5%以下，显著地改善了支承结构的受力状况，因而必要时可以不单独为压力机设置专用基础，而将采取了隔振措施的压力机安装在楼层上或钢制构架上。

（3）开式压力机的重心与加工力中心通常不在一条铅垂线上，当隔振器设置在内基础之下时，内基础应采用外挑式结构，使压力机与内基础的重心靠近加工力中心线，当隔振器设置在机身下或与机身相连的钢结构之下时，应尽量拉开隔振器之间的距离并使隔振器刚度中心线靠近压力机重心，以增加压力机的稳定性。

（4）隔振压力机与外基础之间有相对运动，与压力机相连的各种管道应在一定部位设置柔性接头。隔振的大型压力机的活动工作台的导轨一部分在内基础或压力机上，一部分在外基础上，两部分导轨之间应有一段铰接式导轨相连。

（5）大型冲压生产线上的压力机通常可以共同使用一个长基础沟，沟内容纳储气罐、顶出器等，沟内也可以设置运输带。隔振器设置在基础沟的台墩上或设置在架于基础沟上的钢梁上，以隔离来自压力机的振动。基础沟上覆盖的操作平台，应不妨碍压力机相对于基础沟的运动。

第三节　金属切削机床隔振设计

一、概述

机床一般可以用调整床身水平的螺栓支承在橡胶弹性垫上，而不需要用底脚螺栓固定橡胶弹性垫，致使安装迅速方便，此外橡胶弹性垫对隔振、降噪、缓和冲击都有较好的效果，与其他材料相比，它可以设计成多种形状，而且能以足够的强度与金属零件粘结，从而取得几个自由度方向所需的刚度。橡胶材料具有良好的阻尼（阻尼比 0.05～0.23），机床设橡胶弹性垫后，再启动、关闭需通过共振区，可以降低在共振区的振幅。但橡胶材料受环境（温度、油质、臭氧、日光等）影响易老化，由于配方各异，寿命一般为 5～10 年，故使用时要定期检查，及时更换。

二、机床减振器

可供金属切削机床安装使用的几种橡胶隔振器的结构剖面及安装示意，见图 4.4.21。目前国内已定型生产了多种类型的橡胶隔振器，现选择部分可用于金属切削机床安装

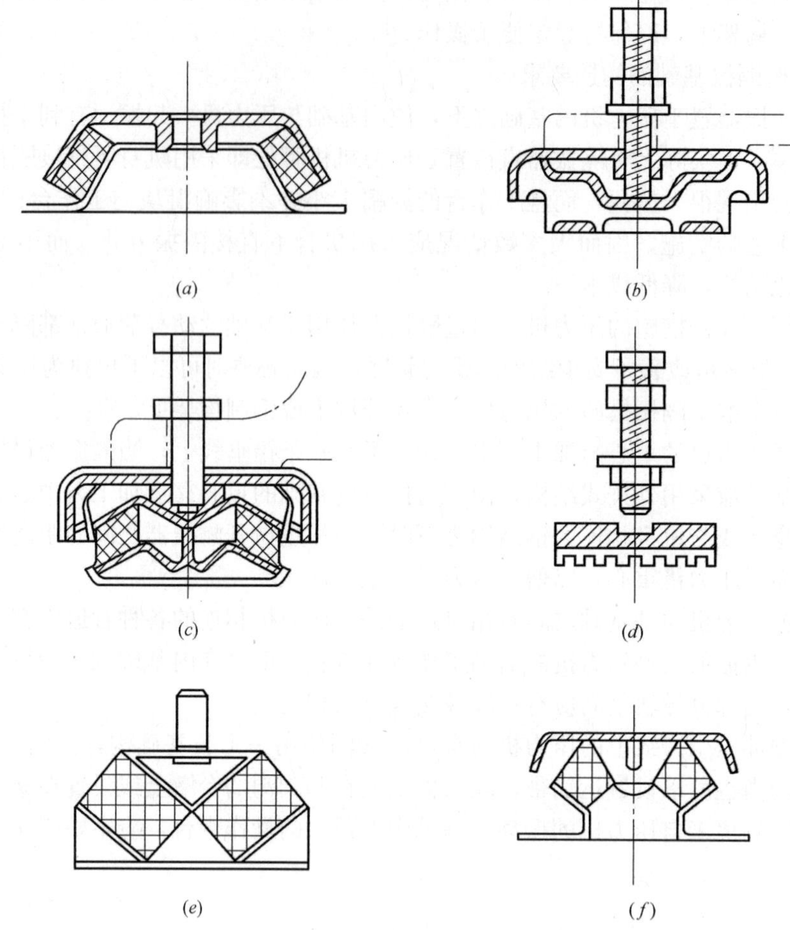

图 4.4.21　几种橡胶隔振器剖面图

使用的橡胶隔振器及橡胶隔振垫，其结构示意图分别列于图 4.4.22～图 4.4.37，包括相应的选用表 4.4.3～表 4.4.19。

1. 机床平板式隔振器

机床平板式隔振器是早期的定型橡胶制品，属于压缩型的隔振器。该隔振器底面有环形凹槽，能使隔振器与地基间的摩擦系数提高至 0.7 左右。机床平板式隔振器的尺寸及技术数据见图 4.4.22、表 4.4.3、表 4.4.4。

机床平板式隔振器尺寸　　**表 4.4.3**

型号	D	d	D_1	H	H_1
¢100	100	M16	117	35	3
¢150	150	M18	165	45	5
¢200	200	M20	222	51	5

机床平板式隔振器技术数据　　**表 4.4.4**

型号	额定负荷(9.8N)	额定负荷下变形(mm)	使用温度范围(℃)	产品重量(kg)
¢100	250	1.5±0.5	−5～+45	0.7
¢150	500	1.5±0.5	−5～+45	1.6
¢200	—	—	—	—

2. Z 型隔振器

Z 型隔振器设计成圆锥体，安装方便，其特点是：(1) 具有三向等刚度等频特性；(2) 采用碗形上盖，起到保护橡胶不受光晒、油浸的作用，能增加使用寿命；(3) 承载能力大，自振频率较低，隔振效果较好；(4) 可以两个串联使用，垂直动刚度可降低一半。Z 型隔振器的外形尺寸及主要技术性能见图 4.4.23、表 4.4.5、表 4.4.6。

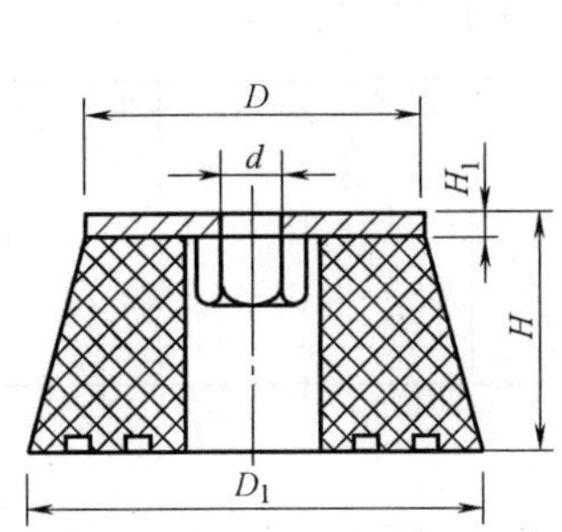

图 4.4.22　机床平板式隔振器

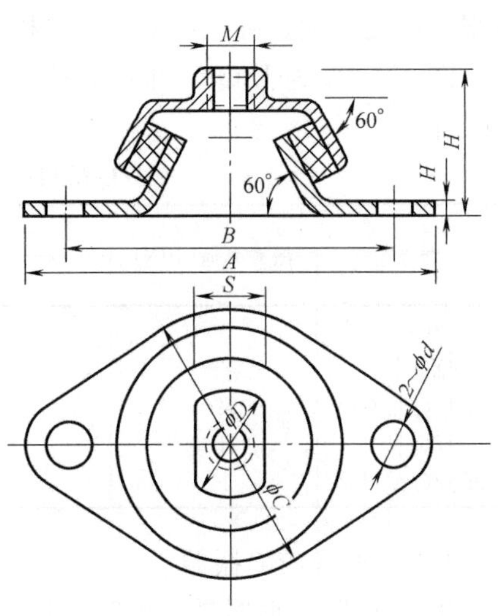

图 4.4.23　Z 型隔振器

Z 型隔振器外形尺寸　　**表 4.4.5**

型号	M	A	B	C	D	S	H	H_1	d
Z1	12	120	95	75	30	19	40	3	12
Z2	16	170	140	115	40	28	58	4	14
Z3	20	225	185	155	50	36	75	5	18
Z4	22	250	210	180	55	40	90	7	20
Z5	24	285	240	200	66	41	110	8	22

Z 型隔振器主要技术性能　　**表 4.4.6**

型号	垂向额定负荷(9.8N)	垂向额定负荷下静变形(mm)	垂向额定负荷下自振频率(Hz)	产品重量(kg)
Z1	100	～3	～12	0.33
Z2	200	～5	～10	0.90
Z3	350	～7	～9	2.35
Z4	600	～8.5	～8	4.25
Z5	1000	～10	～7	6.10

3. JZQ 型机床隔振器

JZQ 型系列机床隔振器圆形底部设置 12 只橡胶底柱，用以支承上部传下的荷载。隔振器可以调节机床的水平度，替代了机床底脚的作用，当机床安装在楼层上可有显著的隔振降噪作用。

隔振器底部的钢球是作机床迁移位置时使用，需要搬动机床时，钢球应降到最低位置，使 12 只橡胶底柱脱离地面。正常使用时，钢球应脱离地面，高出 12 只橡胶柱底面，这样才能起到弹性支承作用。

JZQ 型系列机床隔振器的选用与安装：首先按机床或设备的原有支承数，参照表 4.4.7 中每只隔振器的最大载荷量选用，在安装受力 15d 后再调整一次机床水平，以防止橡胶蠕变现象影响机床安装水平。安装后应注意少让油类接触隔振器的橡胶部分。

JZQ 型机床隔振器改变了机床用底脚螺栓固定的传统方法，使安装了隔振器的机床有很大的灵活性，可以根据需要将机床移动位置，改变布局，便于工艺调整。

图 4.4.24 为 JZQ 型机床隔振器外形尺寸示意图，表 4.4.7 是该隔振器性能参数及安装尺寸。

JZQ 型机床隔振器性能及外形尺寸数据表 **表 4.4.7**

型号	最大载荷(10N)	外形尺寸(mm)			
		A	B	D	d
JZQ-Ⅰ	300	65	57	ϕ142	M12
JZQ-Ⅱ	600	73	61	ϕ174	M16
JZQ-Ⅲ	1200	110	84	ϕ210	M20
JZQ-Ⅳ	1600	—	—	—	
JZQ-Ⅴ	100	—	—	—	

4. JG 型橡胶隔振器

JG 型橡胶隔振器是剪切型橡胶隔振器，具有较高的承载能力，较低的刚度和较大的阻尼等优点，最低自振频率可做到 5Hz 左右，安装方便，并有较好的稳定性。广泛地应用于主动隔振（风机、冷冻机、水泵等动力设备）和被动隔振（光栅刻线机、精缩机等高精度设备）。JG 型橡胶隔振器外形尺寸及性能选用曲线见表 4.4.8、图 4.4.25、图 4.4.26，隔振器性能表见表 4.4.9。

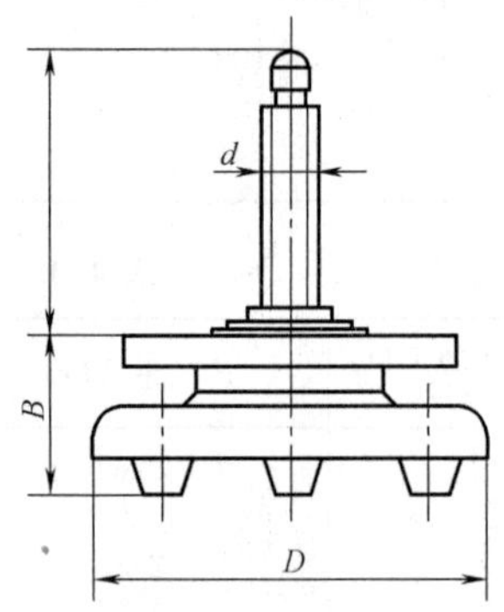

图 4.4.24 JZQ 型机床隔振器外形尺寸示意图

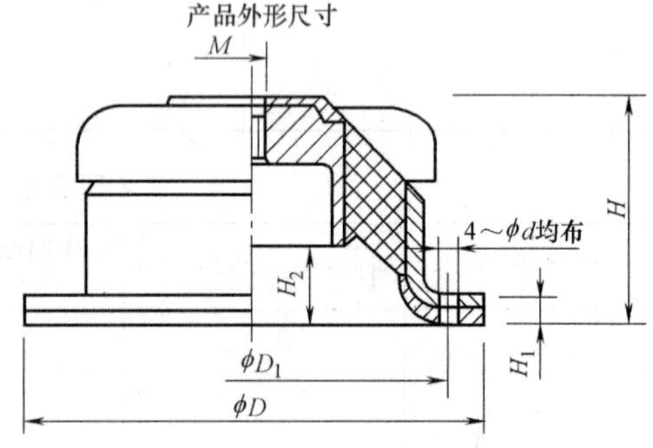

图 4.4.25 JG 型隔振器

JG 型隔振器外形尺寸 **表 4.4.8**

型号	M	D	D_1	d	H	H_1	H_2
JG1	M12	100	90	6.5	43	5	16
JG2	M12	120	110	6.5	46	5	22
JG3	M16	200	180	6.5	87	6	34
JG4	M20	290	270	10.5	133	7	56

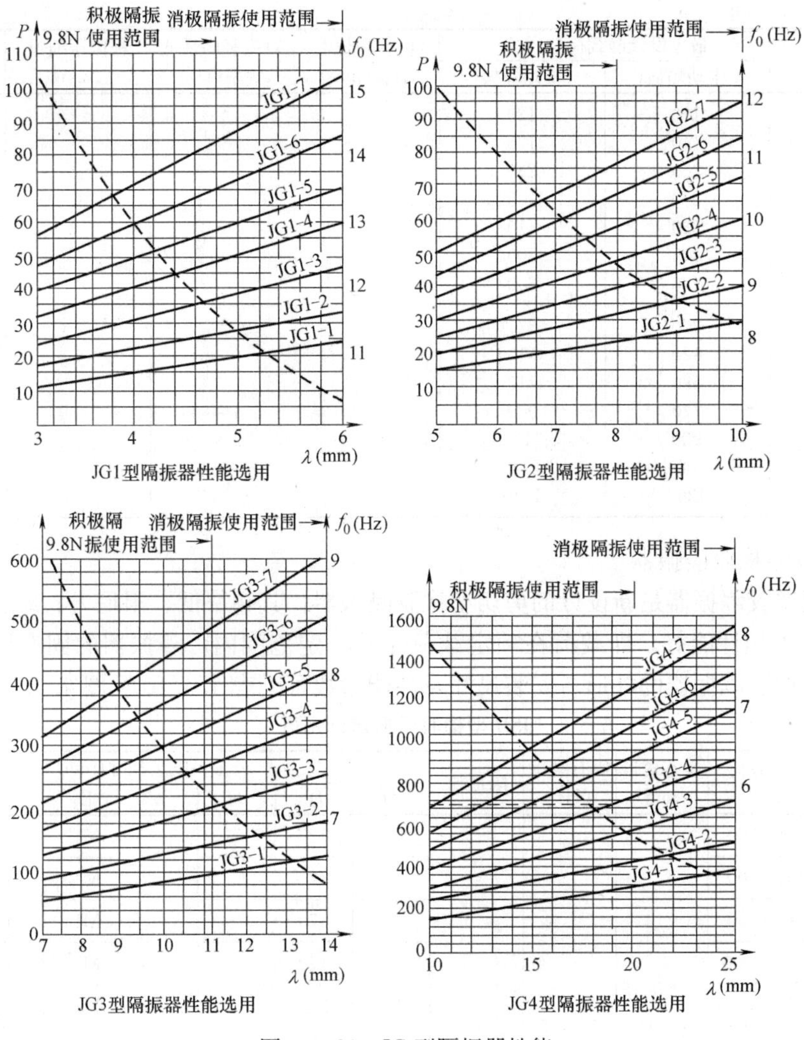

图 4.4.26 JG 型隔振器性能

JG 型橡胶隔振器性能表 **表 4.4.9**

型号	最大设计静载荷(9.8N)		相应静载压缩量(mm)	对应竖向最低频率(Hz)	极限压缩量(mm)	产品重量(kg)
	主动隔振	被动隔振				
JG1-1	19	24	4.8～6.0	11.7～10.3	12.0	0.35
JG1-2	27	32				
JG1-3	37	46				
JG1-4	48	59				
JG1-5	58	70				
JG1-6	70	86				
JG1-7	84	103				
JG2-1	23	28	8.0～10.0	9.3～8.4	20.0	0.4
JG2-2	32	40				
JG2-3	40	49				
JG2-4	48	60				
JG2-5	58	72				
JG2-6	68	83				
JG2-7	77	95				

续表

型号	最大设计静载荷(9.8N)		相应静载压缩量(mm)	对应竖向最低频率(Hz)	极限压缩量(mm)	产品重量(kg)
	主动隔振	被动隔振				
JG3-1	100	120	11.2～14.0	7.2～6.4	28.0	2.2
JG3-2	140	175				
JG3-3	200	250				
JG3-4	270	335				
JG3-5	330	410				
JG3-6	405	500				
JG3-7	483	600				
JG4-1	300	370	20.0～25.0	5.4～4.9	50.0	6.0
JG4-2	420	510				
JG4-3	580	710				
JG4-4	720	900				
JG4-5	920	1130				
JG4-6	1080	1320				
JG4-7	1260	1540				

5. JSD 型橡胶隔振器

JSD 型橡胶隔振器是新设计的剪切型橡胶隔振器，其频率低、阻尼大、结构简单、安装方便以及等频性能好，即载荷在额定载荷左右一定范围内，隔振器的固有频率保持不变。JSD 型橡胶隔振器的外形、安装尺寸及性能参数可见表 4.4.10 及图 4.4.27。

JSD 型橡胶隔振器选用表 **表 4.4.10**

型号	额定载荷(N)	静态变形(mm)	固有频率(Hz)	阻尼比	外形及安装尺寸(mm)						
					D	D_1	H	h	D_2	d	n
JSD-30	150～300	6～15	5～7.5	≥0.07	150	120	55	9	M12	12	4
JSD-50	250～500				150	120	55		M12	12	
JSD-85	500～850				200	170	75		M14	12	
JSD-120	850～1200				200	170	75		M14	12	
JSD-150	1100～1500				200	170	85		M16	14	
JSD-210	1300～2100				200	170	85		M16	14	
JSD-330	2100～3300				200	170	95		M18	16	
JSD-530	3300～5300				200	170	95		M18	16	
JSD-650	5300～6500				300	260	115		M22	18	
JSD-850	6500～8500				300	260	115		M22	18	

6. JF 型封闭型橡胶隔振器

JF 型封闭型橡胶隔振器系压缩型橡胶隔振器，为封闭型结构，其弓形金属外壳可提高隔振器水平方向的强度与刚度，并保护被隔离装置不致因金属衬套与橡胶脱开时脱离隔振器受损。

图 4.4.28 为 JF 型与 JF-A 型（10～120）隔振器结构示意图，图 4.4.29 为 JF-A 型（140～400）及 JF-B 型隔振器结构示意图，表 4.4.10 为 JF 型，JF-A 型及 JF-B 型隔振器外形及安装尺寸，表 4.4.11 及表 4.4.12 分别是 JF 型、JF-A 型及 JF-B 型隔振器的静态和动态性能参数。

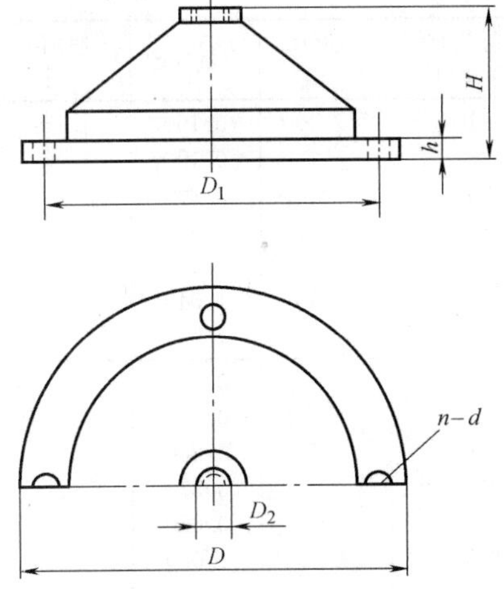

图 4.4.27 JSD 型橡胶隔振器外形及安装尺寸图

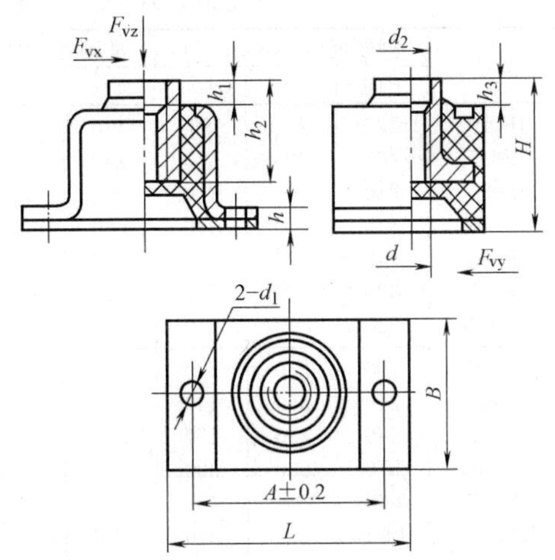

图 4.4.28 JF 型、JF-A 型（10～120）橡胶隔振器结构示意图

JF、JF-A、JF-B 型橡胶隔振器的静态性能参数 **表 4.4.11**

型号	额定载荷(10N)		额定载荷下 z 向变形(mm)		容许载荷(10N)			z 向极限载荷(10N)	工作温度范围(℃)	油浸试验	安装尺寸(mm)	
	P_z	P_x	设计值	公差	z 向	x 向	y 向				L	B
JF-10	10	10	0.8		10	10	5	100			70	35
JF-15	15	15	0.9		15	15	10	150				40
JF-25	25	25	0.9		25	20	10	250			85	55
JF-40	40	40	1.1	±0.3	40	40	15	400	−40～85	未做	100	65
JF-60	60	60	1.4		60	60	25	600			120	70
JF-85	85	85	1.4		85	85	35	850			140	85
JF-120	120	110	1.3		120	110	50	1200				
JF-10A	10	10	0.6		10	10	5	150			70	35
JF-15A	15	15	0.7		15	15	10	225				40
JF-25A	25	20	0.9		25	20	10	375				
JF-40A	40	40	0.7		40	40	15	600			85	55
JF-60A	60	60	0.7		60	60	25	900			100	65
JF-85A	85	85	0.6	±0.3	85	85	35	1275			120	70
JF-120A	120	110	0.9		120	110	50	1800			140	85
JF-160A	160	150	0.6		160	150	70	2400			145	108
JF-220A	220	190	0.6		220	190	80	3300			150	118
JF-300A	300	210	0.6		300	210	90	4500			155	125
JF-400A	400	260	0.7		400	260	100	6000	−30～70	20±5℃时 20 号柴油中浸 24h	175	130
JF-25B	25	25	1.0		25	25	10	375			70	48
JF-40B	40	40	1.2		40	40	15	600			85	63
JF-60B	60	60	1.2		60	60	25	900			100	73
JF-85B	85	85	1.2		85	85	35	1275			120	80
JF-120B	120	110	1.2	±0.4	120	110	50	1800			140	101
JF-160B	160	150	1.0		160	150	70	2400			145	108
JF-220B	220	190	1.1		220	190	80	3300			150	118
JF-300B	300	210	1.1		300	210	90	4500			155	125
JF-400B	400	260	1.1		400	260	100	6000			175	130

JF、JF-A、JF-B 型橡胶隔振器动态性能参数　　表 4.4.12

型号	静刚度(10N·cm^{-1})			动刚度(10N·cm^{-1})			额定荷载时的固有频率(Hz)	阻尼比($C \cdot C_0^{-1}$)	重量(kg)	使用期(月)
	z 向	x 向	y 向	z 向	x 向	y 向				
JF-10	130	250	90	180	280	110	21	0.04	0.160	36
JF-15	165	320	110	240	350	130	20		0.190	
JF-25	280	500	170	400	550	200	20		0.200	
JF-40	370	620	200	580	680	240	19		0.336	
JF-60	440	700	220	700	760	260	17		0.640	
JF-85	620	920	280	950	1000	340	17		1.040	
JF-120	920	1300	370	1400	1430	450	17		1.300	
JF-10A	160	280	120	270	420	230	26	0.12	0.165	36
JF-15A	210	350	140	370	550	280	25		0.200	
JF-25A	280	420	170	500	630	330	22		0.200	
JF-40A	570	800	320	950	1100	540	24		0.370	
JF-60A	860	1120	430	1400	1400	730	24		0.650	
JF-85A	1400	1700	640	2300	2100	1100	26		1.040	
JF-120A	1300	1460	530	2100	1700	900	21		1.390	
JF-160A	2700	2670	940	4400	3200	1400	26		1.810	
JF-220A	3700	3300	1100	6000	3800	1600	26		2.245	
JF-300A	5000	4000	1250	8200	4400	1800	26		2.700	
JF-400A	5800	4500	1420	10000	4900	2100	25		3.100	
JF-25B	250	450	200	500	500	340	22	0.10	0.224	36
JF-40B	340	570	250	650	630	420	20		0.390	
JF-60B	500	800	350	1000	880	600	20		0.720	
JF-85B	700	1070	460	1300	1180	800	20		1.100	
JF-120B	1000	1400	600	1900	1550	1000	20		1.450	
JF-160B	1600	2080	880	3100	2300	1500	22		1.890	
JF-220B	2000	2400	1000	4000	2600	1700	21		2.330	
JF-300B	2800	3000	1200	5400	3300	2000	21		2.800	
JF-400B	3700	3640	1450	7000	4000	2500	21		3.200	

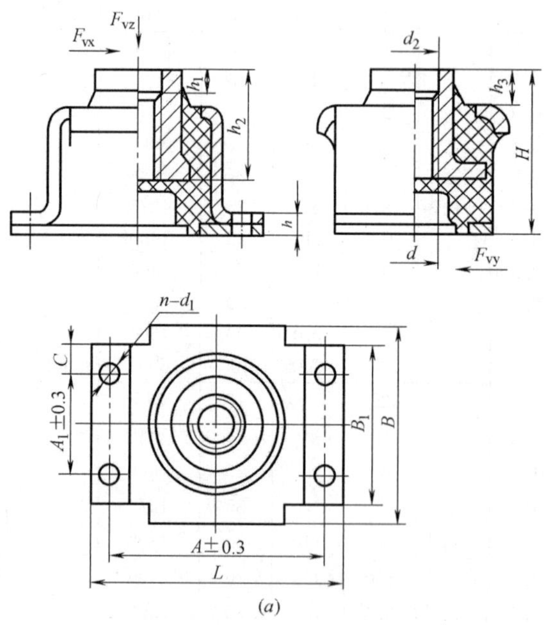

图 4.4.29　JF-A 型（140～400）及 JF-B 型橡胶隔振器结构示意图

(a) JF-A（140～400）型

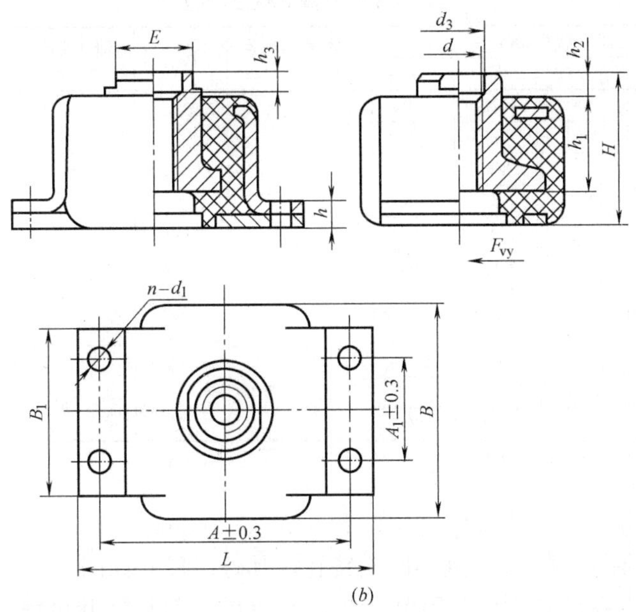

图 4.4.29　JF-A 型（140～400）及 JF-B 型橡胶隔振器结构示意图（续）

(b) JF-B 型

7. BE 型橡胶隔振器

BE 型橡胶隔振器是 E 型及 EA 型橡胶隔振器的更新换代产品，其性能和隔振效果要优于 E 型及 EA 型，由于两者的外形和安装尺寸相同，BE 型可更新替换后两种隔振器。

BE 型橡胶隔振器的固有频率约 10Hz 左右，阻尼比 0.08 左右，横向刚度高于垂向刚度，适用于平置、倒置及侧挂等多种安装形式，平置使用时，横向稳定性好，当承受较大冲击时，可自动限位保护。能适用于各类陆地、船用机械设备的隔振隔冲。

BE 型橡胶隔振器的性能参数见表 4.4.13，其外形及安装尺寸见图 4.4.30 及表 4.4.13，图 4.4.31 是其安装示意图。

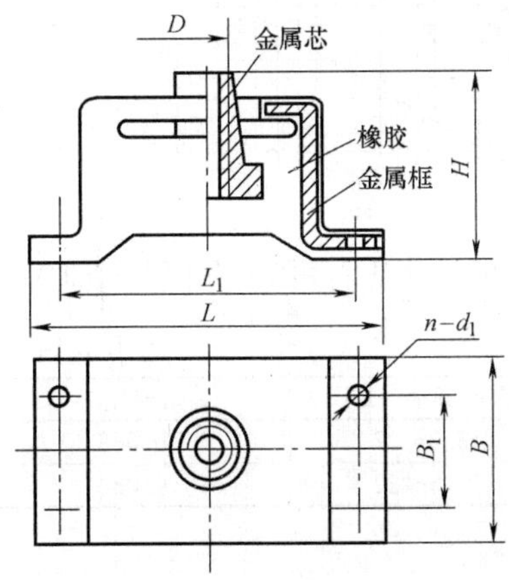

图 4.4.30　BE 型橡胶隔振器外形及安装尺寸图

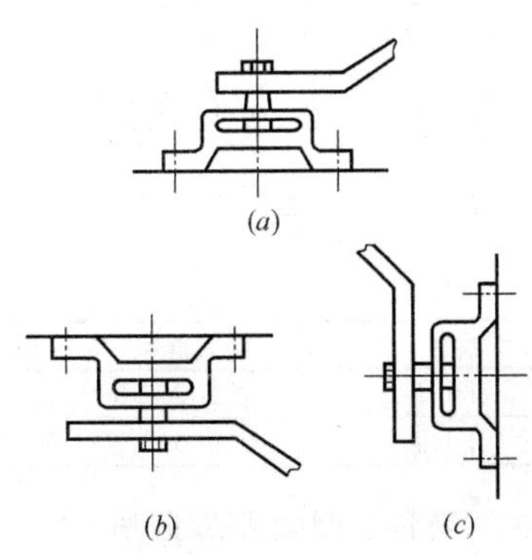

图 4.4.31　BE 型橡胶隔振器安装示意图

(a) 正向安装；(b) 倒置安装；(c) 侧向安装

BE 型橡胶隔振器性能参数 **表 4.4.13**

型号	额定载荷(N)				额定载荷时的固有频率(Hz)	阻尼比	额定载荷下的静变形(mm)	外形安装尺寸(mm)	
	W_x(正向)	W_x(反向)	W_y	W_z				L	B
BE-10	100	70	120	60	10±2	0.08	≤4.0	70	36
BE-15	150	100	180	90				70	36
BE-25	250	170	300	150				70	40
BE-40	400	280	450	200				85	55
BE-60	600	400	700	300				100	65
BE-85	850	600	1000	400				120	70
BE-120	1200	800	1350	600				140	85
BE-160	1600	1100	1800	800				145	90
BE-220	2200	1500	2400	1100			≤5.0	150	105
BE-300	3000	2000	3300	1500				155	110
BE-400	4000	2800	4300	1800				175	120

8. JD1 型橡胶隔振垫

JD1 型橡胶隔振垫的基本块体尺寸为 120mm×120mm×21mm，由两种不同硬度的耐油橡胶经硫化成两面双向交叉排列的凹陷镂孔。其外形尺寸如图 4.4.32 所示，其工作温度范围−5～50℃，垂直向荷载范围 W＝2000～9000N 每块，并可根据荷载大小进行分割。为了提高隔振效果，降低自振频率，可将隔振垫叠成两层或三层串联使用；其自振频率两层时 $f_A=0.707f$；三层时 $f_B=0.57f$。JD1 型橡胶隔振垫技术数据见表 4.4.14，特性曲线见图 4.4.33。

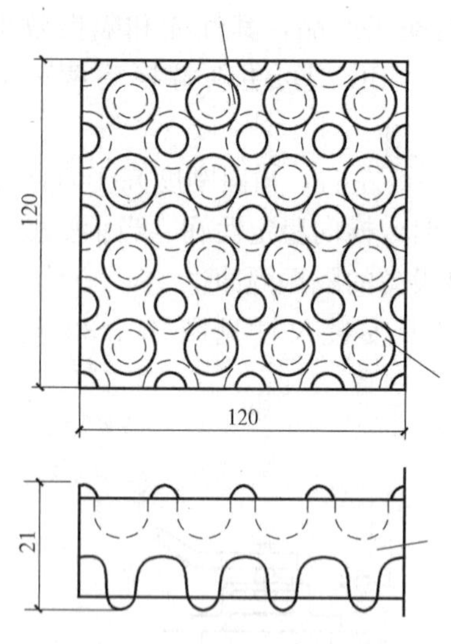

图 4.4.32 JD1 型隔振垫

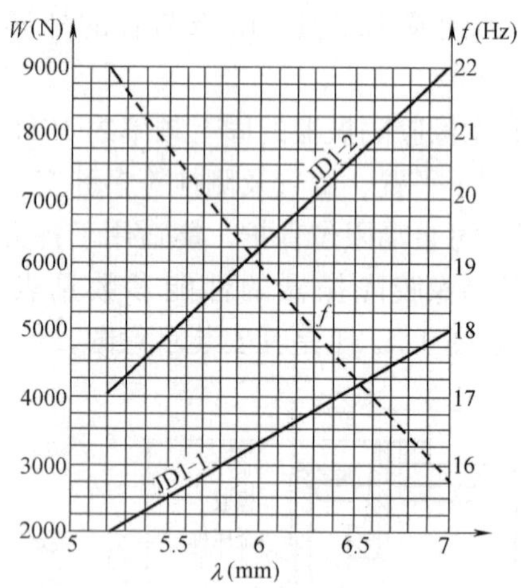

图 4.4.33 JD1-1、JD1-2 型隔振垫单层特性曲线

JD1 型隔振垫技术数据 **表 4.4.14**

型号	最大静载(N/块)	静载压缩量(mm)	自振频率(Hz)	阻尼比 D
JD1-1	2000～5000	5.2～7	15.5～22	0.086
JD1-2	4000～9000	5.2～7	15.5～22	0.086

9. STB-1 型橡胶隔振垫

STB-1 型橡胶隔振垫具有四种不同直径和高度的圆柱突台，组成一个承压受剪的承载单元，中间以 11mm 厚的中间基板为支承，四种突台在基板的两个侧面中交叉配置，见

图 4.4.34。不同直径和高度的圆柱突台能做到承压面积随着荷载的增加而加大，使垫的中间层基板呈弯曲波形，振动能量的传递是通过交叉凸台和中间弯曲波形部分，与平板垫相比，通过的距离加长，能较好地分散和吸收振动。当受到水平力作用时由于圆凸台是斜向地被压缩，起到了制动的作用，因此，不必采用紧固措施，即可防止机床滑动。

STB-1 型隔振垫，标准块尺寸为 240mm×460mm，连接四个凸台的中心面积为 1cm²，可用锯条、刀具等截成所需尺寸，直接安装在支承点的下面（但要露出 1cm 的余量）。对于水平要求严格的设备要采用硬度高的 STB-1 型隔振垫，在隔振垫上调整垫铁，装上两周后，仔细调平。对于需要固定在基础上的机床隔振，要在设备支承的上下方都装上隔振垫，然后用螺栓固紧，见图 4.4.35。

STB-1 型橡胶隔振垫，使用温度为－15℃～70℃，分耐油及不耐油两种。表 4.4.15 为 STB-1 型橡胶隔振垫选用表，表 4.4.16 为 STB-1 型橡胶隔振垫使用场所分类。

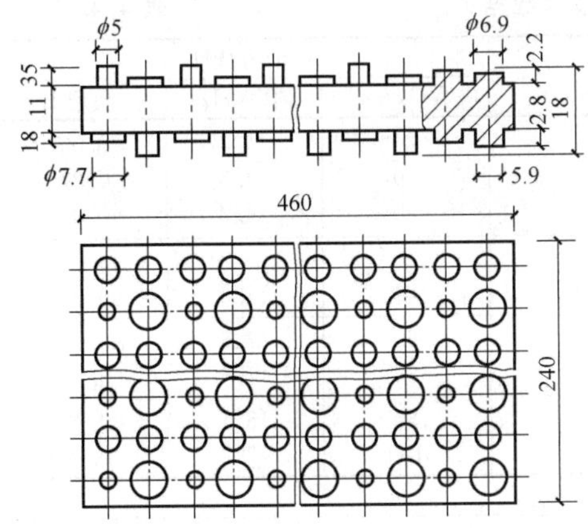

图 4.4.34　STB-1 型橡胶隔振垫结构示意图

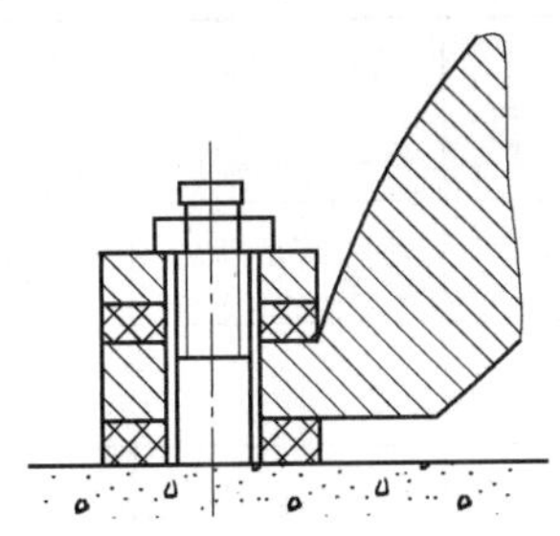

图 4.4.35　隔振垫用螺栓安装

STB-1 型橡胶隔振垫选用表　　**表 4.4.15**

型式	硬度 HS	形状	外形尺寸(mm)	单位载荷范围(10N/cm²)	推荐单位载荷值(10N/cm²)	整块最大载荷值(10N)	整块容许载荷(10N)	推荐载荷下固有频率 f_0(Hz)
标准型	90	双面突起	460×240×18	2～8	5	8800	5500	13
	85			2～6	4	6600	4400	13
	80			2～5	3.5	5500	3800	12
	70			2-4	3	4400	3300	11
	60			1.5-4	2.5	4400	2750	10
	50			1-3	2	3300	2200	9
	40			1-3	1.5	3300	1750	8

STB-1 型橡胶隔振垫使用场合分类　　**表 4.4.16**

硬度 HS	应用的条件	用途
标准型 90 85	用于设备重量大、支承面积小、存在各方向的强烈振动和冲击力时；也可用于要求安装稳定的场合	冲压机床、锻压机床、剪床、剪板机及其他钣金加工机、注塑机、纺织机械、印刷机等
标准型 80 70	用于要求有较高的隔振效率和安装精度稳定性的场合；也用于一般机械设备	金属切削机床、柴油机、汽轮机、砂轮机、粉碎机、工业缝纫机及建筑物的隔振

续表

硬度 HS	应用的条件	用途
标准型 60 50	用于各方向有激烈振动而又需要高的隔振效果的场合	各种气体压缩机、搅拌机、离心分离机、工业筛、发电机、升降机、起重机、空调机等
标准型 40	用于各种精密测量仪器及希望不受周围环境振动影响的设备	各种光学仪器、电子仪器、各类精密计量仪器、理化仪器、医疗仪器、音响仪器、各种钟表机械等

10. WJ 型橡胶隔振垫

WJ 型橡胶隔振垫的结构同 STB-1 型橡胶隔振垫，但圆柱突台的高度为同一尺寸。其基本块体尺寸为 460mm×240mm×18mm，工作温度范围－10～40℃，阻尼比为 0.06 左右。WJ 型橡胶隔振垫技术数据见表 4.4.17，应力与变形关系由图 4.4.36 查得。

WJ 型橡胶隔振垫技术数据 **表 4.4.17**

规格	橡胶硬度 HS	容许应力 (N/cm^2)	极限应力 (N/cm^2)	动力特性		
				应力(N/cm^2)	频率(Hz)	阻尼 D
WJ-40	40	20～40	300	20 30 40	14.3 14.3 14.3	0.064 0.075 0.081
WJ-60	60	40～60	500	40 60	13.8 14.3	0.079 0.077
WJ-85	85	60～80	700	60 80	17.6 17.6	0.069 0.078
WJ-90	90	80～100	900	80 100	18.1 17.2	0.068 0.072

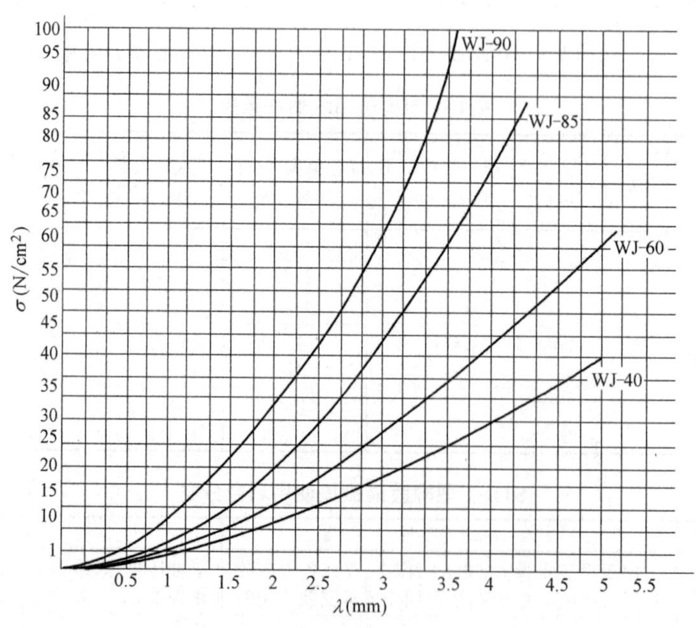

图 4.4.36 WJ 型橡胶隔振垫静变形曲线试件面积 6×6＝36（cm^2）

11. XD 型橡胶隔振垫

XD 型橡胶隔振垫分为 XD-1 及 XD-2 型，基本块体尺寸为 200mm×200mm，厚度分别为 20mm 和 17mm 两种，表 4.4.18 为 XD 型橡胶隔振垫选用表。XD 型隔振垫结构同 WJ 型隔振垫。

XD 型橡胶隔振垫选用表 **表 4.4.18**

型号	厚度(mm)	橡胶硬度 HS	容许压应力(N/cm^2)	静压缩量(mm)	最大压应力(N/cm^2)
XD-1	20	40 60 85	10～20 20～50 60～100	2～4 1.8～4.4 2.2～3.7	30 70 150
XD-2	17	40 60 85	5～15 20～30 50～70	1.5～4 2.7～4 2.7～3.8	20 40 100

12. SD 型橡胶隔振垫

SD 型橡胶隔振垫基本块体尺寸为 85mm×85mm，173mm×173mm，352mm×352mm。表 4.4.19 为 SD 型橡胶隔振垫选用表。SD 型橡胶隔振垫截面形状为双面长凹圆弧沟。

SD 型橡胶隔振垫选用表 **表 4.4.19**

型号	硬度 HS	垂直方向容许压应力(N/cm^2)	相应的固有频率(Hz)	厚度(mm)
SD	40	5～12	10.6～13.2	20 22
SD	60	20～32	10.0～13.2	20 22
SD	80	40～80	13.5～16.1	20 22

13. V 型不锈钢丝网隔振器

V 型不锈钢丝网隔振器可用于金属切削机床及锻床、冲压设备的隔振与隔冲系统。V 型不锈钢丝网隔振器的安装与其他隔振器相似，只是在安装受力后大约过 15d，须进一步调整它的安装高度。V 型隔振器结构示意图见图 4.4.37，安装尺寸及性能见表 4.4.20。

V 型隔振器安装尺寸及性能表 **表 4.4.20**

型号	外形尺寸(mm)				额定载荷(10N)	额定载荷下变形量(mm)	固有频率(Hz)	阻尼比($C \cdot C_0^{-1}$)
	d	h	M	L				
V200 V500 V1200 V2500	ϕ82 ϕ82 ϕ134 ϕ172	～31 ～28 ～36 ～40	M16 M16 M20 M24	134 134 160 164	200±150 500±300 1200±500 2500±800	3.5±1	～25	0.1-0.2

三、机床隔振设计要点

1. 设置隔振器的机床除安装方便外，对于一些运转时产生较大振动的插床、刨床、粗加工机床，能减弱振动外传，起主动隔振的作用；对加工精度要求较高，容许振动较小的机床，可减小外来振动的影响，起被动隔振的作用。但必须妥善设计与必要的试验，务使扰力频率或外界干扰振动频率与设置隔振器后体系（包括主要部件）自振频率错开 30%以上，避免共振。

2. 橡胶隔振器的刚度选择：

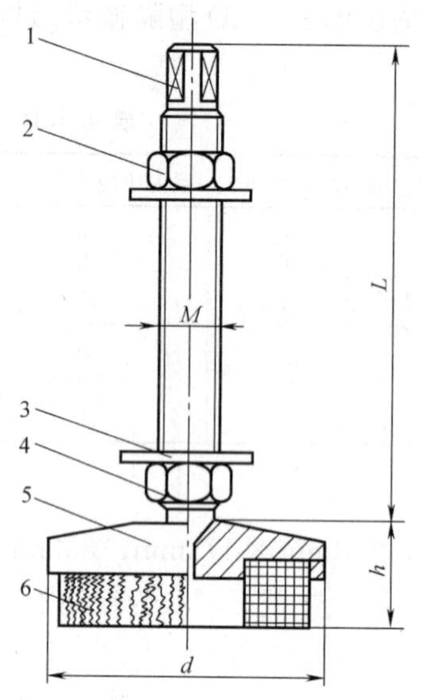

图 4.4.37　V 型隔振器结构示意图
1—螺杆；2—螺母；3—垫圈；4—螺母；5—底座；6—金属丝网

金属切削机床类型较多，其扰力性质和加工要求不一，应根据不同类型，不同的扰力性质（金属切削机床往往由多种频率组成，可选择控制加工精度的主要频率），采用不同刚度不同受力状态（承压、剪切、弯曲或其他混合状态）的隔振器或隔振垫，还应选择各向合适的刚度比，使它具有较低的自振频率，较高的隔振效率（一般情况下建议把振动频率与支承系统自振频率的比值选择在 2.5～4.5），又有较好的安装及使用的稳定性。

合理地选择隔振器，其关键问题是确定隔振器在各个方向的刚度，现分述如下：

（1）对于仅需考虑安装调整方便的机床，可选用刚度较大的隔振器或隔振垫，以足够刚度，保证机床的正常工作。

（2）以 M7120 平面磨床采用机床平板式隔振器试验为例说明如下：设置隔振器后，可以满足最低加工精度的要求，与不设隔振器相比，传至地面振幅减少，尚具有一定主动隔振效果，但是这种隔振器水平刚度不足，致使 M7120 平面磨床在工作台换向的瞬间，水平振幅比不设隔振器增加 6 倍，如果该台平面磨床工作台速度加快或提高精度使用，就难以满足加工精度的要求。因此，平面磨床选择此种隔振器并不理想，必须提高隔振器在水平方向的刚度，减小由工作台换向产生的水平冲击引起的过大变形，采用剪切型的隔振器较为适宜（但此时也不能忽视垂直向刚度）。

（3）对于产生垂直冲击的机床，应采用承压型的隔振器。

（4）对于产生水平冲击的机床如牛头刨床，为减少振动外传（尤其安装在楼板上），除底部设置承载的隔振器外，可于底板两侧平行受力方向，设置侧向安装的隔振器。

3. 机床选用隔振器或垫需要的资料：

（1）机床的类型、型号、加工精度；

（2）机床的外形尺寸及底座尺寸、底脚螺栓位置；

（3）机床的质量及其分布，机床质心位置；

（4）移动部件（如工作台，加工件）的质量及其移动范围；

（5）扰力方向、大小、位置及其频率范围；

（6）机床容许振动值，容许倾斜角度；

（7）机床安装在地坪、基础或楼板上及环境（如温度等）说明；

（8）精密机床尚需具有场地振动实测资料。

4. 选择隔振器时的注意点：

（1）在机床底座下直接设置隔振器的机床，床身或底座必须具有足够的刚度，其 L/H 宜小于 5（机床刚度见第二篇第八章第一节第三条）。对于利用混凝土基础来加强床身刚度的机床，不能直接使用隔振器。此时，应在机床底脚下加一块足够刚度的混凝土板，则可将隔振器设置在钢筋混凝土板的下面，对于有较大内部振源的机床，尚应根据内扰力的大小，适当配置基础板的质量（一般基础板重为机床重量的 2～6 倍）。

（2）设置隔振器的机床，工作状态应平稳，工作台往复速度宜缓慢，机床重心宜在底座之内，如车床在加工曲拐轴时，产生的偏心力矩，可以使车床倾覆，直接使用刚度较小的隔振器就会发生事故。对于平面磨床，床身支承点间距很小，而往复移动的工作台质量较大，并粘过支承点，机床开动会发生摇摆。上述机床，如需使用隔振垫，必需求出支承点稳定的尺寸，并用金属构架或钢筋混凝土板，加大支承点的距离。

（3）设置隔振器的机床，务使隔振器的负载相等，静压缩量基本一致，同一台机床宜采用相同型号的隔振器，在计算隔振器分布及受力时，可利用原设计的支承点与注意隔振器布置的对称性与合理性，往往由于提供机床的重心位置的精确度不够，可把隔振器的位置设计成可调节的，如水平向能移动，以达到隔振器的压缩量基本一致，并确保安装的稳定性。

以上所介绍的用橡胶隔振器安装的机床系目前通用的一般机床及专用机床，对于有特殊加工需要或规模庞大的专用机床其安装及隔振的措施需根据其特殊要求而专门设计。

第五章　精密设备和仪器的隔振设计

第一节　概　　述

精密设备和仪器（简称精密设备，下同）是现代工业生产、检测和科学实验的关键设备。当环境振动的影响过大时，设备加工质量达不到要求，仪器检测和实验数据不准，长此下去甚至会降低其精度和使用寿命，导致严重后果。因此，必须采取措施减少环境振动的影响，把它控制在容许的范围内。

精密设备可分为两大类，一类是加工设备，通过它的工作直接加工产品，如光刻机、精缩机及光栅刻线机等，其特点是本身有动力源，工作时设备的部件产生运动（转动或移动）。另一类是实验、测试设备，如理化仪器、计量仪器及检测仪器等，其特点是本身没有或有极小的动力源，工作时其部件基本不运动，或运动量很小。隔振设计时必须根据精密设备的特点，区别对待。

减少环境振动对精密设备的影响，有两种方式。一种是减弱从精密设备底部传来的环境振动，采取的措施有：

（1）建筑结构防微振措施：即从建筑结构的柱网、基础、结构构件布置及构件尺寸等方面进行防微振设计和计算，减弱环境振动影响。如电子工业超大规模集成电路硅片生产厂房，需要设计建筑结构防微振系统。如设计得当，可获得良好效果。

（2）设置大质量基础：在精密设备底部设置大质量基础，也有一定效果。

（3）设置隔振沟或屏障：对高频振动有一定效果。

（4）隔振器隔振：在精密设备底部或隔振台座底部、翼缘部位设置隔振器、隔振装置，能有效减弱环境振动的影响，是目前最为常用也是最为有效的措施。

另外一种是减弱直接施加于精密设备上的振动。直接施加于精密设备上的振动，如设备运行时产生的振动，室内气流扰动对精密设备产生的振动，室内噪声的声压变化使精密设备产生的振动，场地倾斜引起的隔振系统和基础的倾斜（超低频振动）等。减弱此类振动的方法是采用主动控制系统。本章主要介绍隔振器隔振。

对精密设备采用隔振器隔振，常称被动隔振。被动隔振设计应遵循如下要点：

（1）首先做好周围振源的隔振，即对振源的主动隔振。

（2）总平面布置及建筑物平面布置应尽量使振源远离精密设备。

（3）应实测环境振动影响，对环境振动进行频域分析。

第二节　设计资料

一、精密设备相关资料

1. 设备型号、规格及轮廓尺寸图。

2. 设备质量、质心位置及质量惯性矩。

3. 设备的底座外轮廓图，附属装置、管道及坑、沟、洞的尺寸，地脚螺栓及预埋件位置等。

4. 设备调平要求。

5. 设备容许振动值。

6. 当设备有内部振源时，应了解扰力性质、大小、频率及作用位置。

7. 设备有移动部件时，应了解移动部件质量、质心位置及移动范围。

8. 设备操作要求及人、机位置。

二、工程地质及环境振动资料

1. 工程地质勘查报告。

2. 周围振源对其综合影响的环境振动测试报告。应根据精密设备容许振动值得要求及隔振设计的要求提供设备分析数据：

(1) 时域分析

(2) 在规定频段内的频域分析。平均方式应根据振源性质做线性平均或峰值保持平均。时域及频域分析的物理量，根据要求可以是振动加速度、振动速度或振动位移。

3. 有些工程，还应提供场地倾斜值，包括日倾斜值及月倾斜值等。

三、工程建筑结构及其他有关资料

1. 建筑结构的柱网、跨度、结构形式及承受能力。

2. 精密设备所在位置支承结构的详细资料，如结构形式、几何尺寸及承载能力。

3. 采用空气弹簧隔振时，需提供电源、压缩空气（或氮气）参数及接口位置。

四、隔振材料及隔振器

隔振材料及隔振器种类繁多，而供精密设备隔振用的品种是有限的，应根据精密设备的隔振要求不同加以选择，优先选择供应市场的定型产品。

适用于精密设备隔振的隔振材料及隔振器的特性见表 4.5.1。

隔振材料及隔振器特性　　**表 4.5.1**

名称	特性	最低固有振动频率(Hz)	阻尼比	应用
金属弹簧隔振器	1. 力学性能稳定，计算与试验值误差小； 2. 隔振效果好；	2.1～3.5	0.005	质量及质心位置无变化的一般精密设备

续表

名称	特性	最低固有振动频率(Hz)	阻尼比	应用
金属弹簧隔振器	3. 承受载荷的覆盖面大； 4. 适用温度－35～＋60℃； 5. 耐油、水侵蚀； 6. 阻尼值很小； 7. 由于波动效应影响，高频振动传递率高	2.1～3.5	0.005	质量及质心位置无变化的一般精密设备
橡胶隔振器	1. 可制作成需要的几何形状； 2. 使用于中、高频振动的隔振； 3. 有一定阻尼值； 4. 环境温度变化对隔振器刚度影响大； 5. 适用温度－5～＋50℃； 6. 耐油、紫外线、臭氧性能差，寿命短	7～12	0.07～0.10	防微振要求不高的精密设备
橡胶隔振垫	同橡胶隔振器，且 1. 安装方便，价廉； 2. 可多层叠用，降低固有振动频率	8～17	0.07～0.10	防微振要求不高的精密设备
空气弹簧隔振器	1. 具有非线性特性，刚度随载荷变化； 2. 按需要选择不同类型胶囊及约束条件，能达极低的固有振动频率，对低频、中频及高频的隔振效果突出； 3. 能同时承受轴向及径向振动； 4. 阻尼值可调节； 5. 承受荷载的覆盖面大； 6. 隔声效果较好； 7. 配用高度控制阀，可自动保持被隔振体的高度； 8. 应用范围广； 9. 耐疲劳； 10. 价格较贵	垂直向 0.7～1.5 水平向 1.0～2.6	垂直向大于 0.15 水平向大于 0.08	一切精密设备，特别适合防微振要求高的精密设备

由于空气弹簧具有其他隔振材料及隔振器不可替代的优越性能，自 20 世纪 80 年代以来，国际工程界普遍采用空气弹簧为精密设备隔振元件。我国自行研制精密设备隔振用空气弹簧，经过十余年努力，已形成系列化产品，供应市场。

国产精密设备隔振用空气弹簧简要介绍：

1. 组成

（1）空气弹簧隔振器：胶囊形式为约束膜式及自由膜式，有效直径：

约束膜式——ϕ140mm～ϕ410mm

自由膜式——ϕ113mm～ϕ800mm

（2）高度控制阀：调整被隔振体高度的敏感元件，其作用是使被隔振体在质量和质心位置变化时仍保持原有高度，被隔振体调整水平度的灵敏度为 0.05mm/m。

（3）阻尼器：垂直向阻尼器安装于空气弹簧隔振器内，可根据需要调节阻尼值，阻尼比一般采用0.15～0.30。水平向采用油阻尼器，外挂于空气弹簧隔振器上。

(4) 控制柜：作用为控制空气弹簧隔振装置的运行。控制柜内设进气阀、调压稳压阀、分配阀、排气阀及压力表，还设置有气源电源开关及工作指示灯，当隔振器数量多，还配置快速充气装置及充气自动转换装置。

(5) 气源：有电动和非电动两种。非电动气源为瓶装氮气，用于小型隔振台座。电动气源为空气压缩机，并应配置空气过滤装置，包括油、水过滤器及空气过滤器，以除去压缩空气中的油、水及尘埃粒子。因为在调整被隔振体高度时，常从隔振器内排出压缩空气，这对于洁净室（洁净厂房及洁净实验室）尤为重要，因为从隔振器内排出的压缩空气，其洁净度不能低于洁净室洁净级别。

2. 主要参数

(1) 承载力：单只空气弹簧隔振器承载力与其有效直径及气压有关。

约束膜式——3～66kN

自由膜式——2～250kN

(2) 固有振动频率：

约束膜式——垂直向0.7～1.5Hz

水平向1.7～2.6Hz

自由膜式——垂直向0.9～1.3Hz

水平向1.0～2.0Hz

(3) 阻尼比

垂直向0.15～0.30。

第三节 隔振设计方案

精密设备被动隔振方案分为三种类型。

一、与建筑结构相结合类型

精密设备与隔振器不直接接触，中间设置有现场制作的结构物，可分为：

1. 支撑式隔振：为普遍使用的一种形式。隔振台座用钢筋混凝土、型钢混凝土、石料或型钢制作，台座应具有足够的刚度。当置于地面以下时，台座周围应留安装及检修通道，并应留有千斤顶位置，便于在安装隔振器时，将台座顶起。台座形式见图4.5.1。工程实例见图4.5.2及图4.5.3。

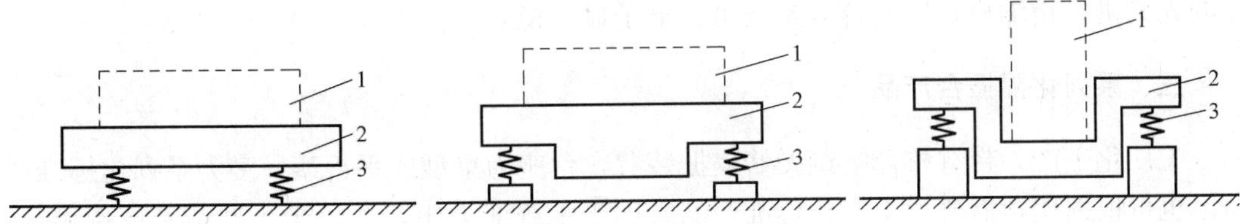

图4.5.1 支撑式隔振

1—精密设备；2—隔振台座；3—隔振器

图 4.5.2　超长台座支撑式隔振

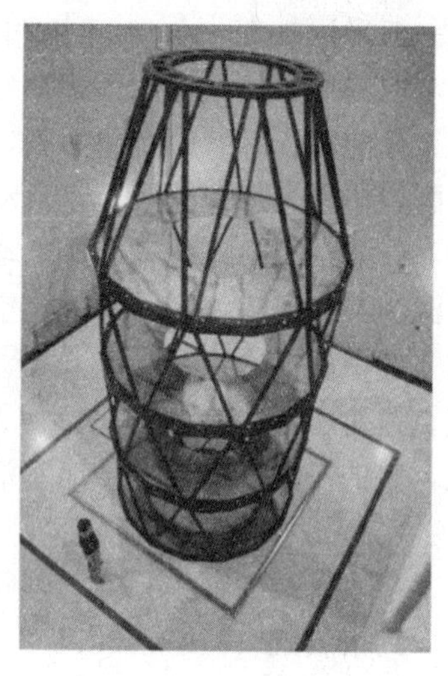
图 4.5.3　高耸设备支撑隔振

2. 悬挂式隔振

刚性吊杆悬挂式隔振：采用两端铰接的刚性吊杆悬挂隔振台座及精密设备，此种形式仅用于减弱水平向振动。台座形式见图 4.5.4。

悬挂支撑式隔振：两端铰接的刚性吊杆一端连接着隔振台座，另一端连接隔振器，隔振器一般为受压状态，此种形式用于减弱垂直及水平向振动，台座形式见图 4.5.5。

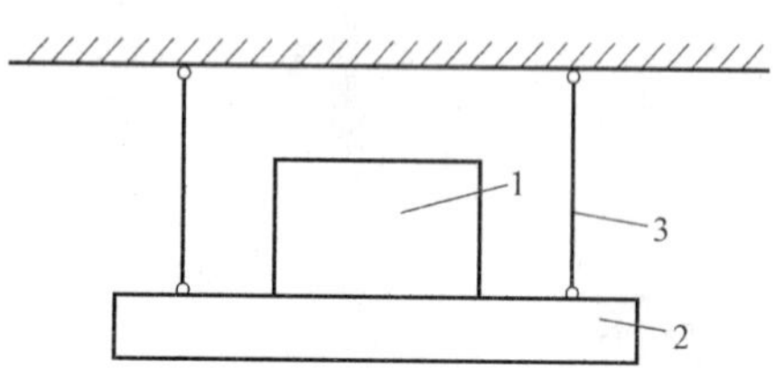

图 4.5.4　刚性吊杆悬挂式隔振

1—精密设备；2—隔振台座；3—吊杆

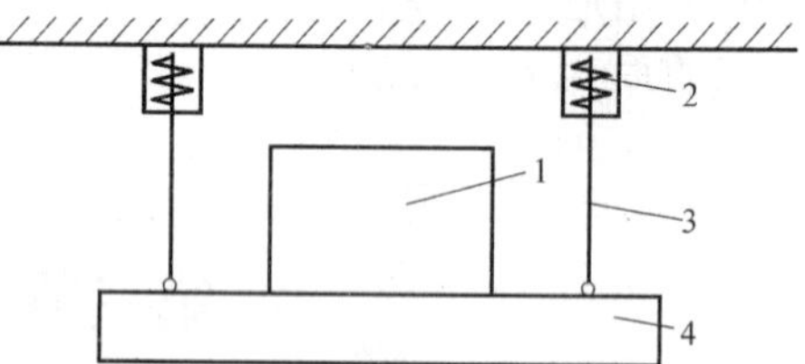

图 4.5.5　悬挂支承式隔振

1—精密设备；2—隔振器；3—吊杆；4—隔振台座

悬挂式隔振应用很少。

3. 地板（楼板）整体式隔振：当精密设备较密集时，采用此种形式，将大面积地板（楼板）至于隔振器上。这个形式多用于电子计算机厂房。

二、与精密设备相结合类型

精密设备直接与隔振器相连，使隔振器成为设备的一部分。常见的有加工集成电路硅片的光刻机、精缩机，以及音罩刻线机、电子显微镜等。

三、系列化隔振台产品

工厂化生产，带有整套空调弹簧隔振装置，台座为桌型或平板型，多为系列化标准产品，也可根据用户需要，生产非标准产品。用于承载能力小，适用于小型精密设备隔振。目前国内外均有此类产品供应，安装、使用十分方便，工程设计可直接选用。

第四节　隔 振 设 计

一、隔振设计步骤

1. 收集并熟悉设计资料，熟悉需隔振的精密设备的工作原理，判断采取隔振措施的必要性，在此基础上确定隔振方案类型及隔振器类型。

2. 对照精密设备容许振动值及环境振动测试报告，寻找在频域上超出容许振动值的频率或频率范围所对应的振动幅值，由此确定隔振系统的传递率。

对于精密设备被动隔振而言，环境振动不可能是单一频率的简谐振动，而几乎都是随机振动，因此必须根据环境振动频域分析结果来确立隔振系统的有关参数，包括隔振台座质量、传递率等。

3. 根据确定的隔振参数，初选隔振器，获得隔振器的刚度值及阻尼值。应尽量选择较低刚度及较高阻尼值的隔振器。

4. 隔振系统固有振动频率计算。

5. 隔振系统隔振性能计算。

6. 精密设备有内振源时，需作内振源对隔振系统振动影响的计算。

7. 绘制施工图纸。

二、隔振计算

1. 计算假定

(1) 设备和台座为一刚体，没有变形。

(2) 隔振器下支承结构的刚度为无穷大。

(3) 隔振器只考虑刚度和阻尼，不考虑质量。

(4) 隔振系统质量中心（质心）和隔振器垂直向总刚度中心在同一垂直线上。

2. 隔振系统固有振动频率计算

(1) 支承式

隔振系统质心与隔振器总刚度中心在同一垂直线上，但不在同一水平线上时，z 向及 φ_z 轴向为独立振型，x 向与 φ_y 轴向耦合，y 向与 φ_x 轴向耦合。计算简图见图 4.5.6。

当隔振系统质心与隔振器总刚度中心重合时，x、y、z、φ_x、φ_y、φ_z 所有轴向均为独立振型。计算简图见图 4.5.7。

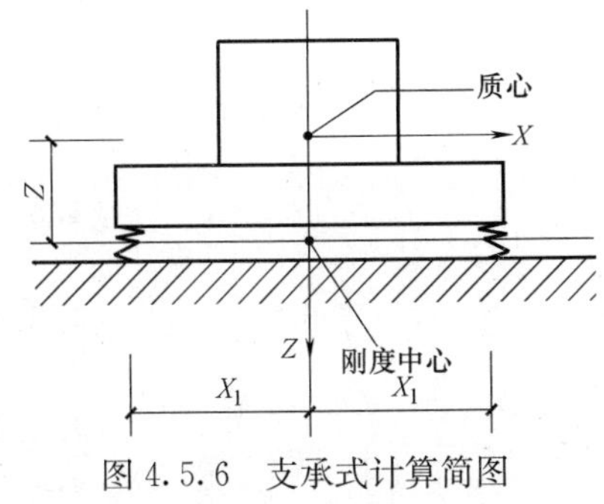

图 4.5.6　支承式计算简图

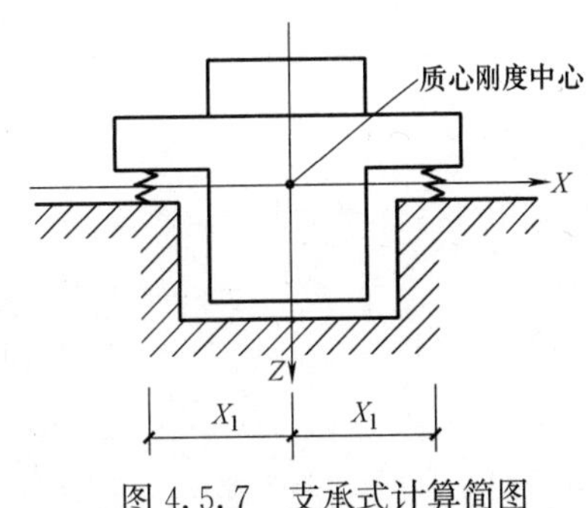

图 4.5.7　支承式计算简图

隔振器刚度：

$$K_{x} = \sum_{i=1}^{n} K_{xi} \tag{4.5.1}$$

$$K_{y} = \sum_{i=1}^{n} K_{yi} \tag{4.5.2}$$

$$K_{z} = \sum_{i=1}^{n} K_{zi} \tag{4.5.3}$$

$$K_{\varphi x} = \sum_{i=1}^{n} K_{yi} z_i^2 + \sum_{i=1}^{n} K_{zi} y_i^2 \tag{4.5.4}$$

$$K_{\varphi y} = \sum_{i=1}^{n} K_{zi} x_i^2 + \sum_{i=1}^{n} K_{xi} z_i^2 \tag{4.5.5}$$

$$K_{\varphi z} = \sum_{i=1}^{n} K_{xi} y_i^2 + \sum_{i=1}^{n} K_{yi} x_i^2 \tag{4.5.6}$$

式中 K_{xi}、K_{yi}、K_{zi}——第 i 个隔振器在 x、y、z 轴的刚度（kN/m）；

K_x、K_y、K_z——隔振器沿 x、y、z 轴向的总刚度（kN/m）；

$K_{\varphi x}$、$K_{\varphi y}$、$K_{\varphi z}$——隔振器绕 x、y、z 轴向的总刚度（kN/m）；

x_i、y_i、z_i——第 i 个隔振器以隔振系统质心为坐标原点的坐标值（m）。

考虑耦合时的固有振动频率：

$$\omega_z = \sqrt{\frac{K_z}{m}} \tag{4.5.7}$$

$$\omega_{\varphi z} = \sqrt{\frac{K_{\varphi z}}{J_z}} \tag{4.5.8}$$

$$\omega_{x1}^2 = \frac{1}{2}\left[(\lambda_{x1}^2 + \lambda_{x2}^2) - \sqrt{(\lambda_{x1}^2 - \lambda_{x2}^2)^2 + 4\gamma_x \lambda_{x1}^4}\right] \tag{4.5.9}$$

$$\omega_{x2}^2 = \frac{1}{2}\left[(\lambda_{x1}^2 + \lambda_{x2}^2) + \sqrt{(\lambda_{x1}^2 - \lambda_{x2}^2)^2 + 4\gamma_x \lambda_{x1}^4}\right] \tag{4.5.10}$$

$$\omega_{y1}^2 = \frac{1}{2}\left[(\lambda_{y1}^2 + \lambda_{y2}^2) - \sqrt{(\lambda_{y1}^2 - \lambda_{y2}^2)^2 + 4\gamma_y \lambda_{y1}^4}\right] \tag{4.5.11}$$

$$\omega_{y2}^2 = \frac{1}{2}\left[(\lambda_{y1}^2 + \lambda_{y2}^2) + \sqrt{(\lambda_{y1}^2 - \lambda_{y2}^2)^2 + 4\gamma_y \lambda_{y1}^4}\right] \tag{4.5.12}$$

$$\lambda_{x1}^2 = \frac{K_x}{m} \tag{4.5.13}$$

$$\lambda_{x2}^2 = \frac{K_{\varphi y} + K_x Z^2}{J_y} \tag{4.5.14}$$

$$\gamma_x = \frac{m Z^2}{J_y} \tag{4.5.15}$$

$$\lambda_{y1}^2 = \frac{K_y}{m} \tag{4.5.16}$$

$$\lambda_{y2}^2 = \frac{K_{\varphi x} + K_y Z^2}{J_x} \tag{4.5.17}$$

$$\gamma_y = \frac{m Z^2}{J_x} \tag{4.5.18}$$

式中　　m——隔振系统质量（t）；

J_x、J_y、J_z——隔振系统质量惯性矩（t·m²）；

Z——隔振器总刚度中心至隔振系统质心的竖向距离（m）。

非耦合时的固有振动频率：

ω_z、$\omega_{\varphi z}$按式（4.5.7）、式（4.5.8）计算：

$$\omega_x=\sqrt{\frac{K_x}{m}} \tag{4.5.19}$$

$$\omega_y=\sqrt{\frac{K_y}{m}} \tag{4.5.20}$$

$$\omega_{\varphi x}=\sqrt{\frac{K_{\varphi x}}{J_x}} \tag{4.5.21}$$

$$\omega_{\varphi y}=\sqrt{\frac{K_{\varphi y}}{J_y}} \tag{4.5.22}$$

（2）刚性吊杆悬挂式

当刚性吊杆的平面位置在半径为 R 的圆周上时，z、y 和 φ_z 轴向为独立振型，其余轴向受约束。当刚性吊杆的平面位置不全在半径为 R 的圆周上时，x、y 轴向为独立振型，其余轴向受约束。计算简图见图 4.5.8。

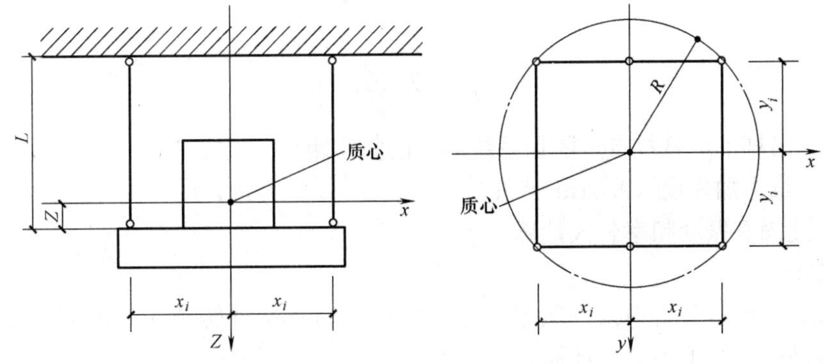

图 4.5.8　刚性吊杆悬挂式计算简图

$$K_x=K_y=\frac{W}{L} \tag{4.5.23}$$

$$K_{\varphi x}=\frac{W\cdot R^2}{L} \tag{4.5.24}$$

式中　W——隔振系统作用在吊杆上的重量（kN）；

L——吊杆长度（m）；

R——吊杆位置按图形排列时圆的半径（m）。

代入前述固有振动频率公式计算。

（3）刚性吊杆悬挂与隔振器支承组合式

其质心和总刚度中心在同一垂直线上。当吊杆

与隔振器的平面位置在半径为 R 的圆周上时，z 和 φ_z 轴向为独立振型，x 与 φ_y 轴向

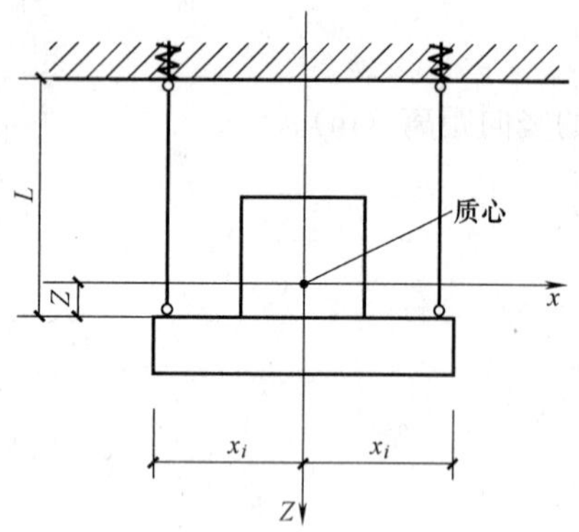

图 4.5.9　刚性吊杆悬挂与隔振器支承组合式计算简图

相耦合，y 与 φ_x 轴向相耦合。当吊杆与隔振器的平面位置不全在半径为 R 的圆周上时，z 轴向为独立振型，x 与 φ_y 轴向相耦合，y 与 φ_x 轴向相耦合，φ_z 轴向受约束。计算简图见图 4.5.9。

$$K_z = \sum_{i=1}^{n} K_{zi} \tag{4.5.25}$$

$$K_{\varphi z} = \frac{W \cdot R^2}{L} \tag{4.5.26}$$

$$\lambda_{x1}^2 = \frac{g}{L} \tag{4.5.27}$$

$$\lambda_{x2}^2 = \frac{\sum_{i=1}^{n} K_{zi} x_i^2 + \frac{WZ^2}{L} - WZ}{J_y} \tag{4.5.28}$$

$$\gamma_x = \frac{m \cdot Z^2}{J_y} \tag{4.5.29}$$

$$\lambda_{y1}^2 = \frac{g}{L} \tag{4.5.30}$$

$$\lambda_{y2}^2 = \frac{\sum_{i=1}^{n} K_{zi} y_i^2 + \frac{WZ^2}{L} - WZ}{J_x} \tag{4.5.31}$$

$$\gamma_y = \frac{m \cdot Z^2}{J_x} \tag{4.5.32}$$

式中　Z——吊杆下端悬挂点至隔振系统质心的竖向距离（m）；

　　g——重力加速度（9.81m/s^2）；

代入前述固有振动频率公式计算。

3. 隔振计算

由环境振动测试分析得某一频率的振动位移 $u_0 \sin\omega_0 t$ 及转角 $u_{0\varphi} \sin\omega_0 t$，在隔振系统质心处的振动响应按下列公式计算。

（1）非耦合振型

$$u_x = u_{0x} \eta_x \tag{4.5.33}$$

$$u_y = u_{0y} \eta_y \tag{4.5.34}$$

$$u_z = u_{0z} \eta_z \tag{4.5.35}$$

$$u_{\varphi x} = u_{0\varphi x} \eta_{\varphi x} \tag{4.5.36}$$

$$u_{\varphi y} = u_{0\varphi y} \eta_{\varphi y} \tag{4.5.37}$$

$$u_{\varphi z} = u_{0\varphi z} \eta_{\varphi z} \tag{4.5.38}$$

$$\eta_x = \frac{\sqrt{1 + \left(2\zeta_x \frac{\omega_0}{\omega_x}\right)^2}}{\sqrt{\left[1 - \left(\frac{\omega_0}{\omega_x}\right)^2\right]^2 + \left(2\zeta_x \frac{\omega_0}{\omega_x}\right)^2}} \tag{4.5.39}$$

$$\eta_y=\frac{\sqrt{1+\left(2\zeta_y\frac{\omega_0}{\omega_y}\right)^2}}{\sqrt{\left[1-\left(\frac{\omega_0}{\omega_y}\right)^2\right]^2+\left(2\zeta_y\frac{\omega_0}{\omega_y}\right)^2}} \tag{4.5.40}$$

$$\eta_z=\frac{\sqrt{1+\left(2\zeta_z\frac{\omega_0}{\omega_z}\right)^2}}{\sqrt{\left[1-\left(\frac{\omega_0}{\omega_z}\right)^2\right]^2+\left(2\zeta_z\frac{\omega_0}{\omega_z}\right)^2}} \tag{4.5.41}$$

$$\eta_{\varphi x}=\frac{\sqrt{1+\left(2\zeta_{\varphi x}\frac{\omega_0}{\omega_{\varphi x}}\right)^2}}{\sqrt{\left[1-\left(\frac{\omega_0}{\omega_{\varphi x}}\right)^2\right]^2+\left(2\zeta_{\varphi x}\frac{\omega_0}{\omega_{\varphi x}}\right)^2}} \tag{4.5.42}$$

$$\eta_{\varphi y}=\frac{\sqrt{1+\left(2\zeta_{\varphi y}\frac{\omega_0}{\omega_{\varphi y}}\right)^2}}{\sqrt{\left[1-\left(\frac{\omega_0}{\omega_{\varphi y}}\right)^2\right]^2+\left(2\zeta_{\varphi y}\frac{\omega_0}{\omega_{\varphi y}}\right)^2}} \tag{4.5.43}$$

$$\eta_{\varphi z}=\frac{\sqrt{1+\left(2\zeta_{\varphi z}\frac{\omega_0}{\omega_{\varphi z}}\right)^2}}{\sqrt{\left[1-\left(\frac{\omega_0}{\omega_{\varphi z}}\right)^2\right]^2+\left(2\zeta_{\varphi z}\frac{\omega_0}{\omega_{\varphi z}}\right)^2}} \tag{4.5.44}$$

式中　u_x、u_y、u_z——线位移（m）；

$u_{\varphi x}$、$u_{\varphi y}$、$u_{\varphi z}$——角位移（rad）；

ω_0——环境振动某干扰圆频率（rad/s）；

ζ_x、ζ_y、ζ_z、$\zeta_{\varphi x}$、$\zeta_{\varphi y}$、$\zeta_{\varphi z}$——隔振系统阻尼比；

η_x、η_y、η_z、$\eta_{\varphi x}$、$\eta_{\varphi y}$、$\eta_{\varphi z}$——传递率。

（2）耦合振型

u_z 及 $u_{\varphi z}$ 计算同前。

当 x 与 φ_y 轴向相耦合时：

$$u_x=\rho_{y1}u_{\varphi y1}\eta_{x1}+\rho_{y2}u_{\varphi y2}\eta_{x2} \tag{4.5.45}$$

$$u_{\varphi y}=u_{\varphi y1}\eta_{x1}+u_{\varphi y2}\eta_{x2} \tag{4.5.46}$$

$$u_{\varphi y1}=\frac{K_x(\rho_{y1}-Z)u_{0x}+(K_{\varphi y}+K_xZ^2-\rho_{y1}K_xZ)u_{0\varphi y}}{(m\cdot\rho_{y1}^2+J_y)\omega_{x1}^2} \tag{4.5.47}$$

$$u_{\varphi y2}=\frac{K_x(\rho_{y2}-Z)u_{0x}+(K_{\varphi y}+K_xZ^2-\rho_{y2}K_xZ)u_{0\varphi y}}{(m\cdot\rho_{y2}^2+J_y)\omega_{x2}^2} \tag{4.5.48}$$

当 y 与 φ_x 轴向相耦合时：

$$u_y=\rho_{x1}u_{\varphi x1}\eta_{y1}+\rho_{x2}u_{\varphi x2}\eta_{y2} \tag{4.5.49}$$

$$u_{\varphi x}=u_{\varphi x1}\eta_{y1}+u_{\varphi x2}\eta_{y2} \tag{4.5.50}$$

$$u_{\varphi x1}=\frac{K_y(\rho_{x1}-Z)u_{0y}+(K_{\varphi x}+K_yZ^2-\rho_{x1}K_yZ)u_{0\varphi x}}{(m\cdot\rho_{x1}^2+J_x)\omega_{y1}^2} \tag{4.5.51}$$

$$u_{\varphi x2}=\frac{K_y(\rho_{x2}-Z)u_{0y}+(K_{\varphi x}+K_yZ^2-\rho_{x2}K_yZ)u_{0\varphi x}}{(m\cdot\rho_{x2}^2+J_x)\omega_{y2}^2} \tag{4.5.52}$$

$$\eta_{x1}=\frac{\sqrt{1+\left(2\zeta_{x1}\frac{\omega_0}{\omega_{x1}}\right)^2}}{\sqrt{\left[1-\left(\frac{\omega_0}{\omega_{x1}}\right)^2\right]^2+\left(2\zeta_{x1}\frac{\omega_0}{\omega_{x1}}\right)^2}} \tag{4.5.53}$$

$$\eta_{x2}=\frac{\sqrt{1+\left(2\zeta_{x2}\frac{\omega_0}{\omega_{x2}}\right)^2}}{\sqrt{\left[1-\left(\frac{\omega_0}{\omega_{x2}}\right)^2\right]^2+\left(2\zeta_{x2}\frac{\omega_0}{\omega_{x2}}\right)^2}} \tag{4.5.54}$$

$$\eta_{y1}=\frac{\sqrt{1+\left(2\zeta_{y1}\frac{\omega_0}{\omega_{y1}}\right)^2}}{\sqrt{\left[1-\left(\frac{\omega_0}{\omega_{y1}}\right)^2\right]^2+\left(2\zeta_{y1}\frac{\omega_0}{\omega_{y1}}\right)^2}} \tag{4.5.55}$$

$$\eta_{y2}=\frac{\sqrt{1+\left(2\zeta_{y2}\frac{\omega_0}{\omega_{y2}}\right)^2}}{\sqrt{\left[1-\left(\frac{\omega_0}{\omega_{y2}}\right)^2\right]^2+\left(2\zeta_{y2}\frac{\omega_0}{\omega_{y2}}\right)^2}} \tag{4.5.56}$$

$$\rho_{x1}=\frac{K_yZ}{K_y-m\omega_{y1}^2} \tag{4.5.57}$$

$$\rho_{x2}=\frac{K_yZ}{K_y-m\omega_{y2}^2} \tag{4.5.58}$$

$$\rho_{y1}=\frac{K_xZ}{K_x-m\omega_{x1}^2} \tag{4.5.59}$$

$$\rho_{y2}=\frac{K_xZ}{K_x-m\omega_{x2}^2} \tag{4.5.60}$$

式中 ζ_{x1}、ζ_{x2}、ζ_{y1}、ζ_{y2}——隔振系统阻尼比；

ρ_{x1}、ρ_{x2}、ρ_{y1}、ρ_{y2}——绕 x 轴或绕 y 轴转动对应于第一、第二振型的回转半径（m）；

η_{x1}、η_{x2}、η_{y1}、η_{y2}——传递率。

（3）任意点处振动线位移计算

隔振系统任意一点 L 处的振动线位移，按下列公式计算：

$$u_{xL}=u_x+u_{\varphi y}Z_L-u_{\varphi z}Y_L \tag{4.5.61}$$

$$u_{yL}=u_y+u_{\varphi z}X_L-u_{\varphi x}Z_L \tag{4.5.62}$$

$$u_{zL}=u_z+u_{\varphi x}Y_L-u_{\varphi y}X_L \tag{4.5.63}$$

式中 u_{xL}、u_{yL}、u_{zL}——隔振系统 L 点沿 x、y、z 轴向的振动线位移（m）；

u_x、u_y、u_z——隔振系统质心处沿 x、y、z 轴向的振动线位移（m）；

X_L、Y_L、Z_L——点 L 距隔振系统质心的坐标值（m）。

第六章　智能隔振设计

第一节　概　　述

智能隔振设计包括采用智能控制算法和采用智能驱动或智能控制装置的两类智能控制。采用诸如模糊控制、神经网络控制和遗传算法等智能控制算法为标志的智能隔振，它与主动控制的差别主要表现在不需要精确的结构模型、采用智能控制算法确定输入或输出反馈与控制增益的关系，而控制力还是需要很大外部能量输入的作动器来实现。另一类是采用诸如电/磁流变液体、压电材料、电/磁致伸缩材料和形状记忆材料等智能驱动材料和器件为标志的结构智能控制，它的控制原理与主动控制基本相同，只是实施控制力的作动器是智能材料制作的智能驱动器或智能阻尼器。智能驱动器通常需要比液压或电机式作动器更少的外部输入能量并基本或完全实现主动最优控制力。智能阻尼器与半主动控制装置类似，仅需要少量的能量调节以便使其主动地甚至可以说是巧妙地利用结构振动的往复相对变形或相对速度尽可能地实现主动最优控制力，但是，利用结构振动的往复相对变形或相对速度调节阻尼力的方式、速率和效率不同。

本章主要介绍模糊控制的智能控制算法，将智能控制算法用于智能驱动器或智能阻尼器，实现智能隔振。

第二节　模糊控制器

模糊控制是一种基于模糊规则的控制算法，可以直接采用语言描述的控制规则，以专家的控制经验或相关知识为基础，设计中不需要建立被控对象的精确的数学模型，设计简单，其控制策略也非常易于接受与理解。因为不需要结构的精确模型以及基于专家的控制经验和知识，使得模糊控制的鲁棒性强，模型参数的变化以及外干扰的影响都被减弱。

一、模糊控制器的基本结构

为了用数学方法描述和分析自然界中不确定、不完整的信息，1965 年 Zadeh 发表了著名的论文“Fuzzy sets”，提出了模糊理论的概念。模糊理论是建立在模糊集合和模糊逻辑的基础上的，通过引入了隶属度函数的概念来描述介于“属于”和“不属于”的模糊状态，也就是采用数学方法来定量地描述模糊状态。

模糊控制器由四部分组成：模糊化、模糊规则库、模糊推理机和解模糊化，如图 4.6.1 所示。模糊化是将精确输入量用模糊化的语言来描述，转换为与模糊规则库相匹配

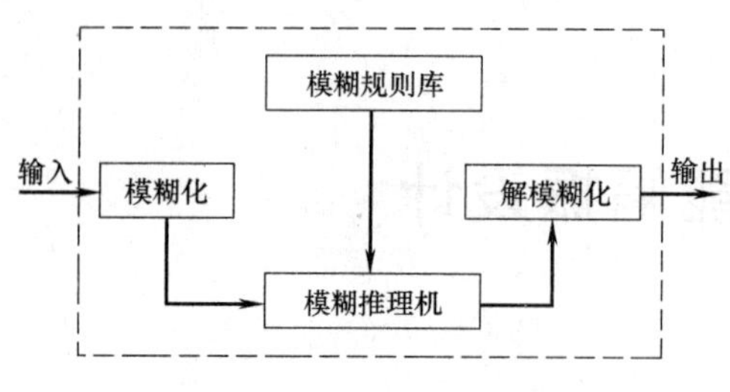

图 4.6.1 模糊控制器

的语言，以供模糊推理机进行模糊推理；模糊规则库是一系列基于专家知识的语言描述，是模糊控制的核心部分，通常采用 IF-THEN 规则形式；模糊推理机是模糊控制的大脑，用来根据系统输入和模糊规则库进行推理分析做出决策，把模糊规则合成为一个从输入空间的模糊子集到输出空间模糊子集的映射；解模糊化是将模糊推理的结果转换为精确量。

模糊控制器本质上是一种从输入论域 $U\subset R^{\bar{n}}$ 到输出论域 $V\subset R$ 的非线性映射，其核心是由一系列 IF-THEN 规则组成，其中第 j 条 IF-THEN 规则为

$$R^j:\text{IF}x_1\text{ is}F_1^j\text{ and}...\text{and}x_{\bar{n}}\text{ is}F_{\bar{n}}^j,\text{THEN}y\text{is}G^j,j=1,2,\cdots,l \tag{4.6.1}$$

式中 $\boldsymbol{x}=[x_1\cdots x_{\bar{n}}]^{\mathrm{T}}\in U$ 和 $y\in R$ 分别是模糊控制器的输入和输出，F_1^j，F_2^j，…，$F_{\bar{n}}^j$和 G^j 为模糊集合，l 是模糊规则的数量，式（4.6.1）语言化地描述了输入输出之间的关系。

如果模糊控制器采用单值模糊化、乘积推理机和中心平均解模糊化，则模糊控制器的输出可以表示为

$$y(x)=\frac{\sum_{j=1}^{l}\theta_j\prod_{i=1}^{\bar{n}}\mu_{F_i^j}(x_i)}{\sum_{j=1}^{l}\prod_{i=1}^{\bar{n}}\mu_{F_i^j}(x_i)} \tag{4.6.2}$$

式中 $\mu_{F_i^j}(x_i)$为模糊集合 F_i^j 的隶属度函数，用来描述输入变量隶属于模糊集合 F_i^j 的程度，θ_j 是使$\mu_{G^j}(y)$达到最大值的中心，采用公式可以表示为 $\theta_j=\arg\max_{y\in R}\mu_{G^j}(y)$。

通过引入模糊基函数的概念，模糊控制器的输出可以表示为如下向量乘积的简化形式

$$y(\mathrm{x})=\boldsymbol{\theta}^{\mathrm{T}}\boldsymbol{\xi}(x) \tag{4.6.3}$$

式中 $\boldsymbol{\theta}=[\theta_1,\theta_2,...,\theta_l]^{\mathrm{T}}$ 是可调参数向量，$\xi(x)=[\xi_1(x),\xi_2(x),...,\xi_l(x)]^{\mathrm{T}}$ 为模糊基函数向量，有

$$\xi_j(x)=\frac{\prod_{i=1}^{\bar{n}}\mu_{F_i^j}(x_i)}{\sum_{j=1}^{l}\prod_{i=1}^{\bar{n}}\mu_{F_i^j}(x_i)} \tag{4.6.4}$$

模糊基函数蕴含着模糊规则库中每一个规则对最终模糊决策的影响程度，是每一个规则在模糊决策中的权重。

在模糊控制器中，专家对事物的知识和思维方式通过直观的语言描述来表达，形成一系列 IF-THEN 规则，作为模糊控制器的核心部分——模糊规则库，然后通过专家逻辑推理对事物做出具体指令。

具体过程为：将系统输入物理量的精确值采用人类形象化的语言来描述（对于模糊的输入量直接采用语言描述即可），一般采用隶属度函数和尺度因子将物理量描述为对于模糊集合的隶属度；将专家对于该系统的知识通过直观的语言描述来表达，形成一系列 IF-THEN 规则库；对系统模糊化后的输入与模糊系统的规则库进行模糊推理，做出模糊指令，最后将模糊指令通过去模糊化转化为系统精确的输出。

二、模糊控制器的非线性逼近能力

在模糊控制中，模糊控制器的非线性逼近能力主要表现在它能够以任意精度逼近任一非线性控制曲线，这是模糊控制得以实现的理论基础。模糊控制器的本质是输入输出之间的一种映射，从函数逼近的角度来说模糊控制器也具有函数逼近的能力，可以以任意精度逼近任意目标非线性连续函数。1992 年 Wang 根据 Stone-Weierstrass 定理证明了模糊控制器的非线性逼近能力。

假定输入论域 U 是 $R^{\bar{n}}$ 上的一个紧集，则对于任意定义在 U 上的是连续函数 $\Theta(x)$ 和任意的 $\varepsilon>0$，一定存在如式（4.6.3）所示的模糊控制器 $y(x)$ 使下式成立：

$$\sup_{x\in\Omega_x}|\Theta(x)-y(x)|\leqslant\varepsilon \tag{4.6.5}$$

以上定理证明了对于任意目标非线性连续函数总能设计出一个模糊控制器，并使其以任意精度逼近该目标非线性连续函数。采用模糊控制器，任意连续的非线性函数 $\Theta(x)$ 可以表示为

$$\Theta(\mathrm{x})=\boldsymbol{\theta}^{*\mathrm{T}}\boldsymbol{\xi}(x)+\delta^{*} \tag{4.6.6}$$

式中 $\boldsymbol{\theta}^{*}=[\theta_1^{*},\theta_2^{*},\cdots,\theta_l^{*}]^{\mathrm{T}}$ 是最优模糊逼近参数向量，δ^{*} 是最优模糊逼近误差。最优模糊逼近参数向量只是为了方便分析而引入的、实际分析中不易得到，用数学公式表示为

$$\boldsymbol{\theta}^{*}=\arg\min_{\theta}\{\sup_{x\in R^{\bar{n}}}|\Theta(x)-\boldsymbol{\theta}^{\mathrm{T}}\boldsymbol{\xi}(x)|\} \tag{4.6.7}$$

给定一个系统，设该系统为 Duffing oscillator，其数学模型为

$$\ddot{x}+0.628\dot{x}+4\pi^2x+4\pi^2\varepsilon x^3=P(t) \tag{4.6.8}$$

式中 $P(t)$ 为系统外激励；ε 是小参数，表示非线性刚度与线性刚度之比。取系统的质量 $m=0.0253\mathrm{kg}$，小参数 $\varepsilon=0.1$，其线性化系统的频率为 $\omega_0=2\pi\mathrm{rad/s}$，周期为 $T=2\pi/\omega_0=1.0\mathrm{s}$，系统自由振动的频率为 $\omega=\omega_0\left(1+\frac{3}{8}\varepsilon A_0^2\right)$，依赖于系统的振幅 u_0。系统外激励 $F_{\mathrm{v}}(t)$ 取均值为 0 方差为 1 的平稳随机激励，由采样时间为 $0.1T$ 的正态分布的随机数生成（图 4.6.2a）。

模糊控制器的输入量为系统的位移和速度响应，输出为加速度响应，输入输出变量的隶属度函数均采用三角形隶属度函数。在系统外激励 $F_{\mathrm{v}}(t)$ 峰值作用下，线性化系统的静位移幅值为 3.04m，考虑一定的动力放大作用和误差容度，将静位移幅值放大扩展为输入位移变量的论域，取为［−3.5m，3.5m］，速度论域根据位移论域和系统的频率来确定为［−32m/s，32m/s］。首先位移和速度模糊输入变量均采用 9 个模糊划分，此时位移和速度时程响应以及恢复力 $F_{\mathrm{v}}(r)-m\ddot{x}$ $P(t)-m\ddot{x}$ 与位移关系曲线如图 4.6.2 所示。

在图 4.6.2 中可以看出，模糊逻辑系统具有较好的逼近特性，可以用来模拟非线性 Duffing osillator，但是在位移和速度的时程上 4～6s 之间模糊逼近的误差较大，通过增大输入变量的模糊划分可以提高逼近的效果，因此将位移模糊输入变量的模糊划分增大到 15 个，仿真结果如图 4.6.3 所示。

从图 4.6.3 可以看出当增大输入变量的模糊划分后，模糊逻辑系统的逼近效果提高了

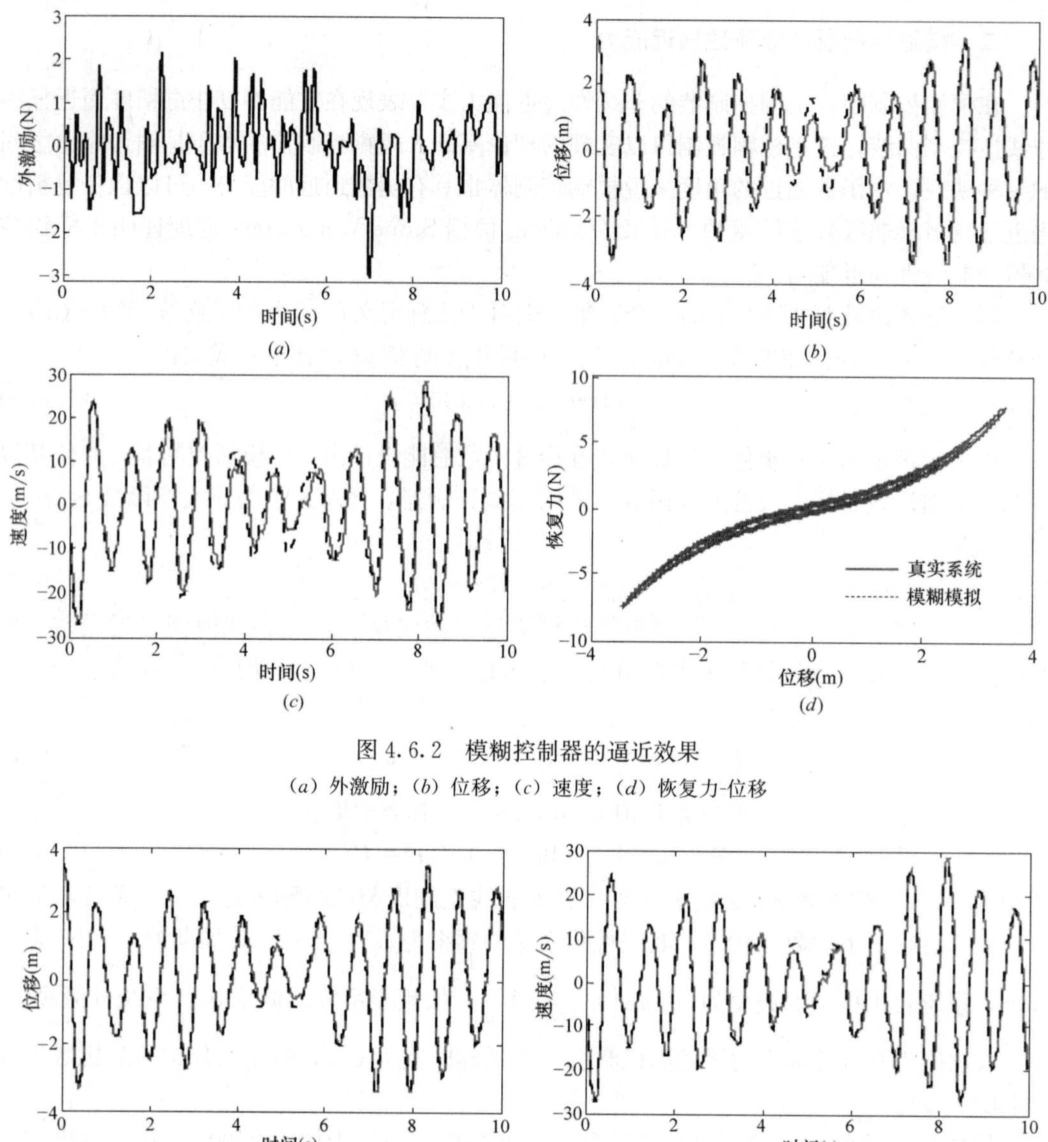

图 4.6.2　模糊控制器的逼近效果

（*a*）外激励；（*b*）位移；（*c*）速度；（*d*）恢复力-位移

图 4.6.3　模糊逻辑系统的逼近结果

很多。通常提高模糊逼近效果的方法有：改变模糊输入输出变量的隶属度函数，调整模糊输入变量的模糊划分。通过引入自适应方法来实时调整模糊逻辑系统输入变量的论域和隶属度函数可以使模糊逻辑系统具有很好的泛化能力。

第三节　自适应模糊控制

实际的工程结构由于杆件多、杆件的受力及杆件之间的连接非常复杂，结构材料的本构关系具有很强的非线性和不确定性，结构的精确建模比较困难；此外，作用在结构上的动力荷载（风、地震作用等）均为随机荷载，也具有显著的不确定性，自适应模糊控制可以不依赖于结构精确模型进行结构得非线性振动控制。

一、问题描述

自适应模糊控制是一种引入自适应调节技术的模糊控制算法，在模糊逻辑系统中引入自适应调节器，可以使模糊控制用来控制复杂的具有不确定性的非线性系统，提出更简单更有效的控制方案。

下面首先以一单自由度非线性系统来阐述自适应模糊控制。

考虑一单自由度非线性系统，其运动方程为

$$m\ddot{x}+c\dot{x}+\alpha kx+(1-\alpha)ku=-m\ddot{x}_{g}+F_{v}m\ddot{x}+c\dot{x}+\alpha kx+(1-\alpha)kv=-m\ddot{x}_{g}+u \tag{4.6.9}$$

式中 m、k、c——分别为单自由度系统的质量、刚度和阻尼；

x、$\dot{x}$、$\ddot{x}$——分别为系统的位移，速度和加速度；

α——屈服后刚度与屈服前刚度之比；

u——滞变位移；

$\ddot{x}_{g}$——地震动输入；

F_{v}——控制力。

滞变位移 u 采用 Bouc-Wen 滞变位移模型，表达为如下微分方程的形式

$$\dot{u}=D_{y}^{-1}[\mu\dot{x}-\beta|\dot{x}||u|^{n'-1}u-\gamma\dot{x}|u|^{n'}] \tag{4.6.10}$$

式中 μ、β、γ、n'——控制滞变位移初始刚度、幅值和滞变形状的参数；

D_{y}——系统的屈服位移。

当该系统的数学模型精确已知时，目标控制力可以选取为

$$F_{v}=c\dot{x}+\alpha kx+(1-\alpha)ku-mC^{*}\dot{x}-mk^{*}xu=c\dot{x}+\alpha kx+(1-\alpha)kv-mc^{*}\dot{x}-mk^{*}x \tag{4.6.11}$$

在此控制力的作用下，系统式（4.6.9）转化为

$$\ddot{x}+c^{*}\dot{x}+k^{*}x=-\ddot{x}_{g} \tag{4.6.12}$$

合理地选择参数 k^{*} 和 c^{*} 可以保证系统 $\ddot{x}+c^{*}\dot{x}+k^{*}x=0$ 的极点均在复平面的左半平面，也就意味着系统式（4.6.12）满足渐进稳定性，系统式（4.6.9）由复杂的非线性系统转化为一渐进稳定的线性系统，并且合理的参数 k^{*} 和 c^{*} 可以保证系统的响应满足设计要求，从而保护原有非线性系统。

二、自适应模糊控制算法

实际土木工程结构的非线性模型是非常复杂不易确定的，得到非线性系统式（4.6.9）中的各项参数是不现实的，因此考虑将模糊逻辑系统用来近似替代系统式（4.6.9）中的不确定项，根据模糊逻辑系统的一致逼近理论，将不确定非线性函数 $c\dot{x}+\alpha kx+(1-\alpha)k\mu c\dot{x}+\alpha kx+(1-\alpha)kv$ 表示为

$$c\dot{x}+\alpha kx+(1-\alpha)ku=y(Z|\theta^{*})+\delta^{*}c\dot{x}+\alpha kx+(1-\alpha)kv=y(\boldsymbol{Z}|\boldsymbol{\theta}^{*})+\delta^{*} \tag{4.6.13}$$

式中 $y(Z|\theta^{*})$ 为最优模糊逻辑系统，$y(\boldsymbol{Z}|\boldsymbol{\theta}^{*})=\boldsymbol{\theta}^{*\mathrm{T}}\boldsymbol{\xi}(\boldsymbol{Z})$；$\boldsymbol{Z}$ 是系统的状态向量，$\boldsymbol{Z}=[x\quad\dot{x}]^{\mathrm{T}}$；$\delta^{*}$ 是最优模糊逼近误差。因此目标控制力式（4.6.11）就有如下形式

$$F_v=y(Z\mid\theta^*)+\delta^*-mC^*\dot{x}-mk^*xu=y(\boldsymbol{Z}\mid\boldsymbol{\theta}^*)+\delta^*-mc^*\dot{x}-mk^*x \quad (4.6.14)$$

这里采用模糊逻辑系统 y（$\boldsymbol{Z}\mid\boldsymbol{\theta}^*$）来近似替代目标控制力中的不确定项主要有两方面的原因，也是模糊逻辑系统的两大突出特点，一是模糊逻辑系统的一致逼近能力；二是模糊逻辑系统可以方便地利用专家知识对系统进行分析推理，通过语言化的 IF-THEN 规则对状态做出判断，例如："如果目标位移为 NB（Negative Big）和速度为 NB（Negative Big)，则对目标施加 PB（Positive Big）的控制力"等，这儿的 NB（Negative Big)，PB（Positive Big）均为模糊集合。

通常在实际的运算中，最优模糊逻辑系统是不容易找到的，这就会引入额外的模糊逼近误差，因此通过增加补偿控制力 F'_v一方面控制模糊逼近误差的影响，另一方面可以抑制外部干扰（地震动输入）对系统振动的影响，控制力选取为

$$F_v=y(Z\mid\theta)+mF'_v-mC^*\dot{x}-mk^*xu=y(\boldsymbol{Z}\mid\boldsymbol{\theta})+mu'-mc^*\dot{x}-mk^*x \quad (4.6.15)$$

式中 y（$\boldsymbol{Z}\mid\boldsymbol{\theta}$）是实际模糊逻辑系统，$y$（$\boldsymbol{Z}|\boldsymbol{\theta}$）$=\boldsymbol{\theta}^{\mathrm{T}}\boldsymbol{\xi}$（$\boldsymbol{Z}$）。

将控制力式（4.6.15）代入系统式（4.6.9）中，并利用式（4.6.13)，整理后有

$$\ddot{x}+C^*\dot{x}+k^*x=\tau+F'_v+\varphi^{\mathrm{T}}\xi(Z)/m\ddot{x}+c^*\dot{x}+k^*x=\tau+u'+\boldsymbol{\phi}^{\mathrm{T}}\boldsymbol{\xi}(\boldsymbol{Z})/m \quad (4.6.16)$$

其中 $\boldsymbol{\phi}=\boldsymbol{\theta}-\boldsymbol{\theta}^*$，$\tau=-\ddot{x}_g-\delta^*/m$。将运动方程式（4.6.16）转换到状态空间中，有

$$\dot{Z}=AZ+D(\tau+F'_v+\frac{\phi^{\mathrm{T}}\xi(Z)}{m})\dot{\boldsymbol{Z}}=\boldsymbol{AZ}+\boldsymbol{D}(\tau+u'+\boldsymbol{\phi}^{\mathrm{T}}\boldsymbol{\xi}(\boldsymbol{Z})/m) \quad (4.6.17)$$

式中 $\boldsymbol{A}=\begin{bmatrix}0 & 1\\ -k^* & -c^*\end{bmatrix}$，$\boldsymbol{D}=\begin{bmatrix}0\\1\end{bmatrix}$。

比较式（4.6.12）和式（4.6.16)，会发现由于系统式（4.6.9）中非线性项 $c\dot{x}+\alpha kx+(1-\alpha)kuc\dot{x}+\alpha kx+(1-\alpha)kv$ 采用模糊逻辑系统 $y(\boldsymbol{Z}\mid\boldsymbol{\theta})$ 替代，同时引入了误差项 $(\boldsymbol{\phi}^{\mathrm{T}}\boldsymbol{\xi}(\boldsymbol{Z})-\delta^*)/m$，增加的补偿控制力 F'_v用来抑制误差项的发展以及外部干扰对系统振动的影响。

下面通过 Lyapunov 稳定性理论来设计模糊逻辑系统中的参数自适应律和补偿控制力。选取 Lyapunov 函数为

$$V=\frac{1}{2}\boldsymbol{Z}^{\mathrm{T}}\boldsymbol{PZ}+\frac{1}{2\chi}\boldsymbol{\phi}^{\mathrm{T}}\boldsymbol{\phi} \quad (4.6.18)$$

式中 χ——正常数；矩阵 $\boldsymbol{P}$ 为如下 Riccati 方程的解

$$\boldsymbol{PA}+\boldsymbol{A}^{\mathrm{T}}\boldsymbol{P}-2\boldsymbol{PD}r^{-1}\boldsymbol{D}^{\mathrm{T}}\boldsymbol{P}+\boldsymbol{Q}+\boldsymbol{PD}\eta^{-2}\boldsymbol{D}^{\mathrm{T}}\boldsymbol{P}=0 \quad (4.6.19)$$

式中 $\boldsymbol{Q}$——正定矩阵；

η——正常数，当且仅当

$$2r^{-1}-\eta^{-2}\geqslant 0 \quad (4.6.20)$$

成立时，类 Riccati 方程（4.6.19）才有半正定解，也就有 $V\geqslant 0$。

补偿控制力满足

$$F'_v=-\gamma^{-1}D^{\mathrm{T}}PZu'=-r^{-1}\boldsymbol{D}^{\mathrm{T}}\boldsymbol{PZ} \quad (4.6.21)$$

模糊逻辑系统的可调参数 $\boldsymbol{\theta}$ 满足如下自适应律

$$\dot{\boldsymbol{\theta}}=-\chi \boldsymbol{Z}^{\mathrm{T}} \boldsymbol{P} \boldsymbol{D} \boldsymbol{\xi}(\boldsymbol{Z}) / m \tag{4.6.22}$$

考虑 Lyapunov 函数 V 对时间求导，如下：

$$\begin{aligned}
\dot{V}&=\frac{1}{2}(\boldsymbol{Z}^{\mathrm{T}}\boldsymbol{P}\dot{\boldsymbol{Z}}+\dot{\boldsymbol{Z}}^{\mathrm{T}}\boldsymbol{P}\boldsymbol{Z})+\frac{1}{\chi}\boldsymbol{\phi}^{\mathrm{T}}\dot{\boldsymbol{\phi}}\\
&=\frac{1}{2}\{\boldsymbol{Z}^{\mathrm{T}}\boldsymbol{P}[\boldsymbol{A}\boldsymbol{Z}+\boldsymbol{D}(\tau+u'+\boldsymbol{\phi}^{\mathrm{T}}\boldsymbol{\xi}(\boldsymbol{Z})/m]+[\boldsymbol{A}\boldsymbol{Z}+\boldsymbol{D}(\tau+u'+\boldsymbol{\phi}^{\mathrm{T}}\boldsymbol{\xi}(\boldsymbol{Z})/m]^{\mathrm{T}}\boldsymbol{P}\boldsymbol{Z}\}+\frac{1}{\chi}\boldsymbol{\phi}^{\mathrm{T}}\dot{\boldsymbol{\phi}}\\
&=\frac{1}{2}(\boldsymbol{Z}^{\mathrm{T}}\boldsymbol{P}\boldsymbol{A}\boldsymbol{Z}+\boldsymbol{Z}^{\mathrm{T}}\boldsymbol{A}^{\mathrm{T}}\boldsymbol{P}\boldsymbol{Z})+\boldsymbol{Z}^{\mathrm{T}}\boldsymbol{P}\boldsymbol{D}u'+\boldsymbol{Z}^{\mathrm{T}}\boldsymbol{P}\boldsymbol{D}\tau+\boldsymbol{Z}^{\mathrm{T}}\boldsymbol{P}\boldsymbol{D}\boldsymbol{\phi}^{\mathrm{T}}\boldsymbol{\xi}(\boldsymbol{Z})/m+\frac{1}{\chi}\boldsymbol{\phi}^{\mathrm{T}}\dot{\boldsymbol{\phi}}\\
&=-\frac{1}{2}\boldsymbol{Z}^{\mathrm{T}}[\boldsymbol{Q}+\boldsymbol{P}\boldsymbol{D}\eta^{-2}\boldsymbol{D}^{\mathrm{T}}\boldsymbol{P}]\boldsymbol{Z}+\boldsymbol{Z}^{\mathrm{T}}\boldsymbol{P}\boldsymbol{D}\tau\\
&\leqslant-\frac{1}{2}\boldsymbol{Z}^{\mathrm{T}}\boldsymbol{Q}\boldsymbol{Z}+\frac{1}{2}\eta^{2}\tau^{2}
\end{aligned} \tag{4.6.23}$$

将式（4.6.23）从 0 时刻到 t_{f}时刻（控制结束时）积分，可得：

$$V(t_{\mathrm{f}})-V(0)\leqslant-\frac{1}{2}\int_{0}^{t_{\mathrm{f}}}\boldsymbol{Z}^{\mathrm{T}}\boldsymbol{Q}\boldsymbol{Z}\mathrm{d}t+\frac{1}{2}\int_{0}^{t_{\mathrm{f}}}\eta^{2}\tau^{2}\mathrm{d}t \tag{4.6.24}$$

由于 $V(t_{\mathrm{f}})\geqslant 0$，则得：

$$\frac{1}{2}\int_{0}^{t_{\mathrm{f}}}\boldsymbol{Z}^{\mathrm{T}}\boldsymbol{Q}\boldsymbol{Z}\mathrm{d}t\leqslant V(0)+\frac{1}{2}\int_{0}^{t_{\mathrm{f}}}\eta^{2}\tau^{2}\mathrm{d}t \tag{4.6.25}$$

即得：

$$\frac{1}{2}\int_{0}^{t_{\mathrm{f}}}\boldsymbol{Z}^{\mathrm{T}}\boldsymbol{Q}\boldsymbol{Z}\mathrm{d}t\leqslant\frac{1}{2}\boldsymbol{Z}(0)^{\mathrm{T}}\boldsymbol{P}\boldsymbol{Z}(0)+\frac{1}{2\chi}\boldsymbol{\phi}(0)^{\mathrm{T}}\boldsymbol{\phi}(0)+\frac{1}{2}\int_{0}^{t_{f}}\eta^{2}\tau^{2}dt \tag{4.6.26}$$

当系统的初始状态为 0 时，系统的非线性项 $c\dot{x}+\alpha kx+(1-\alpha)kuc\dot{x}+\alpha kx+(1-\alpha)kv$ 为零，此时模糊逻辑系统的估计是精确的，式（4.6.26）可以写为

$$\left(\int_{0}^{t_{\mathrm{f}}}\boldsymbol{Z}^{\mathrm{T}}\boldsymbol{Q}\boldsymbol{Z}\mathrm{d}t\right)^{\frac{1}{2}}\leqslant\eta\left(\int_{0}^{t_{\mathrm{f}}}\tau^{2}\mathrm{d}t\right)^{\frac{1}{2}} \tag{4.6.27}$$

因此系统式（4.6.9）在控制力（4.6.15）的作用下可以达到期望的 H-infinity 性能指标 η。$\left(\int_{0}^{t_{\mathrm{f}}}\tau^{2}\mathrm{d}t\right)^{\frac{1}{2}}$ 是干扰 τ 的 L_2 范数，蕴含着干扰 τ 的能量大小，δ^{*} 是最优模糊逼近误差，是有界的，地震动输入 $\ddot{x}_g$ 也是能量有界的，因此干扰 τ 是能量有界的，式（4.6.27）表明在有界能量的干扰 τ 的激励下，结构状态与干扰的能量之比的上确界小于等于 η。

自适应模糊控制的设计流程为：

（1）设计模糊逻辑系统，确定模糊输入变量的论域、模糊划分以及隶属度函数，然后计算模糊基函数 $\boldsymbol{\xi}(\boldsymbol{Z})$；

（2）选取正定矩阵 $\boldsymbol{Q}$ 和目标性能指标 η，并假设权重参数 χ，然后根据式（4.6.20）选取权重参数 r；

（3）选取参数 k^{*} 和 c^{*} 使得系统 $\ddot{x}+c^{*}\dot{x}+k^{*}x=0$ 的极点均在复平面的左半平面；

（4）计算 Riccati 方程式（4.6.19）得到矩阵 $\boldsymbol{P}$；

（5）根据式（4.6.15）、式（4.6.21）和式（4.6.22）计算控制力。

三、单自由度结构非线性振动控制器设计与仿真分析

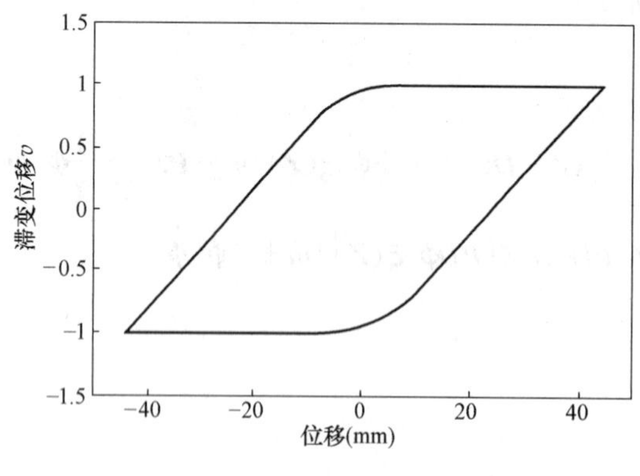

图 4.6.4　滞变位移滞回环

设单自由度结构的质量为 $m=4\times10^5$kg，刚度为 $k=2\times10^8$N/m，黏滞阻尼系数为$c=8.94\times10^5$Ns/m，相应的模态阻尼比为 5%，结构屈服前的基频为 3.56Hz，结构屈服后刚度与屈服前刚度之比为 $\alpha=0.1$，屈服位移为 $D_y=20$mm，Bouc-Wen 滞变位移模型的参数分别为：$\mu=1.0$、$\beta=0.5$、$\gamma=0.5$ 和 $n'=5$，滞变位移 u 和位移之间的关系曲线如图 4.6.4 所示。输入的地震动记录为 El Centro（1940）和近断层地震动记录 Imperial Valley-6（1979，El Centro Array ＃5），其记录时程如图 4.6.5 所示，相应的峰值加速度（PGA）分别为 3.417m/s^2 和 4.39m/s^2，为了使结构进入屈服阶段，仿真分析时将原始记录的峰值加速度均调整到原来的 2 倍。

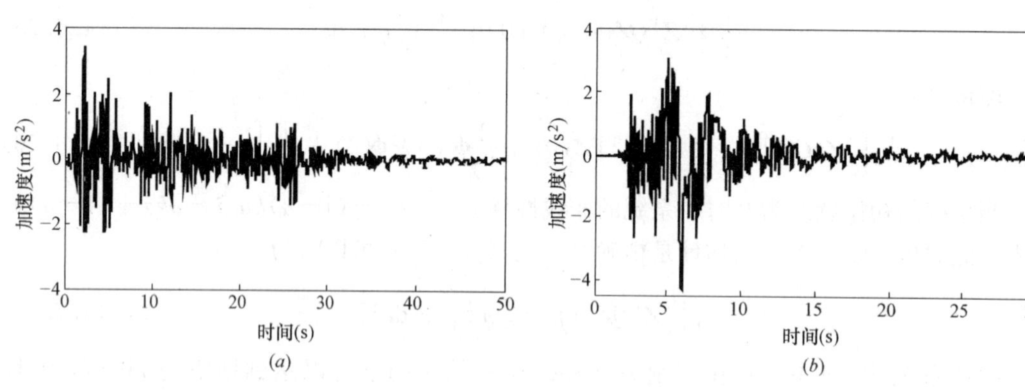

图 4.6.5　地震动时程

(a) EI Centro (1940)；(b) Imperial Valley (1979)

按照自适应模糊控制的设计流程，首先设计模糊逻辑系统 $y(Z\mid\theta)=\theta^{\mathrm{T}}\xi(Z)$，模糊逻辑系统的输入变量为结构的位移和速度响应，在峰值加速度为 8.78m/s^2 地震动作用下无控结构的静位移幅值为 $8.78m/k=0.0176$m，由于动力放大作用和结构进入屈服阶段后刚度减小，实际无控结构的响应会大于 0.0176m，但是受控结构的位移响应会小于无控结构的位移响应，取结构位移输入变量的论域为［−0.02m，0.02m］，结构速度的论域根据结构位移的论域和屈服前结构的自振频率来确定，则结构速度输入变量的论域为［−0.45m/s，0.45m/s］。结构位移和速度输入变量的隶属度函数均采用三角形隶属度函数，模糊划分均为 5 个：NB（Negative Big），NS（Negative Small），ZO（Zero），PS（Positive Small）和 PB（Positive Big），如图 4.6.6 所示。模糊逻辑系统 $y(\boldsymbol{Z}\mid\boldsymbol{\theta})=\boldsymbol{\theta}^{\mathrm{T}}\boldsymbol{\xi}(\boldsymbol{Z})$ 中可调参数 θ 由一阶微分方程式（4.6.22）确定，初值取为 $c\dot{x}+kx$ 在模糊输入变量的模糊划分上的值。

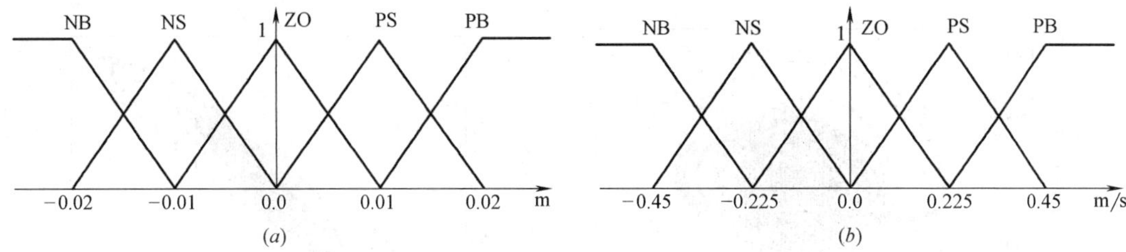

图 4.6.6 模糊输入变量的隶属度函数

(a) 位移；(b) 速度

其他控制参数选取为：矩阵 $\boldsymbol{Q}=\begin{bmatrix}5 & 0\\0 & 5\end{bmatrix}$，目标性能指标 $\eta=1$，权重参数 $\chi=2$，根据式(4.6.20) 选取权重参数 $r=1.98$。$k^*=0.2$ 和 $c^*=1$ 可以保证系统 $\ddot{x}+c^*\dot{x}+k^*x=0$ 的极点均在复平面的左半平面，计算 Riccati 方程 (4.6.19) 得到矩阵 $\boldsymbol{P}=\begin{bmatrix}13.53 & 9.98\\9.98 & 11.78\end{bmatrix}$。

图 4.6.7 给出了 El Centro 和 Imperial Valley 作用下结构的响应和控制力时程，从图中可以清楚地看出自适应模糊控制算法可以很好地抑制结构的振动，无控结构的位移响应时程上可以看出有残余变形，受控结构响应的衰减速率要明显快于无控结构。图 4.6.8 给出了 El Centro 和 Imperial Valley 作用下主动控制力与层间位移和层间速度的关系，可以看出主动控制力与层间位移的关系接近椭圆形，与层间速度的关系主要集中在一三象限，这一现象表明自适应模糊控制设计的主动控制力可以由半主动控制装置来替代。因此，自适应模糊控制算法可以作为磁流变液阻尼器等智能阻尼器的控制策略，实现智能控制。

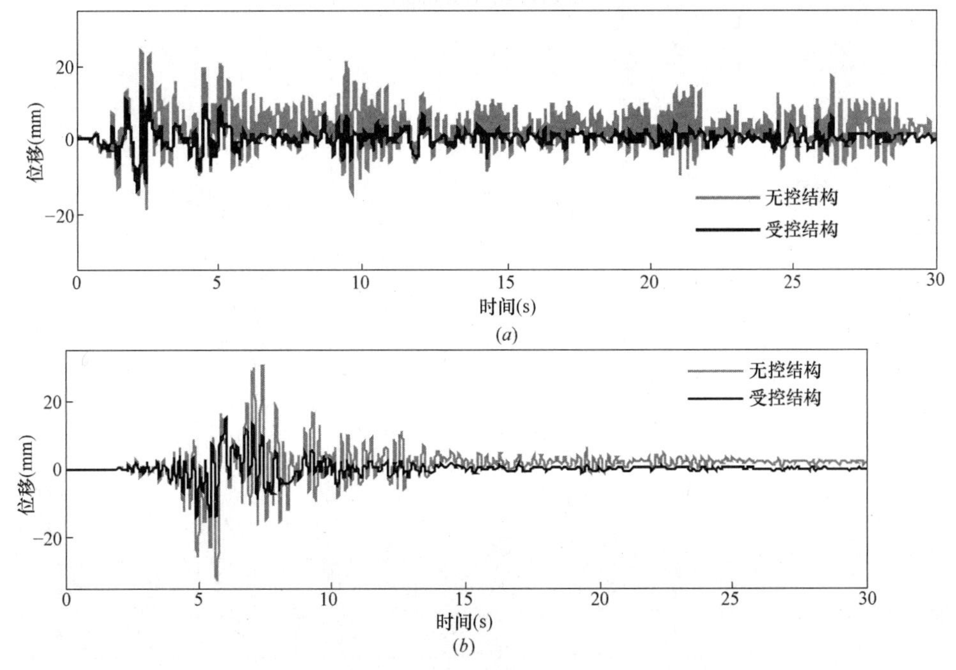

图 4.6.7 有控结构和无控结构的位移响应比较

(a) EI Centro 作用下的结构位移响应；(b) Imperial Valley 作用下的结构位移响应

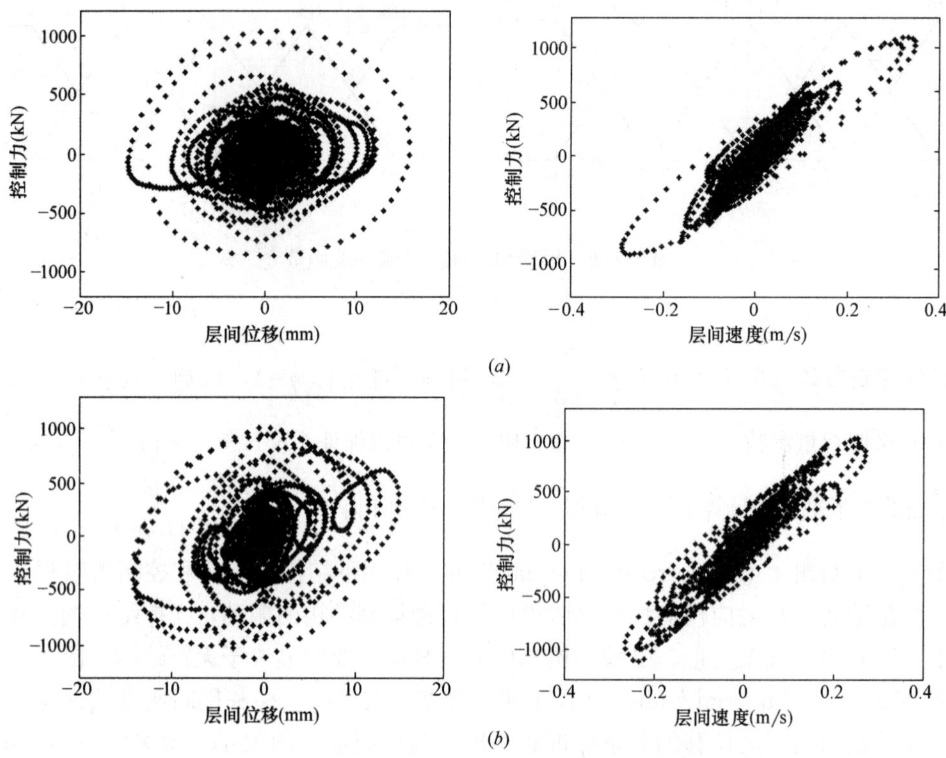

图 4.6.8　主动控制力与层间位移和层间速度的关系
（*a*）EI Centro；（*b*）Imperial Valley

第五篇

地基动力特性测试

第一章　地基的动力特性

影响动力机器基础振动计算最关键的动力参数为地基刚度系数、地基惯性作用和阻尼比。基础振动对周围建筑物、精密设备、仪器仪表和环境等影响的动力特性有土的动沉陷和振动在地基中传播的性能，弹性波在传播过程中，由于土体的非弹性阻抗作用及振动能量的扩散，其振动强度随着离振源距离的增加（包括水平距离和深度）而减弱，这种性能对基础振动影响周围建筑物、设备、仪器、环境等的计算非常重要。波速是场地土的类型划分和场地土层的地震反应分析的重要参数。土的动剪切模量、动弹性模量、动强度等在水利水电工程中的应用则更为广泛，这些动力参数的选取是否符合现场地基的实际情况，是振动计算与实际是否相符的关键，因此，当动力机器基础、小区划分、高层建筑及重要厂房等工程在设计前，地基刚度系数、阻尼比、参振质量、地基能量吸收系数、场地的卓越周期、卓越频率等地基动力参数应在现场进行试验确定。

第一节　地基土的静力和动力关系

土力学是研究土在应力作用下的工程性质。凡荷载使土达到某种应力或应变的时间在几十秒以上，而且荷载的增减又都很缓慢，通常都可作为静力问题处理，反之，按动力问题处理。土动力学是研究土在动应力作用下的工程性质，加荷时间较短时，应作为动力问题来考虑。

土在动力荷载作用下的性能与其在静力荷载作用下的性能有明显的区别，且更为复杂，其影响因素除了与静力性质相同的因素（如土的粒径、孔隙比、含水量、侧限压力等）外，还有载荷时间（在土中形成一定的应力或应变所需要的时间）、重复（或周期）效应和应变幅值等因素。研究土的动力特性，必须区别两种不同应变幅值的情况（见表5.1.1），在小应变幅（$<10^{-4}$）情况下，主要是研究土的刚度系数、弹性模量、剪切模量和阻尼，为建筑物地基、动力机器基础和土工构筑物的动态反应分析提供必要的计算参数；而在大应变幅情况下，则主要研究土的动变形（振动压密或振陷）和动强度（振动液化是特殊条件下的动强度问题）。在动力机器基础等的动态反应分析中，无论将土看作是什么样的介质、采用什么样的计算模式，都要首先确定土的动力特性参数，而计算方法无论如何严密，都不会高于土的动力特性参数的测定精度。可见正确测定土的动力特性参数是非常重要的。

土的动力性质随应变幅值的变化　　**表 5.1.1**

<table>
<tr><td>应变大小</td><td>10^{-6}　10^{-5}</td><td>10^{-4}　10^{-3}</td><td>10^{-2}　10^{-1}</td></tr>
<tr><td>现象</td><td>波动、振动</td><td>裂缝、不均匀下沉</td><td>滑动、压实、液化</td></tr>
<tr><td rowspan="2">力学特性</td><td rowspan="2">弹性</td><td rowspan="2">弹塑性</td><td>破坏</td></tr>
<tr><td>循环效应、速度效应</td></tr>
</table>

续表

常数		剪切模量、泊松比、阻尼比	内摩擦角、黏聚力
原位测试	弹性波探查		
	原位振动试验		
	循环载荷试验		
室内试验	波动法		
	共振法		
	循环载荷试验		

注：由表中可以看出，当应变大致在 10^{-6}～10^{-4} 范围内时，土的特性可以属于弹性性质，一般由火车、汽车行驶以及机器基础等产生的振动都属于这种程度的振动。当应变在 10^{-4}～10^{-2}时，则土表现为弹塑性性质，打桩所产生的振动属于这种情况。应变超过 10^{-2}时，土将破坏或产生液化、压密等现象。

第二节　地基刚度系数

地基刚度系数是分析动力机器基础动力反应最关键的参数，其取值是否合理，是所设计的基础振动是否满足要求的关键，不是将地基刚度系数取得越小就越偏于安全，因为基础的振动大小不仅与机器的扰力有关，还与扰力的频率与基础的固有频率是否产生共振有关。对于低频机器，机器的扰频小于基础的固有频率，不会产生共振，地基刚度系数取得偏小，计算的振幅偏大，是偏于安全的，对于中频机器，其扰频大于基础的固有频率，若地基刚度系数取得偏小，使计算的固有频率远离机器的扰频而使计算振幅偏小，则偏于不安全（图 5.1.1），如卧式活塞式压缩机，存在一、二阶波的频率与基础耦合振动第一振型和第二振型固有频率的共振问题（图 5.1.2）。若一、二阶波的频率为 A、B 两点；均在基础实际的第一振型固有频率 f_1 前，地基刚度系数取得偏小，计算的 f'_1 小于实际的 f_1，而接近二阶波的频率 B，使计算的振幅比实际振幅大，偏于安全；如一、二阶波的频率为 C、D 两点，因地基刚度系数取得偏小使计算的 f'_1、f'_2 远离 C、D，则计算的振幅为 C''、D' 小于实际的振幅 C、D，就不安全。

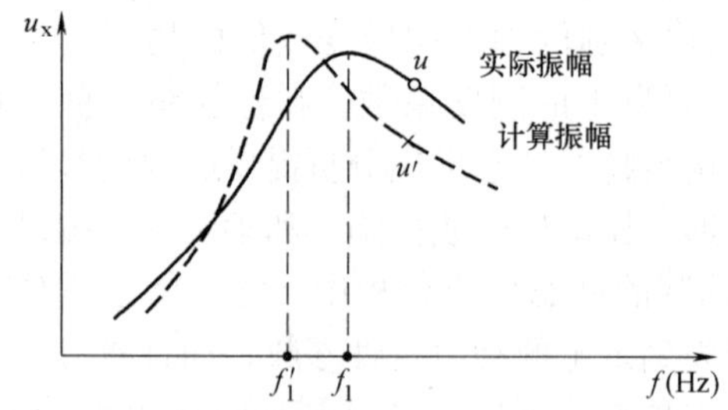

图 5.1.1　计算振幅小于实际振幅（垂直振动）

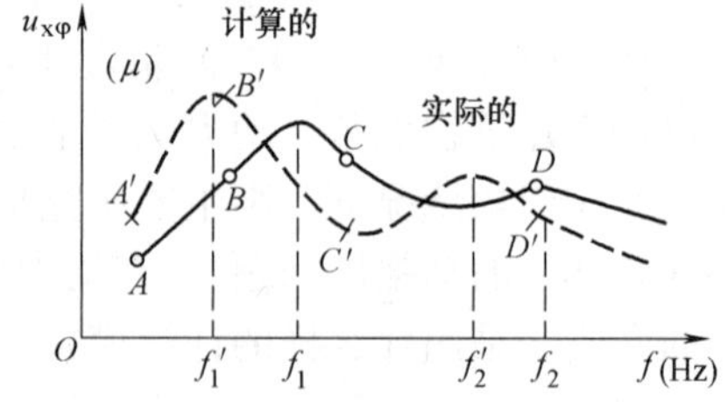

图 5.1.2　计算与实际的对比图（水平回转振动）

一、影响地基刚度系数的主要因素

1. 基底土静压力的影响

根据国内外对基础底面积相同而基底土静压力不同的基础振动试验资料分析后表明：地基刚度系数随基底土静压力的加大而增加（图 5.1.3～图 5.1.5）。

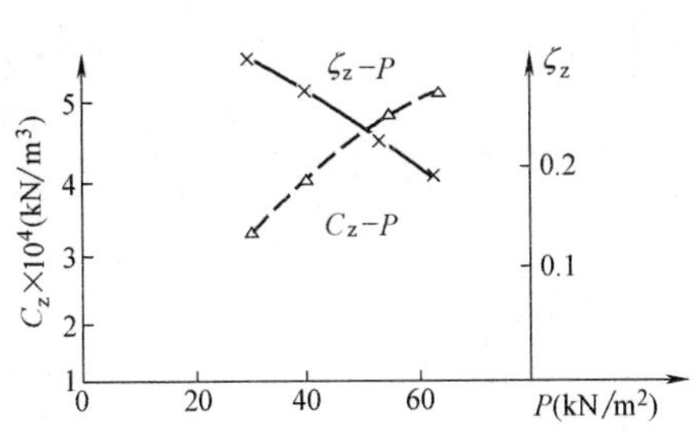

图 5.1.3　C_z 与 ζ_z 随压力 P 变化的曲线图

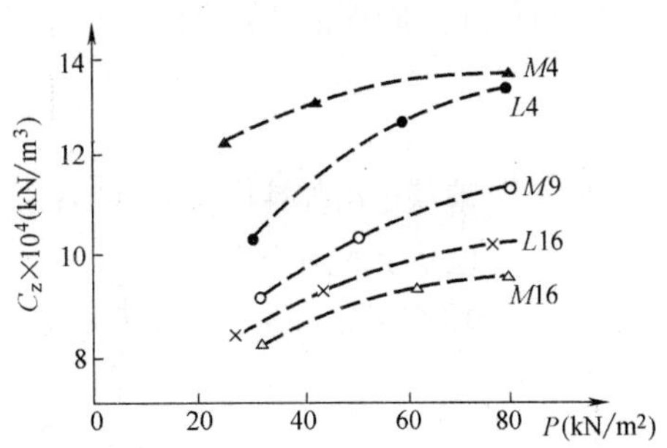

图 5-1.4　C_z 随压力 P 变化的曲线图

注：M—中砂；L—黄土状粉质黏土。

4、9、16 为基础底面积

根据国内外的试验资料，C_z、C_x随 P 的变化规律，可采用下列计算公式表达：

$$C_{z2}=C_{z1}\sqrt[3]{\frac{P_2}{P_1}} \tag{5.1.1}$$

式中　P_2、P_1——分别为基底土的静压力（kN/m²）；

C_{z2}、C_{z1}——压力分别为 P_2、P_1时的地基抗压刚度系数（kN/m³）。

由于C_z值随基底土静压力 P 的增加而增长，只限于小应力的范围内；当 $P>50$kN/m²后则趋于平稳（图 5.1.6）；当基底土静压力 P 大于 50kN/m²，取 $P=50$kN/m²。

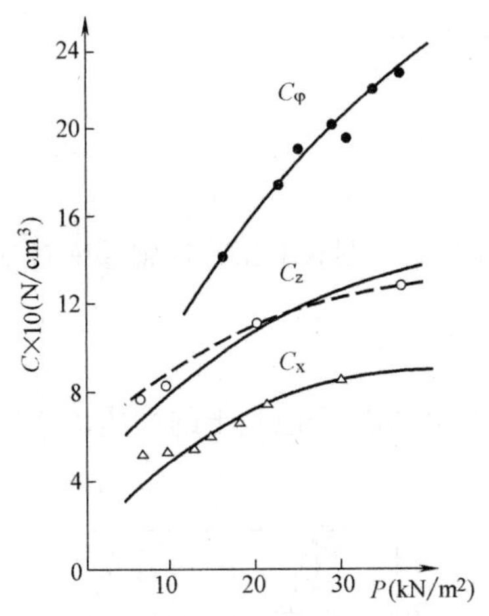

图 5.1.5　系数 C_x、C_φ 和 C_z 随压力 P 变化的曲线图

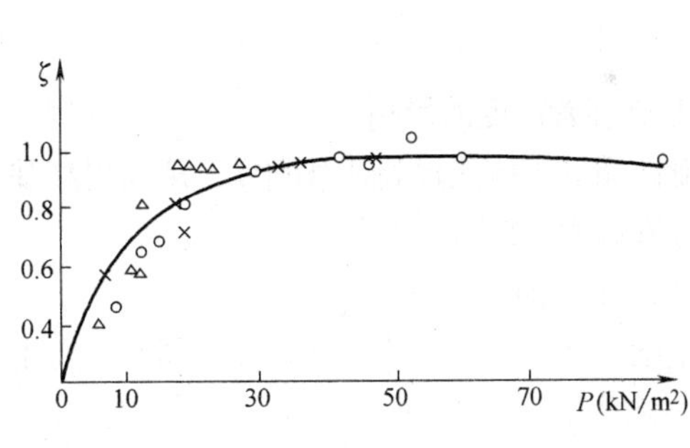

图 5.1.6　系数 ζ 与基底静压力 P 的关系

图中：

$$\zeta=\frac{C_{z(p)}}{C_{z(p)\max}} \tag{5.1.2}$$

式中　$C_{z(p)}$——压力为 P 时的地基抗压刚度系数（kN/m³）；

$C_{z(p)\max}$——最大压力时的地基抗压刚度系数（kN/m³）。

2. 基础底面积 A 的影响

C_z 值随着基础底面积的增加而减小，其规律可采用下列三种计算方法：

（1）弹性半空间理论计算方法：

$$C_z=\frac{1.1284E_d}{1-\mu^2}\frac{1}{\sqrt{A}} \tag{5.1.3}$$

式中 E_d——地基土动弹性模量（kPa）；

μ——地基土的泊松比。

（2）现行国家标准《动力机器基础设计规范》的计算方法：

$$C_{z(A)}=C_{z(20)}\sqrt[3]{\frac{20}{A}} \tag{5.1.4}$$

式中 $C_{z(20)}$——基础底面积为 20m²时的地基抗压刚度系数。

（3）前苏联《动力机器基础设计规范》的计算方法：

$$C_{z(A)}=C_{z(10)}\left[\frac{1}{2}+\left(1+\sqrt{\frac{10}{A}}\right)\right] \tag{5.1.5}$$

几种计算方法与实测的对比见图 5.1.7。

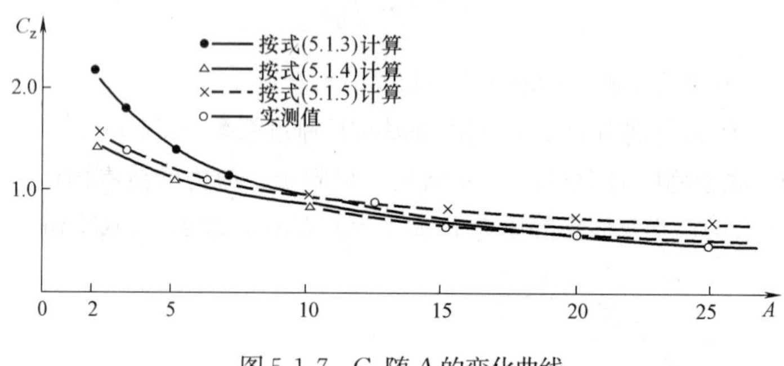

图 5.1.7 C_z 随 A 的变化曲线

3. 基础埋置深度的影响

基础四周的土体能提高地基刚度，从而提高基础的固有频率（图 5.1.8），埋置深度对基底尺寸的比值越大，其影响越大。

4. 地基土性能的影响

在基础尺寸、形状、荷载等条件相同时，C_z 值的大小主要取决于地基土的性质，地基土愈密实、变形愈小、强度愈高，则 C_z 值愈大。

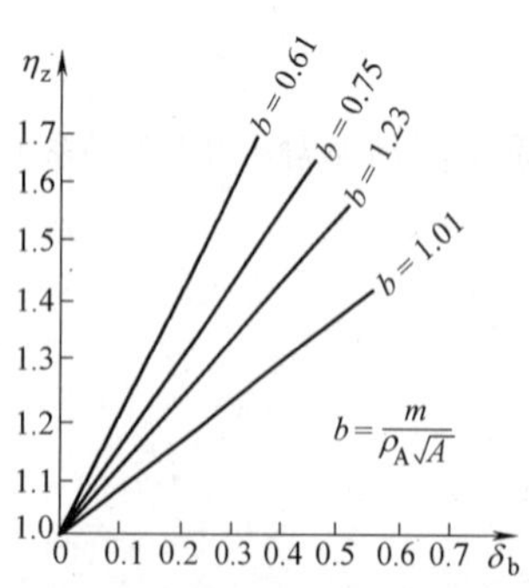

图 5.1.8 基础埋置比 δ_b 与 C_z 的提高系数 η_z 的关系

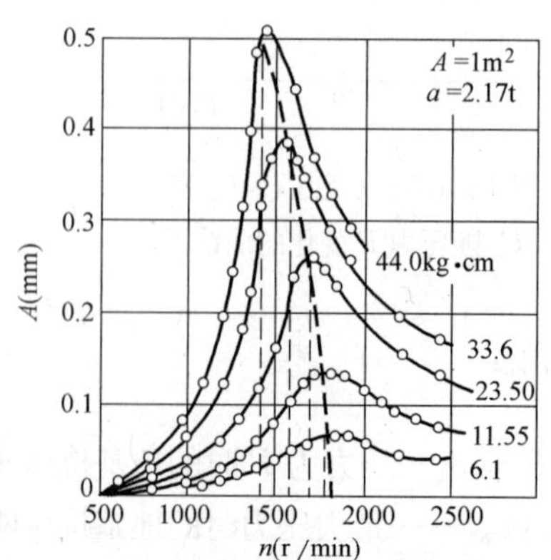

图 5.1.9 当激振器偏心块的力矩为不同值时，实测的基础幅频响应曲线

5. 基础上动荷载大小的影响

在同一个基础上，采用不同的激振力做强迫振动试验时，振动线位移随激振力的增加而增大，而共振频率则随激振力的增加而有所减小（图 5.1.9），当力矩增加约 7 倍时，共振频率从 1800r/min 降低至 1450r/min，即降低约 19%，这说明了建造在地基土上基础的振动具有非线性性能。但当共振峰的振动线位移小于 150μm 时，动荷载的大小对共振频率基本上没有影响。因此，对周期性振动的机器基础设计和地基动力特性的测试，可不考虑动荷载大小的影响。

二、地基刚度系数的计算方法

目前国内外的计算方法都是将 C_z 值与地基土的某一指标建立关系，这些指标有：土的剪切波波速、土的变形模量、土的容许承载力、土的动弹性模量等。

1. 明置基础的计算方法

（1）根据变形模量 E_0 计算 C_z 值：

$$C_z=\frac{4\pi^2 p_0\zeta E_0}{(4.5+C\sqrt{A})^2\gamma} \tag{5.1.6}$$

$$\zeta=\frac{P}{0.1+P}+0.167 \tag{5.1.7}$$

式中　p_0——某一固定的应力值，如取 $p_0=50\text{kN/m}^2$，对基底上应力 $P<50\text{kN/m}^2$ 的基础，必须乘以按式（5.1.7）计算的系数 ζ；

γ——地基土的重度（kN/m^3）；

C——与地基土有关的某一常数，对砂土：$C=0.45$；砂质粉土：$C=0.26$；软塑性（液态前）粉质黏土：$C=0.52$；硬塑性粉质黏土：$C=0.2$；黏土 $C=0.1$；

E_0——土的变形模量（kN/m^2）。

（2）苏联《动力机器基础设计规范》的计算方法：

$$C_z=b_0E\left(1+\sqrt{\frac{10}{A}}\right) \tag{5.1.8}$$

式中　b_0——系数（1/m），对砂土为 1.0；对砂质粉土与粉质黏土为 1.2；对黏土和大块碎石类土为 1.5；

A——基础底面积（m^2）；

E——同上式的 E_0。

对于底面积超过 200m^2 的基础，C_z 值仍按面积 $A=200\text{m}^2$ 的基础取用。

（3）按剪切波波速 v_s 计算 C_z 值：

$$C_z=\frac{1.1284E_d}{(1-\mu^2)\sqrt{A}}=\frac{4\rho v_s^2}{(1-\mu)\pi R_0} \tag{5.1.9}$$

$$E_d=2(1+\mu)\rho v_s^2 \tag{5.1.10}$$

式中　R_0——基础半径（m）；

ρ——地基土的密度（t/m^3）。

（4）现行国家标准《动力机器基础设计规范》GB 50040 的计算方法：

天然地基的抗压刚度系数 C_z 值是根据地基承载力的标准值 f_k 和土的名称采用表格的方法给出的。

上述不同方法计算结果的对比见表 5.1.2。

计算值与实测值的对比表 **表 5.1.2**

地基土类别		软黏土 e=0.87～0.94 $[f_k]$=100kPa	粉质黏土 e=0.67 $[f_k]$=220kPa	砾砂 e=0.62 $[f_k]$=300kPa		黏土 e=0.65～0.75 $[f_k]$=300kPa
基础尺寸		3.2×1.6×1.6	2×2×1.0	1.6×1.6×1.6	2.6×2.6×1.5	3.2×1.6×1.6
C_z (kN/m³)	按式(5.1.6)计算	26490	86300	140620	119180	106040
	按式(5.1.8)计算	23020	58850	98220	73140	86310
	按式(5.1.9)计算	37020	143830	249450	153460	241540
	按《动力机器基础设计规范》	22040	67030	95240	68910	96070
	实测值	26020	55320	153810	135520	104570

2. 埋置基础的计算方法

埋置基础地基刚度系数的计算，可将明置基础的地基刚度系数乘以埋深的提高系数，其计算方法有：

（1）弹性半空间的计算方法：

1）抗压刚度的提高系数：$n_z=1+0.6(1-\mu)\delta$ (5.1.11)

2）抗剪刚度的提高系数：$n_x=1+0.55(2-\mu)\delta$ (5.1.12)

3）抗弯刚度的提高系数：$n_\varphi=1+1.2(1-\mu)\delta+0.2(2-\mu)\delta^3$ (5.1.13)

$$\delta=\frac{h}{\sqrt{A}} \tag{5.1.14}$$

式中 δ——基础埋深比，当 δ 大于 0.6 时，应取 0.6；

h——基础埋置深度（m）。

（2）现行国家标准《动力机器基础设计规范》GB 50040 的计算方法：

1）抗压刚度提高系数：

$$\eta_z=(1+0.4\delta)^2 \tag{5.1.15}$$

2）抗剪、抗弯刚度的提高系数：

$$n_x=n_\varphi=(1+1.2\delta)^2 \tag{5.1.16}$$

（3）考虑基础侧向土影响的计算方法（图 5.1.10）：

$$\eta'_z=A_y/A \tag{5.1.17}$$

$$A_y(a+2h\tan\alpha)(b+2h\tan\alpha) \tag{5.1.18}$$

$$A=a\times b \tag{5.1.19}$$

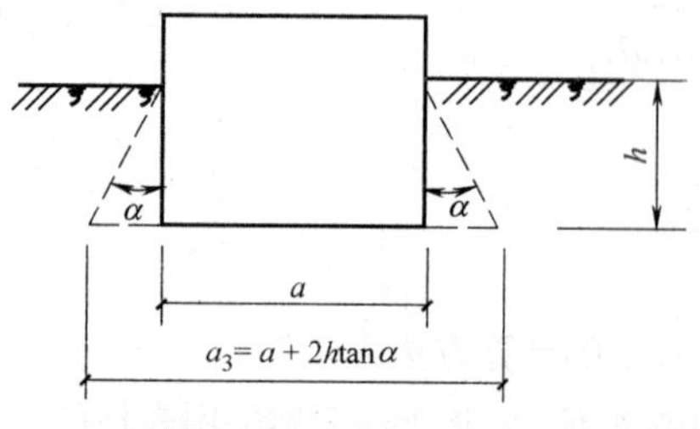

图 5.1.10 埋置基础的计算简图

式中 η'_z——基础埋深对地基抗压刚度的提高系数；

α——土锥形角，当埋置比 $h/\sqrt{A}\leqslant 2$ 时，对松散土，$\alpha=0.25\varphi^H$；对结构破坏的黏性土，$\alpha=0.3\varphi^H$；对结构未破坏的黏性土，$\alpha=(0.6\sim0.7)\varphi^H$（$\varphi^H$ 为土的标准内摩擦角）；

a、b、h——分别为基础边长和高度。

以上几种方法的计算结果与实测资料的对比

见表 5.1.3。

计算结果与实测值的对比表　　表 5.1.3

地基土类别	基础尺寸长×宽×高（m）	埋置深度（m）	基础埋深对 C_z 值的提高			
			1 法 η_z	2 法 η_z	3 法 η_z	实测值
硬塑黏土	3×1.5×1.0	1.0	1.3	1.413	1.34	1.03
粉质黏土	3.2×1.6×1.3	1.3	1.367	1.54	1.419	1.06
	2.32×2.45×0.83	0.28	1.075	1.096	1.076	1.13
		0.55	1.147	1.192	1.15	1.476
		0.83	1.222	1.298	1.23	1.59
	2.0×2.0×1.0	1.0	1.319	1.44	1.342	1.42
	1.5×1.5×1.5	0.375	1.16	1.21	1.165	1.4
黏土	2.5×1.6×2.05	0.75	1.23	1.323	1.26	1.236
		1.5	1.463	1.54	1.54	1.673
软黏土	2.5×1.6×1.6	1.6	1.42	1.54	1.41	1.56
黄土状粉质黏土	2.5×2.5×1.0	1.0	1.24	1.35	1.31	1.22
	5.0×2.5×1.0	1.0	1.17	1.24	1.23	1.30

综合上述情况，明置基础 C_z 值的计算方法以式（5.1.6）、式（5.1.7）较为合理，其原因是地基刚度是力与变位的关系，变形模量也是应力与应变的关系，因此 C_z 与 E 挂钩比 C_z 与 f_k（地基承载力标准值）挂钩更为合适；而埋置基础 C_z 的计算，虽然三种方法的计算结果都差不多，与实测值差别不大，但现行国家标准《动力机器基础设计规范》GB 50040 的算法更为简便。

第三节　地基土的阻尼

阻尼是影响动力机器基础动态反应的一个非常重要的参数。对于强迫振动的共振区，振动线位移主要为阻尼控制，当无阻尼共振时，基础的振动线位移就趋近于无穷大，当有阻尼共振时，基础振动线位移趋向于有限值（图 5.1.11）。随着阻尼比 ζ 值的增大，峰值振动线位移逐渐减小，直至 $\zeta=0.707$ 时，曲线的峰值完全消失，这时振动线位移在所有频率下均小于静变位。

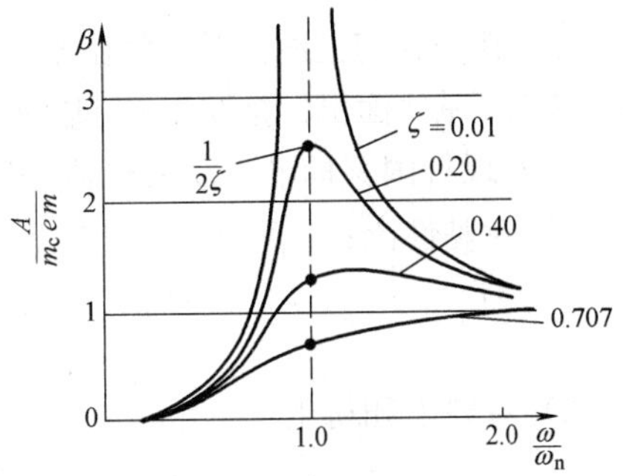

图 5.1.11　β 随 ζ 和 f/f_n 的变化

现行国家标准《动力机器基础设计规范》GB 50040 给出的是黏滞阻尼，这是通过现场强迫振动和自由振动实测资料反算的值，并以黏滞阻尼系数 C 与临界阻尼系数 $C_c=2\sqrt{KM}$ 之比的阻尼比 ζ 来表示。

一、影响地基土阻尼比的因素

1. 基础底面积的影响

当基底静压力相同而底面积不相同时，阻尼比随基础底面积的增加而增大（图

5.1.12）。

2. 基底静压力的影响

当基础底面积相同而基底静压力不相同时，阻尼比随静压力的增加而减小（图5.1.13）。

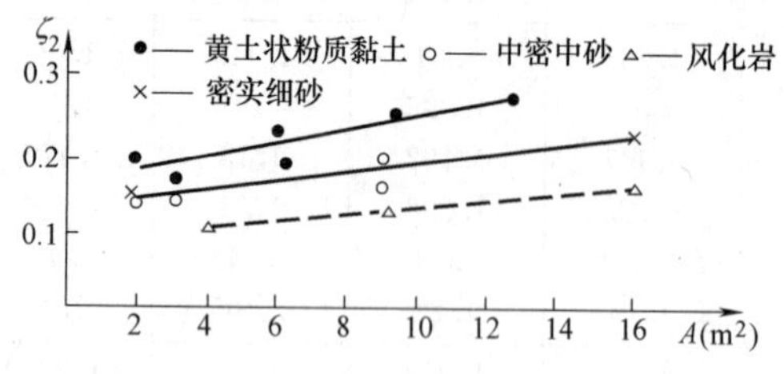

图 5.1.12 ζ_z 与基础底面积 A 的关系

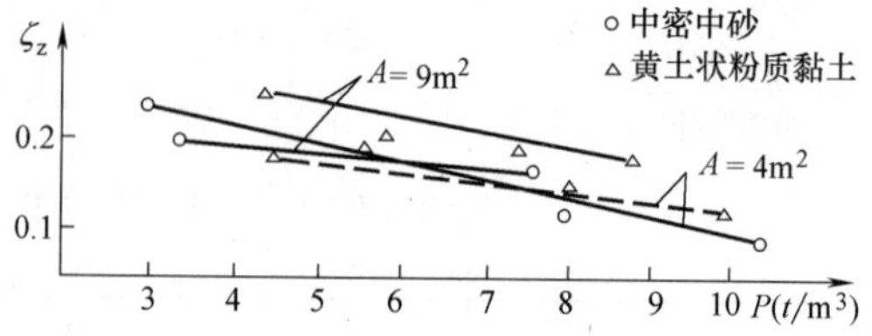

图 5.1.13 ζ_z 与基底土压力的关系

3. 地基土泊松比的影响

地基土的阻尼比与泊松比的关系是：其泊松比越大，阻尼比就越大，反之则减小。

4. 地基土性质的影响

除岩石类地基土的阻尼系数比较小以外，其他如黏土、粉质黏土、砂性土、碎石类土的阻尼比差别不大。

5. 振型的影响

振型不同，其阻尼比也不相同，垂直振型的阻尼比大，水平回转与扭转振型的小，振型是影响较大的因素。

6. 基础埋置深度的影响

基础的埋深能显著地提高阻尼效果，埋置深度对基础尺寸的比值愈大，阻尼增加愈大。

二、阻尼比的计算方法

1. 明置基础的计算方法

由于阻尼比与上述各因素存在相互关系，根据现场大量块体基础和桩基础试验资料的分析，考虑了基底面积、静压力（与基础高度有关）和地基土性质的影响，提出下列计算方法：

（1）现行国家标准《动力机器基础设计规范》GB 50040 的计算方法：

1）对黏性土：

$$\zeta_{z0}=\frac{0.16}{\sqrt{\overline{m}}} \tag{5.1.20}$$

2）对砂土和粉土：

$$\zeta_{z0}=\frac{0.12}{\sqrt{\overline{m}}} \tag{5.1.21}$$

$$\overline{m}=\frac{m}{\rho A\sqrt{A}} \tag{5.1.22}$$

式中 ζ_{z0}——天然地基竖向阻尼比；

$\overline{m}$——基础质量比；

m——基础的质量（t）；

ρ——地基土的密度（t/m^3）。

注：当需计算岩石类地基的阻尼比时，可按下式计算：

$$\zeta_{z0}=\frac{0.08}{\sqrt{m}} \tag{5.1.23}$$

（2）苏联《动力机器基础设计规范》的计算方法：

1）对稳态振动：

$$\zeta_{z0}=\frac{2}{\sqrt{P}} \tag{5.1.24}$$

2）对非稳态振动：

$$\zeta_{z0}=6\sqrt{\frac{E}{C_zP}} \tag{5.1.25}$$

（3）弹性半空间的计算：

$$\zeta_{z0}=\frac{0.425}{\sqrt{B_z}} \tag{5.1.26}$$

上述计算方法与实测值的对比见表5.1.4。

计算值与实测值的比较表 **表5.1.4**

地基土类别	质量比 B_z	ζ_{z0}			
		按《动规》	按弹性半空间	按苏联《动规》	按实测
硬塑黏土	0.402	0.221	0.671	0.452	0.259
	0.535	0.191	0.581	0.452	0.164
黄土	0.307	0.252	0.766	0.452	0.290
	0.435	0.211	0.644	0.452	0.20
	0.49	0.20	0.607	0.215	0.198
	0.616	0.178	0.542	0.452	0.15
	0.949	0.143	0.436	0.476	0.126
	1.372	0.119	0.363	0.396	0.126
粉质黏土	0.365	0.230	0.704	0.369	0.178
	0.43	0.213	0.651	0.510	0.134
	0.545	0.195	0.592	0.452	0.202
	0.618	0.178	0.541	0.396	0.13
	0.74	0.162	0.495	0.369	0.174
	1.044	0.137	0.416	0.369	0.197
	1.06	0.136	0.412	0.452	0.091
黏土	0.679	0.170	0.516	0.413	0.284
	0.743	0.162	0.493	0.311	0.161
	1.09	0.116	0.408	0.315	0.116
碎石含黏土	0.844	0.152	0.463	0.357	0.18
泥灰岩	0.9563	0.082	0.435	0.357	0.065
白云质灰岩	0.9563	0.082	0.435	0.357	0.096

2.不同振型的计算方法

目前一般的计算是将其与竖向振型的阻尼比建立一定的关系。

（1）现行国家标准《动力机器基础设计规范》的计算方法：

$$\zeta_{x\varphi_1}=0.5\zeta_z \tag{5.1.27}$$

$$\zeta_{x\varphi 2}=\zeta_{x\varphi_1} \quad (5.1.28)$$

$$\zeta_{\psi}=\zeta_{x\varphi_1} \quad (5.1.29)$$

（2）苏联《动力机器基础设计规范》的计算方法：

$$\zeta_x=0.6\zeta_z \quad (5.1.30)$$

$$\zeta_{\varphi}=0.5\zeta_z \quad (5.1.31)$$

$$\zeta_{\psi}=0.3\zeta_z \quad (5.1.32)$$

第四节 地基土的惯性作用

基础振动存在两种计算理论，一种是以质量、阻尼器和弹簧为模式的计算理论，简称“质一阻一弹”理论，另一种是以刚体置于匀质、各向同性的理想弹性半无限体的表面为模式的计算理论，简称“弹性半空间”理论。

“质-阻-弹”模式计算理论的竖向振动方程为：

$$m\ddot{z}+C\dot{z}+Kz=F\sin\omega t \quad (5.1.33)$$

其基本假定为：

1. 基础振动时，作用在基础上的地基反力和基础位移是线性关系，即 $R=Kz$；

2. 土是基础的地基，不具有惯性性能，只有弹性性能；

3. 基础只有惯性性能，而无弹性性能；

4. 土的阻尼视为黏滞阻尼，阻尼力与运动速度成正比。

这样基础的振动简化为刚体在无重量的模拟土的弹簧上的振动。即基础是刚性的，没有弹性变形；而土只有弹性变形，无惯性作用，按上述假定，m、C、K 均为常值，方程（5.1.33）就成为常系数线性微分方程。因此，我国和其他一些国家目前都采用不考虑地基惯性的温克尔一沃格特模型，它的优点是计算简便。我国和苏联国家标准《动力机器基础设计规范》中的地基刚度系数和地基刚度未考虑土的惯性影响，m 也不考虑土的惯性，则对基础固有频率的计算毫无影响，而对振幅的计算则偏于安全。

影响地基土参振质量最主要的因素是基础的底面积和土体的类别，即基础的底面积大，土体的参振质量大，黏性土的参振质量比砂性土和无粘结力的散体颗粒土的参振质量大。因此，在现场试验提供资料时，既要考虑试验基础与设计基础底面积的差别，也要注意土的类别，一般试验基础下面的土与设计基础下面土的类别应该一样。关于基础底面积的影响，应将试验基础计算的在竖向、水平回转向和扭转向的地基参振质量分别乘以设计基础底面积与试验基础底面积的比值或采用 m_s/m_f 的比值，后者为设计基础的土参振质量等于设计基础的质量乘以试验基础的 m_s/m_f 比值。

有时测试资料计算的 m_s 值特别大，为安全考虑，当测试的地基土参振质量 m_s 大于测试基础的质量 m_f 时则应取 m_s 等于 m_f。

第五节 地基土的振动压密

在非密实的砂性土中建造振动较大的机器基础（如锻锤基础），其振动能使厂房柱基产生较大的不均匀沉陷，使房屋和建筑物遭受不同程度的损坏，这种现象不仅在锻锤工作中，在周期性作用的不平衡机器影响下也会产生。

一、基础在静荷载和动荷载共同作用时，地基土的状态可分为三个阶段

第一阶段：压密阶段，当静荷载不大和振动强度微弱时，基础的沉陷仅是由于地基土孔隙比的减小。只有在松散的和中密的砂性土中才能产生相当于第一阶段的沉陷；而在黏性土和密实的砂性土中，是不可能产生这种沉陷的。

第二阶段：形成初始剪切阶段，这阶段的沉陷在于：靠近基础的地基层出现充分发展的塑性变形区，当出现这样的区域时，即使在本基础上作用不大的动荷载，或基础的地基受到外来振源的微弱振动，都能引起沉陷绝对值显著的增长，且有可能增加非均匀性的沉陷，并会大量延长稳定时间。

第三阶段：破坏阶段，沉陷带有急剧变化的性能，一直到基础处于新的、较稳定的状态、或在土中某一深度处才停止其沉陷。

二、在振动影响下，地基土的抗剪强度降低与下列因素有关

1. 内摩擦系数和土的物理机械性能的变化引起粘着力的改变，已有的试验资料说明，在强烈的振动作用下，这种变化可能非常大，如在饱和的砂性土内，当砂土液化时，在振动影响下的压密过程中，可观察到内摩擦力几乎完全消失掉。

2. 振动时地基土应力状态的变化，在振动作用下，会降低地基土的有效的抗剪强度。

在黏性土或在密实的砂土上（当自然地层条件下土的密度 $D \geqslant$ 极限密度 D_0 时）设计周期性作用的机器基础时，其动沉陷问题可不考虑；对于 $D < D_0$ 的砂土，当在地层内有振动加速度超过临界值（$a > a_{kp}$）的区域时，则可能产生动沉陷；对非饱和砂土，由于土压密可能产生动沉陷；对饱和砂土，在地层内形成以砂土的部分或全部液化为条件的剪切阶段，由于这种情况的沉陷可能非常大，因此不允许在饱和砂土中建造动力机器基础。

第六节　地基土的能量吸收

在振动波的传递过程中，由于地基土的非弹性阻抗作用及振动能量的扩散，振动强度随离振源距离（包括沿地面水平距离和沿竖向深度）的增加而衰减。

有一些动力机器基础，除了要测试地基土动力参数外，还要求实测振波沿地面的衰减，求出地基土的能量吸收系数 α，这是为了厂区总图布置的需要，即要计算有振动的设备基础其振动对计算机房、中心试验室、居民区等振动的影响。还有一些压缩机车间，按工艺要求，必须在同一车间内布置低频压缩机和高频机器时，则应计算低频机器基础的振动对高频机器的影响。因此地基土能量吸收系数 α 值的取用是否符合实际非常重要。

影响振动在地基土中衰减的因素，除与地基土的种类和物理状态有关外，还与下列因素有关：

1. 距离的影响：离振源距离近的地面衰减得快，随着距离的增加，振幅的减少就比

较缓慢，周期性振动和冲击振动均是这个规律；

2. 基础底面积的影响：基础底面积越小、衰减越快；

3. 振源频率的影响：频率越高，衰减越快（图 5.1.14）；

4. 基础埋置的影响：基础埋置时的振动衰减比明置基础的衰减慢，基础埋深越大，其衰减越慢（图 5.1.15）。

明置基础由基底传出的能量决定离振源某点的振动大小，基础埋置时，受到基底及基础四侧土体传出能量的影响，由于动力机器基础均有一定的埋深，因此，基础振动衰减测试时，基础应埋置，其目的就是为了测试值能较接近机器基础的实际情况。

5. 地面荷载的影响：机器基础振动时，传到离振源同一距离和同一标高处的自由地面振幅比具有附加压力的地面振幅大得多，如锻锤基础振动时，离锤基距离最近的柱基振幅约为其边上地面振幅的 1/2～1/3，这种情况有利于减小厂房和设备基础等的振动。

土体表面在附加压力作用下的振幅与无压力时的振幅之比，对离振源不同距离是有差异的，一般来讲，距振源较近时，其振幅比值较小，反之则偏大。但对不同距离，其比值均小于 0.4（图 5.1.16）。

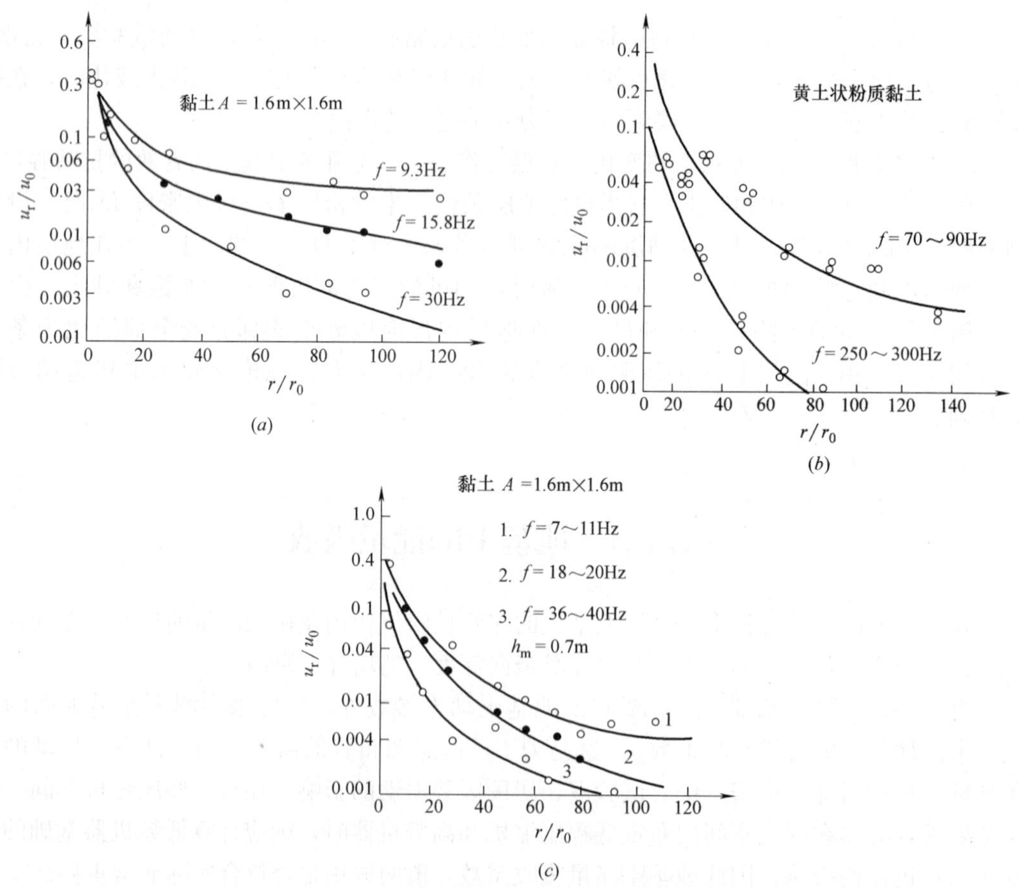

图 5.1.14 振源频率对波传递的影响

（a）垂直振源时，垂直振幅的衰减；（b）频率特别高时振幅的衰减规律；（c）水平振源时，水平振幅的衰减规律

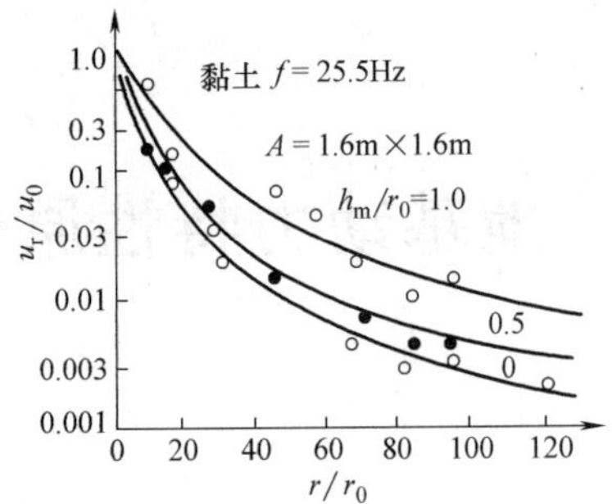

图 5.1.15　振源基础埋置深度对波传递的影响

注：u_0——振源振幅；

u_r——距振源中心为 r 处，地基土表面的振幅；

A——测试基础的面积；

r_0——振源基础的当量半径，$r_0=\sqrt{\dfrac{A}{\pi}}$。

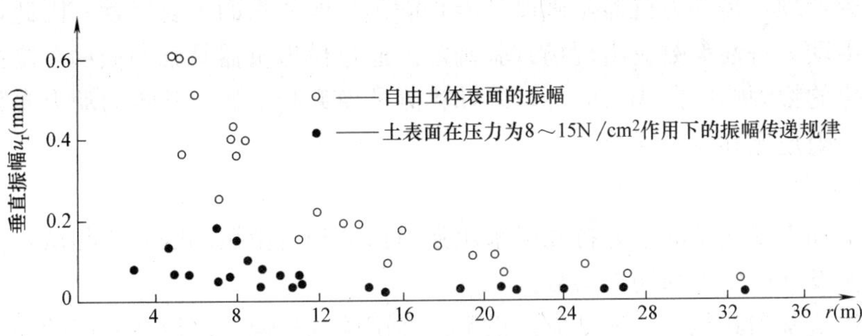

图 5.1.16　弹性波在自由土面和附加压力作用下的土面的传递规律

第七节　地基土的振动模量

为了预估地基土和土工构筑物的动态反应，必须确定土的振动模量——动弹性模量 E_d 和动剪切模量 G_d，它们可通过现场波速测试和室内振动三轴和共振柱测试求得。影响振动模量的因素有：(1) 土的振动模量随着应变幅值的增加而减小；(2) 土的动剪切模量随着周围有效压力的增加而增大；(3) 土的动剪切模量随着加荷循环次数的增加而减小，但对黏性土，只略有增加；(4) 土的动剪切模量随着土的孔隙比的增加而减少，并随着土的密度和含水量的增加而增大；(5) 土的动剪切模量随着不均匀系数 C_u 和细粒土含量的增加而减少。

与其他材料相比，地基土的动、静模量差别很大，如对钢材：在常温时，$E_s=E_d$；对木材：抗弯时 $E_s=0.87E_d$、抗压时 $E_s=0.71E_d$；对钢筋混凝土结构：$E_s=(0.63\sim0.91)E_d$；对地基土，与地质的好坏有关，如软土：E_s 远小于 E_d，$E_s\approx0.125E_d$，对黏土 $E_s=(0.2\sim0.3)E_d$；由于地基土构造的复杂性，对动、静挂钩也带来了复杂关系。土的动弹性模量比变形模量大得多，这是由于动弹性模量为微应变、时间效应较短等原因造成的。

第二章　地基动力特性原位测试

第一节　模型基础动力参数测试

一、概述

影响地基动力参数的因素很多，而每一地区地基土的动力特性又不相同。地基动力参数的取值是否合理，是动力机器基础设计能否满足生产要求的主要因素。因此，天然地基和桩基的基本动力特性参数应由现场试验确定。通过模拟机器基础的振动，测试振动线位移随频率变化的幅频响应曲线（u-f），以计算测试模型基础的地基各向动力参数。包括地基刚度系数、阻尼比和参振质量。

1. 测试目的

天然地基和人工地基的动力特性可采用强迫振动和自由振动的方法测试，为机器基础的振动和隔振设计提供下列动力参数：

（1）天然地基和其他人工地基应提供下列经试验基础换算至设计基础的动力参数：

1）地基抗压、抗剪、抗弯和抗扭刚度系数 C_z、C_x、C_φ、C_ψ；

2）地基竖向和水平回转向第一振型以及扭转向的阻尼比 ζ_z、$\zeta_{x\varphi}$、ζ_ψ；

3）地基竖向和水平回转向以及扭转向的参振质量 m_z、$m_{x\varphi}$、m_ψ。

（2）对桩基应提供下列动力参数：

1）单桩的抗压刚度 k_{pz}；

2）桩基抗剪和抗扭刚度系数 C_{px}、$C_{p\psi}$；

3）桩基竖向和水平回转向第一振型以及扭转向的阻尼比 ζ_{pz}、$\zeta_{px\varphi}$、$\zeta_{p\psi}$；

4）桩基竖向和水平回转向以及扭转向的参振质量 m_{dz}、$m_{dx\varphi}$、$m_{d\psi}$。

（3）测试结果应包括下列内容：

1）测试的各种幅频响应曲线；

2）地基动力参数的试验值，可根据测试成果按表 5.2.1～表 5.2.6 的格式计算确定；

地基竖向动力参数测试计算表（用于强迫振动测试）

工程名称：＿＿＿＿＿＿　　　　　　　　　　　　　　　　　　　　　　**表 5.2.1**

基础号	参数／状态	f_m (Hz)	u_m (m)	f_1 (Hz)	u_1 (m)	f_2 (Hz)	u_2 (m)	f_3 (Hz)	u_3 (m)	ζ_z	m_z (t)	K_z (kN/m)	C_z (kN/m³)
	明置												
	埋置												

续表

基础号	参数 / 状态	f_m (Hz)	u_m (m)	f_1 (Hz)	u_1 (m)	f_2 (Hz)	u_2 (m)	f_3 (Hz)	u_3 (m)	ζ_z	m_z (t)	K_z (kN/m)	C_z (kN/m³)
	明置												
	埋置												
	明置												
	埋置												

测试______　　计算______　　校核______　　　　______年______月

地基水平回转向动力参数测试计算表（用于强迫振动测试）

工程名称：______　　　　表 5.2.2

基础号	参数 / 状态	f_{m1} (Hz)	u_{m1} (m)	0.707 f_{m1} (Hz)	u (m)	$f_{z\varphi_1}$ (m)	$u_{z\varphi_2}$ (m)	l_1 (m)	φ_{m1} (rad)	u_x (m)	ρ_1 m)	$\zeta_{x\varphi_1}$	$m_{x\varphi}$ (t)	K_x (kN/m)	C_x (kN/m³)	K_φ (kN/m)	C_φ (kN/m³)
	明置																
	埋置																
	明置																
	埋置																
	明置																
	埋置																

测试______　　计算______　　校核______　　　　______年______月

地基扭转向动力参数测试计算表（用于强迫振动测试）

工程名称：______　　　　表 5.2.3

基础号	参数 / 状态	$f_{m\psi}$	$u_{m\psi}$	0.707 $f_{m\psi}$	$u_{x\psi}$	$f_{n\psi}$	J_t	ζ_ψ	m_ψ	K_ψ	C_ψ
	明置										
	埋置										
	明置										
	埋置										
	明置										
	埋置										

测试______　　计算______　　校核______　　　　______年______月

地基竖向动力参数测试计算表（用于自由振动测试）

工程名称：______　　　　表 5.2.4

基础号	参数 / 状态	m_1 (t)	H_1 (m)	r (m/s)	f_d (Hz)	u_{max} (m)	t_0 (s)	H_2 (m)	ζ_z	φ (rad)	f_n (Hz)	e_1	m_z (t)	K_z (kN/m)	C_z (kN/m³)
	明置														
	埋置														
	明置														
	埋置														
	明置														
	埋置														

测试______　　计算______　　校核______　　　　______年______月

地基水平回转向动力参数测试计算表（用于自由振动测试）（1）K_x 的计算表

工程名称：______ **表 5.2.5**

基础号	参数 / 状态	f_{n1} (Hz)	ω_{n1} (rad/s)	$mf\omega_{n1}^2$ (t·rad²/s²)	u_1 (m)	l_1 (m)	$\frac{u_{z\varphi1}u_{z\varphi2}}{l_1}h$ (m)	u_b=(4)-(6) (m)	$\frac{u_1}{u_b}$	$\frac{u_1}{u_b}-1$	$\frac{h_2}{h}$	(10)·(9)	1+(11)	K_x (3)·(12) (kN/m)	C_x (kN/m³)
		(1)	(2)	(3)	(4)	(5)	(6)	(7)	(8)	(9)	(10)	(11)	(12)	(13)	(14)
	明置														
	埋置														
	明置														
	埋置														
	明置														
	埋置														

测试______ 计算______ 校核______ ______年______月

（2）K_φ 的计算表

工程名称：______ **表 5.2.6**

基础号	参数 / 状态	f_{n1} (Hz)	J_c (t·m²)	$\omega_{n1}^2 \cdot J_c$ (rad²/s²·t·m²)	$u_{x\varphi1}$ (m)	u_b (m)	$\frac{u_{x\varphi_1}}{u_b}-1$	h_2 (m)	i_c^2 (m²)	$\frac{h}{i_c^2}$ (m⁻¹)	$\frac{\frac{h_2\cdot h}{i_c^2}}{\frac{1}{\frac{u_{x\varphi_1}}{u_b}-1}}$	1+(11)	K_φ (3)·(12) (kN/m)	$C_\varphi=\frac{K_\varphi}{I}$ (kN/m³)
		(1)	(2)	(3)	(4)	(5)	(6)	(7)	(8)	(9)	(10)	(12)	(13)	(14)
	明置													
	埋置													
	明置													
	埋置													
	明置													
	埋置													

测试______ 计算______ 校核______ ______年______月

3）地基动力参数的设计值，可按表 5.2.7、表 5.2.8 的格式计算确定。

提供设计应用的天然地基动力参数计算表

工程名称：______ **表 5.2.7**

基础号	参数 / 状态	C_z (kN/m³)	C_x (kN/m³)	C_φ (kN/m³)	ζ_z	$\zeta_{x\varphi_1}$	ζ_ψ	m_{dz} (t)	$m_{dx\varphi}$ (t)
	明置								
	埋置								
	明置								
	埋置								

注：1. 当基础明置时：$C_z=C_{z0}\cdot\eta$；$C_x=C_{x0}\cdot\eta$；$C_\varphi=C_{\varphi0}\cdot\eta$；$C_\psi=C_{\psi0}\cdot\eta$；$\zeta_z=\zeta_{z0}\cdot\sqrt{\frac{m_r}{m_d}}$；$\zeta_{x\varphi_1}=\zeta_{x\varphi_{10}}\sqrt{\frac{m_r}{m_d}}$；

$\zeta_\psi=\zeta_{\psi0}\cdot\sqrt{\frac{m_r}{m_d}}$

其中 C_{z0}、C_{x0}、$C_{\varphi0}$、$C_{\psi0}$、ζ_{z0}、$\zeta_{x\varphi0}$、$\zeta_{\varphi0}$ 为块体基础在明置时的测试值；η 为换算系数。

2. 当基础埋置时：$C'_z=C_z\cdot\alpha_z$；$C'_x=C_x\cdot\alpha_x$；$C'_\varphi=C_\varphi\cdot\alpha_\varphi$；$C'_\psi=C_\psi\cdot\alpha_\psi$；$\zeta'_z=\zeta_z\cdot\beta_z$；$\zeta'_{x\varphi_1}=\zeta_{x\varphi_1}\beta_{x\varphi}$；$\zeta'_\psi=\zeta_\psi\beta_\psi$。

3. $m_{dz}=(m_z-m_f)\frac{A_d}{A_0}$；$m_{dx\varphi}=(m_{x\varphi}-m_f)\frac{A_d}{A_0}$，$m_{d\psi}$ 与 $m_{dx\varphi}$ 相同。

计算______ 校核______ 负责人______ ______年______月

提供设计应用的桩基动力参数计算表

工程名称：______ **表 5.2.8**

基础号	参数 / 状态	k_{pz} (kN/m)	$k_{p\varphi}$ (kN·m)	C_{px} (kN/m³)	$C_{p\psi}$ (kN/m³)	ζ_z	$\zeta_{x\varphi_1}$	ζ_ψ	m_{dz} (t)	$m_{dx\varphi}$ (t)	$m_{d\psi}$ (t)
	明置										
	埋置										
	明置										
	埋置										

注：1. 当桩基础明置时：$k_{pz}=k_{pz0}\cdot\eta_z$；$k_{p\varphi}=k_{pz}\sum_{i=1}^{n}r_i^2$；$C_x=C_{x0}\cdot\eta$；$C_\psi=C_{\psi0}\cdot\eta$；$\zeta_z=\zeta_{z0}\cdot\sqrt{\frac{m_{rp}}{m_{dp}}}$；$\zeta_{x\varphi_1}=\zeta_{x\varphi_1 0}\cdot\sqrt{\frac{m_{rp}}{m_{dp}}}$；$\zeta_\psi=\zeta_{\psi0}\cdot\sqrt{\frac{m_{rp}}{m_{dp}}}$；

其中 k_{pz0}、$C_{\psi0}$、ζ_{z0}、$\zeta_{x\varphi_1 0}$、$\zeta_{\varphi0}$ 为桩基础在明置时的测试值；η_2 为群桩效应系数。

2. 当桩基础埋置时：$k'_{pz}=k_{pz}\cdot a_z$；$k'_{p\varphi}=k_{p\varphi}\cdot a_z$；$C'_x=C_x\cdot a_x$；$C'_\psi=C_\psi\cdot a_\psi$；$\zeta'_z=\zeta_z\cdot\beta_z$；$\zeta'_{x\varphi_1}=\zeta_{x\varphi_1}\beta_{x\varphi}$；$\zeta'_\psi=\zeta_\psi\beta_\psi$。

3. $m_{dz}=(m_{zp}-m_f)\frac{A_{dp}}{A_{0p}}$；$m_{dx\varphi}=(m_{x\varphi p}-m_f)\frac{A_{dp}}{A_{0p}}$；$m_{d\psi}=(m_{\psi p}-m_f)\frac{A_{dp}}{A_{0p}}$。

计算______　校核______　负责人______　______年______月

由于采用不同的测试方法所得的动力参数不相同，因此应根据动力机器的性能采用不同的测试方法，如属于周期性振动的机器基础，应采用强迫振动测试；而属于冲击性振动的机器基础，则可采用自由振动测试。考虑到所有的机器基础都有一定的埋深，因此基础应分别做明置和埋置两种情况的振动测试。明置基础的测试目的是为了获得基础下地基的动力参数，埋置基础的测试目的是为了获得埋置后对动力参数的提高效果。有了这两者的动力参数，就可进行机器基础的设计，基础四周回填土是否夯实，直接影响埋置作用对动力参数的提高效果，在做埋置基础的振动测试时，四周的回填土一定要分层夯实。

2. 测试前的准备工作

（1）收集资料

1）施工现场资料应包括下列内容：

① 建筑场地的岩土工程勘察资料；

② 建筑场地的地下设施、地下管道、地下电缆等的平面图和纵剖面图；

③ 建筑场地及其邻近的干扰振源。

2）基础设计资料应包括下列内容：

① 机器的型号、转速、功率等；

② 设计基础的位置和基底标高；

③ 当采用桩基时，桩的截面尺寸和桩的长度及间距。

（2）制订测试方案

根据收集资料和基础设计的要求，制订测试方案，测试方案应包括下列内容：

1）测试目的及要求；采用块体基础还是桩基础、基础尺寸、数量。

2）测试荷载、加载方法和加载设备；当采用机械式激振器时测试基础上应有预埋螺栓或预留螺栓孔的位置图；地脚螺栓的埋置深度应大于400mm；地脚螺栓或预留孔在测试基础平面上的位置应符合下列要求：

① 当做竖向振动测试时，激振设备的竖向扰力应与基础的重心在同一竖直线上；

② 当做水平振动测试时，水平扰力矢量方向与基础沿长度方向的中心轴向一致；

③ 当做扭转振动测试时，激振设备施加的扭转力矩，应使基础产生绕重心竖轴的扭转振动。

3）测试内容、具体方法和测点仪器布置图。

4）数据处理方法。

（3）选定测试场地和制作模型基础

根据机器基础设计的需要，测试场地和模型基础应符合下列要求：

1）测试场地应避开外界干扰振源，测点应避开水泥、沥青路面、地下管道和电缆等。

2）测试基础应置于设计基础工程的邻近处，其土层结构宜与设计基础的土层结构相类似。由于地基的动力特性参数与土的性质有关，如果模型基础下的地基土与设计基础下的地基土不一致，测试资料计算的动力参数不能用于设计基础，因此模型基础的位置应选择在拟建基础附近相同的土层上。关键是要掌握好模型基础与拟建基础底面的土层结构相同。

3）块体基础的尺寸应采用 2.0m×1.5m×1.0m，其数量不宜少于 2 个；当根据工程需要，块体数量超过 2 个时，可改变超过部分的基础面积而保持高度不变，获得底面积变化对动力参数的影响，或改变超过部分基础高度而保持底面积不变，获得基底应力变化对动力参数的影响。基础尺寸应保证扰力中心与基础重心在一条垂线上，高度应保证地脚螺栓的锚固深度，又便于测试基础埋深对地基动力参数的影响。

4）当为桩基础时，则应采用 2 根桩，桩间距应取设计桩基础的间距。桩台边缘至桩轴的距离可取桩间距的 1/2；桩台的长宽比应为 2∶1，其高度不宜小于 1.6m；当需做不同桩数的对比测试时，应增加桩数及相应桩台的面积。由于桩基的固有频率比较高，桩台的高度应该比天然地基的基础高度大，否则固有频率太高，共振峰很难测出来。2 根桩基础的测试资料计算的动力参数，在折算为单桩时，可将桩台划分为 1 根桩的单元体进行分析。

5）基坑坑壁至测试基础侧面的距离应大于 500mm，以免在做基础的明置试验时，基础侧面四周的土压力影响基础底面土的动力参数。坑底应保持测试土层的原状结构，挖坑时不要将试验基础底面的原状土破坏，基底土是否遭到破坏，直接影响测试结果。坑底面应保持水平面。应使基础浇灌后保持基础重心、底面形心和竖向激振力位于同一垂线上。

6）测试基础的混凝土强度等级不宜低于 C15。

7）测试基础的制作尺寸应准确，其顶面应随捣随抹平。避免基础顶面做得粗糙和高低不平，以致激振器安装时，其底板与基础顶面接触不好，传感器也放不平稳，影响测试效果。在试验基础图纸上，注明基础顶面的混凝土应随捣随抹平。

8）当采用机械式激振器时，预埋螺栓的位置必须准确，在现场做准备工作时，一定要注意基础上预埋螺栓或预留螺栓孔的位置。预埋螺栓的位置要严格按试验图纸上的要求，不能偏离，当螺栓偏离时，激振器的底板安装不进去。预埋螺栓的优点是与现浇基础一次做完，缺点是位置可能放不准，影响激振器的安装，因此在施工时，可采用定位模具以保证位置准确。

（4）测试仪器和设备的选用与要求

1）仪器的选用和要求

根据测试要求，选用所需的传感器、放大器、采集分析仪，传感器宜采用竖直和水平方向的速度型传感器，其通频带应为 2～80Hz，阻尼系数应为 0.65～0.70，电压灵敏度不应小于 30V・s/m，最大可测位移不应小于 0.5mm。放大器应采用带低通滤波功能的多通道放大器，其振动线位移一致性偏差应小于 3%，相位一致性偏差应小于 0.1ms，折合输入端的噪声水平应低于 2μV。电压增益应大于 80dB。采集分析仪宜采用多通道数字采集和存储系统，其模/数转换器（A/D）位数不宜小于 16 位，幅度畸变宜小于 1.0dB，电压增益不宜小于 60dB。

仪器应具有防尘、防潮性能，其工作温度应在－10～50℃范围内。

数据分析装置应具有频谱分析及专用分析软件功能，并应具有抗混淆滤波、加窗及分段平滑等功能。

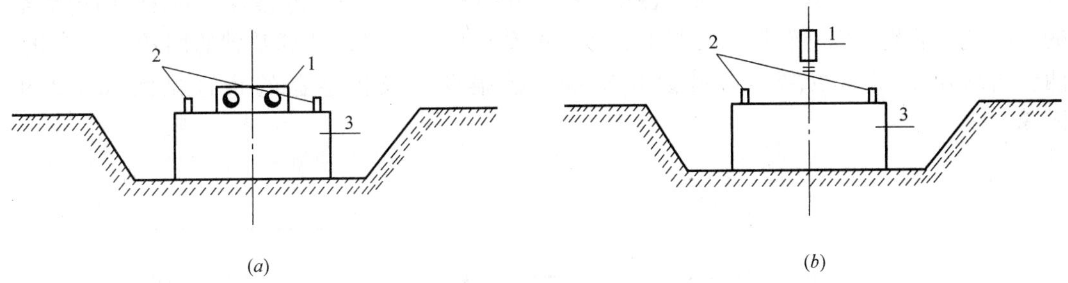

图 5.2.1　激振设备及传感器的布置图

1—激振设备；2—传感器；3—测试基础

（a）机械式激振设备；（b）电磁式激振设备

将所选用的仪器配套组成测振系统，并在标准振动台上进行系统灵敏度系数的标定，以确保测试结果的精度。在下列情况下必须进行校准标定：

① 新配套测试仪器系统，必须到计量核定部门进行校准，以保证各项性能指标满足使用要求。

② 测试仪器系统，按计量认证要求应定期检定。

③ 传感器或测量系统经过修理之后，也必须进行性能指标校准标定。

2）激振设备的选用和要求

① 强迫振动

常用于强迫振动测试的激振设备有机械式偏心块（变扰力）和电磁式（常扰力）激振器，电磁式激振器扰力较小，频率较高，偏心块激振器扰力较大，频率较低，因此应根据测试基础是块体还是桩基础以及基础的大小选用所需的激振设备。

② 自由振动

自由振动测试时，竖向激振可采用铁球，其质量宜为基础质量的 1/100。

二、测试方法

1. 强迫振动

（1）测试前要安装好激振设备，当采用机械式偏心块激振设备时，必须将激振器与固定在基础上的地脚螺栓拧紧，在振动测试过程中，地脚螺栓上的螺帽很容易被振松，影响所测数据的准确性。为避免地脚螺栓在测试过程中被振松，在测试前，在地脚螺栓上放上弹簧垫圈，然后再用两个螺母将其拧紧，每测完一次，都必须检查一下螺母是否被振松，如在测试过程中有松动，则应将机器停下拧紧后重新测定，松动时测的资料作废。

安装电磁式激振器时，其竖向扰力作用点应与试验基础的重心在同一竖直线上，水平扰力作用点宜在基础水平轴线侧面的顶部。

（2）竖向振动测试时，应在基础顶面沿长度方向轴线的两端各放置一台传感器，并固定在基础上，当扰力与基础重心和底面形心在一竖直线上时，基础上各点的竖向振动线位移与相位均应一致，如果振动线位移稍有差异，则取两台传感器的平均值。激振设备及传感器的布置见图 5.2.1。

（3）水平回转振动测试时，激振设备的扰力的方向应调为水平向；在基础顶面沿长度方向轴线的两端各布置一台竖向传感器，在中间布置一台水平向传感器。布置竖向传感器的目的是为了测基础回转振动时产生的竖向振动线位移，以便计算基础的回转角。因此，两台传感器之间的距离 l_1 必须测量准确。激振设备及传感器的布置见图 5.2.2 和图 5.2.3。

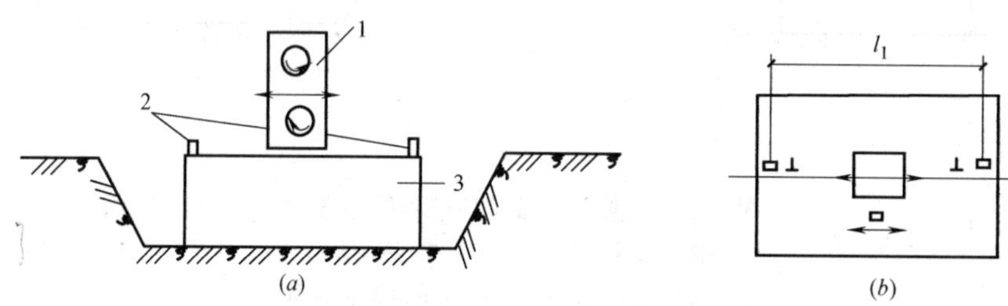

图 5.2.2　机械式激振器及传感器的布置图

1—机械式激振器；2—传感器；3—测试基础

（a）立面图；（b）平面图

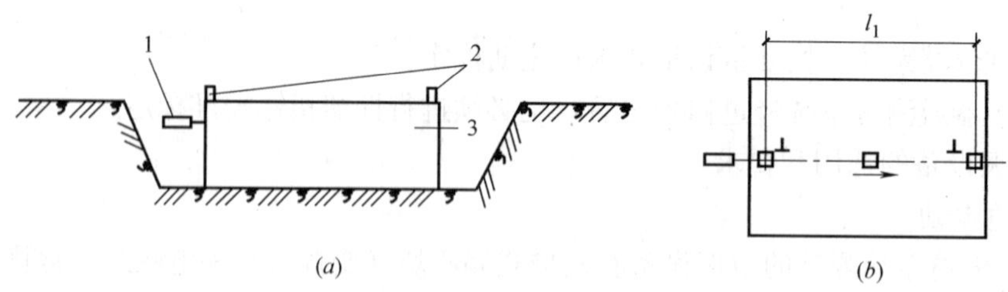

图 5.2.3　电磁式激振器及传感器的布置图

1—电磁式激振器；2—传感器；3—测试基础

（a）立面图；（b）平面图

（4）扭转振动测试时，应在测试基础上施加一个扭转力矩，使基础产生绕竖轴的扭转振动。传感器应同相位对称布置在基础顶面沿水平轴线的两端，其水平振动方向应与轴线垂直，见图 5.2.4。

由于缺乏产生扭转力矩 M_{ψ} 的激振设备，因此过去国内外都很少做过基础的扭转振动

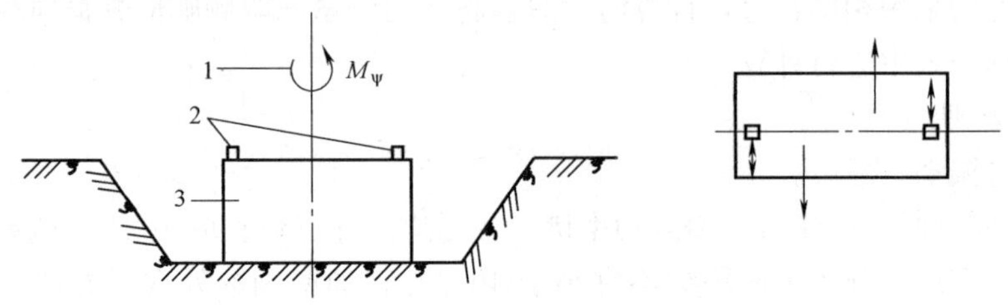

图 5.2.4　激振器及传感器的布置图

1—激振器；2—传感器；3—测试基础

(a) 立面图；(b) 平面图

测试，设计时所应用的动力参数均与竖向测试的地基动力参数挂钩，而竖向与扭转向的关系也是通过理论计算所得。

(5) 幅频响应测试时，激振设备的频率应由低到高逐渐增加，频率间隔，在共振区外，扫描速度可略放快一些，但不宜大于 2Hz，在共振区以内（即 $0.75f_m \leqslant f \leqslant 1.25f_m$，$f_m$为共振频率），应放慢扫描速度，频率应尽可能测密一些，最好是 0.5Hz 左右。由于共振峰点很难测得，激振频率在峰点很易滑过去，不一定能稳住在峰点，因此只有尽量测密一些，才易找到峰点，减少人为的误差。扰力值的控制，宜使共振时的振动线位移不大于 150μm，当振动线位移较大时，峰点难以测得，另外基础振动的非线性性能，均影响地基土的动力参数，对于周期性振动的机器基础，当 $f \geqslant 7$Hz 时，其振动线位移都不会大于 150μm，这样，可使测试值与机器基础设计值相一致。

(6) 输出的振动波形为正弦波时方可进行记录。

2. 自由振动

自由振动测试时，用冲击力进行激振是最方便的一种激振方法。所需要的激振设备最简单。冲击激振的时间很短，可以多次重复进行。适用于锻锤、造型机、冲床、压力机等设备基础动力性能试验。可按下列方法进行测试：

(1) 竖向自由振动的测试，可采用重锤自由下落，冲击测试基础顶面的中心处，实测基础的固有频率和最大振动线位移。测试次数不应少于 3 次，测试时应注意检查波形是否正常。

(2) 水平回转自由振动的测试，可采用重锤敲击测试基础水平轴线侧面的顶部，实测基础的固有频率和最大振动线位移。测试次数不应少于 3 次。水平冲击顶端，比较易于产生回转振动。敲击时，可以沿长轴线也可沿短轴线敲击，可对比两者的参数相差多少，但提供设计用的参数，应与设计基础水平扰力的方向一致。

(3) 传感器的布置，应与强迫振动测试时的布置相同。

三、数据处理与换算

模型基础动力参数测试中，数据处理与换算是非常重要的部分，如果数据处理与换算的方法不准确，则所提供的动力参数就不能作为设计依据。

由于块体基础和桩基础的数据处理方法相同，因此本节的计算方法均适用于块体基础和桩基础，仅是有区别之处才分别列出。为了简化参数的符号，下述所有计算公式中对变扰力和常扰力均采用相同符号，计算时，只需将各自测试的幅频响应共振曲线选取的值代入各自的计算公式中进行计算。

1. 数据处理

（1）强迫振动

1）数据处理时，应作富氏谱或功率谱。各通道采样点数宜取 1024 的整数倍，采样频率应符合采样定理，分段平滑段数不宜小于 40，并宜加窗函数处理。处理结果，应得到下列幅频响应曲线：

① 竖向振动为基础竖向振动线位移随频率变化的幅频响应曲线（u_z-f 曲线）；

② 水平回转耦合振动为基础顶面测试点沿 X 轴的水平振动线位移随频率变化的幅频响应曲线（$u_{x\varphi}$-f 曲线），及基础顶面测试点由回转振动产生的竖向振动线位移随频率变化的幅频响应曲线（$u_{z\varphi}$-f 曲线）；

③ 扭转振动为基础顶面测试点在扭转扰力矩作用下的水平振动线位移随频率变化的幅频响应曲线（$u_{x\psi}$-f 曲线）。

2）基础竖向动力参数计算

① 当为变扰力时：

a. 基础竖向无阻尼固有频率的计算

在扰力 $\rho=m_0e\omega^2$ 的作用下，共振时的最大振动线位移为：

$$z_{\max}=u_{\max}=\frac{m_0\,\mathrm{e}\omega_{\mathrm{m}}^2}{m\omega_{\mathrm{n}}^2}\cdot\frac{1}{\sqrt{\left(1-\frac{\omega_{\mathrm{m}}^2}{\omega_{\mathrm{n}}^2}\right)+4\zeta_z^2\frac{\omega_{\mathrm{m}}^2}{\omega_{\mathrm{n}}^2}}}\tag{5.2.1}$$

令$\frac{\omega_{\mathrm{m}}}{\omega_{\mathrm{n}}}=a$

$$\frac{\partial z_{\max}}{\partial\alpha}=\frac{m_0e}{m}\,\partial\alpha^2[(1-\alpha^2)^2+4\zeta_z^2\alpha^2]^{-\frac{1}{2}}$$

$$=\frac{m_0e}{m}2\alpha^2[(1-\alpha^2)^2+4\zeta_z^2\alpha^2]^{-\frac{1}{2}}+\frac{m_0e}{m}\alpha^2\left(-\frac{1}{2}\right)[(1-\alpha^2)^2+4\zeta_z^2\alpha^2]^{-\frac{3}{2}}$$

$$[2(1-\alpha^2)(-2\alpha)+8\zeta_z^2\alpha]=0$$

整理得$2\alpha[(1-\alpha^2)^2+4\zeta_z^2\alpha^2]+2\alpha^3(1-\alpha^2)-4\zeta_z^2\alpha^3=0$

$$\alpha^2=\frac{1}{1-2\zeta_z^2}$$

可解得 $a=\frac{f_{\mathrm{m}}}{f_{\mathrm{nz}}}=\frac{1}{\sqrt{1-2\zeta_z^2}}$

$$f_{\mathrm{m}}=\frac{f_{\mathrm{nz}}}{\sqrt{1-2\zeta_z^2}}\tag{5.2.2}$$

即得
$$f_{\mathrm{nz}}=f_{\mathrm{m}}\sqrt{1-2\zeta_z^2}\tag{5.2.3}$$

式中　f_{m}——基础竖向振动的共振频率（Hz）；

f_{nz}——基础竖向无阻尼固有频率（Hz）。

b. 地基竖向阻尼比的计算

$$u_{\max}=\frac{m_0 e}{m_z}\cdot\frac{1}{\sqrt{\left[\left(f_n/\frac{f_n}{\sqrt{1-2\zeta_z^2}}\right)^2-1\right]^2+4\zeta_z^2\left[\left(f_n/\frac{f_n}{\sqrt{1-2\zeta_z^2}}\right)^2\right]^2}}$$

$$=\frac{m_0 e}{m_z}\cdot\frac{1}{2\zeta_z\sqrt{1-\zeta_z^2}} \tag{5.2.4}$$

$$u_1=\frac{m_0 e}{m_z}\cdot\frac{1}{\sqrt{\left[\left(\frac{f_m\sqrt{1-2\zeta_z^2}}{f_1}\right)-1\right]^2+4\zeta_z^2\left(\frac{f_m\sqrt{1-2\zeta_z^2}}{f_1}\right)^2}}$$

$$=\frac{m_0 e}{m_z}\cdot\frac{[\alpha_1^2\ (1-2\zeta_z^2)-1]^2+4\zeta_z^2\alpha_1^2\ (1-2\zeta_z^2)}{4\zeta_z^2(1-\zeta_z^2)} \tag{5.2.5}$$

式中：$\alpha_1=\frac{f_m}{f_1}$

$$\left(\frac{u_{\max}}{u_1}\right)^2=\frac{[\alpha_1^2(1-2\zeta_z^2)-1]^2+4\zeta_z^2\alpha_1^2(1-2\zeta_z^2)}{4\zeta_z^2(1-\zeta_z^2)}$$

令：$\beta=\frac{u_{\max}}{u_1}$得

$$\beta^2 4\zeta_z^2-\beta^4 4\zeta_z^2=\alpha_1^4+4\zeta_z^4\alpha_1^4-4\zeta_z^2\alpha_1^4+1-2\alpha_1^2+8\zeta_z^2\alpha_1^2-8\zeta_z^4\alpha_1^2$$

$$\zeta_z^4(4\alpha_1^4-8\alpha_1^2+4\beta^2)-\zeta_z^2(4\alpha_1^4-8\alpha_1^2+4\beta^2)+(\alpha_1^4-2\alpha_1^2+1)=0$$

$$\zeta_z^2=\frac{1}{2}\left[1-\sqrt{1-\frac{4(\alpha_1^2-1)^2}{4\alpha_1^4-8\alpha_1^2+4\beta^2}}\right]=\frac{1}{2}\left[1-\sqrt{1-\frac{\beta^2-1}{\alpha_1^4-2\alpha_1^2+\beta^2}}\right] \tag{5.2.6}$$

地基竖向阻尼比，应在 u_z-f 幅频响应曲线上，选取共振峰峰点和 $0.85f_m$以下不少于三点的频率和振动线位移（见图 5.2.5、图 5.2.6），按下列公式计算：

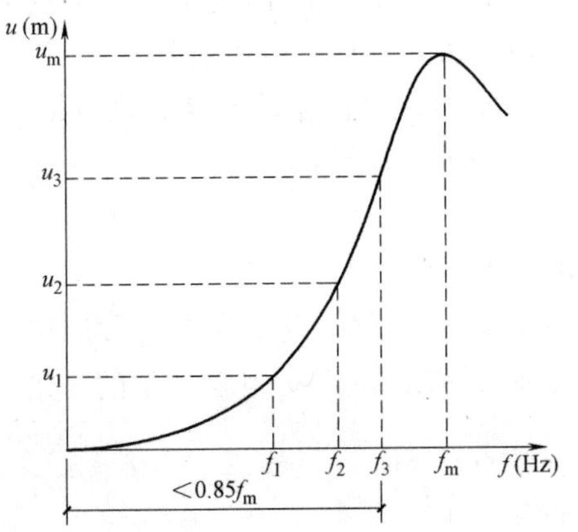

图 5.2.5　变扰力的幅频响应曲线图

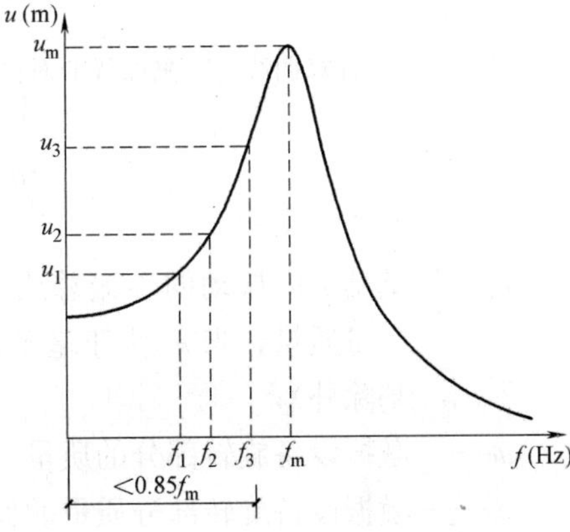

图 5.2.6　常扰力的幅频响应曲线

$$\zeta_z = \frac{\sum_{i=1}^{n} \zeta_{zi}}{n} \tag{5.2.7}$$

$$\zeta_{zi} = \left[\frac{1}{2}\left(1 - \sqrt{\frac{\beta_i^2 - 1}{\alpha_i^4 - 2\alpha_i^2 + \beta_i^2}}\right)\right]^{\frac{1}{2}} \tag{5.2.8}$$

$$\alpha_i = \frac{f_m}{f_i} \tag{5.2.9}$$

$$\beta_i = \frac{u_m}{u_i} \tag{5.2.10}$$

式中 ζ_z——地基竖向阻尼比；

ζ_{zi}——由第 i 点计算的地基竖向阻尼比；

u_m——基础竖向振动的共振振动线位移（m）；

f_i——在幅频响应曲线上选取的第 i 点的频率（Hz）；

u_i——在幅频响应曲线上选取的第 i 点的频率所对应的振动线位移（m）。

在计算地基竖向阻尼比时，从理论方面，在曲线上选取任何一点计算的 ζ_z、m_z、C_z 都应为定值；但基础下面的地基土不是真正的匀质弹性体，同时测试工作也存在一定的误差，因此导致在幅频响应曲线 u_z-f 上选取不同的点，计算的 ζ_{zi} 值略有差别，取其平均值，可减小误差。计算点的选取应符合下列原则：

取共振峰峰点和频率在 $0.85f_m$ 以下不少于三点的频率和振动线位移；

当曲线上出现不规则变化，如图 5.2.7 中 ab 点的“鼓包”现象，该处数据不能取用。

低频段的频率不宜取得太低。频率太低时，振动线位移很小，受干扰波的影响较大，会产生较大误差。

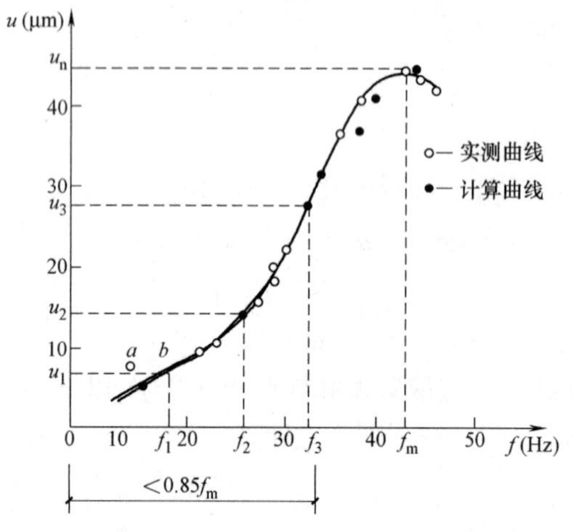

图 5.2.7　计算曲线与实测曲线的对比

c. 基础竖向振动的参振总质量 m_z 应按下列公式计算：

$$m_z = \frac{m_0 e}{u_m} \cdot \frac{1}{2\zeta_z \sqrt{1 - \zeta_z^2}} \tag{5.2.11}$$

式中 m_z——基础竖向振动的参振总质量（t），包括基础、激振设备和地基参加振动的当量质量，当 m_z 大于基础质量的 2 倍时，应取 m_z 等于基础质量的 2 倍（桩基除外）；

m_0——激振设备旋转部分的质量（t）；

e_0——激振设备旋转部分质量的偏心距（m）。

d. 地基的抗压刚度和抗压刚度系数、单桩抗压刚度和桩基抗弯刚度，应按下列公式计算：

$$K_z=m_z(2\pi f_{nz})^2 \tag{5.2.12}$$

$$C_z=\frac{K_z}{A_0} \tag{5.2.13}$$

$$k_{pz}=\frac{K_z}{n_p} \tag{5.2.14}$$

$$K_{p\varphi}=k_{pz}\sum_{i=1}^{n}r_i^2 \tag{5.2.15}$$

式中　K_z——地基抗压刚度（kN/m）；

C_z——地基抗压刚度系数（kN/m^3）；

k_{pz}——单桩抗压刚度（kN/m）；

$K_{p\varphi}$——桩基抗弯刚度（kN·m）；

r_i——第 i 根桩的轴线至基础底面形心回转轴的距离（m）；

n_p——桩数。

将 K_z、ζ_z 及不同频率时的扰力值 F_v 代入式（5.2.1），即可反算不同 $\omega=2\pi f$ 时的振动线位移 u，以对比与实测曲线是否符合，对比结果见图 5.2.7，由图中 u-f 曲线可以看出，将实测曲线按上述原则计算的 K_z、ζ_z，反算不同 f 时的 u，得的 u-f 曲线与实测结果符合很好，仅在频率大于 $0.85f_m$ 以上的振动线位移 u 与实测差别稍大，这是由于基础在接近共振时其振动线位移很难稳定于某一频率上，实测的 u 不一定很准，因此，在这一区段内的点不能选取。

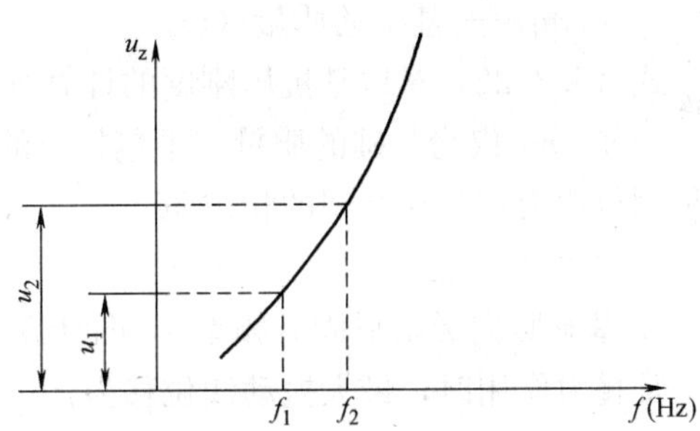

图 5.2.8　共振峰未测得的 d_z-f 曲线

有的试验基础，如桩基，因固有频率高，而机械式激振器的扰频低于试验基础的固有频率而无法测出共振峰值时，可采用低频区段求刚度的方法计算。但这种计算方法必须要测出扰力与位移之间的相位角（图 5.2.8），并按下列公式计算：

$$m_z=\frac{\dfrac{F_{v1}}{u_1}\cos\varphi_1-\dfrac{F_{v2}}{u_2}\cos\varphi_2}{\omega_2^2-\omega_1^2} \tag{5.2.16}$$

$$K_z=\frac{F_{v1}}{u_1}\cos\varphi_1+m_z\omega_1^2 \tag{5.2.17}$$

$$\zeta_1=\frac{\tan\varphi_1\left(1-\dfrac{\omega_1}{\omega_z}\right)^2}{2\dfrac{\omega_1}{\omega_z}} \tag{5.2.18}$$

$$\zeta_1=\frac{\tan\varphi_2\left(1-\dfrac{\omega_1}{\omega_z}\right)^2}{2\dfrac{\omega_1}{\omega_z}} \tag{5.2.19}$$

$$\zeta_z=\frac{\zeta_1+\zeta_2}{2} \tag{5.2.20}$$

$$\omega_z=\sqrt{\frac{K_z}{m_z}} \tag{5.2.21}$$

式中　F_v——激振频率为 f_1时的扰力（N）；

F_{v2}——激振频率为 f_2时的扰力（N）；

u_1——激振频率为 f_1时的振动线位移（μm）；

u_2——激振频率为 f_2时的振动线位移（μm）；

φ_1——激振频率为 f_1时扰力与位移之间的相位角，由测试确定；

φ_2——激振频率为 f_2时的扰力与位移之间的相位角，由测试确定。

如无法测得扰力与位移之间的相位角时，可取：

$$K_z=\frac{F_v}{u}+m_f\omega^2 \tag{5.2.22}$$

式中　F_v、u——低频点的扰力和振动线位移；

ω——低频点的扰力圆频率，$\omega=2\pi f$；

m_f——基础的质量（t）。

式（5.2.22）对地基抗压刚度的计算影响不大，因在低频时相位角很小，可近似地取 $\cos\varphi_1\approx1$，m_f 仅为基础的质量，不包括土的参振质量。但计算阻尼比和土的参振质量时，必须测得扰力和位移之间的相位角。

② 当为常扰力时

a. 基础竖向无阻尼固有频率 f_{nz}的计算

常扰力作用时，最大振动线位移为：

$$Z_{max}=u_{max}=\frac{F_v}{m\omega_n^2}\cdot\frac{1}{\sqrt{\left(1-\frac{\omega_m^2}{\omega_n^2}\right)+4\zeta_z^2\left(\frac{\omega_m}{\omega_n}\right)^2}}=Z_{st}\cdot\beta \tag{5.2.23}$$

动力系数

$$\beta=\frac{z_{max}}{z_{st}}=\frac{1}{\sqrt{\left(1-\frac{\omega_m^2}{\omega_n^2}\right)+4\zeta_z^2\left(\frac{\omega_m}{\omega_n}\right)^2}} \tag{5.2.24}$$

动力系数最大时：

$$\frac{\partial\beta}{\partial\alpha}=\frac{\partial\left[\frac{1}{\sqrt{(1-\alpha^2)^2+4\zeta_z^2\alpha^2}}\right]}{\partial\alpha}=\partial[(1-\alpha^2)^2+4\zeta_z^2\alpha^2]^{\frac{1}{2}}$$

$$=\frac{1}{2}[(1-\alpha^2)^2+4\zeta_z^2\alpha^2]^{-\frac{3}{2}}[2(1-\alpha^2)(-2\alpha)+8\zeta_z^2\alpha^2]=0$$

整理得：

$$\alpha^2-1+2\zeta_z^2=0$$

$$a=\sqrt{1-2\zeta_z^2}$$

β最大时（即峰值最高）的 f'_m为：

$$\alpha=\frac{f'_m}{f_{nz}}=\sqrt{1-2\zeta_z^2}$$

$$f'_m=f_{nz}\sqrt{1-2\zeta_z^2} \tag{5.2.25}$$

得 f_{nz}的计算式：

$$f_{nz}=\frac{f'_m}{\sqrt{1-2\zeta_z^2}} \tag{5.2.26}$$

与变扰力相反，常扰力的自振频率 f_{nz}大于峰值频率 f'_m，而变扰力的固有频率 f_{nz}小于峰值频率 f'_m，由于基础的自振频率为一定值，用常扰力测试和变扰力测试（如两种扰力值差别不大测得的 f_{nz}应相同，而 f'_m值是不相同的（图 5.2.9）。

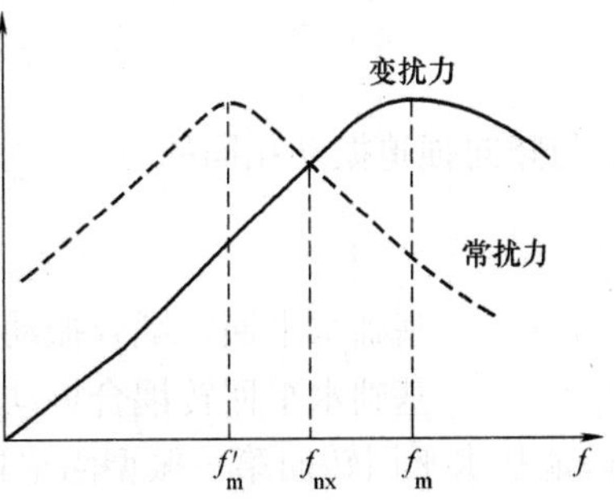

图 5.2.9　变扰力曲线

b. 阻尼比 ζ_z 的计算公式与变扰力的相同，只需将公式（5.2.9）改为 $\alpha_1=\frac{f_1}{f_m}$即可。

c. 基础竖向振动的参振总质量 m_z的计算

$$u_{max}=\frac{F_v}{K_z}\cdot\frac{1}{\sqrt{\left(1-\left(\frac{f_m^2}{f_{nz}^2}\right)^2\right)+4\zeta_z^2\frac{f_m^2}{f_{nz}^2}}} \tag{5.2.27}$$

$$u_{max}=\frac{F_v}{K_z}\cdot\frac{1}{\sqrt{\left[1-\left(\frac{f_{nz}\sqrt{1-2\zeta_z^2}}{f_{nz}}\right)^2\right]+4\zeta_z^2\left(\frac{f_{nz}\sqrt{1-2\zeta_z^2}}{f_{nz}}\right)^2}}$$

$$=\frac{F_v}{K_z}\cdot\frac{1}{\sqrt{4\zeta_z^4+4\zeta_z^2-8\zeta_z^4}}=\frac{F_v}{m'_z\omega_{nz}^2}\cdot\frac{1}{2\zeta_z\sqrt{1-\zeta_z^2}}$$

$$m'_z=\frac{F_v}{u_m(2\pi f_{nz})^2}\cdot\frac{1}{2\zeta_z\sqrt{1-\zeta_z^2}} \tag{5.2.28}$$

式中　F_v——电磁式激振设备的扰力（kN）。

d. 地基抗压刚度的计算

$$K_z=m'_z(2\pi f_{nz})2 \tag{5.2.29}$$

地基抗压刚度系数、单桩抗压刚度和桩基抗弯刚度与变扰力时的计算相同，见公式（5.2.13）～公式（5.2.15）的计算。

3）基础水平回转向动力参数计算

① 当为变扰力时：

a. 基础水平回转耦合振动第一振型无阻尼固有频率 f_{n1}的计算：

基础水平回转耦合振动第一振型的回转角位移为：

$$u_{\varphi_1}=\varphi_1=\frac{M_1(t)}{\lambda_1^2J_1}\cdot\frac{1}{\sqrt{\left(1-\frac{\omega^2}{\lambda_1^2}\right)^2+4\zeta_{x\varphi_1}^2\frac{\omega^2}{\lambda_1^2}}} \tag{5.2.30}$$

共振时第一振型峰值的回转角位移为：

$$\varphi_{m1}=\frac{m_0e(\rho_1+h_3)}{J_1}\cdot\frac{\omega_{m1}^2/\lambda_1^2}{\sqrt{(1-\omega_{m1}^2/\lambda_1^2)^2+4\zeta_{x\varphi_1}^2\omega_{m1}^2/\lambda^2}}$$

$$=\frac{m_0 e(\rho_1+h_3)}{J_1}\cdot\frac{1}{\sqrt{(\lambda_1^2/\omega_{m1}^2-1)^2+4\zeta_{x\varphi_1}^2\lambda_1^2/\omega_{m1}^2}}=\frac{m_0 e(\rho_1+h_3)}{J_1}\cdot\beta_1 \tag{5.2.31}$$

令：

$$\alpha_1=\frac{\lambda_{n1}}{\omega_{m1}}=\frac{f_{n1}}{f_{m1}}$$

$$\beta_1=[(\alpha_1^2-1)^2+4\zeta_{x\varphi_1}^2\alpha_1^2]^{-\frac{1}{2}}$$

用与竖向强迫振动相同的方法，求$\frac{\partial\beta_1}{\partial\alpha_1}=0$，则得 f_{n1} 的计算式：

$$f_{n1}=f_{m1}\sqrt{1-2\zeta_{x\varphi1}^2} \tag{5.2.32}$$

式中 f_{m1}——基础水平回转耦合振动第一振型共振频率（Hz）；

f_{n1}——基础水平回转耦合振动第一振型无阻尼固有频率（Hz）。

b. 地基水平回转向第一振型阻尼比 $\zeta_{x\varphi_1}$ 的计算

$$\varphi_{1\max}=\frac{m_0 e\omega_{m1}^2(\rho_1+h_3)}{J_1\omega_{m1}^2(1-2\zeta_{x\varphi_1}^2)}\cdot\frac{1}{\sqrt{\left[1-\left(\frac{f_{m1}}{f_{m1}\sqrt{1-2\zeta_{x\varphi_1}^2}}\right)^2\right]^2+4\zeta_{x\varphi_1}^2\left(\frac{f_{m1}}{f_{m1}\sqrt{1-2\zeta_{x\varphi_1}^2}}\right)^2}}$$

$$=\frac{m_0 e(\rho_1+h_3)}{J_1}\cdot\frac{1}{2\zeta_{x\varphi_1}\sqrt{1-\zeta_{x\varphi_1}^2}} \tag{5.2.33}$$

将频率为 $0.707f_{m_1}$ 对应的回转角位移代入式（5.2.31），得

$$\sqrt{\left[1-\left(\frac{0.707f_{m1}}{0.707f_{m1}\sqrt{1-2\zeta_{x\varphi_1}^2}}\right)^2\right]^2+4\zeta_{x\varphi_1}^2\left(\frac{0.707f_{m1}}{0.707f_{m1}\sqrt{1-2\zeta_{x\varphi_1}^2}}\right)^2}=\frac{0.5}{1-2\zeta_{x\varphi_1}^2}$$

$$\varphi_{0.707f_{m1}}=\frac{m_0 e(\rho_1+h_3)(0.707\omega_{m1})^2}{J_1\omega_{m1}^2(1-2\zeta_{x\varphi_1}^2)}\cdot\frac{1-2\zeta_{x\varphi_1}^2}{0.5}=\frac{m_0 e(\rho_1+h_3)}{J_1} \tag{5.2.34}$$

基础顶面的水平振动线位移 $u_{m1}=\varphi_{m1}(\rho_1+h_1)$ (5.2.35)

$$u_{0.707f_{m1}}=\varphi_{0.707f_{m1}}(\rho_1+h_1)=u \tag{5.2.36}$$

$$\left(\frac{u}{u_{m1}}\right)^2=4\zeta_{x\varphi_1}^2-4\zeta_{x\varphi_1}^4$$

$$\zeta_{x\varphi_1}^2=\frac{1}{2}\left[1-\sqrt{1-\left(\frac{u}{u_{m1}}\right)^2}\right] \tag{5.2.37}$$

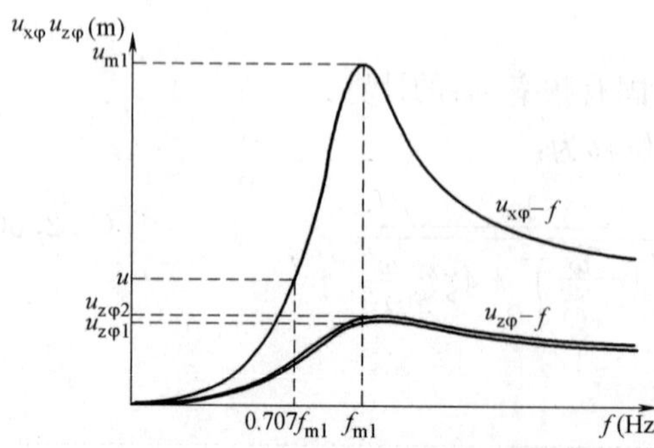

图 5.2.10 变扰力的幅频响应曲线

地基水平回转向第一振型阻尼比，应在 $u_{x\varphi}$-f 曲线上选取第一振型的共振频率（f_{m1}）和频率为 $0.707f_{m1}$ 所对应的水平振动线位移 u（图 5.2.10），按下列公式计算：

$$\zeta_{x\varphi_1}=\left\{\frac{1}{2}\left[1-\sqrt{1-\left(\frac{u}{u_{m1}}\right)^2}\right]\right\}^{\frac{1}{2}} \tag{5.2.38}$$

式中 $\zeta_{x\varphi_1}$——地基水平回转向第一振型阻尼比；

u_{m1}——基础水平回转耦合振动第一振型共振峰点水平振动线位移（m）；

u——频率为 0.707f_{m1}所对应的水平振动线位移（m）。

c. 基础水平回转耦合振动参振总质量 $m_{x\varphi}$的计算：

基础顶面的水平振动线位移为：

$$u_{m1}=\varphi_{m1}(\rho_1+h_1)=\frac{m_0e(\rho_1+h_3)(\rho_1+h_1)}{m_{x\varphi}}\cdot\frac{1}{2\zeta_{x\varphi_1}\sqrt{1-\zeta_{x\varphi_1}^2}}\cdot\frac{1}{i^2+\rho_1^2}$$

$$m_{x\varphi}=\frac{m_0e_0(\rho_1+h_3)(\rho_1+h_1)}{u_{m1}}\cdot\frac{1}{2\zeta_{x\varphi_1}\sqrt{1-\zeta_{x\varphi_1}^2}}\cdot\frac{1}{i^2+\rho_1^2}\tag{5.2.39}$$

$$\rho_1=\frac{u_x}{\varphi_{m1}}\tag{5.2.40}$$

$$\varphi_{m1}=\frac{|u_{z\varphi1}|+|u_{z\varphi2}|}{l_1}\tag{5.2.41}$$

$$u_x=u_{m1}-h_2\varphi_{m1}\tag{5.2.42}$$

$$i=\left[\frac{1}{12}(l^2+h^2)\right]^{\frac{1}{2}}\tag{5.2.43}$$

式中　$m_{x\varphi}$——基础水平回转耦合振动的参振总质量（t），包括基础、激振设备和地基参加振动的当量质量，当 $m_{x\varphi}$大于基础质量的 1.4 倍时，应取 $m_{x\varphi}$等于基础质量的 1.4 倍；

ρ——基础第一振型转动中心至基础重心的距离（m）；

u_x——基础重心处的水平振动线位移（m）；

φ_{m1}——基础第一振型共振峰点的回转角位移（rad）；

l_1——两台竖向传感器的间距（m）；

l——基础长度（m）；

h——基础高度（m）；

h_1——基础重心至基础顶面的距离（m）；

h_3——基础重心至激振器水平扰力的距离（m）；

h_2——基础重心至基础底面的距离（m）；

$u_{z\varphi_1}$——第 1 台传感器测试的基础水平回转耦合振动第一振型共振峰点竖向振动线位移（m）；

$u_{z\varphi_2}$——第 2 台传感器测试的基础水平回转耦合振动第一振型共振峰点竖向振动线位移（m）；

i——基础回转半径（m）。

d. 地基的抗剪刚度和抗剪刚度系数，应按下列公式计算：

$$K_x=m_{x\varphi}(2\pi f_{nx})^2\tag{5.2.44}$$

$$C_x=\frac{K_x}{A_0}\tag{5.2.45}$$

$$f_{nx}=\frac{f_{n1}}{\sqrt{1-\frac{h_2}{\rho_1}}}\tag{5.2.46}$$

$$f_{n1}=f_{m1}\sqrt{1-2\zeta_{x\varphi_1}^2} \tag{5.2.47}$$

式中　K_x——地基抗剪刚度（kN/m）；

C_x——地基抗剪刚度系数（kN/m^3）；

f_{nx}——基础水平向无阻尼固有频率（Hz）。

e. 地基的抗弯刚度和抗弯刚度系数，应按下列公式计算：

$$K_\varphi=J(2\pi f_{n\varphi})^2-K_x h_2^2 \tag{5.2.48}$$

$$C_\varphi=\frac{K_\varphi}{I} \tag{5.2.49}$$

$$f_{n\varphi}=\sqrt{\rho_1\frac{h_2}{i^2}f_{nx}^2+f_{nl}^2} \tag{5.2.50}$$

式中　K_φ——地基抗弯刚度（kN·m）；

C_φ——地基抗弯刚度系数（kN/m^3）；

$f_{n\varphi}$——基础回转无阻尼固有频率（Hz）；

J——基础对通过其重心轴的转动惯量（$t\cdot m^2$）；

I——基础底面对通过其形心轴的惯性矩（m^4）。

② 当为常扰力时：

a. 基础水平回转耦合振动第一振型无阻尼固有频率 f'_{nl} 的计算共振时第一振型峰值的回转角位移为：

$$\varphi'_{m1}=\frac{F_v(\rho_1+h_3)}{J_1\lambda'^2_1}\times\frac{1}{\sqrt{\left(1-\frac{\omega'^2_{m1}}{\lambda'^2_1}\right)+4\zeta^2_{x\varphi_1}\frac{\omega'^2_{m1}}{\lambda'^2_1}}}=\varphi_{st}\cdot\beta'_1 \tag{5.2.51}$$

令

$$\alpha'_1=\frac{\omega'_{m1}}{\lambda'_1}=\frac{f'_{m1}}{f'_{n1}} \tag{5.2.52}$$

$$\beta'_1=[(1-\alpha'^2_1)^2+4\zeta'^2_{x\varphi_1}\alpha'^2_1]^{-\frac{1}{2}} \tag{5.2.53}$$

用与常扰力时竖向强迫振动相同的方法，求 $\frac{\partial\beta'_1}{\partial\alpha'_1}=0$ 时的值，则可得：

$$f'_{n1}=\frac{f'_{m1}}{\sqrt{1-2\zeta^2_{x\varphi_1}}} \tag{5.2.54}$$

$$f'_{m1}=f'_{n1}\sqrt{1-2\zeta^2_{x\varphi_1}} \tag{5.2.55}$$

b. 水平回转耦合振动第一振型阻尼比 $\zeta'_{x\varphi_1}$ 的计算

$$\begin{aligned}\varphi'_{m1}&=\frac{M_1(t)}{J_1\lambda'^2_1}\cdot\frac{1}{\left[1-\left(\frac{f'_{n1}\sqrt{1-2\zeta'^2_{x\varphi_1}}}{f'_{n1}}\right)^2\right]^2+4\zeta'^2_{x\varphi_1}\left(\frac{f'_{n1}\sqrt{1-2\zeta'^2_{x\varphi_1}}}{f'_{n1}}\right)^2}\\&=\frac{M_1(t)}{J_1\lambda'^2_1}\cdot\frac{1}{2\zeta'^2_{x\varphi_1}\sqrt{1-\zeta'^2_{x\varphi_1}}}\end{aligned} \tag{5.2.56}$$

$$\varphi'_{0.707f_{m1}}=\frac{M_1(t)}{J_1\lambda'^2_1}\cdot\frac{1}{\sqrt{\left[1-\left(\frac{0.707f'_{m1}}{\frac{f'_{m1}}{\sqrt{1-2\zeta'^2_{x\varphi_1}}}}\right)^2\right]^2+4\zeta'^2_{x\varphi_1}\left(\frac{0.707f'_{m1}}{\frac{f'_{m1}}{\sqrt{1-2\zeta'^2_{x\varphi_1}}}}\right)^2}}$$

$$=\frac{M_1(t)}{J_1\lambda_1'^2}\cdot\frac{1}{\sqrt{0.25+3\zeta'^2_{x\varphi_1}-3\zeta'^4_{x\varphi_1}}}$$

$$\left(\frac{u_{m1}}{u}\right)^2=\left(\frac{\varphi'_{m1}}{\varphi'_{0.707f_{m1}}}\right)^2=\frac{0.25+3\zeta'^2_{x\varphi_1}-3\zeta'^4_{x\varphi_1}}{4\zeta'^2_{x\varphi_1}-4\zeta'^4_{x\varphi_1}}=\beta^2$$

$$\zeta'^4_{x\varphi_1}(3-4\beta^2)-\zeta'^2_{x\varphi_1}(3-4\beta^2)-0.25=0$$

$$\zeta'^2_{x\varphi_1}=\frac{1}{2}\left(1-\sqrt{1+\frac{1}{3-4\beta^2}}\right)=\frac{1}{2}\left[1-\sqrt{1+\frac{1}{3-4\left(\frac{u_{m1}}{u}\right)^2}}\right]\tag{5.2.57}$$

地基水平回转向第一振型阻尼比应在 $u_{x\varphi}$-f 曲线上选取第一振型的共振频率 f_{m1} 和频率为 $0.707f_{m1}$ 所对应的水平振动线位移 u（图 5.2.11），按下列公式计算：

$$\zeta_{x\varphi_1}=\frac{1}{2}\left[1-\sqrt{1+\frac{1}{3-4\left(\frac{u_{m1}}{u}\right)^2}}\right]^{\frac{1}{2}}\tag{5.2.58}$$

c. 基础水平回转耦合振动的参振总质量 $m'_{x\varphi}$ 应按下列公式计算：

$$m'_{x\varphi}=\frac{F_v(\rho_1+h_3)(\rho_1+h_1)}{u_{m1}(2\pi f'_{n1})^2}\cdot\frac{1}{2\zeta_{x\varphi_1}\sqrt{1-\zeta^2_{x\varphi_1}}}\cdot\frac{1}{i^2+\rho_1^2}\tag{5.2.59}$$

基础第一振型转动中心至基础重心的距离 ρ_1 应按公式（5.2.40）～公式（5.2.43）计算。

d. 地基的抗剪刚度和抗剪刚度系数、地基抗弯刚度和抗弯刚度系数的计算与变扰力时的计算公式相同，仅需将各式中的 f_{n1} 以常扰力的 f'_{n1} 计算式（5.2.54）代入即可。

4）地基扭转向动力参数的计算

① 当为变扰力时

a. 基础扭转振动无阻尼固有频率 f_{n4} 的计算

基础扭转振动共振时最大角位移 ψ_{max} 为：

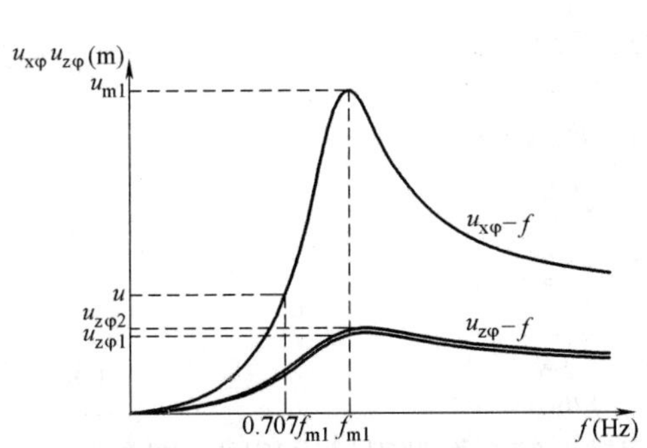

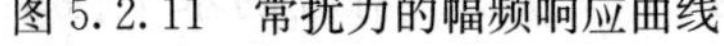
图 5.2.11　常扰力的幅频响应曲线

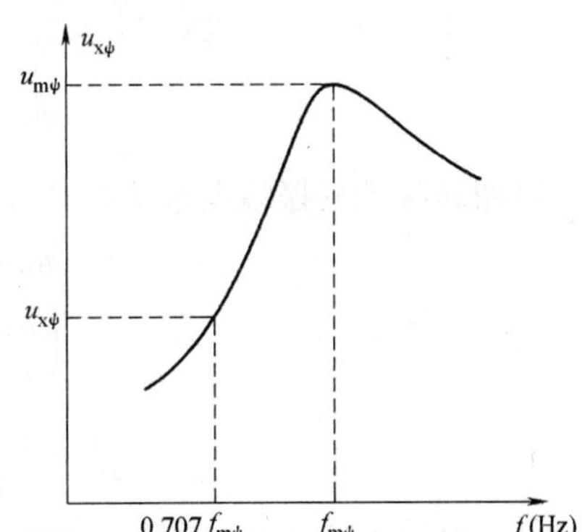

图 5.2.12　扭转振型的幅频响应曲线

$$\psi_{max}=\frac{M_\psi}{J_t\omega^2_{n\psi}}\cdot\frac{1}{\sqrt{\left(1-\frac{\omega^2_{m\psi}}{\omega^2_{n\psi}}\right)^2+4\zeta^2_\psi\frac{\omega^2_{m\psi}}{\omega^2_{n\psi}}}}=\frac{m_0e\omega^2_{m4}\cdot e_x}{J_t\omega^2_{n4}}\cdot\frac{1}{\sqrt{\left(1-\frac{\omega^2_{m\psi}}{\omega^2_{n\psi}}\right)^2+4\zeta^2_\psi\frac{\omega^2_{m\psi}}{\omega^2_{n\psi}}}}$$

$$=\frac{m_0e\cdot e_x}{J_t}\cdot\frac{1}{\left(\frac{\omega_{m\psi}^2}{\omega_{m\psi}^2}-1\right)+4\zeta_\psi^2\left(\frac{\omega_{n\psi}^2}{\omega_{m\psi}^2}\right)^2}=\frac{m_0e\cdot e_x}{J_t}\cdot\beta_\psi \tag{5.2.60}$$

令

$$\alpha_\psi=\frac{\omega_{n\psi}}{\omega_{m\psi}}=\frac{f_{n\psi}}{f_{m\psi}}$$

$$\beta_\psi=[(\alpha_\varphi^2-1)^2+4\zeta_\varphi^2\alpha_\varphi^2]^{\frac{1}{2}}$$

采用与基础竖向振动无阻尼固有频率 f_{nz} 计算式相同的方法，求解 $\frac{\partial\psi_{max}}{\partial\alpha_\psi}=0$ 的方程式得：

$$f_{m\psi}=\frac{f_{n\psi}}{\sqrt{1-2\zeta_\psi^2}} \tag{5.2.61}$$

$$f_{n\psi}=f_{m\psi}\sqrt{1-2\zeta_\psi^2} \tag{5.2.62}$$

式中 $f_{m\psi}$——基础扭转振动的共振频率（Hz）；

ζ_ψ——地基扭转向阻尼比；

$f_{n\psi}$——基础扭转振动无阻尼固有频率（Hz）；

$\omega_{n\psi}$——基础扭转振动无阻尼固有圆频率（rad/s）；

J_t——基础对通过其重心轴的极转动惯量（$t\cdot m^2$）；

e_x——激振设备的扰力至扭转轴的距离（m）；

M_ψ——激振设备的扭转扰力矩（kN・m）。

b. 地基扭转向阻尼比的计算

$$\psi_{max}=\frac{m_0e\omega_{m\psi}^2\cdot e_x}{J_t\omega_{m\psi}^2(1-2\zeta_\psi^2)}\cdot\frac{1}{\sqrt{\left[1-\left(\frac{\omega_{m\psi}}{\omega_{m\psi}\sqrt{1-2\zeta_\psi^2}}\right)^2\right]^2+4\zeta_\psi^2\left(\frac{\omega_{m\psi}}{\omega_{m\psi}\sqrt{1-2\zeta_\psi^2}}\right)^2}}$$

$$=\frac{m_0e\cdot e_x}{J_t}\cdot\frac{1}{2\zeta_\psi\sqrt{1-\zeta_\psi^2}} \tag{5.2.63}$$

$$\psi_{0.707f_{m\psi}}=\frac{m_0e\cdot e_x}{J_t} \tag{5.2.64}$$

基础扭转振动共振峰点水平振动线位移 $u_{m\psi}=\psi_{max}\cdot l_\psi$

$$u_{m\psi}=\psi_{0.707f_{m\psi}}\cdot l_\psi$$

$$\left(\frac{u_{x\psi}}{u_{m\psi}}\right)^2=4\zeta_\psi^2-4\zeta_\psi^4$$

$$\zeta_\psi^2=\frac{1}{2}\left[1-\sqrt{1-\left(\frac{u_{x\psi}}{u_{m\psi}}\right)^2}\right] \tag{5.2.65}$$

地基扭转向阻尼比计算选点的原则与水平回转向第一振型阻尼比相同，即在 $u_{x\psi}$-f 曲线（图 5.2.12）上选取共振频率（$f_{m\psi}$）和频率为 0.707$f_{m\psi}$ 所对应的水平振动线位移，按下列公式计算：

$$\zeta_\psi=\left\{\frac{1}{2}\left[1-\sqrt{1-\left(\frac{u_{x\psi}}{u_{m\psi}}\right)^2}\right]\right\}^{\frac{1}{2}} \tag{5.2.66}$$

式中 $u_{m\psi}$——基础扭转振动共振峰点水平振动线位移（m）；

$u_{x\psi}$——频率为 0.707$f_{m\psi}$所对应的水平振动线位移（m）。

水平回转耦合振动和扭转振动只取峰点 f_{m1} 及另一频率为 0.707f_{m1} 点的原因是：由于水平回转耦合振动和扭转振动的共振频率一般都在十几赫兹左右，低频段波形较好的频率大约在 8Hz 左右，而 0.85f_1 以上的点不能取，则共振曲线上剩下可选用的点就不多了，因此，水平回转耦合振动和扭转振动资料的分析方法与竖向振动不一样，不需要取三个以上的点，而只取共振峰峰点频率 f_{m1} 及相应的水平振动线位移 u_m 和另一频率为 0.707f_{m1} 点的频率和水平振动线位移 u，代入各自的公式以计算阻尼比 $\zeta_{x\varphi_1}$、ζ_ψ，而且选择这一点计算的阻尼比与选择几点计算的平均阻尼比很接近。

c. 基础扭转振动的参振总质量，应按下列公式计算：

$$m_\psi=\frac{12J_z}{l^2+b^2} \tag{5.2.67}$$

$$J_z=\frac{M_\psi l_\psi}{u_{m\psi}\omega_{n\psi}^2}\cdot\frac{1-2\zeta_\psi^2}{2\zeta\psi\sqrt{1-\zeta_\psi^2}} \tag{5.2.68}$$

$$\omega_{n\psi}=2\pi f_{n\psi} \tag{5.2.69}$$

式中　m_ψ——基础扭转振动的参振总质量（t），包括基础、激振设备和地基参加振动的当量质量，当 m_ψ 大于基础质量的 1.4 倍时，应取 m_ψ 等于基础质量的 1.4 倍；

l_ψ——扭转轴至实测振动线位移点的距离（m）。

d. 地基的抗扭刚度和抗扭刚度系数，应按下列公式计算：

$$K_\psi=J_z\cdot\omega_{n\psi}^2 \tag{5.2.70}$$

$$C_\psi=\frac{K_\psi}{I_z} \tag{5.2.71}$$

$$I_z=I_x+I_y=\frac{lb}{12}(l^2+b^2) \tag{5.2.72}$$

式中　K_ψ——地基抗扭刚度（kN·m）；

C_ψ——地基抗扭刚度系数（kN/m³）；

I_z——基础底面对通过其形心轴的极惯性矩（m⁴）；

I_x——基础底面对通过其形心 x 轴的惯性矩（m⁴）；

I_y——基础底面对通过其形心 y 轴的惯性矩（m⁴）；

l——基础底面长度（m）；

b——基础底面宽度（m）。

② 当为常扰力时

a. 基础扭转振动无阻尼固有频率 $f'_{n\psi}$应按下列公式计算：

$$f'_{n\psi}=\frac{f_{m\psi}}{\sqrt{1-2\zeta_\psi^2}} \tag{5.2.73}$$

b. 地基扭转向阻尼比，应按下列公式计算：

$$\zeta_\psi=\left\{\frac{1}{2}\left[1-\sqrt{1+\frac{1}{3-4\left(\frac{u_{m\psi}}{u_{x\psi}}\right)^2}}\right]\right\}^{\frac{1}{2}} \tag{5.2.74}$$

c. 基础扭转振动的参振总质量，应按下列公式计算：

$$m'_{\psi}=\frac{12J'_{z}}{l^{2}+b^{2}} \tag{5.2.75}$$

$$J'_{z}=\frac{M'_{\psi}l_{\psi}}{u_{m\psi}\omega'^{2}_{n\psi}}\cdot\frac{1-2\zeta'^{2}_{\psi}}{2\zeta'_{\psi}\sqrt{1-\zeta'^{2}_{\psi}}} \tag{5.2.76}$$

$$\omega'_{m\psi}=2\pi f'_{m\psi} \tag{5.2.77}$$

d. 地基抗扭刚度和抗扭刚度系数的计算与变扰力时的计算公式相同，仅需将式（5.2.70）中的 $\omega_{n\psi}$ 以常扰力的 $\omega'_{n\psi}$ 代入即可。

（2）自由振动

1）地基竖向动力参数的计算

当用球击法使模型基础产生竖向自由振动时（见图 5.2.13），用传感器测得基础的有阻尼固有频率、各周的振动线位移和球击后的回弹时间 t_0（见图 5.2.14），球下落速度 v，回弹系数 e_1，运用这些资料，即可计算地基竖向动力参数。

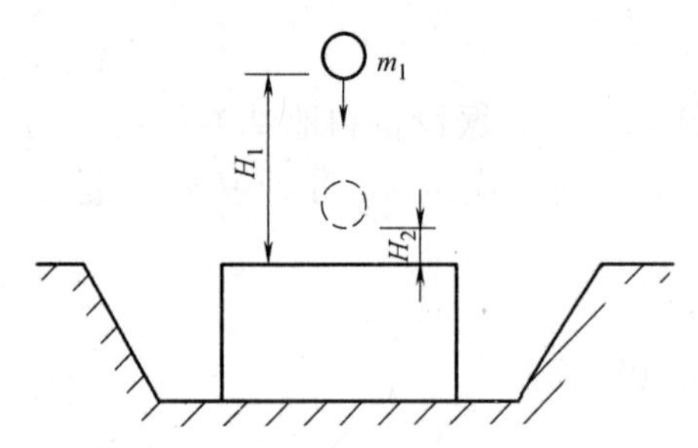

图 5.2.13　竖向自由振动

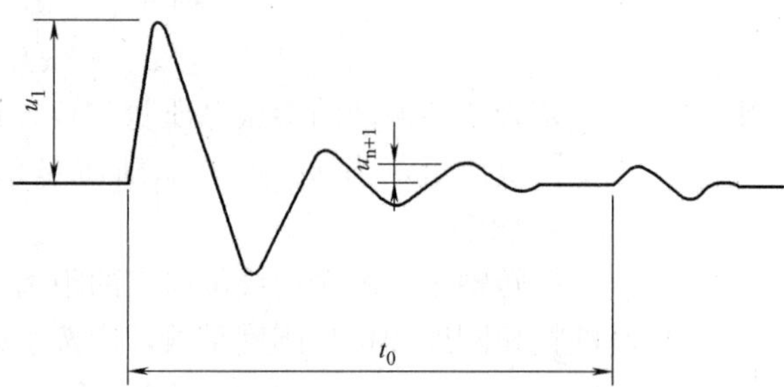

图 5.2.14　竖向自由振动波形

① 地基竖向阻尼比，应按下式计算：

$$\zeta_{z}=\frac{1}{2\pi}\cdot\frac{1}{n}\ln\frac{u_{1}}{u_{n+1}} \tag{5.2.78}$$

式中　u_1——第 1 周的振动线位移（m）；

u_{n+1}——第 $n+1$ 周的振动线位移（m）；

n——自由振动周期数。

② 基础竖向振动的参振总质量，应按下列公式计算：

$$m_{z}=\frac{(1+e_{1})m_{1}ve^{-\varphi}}{d_{\max}2\pi f_{nz}} \tag{5.2.79}$$

$$\varphi=\frac{\tan^{-1}\dfrac{\sqrt{1-\zeta_{z}^{2}}}{\zeta_{z}}}{\dfrac{\sqrt{1-\zeta_{z}^{2}}}{\zeta_{z}}} \tag{5.2.80}$$

$$f_{nz}=\frac{f_{d}}{\sqrt{1-\zeta_{z}^{2}}} \tag{5.2.81}$$

$$v=\sqrt{2gH_{1}} \tag{5.2.82}$$

$$e=\sqrt{\frac{H_2}{H_1}} \tag{5.2.83}$$

$$H_2=\frac{1}{2}g\left(\frac{t_0}{2}\right)^2 \tag{5.2.84}$$

式中　u_{max}——基础最大振动线位移（m）；

f_d——基础有阻尼固有频率（Hz）；

v——铁球自由下落时的速度（m/s）；

H_1——铁球下落高度（m）；

H_2——铁球回弹高度（m）；

e_1——回弹系数，根据实测振动波形图计算；

m_1——铁球的质量（t）；

t_0——两次冲击的时间间隔（s）；

m_z——基础竖向振动的参振总质量（t），包括基础和地基参加振动的当量质量，当 m_z 大于基础质量的 2 倍时，应取 m_z 等于基础质量的 2 倍。

地基抗压刚度、单桩抗压刚度和桩基抗弯刚度，应按下列公式计算：

$$K_z=m_z(2\pi f_{nz})^2 \tag{5.2.85}$$

$$C_z=\frac{K_z}{A_0} \tag{5.2.86}$$

$$k_{pz}=\frac{K_z}{n_p} \tag{5.2.87}$$

$$K_{p\varphi}=k_{pz}\sum_{i=1}^{n}r_i^2 \tag{5.2.88}$$

上述测试方法的优点是简便，不需要安装激振设备，但存在的主要问题是测试仪器。目前一般都采用电磁式传感器、积分放大器、采集与记录装置配套组成的一套测量系统实测基础的最大振动线位移和固有频率，配套的仪器是在周期性振动的标准振动台上进行标定的。当用于简谐振动测试时，比较准确；当用于冲击振动测试时，第一个半波的振动线位移与周期均有偏小现象，计算固有频率时，应从记录波形的 1/2 波长后面部分取值，测试的最大振动线位移偏小，使按公式（5.2.79）计算的 m_z 偏大，应给予限制。

2）地基水平回转向动力参数的计算

用木锤或其他重物撞击测试基础水平轴线侧面的顶部，使其产生水平回转耦合振动。

① 地基水平回转向第一振型阻尼比，应按下式计算：

$$\zeta_{x\varphi_1}=\frac{1}{2\pi}\cdot\frac{1}{n}\ln\frac{u_{x\varphi_1}}{u_{x\varphi+1}} \tag{5.2.89}$$

式中　$u_{x\varphi_1}$——第一周的水平振动线位移（m）；

$u_{x\varphi+1}$——第 $n+1$ 周的水平振动线位移（m）。

② 地基的抗剪刚度和抗弯刚度，应按下列公式计算（图 5.2.15、图 5.2.16）：

$$K_x=m_f\omega_{n1}^2\left[1+\frac{h_2}{h}\left(\frac{u_{x\varphi1}}{u_b}-1\right)\right] \tag{5.2.90}$$

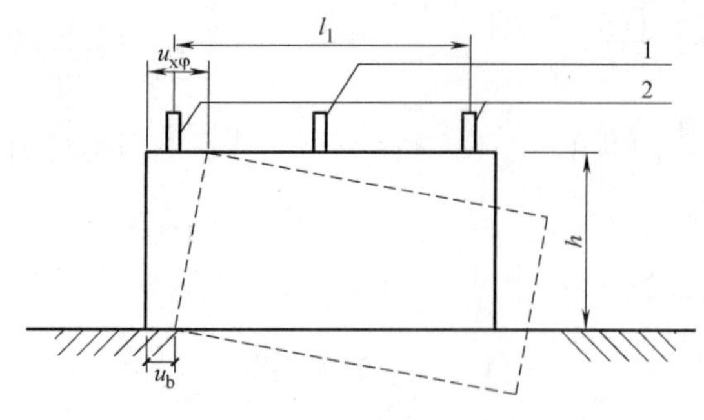

图 5.2.15　水平回转耦合振动

$$K_\varphi = J_C \omega_{n1}^2 \left[1 + \frac{h_2 h}{i_c^2} \frac{1}{\frac{u_{x\varphi_1}}{u_b} - 1} \right] \tag{5.2.91}$$

$$J_c = J + m_f h_2^2 \tag{5.2.92}$$

$$i_c = \sqrt{\frac{J_c}{m_f}} \tag{5.2.93}$$

$$\omega_{n1} = 2\pi f_{n1} \tag{5.2.94}$$

$$f_{n1} = \frac{f_{d1}}{\sqrt{1-\zeta_{x\varphi_1}^2}} \tag{5.2.95}$$

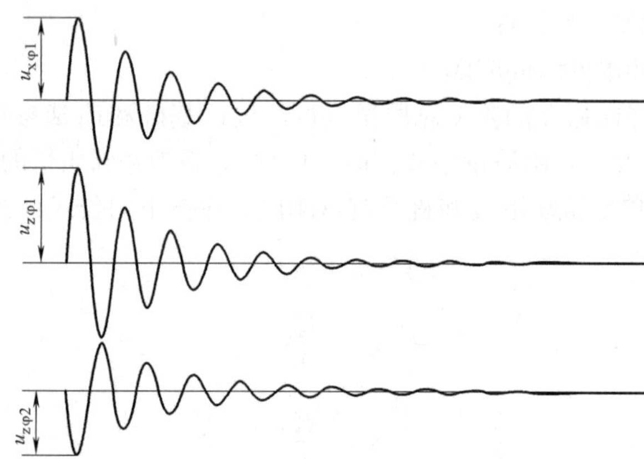

图 5.2.16　水平回转耦合振动波形

$$u_b = u_{x\varphi_1} - \frac{|u_{z\varphi_1}| + |u_{z\varphi_2}|}{l_1} \cdot h \tag{5.2.96}$$

式中　m_f——基础的质量（t）；

J_c——基础对通过其底面形心轴的转动惯量（t·m²）；

$u_{x\varphi_1}$——基础顶面的水平振动线位移（m）；

u_b——基础底面的水平振动线位移（m）；

f_{d1}——基础水平回转耦合振动第一振型有阻尼固有频率（Hz）；

$u_{z\varphi1}$、$u_{z\varphi2}$——分别为 2、3 号传感器测试的由于基础水平回转耦合振动第一振型共振峰点竖向振动线位移（m）。

本方法测试简便，缺点是计算公式中采用的是基础质量，而无法计算地基土的参振质量，因此计算的抗剪刚度和抗弯刚度均不包括地基土的参振质量，使计算值偏小，用于设计计算机器基础水平向和回转向的固有频率时，其中 m 也不应考虑地基土的参振质量，对固有频率的计算无影响，所计算的振动线位移偏大是偏于安全的。

2. 地基动力参数的换算

测试资料经数据处理后，即可计算出各向地基动力参数，但这些参数还不能直接用于动力机器基础设计，必须经过换算后才能用于设计。因现场模型基础测试计算的地基动力参数（包括刚度系数、阻尼比和参振质量）只能代表试验基础的测试值，而且测试的地基动力参数受许多因数的影响因此测试值与机器基础的设计值是不相同的，必须经过一系列的换算，将模型基础的测试参数换算至设计基础的参数后，才能运用于机器基础的设计，经过换算后的动力参数就比较符合设计机器基础的实际值。

（1）模型基础底面积和压力的换算

由明置块体基础测试的地基抗压、抗剪、抗弯、抗扭刚度系数以及由明置桩基础测试的抗剪、抗扭刚度系数，用于机器基础的振动和隔振设计时，其底面积和压力的换算系数应按下式计算：

$$\eta=\sqrt[3]{\frac{A_0}{A_d}}\cdot\sqrt[3]{\frac{P_d}{P_0}} \tag{5.2.97}$$

式中　η——与基础底面积及底面静压力有关的换算系数；

A_0——测试基础的底面积（m^2）；

A_d——设计基础的底面积（m^2），当 $A_d>20m^2$ 时，应取 $A_d=20m^2$；

P_0——测试基础底面的静压力（kPa）；

P_d——设计基础底面的静压力（kPa），当 $P_d>50kPa$ 时，应取 $P_d=50kPa$。

（2）模型基础埋深比对地基刚度系数影响的换算

模型基础埋深作用对设计埋置基础地基的抗压、抗弯、抗剪、抗扭刚度的提高系数，应按下列公式计算：

$$\alpha_z=\left[1+\left(\sqrt{\frac{K'_{z0}}{K_{z0}}}-1\right)\frac{\delta_d}{\delta_0}\right]^2 \tag{5.2.98}$$

$$\alpha_x=\left[1+\left(\sqrt{\frac{K'_{x0}}{K_{x0}}}-1\right)\frac{\delta_d}{\delta_0}\right]^2 \tag{5.2.99}$$

$$\alpha_\varphi=\left[1+\left(\sqrt{\frac{K'_{\varphi0}}{K_{\varphi0}}}-1\right)\frac{\delta_d}{\delta_0}\right]^2 \tag{5.2.100}$$

$$\alpha_\psi=\left[1+\left(\sqrt{\frac{K'_{\psi0}}{K_{\psi0}}}-1\right)\frac{\delta_d}{\delta_0}\right]^2 \tag{5.2.101}$$

$$\delta_0=\frac{h_t}{\sqrt{A_0}} \tag{5.2.102}$$

$$\delta_d=\frac{h_d}{\sqrt{A_d}} \tag{5.2.103}$$

式中　α_z——基础埋深对地基抗压刚度的提高系数；

α_x——基础埋深对地基抗剪刚度的提高系数；

α_φ——基础埋深对地基抗弯刚度的提高系数；

α_ψ——基础埋深对地基抗扭刚度的提高系数；

K_{z0}——明置模型基础的地基抗压刚度（kN/m）；

K_{x0}——明置模型基础的地基抗剪刚度（kN/m）；

$K_{\varphi0}$——明置模型基础的地基抗弯刚度（kN·m）；

$K_{\psi0}$——明置模型基础的地基抗扭刚度（kN·m）；

K'_{z0}——埋置明置模型基础的地基抗压刚度（kN/m）；

K'_{x0}——埋置明置模型基础的地基抗剪刚度（kN/m）；

$K'_{\varphi 0}$——埋置明置模型基础的地基抗弯刚度（kN·m）；

$K'_{\psi 0}$——埋置明置模型基础的地基抗扭刚度（kN·m）；

δ_0——模型基础的埋深比；

δ_d——设计基础的埋深比；

h_t——模型基础的埋置深度（m）；

h_d——设计基础埋置深度（m）。

（3）模型基础质量比对地基阻尼比影响的换算

基础下地基的阻尼比随基底面积的增大而增加，并随基底下静压力的增大而减小，因此，由明置块体基础或桩基础测试的地基竖向、水平回转向第一振型和扭转向阻尼比，用于动力机器基础设计时，应将模型基础的质量比换算为设计基础的质量比，按下列公式计算：

$$\zeta_z^c=\zeta_{z0}\xi \tag{5.2.104}$$

$$\zeta_{x\varphi_1}^c=\zeta_{x\varphi_1 0}\xi \tag{5.2.105}$$

$$\zeta_\psi^c=\zeta_{\psi 0}\xi \tag{5.2.106}$$

$$\xi=\frac{\sqrt{m_r}}{\sqrt{m_d}} \tag{5.2.107}$$

$$m_r=\frac{m_0}{\rho A_0\sqrt{A_0}} \tag{5.2.108}$$

式中　ζ_{z0}——明置模型基础的地基竖向阻尼比；

$\zeta_{x\varphi_1 0}$——明置模型基础的地基水平回转向第一振型阻尼比；

$\zeta_{\psi 0}$——明置模型基础的地基扭转向阻尼比；

ζ_z^c——明置设计基础的地基竖向阻尼比；

$\zeta_{x\varphi_1}^c$——明置设计基础的地基水平回转向第一振型阻尼比；

ζ_ψ^c——明置设计基础的地基扭转向阻尼比；

ξ——与基础的质量比有关的换算系数；

m_0——模型基础的质量（t）；

m_r——模型基础的质量比；

m_d——设计基础的质量比。

（4）模型基础埋深比对地基阻尼比影响的换算

模型基础埋深作用对设计埋置基础地基的竖向、水平回转向第一振型和扭转向阻尼比的提高系数，应按下列公式计算：

$$\beta_z=1+\left(\frac{\zeta'_{z0}}{\zeta_{z0}}-1\right)\frac{\delta_d}{\delta_0} \tag{5.2.109}$$

$$\beta_{x\varphi 1}=1+\left(\frac{\zeta'_{x\varphi_1 0}}{\zeta_{x\varphi_1 0}}-1\right)\frac{\delta_d}{\delta_0} \tag{5.2.110}$$

$$\beta_\psi=1+\left(\frac{\zeta'_{\psi_0}}{\zeta_{\psi_0}}-1\right)\frac{\delta_d}{\delta_0} \tag{5.2.111}$$

式中　β_z——基础埋深对竖向阻尼比的提高系数；

$\beta_{x\varphi_1}$——基础埋深对水平回转向第一振型阻尼比的提高系数；

β_{ψ}——基础埋深对扭转向阻尼比的提高系数；

ζ'_{z0}——埋置模型基础的地基竖向阻尼比；

$\zeta'_{x\varphi_1 0}$——埋置模型基础的地基水平回转向第一振型阻尼比；

$\zeta'_{\psi 0}$——埋置模型基础的地基扭转向阻尼比。

(5) 模型基础底面积对地基土参振质量影响的换算

基础振动时地基土参振质量值，与基础底面积的大小有关，因此，由明置模型基础测试的竖向、水平回转向和扭转向的地基参加振动的当量质量，当用于计算机器基础的固有频率时，应分别乘以设计基础底面积与测试基础底面积的比值。

(6) 模型基础桩数对桩基抗压刚度影响的换算

由于桩基的刚度 K_{zh} 与试验时的桩数有关，测试时的桩数多，得单桩抗压刚度小于 2 根桩测试的单桩抗压刚度，这是由于群桩反力相互影响的原因，因此，在由 2 根或 4 根桩的桩基础测试的单桩抗压刚度，当用于桩数超过 10 根桩的桩基础设计时，应分别乘以群桩效应系数 0.75 或 0.9。

第二节　振动衰减测试

一、概述

由振源（如动力机器基础、交通车辆、打桩等）产生的振波，在地基土中传播时，受到地基土的内部阻尼和振动能量扩散的影响，使振波的振幅随着离开振源的距离而逐渐减小，振波衰减作用对周围环境的影响及厂区总图布置等非常重要。国内外对工业振源引起的弹性波在土体中传递规律的研究日益重视，我国从 20 世纪 60 年代就开始进行振动衰减测试研究工作，研究表明：体波（纵波和剪切波）的振幅与 r^{-1} 成正比例地减小，而表面波振幅与 $r^{1/2}$ 成正比例地减小（r 为离振源的距离），因此，在同样条件下，体波衰减得较快。

影响振动在地基土中衰减的因素很多，一般以地基能量吸收系数 α 值的大小，表示振动衰减的快慢，在相同条件下，α 值越大，衰减得越快。α 不是一个定值，它除与地基土性能有关外，还与振源的性质、能量、激振频率和离振源的距离等有关，一般情况下：振源频率高，α 值大；振源频率低，α 值小；离振源距离近，α 值大；离振源距离远，α 值小；基础底面积越小，衰减越快，α 值越大。振动衰减的测试应考虑上述各影响因素，根据实际设计工作的需要选用振源及布置测点，并尽可能与设计的实际情况相符合。

1. 下列情况应采用振动衰减测试：

(1) 当设计的车间内同时设置低转速和高转速的机器基础，且需计算低转速机器基础振动对高转速机器基础的影响时；

(2) 当振动对邻近的精密设备、仪器、仪表或环境等产生有害的影响时。

2. 振动衰减测试的振源，应根据设计需要，尽可能利用测试现场附近的动力机器基础或设计的基础受非动力机器振动的影响，也可利用现场附近的其他振源，如公路交通、铁路等的振动，当现场附近无上述振源时，才现浇一个试验基础，采用机械式激振设备作为振源。利用已投产的锻锤、落锤、冲压机、压缩机基础的振动，作为振源进行衰减测定，是最符合设计基础的实际情况的。因设计基础的面积、埋置深度、基底应力等与上述这些基础比较接近，用这些实测资料计算的 α 值，反过来再用于设计基础，与实际就比较符合。因此，在有条件的地方，应尽可能利用现有投产的动力机器基础进行测定。

3. 当采用现浇试验基础进行竖向和水平向振动衰减测试时，基础应埋置后再测试。由于振波的衰减，与基础的明置和埋置有关。一般明置基础，按实测振波衰减计算的 α 值大，即衰减快；而埋置基础，按实测振波衰减计算的 α 值小，衰减慢。特别是水平回转耦合振动，明置基础底面的水平振幅比顶面水平振幅小很多，这是由于明置基础的回转振动较大所致。明置基础的振波是通过基底振动大小向周围传播，衰减快，如果均用测试基础顶面的振幅计算 α 值时，明置基础的 α 值则要大得多，用此 α 值计算设计基础的振动衰减时偏于不安全。因设计基础均有埋置，故应在测试基础有埋置时测定。

4. 测试用的设备和仪器可按本篇第四章中的规定选用。

5. 测试基础、激振设备的安装和准备工作等，应符合本篇第四章中的规定。

6. 测试结果应包括下列内容：

（1）测试的数据，为便于校核，可按表 5.2.9“振动衰减测试记录表”的格式整理；

振动衰减测试记录表

工程名称：______ **表 5.2.9**

测点布置图	地质剖面图	测点号	测点距振源距离(m)	实测振幅值(μm)									备注
				垂直向			水平径向			水平切向			
				f_1= (Hz)	f_2= (Hz)	f_3= (Hz)	f_1= (Hz)	f_2= (Hz)	f_3= (Hz)	f_1= (Hz)	f_2= (Hz)	f_3= (Hz)	
		r_0											
		1											
		2											
		3											
		4											
		5											
		6											
		7											
		8											
		9											
		…											

记录______ 校核______ 负责人______ ______年______月

（2）不同激振频率测试的地面振幅随距振源的距离而变化的曲线（u_r-r）；

（3）不同激振频率计算的地基能量吸收系数随距振源的距离而变化的曲线（α-r）。

二、测试方法

1. 选择测点

（1）振源处测点的选择：

当在振源处进行振动测试时，传感器的布置宜符合下列规定：

1）当振源为动力机器基础时，应将传感器置于测试基础顶面沿振动波传播方向轴线边缘上；

2）当振源为公路交通车辆时，可将传感器置于外距行车道外侧线 0.5～1.0m 处；

3）当振源为铁路交通车辆时，可将传感器置于外距路轨外 0.5～1.0m 处；

4）当振源为打入桩时，可将传感器置于距桩边 0.3～0.5m 处；

5）当振源为重锤夯击土时，可将传感器置于夯击点边缘外 1.0～2.0m 处。

（2）沿地面测点的选择：

1）振动衰减测试的测点，不应设在浮砂地、草地、松软的地层和冰冻层上。由于传感器放在浮砂地、草地和松软的地层上时，影响测量数据的准确性，因此在选择放传感器的测点时，应避开这些地方。如无法避开，则应将草铲除、整平，将松散土层夯实。

2）测点应沿设计基础所需的振动衰减测试的方向进行布置。由于地基振动衰减的计算公式是建立在地基为弹性半空间无限体这一假定上的，而实际情况不完全如此。振源的方向不同，测的结果也不相同，因此，在实测试验基础的振动在地基中的衰减时，传感器置于测试基础的方向，应与设计基础所需测的方向相同。

3）测点的间距在距离基础边缘小于等于 5m 范围内宜为 1m；距离基础边缘大于 5m 且小于等于 15m 范围内宜为 2m；距离基础边缘大于 15m 且小于等于 30m 范围内宜为 5m，距离基础边缘 30m 以外时宜大于 5m（见图 5.2.17）；测试半径 r 应大于基础当量半径 r_0 的 35 倍，基础当量半径应按下式计算：

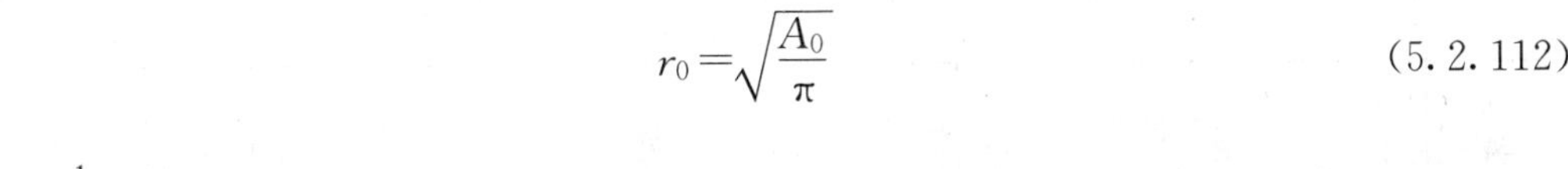

$$r_0=\sqrt{\frac{A_0}{\pi}} \tag{5.2.112}$$

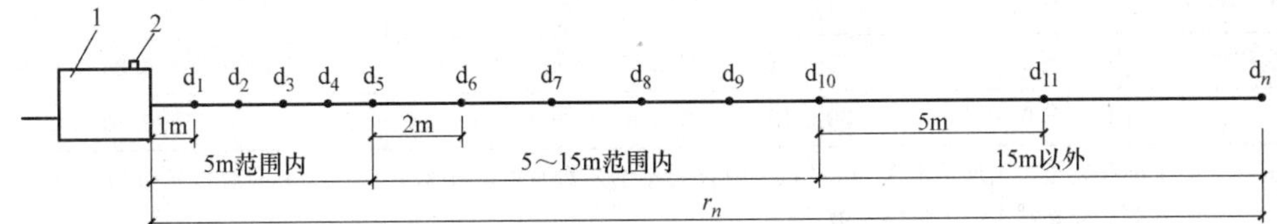

图 5.2.17　振动衰减测点布置图

1—模型基础；2—激振设备

上述测点间距为一般情况下的布置，当遇特殊情况，如由于生产工艺的需要，在一个车间较近的距离内同时设置有低转速和高转速的动力机器基础。一般低转速机器的扰力较大，基础振幅也较大，而高转速基础的振幅控制很严，因此设计中需要计算低转速机器基础的振动对高转速机器基础的影响，那么就需测试这个车间在影响距离内的地基土能量吸收系数 α 值，提供设计应用。设计人员应按设计基础间的距离，选用 α 值，以计算低转速机器基础振动对高转速机器基础的影响，此时应根据设计基础的实际需要，布置传感器，其间距应小于 1m。

2. 由于振动沿地面的衰减与振源机器的扰力频率有关，当进行周期性振动衰减测试时，测试基础的激振频率应选择与设计基础的机器扰力频率相一致。另外，为了积累扰力频率不相同时测试的振动衰减资料，尚应做各种不同激振频率的振动衰减测试。

3. 测试时，应记录传感器与振源之间的距离和激振频率。

三、数据处理

振动衰减测试的数据处理主要是通过不同激振频率测试的地面振幅随距振源的距离而变化的曲线（u_r-r）；计算出地基能量吸收系数 α 随距振源的距离而变化的曲线（α-r），提供给设计应用。

振动衰减测试的数据处理，应符合下列要求：

1. 数据处理时，应绘制由各种激振频率测试的地面振幅随距振源的距离而变化的 u_r-r 曲线图。

2. 地基能量吸收系数，可按下式计算：

$$\alpha=\frac{1}{f_0}\frac{1}{r_0-r}\ln\frac{u_r}{u_0\left[\frac{r_0}{r}\zeta_0+\sqrt{\frac{r_0}{r}(1-\zeta_0)}\right]} \tag{5.2.113}$$

式中 α——地基能量吸收系数（s/m）；

f_0——激振频率（Hz）；

u_0——测试基础的振幅（m）；

u_r——距振源的距离为 r 处的地面振幅（m）；

ξ_0——无量纲系数，可按表 5.2.10 选用。

无量纲系数 **表 5.2.10**

土的名称	模型基础的当量半径(m)							
	≤0.5	1.0	2.0	3.0	4.0	5.0	6.0	≥7.0
一般黏性土、粉土、砂土	0.70～0.95	0.55	0.45	0.40	0.35	0.25～0.30	0.23～0.30	0.15～0.20
饱和软土	0.70～0.95	0.50～0.55	0.40	0.35～0.40	0.23～0.30	0.22～0.30	0.20～0.25	0.10～0.20
岩石	0.80～0.95	0.70～0.80	0.65～0.70	0.60～0.65	0.55～0.60	0.50～0.55	0.45～0.50	0.25～0.35

注：1. 对于饱和软土，当地下水深 1m 及以下时，无量纲系数宜取较小值，1～2.5m 时宜取较大值，大于 2.5m 时宜取一般黏性土的无量纲系数值；

2. 对于岩石覆盖层在 2.5m 以内时，无量纲系数宜取较大值，2.5～6m 时宜取较小值，超过 6m 时，宜取一般黏性土的无量纲系数值。

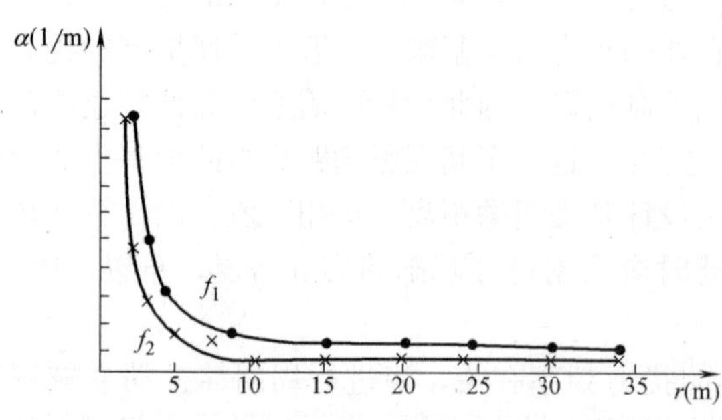

图 5.2.18 α 随 r 的变化曲线

3. 提供设计应用的 α 值，不应提供 α 的平均值，而应提供 α 随 r 的变化曲线（α-r）（图 5.2.18），由设计人员根据设计基础离振源的距离选用 α 值。

4. 基础底面积的修正：试验基础的底面积不可能与实际基础一样，而底面积小的基础振动时传出去的振波沿地面衰减快，计算的 α 值大，用于设计基础的振动衰减就偏于不安全，因此要按面积进行修正。修正计算方法可将 α 值乘以面积修正系数ξ，ξ按下式计算：

$$\xi = 0.543e^{\frac{0.8}{A_f}} \tag{5.2.114}$$

第三节　地脉动测试

一、概述

地脉动测试是地基动力特性测试方法之一，是为场地抗震性能和环境振动评价服务的。20 世纪 60 年代，日本学者在所观测到的强震记录结果与同一地点所获得的地脉动频数周期曲线比较，认为它们之间符合得很好。我国地震局系统的一些研究单位也做了很多研究工作，如在西宁地震小区划中，利用地面脉动观测、结合钻探、波速资料对第四系覆盖区的工程地质评价取得较好效果。但美国学者在类似的研究工作中所得的结果认为它们之间无直接关系，不同地震震级的地面运动主周期是个变化的量。用地脉动或小地震观测资料所得到的功率谱与大地震时地面强烈运动时观测到的地面运动反应谱还是有区别的。脉动表现的是场地地层在弹性振动范围内的滤波放大作用，地震时的地面运动反应谱表现的是场地地层在弹塑性振动范围内输入地震波对能量吸收放大作用，这时地基土不仅有黏滞阻尼，还受过程阻尼大小影响。虽有上述不同的看法，但地脉动测试作为地基动力试验方法已被越来越多的人所采用，它不仅是为抗震设计提供动力参数，而且还作为工程地质评价环境振动等多方面的应用。

目前各国的抗震设计大多采用反应谱理论来计算地震对结构的影响，我国抗震设计也是以这一理论为基础的，在我国《建筑抗震设计规范》GB 50011—2010 中给出抗震设计的标准反应曲线，见图 5.2.19，反应曲线中的特征周期 T_g 是按场地类别和设计地震分组确定的。场地反映谱的特征周期通常应该由强地震时观测到的地面运动反应谱中来确定，但大地震不会经常发生，于是人们考虑到能否用地面脉动测试后分析的功率谱来代替，成为人们研究的课题而提出。

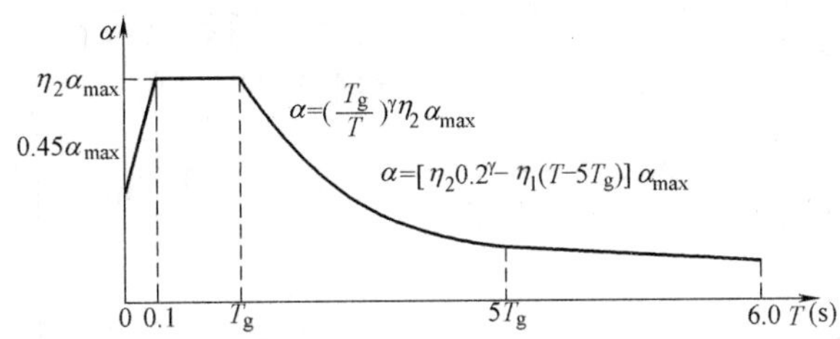

图 5.2.19　地震影响系数曲线

α—地震影响系数；α_{max}—地震影响系数最大值；η_1—直线下降段的下降斜率调整系数；γ—衰减指数；T_g—特征周期；η_2—阻尼调整系数；T—结构自振周期

地脉动测试较多地应用于地震小区域划分、震害预测、厂址选择或评价、提供动力机器基础设计参数，有时将地脉动作为环境振动评价，可供精密仪器仪表及设备基础进行减震设计时参考；对地区脉动测试资料进行对比，也可用作地基土分类、场地稳定性（如滑坡、采空区、断裂带等）的评价或监测、第四纪地层厚度、场地类别区分等方面作参考。在石油天然气、地热资源等地球物理勘探方面也可提供有用信息。利用地脉动观测方法对房屋、古建筑、桥梁等作模态分析都有较好的应用前景。

二、地脉动及其统计特性

人们知道，地球表面无时无刻不在作不规则的微弱震动，其震动的周期为 0.1～1.0s，位移幅值不到几微米，加速度值小到 $10^{-7}g$，对这种场地的微弱震动称为地脉动，又称为常时微动或地微动。脉动的产生可以认为是气象变化、潮汐、海浪等自然力和交通运输、动力机器、爆破冲击等人为振源经地层介质多重反射和透射、由四面八方传播到测试点的多维波群随机集合而成的，随时间作不规则的微弱振动，可理解为剪切波在场地表土层中的多重反射结果，具有平稳随机过程的性质，即脉动信号的频率特性不随时间的改变而有明显的不同。这样，地脉动的时间历程记录虽不能精确重复或预测是一种无规律的随机振动过程，但这种随机过程只要获得足够长的时间历程记录、足够数量的样本函数，就可以在概率意义上求得统计特征参数，如均值、均方值、方差、概率密度函数、概率分布函数和功率谱密度函数等。

由概率统计的基本理论可知，随机过程 $\{x(t)\}$ 在 t 时刻的均值 $\mu_x(t)$ 就是概率统计学中的变量 $x(t)$ 的数学期望值，均方值 φ_{x}^2 为 $x^2(t)$ 的数学期望值：

$$\mu_{\mathrm{x}}(t)=E[\{x(t)\}]=\lim_{T\to\infty}\frac{1}{T}\int_0^{\mathrm{T}}x(t)\mathrm{d}t \tag{5.2.115}$$

$$\varphi_{\mathrm{x}}^2(t)=E[\{x^2(t)\}]=\lim_{T\to\infty}\frac{1}{T}\int_0^{\mathrm{T}}x(t)\mathrm{d}t \tag{5.2.116}$$

上述参数中，均方值描述信号的能量，均值描述信号的静态分量，方差 σ_{x}^2 描述信号的动态（波动）分量，其相互关系为：

$$\sigma_{\mathrm{x}}^2=\varphi_{\mathrm{x}}^2(t-\mu_{\mathrm{x}}^2)(t) \tag{5.2.117}$$

对于一个随机过程 $\{x(t)\}$，它的自相关函数 $R_{\mathrm{x}}(\tau)$ 定义为 $x(t)$ 与 $x(t+\tau)$ 时刻各样本函数值乘积的系集平均，假定 τ 为延迟时期，则：

$$R_{\mathrm{x}}(\tau)=\lim_{T\to\infty}\frac{1}{T}\int_0^{\mathrm{T}}x(t)\times(t+\tau)\mathrm{d}t \tag{5.2.118}$$

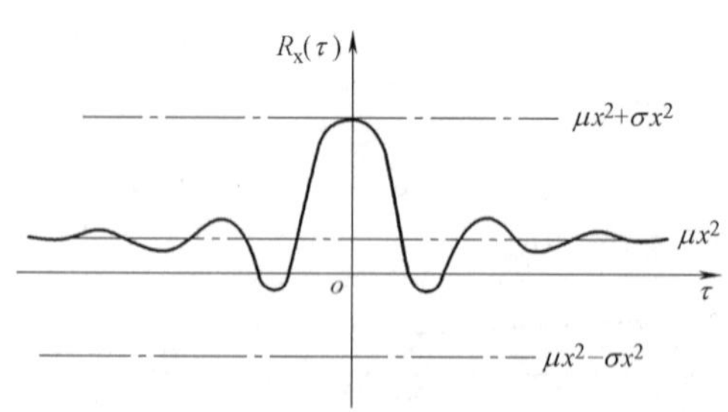

图 5.2.20　自相关曲线图

自相关函数描述了随机过程 t 时刻与另一时刻 $t+\tau$ 之间的关系，如图 5.2.20 所示。当 τ 很小时，随机变量 $x(t+\tau)$ 就会与 $x(t)$ 相差很小，表明密切相关；当 $\tau=0$ 时，$R_{\mathrm{x}}(\tau)$ 有最大值，即函数对自身的关系是完全相关；当 $\tau\to\infty$ 时，相互关系很弱，可能毫不相关。

在研究随机过程的统计特性时，通常只研究最重要的两个基本特征参数，即均值和自相关函数。地脉动如果在白天观测，由于交通工具的行驶、动力机械运转、爆破冲击等人类生产活动的影响，其脉动记录的统计特性会随着时间发生很大的变化，这时不能作为一个平稳的随机过程。但地脉动观测如在夜深人静时进行，在相同的地质地貌单元所记录的地脉动随机振动过程，其统计特性基本上是不随时间变化的，其均值和自相关函数不随时间 t 变化，则满足下列两式要求：

$$u_{x}(t)=\mu_{x} \tag{5.2.119}$$

$$R_{x}(t+\tau)=R_{x}(t) \tag{5.2.120}$$

这时脉动随机过程是平稳振动过程，因此我们在脉动测量时，可以用有限的时间记录来代替无限长随机振动过程的依据，不过这有限时间也应该是足够长的时间。

由电学可知，电流 i 流经电阻 R 的功率为 i^2R，在信号分析中，也可将信号瞬时值的平方视为信号的即时功率，即将功率对时间的积分除以积分间隔，称为信号在该时间间隔内的平均功率。因此，周期信号 $x(t)$ 在一个周期内的平均功率为：

$$P=\frac{1}{T}\int_{0}^{T}x^{2}(t)\mathrm{d}t \tag{5.2.121}$$

对于无限长的非周期过程 $x(t)$，截取 $|t|\leqslant T/2$ 的一段，得到一截短函数 $x_{t}(t)$：

$$x_{\mathrm{T}}(t)=\begin{cases}x(t) & |t|\leqslant T/2\\ 0 & |t|>T/2\end{cases} \tag{5.2.122}$$

当 $T\rightarrow\infty$时，$x_{\mathrm{T}}(t)\rightarrow x(t)$

设 $x_{\mathrm{T}}(t)$ 的傅里叶变换为 $X_{\mathrm{T}}(f)$，则有：

$$x_{\mathrm{T}}(f)=\int_{-\infty}^{\infty}X_{\mathrm{T}}(t)e^{-j2\pi f}\mathrm{d}t \tag{5.2.123}$$

其逆变换为：

$$x_{\mathrm{T}}(t)=\int_{-\infty}^{\infty}X_{\mathrm{T}}(f)e^{-j2\pi f}\mathrm{d}t \tag{5.2.124}$$

相应地，$x(t)$ 的平均功率为：

$$P=\lim_{T\rightarrow\infty}\frac{1}{T}\int_{-T/2}^{T/2}x^{2}(t)\mathrm{d}t=\lim_{T\rightarrow\infty}\frac{1}{T}\int_{-}^{\infty}\infty x_{\mathrm{T}}^{2}(t)\mathrm{d}t \tag{5.2.125}$$

$$=\int_{-\infty}^{\infty}\lim_{\mathrm{T}\rightarrow\infty}\frac{1}{T}|X_{\mathrm{T}}(f)|^{2}\mathrm{d}f$$

或

$$P=\lim_{\mathrm{T}\rightarrow\infty}\frac{1}{T}\int_{-T/2}^{T/2}x^{2}(t)\mathrm{d}t=\int_{-\infty}^{\infty}S_{x}(f)\mathrm{d}f \tag{5.2.126}$$

其中

$$S_{x}(f)\lim_{\mathrm{T}\rightarrow\infty}\frac{1}{T}\cdot X_{\mathrm{T}}(f)\cdot X_{\mathrm{T}}^{*}(f)=\lim_{\mathrm{T}\rightarrow\infty}\frac{1}{T}|X_{\mathrm{T}}(f)|^{2} \tag{5.2.127}$$

$X_{\mathrm{T}}^{*}(f)$ 为 $X_{\mathrm{T}}(f)$ 的共轭复数，即 $X_{\mathrm{T}}^{*}(f)=\int_{-\infty}^{\infty}x_{\mathrm{T}}(t)e^{j2\pi ft}\mathrm{d}t$ 。

上述两式即为帕斯瓦尔定理：即信号按时域计算的平均功率，等于按频域计算的平均功率。

由于 $S_{x}(f)$ 表示信号的平均功率（或能量）在频域上的分布，即单位频带的功率随频率变化的情况，故可称为信号 $x(t)$ 的自功率谱密度函数，简称自功率谱或自谱。

根据维纳-辛钦关系，自谱与自相关函数为一傅里叶变换时，即：

$$S_{\mathrm{x}}(f)=\int_{-\infty}^{\infty} R_{\mathrm{x}}(\tau) e^{-j 2 \pi f t} \mathrm{d} \tau \tag{5.2.128}$$

$$R_{\mathrm{x}}(\upsilon)=\int_{-\infty}^{\infty} S_{\mathrm{x}}(f) e^{-j 2 \pi f t} \mathrm{d} f \tag{5.2.129}$$

$S_{\mathrm{x}}(f)$ 是 f 的偶函数，包含正、负频率的双边功率谱。在实际应用时，常采用不含负频率的单边功率谱，用 $G_{\mathrm{x}}(f)$ 表示，它与 f 轴包围的面积等于信号的平均功率，可表示为：

$$P=\int_{-\infty}^{\infty} S_{\mathrm{x}}(f) \mathrm{d} f=\int_{0}^{\infty} G_{\mathrm{x}}(f) \mathrm{d} f \tag{5.2.130}$$

如用均方根谱，即有效值谱 $\psi_{\mathrm{x}}(f)$ 表示时，则：

$$\psi_{\mathrm{x}}(f)=\sqrt{G_{\mathrm{x}}(f)} \qquad (f \geqslant 0) \tag{5.2.131}$$

$S_{\mathrm{x}}(f)$ 或 $G_{\mathrm{x}}(f)$ 的单位为 mm^2，$\psi_{\mathrm{x}}(f)$ 的单位为 mm，随机信号的谱是连续谱，是谱密度函数，位移信号 $x(t)$ 的 $S_{\mathrm{x}}(f)$ 或 $G_{\mathrm{x}}(f)$ 的单位是 $\mathrm{mm}^2/\mathrm{Hz}$，$\psi_{\mathrm{x}}(f)$ 的单位是 $\mathrm{mm}/\sqrt{\mathrm{Hz}}$，地脉动这些物理特性取决于震源机制、传播途径和场地地基土的类别等因素，可见地脉动的周期成分与场地土性质、层厚及分层等情况密切相关。场地土层对不同方向传来的入射波群具有滤波和选频性能，它能增强或削弱入射波群中部分波群而形成不同频谱形状。根据脉动信号功率（能量）在频域中的分布情况，可分为窄带脉动、宽带脉动等类型，窄带脉动的功率集中于某一、两个中心频率附近，宽带脉动的功率分布在较宽的频带。例如软土对高频信号起滤波作用，而对低频信号则起放大作用；对硬土则与此相反，所以不同的土层具有不同的选频与共振特性，它能增强或抑制入射波群中频率成分的比值，而形成不同的频谱形状。从地脉动测试中我们可以知道，在其他情况相同时，地基土越密实，频谱图中峰值频率越高（即周期越短）；对松散的地基，频谱图中峰值频率较低（周期较长）。地脉动信号可用高灵敏度的测震仪器观测记录，最终得到的场地微震动幅频特性的成果资料是场地的卓越周期（或卓越频率）和最大位移、速度、加速度值。

三、测试仪器及方法

地脉动测试在每个测试工程项目中要根据具体情况制定测试方案。现将有关地脉动测试仪器和测试方法作简要说明。

1. 测试仪器

在工程勘察中场地脉动观测的频率一般在 0.5～10Hz 范围内，其振幅值在百分之几微米到几微米。因此要求地脉动观测系统的低频频响特性好、信噪比高，工作性能稳定可靠，其系统的放大倍数应不低于 10^5 倍。国外有成套的设备，如 FBA-23 三分量力平衡式加速度计、FBA-13DH 井下三分量力平衡式加速度计、SSR-1 型固态记录仪、脉动测试仪器等。国内仪器有：923 型井下三分量检波器及配套的放大器、传感器及测试分析设备等。

（1）传感器：

传感器为一次仪表，要求灵敏度高、分辨率高，可根据工程需要选择速度型或加速度型传感器，一般以选用速度传感器较多，如 65 型拾振器、701 型拾振器，灵敏度约为 3.7V·s/m，自振周期大于 ls；如工程需要加速度时，应采用低频性能好、灵敏度高的加速度传感器。地下脉动观测孔内的拾振器必须密封，以防漏水、漏电现象发生，其拾振器应置于孔底。

（2）测振放大器：

为使观测系统具有高灵敏度和高分辨率，要求放大器的低频性能好，频带带宽应为 1～1000Hz，信噪比大于 80dB。并具有微、积分电路，以适应不同振动参量的观测需要。宜用 6 通道放大器，各通道的一致性良好。可同时在地面与地下同时观测不同方向的脉动信号，放大器应选用体积小、重量轻、防振、防尘、防潮的便携式放大器，能适应气温在－10～＋40℃范围内的工作。

（3）采集分析仪：

在现场测试时，宜采用信号采集分析仪进行实时采集分析，信号采集用多通道、A/D 转换器不低于 16 位、增益大于 12dB、低通滤波器大于 80dB/倍频程，具有时域、频域加窗、抗混滤波等完备的信号分析软件，如富氏谱、功率谱、信号平均处理等功能。

2. 测试方法

脉动测试工作量布置应根据工程规模大小和性质以及地质构造的复杂程度来确定，一般每个建筑场地或地貌单元宜不少于 2 个测试点，以便资料对比和提高测试成果的可靠性。如果同一建筑场地在不同的地质地貌单元，其地层的组成不同，地脉动的幅频特性也有差别，这时应适当增加脉动测试点。

脉动观测点的布置要考虑周围环境的干扰影响，调查周围有无动力机器振动源及其工作情况，以便远离或避开动力机器工作时的振动影响，确保地脉动的微弱振动信号不被干扰信号所淹没。测点应布置在离 2/3 倍建筑物高度外，以消除建筑物荷载的附加应力影响，并避免地下管道、电缆的影响。地下管道内部一般有液体流动，产生干扰杂波；电缆所产生的电磁场则对仪器产生电干扰。场地脉动特性和地层的剪切波速都与地基土的动力特性有关，为了探索两者之间的内在联系，积累资料，因此地脉动测试点宜选在波速测试孔附近。

综合考虑上述因素后选定地脉动测试点，测试前在测点位置去掉表层素填土，挖至天然土层，试坑面积约 1m^2 左右，待坑底整平后用地质罗盘确定方位，安置东西、南北、垂直三个方向的传感器。

地下脉动测试点宜选在基岩上，如覆盖层太厚，也可选在重要建筑物的持力层上或剪切波速超过 500m/s 的坚硬土层上。一般情况地下脉动是在钻孔中进行，最好与地面脉动观测同时进行，这样也便于资料的对比，可以了解地脉动幅频特性竖向分布情况和场地土层对脉动信号的放大作用。地脉动的观测时间一般都在深夜或周围环境比较安静的时候，记录脉动信号时在距离观测点 100m 范围内应无人为振动干扰。如果测试目的是要考虑环境振动对精密仪器设备的影响，则不受此条件限制。

脉动观测前检查仪器的各个环节，将三个方向互相垂直的拾振器轻轻地安置于试坑或钻孔中，将拾振器、放大器、采集分析仪用导线连接后通电检验，调好零点，待观测系统一切正常后，方可进行观测记录。仪器参数、设置应根据所需频率范围设置低通滤波和采样频率。采样频率宜取 50～100Hz。每次记录时间应不少于 15min，记录次数不得少于 3 次。

四、数据处理

地脉动观测所记录的时程曲线（在剔除明显的环境干扰——人为因素引起的振动之后）是一种平稳随机过程。这样，在理论上可以任意提取所记录的样本函数进行分析。所谓场地的卓越周期，就是在时程曲线上出现次数最多（占优势）的时间间隔（即周期）。地脉动测试资料的分析处理随着测试分析仪器的发展阶段有所不同，在早期用光线示波器记录时，在记录的时程曲线上把出现次数最多的时间间隔，即在周期频度曲线上峰值的两倍称之为卓越周期。随着科学技术的发展，信号数据处理频率域上的分析得到的富氏谱、功率谱图中的峰值频率，可称为卓越频率 f，而卓越频率 f 的倒数，记作 $1/f$ 称为卓越周期 T。脉动的幅值表征着场地振动干扰背景的大小，并在一定程度上反映着场地地基土对振动的敏感程度。场地的干扰背景对微动的幅值具有很大的影响，在同一观测点，随着观测时间的不同，幅值变化很大，白天的振幅比夜晚的要大得多，所以振幅的取值要注意观测时间的环境条件并注明。通常在基岩或坚硬地层上，其卓越周期小，振幅也小，而软弱地层上卓越周期大，振幅也大。

地脉动信号处理的目的在于求得场地的卓越周期和最大振幅，其方法有：

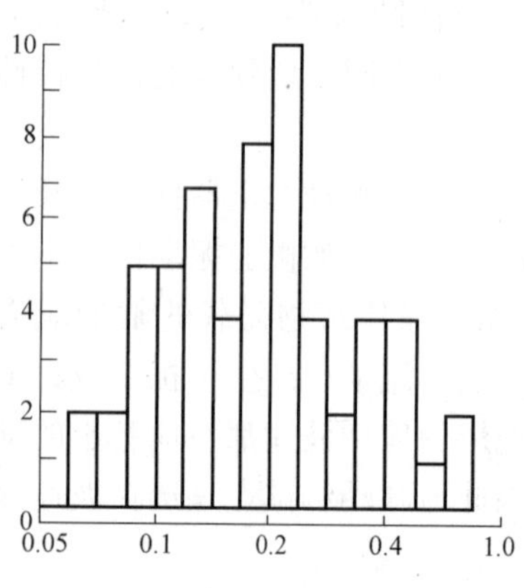

图 5.2.21　埃尔森特罗地震波的周期-频度图

1. 时间域处理：在时程曲线上用零交法作周期-频度分布图。在确认脉动信号波形正常的情况下，取记录长度为 t 秒的时程曲线上作一横轴中心线，求出与该横轴相交的 m 个半波数，其平均周期为 $T=2\cdot t/m$(s)，然后以周期大小分类，由小到大排列在横坐标上，以各周期统计的次数为纵坐标，如图 5.2.21 所示。在该图上出现频度最高的周期即为场地的卓越周期。脉动信号的幅值可以取脉动信号的最大幅值，此时的频率也可由零交点间隔的 2 倍的倒数求得。

2. 频率处理：在信号处理之前应确认脉动信号是否正常，挑选正常的脉动信号进行加窗和去直流预处理，然后方可进行处理工作。信号采集与处理方法流程如图 5.2.22 所示。

频率域分析时，一般取每个样本数据 1024 点，采样间隔可选 $\Delta T=0.01\sim0.02$s，选用哈明窗或海宁窗，平均化方式可选用算术平均或线性平均，平均次数一般在 40 次以上，对其信号进行富氏谱或自功率谱分析。在富氏谱或自功率谱曲线上，最大幅值所对应的频率为场地脉动信号的卓越频率，其倒数为场地的卓越周期。

在同一场地，对同一测点不同时间或不同测点同一方向的脉动信号进行比较时可进行互相关或互谱分析，以提高地脉动卓越周期测试精度，并进行综合评价。

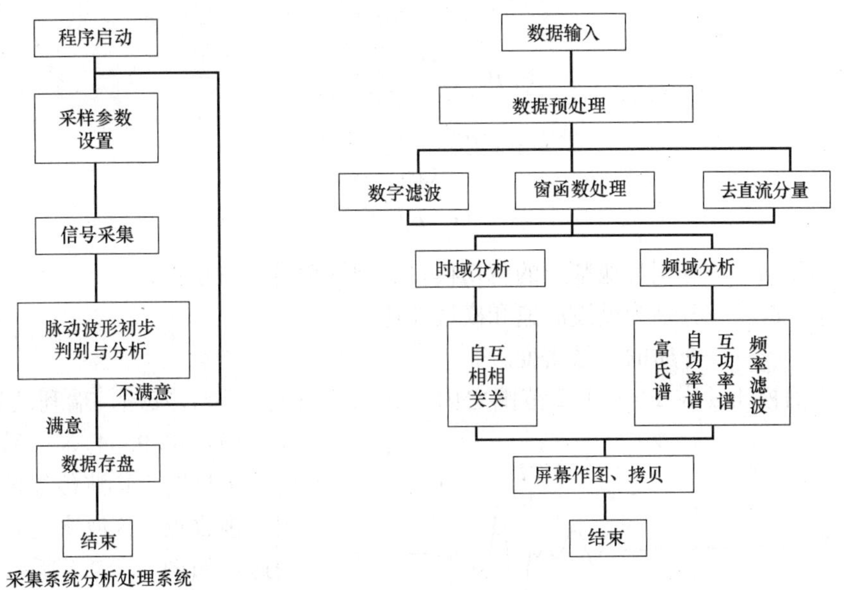

图 5.2.22　信号采集与处理方法流程图

第四节　波 速 测 试

一、概述

假定地基土是各向均匀同性的弹性介质，当它受到动载荷作用时，按照虎克定律，介质质点将产生位移应变，由于质点间的黏聚力和弹力联系，必然会引起相邻质点的位移应变，这种应变由近及远以波动的形式向外传播即为弹性波。它只是把位移应变这种运动形式向外传播出去，而质点本身并不随之前进。在介质内传播的弹性波存在两种独立的体波，即纵波和横波。纵波又称为压缩波，简称 P 波；横波又称为剪切波、简称 S 波。纵波质点振动的方向与波传播方向一致，波速用 v_P 表示，横波质点振动的方向与波传播方向垂直，波速用 v_S 表示。横波质点振动可以分解为两个相互垂直的振动，即垂直面内极化的 SV 波和水平面内极化的 SH 波。沿介质自由面传播的波称为表面波，一般是由体波在地表附近相互干涉产生的次生波。表面波中有瑞利波（简称 R 波）和乐夫波（简称 L 波），瑞利波在传播过程中，介质质点振动轨迹为一椭圆，其长轴垂直于地面、旋转方向与波的传播方向相反，波速用 v_R 表示；乐夫波产生的条件是上层介质横波速度小于下层介质的横波速度，介质质点振动在与波传播方向相垂直的水平面内振动，波速用 v_L 表示。

弹性波的传播速度与介质的弹性系数和介质密度密切相关，根据波动理论可以导出下列关系式：

$$v_P=\sqrt{\frac{1-\mu}{(1+\mu)(1-2\mu)}\cdot\frac{E}{\rho}} \tag{5.2.132}$$

$$v_S=\sqrt{\frac{1}{2(1+\mu)}\cdot\frac{E}{\rho}} \tag{5.2.133}$$

$$\mu=\frac{v_P^2-2v_S^2}{2(v_P^2-v_S^2)} \tag{5.2.134}$$

$$E=\frac{\rho v_S^2(3v_P^2-4v_S^2)}{2(v_P^2-v_S^2)} \tag{5.2.135}$$

$$G=\rho\cdot v_S^2 \tag{5.2.136}$$

式中 G、E、μ——分别为地基土的剪切模量、弹性模量、泊松比；

v_P、v_S——分别为纵波波速和横波波速；

ρ——介质的质量密度。

地基土泊松比 μ 在 1/4～1/2 范围之内，其纵波波速 $v_P\geqslant1.75v_S$，瑞利波波速 $v_R=(0.9194\sim0.9554)v_S$。所以从振源向外传播时，P 波传播的速度最先到达接收点，S 波次之，R 波最后到达，如图 5.2.23 所示。由振源传播出去的弹性波，至每一时刻波前的距离与每一种波的波速成正比。体波由振源沿着半球形的波前呈放射状向外传播，瑞利波在地表面呈环形波前向四周传播。每一种波的能量密度随振源距离 r 的增加而减小，这种能量密度的减小（或位移减小）称为几何阻尼（或辐射阻尼）。体波的振幅与距离 r 成反比，即振幅与 $1/r$ 成正比，体波振幅在地表面衰减更快，与 $1/r^2$ 成比例减小。面波振幅的衰减就要比体波慢得多，其振幅与距离的平方根成正比，即与 $1/r^{-2}$ 成比例减小。在弹性波的总输入能量中，瑞利波约占 67%、剪切波占 26%、压缩波 7%，这样总能量的 2/3 是以由瑞利波的形式向外传播。因此，在研究土的动力特性和抗震措施时，瑞利波的研究具有重要意义。当前面波测试中主要是对瑞利波测试，所以人们常把瑞利波测试简称为面波测试或面波勘探。

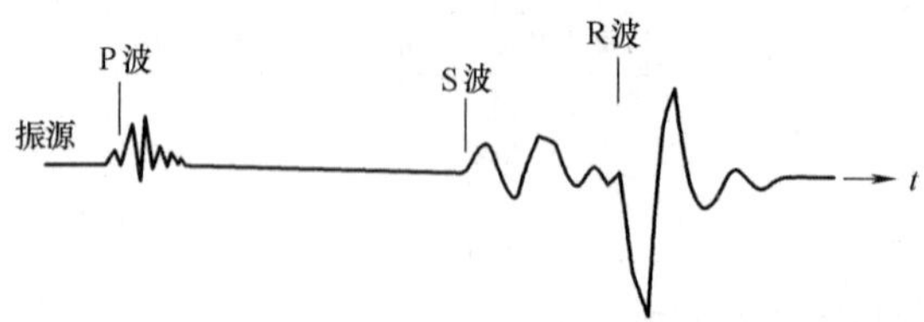

图 5.2.23　P 波、S 波、R 波的时序关系

弹性波在传播过程中，当遇到两层介质波阻抗不同的交界面时，入射波能量的一部分将由交界面反射回来，反射回来的波称为反射波；另一部分能量透过交界面进入第二层介质，这种波称为折射波，不同类型的入射波会产生不同的反射波和透射波，如图 5.2.24 所示。

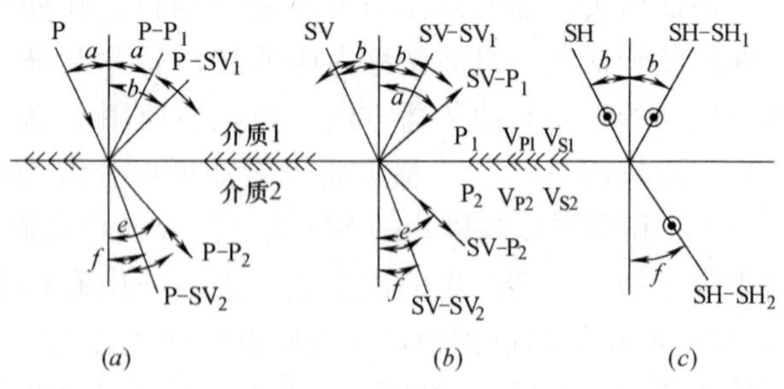

图 5.2.24　在两种弹性介质的界面上弹性波的分解

入射 P 波和 SV 波在两种介质的分界面将分别产生四种转型波：P 波产生反射的 P-P_1 波和 P-SV_1 波及折射的 P-P_2 波和 P-SV_2 波；SV 波产生反射的 SV-P_1 波和 SV-SV_1 波及折射的 SV-P_2 波和 SV-SV_2 波，而入射的 SH 波在两种介质的分界面只产生反射的 SH-SH_1 波和折射的 SH-SH_2 波。

在两层弹性介质的分界面上，入射波、反射波和透射波之间的运动学关系满足斯奈尔定律，即：

$$\frac{\sin\alpha}{v_1}=\frac{\sin\alpha'}{v_1}=\frac{\sin\beta}{v_2} \qquad (5.2.137)$$

式中　α、α'、β——入射角、反射角、透射角。

由式（5.2.137）可见，反射角和透射角的大小分别取决于反射波速度 v_1 和透射波的速度 v_2，对于同一界面的比值为常数。

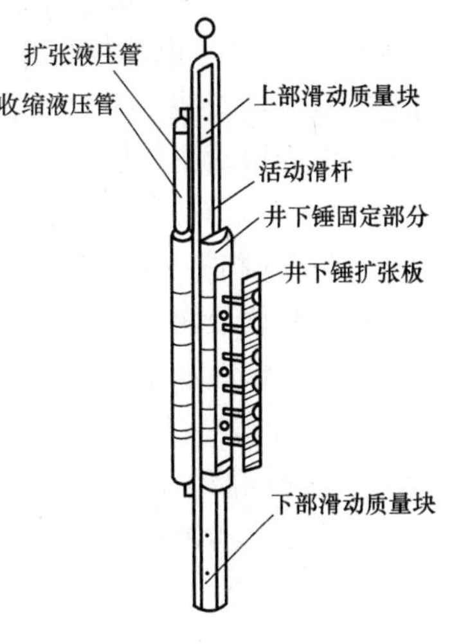

图 5.2.25　孔中剪切锤

对于由颗粒、水和气三相介质组成的土体，其性状将随三相介质的不同组合而有所变化，饱和土的 P 波速度除受孔隙率和土骨架模量的影响外，还受含水量的影响。而剪切波的传播速度 v_S 不受含水量的影响（水不能传播剪切波），主要取决于土骨架刚度，所以在岩土工程中应用较广泛的是 S 波。在工程勘察中主要是了解地表附近的岩土物理力学指标，用常规的工程地质与地震勘探方法，对第四纪地层分布及软弱土夹层的划分是比较困难的，对高层建筑、动力机器基础、水坝坝基等动力计算和抗震设计所需的各项地基动力参数，可用波速测试等现场原位测试方法来解决。

根据上述有关弹性波性质的介绍，我们可以充分利用各种弹性波的特点，针对不同的问题，可采用不同的测试方法。如地震勘探是人们最先用来探查地质构造及地层分布情况的，用炸药爆破很容易产生 P 波，并首先到达接收点，在地震记录波形曲线上很容易识别，而 S 波和 R 波常被视为干扰波滤掉。随着土动力学学科理论和电子计算机技术的发展，剪切波振源问题的解决和测试技术水平的提高，为波速测试开拓了广阔的前景。

二、钻孔波速测试

钻孔波速测试是利用钻孔测定地基土剪切波速的原位测试方法，测试所需场地较小，操作简便，测试深度较浅，它保持了原状土的结构和状态。单孔法测的 P 波、SH 波，是地层的竖向波速平均值；跨孔法测的是 SV 波，为同一地层水平向波速平均值，测试精度高，但成本也高。岩土工程弹性波速测试，是了解地表近百米深度范围内地层的压缩波和剪切波波速，可应用于计算地基的动弹性模量、动剪切模量和泊松比；地基土的类型划分和场地土层的地震反应分析；在地基勘察中，配合其他测试方法综合评价场地土的工程力学性质。

1. 测试仪器设备

（1）单孔法仪器设备

1）三分量检波器，由置于密封钢质圆筒中的一个竖向、两个水平（互相垂直）的地震检波器组成。为了使其与孔壁紧密接触，其外侧有一气囊，用塑料胶管连通至地面气泵，以便测试时充气。各检波器信号通过屏蔽电缆接至地面与信号放大器连接。

2）放大器及记录系统，可采用多通道地震仪或多通道数据采集分析系统，对检波器接收信号进行放大、滤波、采集、记录、显示。要求高灵敏度、低噪声的性能指标，记录时间分辨率应高于 1μs。如用信号增强型地震仪，则可增加锤击次数来提高信噪比。

3）触发器，将压电晶体传感器安装于锤上，当敲击激振时，会产生瞬态脉冲电压；也可用地震检波器安装于振源板下边的地面，一旦水平敲击木板一端，板下检波器即产生感应信号，作为振动波传播的起始计时信号。

4）振源，剪切波振源宜用长 2～3m，宽 300～400mm、厚 40～60mm 的硬杂木。木板的中垂线距孔口 1～3m，木板应与地面紧密接触。对于坚硬地面，可在木板底面加胶皮或砂子；对于松软地面，可在木板底面加铁爪，以提高激振效果。上压不少于 500kg 的重物，用木锤或铁锤水平敲击木板的端部。纵波振源宜用大锤垂直敲击放置于地面的圆钢板（板厚约 30mm，直径 250mm），距孔口距离为 1～3m。当测试深度大时可用落锤或用爆炸振源产生压缩波。

（2）跨孔法仪器设备

1）振源孔中剪切锤如图 5.2.25 所示，是由一个固定的圆筒体和一个滑动质量块组成。当它放人孔内测试深度后，通过地面的液压装置和液压管相连，当输液加压时，剪切锤的四个活塞推出圆筒体与孔壁紧贴。工作时突然上拉绳子，使其与下部连接剪切锤活动质量块冲击固定的圆筒体，筒体与孔壁地层产生剪切力，在地层的水平方向即产生较强的 SV 波，由相邻的垂直检波器接收；松开拉绳，滑动质量块自重下落，冲击固定筒体，则地层中会产生与上拉时波形相位相反的 SV 波。

有时也可以利用标准贯入试验的空心锤锤击孔下的取土器，利用其偏振性产生较强的 SV 波，在钻孔孔底受到竖向冲击时，地层中产生 P 波分量，垂直上、下两方向传播的能量较弱，而 SV 波分量沿水平方向传播的能量较强，在与振源同一高度的另一接收孔内安装的垂直向检波器，能收到 SV 波较清晰的波形信号。这种振源结构简单，操作方便，能量大，适合于浅孔。

2）放大器和记录器同单孔法仪器设备。

2. 测试方法

（1）单孔法

在一个钻孔中分别对地层进行弹性波速测试的方法称为单孔法，又称检层法。可同时测定地层 P 波与 S 波波速，由于只需要一个钻孔，测试所需场地小，操作简单，是我国岩土工程测试最常用的方法。用于单孔法波速测试的钻孔，要求垂直度好，孔径要小。孔径大小以放入三分量检波器后上下活动自如为宜。测压缩波波速时，用重锤垂直敲击放置地面的钢板使其对地面形成冲击压力，以激起压缩波；测剪切波波速时，用铁锤或木锤水平敲击压有一定重量的木板两端，使木板与地面之间产生水平剪切力，而产生 SH 波，这样可获得两个起始相位反向的 SH 波时域波形曲线。

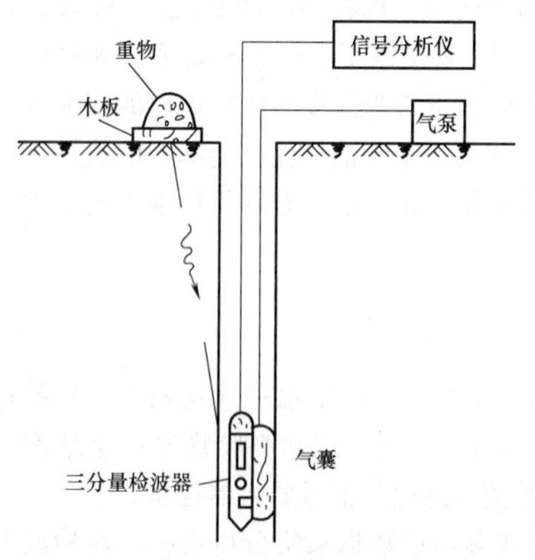

图 5.2.26　单孔法测试仪器设备示意图

单孔法测试时的仪器设备如图 5.2.26 所示。将三分量检波器放入孔内待测深度，对气囊充气使其紧贴孔壁，连接好仪器接线，待仪器通电正常后，即可激发振源，并由记录仪器显示记录。测试P波时，需用垂直敲击放置地表面的钢板；测SH波时，用锤分别水平敲击置于地面木板的两端，可得如图5.2.27所示的S波正、反向重叠波形图。如波形曲线完好，即可将检波器移至下一个测点深度处，重复上述步骤。测试时，宜自下而上按预定深度进行逐点测试，相邻测点的距离一般为1～3m，当有钻孔地层资料时，一般按地层上、下分界面进行测试，如地层较厚时，则可适当增加测点。测试工作结束后，应选择部分测点作重复观测，其复测点数量不应少于测点数的10%。当重复测点与原测点相对误差大于10%时，需查找原因重新观测；如信号太弱，则可增加振源能量或多次重复激振，使信号叠加满足信号分析要求。剪切波测试时，一般正反向敲击木板的两端各三次，以得到满意的正、反向相位相反的剪切波波形曲线。

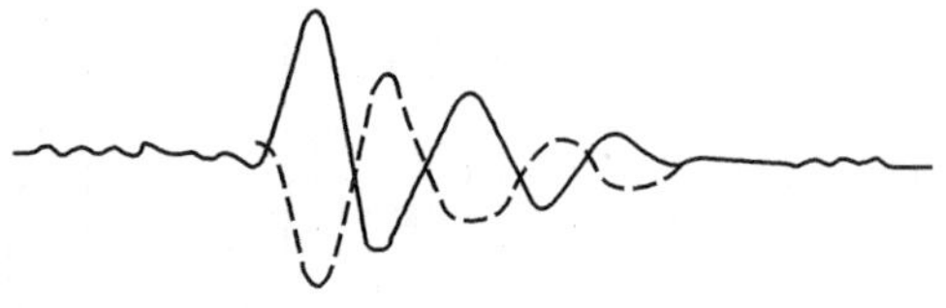

图5.2.27　S波正反向重叠波形图

（2）跨孔法

跨孔法波速测试一般需在一条平行地层走向或垂直地层走向的直线上布置同等深度的三个钻孔，其中一个为振源孔，另外两个为接收孔，这样可以消除振源触发器的延时误差。钻孔孔径以能保证振源和检波器顺利在孔内上下移动的要求，一般来说小的钻孔直径可减小对孔壁介质的扰动和增加钻孔的稳定性。钻孔间距既要考虑到相邻地层的高速层折射波是否先到达，以及波速随深度变化的传播路径不是直线的影响；又要考虑测试仪器计时精度不变的情况下，其测试精度随钻孔间距的减小相对误差增大的影响。对上述各项因素要统筹考虑，一般的孔间距在土层中2～5m为宜，在岩层中8～15m为宜。

跨孔法的钻孔应尽量垂直，并用高精度孔斜仪测定孔斜及其方位，如用加速度计数字式测斜仪，倾角测试误差低于0.1°，水平位移测试精度10^{-3}～10^{-4}m，即可满足工程测试要求。钻孔应下塑料套管，套管与孔壁的空隙用干砂充填密实；但最好是灌浆法，将由膨润土、水泥和水的配比为1∶1∶6.25的浆液自下而上灌入套管于孔壁之间。其固结后的密度约为16.7～20.6kN/m^3，接近于土介质的密度。这样，使孔内振源、检波器与地层介质间处于更好的耦合状态，以提高测试精度。

当钻孔的数量、孔径、孔深、孔距等根据工程地质的需要确定后，钻孔应进行一次性成孔，并下好塑料套管和灌浆，待灌浆凝固后，现场准备工作基本完成。跨孔法测试前，需查明各钻孔的孔口标高、孔距，随后用孔斜仪测定钻孔的孔斜及其方位，计算出各测点深度处的实际水平向孔距，供计算波速时用。测试一般从离地面2m深度开始，其下测点间距为每隔1～2m增加一测点，也可根据实际地层情况适当拉稀或加密，为了避免相邻高速层折射波的影响，一般测点宜选在某一地层的中间位置。

由标贯器（取土器）作振源的跨孔法测试仪器设备布置，如图5.2.28所示。其中一个钻孔为振源孔，另外两个为放置检波器的接收孔。每一测点其振源与检波器位置应在同一水平高度，并与孔壁紧贴，待其测试仪器通电正常后，即可激发振源和接收记录波形信号。当记录波形清晰满意后，即可移动振源和检波器，将其放至下一测点，如此重复，直到孔底为止。为了保证测试精度，一般应取部分测点进行重复观测，如前、后观测误差较

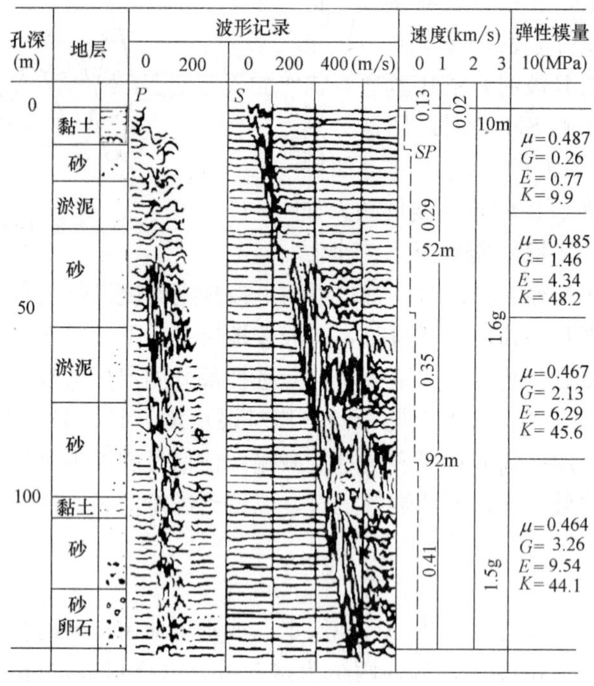

图 5.2.28　标贯器振源跨孔法测试示意图

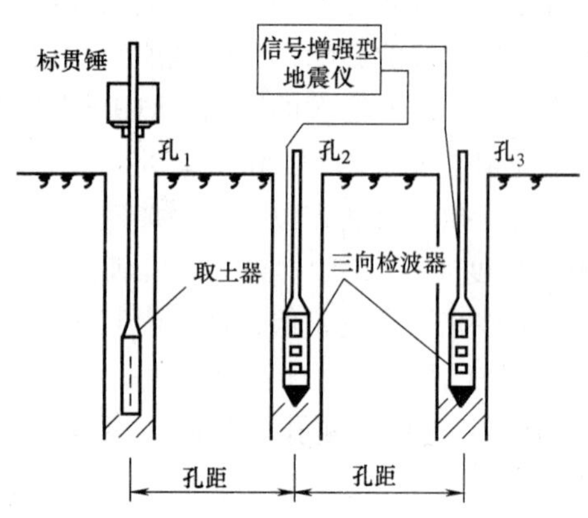

图 5.2.29　单孔法 P 波、S 波波形记录

大，则应分析原因，查清问题，在现场予以解决。这种重复观测，用孔下剪切锤可以进行；而用标贯器作振源时无法进行。

有时为了节约经费，避免下套管和灌浆等工序，一般的工程只用两个钻孔作跨孔法测试。这样，一个钻孔作为振源孔，用开瓣式取土器放至孔底，使振源激发深度与事先成孔的另一接收孔内的检波器深度相同，用重锤敲击取土器，由此产生 P 波和 SV 波。此法测试，深度较浅。在计算波速时，当钻孔较深时，应扣除钻杆内的波传播时间，其测试精度较低。

3. 数据处理

(1) 单孔法数据处理

1) 波形鉴别不同的弹性波具有不同的波形特征：

① P 波速度比 S 波速度快，P 波在时域波形曲线中为首先出现，是初达波；

② P 波的能量小，波形小，频率高，SH 波的能量大，幅度比 P 波大，频率低；

③ 利用 S 波的可逆偏振性，随着水平敲击木板两头的不同方向，可利用 SH 时域波形相位相反重叠以确定 SH 波的起始时间，见图 5.2.27。

钻孔的 P 波和 SH 波波形记录如图 5.2.29 所示。时距曲线的绘制，横坐标为时间，纵坐标为深度，在透明方格坐标纸上描绘 P 波、S 波的波场图，并注意对准激发基准时间，然后根据波形特征，确认 P 波、S 波的初至时间，由浅至深连续追踪读取。确定压缩波的走时应采用竖向检波器记录波形，确定剪切波的走时应采用水平检波器记录波形。

当振源与孔口不在同一水平标高时，应作如下斜距校正，其校正后的时间 T 按下式计算：

$$T=\frac{H+H_0}{\sqrt{L^2+(H+H_0)}}\cdot T_L \tag{5.2.138}$$

式中　T——压缩波或剪切波从振源到达测点经斜距校正后的时间（s）（相应于波从孔口到达测点时间）；

H——测点深度（m）；

H_0——振源与孔口的高差（m），当振源低于孔口时，H_0为负值；

L——振源（板中心）到测试孔的水平距离（m）；

T_L——P 波和 S 波从振源到达测点的实测时间（s）。

2）波速计算以深度 H 为纵坐标，时间 T 为横坐标，绘制时距曲线图。结合地层情况，按时距曲线上具有不同斜率的折线划分波速层，以每一段的斜率可求出此段所在区间地层的波速：

$$v=\frac{\Delta H}{\Delta T} \tag{5.2.139}$$

式中　ΔH——地层厚度（m）；

ΔT——与其相对应的地层厚度 P 波和 S 波的传播时间（s）。

（2）跨孔法数据处理

跨孔法可同时测定水平地层的 P 波和 S 波波速，该方法测试深度较深，可测出地层中的低速软弱夹层，其测试精度高，但成本也高，因而在重要的大、中工程中才应用。

利用水平检波器的波形记录，确定每一个测试深度 P 波到达二接收孔测点的初至时间 T_{P1}、T_{P2}；利用竖向检波器的波形记录，确定每一个测试深度 S 波测点的初至时间 T_{S1}、T_{S2}；根据测孔斜资料，计算由振源到达每一个接收孔的距离 S_1、S_2及差值 $\Delta S=S_2-S_1$，然后按下式计算每个测试深度的 P 波、S 波波速值：

$$v_P=\frac{\Delta S}{T_{P2}-T_{P1}} \tag{5.2.140}$$

$$v_S=\frac{\Delta S}{T_{S2}-T_{S1}} \tag{5.2.141}$$

式中　v_P——压缩波波速（m/s）；

v_S——剪切波波速（m/s）；

T_{P1}、T_{P2}——压缩波到达第一、第二接收孔测点的时间（s）；

T_{S1}、T_{S2}——剪切波到达第一、第二个接收孔测点的时间（s）；

S_1、S_2——由振源到达第一、第二个接收孔测点的距离（m）；

ΔS——由振源到达两接收孔测点的距离之差（m）。

目前，检层法与跨孔法的资料处理过程，一般都是从信号采集仪器上读取剪切波初至到时输入计算机或计算器计算波速，该方法虽然简单，但存在下列缺点：（1）到时读取是否准确可靠，无法立即判断；（2）分层后求层平均速度仍需手工进行；（3）无法按规范要求直接给出 v_{sm}等参数。现将正反两方向激发的信号同时显示，读取到时就很方便。波速

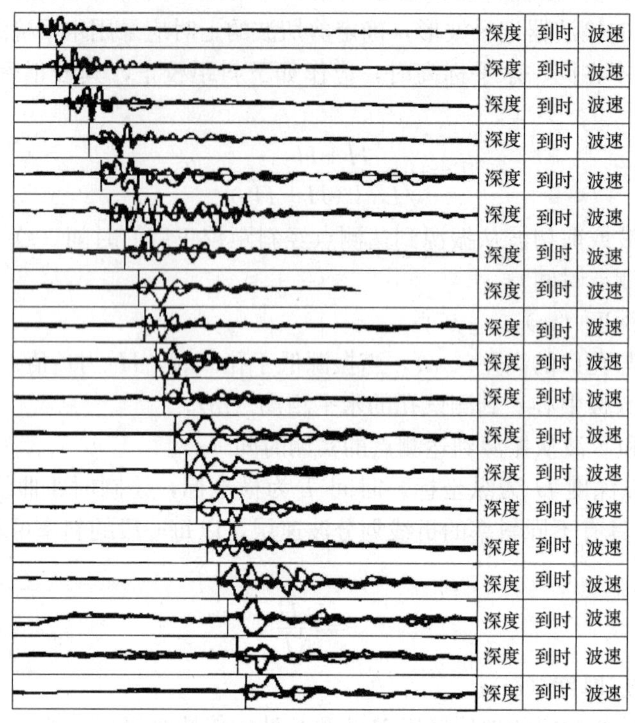

图 5.2.30　单孔法波速计算

的计算和显示是与到时的读取同时完成，实现这一过程，只要事先将测试点深度、孔口距等参数形成一数据文件即可。设计一游标（即在计算机屏幕上，可通过键盘或鼠标控制移动的亮线），通过处理人员的左右移动，屏幕上即显示时间，并同时从参数文件中取出参数，计算波速，并将深度、到时、波速三个参数显示在该点测试曲线的尾部。用来进行分层还有一定的困难，一般是由地质人员在钻孔柱状图上给出层位，而测试点在同一地层中可能不止一个，有必要对波速计算进行合并、平均，以便得与层位对应的波速值，单孔法波速计算如图 5.2.30 所示。土层平均剪切波速 v_{sm}值，它是规范中进行场地类别划分的依据，在本程序中，被设计成依靠游标指示的深度自动计算，并显示多个深度的 v_{sm}值。

三、面波法测试

瑞利波与其他弹性波相比具有下列特点：瑞利波的能量强度较大，约占总能量的 67％；它在地面传播时的能量衰减较慢；幅值随深度的增加迅速减小，一般认为穿透深度不超过一个波长。实测瑞利波波速 v_R代表自地表以下半个波长（λ_R）深度范围内地层波速的平均值。剪切波速 v_S与瑞雷波速 v_R之间有如下的近似关系：

$$v_R=\frac{0.87+1.12\mu}{1+\mu}\cdot v_S \tag{5.2.142}$$

一般地层土的泊松比 μ＝0.45～0.49，则土中可用 $v_R=0.953v_S$近似换算瑞利波：在地层分层介质中传播的频散现象：不同频率波长，它反映不同深度内介质平均性质的变化；不同频率瑞利波的波速 v_R，则反映介质在深度方向的不均匀性或异常，这是资料处理解释的依据之一。地震波在地表向外传播时，在时域波形序列曲线中，由于瑞利波的速度慢、频率低、能量强，在波形上容易分辨。在探测地层分布及地下异常情况时无需打钻孔，现场测试操作简便，成本较低，并具有较高的测试精度。因此，与其他工程测试手段相比瑞利波具有很大的优越性。随着测试仪器设备的不断更新，数据处理分析水平的不断提高，瑞利波勘探应用的前景广阔。

1. 仪器设备

（1）激振设备

1）稳态激振系统

① 机械偏心式激振器主要包括调压器、可控硅调速器和机械偏心式激振器。将 220V 交流电压，一路供给可控硅调速器，经可控硅调速器整流后，输出直流 200V 给直流电动机励磁电压；另一路给调压器交流电压在 0～220V 变化，经可控硅调速器整流后供给直流电动机电枢直流电压在 0～200V 变化，使直流电动机转速由低到高带动激振器振动。通过调节激振器内的偏心块角度，可以改变激振力的大小。

② 电磁式激振器主要由信号源、功率放大器和电磁式激振器三部分组成。由信号发生器输出单频信号，经功率放大器放大后输给激振器，即产生竖向振动。激振器的扰力通过底板传给地基土，在离振源一定距离外的检波器即可接收到瑞利波。改变信号源的频率，激振频率亦随之改变。控制功率放大器的电流，即可改变激振力的大小。电磁式激振器的工作频率范围较宽，可以满足探测地层不同深度的需要。

2）瞬态振源

可采取锤击、落重、爆炸等激振方式获得瞬态脉冲信号，瞬态脉冲信号由多种频率成分组成。根据勘探深度合理选择激振方式，激振力较小，产生瑞利波的主频较高；激振力较大，产生的主频较低。

（2）信号接收及记录分析仪器

1）检波器

检波器基本上都是电磁式的，如 SDJ、CDJ 型地震检波器，891 型拾振器，DP 型地震低频振动传感器。

2）信号记录分析仪

信号记录分析仪及其配套的计算机处理软件可完成记录的即时显示，模/数转换及数据存储，提高资料信噪比以及执行各种分析、处理、解释、成果数据和图形输出等工作。如 RSM、RS、INV 系列信号采集分析仪，都具有面波测试分析功能。

目前，常用的面波仪，依工作方式来分，大致可分为稳态与瞬态两种。有代表性的稳态仪器有日本的 GR-810、820 型面波探测仪以及国内的 RL-1 型等；而瞬态面波仪我国主要有 SWS 系列以及地震仪。

2. 测试方法

机械式稳态激振方式激振时可先在测试点浇筑一混凝土基础，待混凝土基础强度达到要求时，将电动机和激振器牢固地安装在基础上，使激振器产生的竖向扰力通过基础对地基产生地震波。在现场测试时，如图 5.2.31 所示为电磁激振器激振的面波测试仪器设备，当每个频率开始时先将两只检波器放在混凝土基础边的同一位置，检验两只检波器的一致性是否良好，从计算机屏幕上两条波形曲线相位相同时，说明两只检波器的一致性较好。

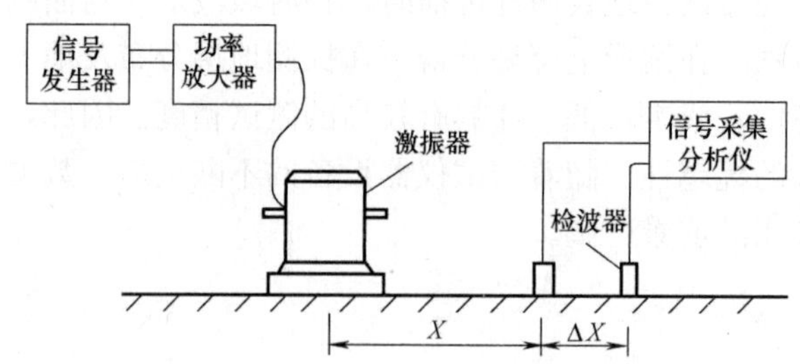

图 5.2.31　稳态面波勘探示意图

然后，将一个检波器固定下来，另一个检波器沿着预定的测线方向逐步远离激振器，当在双线示波器上两个波形出现 180°相位差（波形峰值反向）时即为半个波长，丈量两检波器之间的距离，并作记录。然后将这一检波器继续往前移动，当两个波形峰峰一致（即 360°相位差）时，丈量两检波器的距离，即为一个波长，同时记录下来，依次重复上述过程。当频率大于 10Hz 时，可以做到 4、5、6 个波长，当频率低于 5Hz 时，一般可做到 3 个波长。

采用瞬态 SASW 法测试时，振源板和两个拾振器布置于地表面同一条直线上。将重锤敲击振源板产生表面波（也可用锤直接敲地面，但要注意锤的选择，可用多种锤，如木锤、铁锤、大锤、小锤等试验效果），这种波含有多种频率成分。锤的大小取决于拟测土层的深度，地震波的激发采用锤击或落重，研究浅层土层时，采用锤击，此时激发的地震波频率较高；而对于较深土层，则应采用较大的锤或重物进行激发，以获得较低频率。当只测浅层土波速时，拾振器频率响应较高，可大于 1000Hz；当只测深层土波速时，拾振器频率响应则应较低。拾振器与信号分析仪相连接（信号较弱时可配放大器），可进行记录和作谱分析。为了避免土层不均匀性和其他外部因素对测试结果的影响，一般需做若干次平行试验。即选定一中心线 Q 并改变拾振器与振源相互间距离，在保持两拾振器关于 Q 线对称条件下进行一组试验。

待一致性满足要求后，在振源的同一侧放置两台间距为 ΔL 的竖向检波器，接收由振源产生的瑞利波信号。改变激振频率可测得不同深度处土层的瑞利波波速。机械式稳态激振产生的频率一般为 50Hz 以内，而电磁激振器的频率范围很宽，可从数赫兹到数千赫兹。

3. 数据处理

（1）时间差法

瑞雷波以单一简谐波形式传播时，距振源第一个检波器位移表达式为：

$$u_1 = A_1\sin(\omega\cdot t-\varphi) = A_1\sin\omega\left(t-\frac{x}{v_R}\right) \tag{5.2.143}$$

则距第一检波器距离为 Δx 的第二检波器的位移表达式可写为：

$$u_2 = A_2\sin\omega\left[(t+\Delta t)-\frac{(x+\Delta x)}{v_R}\right] \tag{5.2.144}$$

在稳态面波的两道原始振动记录图 5.2.32（a）上，由于周围环境振动及仪器电噪声干扰，记录的振动波形会发生畸变，因此在分析前先要将振动波形采取适当滤波方法，将

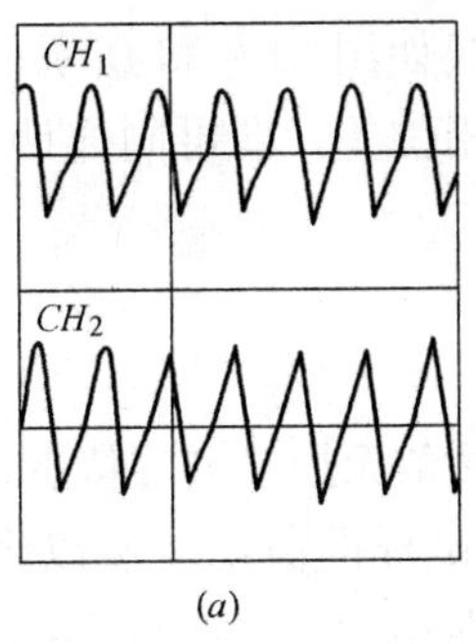

(a)

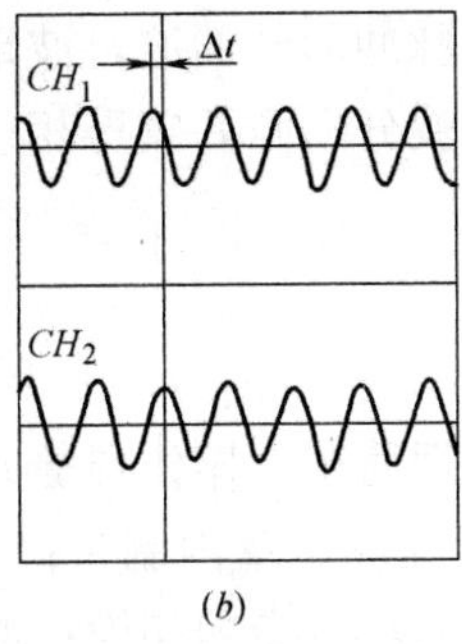

(b)

图 5.2.32　面波的原始记录及滤波处理效果

干扰信号消除，使其基本上恢复激振频率的面波信号，如图 5.2.32（b）所示，两条曲线的第一个峰值代表该波的同一个相位，量出它到达两个检波器的时差 Δt。同样，由式（5.2.143）和式（5.2.144）也可以算出两检波器 U_1 和 U_2 的时间差 Δt 为：

$$\Delta t=\frac{\Delta x}{v_R}$$

则：

$$v_R=\frac{\Delta x}{\Delta t} \tag{5.2.145}$$

一般把 Δx 调整为小于一个波长的长度。

（2）相位差法

《地基动力特性测试规范》GB/T 50269 推荐的是相位差法，它是在同一时刻 T 观测到两个检波器实测波形的相位差 $\Delta\varphi$，则相位表达式为：

$$\Delta\varphi=\omega\cdot\left(t-\frac{x}{v_R}\right)-\omega\cdot\left(t-\frac{x+\Delta x}{v_R}\right) \tag{5.2.146}$$

则

$$\Delta\varphi=\frac{\omega\cdot\Delta x}{v_R} \tag{5.2.147}$$

因而

$$v_R=\frac{\omega\cdot\Delta x}{\Delta\varphi}=\frac{2\pi\cdot f\cdot\Delta x}{\Delta\varphi} \tag{5.2.148}$$

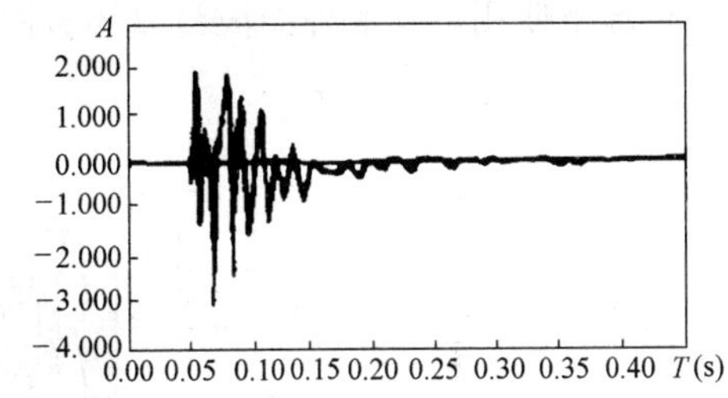

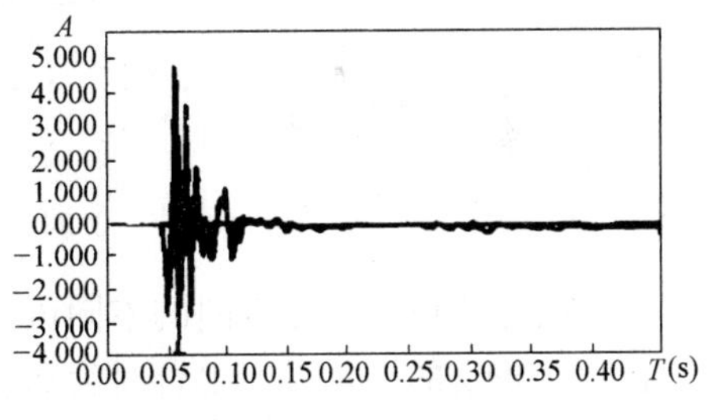

图 5.2.33　瞬态面波记录

当相位差 $\Delta\varphi$ 为 360°时，两检波器之间的距离正好为一个波长，则式（5.2.148）可写为：

$$v_R=f\cdot\lambda_R \tag{5.2.149}$$

式中　λ_R——瑞利波波长（m）；

F——振源激振频率（Hz）。

稳态瑞利波测试时，当振源在地面上以一固定频率 f 作垂直向的简谐振动时，相邻地面的瑞利波以相近频率 f 谐波的形式传播，由上述方法可确定相应频率的速度 v_R（f）。改变 f，重复测量和计算，即可得到不同频率相对应的面波速，获得 v_R-f 曲线，也可根据波速、频率、波长的关系 $v_R=f\lambda$ 换算成 v_R-λ 曲线。

瞬态瑞利波法测试时，瞬时冲击可以看作许多单频谐振的叠加，因而记录到的波形也是谐波叠加的结果，呈脉冲形的面波，波形曲线如图 5.2.33 所示，对记录信号作频谱分析和处理，把各单频面波分离开并获得相应的相位差，即可同样计算并绘制 v_R-f 或 v_R-λ 曲线。

四、弯曲元法测试

弯曲元技术由于原理简明、操作便捷并且具备无损检测等特点，自 1978 年 Shirley 和 Hampton 首次采用弯曲元测试室内制备高岭土试样的剪切波速以来，被广泛地应用在各种试验设备中进行土样的小应变剪切模量测量研究。

1. 设备和仪器

弯曲元的细部构造如图 5.2.34 所示。其核心部件由两片压电陶瓷片和中间的金属垫片组成。Leong 等指出，对于可进行剪切波、压缩波同时测试的弯曲元，串音影响（cross-talk）将对接收信号产生较大的影响。为了减小串音影响，采用绝缘的聚四氟乙烯（铁氟龙）层外包铝箔层对压电陶瓷片进行屏蔽防护。同时为了确保弯曲-伸缩元可以在不同的情况下使用，其最外面被封以环氧树脂从而起到防水的作用。

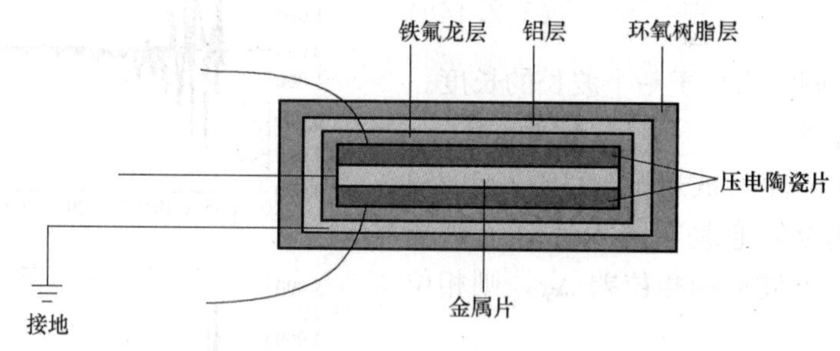

图 5.2.34　弯曲元细部构造示意图

压电陶瓷片根据极化方向的不同可以分为 X 型和 Y 型，如图 5.2.35 所示。当两个压电陶瓷片以相反的极化方向组合时为 X 型，当两个压电陶瓷片的极化方向相同时为 Y 型。

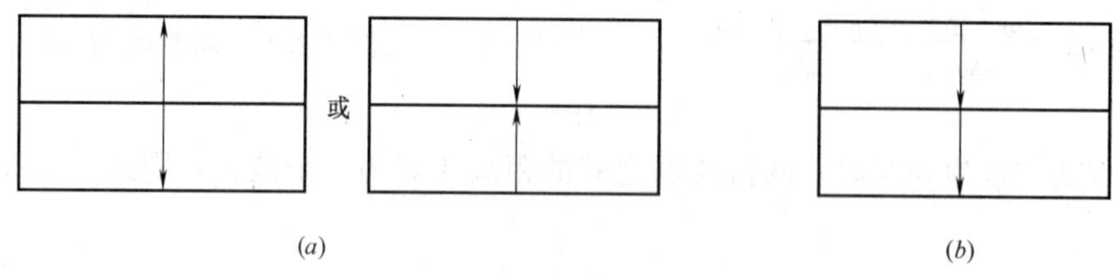

图 5.2.35　压电陶瓷片组合类型
(*a*) X 型；(*b*) Y 型

根据连接方式不同，压电陶瓷片又可分为串联和并联，分别如图 5.2.36 所示。在串联方式中，激振电压加在两个压电陶瓷片之间；在并联方式中，激振电压加在两个压电陶瓷片与中间的金属垫片之间。当对两种连接方式的压电陶瓷片施加相同强度的激振电压时，并联的压电陶瓷片产生的位移约为串联时的两倍，当将相同幅值的振动转化为电信号时，串联方式将得到更强的电信号，因此并联压电陶瓷片更适于作为激发端，串联压电陶瓷片更适于作为接收端。

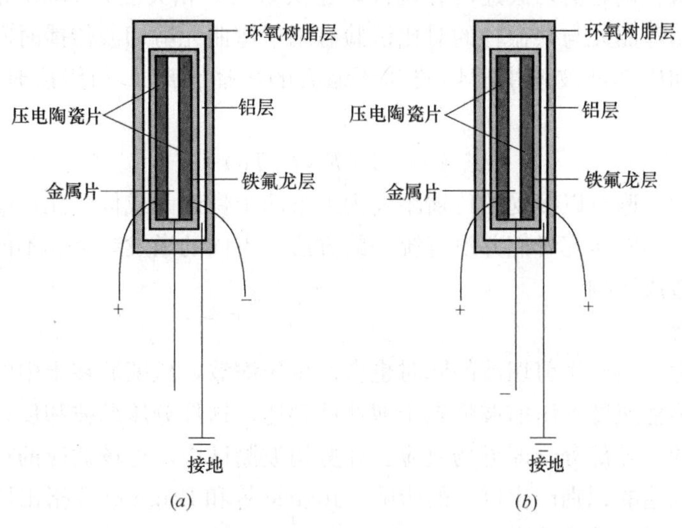

图 5.2.36 弯曲元连接方式示意图
(a) 串联；(b) 并联

对于剪切波，发射端的两个压电陶瓷片（Y 型）极化方向相同，采用并联连接，当施加激发信号电压脉冲后，极化方向相同的压电陶瓷片一片伸长，另一片则缩短，产生弯曲运动并在周围土体中产生横向振动，即产生剪切波。接收端的两个压电陶瓷片（X 型）极化方向相反，采用串联连接，当剪切波通过土体从发射端传播到接收端时，接收端将波振动转化为电信号，与发射信号同时显示和储存在示波器上，通过信号对比得到剪切波传播时间，由传播距离计算得到剪切波速。对于压缩波，将 X 型压电陶瓷片由串联改为并联，Y 型压电陶瓷片由并联改为串联。当施加激发信号电压脉冲后，极化方向相反的两片压电陶瓷片（X 型）同时伸长或者缩短，在周围土体中产生竖向振动，即产生压缩波。当压缩波通过土体从发射端传播到接收端时，接收端将压缩波振动转化为电信号，与发射信号同时显示和储存在示波器上，通过信号对比得到压缩波的传播时间，由传播距离计算得到压缩波速。

2. 测试方法

对装配有弯曲元的实验设备，在试样安装时需要注意：保证弯曲元与试样直接良好接触，滤纸或者其他保护膜需要为弯曲元的插入留出空隙；在进行弯曲元测试之前，需要根据土样的种类等因素，调整弯曲元的输出波形（简谐波、方波等）、功率（即电压 V）以及频率（Hz），调整示波器的放大倍数等，保证示波器显示的波形（包括激发波和接收波）、转折点、极值点等足够清晰；在进行弯曲元测试时，点击按钮（或者使用软件）使得激发元激发剪切波（或纵波），激发波形与接收波形会显示在示波器上；为减少误差，可进行两次激振。

3. 数据处理

对于剪切波传播时间的主要确定方法有初达波法、峰值法和互相关法，不同研究者对上述方法有不同的认识，柏立懂等、Lee 等、Leong 等、谷川等、陈云敏等认为初达波法能比较可靠地确定剪切波传播时间，而 Viggiani 等、吴宏伟等认为互相关法一定程度上提高了弯曲元试验中确定剪切波速的客观性，建议采用互相关法；Youn 等、柏立懂等和董全杨等建议采用弯曲元与共振柱的对比试验有助于弯曲元剪切波传播时间的准确确定。

剪切波波速和压缩波波速由剪切波和压缩波的传播距离 L 和传播时间 T 确定，如下式：

$$v_S(v_P)=L/T_S(L/T_P) \tag{5.2.150}$$

大部分研究者普遍可以接受的传播距离为上下两个弯曲元或伸缩元顶端距离。但对于传播时间的确定，不同研究者们并没有统一的方法。不同的激发频率和不同的确定方法均会对波速的确定造成影响。

（1）频率影响

在压电陶瓷片弯曲产生剪切波的同时也会产生压缩波，压缩波在土中的传播速度大于剪切波在土中的传播速度，压缩波将先于剪切波到达，这部分压缩波和反射的剪切波产生与剪切波反相位的信号部分，即近场效应。在剪切波测试中，近场效应的存在往往对剪切波接收信号初始到达的识别产生巨大的影响。Jovicic 等和 Brignoli 等指出增大激发信号的频率将有效地减小近场效应的影响。

研究者多采用波传播距离与波长的比值对频率的影响进行定量分析。对于一个给定的波速，波长随频率的增大而减小。Sanchez-Salinero 等认为当 d/λ 大于 2 时，可忽略近场效应的影响；Arulnathan 等的试验结果发现当 d/λ 大于 1 时，近场效应将会消失；Arroyo 等建议 d/λ 应大于 1.6；Leong 等认为有效减小近场效应影响的 d/λ 至少应大于 3.33。图 5.2.36 为典型的福建砂在不同频率正弦波激发信号下的剪切波接收信号波形。在剪切波主要部分到达之前与剪切波信号反相位部分（图中虚线圈内区域）即为近场效应影响部分。可见，近场效应的存在将使剪切波初始到达的判断变得困难。从图 5.2.37 中可以看出，近场效应在激发信号频率较低时最显著，随着激发信号频率的增大近场效应显著减弱。但当激发信号频率大于 20kHz 时，接收信号波形相似，增大频率对减小近场效应的作用较小。这是由于增大激发频率可减小压缩波的影响，但对反射剪切波的减弱作用较小。

图 5.2.38 为典型的福建砂在不同频率正弦波激发信号下的压缩波接收信号波形。与图 5.2.37 中剪切波接收信号对比可以发现，压缩波接收信号波形在不同激发频率下均较为清晰，可较为容易地确定压缩波的初始达到，从而可以准确地得到压缩波传播时间。

（2）不同传播时间确定方法影响

初达波法采用激发波与接收波起始点之间的时间间隔作为波的传播时间，由于较好理解，国内研究者多采用该方法进行剪切波传播时间的确定。但在剪切波测试中，近场效应的存在往往对剪切波接收信号初始到达的识别产生巨大的影响。依据不同研究者对剪切波接收信号初始到达点的选取，可能的剪切波初始到达点为 S1、S2、S3 和 S4，如图 5.2.39（a）所示。

峰值法采用激发波与接收波第一个波峰之间的时间间隔作为波的传播时间。如图 5.2.39（a）所示，可能的接收波波峰点为 P1、P2。

互相关法（Cross-correlation method）是由 Viggiani 和 Atkinson 提出的，其是通过

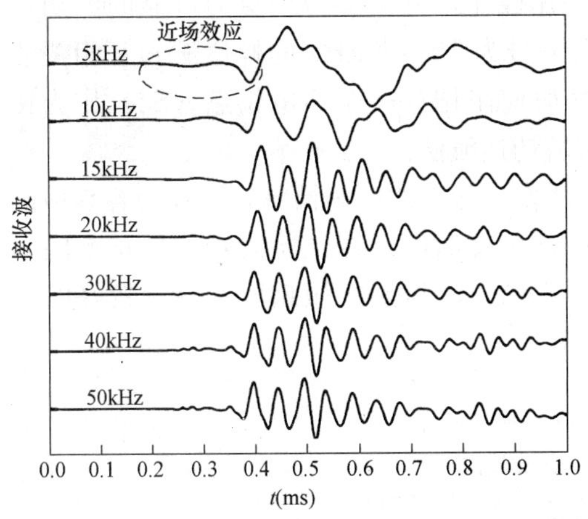

图 5.2.37　不同激振频率下典型 S 波接收信号波形图

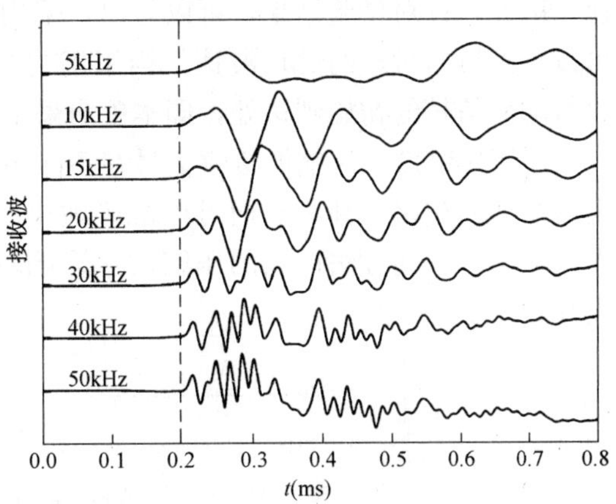

图 5.2.38　不同激振频率下典型 P 波接收信号波形图

分析激发信号与接收信号之间的相关程度来确定信号的传播时间。采用互相关法对接收信号的典型分析结果如图 5.2.39（*b*）所示，图中 CC1 和 CC2 即为互相关法可能的特征点。

由三种不同确定方法的所有可能特征点得到的剪切波速如图 5.2.40 所示，为了准确确定剪切波速也进行了相同试样的共振柱试验，试验结果如图中所示（部分特征点结果与共振柱试验结果差距较大，超出图示范围，图中未表示）。从图中可以看出，不同确定方法下频率对剪切波速的影响规律相同，即剪切波速随激发信号的频率增大而略有增加。当激发信号频率小于 5kHz 时，不同方法得到的剪切波速具有较大的离散性；当激发信号频率为 10～20kHz（$d/\lambda \approx$ 3～8）时，不同方法得到的剪切波速结果差别较小，峰值法、互相关法和 S4 点初达波法结果相近，并与共振柱试验得到的剪切波速结果较为一致；当激发信号频率大于 20kHz 时，不同方法得到的剪切波速又产生了较大的离散性。结合前文激发信号频率对接收信号波形的影响可以看出，当激发信号频率大于

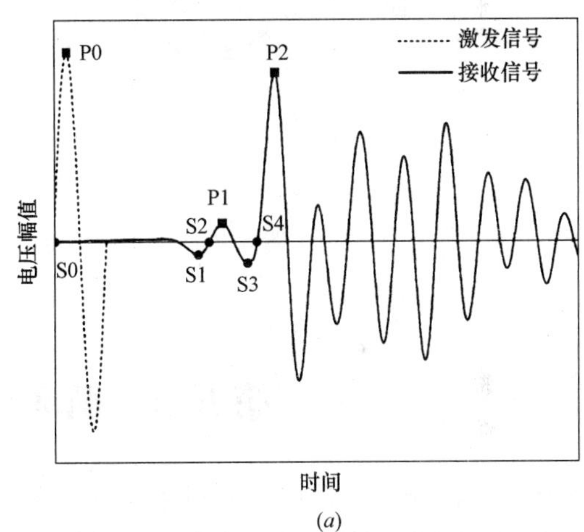

(*a*)

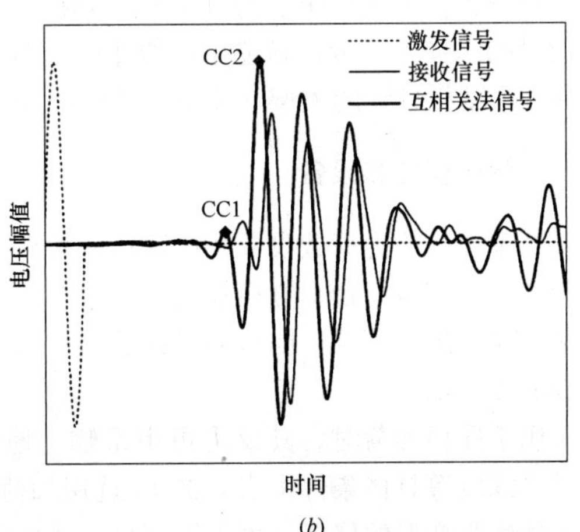

(*b*)

图 5.2.39　确定传播时间的特征点

(*a*) 初达波法和峰值法；(*b*) 互相关法

20kHz 时，增大激发信号频率对减小近场效应作用较小，并不能得到更为可靠的剪切波速。因此，针对试验结果，可以得出：采用激发信号为 10～20kHz 的峰值法和互相关法可以得到较为可靠的剪切波速，当采用初达波法时应采用第一个零电位点（S2）作为接收剪切波信号的初始到达处，即本手册采用的时域初达波法。

对于压缩波，压缩波接收信号在不同频率的激发信号下均较为清晰，可较为容易地确定压缩波的初始达到，从而可以准确地得到压缩波传播时间。在试验激发信号频率区间内，频率对不同方法得到的压缩波速影响较小，不同方法得到的压缩波速具有较好的一致性。

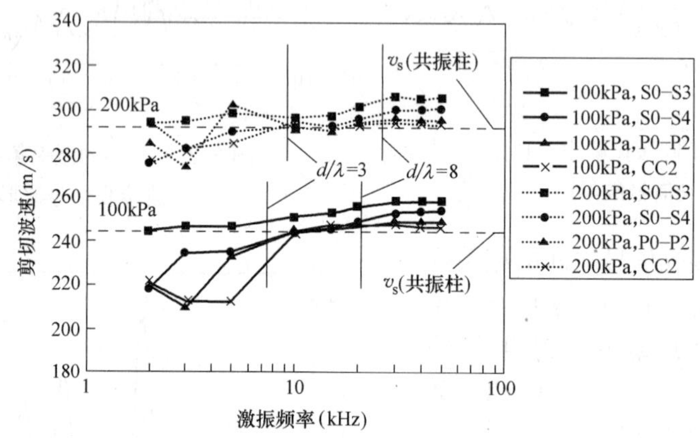

图 5.2.40　不同确定方法得到的剪切波速

第五节　循环荷载板测试

循环荷载板测试，是将一个刚性压板，置于地基表面，在压板上反复进行加荷、卸荷试验，量测各级荷载作用下的变形和回弹量，绘制应力-地基变形滞回曲线，根据每级荷载卸荷时的回弹变形量，确定相应的弹性变形值 S_e 和地基抗压刚度系数。适用于按 Winkler 弹性地基板设计的大型（设备）基础，如水压床、机床及公路和飞机场等。

一、测试仪器和设备

测试设备与静力荷载设备相同，有铁架载荷台，油压载荷试验设备，加荷可采用液压稳压装置，或在载荷台上直接加重物。载荷台或反力架应稳固、安全可靠。测试前应考虑设备能承受的最大荷载，同时要考虑反力或重物荷载，设备的承受荷载能力应大于试验最大荷载的 1.5 倍。

采用千斤顶加荷时，其反力可由重物、地锚、坑壁斜撑等提供。可根据现场土层性质、试验深度等具体条件按表 5.2.11 选用加荷方法。

测试地基变形的仪器，可采用百分表或位移传感器，测量精度不应低于 0.01mm，量程 10～30mm 的百分表，其量程较大，在试验中不需要经常调表，可减少观测误差，提高测试精度。有条件时，也可采用电测位移传感器观测。

各种加荷方法的适用条件表　　　　表 5.2.11

类　型	适用条件
堆载式	设备简单，土质条件不限，试验深度范围大，所需重物较多
撑壁式	设备轻便，试验深度宜在 2～4m，土质稳定
平洞式	设备简单，要有 3m 以上陡坎，洞顶土厚度大于 2m，且稳定
锚杆式	设备复杂，需下地锚，表土要有一定锚着力

二、测试前的准备工作

承压板应具有足够的刚度，其形状可采用正方形或圆形。测试资料表明，在一定条件下，地基土的变形量与荷载板宽度成正比关系，当压板宽度增加（或减少）到一定限度时，变形不再增加（或减小），趋于一定值。对荷载板大小的选择，各国也不相同，美、英、日等国家，偏重使用小压板，苏联等国家一般规定用 0.5m^2，亦有用 0.25m^2（硬土）。我国多采用 0.25～0.5m^2。一般规定，承压板面积不宜小于 0.5m^2；对密实土层，承压板面积可采用 0.25 m^2。

鉴于地基的弹性变形、弹性模量和地基抗压刚度系数与地基土性质有关，如果承压板下面的土与拟建基础下的土性质不同，则由试验资料计算的参数不能用于设计基础，因此承压板的位置应选择在设计基础附近相同土层上。试坑应设置在设计基础邻近处，其土层结构宜与设计基础的土层结构相同，应保持试验土层的原状结构和天然湿度，试坑底标高宜与设计基础底标高一致。

试坑底面宽度应大于承压板直径的 3 倍，根据研究结果，在砂层中，不论压板放在砂的表面，还是放在砂土中一定深度处，在同一水平面上，最大变形范围均发生在 0.7～1.75 倍承压板直径范围，超过压板直径 3 倍以上，土的变形就极微小了。另外一些试验资料表明，坑壁的影响随离压板的距离增加而迅速减小，当压板底面宽度和试坑宽度之比接近 1∶3 时，影响就很小，可以忽略不计。试坑底面应保持水平面，并宜在承压板下用中、粗砂层找平，其厚度宜取 10～20mm。为了防止加载偏心，千斤顶合力中心应与承压板的中心点重合，并保证力的方向和承压板平面垂直。沉降观测装置的固定点，应设置在变形影响区以外。

三、测试方法

循环荷载的大小和测试次数，应根据设计要求和地基性质确定。荷载应分级施加，第一级荷载应取试坑底面土的自重，变形稳定后再施加循环荷载，其增量可按表 5.2.12 采用。

各类土的循环荷载增量　　　　表 5.2.12

土的名称	循环荷载增量(kPa)
淤泥、流塑黏性土、松散砂土	≤15
软塑黏性土、新近堆积黄土，稍密的粉、细砂	15～25
可塑～硬塑黏性土、黄土，中密的粉、细砂	25～50
坚硬黏性土，密实的中、粗砂	50～100
密实的碎石土、风化岩石	100～150

测试时，先在某一荷载下（土自重压力或设计压力）加载，使压板下沉稳定（稳定标

准为连续 2h 内，每小时变形量不超过 0.1mm）后，再继续施加循环荷载，其值按表 5.2.11 选取，也可按土的比例界限值的 1/10～1/12 考虑选取，观测相应的变形值。每次加荷、卸荷要求在 10min 内完成（即加荷观测 5min，卸荷回弹观测 5min）。

单荷级循环法：选择一个荷级，以等速加荷、卸荷，反复进行，直至达到弹性变形接近常数为止，一般黏性土为 6～8 次，砂性土为 4～6 次。

多荷级循环法：选择 3～4 个荷级，每一荷级反复进行加荷、卸荷 5～8 次，直到弹性变形为一定值后进行第 2 个荷级试验，依次类推，直至加完预定的荷级。

变形稳定标准：考虑到土并非纯弹性体，在同一荷载作用下，不同回次的弹性变形量是不相同的。前后两个回次弹性变形差值小于 0.05mm 时，可作为稳定的标准，并取最后一次弹性变形值。

四、数据处理

根据测试数据，应绘制下列曲线图：

（1）应力-时间曲线图；

（2）地基变形量-时间曲线图；

（3）地基变形量-应力曲线图；

（4）地基弹性变形量-应力曲线图。

加荷后，地基土产生变形，即包含了弹、塑性变形，称之为总变形；而卸荷回弹变形，可认为是弹性变形值。地基弹性变形量，应按下列公式计算：

$$S_e = S - S_P \tag{5.2.151}$$

式中 S_e——地基弹性变形量（mm）；

S——加荷时地基变形量（mm）；

S_P——卸荷时地基塑性变形量（mm）。

当地基弹性变形量-应力散点图不能连成一条直线时，应根据各级荷载测得的地基弹性变形量，按最小二乘法进行回归分析计算，得出地基弹性变形量-应力直线图。

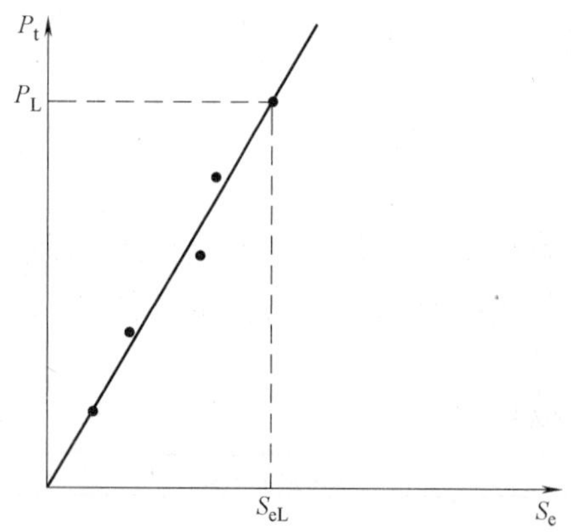

图 5.2.41　地基弹性变形量-应力直线示意图

P_t—应力；P_L—最后一级加载作用下，承压板底的总静应力（kPa）；S_e—地基弹性变形量；S_{eL}—最后一级加载的地基弹性变形量

地基弹性模量，可根据地基弹性变形量-应力直线图（图 5.2.41 所示），按下式计算：

$$E = \frac{(1-\mu^2)Q}{DS_{eL}} \tag{5.2.152}$$

式中 E——地基弹性模量（MPa）；

D——承压板直径（mm）；

Q——承压板上最后一级加载后的总荷载（N）；

S_{eL}——在地基弹性变形量-应力直线图上，相应于最后一级加载的地基弹性变形量（mm）。

地基弹性模量可按弹性理论公式进行计算，关键是要准确测定地基土的弹性变形值。

对于地基的泊松比值，可以进行实测，也可按表 5.2.13 数值选取。密实的土宜选低值，稍密或松散的土宜选高值。

地基刚度系数，是根据循环荷载板试验确定的弹性变形值与应力的比值求得。该方法简单直观，比较符合地基土的实际状况。地基抗压刚度系数，宜按下式计算：

$$C_z = \frac{P_L}{S_{eL}} \tag{5.2.153}$$

式中　P_L——最后一级加载作用下，承压板底的总静应力（kPa）。

基础设计时，按式（5.2.153）计算的地基抗压刚度系数，应乘以换算系数，换算系数应按本篇第一节模型基础动力参数测试的有关规定确定。

各类土的泊松比值　　　　**表 5.2.13**

地基土的名称	卵石	砂土	粉土	粉质黏土	黏土
μ	0.20～0.25	0.30～0.35	0.35～0.40	0.40～0.45	0.45～0.50

第三章 地基动力特性室内试验

第一节 概 述

土动力特性室内试验，是将土的试样按照要求的湿度、密度、结构和应力状态制备于一定的试样容器之中，然后施加不同形式和不同强度的振动荷载作用，再量测出在振动作用下的试样的应力和应变，从而对土性和有关指标的变化规律作出定性和定量的判断。最早进行土动力特性室内试验的时间可追溯到20世纪30年代。20世纪40年代Casagrande和Shannon（1948）设计了一种摆式加荷试验装置，用以进行快速瞬态加荷试验。但这种试验装置不能确切地模拟实际状况，主要表现在两个方面：（1）没有考虑动荷载与静荷载的叠加；（2）瞬时荷载的作用仅相当于地震的第一个脉冲，它不能模拟实际地震时土样在多次循环荷载作用下的特性。

为了克服上述缺点，Seed（1959）和黄文熙（1961）分别研制出两种不同类型的振动三轴仪。Seed等人研制的振动三轴仪采用气压系统对土样施加动荷载，而黄文熙研制的振动三轴仪是将试样容器置于振动台上，利用试样上端重量块的惯性对土样产生轴向振动荷载。1966年以后，动三轴试验在国外得到了迅速的发展，美国主要采用电-气式振动三轴仪，而日本则主要采用电-磁或电-液式振动三轴仪。

动三轴试验虽可模拟地震施加循环荷载作用，但其应力条件与土的现场地震应力条件有一一的差异。实际地震时，土的变形大部分是由自下而上传递的剪切波引起，若地表为水平，则水平而上的法向应力保持不变，这时只产生循环剪应力，而动三轴试验只能近似模拟这种应力状态。为此，Roscoe（1953）单剪仪逐渐得到了研究者们的重视。这种仪器，经Peacock和Seed（1968）、Finn等（1971）对荷载传递系统、试样制备和加荷方法以及边界条件等方面改进后，使得试样更加接近于现场土的应力状态。振动盒式单剪仪采用试样容器内制成一个封闭于橡皮膜内的方形试样，其上施加垂直应力后，使容器的一对侧壁在交变剪力作用下做往复运动，以观测土样的动力特性，它对研究地震作用下动剪应力和动剪应变的变化规律较为适宜。盒式单剪仪的缺点是：试样成型比较困难，应力分布不均，侧压无法控制，侧壁摩擦的影响难以估计。因此，有人采用了圆形试样，或将侧的刚性限制改为柔性薄膜（即将均匀应变条件改为均匀应力条件），或采用多层薄金属片叠成的侧壁进行试验，虽有改进，但仍然不能完全摆脱上述的缺点。

继而又出现了扭转式单剪仪，其动剪应力由在圆形试样表面上施加扭矩的方式实现。这种仪器起初采用了柱状试样，为使径向应力均匀分布改为空心圆柱试样。它除了可以控制施加的动剪应力外，还可控制内外的侧压力，且试样内的剪应力比较均匀，原则上实现了纯剪条件。进一步的发展又将空心柱试样由原来的内外等高改为不等高，可使试样内各点的剪应变相等，得到均匀剪应力。

总的来说，振动单剪仪能够较好地模拟现场应力条件，但试样制备难度大，所以目前国内外主要还是采用操作比较容易的振动三轴仪。

由于动三轴试验很难测出在低应变（小于 10^{-4}）时土样的动力性质，从 20 世纪 60 年代开始，共振柱技术因其可研究土样在 $10^{-6}\sim10^{-3}$ 应变范围内土的动力性质，而被较为广泛地应用于测定土的动模量和阻尼比指标。共振柱试验可将现场波速试验和动三轴试验的结果连接起来，得到完整的 C_d-γ_d 曲线。

近年来，为了获得更加接近于实际条件的试验结果，大型振动台试验得到了较多的应用。安置在振动台上的砂箱可模拟各种不同类型的地基条件，如坝基、桩基和可液化地基等，试验可获得非常直观且多方面的资料。为了更好地模拟原型地基，离心模型试验也已引入测定土的动力性质（王钟琦等，1980）。

土动力学的理论基本上是在试验结果的基础上发展起来，反之，土动力学理论的进一步发展又对试验测试提出了更高的要求，并促进试验技术的不断完善，在这种相互促进的过程中，土动力学这门学科逐渐走向成熟。本章介绍动三轴试验、共振柱试验和空心圆柱动扭剪测试。

第二节　动三轴试验

动三轴试验是从静三轴试验发展而来的，它利用与静三轴试验相似的轴向应力条件，通过对试样施加模拟的动主应力，同时测得试样在承受施加的动荷载作用下所表现的动态反应。这种反应是多方面的，最基本和最主要的是动应力（或动主应力比）与相应的动应变的关系（$\sigma_d\sim\varepsilon_d$ 或 $\sigma_1/\sigma_3\sim\varepsilon_d$），动应力与相应的孔隙压力的变化关系（$\sigma_d\sim\Delta u$）。根据这几方面的指标相对关系，可以推求出岩土的各项动弹性参数及黏弹性参数，以及试样在模拟某种实际振动的动应力作用下表现的性状，例如饱和砂土的振动液化等。

一、动三轴试验的基本分类

动三轴试验的设备为动三轴仪。动三轴仪按其激振方式的不同可分为电磁式、机械（惯性）式和气动式等。尽管激振方式不同，但其工作原理和结构基本类似。动三轴试验按试验方法的不同可分为两种，即单向激振式和双向激振式，以下分别叙述。

1. 单向激振

单向激振三轴试验又叫常侧压动三轴试验，它是将试样所受的水平轴向应力保持静态恒定，通过周期性地改变竖向轴压的大小，使土样在轴向上经受循环变化的大主应力，从而在土样内部相应地产生循环变化的正应力与剪应力。

通常施加周围压力 σ_0 是根据土层的天然实际应力状态面给定的，例如可采用平均主应力 $\sigma_0=\frac{1}{3}(\sigma_1+2\sigma_3)$，以便使土样能在近似模拟天然应力条件的前提下进行试验，这一要求与静三轴试验基本相同。动应力的施加亦需最大限度地模拟实际地基可能承受的动荷载。例如，通常为模拟地震作用，可根据与基本烈度相当的加速度或预期地震最大加速度，以及土层自重和建筑物附加荷重，计算相当的动应力 σ_d。此动荷载是以半波峰幅值施加于土样上，因此土样在每一循环荷载下所受的应力如图 5.3.1 所示。从图中可知，在施加以 σ_d 为幅值的循环荷载后，土样内 45°斜面上产生的正应力为 $\sigma_0 \pm \sigma_d/2$，同一斜面上的动剪应力值为正负交替的 $\sigma_d/2$。因此，在模拟天然土层处较低约束压力时，必须施加很小的 σ_0 值。而当需试验在较大的轴向动应力 σ_d 下土的强度特性或液化性状时，就会出现 $\sigma_0 - \sigma_d < 0$ 的情况。这意味着必须使土样承受真正的负压力（张力），而在实际试验中，如果要求一方面土样的两端能自由地和及时地排水，另一方面又需与土样上帽、活塞杆与底座刚性地连接在一起以传递张力，这几乎是不可能的。因此，用单向激振三轴仪进行在较大应力比 σ_1/σ_3 下的液化试验，是难以做到的。

2. 双向激振

这种动三轴试验亦叫变侧压动三轴试验，是针对单向激振动三轴试验的不足之处而设计的，其试验应力状态可从图 5.3.2 得知。其初始应力状态仍是以恢复试样的天然应力条件为准则，然后在施加动荷载时，则是控制竖轴向应力与水平轴向应力同时变化，但二者以 180°相位差交替地施加动荷载。两者施加以 $\sigma_d/2$ 为幅值的动荷载后，土样内 45°斜面上产生的正应力始终维持 σ_0 不变，而动剪应力值为正负交替的 $\sigma_d/2$。从而可以在不受应力比 σ_1/σ_3 局限的条件下，模拟液化土层所受的地震剪应力作用。

图 5.3.3 为两种动三轴仪结构的综合示意图。全套为双向激振式动三轴仪，如不使用(7)、(8)、(2)、(19) 项装置及相应仪表，则为单向激振式动三轴仪。

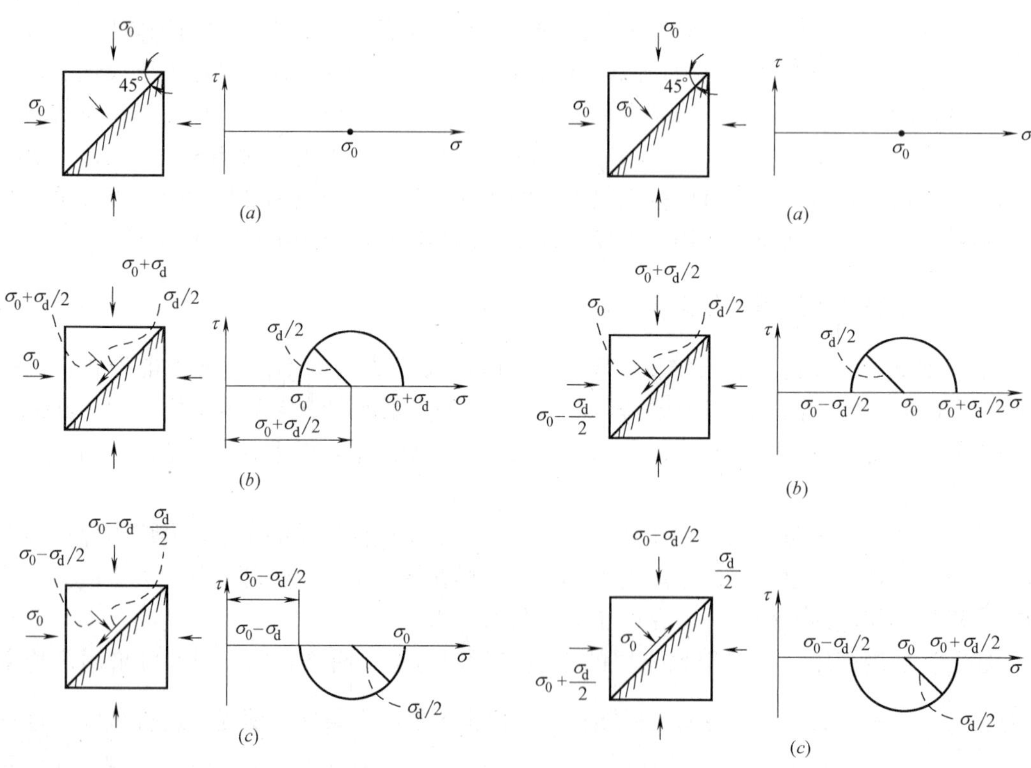

图 5.3.1　单向激振三轴试验应力状　　图 5.3.2　双向激振三轴试验应力状

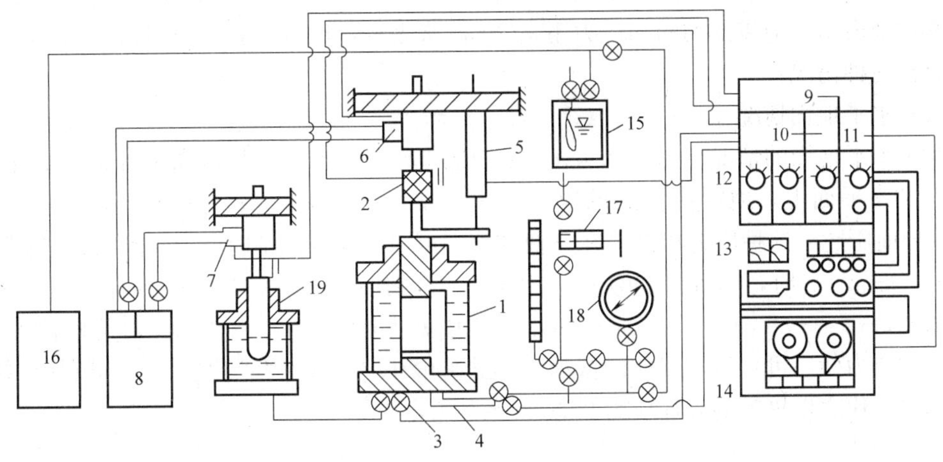

图 5.3.3　常侧压及变侧压动三轴试验装置综合示意

1—三轴室；2—轴向动应力传感器；3—侧压传感器；4—孔压传感器；5—动应变计；6—轴向动应力伺服阀；7—侧压伺服阀；8—液压源油泵；9—功率放大器；10—自动控制单元：11—反馈电路系统；12—应力应变信号放大器；13—示波仪；14—数据磁带记录器；15—真空水源瓶；16—真空源；17、18—孔压量测系统；19—侧压源（动侧压发生器）

二、试验条件的选择

土动力特性指标的大小取决于一定的土性条件、动力条件、应力条件和排水条件。因此，当需要为解决某一具体问题而提供土的动力特性指标时，就应该从上述四个方面尽可能模拟实际情况。

1. 土性条件

主要是模拟所研究土体实际的粒度、含水量、密实度和结构。对于原状土样，只需注意不使其在制样过程中受到扰动即可；对于制备土样，则主要是含水量和密实度。如果是饱和砂土，所要模拟的主要土性条件就是密实度，即按砂土在地基内的实际密实度或砂土在坝体内的填筑密实度来控制。如果实际密实度在一定范围内变化，则应控制几种代表性的状态。当没有直接实测的密实资料时，可以按野外标准贯入的击数所对应的相对密实度来控制试样的密实度。在粒度、含水量和密实度相同情况下，不同的试样制备方法而引起土结构的不同，对土的动力特性有极大影响，因此，对于某些重要工程，须花费很大的代价，来获得未扰动的原状土样。

2. 动力条件

主要是模拟动力作用的波形、方向、频幅和持续的时间。对于地震来说，则可以将地震随机变化的波形简化为一种等效的谐波作用，谐波的幅值剪应力为 $\tau_e=0.65\tau_{max}$，谐波的等效循环数 N_e按地震的震级确定（6.5、7、7.5、8 级时分别为 8、12、20 和 30 次），频率为 1～2Hz，地震方向按水平剪切波考虑。这种方法是目前在振动三轴试验中所用的主要方法。

3. 应力条件

主要是模拟土在静、动条件下实际所处的应力状态。在动三轴试验中，常用σ_1和σ_3及其变化来表示，地震前的固结应力用σ_{1c}和σ_{3c}来表示，地震时的应力用σ_{1e}和σ_{3e}来表示，以下分析两种情况：

（1）水平地面情况

对于水平地面的情况（图 5.3.4a），由于地震作用以水平剪切波向上传播，故在任一深度Z的水平面上，地震前作用的应力为$\sigma_c=\sigma_0=\gamma Z$，$\tau_c=0$；地震时，$\sigma_e=\sigma_0$，$\tau_e=\pm\tau_d$。如前所述，这种应力状态，在三轴试验中可以用均等固结时45°面上的应力来模拟：即当$\sigma_{1c}=\sigma_{3c0}=\sigma_0$时，45°面上的法向应力$\sigma_c=\sigma_0$，切向应力$\tau_c=0$。施加动荷载后，$\sigma_{1e}=\sigma_{1c}\pm\sigma_d/2$，$\sigma_{3e}=\sigma_{3c}\mp\sigma_d/2$，45°面上的法向应力$\sigma_c=\sigma_0$，$\tau_e=\tau_d=\pm\sigma_d/2$，可模拟地震作用。这种应力状态可直接从双向激振动三轴试验中获得。在某些情况下，亦可利用单向激振三轴仪，代之以等效的外加应力状态。

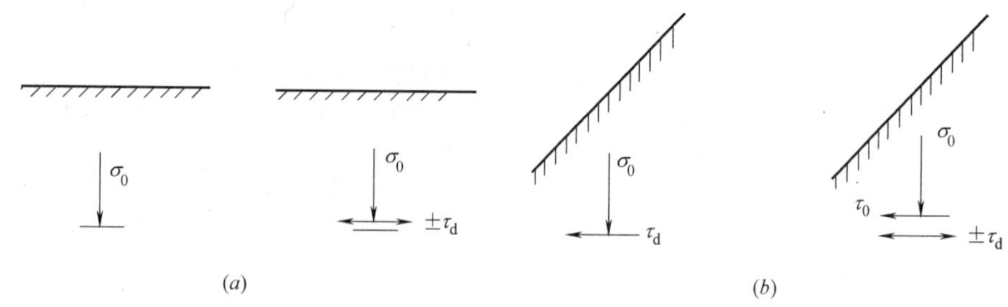

图 5.3.4　实际地基的应力条件

（2）倾斜地面情况

对于倾斜地面的情况（图 5.3.4b），在地面上任一深度Z的水平面上，地震前作用的应力为$\sigma_c=\sigma_0=\gamma Z$，$\tau_c=\tau_0$；地震时$\sigma_e=\sigma_0$，$\tau_e=\tau_0\pm\tau_d$。这种应力状态，在三轴试验中，应以偏压固结时在45°面上的应力变化来模拟：

动荷施加前：$\sigma_{1c}>\sigma_{3c}$，此时$\sigma_c=\sigma_0=(\sigma_{1c}+\sigma_{3c})/2$

$$\sigma_c=\sigma_0=(\sigma_{1c}-\sigma_{3c})/2$$

动荷施加后：$\sigma_{1e}=\sigma_{1c}\pm\sigma_d/2$，$\sigma_{3e}=\sigma_{3c}\mp\sigma_d/2$

此时：$\sigma_e=\sigma_0$，$\tau_e=\tau_0\pm\sigma_d/2$

这种应力状态容易用双向激振的三轴仪来实现。

4. 排水条件

主要模拟由于土的不同排水边界对于地震作用下孔压发展实际速率的影响。可以通过在孔压管路上，安装一个允许部分排水的砂管，然后用改变砂管长度和砂土渗透系数的方法来控制排水条件。不过，在目前仪器设备条件下，考虑到地震作用的短暂性和试验成果应用上的安全性，振动三轴试验仍多在不排水条件下进行。

三、试验的基本步骤

在动三轴试验之前，首先应拟定好试验方案和调试标定好仪器设备。这两个环节既是试验的依据，又是试验的基础，是决定试验结果可靠性的基本前提。动三轴试验的基本操作步骤包括试样制备、施加静荷、振动测试三个环节。

1. 试样制备

目的是制备粒度、密度、饱和度和均匀性都符合要求的圆柱试样。为此，首先应使孔压管路完全充水以排除空气，然后在试样的底座上套扎乳胶膜筒，安上对开试模，并将乳胶膜翻大套在试模壁上，由试模的吸嘴抽气，使乳胶膜紧贴于试模内壁，形成一个符合试样尺寸要求的空腔。此时，可按一定的制样方法（制样方法很多，且对试验结果影响很大，具体试验时，可根据实际土层情况选择适宜的制样方法），使空腔内的试样达到要求的密度，饱和度和均匀性。最后将试样的上活塞杆同乳胶膜连扎在一起，降低排水管50cm给试样以一定的负压后即可使试样脱膜，脱膜后量出试样的高度和上、中、下部的直径，再安装试样容器筒，接着向试样容器通入980N/m^{2}的侧压，消除负压，使排水管内的水面与试样中点同高，试样制备工作即告结束。

2. 施加静荷

在试样的侧向和轴向按照要求控制的应力状态施加一定的侧向压力 σ_{3c} 和轴向压力 σ_{1c}。由于现用仪器的活塞面积与试样面积相符，故侧压和轴压需独立施加。在等压固结情况下，侧压施加的同时，尚需在轴向施加一个与侧压相等的压力（应考虑活塞系统自重和仪器摩擦的影响）。当试验要求在偏压固结情况下进行时，则在侧压施加后，将轴压增至要求的数值。

3. 振动测试

就是对试样施加动应力并记录试验结果。首先应选择好准备施加的动荷波形、频幅的振动次数，其次将放大器、记录仪通道打开，随即开动动荷，并在记录仪上观察并记录试验的结果。

试验的终止时刻视试验的目的而定。当测定模量和阻尼指标时，应在振动次数达到控制数目时终止试验，当测定强度和液化指标时，则应在试样内孔压的增长达到侧向压力，或轴向应变达到其一预定值时终止试验，如果由于动荷过小，试样不可能达到上述的孔压和应变数值时，可根据需要终止试验，此时可将该次试验视为预备性试验，再重新制样后，在增大的动荷下继续试验。

四、试验成果整理与应用

1. 模量

动三轴试验测定的是动弹性压缩模量 E_d，动剪切模量 G_d 可以通过它与 E_d 之间的关系换算得出。试验表明，具有一定黏滞性或塑性的岩土试样，其动弹性模量 E_d 是随着许多因素而变化的，最主要的影响因素是主应力量级、主应力比和预固结应力条件及固结度等，动弹性模量的含义及测求过程远较静弹性模量为复杂。

（1）动弹性模量的基本含义

图 5.3.5 反映了某一级动应力幅 σ_d 作用下，土试样相应的动应力幅与动轴应变幅的关系。如果试样是理想的弹性体，则动应力幅（σ_d）与动轴应变幅（ε_d）的两条波形线必然在时间上是同步对应的。但对于土样，实际上并非理想弹性体，因此，它的动应力幅 σ_d 与相应的动轴应变幅（ε_d）波形并不在时间上同步，而是动轴应变幅波形线较动应力幅波形线有一定的时间滞后。如果把每一周期的振动波形按照同一时刻的 σ_d 与 ε_d 值一一对应地描绘到 σ_d-ε_d 坐标上，则可得到图 5.3.5（*b*）所示的滞回曲线。定义此滞回环的平均

斜率为动弹性模量 E_d，即：$E_d=\sigma_d/\varepsilon_d$。

（2）振动次数的影响

上述动弹性模量 E_d 是在一个周期振动下所得滞回曲线上获得的，但随着振动周数（n）的增加，土样结构强度趋于破坏，从而应变值随之增大。因此每一周振动 σ_d-ε_d 滞回环并不重合（图 5.3.6 所示），一般来说，动弹性模量（图中所示 $E_{d\text{-}1}$，$E_{d\text{-}2}$）随着振动周数的增加而减小。因而动弹性量与振次密切相关。

（3）动应力 σ_d 大小的影响

以上所述的动弹性模量 E_d 都是在一个给定的动应力 σ_d 下求得的。如果改变了给定的 σ_d 值，则又将得出另一套数据及滞回环线族。在给定振次（例如 10 次）情况下，每一个动应力 σ_d 将对应一个滞回环，这样在多个动应力（σ_{d1}，σ_{d2}，…，σ_{dn}）作用下，我们分别得到对应的动应变（ε_{d1}，ε_{d2}，…，ε_{dn}）和相应的动弹性模量（E_{d1}，E_{d2}，…，E_{dn}）。通过这些数据可以绘出 σ_d-ε_d 和 E_d-ε_d 曲线，如图 5.3.7 所示。

图中 σ_d-ε_d 曲线特征可用双曲线模型来描述，即：

$$\sigma_d=\frac{\varepsilon_d}{a+b\varepsilon_d} \tag{5.3.1}$$

式中 a、b 为试验常数，由式（5.3.1）可得：

$$E_d=\frac{\sigma_d}{\varepsilon_d}=\frac{1}{a+b\varepsilon_d} \tag{5.3.2}$$

即：

$$\frac{1}{E_d}=a+b\varepsilon_d \tag{5.3.3}$$

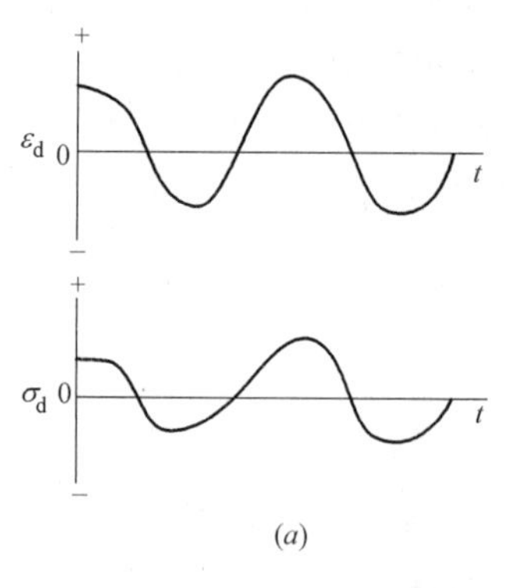

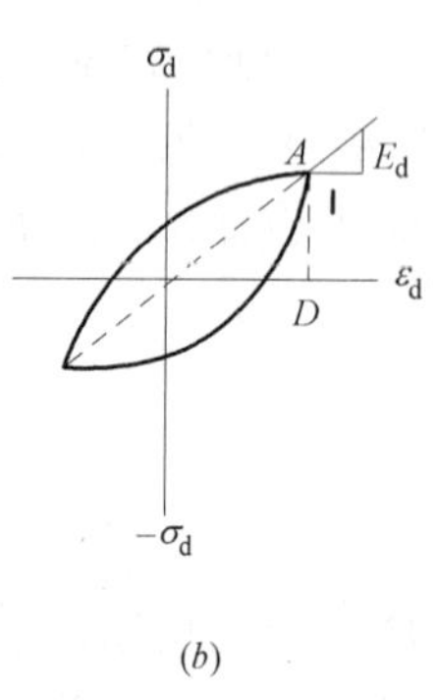

图 5.3.5　应变滞后与滞回曲线

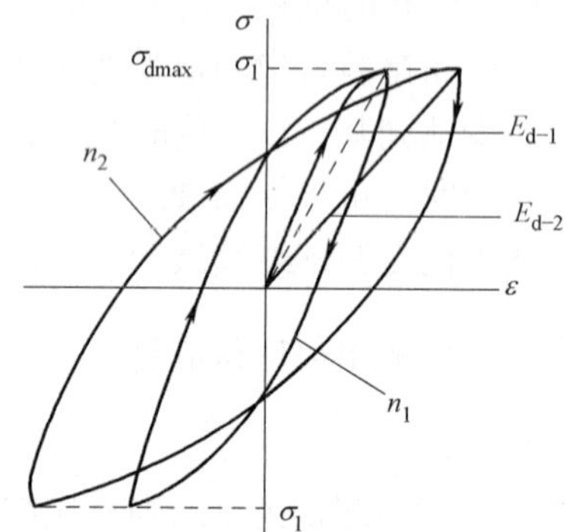

图 5.3.6　随着振动增加滞回环的变化规律

式（5.3.3）表明，通过一组数据进行回归统计分析，可以得到试验常数 a、b。这样就得到 E_d 与 ε_d 之间的关系式（5.3.2）。实际应用时，可根据工程实际允许的应变限值（ε_d），通过式（5.3.2）得到 E_d。

（4）固结应力条件的影响

图 5.3.7 所示的 σ_d-ε_d 曲线，在不同的平均有效固结主应力 $\sigma'_m\left[\sigma'_m=\frac{1}{3}(\sigma'_{1c}+2\sigma'_{3c})\right]$ 下将会不同，因此，试验常数 a、b 与 σ'_m 有关。试验表明，对于不同的 σ'_m，可得出如下的关系：

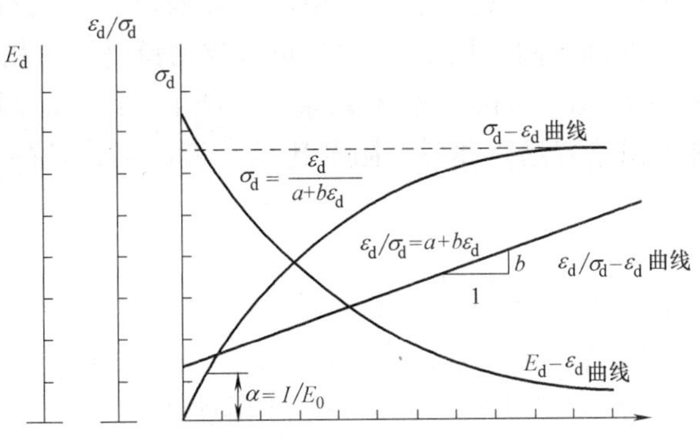

图 5.3.7　σ_d-ε_d，E_d-ε_d关系曲线

$$E_{dmax}=k(\sigma_m')^n \tag{5.3.4}$$

这里 $E_{dmax}=\frac{1}{a}$为动弹性模量的最大值，k、n 为试验常数。

由于式（5.3.4）中 E_0和（σ_m'）^{n} 的因次不同，k 将是一个有因次的系数，而且它的因次又取决于 n 值的大小，这就给实际应用带来了困难。为此，上式可采用类似静模量的表达式：

$$E_{dmax}=kP_a\left(\frac{\sigma_m'}{P_a}\right)^n \tag{5.3.5}$$

式中　P_a为大气压力，这样 k 就是一个无因次的参数，k 和 n 值可通过绘制 $\lg E_0$-$\lg\frac{\sigma_m'}{P_0}$曲线直接得到。

与动弹性模量 E_d 相应的动剪切模量可按下式计算：

$$G_d=\frac{E_d}{2(1+\mu_d)} \tag{5.3.6}$$

式中 μ_d 为泊松比，饱和砂土可取 0.5。

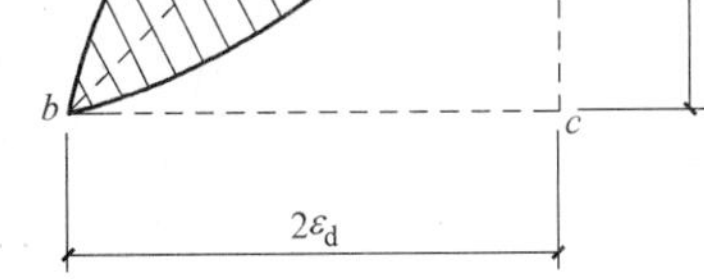

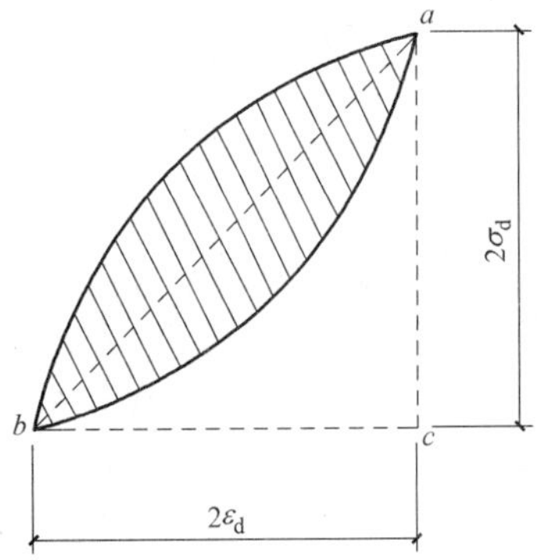

图 5.3.8　滞回曲线与阻尼比

2. 阻尼比

图 5.3.5 的滞回曲线已说明土的黏滞性对应力应变关系的影响。这种影响的大小可以从滞回环的形状来衡量，如果黏滞性愈大，环的形状就愈趋于宽厚，反之则趋于扁薄。

这种黏滞性实质上是一种阻尼作用，试验证明，其大小与动力作用的速率成正比。因此它又可以说是一种速度阻尼。

阻尼作用可用等效滞回阻尼比 ζ_z 来表征，其值可从滞回曲线求得（图 5.3.8）：

$$\zeta_z=\frac{A_s}{\pi A_t} \tag{5.3.7}$$

式中　ζ_z——试样轴向振动阻尼比（%）；

A_s——轴向动应力-动应变滞回圈的面积（图 5.3.8 中阴影部分所示，kPa）；

A_t——轴向动应力-动应变滞回曲线图中直角三角形面积（图 5.3.8 所示 abc 的面积，kPa）。

如上所述，土的动应力-动应变关系是随振动次数及动应变的幅值而变化的。因此，当根据应力-应变滞回曲线确定阻尼比 ζ_Z 值时，也应与动弹性模量相对应。对于动轴应变幅值较大的情况，在应力作用一周时，将有残余应变产生，使得滞回曲线并不闭合，而且它的形状会与椭圆曲线相差甚远。此时，阻尼比的计算尚无合理的方法，需作进一步的研究。

3. 强度指标

动强度是指土试样在动荷作用下达到破坏时所对应的动应力值。然而，如何定义“破坏”的标准，则需根据动强度试验的目的与对象而定，通常的法则是以某一极限（破坏）应变值为准（如采用5%作为“破坏”应变值）。像动弹性模量一样，土的动强度的测求过程也远较静强度的复杂。

（1）某一围压下动强度的求算

制备不少于三个相同的试样，在同一压力下固结，然后在三个大小不等的动应力 σ_{d1}、σ_{d2}、σ_{d3} 下分别测得相应的应变值。由于动强度是根据总的应变量达到极限破坏而定义的，因此测量应变值应包括可逆的与不可逆的全部应变在内。此项总应变值 ε 又与振动次数（周数）n 有关，因此，首先可将测得的数据绘成图 5.3.9（a）所示的（ε-lg$n$）$=f(\sigma_d)$ 曲线族。然后，在各曲线上按统一选定的极限应变值 ε_e，求得相应的动应力 σ_{d1c}、σ_{d2c}、σ_{d3c} 与振次 n 的对应关系，并绘制在图 5.3.9（b）中。此曲线在有限的 n 值范围内，可近似地看作一条直线，由此，只要给定振次，就可从图上求得相应的动强度 σ_{dc}。

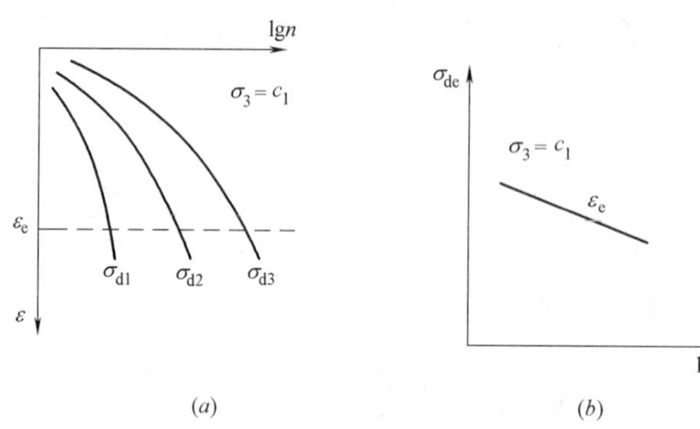

图 5.3.9　某围压（$\sigma_3=\sigma_1$）下动强度的求算

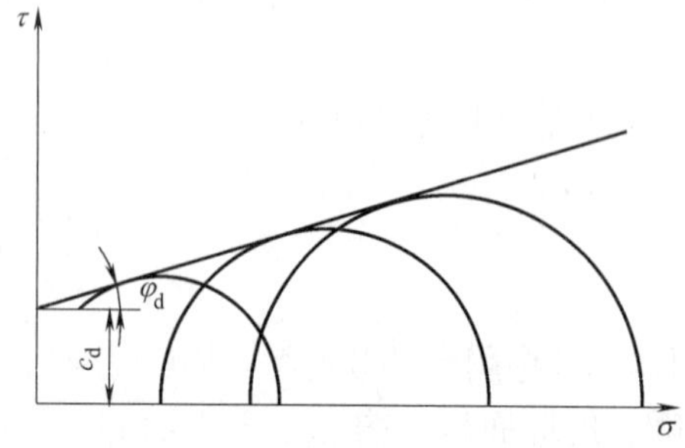

图 5.3.10　动强度指标的求算

（2）动强度指标 c_d、φ_d 的求算

以上是在某一围压（$\sigma_3=\sigma_1$）下，求出了极限动应力与振次之间的关系。如果在三个不同的围压下分别进行上述试验，并得到三条 σ_{dc}-25lg$n$ 曲线。于是在给定振次 n_f 下，可求得相应的三个动应力 σ_{dc}，并可绘出如图 5.3.10 所示的三个摩尔圆，则 c_d 和 φ_d 即为所求动强度指标。

第三节　共振柱试验

共振柱试验是根据共振原理在一个圆柱形试样上进行振动，改变振动频率使其产生共振，并借以测求试样的动弹性模量及阻尼比等参数的试验。

这种方法的初期发展可追溯到日本阪田（Iida，1938）开始进行的研究。当时他仅是利用一个圆柱形砂样进行纵轴向或横向扭转振动时测定试样的共振频率。根据共振频率及试样的高度，即可计算其波速。后在 20 世纪 60 年代以来，使用日益广泛，Woods（1978）详细介绍了将共振柱仪用于岩土地震工程中的发展史。共振柱法是一种无损试验技术，土样在相对地不破损情况下，接受来自一端的激振。因此，它的优越性特别表现在试验可逆性和重复性上，从而可以求得十分稳定而准确的结果。

一、仪器设备

共振柱测试设备种类很多，各种共振柱仪的主要差别在于端部约束条件和激振方式的不同。共振柱测试设备，可采用扭转向激振和轴向激振的共振柱仪。图 5.3.11 所示为一种国产共振柱仪的结构示意。

二、试验方法

试样的制备、安装、饱和、固结的方法，应符合动三轴试验的规定。动剪切模量或动弹性模量的测试，采用稳态强迫振动法，亦可采用自由振动法；阻尼比的测试，采用自由振动法。采用稳态强迫振动法测试时，在轴向动应力幅一定的条件下，由低向高逐渐增大振动频率并观测系统的线位移变化，直到出现共振。采用自由振动法测试时，对试样施加瞬时扭矩或力，然后立即释放任其自由振动，并同时记录试样变形随时间的衰减过程。测试动剪切模量或动弹性模量和阻尼比随应变幅的变化关系时，逐级施加动应力幅或动应变幅，后一级的振动线位移可比前一级增大 1 倍。在同一试样上选用容许施加的动应力幅或动应变幅的级数时，应避免孔隙水压力明显升高，同时试样的应变幅不宜超过 10^4。

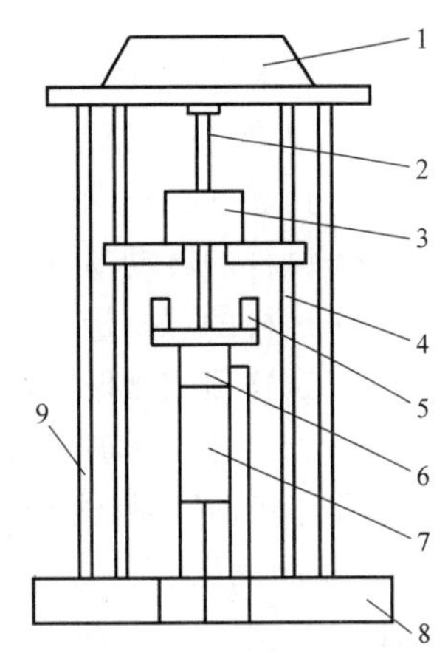

图 5.3.11　共振柱仪结构示意图

1—固定盖；2—常力弹簧；3—纵向激振器；4—支架；5—扭力激振器；6—上压；7—土样；8—底座；9—有机玻璃罩

三、试验成果整理与应用

在激振力幅一定的条件下，测得试样系统扭转振动的幅频曲线如图 5.3.12 所示，由其峰点确定共振频率 f_t。当试样在一端固定、另一端为扭转激振的共振柱仪上测试时，试样的剪应变幅按下列公式计算：

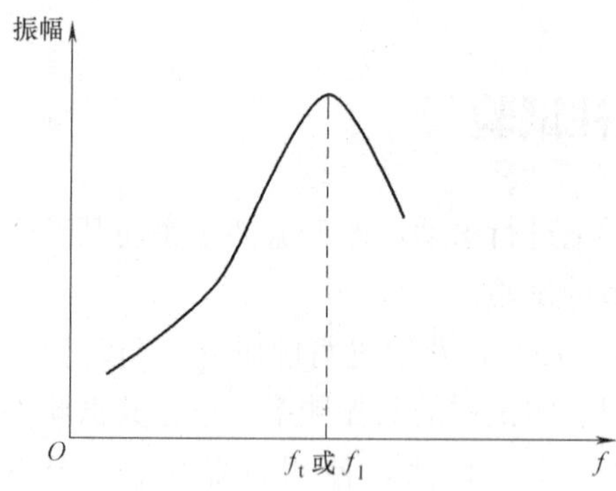

图 5.3.12　试样系统稳态强迫振动幅频曲线

1. 当为圆柱体试样时：

$$\gamma_d=\frac{\theta D_s}{3h_s} \tag{5.3.8}$$

2. 当为空心圆柱体试样时：

$$\gamma_d=\frac{\theta(D_1+D_2)}{4h_s} \tag{5.3.9}$$

式中　θ——试样扭转角位移（rad）；

D_s——试样直径（m）；

h_s——试样高度（m）；

D_1——空心圆柱体试样的外径（m）；

D_2——空心圆柱体试样的内径（m）。

扭转激振试样的动剪切模量按下式计算：

$$G_d=\rho_s\left(\frac{2\pi h_s f_t}{F_t}\right)^2 \tag{5.3.10}$$

$$F_t\cdot\tan F_t=\frac{1}{T_t} \tag{5.3.11}$$

$$T_t=\frac{J_a}{J_s}\left[1-\left(\frac{f_{at}}{f_t}\right)^2\right] \tag{5.3.12}$$

$$J_s=\frac{m_s d_s^2}{8} \tag{5.3.13}$$

式中　ρ_s——试样的质量密度（kg/m^3）；

f_t——试样系统扭转振动的共振频率（Hz）；

F_t——扭转向无量纲频率因数。

J_s——试样的转动惯量（kg · m^2）；

m_s——试样的总质量（kg）；

J_a——试样顶端激振压板系统的转动惯量（kg · m^2），由仪器标定方法确定；

f_{at}——无试样时激振压板系统扭转向共振频率（Hz），激振端无弹簧-阻尼器时取 0。

试样扭转向阻尼比测试采用自由振动法。在自由振动条件下，测得试样系统扭转振动随时间的变化曲线如图 5.3.13 所示。按线性黏弹体模型，若将横轴（时间）采用对数坐标，则其峰点可拟合成一条直线，其斜率便称为试样系统扭转自由振动的对数衰减率 δ_t。当采用式（5.3.15）时，宜采用多个 n 值计算，并将其平均值作为要求的对数衰减率。式（5.3.21）中的 δ_1 确定方法与此类似。

扭转向阻尼比按下列公式计算：

$$\zeta_t=\frac{\delta_t(1+S_t)-\delta_{at}S_t}{2\pi} \tag{5.3.14}$$

$$\delta_t=\frac{1}{n_f}\ln\left(\frac{d_{f1}}{d_{n+1}}\right) \tag{5.3.15}$$

$$S_t=\frac{J_a}{J_s}\left(\frac{f_{at}F_t}{f_t}\right)^2 \tag{5.3.16}$$

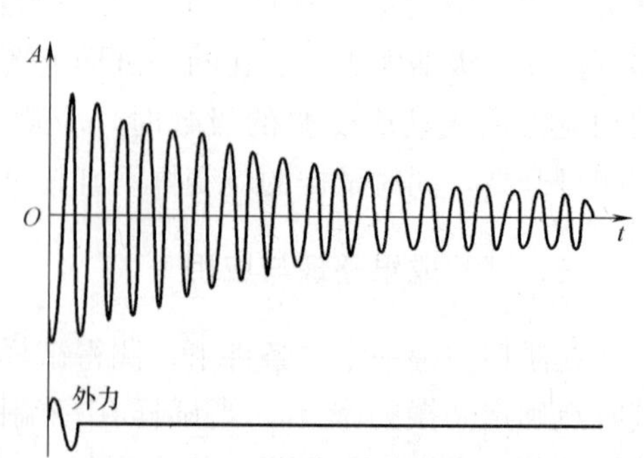

图 5.3.13　试样系统自由振动信号

式中　ζ_t——试样扭转向阻尼比；

δ_t——试样系统扭转自由振动的对数衰减率；

δ_{at}——无试样时激振压板系统扭转自由振动的对数衰减率；

S_t——试样系统扭转向能量比。

试样在轴向激振的共振柱仪上测试时，轴向应变幅和动弹性模量，按下列公式计算：

$$\varepsilon_d=\frac{d_z}{h_s} \tag{5.3.17}$$

$$E_d=\rho\left(\frac{2\pi h_s f_1}{F_1}\right)^2 \tag{5.3.18}$$

$$F_1\tan F_1=\frac{1}{T_1} \tag{5.3.19}$$

$$T_1=\frac{m_a}{m_s}\left[1-\left(\frac{f_{al}}{f_1}\right)^2\right] \tag{5.3.20}$$

式中　u_z——试样顶端的轴向振动线位移幅（m）；

f_1——试样系统轴向振动的共振频率（Hz）；

F_1——轴向无量纲频率因数；

T_1——仪器激振端轴向惯量因数；

m_a——试样顶端激振压板系统的质量（kg）；

f_{al}——无试样时激振压板系统轴向共振频率（Hz）。

试样轴向振动阻尼比，按下列公式计算：

$$\zeta_z=\frac{\delta_1(1+S_1)-\delta_{a1}S_1}{2\pi} \tag{5.3.21}$$

$$S_1=\frac{m_a}{m_s}\left(\frac{f_{al}F_1}{f_1}\right)^2 \tag{5.3.22}$$

式中　δ_l——试样系统轴向自由振动的对数衰减率；

δ_{al}——仪器激振端压板系统轴向自由振动对数衰减率，应在仪器标定时确定；

S_l——试样系统轴向能量比。

整理最大动剪切模量或最大动弹性模量与有效应力的关系时，早期都采用了八面体平均应力。近些年来，已有较多的工作证明，最大动剪切模量只与在质点振动和振动传播两个方向上作用的主应力有关，而几乎不受作用在垂直振动平面上的主应力影响。动三轴仪中试样受轴对称应力，是二维问题；而大量的动力反应分析工作也是二维分析。因此，对二维与三维条件，可分别采用本节中符号说明的方法计算平均固结应力。在整理最大动模量与平均固结应力之间关系的经验公式（5.3.23）和公式（5.3.24）中，都引入了大气压力项，以使系数 C_1、C_2 成为无量纲的反映土性质的系数。在共振柱仪上测试的最大动剪切模量或最大动弹性模量，绘制与二维或三维平均固结应力的双对数关系曲线图如图5.3.14、图5.3.15所示，其相互关系可用下列公式表达：

$$G_{dmax}=C_1P_a^{(1-m_1)}\sigma_c^{m_1} \tag{5.3.23}$$

$$E_{dmax}=C_2P_a^{(1-m_2)}\sigma_c^{m_2} \tag{5.3.24}$$

$$\text{二维时}:\sigma_c=(\sigma_{1c}+\sigma_{3c})/2 \tag{5.3.25}$$

$$\text{三维时}:\sigma_c=(\sigma_{1c}+\sigma_{3c})/3 \tag{5.3.26}$$

式中　G_{dmax}——最大动剪切模量（kPa）；

E_{dmax}——最大动弹性模量（kPa）；

C_1、m_1——最大动剪切模量与平均有效应力关系双对数拟合直线参数（图 5.10.14）；

C_2、m_2——最大动弹性模量与平均固结应力关系双对数拟合直线参数（图 5.10.15）；

σ_c——试样平均固结应力；

P_a——大气压力（kPa）。

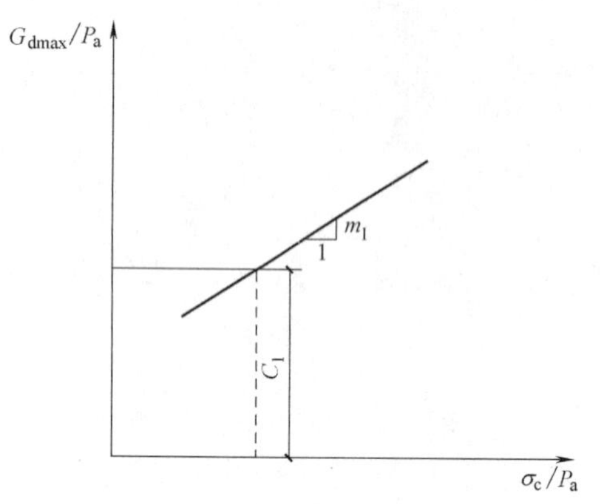

图 5.3.14　最大动剪切模量与平均固结应力的关系

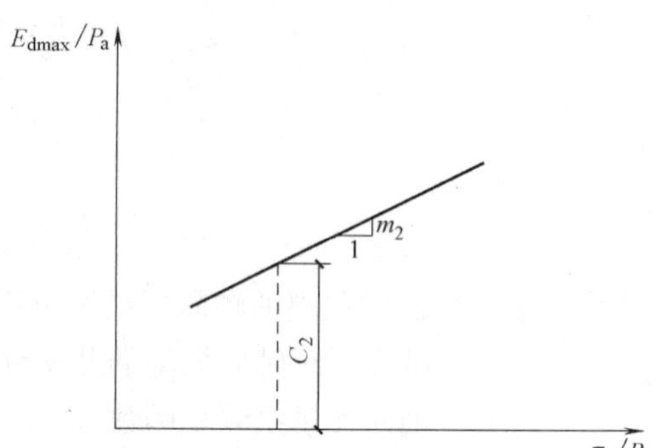

图 5.3.15　最大动弹性模量与平均固结应力的关系

第四节　空心圆柱动扭剪试验

空心圆柱扭剪测试主要用来研究土体各向异性以及复杂应力路径引起的主应力轴旋转等。

1. 土体各向异性

实际工程中由于沉积条件、颗粒取向以及加载条件等差异，天然土体在其力学特性上，比如强度、模量以及渗透性等都会表现出明显的各向异性。1944 年，Casagrande 和 Carrilo 最早从概念上将各向异性划分为固有各向异性和诱发各向异性，认为固有各向异性为“材料的固有属性，完全独立于附加的应力和应变”，而诱发各向异性则是“只由附加应力引起的附加应变相关的物理属性”。固有各向异性是指天然土在沉积过程中或人工土在填筑工程中，因各种原因导致土颗粒在不同方向上的排列不同，从而产生不同的力学性状和参数，与沉积过程中形成的颗粒取向以及大主应力方向角度等有关。应力诱发各向异性则是在各向异性固结过程中（如 K_0 固结）或者复杂应力条件下由于颗粒接触分离、滑动造成颗粒重新排列而形成，与外部荷载和应变历史有关。如图 5.3.16、图 5.3.17 所示。

2. 复杂应力路径引起的主应力轴旋转

在复杂应力路径下，诸如地震作用、波浪荷载以及交通荷载应力路径作用下（图 5.3.18），土单元的主应力轴会发生变化。

在以往的地震作用反应分析中，认为地震作用以水平剪切为主，故简化为单向激振循环荷载条件采用动三轴仪测试来模拟地震运动。然而在近场地震作用下，竖向地震力的作

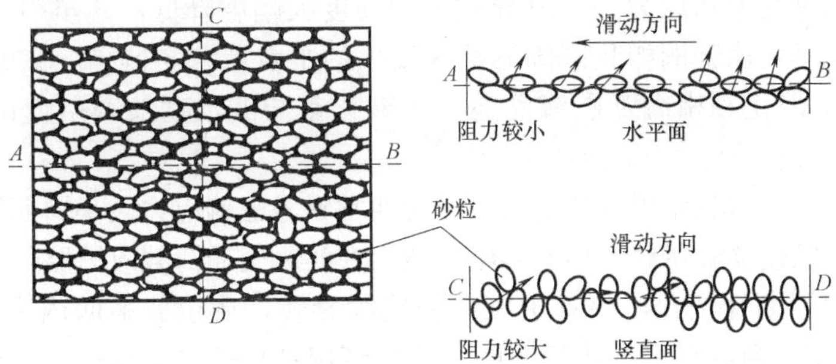

图 5.3.16　颗粒排布引起的原生各向异性

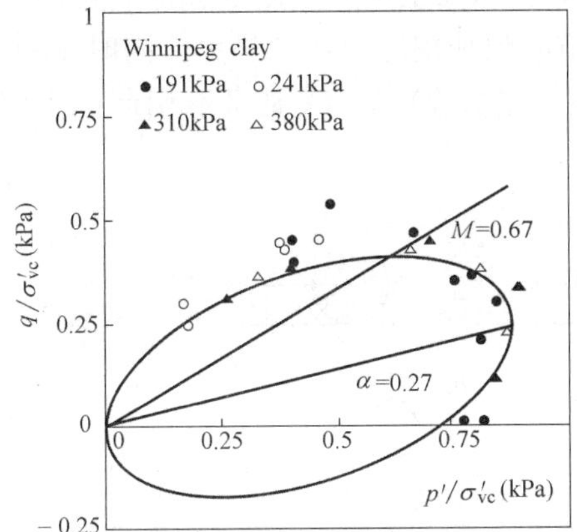

图 5.3.17　K_0 固结引起的初始屈服面的旋转（Wheeler 等，2003）

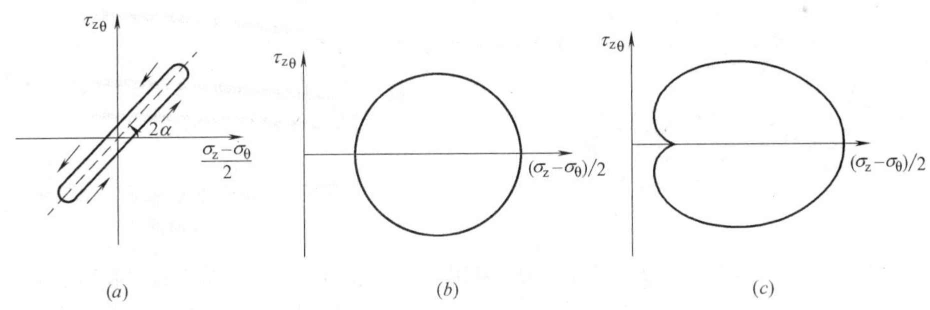

图 5.3.18　地震、波浪、交通荷载应力路径

(a) 地震作用应力路径；(b) 波浪荷载应力路径；(c) 交通荷载应力路径

用也是不容忽视的，在这种情况下，地震作用表现为水平剪应力和竖直偏应力两种形式，因而在动力振动时会形成不同的初始主应力方向，采用动扭剪测试实现偏应力与剪应力耦合的荷载作用方式来模拟地震作用更符合实际情况。

主应力轴旋转变化是波浪、交通荷载作用下地基土体所受应力路径的主要特征，其对土体的影响与普通三轴路径有着显著差别。

在海洋工程中波浪荷载是最重要的基本荷载，波浪荷载直接作用于海底土层上，使土体大主应力轴方向连续旋转，但旋转过程中偏应力大小保持恒定，在扭剪平面表现为圆形应力路径（图 5.3.18*b*）。波浪荷载引起的主应力轴连续旋转会加速土体动应变和孔隙水压力的发展，这种孔隙水压力的上升导致土的强度大幅度降低，甚至引起海床液化和滑动，从而造成地基失稳。例如我国渤海地区发生的平台滑移与倾斜、1994年胜利油田3号钻井平台地基液化和南海莺歌海盆地砂土液化都与波浪动荷载引起的动态特性密切相关。

以往在分析交通荷载作用下的地基沉降时通常只考虑偏应力大小周期性循环变化，而并未考虑主应力轴连续旋转对变形的影响。然而在实际交通荷载应力路径作用下，地基土单元不仅偏应力周期性变化，而且主应力轴连续旋转，在扭剪平面内表现为“心脏型”（图5.3.18*c*）。交通荷载作用下地基土单元受力情况如图5.3.19所示，当轮载距离土单元很远时，作用在土单元上的大主应力方向大致与水平方向平行，大主应力方向角度α为$-90°$；随着轮载逐渐靠近，作用在土单元上附加偏应力逐渐增大而且α逐渐减小，直到轮载刚好位于土单元正上方时附加偏应力达到最大，同时$\alpha=0°$；而当轮载逐渐远去，附加偏应力又逐渐减小，α逐渐增大至90°。交通荷载引起的主应力轴旋转会显著加速竖向变形的累积（图5.3.20）。

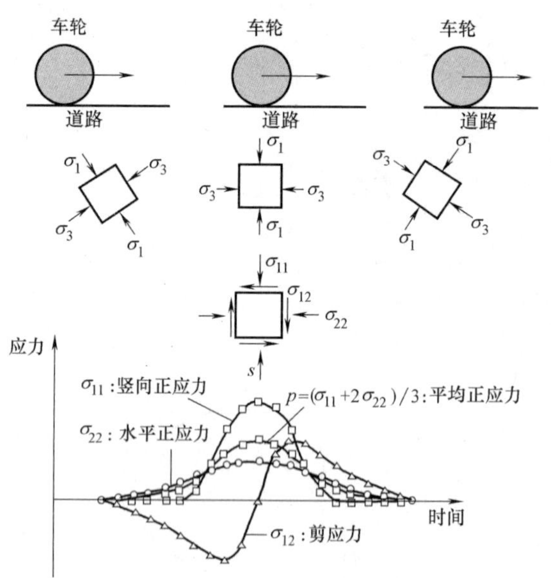

图5.3.19　交通荷载作用下地基土单元受力示意图

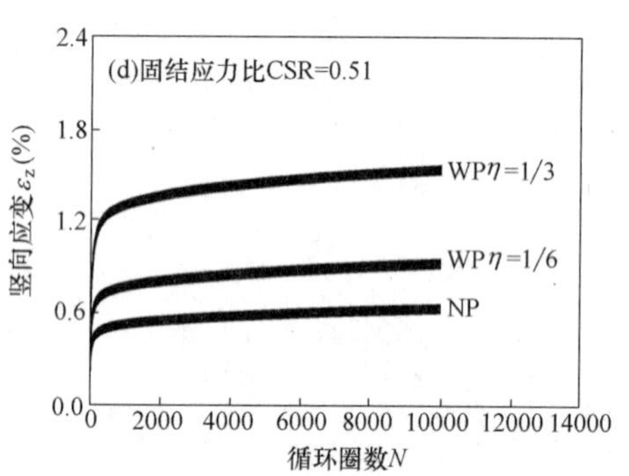

图5.3.20　交通荷载引起的主应力轴旋转对变形的促进作用

一、设备和仪器

空心圆柱仪（HCA）因试样为薄壁空心圆柱形而得名。早在1936年，Cooling和Smith就对空心圆柱土样进行了扭剪试验，这也是扭剪三轴试验的前身。20世纪60年代，Broms等（1965）利用静力扭剪三轴试验研究了主应力轴方向旋转和主应力大小对黏土抗剪强度的影响。80年代Hight等（1983）对之前的HCA进行了总结，开发了新型HCA，探讨了试样尺寸和端部效应对试样的应力、应变不均匀性的影响。

1. HCA硬件组成

空心圆柱系统由压力室、轴向和旋转双驱动设备、内/外周围压力系统、反压力系统、

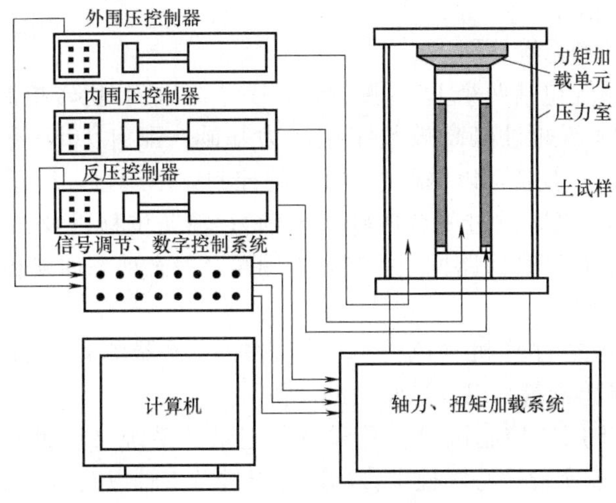

图 5.3.21　空心圆柱仪系统构造

孔隙水压力量测系统、轴向和扭转变形量测系统和体积变化量测系统组成。GDS 空心圆柱仪的整体构造如图 5.3.21 所示，其主体结构一般由以下几个主要部分组成：(1) 轴力、扭矩加载系统和压力室；(2) 内、外围压控制器；(3) 反压控制器；(4) 信号调节系统；(5) GDS 数字控制系统（DCS）。

(1) 轴力、扭矩加载系统和压力室

轴力、扭矩加载系统由轴向马达驱动装置和扭转马达驱动装置组成。在加载过程中通过齿形传动带驱动滚珠丝杠和花键轴的两个方向的无刷直流伺服马达驱动器实现轴力和扭矩的加载和卸载。压力室底部设置的用来承载试样的基座位于马达驱动器的顶部，基座上设置有各种排水、孔压测量管道接口，包括内外围压、反压以及孔压管道的进出接口。基座同时可以通过软件操控实现上下升降以及顺时针或逆时针旋转从而使得试样在压力室内处于合适的位置。压力室顶部设置的用来与试样合轴的顶座上安装有可交换式轴力/扭矩传感器，用来测量通过底部马达驱动器施加的轴力荷载和扭矩的大小。

(2) 内外围压控制器

内外围压控制器都是通过水压控制，控制器的体积为 200cm^3，最大加载压力可以达到 2MPa。在加载过程中，通过内置伺服步进马达驱动活塞移动，从而改变控制器体积来实现压力的加载和卸载。

(3) 反压控制器

反压控制器为 GDS 高级数字式压力控制器，容积和内外围压控制仪器一样为 200cm^3，最大加载压力为 2MPa。控制器通过步进马达和螺旋驱动器驱动活塞压缩水体积，通过闭合回路调节试样受到的反压压力。反压控制器还可以通过仪器面板编程，实现不同斜率线性控制体积变化或循环变化。

(4) 信号调节系统

信号调节系统包括模拟信号调节和数字信号调节。模拟信号调节包括一个 8 通道的安装在 DTI 内的电脑板，用来为每个传感器提供电压激励、调零以及设置增益值等。数值信号调节集成在 DTI 之上，包括一个 8 通道电脑板用于连接从 HSDAC 卡到马达控制器以及其他设备的数字信号。

（5）GDS数字控制系统（DCS）

GDS数字控制系统包括两个DCS控制盒，一个为轴向/扭转控制系统，另一个为内外围压控制系统。DCS通过以高效数字控制为基础，配有16bit数据采集（A/D）和16bit控制输出（D/A）装备，以每通道10Hz的控制频率运行，通过高速USB接口与计算机连接。轴向/扭转DCS通过闭合回路实现轴力/轴向位移以及扭矩/扭转角的伺服控制。内外围压DCS通过闭合回路伺服控制内外围压经静态动态加载和卸载。

2. HCA软件系统

外部设备主要包括计算机（PC系统）、附加传感器测量设备（局部应变传感器LVDT和局部孔压传感器等）以及试验辅助设备。

HCA软件系统中用来控制试验步骤和数据记录的系统又称为GDSLAB。利用GDSLAB软件系统不仅能实现空心圆柱试验，还可以进行三轴以及直剪试验。

3. HCA测量系统量程及精度

表5.3.1给出了HCA各部件的加载量程以及测量精度。可以看出，HCA的传感器设备都具有很高精度，能够保证试验的精度要求。

HCA传感器量程和精度 **表5.3.1**

类型	量程	精度
轴向力	3kN	0.3kN
轴向位移	40mm	0.001mm
扭矩	30N·m	0.03N·m
扭转角	无限制	0.36°
内外围压力	2MPa	0.5kPa

4. HCA试样尺寸要求

为了尽量减小试样端部效应的影响以及保证试样在横截面上受力均匀，Saada和Townsend（1981）基于弹性理论以及中央区域的假设，给出了HCA试样尺寸应满足的条件：

（1）试样高度：$h_s \geqslant 5.44\sqrt{r_o - r_n}$

（2）试样内外径比：$r_n/r_o \leqslant 0.65$

其中h_s为试样高度，r_n为试样内径，r_o为试样外径。

二、测试方法

1. 试样制备

原状试样制备过程中，应先对土样进行描述，了解土样的均匀程度、含杂质等情况后，才能保证物理性试验的试样和力学性试验所选用的一样，避免产生试验结果相互矛盾的现象。在试样制备过程中应尽量减小对试样的扰动，现有的内芯切取法主要有机械式和电渗式两种。机械式适用于强度较高的黏性土，利用7个直径不同的钻刀，从小到大依次对试样进行取芯，通过渐进式地修正达到设计空心内径的要求。电渗法适用于含水量高达80%～100%的软土，对试样施加直流电源正负两极，利用电势降使试样中的水从正极流向负极，产生润滑作用，把一根由探针引导穿过试样正中的电线连上负极，利用张紧的电线切割内壁，如此内芯与试样孔壁在润滑作用下较易分离，对试样的扰动也小。

2. 试样饱和以及固结

试样的饱和过程十分重要，充分的饱和能保证测试中体积变化量以及孔压等测量的准确性。针对黏土试样，饱和过程应满足三轴测试规范。针对散体材料，如砂、碎石等，饱和过程应包括三个流程：CO_2饱和、无气水饱和以及反压饱和。CO_2饱和过程的基本原理是利用CO_2密度相对较大的特点置换掉砂土试样孔隙中的空气。无气水饱和过程基本原理是利用CO_2易溶于水的特点排净砂土试样中的已经置换的CO_2。反压饱和是通过施加围压和反压进一步压缩砂土试样中残留的气泡，使试样完全饱和。试样饱和完毕后要进行B值检测，当B值满足试验要求才能保证试样的充分饱和。

试样在固结前应掌握地基土体现场应力条件，从而确定测试时试样固结围压的大小。为保证试样完全饱和，应在固结压力施加完毕后让试样在恒定压力下进行足够时间的蠕变，当试样每小时的排水量满足不大于$60mm^3$的条件后，判定试样固结完成。

三、数据处理

空心扭剪测试通过 HCA 加载系统对空心圆柱试样施加轴力、扭矩、内外围压，使空心圆柱试样产生轴向、环向、径向以及扭剪方向应力应变分量，图 5.3.22 为 HCA 试样受力示意图。在加载过程中，轴力 W 和扭矩 T 分别使试样产生轴向应力 σ_z 和扭剪应力 $\tau_{z\theta}$，并且在竖直面和水平面上有 $\tau_{z\theta}=\tau_{\theta z}$，而内外围压 p_i、p_o 决定环向应力 σ_θ 和径向应力 σ_r 的大小。

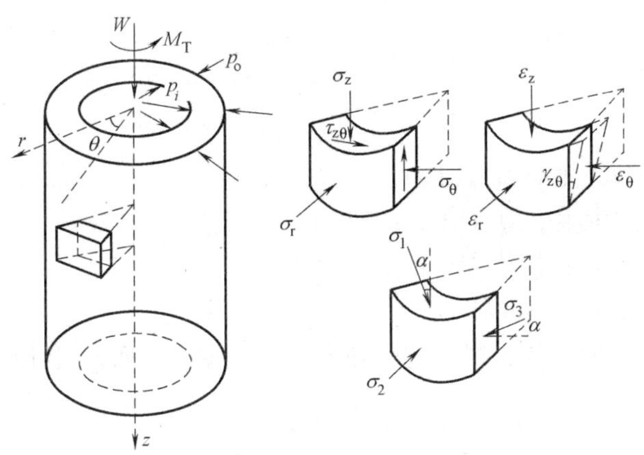

图 5.3.22　空心圆柱试样中应力和应变状态

考虑到空心圆柱试样截面上应力并不是均匀分布的，因此在测试中应力分量计算将图 5.3.22 中薄壁土单元上的平均应力作为空心圆柱试样截面的应力分量。Hight 等（1983）给出了 HCA 试样所有应变分量平均值的计算公式：

轴向应力

$$\sigma_z=\frac{W}{\pi(r_{co}^2-r_{ci}^2)}+\frac{p_o r_{co}^2-p_i r_{ci}^2}{(r_{co}^2-r_{ci}^2)} \tag{5.3.27}$$

径向应力

$$\sigma_r=\frac{p_o r_{co}+p_i r_{ci}}{r_{co}+r_{ci}} \tag{5.3.28}$$

环向应力

$$\sigma_\theta=\frac{p_o r_{co}-p_i r_{ci}}{r_{co}-r_{ci}} \tag{5.3.29}$$

剪应力

$$\tau_{z\theta}=\frac{T}{2}\left[\frac{3}{2\pi(r_{co}^3-r_{ci}^3)}+\frac{4(r_{co}^3-r_{ci}^3)}{3\pi(r_{co}^2-r_{ci}^2)(r_{co}^4-r_{ci}^4)}\right] \tag{5.3.30}$$

式中 σ_z——试样轴向应力（kPa）；

σ_θ——试样环向应力（kPa）；

σ_r——试样径向应力（kPa）；

$\tau_{z\theta}$——试样剪应力（kPa）；

W——试样轴力（N）；

p_o——试样外围压（kPa）；

p_i——试样内围压（kPa）；

T——试样扭矩（N·m）；

r_{co}——固结完成后试样外径（mm）；

r_{ci}——固结完成后试样内径（mm）。

试样有效大主应力、中主应力和小主应力，应按下列公式计算：

$$\sigma_1'=\frac{\sigma_z+\sigma_\theta}{2}+\sqrt{\left(\frac{\sigma_z-\sigma_\theta}{2}\right)^2+\tau_{z\theta}{}^2}-\Delta u \tag{5.3.31}$$

$$\sigma_2'=\sigma_r-\Delta u \tag{5.3.32}$$

$$\sigma_3'=\frac{\sigma_z+\sigma_\theta}{2}\sqrt{\left(\frac{\sigma_z-\sigma_\theta}{2}\right)^2+\tau_{z\theta}{}^2}-\Delta u \tag{5.3.33}$$

式中 σ_1'——试样有效大主应力（kPa）；

σ_2'——试样有效中主应力（kPa）；

σ_3'——试样有效小主应力（kPa）；

Δu——试样孔隙水压力（kPa）。

试样轴向应变、环向应变、径向应变和剪应变，应按下列公式计算：

$$\varepsilon_z=\frac{u_z}{h_{cs}} \tag{5.3.34}$$

$$\varepsilon_\theta=\frac{u_0+u_i}{r_{co}+r_{ci}} \tag{5.3.35}$$

$$\varepsilon_r=\frac{u_0-u_i}{r_{co}-r_{ci}} \tag{5.3.36}$$

$$\gamma_{z\theta}=\frac{\theta(r_{co}^3-r_{ci}^3)}{3h_{cs}(r_{co}^2-r_{ci}^2)} \tag{5.3.37}$$

式中 ε_z——试样轴向应变；

ε_θ——试样环向应变；

ε_r——试样径向应变；

$\gamma_{z\theta}$——试样剪应变；

u_z——试样轴向位移（mm）；

u_0——试样外径位移（mm）；

u_i——试样内径位移（mm）；

θ——试样扭转角位移（rad）；

h_{cs}——固结完成后试样高度（mm）。

试样大主应变、中主应变和小主应变，应按下列公式计算：

$$\varepsilon_1=\frac{\varepsilon_z+\varepsilon_\theta}{2}+\sqrt{\left(\frac{\varepsilon_z-\varepsilon_\theta}{2}\right)^2+\gamma_{z\theta}^2} \tag{5.3.38}$$

$$\varepsilon_2=\varepsilon_r \tag{5.3.39}$$

$$\varepsilon_3=\frac{\varepsilon_z+\varepsilon_\theta}{2}-\sqrt{\left(\frac{\varepsilon_z-\varepsilon_\theta}{2}\right)^2+\gamma_{z\theta}^2} \tag{5.3-40}$$

式中　ε_1——试样大主应变；

ε_2——试样中主应变；

ε_3——试样小主应变。

第四章　测试仪器设备

第一节　概　　述

岩土地基动力特性原位测试一般都要通过激振—振动测量—信号分析处理三个基本环节。激振的目的是向地基施加某种动荷载，使其最大限度地模拟实际土体的动力作用或激振的频率能覆盖测试对象的动力特性；振动测量的基本要求是尽可能把地基、基础受动荷载作用下，所表现出来的动力响应和性状，通过传感器将土体的振动物理量转变为电量，并经适调放大器将信号放大、变换、滤波、归一化等适调环节后，最后进行显示记录。如图 5.4.1 所示。

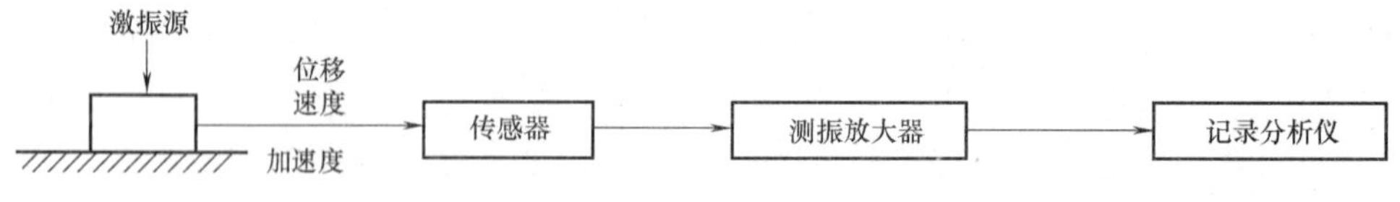

图 5.4.1　振动测量框图

传统振动测量是将连续变化的振动和力物理量转变为连续电信号，通常将这些连续变化的电信号称为模拟量。模拟量信号的缺点是显示、记录的精度低，抗干扰能力差，不便于对信号作进一步的分析处理。

为了提高振动测量精度和速度，要对信号作进一步处理，往往需要将连续的模拟信号转变为离散的数字信号，这个过程称为数据采集。随后将采集的数据进一步处理分析，存储和显示。动态信号分析的主要手段就是将时间域变化的信号变换为在频率域中有效值或均方值随频率的分布，也就是进行谱分析。动态信号分析的核心是离散傅里叶变换。当前发展的数字处理器（DSP）为快速傅里叶变换和加窗处理等提供条件，开辟了软、硬件结合的动态信号处理新途径。图 5.4.2 给出了动态信号采集与分析过程框图。

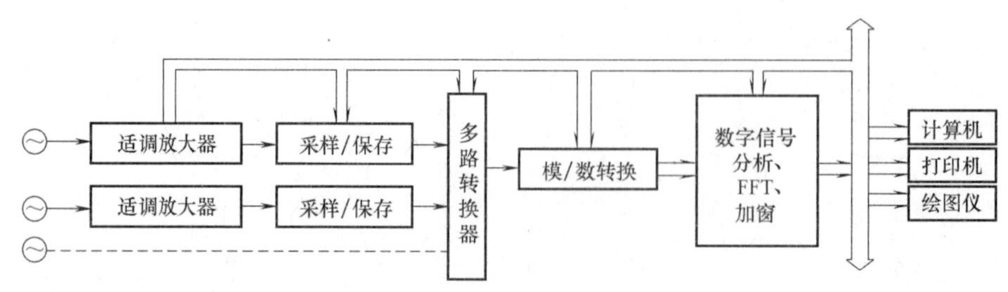

图 5.4.2　信号采集分析过程框图

在实际测量分析的物理量往往是对被试对象（机械结构、桩—土系统等）在一定条件下对某种激励的动态响应，它能在一定程度上反映被试系统的动态性能，如果是线性的激励和响应，即系统的输入、输出之间存在着简单的因果关系，见图 5.4.3，因此可以通过对被试系统输入、输出物理量的测量和分析来确定系统的动态特性。

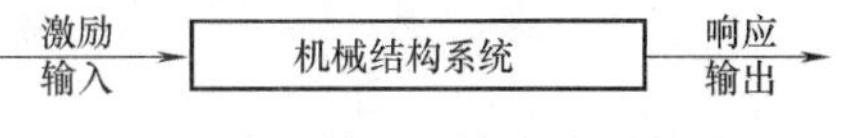

图 5.4.3　输入、输出因果关系

第二节　激 振 设 备

按激振方式分为稳态激振和瞬态激振，稳态激振能产生单一频率成分的简谐波，在谱图上是一条竖直线，激振频率可以根据试验需要来调节，瞬态激振的时域波形为一较窄的脉冲，在谱图中频带较宽，其频率成分比较丰富，但分配到每一频率成分的能量比较小。稳态和瞬态激振的时域波形及谱图如图 5.4.4 所示。

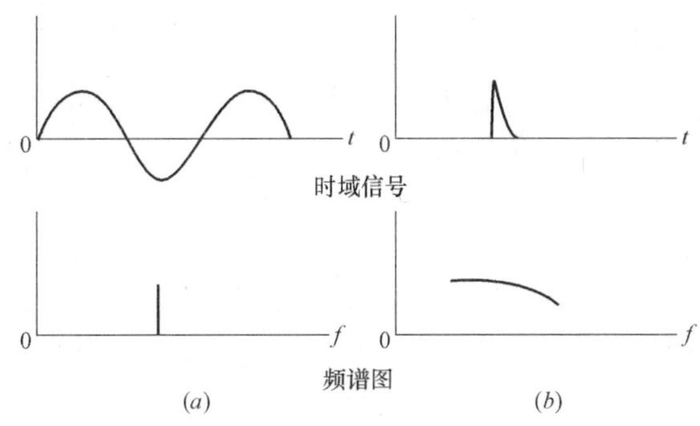

图 5.4.4　稳态和瞬态激振的时域波形及谱图

(a) 稳态激振；(b) 瞬态激振

1. 瞬态激振：瞬态激振如球击、力锤、力棒等，它以改变激振能量大小和锤头的材质来改变激励脉冲的能量和脉冲宽度。一般来说，铁球的重量大，碰撞时接触的时间较长，其激励脉冲的幅值大，脉冲宽度较宽，其脉冲频谱的低频成分丰富，较适合于动力参数法的振源，以击起桩—土体系的固有振动频率。采用力棒激励，具有能量集中的特点。如在力锤上安装锤头的材料不同，如钢头、铝头、塑料头、橡胶头，则产生的力谱特性也不同，如图 5.4.5 所示。锤头由硬到软的不同材质，将使激励脉冲的宽度由窄变宽，而力谱的宽度由宽变窄。也就是说，锤头硬，激励脉冲波形窄，力谱频带宽，高频成分丰富；锤头软，激励脉冲波形宽，力谱频带窄，低频成分较丰富。可选择不同材质的锤头以适应桩身结构完整性检测时对桩身不同部位缺陷的检测需要。

2. 稳态激振：能产生简谐波的稳态激振器有三种，即机械式偏心块激振器，电磁激振器和电液激振器。

(1) 机械式偏心块激振器：这是一种利用旋转机械偏心质量块的离心力，给试验基础施加周期性的简谐力，其工作原理如图 5.4.6 所示。

由图 5.4.6 可知，在两个平行轴上各安装两个偏心质量块，由于质量块安装的位置和轴旋转的方向不同，可产生水平、竖向两个方向的激振扰力，以模拟动力机器基础的水平

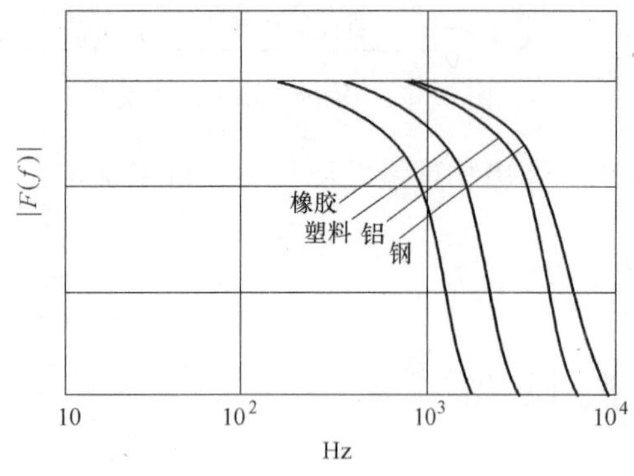

图 5.4.5　不同锤头材料的力谱特性

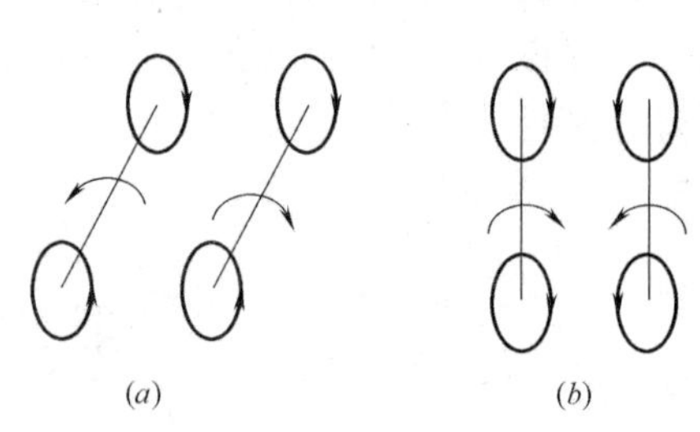

图 5.4.6　机械式激振器
（a）水平向；（b）垂直向

振动或垂直振动情况。图 5.4.6（a）所示两组反相旋转的质量块，安装在沿轴互成 90°的位置上则惯性力在垂直方向的分力互相抵消，而在水平方向上的分力叠加起来，在此情况下，激振器的最大水平扰力 F_{vH} 为：

$$F_{vH}=4Me\omega^2 \tag{5.4.1}$$

式中　e——质量块距旋转中心的距离；

ω——质量块旋转的圆频率；

M——每个偏心块的质量。

同理，图 5.4.6（b）所示的组合，当绕水平轴旋转时，可产生垂直扰力，由于每一循环的垂直振动受重力加速度影响，故上、下扰力略有不同，其最大与最小扰力分别为：

$$F_{vzmax}=4M(e\omega^2+g)$$
$$F_{vzmin}=4M(e\omega^2-g) \tag{5.4.2}$$

式中　g——重力加速度。

因此，垂直扰力的波形上下不是很好对称的简谐波，这在低频时较为明显。机械式激振器的扰力大小可以通过调节每一组偏心块质量的相对位置（即角度）来实现，一般分为六档。我国现场块体模拟基础强迫振动试验的三种机械式激振器 $m_e\cdot e$ 值如表 5.4.1 所示。

常用机械式激振器 $m_e\cdot e$ 值　　**表 5.4.1**

档数	型　号		
	中型(NS²)	小型(NS²)	大型(NS²)
1	0.825×10^{-1}	0.1338×10^{-1}	0.467
2	0.155	0.3032×10^{-1}	0.741
3	0.3275	0.4554×10^{-1}	1.205
4	0.4667	0.5849×10^{-1}	1.640
5	0.5567	0.6553×10^{-1}	1.98
6	0.5878	0.6752×10^{-1}	2.20
7			2.273

激振器的控制系统由可控硅调速器、直流电动机和机械式激振器组成，激振系统的框图如图 5.4.7 所示。

可控硅调速器将交流 220V 电压经半导体二极管桥式电路整流滤波后，供给直流电动

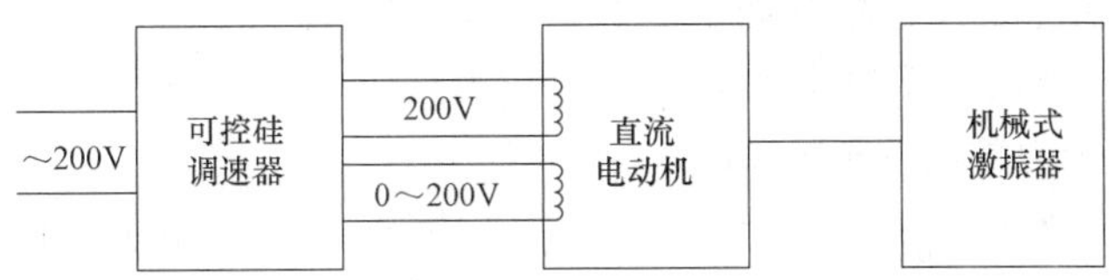

图 5.4.7　机械式激振系统框图

机直流 200V 励磁电压和可调 0～200V 电枢电压，这样当电枢电压由低往高变化时，直流电动机的转速也由低到高变化，通过皮带轮带动机械式激振器而产生激振力，机械激振器的激振频率也随直流电机转速的变化而变化。

（2）电磁激振器

这是一种将电能转换为机械能的换能器，它由永久磁铁、铁芯及磁极组成的磁路系统，线圈、骨架及顶杆组成的可动部分，以及支承弹簧、壳体等部分构成，其结构原理如图 5.4.8 所示。

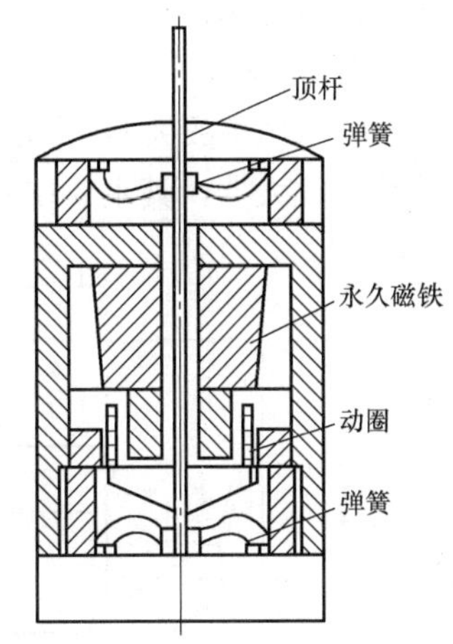

图 5.4.8　电磁激振器结构原理图

磁路系统的气隙中能产生很强的恒定磁场，当交变电流输入位于气隙中的可动线圈时，磁场作用于载流导体，对动圈产生与气隙磁场强度、线圈有效长度以及输入电流强度成正比的轴向电磁感应力 $f(t)$ 为：

$$f(t)=B\cdot l\cdot i(t)\cdot 10^{-4} \tag{5.4.3}$$

式中　B——磁场强度（高斯）；

l——线圈有效长度（m）；

$i(t)$——电流强度（A）。

电磁感应力通过固定线圈的骨架和顶杆将激振力传递给试件。电磁激振系统组成如图 5.4.9 所示。

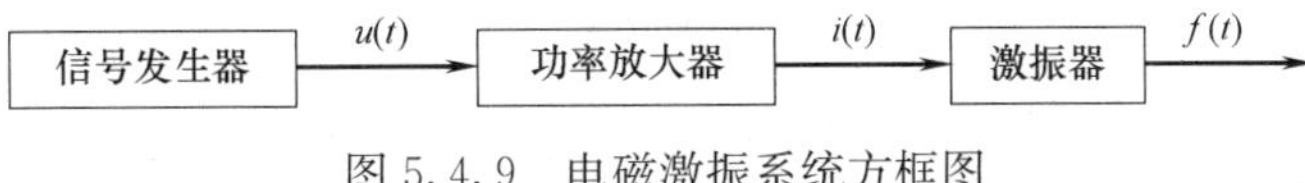

图 5.4.9　电磁激振系统方框图

信号发生器可产生一定工作频率范围的简谐波或调制波，输出一定的电压，经功率放大器放大，输出电流以推动电磁激振器工作。信号发生器可分为模拟、数字和计算机辅助三种类型。模拟信号发生器的精度、稳定度和可控性较差，已逐渐被数字信号发生器代替。计算机辅助信号发生器是将所需信号波形预先存放在存贮器中，由频率可控的时钟和时序逻辑电路按一定节拍读出存贮器的数据，然后经锁存寄存器和数模转换器以及模拟滤波电路将数据变换成对应的模拟电压信号，它可产生正弦、快速扫描、随机等多种激振信号。

目前比较适合在岩土工程原位测试的电磁激振系统中，技术指标如下：

DZ-80 起振机，如图 5.4.10 所示，在结构上采用永磁场，空气弹簧等新技术，使产品结构紧凑，激振力较大。DZ-80 型起振机由 GF-80 功率放大器驱动。

DZ-80 型起振机主要技术指标如下：;

最大正弦输出力幅值≥700N；

使用频率范围全力输出 5～1500Hz；

减小力输出 3～2000Hz；

最大振幅±20mm；

激振力波形失真＜10％；

起振机重量本体＜500N；

加配重＜800N。

GF-80 型功率放大器，如图 5.4.11 所示，是一种线性度较高，性能稳定可靠，结构紧凑的功率放大器，其主要技术指标如下：

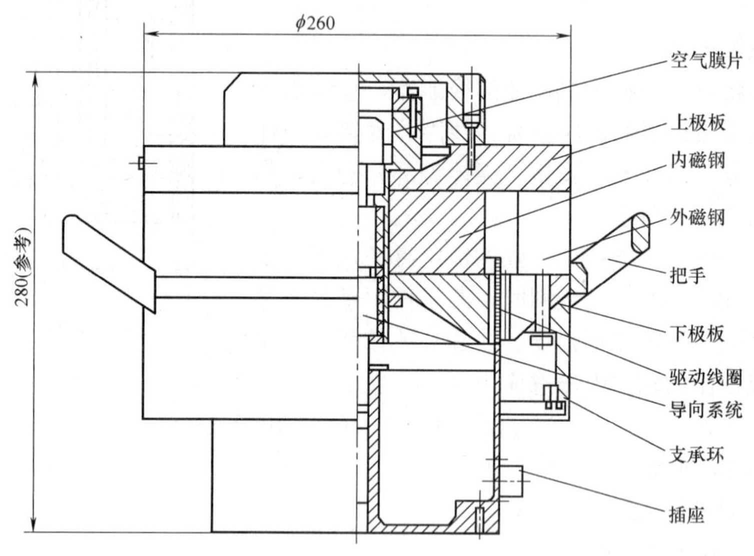

图 5.4.10　D2Z-80 型起振机

最大输出功率	600VA
最大输出电流有效值 25A	
输出电压有效值 24V	
工作频率范围满功率	5～5000Hz
半功率	0～10kHz
谐波失真度	5～5000Hz 内＜0.5％
输出阻抗低阻输出＜0.001Ω	
高阻输出＞200Ω	
输入阻抗	10Ω
工作环境温度	5～40℃
湿度	90％（＋25℃）
供电要求三相四线制	50～60Hz　380V（－10％～＋5％）
消耗功率	1400VA

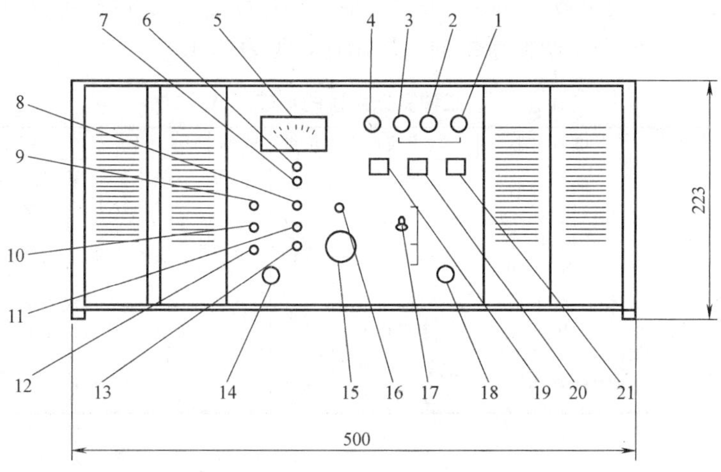

图 5.4.11　GF-80 型功率放大器

1、2、3、4—电源保险丝；5—输出电流表头；6—机械调零；7—电气调零；8—过流指示；9—小功率电源指示；10—熔丝熔断指示；11—行程指示（用于振动台时）；12—削波指示；13—湿度显示；14—信号输入插座；15—信号调节旋钮；16—增益指示；17—输入方式开关；18—监测插座；19—电源 1 按钮；20—电源 2 开按钮；21—电源 2 关按钮

重量<35kg

（3）电液激振器

这是一种特殊的电—液装置，将模拟电信号变成指令信号，输送给液压系统，按照模拟信号的频率和波形，带动液压系统周期性地作往复运动。图 5.4.12 是电液激振系统原理图。

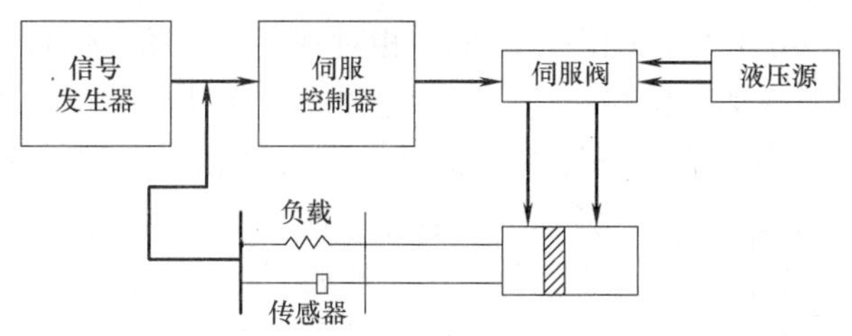

图 5.4.12　电液激振系统原理图

它由电气和液压两部分组成。电气部分的功能是用信号发生器输出的模拟信号经伺服控制器放大后输出电流给伺服阀，伺服阀一方面由液压源供给压力介质，同时又连通执行机构按模拟信号进行机械运动，输出力或位移到负载上。由于负载本身的刚度和阻尼作用，可能吸收执行机构的能量，会使原来的指令信号发生失真，因此负载上的传感器，将信息反馈到伺服控制器中去，从而可精确地控制系统输出量使其恒定。液压系统部分就是把电路系统输入的模拟指令信号，驱动伺服阀工作，调节液压源的补给，使工作油缸的流量和压力按输入指令信号而变，即油缸输出的激振力和位移符合信号的特征。这种电液激振系统具有很大的推力/重量比，推力可达数吨至数十吨，频率范围为 0～200Hz，最大振幅可达几十毫米。如 E-1A 电子液压振动台，最大推力 100kN、最大振幅±25mm、频率

范围 0.5～100Hz、最大负载 300kg、满载时最大加速度 3.5g、可作垂直与水平振动。

下面列出三种不同类型激振系统的功能用途，见表 5.4.2。

三种激振系统的比较　　表 5.4.2

激振系统		工作频率	扰力大小	输出波形	重量	成本	用途
机械	瞬态	几 Hz～2000Hz	冲击力小	衰减自由振动	轻便	低廉	块体基础、桩基检测、表面波测试及各种模态分析（任意场合）
	稳态	几 Hz～50Hz	常扰力随 f 变化，中、小	简谐波	较轻	低	块体基础、表面波测试（野外）
电磁		几 Hz～1500Hz	恒扰力 1000N，中、小	正弦波、方波、人工随机波	较轻	较贵	桩基、表面波测试，振动台，块体基础、桥梁、结构振动试验（室内、野外）
电液		200Hz 以下	恒扰力，中、大	正弦波、方波、人工随机波	较重	贵	振动台（室内）

第三节　振动传感器

传感器是指将机械物理量转换为与之成比例的电信号的机电转换装置。能将物体的振动量转变为电量的机电转换器件，称为振动传感器、拾振器或检波器。按测量的振动力学参数可分为位移传感器、速度传感器和加速度传感器。从力学原理上又可分为绝对式传感器和相对式传感器。相对式传感器需要选定某一不动点为参数测量与被测物体间的相对振动量，这在测试时不易实现，因此在岩土工程振动测量中主要是采用绝对式传感器测量。

一、振动传感器原理

绝对式振动传感器的主要力学元件是一个惯性质量块、阻尼器和支承弹簧。质量块经弹簧与基座连接，在一定频率范围内，质量块相对基座的运动（位移、速度或加速度）与作为基础的振动物体的振动（位移、速度或加速度）成正比。传感器敏感元件再把质量块与基座的相对运动转变为与之成正比的电信号，以实现相对于惯性坐标系的绝对振动测量。所以绝对式振动测量传感器，又称为惯性式传感器，其力学原理如下：

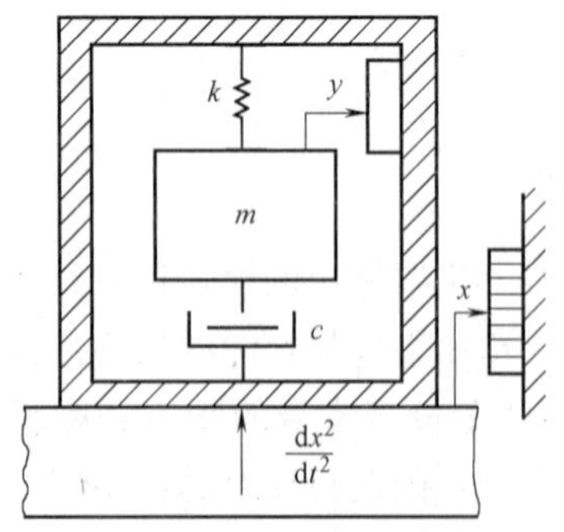

图 5.4.13　绝对式传感器原理图

设惯性质量为 m，弹性元件的刚度为 k，运动时的阻尼系数为 c，如不计弹簧和阻尼元件的质量，绝对式传感器的运动可以简化为一单自由度系统，如图 5.4.13，设基础运动为 x（t），惯性质量的绝对运动为 z（t），则基座的相对运动为：

$$y(t)=z(t)-x(t) \tag{5.4.4}$$

根据惯性力、阻尼力、弹性力三者之间的平衡关系，可写出动力学方程：

$$-m\ddot{z}-c(\dot{z}-\dot{x})-k(z-x)=0-m\ddot{z}-c(\dot{z}-\dot{x})-k(z-x)=0 \tag{5.4.5}$$

以基础运动 $x(t)$ 为输入，惯性质量的绝对运动为 $z(t)$，则对基座的相对运动 $y(t)=z(t)-x(t)$ 为输出，整理后可得

$$m\ddot{y}+c\dot{y}+ky=-m\ddot{x}\ m\ddot{y}+c\dot{y}+ky=-m\ddot{x} \tag{5.4.6}$$

对方程两边进行拉普拉斯变换，并设系统初始条件为零，可得到惯性式传感器的传递函数

$$H(s)=\frac{y(s)}{x(s)}=\frac{-ms^2}{ms^2+cs+k} \tag{5.4.7}$$

令 $s=j\omega$ 如，可得位移振动传感器的频率特性（幅频特性和相频特性）：

$$H(\omega)=\frac{y(\omega)}{x(\omega)}=\frac{u^2}{\sqrt{(1-u^2)+(2\zeta u)^2}} \tag{5.4.8}$$

$$\theta(\omega)=\tan^{-1}\frac{2\zeta u}{1-u^2} \tag{5.4.9}$$

式中：$u=\frac{\omega}{\omega_0}$，$\omega_0=\sqrt{\frac{k}{m}}$，$\zeta=\frac{c}{2m\omega_0}$。

图 5.4.14 为绝对式位移振动传感器的幅频特性曲线。当被测振动频率 ω 远大于传感器固有频率 ω_0 时，$H(\omega)\to 1$，幅频特性几乎与频率无关，即惯性式位移传感器可用于测量频率远高于传感器固有频率的振动；位移传感器的 $\zeta=0.6\sim0.7$ 为最佳阻尼比，这时很快进入平坦区使工作使用频率范围扩大，但相移也有所增加，绝对式位移传感器的位移不允许超过其内部可动部分行程的振动位移。

如果能够测量惯性质量相对于基座的运动速度 $\dot{y}(t)$（如相对于速度敏感元件，如磁场中运动的线圈），并将基础振动速度 $\dot{x}(t)$ 当成输入，$\dot{y}(t)$ 作为输出，这就是惯性式速度振动传感器的原理，速度传感器频率响应为：

$$H(\omega)=\frac{y(\omega)}{\dot{x}(\omega)}=\frac{u}{\sqrt{(1-u^2)^2+(2\zeta u)^2}} \tag{5.4.10}$$

$$\theta(\omega)=\tan^{-1}\frac{2\zeta u}{1-u^2} \tag{5.4.11}$$

其幅频、相频特性与图 5.4.14 类似。

惯性速度传感器也用于测量远高于传感器固有频率的振动，适当的阻尼能扩大测量频率的范围。当 $\zeta=0.6$ 时，最低测量频率可达 $1.2\omega_0$。

但增大阻尼将产生信号相位失真，因为相位失真随频率而变化，从而会使输出响应信号的波形发生畸变。

由于构成传感器的惯性质量块具有弹性，而弹簧也有质量，因此到一定高频率时，将产生弹性共振，使可测的高频受到限制。

绝对式振动测量原理也可用于加速度测量。这时输入为基础振动加速度 $\ddot{x}(t)$，输出为由敏感元件产生的惯性质量相对于基座的位移信号，传感器敏感元件产生的电信号与基础振动加速度成正比，加速度传感器的幅频特性表达式为：

$$H(\omega)=\frac{y(\omega)}{\ddot{x}(\omega)}=\frac{1}{\omega_n^2}\frac{1}{\sqrt{(1-u^2)^2+(2\zeta u)^2}} \tag{5.4.12}$$

幅频特性曲线如图 5.4.15、图 5.4.16 所示。

由图 5.4.15 可见，加速度传感器的使用频率在低于传感器固有频率范围内。使用频率的上限受到固有频率 ω_n 和安装刚度的限制外，还与引进的阻尼比有关。为了扩展其频

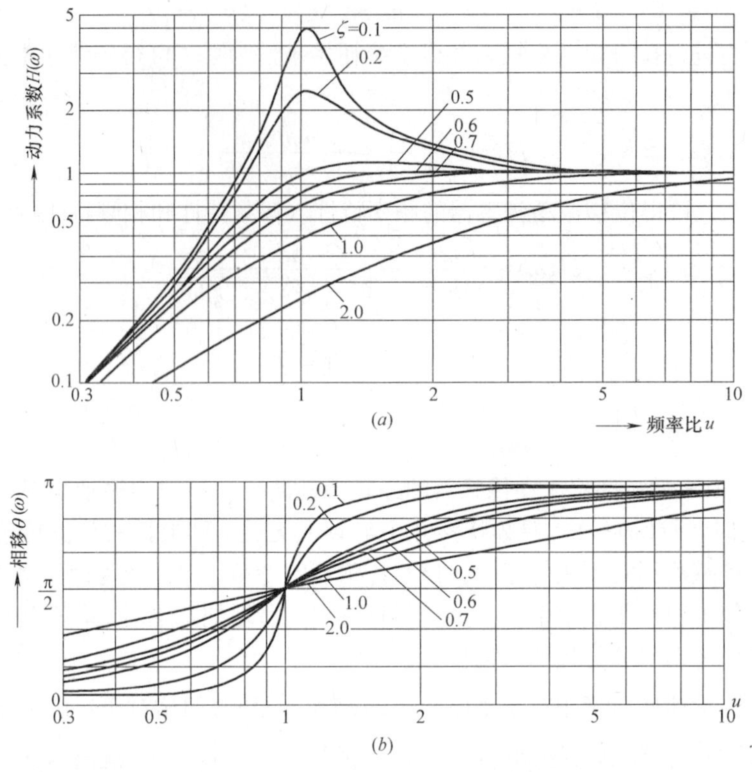

图 5.4.14 位移传感器的特性曲线

（a）幅频特性曲线；（b）相频特性曲线

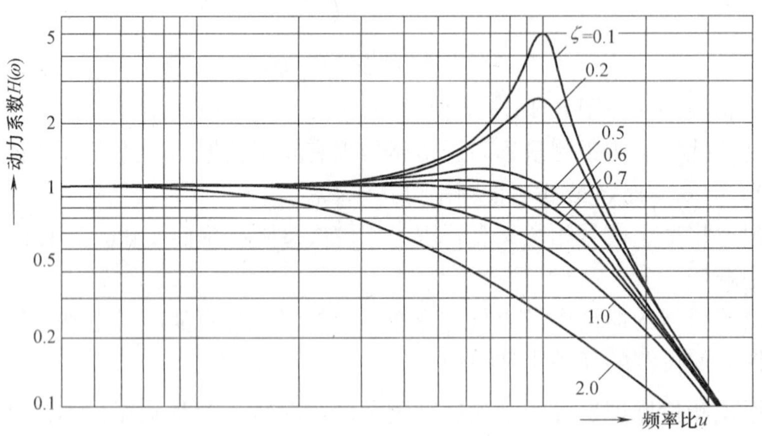

图 5.4.15 加速度传感器幅频特性曲线

率上限，采用 ζ=0.6～0.7 可扩展上限工作频率。引进阻尼，使相移角增大，当 ζ=0.7 时，非常接近比例相移，在测量合成振动时，可减小波形畸变。

二、磁式速度传感器

这里将介绍振动传感器的机电变换原理、结构及使用的有关问题。

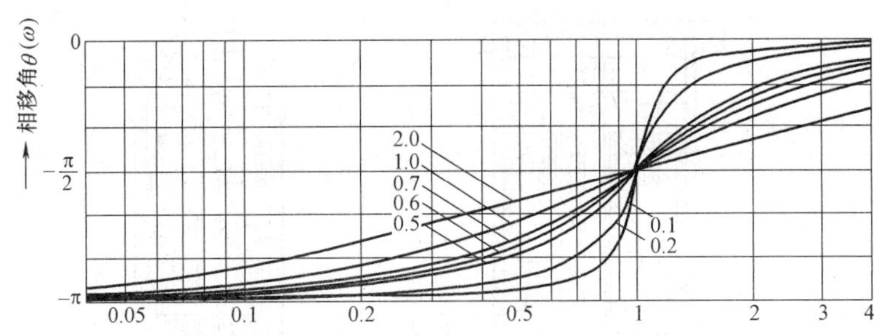

图 5.4.16　加速度传感器相频特性曲线

磁式速度传感器是一种基于电磁感应原理的机电变换器件。根据楞次定律，当导体以速度 v 垂直于磁场方向运动时，导体上将产生感应电动势，感应电动势 e 可由下式表示：

$$e=Blv\cdot 10^{-4}(V) \tag{5.4.13}$$

式中　B——磁路气隙中的磁通密度（高斯）；

l——磁场内导线的有效长度（m）；

v——导线切割磁力线相对运动速度（m/s）。

磁式速度传感器的敏感元件为处于由永久磁铁产生的同心圆状空隙磁路中的环形测量线圈，见图 5.4.17。磁式速度传感器有两种结构形式：一种是把测量线圈固定在传感器壳体上；让弹簧支承磁钢组成可动系统；另一种是把磁钢固定在壳体上，弹簧支承测量线圈组成可动系统，两种结构的原理是一样的。当线圈与磁体产生相对运动时，测量线圈即产生与运动速度成正比的电压信号，在使用频率范围内，线圈与磁铁的相对运动即反映振动物体在传感器固定点的振动速度。

磁式速度传感器的固有频率不可能很低，为了扩展低频测量范围，可利用测量线圈产生的电磁阻尼力，或油介质来适当增加阻尼，通常采用 $\zeta=0.6\sim0.7$ 的最佳阻尼比。但阻尼比的增大，将在低频段引起较大的相移，因此在速度传感器出厂检验时，不仅要有灵敏度校准曲线，还应有相移校准曲线。电动式速度传感器在使用频率范围内能输出较强的电压信号，且不易受电磁场和声场的干扰，测量电路也比较简单，因此在土木、岩土工程、机械、地震监测等方面都得到广泛的应用。

图 5.4.18 为磁式速度传感器的构造示意图。

最近我国研制了新型传感器，在岩土工程振动测量中具有良好的应用前景。这种 DP 型地震式低频振动传感器是将机械结构固有频率较高的地震检波器经低频扩展（校正）电路，使其输出特性的固有频率降为原检波器的 1/20～1/60。从而既保持了原检波器的抗振、耐冲击、高稳定度等特点，又具有良好的输出特性。其工作原理如图 5.4.19 所示。

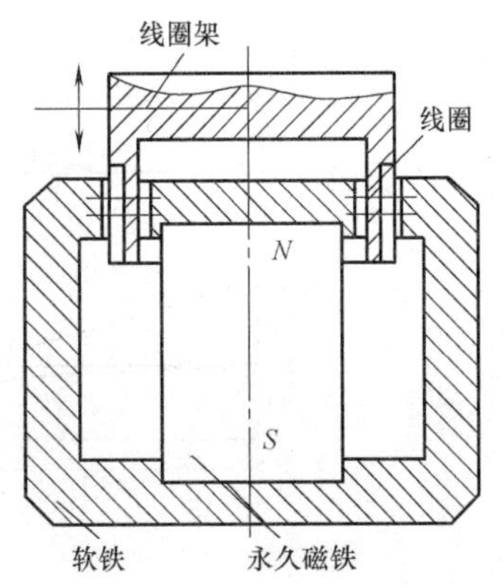

图 5.4.17　磁式速度传感器的结构原理

校正电路由放大和低频扩展两部分组成，如放大器中为直接放大，则输出电压正比于传感器壳体（安装基座）的振动速度，即为速度型传感器；如放大器中内置积分环节、输出电压正比于传感器壳体的位移，即为位

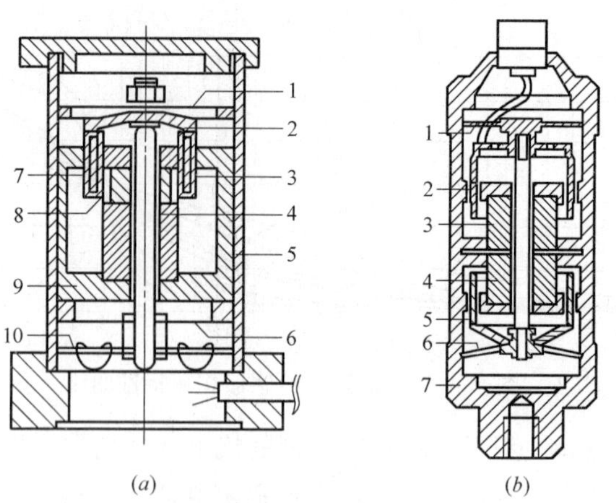

图 5.4.18　磁式速度传感器的构造

（a）单磁隙结构型；（b）双磁隙结构型

（a）1—上弹簧片；2—线圈架；3—线圈；4—磁钢；5—壳体；6—下弹簧片；7—紫铜阻尼环；8—补偿线圈；9—导磁体；10—接线板

（b）1—上弹簧片；2 —线圈；3、4—磁钢；5—阻尼环；6—下弹簧片；7—外壳

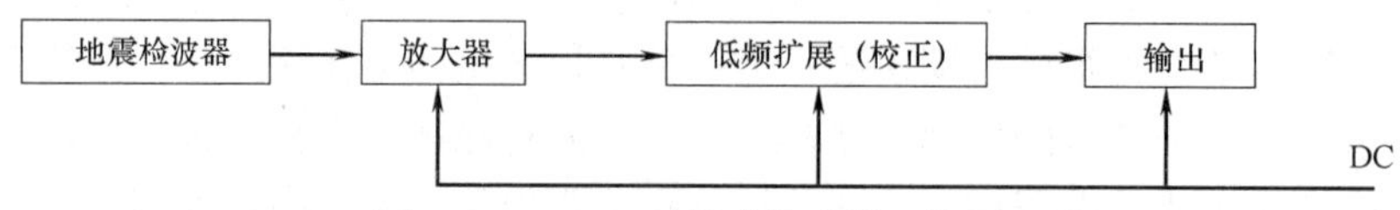

图 5.4.19　DP 型振动传感器工作原理

移型传感器。校正电路的核心是检波器低频段传递函数降低时，通过低频扩展反馈电路给以放大补偿，从而提高了低频段传递函数，使 DP 型振动传感器低频段的幅频特性保持平直，扩展了 DP 型振动传感器的低频使用范围。这种传感器以电路设计的固有频率和阻尼比作为输出特性，它对检波器结构参数的一致性并无要求，而是通过振动台上精心调试以后，使其输出特性严格控制在所要求的范围内，以保证同类传感器有较好的一致性。图 5.4.20 是 DP 型振动传感器的幅频、相频特性曲线。

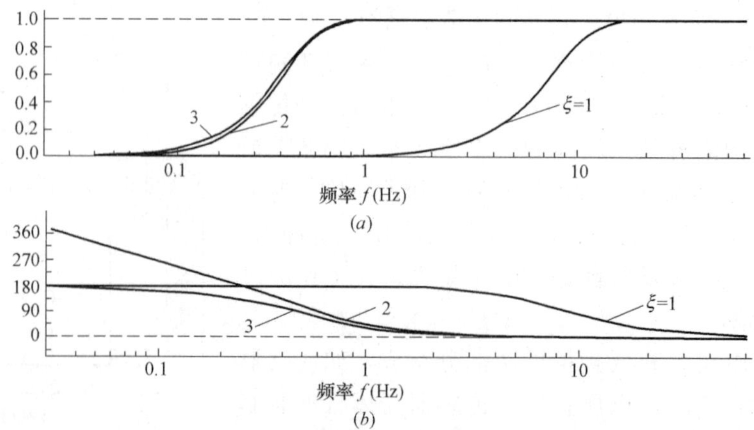

图 5.4.20　DP 型振动位移传感器校正前后幅、相频率特性（归一化）

（a）幅频特性曲线；（b）相频特性曲线

表 5.4.3

国内外部分速度传感器技术参数

技术参数 型号	速度灵敏度（mV/mm·s^{-1}）	频率范围（Hz）	测量方向（铅垂为 0°）	最大位移（mm）	固有频率（Hz）	阻尼比	重量（kg）	外形尺寸	备注
CD-1 CD-21	60 20	10～500 10～1000	0°～180°	±1 ±1	12		0.7 0.6	ϕ45×160	惯性式 惯性式
CDJ-Z27 CDJ-Z38 CDJ-F35	24 26 28±10%		0°		27±1 38±21 35±2		0.15 0.255 6		垂直式 垂直式 三分量波速探头
XZ-4	20	10～1000	0°±100°	2	10	0.55～0.65	0.32	ϕ41×87	
DP	8.0V/mm	0.5～150	铅垂水平两用	±1		0.65	0.55	ϕ60×90	地震式
EG-35 EG-1	32.5 300	35～1800		±1.8	35 1±0.1	0.65 0.25	3	ϕ188×160	反射波法等 地脉动测试
CDJ-84	20±5%						6.5		三分量波速探头
VHH-1	28.5			±2	28	0.6	6	ϕ60×300	三分量波速探头
65	37	1.0～40	铅垂水平两用	±3	1		5		
701	16.5	1～50			1	0.55	1.5		
891-Ⅱ	0.1V/mm·s^{-1} 1V/mm·s^{-1} 30V/mm·s^{-1}	0.5～80 0.5～100 2～100		100m/s^2 300 15		7 0.65 0.65	1 1 1	ϕ60×80 ϕ60×80 ϕ60×80	加速度 大速度 小速度
Jan-00 Mar-00 Sep-00	20±5% 20±5% 20±5%	4.5～1000 14.5～1000 15～1000	0°±2.5° 90°±2.5° 0°±180°	±1.25	4.5 4.5 15	0.58～0.84	0.48	ϕ41×102	
T68 T69 T77	100±5% 100±5% 72±5%	10～2000 10～2000 20～2000	90°±10° 0°±30° 0°±110°	±1 ±1 ±0.8	8±5% 8±5% 15±5%		0.33	ϕ38×77	
PR9260 PR9260	30.2 30±3%	10～1000	铅垂水平两用	±1 ±2	12±2 13±1	0.425～0.575 0.6	0.57 0.49	ϕ48×144 ϕ58×101	

图 5.4.20（a）为检波器特性，固有频率为 10Hz，灵敏度为 32mV/mm/s，图 5.4.20（b）为将上述 10Hz 检波器校正至 0.5Hz 后的 DP 传感器的特性，固有频率 0.5Hz，灵敏度为 10V/mm。目前国内外部分速度传感器技术参数见表 5.4.3。

三、压电加速度传感器

它是利用晶体材料在受外力作用产生变形时，晶体表面会产生相应电信号的原理而制成的传感器，由于它受到振动信号时，其输出端产生与振动加速度成正比的电荷量，因而称为加速度传感器。

在沿特定方向切成压电晶体薄片，并在两面镀上电极，当在薄片沿厚度垂直或剪切方向加外力 F 时，在电极表面将产生电荷 q，电荷正、负号随外力的方向改变，如图 5.4.21 所示。

压电晶体输出电荷 q 与所加外力下成正比：

$$q=dF \tag{5.4.14}$$

式中　d——电压常数（库仑/牛顿），与晶体切割方向和受力变形状态有关。

压电晶体如同一种电容器，设电容器为 C，电极面之间的距离为 δ，介电常数为 ε，电极面积为 S，则两电极面之间的开路电压 e_0 为；

$$e_0=\frac{q}{C}=\frac{d}{\varepsilon S}\delta F(V) \tag{5.4.15}$$

式中　$\frac{d}{\varepsilon}$——表示对单位外力，单位厚度电容器的开路电压，称为电压灵敏度，是评价压电晶体灵敏度的重要参数。

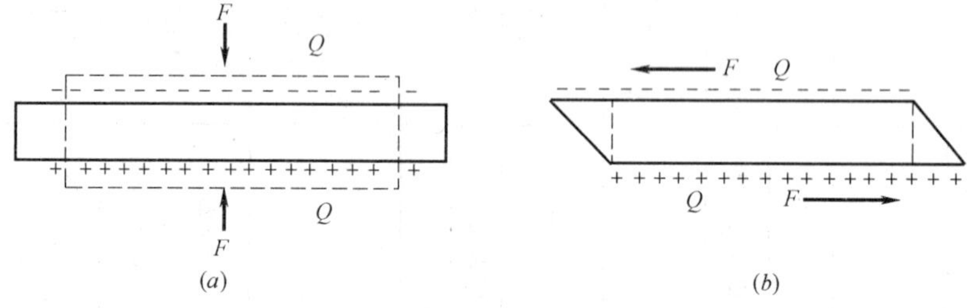

图 5.4.21　压电晶体受外力产生电荷

（a）压缩型；（b）剪切型

压电型传感器在构造上可分为压缩型和剪切型两类，图 5.4.22（a）为压缩型传感器，它由质量块 m 和环形压电晶体片构成振动系统。在此压电晶体作为弹性元件，刚度为 k_0，当质量块相对基座运动位移 y 时，晶体片受到拉、压产生与位移 y 成正比的电荷 q。

$$q=dk_c y \tag{5.4.16}$$

因为 $y=\frac{\ddot{x}}{\omega_0^2}$，$k_c=m\omega_0^2$，所以

$$q=dm\ddot{x} \tag{5.4.17}$$

图 5.4.22（b）为剪切型加速度传感器，结构形式为剪切式，是利用晶体受剪切力而

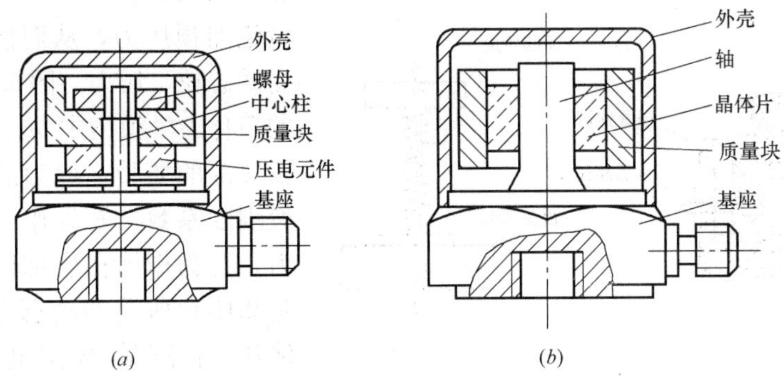

图 5.4.22　压电加速度传感器

(a) 压缩型；(b) 剪切型

产生压电效应原理制成的。这种可以减小基座应变敏感程度，并能在较长的时期内保持传感器特性稳定。

压电型传感器的主要优点：(1) 由于压电晶体刚度大，固有频率高，其使用频率范围宽，可从 0.1～200000Hz；(2) 动态范围大，可从 10^{-3}～$10^{4}g$；(3) 附加质量小，重量轻，最小可做到 1g 以下，而且耐用。但由于内阻高，需要较为复杂的电荷放大器相匹配。

压电型传感器除了压电晶体外，还有压电陶瓷，后者灵敏度比压电晶体高一个数量级，但灵敏度随频率有所降低。

目前国内外部分压电加速度传感器技术参数见表 5.4.4。

国内外部分压电加速度传感器技术参数表　　**表 5.4.4**

技术参数 型号	传感器质量 (g)	电荷灵敏度 (pc/ms^{-2})	固定安装共振 (Hz)	>10%误差频率范围(Hz)	最高可测振级冲击峰/正弦峰(g)	备注
B&K4370 B&K4382 B&K4390	54 28 28	10 3.16 3.16	18K 28K 28K	0.1～5.4K 0.1～8.4K 0.3～8.4K	2000/2000 5000/2000 150/150	内装放大器
∑7201-50 ∑2221F ∑7254-100	24 11 20	5.0 1.0 1.0	30K 45K 45K	5～6K 2～10K 1～10K	1000/2000 3000/1000 5000/500	
YD42 YD48	16 120	2.0 100	30K 6K	1～10K 0.2～500K	1000 20	
YS-9	40	20				
6153 6156 6202 6204	102 75 50 38	150 50 100mV/g 200mV/g	4.2K 7.5K 15K 16K	0.3～1K 1～1.5K 1～3K 1～4K	100 300	内装放大器 内装放大器
EG-PEA-107	28	5	25	0.5～6K	800	

四、压电式力传感器

由于石英的机械强度高，能承受较大的冲击荷载，压电式力传感器多用刚度高、稳定性好的石英晶体片作为敏感元件。它的结构原理如图 5.4.23 (a)，由顶部底部的质量块

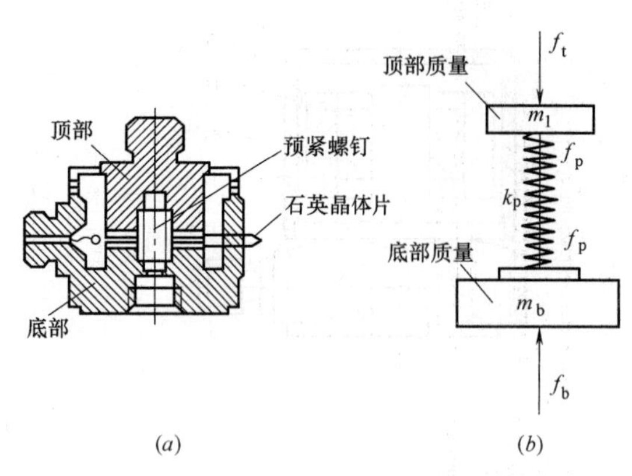

图 5.4.23　压电式力传感器

（a）结构图；（b）简化力学模型

和中间的石英晶体片，并通过预压弹簧施加预压力，从而使晶体片直接承受动态拉、压力。图 5.4.23（b）所示的简化力学模型中 m_t、m_b分别为顶部及底部的质量，k_p为晶体片的当量弹簧刚度系数，f_t为作用在顶部的被测力，f_b为作用在底部的支承力，也就是晶体片所受的动态力。对于石英晶体片，传感器的输出电荷是与 f_b成正比的，输出电荷为：

$$q=d_{11}\cdot f_b \qquad (5.4.18)$$

因此，其电荷灵敏度为：

$$S=d_{11}(\text{pc/N}) \qquad (5.4.19)$$

式中　d_{11}——石英晶体沿电轴受压时正压电常数。

在一般情况下，由于 m_t并非静止，因此，我们测到的力 f_b并不完全等于作用在顶部的被测力 f_t，为此，可将轻的一端与试件连接。压电式力传感器采用直接测量方法，由于壳体刚度大，具有很高的固有频率，使用频率上限高，测量频率范围很宽，动态范围大，体积小、重量轻等优点。

目前几种常用的部分压电力传感器技术参数见表 5.4.5。

部分压电力传感器技术参数表　　　　**表 5.4.5**

性能指标 / 型号	测量范围 (kN)	分辨率 (N)	灵敏度 (pc/N)	非线性 ±Fs	谐振频率 (kHz)	重量 (g)
5112	125	0.025	~4	1	15	104
5114	60	0.025	~4	1	60	42
5115	250	0.05	~4	1	10	260
8200	1(拉)/5(压)	2.5	4		35	
8201	4(拉)/16(压)	2.5	4		20	21
211A	5000 磅	0.1 磅	20pc/磅		70	112
212A	1000 磅	0.2 磅	20pc/磅		65	

第四节　动测仪测量系统

由传感器、适调仪、数据采集器、记录显示器组成的动测仪测量系统，根据被测物理量的不同，测量系统可分为加速度、速度、应变和动态力四种子系统。动测仪的分析系统由计算机（包括根据各种动力试验方法原理所编制的应用软件）或具有运算分析功能的数字信号处理器等组成，可对实测数据进行处理和分析，有时也兼备控制信号适调和数据采集的功能。

传感器将被测物理量转变为电信号后，往往需要对输出的电信号进行调节，以便对测量结果进行显示记录或作进一步信号处理。有的传感器输出并非电压信号，如压电加速度传感器输出的是电荷，因此需要将非电压信号变换成一定电平的电压信号。传感器输出的信号一般都很微弱，需经放大，而各传感器的灵敏度又各不相同，为了使不同灵敏度的传感器在测量同一物理量时，能得到相同的输出电压，则需对传感器信号进行归一化处理。在使用加速度传感器测量速度或位移时，则需对加速度信号进行积分；在使用速度传感测量加速度时，又要对速度信号进行微分。在振动测量中，为了消除测量仪器的零点漂移或去除高频噪声的干扰，还需对测量信号进行滤波。对测量信号进行放大、归一化、积分、微分、滤波等信号变换，称为信号适调。为实现信号适调所用的电子仪器称为适调器。如把传感器称为测量的一次仪表，则信号适调器就是二次仪表。信号适调的核心是信号放大，因而信号适调器有时简称为放大器，平时我们用的电压放大器，电荷放大器都属于二次仪表。

模拟量信号放大器常由运算放大器构成。电动式速度传感器输出的电压信号，很容易由运算放大器组成的电压放大器来实现放大，滤波变换等功能。但压电传感器是一个能产生电荷的高内阻元件，对测量放大电路有特殊的要求，必须专门用电荷放大器，其电荷放大器是一个具有电容负反馈，且输入阻抗极高的高增益运算放大器，它能直接将压电传感器产生的电荷变换为输出电压，其输出电压与压电传感器产生的电荷成正比。由于电荷放大器作为压电传感器的信号适调有明显的优点，因此在振动测量中获得广泛的应用。但电荷放大器价格比较贵，在多通道测量时，更为突出。电荷放大器的主要缺点是电压灵敏度随电缆长度和种类变化，增大电缆长度传感器的灵敏度会降低。随着微型电子放大器或阻抗变换器的发展，一种内置放大或阻抗变换器压电传感器也相继出现（称固体电路压电（ICP）传感器），从而解决了电缆影响的问题，它能直接输出低噪声、低阻抗、高电平的电压信号，为振动测量提供便利条件，从而获得广泛的应用。

一、动态信号分析仪

随着微电子集成化电路的发展，目前使用的一些动态信号测试分析仪器，都将测量与信号分析做成一体化的动态测量分析仪，图 5.4.24 是一般的双通道的动态分析仪框图。数据采集系统的每一个通道由信号适调器、采样/保持、多路模拟开关和模数转换器组成。信号适调器将传感器输入的各种物理量转变为电信号后，对信号进行放大、归一化、积分、微分、滤波等信号变换，并提供一定输出功率。如 7254A-500 型集成电路式压电加速度计，它采用气密封式结构以减少环境因素的影响，且具有灵敏度高（500mV/g）、频率响应宽（2Hz～10kHz）、工作温度范围大（－55℃～125℃）、输出阻抗低（≤100Ω）、耐振动冲击（振动限 500g，冲击限 5000g）、信噪比高等优点。其体积小，结构牢固，可用于结构振动、桩基检测等。

由振动传感器和信号适调器组成振动测量系统，它将连续变化的力和振动物理量转变为连续的电压信号，这些连续变化的物理量和信号称为模拟量。模拟量信号的缺点是显示、记录的精度低，抗干扰能力差，不便进一步分析处理。

动态数据采集是将模拟量信号转变为便于贮存、传输和分析处理的数字信号。动态数据采集由采样/保持、多路模拟开关、模/数转换器等组成。数据采集的目的是将一个连续变化的模拟量信号在时间上离散化，然后再将时间离散，幅值连续的信号转变为幅值域离散的数字信号，前者称为采样，后都称为量化。采样/保持是为了对那些快速变化的信号

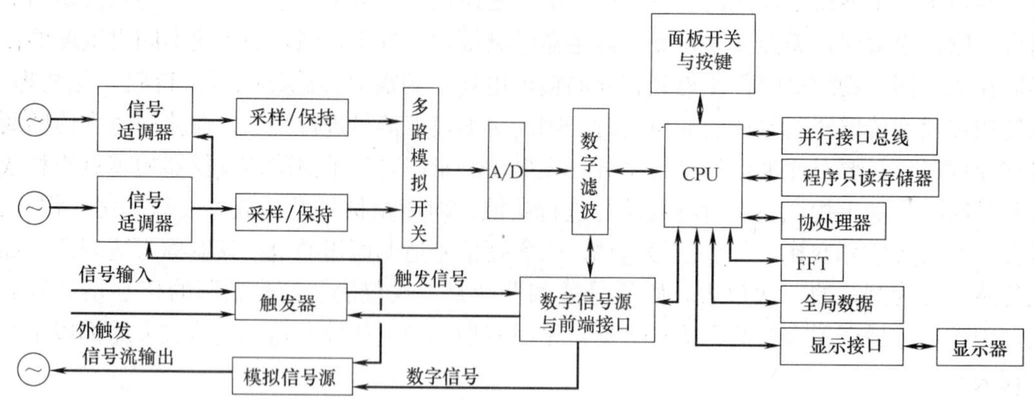

图 5.4.24　双通道动态分析仪框图

采样，在 A/D 转换期间，输入模拟信号保持不变使其最大变化不超过量化误差。多路模拟开关可以将 2 路以上的输入端切换为 1 个输出端，使多路模拟通道共享一个模/数（A/D）转换器，A/D 转换器的功能是把模拟量变换成数字量，A/D 转换器按分辨率分为 4 位、8 位、10 位、16 位等，例如 1 个 10 位 A/D 转换器去转换一个满量程为 5V 的电压，则分辨率为 5000mV/1024≈5mV；同样 5V 电压，若用 12 位 A/D 转换器，则分辨率提高为 5000mV/4096≈1mV。一般的 A/D 转换过程是通过采样、保持、量化、编码这四个步骤完成的，可以集成在一个芯片内。

为了使采集到的数字信号的频率谱包含着原来连续信号的频谱成分，不失掉原有信息，这时，应使选用的采样频率 f_s上限高于被测构件的最高频率 f_m，并满足如下关系：

$$f_s \geqslant 2f_m \tag{5.4.20}$$

采用实时频率滤波器具有抗混滤波性能，并可实现频率细化 FFT 分析功能。

中央处理器（CPU）在信号处理过程中起主控作用，除了对 DSP、FPP 等协处理器的运行控制外，对内实现面板（按键）管理、参数设置、总体数据（时域或频域）调度以及结果显示、存贮；对外通过并行接口总线与外部设备（X-Y 绘图仪、打印机等）和计算机数据通信，总体数据由随机存贮器（RAM）存贮和交换。

信号分析仪的核心运算—FFT 和加窗处理，由数字信号处理器（DSP）实现，功率谱估计和各种平均运算等则由浮点运算处理器（FPP）完成。

时域分析内容：瞬时时间波形、平均时间波形、自相关函数、互相关函数，脉冲响应函数等。频域分析内容：线性谱、功率谱（均方谱）、功率谱密度、互功率谱密度、频率响应函数、相干函数等。

有的动态信号分析仪还具有多功能信号发生器，以产生正弦、瞬态、随机等到多种输出信号，对被试系统的频率响应等特性进行测试。动态信号分析仪主要的技术指标：频率范围、精度和动态范围。

频率范围不仅取决于模数转换器的采样速度，而且与适调放大器和滤波器的频率带宽有关，一般分析仪的频率范围为 0～40kHz，高档的分析仪的频率范围为 0～100kHz。在岩土工程、房屋结构等振动测试中，要求低频覆盖范围好。

幅值精度是对应频率点的满量程精度，它取决于绝对精度、窗口平坦度和电子噪声电平等，一般单通道绝对精度为±(0.15～0.3)dB，通道间的匹配精度为0.1～0.2dB，相位差为0.5°～21°。

动态范围不仅取决于模数转换器的位数，而且和抗混滤波器的阻滞衰减、FFT运算误差及电子仪器噪声有关，目前一般动态范围为70dB。

二、测量系统的主要性能参数

1. 灵敏度

灵敏度是指沿传感器的测量轴方向，对应于每一单位的简谐物理量输入，测量系统同频率电压信号的输出。设输入物理量为：

$$x=X\sin(\omega t+\alpha) \tag{5.4.21}$$

输出的电压信号为：

$$u=U\sin(\omega t+\alpha-\theta) \tag{5.4.22}$$

则测量系统的灵敏度为：

$$S=\frac{U}{X}(\text{电压单位/物理量单位}) \tag{5.4.23}$$

式（5.4.22）中的θ为输出的电压信号u对被测物理量x的相位滞后，称为相移。如考虑相移时，其复数灵敏度为：

$$S'=\frac{\overline{U}}{\overline{X}}=Se^{-j\theta} \tag{5.4.24}$$

式中　$\overline{U}$、$\overline{X}$——分别为u和x的复振幅。即：

$$\overline{U}=Ue^{j(\alpha-\theta)};\overline{X}=Xe^{j\alpha} \tag{5.4.25}$$

灵敏度与分辨率有关，灵敏度越高的分辨率也越高，分辨率是指输出电压的变化量Δu可以辨认时输入机械量的最小变化量Δx。Δx越小，分辨率越高。灵敏度高的测试系统，信噪比将相应降低，测试精度也降低。所以灵敏度要与测量频率，幅值、信噪比统一考虑，合理选用。

2. 使用频率范围

使用频率范围是指灵敏度随频率的变化量不超出某一给定误差的频率范围。它不仅取决于传感器的机械接收和机电变换部分的频率特性，同时也与信号适调器等的频率特性有关，它是测量系统的重要参数。图5.4.25为常用传感器测量系统的使用频率范围。

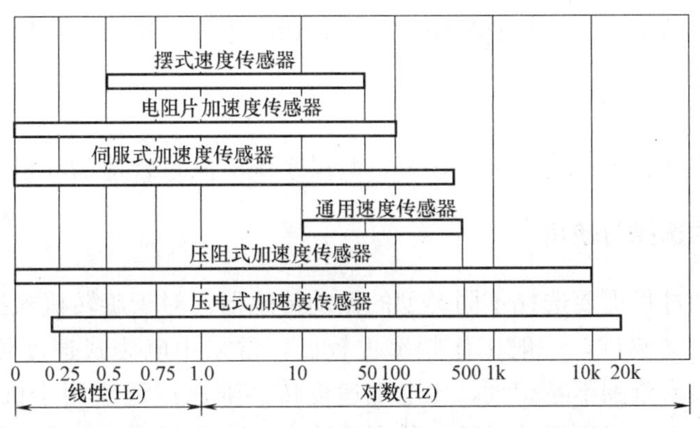

图5.4.25　常用传感器测量系统的使用频率范围

3．动态范围

动态范围是指灵敏度随幅值变化量不超出某一给定误差限的输入物理量的幅值范围。在幅值上限和幅值下限的范围内，输出电压正比于输入物理量，即在线性范围内。如图 5.4.26 所示。动态范围可用分贝数表示为：

$$D=20\lg\frac{x_{\max}}{x_{\min}}(\mathrm{dB}) \tag{5.4.26}$$

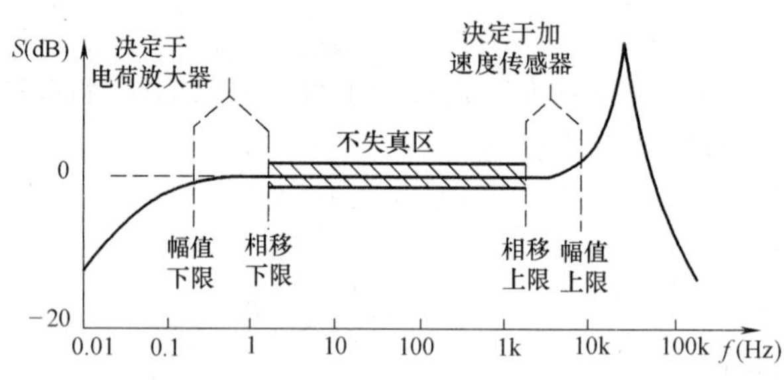

图 5.4.26　测量系统的线性范围

幅值上限 $x_{\max}$ 称为最大可测振级，它由传感器的结构强度，可动部分的行程，接收及变换部分的非线性等因素限定。幅值下限 $x_{\min}$ 称为最小可测振级，它由传感器机械接收部分的盲区和测量电路的信噪比等因素所限制。如 IEC 推荐的标准，规定其加速度测量系统的幅值下限的信噪比为 5dB，即：

$$D=20\lg\frac{U_{\mathrm{S}}}{U_{\mathrm{N}}}\geqslant 5\mathrm{dB} \tag{5.4.27}$$

它相当于幅值下限的信号电平 U_{S}，为噪声电平 U_{N} 的 1.77 倍，按照这一要求，4368 型加速度传感器配用 2635 型电荷放大器，其幅值下限为 $1\times10^{-4}g$（$1.0\times10^{-3}\mathrm{m/s^2}$）。动态范围越大，说明测量系统对幅值变化的适应能力超强。如 $D=70\mathrm{dB}$，则幅值上限与下限之比达 3162 倍。

4．相移

相移是指在简谐物理量输入时，测量系统同频率电压输出信号对输入物理量的相位滞后，即式（5.4.22）中的 θ 角。在振动测量中，涉及两个以上振动过程关系时，相移将使合成波发生畸变。

5．附加质量和附加刚度

当测试对象的质量和刚度相对较小时，这种影响不容忽略，这在岩土工程测试时，一般不考虑这些问题。

6．环境条件

包括温度、湿度、电磁场、辐射场等，测量系统应满足合适的环境条件。

三、传感器的选择与使用

针对实际振动过程需要选择不同类型的振动传感器，对于旋转机械振动的测量，岩土工程勘察与房屋振动测试，一般工作频率也较低，常采用电磁式速度传感器。近二十年来，振动测量的频率范围不断扩大，压电加速度传感器已广泛应用于机械、土木、生物、航空和航天等领域中，从事振动试验，状态监测和故障预测等方面的工作。至于对冲击过程的测量，压电式加速度传感器更是最佳的选择。下面仅对压电加速度传感器的选择和安装作简单介绍。

1. 压电加速度传感器的选择

（1）灵敏度：理论上加速度传感器的灵敏度越高越好。但灵敏度越高，压电元件叠层越厚传感器的质量就越大，使用频率上限就降低。如要测量冲击过程、爆破过程，要求传感器具有很高的可测振级和较宽的频率范围，与此相应的灵敏度也应低一些。

（2）动态范围：测量小的加速度时，不宜选用动态范围太大的传感器；在测量很大加速度时则必须选择足够动态范围的传感器，动态范围的上限由传感器的结构强度来决定。

（3）使用频率范围：它除了与传感器本身的频率特性有关外，还与安装谐振频率、测量电路等有关。

（4）质量大小：当需要在测量对象上布置大量传感器或测量小试件时，要考虑传感器的质量。附加质量对被测结构固有频率的影响的近似估算如下：

$$f_s = f_m \sqrt{1 + \frac{m_a}{m_s}} \tag{5.4.28}$$

式中　f_m——原结构固有频率；

m_a、m_s——分别为传感器附加质量和结构在该阶固有频率下的等效质量。

一般传感器质量应小于有效质量的 1/10。

2. 传感器的安装

传感器安装必须使灵敏度主轴与测量方向一致，以保证传感器正确感受被测物体的振动。加速度传感器与被测物体的连接是传感器安装的关键问题，直接影响到传感器的使用范围。为了获得高的安装共振频率，要求安装面经过精加工，并用钢螺钉联结，在安装面之间充填硅油膜以提高接触刚度，如图 5.4.27 所示，这种联结试验表明，安装共振频率可达 31～34kHz。在一般情况下，对测试频率范围和动态范围要求不高时，可采用变通的安装办法，如胶合、磁座吸附和黄油粘合等。另一种常被采用的安装方式是先将一个有机玻璃材料制成的圆柱体粘合在测试对象上，然后用螺钉将传感器连接在小圆柱体上，这种方式还起到传感器与地的绝缘作用，图 5.4.28 为几种常用安装方式的共振频率范围。

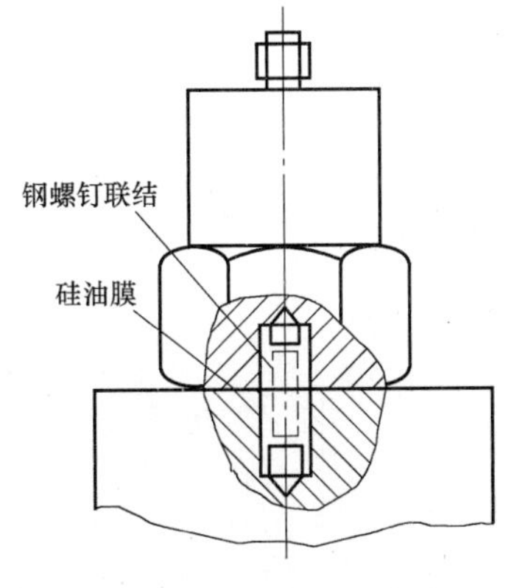

图 5.4.27　加速度传感器的良好安装

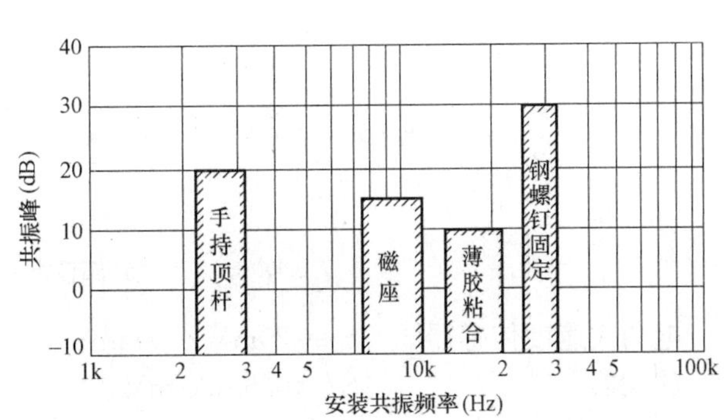

图 5.4.28　几种安装方式的共振频率范围

第五节　传感器及测量仪器校准

为了保证振动测量结果的精度和可靠性，保证各种传感器和测量仪器有统一的计量标准，就必须对传感器和测量仪器进行校准。

一、校准的对象

1. 由计量部门组织的对用作基准的标准传感器作对比性校准，以保证国家计量标准的正确传递。

2. 工厂生产的传感器及测量仪器进行产品校准，使它们符合规定的技术性能指标。

3. 传感器及测量仪器修理以后，以检查有关性能指标是否有改变。

4. 用户对传感器及测量仪器进行定期或不定期的校准。这项工作的必要性，在于传感器和仪器中的某些零部件，它们机械和电气性能会随时间和使用情况而发生变化，如磁钢的退磁，阻尼油变质，弹簧刚度的改变，电子器件的老化等，都可能使传感器和仪器的技术性能改变。

测振传感器和测量仪器的校准项目的内容为灵敏度、幅频特性、相频特性、线性工作范围、失真度及横向灵敏度等，此外还有一些环境因素的影响项目，如温度、电磁场、声场、辐射、湿度等。以上项目使用单位无须逐项进行校准，可根据测试工作的要求，再决定校准哪几个项目。

二、测量仪器校准

振动测量仪器通常由多种仪器组成一个测量系统，校准工作可分为分部校准和系统校准两种方法。

1. 分部校准

分部校准是将测量系统分解为几个组成部件，然后分别对每个部件进行校准。如图5.4.29所示的测量系统，分别对每一个组成部件，输入已知机械量或电量，测量各自的输出量；这样每一部件的输入量和输出量的关系是确定的，汇总后就得到记录量和被测振动量之间的关系。以图5.4.29为例分别测得各仪器的灵敏度为

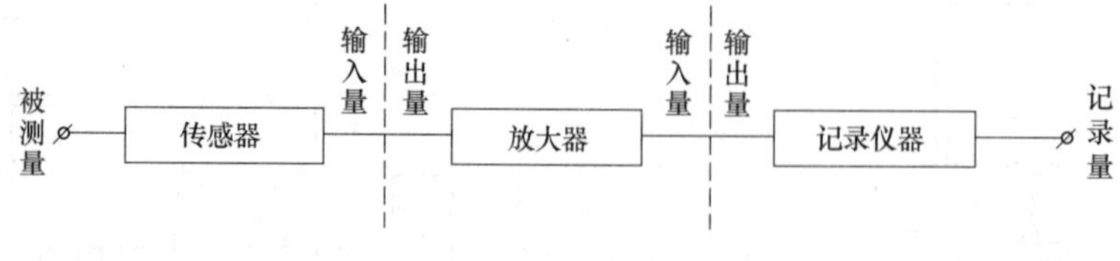

图5.4.29　分部校准示意图

电动式速度传感器　　$S_1=20\text{mV}\cdot\text{s/mm}$；

放大器　　$S_2=0.5\text{mA/mV}$

光线示波器　　$S_3=12\text{mm/mA}$

则整个测量系统的灵敏度为 $S=S_1\cdot S_2\cdot S_3=120\text{mm}\cdot\text{s/mm}$。即1mm/s的振动速

度可在记录纸上得到 120mm 的记录高度。

值得注意的是输出输入量要统一用峰值或有效值，不能混淆。

如果校准相位特性，那么整个系统的相位差是各个环节输出量与输入量的相位差之和。对于新定型生产的传感器，须按统一的校准规范进行全面的校准，对于一般的振动试验室，通常只要对传感器的主要参数，如灵敏度和频率响应进行校准。

分部校准的优点是灵活，可以方便地用备用仪器去更换测量系统中失效的环节。缺点是每一个环节的校准要求相对要高些。

2. 系统校准

系统校准是将整个测量系统一起校准，直接确定输出记录量与输入机械量之间的关系。图 5.4.30 为系统校准示意图。系统校准步骤简单，使用方便，但测量系统是配死的，其中任何一个环节失灵，则整个测量系统需重新进行校准。具体工作中，人们常把测量系统分成传感器与后续仪器两部分分别加以校准，而放大器中配有一定幅度恒定的校准电信号。它可随时检验放大器和记录仪器的工作状况，在测试中使用十分方便。

图 5.4.30　系统校准示意图

通常我们所用的校准方法是用简谐激振器来校准传感器，它可提供较宽的频率和振幅范围，较高的校准精度。能校准灵敏度、幅频和相频特性、线性度等。配以特殊的设备后，还可以进行有关环境影响的校准项目。

简谐校准法的核心设备是标准振动台，与普通振动台相比，各项技术指标都有非常严格的要求，如波形失真度、振动和频率的稳定性，振动的单方向性，平台各点振幅的均匀性和低频窜动等各项指标尤为重要。为了保证标准振动台的良好性能，对其配套的机电设备，基座的设计和周围环境都要采取特殊的结构和技术措施。目前我国标准振动台的主要性能指标见表 5.4.6。

标准振动台主要技术性能表　　**表 5.4.6**

	频率范围 (Hz)	最大振幅 (mm)	最大加速度 (g)	加速度失真 (%)	横向振动 (%)	稳定性	备注
低频台	1～60	±30		<3(>10Hz)	<3	<5μm/15min	电动力式
中频台	10～3000		20	<1	≤3	<0.4%/5min	电动力式
高频台	2000～5000		50	<1		<0.4%/5min	压电式

根据采用基准的不同，简谐激振又分为绝对校准和相对校准两种，见图 5.4.31，振动台产生失真度很小的单一方向的简谐振动，其振幅和频率可在一定范围内调节，被校准的传感器固定在台面上，其输出用被校准的测量仪表测量。当知道振动台振幅、频率等输入量，我们就可根据测得的输出量确定系统的灵敏度，改变振动台的频率和振幅，就可进行幅频特性、相频率特性及线性工作范围等校准项目的分析计算。

图 5.4.31（a）中振动台的振幅可用机械或激光方法测定，这种校准法称为绝对校准法，图 5.4.31（b）中用一已知灵敏度的测量系统测量振动台振幅，这种方法称为相对校准法或比较法。进行比较法校准时，将被校加速度传感器和标准加速度传感器背靠背地同

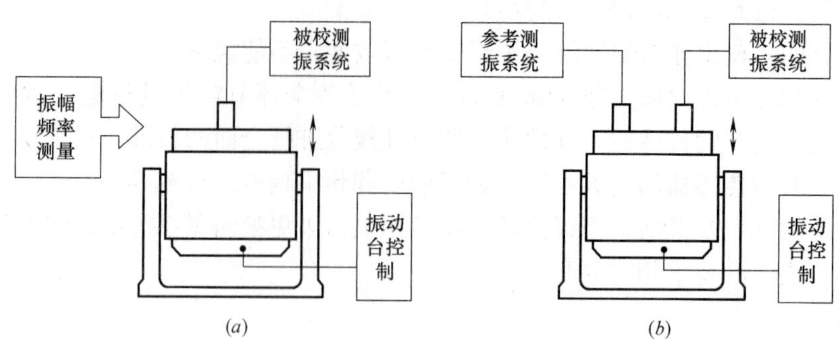

图 5.4.31　简谐激振

(a) 绝对校准；(b) 相对校准

轴安装在校准振动台上，保证二者感受相同的振动，测量两个传感器通过测量放大器的输出之比，可由标准传感器的灵敏度确定被校传感器的灵敏度。

在同一正弦输入下，设被校传感器（或系统）的输出为 U_1，标准系统的输出为 U_0，已知标准传感器的灵敏度为 S_0，则被校准传感器（或系统）的灵敏度为：

$$S_1=\frac{U_1}{U_0}S_0 \tag{5.4.29}$$

在进行灵敏度校准时，一般选定在 200Hz 以下某一频率，和 100m/s^2 以下加速度进行校准。比较法校准加速度传感器灵敏度精度一般为 2%～3%。频率特性校准可以通过正弦连续扫频来实现。

第五章　基桩的动力检测

第一节　基桩低应变动力检测

一、概述

低应变动力测桩的技术，是指桩周和桩底土处于弹性变形条件下，根据用动力方法测得的桩顶响应，来评价桩身完整性以及缺陷的程度及位置。

除了传统的超声波法以外，最早采用低应变动力方法检测桩质量的是荷兰国家应用科学研究院（TNO）。美国最早是采用高应变动力方法检测桩质量，但在实践中出现一些问题，故近年来也改用低应变方法来检测桩身结构完整性。我国目前几乎全部检测单位均采用低应变方法来检测桩身结构完整性，相应的技术规范有《建筑基桩检测技术规范》，其中多数为时域法（或称反射波法），并取得了很大的成功。

本章根据动力检测原理的类似性以及现场实测所得的桩顶振动曲线，将上述各种低应变动测方法归纳为频域法和时域法两大类（见表 5.5.1）。由于低应变动测桩成本低、效率高，所以特别适宜于对桩基工程质量的普查。

低应变动测方法分类　　　　**表 5.5.1**

分　类	方法名称	激振方式
时域法	动力参数法 球击法 水电效应法	自由振动
频域法	机械阻抗法 共振法	动态振动或自由振动

二、频域法检测桩的质量

1. 基本原理及适用范围

（1）频域法检测桩完整性的基本原理

频域法检测桩的质量，通常用扫频激振的方法，即在桩顶用电磁式激振器进行稳态激振，频率由低到高，从而得到在频率域上的桩顶响应（通常是速度）曲线，并由此曲线来判断桩身有无缺陷以及缺陷的性质等。由速度的幅频曲线判断桩身缺陷的根据是桩的纵向振动的一维波动方程。

1）桩的一维波动方程

如桩的截面积为 A，桩长为 L，重度为 γ，桩为等截面的弹性直杆，取深度 Z 处的微段 dZ，如忽略桩侧的阻力，即可写出此微段的动力平衡方程式如下（图 5.5.1）：

$$-\sigma_z A+\left(\sigma_z+\frac{\partial\sigma_z}{\partial z}\right)A=\mathrm{d}ZA\,\frac{\gamma}{g}\frac{\partial^2 W}{\partial t^2} \tag{5.5.1}$$

式中　W——沿 Z 轴方向的位移，Z 轴方向的应变为$\partial W/\partial Z$，应力与应变之比为弹性模量 E，故有：

$$\sigma_z=E\frac{\partial W}{\partial Z}$$

$$\frac{\partial\sigma_z}{\partial Z}=E\frac{\partial^2 W}{\partial Z^2}$$

又质量密度 $\rho=\dfrac{\gamma}{g}$，代入式（5.5.1）即得桩纵向振动的一维波动微分方程：

$$E\frac{\partial^2 W}{\partial Z^2}=\rho\frac{\partial^2 W}{\partial t^2} \tag{5.5.2}$$

$$\frac{\partial^2 W}{\partial t^2}=v_c^2\frac{\partial^2 W}{\partial Z^2} \tag{5.5.3}$$

式中　v_c——桩中纵波速度，$v_c=\sqrt{\dfrac{E}{\rho}}$。

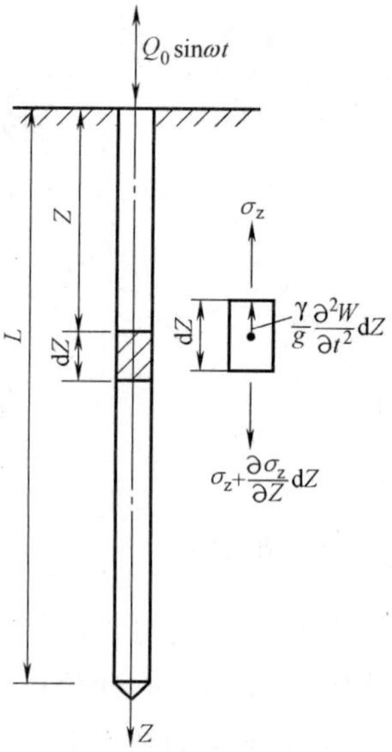

图 5.5.1　桩的纵向振动

2）桩的一维波动方程的解

桩的一维波动方程式（5.5.3）的解，可写成三角函数的形式：

$$W=\overline{W}(C_1\cos\omega_n t+C_2\sin\omega_n t) \tag{5.5.4}$$

式中　$\overline{W}$——Z 向的位移振幅，随深度而变；

C_1、C_2——常数；

ω_n——固有振动圆频率。

由式（5.5.4）可见，桩在振动时的 Z 向位移 W 是随着深度和时间而做周期性的变化的。如将式（5.5.4）代入式（5.5.3），可得：

$$\frac{\mathrm{d}^2 W}{\mathrm{d}Z^2}+\frac{\omega_n^2}{v_c^2}\overline{W}=0$$

其解为：

$$\overline{W}=C_3\cos\frac{\omega_n Z}{v_c}+C_4\sin\frac{\omega_n Z}{v_c} \tag{5.5.5}$$

式中　C_3、C_4——常数，由桩的端部条件确定。

a. 桩两端均为自由端。这种边界条件相当于桩顶自由（无承台等约束），桩底土不很硬，故两端应力和应变都为 0，即 $Z=0$ 和 $Z=L$ 处，$\mathrm{d}\overline{W}/\mathrm{d}Z=0$，即：

$$\frac{\mathrm{d}\overline{W}}{\mathrm{d}Z}=\frac{\omega_n}{v_c}\left(-C_3\sin\frac{\omega_n Z}{v_c}+C_4\cos\frac{\omega_n Z}{v_c}\right)=0 \tag{5.5.6}$$

将 $Z=0$ 处的条件代入，得 $C_4=0$，又将 $Z=L$ 处的条件代入，并假设有一有效解（$C_3\neq0$），故得：

$$\sin\frac{\omega_n L}{v_c}=0 \tag{5.5.7}$$

故当$\dfrac{\omega_n L}{v_c}=n\pi$时，即 $\omega_n=\dfrac{n\pi v_c}{L}$（$n=1$，2，3…）时，均可满足式（5.5.7）的条件。

故对两端自由的桩来说，其位移振幅为：

$$\overline{W}=C_3\cos\frac{n\pi Z}{L}(n=1,2,3,\cdots) \tag{5.5.8}$$

其位移为：

$$W=\cos\frac{n\pi Z}{L}\left(C_1\cos\frac{n\pi v_c t}{L}+C_2\sin\frac{n\pi v_c t}{L}\right)$$

b. 桩一端自由一端固定。这种边界条件相当于桩顶自由，桩底土质很坚硬（如嵌岩桩）；或者桩顶嵌固在承台内，而桩底土质不很硬，所以造成一端固定，一端自由的情况。即 $Z=0$，$\mathrm{d}\overline{W}/\mathrm{d}Z=0$，$Z=L$ 处，$\overline{W}=0$。或者相反。

根据上述同样方法，将 $Z=0$ 的条件代入式（5.5.6），得 $C_4=0$；再将 $Z=L$ 处的条件代入式（5.5.5），得：

$$\cos\frac{\omega_n L}{v_c}=0 \tag{5.5.9}$$

故$\frac{\omega_n L}{v_c}=\frac{n\pi}{2}$，即 $\omega_n=\frac{n\pi v_c}{2L}$（$n=1，3，5，\cdots$）时，均可满足式（5.5.9）。故对一端自由、一端固定的桩来说，其位移振幅为：

$$\overline{W}=C_3\cos\frac{\omega_n Z}{v_c}=C_3\cos\frac{n\pi Z}{2L} \tag{5.5.10}$$

c. 桩的两端均为固定端。这种边界条件相当于桩顶与桩底均受约束，即 $Z=0$ 和 $Z=L$ 处，$W=0$。根据此条件，$C_3=0$，又因为 $C_4\neq 0$，故有：

$$\sin\frac{\omega_n L}{v_c}=0 \tag{5.5.11}$$

故当$\frac{\omega_n L}{v_c}=n\pi$，即 $\omega_n=\frac{n\pi v_c}{L}$（$n=1，2，3，\cdots$）时，可满足式（5.5.11）的要求，故得：

$$\overline{W}=C_4\sin\frac{\omega_n Z}{v_c}=C_4\sin\frac{n\pi Z}{L} \tag{5.5.12}$$

3）重要结论

从上述三种边界条件来看，无论桩的两端端部情况如何，前后两个共振峰的频率差 Δf 或圆频率之差 $\Delta\omega$ 均固定不变，即：

$$\Delta\omega=\omega_{n+1}-\omega_n=\frac{\pi v_c}{L} \tag{5.5.13}$$

或

$$\Delta f=f_{n+1}-f=\frac{v_c}{2L} \tag{5.5.14}$$

其中，L 为桩长或缺陷离桩顶的距离：

$$L=\frac{v}{2\Delta f} \tag{5.5.15}$$

因此，只要知道桩身材料的纵波速度 v_c，即可从实测的速度幅频曲线上的 Δf，得知桩身有无缺陷，当桩的实际长度小于或大致等于 $v_c/(2\Delta f)$ 时，桩身无缺陷。否则，桩有缺陷。

（2）频域法的适用范围及典型曲线

频域法可以检测各种缺陷，如断桩、缩颈、离析、夹泥以及扩颈等。但是，当桩同时存在几个缺陷时，频域法只能测出离桩顶最近的第一个缺陷，要测第二个缺陷，必须将第一个缺陷清除后才能进行。

在采用式（5.5.15）确定缺陷的大致位置时，必须对桩身 v_c 有一个估计值，通常可根据参考桩（即已知桩长的完整桩）定出 v_c 值，或者根据同一场地、同一桩型、同一施工工艺的大量桩的检测结果，确定一个平均波速 v_c 值。

为了更好地掌握用频域法检测桩的完整性的方法，特将各种类型缺陷的典型幅频曲线汇总于图 5.5.2 中。其中，曲线 a 为参考桩（完整桩）；曲线 b 在曲线 a 之上，但 Δf 与曲线 a 相同，故其阻抗较小，即截面积 A 或弹性模量 E 较小；曲线 c 相反，在曲线 a 之下，故截面积 A 或弹性模量 E 比参考桩大；曲线 d 有两个 Δf，大者 Δf_2 反映缩颈的位置，小者 Δf_1 反映桩的长度；如果是断桩（如曲线 e），则因激振力无法传至桩底，故没有 Δf_1，只有 Δf_2，它反映桩断裂的深度；当离桩顶较近处有断裂时，桩顶的速度响应只反映断桩上部的振动，如单质点的强迫振动一样，如曲线 f 所示，只有一个共振峰；曲线 g 虽然也有两个 Δf，但其速度响应很小，所以 Δf_2 反映了扩颈的位置。

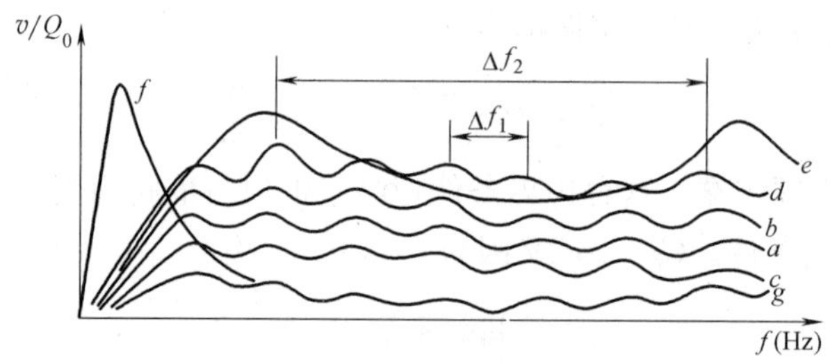

图 5.5.2 桩顶速度幅频曲线

a—完整桩（参考桩）；b—A 或 E 较小的桩；c—A 或 E 较大的桩；
d—缩颈桩；e—深部断桩；f—浅部断桩；g—扩颈桩

2. 检测仪器及检测方法

(1) 检测仪器

频域法检测桩的质量所需的仪器设备有激振部分和拾振部分。激振部分通常采用永磁式电磁激振器，其激振力 Q_0 由电流控制，最大激振力 Q_0 可分为 0.2kN、0.4kN、0.6kN 和 1kN 等，根据桩大小来选用。这种激振器的振动频率通常为 10Hz～1kHz，通过音频讯号发生器来控制，音频信号经过功率放大器将讯号放大后来控制激振器的振动频率。拾振部分则有：力传感器（用来测定激振器传给桩顶力的大小）、速度或加速度传感器（用来测定桩顶在激振力作用下的速度响应或加速度响应）、电荷放大器或电压放大器（将传感器测得的电荷或电压信号放大）、微型计算机（把采集的响应信号和力信号经计算、处理后将结果显示和贮存）；打印机或绘图仪（将结果打印或绘制图形）。为了除去因噪声或其他原因造成的虚假的共振峰，可增加相位桩计（或在微机的计算程序中增加相位 φ 随频率 f 的变化数据），当力与位移（或加速度）的相位为 $\pi/2$ 时，才是真正的共振峰。

频域法检测桩完整性的仪器布置图如图 5.5.3 所示。

(2) 检测方法

频域法检测桩的完整性，可按如下步骤进行。

1）处理桩头并安放传感器。在检测之前，先清除桩头的疏松和有裂隙的部分，将桩顶凿平并清扫干净，以便粘结传感器。力和响应信号的传感器宜用黄油（气温低时）和橡皮泥（气温高时）粘结，并应在同一水平面上。响应信号传感器的平面位置宜放在离桩边缘 1/3～1/4 桩半径处。

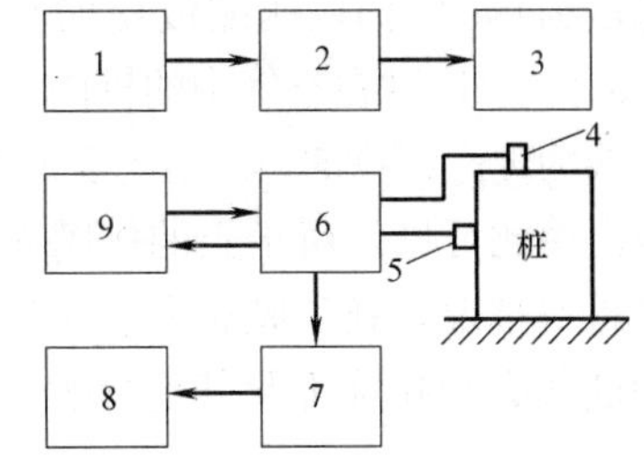

图 5.5.3　频域法检测完整性仪器布置

1—音频信号发生器；2—功率放大器；3—永磁式激振器；4—力传感器；5—速度（或加速度）传感器；6—电荷（或电压）放大器；7—微型计算机；8—打印机（或绘图仪）；9—相位计

2）安装激振器：目前国产的激振器类型较多，但不管何种类型，在安装时都必须要注意两点：一是对中，使激振力的作用点一定与桩顶面的中心点对准，偏差不得大于 0.5cm；二是使激振力垂直作用在桩顶面。

3）通电前检查仪器：通电前先检查工作电压，如偏差大于 1.5%，则需加调压器。试验现场的电网电压波动较大时，应配置稳压器。

通电前应仔细检查连接线路有无短路、开路或接头松动等现象；检查各仪器开关档位置是否正确；检查放大器与传感器的灵敏度是否匹配。

4）通电预热，并将信号源调至 15Hz 的频率，检查测试仪器是否工作正常，发现有问题应及时消除。如激振器在 $f=15\text{Hz}$ 时发生摇摆，则起始工作频率可提高到 $f=20\text{Hz}$。

5）在保持激振力幅值不变的情况下，增加激振频率，取步长小于 5Hz 进行扫频激振，并记录下每一振动频率下的速度（或速度导纳）值，或通过微机自动显示或绘制出速度（或速度导纳）幅值随频率的变化曲线（见图 5.5.4）。

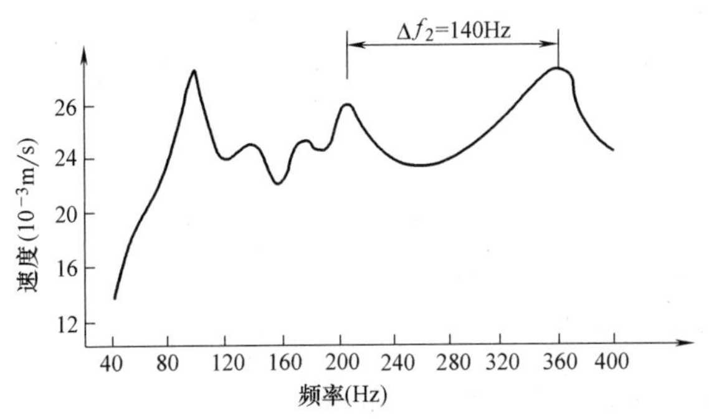

图 5.5.4　断桩的速度幅频曲线

6）根据现场实测的速度 v（或速度导纳 v/Q_0）幅频曲线，评定该桩的完整性。

三、时域法检测桩的质量

时域法又称反射波法，即在时间域上研究分析桩的振动曲线，通常是通过对桩的瞬态激振后，研究桩顶速度随时间的变化曲线，从而判断桩的质量。瞬态激振最简便的方法就是用手锤或力棒敲击桩顶，同时通过安装在桩顶的速度（或加速度）传感器，获得上述振动曲线。由于这种方法比较简便，成本低，所以在工程界中应用较广泛。

1. 基本原理

（1）基本概念

如果桩在空气中，并用锤敲击桩顶，因桩可视为许多由弹簧相连的质点组成，则桩顶的质点就会产生一振动速度 u_0'，此速度（或力）就以波动方式向下传播，传播速度为 v_c，当此波传至自由端时，端部的质点产生的振动速度变为 $2u_0'$，并以拉伸波反射上来，在桩顶产生一个与 u_0' 同向的振动速度 $2u_0'$，见图 5.5.5（a）。当此波传至固定端时，固定端质点的振动速度为 0，但仍以压缩波反射至桩顶，在桩顶产生一个与 u'_0 反向的振动速度 $2u'_0$，见图 5.5.5（*b*）。这种在空气中的桩内波的传播，完全可以在实验中得到证实（见图 5.5.6），图中实线为理论计算的，虚线为实测的。但如将此桩埋入土中，则得到如图 5.5.7 所示的时域曲线。由此可见，由于土的作用使桩底反射波减弱，此外，桩在土中时域曲线的变化不仅反映桩身情况，还反映土质的情况，这就增加了判别桩身质量的难度。因此，桩在土中的实测曲线必须扣除土及其他影响后，才能用来正确判断桩本身的完整性和质量。

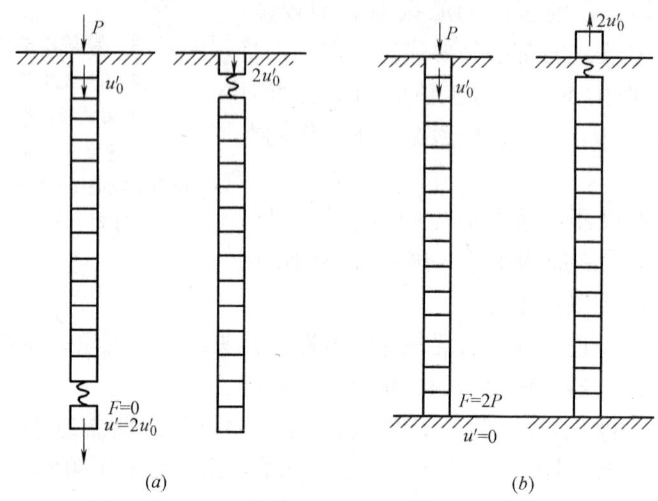

图 5.5.5　不同端部条件下速度波的反射

（*a*）自由端；（*b*）固定端

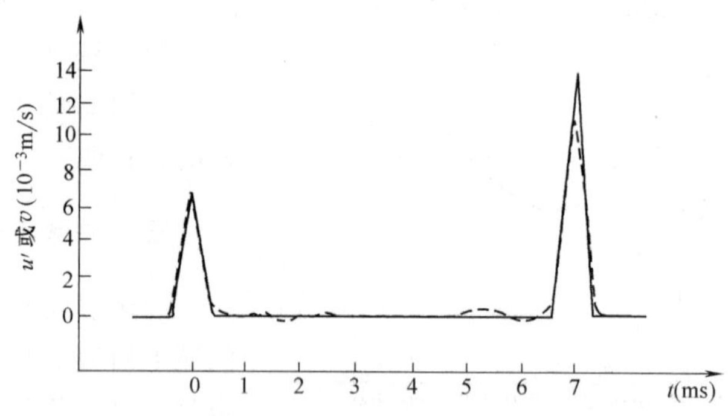

图 5.5.6　空气中完整桩桩顶速度波的时域曲线

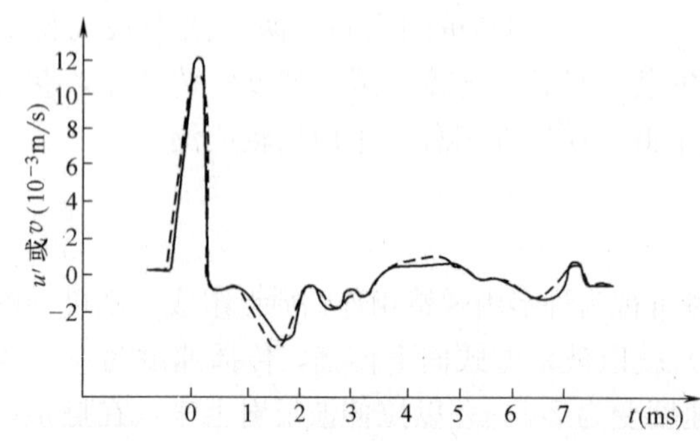

图 5.5.7　土中完整桩顶速度波的时域曲线

（2）分析原理

要掌握反射波法的原理，首先要了解桩身完整性和质量对脉冲波有什么影响。此时，可将桩视为一维弹性杆，当其一端受瞬态脉冲力作用时，则有应力波以波速 v_c 的速度沿着杆的轴线向另一端传播，如在传播中遇到杆件截面的波阻抗 Z（$Z=\rho v_c A$）发生变化时，即在波阻抗 Z 改变的界面上，产生反射波。换言之，入射的应力波在变阻抗的界面上，有一部分透过界面继续沿着杆往下传播（称为透射波），而另一部分则从界面上反射回来（称为反射波）。如果杆的界面上段阻抗为 Z_1，界面下段阻抗为 Z_2，因杆在界面处是连续的，则边界条件为：

$$U_1=U_2\text{，即 }U_i+U_r=U_t \tag{5.5.16}$$

$$u_1'=u_2'\text{，即 }u_0'+u_0'=u_0' \tag{5.5.17}$$

$$N_1=N_2\text{，即 }N_i+N_r=N_t \tag{5.5.18}$$

上述三式中，U、u' 和 N 分别表示界面处的位移、速度和轴向力，下标 i、r、t 分别代表入射、反射和透射波（见图 5.5.8）。

轴向力 N 与应力 σ 及位移 U 有如下关系：

$$N=A\sigma=AE\frac{\partial U}{\partial Z}$$

这样，即可导出反射系数 R_r 和透射系数 R_t 如下：

$$R_r=\frac{N_r}{N_i}=\frac{d-1}{d+1} \tag{5.5.19}$$

$$R_t=\frac{N_t}{N_i}=\frac{2d}{d+1} \tag{5.5.20}$$

其中：

$$d=\frac{Z_1}{Z_2}=\frac{\rho_1 v_{c1} A_1}{\rho_2 v_{c2} A_2} \tag{5.5.21}$$

代入式（5.5.19）和式（5.5.20），即得

$$R_r=\frac{Z_1-Z_2}{Z_1+Z_2} \tag{5.5.22}$$

$$R_t=\frac{Z_1Z_2}{Z_1+Z_2} \tag{5.5.23}$$

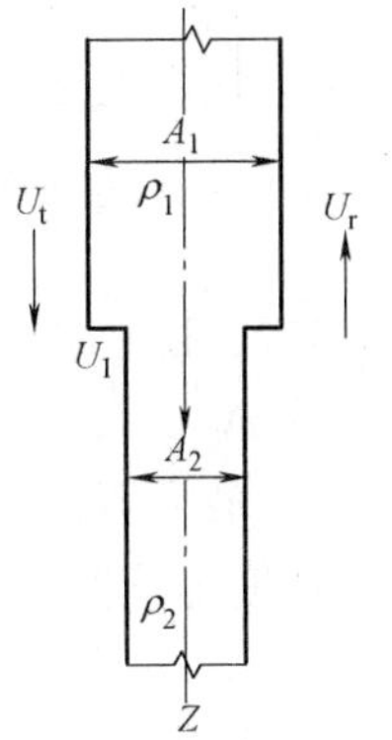

图 5.5.8　应力波在界面处的传播

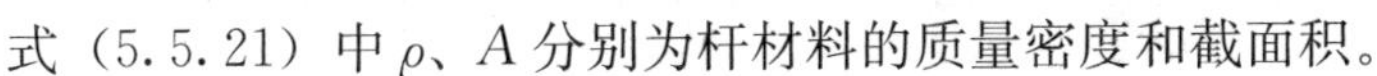

式（5.5.21）中 ρ、A 分别为杆材料的质量密度和截面积。

根据界面上、下段的质量和完整性情况，可以出现下列几种类型：

1）桩的质量和完整性都无变化，波阻抗不变。此时，$d=1$，即 $Z_1=Z_2$，故 $R_r=0$，无反射波，$R_t=1$，即全部应力波均透射过界面传至下段。

2）桩身有离析、断裂、夹泥等，使下段的阻抗变小。此时，$Z_1>Z_2$，$d>1$，$R_r>0$，反射波与入射波同相。

3）桩身有扩颈，使扩颈处的阻抗变大。此时，$Z_2>Z_1$，$d<1$，且 $R_r<0$，故反射波与入射波反相。

4）桩底落在微风化基岩上（如嵌岩桩）。如桩身混凝土的 ρ、v_c。比基岩的小，则 $Z_1<Z_2$，反射波与入射波反相；如混凝土的 ρ、v_c。与基岩的相近，则无桩底的反射波出现。

由式（5.5.22）可看出，当桩界面上下两段阻抗相差愈大时，反射系数 R_r 愈大，反射的能量愈大，故测到的反射波也愈明显，由此，可以定性地判断，阻抗变化的程度。至于界面的位置，则可以根据桩顶入射波与界面反射波的时间差 Δt，按下式计算：

$$L'=v_c\frac{\Delta t}{2} \tag{5.5.24}$$

式中 L'——界面离桩顶的距离；

v_c——纵波在桩身内的传播速度。

2. 测试技术

（1）反射波法的测试仪器

反射波法所用的测试仪器比较简单，其现场的布置框图如图 5.5.9 所示。

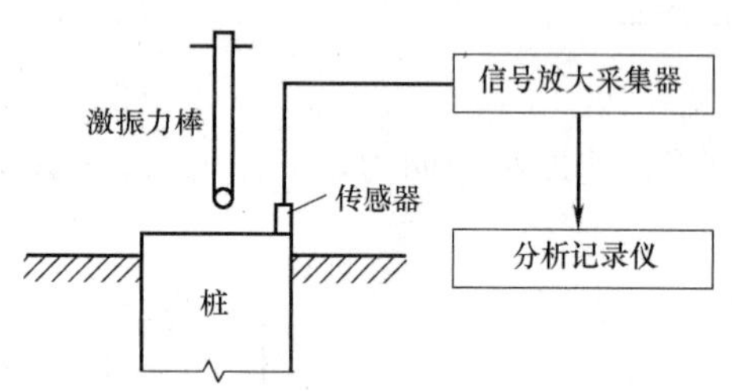

图 5.5.9 反射波法现场测试仪器布置示意

反射波法所用的仪器设备有：

1）激振设备。通常用手锤或力棒，锤头或棒头的材料可以更换（如钢、铝、硬塑料、橡皮等）。棒和锤的重量也可以变更。

2）传感器。传感器可采用速度传感器或加速度传感器，若用后者则需在放大器或采集系统或传感器本身中另加积分线路。无论用何种传感器，频带宽度都是愈宽愈好，但至少为 10～1000Hz。速度型传感器的灵敏度应大于 300mV·s/cm，加速度传感器的灵敏度应大于 100mV/g。

3）放大器。要求放大器的增益高、噪声低、频带宽。对速度传感器用电压放大器；对加速度传感器则采用电荷放大器。放大器的增益应大于 60dB，折合到输入端的噪声则应低于 3μV，频带宽不窄于 10～5000Hz，滤波频率应可调。近来出现的内装式集成电路压电加速度计，由于其体积小、重量轻、密封好、性能稳定，可在恶劣环境中使用，故具有较好的应用前景。

4）信号采集分析仪。要求仪器体积小、重量轻、性能稳定，便于野外使用，同时具备数据采集、记录贮存、数字计算和信号分析的功能。目前荷兰的 TNO、IFCO、美国的 PIT 以及国内一些低应变检测仪均为专用的一体化仪器，并在无外接电源的情况下，可连续工作 8～16h。

（2）现场测试要求

反射波法虽然比较简单，测试结果比较直观，曲线易于分析，但是要获得可靠的时域曲线，还必须注意以下几个方面：

1）做好准备工作。这里包括了解场地情况、桩型、桩长、成桩工艺及施工记录等，并进行桩头处理。为此，应去掉浮浆和疏松混凝土部分至坚实的混凝土面，当桩径较大时，至少应保证在激振部位和传感器安置的地方能整平，但不要在混凝土表面抹水泥砂浆找平层，以免砂浆与混凝土结合不好而造成误判。

2）安置好传感器。传感器必须安装牢固，使它与桩体一起运动，能真实反映出桩顶的振动。目前有预埋螺丝或通过黄油、橡皮泥或石膏粘结等，但前者硬连接易产生高频干扰，后者软连接易产生隔振，故要求压紧、密贴，使胶粘剂尽量薄以保证同步。此外，传感器必须垂直安置。

3）激振要适当。能否获得正确的桩顶振动曲线，与激振的好坏有很大关系。应根据实际情况选择激振能量和锤头的材质，而并不是能量愈大愈好。对于浅部的缺陷，要求激振力的高频成分丰富，故采用硬质锤头和质量小的锤；而对深部缺陷，要求激振力的低频成分丰富，故采用重量大的锤或力棒，棒头材料以选用软质的为宜。因为高频力波方向性好，能探测的缺陷精度高，但衰减快，故对长桩和深层缺陷就无能为力；而低频力波则相反，衰减慢，但探测的精度不高，国外有一种说法，即可探测的缺陷长度为 1/4 脉冲长度，脉冲长度为脉冲时间与波速 v_c 的乘积，故与激振的频率有关。几种锤头材料的脉冲时间见表 5.5.2。

不同锤头材料的脉冲时间　　表 5.5.2

锤头材料	脉冲时间(ms)	锤头材料	脉冲时间(ms)
铝头	0.79	橡皮头	6.44
硬塑料头	1.77		

激振点一般应选择在桩顶的中心。

4）保证试验曲线的可靠性。宜在正式试验前先进行试测，如发现问题，及时调整，以确定最佳的激振方式、仪器参数的选择和测试条件。测试曲线的幅度要适中，曲线光滑、无杂波且缺陷或桩底反射信号明显。每根桩应有三次重复性好的实测曲线。如出现异常波形，应在现场及时分析并研究解决。为了分析判断的需要，应使时域信号采集到一个完整的波形，在波形图中能看到桩底反射的信号。为了保证时域分析的精度，保证试验曲线的可靠性，可适当提高采样频率。

3. 影响桩顶速度曲线的因素

（1）桩身阻抗变化对桩顶速度曲线的影响

如前所述，反射波法就是利用桩身阻抗变化对桩顶速度的时域曲线产生影响的道理来判断桩身的质量。图 5.5.10 左侧为实际桩的剖面，右侧即为相应该桩的实测桩顶速度的时域曲线。

从图 5.5.10 可看出，对于图示的桩，敲击后可获得图中曲线，曲线上共有四个波峰。根据第一节的基本原理可知，第一个波峰为敲击时桩顶的入射波（$t=0$）。此波向下经历 L_1 到达第一个界面后，一部分透射过去继续下传，另一部分则反射到桩顶被传感器记录下来，形成第二个波峰（$t=2L_1/v_c$），由于波是从阻抗 Z_1 小处往阻抗 Z_2 大处传播的，故此波峰与入射波是反相的。透射波下传经过 L_2 到达第二个界面，同样有一部分透射过去继续下传，而另一部分则又反射到桩顶被记录下来，形成第三个波峰（$t=2L_1/v_c+2L_2/v_c$），由于波是从阻抗大处向阻抗小处传播的，故此波峰与入射波同相。最后，剩余的透射波又继续传至第三个界面（桩底），又有一部分反射到桩顶，形成第四个波峰（$t=2L/v_c$），由于桩材料的阻抗总是大于土的阻抗，故此波峰必然与入射的初始波峰同相。

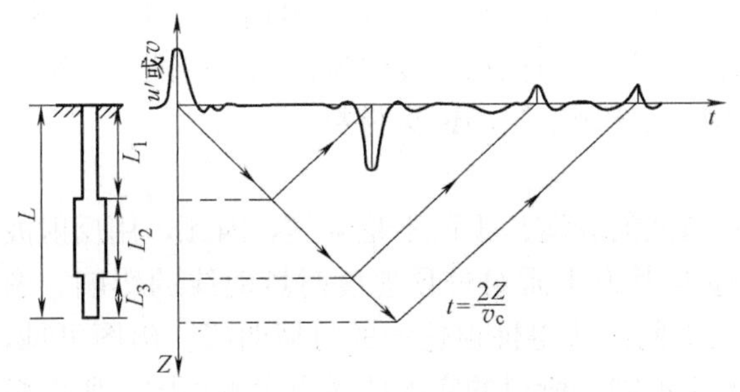

图 5.5.10　桩身阻抗变化时桩顶速度的时域曲线

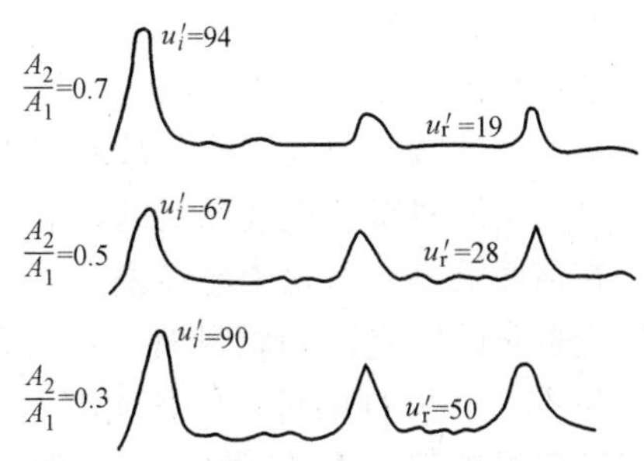

图 5.5.11　缺损率对桩顶速度曲线的影响

（2）桩的缺损率对桩顶速度曲线的影响

根据反射波出现的时间可以确定界面的位置，但是无法确定阻抗变化的程度（或缺损率）。图 5.5.11 为三根材质相同（即 E、ρ、v_c一样）但具有不同缺损率 $\eta=A_2/A_1$ 的桩的实测桩顶速度时域曲线，由此图再次表明，缺损率愈大，界面上下阻抗变化愈大，其反射波愈明显，因此，可以根据反射波峰与初始入射波峰的幅值之比 u_r'/u_i'大致判断其缺损率 η，即

$$\eta=A_1/A_2=(u_i'-u_r')/(u_i'+u_r') \tag{5.5.25}$$

式中 A_1、A_2——界面上、下段的桩截面面积；

u_i'、u_r'——实测初始入射波峰和界面反射波峰的速度幅值。

桩缺损程度可按表 5.5.3 的 η 值表确定。

应当指出的是，由于现场实际情况十分复杂，故式（5.5.25）及表 5.5.3 只能提供一个大致判别的参考方法。

桩身缺损程度的判别 **表 5.5.3**

η	缺损程度	η	缺损程度
1	无缺损	0.4～0.6	严重缺损
0.8～1	轻微缺损	<0.4	断裂
0.6～0.8	缺损		

（3）缺陷形状对桩顶速度曲线的影响

相同的缺损率，但缺损的形状不同，也会得到不同的桩顶速度时域曲线。图 5.5.12 所示的三根桩的缺损率是一样的，但缩颈的形状不同，可以是突变的，也可以是渐变的，其中以突变的（$S=0$）反射波最明显，而渐变缓慢的（$S=3$m）反射波基本上就看不出来。这一点在现场测试中应该注意。

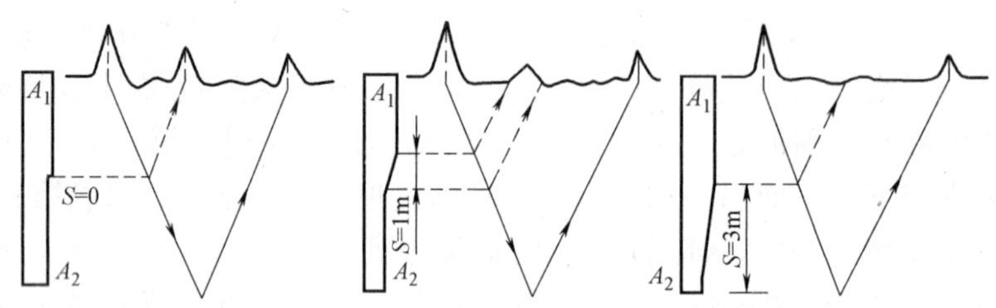

图 5.5.12 缺损形状对桩顶速度曲线的影响

（4）锤头材质对桩顶速度曲线的影响

不同锤头材料，会产生不同的桩顶速度时域曲线，图 5.5.13 为用钢质锤头（实线）和用硬塑料锤头敲击同一根混凝土灌注桩时，所测得的桩顶速度时域曲线。由图可见锤头材质对实测曲线有较大影响，故应根据具体情况选用适当的锤头材料。

（5）土质对桩顶速度曲线的影响

在前面的基本概念中已经说明，由于桩周围的介质是土而不是空气，因此，用反射波法测定桩身的完整性和质量时，不可避免地要考虑土质对桩顶速度时域曲线的影响。图 5.5.14 是三根同样的桩，但其周围土层性质不同而获得桩顶速度的时域曲线。由图可见，虽然这三根桩都是质量完好的桩，但由于土质不同，所得的实测曲线也大不相同，所以必须在排除土质影响后，才能得到反映桩身质量的桩顶速度曲线。

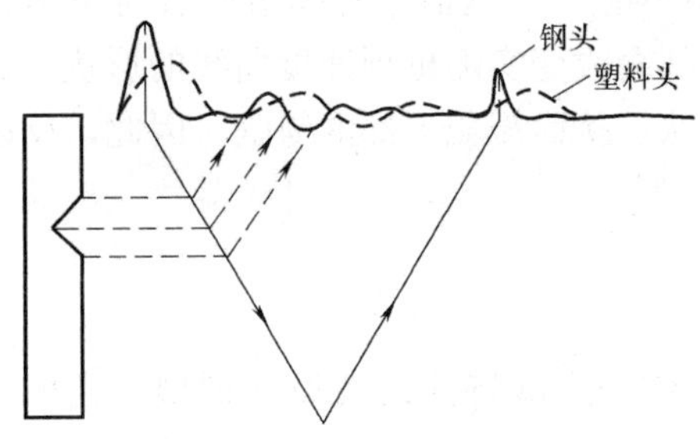

图 5.5.13　锤头材质对桩顶速度曲线的影响

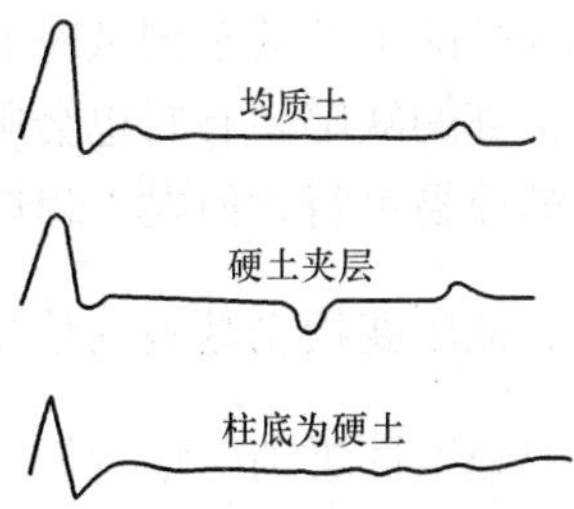

图 5.5.14　土质对桩顶速度曲线的影响

如何排除土质对实测曲线的影响呢？通常可采用以下几种方法。

1）选择一根完好的桩作为参考桩，以它的实测曲线作为基础，来判断其他桩的实测曲线，当其他桩的实测曲线上有与参考桩相同的正相或反相反射波出现时，应视为土层的影响，而不是桩本身造成的（图 5.5.14 中的反相反射波是因桩身穿过硬土层造成，而非扩颈)。在不能选定参考桩时，可根据现场大多数桩的实测曲线，结合场地的地质剖面图来排除土质条件的影响。

2）可利用场地的地质剖面图以及静力触探或动力触探（标准贯入）试验曲线，来排除实测桩顶速度曲线中的土质影响。

3）假定土的模型如图 5.5.15 所示。考虑到小应变时桩土间的相对位移很小，忽略桩侧土的弹簧力（摩阻力)，并将桩侧阻力简化为线性阻尼，桩底阻力视为线性的弹簧和阻尼，然后根据编制好的软件，判断试桩有无缺陷。

试验时先用力锤敲击桩顶，分别得到参考桩的响应曲线和试桩的响应曲线，力锤上可安装力传感器，所以同时可得到输入桩顶的力信号（见图 5.5.15)，如速度响应信号与力信号的波形不吻合，说明桩顶部分完整性差，需清除后重敲。根据参考桩的一组桩顶速度曲线，得出其平均曲线，然后对实测的平均曲线进行信号拟合，得到土模型的参数，再将试桩的速度响应曲线通过改变其阻抗进行信号拟合，得出该桩的完整性情况（或缺陷的情况)。其检测过程见图 5.5.16 所示的框图。目前国外一些检测桩完整性的仪器基本上均采用这方法。

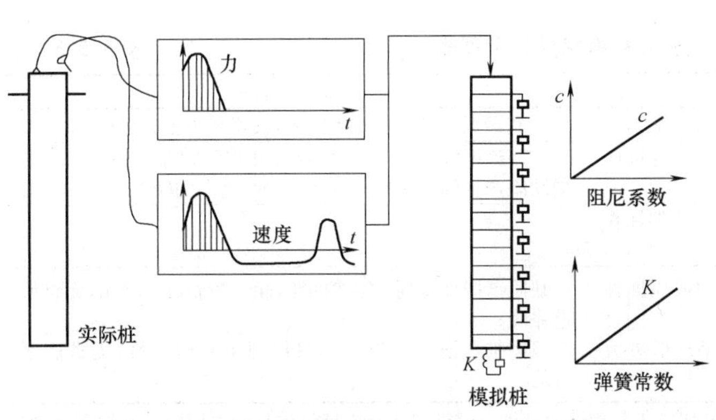

图 5.5.15　反射波法试验示意及土的模型

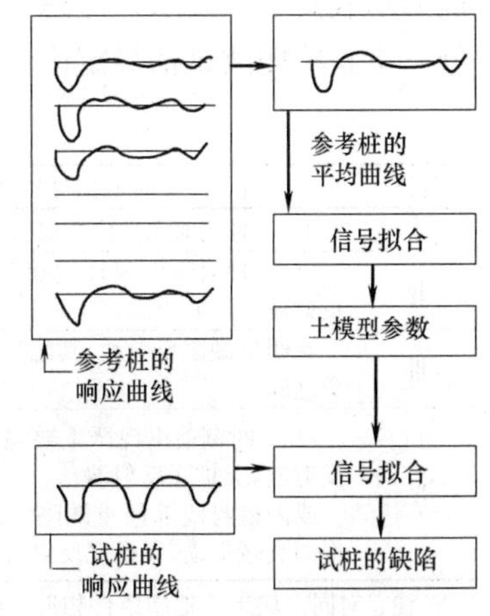

图 5.5.16　桩完整性检测框图

以上所述影响桩顶速度时域曲线的诸因素，还不能完全概括，实际情况有时更为复杂，如成桩的工艺甚至测试时的噪声和振动影响等都会改变实测桩顶速度曲线的形状，此外，桩上部的缺陷，有时也会影响桩下部的曲线形状，从而掩盖下部的缺陷。因此，反射波法虽然简易可行，但在工程应用中还应慎重对待。

四、低应变检测基桩完整性判定标准

桩身完整性类别应结合缺陷出现的深度、测试信号衰减特性以及设计桩型、成桩工艺、地质条件和施工情况，按《建筑基桩检测技术规范》JGJ 106—2014 表 3.5.1 的规定和表 8.4.3 所列实测时域或幅频信号特征进行综合分析判断。

桩身完整性分类见表 5.5.4。其中：Ⅰ、Ⅱ类桩为合格桩；Ⅲ类、Ⅳ类桩为不合格桩。对Ⅲ类、Ⅳ类桩，工程上一般会采取措施进行处理，如对Ⅳ类桩的处理内容包括：补强、补桩、设计变更或原设计单位复核是否可满足结构安全和使用功能要求；而对Ⅲ类桩，也能采用与处理Ⅳ类桩相同的方式，也可能采用其他更可靠的检测方法验证后再做决定。

桩身完整性分类表 **表 5.5.4**

桩身完整性类别	分类原则	桩身完整性类别	分类原则
Ⅰ类桩	桩身完整	Ⅲ类桩	桩身有明显缺陷
Ⅱ类桩	桩身有轻微缺陷	Ⅳ类桩	桩身存在严重缺陷

低应变桩身完整桩分析判定，从时域信号或频域曲线特征表现的信息判定相对来说较简单直观，而分析缺陷桩信号则复杂些。具体见表 5.5.5。有的信号的确是因施工质量缺陷产生的，但也有是因设计构造或成桩工艺本身局限导致的不连续断面产生的，例如预制打入桩的接缝，灌注桩的逐渐扩径再缩回原桩径的变截面，地层硬夹层影响等。因此，在分析测试信号时，应仔细分清哪些是缺陷波或缺陷谐振峰，哪些是因桩身构造、成桩工艺、土层影响造成的类似缺陷信号特征。另外，根据测试信号幅值大小判定缺陷程度，除受缺陷程度影响外，还受桩周土阻尼大小及缺陷所处的深度位置影响。相同程度的缺陷因桩周土岩性不同或缺陷埋深不同，在测试信号中其幅值大小各异。因此，如何正确判定缺陷程度，特别是缺陷十分明显时，如何区分是Ⅲ类桩还是Ⅳ类桩，应仔细对照桩型、地质条件，施工情况结合当地经验综合分析判断；不仅如此，还应结合基础和上部结构形式对桩的承载安全性要求，考虑桩身承载力不足引发桩身结构破坏的可能性，进行缺陷类别划分，不宜单凭测试信号定论。

低应变桩身完整性分类表 **表 5.5.5**

类别	时域信号特征	幅频信号特征
Ⅰ	$2L/c$ 时刻前无缺陷反射波，由桩底反射波	柱底谐振峰排列基本等间距，其相邻频差 $\Delta f \approx c/2L$
Ⅱ	$2L/c$ 时刻前出现轻微缺陷反射波，有桩底反射波	桩底谐振峰排列基本等间距，其相邻频差 $\Delta f \approx c/2L$，轻微缺陷产生的谐振峰与桩底谐振峰之间的频差 $\Delta f' > c/2L$
Ⅲ	有明显缺陷反射波，其他特征介于Ⅱ类和Ⅳ类之间	
Ⅳ	$2L/c$ 时刻前出现严重缺陷反射波或周期性反射波，无桩底反射波； 或因桩身浅部严重缺陷使波形呈现低频大振幅衰减振动，无桩底反射波	缺陷谐振峰排列基本等间距，相邻频差 $\Delta > c/2L$，无桩底谐振峰； 或因桩身浅部严重缺陷只出现单一谐振峰，无桩底谐振峰

注：对同一场地、地质条件相近、桩型和成桩工艺相同的基桩，因桩端部分桩身阻抗与持力层阻抗相匹配导致实测信号无桩底反射波时，可按本场地同条件下有桩底反射波的其他桩实测信号判定桩身完整性类别。

第二节　基桩超声波法检测

一、基本原理及适用范围

1. 超声波检测的基本原理

超声波检测混凝土桩的基本原理与通常的混凝土超声波探伤的原理是一样的，即在桩的一侧通过发射探头将电能转换为机械能，发出超声波（频率在 20kHz 以上）穿透混凝土桩，然后在桩的另一侧，通过接收探头将此超声波接收后又还原为电信号，将此信号放大，即可在示波器上显示，声波的历时则由数码显示器给出，并可打印出数值。由于超声波所穿透的混凝土厚度（或距离）为已知，根据超声波脉冲发出和到达的时间，即可算出在混凝土中传播的声速（或纵波速度）v_{p}。由声速可直接判断桩身混凝土的质量，混凝土愈密实，声速 v_{p} 值愈大；相反，混凝土愈松散，或声波脉冲路径中有孔洞、裂缝或离析等，则声速就会减小，由此可以检验桩身混凝土的质量和完整性。

由此可见，超声波检测混凝土桩桩身质量和完整性的理论基础是根据弹性波波速与介质特性之间的关系，对于理想介质中的纵波的传播速度，则有：

$$c_{\mathrm{p}}=\sqrt{\frac{E(1-\nu)}{\rho(1+\nu)(1+2\nu)}}$$

式中　E——介质的弹性模量；

ρ——介质的密度；

ν——介质的泊松比。

从实测的桩身材料的波速（或声时，即声波穿透的历时），就可以推断所穿透介质特性的变化。所以，测定桩身材料的波速（或声时），是超声波检测桩完整性和质量的主要依据。此外，除了实测的波速（或声时）外，接收波的振幅和波形也很重要。大量试验结果表明，由于缺陷（孔洞，夹泥，离析等）的存在，界面增多，使声波产生诸多的反射、折射和散射，导致振幅的明显衰减。因此有时虽然实测的声速较高（或声时较短），但如声波的振幅衰减很大，也不能判断为混凝土的强度（或弹性模量）很高，因为，这很可能是由于混凝土中粗骨料比例大（粗骨料的声速比砂浆的声速或混凝土的平均声速要大）；同样，有时在测试中，虽然声速（或声时）变化不大，但如果该处的振幅衰减较大，也表明这里的混凝土质量较差。接收波的波形也是判断桩身质量的依据，如果接收的波形与发射波形完全不同，产生很大的畸变，或者接收不到波形，无法判读声时，都说明混凝土有缺陷。图 5.5.17（*a*）为某桩在无缺陷部位所接收到的声波波形；图 5.5.17（*b*）为该桩在有缺陷部位所接收到的波形。

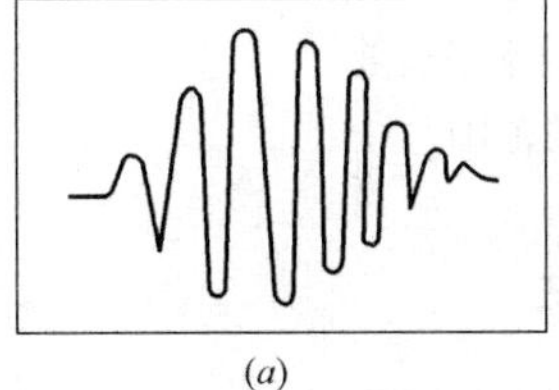

(*a*)

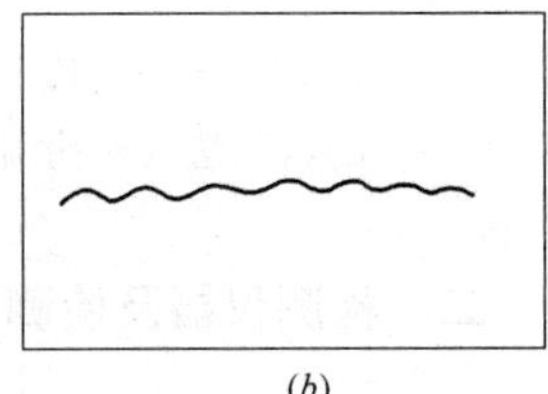

(*b*)

图 5.5.17　某工程桩实测的接收波形

（*a*）无缺陷部位的波形；（*b*）有缺陷部位的波形

综上所述，超声波检测桩身质量和完整性的方法，是以实测声时随深度变化曲线为主，并辅以振幅和波形的变化，综合判断而得出结论。

2. 超声波检测桩身缺陷的判断标准

在用超声波检测桩身质量时，通常选试桩的正常区段作为基准，即在此桩段内声时和振幅均无多大变化，然后参照表 5.5.6 来判断该桩有无缺陷、缺陷的位置及严重程度。

超声波检测桩身缺陷的判断标准 **表 5.5.6**

缺陷情况	声时曲线	振幅曲线	波形	备注
好桩	基本呈直线，无明显折点	无明显衰减	正常	
蜂窝、疏松、夹泥团	1. 有明显增大转折； 2. 最大相对差大于 10%； 3. $t>\bar{t}+3\sigma$	有衰减	畸变	一个（或两个）测试面
局部夹层断桩	1. 有明显增大转折； 2. 最大相对差大于 30%； 3. 声速 $v<3200$m/s（砂石层）	衰减明显 相对衰减：砂石层为 50% 以上 泥（膨润土）、砂、石为 80%以上	畸变或无波形	两个（或三个）测试面

注：声时、振幅曲线指随深度的变化曲线；t、$\bar{t}$ 为实测声时和平均声时；σ 为标准差。

3. 超声波检测法的适用范围

超声波检测桩完整性和质量的方法适用于桩径大于 0.6m 的混凝土灌注桩。这种方法特别适宜于探测混凝土中有夹泥、离析、蜂窝、明显的缩颈和很多的裂隙等，对于水平的裂缝，由于发射和接收换能器通常是同步升降，所以不易测到。这时，需采用斜测的方法（见图 5.5.18）才能测出桩身内的水平裂缝。由图 5.5.18 可见，如桩身内有水平裂缝（AB）时，用通常的平测法（图中 M_1、M_2 分别为超声波的发射探头和接收探头）是测不到的，所以必须采用斜测法，此时，应准确计算出斜边的长度。斜测法还可以用来探明桩内缺陷的范围，如图 5.5.19 所示。

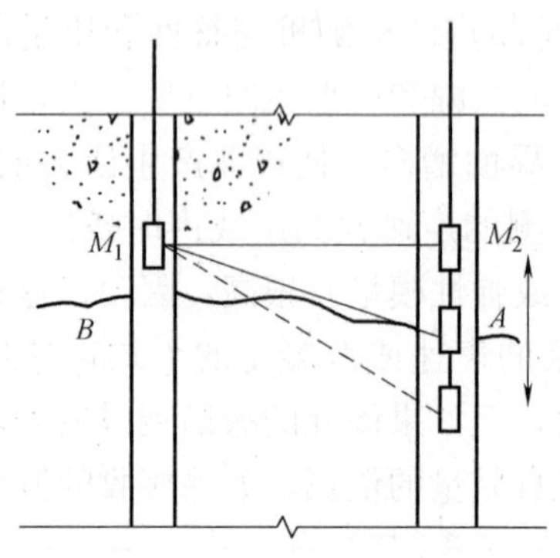

图 5.5.18 超声波检测桩内水平裂缝的斜测法（或孔洞）的范围

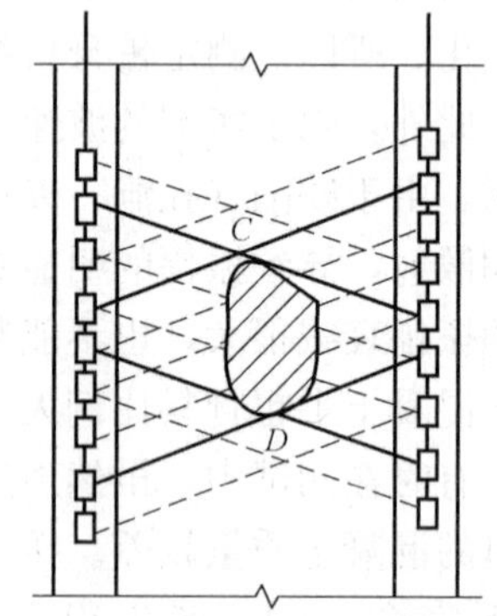

图 5.5.19 用斜测法探明夹泥

二、检测仪器及检测方法

1. 超声波检测的仪器

超声波检测所用的仪器设备有：超声波检测仪；换能器；换能器升降设备；声测管和

便携式计算机等。这些仪器设备的现场布置如图 5.5.20 所示。

（1）超声波检测仪

超声波检测仪是超声波检测桩质量的主要仪器，它由主控电路、发射电路、接收电路、衰减器、扫描电路、计数电路和电源等组成。目前，国产的超声波检测仪的型号很多，无论采用什么型号，必须工作稳定可靠并满足下列要求：声波检测仪的发射电路应能输出 200～1000V 的脉冲电压，其波形可为阶跃脉冲或矩形脉冲；声波检测仪的接收电路的频带宽度宜为 1～200kHz，增益应大于 100dB；声波检测仪衰减器的调节范围不低于 0～80dB，分辨率不低于 1dB，其档间误差小于±1%；超声波检测仪应具有手动或手动和自动的声时测量装置，声时测量范围应大于 2000μs，声时的测量精度不低于 1μs，零声时（t_0）的调节范围不小于 30μs；超声波检测仪应具有连续、稳定、清晰的示波装置，且应同时显示接收波的波形和声时，并可测量波幅；超声波检测仪应在交流和直流两种供电情况下均能使用；超声波检测仪宜有计算机接口，以便将测得的数据传递给计算机加以处理。

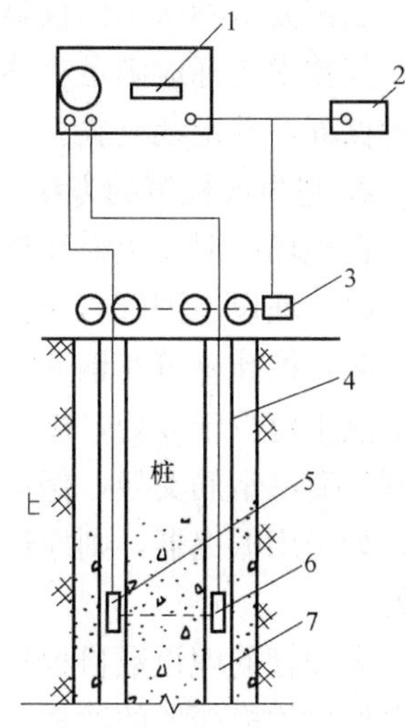

图 5.5.20　超声波检测的仪器设备现场布置示意
1—超声波检测仪；2—计算机；3—升降设备（绞车）；4—声测管；5—发射换能器；6—接收换能器；7—水

（2）换能器

超声波检测中的换能器（俗称探头），是将电能转化为机械能（即超声波）和将机械能又还原为电能（即电信号）的装置，前者称为发射换能器（或发射探头），后者称为接收换能器（或接收探头）。

超声波检测桩应采用圆柱状径向振动的增压式换能器。换能器发射声波的频率越高，其分辨缺陷的能力也越强，但是，声波在混凝土介质中的传播过程中衰减也越快，声波的衰减系数 α 与声波的频率 f 之间的关系为：

$$\alpha = af + bf^2 + cf^4$$

式中　a、b、c——与介质有关的系数。

故换能器的共振频率宜为 30～60kHz。

换能器的长度宜不超过 20cm，其水密性应满足在 1MPa 水压下不漏水。

换能器宜装有前置放大器，前置放大器的频带宽度宜为 5～50kHz。

换能器的导线上宜有深度标记，标记间距与换能器的长度相当。

（3）升降设备

超声波检测桩的质量时，换能器的升降设备（通常用绞车）的升降精度不应低于 1cm，相对误差不大于±1%，宜备有计算机接口，能可靠地向计算机传送深度数据。

（4）声测管

超声波检测桩时，换能器在声测管中移动。声测管宜采用钢管、硬塑料管或钢质波纹管。声测管的内径宜为 50～60mm。钢管宜用螺纹连接，管的下端应封闭，上端应加盖，以免异物入内，堵塞通路。声测管的长度由桩长决定，并应高出桩顶 100mm 以上。声测管不得破漏。

超声波检测所用的仪器应通过相应的技术鉴定，并应每年进行一次全面的检查和调试，其技术指标应满足上述的质量要求。超声波检测所用的其他设备也应按各自要求进行维护保养，并定期校验。

2. 超声波检测的方法

在现场对混凝土灌注桩进行超声波检测时，可按以下步骤进行。

（1）埋设声测管。对钻孔桩或冲孔桩应在下放钢筋笼之前将声测管焊接或绑扎在钢筋笼内侧，挖孔桩可在钢筋笼放入桩孔后焊接或绑扎在钢筋笼内侧，每节测管在钢筋笼上的固定点不应少于 3 处，声测管之间应在全长范围内都互相平行。在桩身无钢筋笼的部分，应制作简易钢筋支架，保证声测管在灌注混凝土过程中不走位。在灌注桩身混凝土的过程中，如采用振捣器，则应避免直接作用在声测管上，特别注意不能直接作用在声测管的连接处。

声测管的埋设数目根据桩径大小确定，每一对声测管（一根作发射换能器的通道，另一根作接收换能器的通道）组成一个检测面。当桩径为 0.8m 时，应埋设两根声测管，组成一个检测面；桩径大于 0.8m 且小于或等于 1.6m 时，应埋设三根声测管，可组成三个检测面；桩径超过 1.6m 时，应埋设四根声测管可组成六个检测面（如图 5.5.21 所示）。当桩径大于 2.5m 时，宜增加预埋声测管数量。

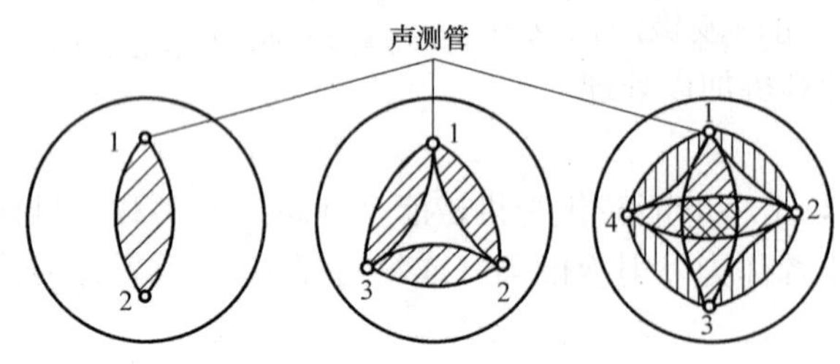

图 5.5.21　根据桩径大小确定声测管的平面布置及所组成的检测面

（2）检测声测管。打开声测管上端的盖板，向管内注入清水，进行水密性试验，以保证声测管不漏水。同时，准确测量各声测管外壁之间的水平距离 L。

（3）调试超声波检测仪。调整超声波检测仪的发射电压、接收放大倍数和衰减器，使接收信号具有较高的信噪比，并使波幅值在荧光屏上占2～3 格。

（4）测定系统的延迟时间 t_0。为测定超声波检测仪发射至接收系统的延迟时间（或称零声时）t_0，可将接收换能器和发射换能器平行置于清水中，逐次改变换能器之间的距离，并测量每次的换能器之间的中心距和超声波的历时（声时），测量次数不少于 5 次，并按如下直线方程，进行线性回归分析，即可得出延迟时间 t_0：

$$t=t_0+bL' \tag{5.5.26}$$

式中　t——声时（μs）；

t_0——系统的延迟时间（μs）；

b——直线方程的斜率（μs/mm）；

L'——发射换能器与接收换能器之间的中心距（mm）。

（5）计算声时的修正值 t'。在现场测得的声时中，除了系统的延迟时间 t_0外，还包括在水和声测管壁中的历时 t'（称声时修正值），t'可按式（5.5.27）计算，即：

$$t'=\frac{D-d}{v_t}+\frac{d-d'}{v_w} \tag{5.5.27}$$

式中　D——声测管外径（mm）；

d——声测管内径（mm）；

d'——换能器外径（mm）；

v_t——声测管壁厚度方向的声速（km/s），由管壁材料决定；

v_w——水中的声速（km/s）。

式（5.5.36）中一些符号的几何意义如图 5.5.22 所示。

（6）直接测定 t_0+t'值。超声波检测仪发射至接收系统的延迟时间 t_0 与声时修正值 t'之和 t_0+t'也可直接按如下方法测得：将与埋设的声测管相同规格型号的两节声测管固定好，垂直放入清水中，然后将发射换能器和接收换能器分别垂直放入管中心的同一水平位置上，此时测得的声时（μs）即为 t_0+t'。

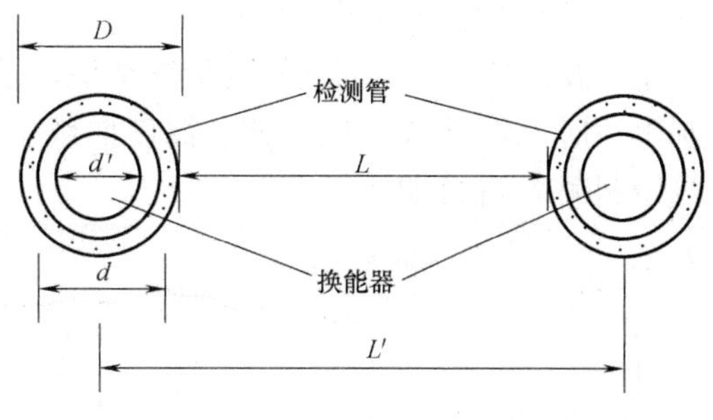

图 5.5.22　混凝土桩内检测管的相对平面位置

（7）混凝土灌注桩的检测。在完成上述各项准备工作后，即可对现场的混凝土灌注桩进行检测。为此，先将发射换能器和接收换能器通过升降器分别放入预埋在桩身内的声测管中。平测时，两个换能器应同步升降，且两者的累计相对高差不应大于 2cm，并应随时校正；斜测时，其水平测角可取 30°～40°。超声波检测宜从声测管的底部开始，由下而上按预定的测点（测点的垂直间距宜为 20～40cm）逐次进行。对可疑的或读数异常的测点，应加密测点。必要时，宜用斜测法等确定缺陷的形状和范围。

在检测过程中应保持发射电压固定不变，放大器增益值也始终不变。由光标确定首波初至、读取声波传播时间（声时）t 及衰减器衰减量，依次测取每次测点的声时和波幅并随时进行记录。

每组声测管检测完毕后，应重复随机抽测 10%～20%的测点。其声时相对标准差σ_t'不应大于 5%；波幅相对标准差 σ_A'不应大于 10%。并应对声时及波幅异常的部位重复抽测。测量的相对标准差按下列公式计算：

$$\sigma'_t=\sqrt{\frac{\sum_{i=1}^{n}\left(\frac{t_i-t_{j,i}}{t_m}\right)^2}{2n}} \tag{5.5.28}$$

$$\sigma'_A=\sqrt{\frac{\sum_{i=1}^{n}\left(\frac{u_i-u_{j,i}}{u_m}\right)^2}{2n}} \tag{5.5.29}$$

$$t_m=\frac{t_i+t_{j,i}}{2}$$

$$u_m=\frac{u_i+u_{j,i}}{2}$$

式中　σ_t'——声时相对标准差；

σ_A'——波幅相对标准差；

t_i——第 i 个测点原始声时测定值（μs）；

u_i——第 i 个测点原始波幅测定值（dB）；

$t_{j,i}$——第 i 个测点第 j 次抽测声时值（μs）；

$u_{j,i}$——第 i 个测点第 j 次抽测波幅值（dB）。

三、检测结果及其分析

1. 超声波检测的结果

超声波检测混凝土灌注桩的最终结果，是根据各测点测得的声时（或声速）和波幅，绘制出声时深度曲线（或声速—深度曲线）和波幅-深度曲线（见图 5.5.23）。必要时，还可绘制频率-深度曲线。

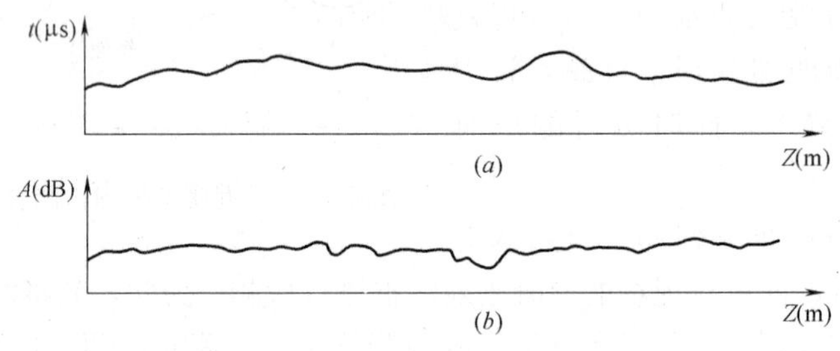

图 5.5.23 超声波检测混凝土桩的结果

(*a*) 声时-深度曲线；(*b*) 波幅-深度曲线

任意测点（第 i 个测点）所得的声时 t_i 及声速 v_{pi} 可按式（5.5.30）计算，即：

$$t_i = t_i' - t_0 - t' \tag{5.5.30}$$

$$v_{pi} = \frac{L}{t_i}$$

式中 t_i——第 i 个测点的混凝土中声波传播的时间（μs）；

t_i'——第 i 个测点原始声时测定值（μs）；

t_0——由超声波检测仪的发射系统至接收系统的延迟时间（μs）；

t'——声时修正值（μs）；

L——两个检测管外壁间的距离（mm）；

v_p——混凝土中的声速（km/s）。

对应的两检测管的平面位置见图 5.5.22。

2. 检测结果的分析与判定

根据上述检测结果，即可判定该混凝土桩是否有缺陷以及缺陷的位置。目前，规范规定的判定方法有两种，即概率分析法和 $K\Delta t$ 法。但我们认为还应补充第三种方法，即最低限值法。

(1) 概率分析法

即根据 n 次测得的 v_{pi}，求出其平均值 v_{pm} 和标准差 σ_v，得到混凝土声速的临界值 $[v_p]$：

$$[v_p] = v_{pm} - 2\sigma_v \tag{5.5.31}$$

$$v_{pm}=\frac{\sum_{i=1}^{n}v_{pi}}{n}$$

$$\sigma_v=\sqrt{\frac{\sum_{i=1}^{n}(v_{pi}-v_{pm})^2}{n}}$$

当 $v_{pi}<[v_p]$，该桩在 Z_i 深度处的混凝土比平均的混凝土质量差。

有时，波幅（衰减量）比声速对缺陷反应更敏感，所以也可用声速波幅的衰减值 A 作为衡量混凝土质量的标志。此时，声波波幅衰减临界值 $[A]$ 为：

$$[A]=A_m-6 \tag{5.5.32}$$

$$A_m=\frac{\sum_{i=1}^{n}A_i}{n}$$

当 $A_i<[A]$ 时，即该桩在 Z_i 深度处的混凝土比平均的混凝土质量差。

（2）$K\Delta t$ 法

根据声时-深度曲线上相邻两测点的斜率 K 以及相邻的声时差 Δt 的乘积 $K\Delta t$ 来判断有无缺陷，将 $K\Delta t$ 值严重偏离的测点视为可疑的缺陷点，再结合其他因素，进行综合分析确定。

由图 5.5.24 所示的实测声时曲线可知，在深度分别为 Z_{i-1} 和 Z_i 两相邻的测点处，所得的声时分别为 t_{i-1} 和 t_i，声时差 $\Delta t=t_i-t_{i-1}$，声时曲线的斜率为：

$$K=\frac{\Delta t}{\Delta Z}=\frac{(t_i-t_{i-1})}{Z_i-Z_{i-1}}$$

故得

$$K\Delta t=\frac{(t_i-t_{i-1})^2}{Z_i-Z_{i-1}} \tag{5.5.33}$$

式中　t_i——第 i 个测点的声时（μs）；

t_{i-1}——第 $i-1$ 个测点的声时（μs）；

Z_i——第 i 个测点的深度（m）；

Z_{i-1}——第 $i-1$ 个测点的深度（m）。

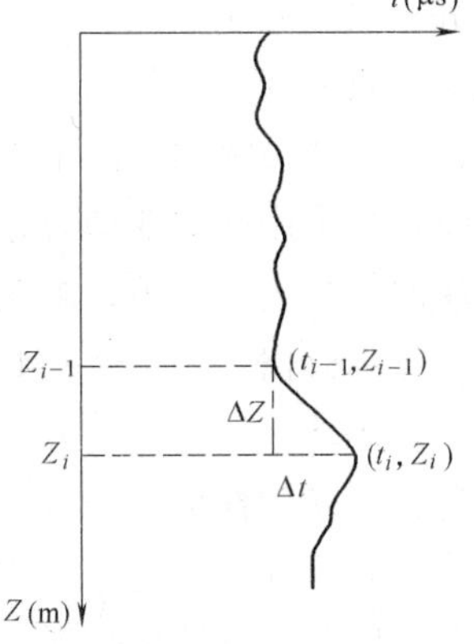

图 5.5.24　声时曲线

（3）最低限值法

上述两种方法虽然可以判别出桩身存在的一些质量问题，但在有些情况下，则可能造成误判，例如有的灌注桩，混凝土强度没有达到设计的等级要求，但其均匀性较好，按上述两种方法，均可满足其要求。反之，有的灌注桩混凝土强度普遍很高，均匀性较差，按上述两方法，不能满足要求，但实际混凝土强度在最小处也能满足设计要求。因此，有必要根据设计要求的混凝土强度等级，提出最低声速（也可以用波幅）限值，并要求各测点的实测声速 v_{pi} 均应超过该限值。混凝土最低声速限值宜由相同条件下的试块进行对比试验确定，在没有试验资料时，可参考表 5.5.7。

混凝土最低声速限值　　**表 5.5.7**

强度等级	C20	C25	C30	C35	C40
声速(m/s)	3400	4000	4200	4400	4600

混凝土灌注桩的质量是否满足设计要求，是否存在缺陷，则应根据超声波检测结果，按上述三种方法综合判断确定。超声波桩身完整性可按《建筑基桩检测技术规范》JGJ 106—2014 表 10.5.11 的规定进行判断，具体见表 5.5.8。

超声波桩身完整性判定 **表 5.5.8**

特　征	判定
各检测剖面的声学参数均无异常，无声速低于低限值异常	Ⅰ类桩
某一检测剖面个别测点的声学参数出现异常，无声速低于低限值异常	Ⅱ类桩
某一检测剖面连续多个测点的声学参数出现异常 两个或两个以上的检测剖面在同一深度测点的声学参数出现异常 局部混凝土声速出现低限值异常	Ⅲ类桩
某一检测剖面连续多个测点的声学参数出现明显异常 两个或两个以上检测剖面在同一深度测点的声学参数出现明显异常 桩身混凝土声速出现普遍低于低限值异常或无法检测首波或声波接收信号严重畸变	Ⅳ类桩

第三节　基桩高应变动力检测

高应变动力测桩的技术，与低应变时域法动力测桩的技术类似，所不同的是前者在桩周和桩底土处于塑性变形条件下，根据用锤击方法测得的桩顶响应，来评价桩的质量和承载力。近来，由于现场操作比较复杂、需要大型吊装设备，用高应变动力方法检测桩身完整性已逐步被淘汰，而主要用来测定桩的极限荷载 Q_u。

最早采用高应变动力方法检测桩承载力的是众多的动力打桩公式，这些公式都是根据打桩时的贯入度大小，来反求桩的极限荷载 Q_u，这种方法经过改进后，配上测量桩顶力和速度的仪器，也仍然在有的国家中应用。目前，在国外的高应变动测桩承载力的方法中，应用较多的是波动方程法，如凯斯法和波形拟合法，都是以锤击后桩身内应力波的传播理论为基础导出的分析方法，后者是根据假定参数，使计算曲线与实测曲线相吻合。但应指出，不同人选定不同的参数（虽然均在合理的范围内），都可获得与实测曲线吻合的结果。因此，欧洲规范规定，当用波动方程法检测桩承载力时，必须有桩的静荷载试验资料作依据。我国引进这一方法已多年，并且于 1997 年正式颁布了《基桩高应变动力检测规程》JGJ 106—97。应当指出，用波动方程法检测桩承载力是有条件的，一是桩休止后的锤击贯入度应大于 2.5mm（美国规定是 3.0mm），以保证桩周和桩底土处于塑性变形条件；二是需要有一定数量的桩的动、静对比资料，以保证上述参数设定的可靠性。

为了克服波动方程法的上述缺点，荷兰与加拿大合作，推出了一种新的高应变动力检测桩承载力的方法——静动法（Statnamic），由于其荷载的作用时间长，在分析中可不考虑应力波的传播，将桩视作刚体运动，大大简化了分析的复杂性，提高了结果的可靠程度，并且还可用于斜桩、水平桩和群桩中。美国材料试验协会（ASTM）为此方法出了专门的规程。但是，静动法的设备很昂贵，在我国难以推广应用。

高应变动力检测桩承载力的方法，可以归纳如表 5.5.9 所示。

高应变动测方法分类　　表 5.5.9

分类	方法名称	激振方式
波动方程法	凯斯法 波形拟合法	自由振动 （锤击）
静动法	静动法	自由振动（喷气反力）

第四节　凯斯法检测桩的承载力

一、基本原理

凯斯法是通过安装在桩侧顶部的加速度和应变计分别测出桩顶处的振动速度 v 和力（或应力）F 随时间的变化曲线，从而分析得出桩的极限承载力的方法。

1. 基本假定和行波理论

首先假定桩为均质的线弹性杆，当桩顶受到冲击后，桩身上任意点（深度为 Z）的位移 W 都随时间 t 而变化，换句话说，位移是深度 Z 和时间 t 的函数，此时，桩的纵向振动符合式（5.5.34）的一维波动微分方程，即：

$$\frac{\partial W}{\partial t^2}=v_c^2\frac{\partial^2 W}{\partial Z^2} \tag{5.5.34}$$

其通解可写为：

$$W=f(Z-v_c t)+(Z+v_c t) \tag{5.5.35}$$

$$v=\frac{\partial W}{\partial t}=v_d+v_u \tag{5.5.36}$$

$$F=\varepsilon EA=\frac{EA}{v_c}v=\frac{EA}{v_c}(v_d+v_u)=F_d+F_u \tag{5.5.37}$$

式中　v、v_d、v_u——桩身振动速度、下行波产生的桩身振动速度、上行波产生的桩身振动速度；

F、F_d、F_u——桩身内力、下行波产生的桩身内力、上行波产生的桩身内力；

ε、E、A——桩身的应变、弹性模量和截面积。

故桩顶受到冲击后，产生一速度波（或应力波），某一截面处的振动速度乘以阻抗（EA/v_c）即为该截面处的内力 F。应当指出，这里的振动速度 v（或 v_d、v_u），与桩身内力 F（或应力）大小有关，它与波在桩身内的传播速度 v_c 不同，后者仅与桩的材料性质有关。

速度波（或应力波）在桩身内来回传播，传播中假定无能量损失，且波在自由端反射后，质点的振动速度增大一倍，应力符号改变（压力波变为拉力波或反之）；假定土的阻力分布如图 5.5.25 所示，任一截面 Z_i 深处的土阻力均以集中力 R_i 表示，当波未到达该截面深度 Z_i（或锤击后经过时间 $t<\frac{Z_i}{v_c}$）时，土的阻力 $R_i(t)=0$，只有波到达该截面深度 Z_i 时，才产生土的阻力 $R_i(t)=R_iH\left(t-\frac{Z_i}{v_c}\right)=R_i$；由于桩是线弹性杆件，故任意截面的振

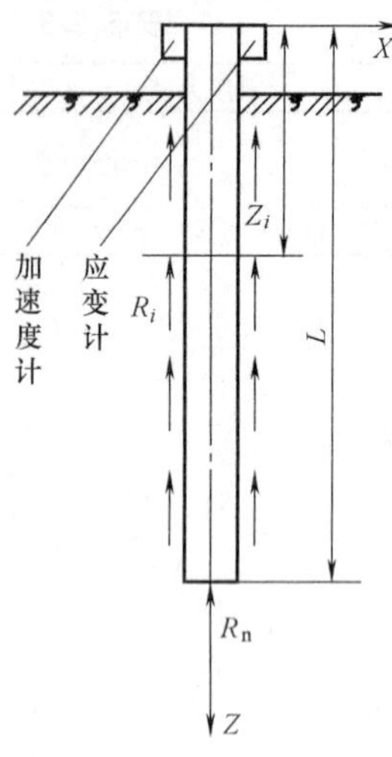

图 5.5.25　土的阻力分布

动速度或应力等于锤击力和各土阻力所产生的速度或应力的叠加。

2. 桩顶的振动速度

因为加速度计是安装在桩顶的（实际离桩顶有一定距离），所以实际能测到的是桩顶的速度（实际是测得加速度后积分求得速度的）。由上述基本理论和假定可知，桩顶速度是由锤击力和土的阻力引起并叠加而得的。

（1）由锤击力 F 引起的桩顶速度

当 $0\leqslant t\leqslant\frac{2L}{v_c}$ 时

$$v_F(t)=\frac{v_c}{EA}F(t) \tag{5.5.38}$$

当 $t\geqslant\frac{2L}{v_c}$ 时

$$v_F(t)=\frac{v_c}{EA}\left[F(t)+2F\left(t-\frac{2L}{v_c}\right)+\cdots\right] \tag{5.5.39}$$

（2）由土阻力 R_i 引起的桩顶速度

当波到达桩身某截面 Z_i 时，产生土的阻力 R_i，但此阻力可以看做是由两个分别为 $R_i/2$ 的向上的压力和向下的拉力组成的，前者产生压缩波，后者产生拉伸波，这两种波传到桩顶，都会使桩顶产生振动速度。由此可知：

由压缩波引起的桩顶速度为：

$$v_{iu}(t)=-\frac{2v_c}{EA}\frac{R_i}{2}\left[H\left(t-\frac{2X_i}{v_c}\right)+H\left(t-\frac{2X_i+2L}{v_c}\right)+\cdots\right] \tag{5.5.40}$$

由拉伸波引起的桩顶速度为：

$$v_{id}(t)=-\frac{2v_c}{EA}\frac{R_i}{2}\left[H\left(t-\frac{2L}{v_c}\right)+H\left(t-\frac{4L}{v_c}\right)+\cdots\right] \tag{5.5.41}$$

（3）桩顶质点的振动速度

桩顶的振动速度由上述两部分相加而成，即：

$$v(t)=v_F(t)+\sum_{i=1}^{n}v_{iu}(t)+\sum_{i=1}^{n}v_{id}(t) \tag{5.5.42}$$

3. 桩的锤击阻力

桩的锤击阻力即为打桩时所遇到的全部土的阻力（总阻力），即 $R=\sum_{i=1}^{n}R_i$ 。

如分别在任意时刻 $t=t'$ 和 $t=t'+\frac{2L}{v_c}$ 所测得的速度相减并乘以阻抗 EA/v_c，则有：

$$\frac{EA}{v_c}\left[v(t')-v\left(t'+\frac{2L}{v_c}\right)\right]=F(t')+F\left(t'+\frac{2L}{v_c}\right)-2\sum_{i=1}^{n}R_i$$

移项后，得桩的锤击力 R 为：

$$R=\sum_{i=1}^{n}R_i=\frac{F(t')+F\left(t'+\frac{2L}{v_c}\right)}{2}+\frac{EA}{2v_c}\left[v(t')-v\left(t'+\frac{2L}{v_c}\right)\right] \tag{5.5.43}$$

因桩的质量 $M=\rho AL$，故式（5.5.43）也可写为：

$$R=\frac{F(t')+F\left(t'+\frac{2L}{v_c}\right)}{2}+\frac{M}{2L/v_c}\left[v(t')-v\left(t'+\frac{2L}{v_c}\right)\right] \tag{5.5.44}$$

式（5.5.44）中后一项，可以看做在 $2L/v_c$ 时段内桩的平均惯性力。

4. 桩的静极限承载力

桩的锤击阻力是总阻力，还必须减去阻尼力 R_d，才能得到静阻力 R_s，也即我们所想知道的桩的极限承载力 Q_u。为求得阻尼力 R_d，凯斯法假定阻尼力集中在桩尖，并与桩尖质点的运动速度成正比，即：

$$R_d=Jv_{toe}(t) \tag{5.5.45}$$

式中　$v_{toe}(t)$——桩尖质点的运动速度；

J——桩尖阻尼系数，见表 5.5.10。

凯斯法阻尼系数值　　**表 5.5.10**

土的类别	取值范围	建议值
砂	0.05～0.20	0.05
粉砂及砂质粉土	0.15～0.30	0.15
粉土	0.20～0.45	0.30
粉质黏土和黏质粉土	0.40～0.70	0.55
黏土	0.60～1.10	1.10

应当指出，凯斯法中的阻尼系数 J 是一个人为选取的经验系数，它对单桩极限承载力的最终取值影响甚大，表 5.5.10 按土类划分的取值范围并不一定适合我国各个地区，这需要由各地区根据已知的桩承载力反算求得土的阻尼系数。表 5.5.11 即为上海地区提出的该地区各土层阻尼系数的建议值。

上海地区凯斯阻尼系数建议值　　**表 5.5.11**

土 的 类 别	取值范围
淤泥质灰色黏土；灰色黏土	0.6～0.9
褐黄色表土；淤泥质灰色粉质黏土；灰色粉质黏土；暗绿色粉质黏土；灰色砂质黏土；黄绿色砂质黏土	0.4～0.7 0.15～0.45
粉砂；细砂；砂	0.05～0.20

求得阻尼力 R_d 后，即可按式（5.5.56）求出桩的极限承载力 Q_u，即：

$$Q_u=R_s=R-R_d \tag{5.5.46}$$

二、检测设备及方法

凯斯法所用的检测设备除锤和锤架等外，主要是专用的测试仪器及工具式的应变传感器和加速度传感器。目前国内外生产的凯斯法测试仪器很多，如美国 PDI 公司生产的 PDA 打桩分析仪，瑞典生产的 PID 打桩分析仪，荷兰 TNO 生产的 FPDS 打桩分析仪，荷兰 FU－GRO 生产的打桩分析仪以及我国许多单位生产的基桩检测仪器，它们都是将应变传感器和加速度传感器所测得的桩顶处力和速度的信号，经采集处理后，将分析结果显示出来。

1. 检测设备

凯斯法的检测设备由锤击设备和量测仪器两部分组成。

（1）锤击设备的配制中，首要的是选择适当的锤重，保证在锤击时，使桩产生足够的贯入度（应不小于2.5～3mm），这样，桩侧阻力和桩端阻力才能得到充分发挥，从而能得到上节所述的动阻力 R 和桩的极限承载力 Q_u。在没有经验的情况下，锤重可选为桩重的8%～18%（视土质条件而定），并不小于预估单桩极限承载力的1%。为了适应大小不同的桩和各种不同的土质条件，通常配置一套重量不同的锤。

（2）工具式的应变传感器通常由四片箔式电阻片构成，连成一个桥路，并通过螺栓固定在桩侧表面。为了使传感器真实地反映桩的应变，传感器的外框架刚度尽可能小些，且其频率的高频截止频率应有限制，以保证其信号在高频时不失真。应变传感器在1000μs测量范围内的非线性误差不应大于1%，由于导线电阻引起的灵敏度降低不应大于1%。应变传感器安装的谐振频率应大于2kHz，应变传感器应每年标定一次，且要有国家法定计量单位或出厂的标定系数。

（3）工具式的加速度传感器一般采用压电晶体。其自振频率应大于被测信号的10倍以上。加速度传感器的量程一般在1000g已足够了，对于难贯入的桩或特别大型的桩可用3000g量程范围的加速度传感器。加速度传感器的自振频率大于1kHz即可使用。安装后的加速度传感器在2～3000Hz范围内灵敏度变化不应大于±5%，冲击加速度在10000m/s^{2}范围内其幅值非线性误差不应大于±5%。加速度传感器应每年标定一次，且要有国家法定计量单位或出厂的标定系数。

（4）打桩分析仪或基桩检测仪，其结构和线路虽不尽相同，但其功能都是接收传感器传来的信号，进一步采集和处理，通过放大、滤波、采样、转换和运算，最后将结果显示和贮存起来。现代的打桩分析仪或基桩检测仪，除需另配打印机将结果打印出来外，一般均具有上述全部功能，使用极为方便。

打桩分析仪或基桩检测仪的数据采集装置，其模数转换精度不应小于10位，通道之间的相位差应小于50μs。

（5）测量桩贯入度的仪器或装置，保证精度在1mm以内，宜采用精密水准仪和激光测位移计等。

凯斯法现场检测的仪器设备配置框图如图5.5.26所示。

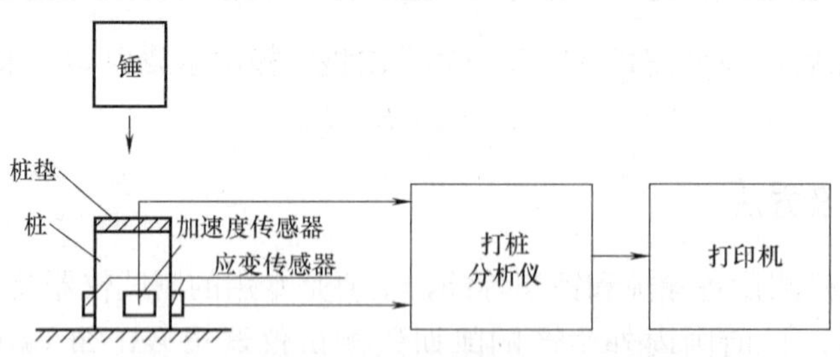

图5.5.26　凯斯法现场检测仪器设备配置框图

2. 检测方法

凯斯法检测桩的承载力可按如下步骤进行。

（1）处理桩头

检测桩在施工完毕后经过规定的打入桩休止时间（砂土中为7d，粉土中为10d，非饱和黏性土为15d，饱和黏性土为25d）以及灌注桩的混凝土达到设计强度等级后即可处理桩头。对混凝土灌注桩、桩头严重破损的混凝土预制桩以及桩头已出现屈服变形的钢桩，检测前均应进行加固处理或修复。桩头顶面应水平、平整，桩头中轴线与桩身中轴线应重合，桩头截面积应与桩身截面积相同。

钢筋混凝土桩桩头主筋应全部直通至桩顶混凝土保护层之下，各主筋应在同一标高上。距桩顶1倍桩径范围内，宜用厚度为3～5mm的钢板围裹或距桩顶1.5倍桩径范围内设置箍筋，间距不宜大于150mm。桩顶应设置钢筋网片2～3层，间距60～100mm。桩头混凝土强度等级宜比桩身混凝土提高1～2级，且不得低于C30。

（2）在试桩上安置传感器

分别在待测的试桩上对称地安装两个应变传感器和两个加速度传感器，以便取平均值以消除偏心的影响。传感器与桩的连接可以采用螺栓，也可以采用粘贴，但一定要注意传感器与桩身接触面的平面度，对于不平整的表面应凿平、磨光，并保证传感器的轴线与桩身轴线平行。所有传感器均宜安在桩身四个侧面的同一标高上。不得已时，最大高差也不得超过10cm。传感器不应离桩顶太远或太近，一般宜装在距桩顶1～3倍桩径处，如图5.5.27所示。

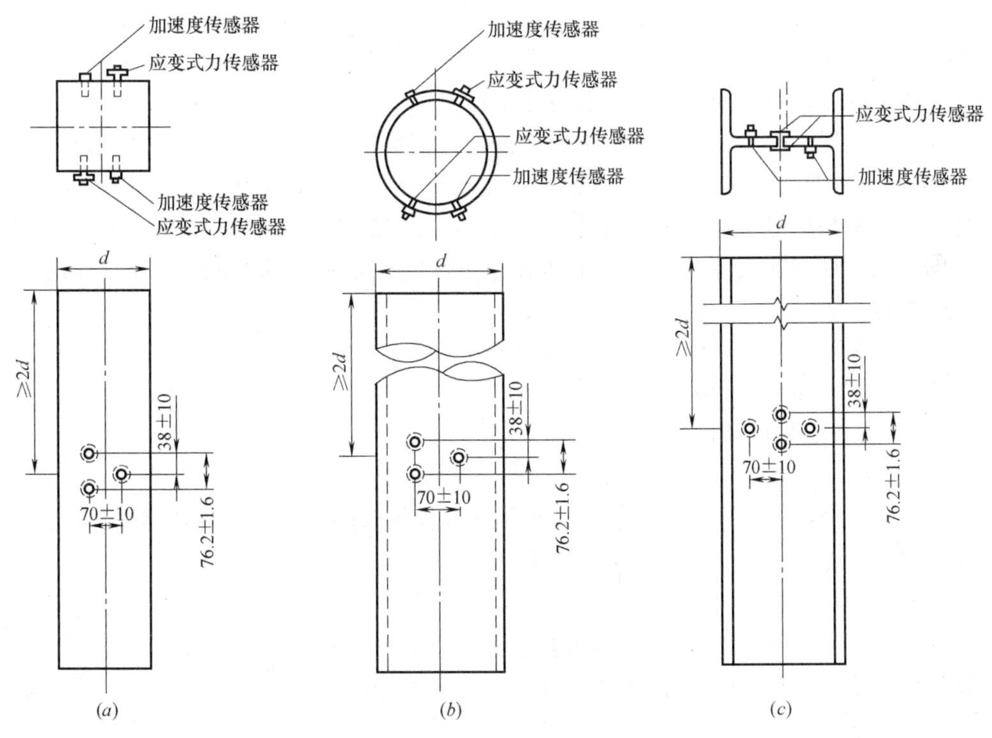

图5.5.27　传感器的安装位置（单位：mm）

（*a*）混凝土桩；（*b*）管桩；（*c*）H型钢桩

当采用膨胀螺栓固定传感器时，螺栓孔应与桩身中轴线垂直，其孔径应与采用的膨胀螺栓尺寸相匹配。安装后的应变传感器固定面应紧贴桩身表面，初始变形值不得超过规定值，且在检测过程中不得产生相对滑动。传感器的引线应与桩身固定牢靠，以免锤击时引线受损。凯斯法在混凝土预制方桩、管桩（钢管桩或预应力混凝土管桩）以及 H 型钢桩上安装应变传感器和加速度传感器的位置如图 5.5.27 所示。

（3）进行测试前检测仪器和设备的检查

在接通检测仪器后，应先检查各部分仪器和设备是否能正常运行。为此，可在正式测试前进行试锤击，若发现某部分仪器设备不能正常运行，应立即找出原因并排除故障。如发现两个应变传感器显示的应变相差过大，说明锤击偏心严重，则应消除偏心（如加厚桩垫等）；如发现桩的贯入度过小，不能达到 2.5mm 时，则应加大锤击力，如增大落距等。但落距不宜大于 2.5m，因为落距过大，会击碎桩头或使桩的动土阻力严重偏高，而导致测试误差急剧增加，此时，应增大锤重，宜采用重锤低击的方式。

为了保护桩头和减小锤击的偏心影响，桩顶应设置桩垫，并根据使用情况及时更换。桩垫宜采用胶合板、木板或纤维板等材质均匀的材料。桩垫也不宜过厚，以免降低锤击效率，影响贯入度。

为了保证测试的顺利进行，测试前还应停止使用产生干扰信号的设备，为测试系统配上专用的稳压电源和良好的接地装置。

（4）进行测试中的信号采集及数据记录

正式测试开始后，每次锤击，打桩分析仪或基桩检测仪都自动采集桩顶的力（即应变）和速度（即由加速度积分）信号，即可能得到两条曲线。每根桩有效锤击 3 次，得到 3 组实测的完整曲线，即可结束试验。测试中应按锤击顺序，分别记录每次锤击所对应的实测贯入度、入土深度、间歇时间以及桩垫的情况等。

出现下列情况之一者，即不能作为有效锤击，其信号不能作为分析计算的依据。

1）力的时程曲线最终未归零：这说明不是传感器受损，就是传感器安装处的混凝土已损坏。动力测试信号质量不仅受传感器安装好坏和安装处混凝土有否缺陷的影响，也受混凝土的不均匀性和非线性的影响，尤其对力信号更为明显，因为锤击力 F 是通过测量应变 ε 求得的，即：

$$F=EA\varepsilon \tag{5.5.47}$$

式中 E——混凝土的弹性模量；

A——测点处桩的截面积；

ε——实测应变值。

混凝土的非线性一般表现为随着应变增加而弹性模量降低，并出现塑性变形，使力信号曲线最终不归零；故所测的力信号不可靠。

2）严重的偏心锤击：虽然偏心锤击难以完全避免，且用两个力传感器测量锤击力，并取两者之平均值，但如果桩两侧所测得的锤击力信号相差过大，则此次锤击信号不能作为计算分析的依据。我国的规范规定，当两个力传感器所测得幅值相差超过 1 倍，即为无效。

3）传感器出现故障：无论是应变传感器还是加速度传感器，只要有一个传感器出现故障，就不可能得出可靠的承载力数值。因此，必须排除故障后重新试验。

4）锤击下桩的贯入度达不到规定的数值：我国规范规定，对一般桩，单击贯入度不宜小于 2.5mm，对于直径很大的桩以及扩底桩等，贯入度还应适当增大，以保证充分发挥桩的侧摩阻力并使桩底土的塑性破坏，否则，将得不到桩的极限承载力。但桩的贯入度也不宜过大，我国规范规定为10mm，过大贯入度下测得的承载力也不能代表其实际值。

5）传感器安装处混凝土开裂或出现塑性变形：桩在锤击力作用下有可能使原有的微小缺陷进一步发展或在拉应力作用下使桩身混凝土产生裂隙，如前所述，这时传感器将不可能提供正确的速度和力的信号。

测试中信号的采样频率宜为5～10kHz。每个信号的采样点数不宜少于1024点。

（5）设定参数

现场检测中，必须根据每根桩的实际情况，确定如下参数。

1）桩长 L 和桩截面积 A。对打入桩，可采用建设或施工单位提供的实际桩长和桩截面积作为设定值；对混凝土灌注桩，宜按建设或施工单位提供的施工记录设定桩长和桩截面积。根据设定桩长，即可求得传感器安装点距桩底的距离。

2）桩身的波速 v_c。对于钢桩，可设定波速为5120m/s，也可实测已知桩长的波速；对混凝土预制桩，宜在打入前实测无缺陷桩的桩身平均波速，以此作为设定值；对于混凝土灌注桩，可用反射波法按桩底反射信号计算已知桩长的平均波速，以此作为设定值，如桩底反射信号不清晰，则可根据桩身混凝土强度等级等参数，参考表5.5.12设定，也可以根据同类型无缺陷的邻近桩的平均波速设定。

无缺陷混凝土强度等级与波速关系　　表5.5.12

混凝土强度等级	C15	C20	C30	C40
平均波速 v_c(m/s)	2800	3500	4300	4700

当由现场实测信号曲线确定桩身平均波速 v_c 时，可根据下行波曲线升起的前沿起点到上行波曲线下降的前沿起点之间的时差，去除已知测点下的桩长（即传感器安装点至桩底的距离），即可求得桩身材料的波速（见图5.5.28）。图中 F 为锤击力，L 为测点以下的桩长，v_c 为桩身材料的纵波波速。

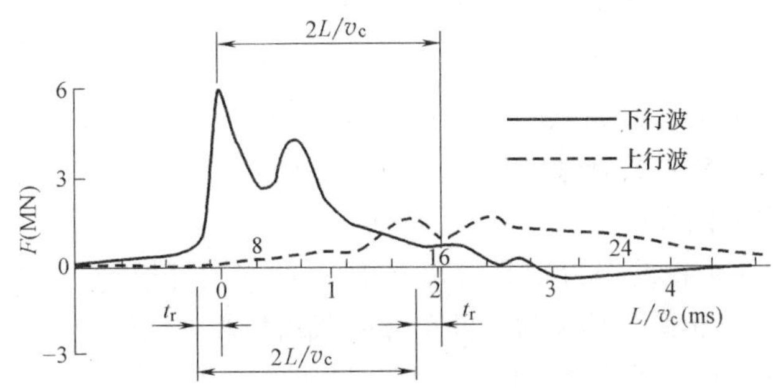

图5.5.28　桩身波速的确定

3）桩身材料的质量密度 ρ。对钢桩，质量密度应设定为7.85t/m³；对混凝土预制桩，质量密度可设定为2.45～2.50t/m³；对离心管桩，质量密度可设定为2.55～2.60t/m³；对混凝土灌注桩，质量密度可设定为2.40t/m³。

4）桩身材料的弹性模量 E。桩身材料的弹性模量应按下式计算：

$$E=\rho v_c^2 \tag{5.5.48}$$

式中　E——桩身材料的弹性模量（MPa）；

ρ——桩身材料的质量密度（t/m³）；

v_c——桩身材料的纵波波速（m/s）。

根据现场实测的有效锤击下的 $F(t)$ 和 $v(t)$ 曲线以及上述设定值，即可按式（5.5.44）、式（5.5.45）和式（5.5.46）求出该桩的极限承载力。

第五节　波形拟合法检测桩的承载力

波形拟合法是波动方程法的进一步发展，如常用的CAPWAP法，它也属于波动方程法的一种类型，其全称为凯斯波动分析程序（CASE Pile Wave Analysis Program）法。它是在凯斯法的基础上改进和发展而成的。它所用的仪器设备、检测的方法和要求以及检测的结果（v 曲线和 F 曲线）均与凯斯法相同。

CAPWAP法与凯斯法最主要的不同之处就在于，前者在分析计算中所采用的参数，不是像凯斯法中那样设定的，而是根据实测的波形拟合的，也就是通过拟合实测波形，来最终确定有关参数，所以这种方法又叫做波形拟合法。目前国内外编制的程序较多，但基本上大同小异，而CAPWAP程序应用较早，用户也较多，所以以它作为代表进行介绍。

一、基本原理及计算步骤

早期的CAPWAP程序是按史密斯（Smith）的桩、土模型编制的，即把桩视作离散的质量、阻尼、弹簧体系，后来又把桩作为连续杆的模型编制了CAPWAP-C（即Continuos之简称）程序，同时也改进了土的模型。

1. 桩的模型

CAPWAP程序是将桩离散化为如图 5.5.29 所示的模型。各桩单元之间的弹簧常数为：

$$K_i=\frac{A_iE_i}{L_i} \tag{5.5.49}$$

式中　A_i——第 i 单元的截面面积；

E_i——第 i 单元材料的弹性模量；

L_i——第 i 单元的长度。

CAPWAP-C程序则将桩作为如图 5.5.30 所示的连续杆模型。它将桩分成 N 个弹性杆单元，取桩的截面积和弹性模量为杆件单元的截面积和弹性模量。每个单元的长度约为1m左右，不同截面（或弹性模量）的各单元长度不等，但必须使应力波通过各单元的时间 Δt 相等。假定土阻力都作用在各杆件单元的底部。杆件单元的阻抗变化仅发生在单元的界面处。应力波在各单元内不发生畸变。改进的桩模型还可以考虑接头或缝隙等桩身疏松部分对应力波传递的影响。

2. 土的模型

CAPWAP计算程序中土的计算模型如图 5.5.31 所示。即土的模型由弹簧、摩擦键和阻尼器组成［图 5.5.31（a）］，土的静阻力 R_s 与位移 W 的关系为理想的弹塑性应力—应变关系，并假定加载线（OA）与卸载线（BCD）的斜率是一样的。在桩底处，一般认为不能承受拉力，故加载、卸载沿折线 $OABCF$ 进行。图中折线形状，可由土单元的最大

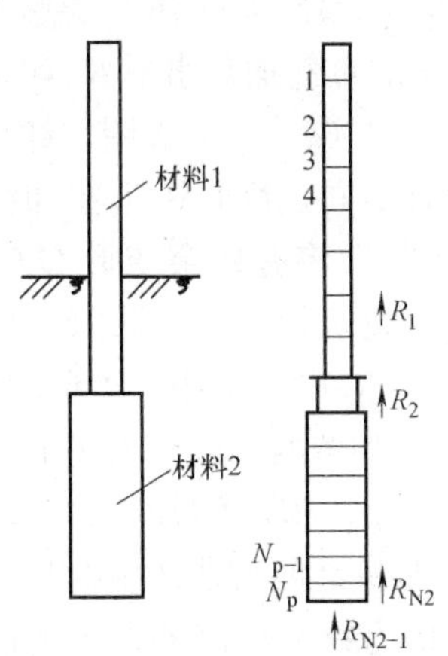

图 5.5.29　桩的离散模型

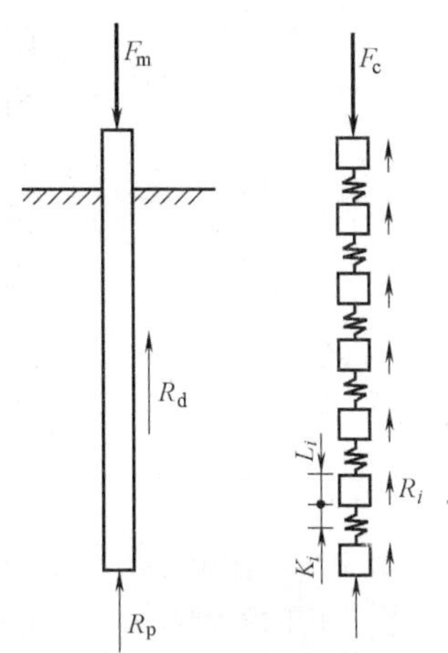

图 5.5.30　桩的连续杆模型

弹性变形 Q 及作用于该单元上最大静阻力（土压力）R_u 两个量所决定。当桩土之间的相对位移超过土的最大弹性变形 Q 时，就产生塑性位移（DE）。在锤击时，土对桩的贯入还产生动阻为 R_d，土的反力（即总阻力 R）中应包括此动阻力，CAPWAP 计算程序中，认为动阻力（或叫阻尼力）与桩的运动速度 v 成正比，比例系数 J 即为土模型中阻尼器的阻尼系数（见图 5.5.32）。

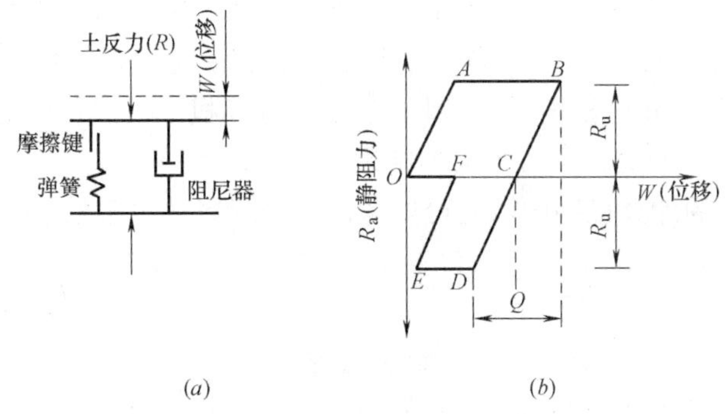

图 5.5.31　CAPWAP 程序中土的模型

（*a*）土反力（总阻力）的计算模型；（*b*）土的静阻力与位移的关系

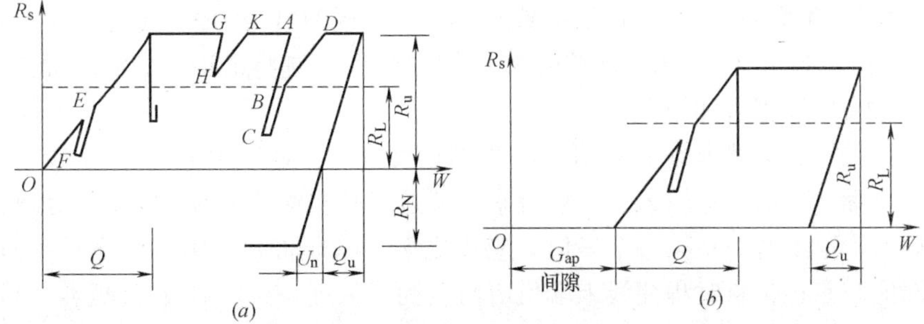

图 5.5.32　土的动阻力

CAPWAP-C 计算程序中土的计算模型如图 5.5.33 所示，它对原来的土模型作了较大的改进。改进后的土模型中，土的动阻力仍采用原有的关系（阻尼系数为 J），土的静

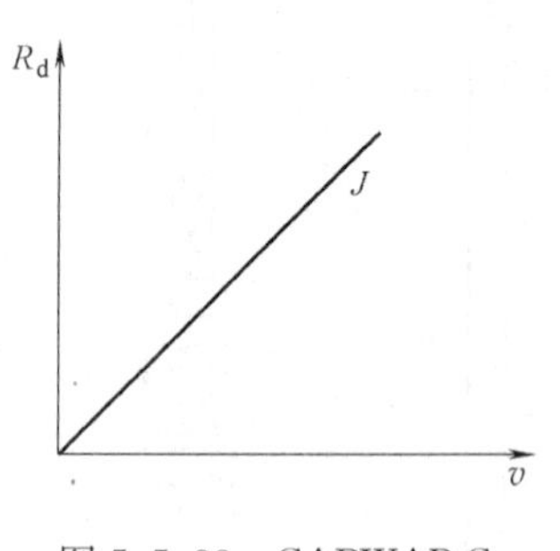

图 5.5.33　CAPWAP-C 程序中土的模型
(a) 桩侧土的静阻力；
(b) 桩底土的静阻力

阻力中也仍保留最大的静阻力 R_u 和最大的弹性变形 Q，但增加了土的最大负阻力 R_N，土的重新加载水平 R_L 和土卸载时的最大弹性变形 Q_u［图 5.5.33 (a)］。它表明：卸载时的最大弹性变形值 Q_u 可与加载时不同，反映了土在卸载时的刚度比加载时大，土在完全卸载后将有残余变形 Q-Q_u；重新加载水平 R_L 值使土在重新加载时相对于不同阶段取不同的土刚度，如当土的静阻力小于 R_L 时（图中 CB 或 FE 段），取较大的土刚度作为卸载和重复加载的刚度，当土的静阻力大于或等于 R_L 或初次加载时（图中 BD 或 HK 段），取较小的土刚度作为加载的刚度；土与桩之间可能产生的最大负摩擦力 R_N 可能小于最大的正摩擦力；在桩底处，土不能承受拉力，故 $R_N=0$。另外，在桩底处增加一个土质点和一个阻尼器，模拟桩底的土惯性力和阻尼力，能更好地调整曲线的拟合。

3. 求解波动方程

根据设定的桩、土模型及有关参数，取桩上任意一单元，可列出其任意时刻的动平衡方程，其中的未知数可由边界条件确定，如从桩顶开始，一般桩顶均露出地表，故第一个单元上土的摩阻力为 0，而桩顶实测的速度（或锤击力）为已知，即可求得下一单元的速度（或力）。这样以此类推，每一轮迭代计算时，取上一轮的计算值代入，即可求得该时刻各单元的位移、速度和土反力。这个计算过程由计算机来完成。但是，这样计算结果未必与实际结果相吻合，因此还需要与实测结果相拟合。

在 CAPWAP-C 的计算程序中，还可以考虑桩身材料的内阻尼。这在某些情况下，还是很有必要的。

4. 计算步骤

CAPWAP 法或 CAPWAP-C 法的计算步骤如下：

(1) 设定桩、土模型及模型参数。CAPWAP 法或 CAPWAP-C 法分别按上述桩、土模型进行分段和参数设定，如桩的参数 E（弹性模量）、A（桩身截面面积）、ρ（桩身材料的质量密度）、v_c（桩身材料的波速）、L（桩长）等；以及土的参数：R_u（最大静阻力）、Q（最大弹性变形）、J（阻尼系数），对 CAPWAP-C 程序，还有 R_N（最大负阻力）、R_L（重新加载水平）、Q_u（卸载时最大弹性变形），并将上述设定输入程序。设定时应参考工程地质勘察报告和施工记录。

(2) 选择并校准实测曲线。在诸多的实测速度（v）曲线和力（F）曲线中，应选择一组最符合实际情况的数据输入。一般说来，所选择的实测曲线应该满足：速度曲线开始段不应为负值；速度与力在第一个峰值前应成比例（除非桩顶下阻抗变化较大）；速度时程曲线尾部应归零；位移时程曲线末端值应与实测贯入度一致；对复打试验，应取第一阵锤击数据，且每击贯入度不小于 2.5mm。

如不满足上述要求，则应进行校准。CAPWAP 和 CAPWAP-C 程序均具备如下调试功能：速度调整（即对实测速度乘以校正系数）；力调整（即对实测力乘以校正系数）；加速度调整（即对部分或整个时段的实测加速度进行修正）；力或速度曲线沿时间的平移；

力或速度曲线的滤波处理。

对实测曲线的校正，应根据测试时发生的异常情况及测试数据的可靠程度来进行。如对钢筋混凝土桩来说，由于其弹性模量变化较大，故其实测的力显然没有实测速度的可靠程度高；反之，对钢桩来说，其实测的速度就不如实测力的可靠程度高。

(3) 选择拟合类型。有三种拟合类型可供选择：根据实测桩顶速度时程曲线 v (t)，计算桩顶力时程曲线 $F'_v(t)$；根据实测桩顶力时程曲线，计算 $F_v(t)$ 桩顶速度时程曲线 $v'(t)$；根据桩顶实测下行力波时程曲线 $F_d(t)$，计算桩顶上行力波时程曲线 $F'_v(t)$。通常将可靠程度高的一组数据作为计算依据，并将计算结果与实测结果进行对比。

(4) 求解波动方程。其求解过程已在前面叙述过，通过计算机程序计算，可得出任一时刻各单元的上、下行波，速度，位移，土反力等，自然也得出桩顶力或桩顶速度，以便与实测数据对比。

(5) 检验收敛标准。计算曲线与实测曲线的拟合程度用拟合质量数来评价，即计算值与实测值之差的绝对值之和来表示。计算曲线与实测曲线的拟合是否达到满意的程度，就需要检验是否满足计算程序的收敛标准。

(6) 修改参数。如计算曲线与实测曲线不吻合，即计算结果不能满足收敛标准，则应有针对性地修改桩、土模型和参数，然后重新计算，直至满足收敛标准为止。

(7) 输出计算结果。在获得满意的拟合结果后，不仅可得出单桩的极限承载力 P_u，还可打印出桩侧阻力分布、桩端阻力以及计算的荷载—位移曲线（P-s 曲线）等。

上述计算步骤，均已在 CAPWAP 和 CAPWAP-C 程序中编入。这种波形拟合方法的分析计算过程的框图，如图 5.5.34 所示。

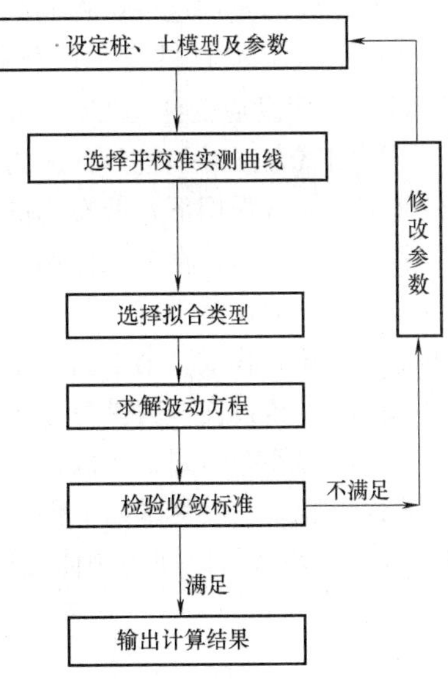

图 5.5.34　波形拟合法计算框图

第六节　静动法检测桩的承载力

静动法（Statnamic）是最近发展起来的一种大应变动测桩承载力的方法，克服了波动方程法要求桩产生较大的贯入度，而难以在灌注柱上实现的严重缺点。1989 年加拿大的伯明翰默（Berming Hammer）公司和荷兰的皇家科学院建工研究所（TNO）共同研制成功一种特殊的加载装置，其主要特点是使作用在桩顶的力脉冲延续时间较长，不是波动方程法中的几毫秒，而是几十毫秒，甚至几百毫秒，这样，可使桩产生很大的贯入度，又不破坏桩顶。更重要的是，在此动力作用下，桩身的应力和位移都与应力波的传播无关，而接近于静态承压桩，因此在分析上比较简单，毋需像波动方程法那样，需要许多假定和一系列的参数。

由于静动法比较可靠，适用范围广（无论打入桩、灌注桩、斜桩、水平桩甚至群桩都可应用），目前已在荷兰、加拿大、美国、德国、日本、韩国、马来西亚以及新加坡等国家得到承认和应用。目前最大的极限承载力可以测到 70000kN。我国于 1995 年在北京首次采用静动法进行了灌注桩的承载力测定，并取得了成功。

一、基本原理

1. 静动法测试时桩身的应力、速度和位移

静动法测试时，通过在汽缸中点燃固体燃料，产生高压气体，将桩顶上的堆载平台举起，如果堆载的质量为 m，举起时的加速度为 a，则此上举力为 $F=ma$，与此同时，施加在桩顶上的反作用力为 $-ma$。由于静动法所产生的加速度 $a=10\sim20g$，所以平台上的堆载只需要静载试验的 10%～5%，从而大大节省了人力和物力。

尤其重要的是，这种可控制的燃烧过程，可以使汽缸维持高压达 100～800ms，这与锤击作用下应力波在桩身中的传播有着本质的不同，而更接近于静力加载的情况，图 5.5.35 即为埋设应变计的桩，在静载加荷和静动法加荷时，实测的桩身轴力的一组曲线。

不同测试方法时，桩身的应力、速度和位移分布的实测结果如图 5.5.36 所示。图中动态是指在锤击作用下，静态为静力加荷条件下，静动态即指在本方法的试验条件下的结果。由图可以看出，在锤击作用下，桩顶所受的力脉冲延续时间很短，所以桩身应力是以波动形式存在的，此时桩身各点的速度相位移都与静态加荷情况相去甚远，这就是波动方程法需要以静荷载试验结果为基础，用参数来调整或拟合的道理所在。而静动法由于其力脉冲的延续时间较长，其桩身应力和位移分布均匀静态加荷时相近，但是静动法加载速度还是很快，与静态不同，所以仍然使桩产生速度和加速度，因此，它是介于静态与动态之间，故称为静动态，其本质上仍属于动态测试范畴。但是由于其速度沿桩身变化不大（这与桩长有关），故可以视为刚体整体运动。

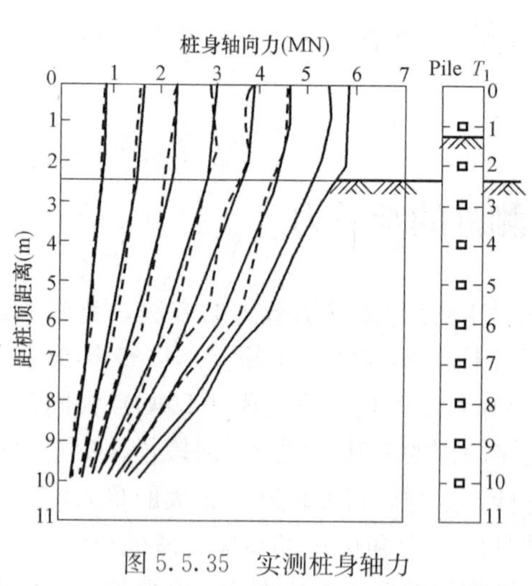

图 5.5.35　实测桩身轴力

（实线为静动法，虚线为静载加荷）

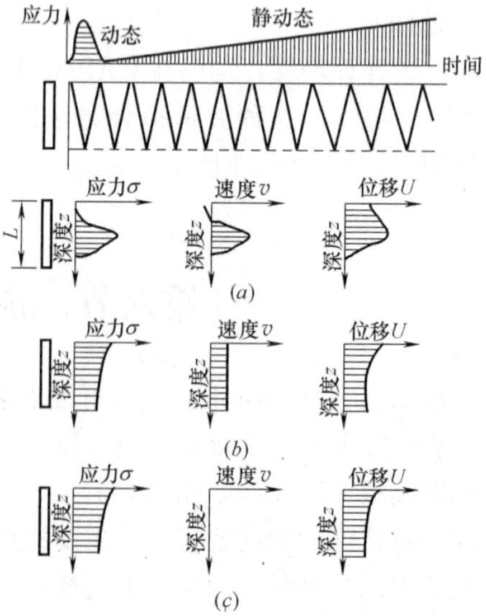

图 5.5.36　不同测试方法时桩身应力、速度和位移的分布

(a) 动态；(b) 静动态；(c) 静态

2. 静动法测定桩承载力的方法

基于上述结果，根据实测的静动力 F_{stn}、位移 U、速度 v 和加速度 a，即可按下面的动平衡方程式求得桩的极限承载力 P_u，也即土的静阻力 F_u（见图 5.5.37）：

$$F_{stn}=F_u+F_v+F_a \tag{5.5.50}$$

式中　F_{stn}——实测的静动力；

F_u——土的静阻力，是位移 U 的函数；

F_v——土的阻尼力，是速度的函数；

F_a——桩的惯性力，是加速度的函数。

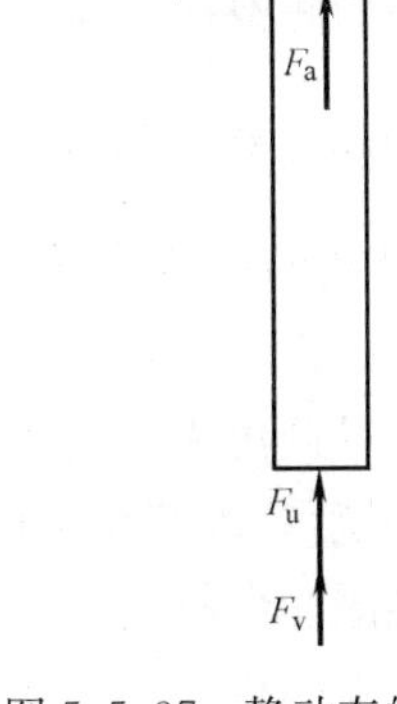

图 5.5.37　静动态的动力平衡

由式（5.5.50）可求得桩的承载力为：

$$Q_u=F_u=F_{stn}-cv-ma \tag{5.5.51}$$

式中　c——阻尼系数；

v——速度，$v=\frac{dU}{dt}$；

m——桩身质量；

a——加速度，$a=\frac{d^2U}{dt^2}$。

当 $U=U_{max}$ 时，$v=0$（卸载点），得：

$$Q_u=F_u=F_{stn}-ma$$

综上所述可知，利用位移达到最大时，速度为 0，将实测的静动力 F_{stn} 中扣除惯性力 ma，即可求得桩的极限荷载。

在静动法试验中，静动力 F_{stn} 是用置于桩顶的力传感器测定的，位移 U 则用激光传感器记录，速度 v 和加速度 a 则由加速度传感器测得并记录，全部过程均由计算机自动控制，点火燃烧完毕，上述曲线均即可自动打印出来，图 5.5.38 即为静动法试验中实测曲

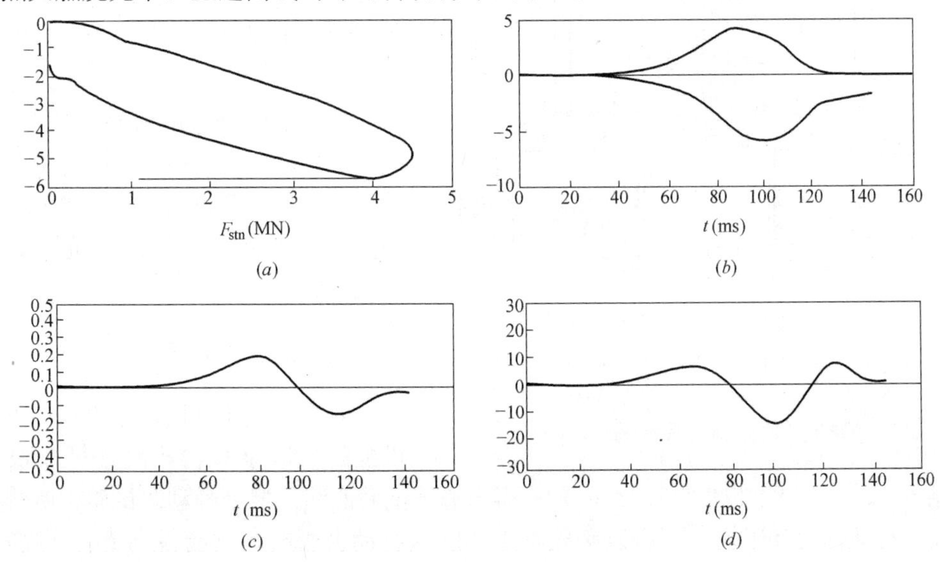

图 5.5.38　静动法试验实测曲线

(a) F_{stn}-U；(b) F_{stn}-t 和 U-t；(c) v-t；(d) a-t

线，其中（a）为静动力 F_{stn} 与位移 U 的曲线；（b）为 F_{stn}、U 分别与 t 的关系曲线；（c）为速度 v 随时间的变化曲线；（d）为加速度 a 随时间的变化曲线。当位移 U 达最大值时，即 $v=0$，将此时相对应的加速度 a 乘以桩质量 m 即可得式（5.5.60）中的惯性力，将此时的 F_{stn} 扣除此惯性力 ma，即为欲求的桩承载力。

二、检测装置及试验过程

1. 静动法的设备装置

静动法的设备装置如图 5.5.39 所示。它由汽缸、活塞、堆载平台、消声器及砂砾容器等组成。堆载可为钢块或预制钢筋混凝土块，重量为预估桩承载力的 1/10～1/20（由加速度大小定），堆载荷重块的中间预留孔，以便套进消声器。消声器是带有隔板的钢筒，可以将点燃固体燃料产生高压气体时的噪声降低到最小程度。桩顶的位移是由安装在桩顶的激光传感器测得的，为此，需在高桩一定距离处，安放一激光发射器。

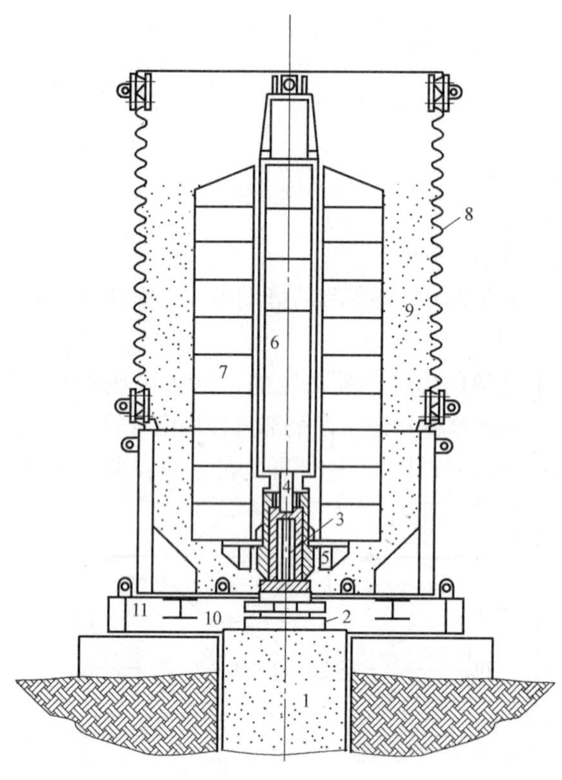

图 5.5.39　静动法试验装置

1—桩；2—力传感器；3—汽缸；4—活塞；5—平台；6—消声器；7—堆载；8—砂砾填料容器；9—砂砾填料；10—激光传感器；11—支架

2. 静动法的试验过程

静动法的试验过程比较简单。当设备装置安装完毕后［图 5.5.40（a）］用电阻丝点燃汽缸中的固体燃料，此时所产生的高压气体，推动活塞和连接的平台，使平台上的堆载脱离桩顶［图 5.5.40（b）］，此时，堆载重块四周的砂砾填料就随即填充堆载与桩顶之间的空间［图 5.5.40（c）］，当堆载重新又回落时，由于桩顶已有砂砾填料形成的缓冲层，重块就不会撞击和破坏桩顶［图 5.5.40（d）］。静动法试验的全过程示于图 5.5.40 中。图 5.5.40（a）中，A 为桩，B 为力传感器，C 为带燃烧室的汽缸，D 为活塞，E 为平台，F 为消声器，G 为堆载（反压块），H 为砂砾容器，I 为砂砾，J 为激光发生器，K 为激光光束，L 为激光传感器（接收器）。

三、试验结果分析

静动法不仅可按式（5.5.60）求得桩的极限承载力，而且可以根据其试验结果 F_{stn}-U 曲线［图 5.5.38（a）］，得出静载试验曲线。但是静动法试验中所测得的力 F_{stn} 中有惯性力和阻尼力，所以必须从中扣除这些动力影响，才能得到 F_u（即静载试验中的静力 P），图 5.5.41 即为某桩实测的静动法试验的 F_{stn}-U 曲线和静载试验 F_v-S 曲线的差别和关系。

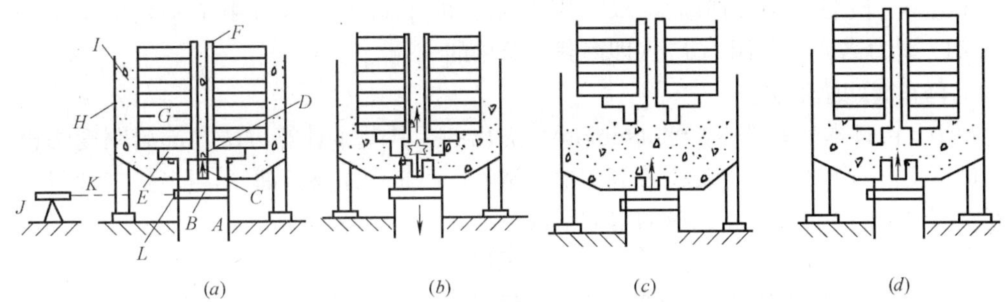

图 5.5.40　静动法的试验过程

(a) 设备安装完毕；(b) 点燃固体燃料产生高压气体，举起堆载平台；(c) 堆载及平台回落；(d) 堆载平台落在砂砾缓冲层上

图 5.5.41 中的静动法试验曲线可分为 5 个区段：第 1 段为设备安装和堆载阶段，此区段中加载完全是静态的，它与静载试验曲线吻合，此时的静刚度 $K_1=F$(静力)/U(位移)；第 2 段中作用于桩顶的力 F_{stn}上升，土体处于弹性（直线变形）范围内，随着速度的增大，阻尼力开始起作用，静动力克服了惯性力和阻尼力后使桩产生位移 U；第 3 段中土体产生塑性变形，土的静阻力 F_u继续增大，速度和加速度的增长缓慢下来，静动力 F_{stn}达到最大值；第 4 段为卸荷阶段，静动力开始减小，但位移继续增大，此时土体处于破坏阶段，土的静阻力达到最大值，此时，桩的位移达到最大值，而速度及阻尼力降至零，并开始回弹；第 5 段即回弹阶段，在土的反力作用下，桩体位移向上，最终形成桩在土体内的残余位移（即贯入度）。

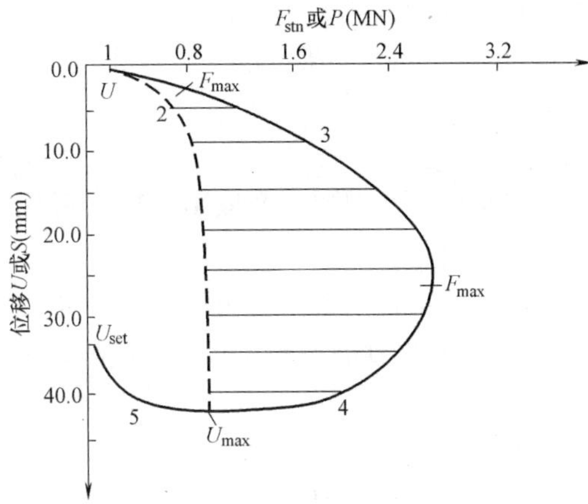

图 5.5.41　桩的静动法和静载试验曲线

如何从静动法的试验结果 F_{stn}-U 曲线求出相应的静载 P-s 曲线，目前有三种方法。

1. 起始刚度法

此方法是由荷兰学者密顿道普（P・Middondorp）和加拿大的伯明翰（P・Bermingham）提出的，其计算方法如下：

先根据第 1 段实测的静刚度 K_1，求得起始土静阻力 F_u：

$$F_u=K_1U \tag{5.5.52}$$

再根据第 1 段实测的各点加速度 a，求得各点的惯性力 F_a：

$$F_a=ma \tag{5.5.53}$$

将式（5.5.49）、式（5.5.50）和实测的 F_{stn}代入式（5.5.47），求得阻尼力 F_v：

$$F_v=Cv=F_{stn}-F_u-F_a \tag{5.5.54}$$

故得阻尼系数 C：

$$C=(F_{stn}-F_v-F_a)/v \tag{5.5.55}$$

算出第 1 段各点的 C 值后，求出阻尼系数的平均值，然后用此平均的 C 值按式（5.5.51）计算各点的静阻力 F_u（即静载试验中的 P）。

2. 修正起始刚度法

此法是由日本学者松本（Matsumoto）提出的，其基本计算方法与起始刚度法相同，只是它不仅根据第 1 段的刚度来计算阻尼系数 C，而是利用整条曲线，按每一时间步长算出 K（$t+\Delta t$），并依次求得相应的阻尼系数：

$$C=(F_{stn}-KU-ma)/v \tag{5.5.56}$$

然后，也按式（5.5.51）计算出各点的静阻力 F_u。

3. 卸荷点法

此法是荷兰密顿道普提出的，目前应用得较为广泛。其基本原理就是卸荷点的速度 $v=0$，故阻尼力 $F_v=0$，由此，代入式（5.5.51）即可求得土的静阻力 $F_u=F_{stn}-F_a$，因为加速度曲线为实测的［如图 5.5.38（d）所示］。

该法并假定 F_u在第 4 段（即破坏阶段）中保持不变，这样就可按下式求出相应的阻尼系数 C：

$$C=(F_{stn}-F_u-ma)/v \tag{5.5.57}$$

将求得的各点阻尼系数取平均值，再代入式（5.5.51）算出各点的 F_u，即得到静载试验的 P-S 曲线。

这三种方法都是根据实测的 F_{stn}-U 曲线，扣除动力影响，按式（5.5.51）计算出各点的 F_u，从而得到静态的荷载试验曲线，所不同的仅是求阻尼系数的方法不同。

第六篇

建筑物动力特性测试

第一章　测试方法与要求

第一节　建筑物动力特性测试的目的

建筑物的动力特性是建筑物自身固有的特性，一般是指建筑物的振动频率（或者振动周期）、振型及阻尼比。

建筑物的地震反应是由地面运动的性质和结构本身的动力特性决定的。因此在计算地震反应时，结构的自振频率、振型及阻尼比都是十分重要而基本的参数。虽然结构的自振频率、振型可以通过理论计算求得，但通过测试得到的动力特性仍然具有重要的意义。

一、验证理论计算

理论计算方法求结构的自振频率时存在误差，这是由于在理论计算过程中，要先确定计算简图和结构刚度，而实际结构往往是比较复杂的，计算简图都要经过简化，通常填充墙等非结构部件并不计入结构刚度，而且结构的质量分布、材料实际性能、施工质量等都不能很准确地计算。因此，计算周期与实测周期相比，往往相差很多，据统计，大约前者为后者的1．5～3倍。这样，如果直接采用理论计算的自振周期计算等效地震荷载，往往使内力及位移偏小，设计的结构不安全。因此，理论计算周期要用修正系数加以修正。利用现场实测得到的结构动力特性是建筑物建成后的实际动力特性，因此是准确可靠的。所得数据可以与理论计算数据进行对照比较，验证理论计算，也为以后设计类似的建筑物提供了经验及依据。

二、总结规律给出简单易用的计算结构振动周期的经验方式

通过实测手段对各种不同类型的建筑物进行测试后，可归纳总结出某个规律，得到计算结构振动周期的经验公式。在估算结构动力特性及估算地震荷载时采用经验公式可快速得到结果，方便实用。

由于实测周期大都采用脉动试验的方法得到，是反映结构在微小变形下的动力特性，测得的周期都比较短，如果激振力加大，结构周期会加长。在地震作用下，随着地震烈度不同，房屋会有不同程度的开裂或破坏，刚度降低，自振周期更会加长。因此，完全按照脉动测试的周期来确定同类型结构的周期，将使计算等效地震力加大，设计偏于保守。所以由脉动方法得到的实测周期需要乘以修正系数，再计算等效地震力。在大量测试工作和积累了丰富资料的基础上，这个修正系数的大小视结构类型、填充墙的多少而定，大约在1.1～1.5之间。在给出经验公式时，计入这一修正系数，这样既可简化计算，又与实际周期较为接近。

三、为建筑物的安全性评估及损伤识别积累基本技术资料

建筑物建成以后完好状态下测量得到的动力特性数据，可作为基本技术档案保存。建筑物一旦遭受地震等自然灾害或使用了一定的年限以后，再进行测量，可以从中获得宝贵的对比资料。比如，结构损伤开裂后，结构的自振周期会加长，振型节点会改变等等。从结构自身固有特性的变化来识别建筑物的损伤，从而进行安全性评估，并采取相应的科学决策。当然，动力特性实测作为安全评估的一个手段，还要与其他评定工作一起进行全面分析，综合评定得到满意的结果。

四、从实测数据分析建筑物的振动现象（如扭转振动，鞭梢效应等）

地震中，建筑物由于扭转振动导致损坏的例子并不少见，而由于鞭梢效应引起的损坏就更明显。从实测数据分析建筑物的这些振动现象，对于积累经验，改进设计是有益的。

五、通过实测得到结构的阻尼比

阻尼比是建筑物在计算地震反应时的一个基本参数。由于阻尼比无法通过理论计算得到，只有通过现场实测分析才能得到。通过较多的实测数据的积累，对确定各种类型建筑物阻尼比的取值具有实际意义。

六、寻找减小振动的途径

结构动力特性实测还可为解决各类振动问题寻找答案，达到减振、消振及隔振的目的。如从振动频率入手，避开共振频率，可减小振动幅值。

第二节　测试方法——脉动法

实际足尺建筑物动力特性的测定，可以采用激振法、自由振动法和脉动法等方法，现时广泛采用脉动试验的方法。这是由于高灵敏度传感器检拾到的振动信号与高性能的分析仪器的配合，已经能够很好地满足测量与分析的需要。无需利用起振机等激振手段便能得到所需的结果。

建筑物的脉动是一种很微小的振动，脉动源来自地壳内部微小的振动，地面车辆运动、机器运转所引起的微小振动以及风引起的建筑物的振动等，利用建筑物的脉动响应来确定其动力特性，俗称脉动试验。利用高灵敏度的传感器、放大记录设备，借助于随机信号数据处理的技术，利用环境激励测量结构物的响应，分析确定结构物的动力特性是一种有效而简便的方法，它可以不用任何激振设备，对建筑物丝毫没有损伤，也不影响建筑物内正常工作的进行，在自然环境条件下，就可测量建筑物的响应，经过数据分析就可确定其动力特性。

一、建筑物脉动试验的基本假设

在进行脉动试验及其数据分析时，可做下述三条假设：

1. 假设建筑物的脉动是一种各态历经的随机过程。由于建筑物脉动的主要特征与时间起点的选择关系不大，同时因为它本身的动力特性的存在（建筑物如一个滤波器），因此，建筑物的脉动是一种平稳随机过程。实践表明，它又可被看做是各态历经的平稳过程。只要我们有足够长的记录时间，可以用单个样本函数上的时间平均来描述这个过程的所有样本的平均特性。图 6.1.1 为某建筑物脉动信号的概率密度函数图，从图上可以看出，当记录时间较短时它的分布没有规律，而当记录时间足够长时就表现为正态分布，这也是符合中心极限定理的。当然，为保证随机信号数据处理有一定的统计精度，也要求有足够长的记录时间。

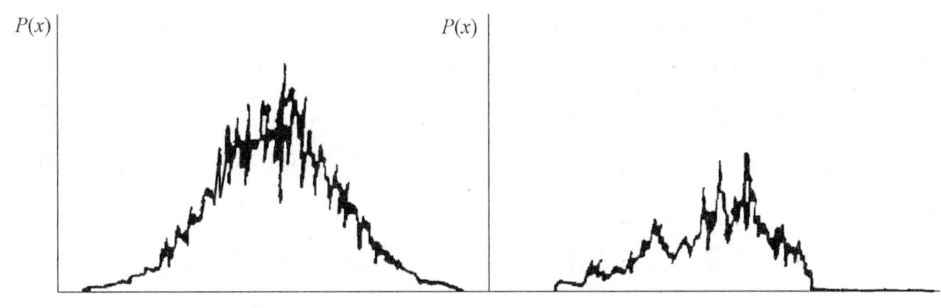

图 6.1.1　某建筑物脉动信号的概率密度函数图

2. 对多自由度体系，多个激振输入时，在共振频率附近所测得的物理坐标的位移幅值，可以近似地认为就是纯模态的振型幅值。对于多自由度体系，如果我们假设各阶固有频率 $\omega_i = K_i/M_i$（$i=1$，2，…，n）之间比较稀疏（此处 K_i 和 M_i 相应为广义刚度和广义质量），对于阻尼比比较小的情况，在 $\omega=\omega_i \pm \frac{1}{2}\Delta\omega_i$ 这一共振频率附近所测得的信号，可以近似地认为与其主振型成比例，而忽略其他振型的影响，这样就可以采用峰值来确定结构物各阶频率和振型。如果相邻的模态成分耦联较甚，就先要进行分解，不能直接利用峰值来确定结构物各阶频率与振型。

3. 假设脉动源的频谱是较平坦的，可以把它近似为有限带宽白噪声，也即脉动源的傅里叶谱或者功率谱是一个常数。根据这一假设，输入谱在 $\omega=\omega_i \pm \frac{1}{2}\Delta\omega_i$ 处，在 $\Delta\omega_i$ 这较窄的频段中，$F_i(\omega)$＝常数（此处 F_i 相应为广义力）。这样结构物响应的频谱就是结构物的动力特性，不仅可以确定其固有频率，还可以在结构物脉动信号 $x(t)$ 的傅里叶谱 $X(\omega)$ 或功率谱 $G(\omega)$ 上，利用半功率点确定阻尼比。当然，地面运动的功率谱，对应于卓越周期处是有峰值的，但一般它还不能与结构物共振处的峰值相比。有时也可以用地面脉动信号的谱与结构物反应信号的谱对照比较，排除地面卓越周期的影响。半功率点处带宽 B_r 越小，输入信号为白噪声的假设越接近真实情况。

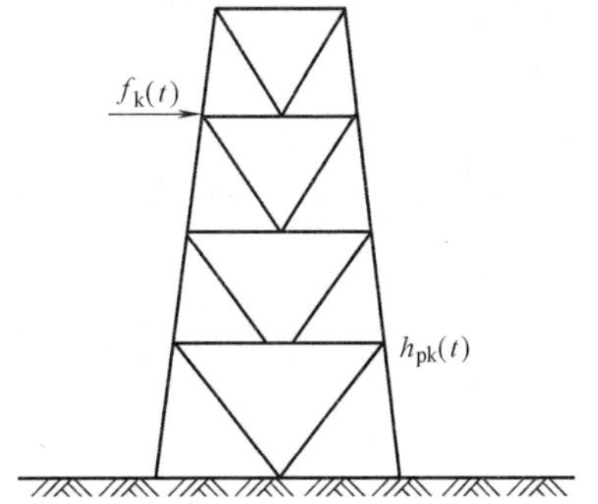

图 6.1.2　多自由度脉冲函数示意图

二、确定振型的方法及其近似性

对建筑物的环境振动试验的信号分析与其他结构物（比如，汽车、一般的机械设备等）的信号分析比较，有其相同之处，又有其不同之处。主要的不同是输入激励的力是不易测定的。一般来说，足尺建筑物是庞然大物，输入是由地面运动以及风振引起的，很难说以哪点测到的信号作为建筑物的输入信号为好。所以，在脉动试验的信号分析中只利用输出的响应信号（然而，一般振动试验的信号分析是利用输出的响应信号与输入激励力之间的传递函数）。从系统辨识的角度来说，就是输入未知，仅是利用输出来辨识系统。由谱的峰值就可得到结构物的固有频率。对于振型，是用相对测点之间传递函数的幅值与相位来近似地确定，包括幅值大小和正负号。传递函数是对测点之间互谱与自谱之比。下面讨论利用该方法确定振型的近似性：

1. 多自由度系统的频率响应函数矩阵

对于多自由度系统的脉冲响应函数及频率响应函数作如下定义：

当在 k 个自由度上作用一个单位脉冲在 $f_k(t)=\delta(t)$，第 p 个自由度上所引起的运动称为脉冲响应函数 $h_{pk}(t)$。若系统有 n 个自由度，对每个单位脉冲的作用分别在各个自由度上同时会产生出 n 个响应，即 $h_{pk}(t)$，$p=1，2，\cdots，n$，如图 6.1.2 所示。若依次在每个自由度上分别加单位脉冲，显然就得到 $n\times n$ 阶的脉冲响应函数矩阵 $[h(t)]$，即：

$$[h(t)]=\begin{Bmatrix} h_{11}(t) & h_{12}(t) & \cdots & h_{1n}(t) \\ h_{21}(t) & h_{22}(t) & \cdots & h_{2n}(t) \\ \vdots & \vdots & & \vdots \\ h_{n1}(t) & h_{n2}(t) & \cdots & h_{nn}(t) \end{Bmatrix} \tag{6.1.1}$$

当第 k 个自由度上加一个单位简谐力，$f_k(t)=e^{j\omega t}$，则在第 p 个自由度上产生的简谐运动称为频率响应函数 $H_{pk}(\omega)$。同样对整个系统构成一个以 $H_{pk}(\omega)$（p、$k=1，2，\cdots，n$）为元素的 $n\times n$ 阶频率响应函数矩阵 $[H(\omega)]$，即：

$$[H(\omega)]=\begin{Bmatrix} H_{11}(t) & H_{12}(t) & \cdots & H_{1n}(t) \\ H_{21}(t) & H_{22}(t) & \cdots & H_{2n}(t) \\ \vdots & \vdots & & \vdots \\ H_{n1}(t) & H_{n2}(t) & \cdots & H_{nn}(t) \end{Bmatrix} \tag{6.1.2}$$

根据模态分析的理论，当响应是位移时，有：

$$H_{pk}(\omega)=\sum_{j=1}^{n}\frac{\phi_{pi}\phi_{ki}}{(K_i-\omega^2M_i)+j\omega c_i} \tag{6.1.3}$$

$$H_{kp}(\omega)=\sum_{j=1}^{n}\frac{\phi_{ki}\phi_{pi}}{(K_i-\omega^2M_i)+j\omega c_i}H_{pk}(\omega) \tag{6.1.4}$$

式中　M_i、K_i、c_i——广义参数；

ϕ_{pi}、ϕ_{ki}——固有振型的振型系数。

2. 在随机力激励下多自由度线性系统的响应

一个有阻尼的多自由度系统的矩阵运动方程为：

$$[M]\{\ddot{x}(t)\}+[C]\{\dot{x}(t)\}+[K]\{x(t)\}=\{f(t)\} \tag{6.1.5}$$

在线性不变系统的前提下，如果有 n 个自由度系统的脉冲响应函数矩阵 $[h(t)]$ 已知，则在 m 个自由度上作用平稳随机激励 $\{f(t)\}=\{f_1(t),f_2(t),\cdots,f_n(t)\}^{\mathrm{T}}$，所产生的随机响应 $\{x(t)\}$ 由下式给出：

$$E\{x(t)\}=\int_{-\infty}^{\infty}[h(t-\tau)]E[\{f(t)\}]\mathrm{d}\tau$$
$$=\int_{-\infty}^{\infty}[h(t)]E[\{f(f-\tau)\}]\mathrm{d}\tau \tag{6.1.6}$$

将方程（6.1.6）写成响应的自相关函数矩阵形式：

$$[R_{xx}(t_1-t_2)]=E[\{x(t_1)\}\{x(t_2)\}^{\mathrm{T}}]$$
$$=\int_{-\infty}^{\infty}\int_{-\infty}^{\infty}[h(\tau_1)]E[\{f(t_1-\tau_1)\}\{f(t_2-\tau_2)\}^{\mathrm{T}}][h(\tau_2)]^{\mathrm{T}}\mathrm{d}\tau_1\mathrm{d}\tau_2 \tag{6.1.7}$$
$$=\int_{-\infty}^{\infty}\int_{-\infty}^{\infty}[h(\tau_1)]_{nxm}[R_{FF}(t_1-t_2-\tau_1+\tau_2)]_{mxm}[h(\tau_2)]_{mxm}^{\mathrm{T}}\mathrm{d}\tau_1\mathrm{d}\tau_2$$

由于功率谱密度函数与自相关函数之间及脉冲响应函数与频率函数之间有对应的关系，我们可得到激励和响应随机过程的功率谱密度的矩阵关系式如下：

$$[S_{xx}(\omega)]_{n\times n}=[H(\omega)]_{n\times m}[S_{FF}(\omega)]_{m\times m}[H^{*}(\omega)]_{m\times n}^{\mathrm{T}} \tag{6.1.8}$$

矩阵［$S_{xx}(\omega)$］在第 p 行和第 k 列上的元素 $S_{xxpk}(\omega)$ 就是系统的第 p 个自由度和第 k 个自由度的响应之间的互谱密度函数，它的计算公式为：

$$S_{xxpk}(\omega)=\sum_{q=1}^{m}\sum_{r=1}^{m}H_{pq}(\omega)S_{FFqr}(\omega)H_{rk}^{*}(\omega) \tag{6.1.9}$$

当 $p=k$ 时，就得到系统在第 p 个自由度上响应的自谱密度函数，它也就是矩阵［$S_{xx}(\omega)$］中的对角元素。它的计算公式可表示为：

$$S_{xxpk}(\omega)=\sum_{q=1}^{m}\sum_{r=1}^{m}H_{pq}(\omega)S_{FFqr}(\omega)H_{rp}^{*}(\omega) \tag{6.1.10}$$

3. 在随机力激励下各响应点之间互谱与自谱之比

在公式（6.1.10）中并不要求输入之间时两两不相关的。事实上，对于建筑物来说，这不同的输入就是风荷载对于不同楼层的激励，它们之间一般来说总是相关或部分相关的。为简化公式（6.1.9）和式（6.1.10），如果假设它们之间不相关，这与实际情况不符。因此为进一步简化公式（6.1.9）和式（6.1.10），对频率响应函数在某些频率值时作一些简化。

当 $\omega\approx\omega_i\pm\frac{1}{2}\Delta\omega_i=K_i/M_i\pm\frac{1}{2}\Delta\omega_i$ 时，假定公式（6.1.3）、式（6.1.4）可近似表示为：

$$H_{pk}(\omega_i)\approx\frac{\phi_{pi}\phi_{ki}}{j\omega c_i}=-\frac{\phi_{pi}\phi_{ki}}{\omega c_i} \tag{6.1.11}$$

$$H_{pk}^{*}(\omega_i)\approx\frac{\phi_{pi}\phi_{ki}}{j\omega c_i}=\frac{\phi_{pi}\phi_{ki}}{\omega c_i}j \tag{6.1.12}$$

利用方程式（6.1.9）、式（6.1.10）、式（6.1.11）、式（6.1.12），$S_{xxpk}(\omega_i)/S_{xxpp}(\omega_i)$可表示为：

$$\frac{S_{xxpk}(\omega)}{S_{xxpp}(\omega)}=\frac{\sum_{q=1}^{m}\sum_{r=1}^{m}\frac{\phi_{pi}\phi_{qi}}{\omega_i c_i}S_{FFqr}(\omega_i)\frac{\phi_{ri}\phi_{ki}}{\omega_i c_i}}{\sum_{q=1}^{m}\sum_{r=1}^{m}\frac{\phi_{pi}\phi_{qi}}{\omega_i c_i}S_{FFqr}(\omega_i)\frac{\phi_{pi}\phi_{ri}}{\omega_i c_i}}$$

$$=\frac{\phi_{ki}\phi_{pi}\sum_{q=1}^{m}\sum_{r=1}^{m}\frac{\phi_{qi}}{\omega_i c_i}S_{FFqr}(\omega_i)\frac{\phi_{ri}}{\omega_i c_i}}{\phi_{pi}\phi_{pi}\sum_{q=1}^{m}\sum_{r=1}^{m}\frac{\phi_{qi}}{\omega_i c_i}S_{FFqr}(\omega_i)\frac{\phi_{ri}}{\omega_i c_i}}=\frac{\phi_{ki}}{\phi_{pi}} \tag{6.1.13}$$

式（6.1.9）与式（6.1.10）是对所有的频率值成立，而式（6.1.13）只是在若干个频率段上（$\omega=\omega_i\pm\frac{1}{2}\Delta\omega_i$）成立，$\omega_i$ 是模态圆频率，这恰恰是我们有兴趣的频率值。式（6.1.9）、式（6.1.10）与式（6.1.13）对于互相之间无论是相关的或是不相关的输入都是成立的。

在各个模态频率分得比较开，阻尼比较小，且在风荷载随机激励下，当 $\omega=\omega_i\pm\frac{1}{2}\Delta\omega_i$ 时，若响应信号可近似地为单一模态的响应，响应信号的互谱与自谱之比即近似为振型之比。这就是式（6.1.13）的结果。

4. 由基础运动引起的响应

如果系统的脉动响应来源于基础的运动，将建筑物简化为 n 个自由度的系统，其矩阵形式的运动方程为：

$$[M]\{\ddot{y}(t)\}+[C]\{\dot{q}(t)\}+[K]\{q(t)\}=\{f(t)\} \tag{6.1.14}$$

其中$\{q(t)\}$、$\{\dot{q}(t)\}$分别为各自由度上相对于基础的位移和速度，是 $n\times1$ 阶矢量；$[M]$、$[C]$ 和 $[K]$ 分别是 $n\times n$ 阶质量、阻尼和刚度矩阵；$\{\ddot{q}(t)\}$是 $n\times1$ 阶矢量，是各自由度上绝对加速度。引入 $n\times1$ 阶基础绝对加速度矢量$\{1\}\ddot{u}(t)$，则可得：

$$\{\ddot{y}(t)\}=\{\ddot{q}(t)\}+\{1\}\ddot{u}(t) \tag{6.1.15}$$

于是式（6.1.14）可以写成另一种形式：

$$[m]\{\ddot{q}(t)\}+[c]\{\dot{q}(t)\}+[k]\{q(t)\}=-[m]\{1\}\ddot{u}(t) \tag{6.1.16}$$

式中　$\{\ddot{q}(t)\}$——各自由度上相对于基础的加速度；

$\{1\}$——$n\times1$ 阶单位矢量。由于方程（6.1.16）中$-[m]\{1\}\ddot{u}(t)$这项是将方程（6.1.14）中惯性力项分解成两项而引出来的，这样，单位矢量的自由度数自然与建筑物简化的自由度数是一致的，即也是 n。方程（6.1.16）与方程（6.1.14）在形式上是完成一样的，只有这里由$-[m]\{1\}\ddot{u}(t)$代替了$\{f(t)\}$，所以同理可推得：

$$[S_{qq}(\omega)]_{n\times n}=[H(\omega)]_{n\times n}[S_{gg}(\omega)]_{n\times n}[H(\omega)]^{*}_{n\times n} \tag{6.1.17}$$

$$[S_{qq}(\omega)]_{n\times n}=[m][I][m]^{\mathrm{T}}S(\omega) \tag{6.1.18}$$

$$R_{\ddot{u}}(\tau)=E[(-\ddot{u}(t))(-\ddot{u}(t-\tau))] \tag{6.1.19}$$

$$S_{\ddot{u}\ddot{u}}(\omega)=\frac{1}{2\pi}\int_{-\infty}^{\infty}R_{\ddot{u}}(\tau)e^{-j\omega\tau}\mathrm{d}\tau \tag{6.1.20}$$

$$S_{\ddot{u}\ddot{u}}(\omega)=\omega^{\mu}S_{uu}(\omega) \tag{6.1.21}$$

$$S_{qq}(\omega)=[H(\omega)][m][I][m]^{T}[H(\omega)]^{*}\omega^{\mu}S_{uu}(\omega) \tag{6.1.22}$$

$$\{Y(t)\}=\{q(t)\}+\{1\}u(t) \tag{6.1.23}$$

可得：

$$S_{yy}(\omega)=[S_{qq}(\omega)]+[S_{qu}(\omega)]+[S_{uq}(\omega)]+[S_{uu}(\omega)][I] \tag{6.1.24}$$

如果就讨论 $\omega=\omega_i\pm\frac{1}{2}\Delta\omega_i$ 的范围，并假设在这种情况时可以以单一振型为主，其他振型的影响可以忽略，则：

$$[S_{qu}(\omega)]+[S_{uq}(\omega)]=0 \tag{6.1.25}$$

这样方程（6.1.24）可近似表示为：

$$S_{yy}(\omega)\approx[S_{qq}(\omega)]+[S_{uu}(\omega)][I] \tag{6.1.26}$$

$$[S_{yy}(\omega)]\approx\omega^{\mu}S_{uu}(\omega)[H(\omega)][m][I][m]^{\mathrm{T}}[H(\omega)]^{*}+S_{uu}(\omega)[I] \tag{6.1.27}$$

$$S_{yypk}(\omega)\approx\omega^{\mu}S_{uu}(\omega)\sum_{r=1}^{n}\sum_{q=1}^{n}\sum_{s=1}^{n}\sum_{l=1}^{n}H_{pq}m_{qr}m_{ls}H_{kl}^{*}+S_{uu}(\omega) \tag{6.1.28}$$

第一项为弹性位移的谱，第二项为刚性位移的谱。如前面所述，对于和有式（6.1.11）、式（6.1.12）的近似公式，将方程式（6.1.11）、式（6.1.12）代入方程式（6.1.28），则可得：

$$\begin{aligned}\frac{S_{yypk}(\omega)}{S_{yypp}(\omega)}&\approx\frac{\omega^{2}\sum_{r=1}^{n}\sum_{q=1}^{n}\sum_{s=1}^{n}\sum_{l=1}^{n}\frac{\phi pj\phi_{qi}}{c_i}\frac{\phi_{ki}\phi_{li}}{c_i}m_{qr}m_{ls}+1}{\omega^{2}\sum_{r=1}^{n}\sum_{q=1}^{n}\sum_{s=1}^{n}\sum_{l=1}^{n}\frac{\phi p_i\phi_{qi}}{c_i}\frac{\phi_{ki}\phi_{pr}}{c_i}m_{qr}m_{ls}+1}\\&=\frac{\omega^{2}\phi_{pi}\phi_{ki}\sum_{r=1}^{n}\sum_{q=1}^{n}\sum_{s=1}^{n}\sum_{l=1}^{n}\frac{\phi_{qi}}{c_i}\frac{\phi_{li}}{c_i}m_{qr}m_{ls}+1}{\omega^{2}\phi_{pi}\phi_{ki}\sum_{r=1}^{n}\sum_{q=1}^{n}\sum_{s=1}^{n}\sum_{l=1}^{n}\frac{\phi_{qi}}{c_i}\frac{\phi_{pi}}{c_i}m_{qr}m_{ls}+1}\end{aligned} \tag{6.1.29}$$

只有当分子、分母的第一项分别比 1 大得多时，才能将上式近似为：

$$\frac{S_{yypk}(\omega)}{S_{yypp}(\omega)}\approx\frac{\omega^{2}\phi_{pi}\phi_{ki}\sum_{r=1}^{n}\sum_{q=1}^{n}\sum_{s=1}^{n}\sum_{l=1}^{n}\frac{\phi_{qi}}{c_i}\frac{\phi_{li}}{c_i}m_{qr}m_{ls}}{\omega^{2}\phi_{pi}\phi_{ki}\sum_{r=1}^{n}\sum_{q=1}^{n}\sum_{s=1}^{n}\sum_{l=1}^{n}\frac{\phi_{qi}}{c_i}\frac{\phi_{li}}{c_i}m_{qr}m_{ls}}\frac{\phi_{ki}}{\phi_{pi}} \tag{6.1.30}$$

当结构物阻尼比比较小时，测点又不是靠近振型的节点，这时弹性位移比刚性位移大得较多，才有可能做这样的近似。

5. 多自由度体系在随机力激励下及在基础运动激励下引起的总响应

实际上多自由度体系的响应是由上述两部分的响应所组成的，即由随机力激励引起的响应和由基础运动的激励下引起的响应的合成。而由基础运动引起的响应又包含了两部分，有刚体位移部分和弹性位移部分。一般来说刚体位移部分很难从响应中去掉。所以当用互谱和自谱之比来确定振型时，是近似的。这是因为：首先，假设了当 $\omega=\omega_i\pm\frac{1}{2}\Delta\omega_i$ 时，考虑为单一振型的影响，认为其他振型的影响可以忽略；其次，响应中包含了刚体位移，它的存在不仅引起幅值误差，还要有相位误差。所以，用这种方法（互谱与自谱之比）来确定振型时，对于阻尼比较小、频率分得比较开、离开节点有一定距离的测点，效果较好。而建筑物往往阻尼比较小，前几阶频率也分得比较开，能够符合这些条件。因此，此方法也比较实用，它在确定前几阶振型上也能得到比较好的效果。这样处理问题的好处，不仅可以回避输入不好确定的问题，而且由于是利用相对关系，还有利于提高数据处理中的信噪比。

第三节 试验的特点与对仪器设备的要求

建筑物动力特性的测量对象涉及的面很广，包括高层建筑及一般民用建筑，塔桅结构和特种结构，大跨桥梁及城市立交桥，工业厂房及设备与基础振动等等，由于这些建筑物的特点，因此对仪器设备具有较高的要求：

1. 注意下限频率

当前国内高层建筑的高度已经达到400余米，大跨桥梁主跨达到1000余米，这些建筑物自振频率很低，即自振周期很长，因此要求传感器及放大器的下限频率很低，甚至是从0Hz开始，才能满足测试要求。深圳信兴广场地王商业大厦主楼总高324.95m，加上桅杆高383.95m。建筑物自振频率第一阶为0.178Hz（5.62s）。香港青马大桥主跨1377m，自振频率第一阶为0.06Hz（16s）。

2. 高灵敏感度传感器

由于是采用自然环境激励，不采用强迫激振器激振，因此振动信号微弱，要求传感器有高的灵敏度，放大器有足够的增益。

3. 要有足够数量的传感器及相应的放大记录设备

由于被测对象高度越来越高，跨度越来越大，因此在测量与分析其动力特性时，会得到较多的频率与振型。以一个高层建筑为例，如该高层建筑为70层，每5层放一个传感器，则要求有14个传感器。这样，一次记录的数据同时送入计算机进行分析处理，将大大地加快分析的速度，并能得到满意的结果。如传感器数量不够，则只能分若干次进行测量，这里存在的问题：一是需要确定分次测量的共用连接测点，这个测点选择得好，可以得到满意的结果。如果选择得不好，正好放在某一振型的节点处，由于在振型节点处的信号很小，因此两个测点的相干就会很不好，做出来的振型就会失真。另外分次测量化的时间较多，分几次测量就要多花几倍的时间，也相应地增加分析处理的时间。因此，最好一次能够把需要记录的测点同时记录下来。这就要求有较多的传感器及相应的放大记录设备。

现时用得较多的加速度传感器及位移传感器，其频率下限都是很低的，且由于测量的是微振，因此灵敏度很高。比如日本明石公司生产的V40IR型伺服加速度传感器，测量范围为±1.0g，灵敏度5V/g，分辨率$5\times10^{-6}g$，频率范围0～400Hz，传感器内装有前置放大器，是一种性能较好的传感器。还有的传感器同时可测量三分量的振动信号，这样更可节省测试时间，但相应地配套的放大器及记录设备就要增多。

第四节 传感器布置的原则

一幢建筑物，从什么部位来检拾它的振动信号才能得到预期的效果，这是一个十分重要的问题。振动信号的拾取需要靠传感器的布点来实现，因此传感器布置在什么部位，就是一个关键的工作，我们可以从下面这几个方面去考虑：

一、找好中心位置布置平移振动测点

一幢建筑物，从它振动状态来分析，一般可分为水平方向的振动，扭转振动和垂直振动。水平方向的振动是本节所要叙述的内容。为了区分于扭转振动，我们习惯于把水平方向的振动，称为结构的平移振动，也即结构在水平位置上的整体振动。这种振动一般可分为横向振动与纵向振动两种。现时结构物很多是方形或圆形的，因此设计图上也往往标上 X 坐标，Y 坐标，所以在描述结构振动时也常常描述为 X 方向振动，Y 方向振动。当然，平移振动，除了横向、纵向（或 X、Y 方向）振动外，还有任意方向的振动，但是主要关心的即是这两个方向的振动。

在布置平移振动测点时候，传感器一般安放在建筑物的刚度中心，这样做的目的是为了让传感器接收到的信号仅仅是平移振动信号，扭转振动信号不要进来，这样在做数据分析处理时便于识别平移振动信号。当然由于受现场试验条件的限制，有时候不可能在建筑物的刚度中心安放传感器，那么，要尽可能地靠近刚度中心，使扭转振动信号尽可能地小些，突出平移振动信号。在现场试验时，刚度中心不易确定，平面位置的几何中心容易找到，传感器可放至几何中心就可以了。

二、在建筑物的两侧布置扭转测点

地震破坏的实践表明，建筑物由于扭转振动导致损坏的例子并不少见，因此尽量减少结构的扭转效应是设计师们应该注意的。但是，由于有的建筑物太长，有的建筑物质量偏心太大，有的建筑物属于不对称结构，刚度中心偏离结构中心较大，有的建筑尽管设计时已经考虑到减小扭转效应的影响，但由于施工、使用等种种原因的影响，或多或少地会出现扭转振动，扭转振动信号有的数倍于平移振动信号，因此扭转振动信号的测试是很重要的。

建筑物的扭转振动是整个建筑物绕着结构的扭转中心在转动，因此它越远离扭转中心，振动也就越大。从 X、Y 坐标轴上来看，它越远离坐标原点，振动幅值就越大，越明显。因此，往往把扭转振动的测点布置在建筑物 X 或 Y 坐标最远端，即建筑物的两侧，在一个楼层中成双成对地布置测点。

为了检验楼板的整体刚度如何，在同一楼层内把测点沿着平面的 X 或 Y 坐标轴线布置若干个对称的测点，检查结构的平面刚度，看它是否是绕着扭转中心在作均匀的转动。

三、结构突变处布置测点

由于某种需要，结构在某一部位断面突然变化，引起刚度突然变化，或者质量突然变化，这些变化都有可能使结构的振动形态发生变化。在变化处，要安放一定数量的传感器。如突出屋面的塔楼，突出屋面的高耸结构，旋转餐厅等等，由于断面削弱，刚度突变会引起结构振动的鞭梢效应。或者由于突出屋面的子结构与主体结构振动的某一阶频率吻合或者接近时，也都有可能引起结构振动加大，甚至产生明显的鞭梢效应。

四、特殊部位处布置测点

1. 基础两侧

在建筑物基础两侧，布置垂直振动的测点，看看基础是纯粹的垂直振动还是绕着某一位置上下的转动。

2. 振动强烈的部位

在振动强烈的部位布置测点，可以了解该处的振动情况。

3. 便于信号识别需要布置的测点

有时候，在分析谱图上出现的频率比较乱。例如，在伸缩缝两边的结构，测这一边的时候，在哪一边放上一个传感器，会给分析判断带来方便。

4. 楼板刚性测量

在同一楼层平面内，沿着一个方向，等间隔地放置若干个传感器，记录下振动信号，以便分析判断水平楼板的刚性。

五、如何确定测点的数量及测试步骤

所有建筑物的质量分布都是连续的，从理论上讲都是由无限多个自由度的系统，其相应的固有频率也同样是有无限多个。在研究一般动力问题时，重要的是找出基本频率，但是也不能忽视高阶频率和振型的影响，尤其是对于高层建筑，由于场地土质和结构情况的差异，频率较高的地震波成分或地层卓越周期有可能与坐落于上的房屋的高振型产生类共振，使结构反应加大，破坏加剧。因此对高振型的地震荷载也要引起应有的重视，在测量时要视条件而异，尽可能地多得到一些结构的自振频率与振型。

我们把高层建筑的每一个楼层作为一个集中质量的质点来考虑，在楼层的地板上布置测点。现时高层建筑的层数较高的一般有 40～50 层，还有更高的，接近 100 层的。不可能每一层都去摆放传感器，测试数据太多给试验与分析处理增加了很多工作量，再者，太高阶的频率与振型在计算地震反应时是很微不足道的，一般不予考虑。作为高层建筑来说，横向、纵向及扭转振动应该分析得到各 5～6 阶总计 15～8 阶的频率、振型及相应的阻尼比，这足以满足抗震设计的需要了。

随着测量仪器性能的提高，试验手段的完善，专用数据处理机的应用与分析水平的提高，50 层以上的高层建筑横向、纵向、扭转振动应该可以得到各 10 阶总计 30 阶的自振频率与振型。高阶的阻尼比难做一些，但是前十几阶得到是没有什么问题的。测量与分析的阶数当然还可以多，记录的信号越好，分析处理的水平越高，得到的结果就更为丰富。

理论上来说，结构在某一方向出几阶频率与振型，只需布置相应多的测点就够了，例如出 5 阶频率和振型，只需布置 5 个测点就够了。但是由于测点太少，捕捉不到各阶振型的最大幅值处及拐弯的节点处，因此画出来的振型失真较大，甚至会漏掉某一阶频率及振型。所以，按照经验，如要得到准确的频率及振型曲线，测点的数量要比预期得到的振型个数多一倍。如要得到 5 个频率与振型图形，布置 10 个测点能得到较好的结果。

测点数量决定以后，按照传感器布置的原则，自下至上按照楼层大致等间隔地安放传感器，也要统一考虑到特殊部位传感器的安放。如果一个传感器感应振动的方向是 X、Y 两个方向的，那么一次就可记录下两个方向的振动。一般传感多为感受某一个方向的振动，因此，可以统一先测一个方向的振动，等记录完毕后把传感器在平面上转动 90°，再测另一方向的振动。

在测量扭转振动时，把传感器成双成对地布置在楼层的两侧，从平面上看，每一层最

少要布置两个，从竖向来看，也要自下至上隔若干层进行布置，这样传感器的数量就是测平移振动的两倍。这样做的好处是可以记录下较完整的扭转振动信号，便于分析，画出来的建筑物的振型也比较完整。但是，一般仅仅要求知道扭转振动的频率与建筑物简化成一根杆状的振型也足够了。因此，为了简化测量，我们往往先在某一、二层平面的两侧布置传感器，这两个楼层最好高一些，扭转分量大一些，便于分析。从这两个测点找到扭转振动的频率，它们在相位上应该差 180°。然后把传感器自下而上集中布置在建筑物一侧的测点处，从已经得到的扭转频率处得到振型。如果传感器数量足够多的话，可以一次成功。或者传感器自下而上放在建筑物一侧，某两个楼层的另一侧再安放相对应的传感器，这样也可以一次把扭转振动测试下来。

六、传感器不足时如何布置测点

由于建筑物越来越高越大，测量时需要传感器的数量也越来越多，一次完成测量与记录工作，对试验结果的分析处理会带来很大的方便。但是如果传感器数量不够，可以分若干次进行置测与记录。以高层建筑为例，可以选择若干个楼层作为基准楼层，其他楼层的测试结果可以与它们进行分析比较。一般的高层建筑可以分成两次或者三次去做。由于高层建筑的振动受风的影响较大，一般把顶层作为基准层比较好，另外再在适当高度选取 1～2 个楼层作为基准层。这几个基准层的测点一直固定，中间分次测量时不变动。其他楼层可以分几次测量，与这些基准层分析比较，就可得到需要的频率与振型。

传感器太少，甚至于只有两三个传感器，能不能做？也能做。把其中一个传感器安放好作为标准测点，移动其他测点都与它相比较。但是由于高层建筑的频率很低，周期很长，从数据分析的精度与准确性考虑，需要有足够长的记录时间才行，因此分成很多次记录过于耗费时间。

七、传感器安放时的注意事项

1. 测试方向要一致

每一个测点的传感器都要按照测试的方向摆放一致，可以在建筑物内寻找一个参照物，统一方向，如果摆放不一致，传感器感应的振动分量就会有差异，影响分析结果。

2. 传感器相位要一致

传感器振动信号的相位是判断结构动力特性的重要依据，如利用相位差 180°，来确定同一楼层上该频率是否是扭转振动频率，不同楼层的测点之间利用相位来确定某一阶的频率与振型。因此安放传感器时，要确保各传感器首尾方向的一致性。

3. 传感器在各个楼层上测点的平面位置要一致

传感器自下而上在每一个楼层上，测点的平面位置要一致。特别是在测量结构扭转振动时，要严格按照要求去摆放。因为测点离开扭转中心的远近，感应到扭转振的分量是不一样的，就会影响振型的准确性。

4. 传感器要安放在建筑物的主体结构上

传感器如果安放在一些容易产生局部振动的构件上时，局部振动的信号都会被感应进去，给分析带来麻烦，且局部振动信号受外界影响大，容易超量程，影响数据的处理与分析工作。

5. 传感器要放在安全的地方

测量记录时，传感器不能随意翻看及移动。脉动试验最大的优点是不干扰建筑物内正常工作的进行，根据经验，总有一些与试验无关人员出于好奇心随意翻看及挪动传感器，这是不行的。所以传感器要放在不易被人发现的地方，或者需要专人看守。

6. 传感器附近要防磁防局部振动

传感器附近不能有强磁场的干扰，免得影响传感器的正常工作。

传感器附近不能有强烈的振动。因为建筑物内有人工作，特别是还没有全部完工的建筑物，局部施工的强烈振动会使记录量程超值，影响记录数据的分析处理。

第二章　试验数据的分析处理

第一节　随机数据分析

一般来说，高层建筑可看做一个多自由度的系统。在环境激励下它的响应信号是由两部分激励源引起的，一部分是由微振及机器车辆的扰动引起的地面的运动；另一个振源是风振。这两部分引起的都是随机振动。所记录的数据是系统对于这些随机输入的响应，是输出信号，我们假设是平稳的过程。由于输入是多个来源，不容易进行测量，因此在整个分析过程，系统的输入仍然是不知道的，而仅仅是利用输出信号作数据分析。从系统识别的角度来看，即系统输入未知，利用系统的响应信号来确定系统的参数。这样处理问题的好处是符合真实的情况，也可提高信号处理中的信噪比。

根据线性多自由度系统动力分析的理论，动态方程可用正则坐标，写成如下的形式：

$$\ddot{Y}_j(t)+2\omega_j\xi_j\dot{Y}_j(t)+\frac{k_j}{m_j}Y_j(t)=\frac{f_j(t)}{m_j} \tag{6.2.1}$$

式中　m_j、k_j、m_j、$f_j(t)$、ξ_j——为第 j 阶振型的频率、正则化刚度、质量、力和阻尼比。

在第 k 个自由度上真实的响应将是：

$$V_K(t)=\sum_n {}_n\phi_K Y_n(t) \tag{6.2.2}$$

式中　n——自由度数；

${}_n\phi_K$——正则化振型矢量；

$Y_n(t)$——模态幅值。图 6.2.1 和图 6.2.2 表示输入、输出系统的基本概念。

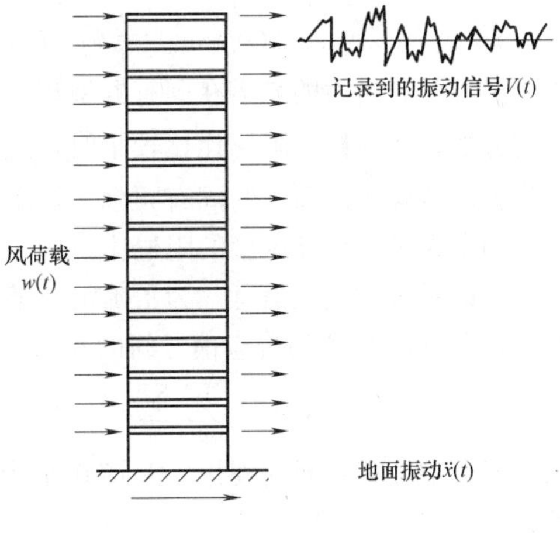

图 6.2.1　结构系统的输入激励和输出响应

如果将时间域的响应变换到频率域，这将用到 $Y_n(t)$ 的自谱，并且能表示为：

$${}_nG^y(\omega)=|H_n(i\omega)|^2\,{}_nG^f(\omega) \tag{6.2.3}$$

式中　${}_nG^y(\omega)$——$f_n(t)$的自谱。

按照图 6.2.2 在第 K 点真实的响应信号的自谱考虑为一个多输入、单输出的系统，根据方程（6.2.2）可由下式给出：

$$G_K^V(\omega)=\sum_m\sum_n {}_m\phi_{Kn}\phi_K H_m(-i\omega)H_n(i\omega)_{mn}G^f(\omega) \tag{6.2.4}$$

对于小阻尼的结构，通常认为正则振型互相之间不相关的，这也就是说，当 $m\neq n$ 时，$Y_m(t)$与$Y_n(t)$不相关。当 $m\neq N$ 时，包含${}_{mn}G^f(\omega)$的这些项会接近于零，此时 $G_K^V(\omega)$ 可以简化为：

$$G_K^V(\omega)=\sum_n {}_n\phi_K^2\mid H_n(i\omega)\mid^2{}_nG^f(\omega) \tag{6.2.5}$$

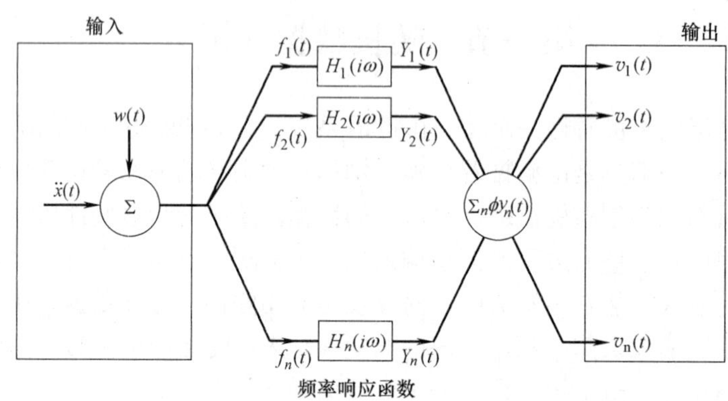

图 6.2.2 输入、输出系统的基本概念

如果系统的固有频率互相之间可以分开，这样当频率等于某一个固有模态频率 ω_m 时，这个固有振型占有优势，而其他振型分量可以被忽略。这样，$G_K^V(\omega_m)$ 可以进一步简化为：

$$G_K^V(\omega_m)={}_m\phi_K^2\mid H_n(i\omega_m)\mid^2{}_mG^f(\omega_m) \tag{6.2.6}$$

很显然，只有当力的自谱在固有振型频率范围内几乎是平的，这 $G_K^V(\omega)$ 才能反映系统的动态特性，当结构物阻尼比比较小时，这个假设能够成立。因此，从 $G_K^V(\omega)$ 占优势的峰值位置，能够给出系统的固有频率。在不同位置 $G_K^V(\omega)$ 的比值可以给出振型，并用半功率点的方法可以估计振型的阻尼比。

因此自谱不包含相位信息。为了确定对某个振型两个位置之间运动的方向，就需要做出互谱。在 K 和 l 位置的响应信号间的互谱，可以表示为：

$$G_{Kl}^V(\omega)=\sum_m\sum_n {}_m\phi_K H_m(-i\omega)_n\phi_l H_n(i\omega)_{mn}G^f(\omega) \tag{6.2.7}$$

根据与自谱计算相同的理论，互谱在某个固有频率 ω_m 可简化为方程（6.2.8）的一个单项：

$$\begin{aligned}G_{Kl}^V(\omega)&={}_m\phi_K H_m(-i\omega_m)_m\phi_l H_m(i\omega_m)G^f(\omega_m)\\&=C_{Kl}^V(\omega_m)+iQ_{Kl}^V(\omega_m)\end{aligned} \tag{6.2.8}$$

式中 C_{Kl}^V（ω_m）、Q_{Kl}^V（ω_m）——复数的实部和虚部。

从上面的表达式，我们可看到它的虚部应为零，但在实际现场测量与数据分析当中，我们可发现它接近于零。

事实上，用幅值和相位来表示互谱也很方便和普遍，其表达式为：

$$C_{Kl}^{V}(\omega_m)=|C_{Kl}^{V}(\omega_m)|e^{-i\theta_{Kl}^{V}(\omega_m)}$$

$$|C_{Kl}^{V}(\omega_m)|=\sqrt{C_{Kl}^{V2}(\omega_m)+Q_{Kl}^{V2}(\omega_m)}$$

$$\theta_{Kl}^{V}(\omega_m)=\tan^{-1}\frac{Q_{Kl}^{V}(\omega_m)}{C_{Kl}^{V}(\omega_m)} \tag{6.2.9}$$

$G_{Kl}^{V}(\omega_m)$ 的幅值近似等于它的实部，即：

$$|G_{Kl}^{V}(\omega_m)|={}_K\phi_{ml}\phi_m|H_m(i\omega_m)|^2{}_mG^f(\omega_m) \tag{6.2.10}$$

相位角在 0°和 180°之间。当${}_m\phi_{Km}\phi_l$ 项是正的，这相位角将在 0°附近，这就意味着两点的位移时同方向的。在另一方面，当${}_m\phi_{Km}\phi_l$ 是负的，相位角将在 180°附近，说明这两个位移是反向的，很显然，固有频率和阻尼比也可以从互谱 $G_{Kl}^{V}(\omega)$ 获得，振型也可以从$|G_{Kl}^{V}(\omega_m)|$和$|G_{KK}^{V}(\omega_m)|$的比率来估计。即：

$$\frac{|G_{Kl}^{V}(\omega_m)|}{|G_{KK}^{V}(\omega_m)|}=\frac{{}_m\phi_{Km}\phi_l|H_m(i\omega_m)|^2{}_mG^f(\omega_m)}{{}_m\phi_{Km}\phi_K|H_m(i\omega_m)|^2{}_mG^f(\omega_m)} \tag{6.2.11}$$

考虑到输出噪声的存在，但在假设输出噪声不相关的假设前提下，互谱被噪声污染得少。当 $z(t)$ 是实际记录的数据，而 $v(t)$ 是真实的响应时认为$V_K(t)$、$V_l(t)$对于 $n(t)$ 或者 $m(t)$ 是不相关的，即：

$$G_K^{vn}=0,G_l^{vn}=0,G_{Kl}^{nm}=0,G_{Kl}^{vm}=0,G_{lK}^{vn}=0$$

这样测量得到的数据的自谱公式为：

$$G^{Z_k}(\omega)=G^{V_k}(\omega)+G^{n_k}(\omega) \tag{6.2.12}$$

$$G_{l^z}(\omega)=G^{V_l}(\omega)+G_{l^m}(\omega)$$

而 K 与 l 之间的互谱是一个无偏测量，因此：

$$G_{Kl}^{Z}(\omega)=G_{Kl}^{V}(\omega) \tag{6.2.13}$$

根据这个观点，用互谱来确定阻尼比也比较好。由于输出噪声对固有频率的估计影响不大，所以从自谱或从互谱所得的结果不会有多少差别。

相干函数在频率域分析和确定系统的动态特性中是很有用的。通常，相干函数定义为输入函数 $A(t)$ 和输出函数 $B(t)$ 之间的关系的度量，可表示为：

$$\gamma_{AB}{}^2(\omega)=\frac{|G_{AB}(\omega)|^2}{G_{AA}(\omega)G_{BB}(\omega)} \tag{6.2.14}$$

两个极端的情况是 $\gamma_{AB}{}^2=0$ 和 $\gamma_{AB}{}^2=1$。前者表示 $A(t)$ 与 $B(t)$ 是没有关系的，而后者表示输出 $B(t)$ 完全由输入 $A(t)$ 引起的，实际上，由于噪声的存在不可避免，使相干函数总是小于 1，并且有：

$$0\leqslant\gamma_{AB}{}^2\leqslant1 \tag{6.2.15}$$

就分析的数据来说，$\gamma_{AB}{}^2(\omega)$ 不是输入与输出之间的情况，而是反映两个输出之间的关系。根据前面的介绍，K 与 l 点间的两信号之间的相干函数可表示为：

$$\gamma_{Kl}^2(\omega)=\frac{|G_{Kl}^{V}(\omega)|^2}{G_{KK}^{V}(\omega)G_{ll}^{V}(\omega)} \tag{6.2.16}$$

并且在固有频率处必定是接近 1，因为在谐振处，两个输出必定是相关性的。然而，

当 $A(t)$ 和 $B(t)$ 的波的形式十分相近，结果 $G_K^V(\omega)$ 和 $G_l^V(\omega)$ 之间又是十分相近，可发现相干函数在固有频率处及在相当宽的频率范围都会接近 1。在确定固有频率时相干函数要接近 1 只是个必要条件，但不是充分条件。

第二节　从数据分析估计结构物的动态特性

一、固有频率

在前面已讨论过，无论是一个测点信号的自谱，或两个测点信号的互谱，在结构物固有频率的位置都会出现陡峭的峰值。然而，从输入或局部地方干扰也会带来一些峰值，因此，主要问题是从谱中出现的所有峰值中，找出固有频率来。在我们的分析中尽量减少记录信号中的干扰，一般来说通过研究合理分布的各点的记录，要确定固有频率是没有困难的。正常情况，固有频率的峰点将出现在所有的谱上或至少出现在大多数的记录信号中。在固有频率处，两测点输出信号之间的相干函数将接近 1，相角不是在 0°附近就是接近 180°。

图 6.2.3 为某建筑物 48 层、31 层两测点的自功率谱图及相干函数、传递函数幅频及相频图。

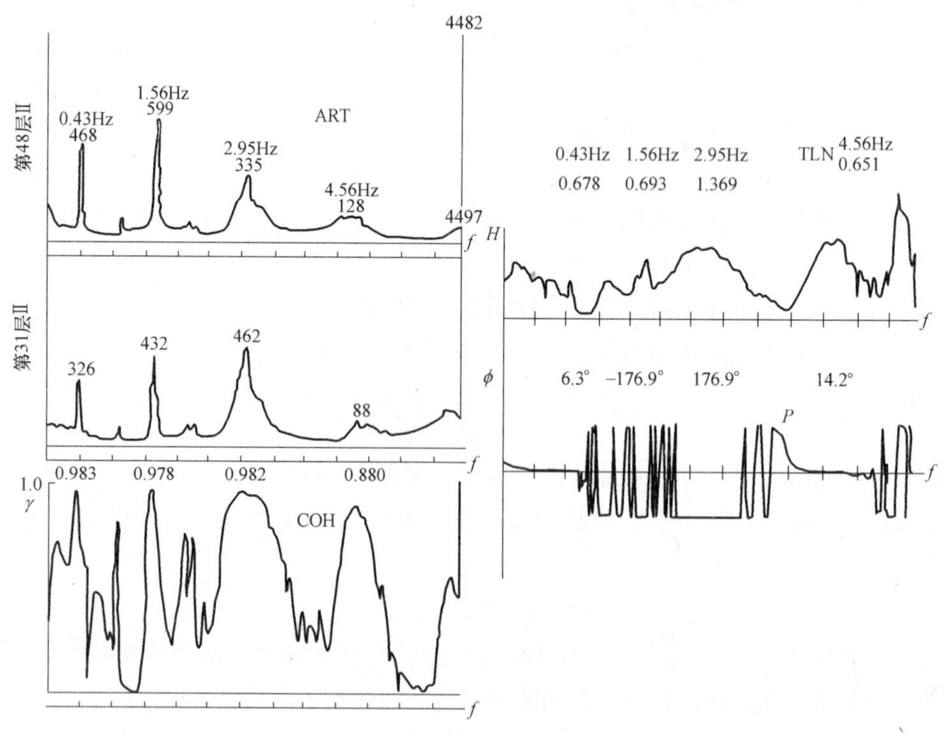

图 6.2.3　两测点的自功率谱图及相干函数、传递函数幅频、相频图

二、振型

在确定固有频率后，用不同测点在固有频率处响应的比，就能够获得固有的振型。无论是从自谱的幅值比，或是从传递函数的幅值来确定振型幅值，从数学公式上看是一样的。但当有噪声存在时，采用多次平均得到的互谱与自谱之比有更高的精度。当然这里选用来作相对比较的自谱是某个信噪比较好的测点信号，但常常对一、二振型时信噪比高的测点，而对三、四振型不一定高，因此对于不同的振型有时还需选用不同测点作比较。

$$\frac{\sqrt{G_l^V(f_m)}}{\sqrt{G_K^V(f_m)}}=\frac{{}_m\phi_l}{{}_m\phi_K} \tag{6.2.17}$$

$$\frac{\sqrt{G_{Kl}^V(f_m)}}{G_{KK}^V(f_m)}=\frac{{}_m\phi_l}{{}_m\phi_K} \tag{6.2.18}$$

当分析结果相干函数都是很高时，比如>0.95，那么不管是从自谱求振型，或是从互谱求振型都是十分接近的。

为得到振型的满意的估计，不仅要求分析的精度，足够的测点数以及合理的布置都是很重要的。在现场试验条件的限制下，分析所得的结果对各自的一、二振型有满意的精度，而对较高的振型就比较粗糙。

三、阻尼比

如式（6.2.6）、式（6.2.8）所示，G_{KK}^V 和 G_{Kl}^V 包含了有关振型和频率响应函数的信息。这样可用半功率点的方法计算阻尼比。下式可得振型的阻尼比：

$$\xi_j=\frac{B_m}{2f_m} \tag{6.2.19}$$

式中　B_m——与第 j 振型有关的谱峰值的半功率点带宽。高层建筑前几阶的频率往往比较低，阻尼比又小，也即 B_m 是很小的。为了保证阻尼比估计的可靠性，一般希望 $B_m>5\Delta F$，这里 ΔF 是 FFF 计算中的频率分辨率，而 $\Delta F=\frac{1}{T}$。这就意味着需要较高的频率分辨率，结果是需要更长的记录时间，如果最低的固有频率为 0.5Hz，而阻尼比是 0.01，这样半功率点带宽是：

$$B_m=0.01\text{Hz} \tag{6.2.20}$$

这种情况所希望的频率分辨率 ΔF 和相应的时间周期如下：

$$\Delta F=\frac{1}{5}(0.01)=0.002\text{Hz} \tag{6.2.21}$$

$$T\geqslant\frac{1}{\Delta F}=500\text{s}=8.3\text{min} \tag{6.2.22}$$

如果需要 20～50 次平均，我们几乎没有这么长的记录信号得到一个平稳的谱。因此，如有可能在现场应取更长的记录信号。在分析中为满足分辨带宽的要求不得不减少平均次数，有的可达 20 次平均，有的只有 4～5 次平均。为了弥补平均次数的不足，对于同样一段信号多做几次分析求取阻尼比，因为每次由于采样起点的不同，可认为每次又是一个样本，然后求取平均值，作为所提供的阻尼比的数值，这样来提高其估计的精度。但由于阻尼比不易确定，使所得结果在一定范围内波动。

在脉动试验中，假设各个固有频率是分得比较开，如果满足这要求可以直接求取阻尼比，如果不满足这要求，要设法满足而后才能求阻尼比。当建筑物大致对称，质量中心和刚度中心也很靠近时，可较简单地用信号相加减的方法将平移振动和扭转振动分离开。

四、相干函数的使用

从前面振型分析推导中可知，在结构物固有频率处，相对测点的互谱与自谱之比为振型系数之比。这很显然，它们之间的相干系数就应接近于1。当然这是在噪声较小的前提下，实际分析结果也是符合这个情况的。一般在分析前几个固有振型时，信噪比比较高，可看到相干系数也比较高。通常 γ_{AB}^2 可达 0.97～0.99，此时，得到的振动比较平稳。当 γ_{AB}^2 在 0.8～0.9 时，所获得的振型仍可以接受。然而，当 γ_{AB}^2 低于 0.8 时，精度就比较差。在分析中应选用信噪比好的信号作为相对比较的基准信号，这对提高整个分析的相干系数的效果是明显的。

五、高质量的记录信号是做好分析的基础

一般来说，在频率域作动态参数估计的可靠性和精度主要取决于以下几个方面：

1. 信噪比

当真正响应信号的电平较低时，振动信号可能被噪声歪曲，甚至淹没在噪声中。因此要求高灵敏度、高质量的传感器，并且尽可能在自然环境激励（例如风）较大时进行测试。

2. 要有足够长的记录时间

记录时间与建筑物自身的振动频率及阻尼比的大小有关。为了得到足够的频率分辨率以满足分辨带宽的要求，及为了提高统计精度用很多次的平均处理来得一个平稳的谱，需要较长的记录时间。另外，由于试验现场种种的干扰及影响，记录信号不可能自始至终都很好，记录时间长些，可以找出信号好的段落进行分析处理，以得到满意的结果。

3. 信号尽可能地平稳

现场试验影响的因素很多，要尽量避开突发的大信号，使信号尽可能平稳地记录。传感器要尽量放在主体结构部位，免得局部振动的干扰。另外，局部振动频率相对于主体结构来说比较高，在测试以前，先估计好建筑物的基频，以及需要测量的多少阶频率数值，高频成分可以在仪器上先行滤波去除，不让它正式进入记录中去。

第三节　平移振动信号的识别

图 6.2.4 为某建筑物的平面图，按照测点布置的原则，平移振动测点布置在建筑物的大致中心部位，见图 6.2.4，图 6.2.5（*a*）为经过信号分析处理后得到的某一方向平移振动的自功率谱图。图上突出高峰处就是平移振动某一阶的频率，结合传递函数中的相角与幅值比就可确切地找出它的各阶频率与振型来。在谱图上，可以清晰地看到，由于传感器

放置在结构的中心，测量到的仅仅是结构平移振动的信号，扭转振动信号没有或者很小，所以在谱图上没有反应出来。这给判断平移振动信号带来很大的方便。

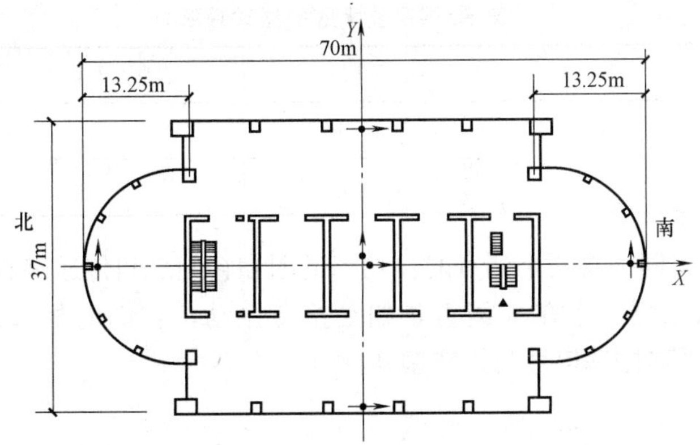

图 6.2.4　某建筑物平面图及平面测点布置

69 层测点布置及振动方向

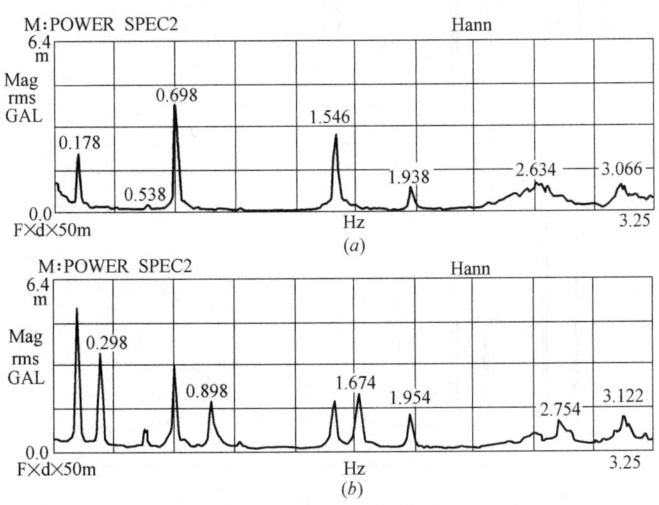

图 6.2.5　自功率谱图

(*a*) 69 层横向振动自功率谱图；(*b*) 69 层横向与扭转振动自功率谱图

第四节　扭转振动信号的识别

在图 6.2.4 中在结构平面的两侧布置了一对测量扭转振动信号的传感器。图 6.2.5 为经过分析处理后得到的自功率谱图。由于测点位置在结构的两侧，所以扭转振动信号与平移振动信号统统反映在谱图上，在突出的高峰处既有扭转振动的频率，又有平移振动的频率，只要把图 6.2.5（*a*）与（*b*）对比一下，就可看得很清楚。

扭转振动信号的识别可以从下面几个方面着手：

1. 经谱分析后，比较扭转中心两侧测点的相位，如该频率为扭转振动频率，相位必定在180°附近，表6.2.1给出了某50层商业大厦的振动频率。

某50层商业大厦的振动频率 **表6.2.1**

频率	一频(Hz)	二频(Hz)	三频(Hz)	四频(Hz)
Y方向平移振动	0.43	1.56	2.95	4.56
扭转振动	1.16	3.02	4.80	

图6.2.6给出了同一层两个测点的自功率谱图和它们之间传递函数的相位关系，如是平移振动，它们的相位关系在0°附近，如是扭转振动，它们的相位在180°附近，从图6.2.6上可判断出平移振动信号与扭转振动信号。

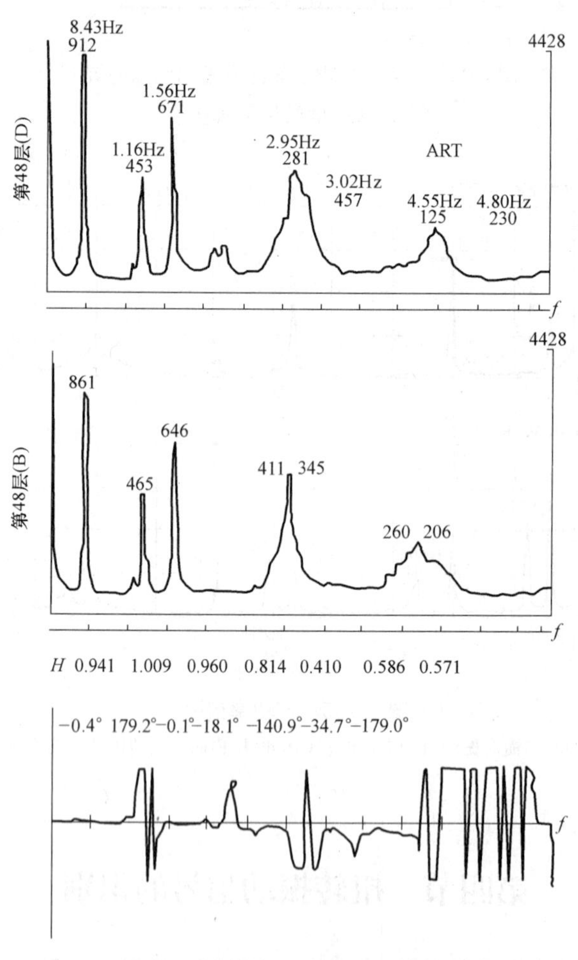

图6.2.6 相对测点信号的谱分析

2. 从分析谱图上可见，在扭心或接近扭心处扭转振动频率没有或者很小，而在结构两侧处，扭转振动频率的谱值却很明显，而且离扭心越远，谱值越大。

图6.2.7为某50层商业大厦的平面图，在第48层平面上布置了5个测点，分别0、Ⅰ、Ⅱ、Ⅲ、Ⅳ。图6.2.8为Y方向及扭转振动的分析谱图，依据表6.2.1得到的平移振

动与扭转振动的频率，结合谱图，我们可以看到，由于Ⅱ测点位于结构中心，在 1.16Hz 扭转振动频率下，结构几乎是绕着这点在转动，因此谱值很小，为 24。而Ⅰ、Ⅲ测点的谱值就较大，分别为 302 及 299。由于测点 0 及Ⅳ在结构两侧，离结构中心最远，因此谱值会更大。由于测点呈对称布置。

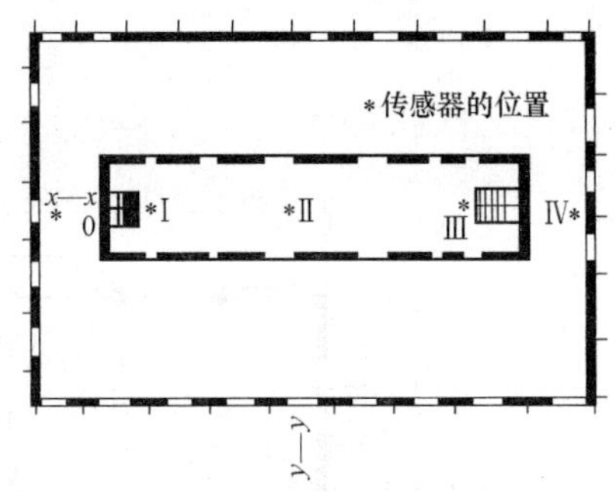

图 6.2.7　50 层商业大厦平面图

因此测点Ⅰ、Ⅲ的谱值几乎相等，但相位相反，0.43Hz，由于是平移振动频率，Ⅰ、Ⅱ、Ⅲ三个测点平移振动的幅值就差不多，也说明楼板的整体刚度比较一致。

图 6.2.9 为某建筑典型层的平面，在同一楼层上布置了 5 个传感器，共在 5 个不同的楼层上放置了传感器。表 6.2.2 列出了扭转振动前三阶频率及各测点之间传递函数的幅值比。并画出了振型。

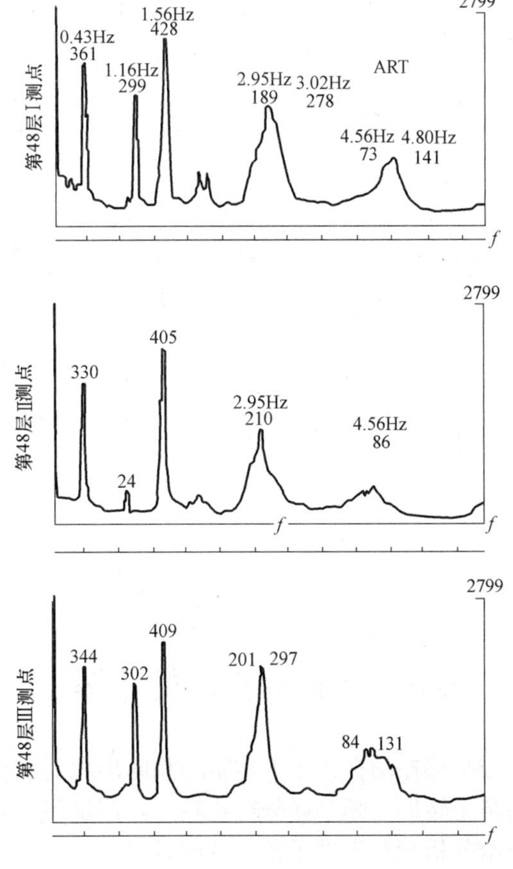

图 6.2.8　Y 方向测点的自功率谱图

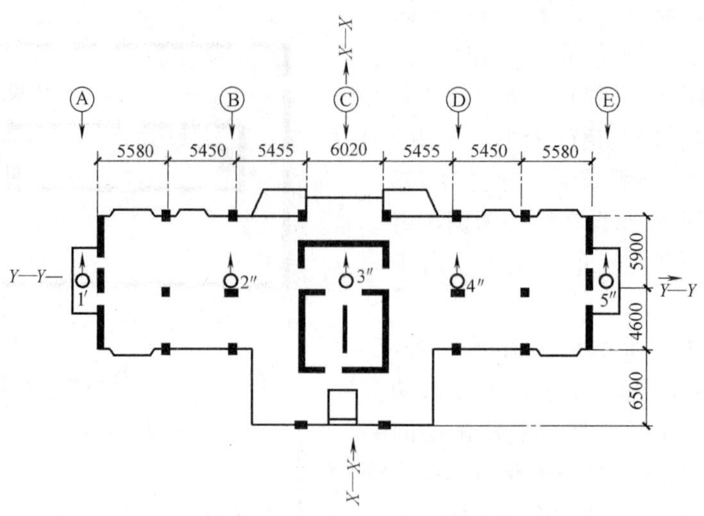

图 6.2.9　某建筑典型层平面测点的位置（传感器的位置和方向）

某建筑扭转振动的频率与振型　　**表 6.2.2**

	一阶频率 1.17Hz					二阶频率 3.56Hz					三阶频率 7.23Hz				
29 层测点幅值	1 号	2 号	3 号	4 号	5 号	1 号	2 号	3 号	4 号	5 号	1 号	2 号	3 号	4 号	5 号
	−1.01	−0.43		0.39	1.00	−1.00	−0.46		0.44	1.00	−1.00	−0.45		0.44	1.00
振型															

第五节　耦联振动的分解

实测表明，扭转振动与平移振动在频率上常常是相间出现，成双成对。从分析谱图上看，前一、二阶平移振动与扭转振动频率尚分得比较开，但是到了高阶频率处常常两两十分靠近，耦联较甚。这就给分析判断带来了较大的困难。

当平移振动与扭转振动耦联较甚的情况下，因为在建筑物上布设测点的时候，有意识地沿扭心对称布置，因此在扭心两侧的振动量值基本上是同一数量级的。但平移振动时，信号同相，扭转振动时，信号反相。这样，在扭心两侧的信号，可以采用加法与减法预处理后再送入信号分析仪。信号相加，得到两倍的平移振动信号，而对于扭转振动信号来说，因为反相，所以大体上互相抵消，接近零。这样在谱图上就突出了平移振动信号而几乎消去了扭转振动信号，见图 6.2.10（*c*）。而当信号相减的时候，平移振动的信号相抵消，得到的是两倍扭转振动的信号，这就把扭转振动信号突出出来，见图 6.2.10（*d*）。分析谱图上注明的测点位置见图 6.2.7 所示。

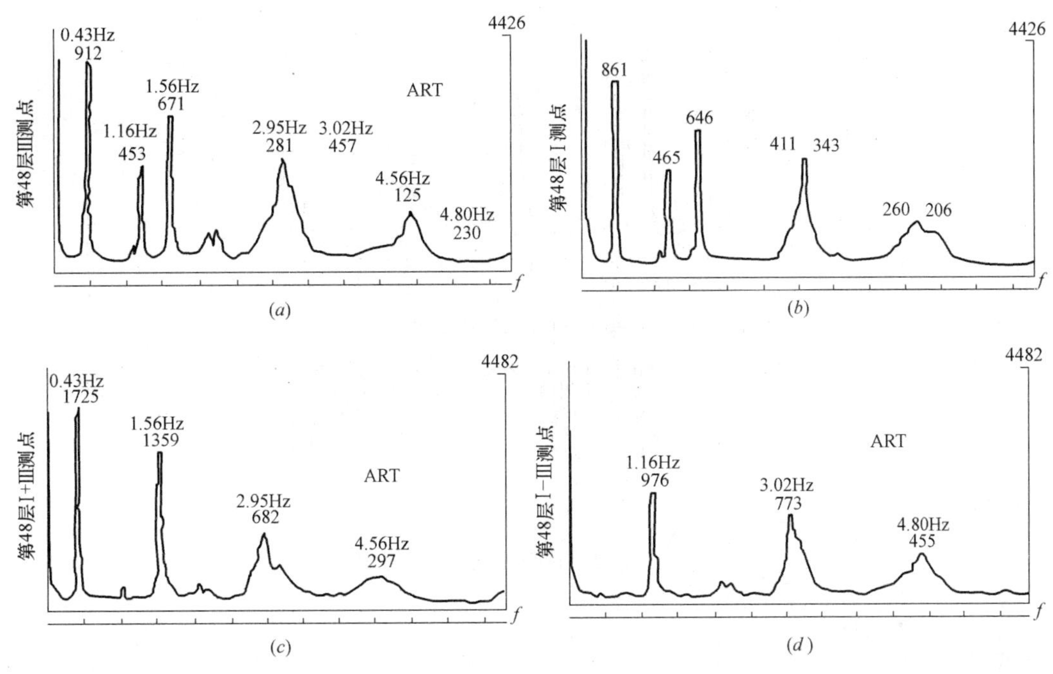

图 6.2.10　耦联振动的分解

图 6.2.10（*a*）、（*b*）两张谱图是Ⅰ、Ⅲ两个测点包含了平移振动频率与扭转振动频率的图形。经过信号的预处理，将扭转振动的分量与平移振动的分量加以分解，图 6.2.10（*c*）谱图上去掉了扭转振动的频率，单纯表现出了平移振动的频率，图 6.2.10（*d*）谱图上去掉了平移振动的频率，单纯表现出了扭转振动的频率。当碰到耦联较甚时，这样识别是十分有效的。

也有这样的情况，扭转振动信号的分量特别强，似乎淹没了平移振动分量，使得仅仅从传递函数的相位上判断其是平振、扭振就会有困难，图 6.2.11 中，4.56Hz 是平移振动信号，但传递函数相位上并没有表现为 0°，而是接近 180°。此时，就要结合用加法、减法处理后的谱图上的峰值来识别出正确的扭振或是平移振动的频率，见图 6.2.10（*c*），4.56Hz 确认为平移振动信号。

扭振与平振耦联较甚时，从传递函数的幅频来确定建筑物的振型会有困难，也不准确。如果认为测点是沿着结构扭心对称布置的，结构刚度又较均匀，那么处理后得到的振型幅值被认为可以满足要求，是可以被接受的。当然，结构两侧振动的幅值会有所不同，但是其振型系数误差不会太大。

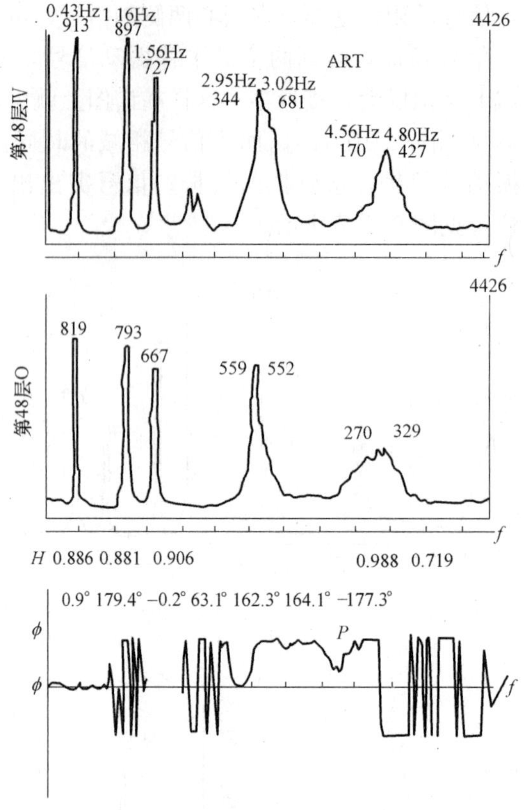

图 6.2.11 特殊情况下的信号识别

第六节 扭转振动对响应信号的幅值的影响及其他

一、扭转分量与平移分量幅值的相对比例关系

为了了解扭转振动在整个响应中的影响，在信号处理中作了两方面的统计分析。一是对建筑物顶层两侧的传感器记录到的响应信号，经谱分析之后，比较各自相应于平移振动频率与扭转振动频率的加速度或位移幅值。在环境激励的条件下，由于激励情况的变化，平移分量与扭转分量的比例关系也不是确定的，但只要记录的样本足够长，这比例关系的变化范围也不会太大，从所得结果可大致了解一下在建筑物上部这两个分量的比例关系。表 6.2.3 列出这些建筑物顶部平移分量与扭转分量的比例关系。

建筑物顶部两侧平移分量与扭转分量的比例关系　　表 6.2.3

建筑物	振动的性质	频率(Hz)	加速度的比值	位移值的比值
65 层商业大厦	第一平移振动	0.445	1	1
	第一扭转振动	1.27	2.69	0.33
50 层商业大厦	第一平移振动	0.43	1	1
	第一扭转振动	1.16	0.90	0.23

续表

建筑物	振动的性质	频率(Hz)	加速度的比值	位移值的比值
32+3层住宅	第一平移振动	0.512	1	1
	第一扭转振动	1.17	1.22	0.23
32层塔式住宅	第一平移振动	0.81	1	1
	第一扭转振动	1.31	0.84	0.33
32层塔式住宅	第一平移振动	0.92	1	1
	第一扭转振动	1.28	0.68	0.37
12层某校主楼	第一平移振动	1.41	1	1
	第一扭转振动	1.95	1.39	0.74
12层住宅	第一平移振动	1.59	1	1
	第一扭转振动	1.95	1.64	1.10

二、扭转振动对响应信号的幅值的影响

在建筑物顶层，对认为是扭转分量（指幅值）最强的测点（一般在建筑物的两端），和认为基本没有扭转分量的测点（一般在建筑物的中间），作概率密度分布的统计分析。由于样本足够长以后，响应信号呈正态分布。在正常情况下，建筑物响应信号的均值为零。因此，其标准差 σ 就可用来表征该随机信号的幅值特征。将扭转分量强的测点的标准差与几乎没有扭转分量的测点的标准差相比较，就可从统计的角度了解由于扭转振动的存在对响应信号幅值的影响。表 6.2.4 列出上述建筑在顶层按上述两个位置测得的响应信号的标准差。从表 6.2.4 上所提供的数据可以清楚地看到，由于扭转振动的存在，在建筑物同一平面上，其两端的响应信号比在中间的响应信号要大。图 6.2.12 是说明这情况的示意图。在表 6.2.4 中所用传感器为加速度计，如果是用位移传感器，信号的标准差之间相对比值将有所不同。

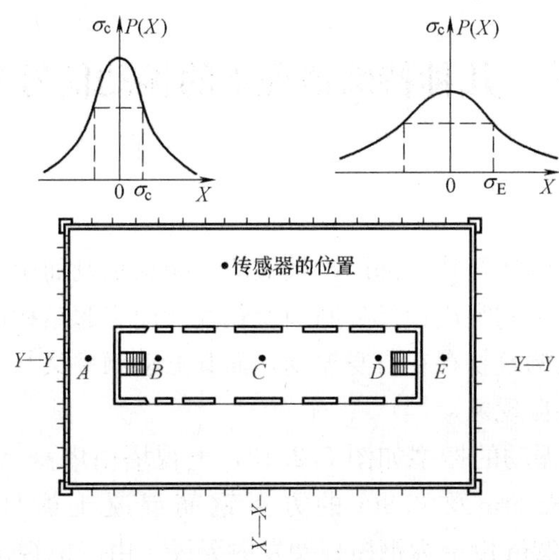

图 6.2.12　从概率密度分布的统计分析由扭转振动造成的幅值影响

建筑物顶部中间位置及两侧端部位置加速度响应信号的相对比值　　表 6.2.4

建筑物	一　侧	中　间	另一侧
65 层商业大厦	2.46	1.0	2.01
50 层商业大厦	1.20	1.0	1.33
32+3 层住宅	—	1.0	1.66
32 层塔式住宅	—	—	—
32 层塔式住宅	—	—	—
12 层某校主楼	1.60	1.0	1.58
12 层住宅	1.91	1.0	1.98

三、其他

1. 建筑物的扭转振动频率往往与平移振动的频率相间出现，有时甚至两两频率十分相近。

2. 由于扭转振动的存在，对响应信号幅值的影响，是与结构的特点有关，也与平面形状和尺寸有关。

如两幢均带有核心筒的建筑物，核心筒尺寸小的建筑物扭转振动的相对幅值要大，这说明核心筒不仅对抗侧向荷载有用，对抗扭也是起作用的。

两幢结构形式相仿全为矩形平面的建筑物，扭转振动造成的幅值影响与矩形平面的长宽比有关，长宽比越大，扭转振动造成的幅值影响越大。

4. 振动实测的分析表明，即使对于比较对称的建筑物，在外界激励的影响下，由于质量、刚度实际上不可能完全对称及均匀，因此，也会产生扭转效应。结构设计时，除了考虑平面布置及结构形式外，宜采取一些相应的加强措施，提高抗扭能力，减小扭转效应的影响。

第七节　几种特殊情况下的振动信号分析

一、鞭梢效应

地震破坏中，常常见到建筑物顶部因鞭梢效应，振动加剧而引起损坏的例子。产生鞭梢效应的原因主要是由于结构突出顶部处断面变化太大而引起结构刚度的剧变造成的，也由于突出顶部的建筑物或构筑物存在自身振动，而其振动频率又与主体结构的某一振动频率一致或接近引起的类共振现象。

例 1：某电视塔水平振动的振型如图 6.2.13，电视塔由塔身（±0－213.2m）、塔楼（213.2～256.5m）、边长 5m 及 3.8m 的方形钢筋混凝土桅杆（256.5～292.5m）、（292.5～322m）组成，322m 以上为钢桅杆及发射天线。由于电视塔塔身是一个沿着高度方向渐渐收进的图形筒体结构，过了塔楼部分，上部钢筋混凝土桅杆，特别是钢桅杆，由于连接处断面减小，刚度变化大，因此上部振动幅值较大。从振型看，以上部表现为主，同时存在鞭梢效应。试验时由于发射天线顶部无法安装传感器，如有条件安装传感器的话，预计振动幅值更大，鞭梢效应将更明显。

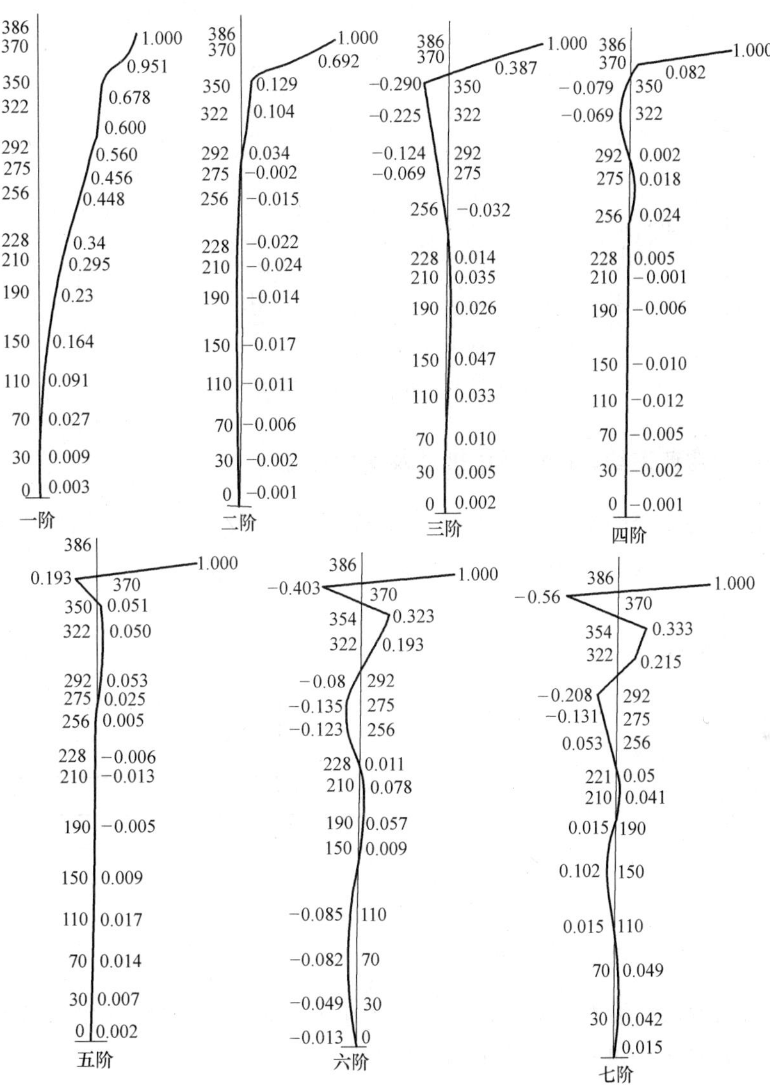

图 6.2.13　某电视塔水平振动振型图
（从图上可明显看出顶部桅杆振动的鞭梢效应）

例 2：某建筑物顶部有一塔楼，塔楼为一旋转餐厅，图 6.2.14 为结构 x、y 方向振动的振型图，图中主楼顶层地面的幅值假设为 1.00，塔楼顶的振动幅值分别为 3.37 与 3.74，要比主楼顶部的振动大出很多。究其原因，除了刚度变化大以外，由于突出顶部的塔楼存在自身振动频率，而其振动频率与建筑物主体结构的某一频率十分接近，引起类共振现象。

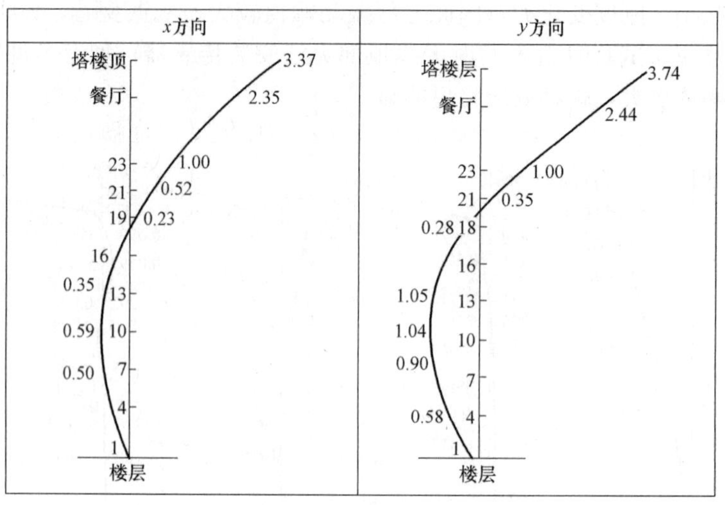

图 6.2.14　塔楼振动的鞭梢效应

二、平面内弯曲振动、拉伸压缩振动及弯剪振动

某高层建筑物主楼的平面呈 L 形，测量数据的分析结果表明，结构尚作平面内的弯曲振动，在平面上表现为张开合拢式的振动，见图 6.2.15。

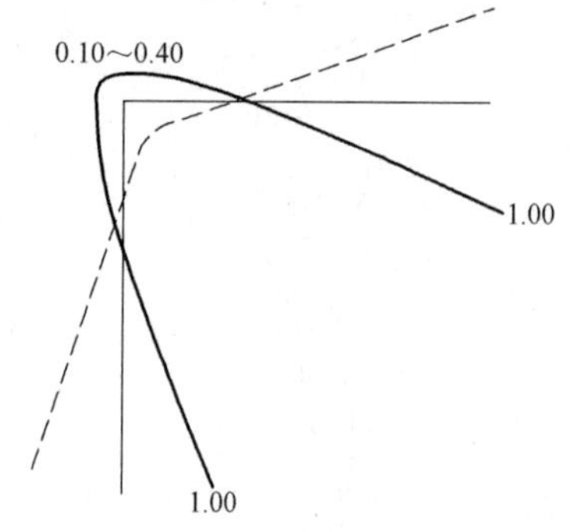

图 6.2.15　L 形建筑物平面内弯曲振动

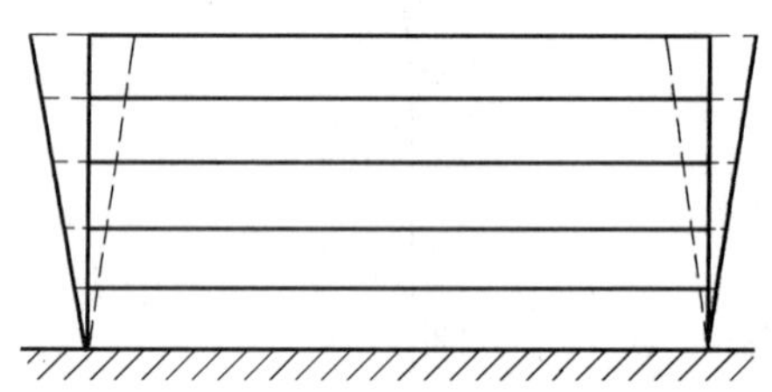

图 6.2.16　某建筑物纵向拉伸压缩振动

某建筑物共五层，沿着楼的纵向在平面内布置传感器。测量数据的分析结果表明，纵向有一拉伸压缩振动，频率为 4.24Hz，见图 6.2.16。

某建筑物共六层，在同一楼层平面内沿着长度方向布置 5 个测量横向振动的传感器。测量数据的分析结果表明，结构存在着横向的弯剪振动，其振型见图 6.2.17。

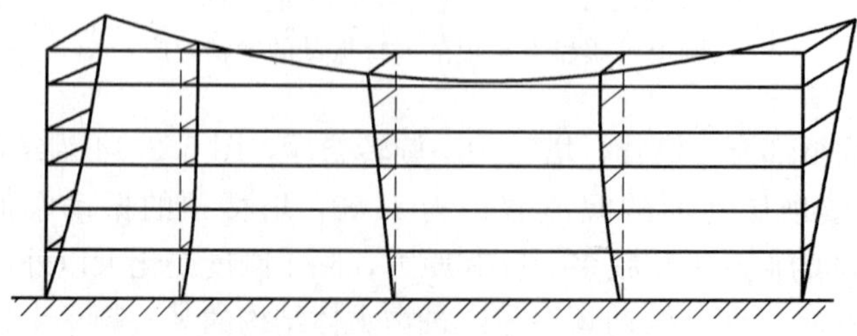

图 6.2.17　某六层住宅横向弯剪振型（7.76Hz）

三、结构竖向缝（抗震缝、沉降缝、伸缩缝）两侧的振动效应

结构竖向设缝的情况很多，考虑温度影响时设伸缩缝，考虑地震作用时设抗震缝，考虑地基不均匀沉降时设沉降缝。规范对抗震缝的宽度作了明确的规定，并提出了对伸缩缝、沉降缝也应符合防震缝的要求。可是地震竖向缝两侧的建筑常常因碰撞或挤压作用发生损坏的例子不少。究其原因，一是缝隙留得过窄，而结构在地震时的变位较大。二是施工过程中的砂浆及砖石等杂物把缝堵塞，使其两侧的振动互相耦联及影响。甚至产生撞击效应。

某多层建筑（图 6.2.18），试验时在竖向缝的两侧 A、B 两个区段均布置了传感器，经过信号分析处理，在同一层平面上，A、B 两个区段测点的分析谱图见图 6.2.19 及图 6.2.20。从图上可以看出，缝两侧结构的自振频率是不一致的。A 区段的自振频率为 3.7576Hz，B 区段的自振频率为 3.1720Hz，同时发现，在两张谱图上，均出现 3.7576Hz 与 3.1720Hz，只是谱值大小不同。分析认为，在 A 区段的谱图上出现的 3.1720Hz 为竖向缝右侧 B 区段的振动频率，这从 B 区段的频谱图上，3.1720Hz 表示为其 B 区段的主振频率得到证实。同样，也可认为，在 B 区段上出现的 3.7576Hz 为竖向缝左侧 A 区段的振动频率，这从 A 区段的频谱图上，3.7576Hz 表示为其 A 区段的主振频率也可得到证实。分析证实，竖向缝中的杂物使其两侧的结构在振动时有耦联作用，在振动时互相影响，互相传递，在地震时会产生较大的碰撞，产生结构振动的撞击效应，于结构抗震是不利的。

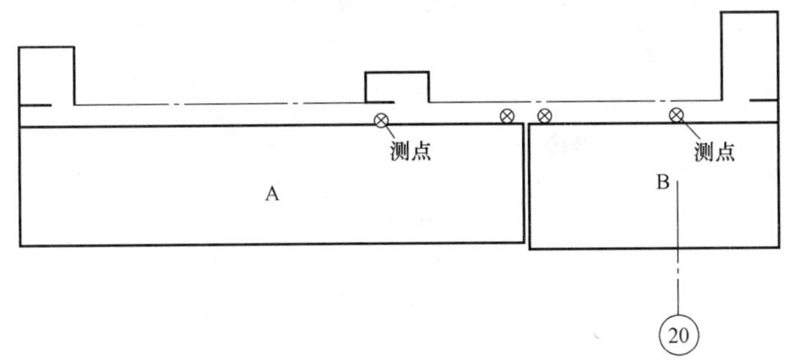

图 6.2.18　某多层建筑平面及测点

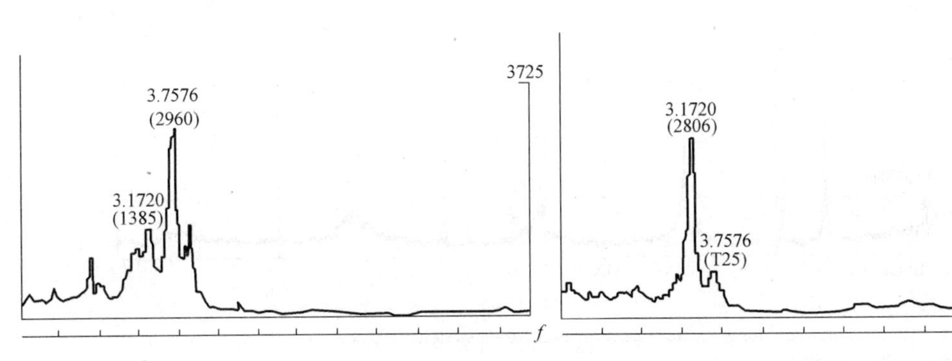

图 6.2.19　A 区段结构的分析谱图

图 6.2.20　B 区段结构的分析谱图

四、与主轴线带有一定角度的振动信号分析

某高层建筑，结构平面示意见图 6.2.21。试验时，测量了它 x、y 方向的振动，又测量了它 x'、y'方向的振动。从平面图上可以看出，x'、y'是结构主振的振动方向，信号是很明确的，前 4 阶频率的自动率谱图见图 6.2.22（a）、（b），但是由于 x、y 轴，它并非是结构振动的主轴，它与 x'、y'轴线成 45°相交，因此从信号分析的自功率谱图上可以看到，除第 1 阶频率处有陡峭的高峰外，其他 2、3、4 阶频率处都有若干个高峰，这是由于结构在 x、y 方向振动时，受到主振动方向 x'、y'的振动影响所致。见图 6.2.22（c）、（d）。

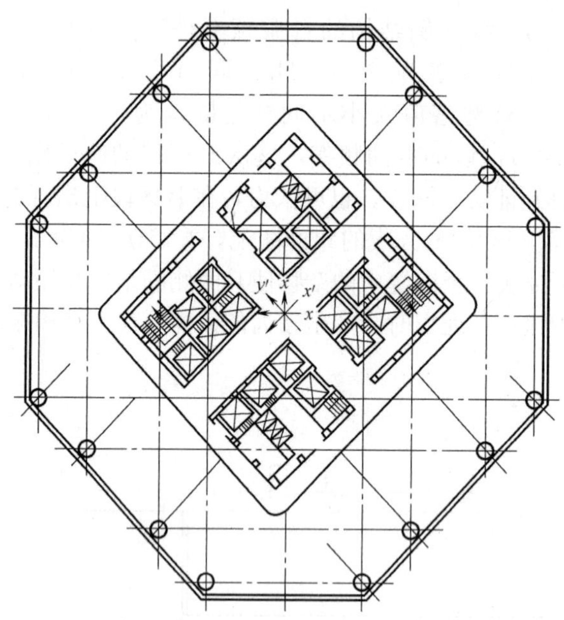

图 6.2.21　某建筑结构平面示意图

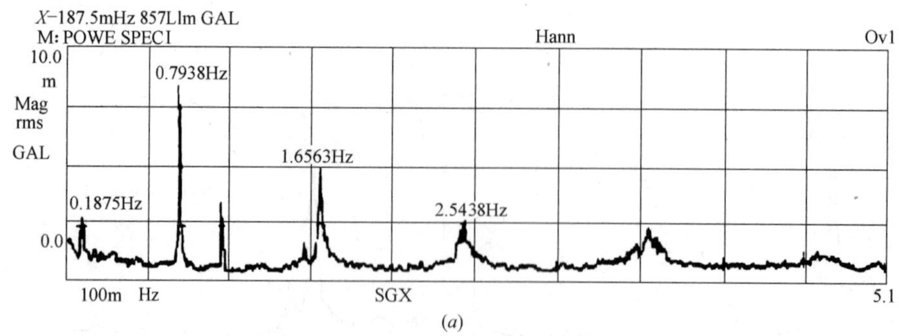

(a)

图 6.2.22　结构振动和自功率谱图（一）
（自上至下各图振动方向分别为 X'，Y'，X，Y）

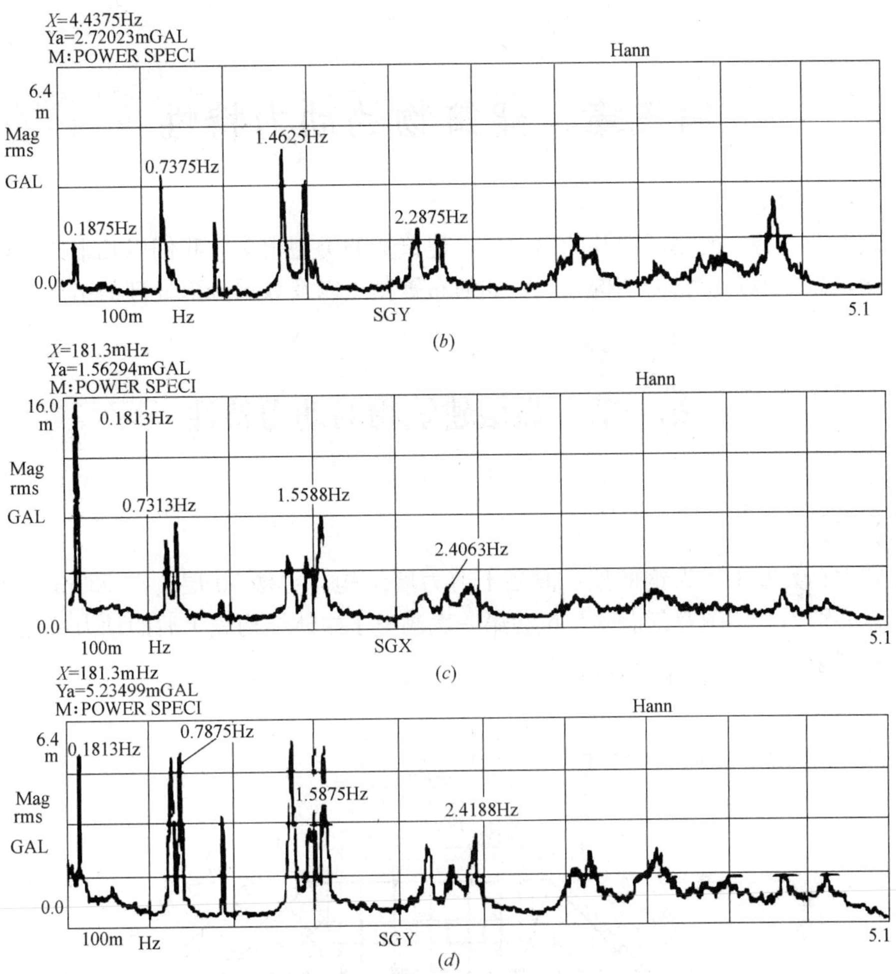

图 6.2.22　结构振动和自功率谱图（二）

（自上至下各图振动方向分别为 X'，Y'，X，Y）

第三章　建筑物的动力特性

建筑物动力特性的测试涉及的面很广，建筑物的类型很多。我们以几个比较典型的建筑物为例，简单地介绍它的结构形式、如何布置测点以及数据分析处理的结果。

第一节　高层建筑物的动力特性

一、简介

京广中心大厦主楼为钢框架—混凝土剪力墙结构，主楼 53 层，高 208m，图 6.3.1、图 6.3.2 分别为平面图及剖面图，试验第一次测量了主体结构完工后的动力特性，第二次测量了建筑物全部完工后的动力特性。

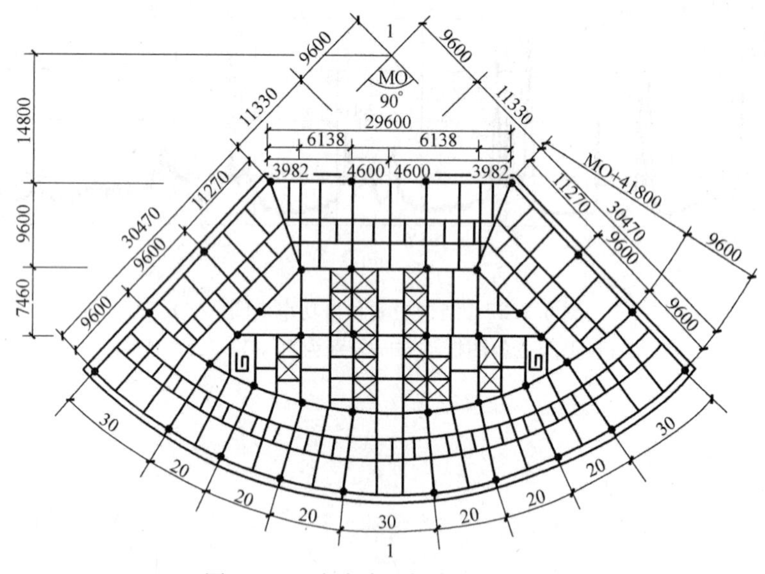

图 6.3.1　京广中心标准层平面图

二、测点布置

在测量建筑物 X、Y 方向平移振动的时候，为突出平移振动的响应信号，减少扭转振动的影响，传感器尽可能设置在结构平面的中心。有时受现场条件限制时，也有偏离平面中心的。本测试点布置在 Y 方向就稍偏中心（见图 6.3.3），图中沿周围布设的 5 个测点，是主要测扭转振动用的。测点按建筑物高度大致等间隔地设置，在每一个测量层中，各测层测点位置均相同。

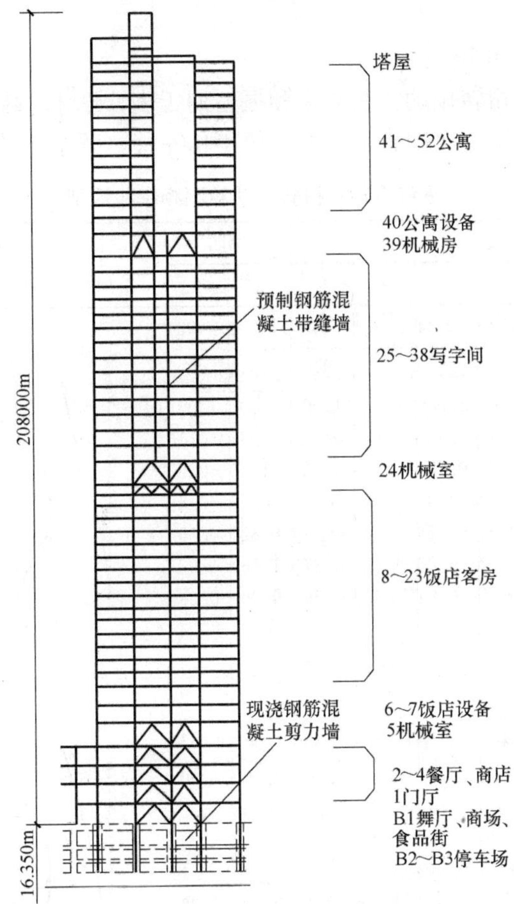

图 6.3.2　京广中心剖面图

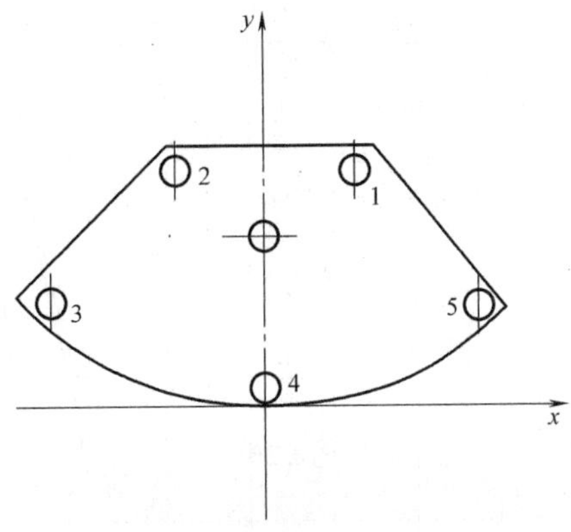

图 6.3.3　振动方向和平面测点位置

中间的○表示平移振动传感器布置点

周围的○表示测扭转振动的传感器和测点

三、试验数据的分析

1. 各阶振动的频率和振型

建筑物平移振动和扭转振动实测频率和振型列于表 6.3.1。结构在不同状态时的频率是不一样的，第二次比第一次固有频率的峰值稍稍左移，频率变低。

平移振动和扭转振动实测频率和振型　　表 6.3.1

振型		第一		第二		第三		第四		振型图（自左至右依次为第一、二、三、四振型）
测次		1	2	1	2	1	2	1	2	
X方向	f(Hz)	0.2226	0.2109	0.7306	0.6411	1.1201	1.1488	1.5351	1.4931	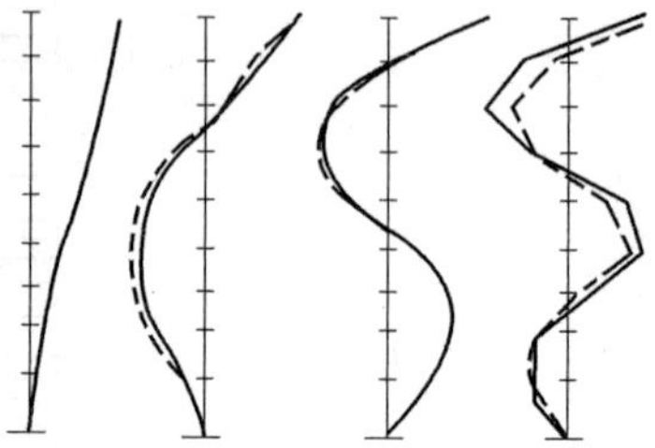
	t(s)	4.4923	4.7416	1.3687	1.5598	0.8920	0.8705	0.6514	0.6697	
	层（幅值）53	1.00	1.00	1.00	1.00	1.00	1.00	1.00	1.00	
	47	0.92	0.91	0.61	0.48	0.12	0.14	−0.71	−0.16	
	41	0.79	0.82	0.16	0.15	−0.75	−0.57	−1.26	−0.85	
	35	0.67	0.67	−0.30	−0.38	−0.78	−0.91	−0.66	−0.48	
	29	0.51	0.51	−0.63	−0.76	−0.49	−0.49	0.82	0.50	
	23	0.34	0.36	−0.77	−0.86	0.31	0.27	1.06	0.92	
	17	0.24	0.25	−0.70	−0.84	0.67	0.66	0.39	0.39	
	10	0.15	0.15	−0.55	−0.55	0.73	0.73	−0.39	−0.44	
	4	0.04	0.03	−0.15	−0.21	0.37	0.33	−0.68	−0.44	
Y方向	f(Hz)	0.2148	0.1953	0.7460	0.7188	1.3555	1.3359	1.8230	1.8729	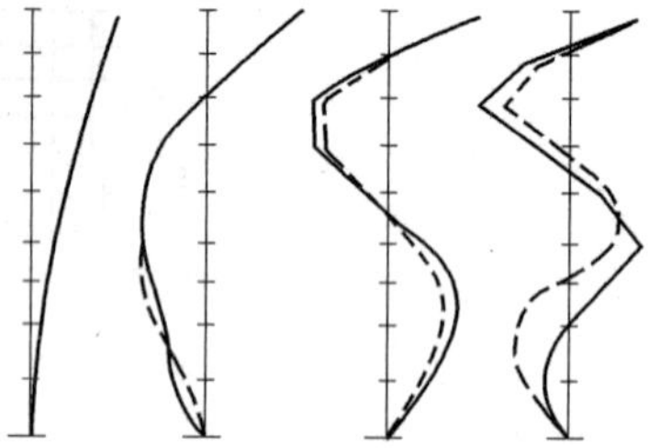
	t(s)	4.6555	5.1203	1.3405	1.3913	0.7377	0.7486	0.5485	0.5339	
	层（幅值）53	1.00	1.00	1.00	1.00	1.00	1.00	1.00	1.00	
	47	0.88	0.87	0.50	0.48	−0.05	−0.02	−0.59	−0.27	
	41	0.72	0.75	−0.05	0.05	−0.89	−0.69	−1.37	−0.86	
	35	0.56	0.55	−0.46	−0.42	−0.76	−0.67	−0.30	−0.10	
	29	0.40	0.42	−0.67	−0.70	−0.18	−0.18	0.62	0.82	
	23	0.27	0.26	−0.70	−0.75	0.46	0.37	1.07	0.65	
	17	0.18	0.18	−0.59	−0.67	0.71	0.62	0.56	−0.20	
	10	0.10	0.11	−0.45	−0.51	0.72	0.63	−0.07	−0.85	
	4	0.04	0.03	−0.34	−0.14	0.36	0.28	−0.37	−0.57	
扭转振动	f(Hz)	0.2645	0.2503	0.6277	0.7267	1.3167	1.3046	1.9766	1.8643	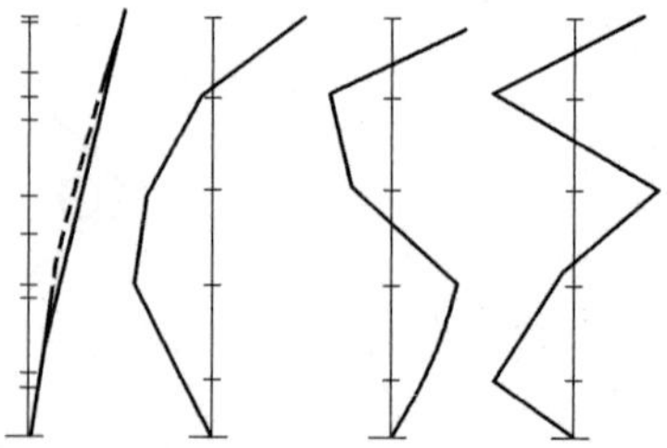
	t(s)	3.7678	3.9948	1.5931	1.3760	0.7594	0.7665	0.5159	0.5364	
	层（幅值）53		1.00							
	52	1.00		1.00		1.00		1.00		
	45		0.85							
	41	0.86		−0.11		−0.76		−1.22		
	39		0.66							
	29	0.59	0.49	−0.72		−0.44		1.25		
	24		0.36							
	17	0.31		−0.93		0.71		−0.26		
	15		0.20							
	5		0.05							
	4	0.06		−0.25		0.37		−1.20		

注：1. 振型图中实线表示第一次量测时的振型，虚线表示第二次量测时的振型；

2. 因受现场条件的限制，在测扭转振动时，第一次试验与第二次试验时布点的楼层有所差异，所以仅做出第一振型的幅值和振型的比较，二、三、四振型未作比较。

2. 一阶振型的阻尼比

在结构两种状态下测得的一阶振型的阻尼比，基本相同无大变化，即 X 和 Y 方向均为 1.01%，扭转振动时为 1.03%。

3. 扭转振动的分析

为了进一步了解高层钢结构建筑扭转振动在整个响应中的影响，我们在信号处理中对第 52 层记录到的信号作了两个方面的统计分析。

(1) 对图 6.3.3 中相距较远的两侧第 3 和第 5 测点振动信号的分析见表 6.3.2。

相距较远的两测点平移与扭转振动分量比　　表 6.3.2

振动类型	加速度值的比例关系	
	第一种结构状态时	第二种结构状态时
平移振动 扭转振动	1.00 1.62	1.00 1.10

(2) 对图 6.3.3 中间点与 3、5 测点的对比

将扭转分量强的测点标准差与几乎没有扭转分量的测点标准差相比较，就可从统计的角度了解扭转振动的影响（见表 6.3.3）。

(3) 由表 6.3.3 可以看出，由于扭转振动，同一层平面上的两侧响应信号的标准差，要比中间的响应信号标准差大。

平面两侧与中间加速度响应信号标准差之比　　表 6.3.3

传感器与测点位置	点 3	点 2	点 4	点 1	点 5
第一种状态下的相对比值 第一种状态下的相对比值	2.40 1.70	1.36	1.00 1.00	1.18 1.06	1.87

4. 实测基本周期与理论计算和经验公式的对比（见表 6.3.4）

京广中心大厦有关基本周期 T_1 (s) 值的对比　　表 6.3.4

方位		X 方向		Y 方向	
		T_1	T_1/T_1^0	T_1	T_1/T_1^0
实测	数据	$T_1^0=4.74$		$T_1^0=5.12$	
	经验公式	$T_1=0.021H=4.39$ $T_1=0.083n=4.4$	0.93	$T_1=4.39$ $T_1=4.4$	0.86
理论计算		$T_1=5.94$	1.25	$T_1=6.05$	1.18
设计经验公式		$T_1=0.027H=5.62$ $T_1=0.11n=5.83$	1.19 1.23	$T_1=5.62$ $T_1=5.83$	1.10 1.14

注：1. H—结构檐高；n—地面建筑层数；
2. T_1^0实测数据系建筑物全部完工交付使用时所得分析数据；
3. T_1^0理论计算数据选自京广中心设计资料；
4. 实测和计算经验公式选自方鄂华等“高层钢结构基本周期的经验公式”一文。

四、讨论

1. 对建筑物主体结构完工阶段和整个建筑物全部完工后的试验数据分析表明：前后

两次的频率特性有差异，第二次的前几阶频率比第一次略有下降。这表明主体结构完工后施工的内隔断等次要结构件，对结构刚度增加的影响甚微，但其固有频率随内隔断和设备的安装，质量的增加而下降，振型图也略有差异。而质量的影响比刚度的增加更为主要。

2. 从扭转振动分析数据可知，高层钢结构也同高层钢筋混凝土结构一样，存在着扭转振动的影响，即使对称性较好的建筑物也不例外，因此，设计中应对扭转振动予以足够重视。

3. 结构的扭转振动影响在建筑物全部完工后相对完工之前稍有改善。主体结构完工之后施工的内隔断，对增强结构刚度虽影响不大，但有微弱反映。而且第一次测试时，因室内设备和材料堆放的偏心，而第二次测试时，很可能使这部分反应被减弱了。

4. 由测试得到的建筑物基本周期值表明，用实测经验公式可以较好地估算微小振幅下高层钢结构的基本周期，且具有足够精度。其次由实测得出的基本周期比理论计算周期短的原因，分析是因为脉动试验时结构处于微小振幅下，而且计算时数学模型的简化对计算周期也有影响，加上计算采用的最大荷载，通常都大于实际结构重量，因而实测所得的基本周期会比计算所得的短。

第二节　工业厂房的动力特性

某 6 层工厂组装车间结构平面如图 6.3.4 所示，建于 1976 年，1994 年拟改为公寓及宾馆，由于原楼楼层高度大，改建时准备加层。动力特性实测的目的在于取得厂房的自振频率、振型、阻尼比等动力特性参数，为改建时进行地震反映分析提供基础数据。同时研究厂房改建前后动力特性的变化，分析由于增加楼层及隔断等结构变化，而导致动力特性参数的变化及差异，也研究多层工业厂房的动力特性及振动中的一些现象。

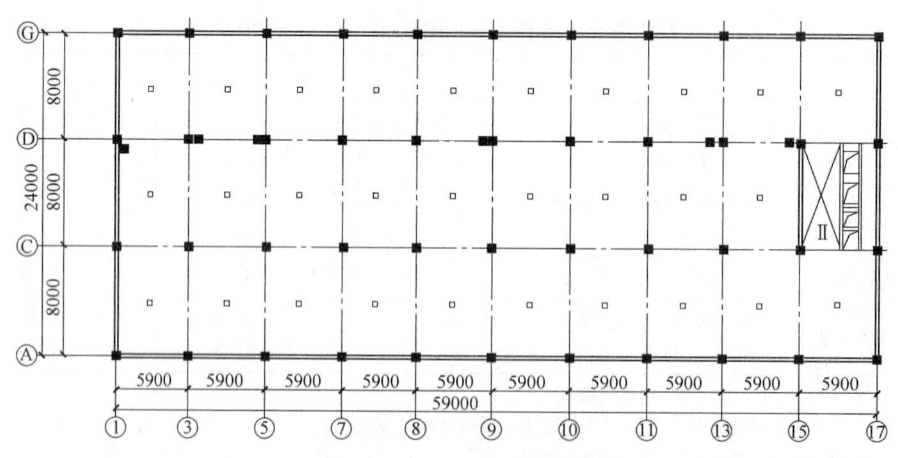

图 6.3.4　三层结构平面

在结构的每一层及屋顶相同位置布置一个平移振动测点，自下至上共有 7 个测点。先测横向振动，测完以后转动 90°测纵向振动。在第三层平面共布置 5 个测点，并且在一侧的同一位置每层自下至上布置一个测点，共 7 个测点，测量扭转振动及检查楼板的刚度。

测点在平面上的布置见图 6.3.4。测横向振动的时候，测点安放于结构的中轴线对称位置上。测纵向振动的时候，稍偏离纵向中心。测扭转振动时，测点未放在两侧端部，稍往里挪了一些。这些均因为现场条件所限，但为了分析准确及方便，应尽量按照前述测点布置的原则选择测点位置。

试验数据经过分析，得到了建筑物横向、纵向、扭转振动的频率、振型及阻尼比。现将厂房改造前得到的频率、振型、阻尼比列于表 6.3.5～表 6.3.8 中。

横向振动的频率、振型及阻尼比　　表 6.3.5

楼层	第一振型 f=1.49Hz		第二振型 f=4.38Hz		第三振型 f=6.66Hz	
	阻尼比 ζ=1.27%		阻尼比 ζ=/		阻尼比 ζ=/	
	幅值	振型	幅值	振型	幅值	振型
屋顶	1.00	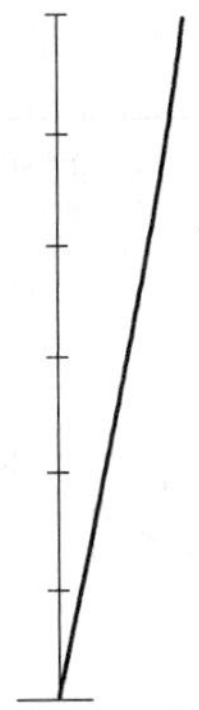	1.00	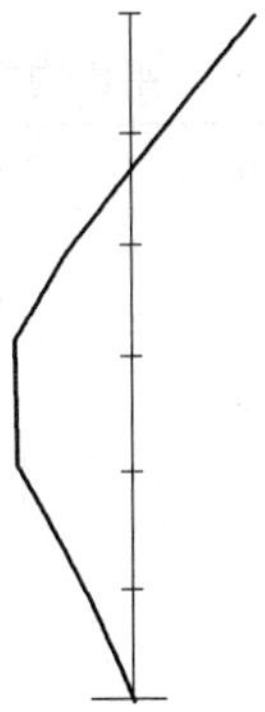	1.00	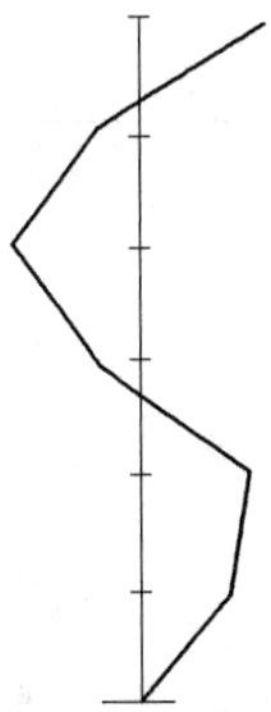
6 层	0.93		0.31		−0.38	
5 层	0.79		−0.45		−1.13	
4 层	0.63		−0.98		−0.38	
3 层	0.38		−0.91		0.85	
2 层	0.16		−0.33		0.69	
1 层	0.03		−0.03		0.10	

纵向振动的频率、振型及阻尼比　　表 6.3.6

楼层	第一振型 f=1.55Hz		第二振型 f=4.62Hz		第三振型 f=7.29Hz	
	阻尼比 ζ=1.22%		阻尼比 ζ=/		阻尼比 ζ=/	
	幅值	振型	幅值	振型	幅值	振型
屋顶	1.00	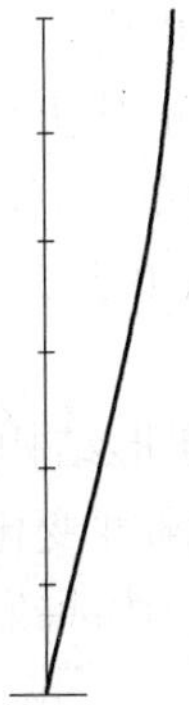	1.00	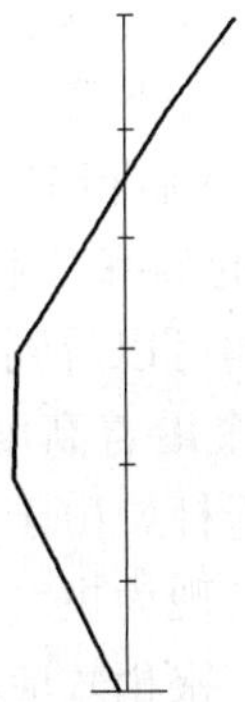	1.00	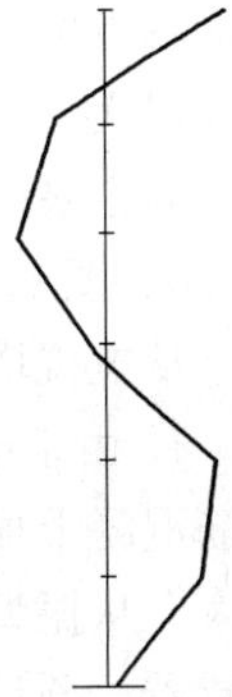
6 层	0.93		0.30		−0.46	
5 层	0.80		−0.29		−0.75	
4 层	0.63		−0.84		−0.15	
3 层	0.41		−0.89		0.88	
2 层	0.17		−0.48		0.78	
1 层	0.05		−0.10		0.13	

扭转振动的频率、振型及阻尼比　　　　表 6.3.7

楼层	第一振型 f=1.96Hz		第二振型 f=6.29Hz	
	阻尼比 ζ=1.10%		阻尼比 ζ=/	
	幅值	振型	幅值	振型
屋顶	1.00		1.00	
6 层	0.86		0.58	
5 层	0.73		−0.20	
4 层	0.50		−0.87	
3 层	0.35		−1.11	
2 层	0.14		−0.65	
1 层	0.06		−0.15	

平面内扭转振动的频率及振型　　　　表 6.3.8

一阶频率 1.96Hz	二阶频率 6.29Hz

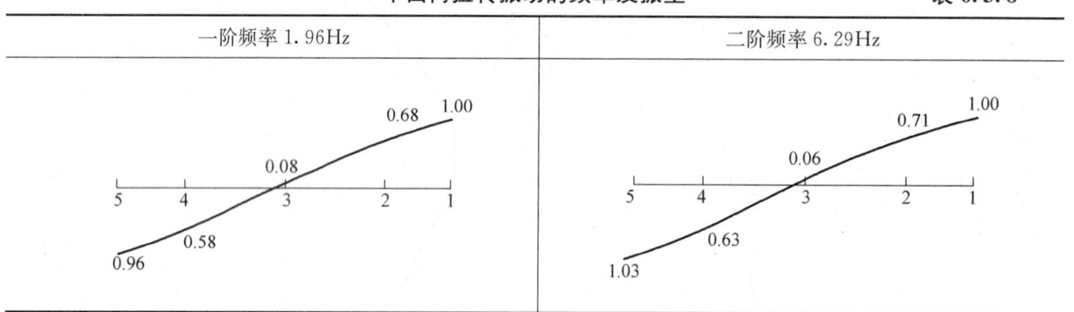

第三节　塔桅建筑的动力特性

天津电视塔塔身为一圆形的钢筋混凝土结构，塔身自下至上逐渐缩小，中间为电梯井，发射天线顶部高 412.5m，图 6.3.5 为其剖、立面图。从图上可看到，沿电视塔高度方向共布置了 15 个测点，测量其 X、Y 两个方向的平移振动，由于受试验条件的限制，钢桅杆发射天线的顶部无法安装传感器，在电视调频发射机房，由于其高度比较高，平面直径最大，因此在此处沿其直径布置了 5 个测点，用来测量其扭转振动的响应。

对记录信号进行分析处理后得到了 X、Y 方向振动的频率、振型及阻尼比，见图 6.3.6、图 6.3.7。扭转振动的频率、阻尼比及平面振型见图 6.3.8。

从电视塔动力特性的实测可以看到：

1. 由于电视塔塔身是一个沿着高度方向渐渐收进的圆形结构，过了塔楼部分，上部钢筋混凝土桅杆，特别是钢桅杆，由于连接处断面减小，刚度变化大，因此上部振动幅值较大。从振型上看，以上部表现为主。同时存在鞭梢效应。如果发射天线顶部有条件安有传感器，预计振动幅值更大，鞭梢效应将更明显。

2. 天津电视塔 X（东西）、Y（南北）两个方向的计算周期均为 7.5s，本次实测周期

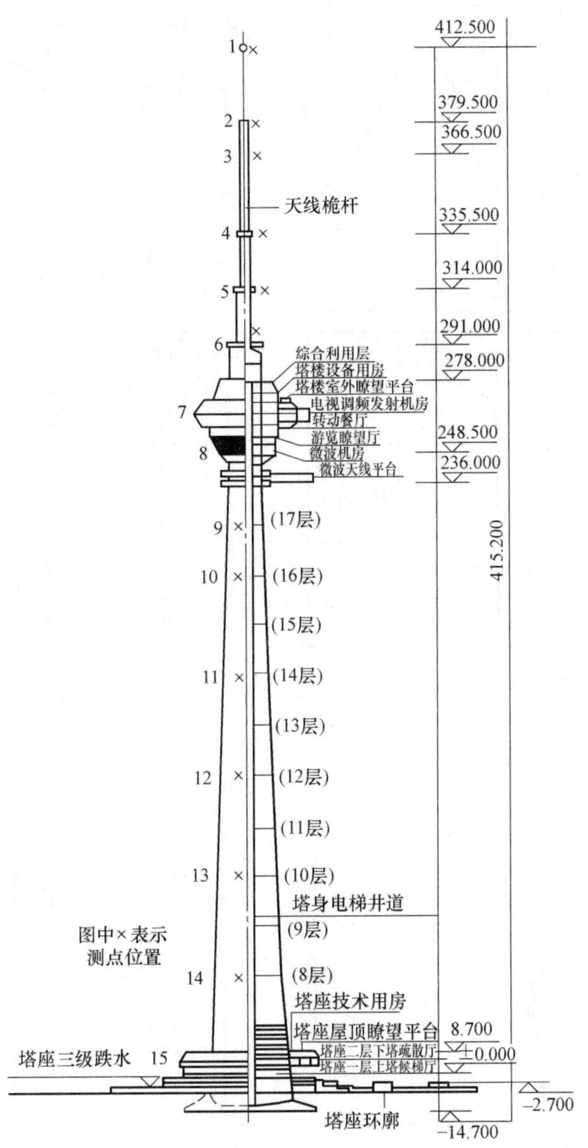

图 6.3.5 天津电视塔剖、立面图

为 6.3s（频率 0.1586Hz）。实测周期与计算周期比相差 16%，实测周期较短。这是因为：由于脉动试验时得到的基本周期是结构处于微小振幅下的周期。另外，由于计算时数学模型的简化，有些对周期有影响的部分在计算中被简化忽略了，例如，塔身中间供电梯使用的钢筋混凝土的内筒等。加上计算时采用的最大荷载，总是大于实际的重量。所以实测周期与计算周期相比，实测周期较短。

3. 由于电视塔从平面上来看，呈对称结构，其 X（东西）、Y（南北）两个方向的平移振动频率几乎相同。

4. 尽管电视塔呈对称结构，在塔楼电视调频发射机房的振动测量中，除了 X（东西）、Y（南北）方向的振动外，仍存在着扭转振动的影响。

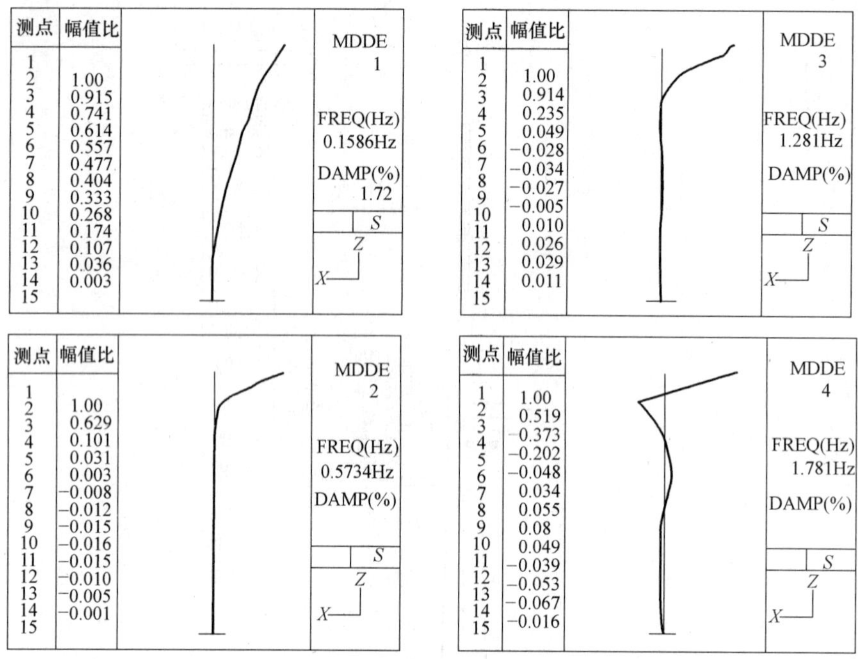

图 6.3.6　X（东西）方向振动的频率、振型及阻尼比

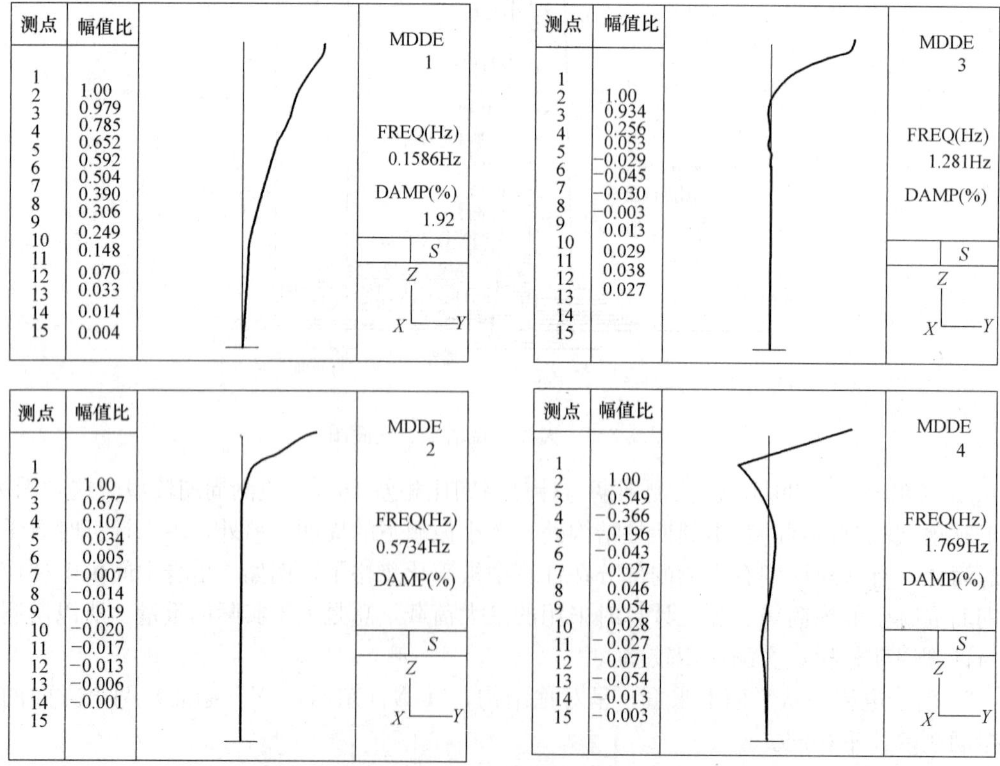

图 6.3.7　Y（南北）方向振动的频率、振型及阻尼比

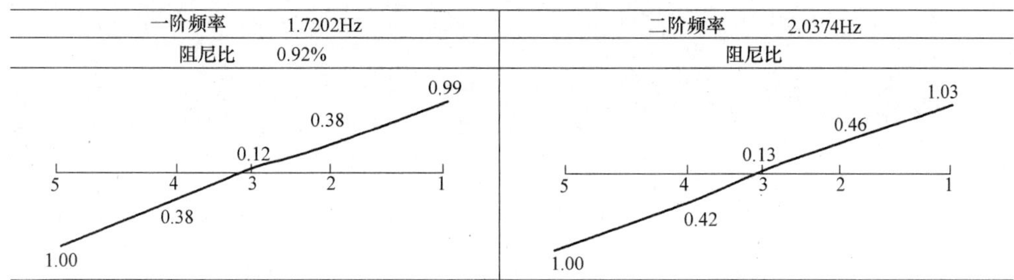

图 6.3.8　塔楼扭转振动的频率、阻尼比及平面振型

5. 电视塔是高耸结构，地震与风震的反应强烈，试验得到的动力特性可为减震与振动控制的研究提供基础数据。

6. 试验得到的动力特性参数可为开展电视塔的安全性评估与损伤识别积累基本技术资料。

第七篇

建筑施工振动控制

第一章　建筑施工振动危害及其评估方法

岩土爆破、打桩以及地基处理等建筑工程施工活动均会产生空气噪声和地基振动。由于这些振源的能量大小、频率范围以及作用持续时间不同，它们各自产生的地基乃至建筑结构的振动特性及其危害将会有所差异。

本章主要对建筑工程施工振动危害的评估方法作些简要的阐述，而国内外目前已有的技术标准，本篇后续的相关章节将会予以介绍。

第一节　振动对地基土的影响

掌握振动对地基土特性的影响规律，对解决建筑施工引起的振动问题具有重要的意义。一方面，地基土是传播多种振动的主要介质，它会对振动的强度和频率产生不可忽视的影响；另一方面，振动在传播过程中又可能使地基土的性状发生改变，如它可使地基产生附加沉降甚至失稳，继而会严重损伤临近的建（构）筑物。

土动力学研究已经表明，地基土的振动特性除与振源有关外，它还受地基土的层状构造及其物理力学性质、地下水位和基岩的埋深等因素的影响。由于岩土材料性状的极其复杂性，用理论方法来研究地基的振动特性至今仍是一件相当困难的事情。因此，本节将主要介绍振动对土体变形和强度影响的一些实验研究成果。

一、振动对土体变形特性的影响

众所周知，对松散的粒状材料可用摇晃或振动的方法使之达到更加密实的状态。一些实验结果已经证明，动荷载和振动加速度对土体的密实度均会产生影响，这意味着振动会使土体产生体积变形。

竖向周期性荷载对有侧限的砂土密实度的影响研究表明：对频率在 1.8～6.0Hz 范围内变化的动荷载，初始相对密度为 60％的砂土样的实验结果如图 7.1.1 所示，其中纵坐标为土的体积应变，横坐标 N 是动荷载作用的次数，σ_z 为初始静压应力，σ_d 为动应力幅值。由图可见，对于一定的 σ_d/σ_z，土样的体应变与 $\lg N$ 近似成正比例关系；当 N 一定时，土样的体应变会随 σ_d/σ_z 增大而增大。

振动加速度对土体密实度的影响按图 7.1.2（a）进行了实验研究，其中将土样放入固定在振动台的一只刚性模内，再施加竖向应力 σ_z 并保持不变，然后通过振动台向土样施加周期性振动 $z=A_z\sin\omega t$，而土样承受的加速度幅值 $a_{max}=A_z\omega^2$，对每组（ω，a_{max}），土样受振的历时视其变形达到稳定状态而定。在停止振动时测定土样的压缩变形量，并由此计算它的干重度。图 7.1.2（b）是上述砂土样的干重度随振动加速度幅值而变化的关系曲线，可见它的密实度约在 $a_{max}/g<0.7$（g 为重力加速度）时基本不变，当 $0.7\leqslant a_{max}/$

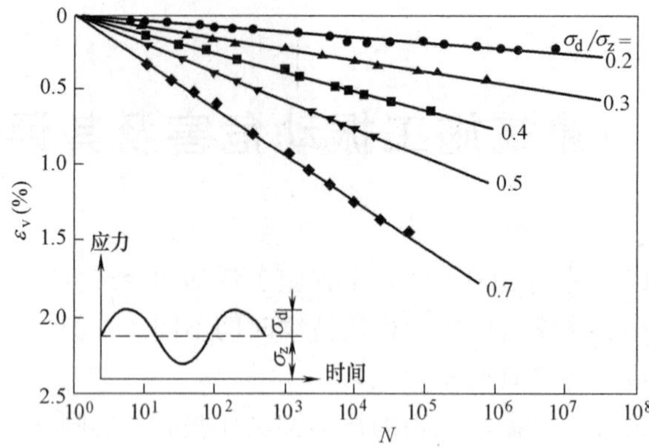

图 7.1.1 动荷载对砂土体应变的影响

$g\leqslant 2.5$ 时会随加速度幅的增大而明显地增大；但当振动加速度继续增大时，砂土样的密实度将会有所回落。

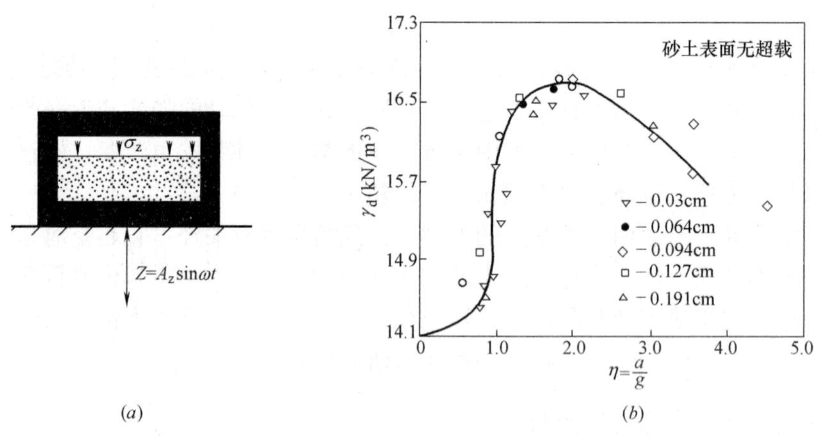

图 7.1.2 砂土密度与振动加速度间的关系

根据其他土类的实验研究结果，对土体密度基本不产生影响的振动加速度幅值将随饱和度、黏粒含量的增大而增大，但随初始孔隙比的增大而降低。对于饱和黏性土，因骨架的非线性，振动会产生残余孔隙水压力，土体将出现软化现象，其密度只有在这些孔隙水压力消散后才会得以提高。

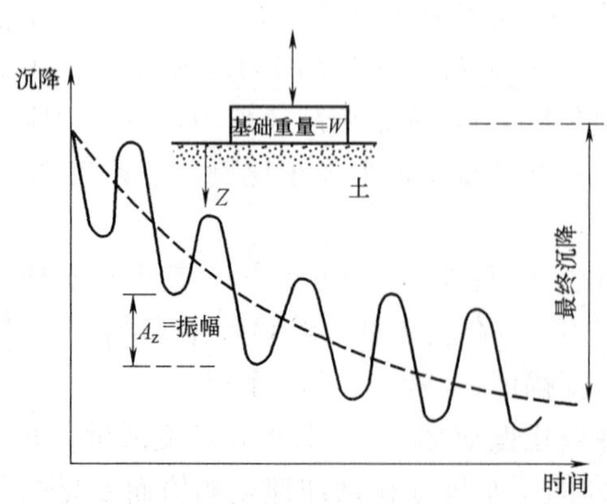

图 7.1.3 机器基础沉降随时间的变化关系

在实际工程中，土体的振密往往表现为地基的沉降。图 7.1.3 给出了由竖向振动的机器引起的砂土地基沉降随时间的变化关系曲线，可见基础沉降均值在振动的初始阶段是明显地随时间而增大的，但经过一定的时间后便达到了它的稳定值 S_u。S_u是由土体的振动压密特性而引起的地基残余沉降，在机器停止运转后不能得到恢复。室内模型实验结果表明，当基础重量一定时，S_u与振动加速度幅值近似地成正比。但对于一个给定的基础来说，只要它传递给地基的振动能量不变，则无论振动加速度多大，S_u将基本保持为一个常数。对于较为疏松的砂性地基土，为防止发生过大的残余沉降而造成工程危害，其相对密度通常不得低于70%。

二、振动对土体强度特性的影响

根据土力学理论，地基的承载力主要受土的抗剪强度τ控制，而后者可表示为

$$\tau=c'+(\sigma-u)\tan\varphi' \tag{7.1.1}$$

式中　σ——总应力；

u——孔隙水压力；

c'——土的内凝聚力；

φ'——内摩擦角。

由于振动会使这几个参数发生不同程度的变化，土的抗剪强度将难免受到振动的影响。

对于非饱和土体，振动对其强度的影响主要体现在土性参数c'和φ'的变化上。采用干砂与饱和的密实河砂所做地基动承载力模型实验研究表明：当变形速率小于0.05mm/s时，地基的动承载力呈现逐渐降低的趋势；但当变形速率超过0.05mm/s后，地基承载力将随加载速率的升高而增大。对压密到最佳含水量的斑脱土和砂土的混合土样进行过周期振动剪切试验，测得的摩尔强度包线如图7.1.4。由图可见，振动对土样的内摩擦角所产生的影响不大，但会使内凝聚力有较明显的降低，并且其降低的程度随振动频率和土压缩性的增大而有所增大。

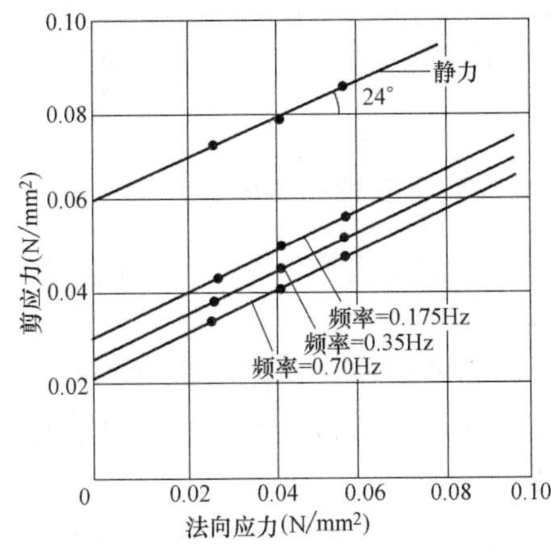

图7.1.4　振动对土体抗剪强度的影响

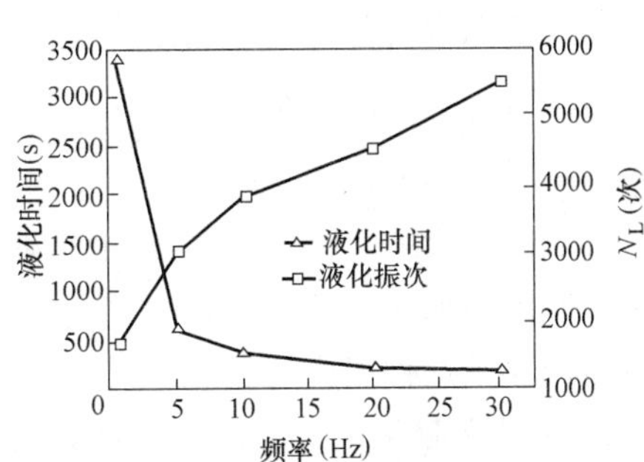

图7.1.5　振动频率对饱和砂土振动液化特性的影响

对于饱和土体，由持续振动产生的残余孔隙水压力将不断地升高，继而会降低土的抗剪强度。对于饱和无黏性土，其内凝聚力往往可忽略不计，当孔隙水压力u累积到接近总应力σ时，则由式（7.1.1）得$\tau\rightarrow0$。这意味着土体在振动的作用下已基本散失了抵抗剪切变形的能力而处于流动状态。图7.1.5所示的饱和中粗砂动三轴试验结果表明，在初始

固结应力和动应力幅一定的情况下，饱和砂土振动液化所需的时间随振动频率的升高而降低，但达到液化所需要的振次会随之增多。对于内凝聚力较大的黏性土，振动虽然也会使土体软化和强度降低，但出现这种液化的可能性（又称液化势）是很小的。

大量室内试验和天然地震灾害调查资料分析表明，饱和土的振动液化或软化是一种很复杂的过程，受土的物理性质、受力状态和排水条件等因素的综合制约，目前要想可靠地对它进行定量分析还存在着许多困难。然而，一旦振动使地基中较大范围的土体液化，则地表面将喷水冒砂，继而会导致建筑物出现严重的沉陷、倾斜或开裂等破坏现象。因此，在实际工程中，应重视振动在地基土的变形和强度特性方面可能会产生的这些不利影响。

第二节　振动对建筑结构的影响

一、施工振动与建筑物破损之间的相关性涉及如下四个主要方面

1. 振动历时及其幅频特性；
2. 振源与受振建筑物间地基中波的传播特性；
3. 建筑物的基础条件；
4. 建筑物特性及其状态。

施工振动影响或效应通常是通过施工活动所产生的振动波对邻近建（构）筑物的作用来实现的，对此进行定量研究将是相当复杂的。这种人为振动波的产生及其在地基中的传播本身就是一个尚未弄清楚的问题。而对建（构）筑物来说，这种振动波仅是外部条件，受振时的结构力学特性是其内部条件，与结构类型、建筑材料的实际特性等因素又密切相关。工程实践还表明，对于同一结构类型的建筑物，评估其当前的静力状态是很有必要的。这是因为，如果某建筑物在受振前的静应力作用下已接近临界稳定状态，则较小的振动也会有可能使它产生相当严重的破坏。

二、施工振动对邻近建筑物所产生的危害可以分成如下三种主要形式

1. 直接引起建筑物破损：这是指建筑结构在受振前完好且无异常应力变化，其破损单纯是由强烈振动的作用所引起的。

2. 加速建筑物破损：对大多数建在软弱地基上的建筑结构，在使用期内会或多或少地因某种原因（如地基差异沉降、温度变化、业主装修改造）受过损伤，而振动引起的附加动应力加速了这种损伤的发展。

3. 间接地引起建筑物破损：对完好且无异常应力变化的建筑结构，其破损是由于振动导致较大的地基位移或失稳（如饱和土软化或液化、边坡坍塌）所造成的。

在以上三种施工振动对建筑结构的影响方式中，一般是以第 2 种最为常见。除此之外，有时施工振动虽然不会造成建筑结构破损，但它可能已超出了人的承受范围或仪器设备的正常工作条件，这在实际工程中也是应该避免的。

从理论上讲，如果能将施工引起的地基振动或振动波作用表达成结构在与岩土交界面上所受的力一时间函数，则根据结构的运动方程就可以求出建筑结构的动力响应（附加内

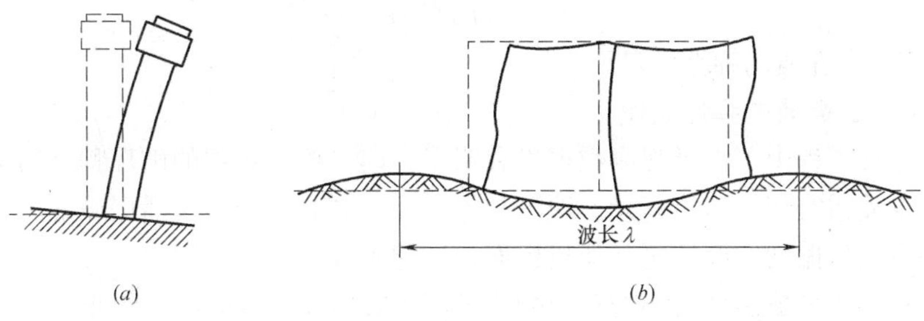

图 7.1.6　施工振动效应的分析模型

力以及位移、速度或加速度）。然而，正是由于这种力-时间函数的确定极其困难，用这种方法来研究结构的施工振动效应难以得到实际应用。另一种计算方法是，对原处于静止状态的建筑结构，将基础或地基的实测施工振动信号作为它的初始条件，然后根据运动方程来求解该结构的动力响应。这种方法类似于计算结构的天然地震响应，显然比第一种方法更具有可行性。

在受振建筑结构的计算模型选取方面，当其基础的整体刚度很大或其平面尺寸比施工振动波的波长小得多时（如水塔），结构基础和各楼层平面上质点间的相对运动可以不加考虑，各楼层的力学模型可以简化为集中质量、弹簧和阻尼器（图 7.1.6*a*），结构的附加内力主要是由基础运动加速度引起的。然而，当结构基础的整体刚度较小或其平面尺寸与施工振动波的波长相当时（如多跨框架），在施工振动波的作用下，基础在不同位置处的运动将各不相同，同一楼层上质点间的相对运动往往不能忽略，结构振动计算必须采用较为复杂的平面或空间模型（图 7.1.6*b*）。在这种情况下，即使由施工振动波引起的惯性力很小，结构的附加内力也可能显著得使结构产生破坏。

第三节　施工振动危害评价指标

在控制建筑施工振动的影响时，人们首先应该知道保护对象（包括建筑物、室内人员和仪器设备）的容许振动值。虽然国内外目前已陆续颁布实施了一些技术标准或法规（如国际标准化协会标准 ISO 2631，联邦德国标准 DIN 4150，中国标准 GB 6722 和 GB 50868 等），但它们大多是对实际工作状态的振动进行测量或做调查统计分析的结果，并不是通过较为严密的理论分析而得出的人或物体的真正的容许振动。与人和仪器设备承受简谐振动能力的研究成果相比，在打桩等施工振动作用下，人们对建筑结构的动力响应及其破损机理的认识更为肤浅，各国或不同行业之间在振害的评价指标及其量化方面尚存在着较大的差异。

在定量评价施工振动对建（构）筑物的影响时，目前较广泛采用的是地基质点振动的最大速度或加速度，较少采用最大位移、谱烈度和能量比等地震工程中常用的指标。至于是最大速度还是最大加速度更优越，目前还存在争议。例如，采用加速度者认为，施工振动加速度可以反映建（构）筑物结构所受惯性作用的大小，从而便于揭示结构的附加受力状态及其破坏机理。而采用质点振动速度者则认为自己的做法具有弹性波理论基础，即对于无限介质和一维杆件中的平面冲击波，动应力 σ 与质点振动速度 v 之间存在如下关系：

$$\sigma=(E/C)v \tag{7.1.2}$$

式中 E——介质的弹性模量；

C——介质的弹性波速。

在实际爆破工程中，大量观测数据也表明了，建（构）筑物的破坏程度与地基质点振动速度的大小关系密切：当装药量、埋深和爆心距相同时，即使传播爆破地震波的岩土层不同，地基质点的振动速度较之其他指标而言变化不大。

对一个6层水平剪切型结构的动力响应进行了数值模拟计算，一组地基水平运动输入是锤击法打桩时记录的。将各层动剪力的最大峰值与其地基水平运动信号的最大加速度、速度和位移峰值分别进行线性拟合，所得相关系数的平方值依次为0.872、0.899、0.690。可见，从评价振动引起结构内力大小的相关性来说，地基振动的评价指标可采用速度，也可采用加速度。

应当指出的是，用上述质点振动速度或加速度来评价建（构）筑物的振动效应是难以反映出结构的真实受力状态和破坏机理的。根据结构动力学原理，在施工振动的作用下，结构的动力响应与振源能量、频率、持续时间等特性以及结构本身的固有频率、阻尼比等因素有关。在同一次施工振动的作用下，对具有同一结构类型的不同建筑物，其动力响应也可能相差很大，如当结构的固有频率与施工振动主频率相同或接近时，该结构就会产生剧烈的振动并且会导致一定程度的损伤。因此，仅用质点振动速度或加速度来评价建（构）筑物的爆破振动效应只能算是一种实用的近似方法。

在施工振动的测试方面，目前在不同的国家和行业中尚未统一。美国矿产部门对爆破振动采用的是三个相互正交方向振动量的最大分量，即 max（x_t，y_t，z_t）。这三个方向相对于爆心来说，通常分别是沿爆破振动波波阵面的径向、切向和竖向。由于实际工程中的振动波一般是三维的，而传感器关于爆心的方位往往又不容易准确地确定，有些工程技术人员则采用任意三个相互正交方向振动速度分量的矢量和 v_t：

$$v_t=\sqrt{x_t^2+y_t^2+z_t^2} \tag{7.1.3}$$

式中各分量取自同一时刻，并将所得 v_t-t 曲线上的最大峰值评价作为振动影响的评估指标。

与之不同的是，瑞士和德国等国的技术标准曾将质点振动速度的拟矢和 v_r 作为施工振动的评价指标，它是由三个正交方向分量信号上的最大峰值（v_x，v_y，v_z）按下式计算的：

$$v_r=\sqrt{v_x^2+v_y^2+v_z^2} \tag{7.1.4}$$

在实际问题中，由于同一质点的三个分量最大峰值不一定同时出现，上述定义的 v_r 不具有明确的物理含义。从数值上看，$v_t\sim t$ 曲线上的最大峰值往往要低于 v_r。

我国和瑞典等一些国家曾常用质点竖向振动速度峰值 v_z。为了便于人们参考使用瑞士、德国技术标准，这里给出 v_r 与 v_z 间的一种近似转换公式：

（1）当质点振动速度以竖向分量占优时，由设三个分量相等可导出 $v_r\leqslant\sqrt{3}v_z$，令两个水平分量为零可得 $v_r\geqslant v_z$，于是有：

$$v_z\approx(0.58\sim1.00)\ v_r; \tag{7.1.5}$$

（2）当质点振动速度以水平分量占优时，由设三个分量相等可导出 $v_r\geqslant\sqrt{3}v_z$，v_z 的下限显然为零，于是有：

$$v_z \approx (0 \sim 0.58) v。\tag{7.1.6}$$

在德国后续技术标准 DIN 4150－3 中，容许振动的评价指标已修改为三个正交方向分量最大峰值的最大值，即 max（v_x，v_y，v_z）。我国现行《建筑工程容许振动标准》GB 50868 对结构影响的评价指标也是这样选定的。

还要提及的是，由于当时缺乏成熟的国家或地方技术标准，国内不少工程技术人员曾采用当时有效的中国地震烈度表（表 7.1.1）对施工振动危害进行评价。诚然，施工振动与天然地震确有如下相似之处：

（1）两者突然释放的能量均以波的形式通过地基从振源向外传播，并由此引起强烈的地基和建（构）筑物振动；

（2）两者的地基振动强度均明显地与振源能量、振源距有关；

（3）两者的地基振动参数均明显地受地质、地形等因素的影响。

但是，它们两者之间的差异也是很大的：

（1）目前世界上记录到的天然地震最大加速度约为 1.3g，而在大爆破施工区附近测得的地面振动加速度高达 25.3g。虽然施工振动的幅值高，但由于它衰减很快，其破坏区的范围还是比天然地震的要小得多；

（2）天然地震的主频率一般低于 5Hz，而爆破和振动法打桩施工所产生的地基振动主频率大多处于 10～30Hz。与建（构）筑物结构的固有频率相比，前者与之接近，后者却要高得多。因此，施工振动导致结构共振并引发破损现象的可能性比天然地震的要小得多。

（3）爆破地震的主震段持续时间一般不超过 0.5s，比天然地震的要短得多；而在打桩和强夯处理软土地基工程中，虽然它们的单击振动历时较短，但由于击数多、时间间隔小，其折算施工振动的持续时间将比天然地震的长得多。因此，在同等振动幅值的情况下，打桩、强夯施工振动比天然地震更容易引起结构损坏，而爆破施工振动效应经常会与之相反。

综上所述，直接套用天然地震烈度表来评估施工振动的危害程度是不科学的。

中国地震烈度表（1990）　　**表 7.1.1**

烈度	人的感觉	一般房屋		其他现象	参考物理指标	
		大多数房屋震害程度	平均震害指数		水平加速度	水平速度
Ⅰ	无感					
Ⅱ	室内个别静止中的人感觉					
Ⅲ	室内少数静止中的人感觉	门、窗轻微作响		悬挂物微动		
Ⅳ	室内多数人感觉。室外少数人感觉。少数人梦中惊醒	门、窗作响		悬挂物明显摆动，器皿作响		
Ⅴ	室内普遍感觉。室外多数人感觉。多数人梦中惊醒	门窗、屋顶、屋架颤动作响，灰土掉落。抹灰出现细微裂缝		不稳定器物翻倒	31 （22～44）	3 （2～4）

续表

烈度	人的感觉	一般房屋		其他现象	参考物理指标	
		大多数房屋震害程度	平均震害指数		水平加速度	水平速度
Ⅵ	惊慌失措，仓惶逃出	损坏—个别砖瓦掉落、墙体细微裂缝	0～0.1	河岸和松软土上出现裂缝。饱和砂层出现喷砂冒水。地面上有的砖烟囱轻度裂缝掉头	63 (45～89)	6 (5～9)
Ⅶ	大多数人仓惶逃出	轻度损坏—局部破坏开裂，但不妨碍使用	0.11～0.30	河岸出现塌方。饱和砂层常见喷砂冒水。松软土上地裂缝较多。大多数砖烟囱中等破坏	125 (90～177)	13 (10～18)
Ⅷ	摇晃颠簸，行走困难	中等破坏—结构受损，需要修理	0.31～0.50	干硬土上也有裂缝。大多数砖烟囱严重破坏	250 (178～353)	25 (19～35)
Ⅸ	坐立不稳。行动的人可能摔跤	严重破坏—墙体龟裂，局部倒塌，修复困难	0.51～0.70	干硬土上有许多裂缝，岩基上可能出现裂缝。滑坡、塌方常见。砖烟囱出现倒塌	500 (354～707)	50 (36～71)
Ⅹ	骑自行车的人会摔倒。处不稳状态的人会摔出几尺远。有抛起感	倒塌—大部分倒塌，不堪修复	0.71～0.90	山崩和地震断裂出现。基岩上拱桥破坏。大多数砖烟囱从根部破坏破坏或倒毁	1000 (708～1414)	100 (72～141)
Ⅺ		毁灭	0.91～1.00	地震断裂延续很长。山崩常见。基岩上拱桥毁坏		
Ⅻ				地面剧烈变化，山河改观		

注：1. Ⅰ～Ⅴ度以地面上人的感觉为主；Ⅵ～Ⅹ度以房屋震害为主，人的感觉仅供参考；Ⅺ、Ⅻ度以地表现象为主，其评定需专门研究。

2. 一般房屋包括用木构架和土、石、砖墙构造的旧式房屋和单层或数层的、未经抗震设计的新式砖房。对于质量特别差或特别好的房屋，可根据具体情况对表列各烈度的震害程度和震害指数予以提高或降低。

3. 震害指数以房屋各级破坏程度定为6级，全部倒塌为1，大部分倒塌为0.8，少数倒塌为0.6，局部倒塌为0.4，裂缝为0.2，基本完好为0。平均震害指数指所有房屋震害指数的总平均值。

4. 使用本表时可根据具体情况，作出临时的补充规定。

5. 在农村可以自然村为单位，在城镇可以分区进行烈度评定，但面积以1平方公里左右为宜。

6. 烟囱指工业或取暖用的锅炉房烟囱。

7. 表中数量词的说明：个别指10%以下，少数指10%～50%，多数指50%～70%，大多数指70%～90%，普遍指90%以上。

第二章　岩土工程爆破引起的振动

第一节　岩土爆破特性

在矿山或石料开采、人防工事建设、修路和筑坝等工程中，爆破因其工效较高且经济而被经常采用。由于爆破现场及其邻近区域也会发生飞石伤人和振坏建筑物或门窗事件，非专业技术人员对爆破及其引起的振动问题往往显得有些恐慌。因此，人们有必要了解爆破是如何引起地基和建筑结构产生振动的。

对于均匀岩石或土体地基来说，由爆破引起的变形或振动可大致分成两个阶段，其中第一阶段从炸药引爆至上行爆炸压力冲击波到达地面，而第二阶段从该压力冲击波经地面反射成下行拉力波时算起。

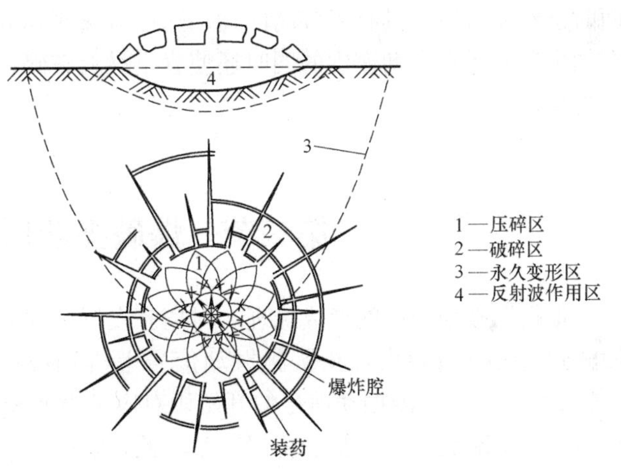

图 7.2.1　炸药引爆后所产生的地基变形

如图 7.2.1 所示，炸药引爆后所产生的高温气体压力可高达几十万个大气压，它足以使炸药邻近周围的岩石或土体结构遭受强烈的压缩，并通过其径向位移而形成所谓的爆炸腔。与爆炸腔外侧紧邻的是压碎区，在爆炸压力冲击波的作用下，岩土结构会产生较高的压缩变形甚至被压碎，并且在匀质岩石中可以观察到与冲击波矢径近似成 45°的受压滑动面。随着冲击波阵面逐渐远离爆炸腔，岩土所受到的冲击压力将变得小于它们的抗压强度，其结构被压碎或出现滑动面的现象会随即消失；但在冲击波阵面的切线方向上，岩土材料由于所承受的拉应力仍然高于它们的抗拉强度而会出现沿冲击波矢径方向的径向裂缝。这一出现径向裂缝的区域被称为破裂区，它从体积范围上来说要比前两个区域大得多。随着传播范围的进一步扩大，爆炸冲击波波幅不断下降，当它所产生的切向拉应力小于岩土材料的抗拉强度后就不再会在地基中形成裂缝或塑性变形，爆炸冲击波此时已蜕化成了常规的弹性波，在破裂区外围的这一广大领域被称为弹性振动区。应该说明的是，上述爆炸腔、压碎区、破裂区和弹性振动区之间一般并无确定的界线，各区大小与炸药的性质、装药量、装药结构以及岩土地基性质密切相关。

爆炸波在传播过程中，地基质点将产生向外的径向位移，而质点间的相互作用又会试图阻止这种运动。当爆炸波向上传播到达地基的自由表面时，这种阻力消失，爆炸压力波被地面反射成拉力波并反向传播。在这两种波的综合作用下，浅层地基将因其质点向上运动幅度加倍而隆起甚至出现抛掷现象，并且相当于一个二级振源在地基中诱发出具有一定能量的剪切波。在许多情况下，人们要解决的爆破振动问题正是由这种反射拉力波、剪切波及其耦合而成的瑞利波在地基中传播所产生的。

爆破在地基表层所产生的拉力波、剪切波和瑞利波的能量大小与是否会出现岩土抛掷现象密切相关，而后者又取决于装药量及其埋置深度：

1. 当装药的埋置深度很大时，上行到达地面的爆炸波已经衰减成为弹性波，它在地表产生的反射拉力波往往难以使地基产生破坏，地表就更不会发生抛掷现象了。

2. 当装药的埋置深度减小时（如松动爆破），上行爆炸波形成的破裂区能够延伸到地面，而地面反射形成的拉力波会使岩土材料遭受高于其抗拉强度的拉应力，并随着它向地基内部的传播而会由外向里地产生较大的破坏区。在这种情况下，虽然两种波的综合作用会使地表质点向上的运动加剧，但它们所具有的能量仍还不足以产生抛掷现象。

3. 当装药的埋置深度进一步减小或增加装药量时（如抛掷爆破），上行爆炸波到达地面时已经使得质点具有了较高的运动速度（属于压碎区或破裂区），而强烈的反射拉力波在加大这些质点运动速度的同时还使岩土材料破碎，最终导致爆炸物和岩土碎块一起大量向外抛掷。

第二节　爆破振动信号的特征

根据爆破地震波的形成机理，对离齐发爆破爆心较远区域的地面振动，P 波、S 波和 R 波到达的时差较大，在实测振动信号上辨别波形将比爆心附近的要容易得多。如图 7.2.2 所示，该实测振动信号的开始段对应于纵波和剪切波，振幅较小，频率较高；其后续段对应于瑞利波，振幅较高但频率较低，它持续一段时间后，振动即逐渐地衰减。实际工程经常采用微差爆破，分散安装的炸药在一定的时间内先后被起爆，它们所产生的子波在岩土中会发生相互作用，致使地面振动信号的分析变得十分复杂。因此，人们往往对实测的爆破地震信号不作波形辨别，而只是将它的起始段、中间振幅较大段及其后面一段分别称为初震相、主震相和余震相（图 7.2.2）。

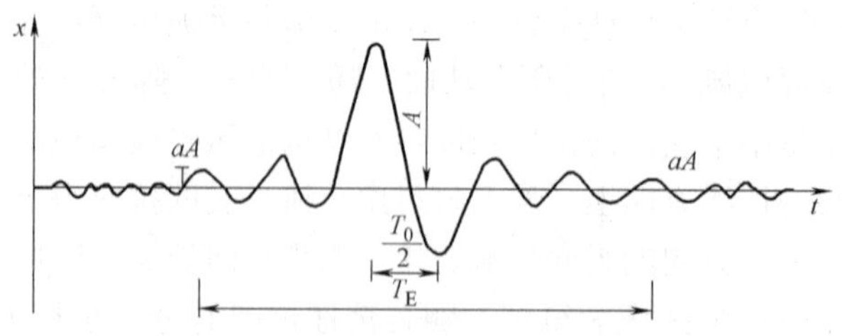

图 7.2.2　爆破引起的地基振动信号特征

在定量描述爆破地震信号的特征方面，虽然我们可以通过傅里叶变换来获得所记录速度或加速度振动信号的幅频和相频曲线，但在电子计算机普及应用之前，工程界大多还是采用简便方法确定振动量的幅值 u、周期 T_0 和持续时间 T_E（图 7.2.2）。对一固定地面质点来说，由爆破引起的振动有着较宽频域的瞬态振动特征，其振幅一般是随时间而变化的。由于主震相的振幅大，作用时间长，人们就用其中的最大振幅 u 作为表征爆破地震强度的指标，并用它所对应的周期作为 T_0。持续

时间 T_E理论上是指振动从开始到停止的历时，但因实测振动开始和停止的时间并不容易确定，实际上取最大振幅 u，前、后而振幅均为 αu（通常取 $\alpha=1/5\sim1/3$）两点间的时差。

爆破引起的地基振动强度与爆源特性、场地地质和地形条件等因素密切相关。爆源位置、药包量大小、爆破方式等因素均直接地对地基振动产生影响。岩土材料并不是均匀的理想弹性介质，要想从理论上估算爆心距为 R 处的地基振动强度一般并不是一件容易的事情。但根据对大量实测数据的拟合分析结果，由爆破引起地基质点的最大振动速度可用如下经验公式来估算：

$$v=\begin{cases}K(W^{1/3}/R)^n\text{，齐发爆破}\\K(W^{1/2}/R)^n\text{，延迟爆破}\end{cases}\tag{7.2.1}$$

式中：v 和 R 的单位分别是 cm/s 和 m；W 为炸药量（单位：kg），对齐发爆破取总装药量。对延迟爆破取最大一段的装药量；K 和 n 是两个经验系数，表 7.2.1 给出了统计分析。

式（7.2.1）中的系数 K 和 n　　　**表 7.2.1**

系数			中国	苏联
K	岩石	范围	21.3～680	30～70
		平均	175	50
	土	范围	—	150～250
		平均	—	200
n	岩土	范围	0.88～2.44	1～2
		平均	1.51	1.5

由表 7.2.1 可见，在不同的爆破条件下，K 值往往会存在较大的差异。因此，对于比较重要的工程，这些经验系数的具体数值一般应通过现场小药量爆破试验来确定。根据国内外大量实测数据的统计结果，系数 n 综合反映了地基几何和材料阻尼对波幅衰减的影响，其均值在 1.55 左右，受场地地质条件的影响比 K 要小。

爆破地震引起的地基质点最大加速度的经验计算公式与式（7.2.1）相同，但其中的系数 K 和 n 数值有所不同。由于岩土阻尼对高频分量的衰减作用更大，在爆心距较大的区域，爆破引起的地基振动将以低频分量占优。因此，在同一场地，加速度估算公式中的 n 值通常比速度公式中的要大一些。如对秦山核电站二期工程岩石场地，根据实测最大加速度数据统计分析得 $n\approx1.88$。

在离爆心较远处，爆破引起的地基振动主要与瑞利波相关，其主周期 T_0 可根据苏联的实验研究结果近似地表示为：

$$T_0=K_R R^m W^{(1/6-m/3)}\tag{7.2.2}$$

式中：T_0 单位为秒，R 和 W 含义同式（7.2.1）；

K_R 和 m 为经验常数，前者取值范围为 0.06（花岗岩）～0.15（饱和土），后者则为 0（饱和土）～0.44（花岗岩）。

对处于爆心临近区域，纵波对地基振动影响较大，其主周期 T_0 也可用式（7.2.2）来估算，其中 $m\approx0$，K_R 由 K_P 替代，而 K_P 取值范围为 0.01（花岗岩）～0.07（饱和土）。

由此可见，装药量和爆心距越大，由爆破施工引起的地基振动的主频率（$1/T_0$）就会越低。

第三节　岩土爆破振动效应及其控制

一、爆破振动效应

根据统计分析，岩土爆破在地基中所产生的弹性波的能量仅占炸药爆炸时释放总能量的2%～6%（在水中约为20%）。尽管如此，爆破振动可能会产生的破坏作用是不能忽视的。例如，我国某铁矿在一次开采矿石的爆破中，由于振动过大而产生了边坡失稳，坍塌岩土总量3万多吨，边坡加固处理的总量达到160万吨，严重影响了矿山的正常生产。从地基中传来的爆破振动波通过基础由下向上在建筑结构中继续传播，当它遇到构件阻抗突变处以及门、窗和其他开口的拐角就会产生反射、透射和绕射，由此形成的拉力波就会使结构产生裂缝。因此，在一些规模较小的实际爆破工程中，临近的工业厂房或民宅发生损坏甚至倒塌事故也是屡见不鲜。所谓爆破振动效应，指的就是这种造成周围一定范围内不是爆破目标的建（构）筑物出现不同程度的破坏现象。显而易见，在爆破工程中若不对此加以控制，就有可能使人民生命财产或生产建设产生很大的危害和经济损失。

长期以来，国内外已对爆破振动效应进行大量而系统的研究，在对各种爆破条件下爆破地震波的传播规律和建（构）筑物破坏特征进行宏观调查分析的同时，还对与爆破振害相应的爆破地震波特征参数、结构动力特性及其响应参数进行测试，并以此为依据建立了控制爆破振动危害的技术标准。我国于1986年颁布了《爆破安全规程》GB 6722，其后分别在2003年和2014年颁布施行了它的修订版。

二、爆破振动安全判据

由已发表的技术资料可见，世界各国在爆破振动对建（构）筑物无影响的最大质点振动速度值上存在较大的差别。例如，美国矿务局建议该速度值取为51mm/s，超过此值才会导致建筑物出现抹灰脱落或开裂现象；而苏联学者认为，只要爆破振动速度未超过120mm/s，建筑物就会处于安全状态。中国国家技术标准《爆破安全规程》GB 6722对保护对象所在地基的容许振动规定见表7.2.2。相比之下，我国在对爆破振害进行大量测试工作的基础上，按建（构）筑物类型及其状况提出地面质点安全振动速度显得更为合理。表7.2.3是苏联学者提出的爆破地震烈度表，可供工程应用时参考。

表7.2.2爆破安全容许质点振动速度取值随振动频率的升高而增大，这与建（构）筑物的频响特性有关。图7.2.3是单自由度体系在地基简谐振动激励下所受动内力振幅F_{max}随频率比r的变化曲线，其中m、k和ξ分别是质量、刚度系数和阻尼比，v_{g0}为地基质点振动速度振幅；$r=f/f_n$，f为地基振动频率，$f_n=\sqrt{k/m}/(2\pi)$为体系自振频率。由图可见，对给定的阻尼比，在其曲线峰点右侧（$r>1$），$F_{max}/(\sqrt{km}v_{g0})$随着$r$或振动频率升高而降低。因此，在结构参数及其可承受的最大动内力一定的条件下，地基质点振动速度的容许数值便可以随频率的升高而增大。

爆破安全容许质点振动速度　　　**表 7.2.2**

序号	保护对象类别	安全容许质点振动速度 v(cm/s)		
		$f \leqslant 10$Hz	10Hz$< f \leqslant 50$Hz	$f > 50$Hz
1	土窑洞、土坯房、毛石房屋	0.15～0.45	0.45～0.9	0.9～1.5
2	一般民用建筑物	1.5～2.0	2.0～2.5	2.5～3.0
3	工业和商业建筑物	2.5～3.5	3.5～4.5	4.2～5.0
4	一般古建筑与古迹	0.1～0.2	0.2～0.3	0.3～0.5
5	运行中的水电站及发电厂中心控制室设备	0.5～0.6	0.6～0.7	0.7～0.9
6	水工隧洞	7～8	8～10	10～15
7	交通隧道	10～12	12～15	15～20
8	矿山巷道	15～18	18～25	20～30
9	永久性岩石高边坡	5～9	8～12	10～15
10	新浇大体积混凝土(C20) 龄期:初级～3d 龄期:3～7d 龄期:7～28d	 1.5～2.0 3.0～4.0 7.0～8.0	 2.0～2.5 4.0～5.0 8.0～10.0	 2.5～3.0 5.0～7.0 10.0～12.0

爆破振动监测应同时测定质点振动相互垂直的三个分量。

注:1. 表中质点振动速度为三个分量中的最大值,振动频率为主振频率。

2. 频率范围根据现场实测波形确定或按如下数据选取:硐室爆破 f 小于 20Hz,露天深孔爆破在 10～60Hz 之间,露天浅孔爆破 f 在 40～100Hz 之间;地下深孔爆破 f 在 30～100Hz 之间,地下浅孔爆破 f 在 60～300Hz 之间。

爆破地震烈度表　　　**表 7.2.3**

烈度	爆破振动特征	v_{max}(mm/s)
1	只有仪器才能记录到振动	<2
2	人在静止状态下有时会感觉到振动	2～4
3	一些人或已知爆破的人感觉到振动	4～8
4	许多人注意到振动,窗户玻璃作响	8～15
5	粉刷的灰粉散落,质量差的房屋破坏	15～30
6	抹灰层有细小裂缝,倾斜的房屋破坏	30～60
7	处于良好状态的房屋破坏,如抹灰层开裂、墙体出现细小裂缝、烟囱开裂等	60～120
8	房屋严重破坏,如承重结构和墙体开裂等	120～240
9	房屋毁坏,如墙体局部倒塌等	240～480
10～12	房屋大量毁坏和倒塌	>480

从理论上讲，根据上述地基质点振动速度公式（7.2.1）和有关安全判据，人们就可以针对拟用最大装药量事先估算出不致引起建（构）筑物破坏的爆破地震安全距离，或在安全距离限定的情况下估算出可用最大装药量。但是，由于这一问题的复杂性，在人口、工厂密集或以往工程经验较为缺乏的地区，进行小药量的爆破地震试验对此进行校验，往往是很有必要的。另外，根据苏联的工程经验，对单次爆破施工，其地基安全振动速度可比持续多次爆破施工的高一倍左右。

在缺少实测振动资料的情况下，对处于正常使用状态的普通砖砌建筑物，可用苏联提出的如下经验公式来估算爆破振动的安全距离：

$$R_C = K_C b W^{1/3} \tag{7.2.3}$$

式中　R_C——爆破振动的安全距离（m）；

W——装药量（kg）；

K_C——与地基性质有关的常数，对坚硬致密的岩石为 3，对含石土为 7，对砂质土为 8，对饱和软土为 20；

b——取决于爆破条件系数，即当爆破作用指数（爆破坑半径与炸药埋深之比）为 0.5、1、2 和 3 时，其值分别可取为 1.2、1.0、0.8 和 0.7。

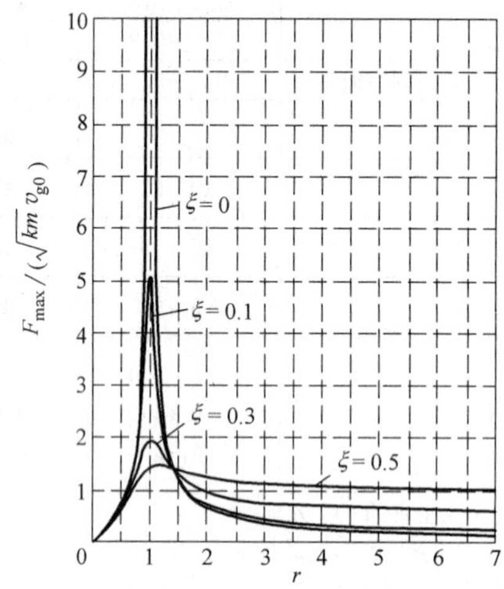

图 7.2.3　单自由度体系无量纲动内力与频率比的关系

三、爆破振动效应控制措施

一个合理的爆破振动效应控制措施，意味着它既要能够有效地降低甚至消除有害的爆破振动效应，同时又要能最大限度地利用炸药的爆炸能量达到最大的工程爆破效果。在具体的爆破工程中，这两种要求之间往往会出现强烈的对峙。

1. 爆破振动的控制方法

（1）通过调整爆源参数实现减振。这类方法包括调整炸药种类及其药包构造、调整药包在岩体中的位置、采用微差爆破等；

（2）通过在爆源与待防护物体之间设置隔振屏障实现减振。这类方法主要有调整爆破面工序、预裂爆破和水中气泡帷幕技术；

（3）对待防护的建（构）筑物进行基础或结构抗振加固。

2. 减振措施

（1）微差爆破减振技术

微差爆破又称为毫秒爆破，它是将炸药包分组以毫秒级时差按顺序进行起爆。与所有炸药包同时起爆的齐发爆破相比，只要爆破参数选择得当，微差爆破方式不但可以大大地降低地基振动效应，而且也可以明显地改善爆破效果，使爆破的岩块粒径大小均匀、爆炸产生的空气冲击波强度和碎石飞散减少。

微差爆破可以减振的主要原因包括：

1）减少同时起爆的药包量，形成表面波的岩土体积较少，因而减少了总的振动能量；

2）在先起爆的范围内岩土体已被破坏，从而可以大量地消耗由后续起爆所产生的、向外扩散的地基振动能量；

3）由先后起爆的各个药包所产生的地基振动分量之间会发生相互作用而出现一定程度的相互抵消。

工程实践表明，在不同的微差间隔下，上述这些原因对降低爆破振动的作用可能是不同的。因此，确定合适的微差间隔并使其在爆破作业中得到准确的控制，是搞好微差爆破的关键。为达到这一目标，可按如下两种方法来确定微差爆破的时间间隔：

1）使前、后起爆产生的地震波主震相错开，避免它们叠加导致减振失效；

2）使前、后起爆产生的地震波相互作用抵消，以求最大限度地降低地基振动效应。

（2）预裂爆破减振技术

预裂爆破是指在正式工程爆破之前，预先在沿着爆破区外围用少药量的爆破形成一条有一定宽度和深度的岩土破碎带。对正式工程爆破来说，这条破碎带将起到柔性充填式隔振沟的作用。这种爆破技术自20世纪50年代末期在水利和矿山工程中应用以来，对提高边坡稳定和降低其他爆破地基振动效应方面发挥了重要的作用。

预裂爆破的降振作用，主要是通过预裂破碎带与原地基波阻抗间的显著差异来实现的。爆破产生的地震波传播至预裂破碎带时将发生反射、折射和绕射，使得其外侧区域的地基振动强度大大减弱。但由于预裂破碎带深度有限且有时在地面上难以做成封闭的形式，其外侧振动得以减弱的区域总是有限的。试验研究表明，减振区范围随着预裂破碎带竖向面积（带长×深度）的增大而增大，随着爆源至预裂破碎带距离的增大而减小，但当预裂破碎带宽度达到一定数值后受其影响不大。由于绕射波的作用，随着至预裂破碎带距离的增大，其外侧地基振动降低的程度将会逐渐变小。因此，应该综合考虑爆源与拟减振区域的相对方位、装药深度、地基振动主频率的高低等重要因素的影响，以便能够合理地选定预裂破碎带的位置及其长度、深度等预裂爆破减振工程指标。

应注意的是，在进行这种预裂爆破时，要确保它本身不会产生有害的地基振动。

（3）水中爆破的气泡帷幕减振技术

当在水中爆破时，为了减小所产生的冲击波对水中和沿岸建（构）筑物的破坏作用，可以采用水中气泡帷幕技术。具体做法是，安装在爆源与待防护建（构）筑物之间水底的气泡发射装置（通常为几排钻孔钢管），将输入的压缩空气通过小孔连续不断地向水中发射无数的细小气泡；这些气泡再通过浮力自水底向上运动就形成了一道波阻抗很小的、能够阻碍水中爆破冲击波传播的“帷幕”。

这种方法与上述预裂爆破具有相似的减振原理。水中的爆破冲击波在穿过这种帷幕后，由于大部分能量已消耗于在气泡群表面的反射、折射以及压缩变形上，其压力峰值已被大幅度地降低，从而对临近的水中和沿岸建（构）筑物难以再构成危害。

研究表明，当水中气泡密度和帷幕厚度越大，则它削弱爆破冲击波的压力将越显著。因此，在设计这种气泡帷幕时，应尽量增大压缩空气的压力和流量，所用气泡发射装置的结构要有利于延长气泡在水中的停留时间，从而能形成较厚的气泡帷幕，而且气泡群运动也能够剧烈地搅动水流。

第三章　桩基施工引起的振动问题

第一节　概　　述

桩是深入土层的钢筋混凝土、钢和木质柱型构件。它与连接桩顶的承台组成桩基，其作用主要是将上部结构的荷载传递到深部较坚硬的土层或岩层上。在普通的房屋基础工程中，桩主要承受竖向轴压。但在桥梁、塔桅结构、支挡建筑、近海钻采平台以及抗震等工程中，桩则主要被用来承受风力、土压力、波浪力和地震作用等水平荷载，其中有些桩还将起到抗拔的作用。

桩基是应用最为普遍的一类基础形式，其内涵随着设计理论、建筑材料和施工技术的更新而处于不断的发展之中。桩有多种分类方法，除上述按桩材和功能分外，还可按成桩方法分成锤击或振动式打入预制桩、静压预制桩和就地灌注桩，也可按沉桩对土层的残余影响分成挤土桩、部分挤土桩和非挤土桩。

挤土桩又称排土桩，包括锤击、振动和静压预制钢筋混凝土桩、沉管灌注桩、封底的钢管桩和钢筋混凝土预应力管桩等。这类桩在施工过程中，桩周围土的原始结构因被挤密或挤开而遭到严重破坏，其工程性质将会发生很大的改变。

部分挤土桩也称微排土桩，主要包括采用锤击、振动或静压方式打入的小截面Ⅰ型和H型钢桩、钢板桩和开口式的管桩等。在沉桩施工过程中，这类桩的周围土体仅受到轻微的扰动，土的原始结构和工程性质变化不明显。

非挤土桩也称非排土桩，包括各种形式的钻孔和挖孔灌注桩、井筒管柱和预钻孔埋桩等。在这类桩的施工过程中，将在地基中挖出与桩同体积的土，因而其周围的土仅有一定的应力松弛现象而较少受到扰动。

除噪声外，各类桩基的施工还通过地基对周围的建（构）筑物产生不同方式的影响。在无黏性土中，沉桩引起的作用力会使土颗粒按更密实的状态重新排列，临近地面会相应地出现下沉现象。由于其渗透性极差导致土体在一定时间内具有不可压缩性，在饱和黏性土中沉桩经常会引起地面隆起。对于表面平坦的地基，地面沉降或隆起大约发生在直径为一个桩长的范围内，其体量可达到桩体总体积的5%～50%左右。工程实践表明，沉桩引起的地基变形可以使已下沉的桩以及临近的建筑物、地下管线遭受损伤甚至严重破坏。

沉桩施工还会引起较严重的振动问题。如图7.3.1所示，沉桩振动与如下五个环节有关：

1. 桩锤—衬垫—桩间的动力相互作用；
2. 桩—土间的动力相互作用；
3. 波在地基土中的传播；

4. 土—基础—建（构）筑物间的动力相互作用；

5. 建（构）筑物及其仪器设备的动力响应。

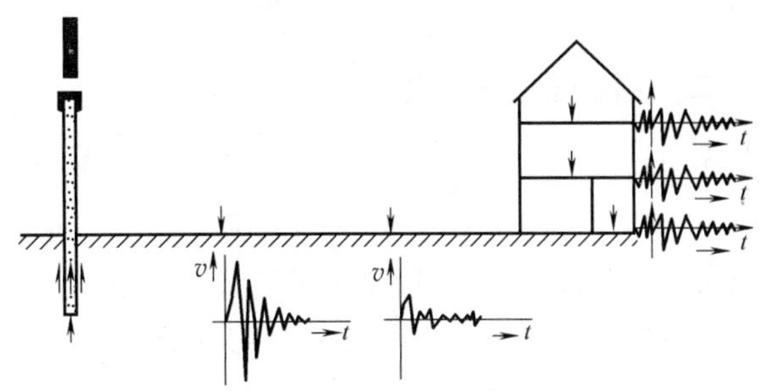

图 7.3.1　沉桩施工引起的振动

在这些环节中，前两个环节是决定沉桩振动特性的主要因素，但因涉及很复杂的弹塑性动力学分析模型，其理论成果目前仍不多见。工程实践证明，在非挤土桩和静压预制桩施工过程中，由于地基主要因沉桩设备运转而产生的振动强度很低，人们一般可以不考虑它对周围环境的影响。但用锤击法、振动法施工时，桩锤通过衬垫向桩施加冲击或振动的能量很高，桩周围的地基土将产生强烈的振动并以波的形式向远处扩散，继而会对临近的地下管线、建筑物及其内部仪器设备的正常使用和安全产生严重的影响，有关方面对此必须引起足够的重视并采取切实有效的防范措施。

第二节　锤击法沉桩引起的地基振动

一、锤击法沉桩机理

用锤击法沉桩时，当由桩锤下落撞击桩顶产生的强大冲击力通过桩身传递到桩底时，土体的初始应力状态遭到严重破坏而出现压缩和侧移，桩体在后续高于瞬时土阻力的锤击力作用下便会整体下沉。如是反复地锤击桩顶，桩就会不断地贯入土中，直至达到设计标高或所用锤击力已难以克服土阻力而使桩继续贯入时完成全部沉桩过程。

在沉桩过程中，桩侧土按照被扰动影响的程度可分成 4 个区域（图 7.3.2）。Ⅰ区为沿附于桩身的硬层区，厚度仅约为 1cm，它是在强大的沉桩挤压力作用下形成的，土中的孔隙水压力大部分被挤出。Ⅱ区为重塑挤密区，厚度约为 0.5～1.5 倍桩径，其中的土体在很强的挤压力作用下被扰动和重塑并变得密实，而浅层土会向上隆起。Ⅲ区为扰动区，厚度约为 3～5 倍桩径，其中土体结构受到的扰动程度随着与Ⅱ区距离的增大而减弱直至基本消失，土的平均密度有所减小，含水量增加，孔隙水压力明显增大。Ⅳ区为影响轻微区，其中土因沉桩引起的附加应力和孔隙水压力较小，土的原始结构基本上保持不变，只是浅层土的密度有可能因振动而出现一定的变化。

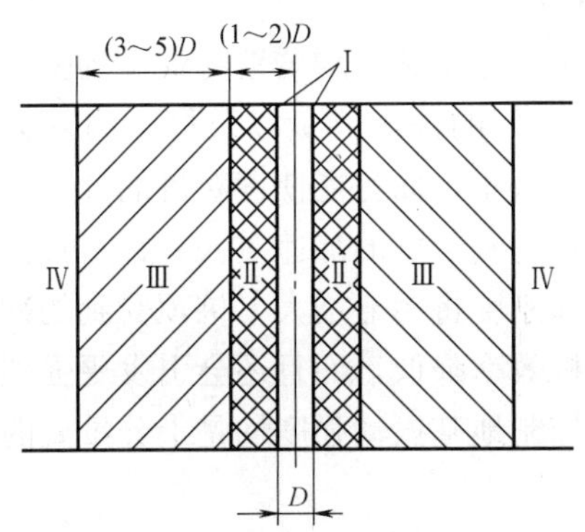

图 7.3.2　打入黏土中桩侧土的扰动区

在沉桩过程中，由于受锤击力的强烈作用，桩侧土的阻力将大幅度地降低，沉桩阻力主要决定于桩底所在土层的物理力学性质。

二、锤击法沉桩设备

1. 桩锤

桩锤是用锤击法沉桩施工中的关键设备，现常用的有气动锤、柴油锤、落锤和液压锤等类型（表 7.3.1）。落锤是最传统简易但比较笨重的桩锤，冲击能量小，沉桩穿透能力弱，目前已应用较少且局限于小直径短桩的施工。气动锤按动力特性分为汽缸冲击式或活塞冲击式的蒸汽锤和压缩空气锤，有单动式、复动式和差动式三种结构类型，但最常用的还是单动汽缸冲击式蒸汽锤。气动锤比较适合在黏性土和松散的砂土地基中沉桩。

部分桩锤的主要性能指标 **表 7.3.1**

锤　型	单动气缸冲击式蒸汽锤			柴油锤			液压锤	
型　号	1.5t	3.0t	7.0t	K13	K45	KB60	h6m1000	h6m5000
撞锤重(t)	1.5	2.7	5.4	1.3	4.5	6	10	70
冲击频率(次/min)	15～25	60～90	24～30	40～60	39～60	35～60	60	60
冲击力(kN)		1500～2500	2400～3100	680	1910	2460	10000	50000

柴油锤分筒式和导杆式两种，常用于较硬的黏性土和砂性土地基中沉桩，最大桩径和长度可分别达到 1.2m 和 60m。这种桩锤的冲击能量大、锤击频率高，在硬土层沉桩穿透能力较强。但是，在软弱黏土层厚的地基中施工时，柴油锤不易爆发而如同落锤。而在坚硬的土层中，由于沉桩贯入度很小，锤心反弹强，过高的锤跳将产生极大的冲击力，不但容易损坏桩身，而且还会产生很强的地基振动问题。

液压锤是最新型的桩锤，适用于各类土层和桩型，施工时可不设锤垫，无废气污染危害，噪声和振动较小，沉桩效率一般要比气动锤和柴油锤高 40%～50%。但因由于设备及施工费用昂贵、管理要求高，液压锤沉桩在一般的工业民用建筑工程中应用尚少。

2. 衬垫

在锤击法施工中，为了提高沉桩或桩锤效率、保护桩锤安全使用和桩顶免遭破损，应分别在桩锤与桩帽、桩帽与桩顶之间放置衬垫，并且称为锤垫和桩垫。锤垫常采用橡木、桦木等硬木按纵纹受压使用（厚度 50～200mm），有时也采用钢索盘绕而成或层状板、化塑型缓冲垫材等。对重型桩锤，还可采用压箱或压力弹簧式锤垫。桩垫通常采用松木横纹拼合板（厚度 50～100mm）、草垫、麻布片和纸垫等材料。

与锤、桩相比，衬垫材料是相当软弱的，其作用主要是缓和并均匀地将桩锤的强大冲击力传递到桩顶上。定性来说，衬垫刚度越大，则桩受到的锤击能量以及打击力就会越大；反之，若衬垫刚度较小，则桩受到的锤击应力将会减小，而且能使锤对桩的冲击持续时间有所延长，当冲击力大于桩的总贯入阻力时，这将有利于桩的加速贯入。针对具体的桩基工程，合适刚度的衬垫经过多次锤击后，其密度和刚度将明显增大，桩顶受到的冲击力特征也会随之改变，这不但导致桩顶容易受损、沉桩效率降低，而且还会引发更强烈的地基振动。因此，适时更换衬垫对于提高沉桩效率和控制地基振动强度均是十分重要的。

三、锤击法沉桩引起的地基振动

沉桩能量是通过桩或套管侧面和底端传到地基中去的。就由沉桩引起的地基振动特性来说，虽然与锤重、桩锤工作效率、桩体形状与几何尺寸、桩侧平整度以及是否挺直等有关，但最重要的因素还是地基土尤其是桩端土抵抗桩贯入下沉的阻力。当沉桩锤击能量一定时，桩下沉的贯入度越小，则传递到地基土中的振动能量就越大；而在桩能够快速下沉时，大部分能量将消耗在桩—土之间的相对塑性变形之中。因此，地基土体越硬，则沉桩产生的地基振动一般将会更加强烈。由此可知，当桩或套管贯入到不同土层时，所产生的地基振动强度将会有所不同（图 7.3.3），但其振动频率的整体变化趋势是随着沉桩入土深度的增大而有所降低。

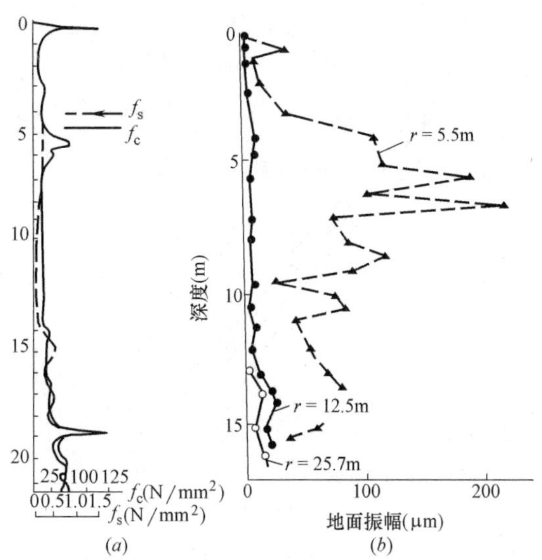

图 7.3.3　地面振幅与沉桩贯入深度的关系
(a) 地基土静力触探曲线；
(b) 地面振幅与沉桩贯入深度的关系

测试数据分析表明，由锤击法沉桩引起的桩顶振动有两个频带，其高频区（300～700Hz）受桩锤和锤垫控制，低频区（7～50Hz，以低频占优）与桩体轴向振动的固有频率相联系。对沉桩引起的地基振动，在桩边大多以竖向分量为主，而且主频率较高；但离桩位一定远后，地基振动的竖向和水平分量变得差不多，而主频率的进一步减小趋于甚微且与桩体的轴向基本频率相差不是很大（±15%～30%）。有时，在某些土层构造组合下，地基振动的水平分量峰值也会高于竖向分量的 2～3 倍。

根据对实测数据的拟合分析（图 7.3.4），由锤击法沉桩引起的地基振动竖向速度峰值 v_z（mm/s）与额定锤击能量 E_0（J）、距离 R（m）间的关系可表示为：

$$v_z=K(\sqrt{E_0}/R)^n \tag{7.3.1}$$

式中　K、n——经验系数，n 值可取 1.108～1.525。

K 的数值一般与地基土的特性以及桩体广义波阻抗 ρCA（即桩体质量密度、压缩波速和横截面积三者之积）等密切相关，如图 7.3.5 所示。对于用锤击法施工的沉管灌注桩，也可以将钢质沉管当成桩体按上式估算地基振动量。

根据上文的阐述，桩顶实际受到的锤击能量是因锤型和衬垫而异的。若定义桩顶实际所受打击能量与桩锤额定能量之比为桩锤效率，则对于目前常用的柴油锤来说，其取值约为 0.20～0.30，比蒸汽锤的 0.45～0.55 或自由落锤的 0.42～0.50 要低得多。因此并结合式（7.3.1）可知，在相同的额定桩锤能量下，由不同的桩锤系统引起的地基振动将是不同的。还应当指出的是，式（7.3.1）适用于沉桩遇到阻力大的土层情况，而当沉入软弱土层时，地基振动并不随锤击能量的增加而增加，有时甚至反而减小。

对于由锤击法沉桩引起的地基振动加速度，实测结果表明它也可表达成式（7.3.1）的形式，只是其中的系数 K 和 n 不同而已。

为了估算由锤击法沉桩引起的地基振动主频率，这里给出桩体自身的轴向基本频率计算公式。根据结构动力学理论，对顶端带有集中质量 m、侧面自由而下端固定的桩（图

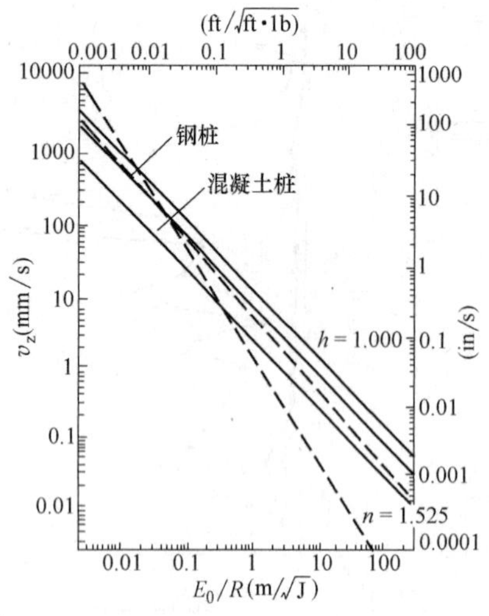

图 7.3.4　地面振动与锤击能量、距离的关系

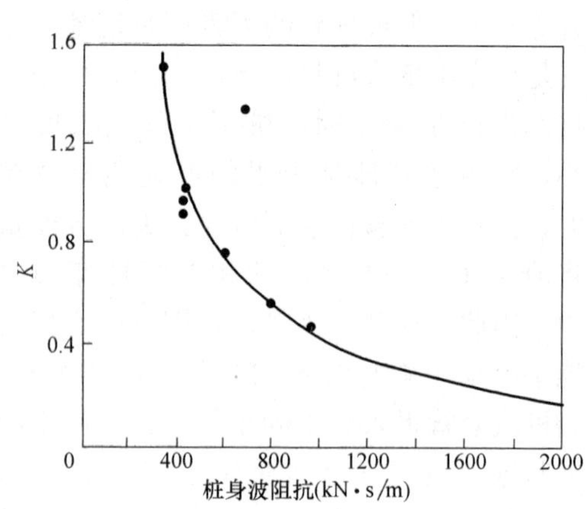

图 7.3.5　系数 K 与桩体波阻抗的关系

7.3.6），其轴向振动的基本频率 f_m 为：

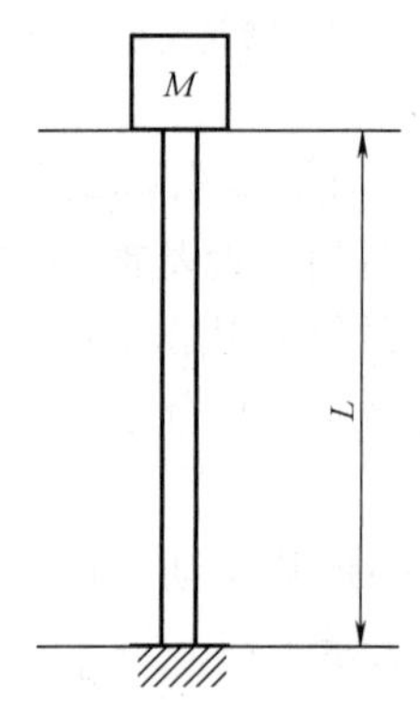

图 7.3.6　沉桩的计算

$$f_m = \xi C/(2\pi L) \tag{7.3.2}$$

式中　ξ——与质量比 $\eta=\rho AL/m$ 有关的常数（表 7.3.2）；

L——桩长。

在实际工程中，桩侧土的影响是客观存在的。因此，要想减少对实际桩体轴向振动基本频率的估算误差，对式(7.3.2)的结果尚应乘以一个折减系数 α。

根据一些实测数据分析，折减系数 α 与桩体材料以及地基土的性质有关：初打结束时，混凝土桩和钢管桩的 α 值分别为 0.4 和 0.95；而在复打时，其值分别变为 0.5 和 1.15。应用表明，这种方法的计算结果与实测桩顶振动主频率较为一致（相对误差为±10%～15%）。

ξ 与 η（$=\rho AL/m$）的关系　　表 7.3.2

η	0.01	0.10	1.00	2.00	5.00	10.00	20.00	∞
ξ	0.10	0.32	0.86	1.08	1.32	1.42	1.52	π/2

第三节　振动法沉桩引起的地基振动

一、振动法沉桩的机理

在这种方法中，克服土阻力而使预制桩或钢质沉管贯入地基的作用力来源于置于桩顶的振动锤。振动锤是根据机械动力学原理而设计的，即当两只等质等臂偏心重块同速绕一个水平轴逆向旋转时，所产生的水平离心力将相互抵消，而竖向离心力则加倍且是一个简谐型周期性动力荷载，其幅值 F_0（N）可由下式表达：

$$F_0=2m\omega^2 r \tag{7.3.3}$$

式中　m——每只偏心块的质量（kg）；

r——每只偏心块的臂长（偏心距，m）；

n——偏心块的转速（转/min），$\omega=\pi n/30$（rad/s）。

用振动法沉桩时，振动锤通过夹具固定连接在桩顶上。桩体在受到上述周期性荷载作用时将会产生上下剧烈的运动，如此经过一定时间后就可以使桩侧和桩端土体扰动软化甚至液化，继而使土对桩的阻力得以明显地减小。当地基土对桩的总阻力降低到小于桩身自重和桩锤振动力幅之和时，桩端将会挤开土体而使桩体贯入下沉。

振动法沉桩操作简便，沉桩效率高；在贯入过程中因所受的力有限、可控，桩身变形小且不易损坏。但当桩端遭遇一定厚度的硬夹层或持力层起伏较大时，桩的贯入将会发生困难，而且预制桩或灌注桩钢质沉管的长度较难调节，同时还会出现强烈的地基振动影响问题。从目前的工程统计资料来看，用振动法施工的桩（管）长度大多在 30m 以内，即使在沿海深厚的饱和软黏土地区也没能超出 40m。

二、振动法沉桩设备

除机架或履带式吊车外，振动法沉桩的主要机械设备是振动锤，其基本形式目前有振动锤和冲击振动锤两种。振动锤是由电动机、振动器、吸振器、夹桩器和操纵仪等基本部分组成；冲击振动锤还包含冲击块和冲击座等，其构造如图 7.3.7。振动锤按其机械特性也可分成电动式、液动式和气动式。近来为了使其工作频率实现无级调节，使得人们在不同地质条件下能够顺利地沉桩或控制地基的振动强度，液压马达驱动式振动锤的应用得到了青睐。表 7.3.3 综合给出了部分国家生产的各类预制桩沉桩振动锤的主要技术参数，而表 7.3.4 对应于国产的电动振动沉拔桩锤（主要用于沉管灌注桩施工）。在选用沉桩振动锤时，一般应使得它的起振力、振幅、转速或频率、偏心力矩以及自重等与桩长、地基土阻力相适应，以此获得良好的沉桩施工效果。

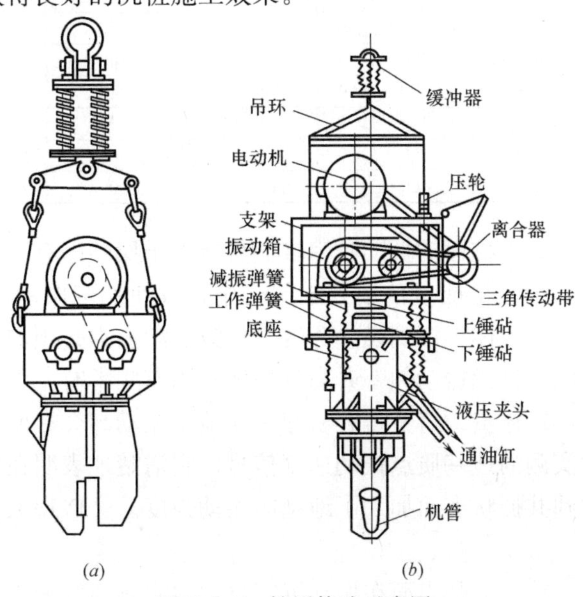

图 7.3.7　桩锤构造示意图

（a）振动锤；（b）冲击振动锤

与锤击法施工不同，振动法沉桩的振动锤须通过专用夹具将桩顶夹紧，以免施工时滑动而降低工作效率、损坏机具或引发安全事故。

三、振动法沉桩引起的地基振动

在振动法沉桩过程中，地基振动的主频率是与振动锤的转速相一致的。对于各类振动锤，人们可按转速大小将它们分成低频型（频率不高于 15Hz）、中频型（频率 15～25Hz）、高频型（频率 25～60Hz）和超高频型（高于 60Hz）等。目前在实际桩基工程施工中，电动振动锤的工作频率大多是中、低频的，而液压振动锤的工作频率则可达到高频。高频振动桩锤，由于功率大，饱和地基土超静孔压上升快，沉桩效率高，最近十余年来应用逐渐增多。

预制桩沉桩振动锤的主要技术参数 **表 7.3.3**

国别	日本	德国	美国	荷兰	中国
偏心力矩（N·m）	30～5000	8～7400	20.5～765	—	16.5～3800
偏心轴转速(rpm)	400～1800	0～2900	0～9000	1500～3000	404～1000
激振力（kN）	40～2140	50～1200	60～980	250～2400	75～1600

国标 GB 8517—87 电动振拔桩锤规格系列主要技术参数 **表 7.3.4**

型号	电机功率（kW）	偏心力矩（N·m）	偏心轴转速（rpm）	激振力(kN)	容许拔桩力（不小于）（kN）	桩锤全高（不大于）（mm）	桩锤振动质量（不大于）（kg）
DZ11	11	36～122	600～1500	49～92	60	1400	1800
DZ15	15	50～166	600～1500	67～125	60	1600	2200
DZ22	22	73～275	500～1500	76～184	80	1800	2600
DZ30	30	100～375	500～1500	104～251	80	2000	3000
DZ37	37	123～462	500～1500	129～310	100	2200	3400
DZ40	40	133～500	500～1500	139～335	100	2300	3600
DZ45	45	150～562	500～1500	157～378	120	2400	4000
DZ55	55	183～687	500～1500	192～461	160	2600	4400
DZ60	60	200～750	500～1500	209～503	160	2700	5000
DZ75	75	250～937	500～1500	262～553	240	3000	6000
DZ90	90	500～2400	400～1100	429～697	240	3400	7000
DZ120	120	700～2800	400～1100	501～828	300	3800	9000
DZ150	150	1000～3600	400～1100	644～947	300	4200	11000

工程实践已经证实，当桩锤的振动频率较低且接近土层的固有频率时，地基将接近或达到共振状态时，大部分沉桩能量传播到土层之中，致使地基振动加剧而桩体贯入度减慢。在这种情况下，要使桩体下沉到设计深度，桩锤的激振力必须加大，而这继而也会增大地基的振动强度。但当桩锤振动频率升高到桩体的固有频率时，大部分沉桩能量消耗于桩—土间的相互作用，桩体贯入将变得容易起来而地基振动却会有所减弱。图 7.3.8 是当振动锤刚开始工作时实测的地基质点振动速度信号，它清楚地表明在该振动锤转速达到某个数值时曾使土体达到共振状态而加大了地基的振动强度。类似现象在振动锤停机过程中也会出现。

表 7.3.5 列出了一粉土地基表面在振动沉管过程中实测到的最大竖向振动加速度 a_{max} 随距离的变化关系，其中沉管直径 d=0.377m，DZ60 振动锤的工作转速 1000rpm。根据

实测信号和数据可以得出：

1. 地面振动的主频率为 16.6Hz，与振动桩锤的工作转速 1000rpm 一致；

2. 地面竖向振动加速度随与沉管边缘水平距离的增大将迅速减少，当沉管深度超过 6m 后，离沉管边缘距离 1m 以内的地面振动加速度比 $a_{max}/g>5$，而当这一距离增大到约 2.5m（≈5.8d）时，a_{max}/g 已降至 1 左右，意味着此时的地基振动已变成受弹性波控制的区域了；

3. 当管端进行较硬土层而下沉速率变慢时，地面的振动加速度将会明显地增大。

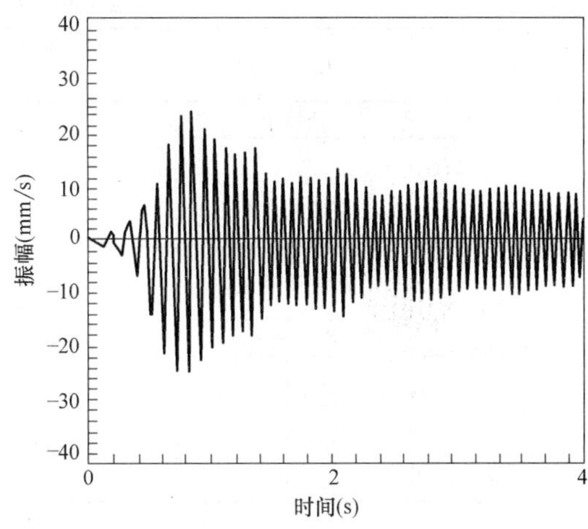

图 7.3.8　振动锤启动阶段的地基振动信号

中频电动振动沉管过程中地面的竖向振动加速度峰值（m/s²）　　表 7.3.5

沉管深度(m)	与沉管边缘的水平距离(m)		
	1.0	2.5	5.0
6	15.8	5.4	0.5
8	49.5	3.0	0.3
10	105.0	4.1	1.2
12	94.0	5.1	2.0
14	77.0	2.4	
16	117.6	2.5	
18	75.3	3.7	

表 7.3.6 给出的是在上海深厚饱和软土地区采用液压高频振动锤沉入预制管桩引起的地面振动测试数据。试验场地土层概况如表 7.3.7 所列；管桩直径 500mm，壁厚 100mm；所用桩锤工作频率 25.5Hz，实测激振力峰值 1440kN。由表 7.3.6 数据可见，液压高频振动桩锤在施工过程中，紧邻的地面振动也不强烈。这与饱和地基土在高频振动条件下超静孔压迅速上升、桩周土严重软化而减弱振动能量向外扩散有关。

液压高频振动锤沉入预制管桩引起的地面振动峰值　　表 7.3.6

沉桩深度(m)	与管桩边缘的水平距离(m)					
	3.8		6.4		12.2	
	加速度(m/s²)	速度(mm/s)	加速度(m/s²)	速度(mm/s)	加速度(m/s²)	速度(mm/s)
0～4	0.21	1.31	0.21	1.31	0.23	1.43
4～9	0.30	1.87	0.33	2.06	0.29	1.81
9～14	0.27	1.69	0.17	1.06	0.09	0.06
14～18	0.13	0.81	0.23	1.44	0.23	1.44
18～23	0.30	1.87	0.31	1.94	0.31	1.94
23～26	0.15	0.94	0.13	0.81	0.11	0.07

试验场地土层特性及力学参数 **表 7.3.7**

层序	土层名称	层底埋深（地面以下，m）	预制桩	
			f_s(kPa)	f_p(kPa)
①1	杂填土	1.2	—	—
②	黏土	2.9	15	—
③	淤泥质粉质黏土	6.6	6m 以上 15	—
			6m 以下 20	
④	淤泥质黏土	16.3	6m 以上 15	—
			6m 以下 25	
⑤1	粉质黏土	26.7	40	1100
⑥	粉质黏土	29.2	65	1800
⑦1	砂质粉土	31.2	75	4000
⑦1 夹	粉质黏土	32.2	55	—
⑦1	砂质粉土	37.8	85	5000

从一些文献资料的实测数据来看，在无黏性土中用振动法沉桩产生的地基振动强度往往比锤击法的要低，但在软黏土中却正好相反。其次，在地基振动的特征方面，锤击法产生的是有一定间隔的瞬态冲击信号序列，其中包含的频率成分较为丰富；而振动法产生的则是主频突出的连续性周期信号。因此，对施工现场邻近的同类建（构）筑物来说，振动法沉桩引起的地基振动应受到相对于锤击法而更严格的限制。

另外，不论是锤击法还是振动法，由于它们引起的地基振动频率和持续时间与爆破地震通常存在着一定的差异，爆破地震的研究成果（包括地基振动特性、震害及振动安全标准等）一般是不能直接用来分析处理沉桩振动问题的。

第四节　沉桩振动问题的防治

一、沉桩振动控制的技术标准

在实际工程中，由沉桩引起的地基振动一般是难以直接导致建（构）筑物破坏的，其作用主要是加速它们的老化。对沉桩振动的控制要综合考虑桩锤的能量及其系统特性、离沉桩区的距离、施工场地的地形、场地土的成层构造及其物理力学性质、邻近建（构）筑物的结构形式及其规模大小和安全现状、建筑物内仪器设备运行对振动的限制等因素。在大多数情况下我们限制地基振动是为了防止建（构）筑物遭受损伤或破坏，但有时只是为了保证人的生活和工作环境或仪器设备正常运行的技术条件。这是一些非常复杂的问题，难以通过严密的理论研究来编制技术标准，国内外现行标准的规定大多是基于既有工程经验而提出的，各地在使用过程中仍需根据具体情况，评估可能出现的偏差和是否存在较大的工程风险。

在实际工程中，沉桩施工振动可依据于表 7.3.8 给出的国家标准《建筑工程容许振动标准》GB 50868 中的相关规定，其中使用的是测点三个正交分量信号峰值的最大值。与表 7.2.2 相比，在相同频段内，对同类建筑结构，打桩施工引起基础振动速度的容许数值比爆破施工的要低，这与打桩施工振动的累积持续时间相对更长而更容易引起建筑构件的疲劳损伤有关。

打桩、振冲施工对建筑结构影响在时域范围内的容许振动值　　表 7.3.8

建筑物类型	顶层楼面处容许振动速度峰值(mm/s)	基础处容许振动速度峰值(mm/s)		
	1～100Hz	1～10Hz	50Hz	100Hz
工业建筑、公共建筑	12.0	6.0	12.0	15.0
居住建筑	6.0	3.0	6.0	8.0
对振动敏感、具有保护价值、不能划归上述两类的建筑	3.0	1.5	3.0	4.0

注：表中容许振动值按频率线性插值确定。

一般来说，结构振动速度会随楼层所在高度的升高而放大。虽然一般的地基基础施工振动不至于对结构的承重构件产生严重的损伤，但对人的舒适度或工作效率以及非承重构件、悬挂物品的安全性，可能会产生不利影响。因此，德国和我国标准，在对建筑结构地面质点振动速度峰值进行限制的同时，对结构顶层楼板的容许质点振动速度峰值也作出了一定的限制要求。

另外，根据我国标准的规定，对于未达到国家现行抗震设防标准的城市旧房和镇（乡）村未经正规设计自行建造的房屋，其容许振动值宜按表 7.3.8 中居住建筑的 70%确定。处于施工期的建筑结构，当混凝土、砂浆的强度低于设计要求的 50%时，应避免遭受施工振动影响；当混凝土、砂浆的强度达到设计要求的 50%～70%时，其容许振动值也不宜超过表 7.4.6 中数值的 70%。

二、沉桩振动的防治措施

为了减小沉桩振动的危害程度，人们可以在振源、振动传播介质和受振建（构）筑物三方面或其中的某个环节采取合适的技术措施。

1. 选择合理的桩型及其沉桩工艺

（1）桩型

为减少沉桩数量和沉桩振动作用的总时间，设计时可尽量采用单桩承载力高的桩型，如采用大直径桩、长桩或进行桩端灌浆，有时还可以采用刚—柔性桩复合地基方案。在对地基振动限制很严的情况下，改用静压法沉桩可能是一个明智的选择。

（2）沉桩工艺

为了减少沉桩振动和挤土效应的综合作用，可采用与预钻孔法或水冲法相结合的施工工艺。将桩身涂抹润滑材料也是可以减弱由动侧摩阻力引发的那部分地基振动。实践证明，用锤击法沉桩时，采用“重锤轻击”方式可以使大部分沉桩能量能够传到地基深处，从而有益于减小地面的振动强度。而用振动法沉桩时，选用低振动强度和高工作转速的振动锤往往可以获得较好的地基振动控制效果的。

另外，在施工现场能够合理地安排沉桩顺序，对于减小地基振动的影响程度也是十分有益的。人们已经发现，相对于受振建（构）筑物，沉桩施工适宜于由近而远地进行，因为前期已沉入地基的桩群对后期沉桩施工振动和挤土效应将会起到一定的隔离作用。

2. 采用地基隔振技术

与机器振动的隔离类似，对于沉桩振动也可以通过在施工场地与受振建（构）筑物之间的地基中设置屏障来隔离。但需要注意的是，沉桩振动来源于桩侧和桩端土所受到的动

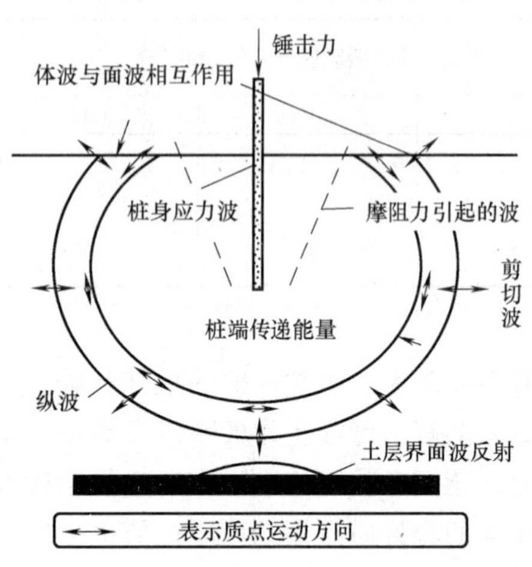

图 7.3.9　沉桩振动机理示意图

阻力（图 7.3.9），它们属于深层振源的范畴。因此，无论是设置在施工现场周围还是靠近受振建（构）筑物，所用隔振屏障的深度都应该比地面机器振动情况下的要大得多，以避免深层振源产生的体波绕过屏障底端后再在其邻近受振建（构）筑物侧的地面上形成仍较强烈的表面波。在场地周围设置仅 1～2m 深的沟槽，一般难以获得理想的隔振效果。

（1）沟槽式隔振屏障

分空沟和填充沟两种形式。当在深厚软弱地基中用锤击或振动法沉桩时，因地基振动的主频率或地基土波速往往较低而相应的表面波波长较大，若要使地基振动降低 30%～90%，则所用屏障的深度将会达到 15m 左右。在实际工程中，当深度超过 3～4m 后（视土质而定），采用填充沟形式隔振更为现实。按相对于场地地基波阻抗的高低，可将填充物分成硬性材料和软性材料。研究表明，在隔振屏障的几何尺寸（长、宽、深）合适的前提下，硬性材料的波阻抗越高或软性材料的波阻抗越低，则它的隔振效果会越显著。目前所用的硬性填充材料主要有混凝土和水泥土等，而软性材料包括护壁泥浆、粉煤灰、发泡塑料和水泥浆固化空气胶囊等。从节省经费角度考虑，软性材料在地基隔振应用中比硬性材料更受人们的欢迎。

（2）排桩式隔振屏障

当根据沉桩振动的特性需要设置很深的隔离屏障时，采用填充式沟槽也会遇到施工技术等方面的困难。在这种情况下，可以考虑选用排桩型隔振屏障。与上述填充隔振沟槽类似，这种隔振排桩可以通过在钻孔或沉管成孔后灌注混凝土、砂、粉煤灰或特制泥浆而形成。

影响排桩隔振效果的因素主要包括：桩直径、间距、深度、桩数或排长、排数、排间距以及桩身材料的性质。一些理论研究还表明，在位于受振建筑物侧排桩中心线两边的一定范围内，地基的隔振效果往往最佳。为了获得较好的隔振效果，桩长一般需达到两倍波长，而排长宜取为待隔振区域宽度的三倍左右。

另外可以定性地说，当隔振桩的间距较大时，双排桩的隔振效果要明显优于单排桩；但当桩间距小到一定数值后，单排桩和双排桩隔振的效果将会变得相差无几了。因此，对一个具体工程问题来说，宜先进行技术和经济效果比较，然后再决定是用单排还是用双排桩隔振方案。

3. 对建（构）筑物进行抗振加固

当上述隔振效果仍不能满足减振要求或存在施工场地空间、经费投资限制时，可以考虑对沉桩振动影响区中陈旧和古建筑等采取适当的临时托换加固措施，以提高它们的抗振性能和确保工程安全。当沉桩影响很大时，对于一般危房也可以采取临时卸载和拆除的保护措施，以防止它们在沉桩振动作用下出现局部坍塌事故。

另外，在沉桩施工前，应对其振动影响区域内悬挂或非固定搁置于高处的物体进行普查并予以加固或清除，以避免它们受振时跌落伤人。

第四章　地基处理施工引起的振动问题

第一节　地基处理工程概况

在实际工程中，当天然地基的变形或稳定不能满足上部结构的要求、而采用桩基础又比较耗资时，人们通常会选用地基处理的方法来解决问题。地基处理并不是仅对软弱的淤泥、淤泥质土和填土等高压缩性的土层，而且还应包括可地震液化的饱和松砂与粉土地基，以及湿陷性黄土和膨胀土地基等。另外，随着工程建（构）筑物荷载的增大，对变形的要求越来越严，因而原来一般可被评为良好的地基，也有可能必须进行处理。

地基处理的方法种类繁多，现按其基本原理予以分类汇总如下：

一、排水固结法

这类方法的原理是通过合适的途径使饱和软黏土地基在静力荷载作用下孔隙水慢慢排出，孔隙比相应地减小，从而使土体的强度逐步地得到提高。

根据所用排水和加载系统的不同，排水固结法可分为堆载预压法、砂井（并包括袋装砂井、塑料排水板和塑料管法等）、真空预压法、降低地下水位法和电渗法。这些方法的施工不产生有害的地基振动问题。

二、振密、挤密法

这类方法的原理是通过振动或挤压使地基土体的孔隙比减小，而强度得以提高。

根据所采用手段的不同，本类方法又可分为表层压实法、重锤夯实法、强夯法、振冲挤密法与爆破法等。显然，它们在施工过程中将可能会引发一定的地基振动问题。

三、置换与拌入法

这类方法是以砂、碎石等材料置换地基中的部分软弱土体而形成复合地基，或在软弱地基中掺入水泥或石灰等形成加固体并与未加固部分形成复合地基，以达到减小地基沉降和提高地基承载力的目的。

置换与拌入法包括垫层法、开挖置换法、振冲置换法或碎石桩法、高压旋喷注浆法、深层搅拌法和石灰桩法等，其中振冲置换法和石灰桩法在施工过程中会产生一定的地基振动。

四、灌浆法

本类方法的实质是用气压、液压或电化学原理将某些能固化的浆液注入岩土介质的裂缝或孔隙，以改善地基的物理力学性质。

灌浆法包括硅化法、塑料灌浆法、氰凝法、碱液加固法等。

五、加筋法

本类方法通过在土层中埋设强度较大的土工聚合物、拉筋、受力杆件等，以达到减小地基的沉降、提高地基的承载力或维持建筑物基础稳定的工程目的。

加筋法包括土工聚合物法、锚固技术、加筋土和树根桩法等。

除上述这些常用的方法外，还有冻结法、烧结法、预浸水法、托换和纠偏等特种地基处理技术。它们和排水固结法、灌浆法以及加筋法一样，在施工过程中一般均不产生有害的地基振动问题。

第二节　强夯法处理地基引起的振动问题

一、强夯法及其机械设备

强夯法加固地基一般是将 80～300kN 的重锤（最重达 2000kN）以 8～20m 的落距（最高为 40m）自由下落对地基土进行夯击（图 7.4.1）。通常是先将夯点分成 3～4 组，然后按组分遍强夯；在每个夯点，一般连续夯击数次，直到饱和土中所产生的超静孔隙水压力与土的有效应力接近或非饱和土地基的夯沉量基本稳定为止。通过如此巨大的冲击能量以应力波（P 波、S 波和 R 波等）形式向深部和夯点周围的地基中传播，使碎石层、砂性土与非饱和土的原有结构遭受严重破坏，从而达到降低土体压缩性和提高土体强度的工程目的。强夯法还被用来消除饱和砂性土的地震液化势与黄土的湿陷性；对饱和软黏土，它可以被用以进行抛石挤淤置换。

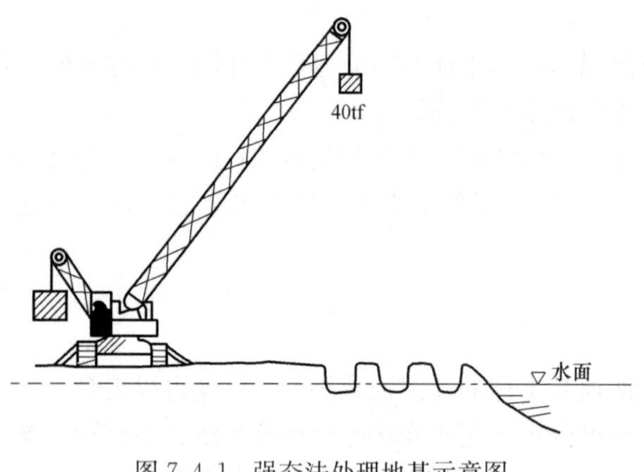

图 7.4.1　强夯法处理地基示意图

用强夯法加固的地基一般均呈现明显的塑性行为。在强夯点及其附近，土体将多次遭受很大的动态压缩和剪切变形作用而进入塑性状态；但在离夯点一定远后，因强夯能量作用的减弱，地基土将主要受表面波作用而处于弹性工作状态。

强夯法施工的主要机具包括夯锤、脱钩器和起重机等，并且通常配备场地整平用推土机和压实机等辅助机械。虽然这几种机械设备在工作时也会引起振动，但它们与夯锤落地时所产生的地基振动相比将是很微不足道的。因此，夯锤是人们在防护强夯振动中最为关心的一个因素。

根据工程实践经验，设计或选用夯锤时会考虑如下几个方面：

1. 夯锤质量 M 与需处理土层的深度 H、土质条件及锤的落距 h 有关。一般来说，M 和 H 越大，锤落地时的冲量（$M\sqrt{2gh}$）越大，因而可处理地基土的深度会增大。但在夯击冲量一定的情况下，增大锤的质量往往比提高落距会获得更好的地基处理效果。

根据起重机的起重能力，夯锤质量和落距的相互关系可由 Ménard 公式变换得出

$$\sqrt{Mh}=H/\alpha \tag{7.4.1}$$

式中　α——小于 1.0 的经验系数，与地基土的种类、地下水位以及地表垫层等因素有关。

2. 夯锤材料可采用钢锤，也可以用钢板外壳内灌混凝土。钢锤的体积相对较小，重复使用稳定性好，而且还可以根据需要拼装成不同质量的夯锤。

3. 锤体形状应该规则对称，常用有方柱体和圆柱（台）体等。当地基处理深度较大时，可采用锥底锤和球底锤，以便能较充分地发挥夯击能量的作用；反之，则多用平底锤，以求在加固地基的同时又不破坏表层土的密度。

4. 锤底面积 A 的大小视土质决定，一般使其底面静压力值处于 25～40kPa。对于砂质土和碎石填土、黏性土与淤泥质土，锤底面积常分别可取为 2～4m^2、3～4m^2 和 4～6m^2。

5. 在夯锤上须设置排气孔，以减小夯锤下落过程中的空气垫阻力作用，同时也有利于锤从夯坑中拔出。通常排气孔数 4～6 个，直径 250～300mm，位置对称均匀分布，中心线与锤轴线平行。

二、强夯法引起地基振动的特性

工程实践表明，虽然强夯不会使离施工场地较远处的地基产生有害的永久性沉降，但它所产生的地基振动可能会使已有的建（构）筑物和机器设备遭受损害。因此，在确定采用强夯法处理地基之前，应该充分地对强夯振动的潜在危害性进行评估。

强夯引起的地基振动涉及层状半空间中弹塑性波的传播特性，目前的理论分析方法还显得相当地不够成熟。在实际的工程设计与施工过程中，人们还只能通过简单的理论分析和现场观测相结合的方法来解决强夯振动的防护问题。

1. 强夯振动的简化理论分析

为了对强夯地基振动特性从理论上有一个粗略的了解，人们将非线性力学性能很复杂的地基用线性弹簧和阻尼器来代替，夯锤被当成是一个刚体，其落地时的速度 $v_0=\sqrt{2gh}$ 就是它的运动初速度。对于由此建立的简化分析模型（图 7.4.2），可用数学理论解出夯锤落地后的运动速度：

$$v(t)=v_0\sqrt{1+(C/2m\omega_{\mathrm{d}})^2e^{-(R/2m)^t}}\cos(\omega_{\mathrm{d}}+\phi) \tag{7.4.2}$$

式中　g——重力加速度；

ω_{d}——夯锤的有阻尼固有圆频率，$\omega_{\mathrm{d}}=\sqrt{k/m-(c/2m)^2}$；

k——地基的竖向刚度 $k=2GD/(1-\nu)$；

C——地基的阻尼系数 $C=0.6\rho AV_{\mathrm{p}}$；

D——锤底直径；

A——锤底面积；

G——地基土的剪切模量；

ν——地基土的泊松比；

V_p——地基土的P波速度；

ϕ——相位角，$\phi=\arctan(C/2m\omega_d)$。

由式可见，夯锤和夯点地基质点运动是随时间呈指数衰减的，其速度振幅主要受落锤高度控制且随它的增大而非线性地增大；而地基土越软弱，夯锤越重，夯锤底面直径越小，地基振动的频率将会越低。因此，在同一夯点，由于每击强夯均会使得地基土的物理力学性质发生变化，各击强夯产生的地基振动特性彼此有所差异也就是正常的现象了。

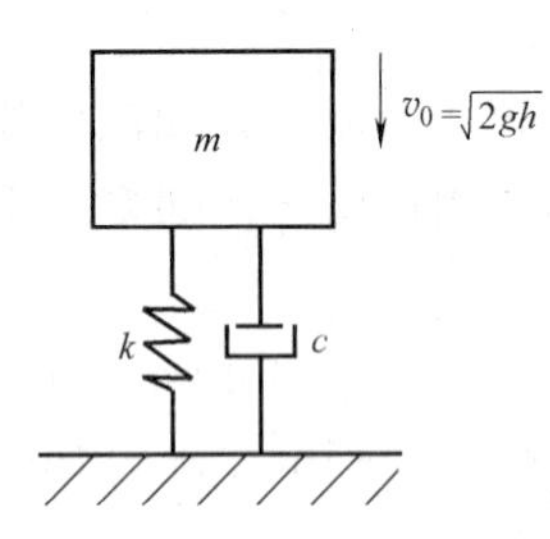

图7.4.2 强夯振动的简化计算模型

为了对强夯振动进行有效的防护，人们弄清它从夯点向外扩散过程中衰减的规律性将很有实用价值。对于在刚性基础振动作用下的近场地面瞬态弹性竖向位移峰值，何少敏等曾求出过近似的解析解。若不计阻尼影响，将这一结果进行转化并结合式（7.4.2）则可得到地面竖向速度峰值为

$$v_z=\frac{2v_0}{\pi}\left[k_1\frac{D}{2R}+k_2\left(\frac{D}{2R}\right)^3\right] \tag{7.4.3}$$

式中 v_z——距离基础中心R处的地面竖向速度峰值；

k_1、k_2——两个无量纲近场波型效应系数，它们的引入是为了考虑弹性半空间理论假定与际土性的差异以及在求解中所作近似处理。

由于当$R=D/2$时$v_z=v_0$，故有$k_1+k_2=\pi/2$。一些室内模型实验结果表明，k_1、k_2取值分别约为1.02和0.55，前者随激振脉冲宽度的增大而有所增大，而后者则是随之减小。

显然，由式（7.4.3）可以得知，瞬态振动在近场区域的衰减是非常快速的。若为了应用上的方便而将式（7.4.3）改成：

$$v_z=kv_0\left(\frac{D}{2R}\right)^n \tag{7.4.4}$$

则应该有$1<n<3$，而无量纲系数k与k_1、k_2的关系尚难以从理论上加以阐述。显然，在应用以上两个半理论性公式时，首先必须根据具体的工程地质和施工条件合理地确定出其中的几个参数。

2. 强夯振动随深度的实际变化规律

杭州钱塘江南岸某工地较系统地进行过强夯地基振动测试工作。强夯试验场地地形平坦，地面标高4.9～5.4m，深度20m以内为全新世冲海积饱和粉土与砂土层，处稍密—中密状态，局部在7度地震烈度条件下可发生液化，液化程度轻微—中等，且浅层地基土强度低，承载力标准值处于95～110kPa。由于该工程基底的设计标高为6.10m，在强夯前用凝灰岩块石作填料（最大粒径不超过40cm）将场地地面抬高约1m。夯点按梅花形布置，其中心距为3.3m，第一遍为隔行不隔点进行强夯，夯完第一遍后推平，再进行第二遍另一行未夯点的强夯。夯锤重200kN，直径为2.5m，落距为20m。在强夯完成后，再填石到预定标高，并用振动压路机碾压10遍。

在强夯前，在一夯点下的不同深度以及地面上由近而远地埋设了加速度传感器，以检测分析夯点周围地基土的振动状态。测试结果表明，在4000kN·m夯击能量作用下，夯

锤落地点的地基振动加速度峰值可达到 $160m/s^2$。图 7.4.3 为该夯点第四击时地基的振动加速度峰值等值线，由此可见：

（1）强夯所引起的土中加速度峰值随深度和水平距离的增加而急剧衰减；

（2）土中加速度峰值高于 $10m/s^2$ 的等值线呈梨形状，在这个区域内土体受到强夯冲击应力的强烈作用而处于弹塑性变形状态，它也就是夯击强夯对地基土的有效影响范围；

（3）当深度和水平距离大约超过 6m 后，因其振动加速度峰值已明显地低于 $10m/s^2$，在该区域的地基土中应该只有弹性波的传播了。

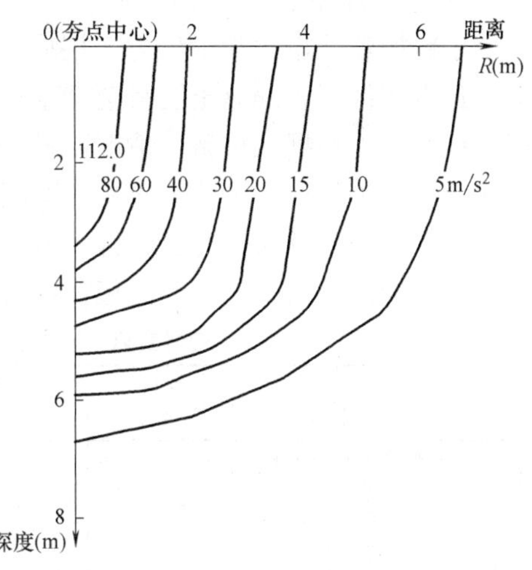

图 7.4.3　饱和粉土地基强夯振动加速度等值线

某单位为研究强夯施工对周围的影响，曾在陕北延河Ⅰ级阶地进行过深层地基振动测试。试验场地为深厚的新近堆积黄土层，具有自重Ⅱ级湿陷性。所用夯锤底面直径 2.5m，夯击能量 1000kN·m。强夯前在地面和离夯点中心 6m 处一个深度为 6.5m 的深井壁上安装了振动传感器。图 7.4.4（*a*）和（*b*）分别给出了在不同击次强夯下测得的地面振动随距离衰减的关系以及深井处水平径向振动随深度的变化关系，由此可见：

（1）强夯引起的地面振动在夯点附近衰减很快，而且是水平径向加速度峰值最大，竖向的其次，水平切向的最小；

（2）所设深井处的振动强度大到 $5m/s^2$ 且随深度的增加而减小（地基土的成层性使其在深度 4m 上下的衰减速率有所差别），故而强夯已只能使该处的地基土产生弹性变形了。

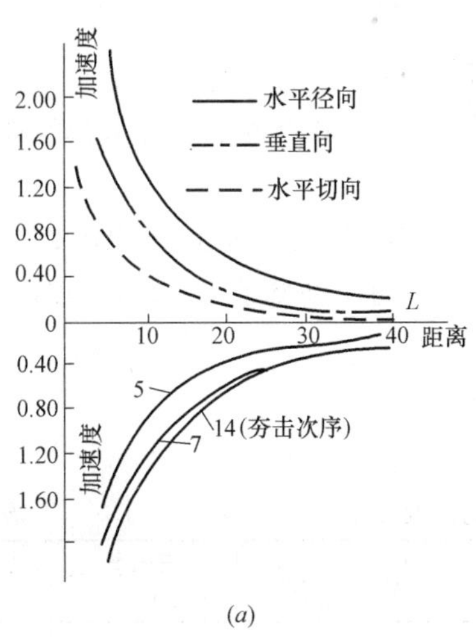

(*a*)

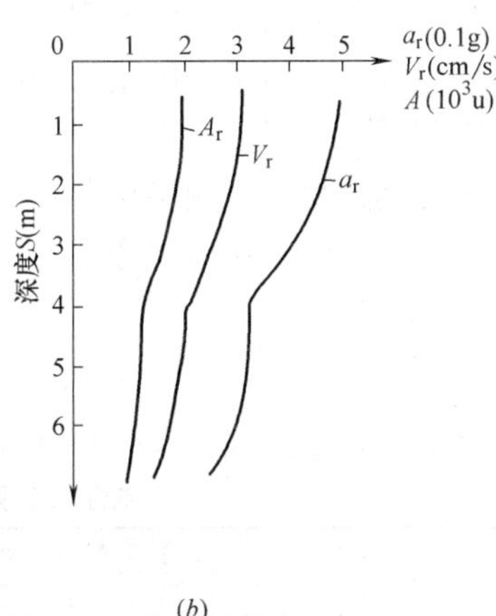

(*b*)

图 7.4.4　黄土地基的强夯振动

（*a*）地面振动；（*b*）地基振动与深度的关系

3. 强夯地面振动的实际特性

位于钱塘江北岸的某工程为 7 层砖混结构住宅小区，工程地质勘察资料见表 7.4.1，在 7 度近震条件下，部分土层将会产生地震液化，天然地基承载力也不能满足 150kPa 的工程设计要求。根据试桩施工情况，该场地若采用较为经济的夯扩桩基础，则将因土层振动液化而会使桩体混凝土严重离析甚至断桩。经分析比较后采用强夯法对此饱和粉土软弱地基进行处理，并且通过对试夯区（夯前地面混凝土地坪与碎石垫层已被挖除）进行的孔隙水压力、地面振动与地基荷载板试验等现场测试分析结果确定最终工程设计方案。

杭州复兴 11 号地块强夯区工程地质资料摘录　　表 7.4.1

层号	土层名称	层厚 (m)	含水量 w(%)	孔隙比 e	塑性指数 I_p	液性指数 I_L	地基承载力 (kPa)
1b	混凝土与碎石地坪	0.4					100
1c	杂填土	0.4～0.8					100
2a	砂质粉土	1.7～2.8	32.2	0.88	8.8	0.92	130
2b	黏质粉土	3.7～7.5	36.2	0.99	9.7	1.07	80
2c	砂质粉土	3.0～5.5	31.2	0.87	7.5	0.97	110
3	碎石	1.5～3.2					250

试夯区强夯的主要技术参数包括：

a. 夯锤重 W=80kN，底面直径 D=2.3m，落高 h=12.5m；

b. 夯点中心间距 3m，每遍夯点间距 s=6m；

c. 夯击 3 遍，第一遍为 10 击（以击数控制），第二，三遍为 6～8 击（以夯沉量控制），最后再用低能量满夯一遍以夯实表层土体。每遍强夯的休歇期为 4d 以上。

第一个夯点位于试夯区的中心。根据孔隙水压力观测结果，对本工程场地所采用的锤重和落高而言，强夯的有效影响深度可以达到工程设计要求（6m），相当于 Ménard 公式中 $\alpha \approx 0.6$，平面影响半径可达 $1.37D \approx 3.1$m。在对该点进行强夯时，量测了距离 12m、25m 和 56m 处地面的竖向振动信号，其中在最远的测点处还测量了水平径向振动信号。对现场采集的强夯振动时域信号在室内进行时、频域处理分析，所得主要结果列于表 7.4.2。由此可见：

（1）较远处，强夯引起地面的水平径向振动强度较竖向的高约 50%；

（2）在同一夯点，由于夯沉量已趋于稳定，第四击以后由各击强夯引起的地面振动强度也就基本上保持不变了；

（3）强夯振动信号的主频率处于 4～9Hz，振动持续时间大多在 2s 以内；

（4）经曲线拟合，本场地强夯引起的地面竖向振动速度峰值 v_z 随与夯点距离 R 的经验关系可表示成

$$v_z = 0.1\sqrt{2gh}(D/2R)^{1.72} \tag{7.4.5}$$

即在本强夯工程中，式（7.4.4）中的系数 k=0.1，n=1.72。

强夯振动测试分析的主要结果　　表 7.4.2

击数	速度峰值(cm/s)				主频率 (Hz)	振动历时(s)
	12m 竖向	25m 竖向	56m 竖向	56m 水平		
5	2.85	0.72	0.20	0.34	4～9	≤2
6	2.98	0.74	0.19	0.34		
9	2.97	0.72	0.20	0.32		
10	2.94	0.77	0.21	0.32		

美国通过对多个用强夯处理天然砂土和填土地基（表 7.4.3）的实测数据进行了多种方式的整理分析，以建立起地面振动的竖向速度峰值随距离而衰减的实用关系式。这些工程的锤重为 34～450kN，落距 1.5～30m，单夯理论能量 $W_h=80\sim12350\text{kN}\cdot\text{m}$，地面测点与强夯点的距离 $R=2\sim122\text{m}$。

国外强夯工程部分实例概况　　　　**表 7.4.3**

标记	工程所在地	地基土类型	夯锤质量（kg）	夯锤落距（m）
◇	美国亚拉巴马州	煤渣填土地基	20900	18.3
△	美国弗吉尼亚州	黏质粉土混砾石的填土地基	7100	1.5
|△				3.0
◭				6.1
◮				9.1
⧨				12.2
▼				16.4
◑	美国马里兰州	含砖块的砂质填土地基	5300	13.7
●	美国佛罗里达州	饱和松砂地基	14500	18.3
○				6.1
■			6300	18.3
□				3.1
⊠	美国弗吉尼亚州	含石粉质砂土地基	5400	13.7
⊕				6.1
▽				1.5
◆	美国加利福尼亚州	粉质砂土填土地基	40500	30.5
▲	英国	建筑垃圾填土地基	15000	20.0
◩	美国伊利诺伊州	砂质填土地基	5400	7.6
	美国印第安纳波利斯市	砂质填土地基	6000	12.0
	法国	（不详）	12000	22.0
	美国印第安纳州	砂质填土地基	13600	18.2
	美国伊利诺伊州	建筑垃圾填土地基	3100	7.6

图 7.4.5 是按式（7.4.4）对实测数据进行拟合分析的，可见它们有着很强的规律性，且可以得出如下的定量关系：

$$v_z=0.2\sqrt{2gh}(D/2R)^{1.70} \tag{7.4.6}$$

在这些强夯工程中式（7.4.4）中的系数 $k=0.2$，$n=1.70$。

上面已有的近似理论和实验分析结果表明，地面振动强度与夯锤重量没有什么关系。当计入夯锤重量时，可用如下经验公式来表达：

$$v_z=a(Wh)^b/R^c \tag{7.4.7}$$

式中 a、b 和 c 是经验参数，其值与地基和施工设备等因素有关。由图 7.4.6 的拟合结果，得

$$v_z=92(\sqrt{Wh}/R)^{1.70} \tag{7.4.8}$$

式中 v_z、h、R 和 W 的单位分别是 mm/s、m、m 和 tf。比较图 7.4.5 和图 7.4.6 容易看出，用式（7.4.4）来表达强夯振动的地面衰减规律比式（7.4.8）具有更高的精确度。

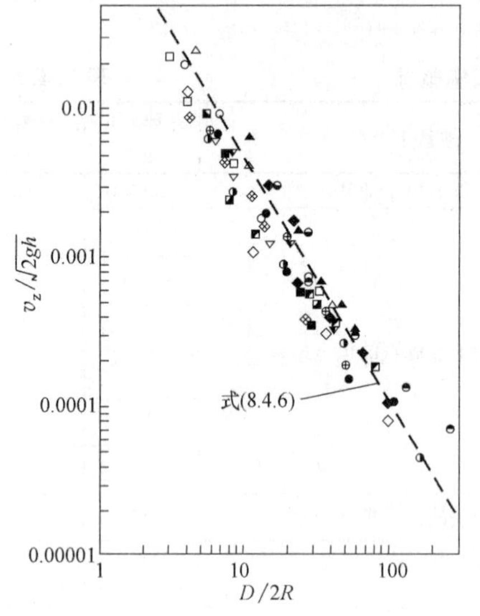

图 7.4.5　按式（7.4.4）拟合强夯振动数据

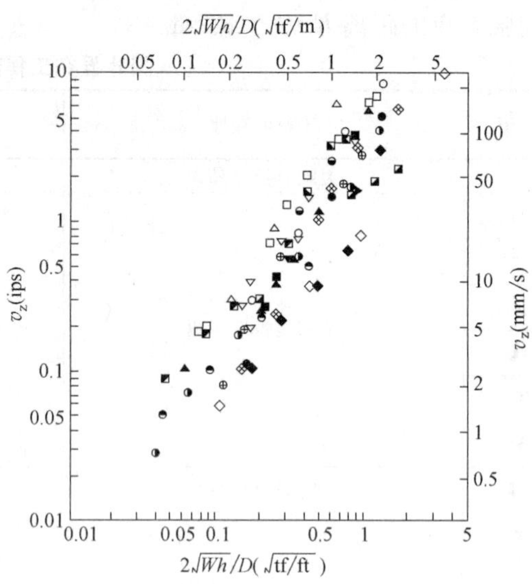

图 7.4.6　按式（7.4.7）拟合强夯振动数据

若地面位置不同，则其振动速度与 Wh 的关系会有所差异。例如，在表 7.4.3 所列的实际工程中，对距夯点约 6m、12m 和 30m 的测点，夯能影响因子 $(Wh)^b$ 中的 b 依次为 0.6、0.5 和 0.4。这种现象可能与土的塑性变形、材料阻尼、几何阻尼以及地基的成层性有关。另外，对下卧基岩层面是倾斜的情况，强夯引起的地面振动强度有时会出现随距离增大而增大的反常现象（图 7.4.7）。其原因可能与土层的共振效应或反射波有关。

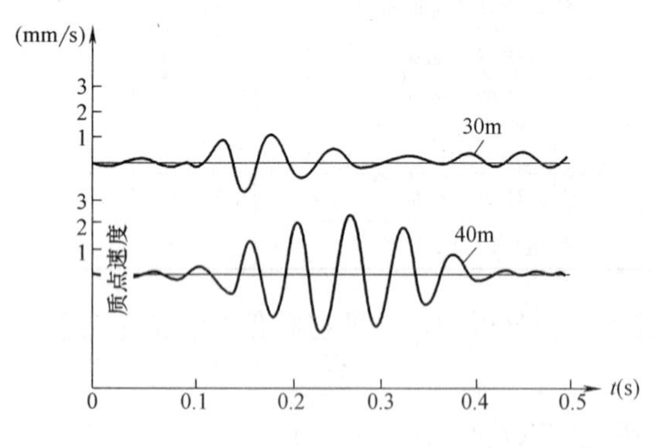

图 7.4.7　强夯振动衰减异常现象

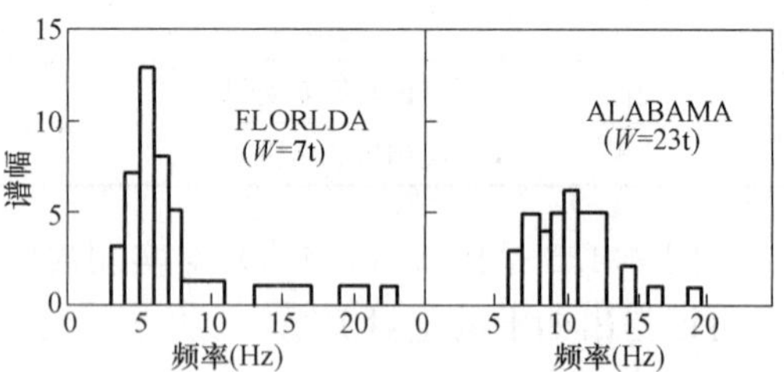

图 7.4.8　强夯振动的频率特征

（a）饱和松砂地基；（b）煤渣填土地基

由于夯锤落地后地基土阻力是随其贯入度而变化的，夯锤及其地基的振动将会包含一定范围的频率成分，但其主频率可用式（7.4.2）的 ω_d 来估算。图 7.4.8 是对上述工程实例中两个强夯工地（表 7.4.3）的强夯地面振动信号分析得到的频谱特征，其中图 7.4.8（a）对应饱和松砂土地基，测点距离强夯点为 1.87～17.4m，这些测点的实测地面振动的平均主频率及其标准差分别为 7.5Hz 和 4.2Hz；图 7.4.8（b）对应于煤渣填土地基，地下水位深度大于 30.5m，地面测点距离强夯点 12.2～106.7m，测得各点地面振动的平均主频率及标准差分别为 10.5Hz 和 2.8Hz，其结果与实测夯锤振动的主频率基本一致。

式（7.4.2）表明，地基土越软弱或剪切模量越低，夯锤底面面积或直径越小，夯锤质量大，则夯锤和地基的振动频率 ω_d 将会越低，而相应的波长将会越长。从目前的实测资料看，由强夯引起的地面振动绝大多数处于 2～20Hz 的低频区域内。与爆破和沉桩振动相比，因其影响范围更大，主频率更接近于临近建（构）筑物和机器设备的固有频率，因而强夯振动将具有更大的潜在危害性，并对地面和结构振动测量系统的低频响应提出了更高的要求。

三、强夯地基振动的防护

工程实践表明，相当一部分的强夯能量是通过地基中的表面波向外扩散的。因此，对离施工场地一定范围内的建（构）筑物，人们必须重视进行强夯振动危害的防治工作。

1. 强夯振动防护技术标准

对于强夯振动危害的评价，除与爆破及沉桩振动有所差别外，与天然地震也是不能等同的。从同时防止施工飞石和振动危害出发，规定强夯施工的最小安全距离是有工程意义的。

夯坑离建筑物的最小安全距离大约为 15～20m，与强夯能量大小、地基土以及邻近建筑物的性状等多种因素密切相关，其值对不同的实际工程来说就有可能相差甚多（表 7.4.4）。

通过在黄土地区曾做过较为系统的现场试验研究，并由此认为评估强夯振动的影响宜采用最大水平加速度，对于无人居住的房屋其值可定为 0.2～0.5g，而对有人居住的房屋则为 0.15～0.20g（相当于振动速度不超过 10mm/s）。在具体工程中，人们暂可以参考使用这些工程经验或表 7.4.5 所建议的强夯振动极限值，只是在施工现场还必须有针对性地做好实际监控工作。

在短期振动条件下，德国标准 DIN 4150—3—1999 给出了三类建筑地基基础容许振动速度限值如图 7.4.9 所示，供在强夯工程中振动控制参考。对埋设于地下的钢管道、钢筋混凝土管道、砌筑及塑料管道，该标准规定其振动速度分别不能超过 100mm/s、80mm/s 和 50mm/s。

国内强夯振动对建（构）筑物影响的监测结果 **表 7.4.4**

工程名称	单锤夯击能（kN·m）	受振物附近地面振动速度（cm/s）	距离（m）	受振建（构）筑物及其状况
山西省档案馆	115×15	0.95	8.0	建筑无问题，六层顶部掉灰皮一片
太原电解铜厂影剧院	115×5	7.74	2.5	三层建筑原有裂缝未扩展
		12.34	1.8	建筑内横墙上有新裂缝产生
太原建材公司住宅楼	115×10	6.53	7.8	四层建筑无问题
铁三局宿舍	100×9.5	2.87	7.0	一层建筑无问题
太原面粉二厂	115×14	4.0	9.0	简易房屋无问题
		1.0	15.0	小麦砖筒仓无问题
			6.0	运粮槽无问题
山西化轻公司供应站	115×13.5	0.43	25.0	五层建筑无问题
		2.32	13.5	平房无问题
			3.0	煤气管道（埋于地下 2m 深）无问题

Forssblad 等提出的强夯振动极限值　　　　**表 7.4.5**

v_z(mm/s)	对建筑物的影响程度
2	旧建筑和保存价值高的历史、文化建筑会受损害
5	具有抹灰墙体和顶棚的普通住宅建筑会产生裂缝
10	无抹灰墙体和顶棚的普通住宅建筑会受损害
10～40	钢筋混凝土民用建筑和工业厂房会受损害

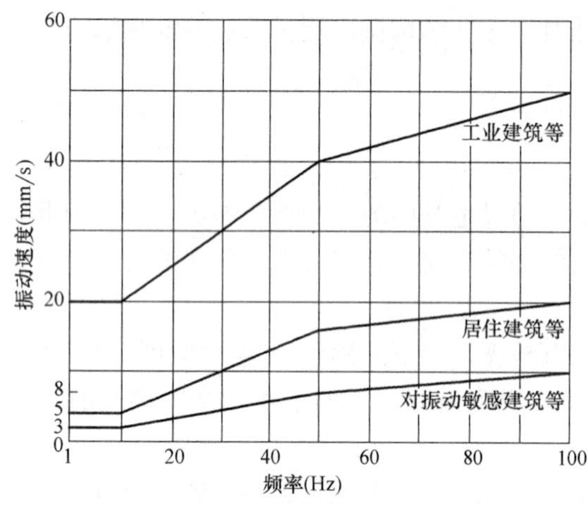

图 7.4.9　德国标准 DIN 4150—3—1999 的规定

表 7.4.6 是我国《建筑工程容许振动标准》GB 50868 对强夯处理地基时邻近建筑地基基础及顶层容许振动速度的限值，可见比图 7.4.9 所示德国标准的要求相对更严。由于强夯施工引起地基基础振动的高频成分较少，表 7.4.6 中列出的最高频率为 50Hz。

另外，根据我国标准的规定，对于未达到国家现行抗震设防标准的城市旧房和镇（乡）村未经正规设计自行建造的房屋，其容许振动值宜按表 7.4.6 中居住建筑的 70%确定。处于施工期的建筑结构，当混凝土、砂浆的强度低于设计要求的 50%时，应避免遭受施工振动影响；当混凝土、砂浆的强度达到设计要求的 50%～70%时，其容许振动值也不宜超过表 7.4.6 中数值的 70%。

强夯施工对建筑结构影响在时域范围内的容许振动值　　　　**表 7.4.6**

建筑物类型	顶层楼面容许振动速度峰值 (mm/s)	基础容许振动速度峰值 (mm/s)	
	1～50Hz	1～10Hz	50Hz
工业建筑、公共建筑	24.0	12.0	24.0
居住建筑	12.0	5.0	12.0
对振动敏感、具有保护价值、不能划归上述两类的建筑	6.0	3.0	6.0

注：表中容许振动值按频率线性插值确定。

2. 强夯振动防治

强夯振动对应于表面振源，对临近建（构）筑物的减振技术途径主要是设置空沟或充填式隔振屏障。隔振屏障可以设置在施工场地周围，也可以设置在受振建（构）筑物附近，只是在获得同样的减振效果情况下，前者的深度和长度通常均可以比后者的小些。由于强夯振动频率较低而波长较大，隔振屏障必须具有足够的深度才能达到预期的隔振效果。

图 7.4.10 是陕西某厂在强夯时测得的地基水平径向位移和加速度峰值随与距离的变化关系曲线。该工程场地为非自重Ⅰ级湿陷性黄土地基，所用单锤夯击能为 1000kN·m，在离夯点约 42m 处设置隔振沟，其中沟深和沟宽分别为 4m 和 1m。由图及其他实测数据分析可见，在本工程中，所设置的隔振沟使得地面水平径向振动强度降低了 51%～61%，

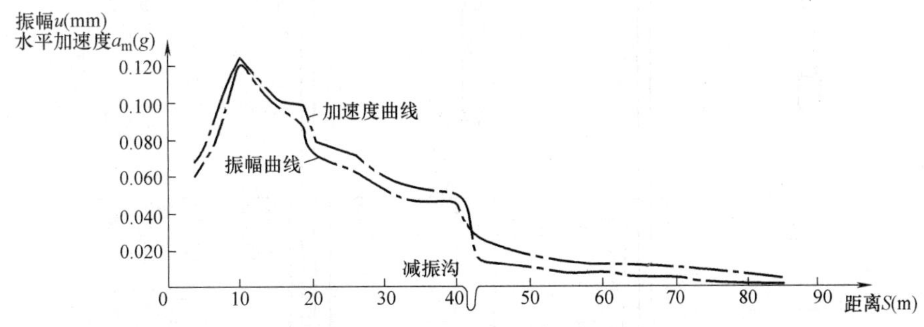

图 7.4.10　空沟对强夯振动的隔离效果

减振效果相当地显著。

充填式隔振屏障也分硬性的和软性的两类。由于它们属于临时减振措施，在实际工程中大多采用软性的充填隔振屏障。常见的软性充填材料是砂、煤渣或粉煤灰等。当要求的屏障深度较大时，为了便于维护，欧洲曾提出了一种充气囊隔振技术：施工时将特制的充气囊由重物沉到沟槽中的设计深度，待沟槽中的泥浆在较短的时间内固化后，即与气囊形成一道波阻抗相当低的软性充填式隔振屏障。图 7.4.11 给出了这种新技术的模拟隔振效果。该试验是在一黏性土场地上进行的，其 8m 深度内地基土的平均剪切波速为 65m/s，由 65kg 的锤从 1.5m 高处自由下落冲击地面激振，所用充气囊隔振屏障深度和长度分别为 4.3m 和 8m。由图可见，该屏障对大约 8Hz 以上的模拟强夯振动具有良好的隔离效果。

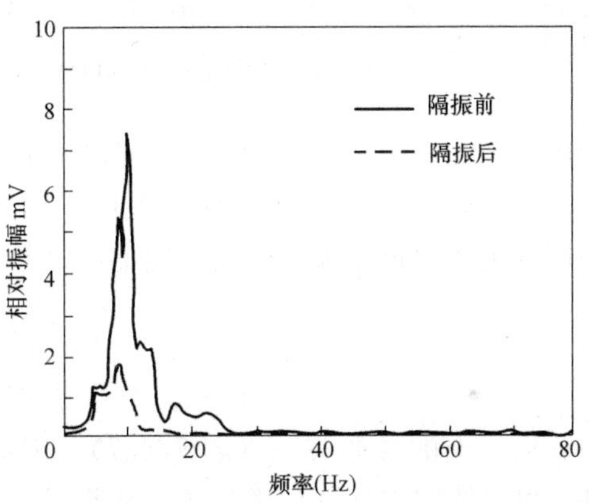

图 7.4.11　充气囊屏障对强夯振动的隔离效果

强夯振动的防治措施除上述隔振屏障外，还可以采用逐渐远离拟重点保护的受振建（构）筑物的施工顺序，同时不可忽视及时清除这些建（构）筑物中的安全隐患或进行抗振加固。

第三节　振冲法处理地基引起的振动问题

如图 7.4.12 所示，用振冲法加固松软地基时，首先是通过振冲器产生的水平振动和喷嘴喷射出的高压水流的联合作用来成孔，在经过清孔工序后，再从地面向孔中逐段投填碎石或其他粗粒料并由振冲器振动挤密达到要求的密实度，如此最终在地基中形成一根直径较大的碎石桩体。

根据土动力学原理，对饱和砂性土，当所受到的振动加速度约达到 0.5g 时，其结构

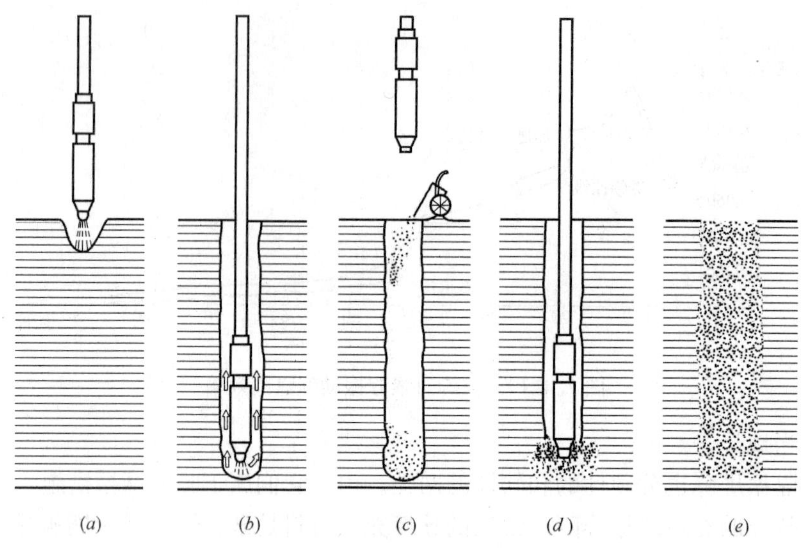

图 7.4.12　振冲碎石桩施工步骤
(a) 成孔；(b) 清孔；(c) 填料；(d) 振实；(e) 成桩

就会产生剪缩性破坏；当加速度为 1.0～1.5g 时，土体将开始变成流体状态；当加速度超过 3.0g 时，土体将发生剪胀性破坏。用振冲法加固这类地基土时，振冲器的水平振动将使周围土体由近及远地产生一定的振动加速度，其幅值 u 随与振冲器距离 R 的增大而减小：

$$u \propto R^{-n} \tag{7.4.9}$$

式中 n 值与土的性质有关（表 7.4.7）。因此，根据加速度的大小，从振冲器侧面向外，地基土可以依次被划分为流态区、过渡区、挤密区和弹性区（图 7.4.13），而在地基加固工程中人们最为关心的主要是位于中间的两个区。显然，过渡区和挤密区的大小不仅取决于地基土的性质（颗粒组成、初始密度和渗透系数等），而且与振冲器的性能（振动力、振幅、频率和历时等）有关，对国内常用的振冲器（表 7.4.8，图 7.4.14），它们大约处于振冲器壁外半径为 1～2m 的范围内。

一般来说，振冲器的激振力越大，振冲影响的范围就越大。但过大的激振力将多半只是扩大流态区的范围，土的挤密效果和远处地基的振动强度并不是成比例地增加。振冲器的振动频率大多处于 20～30Hz。工程实践表明，该频率越高，振冲器所产生的流态区也将越大。可见高频振冲器虽容易在饱和砂土中贯入，但它产生的地基挤密效果和振动强度比低频振冲器的有所明显地增强。

对于饱和黏土地基，振冲会使土体软化但不会发生液化，碎石桩的作用不是挤密地基，而是与其周围土体形成复合地基。由于振冲器临近区域土体的动力特性差异较大，振冲所产生的地基振动将会与砂土地基的有所不同。

对于振冲碎石桩施工振动的最小安全距离，目前尚没有较为统一的看法。一些工程技术人员根据自己的工程经验认为，距振冲孔中心 2～3m 以外，施工产生的地基振动对临近建（构）筑物的影响已是相当地轻微。例如，江苏南通某厂区地基属于第四纪长江冲积层。

振冲地基振动加速度的衰减指数　表 7.4.7

土类	粗砂	中砂	细砂
n	1.33～1.70	1.23～1.98	0.75～0.85

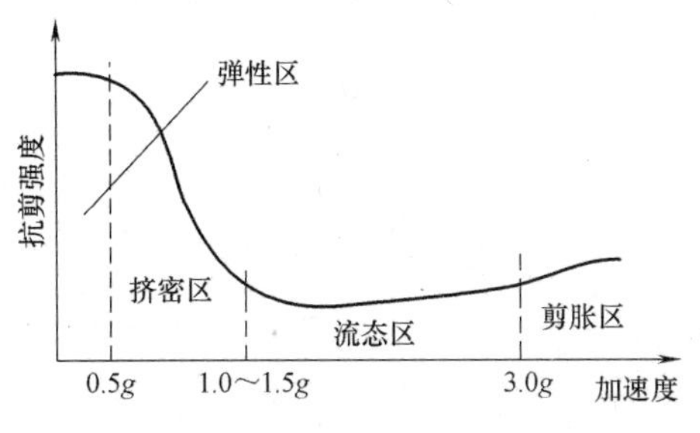

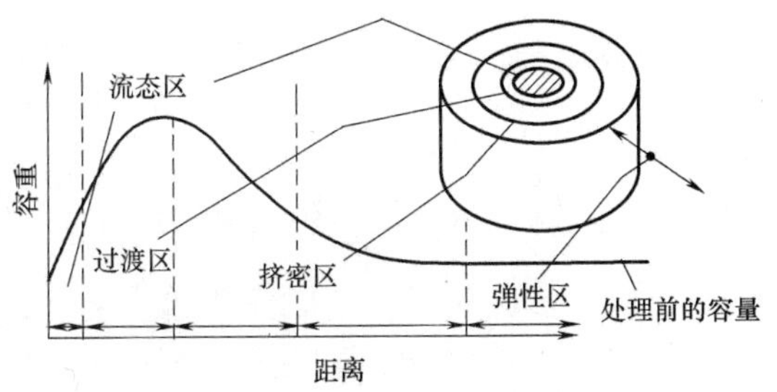

图 7.4.13　饱和砂土地基对振冲器作用的反应示意图

国内常见振冲器的部分技术参数　表 7.4.8

型号	ZCQ-13	ZCQ-30	ZCQ-55	BL-75
外径(mm)	274	351	450	426
长度(cm)	200	215	250	300
总重量(kN)	7.8	9.4	16.0	20.0
电机功率(kW)	13	30	55	75
转速(r/min)	1450	1450	1450	1450
振动力(kN)	35	90	200	160
振幅(mm)	4.2	4.2	5.0	7.0

土层自上而下为填土（平均厚度 1.8m）、粉土（平均厚度 2.5m）、粉砂夹薄层粉土（平均厚度 4m）和细砂（平均厚度 21.5m），地下水位深度为 1.7m，用 ZCQ-30 型振冲器加固的对象主要是第二、三层土。现场测试结果表明，在离振冲孔中心超过 1m 后，地面振动速度峰值便小于 1cm/s，离最近的振冲点仅 2.4m 的一座老厂房及其设施在施工过程中未曾出现任何不良影响。当然，在实际工程中也发现，振冲虽然一般不会导致建筑破损，但建筑物内的人对其振动有时会有较强的感觉。

在实际工程中，可依据于表 7.3.6 给出的国家标准《建筑工程容许振动标准》GB 50868 中的相关规定，对振冲处理地基施工振动是否对周边建筑结构存在危害进行评估。

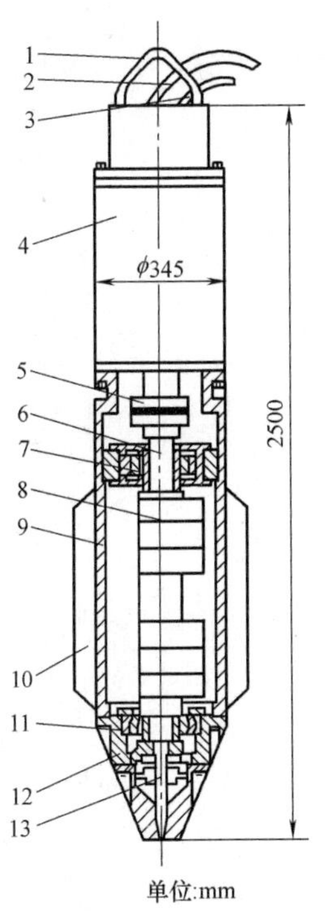

图 7.4.14　振冲器的构造示意图

1—吊具；2—水管；3—电缆；4—电机；5—联轴器；6—轴；7—轴承；8—偏心块；9—壳体；10—翅片；11—轴承；12—头部；13—水管

第八篇

交通运输振动控制

第一章　轨道交通振动的影响

第一节　概　　述

一个半世纪以来，轨道交通已经成为世界各国最主要的公共交通形式之一。轨道交通包括城市轨道交通（含地铁、轻轨、有轨电车等）和铁路。不同类型的轨道交通需要满足不同的服务、安全和环境的要求。1825 年世界上第一条铁路在英国斯托克顿和达灵顿之间建成；1863 年世界上第一条地铁在英国伦敦建成（接着是英国格拉斯哥 1896 年、德国柏林 1902 年）；1879 年世界上第一条有轨电车线路在德国柏林工业博览会场建成；1964 年世界上第一条高速铁路在日本建成，连接东京与大阪的东海道新干线。20 世纪航空运输在长途、国际和跨洋旅行中获得了很大的进展，而轨道交通作为中短途旅行的主要交通工具也得到了同样的发展。截至 2015 年 10 月，我国铁路运营里程居世界第二（仅次于美国），我国高速铁路运营里程居世界第一（约占世界里程的 60%），上海和北京的城市轨道交通运营里程已居世界城市前两位。

当车辆通过公路和轨道时，由于不平顺、惯性力等的作用，导致大地振动，从而对周围建筑物的使用功能和结构造成影响。使用功能包括人的居住、办公和娱乐，设备的正常工作等。人工地传振动产生的环境问题始于 19 世纪末，主要是由于轨道交通和城市道路的发展。早在 1900 年，就有居民投诉英国伦敦中央铁道（现在的伦敦地铁中央线）产生的振动。这对于扩展轨道交通网和公路网、开发既有城区带来了很大压力。既有城区的空白土地常常都邻近轨道交通线路或繁忙道路。随着中大型城市中轨道交通的广泛建设等诸多因素，处理地传振动和地传噪声问题的需求日益增大，相关的研究获得了广泛关注。地传振动和地传噪声可能对大量人群产生日常干扰，具有重大的社会和经济后果，这使得相关的立法需求更加迫切。

通常，公路车辆产生的地面振动水平在 0.1～1.0mm/s 范围内。公路路面类型对距离公路一定距离处的地面振动频谱有显著影响。沥青路面公路干道引起的振动频率大多小于 40Hz，而混凝土路面高速公路引起振动主要频率可高达至少 100Hz。典型的频谱在 20Hz 以下含有两个峰值，分别对应于车辆的车体—浮沉频率和车轮—跳动频率。对于公路车辆引起的大地振动，一般只需要关注路面坑洼、减速丘、减速带和振荡带，其中的车速控制设施引起的附加振动遭到过少量投诉。公路车辆通过车速控制设施（减速丘和减速带）时引起的大地振动水平，在邻近建筑物内可产生可感振动，但是绝对不可能引起建筑物损伤，哪怕是最轻微的损伤。充气轮胎的弹性有助于减小动力水平，从而减小了公路附近的地面振动。相比之下，轨道交通与公路的不平顺性质有显著区别，轨道交通的振动激励机理远为复杂，重得多的钢质车轮在钢轨上滚动产生的动力要大得多，且经常在建筑物基础

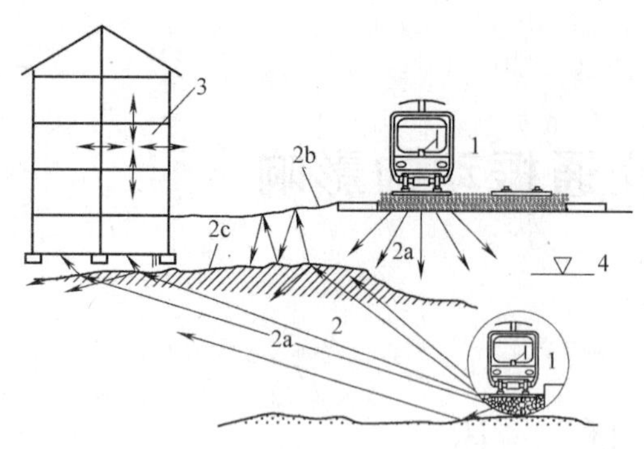

图 8.1.1　振源—传播路径—接受者
1—振源；2—传播；2a—体波；2b—表面波；
2c—界面波；3—接受者；4—地下水位

下方或相距几米处穿过，因此轨道交通常被认为是最显著的地传振动源。

轨道交通是一种振动源，振动依次从轨道结构、支承结构、大地（周围土体）、建筑结构（基础、柱、墙、楼板）传递到附近建筑物内，最终在建筑物内产生振动和噪声。振源—传播路径—接受者（建筑物）的示意图见图 8.1.1。

交通振动源的特征有别于工业振动、施工振动和地震。交通振动的特点是间歇性、长期性，而工业振动是连续或不完全连续，施工振动是有限持续时间（非永久性的、独立的或偶发的）。

交通运输引起的地传振动或地传噪声可能对建筑物的使用者产生影响，也可能会干扰振动敏感设备的正常工作。在极端情况下，地传振动可能使建筑物或其他结构产生损伤。

第二节　振动对人的影响

人感知振动的形式有许多种。人对不同振源的感受是不同的。当振动到达建筑物的楼板和墙体时，可能引起建筑物内的人直接觉察到振动，是否能觉察主要取决于振动幅值和频率。如果建筑物内的人觉察到了振动，其反应很复杂、多种多样，可产生多种影响：睡眠障碍、活动障碍（妨碍精细活动）、烦恼烦躁、不舒适、生活质量下降、工作效率降低和恐惧。在极为罕见的情况下，极大的振动水平会影响健康。

通常，较高频率的振动在大地中的传播路径上随着距离快速衰减。一般说来，交通运输引起的大地振动频率上限为 200～250Hz，传递到建筑物内后，建筑构件振动频率小于 100Hz。人在建筑物内感觉到的全身振动频率范围通常为 1～80Hz。相关的国际标准和我国标准有：ISO 2631-1、ISO 2631-2、GB/T 13441.1、GB/T 13441.2、GB 10070、GB 10071、GB 50868、JGJ/T 170、DB 31/T 470。

人对振动的感知有时并非来自振动本身，而是来自振动的二次影响，例如，地传噪声；家具、玻璃器皿、餐具、橱柜书柜的玻璃、窗户、装饰物和建筑附属设施发出的嘎嘎声；视觉感知（如植物叶子的摆动、室内物品如墙上挂的画的移动、灯饰配件等悬挂物体的摆动、镜子等反光面的光杠杆作用），视觉感知主要与频率低于 5Hz 的低频振动有关，这种机理更多与轨道交通地面线有关，与轨道交通地下线不同。

另外，当人同时暴露于噪声（空气噪声或地传噪声）和振动环境时，两者之间存在相互作用。噪声既可以提醒人警觉振动，也可以在一定程度上掩蔽振动和地传噪声的影响。例如，为减小外部空气噪声进入室内而安装双层玻璃窗后或者室外道路交通噪声较小时，会使得轨道交通地下线列车通过时的地传噪声更为明显，也就是说降低空气噪声的措施可能增加地传噪声的感知；不存在空气噪声而只有纯振动的轨道交通地下线与听得见看得见的地面线或高架线相比，其振动更容易引起人的烦恼和干扰人的活动。对于后者，有的研究结论是相反的，认为人暴露于噪声和振动同时存在的交通影响环境中与仅仅暴露于振动环境相比，人的烦恼度更大。

人的振动反应受诸多因素的影响。其中一些是客观物理类因素（例如振动幅值、频率成分、持续时间、建筑物类型、人的活动类型、人的视觉和听觉），而另一类是主观心理类因素，例如人口类型、年龄、性别、期望程度，担心建筑物损伤，他们是否可以做或需要做一些事来改善目前的状况，例如减小振动或得到赔偿，是否需要去投诉。这意味着，人对振动的反应是客观和主观并存的，因人而异。因此，在研究暴露—反应关系时，人对一定水平的振动反应应采用统计方法，给出多少比例的人以某种方式觉察到了振动。图8.1.2和图8.1.3给出了两个示例曲线来说明这一问题。图8.1.2来自美国运输部联邦交通管理局FTA（2006）和联邦铁路管理局FRA（2012）的城市轨道交通和铁路的噪声和振动影响评价指南手册，可以看出，人对振动速度的感知阈值约为65dB（参考速度为2.54×10^{-8}m/s），但大多数人在高于阈值5～10dB时才会产生振动烦恼。图8.1.3来自挪威标准NS 8176：2005，给出了居住建筑中各种振动烦恼度的人群比例与计权速度统计最大值$v_{w,95}$的关系。

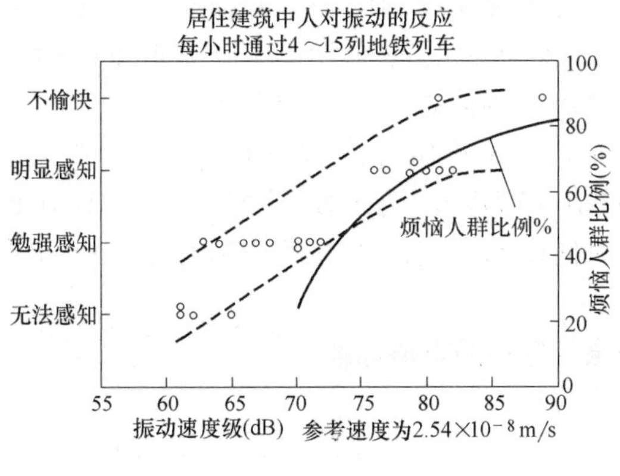

图8.1.2　居住建筑中人对振动的反应

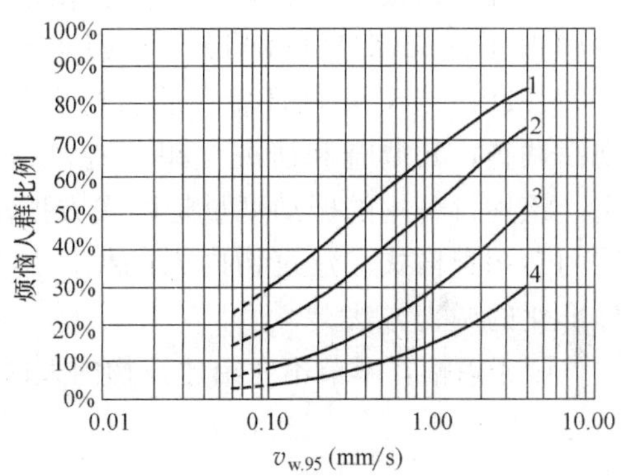

图8.1.3　居住建筑中各种振动烦恼度的人群比例

国际标准ISO 2631-1、ISO 2631-2均建议采用一个振动事件持续时间下的计权均方根（rms）加速度值作为评价人体承受全身振动的基本度量，但是当波峰因素大于9或包含有间歇振动、偶然性冲击振动或瞬态振动时，需要采用附加或替代方法。ISO 2631-1建议的两种附加或替代度量是最大瞬时振动值（*MTVV*）和四次方振动剂量值（*VDV*）。但是绝大多数国家关于建筑物内人体承受全身振动的标准（包括我国标准GB 10070和GB 10071）采用最大瞬时振动值（*MTVV*）或相关的度量（时间常数多为1s，对应于声级中的时间常数—慢，也有少数国家采用的时间常数为0.125s和0.63s）。最大瞬时振动值（*MTVV*）仍基于计权均方根加速度，但是使用较短的积分时间常数来考虑偶然性冲击和瞬态振动。四次方振动剂量值（*VDV*）基于计权加速度时间历程的四次方，考虑了波峰因素较高和振动暴露时间的影响，我国标准《建筑工程容许振动标准》GB 50868针对交通振动采用了这一度量作为附加评价。振动的波峰因数的定义为峰值与均方根值之比，正弦波的波峰因数为$\sqrt{2}$。有些国家的标准中也有采用诸如质点峰值速度（*PPV*）、*KBF*值、计权加速度或速度统计最大值等度量来评价人体全身振动反应。

楼板中央的垂向振动水平通常大于靠近支承结构处。楼板中央的垂向不计权振动速度级通常比空间平均速度级大约 3dB。一般而言，在楼板中央的垂向振动足以代表环境特征，除非在高层建筑中，需要评价水平振动。

随着地传振动投诉的日益增多，世界各国进行了许多调查，以评价振动对建筑物内居民的影响，为制定标准提供参考。例如，日本名古屋市官方每五年调查一次城市区域的振动和噪声环境状况。1975～1976 年，英国对铁路沿线的振动和噪声进行了大规模调查，调查了总长度约 600km 铁路沿线的 375 处总计 2010 户居民，结果表明，生活在距轨道 25m 以内的居民很不满意，距轨道 25～150m 范围的居民中等抱怨，而距轨道 150m 以外的居民很少抱怨。该项调查还表明振动的感知受许多因素影响，例如振动持续时间、每一天内的时段、背景振动水平和各种心理因素（例如是否看得见铁路）。1997～1998 年，挪威针对环境振动问题调查了室内噪声较低的约 700 个居民，得到了四级烦恼度的振动暴露—反应的关系。2009 年，美国对北美五个城市的 1300 个居民进行了环境振动现场调查，得到了带有置信区间的振动暴露—反应关系，结果表明，振动烦恼主要源于每天通过次数超过 70 列列车的地铁。2006～2011 年，瑞典针对铁路振动和噪声进行了环境现场调查，在被调查的地区中，孔斯巴卡市的居民受振动影响最大，而噪声次之，总共调查了该市 218 户居民。该调查得到了两级烦恼度的振动暴露—反应的关系。2009～2011 年，英国环境食品农村事务部在全国范围内进行了一项关于铁路振动的大规模调查，其调查和研究结果正在陆续发表中，出于英国标准 BS 6472-1：2008 的规定，该项目采用的振动度量是四次方振动剂量值（*VDV*）。为了使环境振动研究具有通用问卷调查格式、建筑物内人的振动感知和烦恼度调查具有更好的数据交换，应制定标准化的调查方法。

限于篇幅，本节不介绍建筑物内人体承受全身振动的限值标准。

第三节　人体全身振动感知阈值

人体全身振动的感知阈值在制订环境振动和建筑物室内振动标准时很重要。而精密仪器设备、精密加工、地震学、火山学更关注低于人体感知阈值的振动，而引起建筑物损伤的振动水平一般要远高于人体振动感知阈值。许多国家的经验表明，只要居住建筑的振动稍微超过人的感知水平时，就会引起居住者产生不满（这与噪声有明显区别）。大量实验室实验研究结果表明，振动感知阈值的个体间差异和个体内差异较大，个体间差异约为 2：1。个体觉察振动的敏感性受许多内部和外部因素的影响：振动大小、频率和持续时间、姿势（坐、站、卧）、方向（垂向、水平向、旋转）、接振位置（手、座椅、脚、背）、活动（休息、阅读、视觉）、振动发生的频繁程度、环境噪声、环境温度、环境湿度等。根据分析方法的不同，振动感知阈值可分为两类：绝对阈值和差别阈限。本节介绍了人体全身振动感知阈值的标准和指南以及实验室和现场研究的进展情况，并进行了对比分析，介绍了振动感知机理、绝对阈值、差别阈限和描述符，分析了频率、姿势、方向、持续时间、性别、年龄和噪声对人体全身振动感知阈值的影响。

一、振动感知的机理

人体没有一个单独的振动感觉器官，而是将视觉、前庭觉、躯体觉和听觉系统的信号组合起来感觉振动，其中的任一个系统都可以以不止一种方式感觉振动。

对于大位移、低频振动，人们可以通过视网膜上物体相对位置的变化而清晰地看见运动。视觉系统也可以在振动环境中通过观察其他物体的运动来感觉振动。例如，汽车的后视镜的振动导致图像模糊；窗帘和电灯的摇摆；饮料表面出现波纹。另外，眼球会在30～80Hz 发生共振，引起视觉模糊。

前庭是内耳中保持平衡的器官，由三个半规管和球囊、椭圆囊组成，其中均充满着内淋巴液，均属于静态平衡。利用内淋巴液的惯性，三个半规管感知身体旋转的角加速度，球囊和椭圆囊分别感知垂向和水平向直线加速度，球囊和椭圆囊统称为耳石器官。半规管是三个互相垂直的半圆形小管，代表空间的三个面，当头旋转时，内淋巴液因惯性而向与旋转相反的方向移位，使得胶质性的终帽发生弯曲变形，刺激毛细胞及其基部的神经末梢。在耳石膜中的钙质耳石晶体附着在胶质覆膜上，比周围组织重，因此在直线加速度时会发生位移，导致毛细胞的纤毛束转向，产生感觉信号。

躯体系统可以分为三部分：运动觉、内脏的和肤觉。运动觉采用分布在关节、肌肉和肌腱中的本体感受器的信号反馈给大脑。类似地，内脏感觉采用腹部的感受器。肤觉由皮肤内的四类神经末梢组合反应组成。皮肤由表皮和真皮构成。Ruffini 末梢分布在真皮中，感受高频振动（100～500Hz）和侧面拉伸、压力。Pacinian 小体也分布在真皮中，感受40～400Hz 频率范围的振动。Merkel 盘分布在表皮中，感受频率低于 5Hz 的垂直压力。Meissner 小体也分布在表皮中，感受 5～60Hz 的振动。

最后是听觉系统。在大多数交通工具中，暴露于瞬态振动和冲击时可以听到交通工具结构辐射的声音。20Hz 以上的振动物体表面起到了扬声器的作用，直接扰动空气，导致人耳产生听觉感知。人体感知的声音还有一种途径，即振动通过颅骨传递到听觉神经而产生感知，人“听见”传到颅骨的振动的阈值只相当于皮肤振动感知阈值的大约十分之一。

二、绝对阈值

1. 基于加速度的感知阈值

ISO 2631-1 指出，垂向和水平向振动的感知阈值约为 0.01m/s^{2}计权均方根值，许多人的个体阈值可能更低。英国标准 BS 6841：1987 指出，50%的警觉、健康的人可以觉察到峰值大约为 0.015m/s^{2}计权振动（对于正弦振动，这约等于 0.01m/s^{2}均方根值），当中值的感知阈值大约为 0.015m/s^{2}时，反应的四分位可扩展到约 0.01～0.02m/s^2。这个标准化的阈值可同时适用于垂向和水平向振动。ISO 2631-1：1997 指出，50%的警觉、健康的人可以觉察到峰值为 0.015m/s^2 的 W_k 计权垂向振动，当中值的感知阈值大约为 0.015m/s^{2}时，反应的四分位可扩展到约 0.01～0.02m/s^2。BS 6472-1：2008 指出，50%的处于站姿或坐姿的典型人群可以觉察到峰值为 0.015m/s^2 的 W_b 计权垂向振动，反应的四分位可扩展到约 0.01～0.02m/s^2。BS 6472：1992 和 BS 6472-1：2008 指出，对于垂向和水平向的连续振动，感知阈值的 *VDV* 为 0.2m/s1.75。

德国工程师协会标准 VDI 2057 Blatt1：2002 给出的感知阈值见表 8.1.1。

振动大小和感知（正弦振动）　　表 8.1.1

计权均方根加速度(m/s^2)	感知	计权均方根加速度(m/s^2)	感知
<0.01	无法感知	0.02～0.08	容易感知
0.015	感知阈值	0.08～0.315	强烈感知
0.015～0.02	勉强感知	>0.315	极端感知

需要注意的是，ISO、英国和德国标准的频率计权曲线是有差别的，而且 BS 6472：1992 与 BS 6472-1：2008 的计权方向有差别。

ISO 2631-2：1989、BS 6472：1984 和 BS 6472：1992 给出了建筑物内 1～80Hz 的振动加速度和速度基础曲线（加速度基础曲线见图 8.1.4，速度基础曲线见图 8.1.7），三本标准的垂向和水平向的基础曲线是一样的，但倍乘系数有细微差异。另外 ISO 2631-2：1989 还给出了组合向的基础曲线。当振动位于基础曲线以下时，一般而言，居住者对振动没有负面评论、感觉、抱怨或抱怨低。基础曲线不考虑地传噪声。虽然 ISO 2631-2：1989 的替代版本 ISO 2631-2：2003 删除了基础曲线，但是美国、法国、瑞典、我国的相关标准中仍然采用基础曲线。

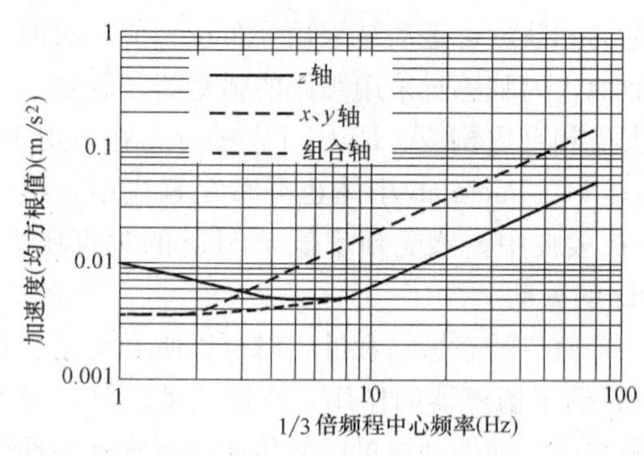

图 8.1.4　建筑物内振动加速度基础曲线

从图 8.1.4 中的加速度基础曲线可以看出，垂向加速度在 4～8Hz 最敏感，为 $0.005m/s^2$ 均方根值；水平向和组合向加速度在 1～2Hz 最敏感，为 $0.0036m/s^2$ 均方根值。意大利标准 UNI 9614：1990 将垂向计权加速度均方根值 $0.005m/s^2$ 和水平向 $0.0036m/s^2$ 认定为感知阈值。日本建筑研究所标准 AIJES-V001：2004 提出的基于最大垂向均方根加速度的 V-10 曲线比加速度基础曲线略高，10 表示感知概率为 10%。

建筑物内振动的人体反应满意值是基础曲线乘以倍乘系数。倍乘系数取决于建筑物的使用功能类型和振动是连续的（大于 $16h/d$）、间歇的或冲击振动（持续时间<2s）。ISO 2631-2 的倍乘系数见表 8.1.2，BS 6472、BS 6472 的细微差异见表 8.1.2 的注。倍乘系数的范围从连续振动的 1（关键性工作区，例如医院手术室、精密实验室）到瞬态振动的 128（办公室、车间）。

建筑物振动的人体反应满意值的倍乘系数　　表 8.1.2

建筑物的使用功能类型	时间	连续振动或间歇振动	每天发生几次的短暂瞬态振动激励
关键性工作区（例如医院手术室、精密实验室）	昼间和夜间	1	1
居住建筑	昼间	2～4	30～90(60～90)
	夜间	1.4	1.4～20(20)
办公室	昼间和夜间	4	60～128(128)
车间	昼间和夜间	8	90～128(128)

注：括号内的数字来自于 BS 6472 和 BS 6472，其他均来自于 ISO 2631-2。BS 6472 和 BS 6472 将“间歇振动”归到最后一列。BS 6472 将“几次”确定为“不多于 3 次”。

基础曲线与感知阈值在形状上有所不同。对 ISO 2631-2 和 BS 6841 的感知阈值（计权均方根加速度 $0.01m/s^2$）分别按照各自的计权曲线进行反计权，可得到各自的未计权的感知阈值曲线。在垂向，未计权的感知阈值曲线与基础曲线乘以 2（居住建筑昼间的下限）进行比较可以看出（见图 8.1.5）：BS 6841 中，两者在 4～8Hz 是重合的；在 1～4 Hz，后者比前者低；在 8～80Hz，后者比前者高；ISO 2631-2 中，两条曲线是重合的。在水平向，未计权的感知阈值曲线与基础曲线乘以 2 进行比较可以看出（图 8.1.6），后者低于前者。

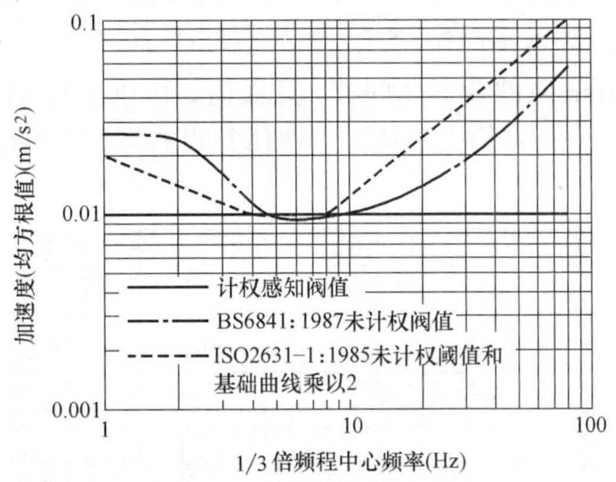

图 8.1.5　垂向阈值曲线与基础曲线乘以 2

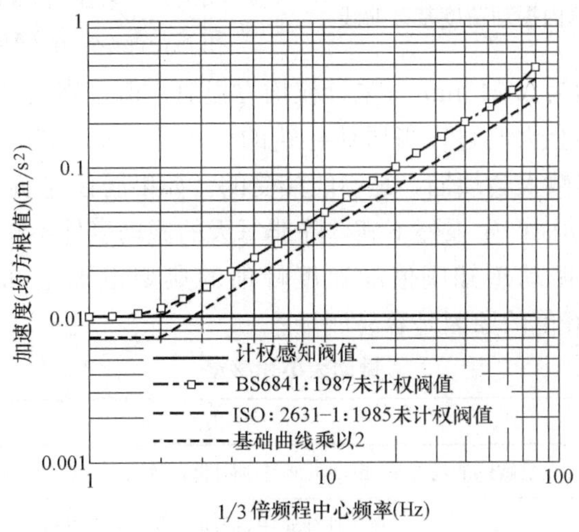

图 8.1.6　水平向阈值曲线与基础曲线乘以 2

美国环境科学技术学会标准 IEST-RP-CC 012.2 在规定安装精密仪器、振动敏感设备的洁净室振动要求时，对比分析了 ISO 2631-2，并对其倍乘系数进行了振动感觉描述。美国 FTA（2006）和 FRA 手册（2012）引用了该标准 1993 版的描述，并进行了补充，见表 8.1.3。

建筑物内振动和感觉　　**表 8.1.3**

建筑物的使用功能类型	倍乘系数	人的感觉
关键性工作区(例如医院手术室、精密实验室)	1	不能觉察到振动，但是在非常安静的房间内可能听见固体传播的噪声
居住建筑(夜间)	1.4	
居住建筑(昼间)	2	几乎不能觉察到振动，适合于睡眠
办公室	4	可感觉到振动
车间	8	明显可感觉到振动

ISO 6897 和 BS 6611 是两部技术等同的标准，给出了高层建筑或固定式海洋结构物的低频水平向振动（0.063～1Hz）的评价指南。这两部标准给出了五年一遇的暴风持续10min时的建筑物振动满意值，0.063Hz 时为 0.0815m/s^2 均方根值，1Hz 时减小为 0.026m/s^2 均方根值，这些值并没有考虑由视觉和听觉感受的振动。

2. 基于速度的感知阈值

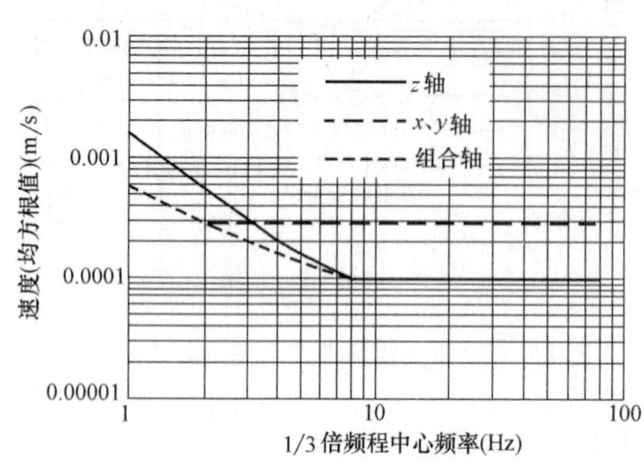

图 8.1.7　建筑物内振动速度基础曲线

图 8.1.7 是 ISO 2631-2：1989、BS 6472：1984 和 BS 6472：1992 给出的建筑物内 1～80Hz 的振动速度基础曲线。可以看出，垂向速度在 8～80Hz 最敏感，为均方根值 0.0995mm/s；水平向速度在 2～80Hz 最敏感，为均方根值 0.287mm/s；组合向速度在 8～80Hz 最敏感，为均方根值 0.0995mm/s。

美国 FTA（2006）和 FRA 手册（2012）采纳了 Tokita（1975）、Nelson 和 Saurenman（1983）的研究成果，指出：虽然感知阈值大约为 0.045mm/s 未计权均方根值，但是当振动不超过 0.08mm/s 时，人对振动的反应通常不会太明显。当居住建筑的振动达到 0.143mm/s，且每小时的振动事件大于 4 次时，大多数人会烦恼，是不能接受的。如果居住建筑的振动达到 0.452mm/s，大多数人会因为振动而产生强烈不满，除非每天的振动事件不超过 70 次。

BS 5228-2 指出，振动感知阈值的速度峰值的典型范围是 0.14～0.3mm/s，见表 8.1.4，采用振动速度峰值的原因是容易测量。

振动大小和感觉　　**表 8.1.4**

速度峰值(mm/s)	人的感觉
0.14	在最敏感的情况下，振动可能是刚刚能被感知的。在低频范围，人对振动不敏感
0.3	在居住建筑中，振动可能是刚刚能被感知的
1.0	在居住建筑中很可能产生抱怨，但是如果事先给居住者预告并解释，还是可以容忍的
10	可能是无法容忍的，除非极其短暂的振动持续时间

德国标准 DIN 4150-2：指出，对于大多数人，感知阈值的 KBF_{max} 值在 0.1～0.2 之间，当 KBF_{max} 达到 0.3 时，人在家中休息时可以清晰地感知振动，因此是不舒适的。Steinhauser P. 和 Steinhauser S.（2010）给出了 W_m 计权振动加速度 a_w(mm/s^2) 与 KB（无量纲）的比例关系：$KB=0.028\cdot a_w$（注意，a_w 的时间常数是 1s，而 K_B 是 0.125s）。因此，$K_B=0.1$ 时，$a_w=0.00357$m/s^2；$K_B=0.2$ 时，$a_w=0.00714$m/s^2。

三、差别阈限（最小可觉差）

1846 年，心理物理学的奠基者德国教授 E. H. Weber 在研究肌肉的感觉机能对于轻重不同的重物能分辨到什么程度时，用三套不同重量的重物对四个被试者进行了实验，发现辨别不是取决于两个重物重量差异的绝对值，而是取决于这一绝对值与标准重量值的比例。也就是说刺激差别量与标准刺激之比必须达到一定的大小，才能引起差别感觉。这个比例虽然随着被试的感觉道不同而变化，但对于一定的感觉道来说却是一个小于 1 的常数，因此可以为每一种感官确定这一常数。该理论被大量实验证明，并广泛应用到人的各种感觉道的差别阈限的研究。这一表明心理量和物理量之间关系的定律被称为 Weber 定律。Weber 定律用公式表示为：$\Delta I/I=k$，其中 ΔI 为刺激的差别阈限或最小可觉差（JND），I 为标准刺激强度或原刺激强度，k 为 Weber 分数或 Weber 比例。差别阈限的定义是刚刚能引起差别感觉的刺激之间的最小强度差。差别阈限的操作性定义是有 50％的次数能觉察出差别、50％的次数不能觉察出差别的刺激强度的增量。

振动的差别阈限的研究不多。Mansfield 和 Griffin（2000）研究了在各种公路刺激下的模拟汽车内坐姿振动，差别阈限约为 13％。Morioka 和 Griffin（2000）测量了坐姿被试者暴露于垂向正弦振动，测试分为 2 种振动大小（0.1m/s^2 和 0.5m/s^2 均方根值）和 2 个频率（5Hz 和 20Hz），发现 Weber 分数在 10％左右，与振动大小和频率没有明显关系。Bellmann（2002）测量了暴露于垂向振动的被试者，加速度为 0.063m/s^2，频率为 5～50Hz，发现 Weber 分数的中位数是 19％，且与频率无关。Matsumoto 等（2002）发现，对于 6 个频率（4Hz、8Hz、16Hz、31.5Hz、63Hz 和 80Hz）、均方根值 0.7m/s^2 的振动，Weber 分数较低（5.2％～6.5％）。这些研究结果的明显差异可能是由于不同的实验方法和实验范围造成的。

Said 等（2001）在实验室中用 20 个被试者（10 个男性和 10 个女性）研究了在噪声环境中的振动辨别能力。在 3 种声级下（30dB（A）以下、45dB（A）和 55dB（A）），20 个参与者承受两种振动刺激：基准振动和高 25％的对比振动，要求回答“相同”或“不同”。振动基准大小分四种，其 $KBF_{\max}$值分别为 0.2、0.4、0.8 和 1.6。敏感度指标 d'在 0.96 和 1.2 之间，这表示回答正确的比例在 56％和 60％之间。但是强调 $KBF_{\max}$值增加 25 ％不一定导致 $KBFT_{r}$ 值增加 25％。背景噪声级越低，越多的人能觉察到振动的 25％变化量（2dB）。

四、振动感知的频率差异

频率计权适用于在人体接触面测量的振动。在多数情况下，频率高于 10Hz 的振动被椅子、床等减小，但是低于 10Hz 的振动却被放大。如果在楼板上测量振动，但振动暴露却是经由椅子或床，这时频率计权可能在高频范围过于严格。

对于全身振动，目前 ISO 和各国使用的频率计权出自于以下标准：ISO 2631-1、ISO 2631-1、ISO 2631-2、BS 6841、JIS C 1510、DIN 45669-1，见图 8.1.8（注：DIN 45669-1 的 KB 计权转换为加速度）。BS 6841 的 W_{b} 计权（垂向）在一定程度上与 ISO 2631-1 的 W_{k} 计权（垂向）有所不同，但其 W_{d} 计权（水平向）与 ISO 2631-1 的 W_{d} 计权（水平向）相同。ISO 2631-2 只给出了组合方向的频率计权 W_{m}（考虑到建筑物内人的姿势可能不需明确），DIN 45669-1 的 K_{B} 计权（转换为加速度）与 ISO 2631-2 的 W_{m} 计权非常相似。当描述符为速度时（例如挪威标准 NS 8176），它的计权是与加速度 W_{m} 计权一致的。Turunen-Rise 等（2003）给出了速度和加速度的关系：$v_{w}=a_{w}/35.7$。计权曲线中最敏感的振动频率范围见表 8.1.5。

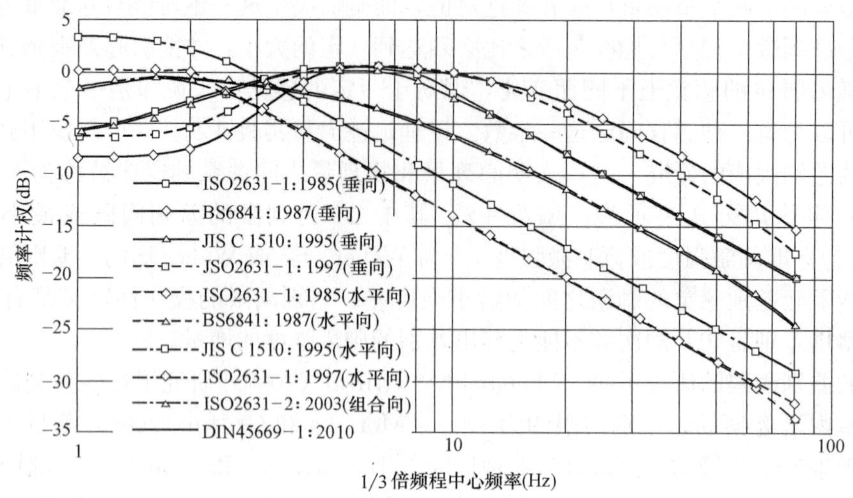

图 8.1.8　人体暴露于全身振动—频率计权

六种代表性计权曲线中最敏感的振动频率范围（1/3 倍频程中心频率）　表 8.1.5

标准	垂向(Hz)	水平向(Hz)
ISO 2631-1:1985	4～8	1～2
ISO 2631-1:1997	4～12.5	0.63～2
ISO 2631-2:2003 DIN 45669-1:2010	1.25～3.15(组合向)	
BS 6841:1987	4～12.5	1～2
JIS C 1510:1995	4～8	1～2

最近的研究表明，以加速度表示的感知阈值在 8Hz 以上频率范围几乎是恒定的。这一点与 ISO 和各国的标准是矛盾的，这些标准中的计权曲线可能低估人体对振动的实际敏感度。BS 6841 指出，频率计权在高频范围内会低估可感知性，特别是对水平向振动。BS 6472-1 指出，当振动水平明显高于感知阈值时，BS 6841 中的 W_b 是最恰当的垂向频率计权，但是当振动水平等于或略高于感知阈值时，在高频范围内，W_b 计权低估了振动。另外，频率计权假设与振动大小无关，应用的范围包括感知、舒适、疲劳—工效降低、健康和安全，如此宽广，这种近似法是有争议的。Morioka 和 Griffin（2008）指出，对于坐姿被试者承受垂向振动来说，未计权加速度是比计权加速度更好的评价量。

五、振动感知的姿势和方向差异

1. 坐姿的振动感知

大多数暴露于全身振动发生在坐姿，例如人们开车时或交通工具中的乘客。因此，大多数全身振动感知研究中采用的被试者处于坐姿。这些研究采用两种方法：画出感知阈值与频率的关系图，画出等强度曲线和频率的关系图。通常是在实验室中采用单轴正弦振动，因为采用复合多轴刺激存在方法学的难度。

对于垂向振动，最容易觉察的振动是在 5Hz 左右。5Hz 的正弦振动，可觉察约 0.01m/s² 均方根值，相当于位移约 0.01mm 均方根值。1Hz 以下，可觉察约 0.03m/s² 均方根值；100Hz 时，可觉察约 0.1m/s^2 均方根值。低于 0.5Hz，可能看见运动，但不能被其他生理系统感知。

对于水平向振动，最容易觉察的振动是在 2Hz 以下。在最敏感的频率下，可觉察 0.01m/s^2 均方根值正弦水平向振动。对于 1Hz 而言，0.01m/s^2 均方根值相当于位移为 0.25mm 均方根值。高于 2Hz 左右时，敏感度下降，80Hz 时的阈值提高到大约 0.4m/s^2 均方根值。

2. 站姿的振动感知

站姿的全身振动暴露主要发生在交通拥挤时刻，人站在列车、有轨电车或公共汽车里。总的来说，站姿的感知阈值与坐姿相似，虽然有一些研究表明，站姿时的水平向敏感度下降。不管怎样，由于手和脚的解剖结构是相似的，以及“振动白趾”的少量研究实例，手传振动的研究方法也适用于脚的振动感知评价。有一些文献研究了糖尿病人脚趾的振动感知阈值，但在这些研究中脚并不支撑人体重量。在脚的振动感知阈值的研究中，尚未见到采用与全身振动研究相似的方法。

3. 卧姿的振动感知

卧姿代表着夜间居住建筑内人群的实际情况。另外例如旅客在轮船或飞机上睡觉时的俯卧、仰卧或半仰卧姿势；把病人运到医院或转院、战争运输伤员时，采用仰卧姿势。但是卧姿的感知研究比坐姿和站姿少。通常，垂向振动比水平向振动更容易感知，但是在很低的频率下却相反。

卧姿的感知阈值与坐姿相似。需要指出的是，支承表面的垂向振动最容易被觉察的是在 5Hz 左右，不用考虑对应于生物力学坐标系中的 z 轴（坐姿）、x 轴（俯卧或仰卧）或 y 轴（侧卧）运动。

六、振动感知的持续时间差异

感知阈值随着振动持续时间增加到 1s 会有轻微下降，而随着持续时间的进一步增加基本不再下降。因此研究感知阈值时基本不需要采用均方根值的平均值或任何特定的时间常数。当确定峰值时，不应采用均方根值的平均值。但是，当振动水平高于阈值时，人的烦恼度会随着振动持续时间的增加而增加。

Matsumoto 等（2011）进行了实验室实验以研究仰卧被试者承受垂向全身振动的感知阈值。12 个年轻男性参加了振动持续时间的影响实验，采用频率为 2Hz、4Hz、8Hz、16Hz、31.5Hz 和 63Hz 的恒定幅值正弦振动，经过 Hanning 窗调制，持续时间分别为 0.5s、1s、2s 和 4s。当持续时间增加时，峰值振动加速度的感知阈值降低。不同振动持续时间和频率下，采用四次方振动剂量值（VDV）和最大瞬时振动值（$MTTV$）评价感知阈值对比分析表明，前者比后者较小程度上依赖于振动持续时间、较大程度上依赖于频率。积分时间的影响分析表明，积分时间对两种方法评价的感知阈值的影响都很小，积分时间取值在 0.63～0.8s 之间（当振动持续时间大于 0.5s 时），与振动持续时间合理对应(需要指出的是日本标准 JIS C 1510 规定的时间常数是 0.63s)。

七、振动感知的性别和年龄差异

Matsumoto 等（2011）进行了实验室实验以研究仰卧被试者承受垂向全身振动的感

知阈值。36 个被试者分成三组（年轻女性 12 人、年轻男性人 12 人、老年男性 12 人）参加了实验。振动持续时间为 4s，恒定幅值，频率为 2Hz、4Hz、8Hz、16Hz、31.5Hz 和 63Hz（升降法）。研究表明，振动感知阈值没有明显的性别差异，然而阈值随着年龄的增大而明显增大。

八、噪声对振动感知的影响

人在自然环境中常常同时承受振动、空气噪声和地传噪声。

Howarth 和 Griffin（1990，1991）在实验室中三次研究了噪声和振动的相互影响，Griffin（1990）对此进行了综述。在 1991 年的实验中，20 个被试者暴露于模拟的铁路振动（*VDV* 在 0.056～0.40m/s1.75 之间）和噪声（*LAE* 在 52.5～77.5 dB（A）之间）同时存在的环境中。研究表明，振动对噪声判断力的影响很小，但是噪声对振动判断力的影响可能很大也可能不大，取决于噪声和振动的相对大小，给出了噪声和振动的主观等效关系，以判断两者的相对大小：$LAE=29.3\lg VDV+89.2$。

Meloni 和 Krueger（1990）进行了噪声和振动组合的感知和感觉的实验室研究。研究表明，存在掩蔽效应，噪声越大（LA_{eq}大于 64dB），振动感知阈值越高。在现实的多种感觉同时存在的情况下，噪声或振动的单一感觉判断的感知测量是不可靠。

Findeis 和 Peters（2004）在德国勃兰登堡的公路交通振动测量表明，当 $KBFT_{m}$ 值为 0.10～0.13 时，抱怨激增。强有力的证据表明噪声和振动对居民的综合烦恼具有组合影响。只有这样才可以解释尽管振动水平低于感知阈值（$K_{B}=0.1$）却产生的抱怨，此时引起烦恼的原因是存在地传噪声。给出了人体不同振动感觉的划分区域，依赖于频率和大小（速度），建议需要特别关注 20Hz 以上频率范围。

Sato 等（2007）研究了噪声对振动感知阈值的影响。共有 10 位被试者坐在固定于垂向振动台的椅子上，自行调节振动级来确定阈值。采用 4 种正弦波形的振动以及随机振动作为刺激，同时采用以 10dB（A）作为调节量的随机噪声作为刺激。试验发现阈值随着噪声级的增加而增加。这意味着随噪声级的增加，人体对振动的敏感度下降了。尽管此中的原因尚不明晰，但文中对同一频率下听觉与振动感觉之间的相互影响提出了建议。

九、总结

通过对人体全身振动感知阈值的标准和指南以及实验室和现场研究的对比分析可以看出：

（1）最近的实验室和现场研究有助于澄清以下概念的区别：绝对感知阈值、差别阈限（振动水平的最小可觉差）、主观烦恼（与生活质量有关，不舒适）和打扰（与睡眠质量有关，睡眠打扰）。振动感知与主观烦恼和打扰是完全不同的。振动感知阈值的个体间差异和个体内差异较大。噪声的存在会使振动感知阈值提高。

（2）最近的研究表明，以加速度表示的振动感知阈值在 8Hz 以上频率范围几乎是恒定的。振动绝对感知阈值与标准中的频率计权是相矛盾的，频率计权可能低估人体对振动的敏感度，因此频率计权曲线应该更平坦。差别阈限（Weber 比例）与振动大小和频率无明显关系。当以中位觉察差别阈限描述时，人体可以明显觉察到振动大小的 25%变化（约 2dB）。

（3）ISO 和各国标准和指南中，采用了不同的描述符（最大运行均方根值、均方根等效值和四次方振动剂量值）、不同的物理量（加速度或速度）和不同的频率计权来描述振动感知阈值。

（4）大多数国家环境和建筑物室内振动限值标准主要源自于感知阈值；但是少数国家（包括我国）限值标准源自于可接受烦恼度，由暴露-反应关系的现场研究得出。关于振动水平最小可觉差，限值标准大多认为人体可以感觉到的振动最小差别为 40％变化（约 3dB），高于实验室研究结果的 25 ％变化（约 2dB）。

第四节　地传噪声的影响

有时候，虽然地传振动微弱到人无法觉察，低于感知阈值，但建筑物内表面（墙、楼板和天花板）振动而辐射出的一些频率成分会导致可听的“隆隆声”，这就是地传噪声。地传噪声常常与轨道交通地下线有关，空气噪声被隧道完全屏蔽了，不会传到建筑物；而地面线和高架线则不同，其地传噪声基本上被空气噪声掩蔽了，但是，对于采取了声屏障等降噪措施而使得直达空气噪声明显减小的地面线和高架线，或者背向线路的房间，地传噪声就可能很明显了。人对地传噪声的反应多种多样，包括睡眠障碍、活动障碍（妨碍精细活动）、烦恼烦躁等。另外，还有一些建筑物的声学环境要求较高，对地传噪声更为敏感，例如影剧院、音乐厅、电视演播室、录（播）音室，当在其附近新建轨道交通时，应进行单独深入的研究。地传噪声的主要感知是通过空气，但是当人躺在床上时，也可以觉察通过床结构（骨传导）传播的很低水平的地传噪声或地传振动。建筑物内的一些物体（例如玻璃、餐具、窗户、灯具、装饰物、家具和建筑附属设施）辐射出的较高频率噪声（嘎嘎声）也是一种明显的干扰源，但是在工程上一般不予讨论，因为这种嘎嘎声很难量化和预测，且比较容易整治。本节介绍了国外地传噪声的标准和法规以及相关研究，并进行了对比分析；分析和评论了地传噪声的范畴、描述符、频率范围、频率计权、时间常数、测量方法；指出了我国相关标准中需要进一步研究的问题。轨道交通高架线桥梁振动辐射出的结构噪声与地传噪声有很多类似之处，但限于篇幅，本节不做介绍。

一、地传噪声的范畴

1. 地传噪声的概念

与空气噪声和建筑物振动相比，地传噪声领域的研究和标准远没有那么成熟和深入，甚至连名词都未统一，英文名词有 ground-borne noise、structure-borne noise、indoor noise、radiated noise、low-frequency noise，中文名词有地传噪声、土传噪声、室内二次噪声、二次噪声、二次辐射噪声、二次结构噪声、结构噪声、辐射噪声、低频噪声。

地传噪声分为狭义和广义两种：

（1）狭义地传噪声：由于大地振动引起建筑物振动而产生的室内噪声。

（2）广义地传噪声：由于地传振动、建筑物内配套服务设备（例如通风空调设备、电梯、水泵、冰箱等）振动、建筑物外部和内部的声激励引起建筑物振动而产生的室内噪声，也就是门窗关闭时室内的总噪声。包括狭义地传噪声、建筑物内配套服务设备振动而产生的室内噪声、由于门窗隔声量有限而导致室外空气噪声透射到室内的噪声、建筑物内噪声源产生的建筑物结构噪声四部分。典型的来源有重型车辆、航空器、爆破（引起的空气超压）、地下列车传来的隆隆声、建筑配套服务设备、铁路、地铁、挖掘施工等。

从上述分类可以看出，狭义地传噪声常常被其他声源产生的环境噪声所掩盖，故其单值确定是困难的或者不可能的，除非室外噪声较小、门窗隔声良好、建筑物内无明显激励起建筑物振动的振动源和噪声源。而广义地传噪声是容易测量的。

2. 低频噪声

地传噪声在本质上是低频噪声。一般认为，低频声的频率范围大约是在 10Hz/20Hz 到 200Hz/250Hz 之间。人耳听力敏感度在低频降低，对声音的主观感受也有变化。一般认为 20Hz 是人听觉的下限截止频率。但是高敏感度的人可以听见 20Hz 以下的声音。如果人长期处于低频噪声的环境，容易神经衰弱、失眠等，在医学界被称为“隐形杀手”。

ISO 226 只给出了 20Hz 以上的听阈，Møller 和 Pedersen（2004）补充了 20Hz 以下的听阈。

低频噪声在室内更为显著。在室外，低频噪声可能完全或部分被更高频率的噪声所掩盖，例如公路交通噪声。室外的中频和高频噪声传到室内时，由于建筑物的隔离效应而衰减。当接受者远离噪声源时，低频噪声也逐渐占优，因为高频噪声更容易被空气或地面衰减。

A 计权和 C 计权是声级最常用的两种频率计权，分别基于 40phon 和 100phon 等响曲线。广泛使用的 A 计权在 200Hz 以下衰减最多。因此，A 计权低估了低频噪声引起的烦恼。当低频成分占优时，A 计权是不恰当的。Leventhall 等（2003）综述了低频噪声的研究和其影响，C 计权和 A 计权的差值超过 20dB 时，人的烦恼需要进一步研究。

ISO 14837-1、FTA 手册（2006）和 FRA 手册（2012）明确指出，当 A 计权声级相同时，低频噪声的感觉比宽带噪声大，因此测试噪声的频率成分是重要的。有些国家给出了判别低频噪声的具体方法。瑞典标准 SOSFS 1996：7 要求计算 C 计权和 A 计权声级的差值 $L_{pCeq}-L_{pAeq}$，如果差别大于 15～20dB，认为是低频噪声。这时，必须进行详细的噪声频率分析，然后按照三分之一倍频带 31.5～200Hz 的分频不计权声级参考曲线（接近听阈）评价。荷兰标准 NSG-Richtlijn（1999）也有类似的规定，但有差别。德国标准 TA Lärm（1998）指出 C 计权和 A 计权声级的差值 $L_{Ceq}-L_{Aeq}$ 超过 20dB 时，低频噪声可能造成干扰。

地传噪声和地传振动评价中还需要注意噪声和振动联合作用的影响。

二、国外相关标准和法规的适用范围

国外相关标准和法规的适用范围见表 8.1.6。

国外相关标准和法规的适用范围　　表 8.1.6

国家和组织	标准和法规	适用范围
ISO	ISO 14837-1:2005	轨道系统引起的地传噪声和振动
奥地利	ÖNORM S 9012:2010	路基交通引起的建筑物振动(振动和结构噪声)
德国	TA Lärm(1998) DIN 45680:2011	建筑配套服务设备的噪声(包括低频噪声)
意大利	D. P. C. M. 5-12:1997	噪声法规(建筑配套服务设备)

续表

国家和组织	标准和法规	适用范围
荷兰	NSG-Richtlijn(1999)	低频噪声
西班牙	Real Decreto 1307/2007	噪声法规(区划、质量和排放)
瑞典	SOSFS 1996:7 SOSFS 2005:6 SS 25263：1996 SS-EN ISO 16032：2004	室内噪声
瑞士	BEKS:1999	建筑物内的铁路振动和地传噪声
英国	Crossrail's Code of Construction (contractual guidelines)	铁路施工和运营的地传噪声
挪威	Forurensningsforskriften(1979)	室内振动和噪声(包括地铁运营振动引起的室内噪声和振动)
美国	FRA(2012) FTA(2006)	噪声和振动影响评价(铁路和城市轨道交通项目)

三、频率范围、频率计权和时间常数

人在建筑物内感觉到的地传噪声的频率范围通常为16～250Hz。在特殊情况下，频率低于16Hz或高于500Hz也可能产生地传噪声。ISO 4866：2010指出影响室内声学的建筑物结构振动频率范围是5～500Hz，这是国外标准和法规中见到的最宽频率范围。BS 6472、BS 6472和BS 6472-1指出狭义地传噪声的频率范围为30～100Hz。一些国家和组织的频率范围见表8.1.7。

频率范围、频率计权和时间常数　　**表8.1.7**

国家和组织	标准和法规	频率范围(Hz)	频率计权	时间常数
ISO	ISO 14837-1:2005	16～250	A	慢
奥地利	ÖNORM S 9012:2010	16～125	A	慢
德国	TA Lärm(1998) DIN 45680:2011	8～125	A和C	快
意大利	D. P. C. M. 5-12:1997	20～100	A	慢
荷兰	NSG-Richtlijn(1999)	20～100	A	慢
西班牙	Real Decreto 1307/2007	—	A和C	—
瑞典	SOSFS 1996:7 SOSFS 2005:6 SS 25263：1996 SS-EN ISO 16032：2004	31.5～200	A和C	快
瑞士	BEKS:1999	—	A	—
英国	Crossrail's Code of Construction (contractual guidelines)	—	A	慢
挪威	Forurensningsforskriften(1979)	20～500	A	—
美国	FRA (2012) FTA (2006)	—	A	慢

四、描述符和测量

描述符和测量　　表 8.1.8

国家和组织	标准和法规	描述符	测量
ISO	ISO 14837-1:2005	最大声级 L_{Amax}(dB) 等效声级 L_{Aeq}(每个事件或更长的时间，例如 1h)	靠近房间中央(预测时也是)
奥地利	ÖNORM S 9012:2010	最大声级 L_{Amax}(dB)，噪声最大的列车；等效声级 L_{Aeq}(dB)，所有列车	测量或按照 ONR 199005:2008 通过楼板振动计算
德国	TA Lärm(1998) DIN 45680:2011	等效声级 L_{Aeq}(dB)，每 1h	—
意大利	D. P. C. M. 5-12:1997	最大声级 L_{Amax}(dB)	—
荷兰	NSG-Richtlijn(1999)	参考曲线等效声级 L_{Aeq}(dB)	噪声最容易察觉的位置(卧室或起居室的任何位置)，或者在房间角落距离两面墙 0.2～0.5m(两面墙均无门、窗、橱柜)
西班牙	Real Decreto 1307/2007	等效声级 $L_{d/e/n}$(dB)	—
瑞典	SOSFS 1996:7 SOSFS 2005:6 SS 25263：1996 SS-EN ISO 16032：2004	参考曲线最大声级 L_{Amax}(dB)	距离房间角落 0.5 m
瑞士	BEKS:1999	等效声级 L_{Aeq}(昼间和夜间)	—
英国	Crossrail's Code of Construction (contractual guidelines)	最大声级 L_{Amax}(dB)	最容易引起烦恼的位置
挪威	Forurensningsforskriften (1979)	等效声级 L_{Aeq24h}(dB)	推荐在地下室测量，以减小室外空气噪声的贡献
美国	FRA (2012) FTA (2006)	最大声级 L_{Amax}(dB)	—

1. 地传噪声的描述符

总体来看，国外标准和法规主要采用了两种描述符（见表 8.1.8）：

（1）多数国家采用 A 计权最大声级 LAmax（时间常数-慢），尽管形式有所不同。当狭义地传噪声较大时，瑞典建议采用 C 计权，因为 A 计权低估了低频部分。当其他参数相同时，对于无缝线路轨道交通，L_{Amax}（时间常数-快）比 L_{pAmax}（时间常数—慢）约大 1～2dB；对于有缝钢轨轨道交通，约大 3～4dB。

（2）少数国家采用 A 计权等效声级，如瑞士、西班牙和挪威。瑞士：$L_{Aeq(dB)}$，昼间（8h，6～22h），夜间（1h，22～6h 之间噪声最大的 1h）。西班牙：L_d（dB)，昼间（7～19h）；L_e（dB)，傍晚（19h～23h），修正值＋5dB；L_n（dB)，夜间（23～7h），修正值＋10dB。挪威标准虽然采用 A 计权等效声级，但是近年来其地铁设计标准采用了更严格的 A 计权最大声级（时间常数-快）。ISO 14837-1 指出：当地传噪声级较高或事件较多时，不仅需要关注事件的 L_{Aeq}，也要关注更长持续时间（例如 1h）的 L_{Aeq}。

最大声级和等效声级需要同时评价（例如 ISO、奥地利、挪威和瑞典，注：挪威和瑞典有些限值标准由于篇幅所限本节未列出），因为最大声级更与睡眠干扰（睡眠品质）有关，而等效声级更与烦恼（生活品质）有关。这种观点在欧洲环境署（EEA）2010 年为欧盟指令 2002/49/EC 的理解和实施而准备的报告《噪声暴露和可能的健康影响实用指南》中得到体现，同时采用了最大声级和等效声级。该报告甚至还推荐在欧盟范围内采用通用限值（摘录）：L_{Amax} 32dB（室内，睡眠—多导睡眠描记，时间常数—快）、L_{den} 42dBA（室外，烦恼和干扰，一年 24h 的等效声级，傍晚修正值为＋5dB，夜间修正值为＋10dB）、L_n 42dBA（室外，一个夜间 8h 的等效声级，自我报告睡眠干扰）。

2. 狭义地传噪声的测量

测量地传噪声时，房间内应有家具，但无人，并关闭门窗。地传噪声在房间各个内表面反射。在特定频率（共振频率），将导致室内产生声波节点（也就是驻波），房间中央处的驻波效应常常是最显著的，一些测试表明，在室内墙壁附近测量的地传噪声 A 声级通常比房间中央处高约 2～3dB，室内空间平均地传噪声 A 声级通常比房间中央处高约 3dB。因此，声压在房间内呈现不均匀分布，结构振动引起的低频噪声在房间内是空间（水平位置和垂直位置）变化的，变化量最大可达 10～20dB。这导致了测量的不确定性和复杂性。在低频（200 Hz 以下），空间变化和时间变化尤其不确定。频率越低，不确定性越高。墙的特性、尺寸和吸收（家具、墙面和地板覆盖层等）等因素对不确定性均有贡献。

当其他参数相同时，对于无缝线路轨道交通，L_{pAFmax}（时间常数—快）比 L_{pASmax}（时间常数—慢）约大 1～2dB；对于有缝线路轨道交通，约大 3～4dB。

不是所有的标准和法规都给出了狭义地传噪声的测量方法给出的，也不一致。ISO 14837-1：2005 规定在靠近房间中央处（但不是中央处）测试声级，但仍然会明显低估声级。ISO 2631-2：2003、BS 6472-1：2008 指出地传噪声的测量位置应为房间内最容易引起烦恼处，可能是在房间的角落，这一观点在表 8.1.8 中荷兰、瑞典、英国的标准得到体现。因此，低频噪声引起烦恼的评价必须基于在房间内足够多的位置进行合适的测量，能代表受干扰的人的实际噪声暴露，在房间内最容易引起烦恼处、中央处和角落同时测试噪声级，提高可重复性，并分析房间内空间平均声级。注意仅仅分析房间内空间平均声级是不充分的，尽管它具有较好的可重复性。另外，为了较准确的测量狭义地传噪声，减小室外空气噪声的贡献，挪威标准 Forurensningsforskriften（1979）和 Olafsen 等（2011）的挪威奥斯陆地铁地传振动和地传噪声测试报告推荐在建筑物地下室测量。

由于室内低频噪声测量的复杂性和不确定性，有些国家建议采用实测的垂向振动级来计算室内地传噪声级。德国和瑞士采用与频率有关的楼板垂向振动速度和室内声级之间的经验关系。奥地利采用基于能量的辐射效率和楼板的空间平均振动速度的关系，并要求找出楼板的空间平均振动速度和楼板中央处的振动速度的估算关系。

五、我国相关标准

与地传噪声有关的我国标准有：JGJ/T 170—2009、GB 50118、GB 50352、GB/T

50356、GB 22337、GB 12348、GB 50868、HJ 453、DB 31/T 470。

我国标准《民用建筑隔声设计规范》GB 50118 和《民用建筑设计通则》GB 50352 中规定的室内允容许噪声是广义地传噪声。《民用建筑隔声设计规范》GB 50118 修改了上一版本 GBJ 118 中室内容许许噪声级的测试条件的错误，由开窗改为关窗。

我国标准《城市轨道交通引起建筑物振动与二次辐射噪声限值及其测量方法标准》JGJ/T 170—2009 是我国第一部关于狭义地传噪声的标准，准确地理解了地传噪声的低频特性。该标准中规定的地传噪声的频率范围为 16～200Hz，频率计权为 A，时间常数为快，描述符为等效声级 L_{Aeq}（昼间和夜间各不小于 1h），测量位置为距墙壁的水平距离大于 1.0m 处。该标准中虽然采用的是等效声级 L_{Aeq}的术语，但是从其等效声级 L_{Aeq}的计算公式来看，实际上是多趟列车通过时段的暴露声级的平均值，容易引起误解。

我国上海的地方标准《城市轨道交通（地下段）列车运行引起的住宅室内振动与结构噪声限值及测量方法》DB 31/T 470 中的地传噪声的频率范围为 20～20000Hz，频率计权为 A，时间常数为快，描述符为等效声级 L_{Aeq}（昼间和夜间）和夜间最大声级 L_{Amax}，测量位置为室内敏感处，距任一反射面 0.5m 以上、距外窗 1m 以上。从频率范围看，该标准未体现地传噪声的低频特性。另外，该标准对测点位置的规定不够明确。

我国标准《环境影响评价技术导则 城市轨道交通》（HJ 453）中指出：对于隧道垂直上方或距外轨中心线两侧 10m 范围内的振动环境保护目标需要评价地传噪声。10m 评价距离是值得商榷。ISO 2631-2、BS 6472 和 BS 6472 给出了建筑物内 1～80Hz 的振动基础曲线，三本标准的基础曲线是一样的，但倍乘系数有细微差异。建筑物内振动基础曲线未考虑结构噪声。BS 6472-1、FTA 手册（2006）、FRA 手册（2012）、IEST-RP-CC 012.2 在描述倍乘系数取 1（关键性工作区，例如医院手术室、精密实验室）和 1.4（居住建筑夜间）时建筑物内人的感觉时指出：不能觉察到振动，但是在非常安静的房间内可能听见固体传播的噪声。我国标准 HJ 453 规定城市轨道交通地下线环境振动的评价距离是 60m，而地传噪声的评价距离仅为 10m，与上述描述相矛盾。Olafsen 等（2011）实测了挪威奥斯陆地铁附近的 12 栋房屋的室内振动和地传噪声，其中 11 栋房屋距离地铁线路在 9～27m 之间，1 栋房屋距离 70m。室内振动只有 1 栋超过地铁设计标准限值（距离 13m），而地传噪声 L_{AFmax}有 6 栋超过地铁设计标准限值 1～13dB，按照超标量由大到小排序，距离分别为 10m、16m、19m、27m、16m、9m，还有 2 栋与限值相等，距离分别为 13m、15m。从上面两方面的论述可以看出，地传噪声的 10m 评价距离应适当扩大，当然要注意到我国居住建筑结构与欧美的差异。

我国标准 HJ 453—2008 中给出的根据室内振动预测地传噪声的计算公式来源于 1987 年发表的在加拿大多伦多地铁附近建筑物测量得到的经验公式，近年来这方面的研究成果很多，可以更多地分析和参考。

六、总结

大地振动引起的狭义地传噪声的标准和法规比环境振动少很多，而室内低频噪声（广义地传噪声）的多一些。描述符主要的有两个：A 计权最大声级和 A 计权等效声级。然而，地传噪声的测量并未达成一致。

有些标准指出，当 A 计权声级相同时，低频噪声的感觉比宽带噪声大，因此必须对低频噪声给出专门的标准。有些国家采用C计权和A计权声级的差值来判别低频噪声的存在和干扰。

由于室内低频噪声测量的不确定性以及很难区分地传噪声和空气噪声，有些国家通过计算来预测狭义地传噪声。

由于篇幅所限，本节未介绍地传噪声的限值标准，需要注意的是，限值不限于本节介绍的标准和法规。

第五节 振动对建筑结构的影响

建筑物损伤及其程度的认定取决于一个国家的经济发展水平和社会体制。国际标准ISO 4866：2010（我国标准GB/T 14124为其1990版）将振动引起的建筑物损伤分为三类：(1) 浅表性损伤：在清水墙表面上产生的发丝裂缝，在粉刷层或清水墙表面上有裂缝的发展；此外，在砖或混凝土砌块结构的灰缝中出现的发丝裂缝；(2) 较小损伤：粉刷或清水墙表面产生的较大的裂缝、松散和剥落，贯通砖或混凝土砌块的裂缝；(3) 较大损伤：建筑物结构构件的损伤，承重柱的开裂，节点的酥松，砖石裂缝的扩展等。

广泛采用的评价建筑物损伤的度量是质点峰值速度（PPV），除了与应力/应变有关的PPV外，损伤还与振动频率有显著关系。损伤的高风险与大应变和低频有关。人工地传振动对建筑损伤的影响频率范围通常为1～300Hz，其中的高频部分主要由爆破产生，而交通引起的地传振动的影响频率范围通常为1～100Hz。地震的影响频率要低很多，通常为0.1～30Hz。风激励的频率更低，多为0.1～2Hz。

振动对建筑损伤的影响从持续时间和发生频次角度可以分为三类：爆破、短期（瞬态、偶发）振动和长期（连续、经常、永久）振动。短期振动是指持续时间较短、不足以引起结构共振和疲劳破坏的振动，长期振动是指短期振动以外的所有类型的振动。

虽然人们普遍认为建筑物和其他结构（例如邻近的隧道、公共事业设施）的损伤与人工地传振动有关，但实际上这种可能性很小，因为公路和轨道交通引起的地传振动水平通常远小于普通建筑物振动损伤限值，一般情况下振动几乎不可能导致普通建筑物损伤，哪怕是浅表性损伤。普通建筑物振动损伤限值比人体感知高10～100倍，居住者是无法忍受的，即使是浅表性损伤所需的振动水平，也就是说居住者的烦恼会先于建筑物损伤出现。Nelson和Saurenman（1983）指出，当质点速度小于50mm/s时，普通建筑物发生损伤的概率只有5%，对于质点速度小于25mm/s时，未见普通建筑物发生损伤的报告。当振动小于15 mm/s时，普通建筑物不存在损伤风险。这里的损伤是指玻璃破碎、严重的石膏开裂，可能还伴随石膏脱落，即较小损伤。国际铁路联盟（UIC）1982年的ORE D151报告指出，25年间未发现一例直接单独由振动引起的建筑物较小损伤和较大损伤。通常，造成建筑物浅表性损伤的大地振动限值至少比列车引起的距轨道中心线15m处的振动大三倍。在罕见的情况下，建筑物距离轨道太近且没有减振措施，极高的地传振动水平或很多高水平的振动循环可能会引起普通建筑结构的较小损伤或较大损伤，原因可能直接与建筑结构构件的应力/应变有关，也可能是振动引起的无黏性土和填土的沉降。对于轨道交通，应更多地关注施工期沉降和工后沉降，其损伤风险比振动本身大很多。另外，轨道交通施工（例如爆破、打桩）引起的建筑物损伤风险要比运营大一些，但是仍然很少能引起建筑物的较小损伤或较大损伤。

当然也有例外，一些古建筑的损伤被认为是交通振动导致的，对于古建筑损伤的担心成为新建轨道交通的障碍之一。实际上，振动有可能引起邻近公路或轨道交通的建筑物地基的挤密和不均匀沉降，这种影响比振动本身大很多，也就这解释了一些古建筑为什么会向公路或轨道交通线路一侧倾斜。

ISO 4866 给出了振动测量和评价振动对建筑物影响的指导原则。根据这一标准，振动水平、振动频率和动态激振力的持续时间是重要参数。需要考虑的与建筑物有关的因素是建筑物的类型和条件、建筑物的固有频率和阻尼、建筑物基础尺寸、当地土的特性。挪威标准 NS 8141：2001 和瑞典标准 SS 4604866：1991 给出了类似的导则，规定了各种土体上的各种建筑物的容许振动峰值。瑞典标准仅仅适用于爆破引起的振动，而挪威标准包括列车引起的地传振动。挪威标准给出的避免建筑物损伤的容许振动峰值见方程（8.1.1）。

$$v=v_0F_gF_bF_dF_k \tag{8.1.1}$$

式中 v_0——质点峰值速度，为 20 mm/s；

F_g——与建筑物所在地的土体条件有关的系数；

F_b——与建筑物类型、建筑材料和基础类型有关的系数；

F_d——与建筑物距振源距离有关的系数；

F_k——与振源类型有关的系数，对于交通振源，取 1.0。

根据方程（8.1.1）计算，对于最不利的施工振动，距离振源 15m 处、坐落在非常软的黏土（最坏的情况）上的一般建筑，可引起结构损伤的最小质点峰值速度约为 4mm/s。如果是历史建筑物，限值约为 2mm/s。相比之下，距交通振源 15m 处、坐落在非常软的黏土上的桩基础钢筋混凝土建筑物，限值约为 10mm/s。而经验表明，距轨道中心线 15m 处实测的地面振动很少能大于 4mm/s，甚至 2mm/s。

与建筑振动损伤相关的国际标准是 ISO 4866：2010，但是该国际标准只提供指南，不提供建筑振动损伤限值，限值由各个国家的标准提供，因为各个国家的经济发展水平和社会体制不同。关于限值的国家标准主要有德国标准 DIN 4150-3：1999，瑞士标准 SN 640312a，我国标准 GB/T 50452、GB 50868、GB 6722。限于篇幅，本节不介绍建筑振动损伤限值标准，具体可见《建筑工程容许振动标准理解与应用》一书（徐建主编，北京：中国建筑工业出版社，2013）。

第六节　振动对敏感设备的影响

不同的设备对振动的敏感性差别很大。诸如计算机的硬盘驱动器和继电器，虽然也有环境振动要求，但是其振动敏感性较低，主机房地板表面的垂向和水平向振动加速度限值为 0.5m/s² （见我国标准 GB 50174），远大于人体全身振动感知阈值，通常不会受到轨道交通引起的振动水平的影响，特别是轨道交通地下线和高架线。计算机的正常工作环境（例如由于人行脚步和猛烈关门）的振动和冲击水平远大于公路和轨道交通引起的振动。

但是，有一些设备和任务对振动非常敏感，例如：电子显微镜，分光镜、原器天平等计量与检测仪器，光栅刻线机等光学加工及检测设备，计算机微处理器、液晶面板等微电子产品的生产线和三坐标测量机、激光波长基准设备等精密加工与检测设备，在显微镜下工作的外科手术等。很低的振动水平（远低于人体全身振动感知阈值）就会干扰这类设备的正常工作、任务以及次品率升高。干扰的本质是使得设备部件之间产生相对位移，干扰的主要形式是影响设备的传感、定位和聚焦以及执行这些任务的操作者的行为活动。轨道交通引起的振动达到一定水平时，该振动自身可能引起干扰，也可能与建筑物内背景水平充分叠加而引起干扰。安装有振动敏感设备的主要区域是：高等学校和科研机构的实验室、计量机构、与电子和光学技术有关的科学园区和工业园区、医院等。

大多数振动敏感设备在低频段的振动要求与高频段相比，更严格（加速度）或相同（速度）。通常，振动敏感设备的环境振动的正常使用极限的度量（振动速度或加速度）和评价位置会在其说明书中由制造商给出，如果说明书中没有这方面的规定，最终用户常根据相关标准（例如 ISO/TS 10811-2、IEST-RP-CC 012.2 等）中的通用振动准则或通过经验给出。另外，将新建轨道交通可能产生的楼板振动水平与内部活动产生的既有环境振动进行对比，也可以判断轨道交通的影响。ISO/TS 10811-1 和 ISO/TS 10811-2 规定了装有敏感设备建筑物内的振动与冲击测量、评价和分级。振动对敏感设备的影响频率范围为1～500Hz，但通常在 200Hz 以内。相关的国际标准和我国标准有：ISO/TS 10811-1、ISO/TS 10811-2、GB/T 23717.1、GB/T 23717.2、GB 50463、GB 50868、GB 51076、GB 50174。上述标准中的正常使用极限均源于美国环境科学技术学会标准 IEST-RP-CC 012.2：2007 及其 1993 年版本。该标准在洁净室振动要求中，给出了振动敏感设备的通用振动准则（VC 曲线），见图 8.1.9，这些曲线的绘制方式与 ISO 2631-2 类似，并对比分析了 ISO 2631-2 中规定的建筑物内人体全身振动准则。该标准将振动要求分为七级，每一级给出了对应的设备种类说明。振动以 1/3 倍频程均方根速度表示。某一特定设备种类的安装场地，其实测的 1/3 倍频程速度必须低于图 8.1.9 中的给定类别的曲线。该振动准则是针对单一事件的，因为两个事件同时发生而且相位正好产生叠加的概率很低。需要注意的是，振动敏感设备通常对三个方向的振动都需限制。

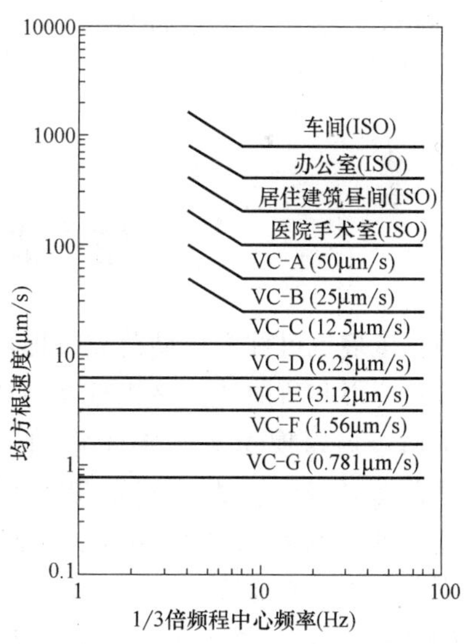

图 8.1.9　振动敏感设备的通用振动准则（VC）曲线与 ISO 建筑物内人体全身振动准则

第二章 激励机理

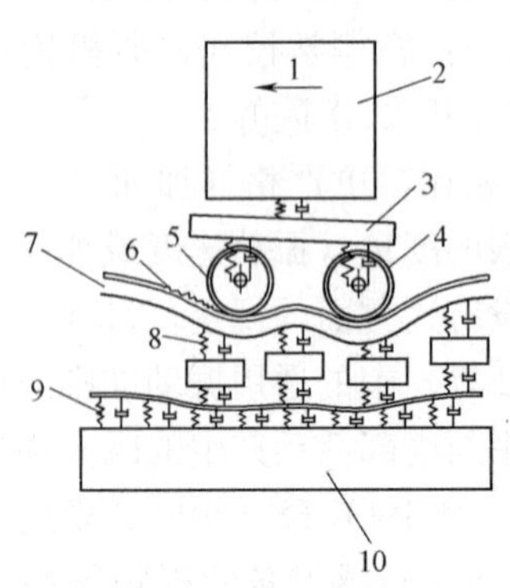

图 8.2.1 列车—轨道模型

1—列车速度；2—车体质量；3—转向架质量；4—簧下质量；5—车轮粗糙度；6—钢轨粗糙度；7—钢轨阻抗；8—扣件；9—路基—隧道；10—大地阻抗

轨道交通引起的地面振动是由列车在轨道上的移动造成的，影响振源大小和频率的因素很多，根源是轮轨相互作用，即轨头和车轮踏面之间的接触斑处的有限驱动点阻抗引起的振动，见图 8.2.1。轨头的阻抗主要由轨道设计决定，但是它也受支承结构（例如隧道仰拱、隧道）和周围土体的影响。对于环境振动所关心的频率，车轮踏面处的阻抗主要由车辆的簧下质量确定。但是，在车辆缺乏维修或阻尼器高频性能较差而导致车辆悬挂刚度较大时，车辆的总重量和其载重也变得很重要。

轨道交通产生环境振动的主要机理可归纳为六类：准静态机理、参数激励机理、钢轨不连续机理、轮轨粗糙度机理、波速机理、横向激励机理。

第一节 准静态机理

准静态机理也可称为移动荷载机理，在移动列车荷载作用下，轨道、道床、路基和大地产生移动变形和弯曲波。该机理在轨道附近很显著，车辆每根轴的通过都可以辨别出来。列车通过可以模拟为施加于钢轨上的移动静态集中荷载列。尽管荷载是恒定的，但当每个荷载通过时，大地固定观测点都经历了一次振动。当某根轴通过观测点对应的轨道断面时，观测点的响应呈现峰值；当观测点位于两根轴之间的断面时，观测点响应呈现谷值。准静态效应对 0～20Hz 范围内的低频响应有重要贡献。一些与这个机理有关的问题还没有完全弄清楚，例如边界条件的影响、轨道和大地的不均匀导致的传播波。

第二节 参数激励机理

参数激励机理的根源是轨道交通中的钢轨在等间距扣件处的离散周期性支承，在有轨电车轨道的钢轨是埋入式连续支承的，不存在这种机理。对于离散支承的轨道，车轮走行在钢轨不同位置时，钢轨支承刚度是变化的，扣件处的刚度较高，扣件间的刚度较低。当车轮以恒定速度通过钢轨时，由于钢轨支承刚度的变化，导致轮轴的垂向运动，对钢轨施加了周期性动力，其频率称为扣件通过频率，等于列车速度除以扣件间距。周期力可以按照此频率做傅里叶级数展开。Heckl 等（1996）研究了这种效应，给出了铁路轨道附近测得的加速度谱。测试结果表明，在扣件通过频率出现峰值。这种频率峰值一般只出现在轨道和车轮状态极其完好时，通常状态下，即使在轨道板和隧道壁上也无法观测到这种频率峰值。另外当轮轨共振与扣件通过谐波合拍时，响应会明显增大。

类似地，车轴的排列间距也产生谐波成分。需要注意的是轨道交通车辆的轴排列并不是均匀的，轴排列的特征距离有 4 种：转向架内轴距、转向架间轴距、车辆内轴距、车辆间轴距，见图 8.2.2，因此对应存在着 4 种特征频率：转向架内轴距通过频率、转向架间轴距通过频率、车辆内轴距通过频率、车辆间轴距通过频率。理论上看，当这些频率与车辆、轨道、路基、桥涵、隧道的固有频率接近时，就会对它们和周围环境产生相当大的激励，在实际工程中这些频率一般只在桥梁结构中能观测到，原因是梁体结构的整体性和桥梁跨度与车辆长度的特殊比例关系，在其他情况下，这些频率往往被波长范围较宽的轮轨粗糙度所掩盖，即使在轨道附近也无法出现峰值。一般而言，特征距离越大，其对环境振动的贡献越小。

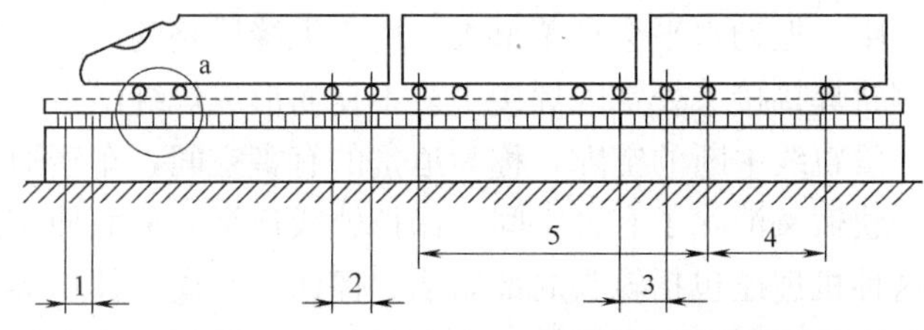

图 8.2.2　特征距离

1—扣件间距；2—转向架内轴距；3—转向架间轴距；4—车辆内轴距；5—车辆间轴距

我国轨道交通主型车辆的特征距离见表 8.2.1，在典型运营速度下的特征频率见表 8.2.2。从表 8.2.2 可以看出，地铁列车的典型特征频率范围是 0.8～32.4Hz；普速铁路客运列车的典型特征频率范围是 1.5～74.1Hz；铁路货物列车的典型特征频率范围是 1.4～37.0Hz；高速铁路动车组的典型特征频率范围是 2.5～149.6Hz。

我国轨道交通主型车辆的特征距离　　**表 8.2.1**

车辆类型	特征距离(m)				
	1	2	3	4	5
地铁 A	0.6	2.5	3.9	13.2	24.6
地铁 B	0.6	2.3	4.1	10.3	21.3
普速铁路客车 25T1	0.6	2.5	6.076	15.5	29.076
铁路货车 C70	0.6	1.83	2.936	7.38	15.806
高速铁路动车组 CRH2	0.6,0.65 *	2.5	5	15	27.5

* 注：对于 250km/h 高速铁路，为 0.6；对于 350km/h 高速铁路，为 0.65。

我国轨道交通主型车辆在典型运营速度下的特征频率　　表 8.2.2

车辆类型	列车速度（km/h）	对应于特征距离的特征频率（Hz）				
		1	2	3	4	5
地铁 A	70	32.4	7.8	5.0	1.5	0.8
地铁 B	70	32.4	8.5	4.7	1.9	0.9
普速铁路客车 25T1	160	74.1	17.8	7.3	2.9	1.5
铁路货车 C70	80	37.0	12.1	6.2	3.0	1.4
高速铁路动车组 CRH2	250	115.7	27.8	13.9	4.6	2.5
高速铁路动车组 CRH2	350	149.6	38.9	19.4	6.5	3.5

第三节　钢轨不连续机理

钢轨不连续机理主要是由于在钢轨接头、道岔、交叉处的高差。在这些部位，由于车轮曲率无法跟随错牙接头、低接头或钢轨的不连续，车轮对钢轨施加了冲击荷载，轮轨相互作用力明显增大。这一激励机理产生的噪声还会使车内乘客烦恼。如果有缝钢轨的长度等于车辆转向架中心距，振动水平会显著增大。由于无缝线路的广泛采用，这一机理变得不重要了，但是在钢轨焊接接头处常因焊接工艺不良而形成焊缝凸台。固定式辙叉咽喉至心轨尖端之间，有一段轨线中断的空隙，称为道岔的有害空间，车辆通过时发生轮轨之间的剧烈冲击。可动心轨辙叉消除了有害空间，保持轨线连续，从而使车辆通过辙叉时发生的冲击显著减小。这种机理还包括轨头局部压陷、擦伤、剥离、掉块等。

另外，当车轮发生抱死制动而在钢轨上滑动时，会导致车轮出现局部擦伤和剥离，即车轮扁疤（单个或多个），导致轮轨间产生冲击荷载。

钢轨不连续机理产生的冲击虽然振动水平较高，但持续时间很短，频率较高，在轨道结构、路基和土层传播时衰减较快。但冲击产生的噪声对车内乘客和环境影响较大。

第四节　轮轨粗糙度机理

钢轨轨面和车轮踏面随机粗糙度包括两部分：与公称的平/圆滚动面相对应的局部表面振幅，即表面上具有的较小间距和峰谷所组成的微观几何形状特性；比粗糙度更大尺度（波长）的几何形状、尺寸和空间位置与理想状态的偏差，通常称为不平顺。粗糙度引起的强迫激励，通常情况下这种机理对环境振动是贡献最大的。粗糙度最早是出现在制造加工时，然后出现在轨道铺设和车轮安装时，在运营后随着时间而变化。运营期需要设定粗糙度变化的允许值。Hunt（2005）对影响钢轨粗糙度的各种因素做了全面的总结。

轨道支承在密实度和弹性不均匀的道床、路基、桥涵、隧道上，在运营中却要承受很大的随机性列车动荷载反复作用，会出现钢轨顶面的不均匀磨耗、道床路基桥涵隧道的永久变形、轨下基础垂向弹性不均匀（例如道砟退化、道床板结或松散）、残余变形不相等、扣件不密贴、轨枕底部暗坑吊板，因此轨道不可避免地会产生不均匀残余变形，导致钢轨粗糙度增大，且随时间变化。车轮粗糙度的恶化也会导致钢轨粗糙度增大。轨道垂向不平顺包括高低不平顺、水平不平顺和平面扭曲。高低不平顺指沿钢轨长度在垂向的凹凸不平；水平不平顺指同一横截面上左右两轨面的高差；轨道平面扭曲（也称为三角坑）即左右两轨顶面相对于轨道平面的扭曲。

钢轨粗糙度产生的振动频率范围很宽。车轮通过不平顺轨道时，在不平顺范围内产生强迫振动，引起钢轨附加沉陷和作用于车轮上的附加动压力。在理想情况下，当圆顺车轮通过均匀地基上的具有特定波长—粗糙度的无缝钢轨时轮轨相互作用力的频率等于列车速度除以波长，并受相同频率的列车惯性力的影响。典型的钢轨粗糙度（不含波浪形磨耗）的长波长的幅值大于短波长。

钢轨粗糙度另一个主要来源是波浪形磨耗，它由不同波长叠加的周期性轨道不平顺组成，总体看其波长较短，典型波长为 25～50mm，对于典型列车速度，这些短波长产生的振动频率高于 200Hz。这些频率被大地衰减，一般不会传波到附近的地面建筑物。当列车速度较低时，例如在线路限速和车站附近，波浪形磨耗产生动力一般是比较小的，除非波浪形磨耗很严重。在评价轨道交通引起的地面振动时一般不需要考虑波浪形磨耗。对波浪形磨耗钢轨应进行充分且恰当的补救性打磨。

用不平顺半峰值与 1/4 波长之比或峰峰值与正负峰间距离之比定义的平均变化率能综合反映轨道不平顺波长和幅值的贡献。对于钢轨不连续机理，波长较短而平均变化率大，轮轨冲击剧烈；当不平顺幅值和平均变化率都大时，也会产生剧烈振动；当不平顺幅值虽大而平均变化率较小时，振动不会很大。

当周期性高低和水平不平顺的波长在一定列车速度下所激励的强迫振动频率与车辆垂向固有频率接近时，即使幅值不大，但会导致车体共振，使轮轨作用加剧。

车轮不平顺包括车轮椭圆变形、车轮动不平衡、车轮质心与几何中心偏离、车轮的轮箍和轮心的尺寸有偏差（如偏心等）等。车轮粗糙度产生的振动对地面振动关心的频率范围有比较均匀的贡献。

第五节　波速机理

当列车速度接近或超过大地的瑞利波（R 波）波速（地面线）、剪切波（S 波）波速（地下线）或钢轨的最低弯曲波波速时，将产生很大的轨道振动和地面振动。由于城市轨道交通和普速铁路的列车速度低于上述三种临界波速，因此不需要关注这种机理。随着高速铁路的发展，人们开始关注这种机理。对于很软的软土，高速列车的速度很容易超过临界速度（通常是 R 波波速）。Krylov（1997，1999）通过理论分析推断，当列车速度超过大地的 R 波波速时，将产生振爆现象，地面振动将陡然增大，比普速列车增加 70dB。这种现象类似于超音速飞机突破声障时产生的音爆，也类似于流体流速增大使得雷诺数超过一定值时，流体从层流转变为紊流。挪威岩土工程研究所（NGI）首次观测到了这种现象，验证了 Krylov 推断的正确性。在设计中，可在道床下设置加筋地基或混凝土桩板结构（桩基础达到较硬的地层）来减小这种振动机理。在隧道中，隧道衬砌和仰拱提供的刚性基础可以减小周围土体的振动水平。1997～1998 年从瑞典哥德堡到马尔摩的西海岸线 X2000 高速列车开通时，瑞典国家铁路管理局（Banverket）进行了轨道和地基振动测试，同时进行了全面的地质勘查。沿线有大量软土，特别是 Ledsgard 市附近的大地 R 波波速只有 162km/h，土层参数见表 8.2.3。列车速度从 137km/h 提高到 180km/h 时，地面振动增大了 10 倍，钢轨垂向位移接近 10mm，见图 8.2.3。如果列车速度进一步提高，达到钢轨的最低弯曲波波速时，钢轨垂向位移将会更大，可能导致列车脱轨，剧烈的振动在近场还会影响轨道结构和路基的强度和稳定性。测试后对路基进行了加固处理。

土层参数（泊松比取 0.49） **表 8.2.3**

土层	层厚(m)	密度(kg/m³)	S 波波速(m/s)		阻尼比	
			70(km/h)	200(km/h)	70(km/h)	200(km/h)
地表层	1.1	1500	72	65	0.04	0.063
软黏土	3.0	1260	41	33	0.02	0.058
黏土层 1	4.5	1475	65	60	0.05	0.098
黏土层 2	6.0	1475	87	85	0.05	0.064
半空间	5.4	1475	100	100	0.05	0.060

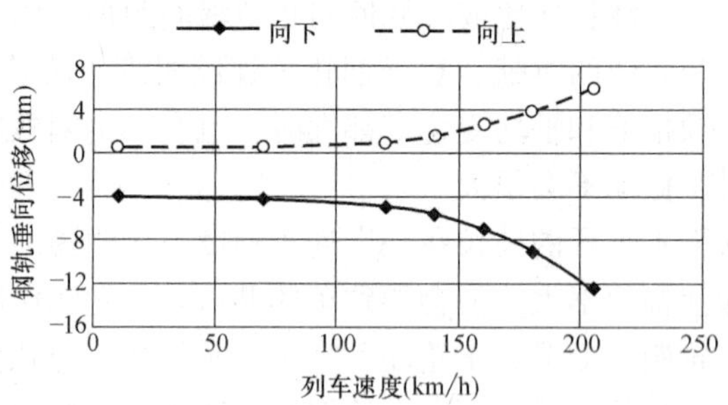

图 8.2.3　钢轨垂向位移的实测值与列车速度关系

第六节　横向激励机理

横向激励机理主要包括横向轨道不平顺、离心力、车辆蛇行运动和车辆摆振。

（1）横向轨道不平顺包括轨道方向不平顺和轨距偏差。轨道方向不平顺指轨顶内侧面沿长度的横向凹凸不顺，由轨道横向弹性不均匀、扣件失效、轨排横向残余变形积累或轨头侧面磨耗不均等造成。轨距偏差指在轨顶面以下 16mm 处量得的两轨间内侧距离相对于标准轨距的偏差，通常由于扣件不良、轨枕挡肩失效、轨头侧面磨耗等造成。轨距大于轮对宽度，两者之差称为轮轨游间，我国轨道交通的正常轮轨游间为 16～18mm，轮轨游间过大会加剧轮轨横向相互作用和转向架蛇行运动。另外车辆通过道岔时，短距离内的轨距变化，轮缘对护轨喇叭口和翼轨喇叭口施加横向冲击荷载。另外轨道水平不平顺虽然属于垂向不平顺，但它对横向振动贡献也不可忽视。

（2）车辆在曲线上运行时，离心力作用在车体的重心上，当轨道过超高或欠超高时，离心力无法与重力的水平分量平衡，离心力引起的振动频率很低，一般不在环境振动评价频率范围内。

（3）蛇行运动产生的机理是，车辆沿直线轨道运行时，由于车轮踏面的锥度，且轮缘与钢轨侧面之间有间隙，车辆在水平面面内既有横摆运动，又有摇头运动。

自由轮对蛇行频率：

$$f_{w}=\frac{v}{2\pi}\sqrt{\frac{\lambda}{br_{0}}} \tag{8.2.1}$$

刚性转向架蛇行频率：

$$f_{t}=\frac{v}{2\pi\sqrt{\frac{br_{0}}{\lambda}\left[1+\left(\frac{S_{0}}{2b}\right)^{2}\right]}} \tag{8.2.2}$$

式中　λ——车轮踏面等效锥度；

b——左右车轮滚动圆之间的距离（近似为轨距）的一半；

r_0——车轮半径；

S_0——轴距；

v——车辆运行速度。

可见刚性转向架蛇行频率比自由轮对蛇行频率低，实际的蛇行频率应介于两者之间。实测数据表明，货车蛇行频率离散性较客车大，其实际蛇行频率甚至高于自由轮对蛇行频率，这是由于货车车轮踏面磨耗较大，导致踏面等效锥度变化，大多数情况下等效锥度会随着磨耗增大而增大，但也有文献报道磨耗会导致等效锥度变小；另外，货车车轮镟修后车轮半径变小。

我国轨道交通主型车辆蛇行运动的相关参数见表 8.2.4，在典型速度下的蛇行频率见表 8.2.5。

我国轨道交通主型车辆蛇行运动的相关参数　　表 8.2.4

车辆类型(踏面类型)	S_0(m)	$2r_0$(m)	$2b$(m)	λ*
地铁 A(LM 踏面)	2.5	0.84	1.499	0.10
地铁 B(LM 踏面)	2.3	0.84	1.499	0.10
普速铁路客车 25T1(LM 踏面)	2.5	0.915	1.499	0.10
铁路货车 C70(LM 踏面)	1.83	0.84	1.499	0.10
高速铁路动车组 CRH2(LM_A踏面)	2.5	0.86	1.499	0.036

*：λ 与轨底坡和钢轨型面有关。表中 λ 值对应于我国轨道交通广泛采用的 1/40 轨底坡、CHN60 钢轨型面。

我国轨道交通主型车辆在典型速度下的蛇行频率　　表 8.2.5

车辆类型	v(km/h)	f_w(Hz)	f_t(Hz)
地铁 A	70	1.75	0.90
地铁 B	70	1.75	0.95
普速铁路客车 25T1	160	3.82	1.97
铁路货车 C70	80	1.99	1.26
高速铁路动车组 CRH2	250	3.70	1.90
高速铁路动车组 CRH2	350	5.17	2.66

（4）摆振

我国铁路货车曾采用三大件结构的转 8A 型（C62、P62 系列）、控制型（C63A）等转向架，由于抗菱形刚度小，在直线段超过临界速度时，转向架菱形变形较大，出现摆振现象，引起垂向荷载的大幅度波动以及横向冲击载荷的高频度出现。转 8A 型转向架空车临界速度为 75～78km/h，重车临界速度为 88km/h；控制型转向架空车临界速度为 83km/h；在桥梁上出现摆振的速度会降低到 55～60km/h。摆振频率范围在 2～3Hz 范围，以 2.5Hz 左右较为常见，而且基本上不随速度变化，只要出现摆振就是相同的频率。目前这类转向架已基本改造完毕。

第七节　其他机理

除了上面提到的六种振动激励源以外，还有一些特殊的激励源：

（1）轨道过渡段刚度不平顺。在路基—桥涵、路基—隧道、桥涵—隧道、有砟—无砟轨道过渡段和道岔头尾处，由于轨下基础支承条件发生变化，轨道刚度出现纵向不均匀，另外不同轨下基础还会出现沉降差，导致轨面弯折，由此产生振动。

（2）列车车轮、车轴、齿轮箱、轴挂电动机和联轴器的静态和动态不平衡引起的振动。

（3）另外轨道不稳定、侧偏、轮缘接触和轨距变化也会产生振动，这些振源一般出现在维修状态较差的旧线上。

（4）列车加、减速或制动时，通过轮轨作用产生纵向力而引起振动。

（5）车辆悬挂状态不良，包括悬挂被锁定的情况。

（6）车轮踏面和钢轨走行面硬度的随机变化或周期变化，可能出现制造加工时，更经常地产生在运营中。

（7）恶劣环境条件引起的钢轨磨耗，例如轨头温度和湿度。

在做细致分析时，还有很多其他因素需要考虑，可查阅国际标准 ISO 14837-1：2005 提供的轨道交通振源分析检查单。

第三章　振动传播

第一节　大地中弹性波的传播

轨道交通钢轨—车轮接触面处产生的动态力以振动方式从大地传播进建筑物，引起人的烦恼。由于大地这种振动传播介质的高度不均匀性，振动在大地中的传播问题是很复杂的，其总体复杂性可从图 8.1.1 中看出。振动可在大地中长距离传播，在软土区和淤泥区，地传振动可能使距离轨道 200m 以外的建筑物内的人产生烦恼。

从表面上看大地中的振动波类似于空气中的声波，但是由于固体介质和其边界的特性，固体中存在着很多种波。即使在各向同性弹性全空间（最简单的固体介质，在所有方向都是无穷大的弹性固体）中，也有两种波可以传播，统称为体波，从局部激励点以球形向外移动。第一种是 P 波，也称为压缩波、膨胀波、胀缩波、无旋波、初波或纵波，类似于空气中的压缩波，不涉及旋转，介质中的质点的振荡方向平行于波前的传播方向，故没有偏振。第二种是 S 波，也称为剪切波、等容波、畸变波、旋转波、次波或横波，不涉及体积变化，质点运动垂直于波前的传播方向。S 波传播中所有质点均作水平振动的 S 波称为 SH 波；所有质点均作竖直振动的 S 波称为 SV 波。S 波是偏振波，所谓偏振是指横波的振动矢量垂直于波传播方向但偏于某些方向的现象（极化）。在空气中没有 S 波，因为空气没有剪切刚度。

由于弹性全空间没有自由表面，因而不适合于模拟大地中的波传播。更普遍采用的是基于弹性半空间的模型，即只有一个边界且为平面的固体，该边界称为自由表面。这时情况变得更复杂。当弹性波遇到两种介质的边界时，能量在边界处产生反射和折射。如果边界是自由表面，不会产生折射。波—边界相互作用过程的一个主要特征是波型转换。弹性半空间中除了上面提到的两种体波，还可能出现第三种波，这种波局限于距离自由表面较近处。这种波被称为 R 波、瑞利波或表面波，因为 Lord Rayleigh 最早发现而得名。R 波是偏振波，质点在垂直于自由表面和波前的平面、垂直于传播方向的平面内运动。质点的运动轨迹为一个椭圆。在离自由表面为 0.2 个波长的深度以下，质点沿椭圆的运动方向与表层相反。在自由表面上，质点沿自由表面法向的振幅大约为切向振幅的 1.5 倍。两种分量随深度以指数衰减，所以 R 波的大部分能量局限在距自由表面约一个波长的深度范围内。从工程角度上意味着，当天然的或人工的障碍物比 R 波波长小时，R 波不会衰减。R 波的本质是表面波。表面上看，R 波类似于水中的表面波，但是水波由重力作用或表面张力控制，而 R 波由固体的弹性性质控制。这导致了两者迥然不同的特性。例如，R 波的质点运动是逆时针，而水波的质点运动是顺时针，也就是说两者的质点运动轨迹方向相反。R 波的质点运动的垂向分量大于水平分量，这一点也与水波不同。

所有三种波（P波、S波和R波）均为非频散波，波速（相速度、传播速度）仅仅取决于半空间的弹性特性，而与激励频率无关。大地中的P波波速最高，通常为400～800m/s。S波比P波慢、比R波略快，通常为200～300m/s。

Miller和Pursey（1955）通过计算指出，弹性半空间表面上的刚性圆板承受垂向简谐荷载作用，所关心频率范围内的三种波的能量分配为：总输入能量的67%由R波辐射，26%由S波辐射，7%由P波辐射。这三种波的能量分配在很大程度上取决于振源的尺寸与所产生波长的相对大小。Wolf（1994）指出，对于表面振源，如果振源作用区域的尺寸小于S波波长，约一半能量由R波传播，剩余的一半能量中S波传播明显大于P波。相反，如果振源作用区域的尺寸较大，大部分能量将由体波传播。

一般说来，体波由地下振源或表面振源产生，而R波由表面振源产生。在工程中，轨道交通地下线是最显著的体波源，而轨道交通的地面线和高架线或打桩作业是最显著的R波源。这一知识会导致一种普遍的观点：对于轨道交通的地面线和高架线以及浅基础建筑物，大地中的振动传播主要由R波控制。但是由于大地介质分层的影响、波遇到基岩时的反射和建筑物基础的影响，这种观点在绝大多数情况下是错误的。其中的一些影响（界面波）有解析解。例如，在无限大固体中的两种不同介质的半空间体的分界面上会出现斯通利波。乐甫波（所有表面波中最快的）在半空间上覆盖层中运动，质点在平行于自由表面的水平面内运动。乐甫波引起的振动可传播很远。最常见的分析模型是将大地模拟为一个均匀各向同性弹性半空间，这是高度理想化的，实际的大地要复杂得多。在大地中，土体特性一般随着深度连续变化（例如土体密度通常是随着深度而增大），且地质层通常是倾斜的或不连续的，会使得波产生折射，而且不同土层会导致波在分界面的多次反射和折射。后者具有频散效应，波速不再仅仅取决于土体的弹性特性，而且与频率有关。即使作用于轨道上的动荷载是纯粹的垂向的，能量在各种隧道-土界面和土-土界面上的传递会产生所有各种波。轨道交通地下线，大地中的振动传播主要是通过P波和S波。在距隧道一定的距离（取决于隧道埋深），R波占优。大地分层时，也会产生斯通利波和乐甫波。当受振建筑物与隧道直接接触时（即隧道是建筑物基础的一部分），主要传播路径是通过建筑结构，这种情况下应考虑建筑结构的动力响应，振动传播由P波、S波、弯曲波共同完成。

波的衰减有两种机理：几何衰减（阻尼）和材料阻尼。前者也称为辐射衰减（阻尼），即随距离增大而波的振幅减小，因为波前从振源向外传播的几何扩散、面积增大，从而分散了能量。这种衰减与频率无关，对R波的影响最小，因为R波基本上只限于表面。材料阻尼的本质是摩擦耗能，当波通过时，大地经历了剪切循环或拉压循环，高频衰减得比低频快。Prange（1977）指出，建筑物基础的行为通常由辐射衰减控制，材料阻尼对其影响较小。

在研究振动的长距离传播时，需要考虑材料阻尼。由于大地阻尼等的影响，频谱形状随距离而改变，距离越远，占优的频率越低，这取决于地质条件。材料阻尼的模拟可选择性较大，最常见的方法是采用材料的损耗因子。多孔土的水饱和可在更高频率产生黏性阻尼。但是，在采用主要简化时需要谨慎，例如采用一般的黏性阻尼假设，这可能引起预测值的显著误差，特别是在高频。然而，考虑到大多受轨道交通振动影响的建筑物距轨道较近，通常不需要关注材料衰减。

解析解对工程师来说用处不大，但是有助于理解的振动长距离传播的潜在物理本质。需要知道的是，R 波具有重要意义，因为 R 波携带着能量的大部分，其几何衰减率较低。

小应变时，一般将土体行为视为线性，但是实际上，土体行为的非线性度是随着应变大小而变化的。

大地中的人造结构（例如隧道、水电气管道设施、地基处理和土层锚杆）对传播特性也有影响。地下水对振动传播也有影响，地下水位深度是很复杂的、随季节变化的因素。

我们关心的地传振动和地传噪声的频率范围一般在 1～250 Hz。高于 250Hz 的振动很大程度上被轨道系统的低通滤波器效应屏蔽了。在某些地质条件下（例如岩石）、当建筑物直接与隧道或地层岩石接触、隧道和建筑物之间的距离很小、建筑基础和岩石地层之间的夹土层较薄时，可能接收到更高的频率。

轨道部件的细节是很重要的，它会耗散掉一部分振动能量，从而减小传入大地的能量比例。在隧道中，由于轨道、隧道和周围土体的相互作用，其传播过程更为复杂。显而易见，轨道交通振动的预测不是一个简单问题，但是学者们开发了许多方法来处理各种复杂性。

第二节　兰姆问题

兰姆（1904）的开创性工作形成了弹性半空间中波传播的基本知识和原理（解析解）。在这项工作中，兰姆研究了各向同性弹性半空间在各种冲击荷载和简谐激励下的响应。如果新坐标系统与荷载同步移动，兰姆的这些解可以延伸得到恒定速度的移动荷载情况下的稳态解。实际上，兰姆解也被学者们作为开发经验预测模型的基础。基于上述原因，下面进一步说明兰姆研究的线荷载作用下的弹性半空间问题的主要特征。与点荷载相比，线荷载更接近与轨道交通的激励特征。兰姆之后，许多学者研究了相同的问题，代表性的有 Ewing 等（1957）、Fung（1965）、Graff（1973）、Achenbach（1976）。在两篇综述性文献中，Gutowski 和 Dym（1976）、Dawn 和 Stanworth（1979）透彻地讨论了一些弹性半空间问题的主要特征。

均匀各向同性固体的控制方程可用位移 $\boldsymbol{u}$ 表达为

$$(\lambda+\mu)\nabla\nabla\cdot\boldsymbol{u}+\mu\nabla^2\boldsymbol{u}+\rho\boldsymbol{f}=\rho\ddot{\boldsymbol{u}} \tag{8.3.1}$$

式中　λ——拉梅常数，是材料的弹性常数；

μ——剪切模量；

这两个常数可以用其他的弹性常数表示，例如杨氏模量 E、泊松比 ν、体积模量 K（Graff，1973）：

$$E=\frac{\mu(3\lambda+2\mu)}{\lambda+\mu} \tag{8.3.2a}$$

$$\upsilon=\frac{\lambda}{2(\lambda+\mu)} \tag{8.3.2b}$$

$$K=\lambda+\frac{2}{3}\mu \tag{8.3.2c}$$

ρ——材料的单位体积的质量密度；

$\boldsymbol{f}$——材料的单位质量的体力。

在控制方程忽略体力，对矢量进行散度运算，可以得到

$$(\lambda+\mu)\nabla\cdot(\nabla\nabla\cdot\boldsymbol{u})+\mu\nabla\cdot(\nabla^2\boldsymbol{u})=\rho\nabla\cdot\ddot{\boldsymbol{u}} \tag{8.3.3}$$

因为 $\nabla\cdot\nabla=\nabla^2$ 和 $\nabla\cdot(\nabla^2\boldsymbol{u})=\nabla^2(\nabla\cdot\boldsymbol{u})$，前面的方程可简化为

$$(\lambda+2\mu)\nabla^2\boldsymbol{\Delta}=\rho\frac{\partial^2\boldsymbol{\Delta}}{\partial t^2} \tag{8.3.4}$$

其中 $\boldsymbol{\Delta}=\nabla\cdot\boldsymbol{u}$ 为材料的膨胀。方程（8.3.4）可认为是波动方程，按如下形式表达：

$$\nabla^2\boldsymbol{\Delta}=\frac{1}{c_{\mathrm{P}}^2}\frac{\partial^2\boldsymbol{\Delta}}{\partial t^2} \tag{8.3.5}$$

其中传播速度 c_{P} 为

$$c_{\mathrm{P}}=\sqrt{\frac{\lambda+2\mu}{\rho}} \tag{8.3.6}$$

因此可以得出，P 波以速度 c_{P} 传播。

控制方程（8.3.1）忽略体力，进行旋度运算。由于标量梯度的旋度为零，可得到

$$\mu\nabla^2\boldsymbol{\omega}=\rho\frac{\partial^2\boldsymbol{\omega}}{\partial t^2} \tag{8.3.7}$$

其中 $\boldsymbol{\omega}=\nabla\times\boldsymbol{u}/2$ 为旋转矢量。前面的方程也可以表达为矢量波动方程的形式，即，

$$\nabla^2\boldsymbol{\omega}=\frac{1}{c_{\mathrm{S}}^2}\frac{\partial^2\boldsymbol{\omega}}{\partial t^2} \tag{8.3.8}$$

其中传播速度 c_{S} 为

$$c_{\mathrm{S}}=\sqrt{\frac{\mu}{\rho}} \tag{8.3.9}$$

因此，S 波以速度 c_{S} 传播。

P 波波速 c_{P} 大于 S 波波速 c_{S}，这一点对比方程（8.3.6）和方程（8.3.9）可以看出。R 波波速 c_{R} 与 S 波波速 c_{S} 之间的一个较好的近似关系为

$$c_{\mathrm{R}}/c_{\mathrm{S}}=(0.862+1.14\nu)/(1+\nu) \tag{8.3.10}$$

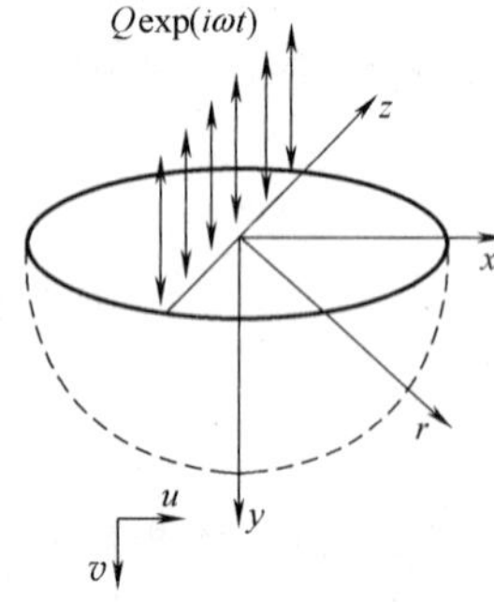

图 8.3.1　经典兰姆问题—简谐线荷载

当泊松比 ν 从 0 变化到 0.5 时，R 波波速从 $0.862c_{\mathrm{S}}$ 单调增加到 $0.955c_{\mathrm{S}}$。

为了纪念兰姆对波的传播经典理论的贡献，兰姆研究的问题按照其名字命名为兰姆问题。下面介绍对轨道交通的地传振动研究尤为重要的一个经典兰姆问题——垂向简谐线荷载作用下的均匀各向同性弹性半空间，见图 8.3.1。在兰姆早期研究的基础上，许多学者研究了相同的问题，有代表性的是 Ewing 等（1957）、Graff（1973）、Achenbach（1976）。

对于半空间表面上施加简谐线荷载 $Q\exp(i\omega t)$ 的情况，其中 Q 为外加荷载的大小，ω 为激励频率，半空间表面（$y=0$）上的水平向位移 u 和垂向位移 v 可被表达为（Ewing 等，1957）：

$$\begin{aligned}u=(Q/\mu)\{&-H\exp[i(\omega t-k_{\mathrm{R}}x)]+C(k_{\mathrm{P}}x)^{-3/2}\exp[i(\omega t-k_{\mathrm{p}}x)]+\\&D(k_{\mathrm{S}}x)^{-3/2}\exp[i(\omega t-k_{\mathrm{S}}x)]+\cdots\}\end{aligned} \tag{8.3.11}$$

$$v=(Q/\mu)\{-iK\exp[i(\omega t-k_{\mathrm{R}}x)]+C_1(k_{\mathrm{P}}x)^{-3/2}\exp[i(\omega t-k_{\mathrm{p}}x)]+$$

$$D_1(k_S x)^{-3/2}\exp[i(\omega t-k_S x)]+\cdots\}\tag{8.3.12}$$

其中…表示解的高阶项，当距离 x 较大时可以忽略。系数 C、D、C_1、D_1、H 和 K 取决于波数 $k_S=\omega/c_S$、$k_P=\omega/c_P$ 和 $k_R=\omega/c_R$，而与距振源距离 x 无关：

$$C=-i\sqrt{\frac{2}{\pi}}\frac{k_P^3k_S^2(k_S^2-k_P^2)^{1/2}}{(k_S^2-2k_P^2)}\exp\left(-i\frac{\pi}{4}\right)\tag{8.3.13a}$$

$$D=\sqrt{\frac{2}{\pi}}\sqrt{-\frac{k_P^2}{k_S^2}}\exp\left(-i\frac{\pi}{4}\right)\tag{8.3.13b}$$

$$C_1=-\frac{i}{2}\sqrt{\frac{2}{\pi}}\frac{k_P^2k_S^2}{(k_S^2-2k_P^2)}\exp\left(-i\frac{\pi}{4}\right)\tag{8.3.13c}$$

$$D_1=2\sqrt{\frac{2}{\pi}}\left(1-\frac{k_P^2}{k_S^2}\right)\exp\left(-i\frac{\pi}{4}\right)\tag{8.3.13d}$$

$$H=-\frac{k_R(2k_R^2-k_S^2-2\sqrt{k_R^2-k_P^2}\sqrt{k_R^2-k_S^2})}{F'(k_R)}\tag{8.3.13e}$$

$$K=-\frac{k_S^2\sqrt{k_R^2-k_P^2}}{F'(k_R)}\tag{8.3.13f}$$

方程（8.3.13e）和方程（8.3.13f）中，

$$F'(k_R)=\left.\frac{\mathrm{d}F(k)}{\mathrm{d}k}\right|_{k=k_R}\tag{8.3.14}$$

其中 $F(k)$ 为瑞利函数，

$$F(k_R)=(2k^2-k_S^2)^2-4k^2\sqrt{k^2-k_P^2}\sqrt{k^2-k_S^2}\tag{8.3.15}$$

方程（8.3.11）和方程（8.3.12）中的位移响应的第一、第二和第三项分别表示 R 波、P 波和 S 波的贡献。显然，当半空间承受简谐线荷载时，R 波在半空间表面无任何几何衰减，而 P 波和 S 波的几何衰减率正比于 $x^{-\frac{3}{2}}$。在半空间内部，Graff（1973）指出，当半空间承受线荷载时，响应呈现典型的圆柱面能量扩散，半空间内部的 P 波和 S 波的几何衰减率正比于 $r^{-\frac{1}{2}}$。可以看出，R 波在半空间表面具有较好的长距离传播的能力，而 P 波和 S 波却较差。也就是说，R 波主要存在于表面附近，但是 P 波和 S 波却能更好地穿透半空间内部。由于这个原因，R 波也被称为表面波，P 波和 S 波被称为体波。垂向简谐线荷载作用下的弹性半空间中的波传播的几何衰减规律见图 8.3.2。

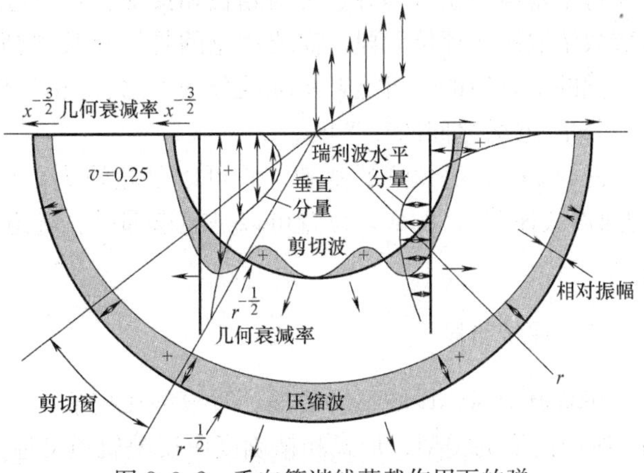

图 8.3.2　垂向简谐线荷载作用下的弹性半空间中波传播的几何衰减

第四章　振动预测模型

第一节　模型的概念

一、模型开发

轨道交通引起的地传振动和地传噪声的预测是复杂的，分析中存在许多未知因素和不确定因素。

地传振动或地传噪声预测模型的开发应考虑基本分量：源、传播路径和接受者（建筑物）。以这种分割的方式建立模型也不一定都合适。在某些情况下，系统应被视作一个单一的系统，彼此相互作用（例如，从建筑物或高架结构通过的轨道交通，就无法明显区分源、传播路径和接受者）。

地传振动或地传噪声及其所有分量应按照频率的函数进行计算。基本的模型构造应能在所需位置以所需度量给出地传振动或地传噪声 $A(f)$ 的大小。基本的模型构造应是振源 $S(f)$、传播路径 $P(f)$ 和接受者 $R(f)$ 的函数：$A(f)$ 是 $S(f)$、$P(f)$、$R(f)$ 及其交叉项和子分量的函数，其中 f 为频率，单位是 Hz。

每个基本分量（即源、传播路径和接受者）应进一步分为若干相关参数。需要考虑的参数数量取决于评价阶段。需要注意的是，在某些情况下，简化模型假设分量/参数是互相解耦的是合适的。可是，实际的分量/参数是相互作用的，因此详细设计模型需要引入各个分量/参数之间的交叉项。

振源 $S(f)$ 是预测的基础。它可以是轮轨力，也可以是某一确定位置处的振动响应（加速度或速度），例如，位置可以是隧道仰拱、隧道壁、隧道旁边的大地中或地面线轨道旁边。

二、评价阶段

在轨道交通建设的不同阶段，对模型在复杂性、使用速度和精确度方面的要求是不同的。所用模型的类型、形式和精确度应反映轨道交通建设的不同阶段和不同阶段可获得的设计资料。

虽然同一个模型通过输入详尽不同、精确度不同的参数（例如范围界定模型需选择最坏的情况）可用于所有阶段，但是通常将地传振动和地传噪声预测模型分为三类：范围界定模型（概括模型）、环境评价模型（初步设计模型）、详细设计模型。

（1）范围界定模型：用于轨道交通开发的最早阶段，以判断是否存在地传振动或地传噪声问题及其出现问题的位置。该模型的结果应作为环境比选的依据之一，从而从地传振动或地传噪声角度选择合适的交通模式。这种模型用于支撑线网规划、预可行性研究、可行性研究和总体设计。

该模型的使用需要快速、简单。它应仅依赖于很少的通用输入参数；也就是在项目开发的最早阶段可以得到的参数，即：轨道交通类型，线位（例如轨道交通与接受者之间的距离、隧道埋深：浅、中等或深），典型的地质条件（硬、中等或软），受振建筑物的敏感度：高（例如录音室、播音室、礼堂）、中（例如居住建筑）或低（例如工业建筑）。该模型应估计轨道交通中心线与接受者之间所需的水平横向最小距离，超过这一距离时，项目产生的地传振动或地传噪声基本上不可能超过限值。考虑到项目最初阶段只能获得有限的设计资料，范围界定模型应预测“最坏的情况”下的地传振动和地传噪声的总水平，最好是基于典型的轨道交通的测量。

（2）环境评价模型：用于更精确地量化轨道交通引起的地传振动或地传噪声影响的位置和严重程度，更精确地量化减振措施的种类和效果。这种模型用于项目的环境影响评价并支撑初步设计。

环境评价模型应比范围界定模型复杂，以反映在项目这一阶段可获得的增多了的项目设计细节。该模型需要考虑所有关键参数以确定地传振动或地传噪声水平、各种设计和减振措施的效果或缺点。需要考虑的减振措施的主要类型为：轨道结构（轨道形式）设计和维修，车辆设计和维修，线位，支承结构设计（例如地下线的隧道、地面线的路基或高架结构），受振建筑物的设计。可以采用经验方法（包括实验法）、理论方法或两者的结合开发出合适的方法。模型需要考虑振动的频率成分。

（3）详细设计模型：用于支撑环境评价模型建议的减振措施的详细设计，从而支撑施工图设计和施工。这类模型的主要注意力应集中在轨道结构设计和列车/车辆设计。

详细设计模型常用于对系统的一个或多个基本分量提供更详细的分析，即地传振动或地传噪声的源、传播路径或接受者。该模型应考虑振动的频率成分，可以用倍频程、三分之一倍频程或窄带表达。考虑到详细设计模型将支撑轨道交通的永久工程或受振建筑物的设计，因此需要考虑所有相关参数（而不仅仅是关键参数）的影响。所有的相关参数可见国际标准 ISO 14837-1：2005。可以采用经验方法、理论方法或两者的结合开发出合适的方法。

对于规划用地，这三类预测模型还可以支撑判断周围新建建筑物自身是否需要减振、需要的减振效果、建筑物减振措施的种类、建筑结构（基础、楼板和基础隔振设计）的详细设计。

第二节　模型的分类

地传振动或地传噪声的预测模型分为参数模型、经验模型和两者结合的半经验模型三大类。这三种模型均被广泛使用，其适用性取决于可获得的输入参数的情况和预测结果的使用目的。

传递函数可以采用地震振动器或用落锤进行冲击激励或受控爆破获得，但是由于这些实测振源与运营的轨道交通之间存在差异（例如从点源到线源），需进行修正。

理论上，参数模型包括代数模型和数值模型。经验模型是采用现场测量得到的数据和内插法在测量数据集范围内进行预测。参数模型和部分经验模型是确定性的，对于一组给定的输入数据集，预测结果是唯一的。因为这种模型依赖于输入数据的精确度，所以一般不能信任某一个输入参数集，除非知道它们是精确的。需要测试各个参数在可能值范围内变化的影响。用于设计计算的值应采用正式的风险评价法或工程经验判断来选择。把模型应用于模型校正和确认的条件范围之外的情况时，需要小心。外推引起的不确定度随着外推量而增大。

应考虑将车辆引入模型中的重要性，例如启动时的瞬态响应和对事件（车辆通过）的适当的模拟时长。

一、参数模型

参数模型中需要考虑模型的物理维度（一维、二维、三维）以及随着模型维度而提高的精确度，特别是从评价分不同阶段的角度看。需合理地假设土层剖面（包括地下水位）和相应的损耗因子、土体密度和波传播速度。岩土数据（例如剪切模量）必须适用于地传振动或地传噪声传播中发生的小应变。地质参数应由波传播速度的测量得到，更理想的还需得到这些参数随深度和水饱和度的变化。剪切模量不能采用静态测量。在使用文献中的地质参数时需要谨慎，因为可能源自不合适的应变。

1. 代数模型

从名称上就能看出，代数模型是简化的，需要注意以下问题：

（1）应明确说明局限性，包括有效频率范围和波的类型。

（2）预测时只考虑一种波的传播将导致重大误差。例如，在均质大地中，距深埋隧道一定距离处P波占优，而在更近的距离处S波占优。此外，P波和S波或斯通利波、兰姆波或乐甫波可能互相转换，特别是在分界面上，在表层变为R波。

（3）如果采用损耗因子，要考虑其频率依赖性。

（4）振源项必须是相关的且有效的。对于轨道交通的隧道，最好采用隧道仰拱作为振源，但是通常难以接近，因此也可以采用隧道壁振动作为振源。对于轨道交通地面线，振源可以是距轨道特定距离的地面。

如果已知介质特性，代数模型也可用于多孔介质，但是需要高等数学方法。代数模型也可以用于求解各种土的交界面处的反射和传播方程，求解通过分层介质的传播。只有层间的分解面为平面、层间的阻抗差较大、各层为均质各向同性介质时，代数模型才可行（例如代数模型难以处理模糊分解面）。对于复杂情况，土—结构物相互作用和建筑物响应很难用代数求解，通常采用数值解或经验数据。

2. 数值模型

实际上，由于技术和经济上的诸多原因，在环境影响评价工作中很难直接采用数值模型，因此将数值模型单独放在第五章振动数值模拟中介绍。

二、经验模型

经验模型完全是根据测量数据集内插或外推来进行预测。应采用插入增益或传递函数的模对测量数据进行外推，但是还应基于对潜在物理本质的代数/解析理解。

1. 经验模型的类型

经验模型主要分为两种：单地点模型和多地点模型。

（1）单地点模型：将某一地点的测量结果外推到需要评价的新地点。采用的外推函数应由其他测量数据库、解析法的结果或正式的专家意见得到。

（2）多地点模型：这种预测模型（一套确定性算法）是通过对在若干地点测量的大型数据库进行回归分析和趋势分析开发而来，包括所有关键参数的变化，这些参数的变化会使得测量地点与评价地点的地传振动或地传噪声不相同。

一般说来，单地点模型只能用于单一评价地点，也就是说，只能评价临近既有轨道交通的某一地点处的新建建筑物的减振要求。新建轨道交通的评价应采用多地点模型，该模型中的参数变化范围应能覆盖新建轨道交通长度范围。

数据库的地点数量应反映如下情况：新建轨道交通的长度（线路越长，地点数量越大）；评价地点与测量（数据库）地点有差异的重要参数的数量，差异越大，数据库中所需地点的数量也越大。

一般而言，对于多地点模型，数据库中测量地点的数量应取决于评价地点与测量地点有差异的关键参数的数量和差异程度。由此而论，距某一条轨道横向或纵向不同距离处的测量可视为在距离、隧道埋深和地质条件参数的意义下的不同地点。

两种模型使用的数据库都需要在每个测量地点有足够数量的测量（各种列车、各种轨道），以量化在某一地点处不同列车、不同列车类型和不同轨道的变异性。

2. 经验模型的形式

经验模型需要对潜在的物理过程进行简化。可接受的简化程度取决于：测量地点与评价地点之间的变异性、评价的阶段。

经验模型的基本假设是分量/参数之间是解耦的。如果两个分量/参数之间存在明显相互作用，必须引入交叉分量/参数，特别是在施工图设计阶段，此时需要更精确的预测。

当模型的分量/参数之间是可以解耦的时，地传振动 $A(f)$ 的经验模型的基本构造见方程（8.4.1）：

$$A(f)=S(f)\cdot P(f)\cdot R(f) \tag{8.4.1}$$

其中

$$S(f)=S_{\mathrm{SRef}}\cdot S'_{\mathrm{RSt}}\cdot S'_{\mathrm{Rail}}\cdot S'_{\mathrm{TF}}\cdot S'_{\mathrm{Supln}}\cdot S'_{\mathrm{Speed}}\cdot\cdots$$

$$P(f)=P_{\mathrm{Supln}}\cdot P'_{\mathrm{PP}}\cdot\cdots$$

$$P(f)=P_{\mathrm{G}}\cdot R'_{\mathrm{Stnuct}}\cdot\cdots$$

其中 f 为频率，单位为 Hz；上标′表示比值修正系数；下标 SRef、RSt、TR、SupIn、PP、G、Struct 分别表示振源参考值、车辆、轨道形式、支承结构、传播路径、大地、建筑结构。

如果振动用分贝表示，那么需要说明参考值。对于单地点模型，方程（8.4.1）中的各个分量或参数应由理论或测量得到。

地传噪声经验模型的基本构造与地传振动类似。

三、半经验模型

半经验模型是参数模型与经验模型的结合。在这类方法中，用解析法或对部分完工的工程结构进行可控测量的结果来替代一个或一些经验分量或参数，例如，在已建成但没有轨道的隧道中采用地震振动器来识别轨道至接受者的插入增益。这种方法常用于扩展环境评价用的经验模型，以使其适合于支撑施工图设计。这种方法通常修改的是振源参数（例如隧道、轨道和车辆设计）和接受者参数（例如基础和建筑物设计）。半经验模型能够结合经验数据的统计置信与解析工具以支撑施工图设计。

第三节　现有的主要模型

一、概述

轨道交通引起的地传振动和地传噪声的预测模型的研究始于 1970 年代，很多学者提出了各种预测模型。本节介绍几种被官方采用的主要模型。

轨道交通引起的地传振动和地传噪声的预测模型从空间上可分解为排放（E）、传播（P）和照射（I）。排放与振源和其周围的地质条件有关，在距轨道一定距离处（通常为 8m）引起的地面振动级为 Lv1。传播是指大地振动传播至建筑物位置处，引起的自由场地面振动级为 Lv2，与建筑物的距离相同，但是不存在建筑物；但实际上，大多数的测量位置邻近建筑物，而不是真实的自由场。测量位置应与建筑物相隔一定距离，以避免大地驻波的影响。下面采用 TF_1 表示传递函数 Lv2-Lv1。照射是指大地—建筑物振动相互作用，分解为三步：（1）大地至建筑物基础（传递函数 TF_2，通常是衰减），产生的基础振动级为 Lv3，（2）建筑物基础至楼板（传递函数 TF_3，通常是放大，原因是楼板一阶共振模态），产生的楼板振动级为 Lv4，（3）楼板振动至地传噪声（传递函数 TF_4），是指建筑结构振动声辐射产生的室内声压级为 Lp。表 8.4.1 汇总了本节采用的传递函数。

采用的传递函数　　表 8.4.1

传递函数	符号	输出量/输入量
大地至建筑物位置	TF_1	v_2/v_1
大地(建筑物位置)至建筑物基础	TF_2	v_3/v_2
建筑物基础至建筑物楼板	TF_3	v_4/v_3
楼板振动至地传噪声	TF_4	p/v_4

现有主要（官方）模型，有的包括完整的传播路径（EPI），而有的只包括部分传播途径（PI 或 I）。拥有完整的传播路径的模型可以预测建筑物楼板（跨中）的振动。

现有的模型主要为：

（1）FTA 和 FRA 模型，是美国 Harris Miller Miller & Hason（HMMH）公司为美国运输部联邦交通管理局（FTA）和联邦铁路管理局（FRA）开发的，最新版本分别为 2006 年和 2012 年，均包括筛选模型（经验模型）、总体评价模型（经验模型）和详细分析模型（半经验模型），包括完整的传播路径（EPI）。

（2）SBB VIBRA-2 模型（也称为 UIC RENVIB 模型）是瑞士联邦铁路公司（SBB）开发的经验模型，包括完整的传播路径（EPI）。

(3) BAM 预测工具是德国联邦材料研究与测试研究所（BAM）开发的半经验模型，也包括完整的传播路径（EPI）。

(4) CSTB-MEFISSTO 模型是法国建筑科学技术中心（CSTB）开发的数值模型，只包括传播和照射（PI），采用实测地面振动作为输入数据。

(5) 德国铁路股份公司（DB）拥有良好文档记录的照射经验数据，并开发了估计建筑物基础至楼板的传递函数和楼板振动至地传噪声的传递函数的统计模型，只涉及照射（I）。

(6) NGI 模型是挪威岩土工程研究所（NGI）为挪威国家铁路（NSB）开发的经验模型，总体上与 SBB 模型类似，也包括完整的传播路径（EPI）。

上述所有模型都是频变（1/3 倍频程），当然有的模型也提供了与频率无关的简化版本。除了上述模型，还有瑞典 ENVIB 模型、丹麦 Ingemansson 模型、荷兰 TNO 模型，限于篇幅，不再一一介绍。

我国标准《环境影响评价技术导则 城市轨道交通》HJ 453 也提出了振动预测的简单经验模型，除地传噪声外，所有参数均与频率无关。该模型包括完整的传播路径（EPI），但不包括建筑物基础至楼板的传递。

二、FTA 和 FRA 模型

美国运输部的两本关于城市轨道交通和铁路的噪声与振动影响评价的指南手册：FTA 手册（2006）和 FRA 手册（2012）被美国广泛应用于预测列车引起的地传振动和地传噪声，其预测模型分为三种：筛选模型、总体评价模型和详细分析模型。两者很多方面基本相同，且受篇幅限制，以下仅介绍 FRA 手册（2012）的预测模型。

1. 筛选模型

筛选模型是一种经验模型，适用于最早阶段的评价，采用一个距离表来确定振动敏感土地用途是否距离计划建设的铁路太近。在这一阶段，不需要轨道系统的振动特性、该地区的地质条件等信息。FRA 手册（2012）给出的筛选距离见表 8.4.2。该表是针对“常规的”振动传播条件给出的，如果振动随距轨道距离的衰减小于“常规的”，表中的距离需要乘以 2，例如地质条件为黏土或距地面小于 10m 的浅基岩。

适用于钢轮/钢轨技术高速列车的地传振动评价的筛选距离　　　　表 8.4.2

土地用途*	列车通过频次	不同列车速度的筛选距离(m)		
		<160km/h	160～320km/h	320～480km/h
居住	每天超过 70 列	37	67	84
	每天少于 70 列	18	30	43
机构	每天超过 70 列	30	49	67
	每天少于 70 列	6	21	30

*居住：包括居住建筑和人在其中睡眠的建筑物（例如旅馆和医院）。

机构：包括学校、图书馆、博物馆、宗教场所（例如教堂）、安静办公室、办公建筑（但不包括工业建筑中的办公室）等。不包括特殊建筑物，例如音乐厅、电视演播室、录（播）音室、影剧院、安装有振动敏感设备的办公室或实验室，它们对振动和噪声非常敏感，应在铁路项目环境评价时单独考虑。

2. 总体评价模型

总体评价模型是一种经验模型，采用描述振动速度级与距轨道的距离之间关系的基本曲线，然后将振动级根据各种系数调整，例如轨道支承系统、列车速度、轨道和车轮条件、建筑物类型、接受者在建筑物中的位置。该模型不考虑振动频率。

FRA 手册（2012）基于 X2000、Pendolino、TGV 和 Eurostar 高速列车的实测数据，拟合给出了钢轮/钢轨技术高速列车引起的地传振动通用传播基本曲线（即传递函数 TF_1），见图 8.4.1。该基本曲线给出了高速列车以 240km/h 速度在铁路地面线上运行时的距离轨道 3～300m 处的典型地面振动级，该曲线与 FTA 手册（2006）给出的适合于地铁和轻轨列车（地下线和地面线）的基本曲线相似，只是由于参考速度由 80km/h 提高到 240km/h，曲线抬高了约 10dB，这里值得注意的是，FTA 手册（2006）对于地下线和地面线采用同一基本曲线，其解释是，虽然两者的振动特性有很大区别，但是引起的地面振动速度级是相近的。地面振动速度级必须根据与图 8.4.1 中不同的各种条件进行调整。FRA 手册（2012）指出，在表面上看起来类似的条件下，5～10dB 的振动级波动并不罕见。图 8.4.1 中曲线给出的是测量数据的上限，虽然振动级波动较大，但很少能被超过 1～2dB，除非与假设的条件非常不同，例如钢轨波浪形磨耗、车轮扁疤或振动传播衰减小于“常规的”。

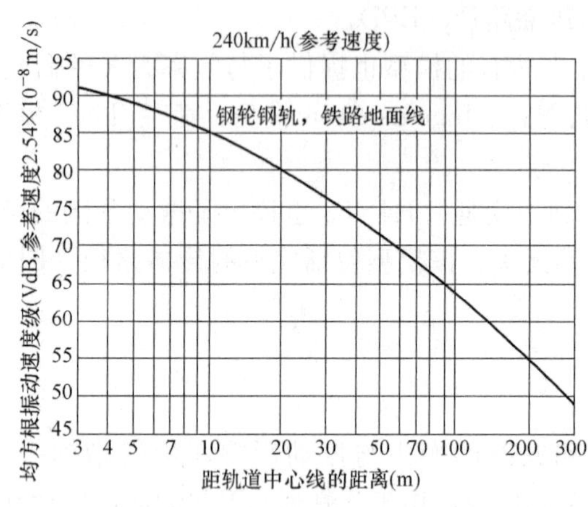

图 8.4.1　地传振动通用传播基本曲线

基本曲线的调整系数见表 8.4.3～表 8.4.6。这些系数与从图 8.4.1 中曲线读出的振动级叠加使用。在使用与车轮和钢轨有关的调整系数时，只能使用两者中最大的调整系数，不能同时使用。

基本曲线的钢轮钢轨技术振源调整系数　　**表 8.4.3**

振源系数	基本曲线的调整系数		注　释
速度	列车速度（km/h）	调整系数(参考速度为 240km/h)	振动级近似正比于 $20\times\lg(v/v_{\text{ref}})$。其中 v 为预测的列车速度，v_{ref} 为列车的参考速度。有时候观察到的振动随速度的变化较低，为 $10\sim15\times\lg(v/v_{\text{ref}})$。该调整系数未考虑列车以临界速度(如大地中的波速、钢轨中的弯曲波波速等)运行的情况
	480	+6.0dB	
	320	+2.5dB	
	240	0 dB	
	160	−3.5dB	
	120	−6.0dB	
弹性车轮	0dB		弹性车轮通常不能减小频率低于 80Hz 的地传振动
车轮磨耗或车轮扁疤	+10dB		车轮不均匀磨耗或车轮扁疤可产生较高的振动水平。可采用车轮镟修和空转滑动探测器来解决这一问题，防止车轮在钢轨上滑动
钢轨磨耗或钢轨波磨	+10dB		如果车轮和钢轨均已磨耗，只使用其中一个调整系数。钢轨波浪形磨耗是一个常见问题，但是一般难以预测波浪形磨耗发生的条件。钢轨打磨可消除钢轨波浪形磨耗

续表

振源系数	基本曲线的调整系数		注　释
道岔、交叉或其他特殊轨道	＋10dB		车轮通过固定式辙叉时产生的冲击将明显增大振动水平。这种效应随着距轨道的距离增大而减小。可动心轨辙叉可解决这一问题
浮置板道床	－15dB		浮置板道床的减振效果与振动的频率特性的关系很显著
道砟垫	－10dB		减振效果与振动频率的关系很显著
高弹性扣件	－5dB		在板式轨道上安装垂向柔性较高的扣件可以减小频率 40 Hz 以上的振动
弹性支承块	－10dB		在隧道中采用弹性支承块系统可以非常有效地控制低频振动
支承结构类型	相对于地面有砟轨道：		一般规律是，结构越重，振动水平越低。路堑上的轨道产生的振动水平略小。岩石隧道产生的振动频率更高
	架空/高架 结构	－10dB	
	明堑	0dB	
	相对于土中钻挖隧道：		
	车站	－5dB	
	明挖隧道	－3dB	
	岩石隧道	－15dB	

基本曲线的振动路径调整系数　　**表 8.4.4**

路径系数	基本曲线的调整系数			注　释
提高振动传播效率的地质条件	在土中有效传播		＋10dB	有效传播是指振动传播随距离的衰减较低，例如地质条件为黏土或距地面小于 10m 的浅基岩
传播	在岩石层传播	距离(m)	调整系数	调整系数为正值的原因是岩石中的振动衰减比土中小。由于振动能量更难进入岩石，所以通过岩石传播的振动通常小于通过土传播
		15	＋2dB	
		30	＋4dB	
		45	＋6dB	
		60	＋9dB	
与建筑物基础的耦合	木结构(单户住宅)		－5dB	一般规律是，建筑物越重，耦合损失越大
	1～2 层砌体结构		－7dB	
	2～4 层砌体结构		－10dB	
	桩基础大型砌体结构		－10dB	
	扩展基础大型砌体结构		－13dB	
	基础在岩石中		0dB	

基本曲线的振动接受者调整系数　　**表 8.4.5**

接受者系数	基本曲线的调整系数		注　释
楼板—楼板的衰减	地面以上 1～5 层楼板	－2dB/层	这个系数与振动能量的频散和衰减有关，因为振动通过建筑物传播
	地面以上 6～10 层楼板	－1dB/层	
楼板、墙和顶棚共振引起的放大	＋6dB		实际的放大变化范围很大，取决于建筑结构类型。靠近墙—楼板和墙—顶棚交界处的放大较低。典型木结构住宅楼板的固有频率通常为 15～20Hz，现代建筑的钢筋混凝土楼板的固有频率通常为 20～30Hz

基本曲线的地传噪声调整系数　　表 8.4.6

接受者系数	基本曲线的调整系数	注　释
辐射声	大地振动的峰值频率 低频（<30Hz）：−50dB 典型频率（30～60Hz）：−35dB 高频（>60Hz）：−20dB （与详细分析模型相比，这些调整系数是保守的）	采用这些调整系数估计 A 计权声级，它取决于房间内表面（楼板、墙和天花板）的平均振幅和房间的总吸声量。低频适用于大多数地面线、低黏聚力砂土中的隧道、减振轨道；典型频率适用于常规隧道、地基为非常硬的黏土的地面线；高频适用于岩石或非常硬的黏土中的隧道

3. 详细分析模型

详细分析模型是一种半经验模型，采用最精确的工具预测特定地点的振动。这一层次的分析通常是一个复杂的过程，目前尚没有开发出完整的标准方法。局部地质条件对振动影响距离的影响很大，因此详细分析模型中需采用特定地点模型，这样可以"合理地"估计当地振动传播特性，识别出地传振动高于"常规的"区域。特定地点模型需要测量当地的地传振动传播基本曲线，工作量大且复杂。大多数情况下，以地传振动通用传播基本曲线为基础的总体评价模型足以预测大地振动，但是有些情况下需要采用详细分析模型，例如：(1) 影响范围内有特殊的敏感建筑物（如音乐厅等），详细分析模型可以有效且经济地减小振动；(2) 总体评价模型结果显示有大量居住建筑受到振动影响，且大多数的超标量小于 5dB，考虑到总体评价模型的保守性，更准确的分析结果有可能是低于限值，这意味着详细分析模型可能大幅度减少减振措施的投资；(3) 影响范围内有安装有振动敏感设备的建筑物（如大学等），详细分析模型可以判断是否需要进行振动控制，以保证列车运行不影响设备的正常工作。

特定地点模型的核心内容是确定特定地点的实测传递导纳函数，然后用相同类型列车在其他地点得到的力密度函数，来预测新地点的振动速度。这样做的假设是，对于某类型列车，在某一地点测量确定的力密度函数与当地的地质条件无关。但实际上，力密度函数是与当地的地质条件有关的。因此，在计算中将某一地点得到的力密度函数用于其他地点，这是粗略近似，除非两个地点的岩土条件类似。

按照这种方法，1/3 倍频程均方根振动速度级和 1/3 倍频程声压级由方程（8.4.2）给出。

$$L_{\mathrm{v}}=L_{\mathrm{F}}+TM_{\mathrm{line}}+C_{\mathrm{build}} \tag{8.4.2a}$$

$$L_{\mathrm{A}}=L_{\mathrm{v}}+K_{\mathrm{rad}}+K_{\mathrm{A\text{-}wt}} \tag{8.4.2b}$$

式中　L_{v}——1/3 倍频程均方根振动速度级；

L_{F}——线源（列车）力密度；

TM_{line}——轨道至邻近建筑物的大地上某一点的线源传递导纳；

C_{build}——与大地—建筑物基础相互作用和振动通过建筑传播时的振幅衰减相关的调整系数；

K_{rad}——与振动转化为声压级和房间内的吸声量有关的调整系数（当 L_{v} 的参考速度为 2.54×10^{-8}m/s 时，典型住宅房间的 K_{rad} 为 −5dB）；

$K_{\mathrm{A\text{-}wt}}$——1/3 倍频程 A 计权调整系数。

为了确定线源传递导纳（这种方法中最重要的部分），必须进行四个步骤：(1) 分析现场数据得到点源窄带传递导纳，（2）由窄带结果计算每个测量点处的 1/3 倍频程传递导纳，（3）计算每个 1/3 倍频带的传递导纳随距离的变化，（4）计算每个 1/3 倍频带的线源传递导纳随距离的变化。

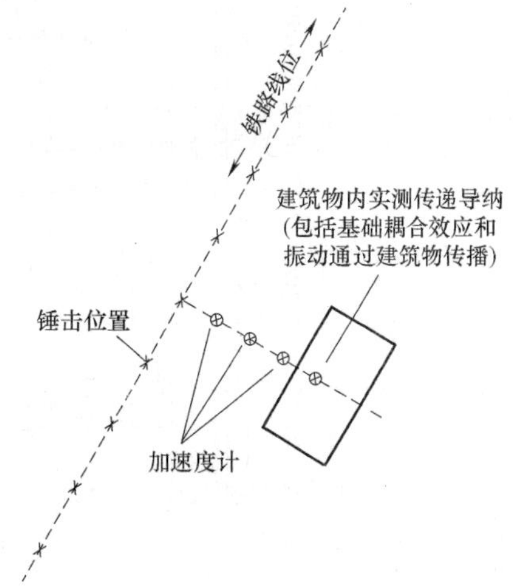

图 8.4.2　适合于铁路地面线的测量传递导纳的示意图

确定点源传递导纳的基本方法有两种，其中最适合于铁路地面线的方法见图 8.4.2，这种方法不适合于地下线，因为需要钻孔（锤击孔的底部）的数量较大。从图中可以看出，为了确定每一点处的点源传递导纳，需要在多点位置用落锤锤击大地，这些锤击点在一条线上。锤击线最好是轨道中心线，如果不可行，锤击线必须平行于且临近轨道中心线。锤击线与传感器线垂直。然后按照方程（8.4.3），通过点源传递导纳计算线源传递导纳。

$$TM_{\text{line}}=10\times\lg\left[h\times\left(\frac{10^{\frac{TM_{\text{p1}}}{10}}}{2}+10^{\frac{TM_{\text{p2}}}{10}}+\cdots+10^{\frac{TM_{\text{p}n-1}}{10}}+\frac{10^{\frac{TM_{\text{p}n}}{10}}}{2}\right)\right] \tag{8.4.3}$$

式中　h——锤击线上锤击点的间距；

TM_{p_i}——第 i 个锤击位置处的点源传递导纳；

n——最后一个锤击位置。

锤击线不需要与列车一样长，例如，对于 200m 长的列车，在距轨道 15m 处，锤击线的长度约 60m 就足够了。

在建立了某地点的线源传递导纳后，线源力密度可用方程（8.4.4）确定。

$$L_{\text{F}}=L_{\text{v}}-TM_{\text{line}} \tag{8.4.4}$$

式中　L_{F}——线源力密度；

L_{v}——某类型列车通过时的实测大地振动；

TM_{line}——线源传递导纳。

为了得到某类型列车的力密度，该过程需在三个或更多位置上重复进行，力密度采取这些位置得到的 L_{F} 的平均值。以这种方式得到的力密度只适用于类似的路堤类型。这是由于同一类型的列车以几乎相同的速度运行在两种不同路堤时，实测振动水平可能不同。

FRA 手册（2012）给出了自由场大地至建筑物基础的传递函数（TF_2）的近似值，分别考虑了五类建筑物：木结构（单户住宅）、1～2 层砌体结构、2～4 层砌体结构、桩基础大型砌体结构、扩展基础大型砌体结构，见图 8.4.3。但是 FRA 手册（2012）的详细设计模型中未给出建筑物基础至楼板的传递函数（TF_3）。

三、SBB 模型

SBB VIBRA-2 模型是一个基于实测数据的经验模型，用如下方程表示：

$$v_j=v_{0,j}\cdot(G/G_0)^h\cdot F_{\text{t}}\cdot F_{\text{s}}\cdot F_{\text{b}}\cdot(r_0/r)^m\cdot F_{\text{a}}\cdot F_{\text{d}} \tag{8.4.5}$$

式中　v_j——列车类型 j 通过时，建筑物楼板中央速度；

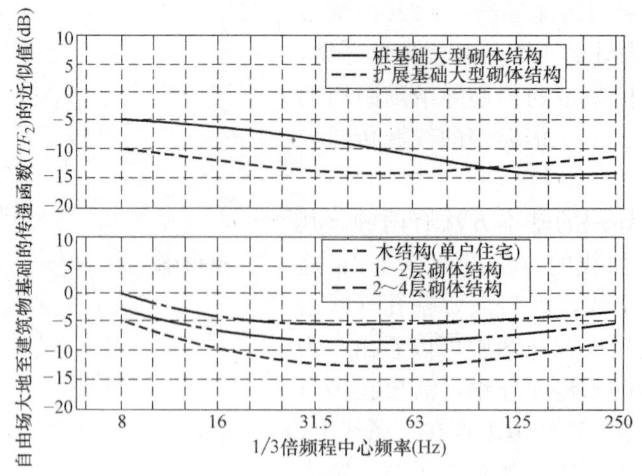

图 8.4.3　自由场大地至建筑物基础的传递函数（TF_2）的近似值

$v_{0,j}$——列车类型 j 通过时，距离轨道 8m 处的大地速度；

G——列车速度（G_0 为参考速度）；

h——频变指数；

F_t——路基（地平面、路堤等）有关的系数；

F_s——与特殊轨道状况（道岔、交叉等）有关的系数；

F_b——与地质有关的系数；

r——轨道至建筑物的距离（r_0 为参考距离 8m）；

m——与几何扩散和大地的材料阻尼有关的频变指数；

F_a——距离 r 处的自由场大地速度至建筑物基础速度的传递函数；

F_d——建筑物基础速度至建筑物楼板中央速度的传递函数；所有这些参数是频变（1/3 倍频程）的。

该模型中，传递函数既可以由数据库分析确定，也可以由用户选择的解析模型确定。

对于自由场大地至建筑物基础的传递函数（TF_2），SBB 给出了在瑞士不同地点实测的统计传递函数谱的平均谱和相应的标准差。考虑了两类建筑物：单户住宅和多户小型建筑（例如公寓），60％的实测谱在这个范围内，0dB 对应于传递函数 1；大地和建筑物基础没有分类，因为无法得到地质条件和建筑物基础条件的信息。

对于建筑物基础至建筑物楼板中央的传递函数（TF_3），考虑了两类楼板（混凝土和木），对于每一类，按照楼板一阶固有频率的范围细分了子类。对于混凝土楼板，有四个子类：10～15Hz、15～25Hz、25～35Hz 和 35～45Hz，对于每个子类，SBB 给出了实测统计传递函数谱的平均谱和相应的标准差，60％混凝土楼板的实测谱在这个范围内。

对于建筑物楼板中央至地传噪声的传递函数（TF_4），也考虑了两类楼板（混凝土和木），对于每一类，SBB 给出了实测统计传递函数谱的平均谱和相应的标准差，60％混凝土楼板的实测谱在这个范围内。声级的参考声压为 2×10^{-5}Pa，速度级的参考速度为 5×10^{-8}m/s。

SBB 模型为照射振动传递函数的统计估计提供了良好的基础，其他国家在类似情况下的测试数据也很好地符合这一模型。

四、BAM 模型

BAM 预测工具是一个半经验模型。所有数据/参数均是频变的（1/3 倍频程）。

对于排放（E），车辆采用多体模型，轨道采用离散支承的梁模型，包含大地的刚度。实测地面振动谱也可以用作输入，来反算激振力。

大地中的传播用均匀半空间的传递函数来模拟；更复杂的分层大地可用具有可调且频变的材料特性的均匀半空间来模拟或近似。该模型的计算结果与实测地面振动谱（在距轨道的不同距离，不同的地质条件，包括分层大地）吻合良好。而且，通过一列快速列车（200km/h）在分为两层的土体上运行的算例，证明了该模型中还考虑了移动静态列车荷载。上面一层土体的 S 波波速为 270m/s，下面一层为 1000m/s，计算了距轨道 2.5～50m 范围内的地面振动。计算结果表明，移动荷载引起的地面低频振动（低于 8Hz），随着距离衰减得非常快（近场衰减）；计算结果和实测结果吻合得相当好。

照射（I）是用建筑物墙—楼板和大地（弹簧—阻尼器单元）的数值模型来估计的。通过调整不同的参数，照射模块可符合实验数据和理论知识。为了了解参数的影响，对一栋 6 层钢筋混凝土建筑物进行了参数研究，例如大地刚度（S 波波速）、建筑物基础面积与建筑物面积之比、建筑物质量密度和楼板的固有频率。

五、CSTB 模型

CSTB 开发了 MEFISSTO 模型，这是一种边界元-有限元（BEM-FEM）振动相互作用模型。总体方案是半空间大地采用 BEM 模拟，而地下和地上的建筑构件均采用 FEM 模拟。建筑物坐落在半空间大地上。

在域之间的共同边界上假设位移和应力连续。FEM 和 BEM 计算在窄频带进行，所有频谱以 1/3 倍频程形式给出。

对于列车激励，MEFISSTO 采用 2.5D 模拟，垂直于轨道是一个 2D 剖面，在第三个方向（平行于轨道方向）是无限的；这种模型构造允许点激励作用在三维空间中的任意位置，其计算时间与 3D 相比更可接受；这样列车激励可用不相关线源（力）来表示。

激振力和地质参数都进行了校正：源的校正采用的是在距轨道一定距离处实测的地面振动，大地的校正采用的是在距轨道不同距离处实测的地面振动（振源是列车）。在不同距离处实测的振动谱与 MEFISSTO 计算的谱进行了比较，计算了三种半空间大地类型：正常型（S 波波速为 200m/s）、较硬型（S 波波速是正常型的 2 倍）、较软型（S 波波速是正常型的 1/2），然后选择最接近的大地类型。这些大地类型是依据法国地震地质分类，这一分类源自于更通用的《欧洲规范 8—结构抗震设计规范》的分类。

对于建筑物基础，MEFISSTO 也采用 2.5D 模拟，以得到地面振动随距离的衰减和大地至基础振动的传递函数。基础至楼板的传递函数用 2D 或 3D 估计，采用纯结构 FEM 模型。

地传噪声的估计是一个独立的模块，根据建筑声学理论得出了室内空间平均声级 L_{pav} 与楼板空间平均速度级 L_{vav} 之间的关系。基于能量法，采用如下的频变传递函数：

$$L_{pav} - L_{vav} = 10\lg\sigma + 10\lg(4S/A) \tag{8.4.6}$$

式中　σ——楼板的辐射效率；

S——房间的表面积；

A——房间的吸声面积。

声级的参考声压为 2×10^{-5}Pa，速度级的参考速度为 5×10^{-8}m/s。考虑到房间的楼板和顶棚均会辐射噪声，通常在方程（8.4.6）的右边加一个 3dB 的常数。

六、DB 模型

DB 尚未开发出与 VIBRA-2 类似的经验模型，但是收集和分析了约 800 栋常规建筑物内的振动测量结果，可以从中得到基础至楼板的统计传递函数（TF_3）。与 SBB 模型一样，考虑了两类楼板（混凝土和木）。但是，子类对应的楼板一阶固有频率的范围与 SBB 不同，DB 模型分为 11 个子类，为 8～80 Hz 频率范围内的 1/3 倍频程中心频率；每个子类的均表示为理想化平均传递函数谱。

对于铁路地面线引起的建筑物楼板中央至地传噪声的传递函数（TF_4），DB 现场测量了楼板中央速度和室内噪声，得到了 25～80Hz 范围内的统计传递函数的频变回归曲线（1/3 倍频程）。为了排除不需要的空气噪声和得到更高的相关系数，测试的声级是在有限频率范围（100 Hz 以内）；也考虑了两类楼板（混凝土和木）。表 8.4.7 给出了混凝土楼板的回归曲线，可以仅仅通过楼板速度来得到房间内所有建筑构件（楼板、顶棚和墙）辐射的总地传噪声。

DB 的混凝土楼板的振动速度与地传噪声的回归曲线　　表 8.4.7

频率(Hz)	回归曲线 (L_p,单位 dB,参考声压 2×10^{-5}Pa;L_v,单位 dB,参考速度 5×10^{-8}m/s)
25	$L_p=32.4+0.418L_v$
31.5	$L_p=28.0+0.501L_v$
40	$L_p=28.8+0.506L_v$
50	$L_p=25.3+0.557L_v$
63	$L_p=22.6+0.595L_v$
80	$L_p=23.7+0.597L_v$

七、NGI 模型

挪威岩土工程研究所（NGI）采用统计公式为挪威国家铁路（NSB）开发的一种预测铁路列车在软土上运行时引起的低频振动的经验模型（Madshus 等（1996））。该模型最早用于连接奥斯陆中央车站与奥斯陆加勒穆恩国际机场的准高速铁路的环境影响评价中。该模型的统计公式可以预测平均值和相应的置信界限。为了统一且系统地处理经验数据，还建立了数据库。

该预测模型采用的数据来自于挪威和瑞典多种铁路的沿线的大量振动测量结果，不同地点的地质条件从软土到硬土，包含各种建筑物类型。在路堤、地面上的若干位置、建筑物基础处、建筑物若干层处均同时实测了振动。测量存储的数据的频域至少覆盖了 3～80Hz 频率范围。考虑到铁路引起的大地振动具有随机性特性，通常记录了 5～10 列同一类型的列车通过。基于记录的时间历程，按照 ISO 2631-1：1985 和 ISO 8041：1990 计算出列车通过时段的 1/3 倍频程值和计权均方根速度值，积分时间为 1s。

NGI 识别出的模型重要系数为：地质条件，列车类型，线路品质和路堤设计，列车速度，轨道至建筑物的距离，建筑物基础、结构和层数。由此，该模型包括 5 个统计系数，即特定类型列车的振动水平、速度系数、距离系数、轨道质量系数、建筑物放大系数，所有系数均是频变的（1/3 倍频程）。为了简化模型，假设这些系数的影响是独立的。

铁路引起的建筑物内的 1/3 倍频程均方根振动速度 v 为：

$$v = F_V F_R F_B \tag{8.4.7}$$

其中 $F_V=V_T F_S F_D$ 为基本振动系数，分解为三个系数。V_T 为某一类型列车产生的振动水平，即某一类型列车以 $S_0=70$km/h（参考速度）通过“标准”轨道和路堤时，距轨道中心线 $D_0=15$m（参考距离）处的地面振动水平。选择距轨道中心线 15m 为参考距离是为了避免近场波的影响。$F_S=(S/S_0)$ A 为速度系数，与列车速度有关，A 为列车速度指数。$F_D=(D/D_0)-B$ 为距离系数，与几何阻尼和迟滞阻尼引起的随距轨道的距离的衰减有关。D 为接受者距轨道中心线的距离，B 为距离指数。F_R 为轨道品质系数，与轨道品质（含轨道不平顺）和路堤有关。钢轨下的厚重、较硬的路堤产生的振动会小于“标准”轨道和路堤，柔性较大的路堤产生的振动会大于“标准”轨道和路堤。F_B 为建筑物放大系数，与大地—基础耦合和建筑物共振对建筑物楼板中央的振动影响有关，用于将自由场地面振动转换为最不利位置处的楼板振动。V_T 和 B 均与地质条件有关。速度指数 A 与地质条件关系不显著，约为 1。F_R 和 F_B 与地质条件的关系不显著。

该模型还提出了一个简化版本，其中所有系数均与频率无关，直接对应于计权均方根速度。奥斯陆机场准高速铁路项目采用的就是简化模型，该项目中得到的楼板中央垂向振动预测值的对应标准为 ISO 2631-2：1989。

该模型的参数是基于回归分析计算的，一些参数的典型值见表 8.4.8。

预测模型部分参数的典型值 **表 8.4.8**

地质条件	列车类型	V_T(mm/s)	A	B	$COV(F_v)$
软黏土	高速列车	0.4～0.5	0.9～1.1	0.3～0.8	0.2～0.3
	货物列车	0.7～0.8	0.9～1.1	0.3～0.4	0.3～0.4
中黏土	高速列车	0.1～0.15	0.9～1.1	0.9～1.0	0.4～0.5
	货物列车	0.2～0.25	0.9～1.1	0.7～0.9	0.4～0.6

第五章　振动数值模拟

第一节　概　　述

模拟公路交通引起的地传振动的策略与轨道交通不同，主要是因为激励机理的差别。对于公路车辆，路面可认为是刚性的，因此由公路粗糙度引起的动力响应主要由车辆悬挂控制，这样激励机理和波传播机理就是解耦的，模拟就简化了。但是，对于轨道车辆，簧下质量（车轮、轮轴和轴箱）和弯沉盆中的那部分钢轨的质量也参与了钢轨粗糙度引起的动力响应，这样就不可能解耦了。但是，这两个问题的传播机理是基本相同的。在进行详细模拟之前，必须了解波传播和半空间在各种荷载作用下的响应模拟。除了第三章论述的许多基础性研究之外，还有一些进一步的基本问题需要考虑，包括：（1）移动荷载效应，（2）随机振动理论，（3）轨道模拟，（4）隧道模拟，（5）大地模拟。交通引起的地传振动的数值模拟中，所有这些效应都必须考虑。这些问题大多数只能用数学方法（傅里叶变换、小波变换和弗洛凯变换）和计算方法（例如有限元和边界元法）来解决。

大多数关于地传振动的早期文献采用解析法或实验方法。采用解析法时，常常会受问题的几何特性和材料特性的制约，因为大多数实际情况很难得到封闭解。另一方面，尽管实验方法得到的结果是最可靠的、最接近实际情况，但是现场测试的费用很大。

从1970年代中叶起，受高性能计算机出现的促进，各种数值方法成为求解波传播问题的有效工具。用数值方法精确地模拟振源、传播路径和接受者（建筑物）是很困难的，在工程中的应用有限，有五个原因：（1）轨道交通的振动激励机理很复杂，很难模拟；（2）需要大量输入数据，但这些数据不易得到，特别是大地不均匀等引起的土体动参数的不确定性，准确的土体动参数很难获得，不可能精确地知道土体动态特性随深度的变化，预测质量取决于输入数据的质量；（3）大多数模型未对各种轨道和各种地质条件获得大范围的验证；（4）目前没有模型考虑了轨道部件和土体的非线性，这些对于精确预测也许是很重要的；（5）需要大量的计算资源和计算时间。但是数值模拟从理论上能考虑复杂的地质状况和边界条件，且参数研究可以分析具体某一参数的影响，从而分析其影响规律。

第二节　移动荷载作用下的弹性介质的理论研究

随着旅客列车速度的提高，移动荷载的速度效应吸引了学者们更多的关注。其中一个关于旅客列车速度的主要关注点是列车通过某些弹性壁时可能产生的激波。众所周知，当飞机速度超过音速突破声障时，将出现激波的马赫辐射。同样，当列车速度超过土体介质波动的特征速度时，地传振动会出现显著的辐射效应。此时波传播的经典理论的不足就暴露出来了，因为不能考虑移动物体相对土体介质的速度效应。

在波传播的经典问题研究达到一定的满意程度后，土动力学的科学家们开始将主要由兰姆建立的框架扩展到移动荷载问题分析，即速度为 c 的移动荷载作用下的弹性介质。这一问题的解可以分为三个速度范围：

(1) 亚临界速度（$c<c_S$）：荷载移动速度小于弹性介质的S波波速；

(2) 跨临界速度（$c_S<c<c_P$）：荷载移动速度大于S波波速，但小于P波波速；

(3) 超临界速度（$c_P<c$）：荷载移动速度大于P波波速，此时将产生类似于激波的波，介质将产生大振幅，这种现象只出现在较软的介质中（例如软土地基）。

在R波比P波和S波占明显优势的问题中，临界速度为R波波速。

移动荷载的速度效应的两个问题被广泛研究，即移动点荷载作用下的无限大弹性体、移动点荷载作用下的弹性半空间。这两种情况的研究不是出于纯数学兴趣，而是因为具有一定实用价值。例如，前者可应用于计算列车通过隧道时周围土体的响应，后者可代表地面列车。因为移动速度有三个范围，所以这两个问题共有6个解。但是，只有移动点荷载作用下的无限大弹性体问题的3个解有封闭形式。移动点荷载作用下的弹性半空间问题的解必须采用数值方法计算。交通引起的地传振动的早期模拟就是采用作用在无限大弹性体中或弹性半空间上的移动恒定荷载解，后来发展到计及车辆的惯性效应。

对于轨道交通，移动荷载是作用在钢轨上的，而不是直接作用在大地上。因此，学者们研究了移动荷载作用下的弹性半空间上的梁。当一个物体以大于周围介质的波速移动时，会产生一个随着物体移动的马赫锥。对于移动列车而言，移动荷载首先作用于钢轨，然后通过轨道和地基传递到下面的半空间，显然应该考虑钢轨和地基的特征速度。

温克勒于1867年最早提出了一种简单并被普遍认可的轨道模型：由恒定刚度地基离散支承的单个无限长梁（钢轨）。铁木辛柯证明了其作为铁路轨道模型的有效性。采用温克勒地基梁理论模拟轨道的优点是较容易与大地模型相耦合，缺点是无法计及轨道弹性的减振效果。后来许多学者采用温克勒地基梁（弹性地基梁）来模拟轨道结构。Fryba (1995) 在一篇题为“温克勒地基的历史”的文献中写道：“温克勒地基被批评和否决过很多次，但是科学家们一次又一次地回到这个简单模型，我认为温克勒地基与欧拉—伯努利梁、帕尔姆格伦—迈因纳疲劳累积损伤理论等简单理论一样，它们的简明性击败了更精确的模型”。梁（钢轨）的模型有两种：伯努利—欧拉梁和铁木辛柯梁。前者只考虑梁的弯曲行为，而后者还考虑了梁的剪切变形和旋转惯性。对于低频激励，传播波的波长远大于梁的截面尺寸，两者的结果基本相同；对于高频激励，需要采用铁木辛柯梁以获得更精确的结果。

Fryba (1972) 给出了恒定荷载在弹性地基无限长梁移动问题的详细解，考虑了所有可能的速度范围和黏性阻尼值。在支承结构的等效刚度的概念下，确定了移动荷载的临界速度，这时梁的响应会变得无限大，临界速度等于梁中波的传播速度。当荷载的速度小于临界速度时，波的最大振幅出现在靠近荷载作用点。另一方面，当荷载速度大于临界速度时，在荷载前面移动的波与在荷载后面的波相比，具有较小的波长和幅值。伯努利—欧拉梁的临界速度是最低弯曲波波速：

$$c_{cr}=\sqrt[4]{\frac{4sEI}{m^2}} \tag{8.5.1}$$

式中 m——梁的单位长度质量；

E——梁的弹性模量；

I——梁的惯性矩；

s——温克勒地基参数，通常假设为一常数。

Duffy（1990）在研究一个移动且振动的质量通过温克勒地基无限长轨道时产生的振动时，得到了类似的结果。把典型轨道结构的材料特性代入方程（8.5.1），可以发现列车速度与梁的临界速度相等几乎是不可能的。但是，这些结果的准确性很大程度上受地基参数取值的影响，而实际上地基参数是很难确定的。Dieterman 和 Metrikine（1996，1997）、Metrikine 和 Dieterman（1997）进行了一系列分析，导出了弹性半空间和有限宽度伯努利—欧拉梁相互作用的等效刚度。他们发现，等效刚度主要取决于梁的频率和波数。当考虑了这个等效刚度后，分析指出存在着两个临界速度，一个对应于 R 波波速，另一个比 R 波波速小一些，两个速度都会导致梁的位移的剧烈放大。后来，Lieb 和 Sudret（1998）进行了类似的分析，在临界速度下，发现钢轨下的半空间也会产生剧烈位移。Metrikine 等（2001）采用黏弹性半空间上类似的轨道模型，对与高速列车引起的地波激励有关的黏弹性阻力现象进行了理论研究。Suiker 等（1998）研究了铁木辛柯梁—半空间系统在移动荷载下的临界行为。Chen 和 Huang（2000）导出了温克勒地基上的伯努利—欧拉梁和铁木辛柯梁的临界速度。可以看出，在一般情况下，钢轨的最低弯曲波波速和大地的 R 波波速均高于 500km/h。

如果研究的是公路交通，而不是轨道交通，模型应为弹性地基板。Kim 和 Roësset（1998）研究了移动荷载作用下的弹性地基无限大平板的动力响应。这时的临界速度为

$$c_{cr}=\sqrt[4]{\frac{4sD}{m^2}} \tag{8.5.2}$$

式中 D——板的抗弯刚度；

m——单位面积地基的质量；

s——单位面积地基的刚度。

还有一些学者研究了移动荷载作用下的隧道结构。Balendra 等（1991）考虑了列车通过时隧道—土—建筑物系统的相互作用，提出了基于子结构法的一种预测地传振动水平的简单的半解析法。其采用的平面应变模型包括弹性半空间中的刚性隧道、埋在地下的支承建筑物的刚性柱脚、模拟建筑物的集中质量。为了计算整个系统的阻抗矩阵，整个问题被分解为地基辐射边界值问题和隧道辐射边界值问题。用子结构法计算了建筑物在列车荷载作用下的响应，并与容许振动限值进行了比较。

为了研究在隧道内列车引起的地面振动水平，Metrikine 和 Vrouwenvelder（2000）提出了一种简单二维模型的解析法，包括一个黏弹性层和位于其中的伯努利—欧拉梁。基于黏弹性层和梁在纵向是无限长的，他们分析了三种荷载在梁上移动时的地面振动，即恒定荷载、简谐荷载、平稳随机荷载。后来，Metrikine 和 Vrouwenvelder（2000）在另一篇文献中改进了上述方法，采用用分布式弹簧连接的两个完全相同的伯努利—欧拉梁来代替一个梁。他们认为这种二维模型得到的结果是地传振动的上估计，因为实际情况可能十

分不同。Forrest 和 Hunt（2006）提出了研究列车在深埋圆形铁路隧道运行时引起地传振动的一种三维解析模型，隧道假设为无限长薄圆柱壳，周围土体的模型为弹性连续体的波动方程。

第三节　数值方法

数值方法主要包括有限元法（FEM）、边界元法（BEM）、有限差分法（FDM）和它们的变种。在所有数值模拟中，需要确定时间步长和单元尺寸的影响。

1. 有限元法（FEM）

在 FEM 中，系统被表示为单元网格，迭代求解跨越单元边界的连续性函数。可采用专业 FEM 软件，但是需要注意两个问题的模拟：（1）隧道—土体和土体—基础之间的分界面处的单元；（2）轮轨接触面处的输入函数，特别是其随时间和空间变化的方式。尤为重要的是，模型中需包含合适的边界单元，以避免结果因边界反射而失真。

与 BEM 相比，FEM 在实际应用中显得更具通用性，可以很容易地模拟各种几何不规则（包括埋在地下的结构和多土层）。但是，FEM 的缺点是土体（其本质上是半无限的）只能用有限尺寸的单元模拟。因此，无法精确模拟辐射阻尼，即波传播到无穷远引起的能量损失，需要确定边界反射带来的误差。

2. 边界元法（BEM）

BEM 模拟是一种适合于格林函数基本解已知的问题的方法。BEM 可以替代 FEM，只需要在模型的边界处（表面）划分单元。对于地传振动，BEM 计算量小，且特别适合于模拟大地的半无限特性，在边界处无波反射，不需要确定边界反射带来的误差，不需要像 FEM 一样仔细定义边界条件。

在过去的四十年间，大部分波的传播问题的研究采用 BEM。采用 BEM，可以通过采用合适的基本解精确考虑辐射阻尼。但是，很难处理实际中碰到的结构和其下土体的几何不规则和材料的不均匀。当然，一些新版 BEM 也已经具有处理几何不规则的能力。然而，这需要采用更复杂的格林函数或对所研究的内域进行更精细的细分。

3. 有限差分法（FDM）

FDM 可得出高等代数解，即涉及波方程的数值解。FDM 模拟涉及对动力系统的离散化，采用有限时间间隔的微分方程在时域上进行每个单元状态的逐步计算。FDM 方法最大的缺点是对不规则区域的适应性差。与 FEM 一样，FDM 需要确定边界反射带来的误差。

4. 混合模型

为了克服这一缺点，常需其他辅助方法来模拟无限区域，也就是所谓的混合方法。用这种方法，土—结构系统的域可以分为两个子域，即近场和远场。近场包括振源、结构、所关心的土体区域，通常用 FEM 或 FDM 模拟。在 FEM 分析中，在分界面的节点处建立远场的阻抗矩阵，从而把节点力与节点位移联系起来。远场是不包括近场的半无限域，即振源附近的土体区域至接受者（建筑物）之间的土体。用有限数量的单元模拟远场的无限属性的方法有许多种，包括传统的 BEM、相容边界、透射边界、黏性边界、叠加边界、旁轴边界、双渐进边界、外推边界、多方向边界、无限元、一致无限小有限元细胞法（也称为比例边界 FEM）。每种方法有各自的优缺点。由于其灵活性，混合方法常被用来处理涉及波障措施、建筑物、路堤、分层土、钢轨和轨道的问题。

第四节 模拟维数

交通产生的地传振动的模拟是很复杂的，简单模型的精度不够高，而精细模型计算费时。半空间问题通常有三种维度模拟：三维模拟、二维模拟和 2.5 维模拟。

直观上看，三维模拟得到的结果是最可信的。按照一般的有限元分析方法，可以非常直接地建立三维模型来模拟所关心的结构和周围土体，然后用这一模型分析结构—土体系统的动力响应。绝对预测需要采用三维模拟。但是半空间问题的三维动力模拟的主要问题是，三维模拟分析的工作量大，计算费时，频域分析所需的计算量很大，可能涉及复数运算。因此，只有数量有限的地传振动研究工作采用此种方法。在大多数频率下，二维模型的结果与三维模型定性地一致。因此，对于主要关心的是定性行为而不是定量行为的问题，二维模型就足够了。另外，对于那些几何特性和材料特性剧烈变化的土—结构系统问题，仍然需要采用三维有限元模拟，这样才能捕捉到一些被二维或其他简化模型所隐藏的局部效应。

大多数早期的地传振动的研究是基于平面应变假设的二维模型。二维模型中采用平面应变假设，将外荷载模拟为无限长线荷载，并假设沿线荷载方向，系统的材料特性和几何特性是相同的。当接受者（建筑物）距轨道的距离小于列车长度除以 π 时，列车荷载可模拟为移动线荷载。

由于荷载和半空间几何沿荷载移动方向具有周期性，被称为 2.5 维模拟的第三种模拟方法才可能模拟三维问题。列车引起的地传振动问题在几何上是二维的，但是在波的传播上是三维的。因此，如果二维构造可被修改为包括第三维中的荷载—移动效应，那么就可以采用相同的二维网格来生成所考虑问题的三维响应。2.5 维方法中的单元网格本质上还是二维的，但是考虑了第三维中的荷载—移动效应以模拟半空间的三维动态行为。从实用性考虑，可以假设半空间沿荷载移动方向（轨道纵向）的材料特性和几何特性是不变的。在每个节点外加一个自由度来考虑面外波的传播，平面应变单元仍为面内二自由度。垂直于轨道的二维剖面包含轨道交通、周围土体和基岩的横断面。如果不关心第三维中的荷载—移动效应，那么采用包含半空间中几何和材料变化的二维剖面通常就足够了。但是，如果要考虑第三维的荷载—移动效应，那么仅采用二维剖面是不够的。特别是当列车速度增大到接近土体临界速度时，因为这时不能忽略土体的马赫辐射效应。实际上，这一问题在几何上是二维的，但是在波的传播上是三维的。严格地说，它只能用三维模型分析。但是，对于几何特性和材料特性沿轨道纵向是均匀的问题，采用三维模型来模拟一个本质上是二维的问题，计算是低效率的。

2.5 维方法可用于模拟各个速度下移动荷载引起的土—结构系统的三维波传播行为，也被用来研究各种波障措施的减振效率、地下列车引起的地传振动。

第六章　振动控制

为了减小轨道交通引起的地传振动和地传噪声，应考虑如下三个问题：振源的产生、振动通过介质的传播、介质与接受者（建筑物）的相互作用。也就是说，轨道交通引起的地传振动和地传噪声的控制措施可以从空间上分为三大类：振源控制、振动传播路径控制和建筑物振动控制。因此，最好的方法需要综合考虑技术性和经济性。在振源处减小振动不总是可能的，例如新建建筑物常常建在既有轨道交通附近，在轨道或列车上采取补救措施是很困难的，且成本较高。在这些情况下，只能在传播路径和建筑物自身上采取措施。所有振动控制都需要维修和检查以保证其减振效果的持续性，不同措施的维修量是有差别的。

第一节　振源控制

振源控制是最有效的减振方法。但是，所有振源控制措施均涉及轨道交通的设计和运营，减振设计必须保证轨道交通的可靠性、可利用性、可维修性和安全性（RAMS）及经济性。轨道交通的这些基本要求在一定程度上限制了振源处的减振设计。限制的特性和形式取决于轨道交通模式（例如有轨电车与高速列车）和运营商。因此，减小地传振动和地传噪声应视为轨道交通设计中不可分割的一部分，设计必须在考虑轨道交通的所有要求的前提下进行。

振源控制措施主要有：线位（水平向和竖向）、轨道设计、钢轨品质和维修、列车/车辆设计和维修、列车速度、支承结构设计（例如路基、高架结构或隧道）。限于篇幅，本节不介绍轨道交通高架线桥梁振动辐射出的结构噪声的控制。

1. 线位

将新建轨道交通的线位远离接受者（建筑物）可以有效减小其影响。线位能移动的程度是有限的，需要综合考虑旅客乘坐舒适性、车轮和钢轨的磨耗速度、最小曲线半径（水平向和竖向）、最大曲率变化率（水平向和竖向）和纵坡。对于不同轨道交通类型，这些限制的程度也是不一样的。线位的限制程度随着设计速度的提高而提高。

2. 轨道设计

采用重型钢轨可提高钢轨的垂向抗弯刚度，其减振性能对软土路基更为有效。采用减振接头夹板或无缝钢轨可以减小或消除有缝钢轨冲击带来的振动和噪声。采用可动心辙叉可减小固定式辙叉的有害空间，减小振动和噪声。提高轨头硬度可以减缓波浪形磨耗的形成，减小振动和噪声。在小曲线半径处，安装钢轨润滑装置或车载润滑装置，可以减小轮轨侧磨引起的高频振动和噪声。另外，减小轨枕间距、拓宽轨道交通地面线的路堤、采用重型隧道结构等措施也可以明显减小振动，但工程可行性通常较差。

除了上述常规的轨道设计措施外，减小地传振动或地传噪声主要由提高轨道的垂向动弹性来实现，有时还会增加弹性元件之上的重量。虽然这里讨论的是振动和噪声问题，但轨道结构也需要弹性以保证旅客乘坐舒适性和减少列车及轨道部件的磨耗和裂纹，但是太大的弹性会产生不利影响。除了道砟和扣件橡胶垫板，普通轨道结构不包含明显的吸能元件或耗能单元。绝大多数减振轨道是基于隔振原理，仅仅是将振动能量转移到列车—轨道—支承结构系统中的不同单元。因此需要注意在设计减振轨道时不能引发其他问题，诸如旅客乘坐舒适性、轮轨磨耗等，需要保证可接受的可靠性、可利用性、可维修性和安全性(RAMS)。例如，Vanguard（先锋）扣件的设计虽然很有特色，在轨腰处用大橡胶楔支承钢轨，轨底悬空，其垂向动刚度很低，是高弹性扣件中减振效果最好的，但是这种扣件引起了严重的钢轨波浪形磨耗和钢轨辐射噪声。另外，需要注意的是，由于大地传播的衰减作用，减振轨道的效果随着距轨道距离的增加而减小。

图 8.6.1 给出了有砟轨道和无砟轨道的各种减振措施的主要特征和主要弹性元件（用粗黑线表示）的位置，弹性元件的位置主要分为三类：轨下、枕下和道床下。有砟轨道和无砟轨道的各种减振措施的减振效果和造价均为从上到下递增。

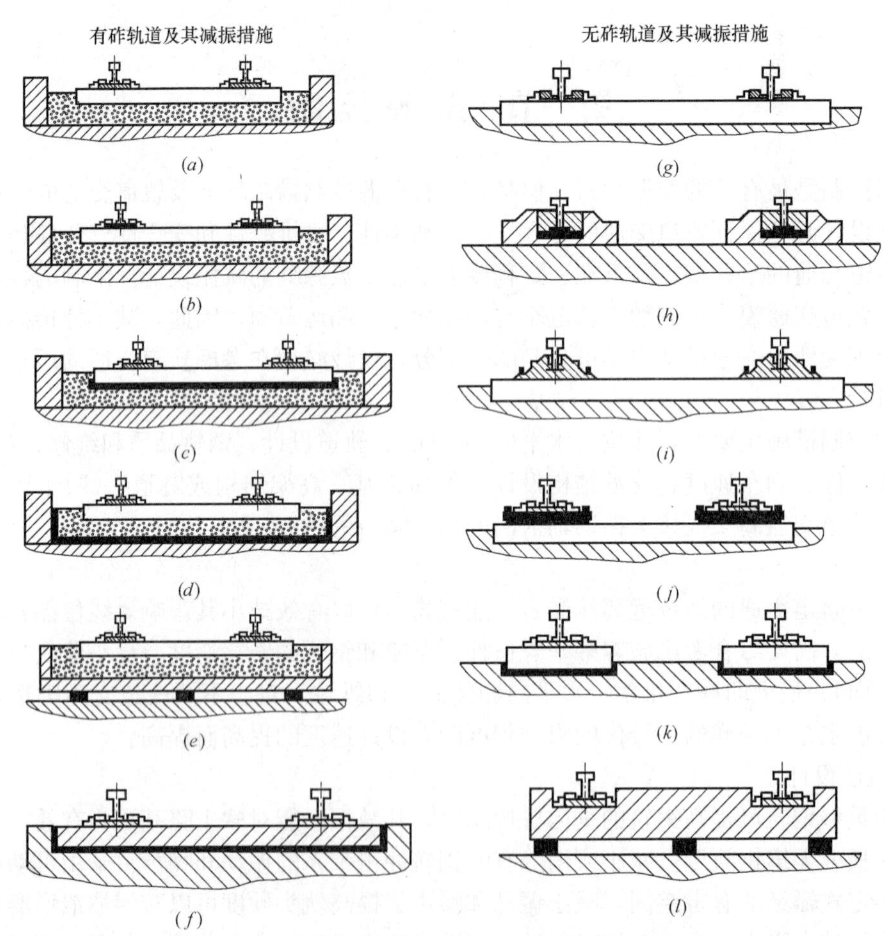

图 8.6.1　各种减振轨道的示意图

(*a*) 普通有砟轨道；(*b*) 高弹性扣件；(*c*) 弹性轨枕；(*d*) 道砟垫；(*e*) 浮置道砟槽；(*f*) 浮置板（连续支承）；(*g*) 普通无砟轨道；(*h*) 埋入式钢轨；(*i*) 弹性轨座；(*j*) 高弹性扣件；(*k*) 弹性支承块、弹性轨枕或减振型梯形（纵向）轨枕；(*l*) 浮置板（离散支承）

图 8.6.1 中的所有减振轨道中，浮置道砟槽和浮置板的减振效果最好，固有频率和有效频率最低，弹性元件（通常为橡胶垫板、钢弹簧、聚氨酯垫板等）支承的重量最重。浮置道砟槽和浮置板在轨道纵向上分为连续型和分段型，连续型是现浇的，分段型是预制的。连续型的优点是结构整体性强，缺点是振动可沿轨道（或隧道）纵向传播。分段型的优点是施工方便快捷，在一定程度上振动沿轨道纵向的传播被阻断，缺点是各段之间产生相对移动，影响轨道方向，带来维修问题。

对于有砟轨道（通常用于地面线和某些高架线、地下线），道砟垫是一种很有效且实用的措施。放置在道砟下面的道砟垫用弹性材料（通常为橡胶、聚氨酯、有时也用岩棉）制成的垫子。道砟垫还可以改善电绝缘、排水和减少道砟粉化。道砟垫的减振机理有两种：道砟垫像弹簧一样支承钢轨和道砟重量，产生隔振；道砟垫可使得道砟在轮轴荷载作用下产生移动，防止道砟“锁定”。

基于隔振原理的所有轨道减振措施都可能更容易产生钢轨波浪形磨耗，从而增大振动和噪声，当然轨道支承刚度太大也可能产生波浪形磨耗。

地传振动通常是轨道交通地面线（除了深路堑或设置了重型声屏障）的主要问题之一，轨道交通的地面线（软土路基）的高频成分少于地下线，仅仅采用高弹性扣件不可能明显减小地传振动，除了采用道砟垫外，还可以将高弹性扣件与改变路基设计结合起来，采用刚度更大的路基，例如在轨道下铺设地基板、桩板、混凝土桩、石灰桩或注浆加固地基，刚度更大的路基可有效地减小由准静态效应引起的低于 20Hz 的低频振动，或者同时采用高弹性扣件和粘合道砟，其性价比高于前者。

每种减振轨道的减振性能是一个很宽的范围。例如，设计或安装不良的浮置板轨道的性能仅相当于高弹性扣件。但是，反之并不成立：不可能设计出一种高弹性扣件，其性能相当于设计优良的弹性支承块、弹性轨枕、减振型梯形（纵向）轨枕或浮置板轨道。因此，各种设计优良的减振轨道的性能的排序见图 8.6.1。不良的设计可以降低或丧失减振效果。

从地传振动或地传噪声角度看，不能将图 8.6.1 中的两种或更多减振措施叠合在一起来提高减振性能。例如，如果高弹性扣件可以减小地传振动级或地传噪声级 10dB，浮置板轨道可以减小 20dB，那么浮置板轨道上采用高弹性扣件并不会减小 30dB。实际上，两者组合的性能可能低于浮置板轨道自身的性能。但是，有些情况下，出于其他原因，两种减振措施可以叠合在一起。例如，在浮置板轨道上安装高弹性扣件可能降低减振效果，但是却可以减小浮置板自身的振动，从而减小浮置板辐射的空气噪声。当空气噪声和地传振动都需要控制时，可以考虑采用叠合措施，但是在这种情况下，减小地传振动和地传噪声的性能降低了。

除了上述基于隔振原理的减振措施外，还有两种措施是基于阻尼耗能原理：阻尼钢轨或钢轨调频质量阻尼器（动力吸振器），这两种措施可以增大钢轨阻尼，提高振动衰减，耗散钢轨振动能量。

虽然减振轨道是减小地传振动和地传噪声的有效方法，但是这并不是其最主要的功能。轨道最基本的功能是支承和引导车辆，以使得轨道交通正常运营，安全、舒适、性价比高。有鉴于此，轨道设计应考虑可靠性、可利用性、可维修性和安全性（RAMS）原则，还有造价以及能适应多种车辆。在某些情况下，这些因素会限制减振轨道的性能。限制减振轨道的关键因素为：(1) 安全性，包括钢轨的应力和倾斜，钢轨扣压力和钢轨纵向约束，钢轨静挠度和动挠度和挠度差（例如钢轨应力），沿轨道长度方向的静挠度和动挠度变化率，扣件的应力、冲击荷载的衰减（轨道部件疲劳荷载）；（2）建设成本，包括轨道形式的复杂性，特殊设计的部件，安装所需的时间和人工；（3）全寿命成本（包括维修）：部件寿命，是否容易接近寿命较短的部件；（4）旅客乘坐舒适性：钢轨静挠度和动挠度，轨道动力学对乘坐品质和列车振动的影响；（5）可靠性；（6）轨道交通的可利用性（即大量的轨道维修而影响正常运营）；（7）钢轨粗糙度和波浪形磨耗的发展特性。可靠性、可利用性、可维修性和安全性（RAMS）准则，包括上面列出的限制因素，由轨道交通运营商和轨道结构设计工程师设定，且不同的轨道交通是有差异的。安全性是最重要的问题，因此在轨道交通正式运营前，必须用试运行或试验来证明轨道结构的安全性。保证轨道交通可靠性、可利用性、可维修性和安全性准则的轨道结构的特性可能与减小地传振动或地传噪声所需特性矛盾。因此，减振轨道的开发必须是集成化设计。

3. 列车/车辆设计

与空气噪声不同，列车/车辆设计中对地传振动或地传噪声产生重要影响的特性相对较少。关键参数为：（1）车辆的一系和二系悬挂：降低刚度，采用无摩擦式阻尼器，其中一系悬挂更重要，可明显减小车体浮沉模态产生的振动；（2）簧下质量：减小簧下质量（车轮、轮轴和轴箱），可明显减小车轮跳动模态产生的振动；（3）车辆轴重：越小越好；（4）车辆轴距的布置；（5）车轮踏面粗糙度：应减小；（6）弹性车轮：弹性车轮基本上不能减小建筑物内人体振动影响关注的低于 80Hz 的地传振动，另外，通常弹性车轮可以提高高弹性扣件的隔振性能，但是却会降低浮置板轨道的隔振性能；（7）阻尼车轮。

与轨道设计一样，上述所有这些参数对于轨道交通的可靠性、可利用性、可维修性和安全性（RAMS）及经济性都是重要的。因此，减振只能作为列车集成化设计的一部分，减振需要与轨道交通的运营要求进行折中。从地传振动和地传噪声控制角度看，列车设计和轨道设计的集成化是必要的。

4. 列车速度

降低列车速度通常不是控制地传振动或地传噪声的有效方法，不应视作常规方法。一方面，地传振动和地传噪声水平与列车速度呈非线性关系，列车速度的降低有时可能使地传振动和地传噪声增大，这取决于车轮通过频率与轮轨共振频率的接近程度，但是在列车常见速度范围内，总体上列车速度的提高会引起更大的振动。另一方面，列车速度对于轨道交通的商业运营和运输效率来说是最基本因素之一，在局部位置减小地传振动或地传噪声需要与列车延误而对旅客带来的干扰进行权衡。

5. 既有轨道交通

减小已运营的轨道交通产生地传振动或地传噪声的办法通常是有限的。这是因为，线位是固定的，诸如更换弹性更高的轨道结构、增加路基刚度和质量（例如在轨道下增设混凝土板或石灰桩以控制低频振动）的减振措施需要长时间停止列车运营来完成改造工作，这对乘客和商业运营会产生重大的影响。因此，能应用于广泛运营线路的地传振动或地传噪声控制的措施局限于可通过维修实施的，特别是保证光滑的轮轨踏面的维修。主要措施及其使用局限性如下：（1）钢轨打磨：在运营速度下，减小与地传振动或地传噪声有关波长的钢轨粗糙度。其局限性是需要保持牵引力和制动力。持续地减小振动和噪声水平只能通过定期的预防性打磨或抛光，或将打磨与声学准则联系起来。基于减小钢轨磨耗和提高旅客乘坐舒适性的打磨不会消除与地传振动或地传噪声有关的所有波长。此外，这些波长的典型正常服役粗糙度幅值的测量数据很少，因为粗糙度测量的历史数据主要集中于长波长（磨耗和乘客舒适）或短波长（与空气噪声有关）。(2) 消除钢轨接头：这主要由安装减振接头夹板或焊接钢轨接头来完成。局限性是需要处理钢轨热膨胀，在隧道内焊接存在健康和安全方面的困难。(3) 道岔和交叉维修：定期的调整道岔和交叉的组合部件以减小钢轨的移动。(4) 车轮镟修和打磨：局限性与钢轨打磨类似。(5) 轨道几何形位调整：对于高速列车，提高钢轨几何形位的精确度可以减小低频振动。(6) 在极端情况下，可以考虑在较短线路长度内临时限速，其缺点在前面说明了。

第二节　振动传播路径控制

振动传播途径控制是指在振源至接受者（建筑物）之间的大地中设置屏障，当地传振动波传播到屏障时，会发生反射，阻碍振动的传播，从而减小地传振动，当然振动波仍然会有一部分透射到屏障的后部，还会在屏障的两端和底部绕射。

振动传播途径控制的主要措施有：

(1) 空沟或填充沟：在振源与建筑物之间设置空沟或填充沟。通常空沟或填充沟的效果较差，这是因为所关注频率的地传振动和与地传噪声有关的长波长会从沟的两端和底部绕射，在软黏土中的效果尤为差，因为这种土中的振动频率相当低，对应的波长很长。由于长波长振动更容易产生绕射，空沟或填充沟对高频振动的效果优于低频振动，且空沟或填充沟需距建筑物或振源较近时减振效果较好。由于空沟几乎没有透射，所以空沟的效果优于填充沟。空沟或填充沟只适用于表面波，通常 R 波在地面振动中占优势，因此空沟或填充沟的深度需要大于 R 波波长或 1.2 倍波长（R 波波长的范围通常在 10～100m），但是修建深度达到 R 波波长且足够长的空沟或填充沟在实际中是不大可行的，因为涉及施工难度、地下水、坍塌和行人的安全等。空沟的宽度对减振效果的影响远小于深度，而填充沟的宽度的影响很大。填充沟的填充材料可采用膨润土泥浆、锯木屑、沙子、粉煤灰及泡沫材料等。

(2) 混凝土墙屏障：在振源与建筑物之间设置混凝土墙或其他介入式屏障。其原理和局限性与空沟或填充沟类似，只是强化了反射作用，但是其透射作用大于空沟，混凝土墙屏障的减振效果低于空沟。其主要优点是可以做得比沟深、比沟长。

(3) 排桩（孔）：在振源与建筑物之间设置一系列周期性分布的桩（孔）。其原理与空沟、填充沟和混凝土墙屏障类似，不同之处在于其非连续性。其工程可行性优于空沟或填充沟。排桩（孔）的排列方式（排数、错位平行排列、蜂窝排列）、桩长、桩直径和桩间距对减振效果的影响很大，在最优化的情况下，排桩（孔）的减振效果可以接近混凝土墙屏障。

(4) 波阻板：波阻板是基于一种 1992 年才发现的特殊原理：基岩上的土层中波的传播存在截止频率，当土层表面荷载频率低于该频率时，土层中没有波的传播；仅当激振频率大于截止频率时，土层中才会出现波的传播。因此，可以在土中人工设置一个刚性层来形成有限尺寸的人工基岩，称其为波阻板。影响波阻板减振效果的主要参数有平面尺寸、厚度、刚度、剪切模量、埋深、相对于振源和建筑物的位置和土体竖向非均匀性。波阻板减小中低频振动的效果很好，且一些新型波阻板也克服了土体开挖量较大的缺点，降低了造价。

第三节　建筑物振动控制

建筑物振动控制的主要措施有：

（1）布局措施：重新考虑土地用途，例如商业建筑的敏感性低于居住建筑；重新安排空间规划，例如使建筑物远离振源，将停车场和园林绿化移到靠近振源的区域。

（2）建筑结构措施：选择阻尼最优的结构形式，例如混凝土优先于钢；增加振动路径的长度以增大衰减（例如用柱顶支承而不是柱刚出地面时就支承楼板）；采用不规则的建筑结构形式和不连续的建筑结构；采用较重的建筑结构形式。

（3）建筑物基础隔振：建筑物基础隔振是减小地传振动和地传噪声的最有效的建筑物振动控制措施，基于隔振原理，采用弹性支承系统（通常为橡胶垫板、钢弹簧、聚氨酯垫板等）将建筑物基础与大地隔离，将建筑物视为若干弹簧和阻尼器支承的刚体，系统的垂向固有频率通常设计为需要减小的最低地传振动频率的 1/2.5，例如系统的垂向固有频率为 4Hz，可以有效地减小 10Hz 以上的振动。也可以利用传统结构材料实现与基础隔振类似的刚体安装频率。该措施与抵抗地震的建筑物基础隔震有很多相似之处，不同之处在于隔震主要是针对水平振动，而隔振是针对垂向振动，其主要难点与基础隔振一样，是影响建筑物的抗倾覆能力。如果只有少数建筑物受到轨道交通引起的地传振动的影响，或许更适合采用这种措施。针对轨道交通的地传振动和地传噪声的建筑物基础隔振工程实例遍布各种建筑物：居住建筑、办公建筑、音乐厅、电影院、医院和广播电台，最早的两例是：1930 年代美国纽约曼哈顿的一些建筑物（铅—石棉支座）；1965 年英国伦敦的奥尔巴尼公寓楼（橡胶支座）。从那以后，许多建筑物修建在以前认为是地面振动不可能接受的场地上，如采用整体隔振的上海交响乐团音乐厅，就建在了地铁线的旁边。

（4）建筑物深基础：建筑物基础深入土体，例如桩基础或 CFG 桩复合地基，与地表土体解耦，接受到的振动较小，特别适合于轨道交通地面线产生的振动。

（5）楼板措施：浮置式楼板：在楼板上安装隔振器，然后在隔振器上再修建一个楼板；房中房：建筑物中特定的敏感区域（例如电视演播室、录音室、播音室）进行隔振；由于轨道交通引起的地传振动的频率范围覆盖了常见楼板的固有频率，因此楼板共振是不可避免的，但楼板的固有频率应避开地面振动谱的卓越频率；提高楼板的固有频率：设计中可以提高楼板的固有频率来减小对人的振动影响，因为人体对在 6.3～400Hz 范围内的垂向振动的敏感度是随着频率提高而降低的；增大楼板的阻尼：降低楼板的固有频率可以避开轨道交通引起的地传振动的卓越频率，但是增大了人行脚步引起的振动风险，且人体对于 4～12.5Hz 的垂向振动是最敏感的；对楼板铺设约束阻尼层；大地实体支承的楼板优先于悬空楼板，例如用一层住宅代替二层住宅。

（6）调频质量阻尼器（动力吸振器）：将一个动力系统附加在建筑构件上，以减小某个特定频率附近的振动。

（7）振动敏感设备措施：对于振动敏感性较高的设备必须进行多种振动控制，才有可能达到其正常工作的环境振动水平。例如，对振动敏感设备的台座、基础、楼板进行隔振；对建筑物的一部分进行基础隔振；将振动敏感设备的基础深入土体，与建筑物或地表土体解耦，接受到的振动较小，特别适合于轨道交通地面线产生的振动；采用大质量和大刚度楼板；将振动敏感设备安装在实体地面楼板，而不是悬空的楼板，以避免楼板共振，尽管低频楼板可以被动隔离高频振动；将振动敏感设备安装在靠墙角处，远离楼板中央；对建筑物内动力设备和机械服务设备进行基础隔振；采用液压缓冲门、脚步振动控制（楼面铺装层和鞋）。需要注意的是，对于振动敏感性较高的设备，在轨道上采取基于隔振原理的减振措施通常是不可行的，因为这类设备大多数在低频范围的振动环境要求与高频范围相比，更严格（加速度）或相同（速度），而低频范围的振动是轨道隔振无法减小的。

（8）噪声掩蔽措施：增大背景噪声水平以掩蔽扰人的噪声，但需要注意避免影响语言可懂度，维持频谱平衡。

（9）主动控制措施：采用机电致动器或液压致动器进行主动振动控制，这种方法的造价太高，一般说来是不可行的，除了特殊情况。

第九篇

古建筑振动控制

第一章　振动对古建筑的影响

世界文明给我们留下了众多优秀的古建筑，这是人类物质文明和精神文明的结晶，古建筑是不能再生的，保护好这些文化遗产是当今社会必须承担的艰巨任务。随着工业、交通的飞速发展而产生的环境振动，以人们难以察觉的程度和速度，对古建筑的长期安全有越来越大的影响，其影响虽然是微小而缓慢的，却是量大而持续产生的。大多数古建筑年久失修，安全现状堪忧，其抵御环境振动的能力与现代建筑不可同日而语。因此，在城市建设和工业发展中，我们必须正确对待振动对古建筑影响，加强研究评估，采用必要的减振、隔振方法确保古建筑的安全。

第一节　交通振动影响

随着经济的飞速发展，城市规模的日益扩大，各大城市轨道交通线网日趋密集，车辆运行等长期微振对古建筑保护带来了新的问题和挑战。根据国外的报道，已有长期振动导致古建筑倒塌开裂的记录。由于路面交通振动，导致了 1961 年捷克的某教堂由于裂缝不断扩大而倒塌的恶性事件，以及 1953 年罗马著名的法尔内西纳山庄的挑檐垮落壁画开裂事故，在比利时安特卫普，连接南北的高速线路对沿线若干古建筑造成潜在影响，为此进行了专门的减振轨道设计。

我国的铁路、公路、地铁、城铁以及大型动力设备等振动源的迅速增加，对古塔、石窟、殿堂、楼阁等古建筑的影响和危害随之加剧，经济建设与古建筑保护之间的矛盾也日益增多。古建筑由于年久失修，对于振动更加敏感。20 世纪 80 年代末，焦枝铁路修建复线要通过龙门石窟的保护区，这是我国较早关注交通振动对文物保护影响问题的实例（见图 9.1.1），到 1995 年为了保护石窟，铁路线路东移 700m。近年来，各大城市地铁建设如火如荼，列车振动与古建筑保护的矛盾不可避免。例如，为解决西安地铁 2 号线对古城墙、钟楼的振动影响，采取了使用钢弹簧浮置板轨道减振和古建筑加固等措施。北京地铁 8 号线二期规划经过鼓楼等古建筑而建议采取保持 100m 以上距离绕行鼓楼的措施。北京地铁 6 号线曾考虑客流等因素规划穿越皇城，但因该线路涉及沿线故宫角楼、北海团城、大高玄殿等一批古建筑，而受到文物保护专家的强烈质疑而被迫改线。此外，还有北京地下直径线对正阳门城楼及箭楼等古建筑的振动影响；北京地铁 4 号线下穿万松老人塔；京张城际铁路隧道下穿八达岭长城；成都-都江堰的成灌高铁沿线涉及文物建筑红光镇毛主席雕像、世界文化遗产都江堰保护范围内的离堆公园等等研究。

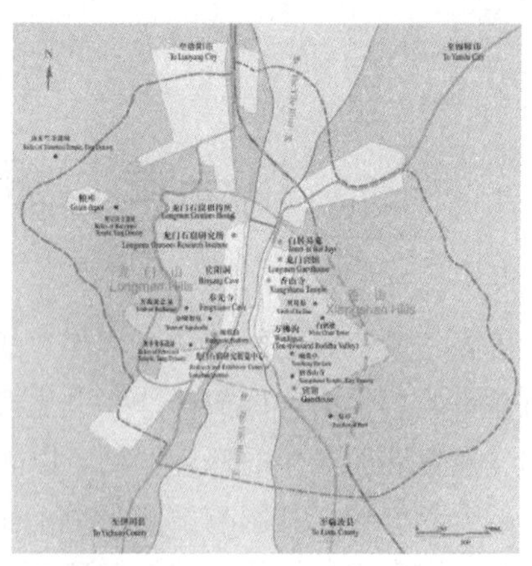

图 9.1.1　焦枝铁路对龙门石窟的影响

第二节　机械装备振动影响

近年来，我国城市建设日新月异。许多建设项目需要采用强夯、打桩甚者爆破等方式来进行各种处理，这些施工方法产生的振动强度大，影响严重；还有一些大型的机器装备在日常运行中也会产生持续性的较强振动。根据记载，一座建于 1350 年的英国教堂，为砖拱结构，基础为木桩。与 1973 年距离东山墙 20 多米处的马路对面进行打桩施工。监测记录显示，打桩时原有拱顶裂缝的启闭幅度，比正常情况下大 7～10 倍。180 根桩打完后的振动次数，约相当于该教堂在正常情况下裂缝启闭 25～30 年。

第三节　人行振动影响

随着人民生活水平日益提高及交通快速便捷，有越来越多的人旅游参观各处的名胜古迹。尤其旅游高峰期，许多文物景点往往是人满为患，过多的游客产生的静载和动载对古塔、石窟、殿堂、楼阁等古建筑的影响和危害随之加剧。在数次监测中发现，人行产生的振动较由路面交通、地铁等振源产生的影响大，有的甚至大一个数量级。因此，人行对古建筑产生的振动影响也应该引起各界的重视，采取必要的措施来减少游客对古建筑的振动影响。

第二章　古建筑容许振动标准

古建筑是一类特殊的建筑物。这里对古建筑的界定不仅仅是修建时间上的“古”，还包含了在漫长历史发展过程中这些建筑本身被赋予的历史文化属性。一方面，这些经历了数百年甚至上千年的古建筑受其自身结构寿命的影响，其建筑构件对环境的改变非常敏感，较之现代建筑对振动的要求更高。另一方面，由于其历史文化特殊性和破坏不可逆性，古建筑对“建筑破坏”的要求要远远高于现代建筑。值得注意的是，不同历史时期人们对古建筑保护的力度和观念是不同的，因此古建筑振动标准的制定也应当与某个地区某个时代经济、文化、国民素质的发展相适应。如果标准过松，很可能导致珍贵物质文化遗产的破坏和流逝。相反标准过严，则需要更多相应的保护措施，有可能造成巨大的经济浪费。

目前，国外还没有专门针对古建筑的振动标准，我国于 2008 年 9 月发布实施了国家标准《古建筑防工业振动技术规范》GB/T 50452。在此归纳了国内外不同标准和不同学者针对古建筑振动标准的限值，如表 9.2.1 所示。可以看出，我国的古建筑振动标准要远远高于国外。

与建筑结构破坏相关的限值总结　　　　**表 9.2.1**

类别	标准名称/学者	卓越频率限定(Hz)	古旧建筑振动限值(mm/s)	适用性备注
规范法规	德国标准 DIN 4150-3—1999	1～10	3	短期振动，基础处速度限值
		10～50	3～8	
		50～100	8～10	
		—	8	短期振动，顶层楼板水平速度限值
		—	2.5	长期振动，顶层楼板水平速度限值
	瑞士标准 SN 640312—1992	10～30	3*	振源为机械、交通和施工设备
		30～60	3～5	
		10～60	8	振源为冲击荷载
		60～90	8～12	
	美国联邦交通署 FTA 标准	—	3.08	—
	我国行业标准 JB 16—88	10～30	1.8～3	JBL 16—2000 删除该限值
		30～60	1.8～5	
	我国国标 GB/T 50452—2008	—	0.15～0.75	承重结构最高处水平速度
	国家文物局文件	—	0.15～0.20	适用于西安钟楼及城墙文物，控制点为建筑基础
学者研究	Ashley	—	7.5	爆破振动
	Remington	—	2	
	Esteves	—	2.5～10	爆破振动
	Esrig，Ciancia	—	13	爆破与冲击振动
	Chae	—	13～25	爆破振动

续表

类别	标准名称/学者	卓越频率限定（Hz）	古旧建筑振动限值（mm/s）	适用性备注
学者研究	Siskind 等	—	13～50	爆破振动
	Konon，Schuring	1～10	6.4	—
		10～40	6.4～12.7	
		40～100	12.7	
	杨先健	—	1.8	—

* 交通流量较大，对于修建年代较早、维修不良的建筑物，限值为 2mm/s。

可以看出，国家标准 GB/T 50452 和国家文物局文件是表中限值中最严格的两项，均小于 1mm/s。其中，国家标准《古建筑防工业振动技术规范》GB/T 50452（简称“规范”），是目前国内外唯一一个专门针对古建筑作出的振动标准。该标准制定，是从两个基本点出发的：（1）工业振动对古建筑结构的影响是长期的、微小的，而地震影响是短暂的、强烈的；（2）现代建筑的容许振动标准是针对结构本身的安全性制定的，而古建筑结构，由于其历史、文化和科学价值，不能和现代建筑一样仅考虑它的完整性。因此，规范提出以疲劳极限作为古建筑结构防工业振动的控制指标，从而达到保护古建筑结构完整性的目的。该规范按照古建筑结构类型、所用材料、保护级别及弹性波在古建结构中的传播速度等规定了相应的容许振动值，如表 9.2.2～表 9.2.5 所示。振动标准速度限值介于 0.10～0.75mm/s。

古建筑砖结构的容许振动速度［ ］(mm/s)　　表 9.2.2

保护级别	控制点位置	控制点方向	砖砌体 v_p(m/s)		
			<1600	1600～2100	>2100
全国重点文物保护单位	承重结构最高处	水平	0.15	0.15～0.20	0.20
省级文物保护单位	承重结构最高处	水平	0.27	0.27～0.36	0.36
市、县级文物保护单位	承重结构最高处	水平	0.45	0.45～0.60	0.60

注：当 v_p 介于 1600～2100m/s 之间时，[v] 采用插入法取值。

古建筑石结构的容许振动速度［ ］(mm/s)　　表 9.2.3

保护级别	控制点位置	控制点方向	砖砌体 v_p(m/s)		
			<2300	2300～2900	>2900
全国重点文物保护单位	承重结构最高处	水平	0.20	0.20～0.25	0.25
省级文物保护单位	承重结构最高处	水平	0.36	0.36～0.45	0.45
市、县级文物保护单位	承重结构最高处	水平	0.60	0.60～0.75	0.75

注：当 v_p 介于 2300～2900m/s 之间时，[v] 采用插入法取值。

古建筑木结构的容许振动速度［ ］(mm/s)　　表 9.2.4

保护级别	控制点位置	控制点方向	顺木纹 v_p(m/s)		
			<4600	4600～5600	>5600
全国重点文物保护单位	顶层柱顶	水平	0.18	0.18～0.22	0.22

续表

保护级别	控制点位置	控制点方向	顺木纹 v_p(m/s)		
			<4600	4600～5600	>5600
省级文物保护单位	顶层柱顶	水平	0.25	0.25～0.30	0.30
市、县级文物保护单位	顶层柱顶	水平	0.29	0.29～0.35	0.35

注：当 v_p 介于 4600～5600m/s 之间时，[v] 采用插入法取值。

石窟的容许振动速度 [ ] (mm/s)　　**表 9.2.5**

保护级别	控制点位置	控制点方向	岩石类别	岩石 v_p(m/s)		
全国重点文物保护单位	窟顶	三向	砂岩	<1500	1500～1900	>1900
				0.10	0.10～0.13	0.13
			砾岩	<1800	1800～2600	>2600
				0.12	0.12～0.17	0.17
			灰岩	<3500	3500～4900	>4900
				0.22	0.22～0.31	0.31

注：1. 表中三向指窟顶的径向、切向和竖向；
2. 当 v_p 介于 1500～1900m/s、1800～2600m/s、3500～4900m/s 之间时，[v] 采用插入法取值。

砖木混合结构的容许振动速度，主要以砖砌体为承重骨架的，可按表 9.2.2 采用；主要以木材为承重骨架的，可按表 9.2.4 采用。

由于规范规定限值的依据是结构不再出现新的微裂缝，且旧的微裂缝不进一步扩展，因此可以判断小于 1mm/s 的振动标准可以确保建筑物既不发生结构破坏，也不发生建筑破坏。与国外其他标准和研究结果相比较，目前我国的推荐标准限值非常严，这将对交通线路规划、减隔振提出非常高的要求。

规范的颁布为我国古建筑保护提供了有力的保障，由于其制定基于振动长效作用，同时考虑建筑的安全性和完整性，并提出以疲劳极限作为振动标准的依据，故其对微振动的要求是目前国际上同类标准中最为严格的，要比国外同类标准低了一个数量级。规范同时通过建筑材料类型、文物保护级别和弹性波在古建筑结构中的传播速度来确定最终容许值。近年来，现代文物保护与修缮加入了众多新的科技元素。例如，对木结构、石结构的化学加固，对古城墙的物理加固（如内部加锚杆），都大大改善了古建的受力状况，提高了其疲劳强度和出现建筑破坏的可能性，客观上也提高了古建筑的承振能力。对古建筑的微振动控制，也应当从提高自身抗振能力和降低激扰强度两方面考虑，因此一个合理的古建振动标准应当考虑古建筑修缮加固的影响因素。

第三章　古建筑结构振动评估

当古建筑周边需要新建公路、铁路、轨道交通或者其他明显产生振动的建设活动，均需要评估产生的工业振动对古建筑结构的影响。应根据工业振源和古建筑的现状调查、古建筑结构的容许振动速度标准以及计算或测试的古建筑结构速度响应，通过分析论证，提出评估意见。评估工业振动对古建筑的影响，是为涉及古建筑保护的工业交通基础设施等振源的布局和解决文物保护与生产建设之间的矛盾提供科学依据。

评估工业振动对古建筑结构的影响，可按下列步骤进行：

1. 调查古建筑和工业振源的状况；
2. 测试弹性波在古建筑结构中的传播速度；
3. 确定古建筑结构的容许振动标准；
4. 计算或测试古建筑结构的速度响应；
5. 综合分析提出评估意见。

状况调查和资料收集应包括：工业振源的类型、频率范围、分布状况及工程概况；古建筑的修建年代、保护级别、结构类型、建筑材料、结构总高度、底面宽度、截面面积等及有关图纸；工业振源与古建筑的地理位置、两者之间的距离以及场地土类别等。对古建筑进行现状调查和现场测试时，不得对古建筑造成损害。

古建筑结构的容许振动标准，应根据所调查的结构类型、保护级别和测得的弹性波传播速度按表 9.2.2～表 9.2.5 规定确定。

古建筑结构速度响应有计算和测试两种方法，对古建筑周围已经有工业振源的情况来讲，两种方法均可以。对于工业交通基础设施等的布局和拟建项目有工业振源的情况来说，实测只能测得结构的动力特性，动力响应只能采用计算法。具体的计算方法在第五章详述。当计算值和测试值不同时，应取两者的较大值。

工业振动对古建筑结构影响的评估意见应包括：按规定的调查内容叙述工业振源和古建筑的基本情况；古建筑结构容许振动标准的确定及其依据；评估工业振动对古建筑结构影响所采用的方法及计算或测试结果；对计算或测试结果与容许振动标准进行分析、比较，做出工业振动对古建筑结构是否造成有害影响的结论；当工业振动对古建筑结构造成有害影响时，应提出防振方案和建议。

第四章　工业振源振动量化与传播

第一节　地面振动速度

工业振源引起的振动，通过土层以波动形式向外传播。在传播过程中，其幅值随着距离增加而逐渐减小，衰减规律与振源的类型、场地土类别等因素有关。国家标准《古建筑防工业振动技术规范》GB/T 50452 列出了不同振源引起的不同距离处的地面振动速度，可根据振源类型和场地土类别，按表 9.4.1 选用。

地面振动速度 v_r(mm/s)　　**表 9.4.1**

振源类型	场地土类型	v_s (m/s)	距离 r(m)								
			10	50	100	200	400	500	700	800	1000
火车	黏土	140～220	—	0.655	0.385	0.225	0.125	0.100	0.060	0.040	0.025
	粉细砂	150～200	—	0.825	0.435	0.220	0.110	0.085	0.050	0.035	0.020
	淤泥质粉质黏土	110～140	—	0.755	0.470	0.340	0.175	0.125	0.075	0.045	0.035
汽车	粉细砂	150～200	—	0.230	0.110	0.050	0.025	—	—	—	—
地铁	黏土	140～220	0.418	0.166	0.072	0.056	0.044	—	—	—	—
城铁	黏土	140～220	—	0.206	0.113	0.030	0.020	—	—	—	—
打桩	砂砾石	200～280	—	1.100	0.640	0.370	0.220	0.180	0.140	0.120	0.100
强夯	回填土	110～130	—	11.870	3.130	1.000	0.433	0.150	0.070	—	—

注：1. 汽车的 v_r值，当汽车载质量大于 7t 时，应乘 1.3；小于 4t 时，应乘 0.5；
2. 地铁的 v_r值，当距离 r 等于 1～3 倍地铁隧道埋深 h 时，应乘 1.2；
3. 打桩的 v_r为桩尖入土深度 22m 时之值；
4. 强夯的 v_r为夯锤质量 20t、落距 15m 时之值。

对表 9.4.1 中未作规定的振源和场地土，其不同距离处的地面振动速度，应按《地基动力特性测试规范》GB/T 50269 的规定进行现场测试。无条件时，可按以下方法计算。

距火车、汽车、地铁、打桩等工业振源中心 r 处地面的竖向或水平向振动速度，可按下式计算：

$$v_r = v_0\sqrt{\frac{r_0}{r}\left[1-\zeta_0\left(1-\frac{r_0}{r}\right)\right]\exp[-\alpha_0 f_0(r-r_0)]} \tag{9.4.1}$$

式中　v_r——距振源中心 r 处地面振动速度（mm/s），当其计算值等于或小于场地地面脉动值时，其结果无效；

v_0——r_0 处地面振动速度（mm/s）；

r_0——振源半径（m）；

r——距振源中心的距离（m）；

ζ_0——与振源半径等有关的几何衰减系数，按规定选用；

α_0——土的能量吸收系数（s/m），按规定选用；

f_0——地面振动频率（Hz）。

振源半径 r_0 可按下列规定取值：

1. 火车

$$r_0 = 3.00\text{m}$$

2. 汽车

柔性路面，$r_0 = 3.25\text{m}$

刚性路面，$r_0 = 3.00\text{m}$

3. 地铁

$$r \leqslant H, r_0 = r_m$$

$$r > H, r_0 = \delta_r r_m \tag{9.4.2}$$

$$r_m = 0.7\sqrt{\frac{BL}{\pi}} \tag{9.4.3}$$

式中 B——地铁隧道宽（m）；

L——牵引机车车身长（m）；

H——隧道底深度（m）；

δ_r——隧道埋深影响系数。

$$\frac{H}{r_m} \leqslant 2.5, \delta_r = 1.30$$

$$\frac{H}{r_m} = 2.7, \delta_r = 1.40$$

$$\frac{H}{r_m} \geqslant 3.0, \delta_r = 1.50$$

4. 打桩

$$r_0 = \beta r_p \tag{9.4.4}$$

$$r_p = 1.5\sqrt{\frac{A}{\pi}} \tag{9.4.5}$$

式中 β——系数，淤泥质黏土、新近沉积的黏土、非饱和松散砂，$\beta = 4.0$；软塑的黏土，$\beta = 5.0$；软塑的粉质黏土、饱和细粉砂，$\beta = 6.0$；

A——桩的面积（m^2）。

几何衰减系数 ζ_0 与振源类型、土的性质和振源半径 r_0 有关，其值可按表 9.4.2～表 9.4.5采用。

火车振源几何衰减系数 ζ_0 **表 9.4.2**

土类	v_s(m/s)	ζ_0
硬塑粉质黏土	230～280	0.800～0.850
粉细砂层下卵石层	220～250	0.985～0.995
黏土及可塑粉质黏土	200～250	0.850～0.900
饱和淤泥质粉质黏土	80～110	0.845～0.880
松散的粉土、粉质黏土	150～200	0.840～0.885
松散的砾石土	250	0.910～0.980

汽车振源几何衰减系数 ζ_0　　**表 9.4.3**

土类	v_s(m/s)	ζ_0
硬塑粉质黏土	230～280	0.300～0.400
黏土及可塑粉质黏土	200～250	
淤泥质粉质黏土	90～110	

地铁振源几何衰减系数 ζ_0　　**表 9.4.4**

土类	v_s(m/s)	r 与 H 的关系	r_0(m)	ζ_0
饱和淤泥质粉质黏土	80～280	$r \leqslant H$	5.00	0.800
黏土及可塑粉质黏土			6.00	0.800
硬塑粉质黏土			≥7.00	0.750
硬塑粉质黏土 黏土及可塑粉质黏土	150～280	$r>H$	5.00	0.400
			6.00	0.350
			≥7.00	0.150～0.250
饱和淤泥质粉质黏土	80～110	$r>H$	5.00	0.300～0.350
			6.00	0.250～0.300
			≥7.00	0.100～0.200

打桩振源几何衰减系数 ζ_0　　**表 9.4.5**

土类	v_s(m/s)	r_0(m)	ζ_0
软塑的黏土 软塑粉质黏土、饱和粉细砂	100～220	≤0.50	0.720～0.955
		1.00	0.550
		2.00	0.450
		3.00	0.400
淤泥质黏土 新近沉积的黏土 非饱和松散砂	80～220	≤0.50	0.700～0.950
		1.00	0.500～0.550
		2.00	0.400
		3.00	0.350～0.400

能量吸收系数 α_0 可根据振源类型和土的性质按表 9.4.6 采用。

土的能量吸收系数 α_0　　**表 9.4.6**

振源	土　类	v_s(m/s)	α_0(s/m)
火车	硬塑粉质黏土	230～280	$(1.15\sim1.20)\times10^{-4}$
	粉细砂层下卵石层	220～250	$(1.23\sim1.27)\times10^{-4}$
	黏土及可塑粉质黏土	200～250	$(1.85\sim2.50)\times10^{-4}$
	饱和淤泥质粉质黏土	80～110	$(1.30\sim1.40)\times10^{-4}$
	松散的粉土、粉质黏土	150～200	$(3.10\sim3.50)\times10^{-4}$
	松散的砾石土	250	$(2.10\sim3.00)\times10^{-4}$
汽车	硬塑粉质黏土	230～280	$(1.15\sim1.20)\times10^{-4}$
	黏土及可塑粉质黏土	200～250	$(1.20\sim1.45)\times10^{-4}$
	淤泥质粉质黏土	90～110	$(1.50\sim2.00)\times10^{-4}$
地铁	硬塑粉质黏土	230～280	$(2.00\sim3.50)\times10^{-4}$
	黏土及可塑粉质黏土	200～250	$(2.15\sim2.20)\times10^{-4}$
	饱和淤泥质粉质黏土	80～110	$(2.25\sim2.45)\times10^{-4}$
打桩	软塑的黏土	150～220	$(12.50\sim14.50)\times10^{-4}$
	软塑粉质黏土、饱和细粉砂	100～120	$(12.00\sim13.00)\times10^{-4}$
	淤泥质黏土	90～110	$(12.00\sim13.00)\times10^{-4}$
	新近沉积的黏土	110～140	$(18.00\sim20.50)\times10^{-4}$
	非饱和松散砂	150～220	

动力设备引起的地面振动衰减，可按《动力机器基础设计规范》GB 50040 计算。

第二节　地面振动频率

由于土介质的非均匀性，振动在不同土层中的传播均存在频率随距离而变化的现象，也就是频散现象，一般来讲高频的振动衰减快。这对于准确计算古建筑结构的动力响应非常重要。因为随着距离的增加，振动强度虽逐渐减弱，但振动频率却逐渐趋近于古建筑结构的固有频率，其动力响应有可能增大。工业振源引起的不同距离处的地面振动频率，可根据国家标准《古建筑防工业振动技术规范》GB/T 50452 中相关内容，按表 9.4.7 选用。

对表 9.4.7 中未做规定的振源和场地土，其不同距离处的地面振动频率，应按《地基动力特性测试规范》GB/T 50269 的规定进行现场测试。其测试数据应规定处理。

地面振动频率 f_r（mm/s） **表 9.4.7**

振源类型	场地土类型	v_s (m/s)	距离 r(m)								
			10	50	100	200	400	500	700	800	1000
火车	黏土	140～220	—	7.38	6.90	6.50	6.20	6.00	5.90	5.80	5.70
	粉细砂	150～200	—	5.80	5.30	4.90	4.50	4.30	4.20	4.10	4.00
	淤泥质粉质黏土	110～140	—	6.70	5.90	5.20	4.50	4.40	4.10	4.00	3.80
汽车	粉细砂	150～200	—	7.10	5.90	5.00	4.20	—	—	—	—
地铁	黏土	140～220	13.40	12.50	12.40	12.30	12.20	—	—	—	—
城铁	黏土	140～220	—	13.65	10.95	10.85	10.05	—	—	—	—
强夯	回填土	110～130	—	7.56	6.23	5.19	4.25	3.97	3.61	—	—

第五章　古建筑动力特性和响应

第一节　概　　述

古建筑的动力响应的计算分析，原理上与现代建筑结构的没什么不同。其主要问题在于古建结构本身分析模型的建立。其中包括各种材料（木材、石材和粘结缝）的本构模型，以及各种类型节点的力学简化模型。通常简化的方法有两种：一种是按一般现代结构的方法建模，许多商业有限元软件可以实现，但是没有特别合适的材料本构模型和节点模型，计算结果偏差性往往较大，需要实测数据去校核；另一种是按照对古建筑大量的实测振型，进行统计模态的经验估算。第二种方法在国家标准《古建筑防工业振动技术规范》GB/T 50452 中，给出了详细的统计模态的经验估算公式与统计数据表格，分为砖石结构和木结构古建筑两类。砖石结构包括古塔、砖石钟鼓楼及宫门。木结构古建筑包括高度超过 20m 的多层楼阁和高度小于 20m 的多层楼阁和殿堂。这种方法能够对古建筑结构在已知的振源条件下进行快速准确的估算。

第二节　古建筑砖石结构

一、古建筑砖石结构固有频率计算

古建筑砖石结构根据其结构形式分为砖石古塔、砖石钟鼓楼及宫门。砖石古塔在振动荷载下塔身以弯剪振动为主，计算时采用变截面弯剪悬臂杆模型，计算中不仅要考虑弯曲变形，还需要通过系数调整考虑剪切变形对结构频率的影响。

古建筑砖石古塔（图 9.5.1）的水平固有频率可按下式计算：

$$f_j=\frac{\alpha_j b_0}{2\pi H^2}\psi \tag{9.5.1}$$

式中　f_j——结构第 j 阶固有频率（Hz）；

α_j——结构第 j 阶固有频率的综合变形系数，按表 9.5.1-1 选用；

b_0——结构底部宽度（两对边的距离）(m)；

H——结构计算总高度（台基顶至塔刹根部的高度）(m)；

ψ——结构质量刚度参数（m/s），按表 9.5.1-2 选用。

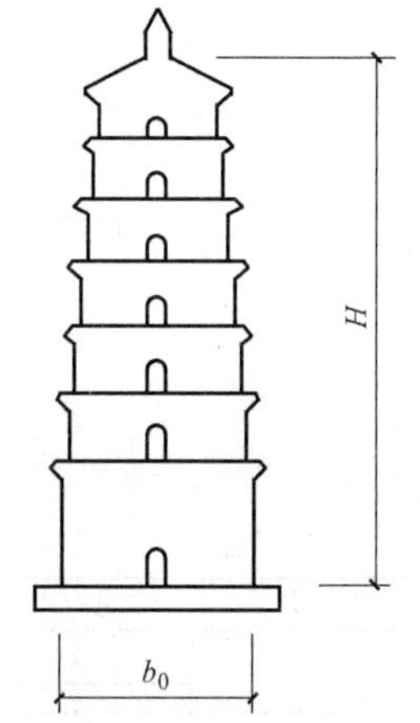

图 9.5.1　砖石古塔结构

砖石古塔的固有频率综合变形系数 α_j　　表 9.5.1-1

H/b_m	b_m/b_0	0.60	0.65	0.70	0.80	0.90	1.00
2.0	α_1	1.175	1.106	1.049	0.961	0.899	0.842
	α_2	2.564	2.633	2.727	2.928	3.142	3.343
	α_3	4.348	4.637	4.939	5.580	6.220	6.868
3.0	α_1	1.414	1.301	1.213	1.081	0.987	0.911
	α_2	3.318	3.406	3.512	3.764	4.009	4.247
	α_3	5.843	6.239	6.667	7.527	8.394	9.255
5.0	α_1	1.596	1.455	1.326	1.162	1.043	0.955
	α_2	4.197	4.285	4.405	4.675	4.945	5.209
	α_3	7.867	8.426	9.004	10.160	11.297	12.409
8.0	α_1	1.678	1.502	1.376	1.194	1.068	0.974
	α_2	4.725	4.807	4.926	5.196	5.466	5.730
	α_3	9.450	10.135	10.826	12.171	13.477	14.740

注：b_m为高度 H 范围内各层宽度对层高的加权平均值（m）。

砖石古塔质量刚度参数 ψ（m/s）　　表 9.5.1-2

结构类型	ψ	结构类型	ψ
砖塔	$5.4H+615$	石塔	$2.4H+591$

砖石钟鼓楼、宫门在振动荷载下结构以剪切振动为主，计算时采用阶形截面剪切悬臂杆模型，计算中只考虑剪切变形对结构频率的影响。

古建筑砖石钟鼓楼、宫门（图 9.5.2）的水平固有频率应按下式计算：

$$f_j=\frac{1}{2\pi H}\lambda_j\psi \tag{9.5.2}$$

式中　f_j——结构第 j 阶固有频率（Hz）；

H——结构计算总高度（台基顶至承重结构最高处的高度）（m）；

λ_j——结构第 j 阶固有频率计算系数，按表 9.5.2 选用；

ψ——结构质量刚度参数（m/s），可取 230。

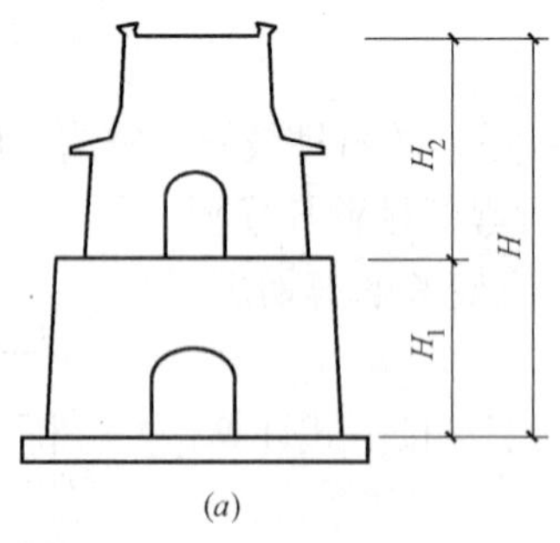

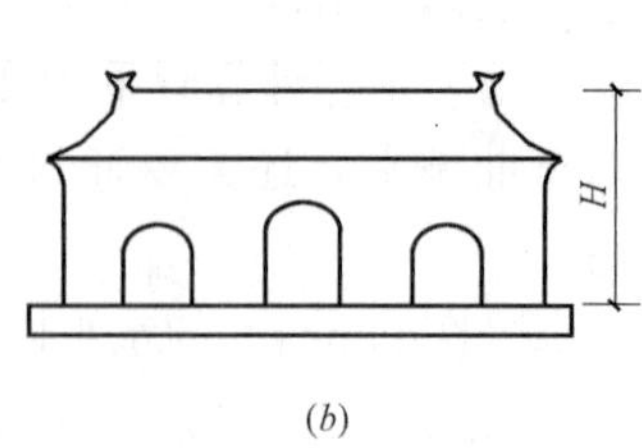

图 9.5.2　砖石钟鼓楼、宫门结构

（a）钟鼓楼；（b）宫门

砖石钟鼓楼、宫门的固有频率计算系数 λ_j　　表 9.5.2

H_2/H_1	A_2/A_1	0.2	0.4	0.6	0.8	1.0
0.6	λ_1	2.178	1.958	1.798	1.673	1.571
	λ_2	4.405	4.528	4.611	4.669	4.712
	λ_3	7.630	7.704	7.763	7.813	7.854

续表

H_2/H_1	A_2/A_1	0.2	0.4	0.6	0.8	1.0
0.8	λ_1	2.272	2.002	1.818	1.680	1.571
	λ_2	4.068	4.322	4.491	4.616	4.712
	λ_3	8.269	8.122	8.012	7.925	7.854
1.0	λ_1	2.300	2.012	1.824	1.682	1.571
	λ_2	3.982	4.268	4.460	4.601	4.712
	λ_3	8.582	8.296	8.107	7.965	7.854

注：1. H_1为台基顶至第一层台面的高度（m），H_2为第一层台面至承重结构最高处的高度（m），H 为 H_1与 H_2之和；A_1为第一层截面周边所围面积（m^2），A_2为第二层结构截面周边所围面积（m^2）；

2. 当 $H_2/H_1>1$ 时，按 H_1/H_2选用；

3. 对于单层结构，A_2/A_1取 1.0，与 H_2/H_1无关。

二、古建筑砖石结构动力响应的计算

古建筑砖石结构在工业振动荷载下速度响应的计算，采用振型叠加法。由于工业振源的主要频率通常比较接近于结构的第二、第三阶固有频率，因此除了基本振型外，还要考虑高阶振型的影响。

古建筑砖石结构在工业振源作用下的最大水平速度响应可按下式计算：

$$v_{\max} = v_{\mathrm{r}}\sqrt{\sum_{j=1}^{n}[r_j\beta_j]^2} \tag{9.5.3}$$

式中　$v_{\max}$——结构最大速度响应（mm/s）；

v_{r}——基础处水平向地面振动速度（mm/s）；

n——振型叠加数，取 3；

r_j——第 j 阶振型参与系数，古塔按表 9.5.3-1 选用；钟鼓楼、宫门按表 9.5.3-2 选用；

β_j——第 j 阶振型动力放大系数，按表 9.5.3-3 选用。

砖石古塔的振型参与系数 r_j　　　**表 9.5.3-1**

H/b_m	b_m/b_0	0.6	0.65	0.7	0.8	0.9	1.0
2.0	γ_1	2.284	2.051	1.892	1.699	1.591	1.523
	γ_2	−2.164	−1.693	−1.394	−1.046	−0.856	−0.738
	γ_3	1.471	1.054	0.817	0.561	0.426	0.344
3.0	γ_1	2.412	2.129	1.947	1.736	1.619	1.547
	γ_2	−2.484	−1.896	−1.541	−1.143	−0.929	−0.796
	γ_3	1.786	1.256	0.964	0.654	0.495	0.397
5.0	γ_1	2.474	2.164	1.972	1.753	1.634	1.559
	γ_2	−2.742	−2.054	−1.654	−1.216	−0.984	−0.841
	γ_3	2.192	1.510	1.145	0.767	0.575	0.459
8.0	γ_1	2.487	2.171	1.978	1.758	1.638	1.563
	γ_2	−2.812	−2.097	−1.687	−1.240	−1.004	−0.858
	γ_3	2.388	1.631	1.232	0.822	0.615	0.491

注：b_m为高度 H 范围内各层宽度对层高的加权平均值（m）。

砖石钟鼓楼、宫门的振型参与系数 r_j　　表 9.5.3-2

H_2/H_1	A_2/A_1	0.2	0.4	0.6	0.8	1.0
0.6	γ_1	1.686	1.494	1.388	1.321	1.273
	γ_2	−0.931	−0.706	−0.579	−0.489	−0.424
	γ_3	0.386	0.341	0.306	0.277	0.255
0.8	γ_1	1.875	1.553	1.410	1.327	1.273
	γ_2	−1.064	−0.731	−0.578	−0.487	−0.424
	γ_3	0.414	0.351	0.309	0.278	0.255
1.0	γ_1	1.944	1.570	1.416	1.329	1.273
	γ_2	−1.122	−0.740	−0.579	−0.486	−0.424
	γ_3	0.522	0.382	0.318	0.281	0.255

注：1. H_1为台基顶至第一层台面的高度（m），H_2为第一层台面至承重结构最高处的高度（m），H为H_1与H_2之和；A_1为第一层截面周边所围面积（m^2），A_2为第二层结构截面周边所围面积（m^2）；
2. 当$H_2/H_1>1$时，按H_1/H_2选用；
3. 对于单层结构，A_2/A_1取1.0，与H_2/H_1无关。

动力放大系数 β_j　　表 9.5.3-3

f_r/f_j	0	0.3～0.8	1.0	1.4～1.9	2.3～2.8	3.3～3.9	≥5.0
β_j	1.0	7.0	10.0	6.0	4.0	2.5	1.0

注：1. f_r值可按规定选用；
2. 当f_r/f_j介于表中数值之间时，β_j采用插入法取值。

第三节　古建筑木结构

一、古建筑木结构固有频率计算

古建筑木结构屋盖层和铺作层的水平刚度要远远大于木架构的水平刚度；结构平面面积大，相对平面尺寸而言，柱高却较小，我国大多数的木结构高宽比小于1，最大不超过2；实测也表明木结构沿高度方向的振型曲线接近剪切振动，故将木结构简化为等截面剪切悬臂杆，两重檐殿堂和两层楼阁简化为阶形截面剪切悬臂杆，两重檐以上的殿堂和两层以上（含暗层）的楼阁以及古塔简化为变截面剪切悬臂杆。

古建筑木结构的水平固有频率可按下式计算：

$$f_j=\frac{1}{2\pi H}\lambda_j\psi \qquad (9.5.4)$$

式中　f_j——结构第j阶固有频率（Hz）；

H——结构计算总高度（单檐木结构为台基顶至檐柱顶的高度；重檐殿堂、楼阁和木塔为台基顶至顶层檐柱顶的高度）（m）；

λ_j——结构第j阶固有频率计算系数；

ψ——结构质量刚度参数（m/s），按表9.5.4选用。

木结构质量刚度参数 ψ（m/s）　　表 9.5.4

结构形式	ψ
木塔	110
楼阁和两重檐以上殿堂	60

续表

结构形式		ψ
单檐和两重檐殿堂	有围护墙殿堂	52
	无围护墙殿堂	33
	建造在城墙或城台上的殿堂	43

注：亭子按无围护墙的殿堂取值。

固有频率计算系数应根据古建筑檐数和层数分别按以下规定确定：

1. 单檐木结构（图 9.5.3-1），λ_1 取 1.571。

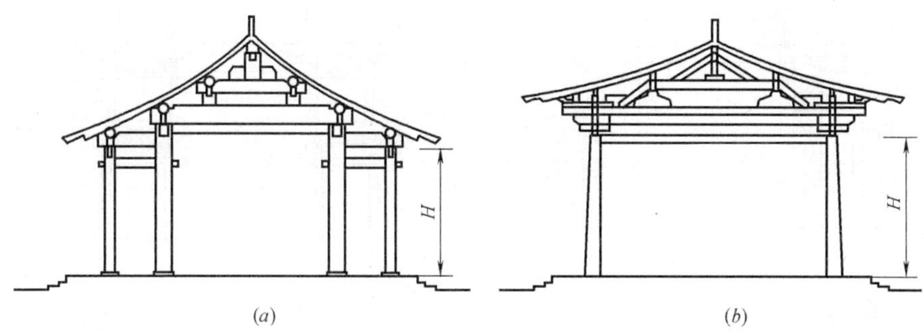

图 9.5.3-1　单檐木结构

（a）无斗拱；（b）有斗拱

2. 两重檐的殿堂和两层楼阁（图 9.5.3-2），λ_j 应按表 9.5.5-1 选用。

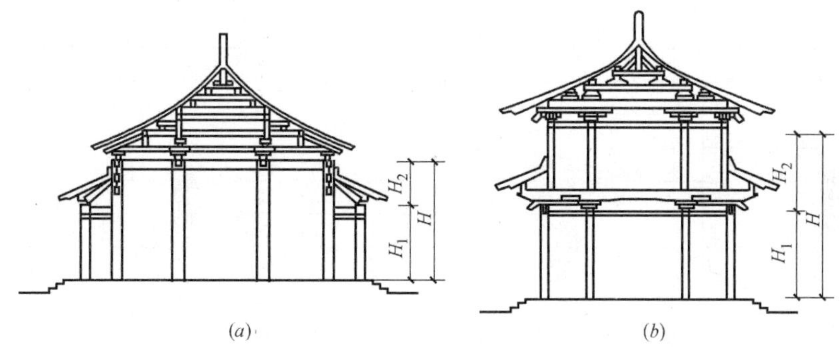

图 9.5.3-2　两重檐木结构

（a）两重檐殿堂；（b）两层楼阁

两重檐木结构的固有频率计算系数 λ_j　　**表 9.5.5-1**

H_2/H_1	A_2/A_1	0.5	0.6	0.7	0.8	0.9	1.0
0.6	λ_1	1.873	1.798	1.732	1.673	1.619	1.571
	λ_2	4.574	4.611	4.642	4.669	4.692	4.712
	λ_3	7.735	7.763	7.789	7.813	7.834	7.854
0.8	λ_1	1.903	1.818	1.745	1.680	1.623	1.571
	λ_2	4.414	4.491	4.558	4.616	4.667	4.712
	λ_3	8.064	8.012	7.966	7.925	7.888	7.854
1.0	λ_1	1.911	1.824	1.748	1.682	1.623	1.571
	λ_2	4.373	4.460	4.535	4.601	4.660	4.712
	λ_3	8.194	8.107	8.032	7.965	7.907	7.584

注：1. H_1为台基顶至底层檐柱顶或二层楼面的高度（m），H_2为底层檐柱顶或二层楼面至顶层檐柱的高度（m），H为H_1与H_2之和；A_1、A_2分别为下檐柱和上檐柱外围周边所围面积（m^2）；

2. 当 $H_2/H_1>1$ 时，按 H_1/H_2选用。

两重檐以上的殿堂、两层以上（含暗层）的楼阁和木塔（图 9.5.3-3），λ_j 应按表 9.5.5-2 选用。

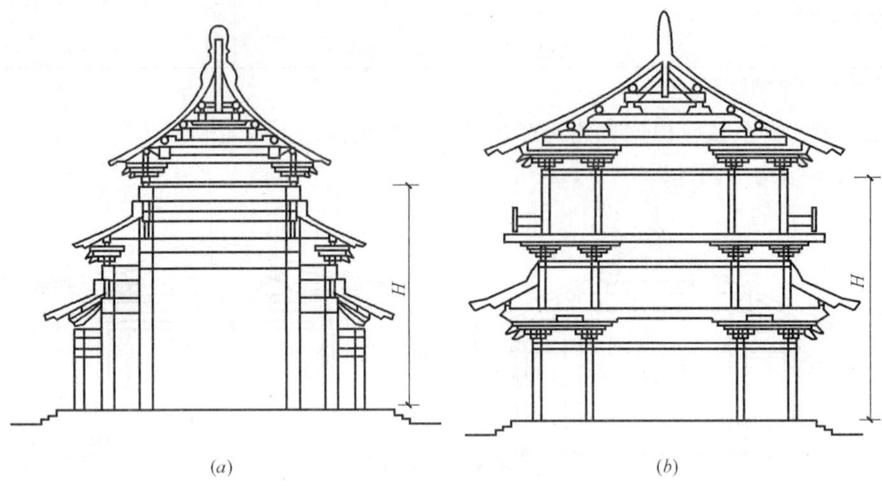

图 9.5.3-3 两重檐以上木结构

(a) 两重檐以上殿堂；(b) 两重檐以上楼阁和木塔

两重檐以上木结构的固有频率计算系数 λ_j **表 9.5.5-2**

$\ln\frac{A_1}{A_2}$	λ_1	λ_2	λ_3
0	1.571	4.712	7.854
0.2	1.635	4.735	7.867
0.4	1.700	4.759	7.882
0.6	1.767	4.785	7.898
0.8	1.835	4.812	7.915
1.0	1.903	4.842	7.933
1.2	1.973	4.873	7.952
1.4	2.044	4.906	7.973
1.6	2.116	4.940	7.994
1.8	2.188	4.976	8.017

注：A_1、A_2分别为底层和顶层檐柱外围周边所围面积（m^2）。

二、古建筑木结构动力响应计算

古建筑木结构在工业振动荷载下速度响应的计算，采用振型叠加法。

古建筑木结构在工业振源作用下的最大水平速度响应可按下式计算：

$$v_{max} = v_r \sqrt{\sum_{j=1}^{n} (\gamma_j \beta_j)^2} \tag{9.5.5}$$

式中 v_{max}——结构最大速度响应（mm/s）；

v_r——基础处水平向地面振动速度（mm/s）；

n——振型叠加数，单檐木结构取 1，其他木结构取 3；

γ_j——第 j 阶振型参与系数，单檐木结构取 1.273；两重檐木结构按表 9.5.6-1 选用；两重檐以上木结构按表 9.5.6-2 选用；

β_j——第 j 阶振型动力放大系数，按表 9.5.6-3 选用。

两重檐木结构的振型参与系数 γ_j　　表 9.5.6-1

H_2/H_1	A_2/A_1	0.5	0.6	0.7	0.8	0.9	1.0
0.6	γ_1	1.435	1.388	1.351	1.321	1.295	1.273
	γ_2	−0.638	−0.579	−0.530	−0.489	−0.454	−0.424
	γ_3	0.322	0.306	0.291	0.277	0.266	0.255
0.8	γ_1	1.470	1.410	1.364	1.327	1.298	1.273
	γ_2	−0.644	−0.578	−0.528	−0.487	−0.453	−0.424
	γ_3	0.328	0.309	0.292	0.278	0.266	0.255
1.0	γ_1	1.480	1.416	1.367	1.329	1.299	1.273
	γ_2	−0.647	−0.579	−0.527	−0.486	−0.453	−0.424
	γ_3	0.345	0.318	0.297	0.281	0.266	0.255

注：1. H_1为台基顶至底层檐柱顶或二层楼面的高度（m），H_2为底层檐柱顶或二层楼面至顶层檐柱的高度（m），H 为 H_1与 H_2之和；A_1、A_2分别为下檐柱和上檐柱外围周边所围面积（m^2）；
2. 当 $H_2/H_1>1$ 时，按 H_1/H_2选用。

两重檐以上木结构的振型参与系数 γ_j　　表 9.5.6-2

$\ln\frac{A_1}{A_2}$	γ_1	γ_2	γ_3
0	1.273	−0.424	0.255
0.2	1.298	−0.464	0.281
0.4	1.325	−0.508	0.309
0.6	1.354	−0.555	0.340
0.8	1.384	−0.605	0.373
1.0	1.417	−0.660	0.411
1.2	1.452	−0.718	0.451
1.4	1.490	−0.781	0.496
1.6	1.529	−0.850	0.544
1.8	1.572	−0.923	0.597

注：A_1、A_2 分别为底层和顶层檐柱外围周边所围面积（m^2）。

动力放大系数 β_j　　表 9.5.6-3

f_r/f_j	0	0.3～0.8	1.0	1.4～1.9	2.3～2.8	3.3～3.9	≥5.0
β_j	1.0	5.0	7.0	4.5	3.0	2.0	0.8

注：1. f_r值可按规定选用；
2. 当 f_r/f_j介于表中数值之间时，β_j 采用插入法取值。

第六章　古建筑弹性波波速及动力特性测试

第一节　古建筑物弹性波波速测试

根据国家标准《古建筑防工业振动技术规范》GB/T 50452 中相关规定得到古建筑的容许振动标准，需要提供古建筑具体的弹性波波速。下述适用于古建筑木结构、古建筑砖石结构和石窟的弹性波传播速度测试方法。

一、测试方法

1. 弹性波传播速度的测试应符合下列规定：

（1）弹性波传播速度应采用平测法测试（即发射换能器和接收换能器均布置在构件同一平面内）；

（2）测点处的表面宜清洁、平整；

（3）采用纵波换能器，换能器和测点表面间用黄油耦合；

（4）用钢卷尺测量发射换能器和接收换能器两者中心的距离（以下简称测距），距离数据应精确到 1mm。

2. 木结构的弹性波传播速度测试尚应符合下列规定：

（1）测试柱子和主梁的顺纹纵波传播速度；

（2）测点应布置在靠近柱底、主梁两端和跨中以及柱和主梁上有木节、裂缝、腐朽和虫蛀处；布置测点的柱子（包括金柱、檐柱和廊柱）和主梁分别不应少于其总数的 20%；

（3）测距宜选择 400～600mm。

3. 砖石结构的弹性波传播速度测试尚应符合下列规定：

（1）测试砖石砌体的纵波传播速度；

（2）测点应布置在承重墙底部和拱顶以及风化、开裂、鼓凸处；每层测点不应少于 10；

（3）测距宜选择 200～250mm。

4. 石窟的弹性波传播速度测试尚应符合下列规定：

（1）测试石窟岩石的纵波传播速度；

（2）测点应布置在窟顶、侧壁和窟底以及风化、开裂处；每处测点不应少于 10 个；

（3）测距宜选择 200～250mm。

二、数据处理

每处测点应改变发射电压，读取 2 次声时，取其平均值为本测距的声时。对于声时异常的测点，必须测试和读取 3 次声时，读数差不宜大于 3%，以测值最接近的 2 次平均值作为本测距的声时。

测距除以平均声时为该测点的传播速度；所有测点的平均传播速度即为该古建筑结构的弹性波传播速度。

第二节　古建筑动力特性测试

一、测试方法

本节适用于古建筑砖石结构、木结构的动力特性（固有频率、振型和阻尼）和响应的测试以及石窟的响应测试。

1. 古建筑结构动力特性和响应的测试，当结构对称时，可按任一主轴水平方向测试；当结构不对称时，应按各个主轴水平方向分别测试。

古建筑结构动力特性和响应的测试应符合下列要求：

（1）测试仪器应满足低频、微幅的要求，其低频起始频率不应高于 0.5Hz，测振系统的分辨率不应低于 10^{-6}m/s；

（2）测试仪器应在标准振动台上进行系统灵敏度系数的标定，并给出灵敏度系数随频率的变化曲线；

（3）动力特性应在脉动环境下测试，结构响应应在工业振源作用下测试；测试时不得有任何机、电、人为干扰和一级以上风的影响；

（4）传感器应牢固固定在被测结构构件上；测线电缆应与结构构件固定在一起，不得悬空；

（5）测试时应详细记录测试日期、周边环境、风向风速、测试次数、记录时间、测试方向、测点设置、各测点对应的通道号、传感器编号、放大倍数以及标定值、各通道的记录情况等；

（6）低通滤波频率和采样频率应根据所需频率范围设置，采样频率宜为 100～120Hz，记录时间每次不应少于 15min，记录次数不得少于 5 次。

2. 古建筑结构动力特性测试宜按以下要求布置测点：

（1）测砖石结构的水平振动，测点宜布置在各层平面刚度中心或其附近；

（2）测木结构的水平振动，测点宜布置在中跨的各层柱顶和柱底。

3. 古建筑结构响应测试应按以下要求布置测点：

（1）测砖石结构的水平响应，测点应沿两个主轴方向分别布置在承重结构的最高处；

（2）测木结构的水平响应，测点应布置在两个主轴中跨的顶层柱顶；

（3）测石窟的响应，测点应布置在窟顶的径向、切向和竖向。

二、数据处理

数据分析前，应对实测原始记录信号去掉零点漂移和干扰，并对电信号干扰进行带阻滤波，处理波形的失真。

1. 古建筑结构动力特性应按下列方法确定：

（1）对处理后的记录进行自功率谱、互功率谱和相干函数分析，同时宜加指数窗，平均次数宜为 100 次左右；

（2）结构固有频率和振型应根据自功率谱峰值、各层测点间的互功率谱相位确定，测点间相干函数不得小于 0.8；

（3）模态阻尼比可由半功率带宽法确定。

2. 古建筑结构响应应分别按同一高度、同一方向各测点速度时程最大峰峰值的一半确定，并取 5 次的平均值。

第七章　防振措施

交通振动和工业振动对古建筑的影响不可避免而越来越受到关注，古建筑的保护与经济合理的矛盾成为急需解决的新课题。在以往工作中，较多采取了对古建筑的加固，或交通改线、振动设备移地建设，这些措施都具有片面性，甚至造成了巨大的经济损失。古建筑的振动控制，应采用多道防线控制、综合治理方案，主要的思路和方法如下。

1. 振源处减振：在对古建筑有振动影响范围内，轨道交通采用浮置板、公路采用减振路面、工业装备采用主动隔振等措施，是减轻振动对古建筑影响第一道防线，也是最有效的措施。

铁路及轨道交通振源处减振可采用以下措施：

（1）轨道减振，包括浮置板、弹性支承块、高弹性扣件、道万砟垫；

（2）无缝线路或重型钢轨；

（3）减振型桥梁橡胶支座；

（4）桥梁吸振器。

浮置板轨道按照支承条件不同主要分为橡胶支座浮置板轨道和钢弹簧浮置板轨道两种，其中钢弹簧浮置板减振效果最佳。橡胶支座浮置板轨道有载固有频率约为 16Hz。按照支承方式，可以分为整体支承、线形支承、点支承式 3 种。整体支承可以将地铁或轻轨等振动频率降至 15Hz 左右，其减振效果可高达 20dB（三分之一倍频程最大插入损失）加速度级。由于整体支承的支承面积相对较大，故可以很好地抵抗振动产生的纵向力和横向力，使道床受力均匀，但是同时也造成了橡胶材料用量大，可维修性差。目前在瑞士的日内瓦，法国的格勒诺布尔、南特、鲁昂、斯特拉斯堡，西班牙的巴伦西亚、马德里，意大利的米兰、罗马，德国的慕尼黑地铁和比利时、奥地利、瑞士铁路中采用。线性支承轨道结构的固有频率较低，较整体支承节省材料，其减振效果约为 25dB（三分之一倍频程最大插入损失），在德国的波恩、多特蒙德、埃森、慕尼黑地铁中采用。点支承式轨道结构的固有频率低，减振效果约为 30dB（三分之一倍频程最大插入损失）。施工中采取凹槽对橡胶垫板进行定位，有效地提高了浮置板的稳定性，施工及更换垫层方便。目前在德国的波恩、汉堡、慕尼黑、纽伦堡，美国的亚特兰大，加拿大的多伦多，新加坡，我国香港、广州和深圳地铁中采用。与整体式支承结构相比，线性支承式与点支承式结构造价低。

在所有的振源减振方法中，钢弹簧浮置板轨道隔振效果最好，钢弹簧浮置板隔振系统的固有频率约 5～7Hz，隔振效果为 25～40dB（三分之一倍频程最大插入损失），可有效地减振、消除固体声。适用于线路从古建筑物下或附近通过，是保护古建筑的重要技术措施。钢弹簧浮置板在国内成功运营里程已达 60km 以上，在建的也已超过 60km，在北京、西安、南京等地区使用。实例研究表明，钢弹簧浮置板减振轨道可以很好地满足规范要求，不需要采用限速等其他附加减振措施。

公路减振可采用以下措施：

（1）加强养护维修，提高路面平整度，保持道路良好的技术状况；

（2）采用沥青混凝土路面等柔性路面或减振路面；

（3）限制行车速度；

（4）采用减振型桥梁伸缩缝和桥梁支座。

大型动力设备减振，可在设备底座安装合适的减振器，具体可按国家现行标准《隔振设计规范》GB 50463 的有关规定执行。

由于强夯、爆破等施工行为产生的振动强烈，因此在古建筑保护区内不得实施强夯和爆破；保护区外的采石工程作业，应控制装药量。

2. 切断或改变振动传播衰减路径：如在线路设计上，线路平面尽量远离古建筑，地埋线路尽量加大埋深。采用隔振沟、屏障隔振、设置隔振装置等措施，也可以大大降低振动对古建筑的影响。这是古建筑振动控制的第二道防线。

采用计算法时，防振距离可按下列步骤确定：

（1）根据工业振源与古建筑结构之间的距离，首先选用或测试该距离处的地面振动速度和振动频率；

（2）按第 5 章的规定求出古建筑结构的最大速度响应；

（3）当 $v_{\max}\leqslant[v]$ 时，则该距离满足防振要求；当 $v_{\max}>[v]$ 时，则应调整距离，继续按以上步骤进行计算，直至 $v_{\max}\leqslant[v]$。

采用测试法时，可按第 6 章的规定测得古建筑结构的最大速度响应，当 $v_{\max}\leqslant[v]$ 时，则工业振源与古建筑结构之间的距离满足防振要求；当 $v_{\max}>[v]$ 时，则应采取防振措施。

3. 古建筑的防振加固：通过对古建筑的薄弱部位进行加固，进行植筋加固、粘钢加固、碳纤维布加固，以及结构性加固如钢托梁置换加固技术和结构内部多层斜撑加固技术等，加固时要特别注意结构的内力重分布而导致结构产生新的薄弱部位，并做到修旧如旧。这是古建筑振动控制的第三道防线，在古建筑振动控制中尽量减少使用。

以上“三道防线”的各种措施，可单独采用或综合采用。采用防振措施，应根据仿真效果、技术可靠程度、施工难易等进行技术经济比较。

参考文献

[1] 中华人民共和国国家标准. GB 50463—2008 隔振设计规范. 北京：中国计划出版社，2009

[2] 中华人民共和国国家标准. GB 50040—96 动力机器基础设计规范. 北京：中国计划出版社. 1996

[3] 中华人民共和国国家标准. GB 50868—2013 建筑工程容许振动标准. 北京：中国计划出版社，2013

[4] 中华人民共和国国家标准. GB/T 50452—2008 古建筑防工业振动技术规范. 北京：中国建筑工业出版社，2008

[5] 中华人民共和国国家标准. GB/T 50269—2015 地基动力特性测试规范. 北京：中国计划出版社，2016

[6] 中华人民共和国冶金工业部标准. YBJ 55—90 机器动荷载作用下建筑物承重结构的振动计算与隔振设计规程. 北京：冶金工业出版社，1990

[7] 中华人民共和国国家标准. GB 50190—93 多层厂房楼盖防微振设计规范. 北京：中国计划出版社，1996

[8] 中华人民共和国行业标准. JBJ 16—2000 机械工业环境保护设计规范. 北京：机械工业出版社，2000

[9] 徐建、尹学军、陈骝等. 工业工程振动控制关键技术研究与应用. 北京：科学研究报告，2014

[10] 徐建. 建筑振动工程手册. 北京：中国建筑工业出版社，2002

[11] 徐建. 隔振设计规范理解与应用. 北京：中国建筑工业出版社，2009

[12] 徐建. 建筑工程容许振动标准理解与应用. 北京：中国建筑工业出版社，2013

[13] 杨先建，徐建，张翠红. 土一基础的振动与隔振. 北京：中国建筑工业出版社，2013

[14] 茅玉泉. 建筑结构防振设计与应用. 北京：机械工业出版社，2010.

[15] 严人觉，王贻荪，韩清宇. 动力基础半空间理论概论. 北京：中国建筑工业出版社，1981

[16] 潘复兰. 弹性波的传播与衰减. 振动计算与隔振设计. 北京：中国建筑工业出版社，1976

[17] 吴世明. 土介质中的波. 北京：科学出版社，1997

[18] 张有龄. 动力基础的设计原理. 北京：科学出版社，1959

[19] 刘纯康. 机器基础的振动分析与设计，北京：中国铁道出版社，1987

[20] 何成宏. 隔振与缓冲. 北京：航空工业出版社，1996

[21] F. E. 小理查特，R. D. 伍兹等著. 徐攸在等译. 土与基础的振动. 北京：中国建筑工业出版社，1976

[22] S. 普拉卡什著. 徐攸在等译. 汪闻韶校. 土动力学. 北京：水利电力出版社，1984

[23] 首培杰，刘曾武，朱镜清编著. 地震波在工程中的应用. 北京：地震出版社，1982

[24] O. A 沙维诺夫. 机器基础的设计原理. 建设部华东工业建筑设计院译. 北京：冶金工业出版社，1957

[25] H. 考尔斯基（H. KOLSKY）. 王仁等译. 固体中的应力波. 北京：科学出版社，1966

[26] J. P. Wolf. 吴世明等译. 土—结构动力相互作用. 北京：地震出版社，1989

[27] 章熙冬. 锻锤基础中的橡胶垫. 北京：机械工业出版社，1980

[28] RICHART FE，WOODS R D，HALL J R 著. 徐攸在等译. 钱鸿缙校. 土与基础振动. 北京：中国建筑工业出版社，1976

[29] 中国船舶工业总公司第九设计院等. 隔振设计手册. 北京：中国建筑工业出版社，1986

[30] 《桩基工程手册》编写委员会. 桩基工程手册. 北京：中国建筑工业出版社，1997

[31] 《地基处理手册》编写委员会. 地基处理手册. 北京：中国建筑工业出版，1988

[32] 马绅等. 大型汽轮发电机基础设计研究与实践. 北京：中国电力出版社，2012

[33] （美）C. F. 泰勒. 张胜瑕，程未云等译. 内燃机（下）. 北京：人民交通出版社，1983
[34] （日）武畤一. 纪晓惠，陈良，马停译. 建筑物隔振防振与控振. 北京：中国建筑工业出版社，1997
[35] 吕玉恒、王庭佛. 噪声与振动控制设备及材料选用手册. 北京：机械工业出版社，1999
[36] 姜俊平等. 振动计算与隔振设计. 北京：中国建筑工业出版社，1985
[37] 徐攸在，刘兴满. 桩的动测新技术. 北京：中国建筑工业出版社，1989
[38] 中国振动工程学会土动力学专业委员会. 土动力学工程应用实例分析. 北京：中国建筑工业出版社，1998
[39] 何成宏. 隔振与缓冲. 北京：航空工业出版社，1996
[40] 中国工程建设标准化协会建筑振动专业委员会. 首届全国建筑振动学术会议论文集. 无锡：1995
[41] 中国工程建设标准化协会建筑振动专业委员会. 第二届全国建筑振动学术会议论文集. （杭州）. 北京：中国建筑工业出版社，1997
[42] 中国工程建设标准化协会建筑振动专业委员会. 第三届全国建筑振动学术会议论文集. 昆明：云南科技出版社，2000
[43] 中国工程建设标准化协会建筑振动专业委员会. 第四届全国建筑振动学术会议论文集. 南昌：江西科学技术出版社，2004
[44] 中国工程建设标准化协会建筑振动专业委员会. 第五届全国建筑振动学术会议论文集. 西安：防灾减灾工程学报，2008 年 28 卷
[45] 中国工程建设标准化协会建筑振动专业委员会. 第六届全国建筑振动学术会议论文集. 桂林：桂林理工大学学报，2012 年 8 月
[46] 中国工程建设标准化协会建筑振动专业委员会. 第七届全国建筑振动学术会议论文集. 合肥：建筑结构学报，2015 年 10 月